建筑电气设计与施工资料集

ELECTRICAL DATA SETS OF BUILDING DESIGN AND CONSTRUCTION

工程系统模型

孙成群　主编

中国电力出版社
CHINA ELECTRIC POWER PRESS

内 容 提 要

本书遵循国家有关方针、政策，突出电气系统设计的可靠性、安全性和灵活性，从理论上力求全面系统，深入浅出地阐述基本概念，提出各种建筑类型的电气设计系统模型，从而帮助电气工程师掌握电气设计的分析方法，进一步提高解决实际问题的能力。内容包括办公建筑、旅馆建筑、博展建筑、观演建筑、体育建筑、医疗建筑、城市交通建筑、文化建筑、商业建筑、教育建筑、居住建筑和城市综合体建筑共12章，在收集上百个工程案例中，精心挑选37个工程系统模型，具备取材广泛、数据准确、注重实用等特点，使设计人员在面临相关实际问题时可开扩思路，提高解决问题的能力。

本书可作为建筑电气工程设计、施工人员实用参考书，也可供大专院校有关师生教学参考使用。

图书在版编目（CIP）数据

建筑电气设计与施工资料集. 工程系统模型 / 孙成群主编. —北京：中国电力出版社，2019.3
ISBN 978-7-5198-2391-7

Ⅰ. ①建… Ⅱ. ①孙… Ⅲ. ①房屋建筑设备–电气设备–建筑设计②房屋建筑设备–电气设备–建筑安装 Ⅳ. ①TU85

中国版本图书馆CIP数据核字（2018）第205715号

出版发行：中国电力出版社
地　　址：北京市东城区北京站西街19号（邮政编码100005）
网　　址：http://www.cepp.sgcc.com.cn
策划编辑：周　娟
责任编辑：杨淑玲（010-63412602）
责任校对：朱丽芳　王海南
装帧设计：王英磊
责任印制：杨晓东

印　　刷：三河市万龙印装有限公司
版　　次：2019年3月第1版
印　　次：2019年3月北京第1次印刷
开　　本：787毫米×1092毫米　16开本
印　　张：32.75
字　　数：822千字
定　　价：128.00元

作者简介

孙成群 1963 年出生，1984 年毕业于哈尔滨建筑工程学院建筑工业电气自动化专业，2000 年取得教授级高级工程师任职资格，现任北京市建筑设计研究院有限公司总工程师，住房和城乡建设部建筑电气标准化技术委员会副主任委员，中国建筑学会电气分会副理事长，全国建筑标准设计委员会电气委员会副主任委员，中国工程建设标准化协会雷电防护委员会常务理事。

在从事民用建筑中的电气设计工作中，曾参加并完成多项工程项目，在这些工程中，既有高层和超过 500m 高层建筑的单体公共建筑，也有数十万平方米的生活小区。这些项目主要包括：中国尊大厦；全国人大机关办公楼，全国人大常委会会议厅改扩建工程，凤凰国际传媒中心，张家口奥体中心，呼和浩特大唐国际喜来登大酒店，朝阳门 SOHO 项目Ⅲ期，深圳联合广场；富凯大厦；百朗园；首都博物馆新馆；金融街 B7 大厦；富华金宝中心；泰利花园；福建省公安科学技术中心；珠海歌剧院；九方城市广场；深圳中州大厦；中国天辰科技园天辰大厦；天津泰达皇冠假日酒店；北京上地北区九号地块 – IT 标准厂房；北京科技财富中心；新疆克拉玛依综合游泳馆；北京丽都国际学校；山东济南市舜玉花园 Y9 号综合楼；中国人民解放军总医院门诊楼；山东东营宾馆；李大钊纪念馆；北京葡萄苑小区；宁波天一家园；望都家园；西安紫薇山庄；山东辽河小区等。

主持编写《建筑电气设计方法与实践》《简明建筑电气工程师数据手册》《建筑工程设计文件编制实例范本——建筑电气》《建筑电气设备施工安装技术问答》《建筑工程机电设备招投标文件编写范本》《建筑电气设计实例图册④》等书籍。参加编写《全国民用建筑工程设计技术措施·电气》、《智能建筑设计标准》（GB 50314）、《火灾自动报警系统设计规范》（GB 50116）、《住宅建筑规范》（GB 50368）、《建筑物电子信息系统防雷设计规范》（GB 50343）、《智能建筑工程质量验收规范》（GB 50339）、《建筑机电工程抗震设计规范》（GB 50981）、《会展建筑电气设计规范》（JGJ 333）、《消防安全疏散标志设置标准》（DB 11/1024）等标准。

The Author was born in 1963.After Graduated from the major of Industrial and Electrical Automation of Architecture of Harbin Institute of Architecture and Engineering（Now merged into Harbin Institute of Technology）in 1984，then the author has been working in China Architecture Design & Research Group（originally Architecture Design and Research Group of Ministry of Construction P.R.C）.He has acquired the qualification of professor Senior Engineer in 2000.He is chief engineer of Beijing Institute of Architectural Design，vice chairman of Housing and Urban and Rural Construction，Building Electrical Standardization Technical Committee，Executive director of the Lightning Protection Committee of the China Engineering Construction Standardization Association，vice chairman of National Building Standard Design Commission Electrical Commission now.

Engaging in architectural design for civil buildings in these years，he have fulfilled many projects situated at many provinces in China，which include high buildings and monomer public architectures which is more than 500m high，and also hundreds of thousands square meters living zone.They are ZhongGuoZun high－rise Building，the NPC organs office building，Phoenix International Media Center，the expansion project of the Great Hall of the People，Hohhot Datang International Sheraton Hotel，Chaoyangmen SOHO project Ⅲ，the Unite Plaza of ShenZhen；FuKai Mansion；BaiLang Garden；the New Museum of the Capital Museum；the B7 Building of Finance Street in Beijing；the FuHuaJinBao Center；the TAILI Garden；Fujian Provincial Public Security Science and Technology Center；Zhuhai Opera House；Nine side of City Square；Shenzhen Zhongzhou Building；Tianchen Building；Crowne Plaza Hotel in Tianjin TEDA；IT Standard Factory of Beijing ShangDi North Area No.9 lot；The Wealth Center of science & technology in Beijing；Integrated Swimming Gymnasium of XinJiang KeLaMaYi；Beijing LiDu International School；Y9 Integrated Building of ShunYu Garden in ShanDong JiNan；the Clinic Building of the People's Liberation Army General Hospital；ShanDong DongYing Hotel；The memorial of LiDaZhao；Beijing Vineyard Living Zone；NingBo TianYi Homestead；WangDu Garden；XiAn ZiWei Mountain Villa；ShanDong LiaoHe Living Zone，and so on.

He has charged many books such as "The Data Handbook for Architectural Electric Engineer", "The Model for Architectural Engineering Designing File Example－Architectural Electric","Answers and Questions for Construction Technology in Electrical Installation Building", "Model Documents of Tendering for Mechanical and Electrical Equipments in Civil Building" and Exemplified diagrams of Architecture Electrical Design" .And he take part in the compilation of "The National Architectural Engineering Design Technology Measures • Electric", "Standard for design of intelligent building GB 50314", "Code for design of automatic fire alarm system GB 50116", "Residential building code GB 50368", "Technical code for protection against lightning of building electronic information system GB 50343" and "Code for acceptance of quality of intelligent building systems GB 50339", Code for seismic design of mechanical and electrical equipment GB 50981, Code for electrical design of conference & exhibition buildings JGJ 333, Standard for Fire Safety Evacuation Signs Installation DB 11/1024.

序　　言

《建筑电气设计与施工资料集》这套图书强调电气系统设计的可靠性、安全性和灵活性要求，突出节能环保理念，是对工程设计和施工的高度概括和总结，包括技术数据、设备选型、设备安装等分册，系统、全面地涵盖建筑电气设计与施工的各项专业知识，内容丰富，资料翔实，体现理性和思维段落的功力，向世人说明建筑电气设计和施工不缺乏理论创造和积淀。

从学术上讲，建筑电气是应用建筑工程领域内的一门新兴学科，它是基于物理、电磁学、光学、声学、电子学理论上的一门综合性学科。建筑电气作为现代建筑的重要标志，它以电能、电气设备、计算机技术和通信技术为手段来创造、维持和改善建筑物空间的声、光、电、热以及通信和管理环境，使其充分发挥建筑物的特点，实现其功能。建筑电气是建筑物的神经系统，建筑物能否实现使用其功能，电气是关键。建筑电气在维持建筑内环境稳态，保持建筑完整统一性及其与外环境的协调平衡中起着主导作用。

这套图书注重知识结构的系统性和完整性，文字深入浅出，简明易懂，在编写体系上分类明确，查阅方便，反映了建筑电气专业最新科技进展，可以改变不合时宜的工程建设理念，为广大电气工程师在工作中熟练地掌握分析方法，确保建筑工程质量和安全，提高房屋建筑设计水平有着重要的意义。

希望读者通过《建筑电气设计与施工资料集》这套图书获得收益，指导工程建设的电气设计和施工，提高建设工程质量、水平和效率，实现与国际同行业接轨，开阔设计和施工人员的视野，共同完善建筑电气设计理论，创造出更多精品工程。

北京市建筑设计研究院有限公司董事长

前　言

随着建筑科学技术领域的飞速发展，电气工程师在工作中经常会遇到一些实际问题，本书从建筑电气设计的系统安全可靠、经济合理、整体美观、维护管理方便、技术先进出发，遵循国家有关方针、政策，突出电气系统设计的可靠性、安全性和灵活性，从理论上力求全面系统，深入浅出地阐述基本概念，提出各种建筑类型的电气设计系统模型，从而帮助电气工程师掌握电气设计的分析方法，进一步提高解决实际问题的能力。

工程系统模型决定工程质量和造价，直接影响到日后维护，所以电气设计师必须根据建筑的功能和业主投资来建模，实现工程的最优配置。合理构建电气工程系统模型需要具备以下三点：其一模型要具有现实性，要满足建筑内在的、合乎必然性的实际需求，要体现客观事物和现象种种联系的综合；其二模型要具有简明性，要力求做到目标明确，结构简明，方法灵活，效果到位，要体现针对性、迁移性、多变性、思维性和层次性；其三模型要具有标准性，在一定的范围内获得最佳秩序，对实际的或潜在的问题制定共同的和重复使用的规则的活动。

本书分办公建筑、旅馆建筑、博展建筑、观演建筑、体育建筑、医疗建筑、城市交通建筑、文化建筑、商业建筑、教育建筑、居住建筑和城市综合体建筑共12章，在收集上百个工程案例中，精心挑选37个工程系统模型，具备取材广泛、数据准确、注重实用等特点，目的是使设计人员在面临相关实际问题时可开阔思路，提高解决问题的能力。工程图片与模型不是完全对应，电气设计师可根据本书给出各种建筑电气系统基础模型，在实际工程中，根据建筑的用途和系统配置去建立不同的模型。电气系统模型也存在着鲜明特点，它取决于不同建筑业态的管理模式，电气系统之间存在相互依存、相互助益的能动关系，电气系统内部有很多子系统和层次，电气系统不是简单系统，也不是随机系统，有时是一个非线性系统。由于电气设计理论和产品技术的不断进步，书中如有与国家规范和规定有不一致者，应以现行国家规范和规定为准。

本书是为适应科技进步和满足基本建设的新形势下的产物，力求内容新颖，覆盖面广，可作为建筑电气工程设计、施工人员实用参考书，也可供大专院校有关师生教学参考使用。

本书由孙成群担任主编，韩全胜、郭芳担任副主编，何攀、王建华、张洪朋、穆晓霞、晏庆模、汤威等参加编写工作，同时得到其他很多同行的热情支持和具体帮助，这里我们深怀感恩之心，品味成长的历程，发现人生的真正收获。感恩父母的言传身教，是他们把我们带到了这个世界上；给了我们无私的爱和关怀。感恩老师的谆谆教诲，是他们给了我们知识和看世界的眼睛。感恩同事的热心帮助，是他们给了我们平淡中蕴含着亲切，微笑中透着温馨。感恩朋友的鼓励支持，是他们给了我们走向成功的睿智。感恩对手的激励，是他们给了我们重新认识自己的机会和再次拼搏的勇气，在不断的较量中汲取能量，使我们慢慢走向成功。

限于水平，对书中谬误之处，我们真诚地希望广大读者批评指正。

北京市建筑设计研究院有限公司设计总监、总工程师　　孙成群

2019 年 2 月

目　录

1 办公建筑

【摘要】 办公建筑指机关、企业、事业单位行政管理人员，业务技术人员等办公的业务用房，办公楼的组成因规模和具体使用要求而异，一般包括办公室、会议室、门厅、走道、电梯和楼梯间、食堂、礼堂、机电设备间、卫生间、库房等辅助用房等。由于办公楼的规模日趋扩大，内容也越加复杂，现代办公楼正向综合化、一体化方向发展。办公楼供电、通信设计要根据办公楼的体形、规模、使用要求和技术、环境条件合理确定电气系统，确保平时和消防时的正常使用。

1.1　写字楼

1.1.1　项目信息

本工程属于一类建筑，地上十六层，地下二层，建筑面积为106 785m²，建筑高度65m，设计使用年限50年。工程性质为办公及配套项目，包括金融营业、商业、餐饮、停车及后勤用房等。

写字楼

1.1.2　系统组成

1. 高低压变、配电系统。
2. 电力、照明系统。
3. 防雷接地系统。
4. 电气消防系统。
5. 智能化系统。
6. 电气抗震设计和电气节能措施。

1.1.3　高低压变、配电系统

1. 负荷分级。

（1）一级负荷：大型金融营业厅及门厅照明、安全照明用电，安防信号电源、消防系统设施电源、通信电源、人防应急照明及计算机系统电源等为一级负荷。设备容量约为1690kW。

（2）二级负荷：一般客梯用电、生活水泵等。设备容量约为650kW。

（3）三级负荷：一般照明及动力负荷。设备容量约为7280kW。

2. 电源。由市政外网引来两路双重高压电源。高压系统电压等级为10kV。高压采用单母线分段运行方式，中间设联络开关，平时两路电源同时分列运行，互为备用，当一路电源故障时，通过手/自操作联络开关，另一路电源负担全部负荷。

3. 变、配电站。在地下一层设置变电所一处。变电所内设六台1600kVA干式变压器。变压器低压侧0.4kV采用单母线分段接线方式，低压母线分段开关采用自动投切方式时，低压母联断路器应采用设有自投自复、自投手复、自投停用三种状态的位置选择开关，自投时应设有一定的延时，当变压器低压侧总开关因过负荷或短路故障而分闸时，母联断路器不得自动合闸；电源主断路器与母联断路器之间应有电气联锁。变、配电站主接线示意见图1.1.3－1。

4. 设置电力监控系统，对电力配电实施动态监视。电力监控系统设计原则：

（1）系统采用分散、分层、分布式结构设计，整个系统分为现场监控层、通信管理层和系统管理层，工作电源全部由UPS提供。

（2）10kV开关柜：采用微机保护测控装置对高压进线回路的断路器状态、失电压跳闸故障、过电流故障、单相接地故障遥信；对高压出线回路的断路器状态、过电流故障、单相接地故障遥信；对高压联络回路的断路器状态、过电流故障遥信；对高压进线回路的三相电压、三相电流、零序电流、有功功率、无功功率、功率因数、频率、电能等参数，高压联络及高压出线回路的三相电流进行遥信；对高压进线回路采取速断、过电流、零序、欠电压保护；对高压联络回路采取速断、过电流保护；对高压出线回路采取速断、过电流、零序、变压器超温跳闸保护。

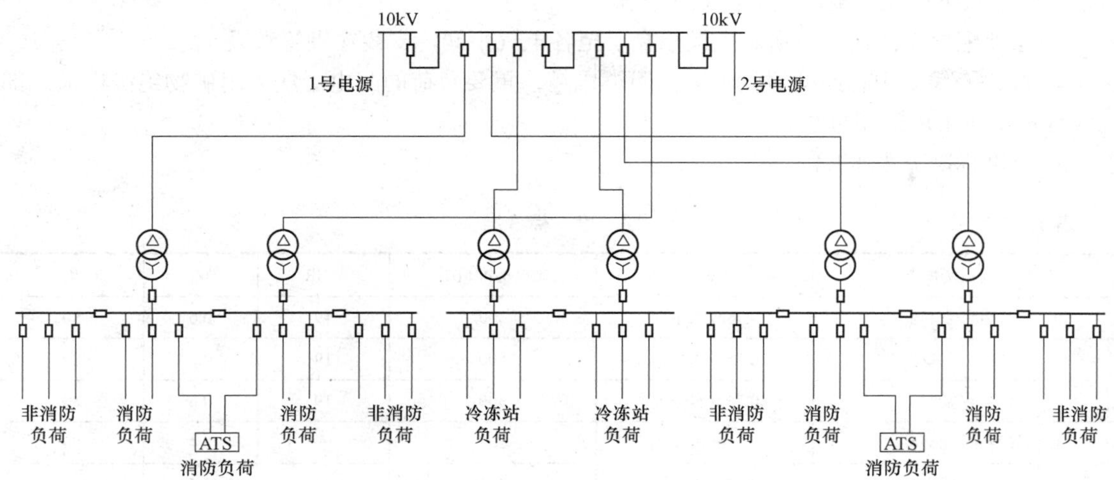

图 1.1.3－1 变、配电站主接线示意

（3）变压器：高温报警，对变压器冷却风机工作状态、变压器故障报警状态遥信。

（4）低压开关柜：对进线、母联回路和出线回路的三相电压、电流、有功功率、无功功率、功率因数、频率、有功电能、无功电能、谐波进行遥信；对电容器出线的电流、电压、功率因数、温度遥信；对低压进线回路的进线开关状态、故障状态、电操储能状态、准备合闸就绪、保护跳闸类型遥信；对低压母联回路的进线开关状态、过电流故障遥信；对低压出线回路的分合闸状态、开关故障状态遥信；对电容器出线回路的投切步数、故障报警遥信。

（5）直流系统：提供系统的各种运行参数：充电模块输出电压及电流、母线电压及电流、电池组的电压及电流、母线对地绝缘电阻；监视各个充电模块工作状态、馈线回路状态、熔断器或断路器状态、电池组工作状态、母线对地绝缘状态、交流电源状态；提供各种保护信息：输入过电压报警、输入欠电压报警、输出过电压报警、输出低电压报警。电力监控系统示意见图 1.1.3－2。

1.1.4 电力、照明系统

1. 配电系统的接地形式采用 TN－S 系统。冷冻机组、冷冻泵、冷却泵、生活泵、热力站、电梯等设备采用放射式供电；风机、空调机、污水泵等小型设备采用树干式供电。

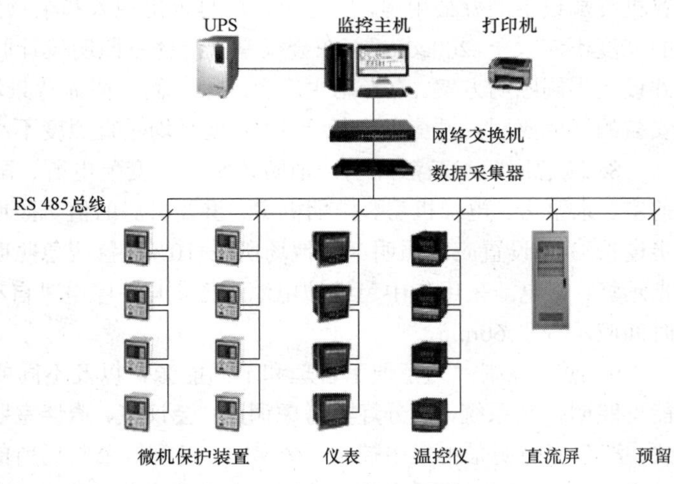

图 1.1.3－2 电力监控系统示意

2. 为保证重要负荷的供电，对重要设备如：通信机房、消防用电设备（消防水泵、排烟风机、加压风机、消防电梯等）、信息网络设备、消防控制室、中央控制室等均采用双回路专用电缆供电，在最末一级配电箱处设双电源自投，自投方式采用双电源自投

自复。消防水泵可在水泵房现场机械应急操作。

3. 主要配电干线由变电所用电缆槽盒引至各电气小间，支线穿钢管敷设。

4. 普通干线采用辐照交联低烟无卤阻燃电缆；重要负荷的配电干线采用矿物绝缘电缆。部分大容量干线采用封闭母线。

5. 照度标准见表 1.1.4。

表 1.1.4　　照　度　标　准

房间或场所	参考平面及其高度	照度标准值/lx	UGR	U_0	R_a
普通办公室	0.75m 水平面	300	19	0.6	80
高档办公室	0.75m 水平面	500	19	0.6	80
会议室	0.75m 水平面	300	19	0.6	80
接待室、前台	0.75m 水平面	200	—	0.4	80
营业厅	0.75m 水平面	300	22	0.4	80
设计室	实际水平面	500	19	0.6	80
文件整理、复印、发行室	0.75m 水平面	300	—	0.4	80
资料、档案室	0.75m 水平面	200	—	0.4	80

6. 光源：照明应以清洁、明快为原则进行设计，同时考虑节能因素避免能源浪费，以满足使用的要求。室内外照明应选用发光效率高、显色性好、使用寿命长、色温相宜、符合环保要求的光源。室外照明装置应限制对周围环境产生的光干扰。对餐厅、电梯厅、走道等均采用 LED 灯；商场、办公室等采用高效节能荧光灯；设备用房采用荧光灯。为保证照明质量，办公区域选用双抛物面格栅、蝠翼配光曲线的荧光灯灯具，荧光灯为显色指数大于 80 的三基色的荧光灯。

7. 办公房间的一般照明设计在工作区的两侧，采用荧光灯时宜使灯具纵轴与水平视线相平行。不宜将灯具布置在工作位置的正前方。大开间办公室宜采用与外窗平行的布灯形式。在有计算机终端设备的办公用房，应避免在屏幕上出现人和杂物的映像，宜限制灯具下垂线 50° 角以上的亮度不应大于 $200cd/m^2$。在会议室、洽谈室照明设计时确定调光控制或设置集中控制系统，并设定不同照明方案。有专用主席台或某一侧有明显背景墙的大型会议厅，宜采用顶灯配以台前安装的辅助照明，并应使台板上 1.5m 处平均垂直照度不小于 300lx。

8. 应急照明与疏散照明：消防控制室、变配电所、配电间、电信机房、弱电间、楼梯间、前室、水泵房、电梯机房、排烟机房、重要机房的值班照明等处的应急照明按 100%考虑；门厅、走道按 30%设置应急照明；其他场所按 10%设置应急照明。各层走道、拐角及出入口均设疏散指示灯，蓄电池采用集中免维护电池进行供电，停电时自动切换为直流供电，并且应急照明持续时间应不少于 60min。

9. 照明控制：为了便于管理和节约能源，以及不同的时间要求不同的效果。本工程采用智能型照明控制系统，部分灯具考虑调光；会议室、洽谈室照明设计时应满足幻灯或电子演示的需要；汽车库照明采用集中控制；楼梯间、走廊等公共场所的照明采用集中控制和就地控制相结合的方式；走廊的照明采用集中控制。走廊的应急照明考虑就地控制和消防集中控制的方式。室外照明的控制纳入建筑设备监控系统统一管理。

1.1.5 防雷与接地系统

1. 本建筑物按二类防雷建筑物设防，为防直击雷在屋顶设接闪带，其网格不大于 10m×10m，所有突出屋面的金属体和构筑物应与接闪带电气连接。

2. 为防止侧向雷击，将六层以上，每三层沿建筑物四周的金属门窗构件与该层楼板内的钢筋接成一体后再与引下线焊接，防雷接闪器附近电气设备的金属外壳均应与防雷装置可靠焊接。

3. 为预防雷电电磁脉冲引起的过电流和过电压，在变压器低压侧、重要设备供电的末端配电箱、重要的信息设备、电子设备、由室外引入建筑物的线路等装设电涌保护器（SPD）。

4. 本工程采用共用接地装置，以建筑物、构筑物的金属体、构造钢筋和基础钢筋作为接地体，其接地电阻小于 1Ω。

5. 交流 220/380V 低压系统接地形式采用 TN－S，PE 线与 N 线严格分开。

6. 建筑物做等电位联结，在变配电所内安装主等电位联结端子箱，将所有进出建筑物的金属管道、金属构件、接地干线等与总等电位端子箱有效连接。

7. 在所有变电所，弱电机房，电梯机房，强、弱电小间，浴室等处做辅助等电位联结。

1.1.6 电气消防系统

1. 火灾自动报警系统：本工程采用集中报警系统。燃气表间、厨房设气体探测器，烟尘较大场所设感温探测器，一般场所设感烟探测器。在本楼适当位置设手动报警按钮及消防对讲电话插孔。在消火栓箱内设消火栓报警按钮。消防控制室可接收感烟、感温、气体探测器的火灾报警信号，水流指示器、检修阀、压力报警阀、手动报警按钮、消火栓按钮的动作信号。在每层消防电梯前室附近设置楼层显示复示盘。

2. 消防联动控制系统：在消防控制室设置联动控制台，控制方式分为自动控制和手动控制两种。通过联动控制台，可以实现对消火栓、自动喷洒灭火系统、防烟、排烟、加压送风系统的监视和控制，火灾发生时手动切断一般照明及空调机组、通风机、动力电源。当发生火灾时，自动关闭总煤气进气阀门。火灾自动报警系统示意见图 1.1.6－1。

3. 消防紧急广播系统：在消防控制室设置消防广播机柜，机组采用定压式输出。地下泵房、冷冻机房等处设号角式 15W 扬声器，其他场所设置 3W 扬声器，消防紧急广播按建筑层分路，每层一路。当发生火灾时，消防控制室值班人员可自动或手动向全楼进行火灾广播，及时指挥疏导人员撤离火灾现场。

4. 消防直通对讲电话系统：在消防控制室内设置消防直通对讲电话总机，除在各层的手动报警按钮处设置消防对讲电话插孔外，在变配电室、水泵房、电梯机房、冷冻机房、防排烟机房、建筑设备监控室、管理值班室等处设置消防直通对讲电话分机。

5. 电梯监视控制系统：在消防控制室设置电梯监控盘，除显示各电梯运行状态、层数显示外，还应设置正常、故障、开门、关门等状态显示。火灾发生时，根据火灾情况及场所，由消防控制室电梯监控盘发出指令，指挥电梯按消防程序运行：对全部或任意一台电梯进行对讲，说明改变运行程序的原因；除消防电梯保持运行外，其余电梯均强制返回一层并开门。火灾指令开关采用钥匙型开关，由消防控制室负责火灾时的电梯控制。

6. 应急照明系统：所有楼梯间及前室的照明以及变配电所、消防控制室、安防中心、消防水泵房、防排烟机房、柴油发电机房、电信机房等的照明全部为应急照明。公共场所应急照明一般按正常照明的 10%～15%设置。应急照明电源采用双电源末端互投供电。主要疏散出口设置安

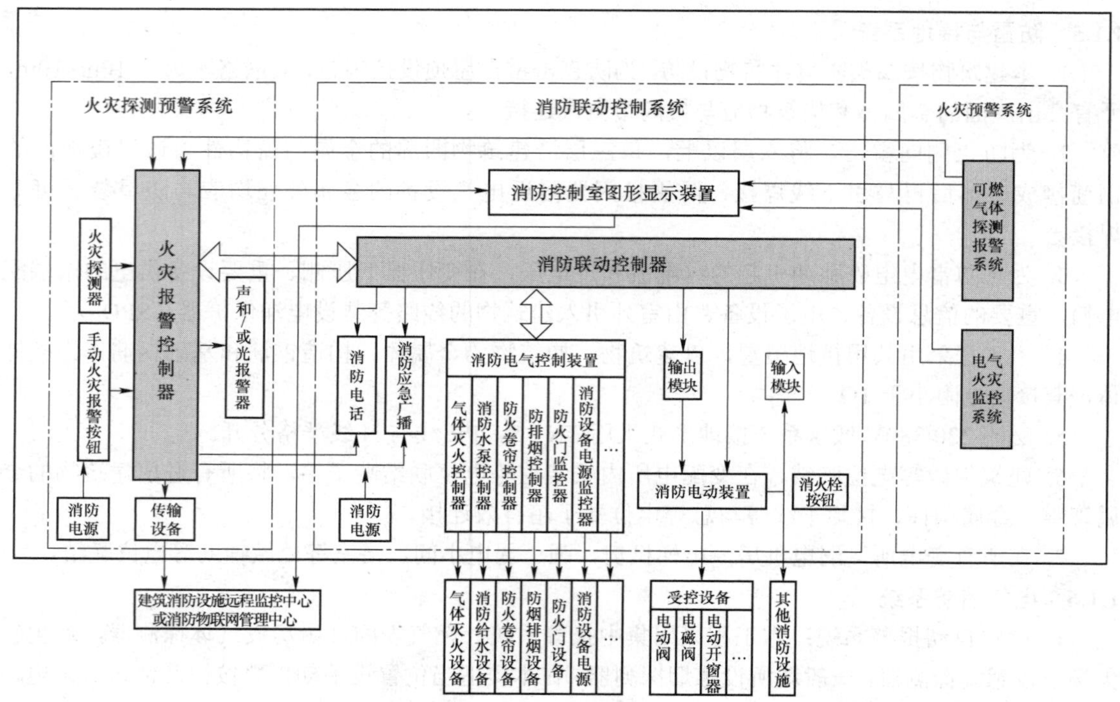

图 1.1.6－1　火灾自动报警系统示意

全出口指示灯，疏散走廊设置疏散指示灯。

7. 为防止用电不善引起的火灾，本工程设置电气火灾报警系统，可以准确实时地监控电气线路的故障和异常状态，及时发现电气火灾的隐患，及时报警、提醒有关人员去消除这些隐患，避免电气火灾的发生，是从源头上预防电气火灾的有效措施。与传统火灾自动报警系统不同的是，电气火灾监控系统早期报警是为了避免损失，而传统火灾自动报警系统是在火灾发生并严重到一定程度后才会报警，目的是减少火灾造成的损失。本系统组网共分为三层：

（1）站控管理层。站控管理层针对电气火灾监控系统的管理人员，是人机交互的直接窗口，也是系统的最上层部分。主要由系统软件和必要的硬件设备，如触摸屏、UPS 电源等组成。监测系统软件对现场各类数据信息计算、分析、处理，并以图形、数显、声音、指示灯等方式反应现场运情况。

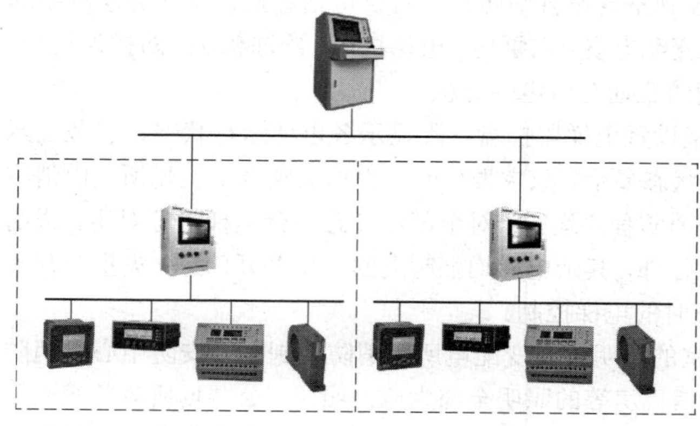

图 1.1.6－2　电气消防系统示意

（2）网络通信层。通信介质：系统主要采用屏蔽双绞线，以 RS485 接口，MODBUS 通信协议实现现场设备与上位机的实时通信。

（3）现场设备层。现场设备层是数据采集终端。电气消防系统示意见图 1.1.6－2。

8. 为保证消防设备电源可靠性，本工程设置消防设备电源监控系统，通过检测消防设备电源的电压、电流、开关状态等有关设备电源信息，从而判断电源设备是否有断路、短路、过电压、欠电压、缺相、错相以及过电流（过载）等故障信息并实时报警、记录的监控系统，从而可以有效避免在火灾发生时，消防设备由于电源故障而无法正常工作的危急情况，最大限度地保障消防联动系统的可靠性。系统主要技术参数：

（1）电源。主电源：AC220V 50Hz（允许 85%～110%范围内变化）。备用电源：主电源低电压或停电时，维持监控设备工作时间≥8h。监控器为连接的模块（电压/电流信号传感器）提供 DC24V 电源。

（2）工作制：24h 工作制。

（3）通信方式：Modbus－RTU 通信协议，RS485 半双工总线方式，传输距离 500m（若超过可通过中继器延长通信传输距离）。

（4）监控容量≤128 点。

（5）操作分级：

1）日常值班级：实时状态监视、历史记录查询。

2）监控操作级：实时状态监视、历史记录查询、探测器远程复位。

3）系统管理级：实时状态监视、历史记录查询、探测器远程复位、探测器参数远程修改、监控设备系统参数设定与修改、操作员添加与删除。消防设备电源监控系统示意见图 1.1.6－3。

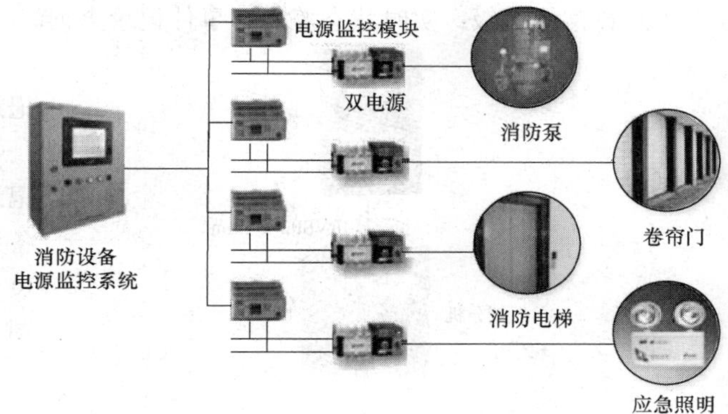

图 1.1.6－3 消防设备电源监控系统示意

9. 为保证防火门充分发挥其隔离作用，在火灾发生时，迅速隔离火源，有效控制火势范围，为扑救火灾及人员的疏散逃生创造良好条件，本工程设置防火门监控系统。对防火门的工作状态进行 24h 实时自动巡检，对处于非正常状态的防火门给出报警提示。在发生火情时，该监控系统自动关闭防火门，为火灾救援和人员疏散赢得宝贵时间。防火门监控系统技术参数如下：

（1）电源。额定工作电压 AC220V（85%～110%）。备用电源：主电源欠电压或停电时，维持监控设备工作时间≥3h。

（2）工作制：24h 工作制。

（3）通信方式：二总线通信，传输距离 1km，可通过区域分机延长通信传输距离。

（4）监控容量：防火门监控器最高可监控 2000 个常闭防火门的工作状态和信息或 400 个常开防火门的工作状态和信息。

（5）监控报警项目及参数：

1）火灾自动报警系统的火灾报警信号：报警单元属性（部位、类型）。

2）监控报警响应时间：≤30s。

3）监控报警声压级（A 计权）：≥65dB/1m。

4）监控报警声光信号可手动消除，当再次有报警信号输入时，能再次启动。

5）故障报警项目。

（6）报警项目。监控器与监控终端之间的通信连接线发生短路或断路；防火门与其连接的电动闭门器、电磁释放器、门磁开关之间发生短路或断路。监控器主电源欠电压或断电；给电池充电的充电器与电池之间的连接线发生断路或短路。

（7）报警参数。

1）故障报警响应时间：≤100s。

2）监控报警声压级（A 计权）：≥65dB/1m。

3）故障报警光显示：黄色 LED 指示灯，黄色光报警信号保持至故障排除。

4）故障报警声音信号：可手动消除，当再次有报警信号输入时，能再次启动。

（8）控制输出。报警控制输出：1 组无源常开触点；触点容量：AC220V 3A 或 DC30V 3A。

（9）自检项目。指示灯检查：电源、门开、门关、故障、启动；显示屏检查；音响器件检查；自检耗时≤60s。

（10）事件记录。记录内容：事件类型、发生时间、终端编号、区域、故障描述，可存储记录不少于 1 万条；记录查询：根据记录的日期、类型等条件查询。

（11）操作分级。

1）日常值班级：实时状态监视、事件记录查询。

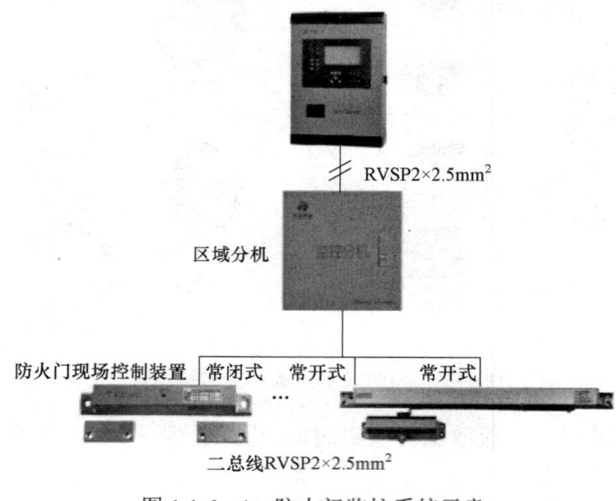

图 1.1.6－4　防火门监控系统示意

2）监控操作级：实时状态监视、事件记录查询、终端远程复位、设备自检。

3）系统管理级：实时状态监视、事件记录查询、终端远程复位、设备自检，监控设备系统参数查询、各监控模块单独检测、操作员添加与删除。防火门监控系统示意见图 1.1.6－4。

10. 消防控制室：在一层设置消防控制室，对建筑内的消防进行探测监视和控制。消防控制室内分别设有火灾报警控制主机、联动控制台、CRT 显示器、打印机、紧急广播设备、消防直通对讲电话设备、电梯监控盘及 UPS 电源设备等。

1.1.7　智能化系统

1. 信息化应用系统。信息化应用系统功能应满足建筑物运行和管理的信息化需要，并提供建筑业务运营的支撑和保障。系统包括公共服务、智能卡应用、物业管理、信息设施运行管理、信息安全管理、基本业务办公和专业业务等信息化应用系统。

（1）公共服务系统。公共服务系统应具有访客接待管理和公共服务信息发布等功能，并应具有将各类公共服务事务纳入规范运行程序的管理功能。系统基于信息网络及布线系统，系统服务器设置于中心网络机房，管理终端设置于相应管理用房。

（2）智能卡应用系统。根据建设方物业信息管理部门要求对出入口控制、电子巡查、停车场管理、考勤管理、消费等实行一卡通管理，“一卡”，在同一张卡片上实现开门、考勤、消费等多种功能；“一库”，在同一软件平台上，实现卡的发行、挂失、充值、资料查询等管理，系统共用一个数据库，软件必须确保出入口控制系统的安全管理要求；“一网”，各系统的终端接入局域网进行数据传输和信息交换。系统基于信息网络及布线系统，系统服务器设置于中心网络机房，管理终端设置于相应管理用房。

（3）信息设施运行管理系统。信息设施运行管理系统应具有对建筑物信息设施的运行状态、资源配置、技术性能等进行监测、分析、处理和维护的功能。系统基于信息网络及布线系统，系统服务器设置于中心网络机房，管理终端设置于相应管理用房。

（4）信息安全管理系统。信息网络安全管理系统通过采用防火墙、加密、虚拟专用网、安全隔离和病毒防治等各种技术和管理措施，室网络系统正常运行，确保经过网络的传输和管理措施，使网络系统正常运行，确保经过网络传输和交换的数据不会发生增加、修改、丢失和泄露。系统基于信息网络及布线系统，系统服务器设置于中心网络机房，管理终端设置于相应管理用房。

2. 智能化集成系统。本工程对信息设施各子系统通过统一的信息平台实现集成，实施综合管理，将建筑中日常运作的各种信息，如建筑设备监控系统、安防、火灾自动报警、公共广播、通信系统以及展览管理信息，各种日常办公管理信息，物业管理信息等构成相互关联的一个整体，从而有效地提升建筑整体的运作水平和效率。

（1）智能化信息集成系统。集成软件平台安装在主机服务器上，实现把所有子系统集成在统一的用户界面下，对子系统进行统一监视、控制和协调，从而构成一个统一的协同工作的整体。包括实现对子系统实时数据的存储和加工，对系统用户的综合监控和显示以及智能分析等其他功能。

（2）集成信息应用系统。对于管理数据的集成，要求控制系统在软件上使用标准、开放的数据库进行数据交换，实现管理数据的系统集成。系统集成管理示意见图 1.1.7－1。

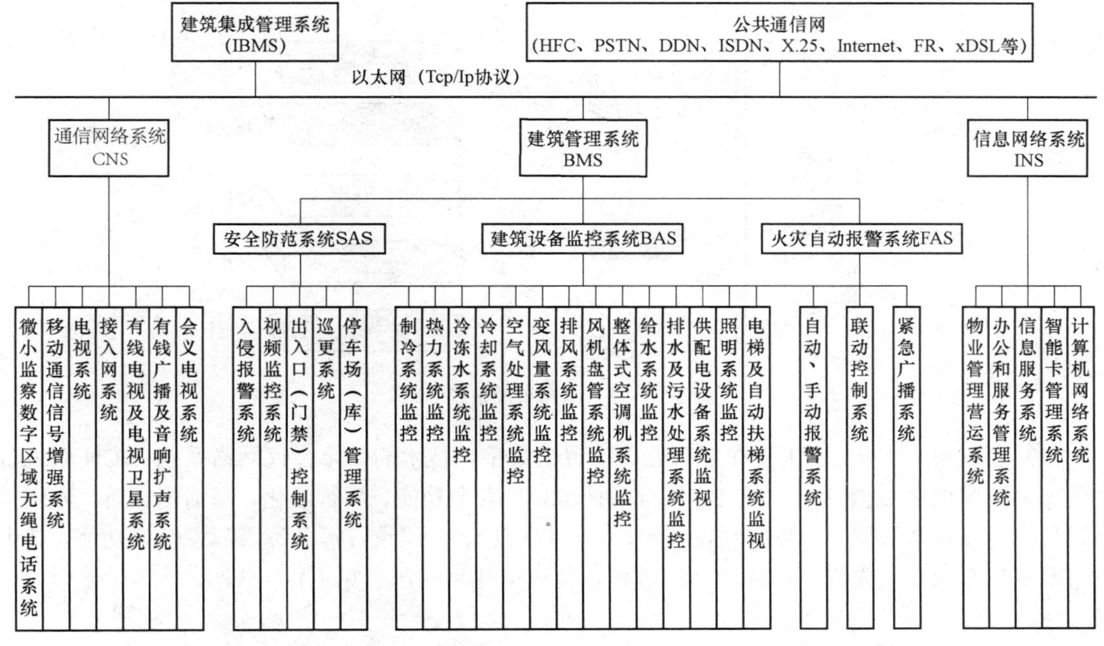

图 1.1.7－1 系统集成管理示意

3. 信息化设施系统。

（1）信息系统对城市公用事业的需求。

1）系统接入机房设置于建筑通信机房内，通信机房可满足多家运营商入户。本工程需中继线 300 对（呼出呼入各 50%）。另外申请直拨外线 500 对（此数量可根据实际需求增减）。

2）电视信号接自城市有线电视网，在顶层设有卫星电视机房，对建筑内的有线电视实施管理与控制。有线电视节目和卫星电视节目经调制后，再经电视信号干线系统传送至每个电视输出口处，从而获得技术规范所要求的电平信号，达到满意的收视效果。

（2）通信自动化系统。

1）本工程在地下一层设置电话交换机房，拟定设置一台 1500 门的 PABX。

2）通信自动化系统中，程控自动数字交换机起着重要的作用。随着通信技术的发展，现今的 PABX 应将传统的语音通信、语音信箱、多方电话会议、IP 技术、ISDN（B－ISDN）应用等通信技术融会在一起，向用户提供全新的通信服务。

（3）综合布线系统。

1）综合布线系统（GCS）应为一套完善可靠的支持语音、数据、多媒体传输的开放式结构，作为通信自动化系统和办公自动化系统的支持平台，满足通信和办公自动化的需求。

2）系统能支持综合信息（语音、数据、多媒体）传输和连接，实现多种设备配线的兼容，综合布线系统能支持所有的数据处理（计算机）的供应商的产品，支持各种计算机网络的高速和低速的数据通信，可以传输所有标准的模拟和数字的语音信号，具有传输 ISDN 的功能，可以传输模拟图像、数字图像以及会议电视等多媒体信号。完全能承担建筑内信息通信设备与外部信息通信网络相连。

3）本工程在地下一层设置网络室。综合布线系统示意见图 1.1.7－2。

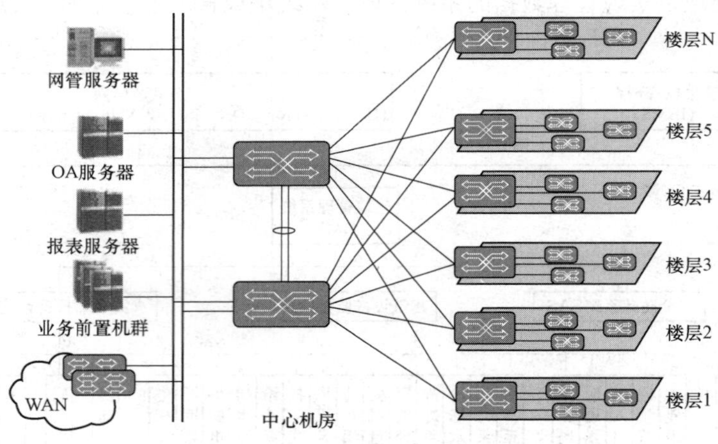

图 1.1.7－2　综合布线系统示意

（4）会议电视系统。本工程在多功能厅设置全数字化技术的数字会议网络系统（DCN 系统），该系统采用模块化结构设计，全数字化音频技术。具有全功能、高智能化、高清晰音质。方便扩展和数据传递保密等优点。可实现发言演讲、会议讨论、会议录音等各种国际性会议功能，其中主席设备具有最高优先权，可控制会议进程。会议电视系统示意见 1.1.7－3。

（5）有线电视及卫星电视系统。

1）本工程在地下一层设置有线电视前端室，在顶层设有卫星电视机房，对建筑内有线电视

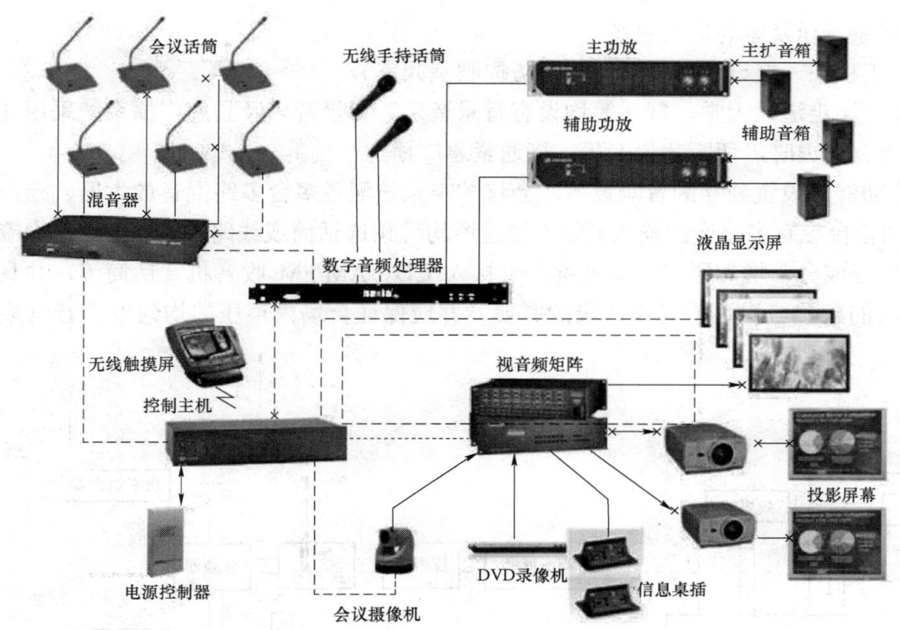

图 1.1.7－3 会议电视系统示意

实施管理与控制。

2）有线电视系统根据用户情况采用分配－分支分配方式。有线电视及卫星电视系统示意见图 1.1.7－4。

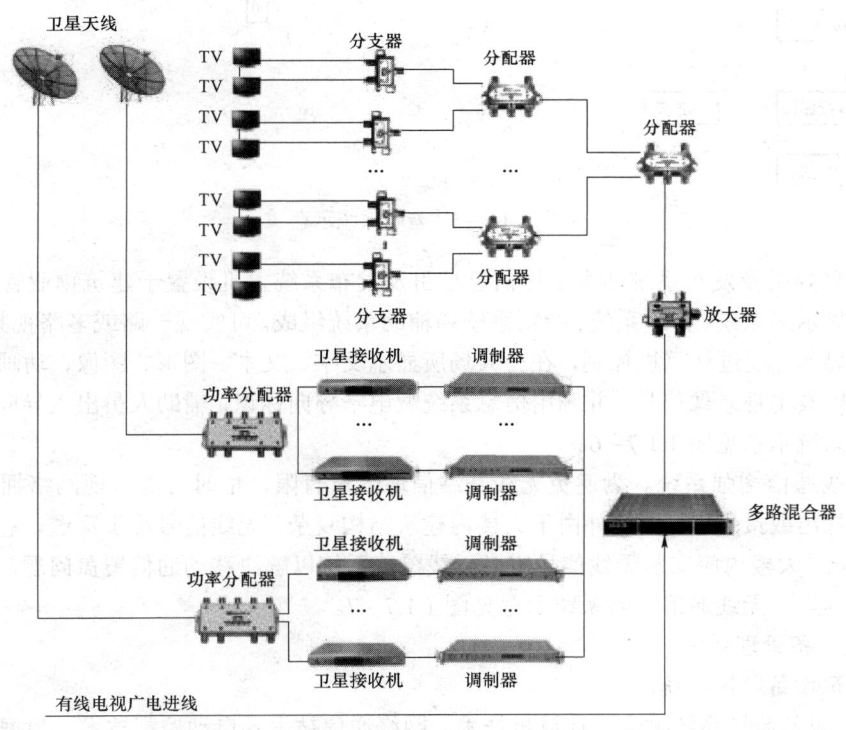

图 1.1.7－4 有线电视及卫星电视系统示意

（6）背景音乐及紧急广播系统。

1）本工程在一层设置广播室（与消防控制室共室）。

2）在一层走道、大堂、餐厅等均设有背景音乐。背景音乐及紧急广播系统采用 100V 定压式输出。当有火灾时，切断背景音乐，接通紧急广播。

3）多功能厅设置独立的音响设备。会议扩声系统配备多台多路混音放大器、扬声器箱等专业设备。调音台应有多路音源输入通道，每通道均可预选话筒或线路输入。各通道均应有语音滤波，衰减低音成分，增加语音的清晰度。可接入 CD、AM/FM 收音机、话筒等，并具备录音设备。扬声器的配置应满足会场声压级的需要，并应保证会场内声压的均匀度。音响系统示意见图 1.1.7－5。

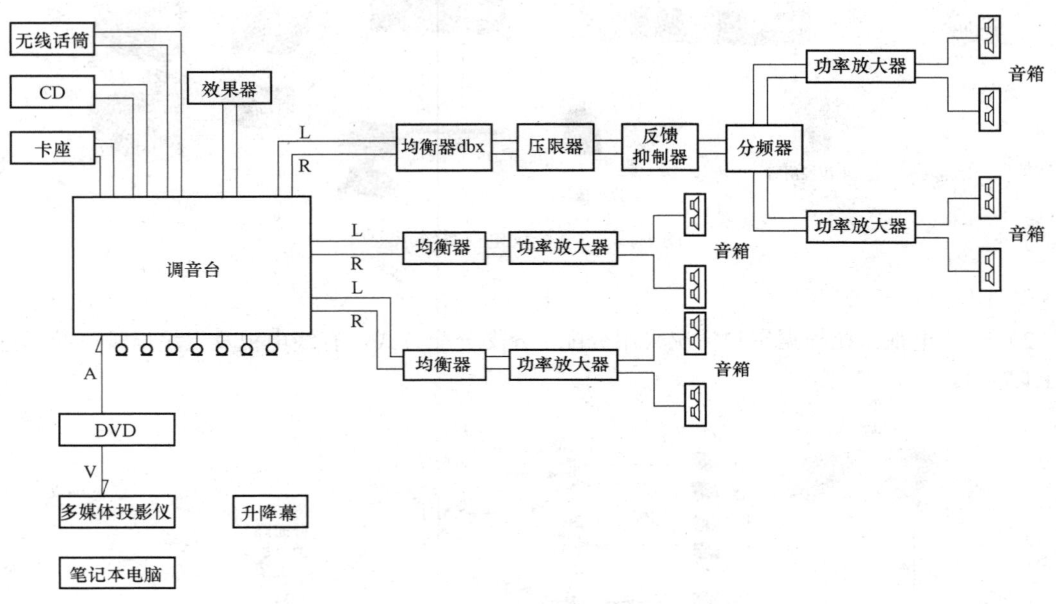

图 1.1.7－5　音响系统示意

（7）信息导引及发布系统。本工程信息导引及发布系统主机设置于建筑物业管理室内。本系统由视频显示屏系统、传输系统、控制系统和辅助系统组成。可实现一路或多路视频信号同时、部分或全屏显示。通过计算机控制，在公共场所显示文字、文本、图形、图像、动画、行情等各种公共信息以及电视录像信号，并利用信息系统做电子导向标识，辅助人员出入导向服务。信息导引及发布系统示意见图 1.1.7－6。

（8）无线通信增强系统。为避免无线基站信道容量有限，忙时可能出现网络拥塞，手机用户不能及时打出或接进电话。另外由于大楼内建筑结构复杂，无线信号难于穿透，室内易出现覆盖盲区。因此，大楼内应安装无线信号室内天线覆盖系统以解决移动通信覆盖问题，同时也可增加无线信道容量。无线通信增强系统示意见图 1.1.7－7。

4. 建筑设备管理系统。

（1）建筑设备监控系统。

1）建筑设备监控系统融合了计算机技术、网络通信技术、自动控制技术、数据库管理技术

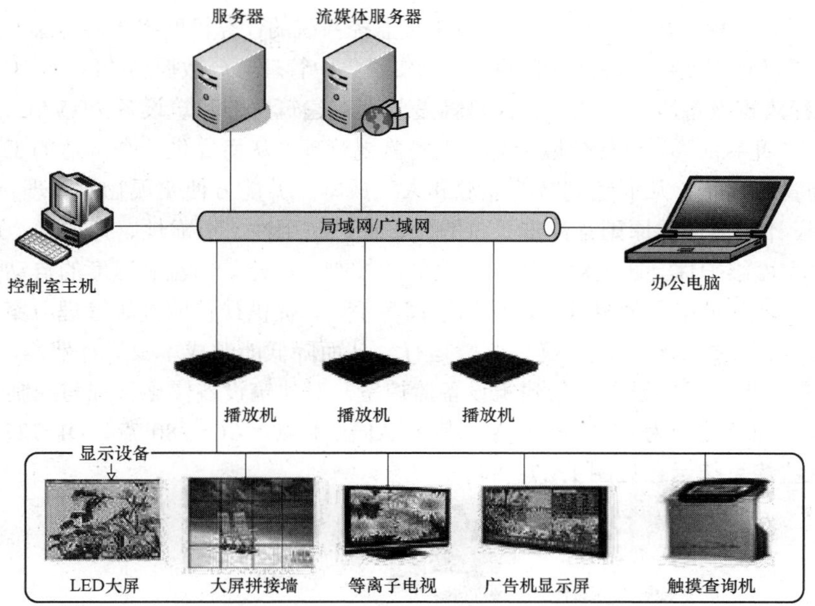

图 1.1.7－6 信息导引及发布系统示意

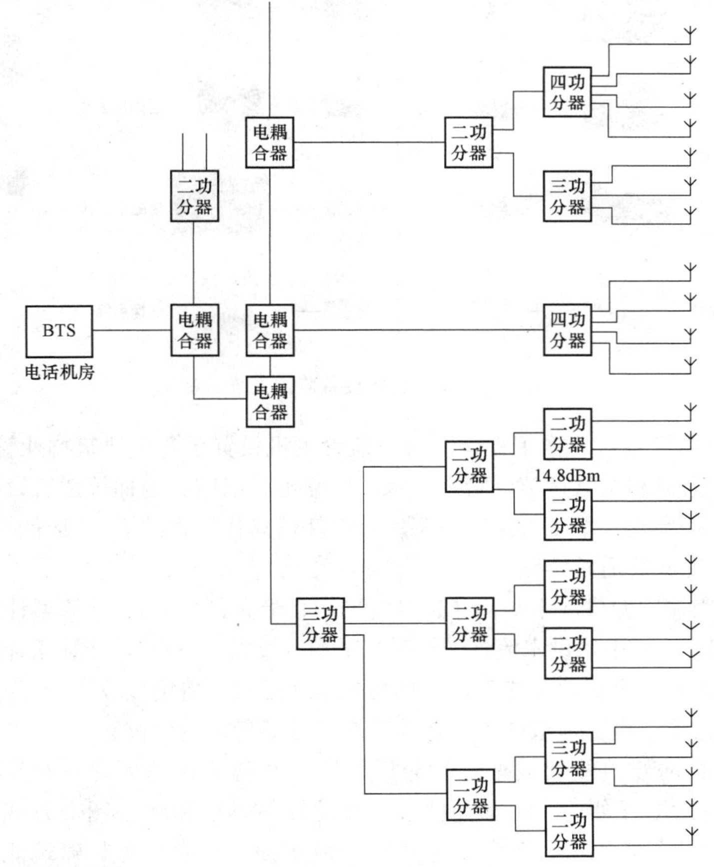

图 1.1.7－7 无线通信增强系统示意

以及软件技术等，采用“集散型系统”，通过中央监控系统的计算机网络，将各层的控制器、现场传感器、执行器及远程通信设备进行联网，共同实现集中管理、分散控制的综合监控及管理功能。

2）本工程建筑设备监控系统的总体目标是分别对建筑内的建筑设备（HVAC、给排水系统、供配电系统、照明系统等）进行分散控制、集中监视管理，从而提供一个舒适的工作环境，通过优化控制提高管理水平，从而达到节约能源和人工成本，并能方便实现物业管理自动化的目的。

3）系统设计所遵循的原则是注重系统的先进性、实用性、可靠性、开放性、适应性、可扩展性、经济性和可维护性。通过对工程中子系统的控制，对建筑内温、湿度的自动调节，空气质量的最佳控制，以及对室内照明进行自动化管理等手段，提供最佳的能源管理方案，对机电设备以及照明等采取优化控制和管理，确保节能运行，从而降低能源成本及运行费用。

4）本工程在地下一层设置一处建筑设备监控室，对建筑设备实施管理与控制。本工程建筑设备监控系统监控点数约为 1373 控制点，其中 AI=124 点、AO=280 点、DI=727 点、DO=242 点。建筑设备监控系统示意见图 1.1.7－8。

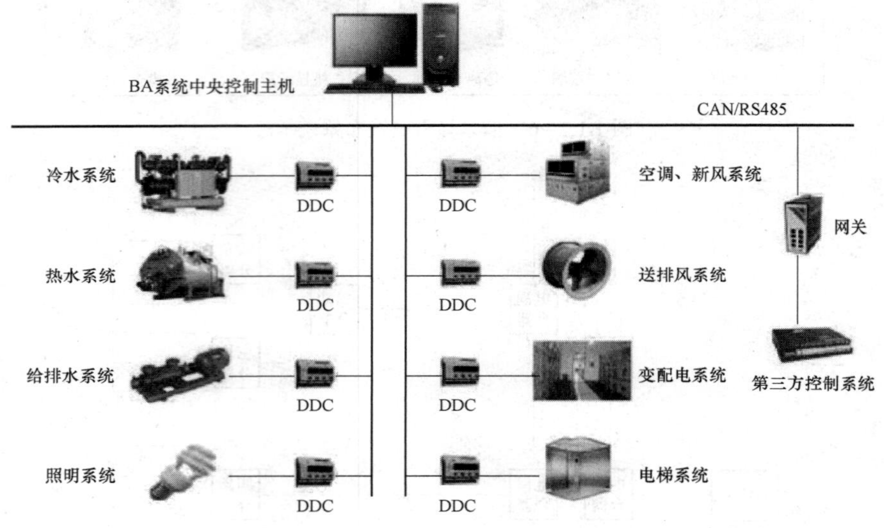

图 1.1.7－8　建筑设备监控系统示意

（2）建筑能效监管系统。本工程建筑能效监管主机设置于各个建筑物业管理室。系统可对冷热源系统，供暖通风和空气调节、给水排水、供配电、照明、电梯等建筑设备进行能耗监测。根据建筑物业管理的要求及基于对建筑设备运行能耗信息化监管的需求，应能对建筑的用能环节进行适度调控及供能配置适时调整。

1）实时监测空调冷源供冷水负荷（瞬时、平均、最大、最小），计算累计用量，费用核算。

2）实时监测自来水/中水供水流量（瞬时、平均、最大、最小），计算累计用量，费用核算。

3）根据管理需要，设置计量热表，计算租户累计用量，费用核算。

4）根据管理需要，设置电量计量，计算租户累计用量，费用核算。

5）实现对采集的建筑能耗数据进行分析、比对和智能化的处理。对经过数据处理后的分类、分项能耗数据进行分析、汇总和整合，通过静态表格和动态图表方式将能耗数据展示出来，为节能运行、节能改造、信息服务和制定政策提供信息服务。建筑能效监管系统示意见图 1.1.7－9。

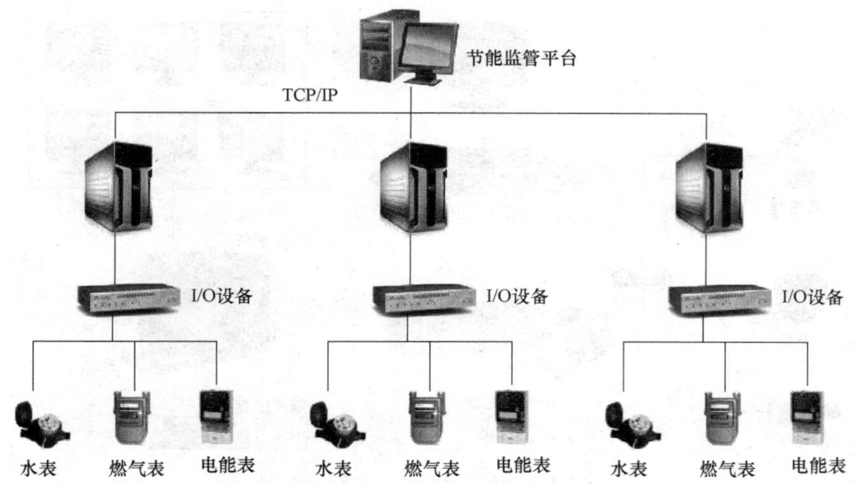

图 1.1.7－9 建筑能效监管系统示意

（3）电梯监控系统。

1）电梯监控系统是一个相对独立的子系统，纳入设备监控管理系统进行集成。

2）电梯现场控制装置应具有标准接口（如 RS485、RS232 等）。

3）在安防消防中心设电梯监控管理主机，显示电梯的运行状态。

4）监控系统配合运营，启动和关闭相关区域的电梯；接收消防与安防信息，及时采取应急措施。

5）系统自动监测各电梯运行状态，紧急情况或故障时自动报警和记录，自动统计电梯工作时间，定时维修。

6）电梯对讲电话主机及对讲电话分机由电梯中标方成套提供，要求满足工程管理需要。

7）电梯轿厢内设暗藏式对讲机，对讲总机设在消防控制室，用于紧急对讲。

（4）电力监控系统。本工程的电力监控系统是一个相对独立的子系统，电能监测中采用的分项计量仪表具有远传通信功能，纳入设备监控管理系统进行集成。

5. 公共安全系统。

（1）视频监控系统。本工程在一层设置保安室（与消防控制室共室），内设系统矩阵主机、视频录像、打印机，监视器及交流 24V 电源设备等。视频自动切换器接收多个摄像点信号输入，定时自动轮换（1～30s）输出监控信号，也可手动任选一个摄像机的画面跟踪监视、录像、打印。系统矩阵主机带输入、输出板；云台控制及编程，控制输出时、日、字符叠加等功能。

在建筑的大堂、各层电梯厅、电梯轿厢等处设置摄像机，电梯轿厢内采用广角镜头，要求图像质量不低于四级。图像水平清晰度：黑白电视系统应不低于 400 线，彩色电视系统应不低于 270 线。图像画面的灰度不应低于 8 级。保安闭路监视系统各路视频信号，在监视器输入端的电平值应为 1Vp－p±3dB VBS。保安闭路监视系统各部分信噪比指标分配应符合：摄像部分 40dB；传输部分 50dB；显示部分 45dB。保安闭路监视系统采用的设备和部件的视频输入和输出阻抗以及电缆阻抗均应为 75Ω。闭路监视系统示意图见图 1.1.7－10。

（2）出入口控制系统。系统主机设置于建筑消防控制室。系统构成与主要技术功能：

1）出入口控制系统由识读部分、传输部分、管理/控制部分和执行部分以及相应的系统软件组成。

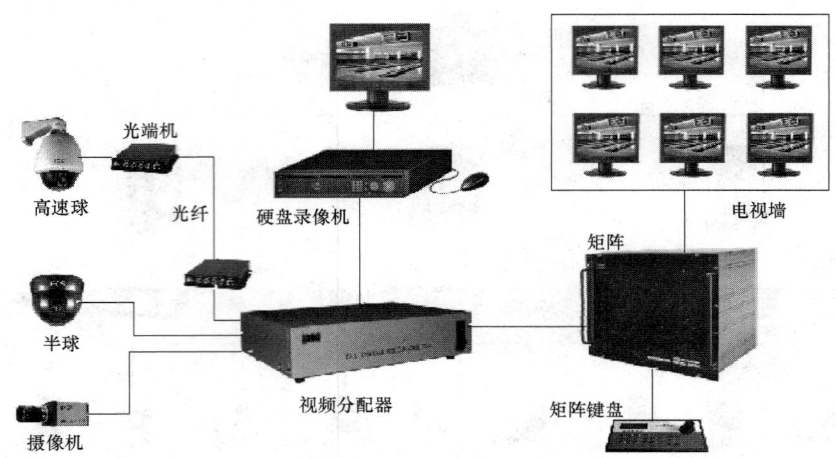

图 1.1.7－10 闭路监视系统示意图

2）本工程在重要机房、物业用房车库、出入口安装读卡机、电控锁以及门磁开关等控制装置。系统设置于各建筑消防控制室内。

3）系统的信息处理装置应能对系统中的有关信息自动记录、打印、存储，并有防篡改和防销毁的措施。

4）出入口控制系统应能独立运行，并能与火灾自动报警系统、视频监控系统联动。当发生火警或需紧急疏散时，人员不使用钥匙应能迅速安全通过。

（3）停车场管理系统。本工程停车场管理系统主机就近管理用房内设置。工程停车场管理系统采用影像全鉴别系统，对进出的内部车辆采用车辆影像对比方式，防止盗车；外部车辆采用临时出票机方式。系统构成与主要技术功能：

1）出入口及场内通道的行车指示。

2）车位引导。

3）车辆自动识别。

4）读卡识别。

5）出入口挡车器的自动控制。

6）自动计费及收费金额显示。

7）多个出入口的联网与管理。

8）分层停车场（库）的车辆统计与车位显示。

9）出入挡车器被破坏（有非法闯入）报警。

10）非法打开收银箱报警。

11）无效卡出入报警。

12）卡与进出车辆的车牌和车型不一致报警。

（4）无线巡更系统。无线巡更系统由信息采集器、信息下载器、信息钮和中文管理软件等组成。并可实现以下功能：

1）可按人名、时间、巡更班次、巡更路线对巡更人的工作情况进行查询，并可将查询情况打印成各种表格，如情况总表、巡更事件表、巡更遗漏表等。

2）巡更数据储存，定期将以前的数据储存到软盘上，需要时可恢复到硬盘上。

3）用户要求可定制其他功能，如各种巡更事件的设置、员工考勤管理等。无线巡更系统示意图见图 1.1.7－11。

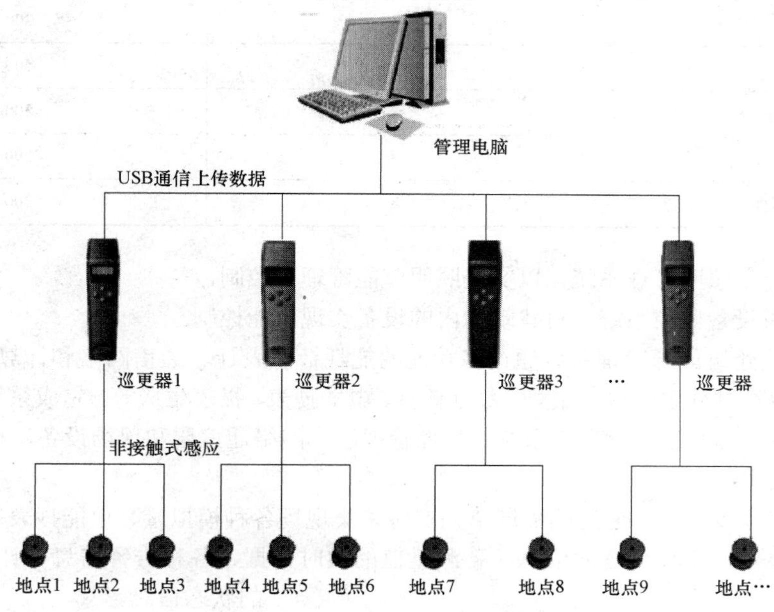

图 1.1.7－11 无线巡更系统示意图

1.1.8 电气抗震设计

1. 工程内设备安装如高低压配电柜、变压器、配电箱、控制箱等均应满足抗震设防规定。

2. 电气设备系统中内径大于或等于 60mm 的电气配管和重量大于或等于 15kg/m 的电缆桥架及多管共架系统须采用机电管线抗震支撑系统。

3. 刚性管道侧向抗震支撑最大设计间距不得超过 12m；柔性管道侧向抗震支撑最大设计间距不得超过 6m。

4. 刚性管道纵向抗震支撑最大设计间距不得超过 24m；柔性管道纵向抗震支撑最大设计间距不得超过 12m。

5. 垂直电梯应具有地震探测功能，地震时电梯能够自动停于就近平层并开门运行。

6. 设在建筑物屋顶上的共用天线等，应设置防止因地震导致设备损坏后部件坠落伤人的安全防护措施。

7. 应急广播系统预置地震广播模式。

8. 安装在吊顶上的灯具，应考虑地震时吊顶与楼板的相对位移。

1.1.9 电气节能措施

1. 变、配电站深入负荷中心，合理选择电缆、导线截面，减少电能损耗。

2. 变压器应采用低损耗、低噪声的产品。

3. 本工程采用低压集中自动补偿方式，并配备谐波电抗器组合，作为谐波抑制措施，避免高次谐波电流与电力电容发生谐振，影响系统设备可靠运行，治理后的谐波水平满足 GB/T 14549 的要求。

4. 优先采用节能光源。荧光灯应采用 T5 灯管。建筑室内照明功率密度值应小于表 1.1.9 要求。

表 1.1.9 建筑室内照明功率密度值

房间或场所	照明功率密度/（W/m²）	对应照度值/lx
普通办公室	8	300
高档办公室、设计室	13.5	500
会议室	8	300
营业厅	8	300
文件整理、复印、发行室	8	300

5. 采用智能型照明管理系统，以实现照明节能管理与控制。

6. 设置建筑设备监控系统，对建筑物内的设备实现节能控制。

7. 设置智能建筑能源管理系统通过多功能的能耗计量表计、通信网络和计算机软件，实现供配电系统在运行过程中的数据采集、数据计算、电能抄表、报表生成等，完成系统的安全供电、电能计量、设备管理和运行管理。系统由站控管理层、网络通信层和现场设备层构成。

系统功能需求：

（1）数据采集及处理：通过间隔层单元实时采集现场各种模拟量、电能抄表等。

（2）画面显示：全部设备的信息、各测量值的实时数据、各种告警信息、计算机监控系统的状态信息。

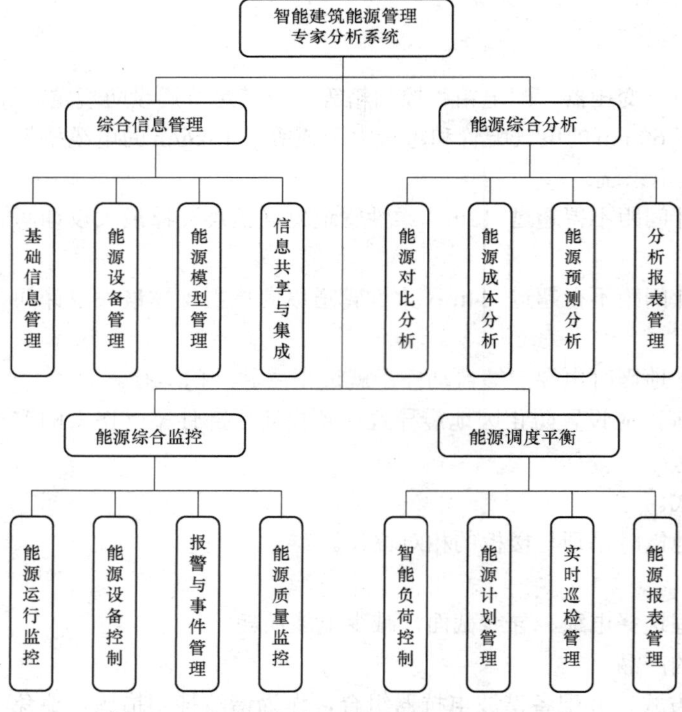

图 1.1.9 智能建筑能源管理专家分析系统框图

（3）记录功能：具有对各种历史数据的记忆功能，以供随时查询、回顾和打印。

（4）报警处理：用户可以按照自己的意愿分类、筛选报警，并将报警归纳于不同的报警窗口中，根据不同的报警级别，采用推出画面、光显示、条纹闪烁及不同声音级别的音响进行报警。

（5）应具有完善的用户管理功能，避免越权操作。

（6）历史曲线显示：可显示存于历史数据库中的任意模拟量、电能量。

（7）报表打印功能：可召唤打印、定时打印各种历史数据，运行参数，事故报告统计，能耗量统计报表。

智能建筑能源管理专家分析系统框图见图 1.1.9。

1.2 电视传媒中心

1.2.1 项目信息

某电视传媒中心，地上共十二层，地下三层，建筑面积为 62 000m²，建筑高度为 54m。地下三层为设备机房层，地下二层为变电所、工艺用房等，地下一层为演播厅、柴油发动机房、商业店铺等，一层至十二层为办公、工艺用房。

1.2.2 系统组成

1. 高低压变、配电系统。
2. 电力、照明系统。
3. 防雷与接地系统。
4. 电气消防系统。
5. 智能化系统。
6. 电气抗震设计和电气节能措施。

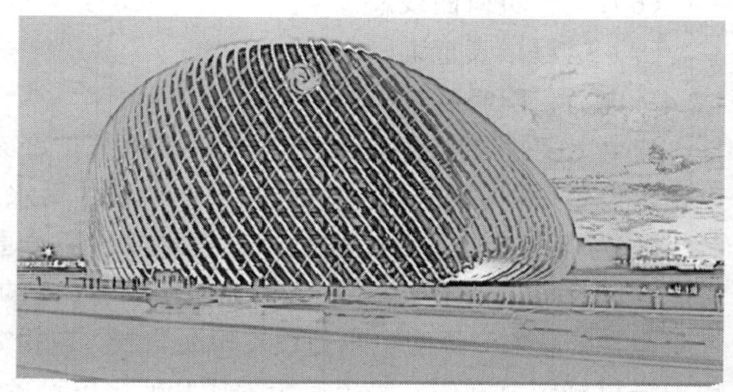

电视传媒中心

1.2.3 高低压变、配电系统

1. 负荷分级。

（1）一级负荷：包括计算机系统用电，直接播出的电视演播厅、中心机房、录像室、微波设备及发射机房用电；语音播音室、控制室的电力和照明用电，火灾报警及联动控制设备、消防泵、消防电梯、排烟风机、加压风机、保安监控系统、应急照明、疏散照明等，设备容量约为 4200kW。其中计算机系统，直接播出的电视演播厅、中心机房、录像室、微波设备及发射机房、保安监控系统和所有的消防用电设备为一级负荷中的特别重要负荷。

（2）二级负荷：包括洗印室、电视电影室、审听室、楼梯照明用电，客梯、排水泵、生活水泵用电等。设备容量约为 2600kW。

（3）三级负荷：包括一般照明及动力负荷。设备容量约为 2200kW。

2. 电源。本工程由市政外网引来双重高压电源。高压系统电压等级为 10kV。高压采用单母线分段运行方式，中间设联络开关，平时两路电源同时分列运行，互为备用，当一路电源故障时，通过手/自操作联络开关，另一路电源负担全部负荷。

3. 变、配、发电站。

（1）在地下二层设置变电所一处，内设两台 2000kVA 和四台 1600kVA 干式变压器。变压器低压侧 0.4kV 采用单母线分段接线方式，低压母线分段开关采用自动投切方式时，低压母联断路器应采用设有自投自复、自投手复、自投停用三种状态的位置选择开关，自投时应设有一定的延时，当变压器低压侧总开关因过负荷或短路故障而分闸时，母联断路器不得自动合闸；电源主断路器与母联断路器之间应有电气联锁。

（2）在地下一层设置一处柴油发电机房。设置一台 1250kW 柴油发电机组。

4. 自备应急电源系统。

（1）当市电出现停电、缺相、电压超出范围（AC380V：–15%～+10%）或频率超出范围（50Hz ±5%）时延时 15s（可调）机组自动启动。

（2）当市电故障时，直接播出的电视演播厅、中心机房、录像室、微波设备及发射机房，消防用电设备、应急照明与疏散照明以及涉及人身安全的用电设备均由自备应急电源提供电源。

5. 设置电力监控系统，对电力配电实施动态监视。电力监控系统主要功能：

（1）数据采集与处理。

（2）人机交互。

（3）历时史事件。

（4）数据库建立与查询。

（5）用户权限管理。

（6）运行负荷曲线。

（7）远程报表查询。

1.2.4 电力、照明系统

1. 配电系统的接地形式采用 TN－S 系统。冷冻机组、冷冻泵、冷却泵、生活泵、热力站、电梯等设备采用放射式供电；风机、空调机、污水泵等小型设备采用树干式供电。

2. 为保证重要负荷的供电，对重要设备，如通信机房、消防用电设备（消防水泵、排烟风机、加压风机、消防电梯等）、信息网络设备、消防控制室、中央控制室等均采用双回路专用电缆供电，在最末一级配电箱处设双电源自投，自投方式采用双电源自投自复，消防水泵可在水泵房现场机械应急操作。为了避免干扰其他用电设备.演播室灯光应由单独电源供电。

3. 主要配电干线沿由变电所用电缆槽盒引至各电气小间，支线穿钢管敷设。

4. 普通干线采用辐照交联低烟无卤阻燃电缆；重要负荷的配电干线采用氧化镁电缆。部分大容量干线采用封闭母线。

5. 重要的广播电视播出工艺、网络中心负荷等采用集中 UPS 电源供电，采用通过两台变压器供给两台 UPS 供电。两台 UPS 并联运行，平时各带一半负荷运行，当一台 UPS 故障，则由另一台 UPS 带全部负荷运行。

6. 照度标准见表 1.1.4。

7. 光源。一般场所选用节能型灯具；有装修要求的场所视装修要求可采用多种类型的光源；对仅作为应急照明用的光源应采用瞬时点燃的光源；对大空间场所和室外空间可采用金属卤化物灯。

8. 应急照明与疏散照明：演播室、消防控制室、变配电站、配电间、电信机房、弱电间、楼梯间、前室、水泵房、电梯机房、排烟机房、重要机房的值班照明等处的应急照明按 100%考虑；门厅、走道按 30%设置应急照明；其他场所按 10%设置应急照明。各层走道、拐角及出入口均设疏散指示灯，蓄电池采用集中免维护电池进行供电，停电时自动切换为直流供电，并且应急照明持续时间应不少于 30min。

9. 照明控制。为了便于管理和节约能源，以及不同的时间要求不同的效果。本工程采用智能型照明控制系统，部分灯具考虑调光；汽车库照明采用集中控制；楼梯间、走廊等公共场所的照明采用集中控制和就地控制相结合的方式；走廊的照明采用集中控制。走廊的应急照明考虑就地控制和消防集中控制的方式。室外照明的控制纳入建筑设备监控系统统一管理。智能灯光控制框架见图 1.2.4－1。

10. 演播室灯光设计。

（1）演播室演区基本光：在 1.5m 处的垂直照度应不低于 1500lx；演区主光的垂直照度为 1800～2250lx；演区辅助光的垂直照度为 1200～1800lx；演区逆光的垂直照度为 2250～3000lx；

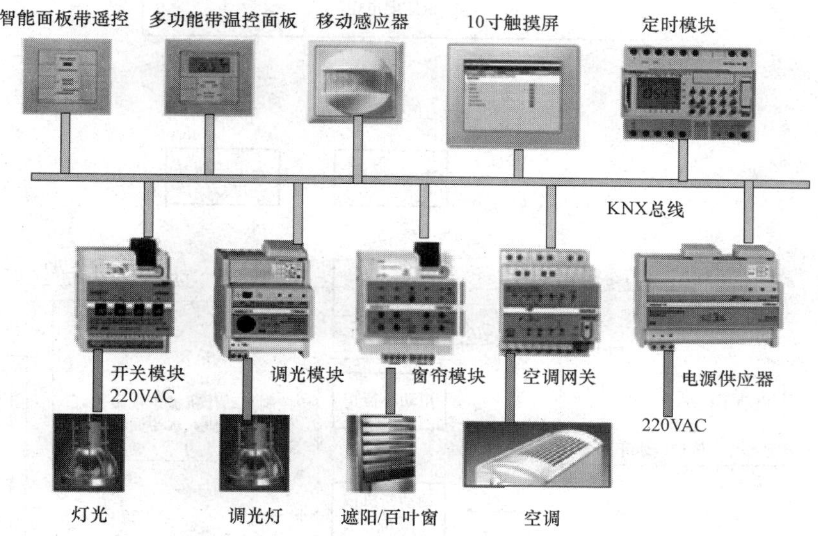

图 1.2.4－1 智能灯光控制框架

演区背景光的照度为 800～1000lx。演播室演区光的色温应为 3050±150K。演播室演区光的显色指数应不小于 85。

（2）300m² 演播室灯光悬吊装置采用电动水平吊杆，选择 180 回路的固定式调光柜。控制台选择中型微机调光控制台。80m² 演播室灯光悬吊装置采用滑轨系统。选择 60 回路及以下的固定式调光柜。300m² 演播室灯光系统框架见图 1.2.4－2。300m² 演播室布光系统框架见图 1.2.4－3。80m² 演播室灯光系统框架见图 1.2.4－4。

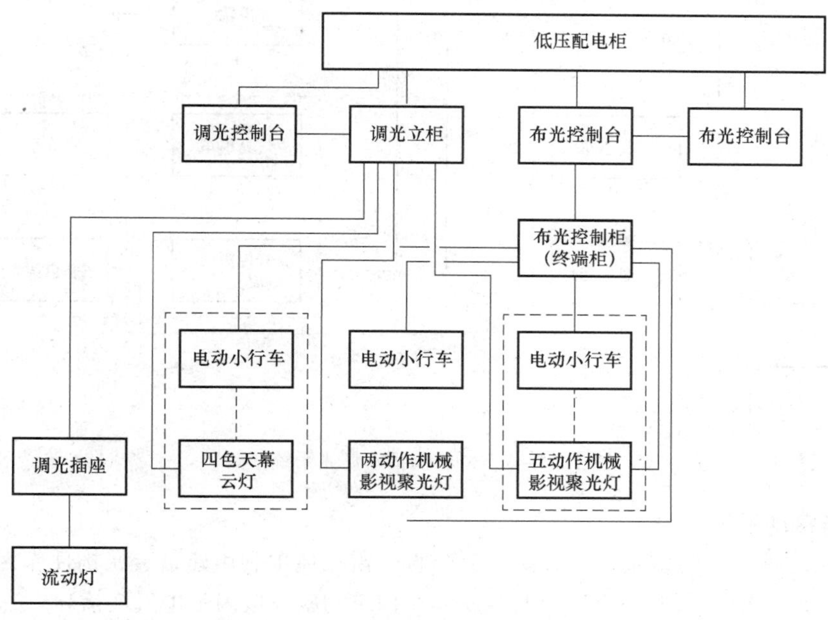

图 1.2.4－2 300m² 演播室灯光系统框架

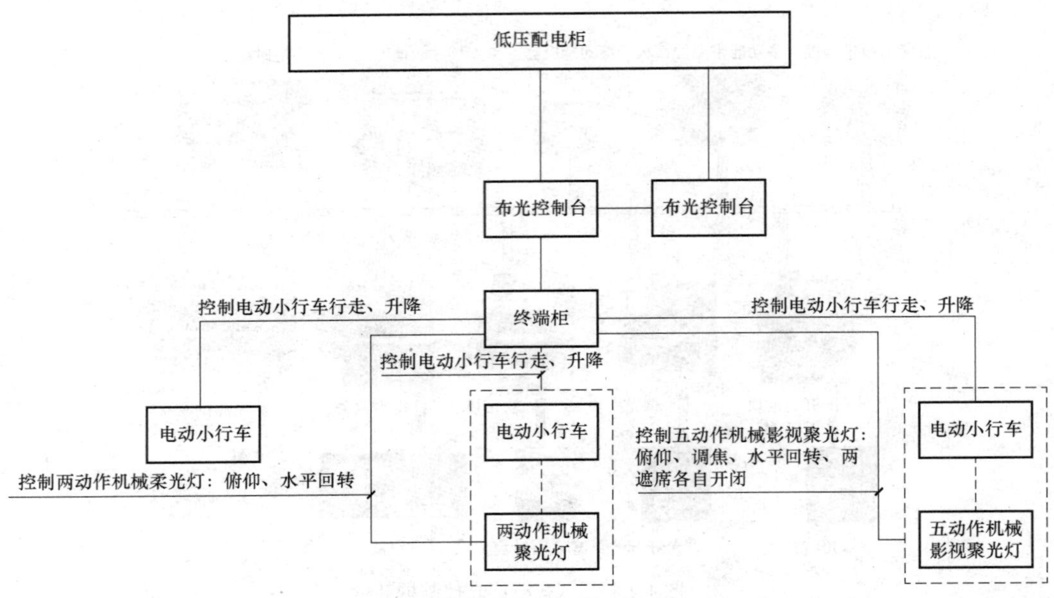

图 1.2.4－3 300m² 演播室布光系统框架

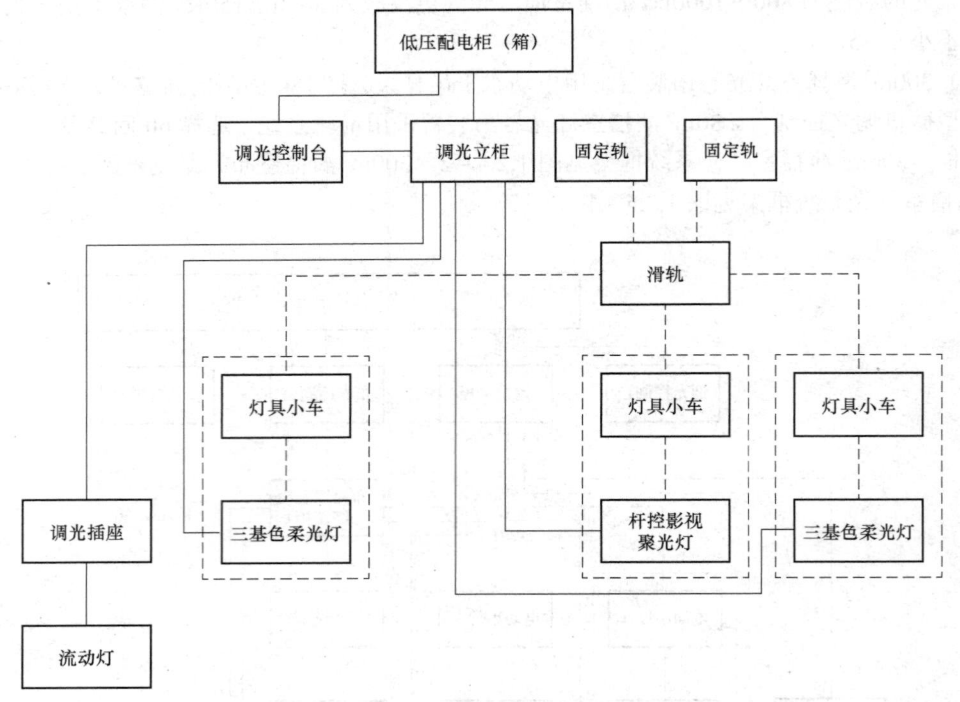

图 1.2.4－4 80m² 演播室灯光系统框架

1.2.5 防雷与接地系统

1. 本建筑物按二类防雷建筑物设防，为防直击雷在屋顶利用建筑金属构件作为接闪带，其网格不大于 10m×10m，所有突出屋面的金属体和构筑物应与接闪带电气连接。

2. 为防止侧向雷击，利用圈梁内两根主筋做均压环，即将该层外墙上的所有金属窗、构件、玻璃幕墙的预埋件及楼板内的钢筋接成一体后与引下线焊接。

3. 为预防雷电电磁脉冲引起的过电流和过电压，在变压器低压侧、重要设备供电的末端配电箱、重要的信息设备、电子设备、由室外引入建筑物的线路等装设电涌保护器（SPD）。

4. 本工程采用共用接地装置，以建筑物、构筑物的金属体、构造钢筋和基础钢筋作为接地体，其接地电阻小于 1Ω。

5. 建筑物做总等电位联结，在配变电所内安装一个总等电位联结端子箱，将所有进出建筑物的金属管道、金属构件、接地干线等与总等电位端子箱有效连接。

6. 在所有演播室、通信机房、电梯机房、浴室等处做辅助等电位联结。

1.2.6 电气消防系统

1. 在一层设置消防控制室，对建筑内的消防进行探测监视和控制。消防控制室内分别设有火灾报警控制主机、联动控制台、CRT 显示器、打印机、紧急广播设备、消防直通对讲电话设备、电梯监控盘及 UPS 电源设备等。

2. 根据不同场所的需求，设置感烟、感温、煤气探测器及手动报警器。消防控制中心和消防控制室可对探测器的火警、故障信号进行监视，并对消防水泵、消防风机、紧急广播等设备进行联动控制。

3. 极早期烟雾报警系统：在演播室、网络通信机房、网络设备间装设极早期烟雾报警系统。极早期烟雾报警系统主机的信号接至消防报警系统，提前做出火灾报警。

4. 为防止用电不善引起的火灾，本工程设置电气火灾报警系统。

5. 为保证消防设备电源可靠性，本工程设置消防设备电源监控系统，实现对消防设备电源的实时监测，可显著提高消防设备的可靠性、稳定性及备战能力，采用消防设备电源监控系统可实现有效降低消防设备供电电源的故障发生率，确保消防设备的正常工作，对有效保障人民生命和国家财产安全产生意义深远的积极作用。

6. 为保证防火门充分发挥其隔离作用，在火灾发生时，迅速隔离火源，有效控制火势范围，为扑救火灾及人员的疏散逃生创造良好条件，本工程设置防火门监控系统。对防火门的工作状态进行 24h 实时自动巡检，对处于非正常状态的防火门给出报警提示。在发生火情时，该监控系统自动关闭防火门，为火灾救援和人员疏散赢得宝贵时间。

1.2.7 智能化系统

1. 信息化应用系统。信息化应用系统功能应满足建筑物运行和管理的信息化需要并提供建筑业务运营的支撑和保障。系统包括公共服务、智能卡应用、物业管理、信息设施运行管理、信息安全管理、基本业务办公和专业业务等信息化应用系统。

（1）公共服务系统。公共服务系统应具有访客接待管理和公共服务信息发布等功能，并应具有将各类公共服务事务纳入规范运行程序的管理功能。系统基于信息网络及布线系统，系统服务器设置于中心网络机房，管理终端设置于相应管理用房。

（2）智能卡应用系统。根据建设方物业信息管理部门要求对出入口控制、电子巡查、停车场管理、考勤管理、消费等实行一卡通管理，“一卡”在同一张卡片上实现开门、考勤、消费等多种功能；“一库”，在同一软件平台上，实现卡的发行、挂失、充值、资料查询等管理，系统共用一个数据库，软件必须确保出入口控制系统的安全管理要求；“一网”，各系统的终端接入局域网进行数据传输和信息交换。系统基于信息网络及布线系统，系统服务器设置于中心网络机房，管理终端设置于相应管理用房。

（3）信息设施运行管理系统。信息设施运行管理系统应具有对建筑物信息设施的运行状态、资源配置、技术性能等进行监测、分析、处理和维护的功能。系统基于信息网络及布线系统，系统服务器设置于中心网络机房，管理终端设置于相应管理用房。

（4）信息安全管理系统。信息网络安全管理系统通过采用防火墙、加密、虚拟专用网、安全隔离和病毒防治等各种技术和管理措施，室网络系统正常运行，确保经过网络的传输和管理措施，使网络系统正常运行，确保经过网络传输和交换的数据不会发生增加、修改、丢失和泄露。系统基于信息网络及布线系统，系统服务器设置于中心网络机房，管理终端设置于相应管理用房。

2. 智能化集成系统。

（1）集成管理的重点是突出在中央管理系统的管理，控制仍由下面各子系统进行。集成管理能为本工程各个管理部门提供高效、科学和方便的管理手段。将建筑中日常运作的各种信息，如建筑设备监控、安防、通信系统等管理信息，各种日常办公管理信息，物业管理信息等构成相互之间有关联的一个整体，从而有效地提升建筑整体的运作水平和效率。智能化集成系统示意见图 1.2.7－1。

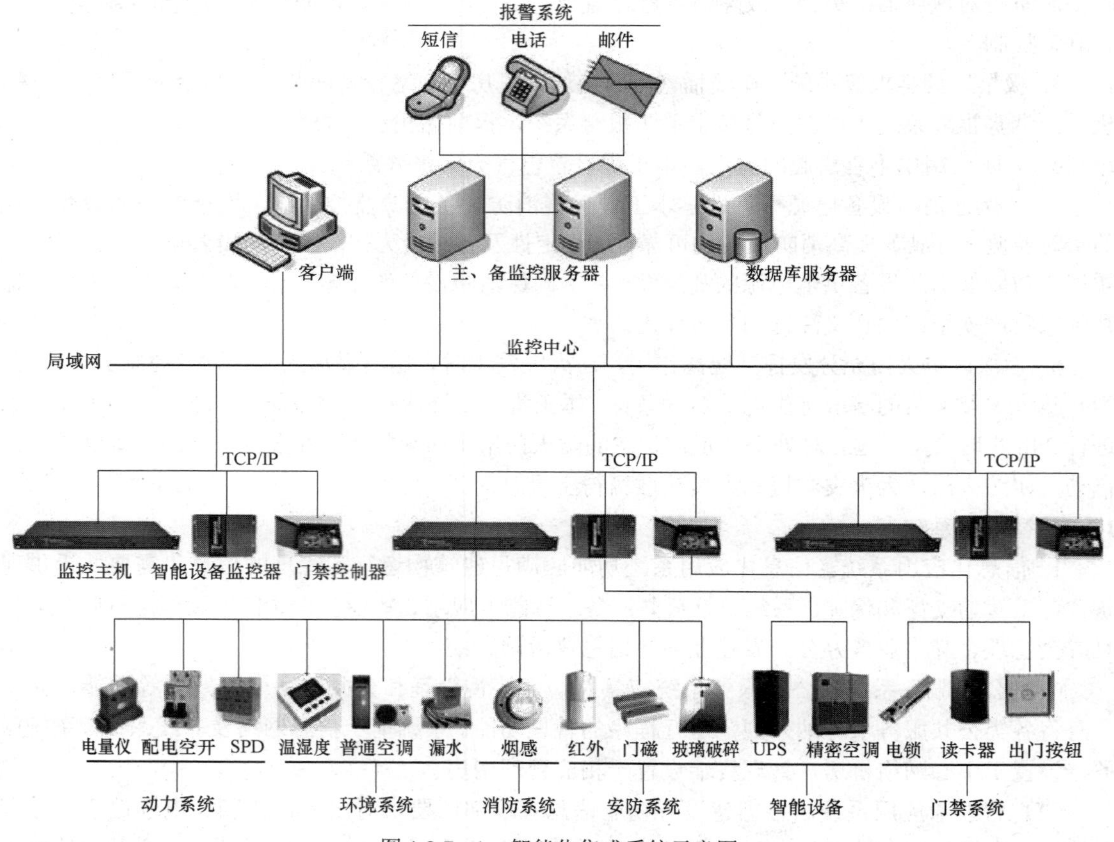

图 1.2.7－1　智能化集成系统示意图

（2）集成管理，首先要求进行集成的系统应该是一个开放性的系统，在集成过程中，首先要解决好各个系统间通信协议的标准化问题，使整个系统达到信息识别的唯一性，只有这样，才能真正达到各子系统之间的联动，也才能做到无论集成先后，均能平滑连接。

（3）系统集成的规模，首先是以建筑设备管理系统为模式，即 BMS 模式，先期将在建筑中有相互联动关系的各建筑设备监控子系统进行相对集成，达到相互之间在处理和解决建筑中出现的问题时，能协同动作，提高效率，便于管理。在 BMS 中，以建筑设备监控系统（BA）为基础平台，进行相关的联动设计。

3. 信息化设施系统。

（1）信息系统对城市公用事业的需求。

1）本工程需输出、输入中继线 300 对（呼出呼入各 50%）。另外申请直拨外线 400 对（此数量可根据实际需求增减）。

2）本工程建立卫星通信系统，进行高速数据传输、图像传输、综合数据与语音通信、移动数据通信、计算机网络连接等综合业务，与 DDN 数字数据网互为备份，可以保证数据通信的不间断性、可靠性。

3）电视信号接自城市有线电视网，在顶层设有卫星电视机房，对建筑内的有线电视实施管理与控制。有线电视节目和卫星电视节目经调制后，再经电视信号干线系统传送至每个电视输出口处，从而获得技术规范所要求的电平信号，达到满意的收视效果。

（2）综合布线系统。

1）本工程在将办公语音信号、数字信号、视频信号、控制信号的配线，经过统一的规范设计，综合在一套标准的配线系统上，此系统为开放式网络平台，方便用户在需要时，形成各自独立的子系统。综合布线系统可以实现世界范围资源共享，综合信息数据库管理、电子邮件、个人数据库、报表处理、财务管理、电话会议、电视会议等。

2）设置内部局域计算机网络，实现建筑内工作范围内的资源共享。内部网络与外网的隔离要求应满足表 1.2.7 的要求。

表 1.2.7　　内部网络与外网的隔离要求

设备类型	外网设备	外网信号线	外网电源线	外网信号地线	偶然导体	屏蔽外网信号线	屏蔽外网电源线
内网设备	1	1	1	1	1	0.05	0.05
内网信号线	1	1	1	1	1	0.15	0.15
内网电源线	1	1	1	1	1	0.15	0.05
内网信号地线	1	1	1	1	1	0.15	0.15
屏蔽内网信号线	0.15	0.15	0.15	0.15	0.05	0.05	0.05
屏蔽内网电源线	0.15	0.15	0.15	0.15	0.15	0.05	0.05

综合布线系统示意见图 1.2.7－2。

3）本工程在地下一层设置网络室。

（3）通信自动化系统。

1）本工程在地下一层设置电话交换机房，拟定设置一台 1000 门的 PABX。

2）本工程建立卫星通信系统，进行高速数据传输、图像传输、综合数据与语音通信、移动数据通信、计算机网络连接等综合业务，与 DDN 数字数据网互为备份，可以保证数据通信的不间断性、可靠性。

（4）会议电视系统。本工程在会议室设置全数字化技术的数字会议网络系统（DCN 系统），该系统采用模块化结构设计，全数字化音频技术。具有全功能、高智能化、高清晰音质。方便扩展和数据传递保密等优点。可实现发言演讲、会议讨论、会议录音等各种国际性会议功能，其中主席设备具有最高优先权，可控制会议进程。会议电视系统示意见图 1.2.7－3。

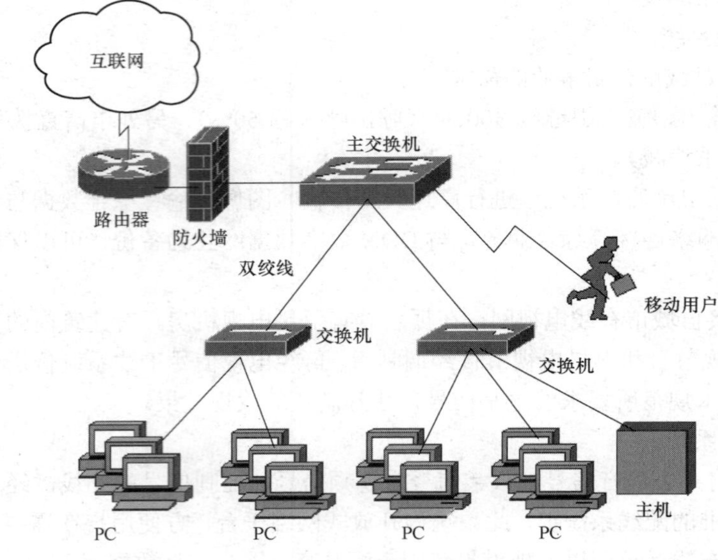

图 1.2.7－2　综合布线系统示意

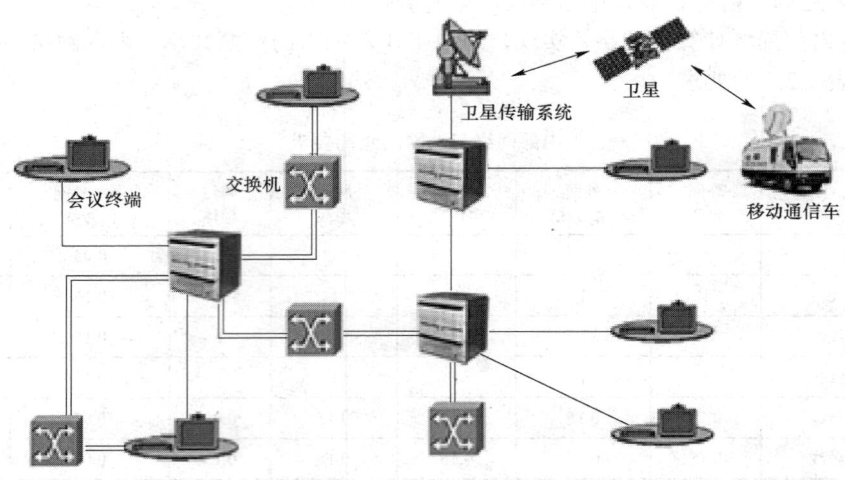

图 1.2.7－3　会议电视系统示意

（5）有线电视及卫星电视系统。

1）电视信号接自城市有线电视网，在顶层设有卫星电视机房，对建筑内的有线电视实施管理与控制。有线电视节目和卫星电视节目经调制后，再经电视信号干线系统传送至每个电视输出口处，从而获得技术规范所要求的电平信号，达到满意的收视效果。系统设备包括卫星接收天线、功分器、接收机、解密器、制式转换器、前置放大器、频道放大器、频道转换器、有源混合器、供电单元、宽带放大器、分配器、分支器、终端电阻等。

2）本工程在地下一层设置有线电视前端室，在顶层设有卫星电视机房，对建筑内有线电视实施管理与控制。

3）有线电视系统根据用户情况采用分配－分支分配方式。有线电视系统示意见图 1.2.7－4。

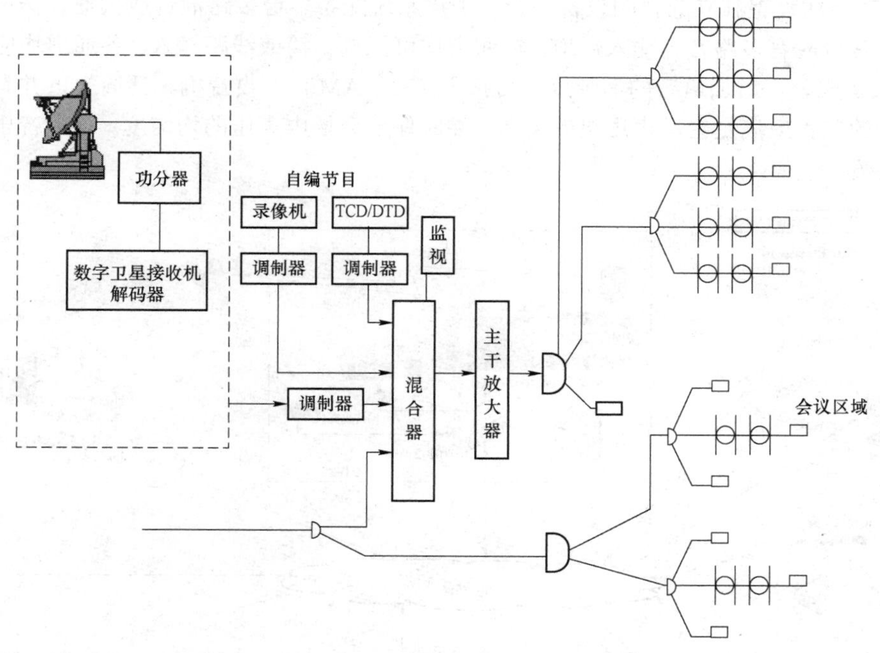

图 1.2.7－4 有线电视系统示意

（6）信息导引及发布系统。在大楼室外一层设置大屏幕，主题内容可以根据需要随时进行调整，并可以做到声色并茂；在每层的电梯厅设液晶显示器，用于重要信息发布、内部自作电视节目、重要会议的视频直播等。信息发布系统示意见图 1.2.7－5。

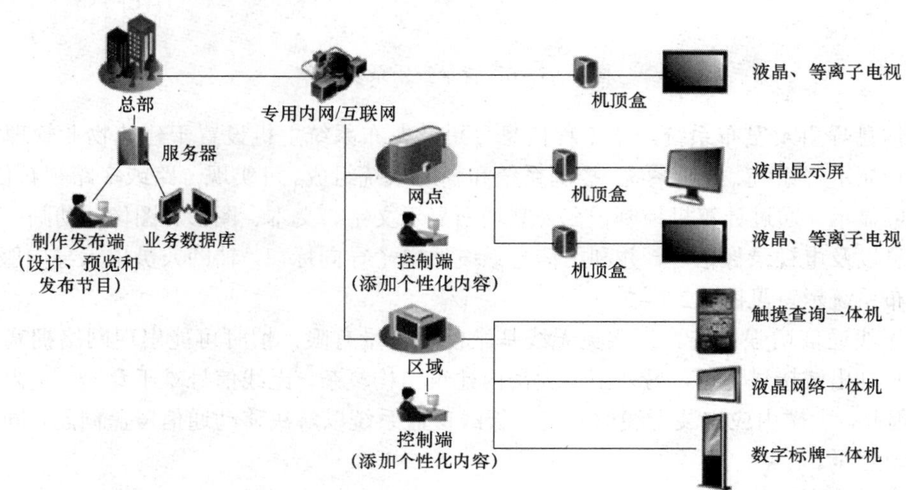

图 1.2.7－5 信息发布系统示意

（7）背景音乐及紧急广播系统。

1）本工程在一层设置广播室（与消防控制室共室）。

2）在一层走道、大堂、餐厅等均设有背景音乐。背景音乐及紧急广播系统采用 100V 定压式输出。当有火灾时，切断背景音乐，接通紧急广播。

3）多功能厅设置独立的音响设备。会议扩声系统配备多台多路混音放大器、扬声器箱等专业设备。调音台应有多路音源输入通道，每通道均可预选话筒或线路输入。各通道均应有语音滤波，衰减低音成分，增加语音的清晰度。可接入 CD、AM/FM 收音机、话筒等，并具备录音设备。扬声器的配置应满足会场声压级的需要，并应保证会场内声压的均匀度。背景音乐系统示意见图 1.2.7－6。

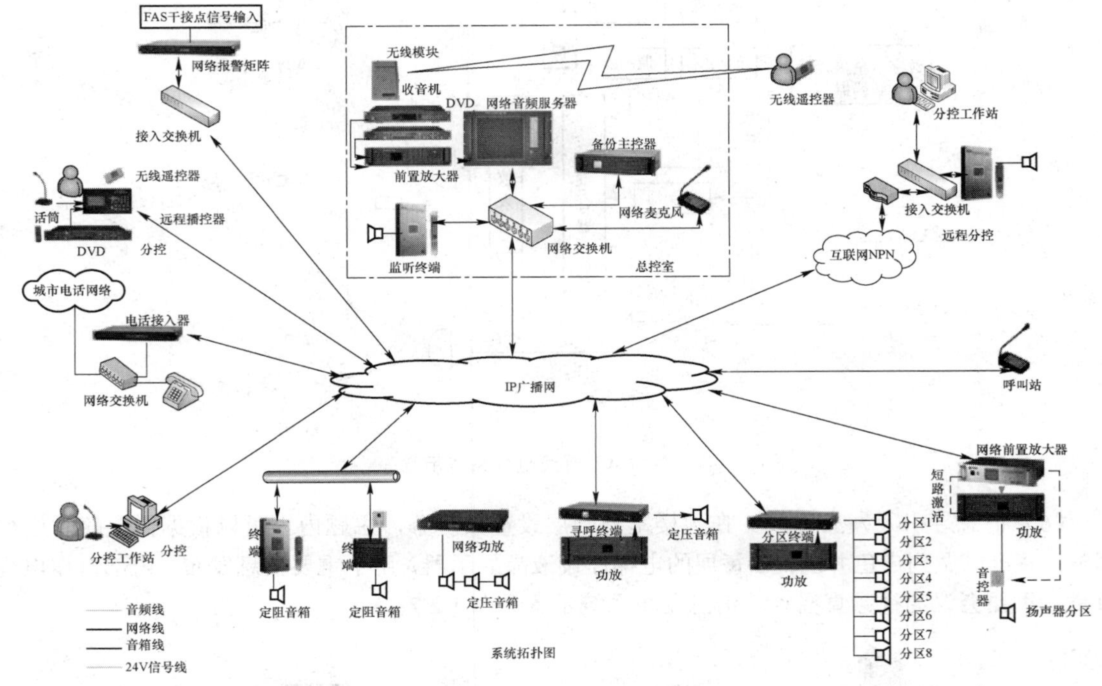

图 1.2.7－6　背景音乐系统示意

（8）信息导引及发布系统。本工程信息导引及发布系统主机设置于建筑物业管理室内。本系统由视频显示屏系统、传输系统、控制系统和辅助系统组成。可实现一路或多路视频信号同时、部分或全屏显示。通过计算机控制，在公共场所显示文字、文本、图形、图像、动画、行情等各种公共信息以及电视录像信号，并利用信息系统做电子导向标识，辅助人员出入导向服务。信息导引及发布系统示意见图 1.2.7－7。

（9）无线通信增强系统。为避免无线基站信道容量有限，忙时可能出现网络拥塞，手机用户不能及时打出或接进电话。另外由于大楼内建筑结构复杂，无线信号难于穿透，室内易出现覆盖盲区。因此，大楼内应安装无线信号室内天线覆盖系统以解决移动通信覆盖问题，同时也可增加无线信道容量。

4. 建筑设备管理系统。

（1）建筑设备监控系统。

1）建筑设备监控系统融合了计算机技术、网络通信技术、自动控制技术、数据库管理技术以及软件技术等，通过中央监控系统的计算机网络，将各层的控制器、现场传感器、执行器及远程通信设备进行联网，共同实现集中管理、分散控制的综合监控及管理功能。

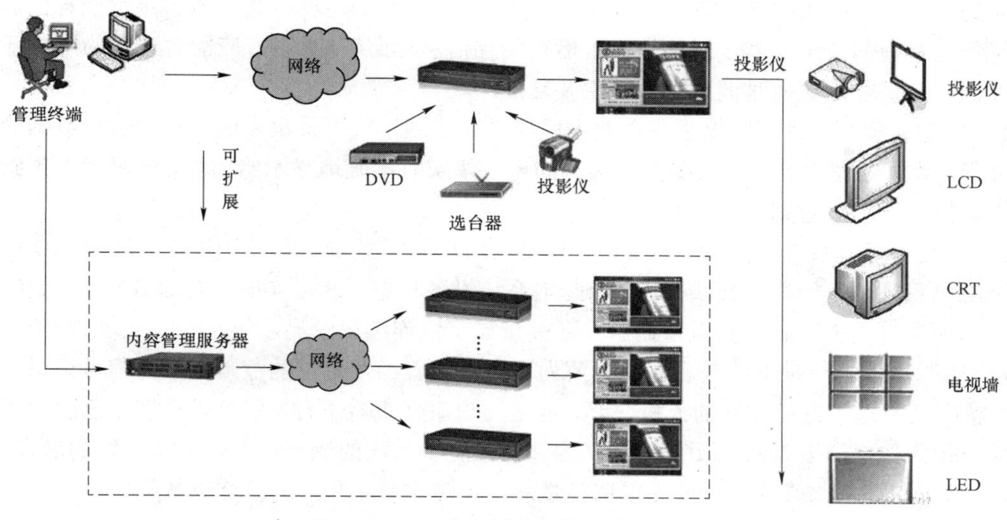

图 1.2.7－7 信息导引及发布系统示意

2）本工程建筑设备监控系统的总体目标是将建筑内的建筑设备管理与控制系统（HVAC、给排水系统、供配电系统、照明系统等）进行分散控制、集中监视管理，从而提供一个舒适的工作环境，通过优化控制提高管理水平，从而达到节约能源和人工成本，实现物业管理自动化的目的。

3）本工程建筑设备监控系统监控点数共计为 2525 控制点，其中 AI=470 点、AO=240 点、DI=1502 点、DO=313 点。

4）本工程在地下一层设置一处建筑设备监控室，对建筑设备实施管理与控制。建筑设备监控系统示意见图 1.2.7－8。

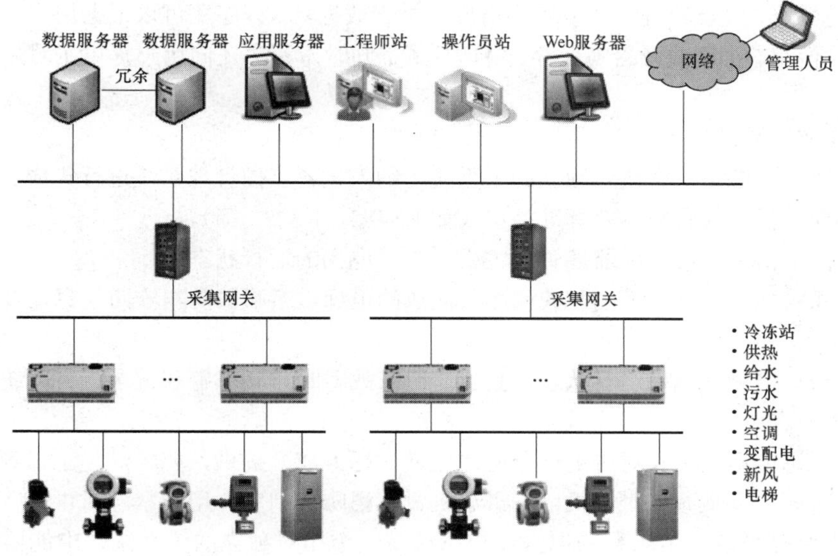

图 1.2.7－8 建筑设备监控系统示意

（2）建筑能效监管系统。本工程建筑能效监管主机设置于各个建筑物业管理室。系统可对冷热源系统、供暖通风和空气调节、给水排水、供配电、照明、电梯等建筑设备进行能耗监测。根据建筑物业管理的要求及基于对建筑设备运行能耗信息化监管的需求，应能对建筑的用能环节进行适度调控及供能配置适时调整。系统主要功能：

1）数据采集与处理。数据采集主要由底层多功能网络仪表采集完成，实现远程数据的本地实时显示，数据处理主要是把按要求采集到的电参量实时准确地显示给用户，同时把采集到的数据存入数据库供用户查询。

2）人机交互。系统提供简单、易用、良好的用户使用界面。采用全中文界面，CAD图形显示低压配电系统电气一次主接线图，显示配电系统设备状态及相应实时运行参数，画面定时轮巡切换；画面实时动态刷新；模拟量显示；开关量显示；连续记录显示等。

3）历时事件。历时事件查看界面主要为用户查看曾经发生过的故障记录、信号记录、操作记录、越限记录提供方便友好的人机交互，通过历史事件查看平台，您可以根据自己的要求和查询条件方便定位您所要查看的历史事件，为您把握整个系统的运行情况提供了良好的软件支持。

4）数据库建立与查询。主要完成遥信量和遥信量定时采集，并且建立数据库，定期生成报表，以供用户查询打印。

5）用户权限管理。针对不同级别的用户，设置不同的权限组，防止因人为误操作给生产，生活带来的损失，实现配电系统安全、可靠运行。可以通过用户管理进行用户登录、用户注销、修改密码、添加删除等操作，方便用户对账号和权限的修改。

6）运行负荷曲线。负荷趋势曲线功能主要负责定时采集进线及重要回路电流和功率负荷参量，自动生成运行负荷趋势曲线的，方便用户及时了解设备的运行负荷状况。点击画面相应按钮或菜单项可以完成相应功能的切换；可以查看实时趋势曲线或历史趋势线；对所选曲线可以进行平移、缩放、量程变换等操作，帮助用户进线趋势分析和故障追忆，为分析整个系统的运行状况提供了直观而方便的软件支持。

7）远程报表查询。报表管理程序的主要功能是根据用户的需要设计报表样式，把系统中处理的数据经过筛选、组合和统计生成用户需要的报表数据。本程序还可以根据用户的需要对报表文件采用定时保存、打印或者召唤保存、打印模式。同时本程序还向用户提供了对生成的报表文件管理功能。

（3）电梯监控系统。

1）电梯监控系统是一个相对独立的子系统，纳入设备监控管理系统进行集成。

2）电梯现场控制装置应具有标准接口（如RS485、RS232等）。

3）在安防消防中心设电梯监控管理主机，显示电梯的运行状态。

4）监控系统配合运营，启动和关闭相关区域的电梯；接收消防与安防信息，及时采取应急措施。

5）系统自动监测各电梯运行状态，紧急情况或故障时自动报警和记录，自动统计电梯工作时间，定时维修。

6）电梯对讲电话主机及对讲电话分机由电梯中标方成套提供，要求满足工程管理需要。

7）电梯轿厢内设暗藏式对讲机，对讲总机设在消防控制室，用于紧急对讲。

（4）电力监控系统。本工程的电力监控系统是一个相对独立的子系统，电能监测中采用的分项计量仪表具有远传通信功能，纳入设备监控管理系统进行集成。

5. 公共安全系统。

（1）视频监控系统。本工程设置保安室，保安室内设系统矩阵主机、硬盘录像机、打印机，监视器及交流24V电源设备等。视频自动切换器接收多个摄像点信号输入，定时自动轮换（1～30s）输出监控信号，也可手动任选一个摄像机的画面跟踪监视、录像、打印。系统矩阵主机带输入、输出板；云台控制及编程、控制输出时、日、字符叠加等功能。在本建筑的主要出入口、楼梯间、电梯前室、电梯轿厢及走廊等处设置摄像机。

（2）门禁系统。为确保建筑的安全，根据安全级别的不同划分为的不同安全分区，根据级别的不同设置相应的门禁系统，以免无关人员闯入。

（3）电子巡更系统。电子巡更管理系统不仅是安全保卫系统中不可缺少的重要部分，也是物业管理的不可或缺的重要组成部分。在主要公共通道分布电子巡更签到点，可设定保安员巡更的路线及地点，巡更的次数等，并可检测该保安员所用的巡更时间，从而监督保安员工作。无线巡更系统由信息采集器、信息下载器、信息钮和中文管理软件等组成。并可实现以下功能：

1）可按人名、时间、巡更班次、巡更路线对巡更人的工作情况进行查询，并可将查询情况打印成各种表格，如情况总表、巡更事件表、巡更遗漏表等。

2）巡更数据储存，定期将以前的数据储存到软盘上，需要时可恢复到硬盘上。

3）用户要求可定制其他功能，如各种巡更事件的设置、员工考勤管理等。

（4）停车场设在地下室，本停车场管理系统要求一进一出，从首层经坡道直接进入地下停车场。停车场既提供内部车辆使用，又考虑临时车辆停泊。采用由自动发卡机一次性发感应卡方式进行计时收费管理。严密控制持卡者进、出车场的行为，符合“一卡一车”的要求，防止“一卡多用”现象的发生。整个停车场系统采用网络化结构，管理计算机可通过网络可与入口控制设备、出口收费计算机相连，收费计算机和管理计算机之间可实现数据资源共享。停车场系统示意见图1.2.7－9。

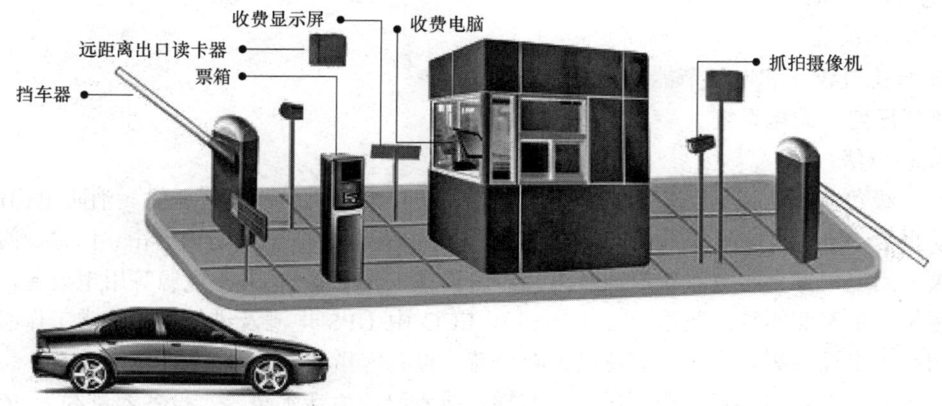

图1.2.7－9 停车场系统示意

【说明】本模型电气抗震设计和电气节能措施可参考1.1.8和1.1.9。

1.3 数据中心

1.3.1 项目信息

本工程建筑面积69 670m²，IT机房面积16 155m²，T4级（TIA 942Uptime标准）数据中心。

属于一类建筑，地上六层，地下一层，地下一层为变电所、空调机房（冷冻机房及水泵房）；一层为柴油发电机房、UPS 电池室及设备室、配电室、数据机房及附属房间；二层至六层为 UPS 电池室及设备室、数据机房及附属房间。

数据中心

1.3.2 系统组成

1. 高低压变、配电系统。
2. 电力、照明系统。
3. 防雷与接地系统。
4. 电气消防系统。
5. 智能化系统。
6. 电气抗震设计和电气节能措施。

1.3.3 高低压变、配电系统

1. 负荷分级：

（1）一级负荷：包括消防控制室、消防电梯、防排烟风机、正压送风机、消防电梯污水泵、火灾自动报警、电气火灾报警系统、应急照明、疏散指示标志、电动防火卷帘、门窗、阀门及与消防有关的用电。安全防范系统电源及维持设备正常工作必备的 UPS 电源等用电设备，客梯电力，排污泵，走廊照明等。数据中心（Tier4）、ECC 中 UPS 电源及维持设备正常工作必备的空调、照明等用电设备等为一级负荷特别重要负荷。设备容量约为 3600kW。

（2）二级负荷：包括机房照明用电、客梯、排水泵、生活水泵等。设备容量约为 2600kW。

（3）三级负荷：包括机房日常维护用电及非机房区动力用电设备。设备容量约为 1200kW。

2. 电源。

（1）本工程由市政外网引来 4 组 8 路双重高压电源。高压系统电压等级为 10kV。4 组 10kV 电力电缆分为四个方向进线，每组 10kV 电力电缆分为两个方向进线。总装机容量 106 000kVA。高压采用单母线分段运行方式，中间设联络开关，平时两路电源同时分列运行，互为备用，当一路电源故障时，通过手/自操作联络开关，另一路电源负担全部负荷。变压器配置见表 1.3.3－1。

表 1.3.3－1　　变压器配置

市政编号	内容	台数	变压器容量/kVA	总容量/kVA	市政编号	内容	台数	变压器容量/kVA	总容量/kVA
1 号电源	风冷机组	2	2000	15 200	5 号电源	风冷机组	2	2000	15 200
	水冷机组	3	1600			水冷机组	3	1600	
	IT 设备	4	1600			IT 设备	4	1600	
2 号电源	风冷机组	2	2000	15 200	6 号电源	风冷机组	2	2000	15 200
	水冷机组	3	1600			水冷机组	3	1600	
	IT 设备	4	1600			IT 设备	4	1600	
3 号电源	IT 设备	6	1600	12 100	7 号电源	IT 设备	6	1600	12 100
	机房空调	1	2500			机房空调	1	2500	
4 号电源	IT 设备	6	1600	12 100	8 号电源	IT 设备	6	1600	12 100
	机房空调	1	2500			机房空调	1	2500	
总容量	106 000								

（2）设置 2 组 24 台持续功率为 2600kW 的 10kV 应急自启动柴油发电机作为特级负荷的备用电源，采用 11+1 的冗余备份方式，发电机并机母线采用双母线形式。每台柴油发电机组单独设置，严格物理分隔。当市电失去时，可供应数据中心机房的全部重要负荷。

每组 12 台柴油发电机同时启动，其中任一台频率、电压稳定后，自动投入至柴油机应急母线段，其余柴油发电机均以此台柴油机的频率、电压、相位进行同步调整；投入至 11 台柴油机后，最后一台柴油发电机不再投入到应急母线段上。每台柴油发电机配备独立的发电机控制系统，所有系统均配置冗余的 PLC 控制装置。柴油发电机并机时间需小于 2min。柴油发电机投入运行后，稳定运行 45min 后，根据柴油发电机负载率进行整机卸载。

（3）UPS 系统拟采用“双总线输出”冗余式 UPS“输出配送电”系统。UPS 系统给特别重要负荷供电，采用双路供电，STS 静态开关末端互投，彻底消除“单点瓶颈”故障隐患。柴油发电机启动运行时，UPS 系统关闭充电功能，下游负载的谐波要求控制在 5%以内。负载投切按冷冻机组配套设备（除二次冷冻泵）、冷冻机组、UPS、其余用电负荷的顺序投切。冷冻设备及 UPS 所有负载投切时间之和小于 15min（自第二路市电失电算起）。所有负载投入运行时间小于 30min。UPS 配置见表 1.3.3－2。

表 1.3.3－2　　UPS 配置

设置场所	负荷类别	UPS		类型	配置形式	持续供电时间/min	备注
		数量	容量/kVA				
主变电室	精密空调 冷冻水二次泵	3	500	在线式	2N	15	UPS 上级电源引自柴油发电机应急母线段
主变电室	网络核心机房	2	500	在线式	2N	15	UPS 上级电源引自柴油发电机应急母线段

续表

设置场所	负荷类别	UPS		类型	配置形式	持续供电时间/min	备注
		数量	容量/kVA				
二层至六层分变电室	IT 模块机房	3	500	在线式	2N	15	UPS 上级电源引自柴油发电机应急母线段
消防安防控制室	消防安防控制室	1	50	在线式	N	15	UPS 上级电源引自柴油发电机应急母线段

3. 变、配电站：

（1）根据本工程可靠性要求：在任意房间故障后，不影响网络系统正常运行。本工程将所有高压系统、低压系统、UPS 系统供电分为两侧，供电设备、配电线路完全独立路径。除 IT 模块机房、冷冻机组、冷却塔、冷却泵、一次冷冻水泵外数据中心所有用电负荷均为末端互投。IT 模块机房配电系统主接线示意见图 1.3.3－1。IT 模块机房空调设备配电系统主接线示意见图 1.3.3－2。

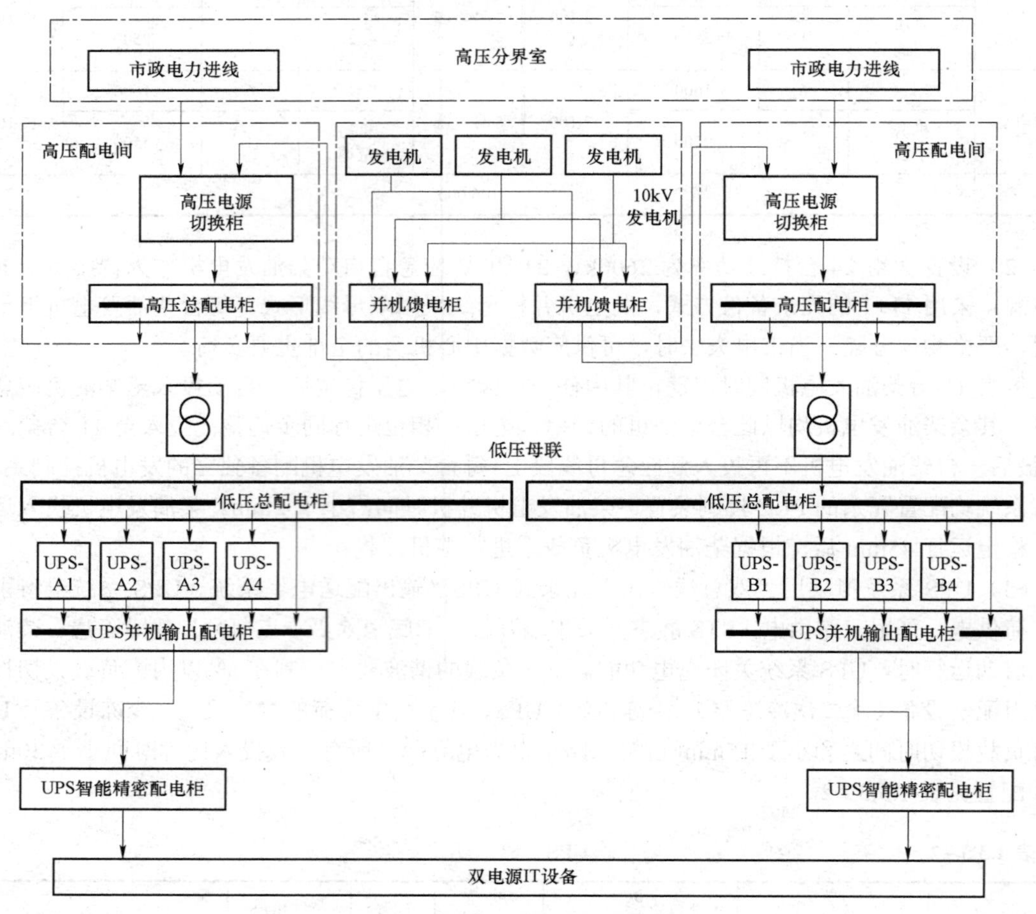

图 1.3.3－1　IT 模块机房配电系统主接线示意

（2）首层设置 4 个电缆分界室。首层设置 4 个主变配电室，地下一层设置 4 个分变电室，负责冷冻机房配电；二层至六层每层设置 8 个分变电室，负责各层 IT 模块机房供电；屋顶设置 2 个分变电室负责风冷机组供电。

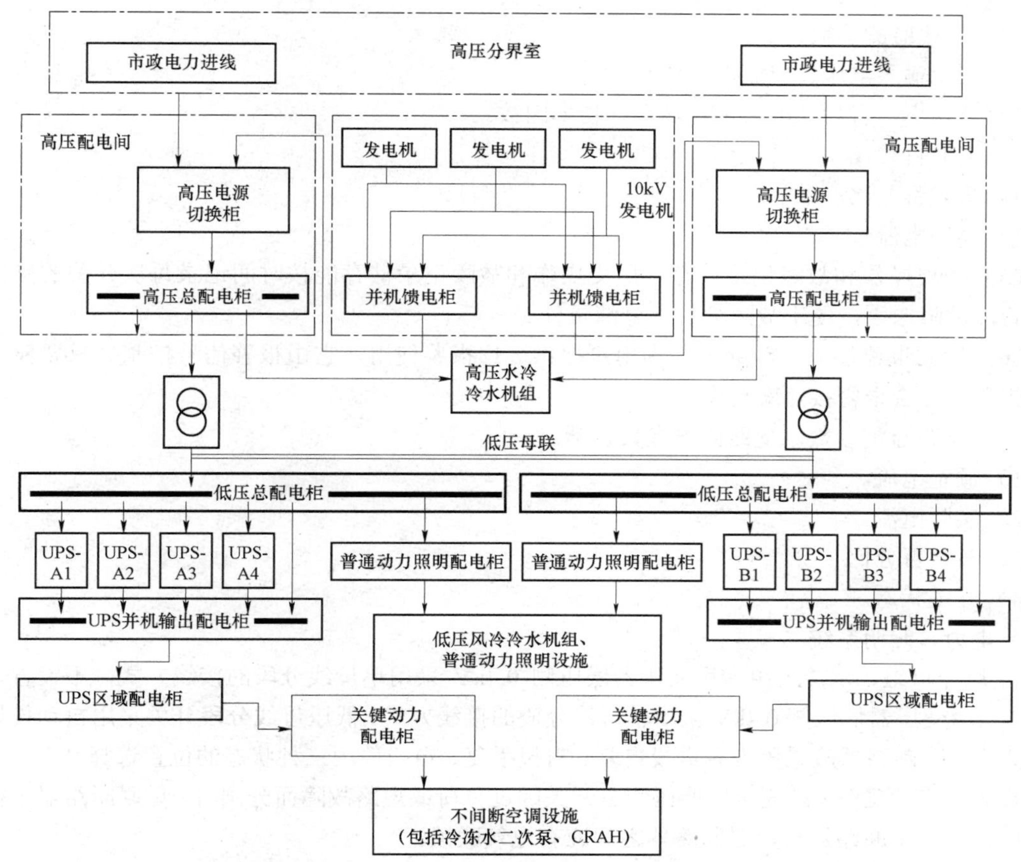

图 1.3.3－2　IT 模块机房空调设备配电系统主接线示意

（3）在一层设置四处柴油发电机房。

4. 设置电力监控系统，对电力配电实施动态监视。列头柜设备参数及指标：

智能模块式 UPS 集成配电系统，主要是为 UPS 电源的输入和输出配电提供安全的、可管理的、可扩展的、可维护的智能一体化配电集成系统，它集中了交流输入配电、UPS 输入配电和 UPS 输出配电等各单元于一体，并可监测、显示和记录各回路电压、电流、功率因数、视在功率及电量计算等参数，其输出分路开关为模块式结构，可在线扩容或维护，简化了机房配电系统的安装、调试，优化了机房配电系统的线缆管理，为用户提供可靠性、安全性和扩展性极高的一体化配电解决方案。

人性化监控界面，显示母线和各回路电源的电压、电流、频率、视在功率、有功功率、功率因数、电流谐波和电量计算等各项参数及运行状态，并具有密码保护功能。

（1）远程管理功能：远程管理将配电系统的各项参数及运行状态完全纳入机房远程监控系统；提供 RS232/R485 或 LAN 多种智能接口通信方式。

（2）声光报警功能：声光报警功能包括：主路过欠电压报警；主路过载报警；主路相电压不平衡报警；市电过欠电压报警；市电缺相报警；支路过载报警；零序电流报警。

（3）负载曲线记录：负载曲线可记录一天之中负载的变化情况，判断出 UPS、电池的配备是否合适，以及 UPS 电源在部分故障时的冗余能力。

（4）母线监测参数。

1）三相输入电压、电流、频率。

2）总功率、有功功率、视在功率、功率因数。

3）谐波百分比。

4）负载百分比。

5）零序电流。

（5）历史操作和故障记录储存。历史操作和故障记录储存能按时间记录每次开关的操作，帮助查清故障原因，便于故障分析，分清责任。

（6）辅助报警接点。辅助报警为用户提供远程报警使用，它由报警信号控制。只要检测到任何报警，综合报警接点就动作。

（7）支路监测参数。支路监测参数包括：

1）额定电流。

2）实际电流。

3）负载百分比。

4）开关状态。

1.3.4　电力、照明系统

1. 风冷机组、水冷机组专用变压器低压侧 0.4kV 采用单母线分段的接线方式，不设置母联开关。其余变压器低压侧 0.4kV 采用单母线分段的接线方式。低压母线分段开关采用自动投切方式，低压母联断路器应采用设有自投自复、自投手复、自投停用三种状态的位置选择开关，自投时应设有一定的延时，当变压器低压侧总开关因过负荷或短路故障而分闸时，母联断路器不得自动合闸；电源主断路器与母联断路器之间应有电气联锁。

2. IT 设备专用变压器低压配电、UPS 系统采用 2N 系统，末端服务器均采用双输入服务器。两组配电模组同时工作互为备份，分别承担 50%的 IT 负荷，当一组设备故障或检修时，另外一组将承担所有的 IT 负荷。

网络核心机房配电型式同 IT 设备专用变压器低压配电。精密空调、二次冷冻水泵、均采用末端互投方式，已满足可靠性要求。

3. 其他：

（1）IT 模块机房在每列机柜旁边单独设置一台列头柜。服务器机柜由二台列头柜交叉供电。

（2）列头柜内配置热插拔断路器，已保障供电可靠性。

（3）所有列头柜应配备集成隔离变压器，以确保零地电压不超过 1.0V。

4. 普通干线采用辐照交联低烟无卤阻燃电缆；重要负荷的配电干线采用矿物绝缘电缆。部分大容量干线采用封闭母线。

5. 照度标准见表 1.3.4。

表 1.3.4　照度标准

房间名称		照度标准值/lx	统一眩光值 UGR	色温参考范围/k	一般显色指数 R_a
主机房	服务器设备区	500	22	3300～5300	80
	网络核心机房	500	22	3300～5300	
	存储设备区	500	22	3300～5300	

续表

房间名称		照度标准值/lx	统一眩光值 UGR	色温参考范围/k	一般显色指数 R_a
主机房	电池室	200		3300～5300	
	变电室	200	25	3300～5300	
	柴油发电机房	200	25	3300～5300	
辅助区	进线间	300	25	3300～5300	
	监控中心	500	19	3300～5300	
	测试区	500	19	3300～5300	
	打印室	500	19	3300～5300	
	备件库	300	22	3300～5300	

6. 光源：灯具选型基本原则为优选节能型高效光源及灯具，一般照明以采用电子镇流器的节能型高效无眩光荧光灯或紧凑型荧光灯（高功率因数、低谐波型产品）为主，荧光灯光源优选T5 型荧光灯管；金属卤化物灯采用镇流器。所有灯具补偿后功率因数均应大于 0.9。

7. 应急照明与疏散照明：消防安全疏散照明，均采用 LED 光源，容量小于 1W。消防应急照明的疏散照明采用集中电源集中控制型系统，集中电源集中控制型系统交流电源由各楼层应急照明配电箱就近供电。应急照明采用安全电压供电，分别设置疏散标志灯具和照明灯具。应急照明灯具应设玻璃或其他不燃材料制作的保护罩。蓄电池采用集中免维护电池进行供电，停电时自动切换为直流供电，并且应急照明持续时间应不少于 30min。

8. 照明控制：本工程设置智能照明控制系统，利用自然光，根据大厦的使用作息时间、场景，尽量模拟人们对灯光照明的控制要求。采用更加专业、灵活、功能强大、高度集成的智能照明控制系统是节能的重要手段之一。智能照明控制是绿色建筑认证重要组成部分。采用智能照明控制可实现中央监视控制、能源消耗分析、分区就地控制及场景控制。系统应是总线式模块化、配件化、全分布式便于与照明配电箱和灯具配套组成智能照明控制系统。办公楼开敞办公区，二次装修拟结合传感器及智能控制面板的设置实现自动及手动开关及调光控制，使光环境达到使用者的期望效果，其余公共区域照明系统主要采用回路开关的时钟控制模式，同时配置智能控制面板实现就地控制。智能照明控制采用 KNX/EIB 系统，通过 OPC 与楼宇自动控制系统集成，且能与其他系统（如消防系统、安防系统、会议系统、建筑设备管理系统）联网，实现互控。基于可靠性方面的考虑，整个网络为对等式网络，没有中央元器件，防止因中央元器件损坏而造成该系统瘫痪，系统的控制元件模块可为系统提供电源。采用全中文监控软件，集中管理，分散控制。

1.3.5 防雷与接地系统

1. 本建筑物按二类防雷建筑物设防，电子信息系统雷电防护等级按 A 级设防。为防直击雷在屋顶设 500mm 高铜接闪杆，接闪杆与屋面接闪带连接，其网格不大于 10m×10m，所有突出屋面的金属体应与接闪带电气连接。

2. 为预防雷电电磁脉冲引起的过电流和过电压，在变压器低压侧、重要设备供电的末端配电箱、重要的信息设备、由室内引至室外的线路等处装设电涌保护器（SPD）。

3. 本工程强、弱电采用共用接地装置，以建筑物、构筑物的金属体、构造钢筋和基础钢筋作为接地体，其接地电阻小于 1Ω。

4. AC220V/380V 低压系统采用 TN－S 接地系统，PE 线与 N 线严格分开。

5. 建筑物做等电位联结，在配变电所内安装一个主等电位联结端子箱，将所有进出建筑物的金属管道、金属构件、接地干线等与等电位端子箱有效连接。

6. 在所有数据机房、电梯机房、网络设备间、IT 办公及呼叫中心等处做辅助等电位联结。

7. 计算机专用直流逻辑地、配电系统交流工作地、安全保护地、防雷保护地利用大楼联合接地体（接地电阻小于 0.5Ω）。IT 机房内非防雷引下线的结构柱体上分别在楼板上方 0.2m 和梁下 0.2m 处预留接地连接镀锌扁钢 100mm×100mm×10mm 各一块，与柱内对角主筋焊接并通过主筋与大楼基础接地网焊接。在弱电井道内设置垂直接地干线（截面不小于 200mm 的铜排）。

8. 机房直流接地采用 30mm×3mm 铜排布置在设备附近，需直流接地的计算机设备采用铜带或软线以最短距离与接地铜排相连。机房活动地板下采用 50mm×0.5mm 铜箔布成等电位接地网格，网格间距 0.6m×0.6m，并与均压等电位带相连。沿机房四周设置均压等电位带即 30mm×3mm 铜带在活动地板下成环状，金属吊顶板、金属龙骨、金属壁板、不锈钢玻璃隔墙的金属框架等也用导线与其连接，均压等电位带与预留接地体连接。并且每一连续金属框架的支线连接点不少于两处。

9. 为降低中性线与地电压，除应保证接地电阻值符合要求、配电列头柜加装隔离变压器外，单相负荷应进行三相平衡，使不平衡度低于 15%。

1.3.6 电气消防系统

1. 火灾自动报警系统采用控制中心火灾报警控制系统。在每两个数据机房模组、办公楼、餐厅配套、每个柴油发电机房内分别设置一台区域报警控制器，对本区域内进行自动的火灾监控，区域报警控制器之间联网，信息共享。在一层设置安防消防控制室，内设集中报警控制器、联动控制设备、电话主机及火灾报警主机，对火灾自动报警系统进行统一监控和记录。

2. 一般场所设置感烟探测器；厨房设置感温探测和燃气探测器；机房模组、变配电室及 UPS 间、电池间、备品备件、网络核心机房区域设置感烟探测器和感温探测器，并在机房模组的工作区设置极早期烟雾探测报警系统，配合管网式气体灭火系统控制；极早期探测报警主机通过输入探测模块接入常规火灾报警系统。柴油发电机房设置温感和火焰探测器双探测方式，在油箱间设置油气泄漏探测器和感温探测器。

3. 火灾报警后，安防消防控制室或机房模组消防值班室应根据火灾情况控制相关层的正压送风阀及排烟阀、电动防火阀、并启动相应加压送风机、补风机、排烟风机，排烟阀 280℃熔断关闭，防火阀 70℃熔断关闭，阀、风机的动作信号要反馈至安防消防控制室。

4. 消防联动控制系统：在消防控制室设置联动控制台，控制方式分为自动控制和手动控制两种。通过联动控制台，可以实现对消火栓、自动喷洒灭火系统、防烟、排烟、加压送风系统的监视和控制，火灾发生时手动切断一般照明及空调机组、通风机、动力电源。当发生火灾时，自动关闭总煤气进气阀门。

（1）消火栓泵控制：平时由压力开关自动控制增压泵维持管网压力，管网压力过低时，直接起动主泵。消火栓按钮动作后，直接启动消火栓泵，安防消防控制室能显示报警部位并接收其反馈信号。消防控制中心可通过控制模块编程，自动启动消火栓泵，并接收其反馈信号。在消防控制室或机房模组消防值班室联动控制台上，可通过硬线手动控制消火栓泵，并接收其反馈信号。安防消防控制中心能显示消火栓泵电源状况。消防水泵房可手动启动消火栓泵，也可在现场机械应急启动消火栓泵。

（2）自动喷洒泵控制：平时由气压罐及压力开关自动控制增压泵维持管网压力，管网压力过低时，直接起动主泵。压力开关可以直接启动喷洒泵。火灾时，喷头喷水，水流指示器动作并向安防消防控制室报警，同时，报警阀动作，击响水力警铃，启动喷洒泵，消防控制中心能接收其反馈信号。消防控制中心可通过控制模块编程，自动启动喷洒泵，并接收其反馈信号。在消防控制室或机房模组消防值班室联动控制台上，可通过硬线手动控制喷洒泵，并接收其反馈信号。消防控制中心能显示喷洒泵电源状况。消防水泵房可手动启动喷洒泵，也可在现场机械应急启动消火栓泵。

（3）预作用系统的控制：在机房楼走道、总控中心、总调度仓库公共走道采用预作用自动喷水灭火系统。

1）自动控制方式，应由同一报警区域内两个及以上独立的火灾探测器或一个火灾探测器及一个手动报警按钮的报警信号，作为预作用阀开启的联动触发信号，由消防联动控制器联动控制预作用阀的开启，预作用阀的动作信号应反馈给消防控制中心或机房模组消防值班室，并在消防联动控制器上显示；预作用阀（或其后面的湿式报警阀的压力开关）的动作信号作为喷淋消防泵启动的联动触发信号，由消防联动控制器联动控制喷淋消防泵的启动，也可在现场机械应急启动消火栓泵。

2）手动控制方式，应将喷淋消防泵控制箱的启动、停止触点直接引至设置在消防控制中心或机房模组消防值班室内的消防联动控制器的手动控制盘，实现喷淋消防泵直接手动启动、停止。

3）喷淋消防泵控制箱接触器辅助接点的动作信号或干管水流开关动作信号作为喷淋消防泵的联动反馈信号应传至消防控制中心或机房模组消防值班室，并在消防联动控制器上显示。

（4）水喷雾系统的控制：在柴油发电机楼油机房、日用油箱间采用水喷雾自动喷水灭火系统。当两路火灾探测器都发出火灾报警后，相对应报警阀的控制腔泄水管上的电磁阀打开泄水，腔内水压下降，阀瓣在阀前水压的作用下被打开，阀上的压力开关自动启动消防水泵。雨淋阀也可在防护现场、消防控制中心和就地手动开启。报警阀组动作信号将显示于消防控制中心。

（5）气体灭火系统：在柴油发电机楼：发电机并机室、模拟负载间。机房楼及辅助区域：核心机房、IT 设备库房、测试区、变电站、电池室、拆包区、整机柜集成区、电缆夹层、加电测试区、IT 维修室、介质室、运营商接入机房、基础设施仓库、弱电设备间、动力及基础设施监控。总调度仓库：基础设施仓库、IT 设备库房、报废 IT 设备库房、报废 IT 设备暂存、化学制品仓库、预留库房、加电测试区位置设置气体灭火系统。气体灭火系统的控制，要求同时具有自动控制、手动控制和应急操作三种控制方式。三种控制方式的动作程序如下：

1）自动控制：每个保护区内部均设置烟感探测器及温感探测器。发生火灾时，当烟感探测器报警，设在该保护区域内的声光报警器将动作，声光报警器挂墙明装，中心距地 2.4m；而当烟、温探测器均报警后，设在该保护区域内、外的声光报警器和闪灯动作，声光报警器和闪灯安装在门框上，中心距门框 0.1m，明装；在经过 30s 延时后（在延时时间内应能自动关闭防火门、阀、窗，停止相关的空调系统），控制盘将启动气体钢瓶组上释放阀的电磁启动器和对应保护区域的区域选择阀，使气体沿管道和喷头输送到对应的指定保护区域灭火。一旦气体释放后，设在管道上的压力开关将药剂已经释放的信号送至控制盘及消防控制中心的火灾报警系统。在保护区域的每一个出入口的内、外侧均设置一个声光报警器及闪灯，在保护区域的主要出入口外侧控制盘附近，设置一个紧急停止和电气式手动启动器，系统的手/自动转换开关则每一个保护区域只设一个。

2）手动控制：手动控制，实际上是通过电气方式的手动控制。手拉启动器拉动后，系统将不经过延时而被直接启动，释放气体。

3）应急操作：应急操作实际上是机械方式的操作，只有当自动控制和手动控制均失灵时，才需要采用应急操作。此时可通过操作设在钢瓶间中气体钢瓶释放阀上的手动启动器和区域选择阀上的手动启动器，来开启整个气体灭火系统。待灭火后，打开排风电动阀门及排风机进行排气。气体灭火控制盘电源由安防消防控制室引来。安防消防控制室应能够接收到系统的一级报警，二级报警、手/自动、故障、喷气五种信号。

（6）专用排烟风机的控制：当火灾发生时，安防消防控制室或机房模组消防值班室根据火灾情况打开相关层的排烟阀（平时关闭），同时连锁启动相应的排烟风机；当火灾温度达到280℃时，排烟阀熔丝熔断，排烟阀关闭，排烟风机吸入口处的280℃防火阀关闭后，联锁停止相应的排烟风机。

（7）补风风机的控制：当火灾发生时由消防控制中心控制，自动进行消防补风的启停控制并接收其反馈信号。

（8）加压送风机的控制：由机房模组消防值班室自动或手动控制加压送风机的启停，风机启动时根据其功能位置连锁开启其相关的正压送风阀或火灾层及邻层的加压送风口。

（9）电动通风排烟窗的控制：在综合办公楼中庭、餐饮配套餐厅和活动室各设置一套电动通风排烟窗，火灾时作为消防排烟，平时作为自然通风。所有电动通风排烟窗具有就地手动开启功能。电动通风排烟窗系统平时接收建筑设备监控系统控制信号，火灾时接收消防控制信号，消防优先。排烟通风排烟窗自控系统为自成套控制，并接收消防系统通风排烟窗控制开闭信号，排烟通风排烟窗开、关状态反馈信号反馈给火灾报警系统。

（10）非消防电源控制：本工程部分低压出线回路及所有各层照明箱内设有分励脱扣器，由消防控制中心在火灾确认后断开相关电源。消防控制室或机房模组消防值班室可在报警后根据需要停止相关空调系统。空调机及风机机房所接风管上的防火阀关闭后，联锁停止空调机及风机并报警。

（11）应急照明系统控制：应急照明火灾时由消防控制中心或机房模组消防值班室自动控制点亮全部应急照明灯。

5. 火灾应急广播系统：火灾应急广播和公共广播共享共建，在各单体内设置火灾应急广播机柜，机组采用定压式输出。火灾应急广播按防火分区分路。当发生火灾时，值班人员可根据火灾发生的区域，自动或手动进行火灾广播，及时指挥、疏导人员撤离火灾现场。

6. 消防专用对讲电话系统：在消防控制中心内设置消防专用对讲电话总机一门，除在各层的手动报警按钮处设置消防直通对讲电话插孔外，在变配电室、发电机房、消防水泵间、消防电梯轿箱、电梯机房、换热机房、空调通风机房、弱电控制室、管理值班室等处设置消防专用对讲电话分机。消防控制中心设专用外线直通119报警电话。

7. 电梯监视系统：火灾发生时，根据火灾情况及区域，由消防控制中心或机房模组消防值班室发出指令，除消防电梯保持运行外，其余电梯均强制返回一层并开门，并反馈信号给消防控制中心和机房模组消防值班室。

8. 出入口控制系统控制：火灾自动报警控制器在火灾确认后，自动控制报警区域疏散通道上门禁电子锁开启，同时接收反馈信号。

9. 防火卷帘控制：用于防火分隔的防火卷帘控制：当防火卷帘一侧感烟探测器报警，卷帘下降到底，并将信号送至消防控制中心。疏散通道的防火卷帘控制：防火卷帘两侧设置探测器组，感烟探测器动作后，卷帘下降至距楼面 1.8m，感温探测器动作后，卷帘下降到底。并将信号送至消防控制中心。

10. 电动防火门控制：火灾确认后，火灾自动报警控制器自动控制常开电动防火门关闭，并接收其状态反馈信号。为保证防火门充分发挥其隔离作用，在火灾发生时，迅速隔离火源，有效控制火势范围，为扑救火灾及人员的疏散逃生创造良好条件，本工程设置防火门监控系统。对防火门的工作状态进行 24h 实时自动巡检，对处于非正常状态的防火门给出报警提示。在发生火情时，该监控系统自动关闭防火门，为火灾救援和人员疏散赢得宝贵时间。

11. 为保证消防设备电源可靠性，本工程设置消防设备电源监控系统，通过检测消防设备电源的电压、电流、开关状态等有关设备电源信息，从而判断电源设备是否有断路、短路、过电压、欠电压、缺相、错相以及过电流（过载）等故障信息并实时报警、记录的监控系统，从而可以有效避免在火灾发生时，消防设备由于电源故障而无法正常工作的危急情况，最大限度地保障消防联动系统的可靠性。消防设备电源监控系统内部能够实现统一的监控平台，能够得到系统内部全部参数的实时数据；对整个消防设备电源监控系统的智能化管理，能够通过检测消防设备电源的电压状态等相关信息，从而判断消防设备电源是否有断路、短路、过电压、欠电压、缺相、错相等故障信息。主机对监控报警和故障报警事件应具有实时打印事件编号、监控部位、事件性质、报警参数及日期时间等数据的功能。报警事件数据应专门储存，有独立的查询界面，并不可修改，以供故障责任分析之用。

12. 为防止用电不善引起的火灾，本工程设置电气火灾报警系统，可以准确实时地监控电气线路的故障和异常状态，及时发现电气火灾的隐患，及时报警、提醒有关人员去消除这些隐患，避免电气火灾的发生，是从源头上预防电气火灾的有效措施。与传统火灾自动报警系统不同的是电气火灾监控系统早期报警是为了避免损失，而传统火灾自动报警系统是在火灾发生并严重到一定程度后才会报警，目的是减少火灾造成的损失。

1.3.7 智能化系统

1. 公共安全系统。

（1）本工程非机房区设置一套安防监控系统，安防监控中心设在一层，对建筑进行统一的监控管理。机房区各模组设监控室，对机房楼进行监控，并汇集至总控中心监控，独立自成控制系统，同时信号可传至安防消防控制室统一监视。

（2）安全防范系统构成：视频安防监控系统、入侵报警系统、出入口控制系统、电子巡查系统等组成。利用现代多媒体及数字化监控技术，采用数字化、网络化的安全防范系统，满足安全管理的需要，各单体通过集成视频安防监控系统、出入口控制系统、入侵报警系统和电子巡更系统，实现数字化电子地图、多画面显示和录像控制，触发报警信号时，监控中心报警，同时联动打开对应现场灯光、在电子平面图上能以各种明显方式快速提示，显示报警的位置，并自动弹出报警画面和录像，在建筑内提供高度集成的安保自动化系统，通过数字化网络监控报警设备可以和各主管单位的计算机进行联网，使管理者可以通过计算机监视各回路的图像。发生紧急情况时接通 110 或其他管理者的电话，整个联动效果需达到快速有效。安防消防控制室应预留向上一级接处警中心报警的通信接口。

（3）视频安防监控系统：

1）监控中心应设置为禁区，应有保证自身安全的防护措施和进行内外联络的通信手段，并应设置紧急报警装置和留有向上一级接处警中心报警的通信接口。

2）视频安防监控系统采用数字网络视频监控技术，系统控制方式为全数字 IP 传输方式。室外和电梯内安装的末端摄像机采用模拟摄像机，其余室内摄像机均采用 IP 摄像机。利用控制网平台传输，系统由前端系统、传输系统和显示、控制等四部分组成。它们可以完成对现场图像信号的采集、切换、控制、记录等功能，可以满足控制区域覆盖严密、监视图像清晰、运行可靠、操作简单、维护便利的要求。

3）本工程在出入口、大厅、主要通道、重要机房、总调度仓库、休息区、电梯厅、楼梯前室、电梯轿厢、室外园区、室外周界、可上人屋面及其他重点部位均设监视摄像机，电梯轿厢采用碟式微型摄像机，在办公楼大厅、中庭等处采用一体化彩色快球摄像机，室外园区采用全天候带云台彩色转黑白摄像机，周界围墙上采用室外彩转黑枪式摄像机，其他区域采用彩色半球或彩色枪机。

4）数据模组及柴油发电机楼的电梯轿厢内的视频信号可在安防消防控制室、ECC、数据模组内的监控室内进行监控，其他视频信号在 ECC、数据模组内的监控室内进行监控。

5）安防消防控制室内安防设备均由机房内 UPS 供给，所有摄像机的电源，均由就近弱电配线间内安防电源箱供给。UPS 电源工作时间 60min。

6）摄像机采用 CCD 电荷耦合式摄像机，带自动增益控制、逆光补偿、电子高亮度控制等。

7）中心主机系统采用数字网络视频系统，所有视频信号可手动/自动切换。

8）所有摄像点能同时录像，视频存储采用数字磁盘阵列方式，容量不低于动态录像储存 90 天的空间，存储格式 D1，并可随时提供调阅及快速检索，图像应包含摄像机机位、日期、时间等。图像解析度 704×576（P 制），配光盘刻录机。

9）时序切换时间 1～30s 可调，同时可手动选择某一摄像机进行跟踪、录像。

10）监视器的图像质量按五级损伤制评定，图像质量不应低于 4 级。

11）监视器图像水平清晰度：彩色监视器不应低于 470 线。

12）监视器图像画面的灰度不应低于 8 级。

13）系统各路视频信号，在监视器输入端的电平值应为 1Vp－p±3dB VBS。

14）系统各部分信噪比指标分配应符合：摄像部分 40dB；传输部分 50dB；显示部分 45dB。

（4）出入口控制系统：

1）出入口控制系统由输入设备，控制设备，信号联动设备以及控制中心等组成，系统采用网络传输方式。利用控制网进行信息传输。在安防消防控制室出入口控制系统统一制卡发卡。

2）在重要出入口通道、弱电机房、设备机房、重要仓库及重要房间设有门磁开关、电子门锁、读卡器、出门按钮，对通过对象及其通行时间进行控制、监视及设定。

3）系统应具有以下功能：

a）记录、修改、查询所有持卡人的资料；可随时修改持卡人通行权限。

b）监视、记录所有出入情况及出入时间。

c）监视门磁开关状态，具有报警功能。

d）对所有资料可根据甲方的要求按某一门、某人、某时等进行排序、列表。

e）对非法侵入或破坏行为进行报警并记录。

f）当火灾信号发出后，自动打开相应防火分区安全疏散通道的电子门锁，方便人员疏散。

g）现场控制器设在弱电竖井内，走道管线在弱电线槽内敷设。控制模块至开门按钮、读卡器、门磁开关、电控锁等暗敷热镀锌钢管，门磁开关、电控锁等应注意与门配合。

h）系统允许每个门可单独提供所有操作功能，系统信息通信采用标准接口及协议。出入口控制系统示意见图 1.3.7－1。

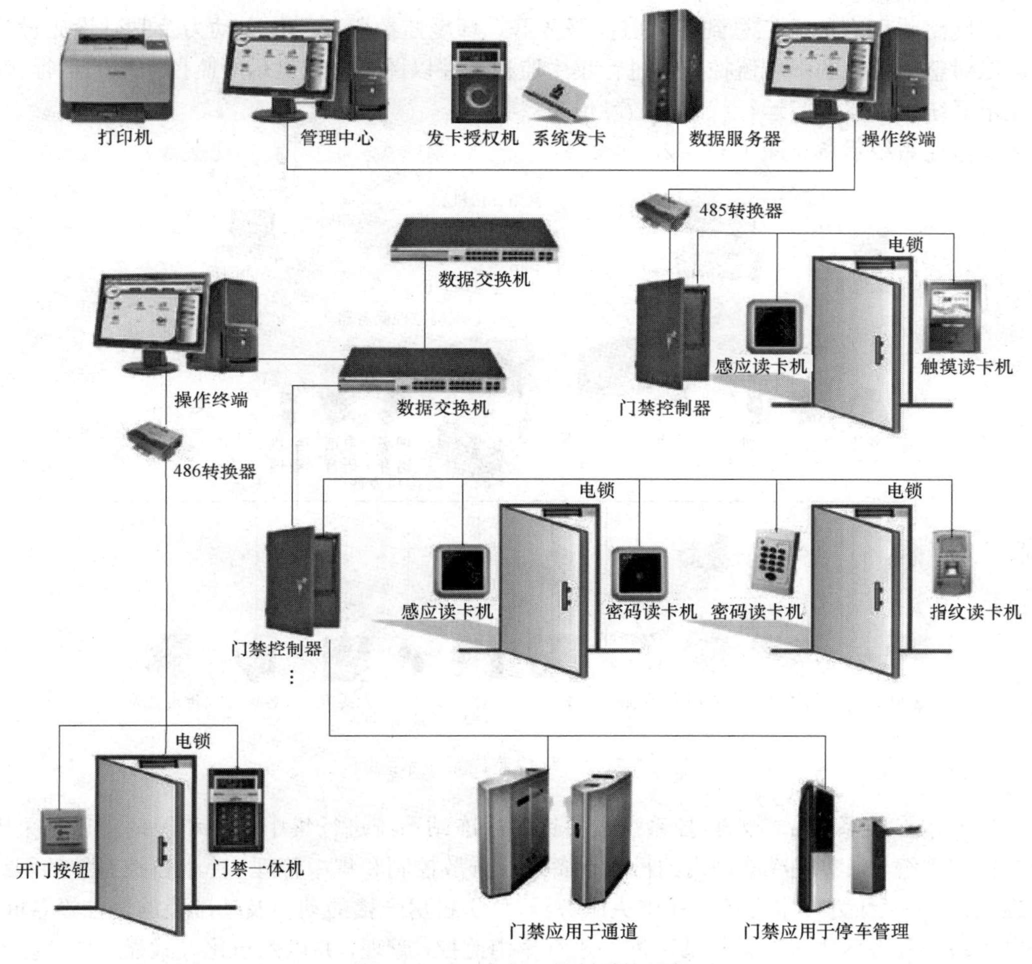

图 1.3.7－1 出入口控制系统示意

（5）入侵报警系统：

1）入侵报警系统由布撤防键盘，前端探测器、报警主机等几部分组成，采用总线传输方式。

2）入侵报警系统采用被动红外/微波双鉴和手动报警探测器，主要布置于出入口及重点部位。

3）探测设备电源就近由弱电配线间安防电源箱统一供给。

4）每个报警点相互隔离，互不影响。任一探测器故障，应在保安控制室发出声、光报警信号，并能自动调出报警平面，显示故障点位置。系统对报警事件具有记录功能。

5）入侵报警功能设计应符合下列规定：

a）紧急报警装置应设置为不可撤防状态，应有防误触发措施，被触发后应自锁。

b）当下列任何情况发生时，报警控制设备应发出声、光报警信息，报警信息应能保持到手动复位，报警。

2. 建筑设备管理系统。

（1）环境监控系统（EMS）：环境监控监控系统主要对机房内的环境温湿度、空调系统、漏水检测系统、配电列头柜、UPS 设备、智能电表、柴油供油系统、高压电力监控系统、电池监控系统等进行集中监测和管理。本项目采用独立网络控制器来采集各个末端智能设备的数据，再通过专属网络将所有数据汇总到环境监控服务器。环境监控服务器位于动力及基础设施设备间内，可以对整个模组的环境监控数据进行集中监视，并以图形方式显示所监控系统的运行状况，实时显示系统动态参数、运行状态和故障情况。

环境监控系统示意见图 1.3.7－2。

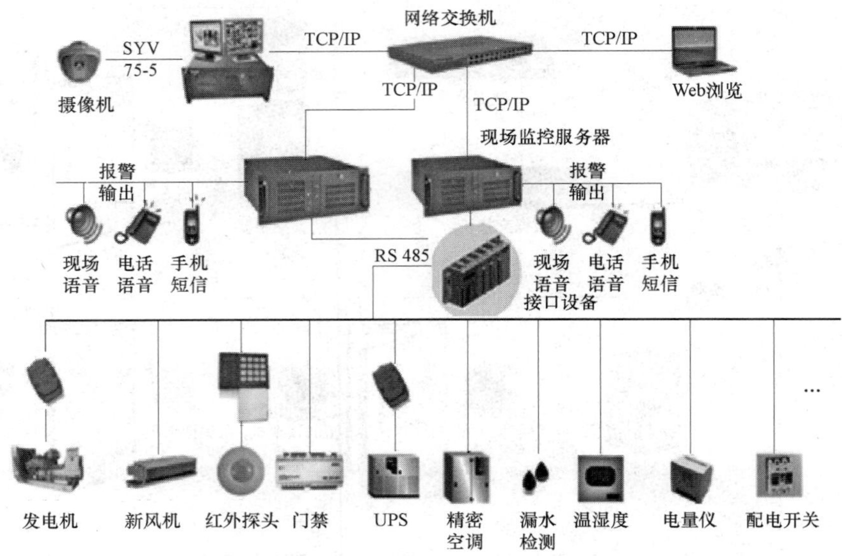

图 1.3.7－2　环境监控系统示意图

（2）冷水自控系统：冷水自控系统主要针对冷冻站系统进行集中监测和管理。通过采用集散型的控制系统，来实现冷冻站内的机电设备进行分散控制和集中管理。冷水自控系统的网络架构分为三级，第一级为冷水自控系统中央服务器，位于机房一楼的动力及基础设施监控设备间内，冷水自控系统服务器主要对模组的冷冻站进行集中监控，管理，并以图形化方式显示所监控系统的运行状况。第二级为现场网络控制器，网络控制器可以用于监视和控制系统中有关的机电设备，能够完全独立运行，不受其他控制器故障的影响；控制器输入输出接口数量与种类应与所控制设备的要求相适应，并需要预留至少 20%的控制点余量，为以后预留。第三级为采集现场运行信号的传感器以及控制各个冷冻站相关设备；网络控制器也应根据具体要求提供集成第三方数据的能力（如 Modbus RTU 接口），网络控制器应能提供两个以上的串口协议。

3. 信息化设施系统。

（1）信息系统对城市公用事业的需求。

1）系统接入机房设置于建筑通信机房内，通信机房可满足多家运营商入户。本工程需输出入中继线 50 对（呼出呼入各 50%）。另外申请直拨外线 100 对（此数量可根据实际需求增减）。

2）电视信号接自城市有线电视网，在顶层设有卫星电视机房，对建筑内的有线电视实施管理与控制。有线电视节目和卫星电视节目经调制后，再经电视信号干线系统传送至每个电视输出口处，从而获得技术规范所要求的电平信号，达到满意的收视效果。

（2）通信自动化系统。

1）本工程在地下一层设置电话交换机房，拟定设置一台 500 门的 PABX。

2）通信自动化系统中，程控自动数字交换机起着重要的作用。随着通信技术的发展，现今的 PABX 应将传统的语音通信、语音信箱、多方电话会议、IP 技术、ISDN（B－ISDN）应用等通信技术融会在一起，向用户提供全新的通信服务。

（3）综合布线系统。

1）工作区子系统：在 IT 办公、数据机房及其附属用房等设置工作区，每个工作区根据需要设置一个四孔信息插座，用于连接电话、计算机（包括光纤到桌面）或其他终端设备。

2）配线子系统：信息插座选用标准的超五类 RJ45 插座及光纤插座，信息插座采用墙上安装方式信息插座每一孔的配线电缆均选用一根 4 对超五类非屏蔽双绞线及 2 芯多模光纤配置。

3）干线子系统：数据中心内的干线采用光缆和大对数铜缆，光缆主要用于通信速率要求较高的计算机网络，干线光缆按每 24 个信息插座配 2 芯多模光缆配置；大对数铜缆主要用于语音通信，采用 3 类 25 对非屏蔽双绞线，干线铜缆的设置按一个语音点 2 对双绞线配置。

4）设备间子系统：综合布线设备间设在一层，面积约 100m²，用于安装语音及数据的配线架，通过主配线架可使数据中心的信息点与市政通信网络和计算机网络设备相连接。

5）管理子系统：管理子系统分配线架设在一层网络设备间内，交接设备的连接采用插接线方式。本楼电话线全部由市政外网引来。

（4）会议电视系统。本工程在多功能厅设置全数字化技术的数字会议网络系统（DCN 系统），该系统采用模块化结构设计，全数字化音频技术。具有全功能、高智能化、高清晰音质。方便扩展和数据传递保密等优点。可实现发言演讲、会议讨论、会议录音等各种国际性会议功能，其中主席设备具有最高优先权，可控制会议进程。

（5）信息导引及发布系统。本工程信息导引及发布系统主机设置于建筑物业管理室内。本系统由视频显示屏系统、传输系统、控制系统和辅助系统组成。可实现一路或多路视频信号同时或部分或全屏显示。通过计算机控制，在公共场所显示文字、文本、图形、图像、动画、行情等各种公共信息以及电视录像信号，并利用信息系统作为电子导向标识，辅助人员出入导向服务。

（6）无线通信增强系统。为避免无线基站信道容量有限，忙时可能出现网络拥塞，手机用户不能及时打进或接进电话。另外由于大楼内建筑结构复杂，无线信号难于穿透，室内易出现覆盖盲区。因此，大楼内应安装无线信号室内天线覆盖系统以解决移动通信覆盖问题，同时也可增加无线信道容量。

【说明】本模型电气抗震设计和电气节能措施可参考 1.1.8 和 1.1.9。

1.4 法院

1.4.1 项目信息

本工程建筑面积 56 200m²，建设性质为办公及审判综合楼及其附属用房，建筑主要功能为审判、办公及会议、内部餐饮和健身、设备机房、车库等。属于一类建筑，地上十八层，地下一层。

法院

1.4.2 系统组成

1. 高低压变、配电系统。

2. 电力、照明系统。

3. 防雷与接地系统。

4. 电气消防系统。

5. 智能化系统。

6. 电气抗震设计和电气节能措施。

1.4.3 高低压变、配电系统

1. 负荷分级。

（1）一级负荷：包括法庭、立案、信访、执行用房、诉讼档案、司法警务、审判信息管理用电，消防设备（含消防控制室内的消防报警及控制设备、消防泵、消防电梯、排烟风机、正压送风机等），保安监控系统，应急及疏散照明，客梯、电气火灾报警系统、重要的信息及计算机系统的电源、客梯电力、排污泵、变频泵等。本工程一级负荷的设备容量为1404kW。

（2）二级负荷：包括地源热泵等其他用电设备。本工程二级负荷设备容量为1460kW。

（3）三级负荷：包括机房日常维护用电及非机房区动力用电设备。设备容量为3736kW。

2. 电源。

（1）本工程由市政外网引来2路双重高压电源。高压系统电压等级为10kV。高压采用单母线分段运行方式，中间设联络开关，平时两路电源同时分列运行，互为备用，当一路电源故障时，通过手/自操作联络开关，另一路电源负担全部负荷。

（2）本工程电气总设备容量6600kW，计算容量4050kW。

3. 变、配电站。

首层设置1个电缆分界室。地下一层设置1个变电室，设置两台1600kVA和两台1250kVA户内型干式变压器，整个工程总装机容量为5700kVA。变压器低压侧0.4kV采用单母线分段接线方式，低压母线分段开关采用自动投切方式时，低压母联断路器应采用设有自投自复、自投手复、自投停用三种状态的位置选择开关，自投时应设有一定的延时，当变压器低压侧总开关因过负荷或短路故障而分闸时，母联断路器不得自动合闸；电源主断路器与母联断路器之间应有电气联锁。

4. 本工程无功功率补偿。本工程采用低压集中自动补偿方式，每台变压器低压母线上装设不燃型干式补偿电容器，对系统进行无功功率自动补偿，使补偿后的功率因数大于0.95。配备电抗系数 7%的谐波电抗器组合，作为谐波抑制措施，避免高次谐波电流与电力电容发生谐振，影响系统设备可靠运行，治理后的谐波水平满足 GB/T 14549 的要求。

5. 设置电力监控系统，对电力配电实施动态监视。

（1）10V 系统监控功能。

1）监视 10kV 配电柜所有进线、出线和联络的断路器状态。

2）所有进线三相电压、频率。

3）监视 10kV 配电柜所有进线、出线和联络三相电流、功率因数、有功功率、无功功率、有功电能、无功电能等。

（2）变压器监控功能。

1）超温报警。

2）温度。

（3）0.23/0.4kV 系统监控功能。

1）监视低压配电柜所有进线、出线和联络的断路器状态。

2）所有进线三相电压、频率。

3）监视低压配电柜所有进线、出线和联络三相电流、功率因数、有功功率、无功功率、有功电能、无功电能等。

4）统计断路器操作次数。电力监控系统示意见图 1.4.3。

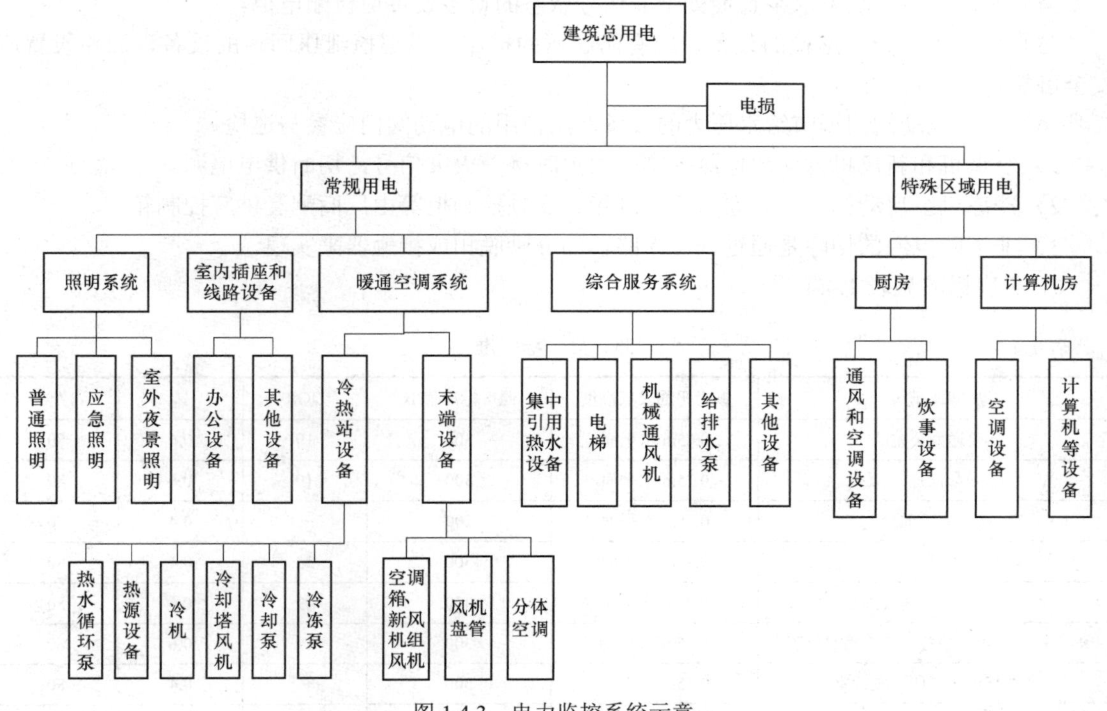

图 1.4.3 电力监控系统示意

1.4.4 电力、照明系统

1. 低压配电系统的接地形式采用 TN－S 系统。

2. 冷冻机组、冷冻泵、冷却泵、生活泵、热力站、厨房、电梯等设备采用放射式供电。风机、空调机、污水泵等小型设备采用树干式供电。

3. 为保证重要负荷的供电，对重要设备如消防用电设备（消防水泵、排烟风机、正压风机、消防电梯等）、信息网络设备、消防控制室、变电所、电话机房等均采用双回路专用电缆供电，在最末一级配电箱处设双电源自投，自投方式采用双电源自投自复。其他电力设备采用放射式或树干式方式供电。

4. 为保证用电安全，用于移动电器装置的插座电源均设电磁式剩余电流保护装置（动作电流≤30mA，动作时间≤0.1s）。

5. 对重要场所，诸如消防控制室、电话机房、建筑设备监控室等房间内重要设备采用专用UPS装置供电，UPS容量及供电时间由工艺确定。

6. 自动控制。

（1）凡由火灾自动报警系统、建筑设备监控系统遥控的设备，本设计除设有火灾自动报警系统、建筑设备监控系统自动控制外，还设置就地控制。

（2）生活泵变频控制、污水泵等采用水位自控、超高水位报警。消防水泵通过电压力控制。喷淋水泵通过湿式报警阀或雨淋阀上的压力开关控制。

（3）消防水泵、喷淋水泵、排烟风机、正压风机等平时就地检测控制，火灾时通过火灾报警及联动控制系统自动控制。消防用电设备的过载保护装置（热继电器、低压断路器等）只报警，不跳闸。消防泵可在现场机械应急启动泵。

（4）消防水泵、喷淋水泵长期处于非运行状态的设备设置巡检配电柜。

（5）采用工频方式巡检的设备，应有防超压的措施。设巡检泄压回路的设备，回路设置应安全可靠。

（6）采用电动阀门调节给水压力的设备，所使用的电动阀门应参与巡检。

1）空调机和新风机为就地检测控制，火灾时接受火灾信号，切断供电电源。

2）冷冻机组启动柜、防火卷帘门控制箱、变频控制柜等由厂商配套供应控制箱。

3）非消防电源的切除是通过低压断路器的分励脱扣或接触器来实现。

7. 照度标准见表1.4.4。

表1.4.4　　照 度 标 准

房间或场所	参考平面及其高度	照度标准值/lx	UGR	U_0	R_a
普通办公室	0.75m 水平面	300	19	0.6	80
会议室	0.75m 水平面	300	19	0.6	80
接待室、前台	0.75m 水平面	200	—	0.4	80
法庭	0.75m 水平面	300	22	0.4	80
立案、信访、执行用房	0.75m 水平面	300	19	0.6	80
诉讼档案、司法警务、审判信息管理	0.75m 水平面	300	19	0.6	80
文件整理、复印、发行室	0.75m 水平面	300	—	0.4	80
资料、档案室	0.75m 水平面	200	—	0.4	80

8. 光源：照明应以清洁、明快为原则进行设计，同时考虑节能因素避免能源浪费，以满足使用的要求。室内外照明应选用发光效率高、显色性好、使用寿命长、色温相宜、符合环保要求

的光源。室外照明装置应限制对周围环境产生的光干扰。对餐厅、电梯厅、走道等均采用 LED 灯；商场、办公室等采用高效节能荧光灯；设备用房采用荧光灯。为保证照明质量，办公区域选用双抛物面格珊、蝠翼配光曲线的荧光灯灯具，荧光灯为显色指数大于 80 的三基色的荧光灯。

9. 应急照明与疏散照明。

（1）应急照明设置部位。

1）走道、楼梯间、防烟楼梯间前室、消防电梯间及其前室、合用前室。

2）配电室、消防控制室、消防水泵房、防烟排烟机房、弱电机房以及发生火灾时仍需坚持工作的其他房间。

3）人员密集的场所。

其中：重要机房的值班照明等处的应急照明按 100%考虑；公共场所按 10%～15%考虑。各层走道、拐角及出入口均设疏散指示灯，蓄电池采用集中免维护电池进行供电。

4）疏散走道。

（2）疏散用的应急照明，其地面最低照度不应低于 0.5lx。

（3）消防控制室、消防水泵房、防烟排烟机房、配电室、弱电机房以及发生火灾时仍需坚持工作的其他房间的应急照明，仍应保证正常照明的照度。

（4）疏散走道和安全出口处应设灯光疏散指示标志。

（5）疏散应急照明灯设在墙面上或顶棚上。安全出口标志宜设在出口的顶部；疏散走道的指示标志设在疏散走道及其转角处距地面 0.5m 以下的墙面上。走道疏散标志灯的间距不大于 15m。

（6）应急照明灯和灯光疏散指示标志，应设玻璃或其他不燃烧材料制作的保护罩。

（7）应急照明和疏散指示标志，采用集中式蓄电池作备用电源，且其备用时间不小于 90min；对于不能由交流电源供电的负荷，设置直流蓄电池装置为其供电。

10. 照明控制。

为了便于管理和节约能源，以及不同的时间要求不同的效果。本工程的室外照明等场所，采用智能型照明控制系统，汽车库照明采用集中控制。楼梯间、走廊等公共场所的照明采用集中控制和就地控制相结合的方式。走廊的照明采用集中控制。走廊的应急照明考虑就地控制和消防集中控制的方式。机房、库房、厨房等场所采用就地控制的方式。现场智能控制面板应具备防误操作的功能，以避免在有重要活动时出现不必要的误操作，提高系统的安全性。

1.4.5 防雷与接地系统

1. 本建筑物按二类防雷建筑物设防，为防直击雷在屋顶设接闪带，其网格不大于 10m×10m，所有突出屋面的金属体和构筑物应与接闪带电气连接。

2. 为防止侧向雷击，将六层以上，每三层沿建筑物四周的金属门窗构件与该层楼板内的钢筋接成一体后再与引下线焊接，防雷接闪器附近的电气设备的金属外壳均应与防雷装置可靠焊接。

3. 为预防雷电电磁脉冲引起的过电流和过电压，在重要设备供电的末端配电箱、由室外引入或由室内引至室外的电力线路等处装设电涌保护器（SPD）。

4. 本工程采用共用接地装置，以建筑物、构筑物的金属体、构造钢筋和基础钢筋作为接地体，其接地电阻小于 1Ω。

5. 建筑物做等电位联结，在变配电所内安装主等电位联结端子箱，将所有进出建筑物的金属管道、金属构件、接地干线等与等电位端子箱有效连接。

6. 在所有变电所，弱电机房，电梯机房，强、弱电小间，浴室等处做辅助等电位联结。

1.4.6 电气消防系统

1. 火灾自动报警系统：本工程采用集中报警系统。在本楼适当位置设手动报警按钮及消防对讲电话插孔。在消火栓箱内设消火栓报警按钮。消防控制室可接收感烟、感温、气体探测器的火灾报警信号，水流指示器、检修阀、压力报警阀、手动报警按钮、消火栓按钮的动作信号。在每层消防电梯前室附近设置楼层显示复示盘。

2. 消防联动控制系统：在消防控制室设置联动控制台，控制方式分为自动控制和手动控制两种。通过联动控制台，可以实现对消防设备的监视和控制，火灾发生时手动切断一般照明及空调机组、通风机、动力电源。当发生火灾时，自动关闭总煤气进气阀门。

3. 消防紧急广播系统：在消防控制室设置消防广播机柜，机组采用定压式输出。当发生火灾时，消防控制室值班人员可自动或手动向全楼进行火灾广播，及时指挥疏导人员撤离火灾现场。

4. 消防直通对讲电话系统：在消防控制室内设置消防直通对讲电话总机，除在各层的手动报警按钮处设置消防对讲电话插孔外，在变配电室、水泵房、电梯机房、冷冻机房、防排烟机房、建筑设备监控室、管理值班室等处设置消防直通对讲电话分机。

5. 电梯监视控制系统：在消防控制室设置电梯监控盘，除显示各电梯运行状态、层数显示外，还应设置正常、故障、开门、关门等状态显示。火灾发生时，根据火灾情况及场所，由消防控制室电梯监控盘发出指令，指挥电梯按消防程序运行：对全部或任意一台电梯进行对讲，说明改变运行程序的原因；除消防电梯保持运行外，其余电梯均强制返回一层并开门。火灾指令开关采用钥匙型开关，由消防控制室负责火灾时的电梯控制。

6. 应急照明系统：所有楼梯间及前室的照明以及变配电所、消防控制室、安防中心、消防水泵房、防排烟机房、柴油发电机房、电信机房等的照明全部为应急照明。公共场所应急照明一般按正常照明的10%～15%设置。应急照明电源采用双电源末端互投供电。主要疏散出口设置安全出口指示灯，疏散走廊设置疏散指示灯。

7. 为防止用电不善引起的火灾，本工程设置电气火灾报警系统。

8. 本工程设置消防设备电源监控系统。

9. 为保证防火门充分发挥其隔离作用，本工程设置防火门监控系统。

1.4.7 智能化系统

1. 信息化应用系统。信息化应用系统功能应满足建筑物运行和管理的信息化需要并提供建筑业务运营的支撑和保障。系统包括公共服务、智能卡应用、物业管理、信息设施运行管理、信息安全管理、基本业务办公和专业业务等信息化应用系统。

（1）公共服务系统。公共服务系统应具有访客接待管理和公共服务信息发布等功能，并宜具有将各类公共服务事务纳入规范运行程序的管理功能。系统基于信息网络及布线系统，系统服务器设置于中心网络机房，管理终端设置于相应管理用房。

（2）智能卡应用系统。根据建设方物业信息管理部门要求对出入口控制、电子巡查、停车场管理、考勤管理、消费等实行一卡通管理，“一卡”在同一张卡片上实现开门、考勤、消费等多种功能；“一库”，在同一软件平台上，实现卡的发行、挂失、充值、资料查询等管理，系统共用一个数据库，软件必须确保出入口控制系统的安全管理要求；“一网”，各系统的终端接入局域网进行数据传输和信息交换。系统基于信息网络及布线系统，系统服务器设置于中心网络机房，管理终端设置于相应管理用房。

（3）信息设施运行管理系统。信息设施运行管理系统应具有对建筑物信息设施的运行状态、资源配置、技术性能等进行监测、分析、处理和维护的功能。系统基于信息网络及布线系统，系统服务器设置于中心网络机房，管理终端设置于相应管理用房。

（4）信息安全管理系统。信息网络安全管理系统通过采用防火墙、加密、虚拟专用网、安全隔离和病毒防治等各种技术和管理措施，室网络系统正常运行，确保经过网络的传输和管理措施，使网络系统正常运行，确保经过网络传输和交换的数据不会发生增加、修改、丢失和泄露。系统基于信息网络及布线系统，系统服务器设置于中心网络机房，管理终端设置于相应管理用房。

2. 智能化集成系统。

（1）系统集成是对大楼内的多个弱电子系统进行集中监控，从而保障大楼的安全、高效、稳定的运行。构建 IBMS 管理平台，系统建设应具备安全性、先进性、稳定性、开放性、实用性、可扩充性及可升级的实用、全面而且具有高度可操作性的应用系统。

（2）为了提高建筑物业管理的效率和综合服务能力，降低建筑体运行成本，更高发挥建筑体在突发事件时对全局事件的控制和处理能力，将灾害的损失减少到最低限度，为大楼使用者创造一个舒适、温馨、安全的工作环境。该项目根据实际情况，需要将建筑设备自控系统、火灾报警系统、闭路电视监控及防盗报警系统、门禁/一卡通系统、智能停车场系统等多个子系统集中在一个集成平台上进行集中监控和管理。实现建筑物设备的自动检测与优化控制，实现信息资源的优化管理和共享，为使用者提供最佳的信息服务，创造安全、舒适、高效、环保的工作、生活环境。

3. 信息化设施系统。

（1）信息系统对城市公用事业的需求：

1）系统接入机房设置于建筑通信机房内，通信机房可满足多家运营商入户。本工程需输出入中继线 100 对（呼出呼入各 50%）。另外申请直拨外线 200 对（此数量可根据实际需求增减）。

2）电视信号接自城市有线电视网，在顶层设有卫星电视机房，对建筑内的有线电视实施管理与控制。有线电视节目和卫星电视节目经调制后，经电视信号干线系统传送至每个电视输出口处，使获得技术规范所要求的电平信号，达到满意的收视效果。

（2）通信自动化系统：

1）通信自动化系统主要包括院内通信网络、党政专网保密电话网、法院通信专网及各类通信接入等。其中语音主干光纤通过管路接入电话机房，通过光纤配线架、光纤跳线等设备接入程控交换机；数据信息网主干光纤通过管路接入网络机房（分别接入外网、内网、涉密网机房），通过光纤配线架、光纤跳线等设备接入各网核心交换机。

2）布线接入设备。各个通信网、电话网主要通过主干光纤入户，主干通常采用室外铠装单模光纤（或大直径同轴电缆）；由于室外铠装单模光纤较硬，不宜传管槽进入目的机房，建议在入户处弱电间设置单模光纤配线架（同轴电缆不需要）接入室外光纤，通过跳线接另一光纤配线架，该光纤配线架与目的机房接入光纤配线架通过室内单模光纤连接。

3）电话程控交换机。作为整个办公大楼的语音通信平台——通信系统，不但要使中心的通信通畅，而且应该能够满足高效率办公及交流的需求。参照一般法院大楼使用需求，建议本次建设采用大型容量数字程控交换机，搭建一套高效的语音通信系统：

a）普通语音通信功能——初期配置用户电话。

b）直线 DID——为用户提供电话直拨服务。

c）增值应用——为企业和个人提供各种增值服务，如语音信箱、一号通、移动通信集成、联络中心、统一消息等。

d）普通电话采用 1000 门（可扩展）的大型程控交换机，由于涉及保密电话，单独设置小型电话交换机。

（3）综合布线系统。

1）本工程综合布线系统包括法院计算机内网、法院计算机外网、计算机政法网、计算机电子政务网、普通电话网、保密电话网、闭路电视网、监控网以及会议系统、指挥中心、案件审判区、立案信访大厅等主干音视频布线、弱电设备电源线路、其他系统控制信号线路以及布线管路和桥架系统的布放和建设。法院内网、法院外网、政法内网、电子政务内网应物理隔离；审委会系统网应与内网相连，但应设置防火墙。

2）法院内网。由于所有的业务应用都在局域网内网上运行，因此要求局域网内网具有很高的稳定可靠性。审委会系统网应与内网相连，但应设置防火墙。由于局域网内网中涉及多种的业务数据应用和流媒体音视频应用，因此要求局域网内网系统有较大的带宽支持，应采用双核心冗余架构，万兆主干线路。由于局域网内网系统中涉及审判管理信息系统、IP 电话和 H.323 的视频会议等实时性高的应用，并且需要与广域网保持良好的应用接口，因此需要局域网内网系统提供很好的服务质量保障，并且能够与广域网保持良好的服务质量保障延续性。

3）涉密网。为了保障涉密网中信息和数据的安全性，不得直接或间接地与国际互联网或其他公共信息网络相连接，必须实行物理隔离。

4）外网上的应用只需要提供局域网外网的访问、邮件服务和 Web 服务，因此在稳定性、带宽和服务质量保证上没有特别的要求。但是由于与内网相连，因此对网络安全提出了较高的要求，需要采用单核心、千兆主干线路。

5）法院专网负责对全省各级法院提供相关服务，因此要求法院专网具有很高的稳定可靠性。由于法院专网中涉及 IP 电话和 H.323 的视频会议等实时性高的应用，因此需要法院专网系统提供很好的服务质量保障和足够的带宽。法院特殊的业务环境、连接法院的多样性及各种不同的信息类型和不同的使用对象决定了法院专网对网络安全具有很高的要求。

6）政务和政法网目前只考虑一般的数据交换应用，没有语音和视频应用的需求，可以保留以后的扩展，采用单核心、千兆主干线路。

7）大楼综合布线由中心机房至各楼层配线间的垂直布线和各楼层配线间至全部房间的水平布线构成。包括通信、计算机网络、音视频等系统的布线，各系统一律采取综合布线方式进行布线，便于管理。综合布线应符合具有先进性、开放性、灵活性、模块化、可靠性、可扩性和经济性的要求。整个布线系统应具有稳定运行、易于管理维护、节约运行费用等特点。

（4）服务器部分：包括应用服务器、文件传输服务器、数据复制服务器、数据备份服务器、流媒体服务器、Web 服务器及其他专业应用服务器等。

1）应用服务器。应用服务器用于管理所有法院数据。应用服务器是数据库与软件应用程序之间的中间层，用于处理用户与企业的业务应用程序和数据库之间的所有应用程序操作。

2）文件传输服务器。法院用户可通过文件传输协议下载或加载文件服务器上的文件，以实现资源共享。

3）数据复制服务器。数据复制服务器可以轻松地实现海量数据的传输和灾难备份，保证法院所有信息和数据的安全性。

4）数据备份服务器。数据备份服务器是对现有的重要信息和数据进行存储，一旦发生非正常的情况出现系统崩溃，数据丢失，可以通过备份的介质将系统和数据快速、简单、可靠地恢复到已经进行备份的所有内容，以保证最小的损失。

5）流媒体服务器。所谓流媒体是指在网络中使用流式传输技术的连续时基媒体，例如音频、视频、动画或其他多媒体文件。流媒体技术就是融合采集、压缩、存储、传输以及网络通信等多项技术而产生的，可以对网络传输的音频、视频或多媒体文件，在播放前并不下载整个文件，随时传送随时播放。在实体化审判管理过程中，产生了大量的音视频数据，一方面通过视频直播，可以实现异地质证等新的应用模式；另一方面可以通过视频点播为庭审观摩、典型案例学习提供服务。在网络中真正要实现流媒体技术，必须完成流媒体的采集、发布、传输、播放四个环节。在这四个环节中需要解决多项技术问题，其中流媒体服务器的选择是至关重要的内容。

6）Web 服务器，主要功能是提供网上信息浏览服务。

7）存储部分包括各类数据存储及备份。

a）存储系统。存储系统由存放程序和数据的各种存储设备、控制部件及管理信息调度的设备（硬件）和算法（软件）所组成的系统。主存储器不能同时满足存取速度快、存储容量大和成本低的要求，在计算机中必须有速度由慢到快、容量由大到小的多级层次存储器，以最优的控制调度算法和合理的成本，构成具有性能可接受的存储系统。

b）备份系统。备份系统是对现有的重要信息和数据进行存储，一旦发生非正常的情况出现系统崩溃，数据丢失，可以通过备份的介质将系统和数据快速、简单、可靠地恢复到已经进行备份的所有内容，以保证最小的损失。

（5）公共信息发布系统。

1）公共信息发布系统包括公共区显示系统、法院内部庭审直播系统和触摸屏系统。

2）公共区显示系统：

a）公共区显示系统的显示设备为 LED 显示屏，主要包括室外 LED 双基色大屏、室内 LED 双基色大屏、室内 LED 双基色条形屏三种类型。

b）LED 显示屏通过计算机安装控制软件进行点对点的控制，LED 显示屏可显示文字、静态图像和动态图像。显示内容由安装其控制软件的管理计算机输入，点对点间的传输介质可根据传输距离不同选择铜缆或者光缆。

3）法院内部庭审直播系统。

a）在当事人公共活动区域（建议安装在法庭外旁听席入口大门一侧及立案大厅、信访大厅等处），设置若干块液晶显示屏（LCD），用于显示各法庭的庭审实况，图像控制与切换设备放置在图像控制机房。另外每个屏上显示三条文字信息：第一条显示法庭名称，第二条显示开庭信息，第三条可滚动显示案件介绍并可通过控制器控制显示屏显示开庭、闭庭、休庭信息。

b）各 LCD 由图像机房的控制设备进行集中编辑控制，系统主要显示每个法庭的开庭公告信息，并分别显示各自法庭内的信息，显示内容以文字和静态图像为主，线路传输方式选择铜缆与长线传输设备配合解决。

4）触摸屏系统。

a）在立案大厅和信访大厅，各设置 2 台触摸屏，供当事人查询相关信息。触摸屏主机内含系统预置软件，通过编辑添加查询信息供人员进行触摸查询。本系统可通过网络信息点接入大楼网络，实现远程访问和控制。

b）本系统建设完成后，将实现立案大厅和信访大厅的自动化查询导航，极大程度地简化了案件相关人员存在案件信息查询需要时的步骤，同时减轻了法院提供咨询的人力，并可基于法院专网，通过数据传输交换实现法院之间的综合信息交换和协作，实现司法审判信息资源的及时处理、安全保存、快速流转、深度开发和有效利用，满足广大法官、人民群众和经济社会发展对案件信息查询的需求。

（6）会议系统。

1）视频显示系统采用 2 台高清液晶显示器，显示远程和本地视频图像，并保证视频信号的高质量传输。按要求，音视频会议室视频内容由大屏幕显示，输入由 DVD、计算机视频、摄像机等 VGA 或 AV 信号组成。在视频显示系统上，建议设计采用大画面、多色彩、高亮度、高分辨率显示效果的方案，采用大屏幕液晶显示技术。

2）扩声系统采用专业音响系统，主要由扩声音箱、专业功放、调音台、反馈抑制器、双通道音量控制器等设备组成组合式多通道音响系统。使会议室的音响建设要求满足召开会议等专业的标准，并使会场的音频和视频达到完美的结合。

其次在考虑到系统今后的使用功能后，重点因应侧重使用功能全面性、语言扩声的清晰度、传声增益、音乐重放音质以及方便的操作性和灵活的功能转换等方面。此外，还要充分保证系统的兼容性、可靠性及扩展性。

3）将房间内的设备控制集中到一套中央控制系统上，指挥中心内所有系统的控制通过一个触摸屏的方式提供给办案领导和操作管理员使用，只需轻按触摸屏即可控制整个中心的所有局面，如控制矩阵设备进行视频输出的切换，控制音响系统音量调节，控制打开电视墙播放，DVD 刻录机、DVD 有关资料等。集中控制系统可实现：对 DVD、DVD 刻录机、电视墙、会场音量大小、矩阵切换器信号切换、实物展台等功能的控制，系统还能够支持用户通过网络进行远程控制，使控制更趋多样化、便利化。

4）远程视频会议系统。建议视频会议室实现远程视频会议，以单点对多点、多点互对、单点互对等方式，实现电视会议、远程案件讨论、远程教育培训、专题讲座等。以及在会议室实现语音、视频图像服务，为会议提供信息电子化手段。会议室还能够提供内部网和互联网访问，能够播放图文音像素材。如作为视频会议主会场，应考虑建设一套视频会议 MCU。

5）音视频会议室安装 5 台会议专用球机。能够对现场的各种图像、图片和实物资料进行高清晰的视频采集和存储，能进行全会场的摄像，能够拍摄到主席台及整体会场清晰的图像，为视频会议本地和远端提供高质量的图像。要实现对内容的记录，以及将本地的实时图像采集输入会议终端进行远程传输，用于召开电视会议的话，都需要配置彩色摄像机进行图像采集。为了保证采集到的图像质量，便于保存和远程传输，系统配置有水平线数至少 460 线的会议专用彩色摄像机进行摄像，能够保证视频会议视频本端采集的实际需要。会议专用摄像机既有别于保安监控系统中的摄像头，又不同于演播室的摄像机，保安监控摄像头照度低（1Lux），对环境的亮度要求不高，但图像效果差。演播室的摄像机图像质量高，但对环境的亮度要求苛刻，价格昂贵，组成一套系统要调用许多人力资源。会议摄像机则集中了上述者的长处，图像佳，照度低，操作方便，是报告厅和课件实时化培训的首选设备。

6）视频会议室设置 1 台专业 AV 音视频矩阵和 1 台专业 RGBHV 的音视频矩阵，实现相关音视频输入和输出设备的音视频传输调度。

7）数字审委会系统是为审委会会议开发的一整套数字化信息管理系统，从承办人向审委会提起申请，秘书安排会议，以及会议开始时的申请人向审委会委员汇报和委员可以查看提起议题等流程均通过软件系统来完成管理。

审委会系统是案件信息综合应用高度集中的系统，可以充分使用审判管理系统、法庭系统等所有系统产生的所有数据和信息。包括“审委会会议登记系统”“审委会委员应用系统”“承办人汇报系统”和“审委会秘书系统”。

8）数字法庭是指利用网络技术、数据库技术、音视频技术和智能控制手段，将庭审活动的视频、音频、文字等信息进行综合处理。为法官的庭审活动提供最佳的信息支持，能够让各方当事人和旁听群众“听得清楚、看得明白”。系统以案件信息管理系统的预定法庭为起点，法庭的预定信息会实时发送到办公室，办公室的工作人员可以根据预定情况通知物业，做好开庭前的准备工作；案件开庭之前，书记员可以通过法庭内的庭审系统辅助整个案件庭审过程，进行笔录记录和校对工作；在开庭过程中，具有相关权限的人员可以通过直播系统观看案件的庭审过程，庭审结束后，又可以通过点播系统观看案件的庭审录像；庭审系统产生的庭审录像也会应用到案件信息管理系统和数字审委会系统中。主要包括“书记员庭审系统”“审判长庭审系统”和“庭审多媒体应用系统”。

9）图像指挥中心的功能主要应用于重大庭审活动（包括远程）、重要监控点等的现场图像展示，以满足快速决策的需要。包括大屏幕显示系统、集控系统、庭审预监系统等。

10）领导办公室业务辅助系统。领导可通过电视或计算机观看庭审实况、关键场所监控图像、召开桌面音视频会议以及对房间内设备和环境的控制等。

（7）公共广播系统。

1）业务广播主要通过管理遥控呼叫站、自动语音信息编程广播等发布管理信息，按照预定的设置分区广播，发布语音信息及管理信息，提供方便、高效、可靠管理功能。

2）紧急广播系统，通常被列为消防自动控制的一个联动部分，在广播系统中消防广播具有绝对优先权，它的信号所到的扬声器应无条件畅通无阻，包括切断所有其他广播和处于开启和关断的音控器，所有扬声器应全功率工作。消防广播应为 N+1 形式。当消防系统向本系统发出二次确认后的报警区域信号时，广播系统自动实现 N+1 广播功能，同时自动启动已录好的广播信息或人工播放广播。消防分区控制器应还具有手动切换和全切两种功能，供用户根据消防系统的实际需要做相应安排。

3）功率放大器采用 100V 定压式输出。为减少至扬声器负载的音频功率信号的传输损耗，必须对线路安装型号和截面积应进行合理选择。要求从功放设备的输出端至最远扬声器的线路衰耗不大于 1dB（100Hz）。

4）背景音乐系统频响为 70～120Hz，谐波小于 1%，信噪比不低于 65dB。

5）消防广播线路敷设按防火布线要求，采用 NHRVS－2×0.8 穿钢管暗敷。

6）多功能厅设置独立的音响设备。会议扩声系统配备多台多路混音放大器、扬声器箱等专业设备。调音台应有多路音源输入通道，每通道均可预选话筒或线路输入。各通道均应有语音滤波，衰减低音成分，增加语音的清晰度。可接入 CD、AM/FM 收音机、话筒等，并具备录音设备。扬声器的配置应满足会场声压级的需要，并应保证会场内声压的均匀度。当发生火灾时，自动切除音响设备。

7）系统主机应具备综合检查及自检功能，能不间断地对系统主机及扬声器回路的状态进行检测。

8）系统应具有隔离功能，当某一扬声器发生短路时，自动断开，保证功放及控制设备安全。

9）系统应为标准化模块化配置，并提供标准接口及相关软件通信协议。

10）火灾时，自动或手动打开相关层紧急广播，同时切除事务性广播，其数量应能保证从一个防火区内的任何部位到最近一个扬声器的步行距离不大于25m。走道最后一个扬声器距走道末端不大于12.5m。消防广播应设置备用扩音机。

（8）时钟系统。

1）本工程对立案大厅、等待、办公区大厅、领导办公室、食堂等位置设计GPS时钟系统。

2）GPS时钟系统主要由GPS母钟、GPS子钟和GPS信号接收天线等设备组成，系统通过GPS信号接收天线接收卫星同步发送的时钟信号，实时传送至GPS母钟同时进行信号处理和放大，大楼多个GPS子钟与GPS母钟通过信号分配器进行连接，整个系统的时钟信号可实现从卫星到GPS母钟和子钟真正意义上的同步。

（9）有线电视系统及自办电视节目。

1）本工程地下一层设有线电视机房，楼屋顶预留卫星电视机房。本工程内的有线电视实施管理与控制。

2）有线电视线路由市网的HFC网络的光节点引入。有线电视网络公司负责提供光节点的信号输出，并负责将信号引入本工程的CATV前端机房。设置卫星接收系统，接收卫星电视节目。有线电视节目和卫星电视节目经调制后，经电视信号干线系统传送至每个电视输出口处，使获得技术规范所要求的电平信号，达到满意的收视效果。系统设备包括卫星接收天线、功分器、接收机、解密器、制式转换器、前置放大器、频道放大器、频道转换器、有源混合器、供电单元、宽带放大器、分配器、分支器、终端电阻等。

3）系统根据用户情况采用分配–分支–分配方式。

（10）无线信号增强系统。

1）为了避免手机信号出现网络拥塞情况以及由于大楼内建筑结构复杂，无线信号难于穿透，室内易出现覆盖的盲区，手机用户不能及时打进或接进电话。本工程安装无线信号增强系统以解决移动通信覆盖问题，同时也可增加无线信道容量。

2）无线信号增强系统应对地下层、地上层及电梯轿厢等处进行覆盖。

3）系统设立微蜂窝和近端机，安装在地下一层电信机房内。

4）采用以弱电井为中心，分层覆盖的方式，将主要设备安装在弱电井内。

4. 建筑设备管理系统。

（1）建筑设备监控系统。

1）本工程建筑设备监控系统的总体目标是将建筑内的建筑设备管理与控制系统（HVAC、给排水系统、供配电系统、照明系统等）进行分散控制、集中监视管理，从而提供一个舒适的工作环境，通过优化控制提高管理水平，从而达到节约能源和人工成本，并能方便实现物业管理自动化。

2）本工程变配电所设置独立的变配电管理系统，预留与建筑设备监控系统联网的网关接口。

（2）建筑能效监管系统。本工程建筑能效监管主机设置于各个建筑物业管理室。系统可对冷热源系统、供暖通风和空气调节、给水排水、供配电、照明、电梯等建筑设备进行能耗监测。

5. 公共安全系统。

（1）视频监控系统。

1）本工程在一层设置保安室（与消防控制室共室，内设中央机房的系统主要设备有视频矩阵切换器、全功能操作键盘、彩色监视器、十六路视频数字硬盘录像机、21in 硬盘录像显示器、监控多媒体图形工作站 1 套；电源控制器、稳压电源、监视器屏、控制机柜及控制台等。十六路视频数字硬盘录像机的彩色录像质量要求达到每秒 25 帧。可循环储存 30 天记录的。

2）所有的出入口门、车道入口、车道、室内及室外停车库、法庭、信访接待室等装有摄像头。所有摄像机均具有彩转黑功能，并且所有室内摄像机均带有红外灯。电梯轿厢内采用广角镜头，要求图像质量不低于四级。

3）图像水平清晰度：黑白电视系统不应低于 400 线，彩色电视系统不应低于 270 线。图像画面的灰度不应低于 8 级。

4）保安闭路监视系统各路视频信号，在监视器输入端的电平值应为 1Vp－p±3dB VBS。

5）保安闭路监视系统各部分信噪比指标分配应符合：摄像部分 40dB；传输部分 50dB；显示部分 45dB。

6）保安闭路监视系统采用的设备和部件的视频输入和输出阻抗以及电缆阻抗均应为 75Ω。

（2）周界报警系统。本工程在建筑物外围墙设置周界防范系统，周界围墙采用红外对射式探测系统，对整个建筑实施周界防护。

（3）报警系统。

1）在涉及财务、档案、涉密等功能用房配置红外微波探测器；在信访接待办、立案接待室等房间配置紧急报警手动按钮。在重要防区门内安装门磁探测器，门磁将嵌入到门锁里面。报警终端通过门禁主机通过报警扩展版接入。通过报警信号实现与监控图像的联动。在建筑物周界设置红外对射周界报警，防止外部人员非法侵入。

2）系统采用红外微波双鉴探头、红外对射、紧急按钮等安装在一些需重点保护的部位进行室内防盗。将整个大厦设计为封闭的保护区域，在各主要出入口、主要通道、机房等设置传感器，检测非法闯入。

3）系统在楼内共设置红外双鉴探测器，在除大厅入口外的外墙上设置红外对射报警器。

4）系统采用报警单元接入双鉴红外探测器的报警输入，报警管理主机上显示防区的布/撤防、状态等信息，并能输出报表，方便管理。

5）系统高度集成，把闭路监控、通道管理、紧急报警、探头报警等功能作为整体来考虑。对于不同的防范区域应采用不同的探测和报警装置，并实现各种探测报警装置在统一的管理平台上进行相关的联动控制。在系统管理主机上可通过软件设置实时显示报警地点、时间以及处理报警的方案，可随时查询报警纪录，自动生成报表，可打印输出。

6）高灵敏度的探测器获得的入侵报警信号传送到中央监控室，同时报警信号以声、光、电等的方式显示，并在管理主机上显示报警区域，使值班人员能及时、准确、形象地获得突发事故的信息，以便及时采取有力措施。报警监控中心接收到来自各报警控制器发出来的报警信号，同时与闭路电视监控系统等相关系统联动。报警信号一经确认，系统就能通过电话网或其他通信方式自动向公安部门报警监控中心报警。

（4）门禁系统/智能一卡通管理系统。

1）根据本楼的建筑特点，楼内各功能区域（主要是办公区和办案区）没有建筑上的绝对的分隔，门禁系统就成了正常办案、办公使用的前提条件。否则，案件相关人可以无拘束的进出办公场所，非案件相关人可以无拘束的进出办案场所，导致管理压力过大。门禁系统可以独立于一卡通系统建设，单纯的为各个功能房间、功能区域的进出口设置权限。

2）所有应用均使用同一张卡，实现门禁、考勤、消费、巡更（保安）、图书借阅/底图查询、停车场管理、紧急疏散人员统计等功能。

3）系统的先进性：所选用的软件及硬件产品均为世界知名品牌，并在各自领域处于领先水平，主控设备及配套设备在国内外都具有许多典型案例。

4）系统高度集成化：能够支持并具备报警功能，可以与报警、消防、监控等系统进行联动。

5）系统的模块化：要求系统的软、硬件结构为模块化，各功能模块之间可实现数据共享，而各子系统模块又实现各自不同的管理功能因此各模块之间是相互独立又相互联系的。

6）系统可采用多种技术方式实现门禁系统管理：门禁系统的控制器可同时连接和自动识别不同类型读卡器，还支持生物识别技术。

7）系统的扩展性：系统采用主从模块结构，采用总线的通信方式，并可实现多路总线通信模式。便于今后系统的扩展需要。

8）在线式维护：由于门禁管理系统具有其特殊性，使得系统的工作不能停顿。要求系统的维护必须是在线式的，即在系统不停止工作的情况下，可以更换单元的备件。

（5）停车场管理系统。

1）停车场分为庭院停车场和地下室内停车场。庭院停车场供临时外来人员使用，地下室内停车场供员工、常驻外来人员和公司车辆使用。两个停车场都应预留收费功能。

2）当入口车辆检测器“发现”有车辆进入时，能自动打开栅栏。

3）出现停电和故障时能进行自动/手动功能切换。

4）落闸时，感知栏杆下有车辆误入时，自动停闸，具有安全保护措施，防止栏杆砸车情况发生。

【说明】本模型电气抗震设计和电气节能措施可参考1.1.8和1.1.9。

2 旅馆建筑

【摘要】旅馆建筑是指为旅客提供住宿、饮食服务和娱乐活动的公共建筑。旅馆建筑电气设计以方便客人、保持舒适氛围、管理方便的原则，最大限度地满足旅客用电和信息化需求，同时应满足管理人员的需求，对突发事故、自然灾害、恐怖袭击等应有预案，对大堂、客房、餐厅等场所创造安全、舒适的建筑环境。

2.1 度假酒店

2.1.1 项目信息

本工程是一座集五星级酒店、会议中心、餐饮中心等为一体的综合性度假型旅游酒店建筑。其中包括客房区和公共活动区。客房总建筑面积约为 4 万 m^2，共 560 间客房，酒店配套建筑面积约为 5 万 m^2。

度假酒店

2.1.2 系统组成

1. 高低压变、配电系统。
2. 电力、照明系统。
3. 防雷与接地系统。
4. 电气消防系统。
5. 智能化系统。
6. 电气抗震设计和电气节能措施。

2.1.3 高低压变、配电系统

1. 负荷分级。

（1）一级负荷中特别重要负荷：主要业务用电子计算机电源、消防设备（含消防控制室内的消防报警及控制设备、消防泵、消防电梯、排烟风机、正压送风机等）、保安监控系统、应急及疏散照明、电气火灾报警系统等为特别重要负荷设备，设备容量为 952kW。

（2）一级负荷：多功能厅、排水泵、变频调速生活水泵等为一级负荷，设备容量为 1385kW。

（3）二级负荷：客房照明、客梯、中水机房、锅炉房电力、厨房、热力站等，设备容量为 1950kW。

（4）三级负荷：一般照明及其一般电力负荷，设备容量为 5914kW。

2. 供电措施。由市政外网引来两路 10kV 独立高压电源，每路均能承担工程全部负荷。两路高压电源同时工作，互为备用。供电主接线系统示意见图 2.1.3－1。

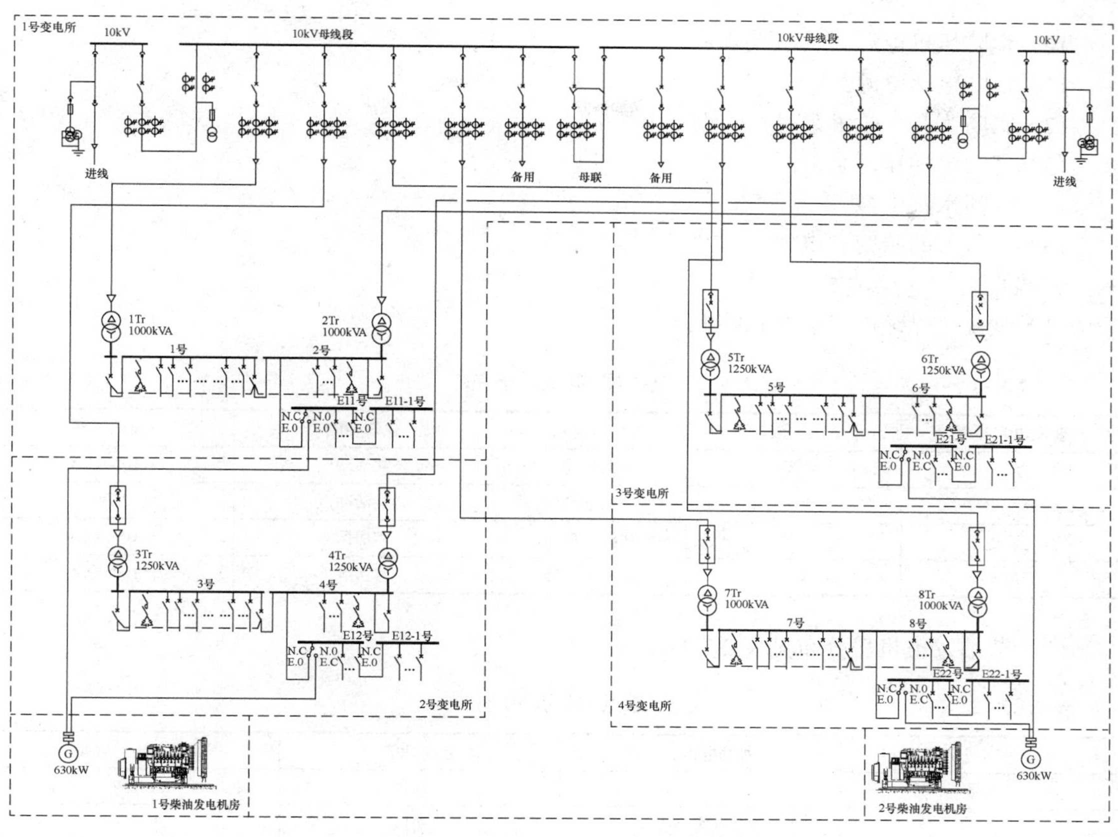

图 2.1.3－1　供电主接线系统示意图

3. 应急电源。

（1）设置两台柴油发电机组，一台 630kW 柴油发电机组，作为度假酒店公共活动区的第三电源，另一台 300kW 柴油发电机组，作为度假酒店客房区的第三电源。当需启动柴油发电机组时，启动信号送至柴油发电机房，信号延时 0～10s（可调）自动启动柴油发电机组，柴油发电机组 15s 内达到额定转速、电压、频率后，投入额定负载运行。柴油发电机的相序，必须与原供电系统的相序一致。当市电恢复 30～60s（可调）后，自动恢复市电供电，柴油发电机组经冷却延时后，自动停机。

（2）在应急状态下，可向酒店以下负荷供电：

1）走廊应急照明。

2）客房入口门廊灯光。

3）安全出口标志灯。

4）安全出口楼梯间照明。

5）柴油发电机房照明。

6）智能化系统机房照明、插座和空调。

7）消防控制中心的照明和电力。

8）厨房排气罩风机电源。

9）变配电站照明。

10）消防风机电源。

11）消防电梯电源。

12）消防水泵、喷淋泵等消防设备电源。

13）消防电梯排污泵电源。

14）生活水泵电源。

15）工程部的照明和电力。

4. 变配电站、柴油发电机房。

（1）变配电站分布见表 2.1.3－1。

表 2.1.3－1　　变配电站分布

变配电室类型	变配电室编号	变配电室位置	建筑功能	变压器容量
总变配电室	1 号	公共活动区	公共活动区	2×1000kVA
分变配电室	2 号	公共活动区	公共活动区	2×1250kVA
分变配电室	3 号	B 栋客房楼	客房区	2×1000kVA
分变配电室	4 号	C 栋客房楼	客房区	2×1000kVA

（2）柴油发电机房分布见表 2.1.3－2。

表 2.1.3－2　　柴油发电机房分布

柴油发电机房编号	柴油发电机房位置	建筑功能	柴油发电机容量
1 号	公共活动区	公共活动区	630kW
2 号	C 栋客房楼	客房区	300kW

（3）正常电源供电区域示意见图 2.1.3－2。

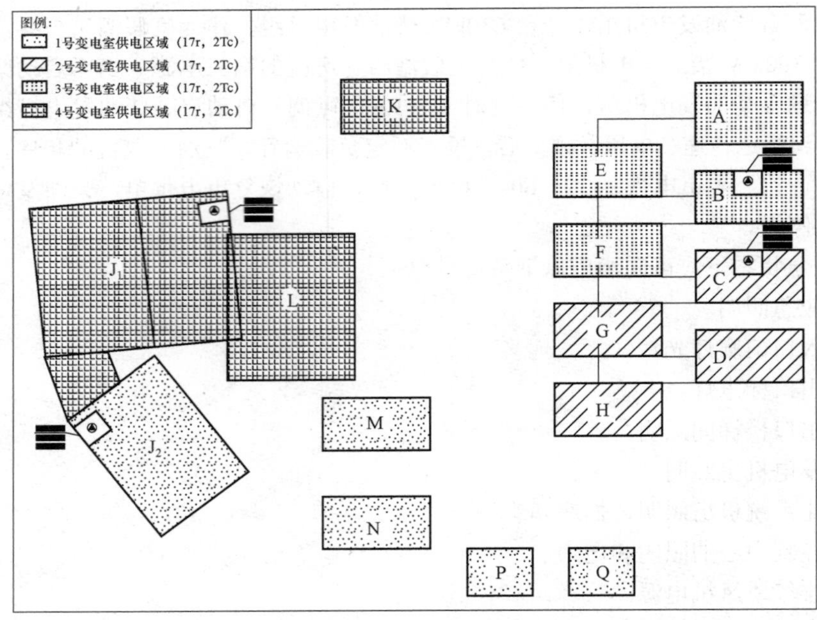

图 2.1.3－2　正常电源供电区域示意

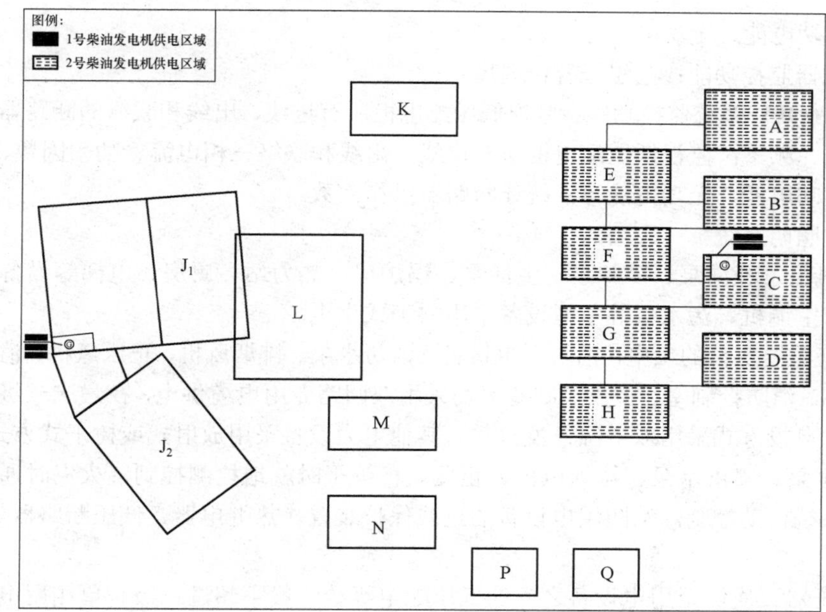

图 2.1.3－3 应急电源供电区域示意

（4）应急电源供电区域示意见图 2.1.3－3。

5. 高压系统。

（1）高压采用单母线分段运行方式，中间设联络开关，平时两路电源同时分列运行，互为备用，当一路电源故障时，通过手动操作联络开关，另一路电源负担全部负荷。

（2）10kV 配电设备采用中置式开关柜。高压断路器采用真空断路器，在 10kV 出线开关柜内装设氧化锌避雷器作为真空断路器的操作过电压保护。真空断路器选用电磁（或弹簧储能）操作机构，操作电源采用 110V 镍隔电池柜（100AH）作为直流操作、继电保护及信号电源。高压开关柜采用下进线、下出线方式，并应具有“五防”功能。

6. 低压系统。

（1）低压配电系统为单母线分段运行，联络开关设自投自复、自投不自复、手动转换开关。自投时应自动断开非保证负荷，以保证变压器正常工作。主进开关与联络开关设电气联锁，任何情况下只能合其中的两个开关。

（2）低压配电线路根据不同的故障设置短路、过负荷保护等不同的保护装置。低压主进、联络断路器设过载长延时、短路短延时保护脱扣器，其他低压断路器设过载长延时、短路瞬时脱扣器。变压器低压侧总开关和母线分段开关应采用选择性断路器。低压主进线断路器与母线分段断路器应设有电气联锁。

（3）低压配电系统采用放射式或树干式供电，对于单台容量较大的负荷或重要负荷采用放射式供电；对于照明及一般负荷采用树干式与放射式相结合的供电方式；消防负荷及重要负荷采用双电源送至各用电点进行末端自动切换，以保证供电的可靠性。

7. 电力监控系统。

（1）10kV 系统监控功能：监视 10kV 配电柜所有进线、出线和联络的断路器状态；所有进线三相电压、频率；监视 10kV 配电柜所有进线、出线和联络三相电流、功率因数、有功功率、无功功率、有功电能、无功电能等。

（2）变压器监控功能：超温报警；温度。

（3）0.23/0.4kV 系统监控功能：监视低压配电柜所有进线、出线和联络的断路器状态；所有进线三相电压、频率；监视低压配电柜所有进线、出线和联络三相电流、功率因数、有功功率、无功功率、有功电能、无功电能等；统计断路器操作次数。

2.1.4 电力、照明系统

1. 冷冻机组、冷冻泵、冷却泵、生活泵、锅炉房、热力站、厨房、电梯等设备采用放射式供电。风机、空调机、污水泵等小型设备采用树干式供电。

2. 为保证重要负荷的供电，消防用电设备（消防水泵、排烟风机、正压风机、消防电梯等）、信息网络设备、消防控制室、中央控制室等均采用双回路专用电缆供电，在最末一级配电箱处设双电源自投，自投方式采用双电源自投自复。其他电力设备采用放射式或树干式方式供电。

3. 消防水泵、喷淋水泵、排烟风机、正压风机等平时就地检测控制，火灾时通过火灾报警及联动控制系统自动控制。消防用电设备的过载保护装置（热继电器、低压断路器等）只报警，不跳闸。

4. 自变压器二次侧至用电设备之间的低压配电级数一般不超过三级。单相用电设备，力求均匀的分配到三相线路。

5. 照度标准见表 2.1.4。

表 2.1.4　照　度　标　准

房间或场所		参考平面及其高度	照度标准值/lx	UGR	U_0	R_a
客房	一般活动区	0.75m 水平面	75	—	—	80
	床头	0.75m 水平面	150	—	—	80
	写字台	台面	300*	—	—	80
	卫生间	0.75m 水平面	150	—	—	80
中餐厅		0.75m 水平面	200	22	0.60	80
西餐厅		0.75m 水平面	150	—	0.60	80
酒吧间、咖啡厅		0.75m 水平面	75	—	0.40	80
多功能厅、宴会厅		0.75m 水平面	300	22	0.60	80
会议室		0.75m 水平面	300	19	0.60	80
大堂		地面	200	—	0.40	80
总服务台		台面	300*	—	—	80
休息厅		地面	200	22	0.40	80
客房层走廊		地面	50	—	0.40	80
厨房		台面	500*	—	0.70	80
游泳池		水面	200	22	0.60	80
健身房		0.75m 水平面	200	22	0.60	80
洗衣房		0.75m 水平面	200	—	0.40	80

注：*加局部照明。

6. 照明方式。餐厅照明设计满足灵活多变的功能，根据就餐时间和顾客的情绪特点，选择不同的灯光及照度。客房设有进门小过道顶灯、床头灯、梳妆台灯、落地灯、写字台灯、脚灯、壁柜灯。总统间除具有一般客房的功能灯饰外，在客厅和餐厅增设豪华灯饰。客房壁框内灯设有防护罩。

7. 应急照明。

（1）所有出口指示灯，安全疏散指示灯采用集中控制型供电方式，蓄电池的连续供电时间不少于 30min。

（2）水平疏散通道地面照度将不低于 5lx，垂直疏散通道地面照度将不低于 5lx。安全通道内之应急照明照度将不低于 20lx。

（3）所有疏散楼梯间、走廊的应急照明由就地及 BMS 系统制控制，火灾时由自动报警系统提供信号强切至全亮状态。

8. 照明控制。为了便于管理和节约能源，以及不同的时间要求不同的效果。在酒店的大堂、多功能厅、会议室、宴会厅、室外照明、游泳池等场所，采用智能型照明控制系统，部分灯具考虑调光。在多功能厅、会议室及宴会厅中的智能控制面板应具有场景现场记忆功能，以便于现场临时修改场景控制功能以适应不同场合的需要。

2.1.5 防雷与接地系统

1. 本建筑物按二类防雷建筑物设防，为防直击雷在屋顶暗敷ϕ10mm 镀锌圆钢作为接闪带，其网格不大于 10m×10m，所有突出屋面的金属体和构筑物应与接闪带电气连接。利用建筑物钢筋混凝土柱子或剪力墙内两根ϕ16mm 以上主筋通长焊接作为引下线，间距不大于 18m，引下线上端与女儿墙上的接闪带焊接，下端与建筑物基础底梁及基础底板轴线上的上下两层钢筋内的两根主筋焊接。外墙引下线在室外地面下 1m 处引出与室外接地线焊接。

2. 本建筑各栋采用共用接地装置，以建筑物、构筑物的基础钢筋作为接地体，要求接地电阻小于 0.5Ω，当接地电阻达不到要求时，可补打人工接地极。在建筑物四角的外墙引下线在距室外地面上 0.5m 处设测试卡子。

3. 为预防雷电电磁脉冲引起的过电流和过电压，在变压器低压侧、向重要设备供电的末端配电箱的各相母线上、重要的信息设备、由室外引入或由室内引至室外的电气线路装设电涌保护器（SPD）。

4. 在变配电所内安装一个等电位联结端子箱，将所有进出建筑物的金属管道、金属构件、接地干线等与等电位端子箱有效连接。在建筑物的地下一层做一圈镀锌扁钢 50mm×5mm 作为等电位带，所有进出建筑物的金属管道均应与之连接，等电位带利用结构墙、柱内主筋与接地极可靠连接。

5. 在所有变配电所，弱电机房，电梯机房，强、弱电小间，洗衣店，游泳池，浴室等处做辅助等电位联结。

2.1.6 电气消防系统

1. 火灾自动报警系统：

（1）本建筑采用集中报警系统管理方式，火灾自动报警系统按总线形式设计。在一层设置消防控制室，对消防设备进行探测监视和控制。消防控制室内分别设有火灾报警控制器、消防联动控制器、消防控制室图形显示装置、消防专用电话主机、消防应急广播控制装置、消防应急照明和疏散指示系统控制装置、消防电源监控器等设备。

（2）消防控制室接收感烟、感温、可燃气体探测器的火灾报警信号，水流指示器、检修阀、压力报警阀、手动报警按钮、消防水池水位等的动作信号，随时传送其当前状态信号。

（3）系统具有自动和手动两种联动控制方式，能方便地实现工作方式转换，在自动方式下，由预先编制的应用程序按照联动逻辑关系实现对消防联动设备的控制，逻辑关系应包括“或”和“与”的联动关系。在手动方式下，由消防控制室人员通过手动开关实现对消防设备的分别控制，联动控制设备上的手动动作信号必须在消防报警控制主机、计算机图文系统及其楼层显示盘上显示。

（4）系统采用二总线结构智能网络型，所有信息反馈到中心，在消防控制室可进行配置、编程、参数设定、监控及信息的汇总和存储、事故分析、报表打印。

（5）本工程设备和软件组成高智能消防报警控制系统。系统必须具有报警响应周期短、误报率低、维修简便、自动化程度高、故障自动检测，配置方便，任一台火灾报警控制器所连接的火灾探测器、手动火灾报警按钮和模块等设备总数和地址总数，均不应超过 3200 点，其中每一总线回路连接设备的总数不超过 200 点，留有不少于额定容量 10%的余量；一台消防控制器地址总数不超过 1600 点，每一联动总线回路连接设备的总数不超过 100 点，留有不少于额定容量 10%的余量。供无障碍专用客。

（6）主报警回路为环形 4 线，系统总线上设置总线短路隔离器，每只总线短路隔离器保护的火灾探测器、手动火灾报警按钮和模块等消防设备的总数不超过 32 点，总线穿越防火分区时，在穿越处设置总线短路隔离器。

2. 消防联动控制系统：在消防控制室设置联动控制器，控制方式分为自动控制和手动控制两种。通过联动控制器，可以实现对消火栓、自动喷洒灭火系统、防烟、排烟、加压送风系统的监视和控制，火灾发生时手动切断一般照明及空调机组、通风机、动力电源。

（1）消火栓系统的联动控制。

1）联动控制方式是将消火栓系统出水干管上设置的低压压力开关、高位消防水箱出水管上设置的流量开关信号作为触发信号，直接控制启动消火栓泵，联动控制不受消防联动控制器处于自动或手动状态影响。

2）手动控制方式是将消火栓泵控制箱（柜）的启动、停止按钮用专用线路直接连接至设置在消防控制室内的消防联动控制器的手动控制盘，直接手动控制消火栓泵的启动、停止。

3）消火栓泵设置就地机械启动装置。

4）消火栓泵的动作信号反馈至消防联动控制器。

（2）湿式自动喷水灭火系统的联动控制：

1）联动控制方式是由湿式报警阀压力开关的动作信号作为触发信号，直接控制启动喷淋消防泵，联动控制不受消防联动控制器处于自动或手动状态影响。

2）手动控制方式是将喷淋消防泵控制箱（柜）的启动、停止按钮用专用线路直接连接至设置在消防控制室内的消防联动控制器的手动控制盘，直接手动控制喷淋消防泵的启动、停止。

3）喷淋消防泵设置就地机械启动装置。

4）水流指示器、信号阀、压力开关、喷淋消防泵的启动和停止的动作信号反馈至消防联动控制器。

（3）防烟排烟系统的联动控制。

1）防烟系统应由加压送风口所在防火分区内的两只独立的火灾探测器或一只火灾探测器与一只手动报警按钮的报警信号，作为送风口开启和加压送风机启动的联动触发信号，并应由消防联动控制器联动控制相关层前室等需要加压送风场所的加压送风口开启和加压送风机启动。

2）防烟系统应由同一防火分区内且位于电动挡烟垂壁附近的两只独立的感烟探测器的报警信号，作为电动挡烟垂壁降落的联动触发信号，并应由消防联动控制器联动控制电动挡烟垂壁的降落。

3）排烟系统应由同一防烟分区内的两只独立的火灾探测器的报警信号，作为排烟口、排烟窗或排烟阀开启的联动触发信号，并应由消防联动控制器联动控制排烟口、排烟窗或排烟阀的开启，同时停止该防烟分区的空气调节系统。

4）防烟系统、排烟系统的手动控制方式，应能在消防控制室内的消防联动控制器上手动控制送风口、电动挡烟垂壁、排烟口、排烟窗、排烟阀的开启或关闭及防烟风机、排烟风机等设备的启动或停止，防烟、排烟风机的启动、停止按钮应采用专用线路直接连接至设置在消防控制室内的消防联动控制器的手动控制盘，并应直接手动控制防烟、排烟风机的启动、停止。

5）送风口、排烟口、排烟窗或排烟阀开启和关闭的动作信号，防烟、排烟风机启动和停止及电动防火阀关闭的动作信号，均应反馈至消防联动控制器。

6）排烟风机入口处的总管上设置的 280℃排烟防火阀在关闭后应直接联动控制风机停止，排烟防火阀及风机的动作信号应反馈至消防联动控制器。

7）由消防控制室自动或手动控制消防补风机的启、停，风机启动时根据其功能位置连锁开启其相关的排烟风机。

（4）常开防火门系统的联动控制。

1）由常开防火门所在防火分区内的两只独立的火灾探测器或一只火灾探测器与一只手动火灾报警按钮的报警信号，作为常开防火门关闭的联动触发信号，联动触发信号由火灾报警控制器或消防联动控制器发出，并由消防联动控制器或防火门监控器联动控制防火门关闭。

2）疏散通道上各防火门的开启、关闭及故障状态信号反馈至防火门监控器。

（5）防火卷帘系统的联动控制。

1）疏散通道上设置的防火卷帘的联动控制设计符合以下规定：联动控制方式为防火分区内任两只独立的感烟火灾探测器或任一只专门用于联动防火卷帘的感烟火灾探测器的报警信号联动控制防火卷帘下降至距楼板面 1.8m 处；任一只专门用于联动防火卷帘的感温火灾探测器的报警信号联动控制防火卷帘下降到楼板面；在卷帘的任一侧距卷帘纵深 0.5～5m 内设置不少于 2 只专门用于联动防火卷帘的感温火灾探测器。手动控制方式为由防火卷帘两侧设置的手动控制按钮控制防火卷帘的升降。

2）非疏散通道上设置的防火卷帘的联动控制设计符合以下规定：联动控制方式为防火卷帘所在防火分区内任两只独立的火灾探测器的报警信号，作为防火卷帘下降的联动触发信号，由防火卷帘控制器联动控制防火卷帘直接下降到楼板面。手动控制方式为由防火卷帘两侧设置的手动控制按钮控制防火卷帘的升降，并能在消防控制室内的消防联动控制器上手动控制防火卷帘的降落。

3）防火卷帘下降至距楼板面 1.8m 处，下降到楼板面的动作信号和防火卷帘控制器直接连接的感烟、感温火灾探测器的报警信号，反馈至消防联动控制器。

（6）对气体灭火系统的控制：由火灾探测器联动时，当两组探测器均动作时，应有 30s 可调延时，在延时时间内应能自动关闭防火门，停止空调系统。在报警、喷射各阶段应有声光报警信号。待灭火后，打开阀门及风机进行排风。所有的步骤均应返回至消防控制室显示。

（7）电梯的联动控制。消防联动控制器具有发出联动控制信号强制所有电梯停于首层的功能。电梯运行状态信息和停于首层的反馈信号，传送给消防控制室显示，轿箱应设置能直接与消防控制室通话的专用电话。

（8）火灾警报和消防应急广播系统的联动控制。火灾自动报警系统设置火灾声光警报器，并在确认火灾后启动建筑内的所有火灾声光警报器；火灾声警报器带有语音提示功能，且同时设置语音同步器；火灾声警报器单次发出火灾警报时间宜为 8～20s。消防应急广播系统的联动控制信号由消防联动控制器发出；当确认火灾后，同时向全楼进行广播；消防应急广播的单次语音播放时间宜为 10～30s，与火灾声警报器分时交替工作，可采取 1 次声警报器播放、1 次或 2 次消防应急广播播放的交替工作方式循环播放；在消防控制室能手动或按预设控制逻辑联动控制选择广播分区、启动或停止应急广播系统，并能监听消防应急广播；在通过传声器进行应急广播时，自动对广播内容进行录音；消防控制室内能显示消防应急广播的广播分区的工作状态。

（9）消防应急照明和疏散指示系统的联动控制。

1）选择集中控制型消防应急照明和疏散指示系统，由火灾报警控制器或消防联动控制器启动应急照明控制器实现。

2）当确认火灾后，由发生火灾的报警区域开始，顺序启动全楼疏散通道的消防应急照明和疏散指示系统，系统全部投入应急状态的启动时间不大于 5s。

3）消防安全疏散标志的设置部位：在安全出口；在防烟楼梯间的前室或合用前室；在超过 20m 的走道、在超过 10m 的袋形走道；在疏散走道拐角区域 1m 范围内；卸货区的人员疏散通道和疏散出口上均设置消防安全疏散标志。

4）在正常照明电源中断时，人员密集场所的电光源型消防安全疏散标志应急转换时间不大于 0.25s，其他场所的应急转换时间不大于 5s。

5）疏散照明的地面平均水平照度值符合下列规定：水平疏散通道不低于 1lx；人员密集场所不低于 2lx；垂直疏散区域不低于 5lx。消防控制室、消防水泵房、防烟排烟机房、配电室、弱电机房以及发生火灾时仍需坚持工作的其他房间的应急照明，保证正常照明的照度。

6）消防安全疏散标志设置在距地面高度 1m 以下的墙面上，间距不大于 10m；设置在疏散走道上空，间距不大于 20m，其标志面与疏散方向垂直，标志下边缘距室内地面距离宜为 2.2～2.5m。

7）消防安全疏散标志蓄电池组的初装容量保证初始放电时间不小于 90min。

（10）相关联动控制。

1）消防联动控制器具有切断火灾区域及相关区域的非消防电源的功能，当需要切断正常照明时，在自动喷淋系统、消火栓系统动作前切断。

2）消防联动控制器具有自动打开涉及疏散的电动栅杆等的功能，开启相关区域安全技术防范系统的摄像机监视火灾现场。

3）消防联动控制器具有打开疏散通道上由门禁系统控制的门和庭院电动大门的功能。

3. 系统设备的设置。

（1）每个防火分区应至少设置一个手动火灾报警按钮。从一个防火分区内的任何位置到最邻近的一个手动火灾报警按钮的距离，不大于 30m。手动火灾报警按钮设置在公共活动场所的出入口处。所有手动报警按钮都应有报警地址，并应有动作指示灯。在所有手动报警按钮上或旁边设电话插孔。

（2）火灾光报警器设置在每个楼层的楼梯口、消防电梯前室、建筑内部拐角等处的明显部位，且不宜与安全出口指示标志灯具设置在同一面墙上。

（3）地下泵房、冷冻机房等处设号角式 15W 扬声器，其他场所设置 3W 扬声器，在环境噪声大于 60dB 的场所设置的扬声器，在其播放范围内最远点的播放声压级应高于背景噪声 15dB。其数量能保证从一个防火分区的任何部位到最近一个扬声器的距离不大于 25m。走道内最后一个扬声器至走道末端的距离不小于 12.5m。

（4）消防专用电话网络为独立的消防通信系统。在消防控制室内设置消防直通对讲电话总机，除在各层的手动报警按钮处设置消防对讲电话插孔外，在变配电室、水泵房、电梯机房、冷冻机房、防排烟机房、建筑设备监控室等处设置消防直通对讲电话分机，在消防控制室设置 119 专用报警电话。

4. 可燃气体探测报警系统。

（1）可燃气体探测报警系统由可燃气体报警控制器、可燃气体探测器和火灾声光警报器等组成。

（2）可燃气体探测报警系统独立组成，可燃气体报警控制器的报警信息和故障信息，在消防控制室图形显示装置上显示。

（3）可燃气体探测报警系统保护区域内有联动和警报要求，由可燃气体探测报警控制器联动实现。

（4）可燃气体报警控制器的设置符合火灾报警控制器的安装要求。

5. 为防止接地故障、过载、导体接触不良等引起的火灾，能发现电气火灾的隐患，本工程设置电气火灾报警系统。系统由电气火灾探测器、测温式电气火灾监控探测器和电气火灾监控设备组成。

6. 为确保消防设备电源的供电可靠性，设置消防电源监控系统。

（1）通过监测消防设备电源的电流、电压、工作状态，从而判断消防设备电源是否存在中断供电、过电压、欠电压、过电流、缺相等故障，并进行声光报警、记录。

（2）消防设备电源的工作状态，均在消防控制室内的消防设备电源状态监控器上集中显示，故障报警后及时进行处理，排除故障隐患，使消防设备电源始终处于正常工作状态。从而有效避免火灾发生时，消防设备由于电源故障而无法正常工作的危机情况，最大限度地保障消防设备的可靠运行。

（3）消防设备电源监控系统采用集中供电方式，现场传感器采用 DC24V 安全电压供电，有效的保证系统的稳定性、安全性。消防设备电源监控系统示意见图 2.1.6。

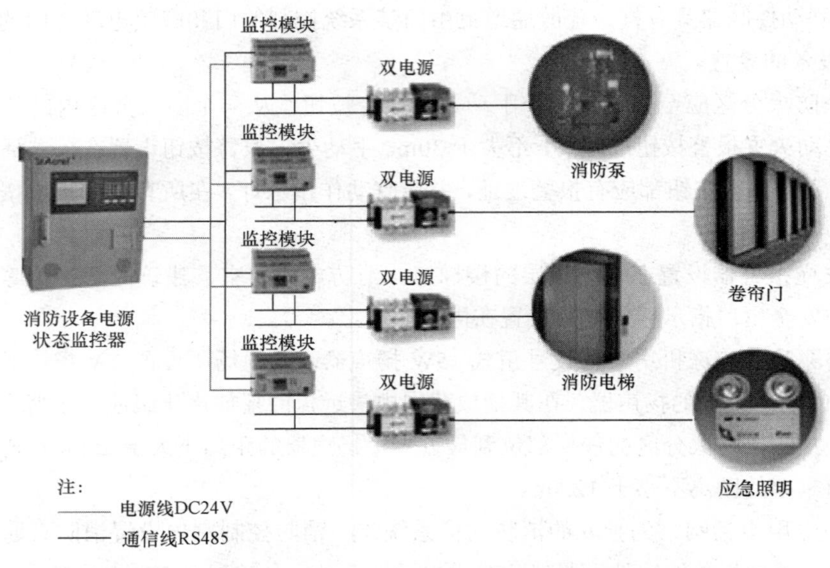

图 2.1.6　消防设备电源监控系统框图

7. 消防控制室：在一层设置消防控制室，分别监视建筑内的消防进行探测监视和控制。消防控制室内分别设有火灾报警控制主机、联动控制台、CRT 显示器、打印机、紧急广播设备、消防直通对讲电话设备、电梯监控盘及 UPS 电源设备等。

2.1.7　智能化系统

1. 信息化应用系统：信息化应用系统功能应满足建筑物运行和管理的信息化需要并提供建筑业务运营的支撑和保障。系统包括公共服务、智能卡应用、物业管理、信息设施运行管理、信息安全管理、基本业务办公和专业业务等信息化应用系统。

（1）公共服务系统。公共服务系统应具有访客接待管理和公共服务信息发布等功能，并宜具有将各类公共服务事务纳入规范运行程序的管理功能。系统基于信息网络及布线系统，系统服务器设置于中心网络机房，管理终端设置于相应管理用房。

（2）智能卡应用系统。根据建设方物业信息管理部门要求对员工出入口控制、电子巡查、停车场管理、考勤管理、消费等实行一卡通管理，“一卡”，在同一张卡片上实现开门、考勤、消费等多种功能；“一库”，在同一软件平台上，实现卡的发行、挂失、充值、资料查询等管理，系统共用一个数据库，软件必须确保出入口控制系统的安全管理要求；“一网”，各系统的终端接入局域网进行数据传输和信息交换。系统基于信息网络及布线系统，系统服务器设置于中心网络机房，管理终端设置于相应管理用房。

（3）信息设施运行管理系统。信息设施运行管理系统应具有对建筑物信息设施的运行状态、资源配置、技术性能等进行监测、分析、处理和维护的功能。系统基于信息网络及布线系统，系统服务器设置于中心网络机房，管理终端设置于相应管理用房。

（4）信息安全管理系统。信息网络安全管理系统通过采用防火墙、加密、虚拟专用网、安全隔离和病毒防治等各种技术和管理措施，使网络系统正常运行，确保经过网络的传输和管理措施，使网络系统正常运行，确保经过网络传输和交换的数据不会发生增加、修改、丢失和泄露。系统基于信息网络及布线系统，系统服务器设置于中心网络机房，管理终端设置于相应管理用房。

2. 智能化集成系统：集成管理的重点是突出在中央管理系统的管理，控制由各子系统进行。集成管理能为各个管理部门提供高效、科学和方便的管理手段。将建筑中日常运作的各种信息，如建筑设备监控系统、安防、火灾自动报警、公共广播、通信系统以及展览管理信息，各种日常办公管理信息，物业管理信息等构成相互之间有关联的一个整体，从而有效地提升建筑整体的运作水平和效率。智能化集成系统示意见图 2.1.7－1。

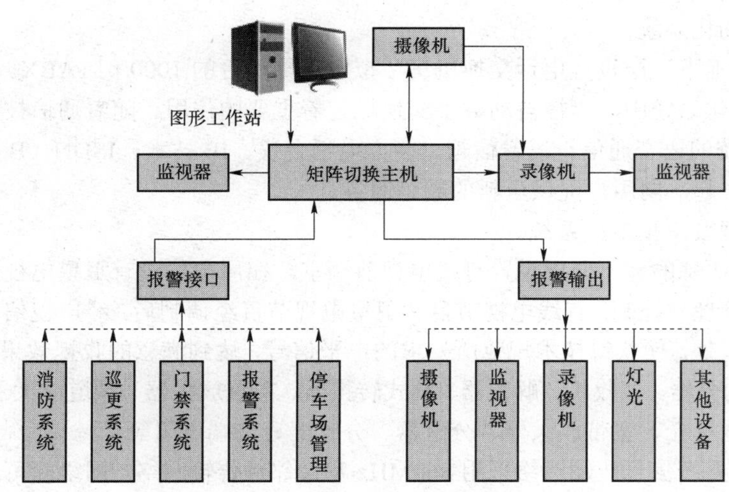

图 2.1.7－1 智能化集成系统示意

（1）智能化信息集成系统。集成软件平台安装在主机服务器上，实现把所有子系统集成在统一的用户界面下，对子系统进行统一监视、控制和协调，从而构成一个统一的协同工作的整体。包括实现对子系统实时数据的存储和加工，对系统用户的综合监控和显示以及智能分析等其他功能。

（2）集成信息应用系统。对于管理数据的集成，要求控制系统在软件上使用标准的、开放的数据库进行数据交换，实现管理数据的系统集成。

3. 信息化设施系统：

（1）信息系统对城市公用事业的需求。

1）本建筑的地下一层设置电话交换机房，拟定设置一台 1000 门的 PABX，需输出入中继线 200 对（呼出呼入各 50%）。另外申请直拨外线 250 对（此数量可根据实际需求增减）。

2）电视信号接自城市有线电视网，在建筑物内设有卫星电视机房，对建筑内的有线电视实施管理与控制。有线电视节目和卫星电视节目经调制后，经电视信号干线系统传送至每个电视输出口处，使获得技术规范所要求的电平信号，达到满意的收视效果。

（2）综合布线系统。

1）综合布线系统为一套完善可靠的支持语音、数据、多媒体传输的开放式的结构，作为通信自动化系统和办公自动化系统的支持平台，满足通信和办公自动化的需求。

2）系统能支持综合信息（语音、数据、多媒体）传输和连接，实现多种设备配线的兼容，综合布线系统能支持所有的数据处理（计算机）的供应商的产品，支持各种计算机网络的高速和低速的数据通信，可以传输所有标准的模拟和数字的语音信号，具有传输 ISDN 的功能，可以传输模拟图像、数字图像以及会议电视等的多媒体信号。完全能承担建筑内的信息通信设备与外部的信息通信网络相连。

3）在建筑物的地下一层设置网络机房，将酒店的语音信号、数字信号的配线，经过统一的规范设计，综合在一套标准的配线系统上，此系统为开放式网络平台，方便用户在需要时，形成各自独立的子系统。综合布线系统可以实现世界范围资源共享，综合信息数据库管理、电子邮件、个人数据库、报表处理、财务管理、电话会议、电视会议等。

（3）通信自动化系统。

1）本建筑在地下一层设置电话交换机房，拟定设置一台的 1000 门 PABX。

2）通信自动化系统中，程控自动数字交换机起着重要的作用。随着通信技术的发展，现今的 PABX 应将传统的语音通信、语音信箱、多方电话会议、IP 技术、ISDN（B－ISDN）应用等通信技术融会在一起，向用户提供全新的通信服务。

（4）有线电视及卫星电视系统。

1）本工程在 J 栋的地下一层设置有线电视前端室，在屋顶层设有卫星电视机房，对酒店内的有线电视实施管理与控制。有线电视节目和卫星电视节目经调制后，经电视信号干线系统传送至每个电视输出口处，使获得技术规范所要求的电平信号，达到满意的收视效果。系统设备包括卫星接收天线、功分器、接收机、解密器、制式转换器、前置放大器、频道放大器、频道转换器、有源混合器、供电单元、宽带放大器、分配器、分支器、终端电阻等。

2）有线电视系统信号传输网络采用 860MHz 宽带邻频传输网络。网络除可播放普通电视节目外，还可根据将来发展播放传输高清晰数字电视（HDTV），网络为双向传输系统可进行交互型业务。

3）系统根据用户情况采用分配－分支－分配方式。在所有客区、客房、大堂接待处、餐厅及包房、酒吧、会议前室区域、泳池、健身房、SPA、行政会所、商务中心、所有多功能厅及宴会厅及其前室处、员工餐厅、员工娱乐室、工程部等处设置有线电视出线口。客房除设置同轴视频电视信号外，还设置数码电视信号。

（5）背景音乐及紧急广播系统。

1）在建筑物的一层设置广播室（与消防控制室共室）。

2）在酒店大堂及大堂入口、各餐厅及包房、酒吧、会议室、多功能厅、大宴会厅及前室、游泳池、健身房及休息室等处均设有背景音乐。背景音乐及紧急广播系统采用 100V 定压式输出。当有火灾时，切断背景音乐，接通紧急广播。

3）多功能厅设置独立的音响设备。会议扩声系统配备多台多路混音放大器、扬声器箱等专业设备。调音台应有多路音源输入通道，每通道均可预选话筒或线路输入。各通道均应有语音滤波，衰减低音成分，增加语音的清晰度。可接入 CD、AM/FM 收音机、话筒等，并具备录音设备。扬声器的配置应满足会场声压级的需要，并应保证会场内声压的均匀度。

（6）电视会议系统。

1）在宴会厅设置全数字化技术的数字会议网络系统，该系统采用模块化结构设计，全数字化音频技术，具有全功能、高智能化、高清晰音质、方便扩展和数据传递保密等优点。可实现发言演讲、会议讨论、会议录音等各种国际性会议功能。其中主席设备具有最高优先权，可控制会议进程。中央控制设备具有控制多台发言设备（主席机、代表机）功能。电视会议系统示意见图 2.1.7－2。

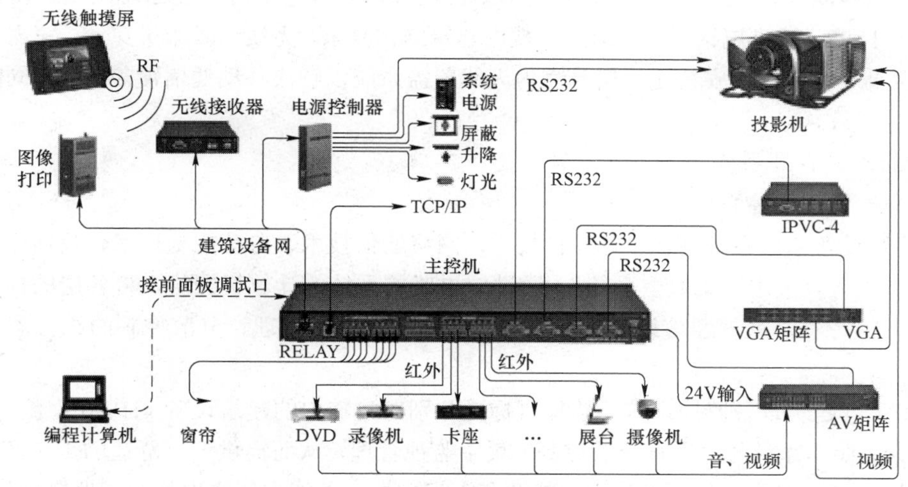

图 2.1.7－2　电视会议系统示意

2）该系统可通过各种通信网络（如 ATM、以太网、DDN、PSTN、ISDN、卫星等），以良好的实时性和交互性，实现各会场之间的音视频信息交流，同时各会场可通过该系统自由讨论，并可在同一个电子“白板”上阅读书写信息，共享应用软件（共同修改文稿或图纸）。并且可进行对讲方式（两会场交谈，其余会场听讲）、座谈方式（所有会场都参加会谈，画面由会议主持人根据会议需要动态分配）等。会议电视系统可满足国际会议、新闻发布会、记者招待会、展品展示会、学术交流会、远程点对点或多点会议及教学的需要。

（7）多媒体信息发布系统。

1）多媒体信息发布系统是一个计算机局域网控制系统，是酒店对外宣传的一个重要标志和窗口，是塑造酒店形象的重要工具。多媒体信息发布系统示意见图 2.1.7－3。

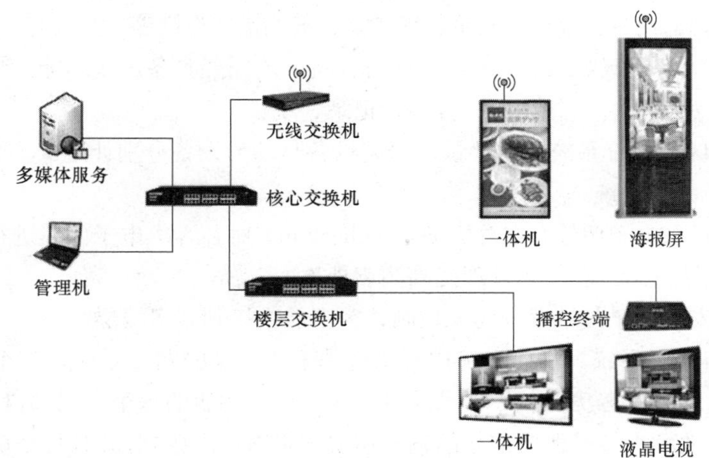

图 2.1.7－3　多媒体信息发布系统示意

2）在宴会厅及餐饮区设置大屏幕信息显示屏，在客房、大堂、水娱乐等地方设置互动式查询工作站。

（8）无线通信增强系统。为避免无线基站信道容量有限，忙时可能出现网络拥塞，手机用户不能及时打进或接进电话。另外由于大楼内建筑结构复杂，无线信号难于穿透，室内易出现覆盖盲区。因此，大楼内应安装无线信号室内天线覆盖系统以解决移动通信覆盖问题，同时也可增加无线信道容量。

4. 建筑设备管理系统。

（1）建筑设备监控系统。

1）建筑设备监控系统融合了计算机技术、网络通信技术、自动控制技术、数据库管理技术以及软件技术等，采用“集散型系统”，通过中央监控系统的计算机网络，将各层的控制器、现场传感器、执行器及远程通信设备进行联网，共同实现集中管理、分散控制的综合监控及管理功能。

2）本工程建筑设备监控系统的总体目标是分别对建筑内的建筑设备（HVAC、给排水系统、供配电系统、照明系统等）进行分散控制、集中监视管理，从而提供一个舒适的工作环境，通过优化控制提高管理水平，从而达到节约能源和人工成本，并能方便实现物业管理自动化。

3）系统设计所遵循的原则是注重系统的先进性、实用性、可靠性、开放性、适应性、可扩展性、经济性和可维护性。通过对工程中子系统的控制，对建筑内温、湿度的自动调节，空气质量的最佳控制，以及对室内照明进行自动化管理等手段，提供最佳的能源管理方案，对机电设备以及照明等采取优化控制和管理，确保节能运行，从而降低能源成本及运行费用。

4）本工程在地下一层设置一处建筑设备监控室，对建筑设备实施管理与控制。本工程建筑设备监控系统监控点数约共计为 1204 控制点，其中（AI=142 点、AO=164 点、DI=608 点、DO=290 点）。

（2）能源管理及计量系统。

1）机电系统的能源消耗，对酒店运营成本很重要。通过计量手段得到运行数据并进行分析，在运营中对能源的管理降低成本，是酒店运营的重要要求。

2）对酒店能源的用量：电量、水量、燃气量、蒸汽量、冷量等，并按客房区域、公共区域、后勤区域、餐饮区域等区域需求进行计量，所有计量表均需要具备远传功能，通过建筑智能监控系统，传至酒店工程部，并进行读取、打印、记录、统计。

3 电计量：分区域、分系统进行计量，照明设备与动力设备分别计量。

（3）客房电子门锁系统。

1）每间客房设有电子门锁，在总服务台（check in）对各客房电子门锁进行监控。客房电子门锁改变传统机械锁概念，智能化管理提高酒店档次。

2）在电梯内安装电子门锁读卡器来控制访客不能直接到客房楼层。

（4）酒店客房控制系统。酒店客房控制系统基于总线型的网络系统，整个系统包括计算机网络通信管理软件和智能客房控制硬件系统设备两部分。酒店的每个房间都自成一个控制系统，控制主机按照既定的程序接受弱电信号的输入和实施强电输出控制，并且每个房间的控制系统都可以独立运行。实现联网功能时，只需将所有房间的 RCU 与系统服务器和各工作站采用通信设备连接形成一个网络，保证 RCU 可将各客房的服务信息上传到服务器，各工作站也可以访问服务器的信息，这样酒店管理者就可以实时掌握客房使用情况，及时了解和响应客人发出的服务请求信息，并对客房空调等设备实施远程监控。酒店客房控制系统示意见图 2.1.7－4。

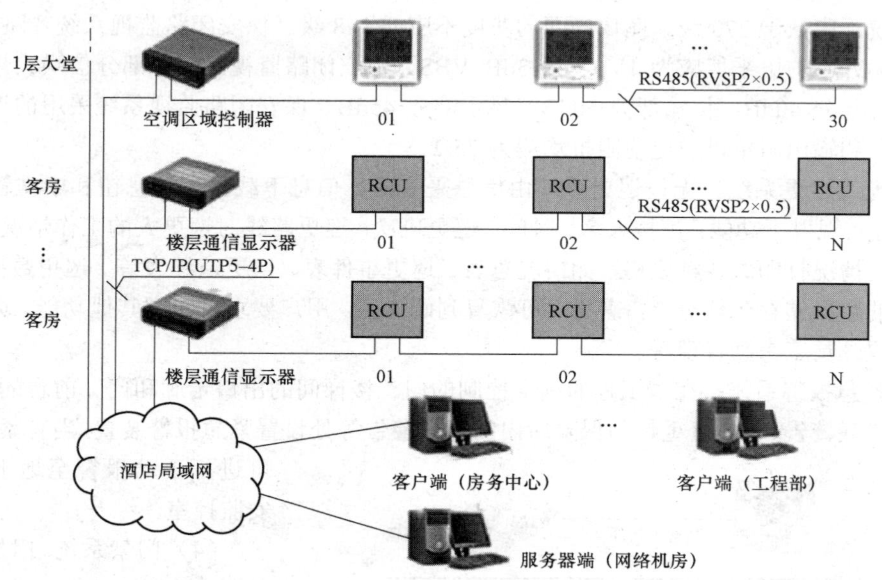

图 2.1.7－4 酒店客房控制系统示意

（5）电梯监控系统。

1）电梯监控系统是一个相对独立的子系统，纳入设备监控管理系统进行集成。

2）电梯现场控制装置应具有标准接口（如 RS485、RS232 等）。

3）在安防消防中心设电梯监控管理主机，显示电梯的运行状态。

4）监控系统配合运营，启动和关闭相关区域的电梯；接收消防与安防信息，及时采取应急措施。

5）系统自动监测各电梯运行状态，紧急情况或故障时自动报警和记录，自动统计电梯工作时间，定时维修。

6）电梯对讲电话主机及对讲电话分机由电梯中标方成套提供，要求满足工程管理需要。

7）电梯轿厢内设暗藏式对讲机，对讲总机设在消防控制室，用于紧急对讲。

（6）电力监控系统：本工程的电力监控系统是一个相对独立的子系统，电能监测中采用的分项计量仪表具有远传通信功能，纳入设备监控管理系统进行集成。

5. 公共安全系统。

（1）视频监控系统。

1）本工程在一层设置保安室（与消防控制室共室），内设视频矩阵切换器、全功能操作键盘、彩色监视器、十六路视频数字硬盘录像机、21in 硬盘录像显示器、监控多媒体图形工作站 1 套；电源控制器、稳压电源、监视器屏、控制机柜及控制台等。十六路视频数字硬盘录像机的彩色录像质量要求达到每秒 25 帧。可循环储存 30 天记录的。

2）闭路监视系统：在各栋的出入口门、酒店大堂正门及各边门、员工出入口、大堂接待处、总出纳处（内外都要）、贵重物品保险柜处、健身房、游泳池、行李储藏室、客梯候梯厅、所有电梯轿箱内、收货处、通向屋顶的门、客房走廊、总机房（客户服务部）、酒水仓库等都装有摄像头。电梯轿厢内采用广角镜头，要求图像质量不低于四级。游泳池及健身房内的摄像同时传送到中控室及游泳池及健身接台柜台监视器。图像水平清晰度，黑白电视系统不应低于 400 线，彩色电视系统不应低于 270 线。图像画面的灰度不应低于 8 级。保安闭路监视系统各路视频信号，在监视器输入端的电平值应为 1Vp－p±3dB VBS。保安闭路监视系统各部分信噪比指标分配应符合：摄像部分 40dB；传输部分 50dB；显示部分 45dB。保安闭路监视系统采用的设备和部件的视频输入和输出阻抗以及电缆阻抗均应为 75Ω。

（2）无线巡更系统。无线巡更系统由信息采集器、信息下载器、信息钮和中文管理软件等组成。并可实现以下功能：可按人名、时间、巡更班次、巡更路线对巡更人的工作情况进行查询，并可将查询情况打印成各种表格，如情况总表、巡更事件表、巡更遗漏表等。巡更数据储存，定期将以前的数据储存到软盘上，需要时可恢复到硬盘上。用户要求可定制其他功能，如各种巡更事件的设置、员工考勤管理等。

（3）紧急报警系统。在本工程的读卡控制的门、楼梯间的出口走廊和门、前台的拦截警告、餐厅内的拦截警告、客户贵重物品保险库内的拦截警告等处设置紧急报警装置，当有紧急情况时，可进行手动报警至地下一层的保安监控室。

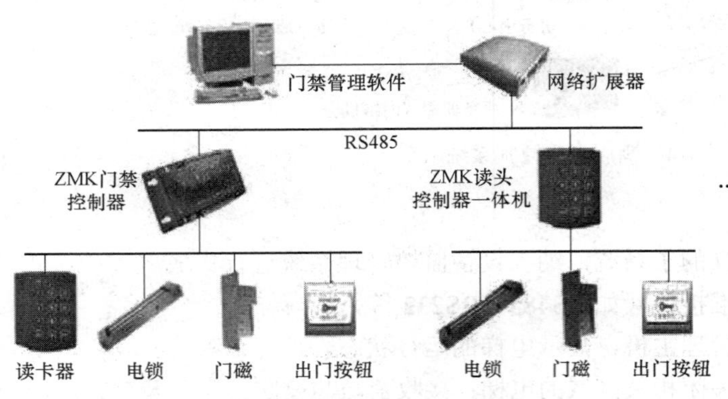

图 2.1.7－5 门禁系统示意

（4）门禁系统。门禁系统示意见图 2.1.7－5。

1）此系统应能提供进入宾馆后部员工入口的功能。同时，也能提供记录员工出勤的功能。

2）在贵重物品保险库、计算机房、总出纳处、员工入口（用于记录出勤情况）等处设置读卡器。

（5）无线电寻呼系统。

1）在酒店配备通信和寻呼机系统，以备酒店工作人员日常通信之用，不得有盲点。需要基站和转发天线系统对双路 FM 无线电通信和寻呼机系统予以支持。

2）系统须由以下部分组成：位于电话配线间的中央/发射单元、发射天线（布于宾馆各处，用以向接收器提供良好的接收效果）、接收器储存/充电器，以及至少 20 个接收器。

（6）室外周界报警系统：在建筑物室外周边设置红外报警探测器，报警信号传送到保安监控中心。

（7）一卡通系统。酒店员工可持有一张感应卡，根据所获得的授权，在有效期限内可开启指定的门锁进入实施门禁控制的办公场所；在考勤机上读卡，实现员工考勤；在餐厅和娱乐场所可实现内部刷卡消费。

2.1.8 电气抗震设计

1. 工程内设备安装，如高低压配电柜、变压器、配电箱、控制箱等均应满足抗震设防规定。

2. 电气设备系统中内径大于或等于 60mm 的电气配管和重量大于或等于 15kg/m 的电缆桥架及多管共架系统须采用机电管线抗震支撑系统。

3. 刚性管道侧向抗震支撑最大设计间距不得超过 12m；柔性管道侧向抗震支撑最大设计间距不得超过 6m。

4. 刚性管道纵向抗震支撑最大设计间距不得超过 24m；柔性管道纵向抗震支撑最大设计间距不得超过 12m。

5. 垂直电梯应具有地震探测功能，地震时电梯能够自动停于就近平层并开门运行。

6. 设在建筑物屋顶上的共用天线等，应设置防止因地震导致设备损坏后部件坠落伤人的安全防护措施。

7. 应急广播系统预置地震广播模式。

8. 安装在吊顶上的灯具，应考虑地震时吊顶与楼板的相对位移。

2.1.9 电气节能措施

1. 变配电所深入负荷中心，合理选择电缆、导线截面，减少电能损耗。

2. 选用高效率、低能耗电气产品。变压器采用低损耗、低噪声的产品，变压器能效满足《电力变压器能效限定值及能效等级》要求，并通过国家认可的第三方机构能效检测和节能产品认证。柴油发电机采用低油耗、高效率的产品。低压交流电动机应选用高效能电动机，其能效应符合《中小型三相异步电动机能效限定值及能效等级》（GB 18613）节能评价值的规定。

3. 低压配电系统采用集中自动补偿方式，并配备谐波电抗器组合，作为谐波抑制措施，避免高次谐波电流与电力电容发生谐振，影响系统设备可靠运行，治理后的谐波水平满足 GB/T 14549 的要求。

4. 优先采用节能光源，荧光灯应采用 T5 灯管、电子镇流器，充分利用自然光，其照明控制系统采用光照度传感器。照明密度限值按照《建筑照明设计标准》（GB 50034—2013）执行。

5. 设置建筑设备监控系统，对建筑物内的设备实现节能控制。

6. 柴油发电机房应进行降噪处理。满足环境噪声昼间不大于 55dBA，夜间不大于 45dBA。其排烟管应高出屋面并符合环保部门的要求。

2.2 机场过夜用房

2.2.1 项目信息

机场过夜用房建筑面积 72 600m^2，建筑高度为 31.80m。一类建筑，耐火等级为一级，设计使用年限 50 年，地下二层，地上七层，主要布置酒店客房、餐饮、康体和附属办公等，客房数 316 套。

机场过夜用房

2.2.2 系统组成

1. 高低压变、配电系统。
2. 电力、照明系统。
3. 防雷与接地系统。
4. 电气消防系统。
5. 智能化系统。
6. 电气抗震设计和电气节能措施。

2.2.3 高低压变、配电系统

1. 负荷分级。

（1）一级负荷：包括消防系统（含消防中心内的消防报警及控制设备、消防泵、消防电梯、排烟风机、加压送风机等）、保安监控系统、应急及疏散照明、电气火灾报警系统，计算机用电源等。其中保安监控系统、机场过夜用房管理用电子计算机系统和所有的消防用电设备为一级负荷中的特别重要负荷。本工程一级负荷设备容量1752kW，其中特别重要负荷设备容量1752kW。

（2）二级负荷：包括客房照明、客梯、中水机房、锅炉房电力、厨房、热力站等。本工程二级负荷设备容量为3071kW。

（3）三级负荷：包括一般照明、室外照明其及一般电力负荷。本工程三级负荷设备容量为3936kW。

（4）负荷统计见表2.2.3。

表2.2.3 负荷统计

序号	负荷性质	设备名称	设备安装容量/kW			备注
			运行设备/kW	备用设备/kW	合计/kW	
1	照明	普通照明	1915			
		应急照明	823	823		
		小计	2738	823		
2	电力	冷冻机	1383			
		冷却水泵	423			
		冷却塔	83			
		生活水泵	172	172		
		热交换	149	149		
		空调机组	662			
		潜水泵	85	85		
		电梯	200	200		
		厨房	1500	1500		
		其他	262			
		小计	4657	2106		

续表

序号	负荷性质	设备名称	设备安装容量/kW			备注
			运行设备/kW	备用设备/kW	合计/kW	
3	消防电力设备	消防水泵	180	180		
		消防风机	652	652		
		消防电梯	110	110		
		小计	942	942		
4	其他		179	127		
5	总计		8759	3998		

2. 电源。本工程市政外网引来两路 10kV 独立高压电源，每路均能承担本工程全部负荷。两路高压电源同时工作，互为备用。高压电力电缆穿管埋地引入本工程变电所内，本工程变电所设在地下一层。

3. 变、配电站。

（1）本工程在地下一层设一变配电站，设置四台 1600kVA 户内型干式变压器，变配电站下设电缆夹层，值班室内设模拟显示屏。高压采用单母线分段运行方式，中间设联络开关，平时两路电源同时分列运行，互为备用，当一路电源故障时，通过手动操作联络开关，另一路电源负担全部负荷。

（2）本工程采用低压集中自动补偿方式，每台变压器低压母线上装设不燃型干式补偿电容器，对系统进行无功功率自动补偿，使补偿后的功率因数大于 0.95。配备电抗系数 5.5%的谐波电抗器组合，作为谐波抑制措施，避免高次谐波电流与电力电容发生谐振，影响系统设备可靠运行，治理后的谐波水平满足 GB/T 14549 的要求。

4. 自备应急电源系统。本工程设置一台 1000kW 柴油发电机组，给一级负荷中的特别重要负荷供电。当两路高压均故障时需启动柴油发电机，启动信号送至柴油发电机房，信号延时 0～10s（可调）自动启动柴油发电机组，柴油发电机组 15s 内达到额定转速、电压、频率后，投入额定负载运行。柴油发电机的相序，必须与原供电系统的相序一致。当市电恢复 30～60s（可调）后，自动恢复市电供电，柴油发电机组经冷却延时后，自动停机。

2.2.4 电力、照明系统

1. 低压配电系统的接地形式采用 TN－S 系统。

2. 冷冻机组、冷冻泵、冷却泵、生活泵、锅炉房、热力站、厨房、电梯等设备采用放射式供电。风机、空调机、污水泵等小型设备采用树干式供电。

3. 为保证重要负荷的供电，对重要设备如消防用电设备（消防水泵、排烟风机、加压风机、消防电梯等）、信息网络设备、消防控制室、中央控制室等均采用双回路专用电缆供电，在最末一级配电箱处设自投自复双电源自投装置。其他电力设备采用放射式或树干式方式供电。

4. 为保证用电安全，用于移动电器装置的插座的电源均设电磁式剩余电流保护装置（动作电流≤30mA，动作电流小于 0.1s）。

5. 自动控制。

（1）凡由火灾自动报警系统、建筑设备监控系统遥控的设备，就地设置控制。

（2）生活泵变频控制、污水泵等采用水位自控、超水位报警。消防水泵通过消火栓按钮及压力控制。喷淋水泵通过湿式报警阀或雨淋阀上的压力开关控制。

（3）消防水泵、喷淋水泵、排烟风机、加压风机等平时就地检测控制，火灾时通过火灾报警及联动控制系统自动控制。消防用电设备的过载保护装置（热继电器、空气断路器等）只报警，不跳闸。消防泵设置就地机械启动装置。

（4）消防水泵、喷淋水泵长期处于非运行状态的设备应具有巡检功能，应符合下列要求：

1）设备应具有自动和手动巡检功能，其自动巡检周期为20d。

2）消防泵按消防方式逐台启动运行，每台泵运行时间不少于2min。

3）设备应能保证在巡检过程中遇消防信号自动退出巡检，进入消防运行状态。

4）巡检中发现故障应有声、光报警。具有故障记忆功能的设备，记录故障的类型及故障发生的时间等，应不少于5条故障信息，其显示应清晰易懂。

5）采用工频方式巡检的设备，应有防超压的措施。设巡检泄压回路的设备，回路设置应安全可靠。

6）采用电动阀门调节给水压力的设备，所使用的电动阀门应参与巡检。

7）空调机和新风机为就地检测控制，火灾时接受火灾信号，切断供电电源。

8）冷冻机组起动柜、防火卷帘门控制箱、变频控制柜等由厂商配套供应控制箱。

9）非消防电源的切除是通过空气断路器的分励脱扣或接触器来实现。

6. 照度标准见表2.1.4。

7. 光源与灯具选择。入口处照明装置采用色温低、色彩丰富、显色性好光源，能给人以温暖、和谐、亲切的感觉，又便于调光。餐厅照明设计满足灵活多变的功能，根据就餐时间和顾客的情绪特点，选择不同的灯光及照度。客房设有进门小过道顶灯、床头灯、梳妆台灯、落地灯、写字台灯、脚灯、壁柜灯（带保护罩），在客房内入口走廊墙角下安置应急灯，在停电时自动亮登。总统间，除具有一般客房的功能灯饰外，在客厅和餐厅增设豪华灯饰。装修要求的场所视装修要求，可采用多种类型的光源。一般场所选用T5荧光灯或节能型灯具。对仅作为应急照明用的光源应采用瞬时点燃的光源。对大空间场所和室外空间可采用金属卤化物灯。

8. 照明配电系统。本工程利用在强电小间内的封闭式插接铜母线配电给各楼层照明配电箱（柜），以便于安装、改造和降低能耗。客房层照明采用双回路供电，保证用电可靠，在每套客房设一小配电箱，单相电源进线。由层照明配电箱（柜）至客房配电箱采用放射式配电。客房内采用节能开关。

9. 应急照明与疏散照明。消防控制室、变配电站、配电间、电信机房、弱电间、楼梯间、前室、水泵房、电梯机房、排烟机房、重要机房的值班照明等处的应急照明按100%考虑；门厅、走道按30%设置应急照明；其他场所按10%设置应急照明。各层走道、拐角及出入口均设疏散指示灯，蓄电池采用集中免维护电池进行供电，停电时自动切换为直流供电，并且应急照明持续时间应不少于30min。

10. 照明控制。为了便于管理和节约能源，以及不同的时间要求不同的效果。本工程采用智能型照明控制系统，部分灯具考虑调光；汽车库照明采用集中控制；楼梯间、走廊等公共场所的照明采用集中控制和就地控制相结合的方式；走廊的照明采用集中控制。走廊的应急照明考虑就地控制和消防集中控制的方式。室外照明的控制纳入建筑设备监控系统统一管理。

11. 集中控制疏散指示系统。在火灾情况下，集中控制疏散指示系统可根据具体情况，按自动或手动程序控制和改变疏散指示标志/照明灯的显示状态，更准确、安全、迅速地指示逃生线路。火灾初期，有了智能疏散指示逃生系统，人们可避免误入烟雾弥漫的火灾现场，争取宝贵的逃生时间。火灾时，根据消防联动信号，智能应急照明疏散系统对疏散标志灯的指示方向做出正确调整，配合灯光闪烁、地面疏散标志灯，给逃生人员以视觉和听觉等感官的刺激，指引安全逃生方向，加快逃生速度，提高逃生成功率。系统技术参数包括：

（1）供电电源 AC220V±10%50/60Hz。

（2）备用电源应急时间 2h。

（3）主控机嵌入式工业控制计算机，显示器 17in 工业全彩液晶显示器；打印机热敏打印机。

（4）总线技术 M－BUS：RS－485、EtherNet 控制总线。

（5）通信接口 RS232；RS485；USB2.0。

（6）通信电压：24V。

（7）防护等级 IP30。

（8）系统限值设备数≤128 000 个、回路数≤256 路、回路设备数≤64 个。

12. 航空障碍物照明。根据《民用机场飞行区技术标准》要求，本工程分别在屋顶设置航空障碍标志灯，航空障碍标志灯的控制纳入建筑设备监控系统统一管理，并根据室外光照及时间自动控制。

13. 夜景照明。

（1）充分了解和发挥光的特性。如光的方向性、光的折射与反射、光的颜色、显色性、亮度等。

（2）针对人对照明所产生的生理及心理反应，灵活应用光线对使人的视觉产生优美而良好的效果。

（3）根据被照物的性质、特征和要求，合理选择最佳照明方式。

（4）既要突出重点，又要兼顾夜景照明的总体效果，并和周围环境照明协调一致。

（5）使用彩色光要慎重。鉴于彩色光的感情色彩强烈，会不适当的强化和异化夜景照明的主题表现，应引起注意。特别是一些庄重的大型公共场所的夜景照明，更要特别谨慎。

（6）夜景照明的设置应避免产生眩光并光污染。

（7）利用投射光束衬托建筑物主体的轮廓，烘托节日气氛。在首层、屋顶层均有景观灯具来满足夜间景观照明。灯具采用 AC220V 的电压等级。节日照明及室外照明采用集中控制，并应根据不同的时间（平时、节假日、庆典日）有不同效果的选择。

2.2.5 防雷与接地系统

1. 本建筑物属于二类防雷建筑物，为防直击雷在屋顶暗敷ϕ10mm 镀锌圆钢作为接闪带，其网格不大于 10m×10m，所有突出屋面的金属体和构筑物（金属隔珊）应与接闪带电气连接。利用建筑物钢筋混凝土柱子或剪力墙内两根ϕ16mm 以上主筋通长焊接作为引下线，间距不大于 18m，引下线上端与女儿墙上的接闪带焊接，下端与建筑物基础底梁及基础底板轴线上的上下两层钢筋内的两根主筋焊接。外墙引下线在室外地面下 1m 处引出与室外接地线焊接。本工程采用共用接地装置，以建筑物、构筑物的基础钢筋作为接地体，要求接地电阻小于 0.5Ω，当接地电阻达不到要求时，可补打人工接地极。在建筑物四角的外墙引下线在距室外地面上 0.5m 处设测试卡子。

2. 结构基础有被塑料、橡胶等绝缘材料包裹的防水层时，应在高出地下水位 0.5m 处，将引下线引出防水层，与建筑物周围接地体连接。

3. 人工接地体距建筑物出入口或人行通道不应小于 3m。

4. 为预防雷电电磁脉冲引起的过电流和过电压，在变压器低压侧、向重要设备供电的末端配电箱的各相母线上、重要的信息设备、由室外引入或由室内引至室外的电气线路装设电涌保护器（SPD）。

5. 本工程低压配电接地形式采用 TN－S 系统，其中性线和保护地线在接地点后要严格分开。凡正常不带电而当绝缘破坏有可能呈现电压的一切电气设备的金属外壳、穿线钢管、电缆外皮、支架等金属外壳均应可靠接地。

6. 竖直敷设的金属管道及金属物的顶端和底端与防雷装置连接。

7. 建筑物做等电位联结，在配变电所内安装一个主等电位联结端子箱，将所有进出建筑物的金属管道、金属构件、接地干线等与等电位端子箱有效连接。等电位盘由紫铜板制成。总等电位联结均采用各种型号的等电位卡子，绝对不允许在金属管道上焊接。在地下一层沿建筑物做一圈镀锌扁钢 50mm×5mm 作为等电位带，所有进出建筑物的金属管道均应与之连接，等电位带利用结构墙、柱内主筋与接地极可靠连接。

8. 在所有变电所、弱电机房、电梯机房、洗衣房、浴室等处做辅助等电位联结。

2.2.6 电气消防系统

1. 在一层设置消防控制室，分别对建筑内的消防设备进行探测监视和控制。消防控制室内分别设有火灾报警控制主机、计算机图文系统、联动控制台、CRT 显示器、打印机、紧急广播设备、消防专用电话主机、电梯监控盘及 UPS 电源设备等。

2. 火灾自动报警系统。本工程采用集中报警系统。燃气表间、厨房设气体探测器，烟尘较大场所设感温探测器，一般场所设感烟探测器，有客人场所设置带光、声报警的探测器。在本楼适当位置设手动报警按钮及消防对讲电话插孔。在消火栓箱内设消火栓报警按钮。消防控制室可接收感烟、感温、气体探测器的火灾报警信号，水流指示器、检修阀、压力报警阀、手动报警按钮、消火栓按钮的动作信号。在每层消防电梯前室附近设置楼层显示复示盘。供无障碍专用客房，设置声光警报器。

3. 消防联动控制系统。在消防控制室设置联动控制台，控制方式分为自动控制和手动控制两种。通过联动控制台，可以实现对消火栓、自动喷洒灭火系统、防烟、排烟、加压送风系统的监视和控制，火灾发生时手动切断一般照明及空调机组、通风机、动力电源。当发生火灾时，自动关闭总煤气进气阀门。

4. 消防紧急广播系统。在消防控制室设置消防广播机柜，机组采用定压式输出。地下泵房、冷冻机房等处设号角式 15W 扬声器，其他场所设置 3W 扬声器，消防紧急广播按建筑层分路，每层一路。当发生火灾时，消防控制室值班人员可自动或手动向全楼进行火灾广播，及时指挥疏导人员撤离火灾现场。

5. 消防直通对讲电话系统。在消防控制室内设置消防直通对讲电话总机，除在各层的手动报警按钮处设置消防对讲电话插孔外，在变配电室、水泵房、电梯机房、冷冻机房、防排烟机房、建筑设备监控室、管理值班室等处设置消防直通对讲电话分机。

6. 电梯监视控制系统。在消防控制室设置电梯监控盘，除显示各电梯运行状态、层数显示外，还应设置正常、故障、开门、关门等状态显示。火灾发生时，根据火灾情况及场所，由消防控制室电梯监控盘发出指令，指挥电梯按消防程序运行：对全部或任意一台电梯进行对讲，说明改变运行程序的原因；除消防电梯保持运行外，其余电梯均强制返回一层并开门。火灾指令开关采用钥匙型开关，由消防控制室负责火灾时的电梯控制。

7. 应急照明系统。所有楼梯间及前室的照明以及变配电所、消防控制室、安防中心、消防水泵房、防排烟机房、柴油发电机房、电信机房等的照明全部为应急照明。公共场所应急照明一般按正常照明的 10%～15%设置。应急照明电源采用双电源末端互投供电。主要疏散出口设置安全出口指示灯，疏散走廊设置疏散指示灯。

8. 为防止接地故障、过载、导体接触不良等引起的火灾，能发现电气火灾的隐患，本工程设置电气火灾报警系统。系统由电气火灾探测器、测温式电气火灾监控探测器和电气火灾监控设备组成。

9. 为保证消防设备电源可靠性，本工程设置消防设备电源监控系统。

10. 为保证防火门充分发挥其隔离作用，在火灾发生时，迅速隔离火源，有效控制火势范围，为扑救火灾及人员的疏散逃生创造良好条件，本工程设置防火门监控系统。

2.2.7 智能化系统

1. 信息化应用系统。信息化应用系统功能应满足建筑物运行和管理的信息化需要并提供建筑业务运营的支撑和保障。系统包括公共服务、智能卡应用、物业管理、信息设施运行管理、信息安全管理、基本业务办公和专业业务等信息化应用系统。

（1）公共服务系统。公共服务系统应具有访客接待管理和公共服务信息发布等功能，并宜具有将各类公共服务事务纳入规范运行程序的管理功能。系统基于信息网络及布线系统，系统服务器设置于中心网络机房，管理终端设置于相应管理用房。

（2）智能卡应用系统。人事管理模块、工资管理模块、工程管理模块、职工食堂管理模块、行政管理模块等 5 个功能模块。

1）人事管理模块，包含了人员管理、合同管理、考勤管理、奖惩管理、培训管理、待聘人员管理、临时工管理和退休人员管理。可通过发卡、上下班刷卡、自动记录员工工作时间、根据员工考勤可方便排班和班次调整、特殊情况处理、各类考勤报表、可与饭堂联网方便饭堂安排加班餐或包餐、与工资联网为其提供发放工资、补贴、奖金等依据。实现员工收入与其工作业绩，考勤情况直接挂钩，从而对企业人员实行更为有效的管理。

2）工资管理模块，通过采集员工考勤信息，自动进行工资和各有关项目的核算，并按成本核算部门分类归集统计。工资核算后可计提结转福利费和有关基金供帐务管理子系统处理。

3）工程管理模块，以设备档案管理、工程部日常维修管理以及饭店能源消耗管理为核心内容，实时动态地处理工程部日常事务，特别对机场过夜用房设备维修费用、机场过夜用房的能源消耗进行实时管理，以达到最大限度地降低经营成本、提高机场过夜用房经济效益的目的。从维修的申报、报修单的填写，到接收报修单及维修完毕后的验收，各个环节均利用机场过夜用房现有的网络进行信息传送。另外，系统对工程物料的领用及统计，均可方便地与机场过夜用房仓库管理系统实施接口。系统在维修申报及最终验收的过程中，杜绝了遗漏，做到了责任到人。通过对各统计报表，可计量员工的工作量，各部门报修所耗的物料、成本等进行统计控制。

4）职工食堂管理模块，包括食堂卡管理、食堂仓库管理、食堂财务管理 3 个大的功能。

5）行政管理模块，以行政办公业务为核心，以计算机技术为手段，以实现信息共享、交流和协同工作为目的，即全方位实现无纸化办公的现代管理模式。该模块基本功能包括：收发文函管理、文件报告传阅、文档处理、事务处理、文字处理、档案处理、日程处理、电子邮件、数据处理、信息管理、决策支持等。

（3）信息安全管理系统。主要任务是保证整个计算机系统的安全性，设置认证服务器，对人员的访问权限进行管理，防止非受权人员对信息资源的非法访问和抵御黑客的袭击，以保证系统内的数据不被损坏、丢失和泄露。同时具有防病毒服务器，保证系统安全。

（4）酒店管理系统。酒店管理系统应与其他非管理网络安全隔离。网络采用高速网，保证系统的快速稳定运转。网络速率方面应保证主干网达到交换 100M 的速率，而桌面站点达到交换 10M 的速率。并可实现预订、团队会议、销售、前台接洽、团队开房、修改/查看账户、前台收银、统计报表、合同单位挂账、账单打印查询、餐饮预订、电子门锁、VOD 系统、电话计费、用车管理等功能，并留有与公安系统的接口，能将旅客信息自动传输到公安部的信息系统中。

（5）航班信息显示系统。由机场将航班信息调制成电视信号，通过有线电视统一传输到过夜用房。在机房内将航班信息解调出来，一是通过专用数字调制器调制为航班信息频道给客房内的客人提供航班信息；二是将航班信息与广告信息混合，为公共区域提供航班信息，具体方案见有线电视系统。

（6）自助值机系统。过夜用房自助值机系统是机场自助值机系统的扩展，在过夜用房东楼和西楼各设置一套自动值机系统，自助值机设在一层大厅里。自助值机的信号由机场用光纤引来接入 B2 层弱电中心机房通过光端机经综合布线连接自助值机设备。

2. 智能化集成系统。集成管理的重点是突出在中央管理系统的管理，控制仍由下面各子系统进行。集成管理能为本工程各个管理部门提供高效、科学和方便的管理手段。将建筑中日常运作的各种信息，如建筑设备监控、安防、火灾自动报警、公共广播、通信系统以及展览管理信息，各种日常办公管理信息，物业管理信息等构成相互之间有关联的一个整体，从而有效地提升建筑整体的运作水平和效率。

（1）集成管理，首先要求进行集成的系统应该是一个开放性的系统，在集成过程中，首先要解决好各个系统间通信协议的标准化问题，使整个系统达到信息识别的唯一性，只有这样，才能真正达到各子系统之间的联动。也才能做到无论集成先后，均能平滑连接。

（2）系统集成的规模，首先是以建筑设备管理系统为模式，即 BMS 模式，先期将在建筑中有相互联动关系的各楼宇设备子系统进行相对集成，达到相互之间在处理和解决建筑中出现的问题时，能协同动作，提高效率，便于管理。在 BMS 中，以建筑设备监控系统（BA）为基础平台，进行相关的联动设计。

3. 信息化设施系统。

（1）信息系统对城市公用事业的需求。

1）本工程需输出入中继线 200 对（呼出呼入各 50%）。另外申请直拨外线 200 对（此数量可根据实际需求增减）。

2）电视信号接自城市有线电视网，在顶层设有卫星电视机房，对建筑内的有线电视实施管理与控制。有线电视节目和卫星电视节目经调制后，经电视信号干线系统传送至每个电视输出口处，使获得技术规范所要求的电平信号，达到满意的收视效果。

（2）通信自动化系统。

1）在地下一层设置电话交换机房，拟定设置一台 1000 门的 PABX。

2）数字式程控交换机为过夜用房的语音、传真、电子邮件、无线通信、会议电视、可视电话、可视图文，以及多媒体通信的中心设备。PABX 设备同时具有与 GSM 微蜂窝基站组网的能力，利用新一代的数字无线电话系统和采用微小区域通信结构，实现低功率、双向数字通信，为职工提供无线对讲功能。

3）本工程建立卫星通信系统，进行高速数据传输、图像传输、综合数据与语音通信、移动数据通信、计算机网络连接等综合业务，与 DDN 数字数据网互为备份，可以保证数据通信的不间断性、可靠性。

（3）综合布线系统。

1）本工程在地下一层（工程部值班室设置网络室，分别对建筑设备实施管理与控制。将机场过夜用房的语音信号、数字信号的配线，经过统一的规范设计，综合在一套标准的配线系统上，此系统为开放式网络平台，方便用户在需要时，形成各自独立的子系统。综合布线系统可以实现世界范围资源共享，综合信息数据库管理、电子邮件、个人数据库、报表处理、财务管理、电话会议、电视会议等。

2）本工程的计算机网络、办公自动化、通信系统、班信息显示系统、POS 系统等系统，用模块化规范的布线部件（配线架、跳接线、传输线缆、信息插座、转换适配器、电气保护设备等），采用开放式结构化布线方式，进行系统连接布线，保证满足整个航站楼过夜用房从高速数据网和数字话音等信号的传输，通过计算机网络系统，将各弱电子系统的计算机控制工作站进行网络互联，以实现整个航站楼过夜用房系统信息共享、控制统一。

3）无线局域网，主要为工作人员及旅客提供无线网络服务，在相应区域设置 2 套无线 AP，以综合布线系统的物理链路为依托，分别接入生产运营网和旅客服务网接入层交换机。系统主要由无线接入点和分布于用户端的无线网卡组成。根据现场功能分区设置 AP，如餐厅、休息区、等候区、酒吧等区域。

（4）商业零售（POS）系统。由餐饮管理、娱乐管理系统和精品商场管理系统组成。它与前台系统共用服务器及数据库。主要有餐饮管理系统、娱乐管理系统、商场销售管理系统等，并与前台系统提供接口，进行客人资料传递及消费结账，商业零售（POS）系统示意见图 2.2.7－1。

（5）无线通信增强系统。为避免无线基站信道容量有限，忙时可能出现网络拥塞，手机用户不能及时打进或接进电话。另外由于大楼内建筑结构复杂，无线信号难于穿透，室内易出现覆盖盲区。因此，大楼内应安装无线信号室内天线覆盖系统以解决移动通信覆盖问题，同时也可增加无线信道容量。无线通信增强系统示意见图 2.2.7－2。

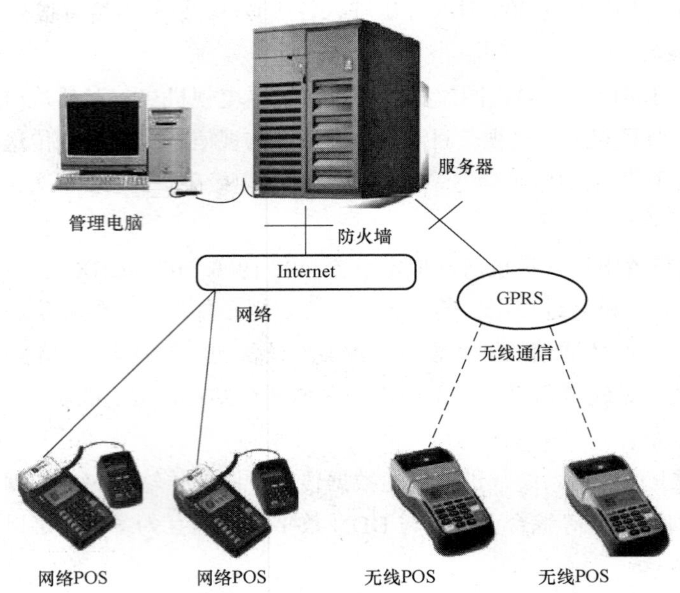

图 2.2.7－1　商业零售（POS）系统示意

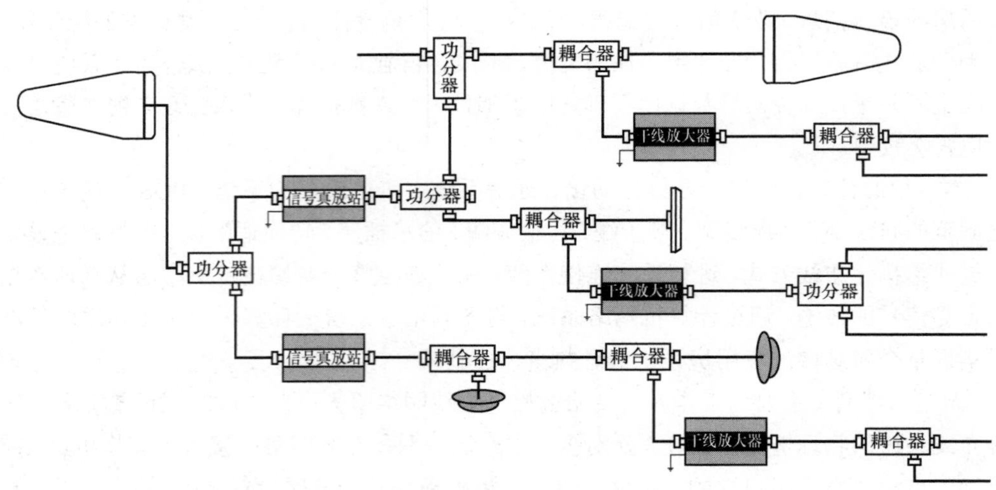

图 2.2.7－2　无线通信增强系统示意

（6）有线电视及卫星电视系统。

1）本工程在地下一层设置有线电视机房，在顶层设有卫星电视机房，为旅客及工作人员提供高质量的电视图像和声音信号，提供航班信息，播放各种广告信息等。所有信号采用数字电视信号模式，即前端采用数字编码，电视机加装机顶盒。

2）系统由前端部分、干线传输部分、用户分配部分三部分组成。前端设备部分主要包括 3m 工程卫星接收天线、光接收机、750M 捷变频调制器、VOD 视频点播设备、广告制作设备、8×8 音视频切换器、22/1 混合器、影碟机、双向放大器等。干线部分主要包括 75－9、75－5 视频线、双向放大器等，其主要作用是把经前端接收、处理、混合后的电视信号传输给用户分配网络。用户分配部分包括分支分配器、用户终端盒（含地插式终端）、带两通道输出的机顶盒、电视机等设备。所有的设备满足双向传输的要求。

（7）背景音乐及紧急广播系统。

1）本工程设置背景音乐及紧急广播系统。中央背景音乐与紧急广播系统独立，物理分开（两组扬声器），紧急广播系统启动时，必须把中央背景音乐自动断开。消防广播音源直接进入数字音频矩阵主机并被设置为最优先级广播，当需进行紧急广播时，利用设在消防值班室内的消防广播设备与消防系统的联动，可以完成选定区域的强行切换，从正常广播状态切换到紧急广播状态，完成紧急疏散、灭火指挥等紧急广播。

2）在一层设置广播室（与消防控制室共室），中央背景音乐系统设备安装在客人快速服务中心内。背景音乐要求使用酒店管理公司指定的数码 DMX 音源，一台机器可供四种不同音源。紧急广播系统安装在消防控制室内。背景音乐及紧急广播系统示意见图 2.2.7－3。

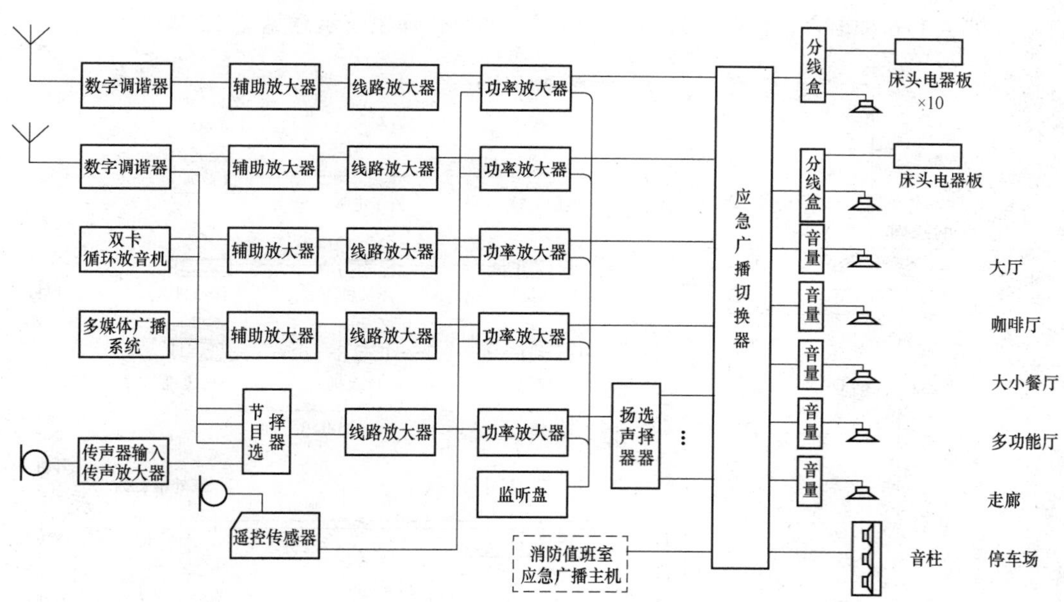

图 2.2.7－3 背景音乐及紧急广播系统示意

3）多功能厅设置独立的音响设备。会议扩声系统配备多台多路混音放大器、扬声器箱等专业设备。调音台应有多路音源输入通道，每通道均可预选话筒或线路输入。各通道均应有语音滤波，衰减低音成分，增加语音的清晰度。可接入 CD、AM/FM 收音机、话筒等，并具备录音设备。扬声器的配置应满足会场声压级的需要，并应保证会场内声压的均匀度。

（8）时钟系统，主要用于为旅客及酒店工作人员提供准确的时间服务，避免因显示时间差异造成不必要的矛盾与纠纷；同时也为计算机信息管理系统及其他弱电子系统提供标准的时间源，以便协调各部门间的统一工作。本系统选用二级母钟多子钟主从分布式结构，采用集散式控制方式，以 ITC 中心母钟传过来的 GPS 时钟信号作为信号源，为系统提供准确时间；二级母钟与各子钟之间采用 RS－422 接口，扩展方便，子钟则根据需要分别制作成世界钟和数字式钟两种不同的形式。时钟系统示意见图 2.2.7－4。

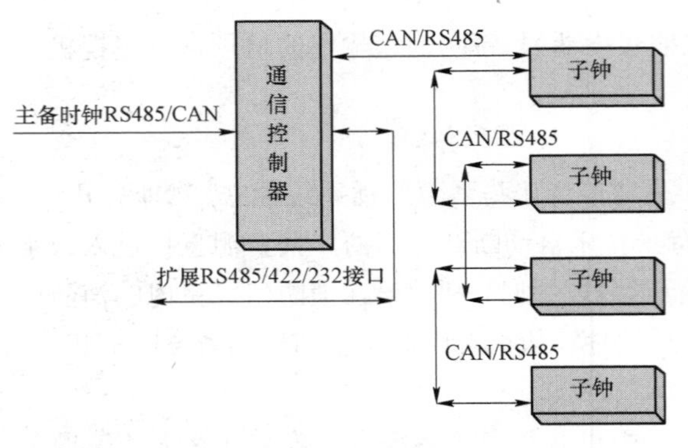

图 2.2.7－4 时钟系统示意

（9）会议电视系统，主要目的是为了方便单位、团体进行会议交流、讨论和沟通，会议的发言可以通过扩音系统调节音量的大小和柔和度。会议系统包括会议管理系统和会议发言、讨论系统。配置一套会议管理系统，每个会议室则根据房间面积大小配置不同的会议设备，以满足其不同的需求。

（10）同声传译系统，主要是为了中外各单位、团体举行国际会议，进行经济和学术的交流、沟通，使各代表和广大听众可以听到大会发言的同声传译，大会的发言也可以通过扩音系统向外播出。系统具有同声传译、会议讨论、电子表决、摄像、自动跟踪、调音扩音等功能；同声传译语种现按 2+1 来配置，即母语+英语+另一种国外语言，可扩至 1+6 种语言，传输方式为红外线式。同声传译系统示意见图 2.2.7－5。

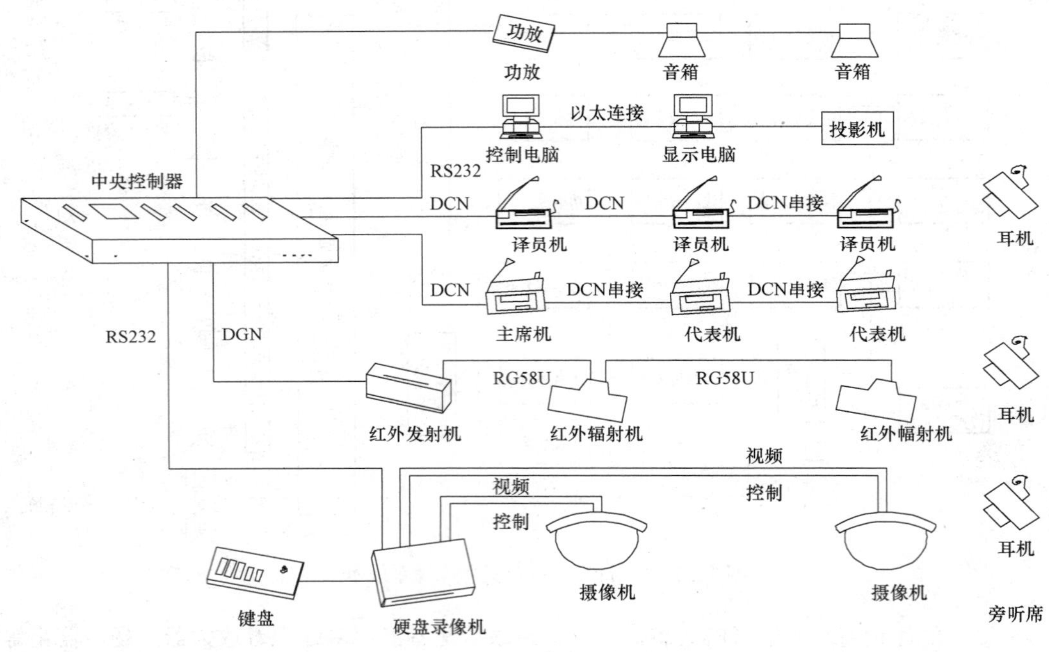

图 2.2.7－5 同声传译系统示意图

4. 建筑设备管理系统。

（1）建筑设备监控系统。

1）建筑设备监控系统融合了计算机技术、网络通信技术、自动控制技术、数据库管理技术以及软件技术等，采用“集散型系统”，通过中央监控系统的计算机网络，将各层的控制器、现场传感器、执行器及远程通信设备进行联网，共同实现集中管理、分散控制的综合监控及管理功能。

2）建筑设备监控系统的总体目标是将建筑内的建筑设备管理与控制系统（HVAC、给排水系统、供配电系统、照明系统等）进行分散控制、集中监视管理，从而提供一个舒适的工作环境，通过优化控制提高管理水平，从而达到节约能源和人工成本，并能方便实现物业管理自动化。建筑设备监控系统监控室设在工程部值班室。

3）系统设计所遵循的原则是注重系统的先进性、实用性、可靠性、开放性、适应性、可扩展性、经济性和可维护性。通过对工程中子系统的控制，对建筑内温、湿度的自动调节，空气质量的最佳控制，以及对室内照明进行自动化管理等手段，提供最佳的能源管理方案，对机电设备以及照明等采取优化控制和管理，确保节能运行，从而降低能源成本及运行费用。以达到以下性能指标：

a）独立控制，集中管理：可以将建筑设备监控系统的工作站或服务器定义为节点服务器，并且根据弱电系统的整体要求，设置中央服务器。该结构使各节点服务器与中央服务器通过以太网（TCP/IP）连接，数据在各节点服务器之间，包括中央服务器之间进行通信，中央服务器对所有节点服务器中的数据、报警可以读取、打印和存储。

b）可以自动调整网络流量：当数据被其他节点或中央服务器定制后，才由相应的节点服务器将缓冲区中的数据传送到网络上，减少对控制器的数据通信要求，同时减少网络数据的冗余传送。

c）保证高可靠性：当整个网络断开后，本地的控制系统应能由节点服务器继续提供稳定的系统控制。另外，当某个节点服务器出现故障时，对整个网络和其他节点没有影响。在网络恢复正常工作后，各节点服务器可以将存储的数据自动传到相应的节点和中央服务器。

d）提升系统性能：节点服务器只对本地设备进行管理，系统的负荷由节点服务器分担，中央服务器的负担只限于本地设备管理和全系统中关键报警和数据的备份。这样可以保证整个系统的高性能。

e）管理简单：中央服务器可以控制任何一个节点服务器中的设备，节点的报警可以自动传送到中央服务器，实现分布式控制，集中式管理。

f）分布式数据库管理：采用分布式的数据库，由后台的数据自动备份机制保障所有用户数据在各服务器中安全保存。

4）本工程建筑设备监控系统监控点数共计为 1699 控制点，其中 AI=208 点、AO=297 点、DI=891 点、DO=303 点。

5）建筑设备监控系统功能。

a）系统数据库服务器和用户工作站、数据库应具备标准化、开放性的特点，用户工作站提供系统与用户之间的互动界面，界面应为简体中文，图形化操作，动态显示设备工作状态。系统主机的容量须根据图纸要求确定，但必须保证主机留有 15%以上的地址冗余。

b）与服务器、工作站连接在同一网上的控制器，负责协调数据库服务器与现场 DDC 之间的通信，传递现场信息及报警情况，动态管理现场 DDC 的网络。

c）具有能源管理功能的 DDC 安装于设备现场，用于对被控设备进行监测和控制。

d）符合标准传输信号的各类传感器，安装于设备机房内，用于建筑设备监控系统所监测的参数测量，将监测信号直接传递给现场 DDC。

e）各种阀门及执行机构，用于直接控制风量和水量，以便达到所要求的控制目的。

f）现场 DDC 应能可靠、独立工作，各 DDC 之间可实现点对点通信，现场中的某一 DDC 出现故障，不应影响系统中其他部分的正常运行。整个系统应具备诊断功能，且易于维护、保养。

6）建筑设备监控系统对建筑内的设备进行集散式的自动控制，建筑设备监控系统应实现以下功能：

a）空调系统的监控：包括冷热源系统、通风系统、空调系统、新风系统等。

b）给排水系统：对给排水系统中的生活泵、排水泵、水池及水箱的液位等进行监控。

c）电梯及自动扶梯的监控：建筑设备监控系统与电梯系统联网，对其运行状态进行监测，发生故障时，在控制室有声光报警。在控制室内能了解到电梯实时的运行状况。电梯监控系统由电梯公司独立提供，设置在消防控制室。

d）公共区域照明系统控制、节日照明控制及室外的泛光照明控制。

e）变配电系统的监控：主要完成对供配电系统中各需监控设备的工作参数和状态的监控。

（2）建筑能效监管系统。本工程建筑能效监管主机设置于各个建筑物业管理室。系统可对冷热源系统、供暖通风和空气调节、给水排水、供配电、照明、电梯等建筑设备进行能耗监测。根据建筑物业管理的要求及基于对建筑设备运行能耗信息化监管的需求，应能对建筑的用能环节进行相应适度调控及供能配置适时调整。建筑能效监管系统示意见图 2.2.7－6。

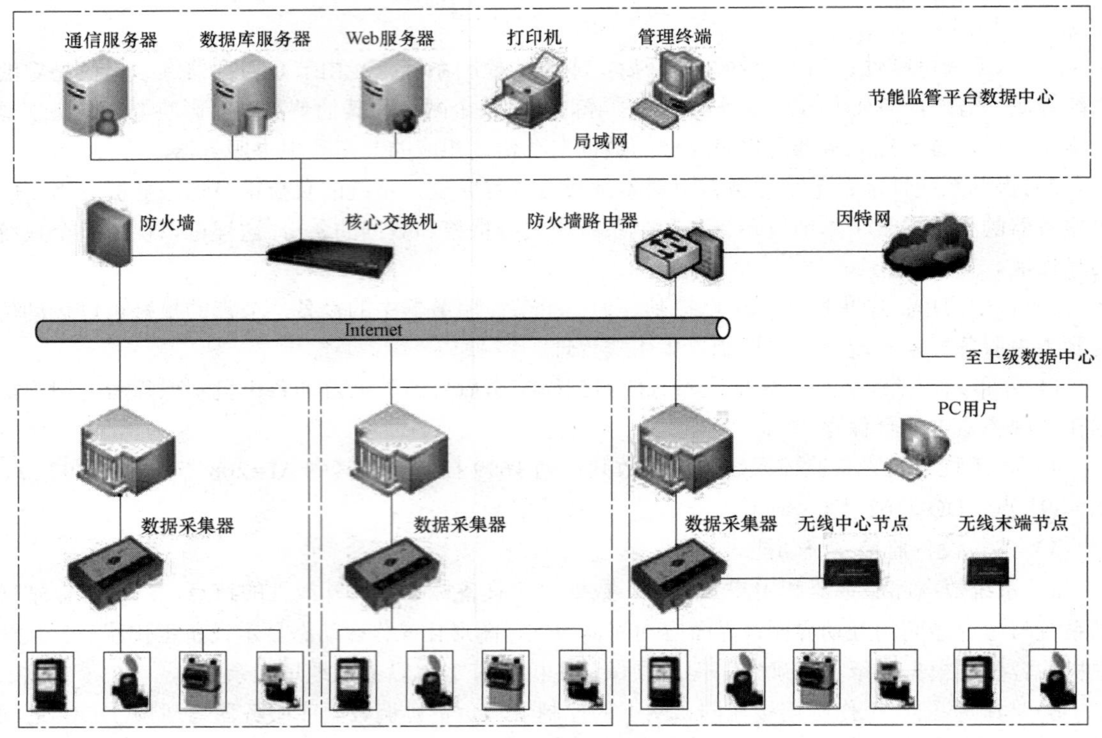

图 2.2.7－6 建筑能效监管系统示意

（3）电梯监控系统。

1）电梯监控系统是一个相对独立的子系统，纳入设备监控管理系统进行集成。

2）电梯现场控制装置应具有标准接口（如 RS485、RS232 等）。

3）在安防消防中心设电梯监控管理主机，显示电梯的运行状态。

4）监控系统配合运营，启动和关闭相关区域的电梯；接收消防与安防信息，及时采取应急措施。

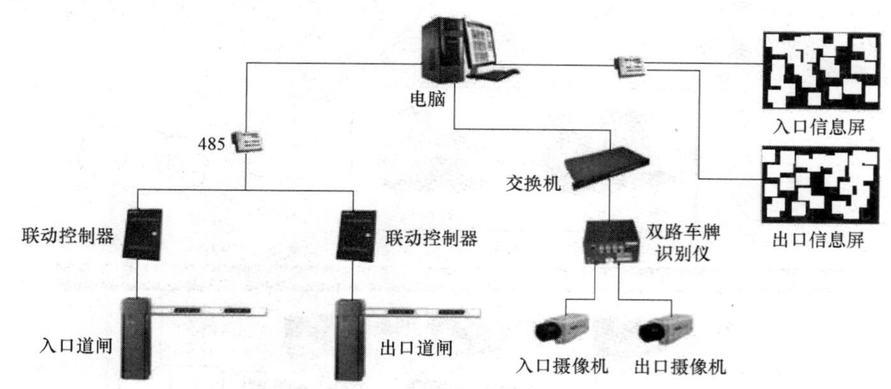

图 3.1.7－9　停车场管理系统示意

7）多个出入口的联网与管理。

8）分层停车场（库）的车辆统计与车位显示。

9）出入挡车器被破坏（有非法闯入）报警。

10）非法打开收银箱报警。

11）无效卡出入报警。

12）卡与进出车辆的车牌和车型不一致报警。

（4）无线巡更系统。当采用无线巡更系统时，巡更人员配备无线对讲系统，并且在每一个巡更点与安防监控中心作巡更报到。在规定时间内指定巡更点未发出“到位”信号时应当发出报警信号，并联动相关区域的各类探测、摄像、声控装置。巡更系统采用电脑随机产生巡更路线和巡更间隔时间的方式。无线巡更系统由信息采集器、信息下载器、信息钮和中文管理软件等组成。无线巡更系统示意见图 3.1.7－10，并可实现以下功能：

1）可按人名、时间、巡更班次、巡更路线对巡更人的工作情况进行查询，并可将查询情况打印成各种表格，如情况总表、巡更事件表、巡更遗漏表等。

2）巡更数据储存，定期将以前的数据储存到软盘上，需要时可恢复到硬盘上。

3）用户要求可定制其他功能，如各种巡更事件的设置、员工考勤管理等。

（5）售验票系统。本工程系统服务器设置于中心网络机房，系统包含制票、售票、验票，信息管理等不同工作站设置于场馆运营管理用房。售验票系统示意见图 3.1.7－11。

1）统一采用手持式验票机进行验票，在观众主要出入口设置无线信息接入点，便于手持验票的使用。

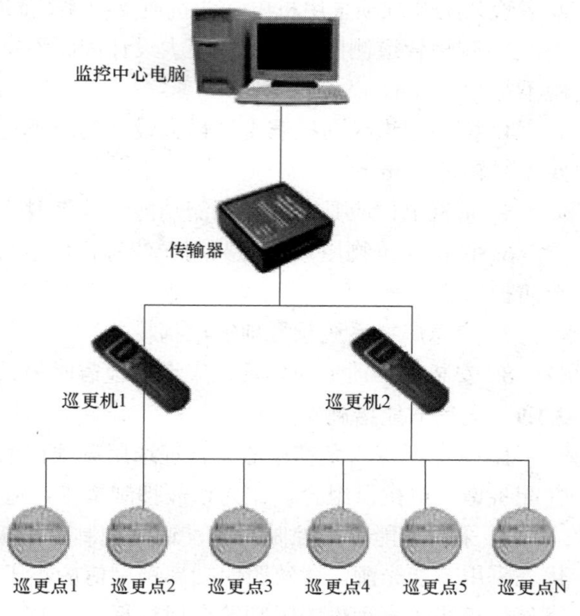

图 3.1.7－10　无线巡更系统示意

2）系统采用条码技术和在线或离线手持验票机。对门票的制作、销售、管理、验票、统计等提供完整的一套票务系统。

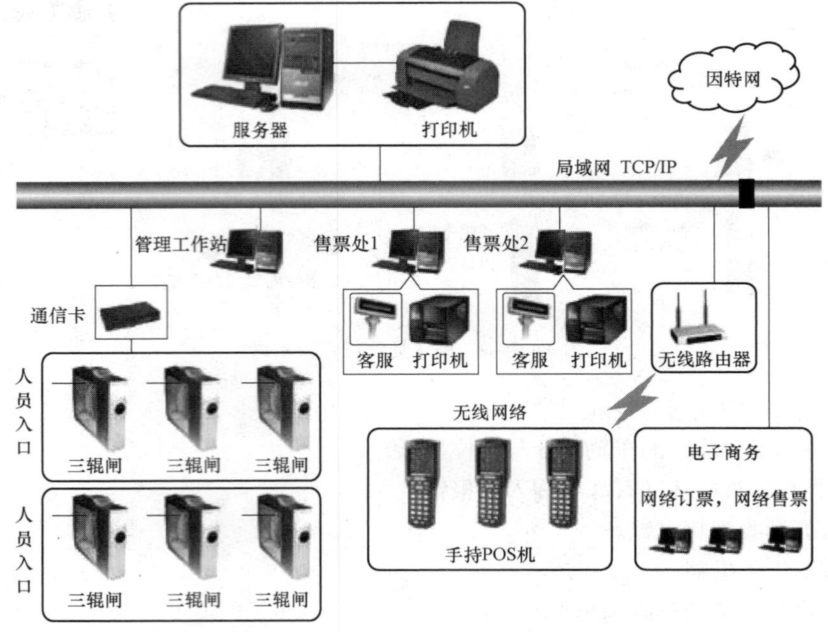

图 3.1.7－11　售验票系统示意

3.1.8　电气抗震设计

1. 工程内设备安装如高低压配电柜、变压器、配电箱、控制箱等均应满足抗震设防规定。

2. 电气设备系统中内径大于或等于 60mm 的电气配管和重量大于或等于 15kg/m 的电缆桥架及多管共架系统须采用机电管线抗震支撑系统。

3. 刚性管道侧向抗震支撑最大设计间距不得超过 12m；柔性管道侧向抗震支撑最大设计间距不得超过 6m。

4. 刚性管道纵向抗震支撑最大设计间距不得超过 24m；柔性管道纵向抗震支撑最大设计间距不得超过 12m。

5. 垂直电梯应具有地震探测功能，地震时电梯能够自动停于就近平层并开门运行。

6. 设在建筑物屋顶上的共用天线等，应设置防止因地震导致设备损坏后部件坠落伤人的安全防护措施。

7. 应急广播系统预置地震广播模式。

8. 安装在吊顶上的灯具，应考虑地震时吊顶与楼板的相对位移。

3.1.9　电气节能措施

1. 变电所深入负荷中心，合理选用导线截面，减少电压损失。采用低压集中自动补偿方式，并配备谐波电抗器组合，作为谐波抑制措施，避免高次谐波电流与电力电容发生谐振。

2. 采用智能灯光控制系统，通过控制遮阳板将自然光和人工光实现有机结合。照明光源应优先采用节能光源，建筑照明功率密度值应小于《建筑照明设计标准》（GB 50034）中的规定。室外夜景照明光污染的限制符合现行行业标准《城市夜景照明设计规范》（JGJ/T 163）的规定。

走廊、楼梯间、展厅、大堂、大空间、地下停车场等场所的照明系统采取分区、定时、感应等节能控制措施。

3. 设置建筑设备监控系统，对建筑物内的设备实现节能控制。合理选用电梯和自动扶梯，并采取电梯群控、扶梯自动启停等节能控制措施。

4. 三相配电变压器满足《三相配电变压器能效限定值及能效等级》（GB 20052）的节能评价值要求，水泵、风机等设备，及其他电气装置满足相关现行国家标准的节能评价值要求。

5. 在建筑屋面设置太阳能电池方阵，采用并网型太阳能发电系统，太阳能发电能力为350kW。

6. 对室内的二氧化碳浓度进行数据采集、分析，并与通风系统联动，实现室内污染物浓度超标实时报警，并与通风系统联动。

3.2 国际会议中心

3.2.1 项目信息

某国际会议中心，建筑面积为79 000m²，建筑高度为32m。地上共五层，建筑面积44 000m²，多功能厅、宴会厅、接待及附属配套设施。地下二层，建筑面积35 000m²，功能为库房、设备机房、车库。建筑分类为一类，耐火等级为一级，设计使用年限为50年。

国际会议中心

3.2.2 系统组成

1. 高低压变、配电系统。

2. 电力、照明系统。

3. 防雷与接地系统。

4. 电气消防系统。

5. 智能化系统。

6. 电气抗震设计和电气节能措施。

3.2.3 高低压变、配电系统

1. 负荷分级。

（1）一级负荷：本工程宴会厅、报告厅、会议室、厨房，客梯，排水泵、变频调速生活水泵等为一级负荷。本工程一级负荷的设备容量为3200kW。会议用电子计算机电源、消防设备，保安监控系统，应急及疏散照明，电气火灾报警系统等为特别重要负荷设备。本工程特别重要负荷的设备容量为1020kW。

（2）二级负荷：包括办公室照明、空调等。本工程二级负荷设备容量为1143kW。

（3）三级负荷：包括一般照明其及一般电力负荷。本工程三级负荷的设备容量为290kW。

2. 电源。

（1）本工程由市政外网引来三路高压电源，并要求三路电源不会同时发生故障，受到损坏。10kV高压采用单母线分段运行方式，中间设联络开关，平时三路中的两路电源同时分列运行，互为备用，当一路电源故障时，通过手动操作联络开关，投入备用电源。三路电源每一路电源均可负担全部负荷。进线柜与计量柜、进线隔离柜；联络柜与联络隔离柜加电气与机械联锁。高压

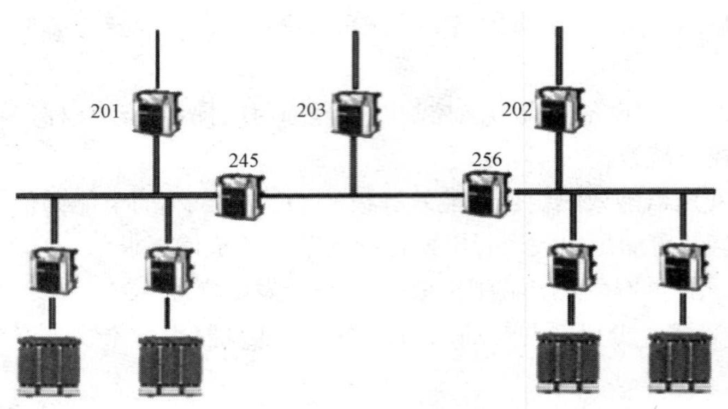

图 3.2.3　高压主接线示意图

主接线示意见图 3.2.3。

（2）高压断路器联锁关系。

1）正常：201、202、203 合闸，245、256 分闸。

2）异常：201、202 失电压跳闸：备自投合母联 245、256，由 203 带一段负荷，201、202 恢复正常，合环选跳母联 245、256。

3）异常：203 失电压以及保护跳闸；245、256 母联不动作。

4）正常：201/202 检修：手动投母联 245/256，合环选跳 201/202。

5）正常：203 检修，245/256 自投退出。

6）异常：245/256 合于故障母线－后加速跳母联（复合电压和电流作为判据）。

7）母线故障：闭锁备自投。

8）偷跳：进线非正常跳闸，自投不启动。

3. 变、配、发电站。

（1）在一设置变电所一处，内设四台 2000kVA 干式变压器。变压器低压侧 0.4kV 采用单母线分段接线方式，低压母线分段开关采用自动投切方式时，低压母联断路器应采用设有自投自复、自投手复、自投停用三种状态的位置选择开关，自投时应设有一定的延时，当变压器低压侧总开关因过负荷或短路故障而分闸时，母联断路器不得自动合闸；电源主断路器与母联断路器之间应有电气联锁。

（2）在一层设置一处柴油发电机房，设置一台 1250kW 柴油发电机组。

4. 自备应急电源系统。

（1）当市电出现停电、缺相、电压超出范围（AC380V：－15%～+10%）或频率超出范围（50Hz ±5%）时延时 15s（可调）机组自动启动。

（2）当市电故障时，直接播出的电视演播厅、中心机房、录像室、微波设备及发射机房，消防用电设备、应急照明与疏散照明以及涉及人身安全的用电设备均由自备应急电源提供电源。

5. 设置电力监控系统，对电力配电实施动态监视。电力监控系统主要功能：

（1）数据采集与处理。

（2）人机交互。

（3）历时史事件。

（4）数据库建立与查询。

（5）用户权限管理。

（6）运行负荷曲线。

（7）远程报表查询。

3.2.4　电力、照明系统

1. 配电系统的接地型式采用 TN－S 系统。冷冻机组、冷冻泵、冷却泵、生活泵、热力站、电梯等设备采用放射式供电；风机、空调机、污水泵等小型设备采用树干式供电。

2. 为保证重要负荷的供电，对重要设备如通信机房、消防用电设备（消防水泵、排烟风机、加压风机、消防电梯等）、信息网络设备、消防控制室、中央控制室等均采用双回路专用电缆供电，在最末一级配电箱处设双电源自投，自投方式采用双电源自投自复。

3. 主要配电干线沿由变电所用电缆槽盒引至各电气小间，支线穿钢管敷设。

4. 普通干线采用辐照交联低烟无卤阻燃电缆；重要负荷的配电干线采用矿物质绝缘类电缆。部分大容量干线采用封闭母线。

5. 照度标准。照度标准见表 3.2.4。

表 3.2.4 照 度 标 准

房间或场所	参考平面及其高度	照度标准值/lx	UGR	U_0	R_a
会议室	0.75m 水平面	300	19	0.6	80
宴会厅	0.75m 水平面	300	22	0.6	80
多功能厅	0.75m 水平面	300	22	0.6	80
公共大厅	地　面	200	22	0.4	80
行政办公室	0.75m 水平面	300	19	0.6	80

6. 光源与灯具选择：会议室照明光源采用光效率高、显色性好、使用寿命长、色温相宜、符合环保要求的光源。灯光控制采用分布式智能照明控制系统，利用通信总线把智能现场控制器连接组网。

7. 应急照明：在大空间用房、走廊、楼梯间及主要出入口等场所设置疏散指示照明。考虑宴会厅、多功能厅的特点，疏散指示灯指示方向与宴会厅、多功能厅疏散路线相同，在地面及墙面设置疏散指示灯，在出入口设置安全出口指示，疏散指示灯的蓄电池采用集中免维护电池进行供电，停电时自动切换为直流供电，并且应急照明持续时间应不少于 30min。

8. 照明控制：为了便于管理和节约能源，以及不同的时间要求不同的效果。本工程采用智能型照明控制系统，部分灯具考虑调光。智能照明控制系统遵从 KNX/EIB 协议。通过一条总线将每个控制模块挂在总线上形成系统，每个总线元件具有单独的 CPU 芯片和存储器，可独立工作和与总线通信。通过总线命令实现任务功能的互相关联和沟通。EIB 系统设计了各种控制功能的模块，不同模块具有不同的功能，功能模块通过搭积木般灵活组合完成各种控制功能。

地下停车库照明采用分回路开关控制。地下停车库属于无自然光的环境，需要提供全天的照明，平时在中央 KNX/EIB 中文图形监控软件的作用下，车库照明处于自动控制状态。在上班工作时间开启全部灯光，其余时间关闭部分回路节省电力，但为视频监控保留足够的照度。

电梯厅、公共走道照明分回路开关设计。平时主要通过时间控制器对照明自动管理控制，正常工作时间全开，非工作时间改为减光照明，节假日无人时可以只亮少量灯为视频监控保留足够的照度。

多功能厅、会议室、序厅以及多功能会议室的照明分回路调光控制，多功能厅、会议室、序厅属于公共多功能专业场所，对灯光照明主要根据使用功能要求采用场景控制模式。

3.2.5 防雷与接地系统

1. 本工程按二类防雷设防，设有防直击雷、感应雷击及雷电电磁脉冲保护。屋顶利用建筑金属构件作为接闪带，其网格不大于 10m×10m，所有突出屋面的金属体和构筑物应与接闪带电气连接。

2. 为预防雷电电磁脉冲引起的过电流和过电压，在变压器低压侧向重要设备供电的末端配电箱的各相母线上，由室外引入或由室内引至室外的电气线路等装设电涌保护器（SPD）。

3. 本工程低压配电系统接地形式采用 TN－S 系统，其中性线和保护地线在接地点后要严格分开。凡正常不带电而当绝缘破坏有可能呈现电压的一切电气设备金属外壳均应可靠接地。

4. 防雷接地、变压器中性点接地及电气设备、信息系统等接地共用统一的接地装置，要求接地电阻不大于 1Ω，否则应在室外增设人工接地体。

5. 室内采用等电位联结，将建筑物内保护干线、设备进线总管、建筑物金属构件进行连接。同时在电缆沟内设置接地扁钢且与结构基础牢固焊接，作为临时办展的等电位保护干线。

6. 所有弱电机房、电梯机房、浴室等均做辅助等电位联结。

3.2.6 电气消防系统

1. 消防控制室设在一层对建筑内的消防进行探测监视和控制。消防控制室内分别设有火灾报警控制主机、联动控制台、CRT 显示器、打印机、紧急广播设备、消防直通对讲电话设备、电梯监控盘及 UPS 电源设备等。

2. 在办公室、会议室、商务、设备机房、楼梯间、走廊等场所设感烟探测器；在柴油机房等场所设感温探测器；在电缆沟设缆式线型定温探测器。消防控制中心和消防控制室可对探测器的火警、故障信号进行监视，并对消防水泵、消防风机、紧急广播等设备进行联动控制。会议系统、扩声系统、出入口管理系统与火灾自动报警系统联动。

3. 极早期烟雾报警系统：在多功能厅、宴会厅、网络通信机房、网络设备间装设极早期烟雾报警系统。极早期烟雾报警系统主机的信号接至消防报警系统，提前做出火灾报警。

4. 为防止接地故障、过载、导体接触不良等引起的火灾，能发现电气火灾的隐患，本工程设置电气火灾报警系统。系统由电气火灾探测器、测温式电气火灾监控探测器和电气火灾监控设备组成。

5. 为保证消防设备电源可靠性，本工程设置消防设备电源监控系统。

6. 为保证防火门充分发挥其隔离作用，在火灾发生时，迅速隔离火源，有效控制火势范围，为扑救火灾及人员的疏散逃生创造良好条件，本工程设置防火门监控系统。对防火门的工作状态进行 24h 实时自动巡检，对处于非正常状态的防火门给出报警提示。在发生火情时，该监控系统自动关闭防火门，为火灾救援和人员疏散赢得宝贵时间。

3.2.7 智能化系统

1. 信息化应用系统。信息化应用系统功能应满足建筑物运行和管理的信息化需要并提供建筑业务运营的支撑和保障。系统包括公共服务、智能卡应用、物业管理、信息设施运行管理、信息安全管理、基本业务办公和专业业务等信息化应用系统。

（1）公共服务系统。公共服务系统应具有访客接待管理和公共服务信息发布等功能，并宜具有将各类公共服务事务纳入规范运行程序的管理功能。系统基于信息网络及布线系统，系统服务器设置于中心网络机房，管理终端设置于相应管理用房。

（2）智能卡应用系统。根据建设方物业信息管理部门要求对出入口控制、电子巡查、停车场管理、考勤管理、消费等实行一卡通管理，在同一张卡片上实现开门、考勤、消费等多种功能；在同一软件平台上，实现卡的发行、挂失、充值、资料查询等管理，系统共用一个数据库，软件必须确保出入口控制系统的安全管理要求；各系统的终端接入局域网进行数据传输和信息交换。系统基于信息网络及布线系统，系统服务器设置于中心网络机房，管理终端设置于相应管理用房。

（3）信息设施运行管理系统。信息设施运行管理系统应具有对建筑物信息设施的运行状态、资源配置、技术性能等进行监测、分析、处理和维护的功能。系统基于信息网络及布线系统，系统服务器设置于中心网络机房，管理终端设置于相应管理用房。

（4）信息安全管理系统。信息网络安全管理系统通过采用防火墙、加密、虚拟专用网、安全隔离和病毒防治等各种技术和管理措施，室网络系统正常运行，确保经过网络的传输和管理措施，使网络系统正常运行，确保经过网络传输和交换的数据不会发生增加、修改、丢失和泄露。系统基于信息网络及布线系统，系统服务器设置于中心网络机房，管理终端设置于相应管理用房。

2. 智能化集成系统。

（1）集成管理的重点是突出在中央管理系统的管理，控制仍由下面各子系统进行。集成管理能为本工程各个管理部门提供高效、科学和方便的管理手段。将建筑中日常运作的各种信息，如建筑设备监控、安防、通信系统等管理信息，各种日常办公管理信息、物业管理信息等构成相互之间有关联的一个整体，从而有效地提升建筑整体的运作水平和效率。智能化集成系统示意见图 3.2.7－1。

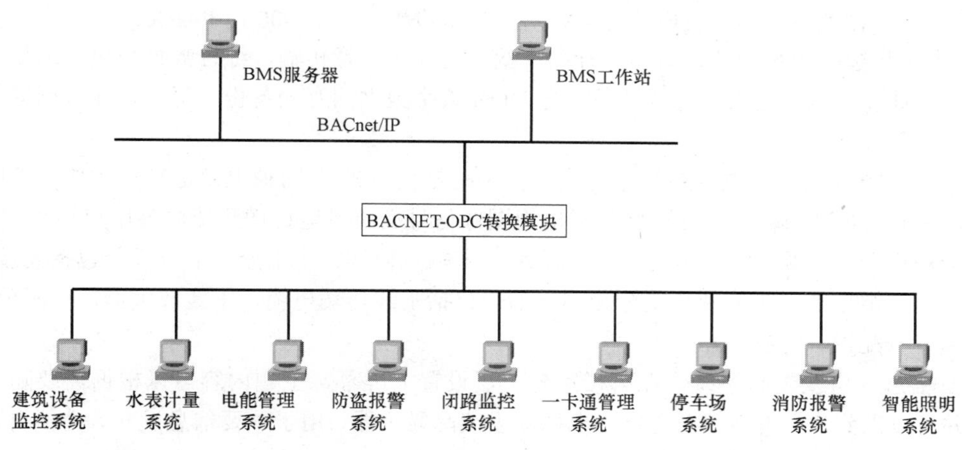

图 3.2.7－1 智能化集成系统示意

（2）集成管理，首先要求进行集成的系统应该是一个开放性的系统，在集成过程中，首先要解决好各个系统间通信协议的标准化问题，使整个系统达到信息识别的唯一性，只有这样，才能真正达到各子系统之间的联动，也才能做到无论集成先后，均能平滑连接。

（3）系统集成的规模，首先是以建筑设备管理系统为模式，即 BMS 模式，先期将在建筑中有相互联动关系的各建筑设备监控子系统进行相对集成，达到相互之间在处理和解决建筑中出现的问题时，能协同动作，提高效率，便于管理。在 BMS 中，以建筑设备监控系统（BA）为基础平台，进行相关的联动设计。

3. 信息化设施系统。

（1）信息系统对城市公用事业的需求。

1）本工程需输出入中继线 100 对（呼出呼入各 50%）。另外申请直拨外线 400 对（此数量可根据实际需求增减）。

2）本工程建立卫星通信系统，进行高速数据传输、图像传输、综合数据与语音通信、移动数据通信、计算机网络连接等综合业务，与 DDN 数字数据网互为备份，可以保证数据通信的不间断性、可靠性。

3）电视信号接自城市有线电视网，在顶层设有卫星电视机房，对建筑内的有线电视实施管理与控制。有线电视节目和卫星电视节目经调制后，经电视信号干线系统传送至每个电视输出口处，使获得技术规范所要求的电平信号，达到满意的收视效果。

（2）综合布线系统

1）本工程在将办公语音信号、数字信号、视频信号、控制信号的配线，经过统一的规范设计，综合在一套标准的配线系统上，此系统为开放式网络平台，方便用户在需要时，形成各自独立的子系统。综合布线系统可以实现世界范围资源共享，综合信息数据库管理、电子邮件、个人数据库、报表处理、财务管理、电话会议、电视会议等。

2）设置内部局域计算机网络，实现建筑内工作范围内的资源共享。内部网络与外网的隔离要求应满足表 1.2.7 要求。

3）本工程在地下一层设置网络室。

（3）通信自动化系统。

1）本工程在地下一层设置电话交换机房，拟定设置一台的 800 门 PABX。

2）本工程建立卫星通信系统，进行高速数据传输、图像传输、综合数据与语音通信、移动数据通信、计算机网络连接等综合业务，与 DDN 数字数据网互为备份，可以保证数据通信的不间断性、可靠性。

（4）有线电视及卫星电视系统。有线电视系统是利用光纤/同轴电缆进行宽频传输的图像传输系统，该系统通过同轴电缆分配网络将电视图像信号高质量地传送到楼层各用户终端。有线电视系统一般可分为前端、干线及分支分配网络、末端点位等三个部分。前端部分包括光接收机、调制解调器、混合器。干线及分支分配网络部分包括干线传输电缆、干线放大器、分配放大器、分支电缆、分配器、分支器。

（5）信息导引及发布系统。在大楼室外一层设置大屏幕，主题内容可以根据需要随时进行调整，并可以做到声色并茂；在每层的电梯厅设液晶显示器，用于重要信息发布、内部自作电视节目、重要会议的视频直播等。

（6）背景音乐及紧急广播系统。

1）本工程在一层设置广播室（与消防控制室共室）。广播系统根据建筑整体性管理原则，背景音乐、业务广播及应急广播，供建筑统一管理使用，同时在消防控制中心设置应急呼叫话筒，在突发事故时对指定区域进行人工疏散指挥广播。公共区域的背景音乐与应急广播共用一套扬声器，平时播放背景音乐及业务广播，火灾时播放应急广播。系统的音源、主机、功率放大器根据会议的规模可集中放置在消防控制中心。广播功放容量应满足最大同时开通所有扬声器容量要求（即建筑全区进行应急广播），并能够完成火灾自动报警联动切换控制。

2）多功能厅、宴会厅设置独立的音响设备。会议扩声系统配备多台多路混音放大器、扬声器箱等专业设备。调音台应有多路音源输入通道，每通道均可预选话筒或线路输入。各通道均应有语音滤波，衰减低音成分，增加语音的清晰度。可接入 CD、AM/FM 收音机、话筒等，并具备录音设备。扬声器的配置应满足会场声压级的需要，并应保证会场内声压的均匀度。

（7）宴会厅的扩声系统。本套系统的声学技术指标，参照《厅堂扩声系统设计规范》（GB

50371—2006）中多用途一类进行设计。宴会厅的扩声系统不同频率对应相对声压级见图 3.2.7－1。

表 3.2.7－1　　宴会厅的扩声系统技术指标

等级	最大声压级/dB	传输频率特性	传声增益/dB	稳态声场不均匀度/dB	早后期声能比（可选项）/dB	系统总噪声级
多用途一级	额定通带内：大于或等于 103dB	以 100～6300Hz 的平均声压级为 0dB，在此频带内允许范围：－4dB～+4dB；50～100Hz 和 6300～12 500Hz 的允许范围见图	125～6300Hz 的平均值大于或等于－8dB	1000Hz 时小于或等于 6dB；4000Hz 时小于或等于 8dB	500～2000Hz 内 1/1 倍频带分析的平均值大于或等于+3dB	NR－20

1）扩声扬声器系统：会议的扩声扬声器系统由设在舞台后方的三组扬声器和分布在厅内的 10 只吸顶扬声器构成，主扩声扬声器分左中右三声道+次低频：中央组扬声器组为 1 只覆盖一层前区+2 只覆盖后区区域，作为会议的扩声，确保语言清晰；左右组扬声器组均为大于 80°×60°覆盖前区及相应的侧座+1 只大于 80°×60°覆盖后区；次低频扬声器 2 只用来保证演出时音乐音质。10 只吸顶扬声器均匀分布在厅内，保证会议时扩声声音的全覆盖。扩声系统还配置了一定数量的流动全频扬声器、流动次低频扬声器以及返听扬声器。可方便灵活的流动摆放在主席台两侧或会议区内，用以满足厅内举行文艺演出时对音质的高品质需求和舞台人员会议或演出时的返听。吸顶扬声器、流动扬声器配合各自的前级音频处理设备，均可不依赖于对方而独立工作，且完全能够满足不同的会议使用需求。

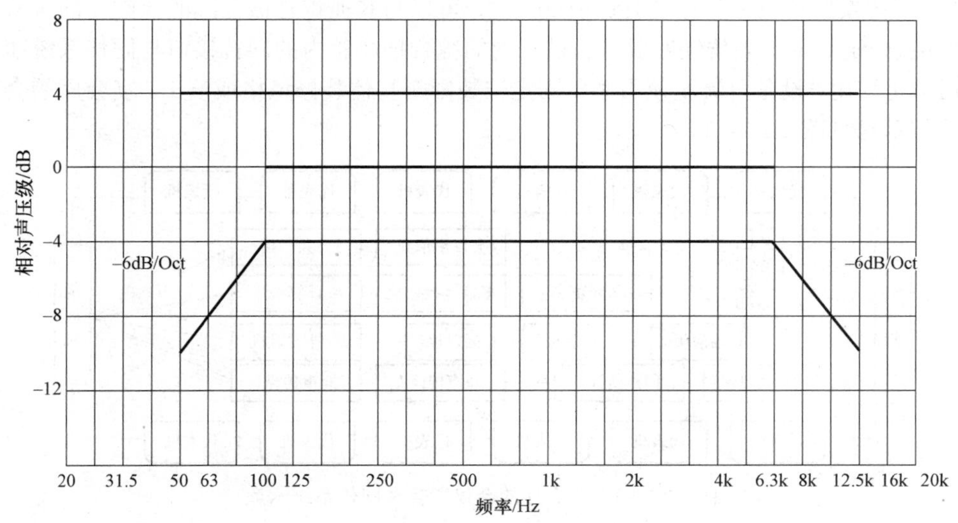

图 3.2.7－2　宴会厅的扩声系统不同频率对应相对声压级

2）信号点设置：在舞台区域的地面共设置了 8 只综合插座盒，演出、会议时供舞台上人员使用，每只综合插座箱内设有传声器信号输入、会议系统接口、流动扬声器信号输出、计算机视频信号输入、视频信号输出、网络接口、电话接口以及设备用电源等插座。会议室中央地面上设置 6 只综合插座盒，供会议时使用。每只综合插座箱内设有传声器信号输入、会议系统接口、计算机视频信号输入、视频信号输出、摄像机信号输入、网络接口、电话接口以及设备用电源等插座。在会场周围还设置了 16 只综合插座盒，供工作人员使用。内设网络接口、电话接口、同传设备接口以及设备用电源等插座。所有信号插座箱内的信号输入、输出均汇集至系统控制室内，由系统操作人员进行信号的分配。插座箱均为定做，暗藏于地面或墙面，与装修墙面地面风格相符。

3）调音台：根据系统的需要，设置 48 路主扩声调音台于控制机房内，该调音台具有 48 路单声道输入和 8 组立体声输入，8 路编组、12 路辅助输出，能够满足各种会议以及演出的需要。应备份一台同样路数的备份调音台，作为应急备份使用。根据实际需要可以选定设备为热备份或冷备份类。

4）数字音频处理矩阵：在扩声系统中使用了最新技术的数字音频处理系统。该数字音频网络集音频传输、路由选择、增益、均衡、压限、延时、分频、滤波以及实时音频控制等功能于一体，可通过电脑设置监测的所有参数，确保系统稳定可靠。通过矩阵内部的编程软件，可对各种使用情况下的会场系统功能、信号路由设置以及音频信号的处理进行预设并存储。每次使用前可方便地进行程序调用，极大地减少操作人员的工作量及误操作，确保系统及时有效而准确地工作。矩阵可以通过对音频的信号的编码后经内网或局域网传送到其他房间内，极低传输的延迟使其他异地会场也可以实时收听到宴会厅内传送过来的声音信号。

5）信号源设备：信号源方面配置了 8 只无线话筒、10 只电容会议话筒，以及专业级激光唱机、硬盘录音机、卡带录音机等，保证演出放音和会议录音的高质量。

（8）宴会厅的会议发言及同传系统。配置了一套台面式手拉手会议发言系统，配合发言和会议使用，20 台主席和代表单元可以在举行会议时放置于会议桌台面上。与扩声系统也预留信号联络线，可通过扩声系统重放发言者语言信号。设置 16 种语言的同传系统，既 15 种同传语言，1 种原声。同传系统符合国际标准 IEC 61603－7，可以与其他符合该标准的他红外同传系统兼容并交叉使用。一定数量的同传辐射板可通过厅内的综合插座箱内的同传接口与同传系统和扩声系统连接后即可使用，设备可流动使用避免固定安装影响整体装修风格或演出。宴会厅的会议发言及同传系统示意见图 3.2.7－3。

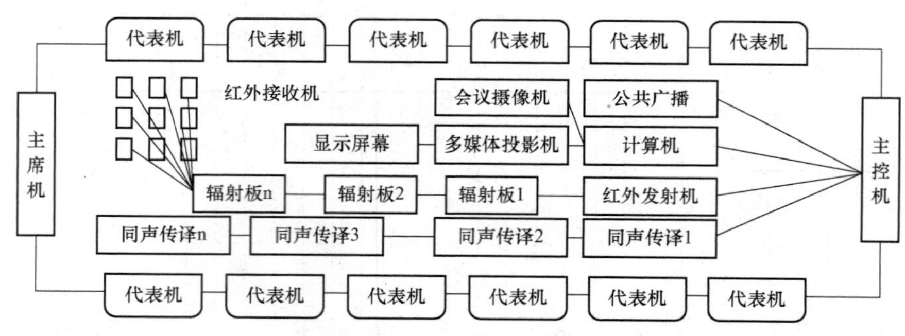

图 3.2.7－3　宴会厅的会议发言及同传系统示意

（9）宴会厅的视频系统。

1）视频显示系统：视频显示系统拟采用 24 块 60in（1in＝0.025 4m）标清 DLP 背投屏，组成 4×6 背投墙，设置于舞台后墙前侧，用于会商会议使用。在 DLP 背投墙的两侧各安装一面 150 寸投影幕，用于大型会议两侧观众观看或分屏显示不同会议信息、内容讲稿等；8 台 50in 液晶显示器，以旋转支架固定于后墙及左右墙面，供宴会时与会人员观看。系统内还配备了 2 台 50in 流动液晶显示器。服务于前排观众席看或主席台就座人员。

2）视频采集系统：在厅内两侧墙上、舞台两侧天花下供设有五台云台摄像机，可对舞台及会场情况进行跟踪拍摄。在会场后墙上还安装有专业级的高清长焦摄像机，可对主席台上的发言者进行特写取景。以上场内摄像机拾取的视频信号均可配合音频信号，通过系统内的 AV 工作站录制成会议画面。或通过局域网、内网实时传送至其他会议室或房间内。系统控制室内设置了 4×6 液晶显示器墙，方便操作人员观看场内显示的视频信号、异地视频信号，以及由监控摄像机传来的会场实时画面。

3）录播系统：配置一台录播服务器，可以记录厅内所有视频和音频信息，通过硬盘保存，且硬盘空间可扩展；会场以外的房间可以通过局域网或内网访问服务器收听收看会场实时情况，并且所有访问均需管理员授权保证信息的私密性。扩展软件后可以通过互联网对会场进行实时视频直播，观看用户无需下载软件，直接使用浏览器观看既可。

4）中央控制系统：中央控制系统将厅内的音、视频信号源、RGB 矩阵、视频矩阵、固定安装摄像机等设备进行统一管理和调控，将各种会议所需要的功能，集中于一个简易、友好的界面内来控制，使得各项系统的操作更灵活、快捷。

（10）会议室的音视频系统。

1）本套系统的声学技术指标，参照《厅堂扩声系统设计规范》（GB 50371—2006）中会议类扩声一类进行设计，技术指标见表 3.2.7－2。

表 3.2.7－2　会议室的扩声系统技术指标

等级	最大声压级/dB	传输频率特性	传声增益/dB	稳态声场不均匀度/dB	早后期声能比（可选项）/dB	系统总噪声级
会议一级	额定通带内：大于或等于 98dB	以 125～4000Hz 的平均声压级为 0dB，在此频带内允许范围：－6dB～+6dB	125～4000Hz 的平均值大于或等于－10dB	1000Hz、4000Hz 时小于或等于 8dB	500～2000Hz 内 1/1 倍频带分析的平均值大于或等于+3dB	NR－20

a）扩声扬声器系统：会议的扩声扬声器系统由设在投影幕两侧的两只音柱扬声器和分布在厅内的 8 只吸顶扬声器构成，音柱扬声器作为会议的扩声，确保语言清晰，且在播放音乐或视频时提高整体音质配合大屏幕投影重放声的需要。8 只吸顶扬声器均匀分布在厅内，保证会议时扩声声音的全覆盖。吸顶扬声器、音柱配合各自的前级音频处理设备，均可不依赖于对方而独立工作，且完全能够满足不同的会议使用需求。

b）信号点设置：在会议桌上共设有 4 个综合插座盒，每只综合插座箱内设有计算机视频信号输入、视频信号输出、网络接口、电话接口以及设备用电源等插座。会议室中央地面上设置 2 只综合插座盒。每只综合插座箱内设有传声器信号输入、会议系统接口、视频信号输出、摄像机信号输入、网络接口、电话接口以及设备用电源等插座。在会场周围还设置了 8 只综合插座盒，供工作人员使用。内设网络接口、电话接口以及设备用电源等插座。所有信号插座箱内的信号输入、输出均汇集至系统控制室内，由系统操作人员进行信号的分配。

c）调音台：根据系统的需要，设置 24 路主扩声调音台于控制机房内，该调音台具有 24 路单声道输入和 4 组立体声输入，4 路编组、6 路辅助输出，能够满足各种会议以及演出的需要。

d）数字音频处理矩阵：在扩声系统中使用了最新技术的数字音频处理系统。该数字音频网络集音频传输、路由选择、增益、均衡、压限、延时、分频、滤波以及实时音频控制等功能于一体，可通过电脑设置监测的所有参数，确保系统稳定可靠。通过矩阵内部的编程软件，可对各种使用情况下的会场系统功能、信号路由设置以及音频信号的处理进行预设并存储。每次使用前可方便地进行程序调用，极大地减少操作人员的工作量及误操作，确保系统及时有效而准确地工作。矩阵可以通过对音频的信号的编码后经内网或局域网传送到其他房间内，极低传输的延迟使其他异地会场也可以实时收听到宴会厅内传送过来的声音信号。

e）信号源设备：信号源方面配置了 4 只无线话筒、8 只电容会议话筒以及专业级激光唱机、硬盘录音机、卡带录音机等，保证演出放音和会议录音的高质量。

2）会议发言系统。配置了一套台面式手拉手会议发言系统，配合发言和会议使用，20 台主席和代表单元可以在举行会议时放置于会议桌台面上。与扩声系统也预留信号联络线，可通过扩声系统重放发言者语言信号。

3）视频显示系统：视频显示系统采用 5000lm 亮度的高清投影机，正投到 120 寸投影幕上，用于会商会议使用。2 台 50in 液晶显示器，以旋转支架固定于左右墙面，供宴会时与会人员观看。系统内还配备了 2 台 50in 流动液晶显示器。可服务于前排观众席看或主席台就座人员。

4）视频采集系统：在厅内两侧墙上、舞台两侧天花下供设有 3 台云台摄像机，可对舞台及会场情况进行跟踪拍摄。在会场后墙上还安装有专业级的高清长焦摄像机，可对全场进行特写取景。以上场内摄像机拾取的视频信号均可配合音频信号，通过系统内的 AV 工作站录制成会议画面。或通过局域网、内网实时传送至其他会议室或房间内。

5）中央控制系统。中央控制系统，将会议室内的音、视频信号源、RGB 矩阵、视频矩阵、固定安装摄像机等设备进行统一管理和调控，将各种会议所需要的功能，集中于一个简易、友好的界面内来控制，使得各项系统的操作更灵活、快捷。

6）视频会议系统。配置高清视频终端及与之对应的多点 MCU 可以连接远程会场或作为主会场发起多点会议。终端支持目前国际通行的视频、音频协议（H.264 等），且可以和国内外大多数的主流品牌视频终端连接，具有通信低带宽占用、丢包修复、断线自动回拨、地址记录等技术。

（11）多功能厅扩声系统。本套系统的声学技术指标，参照《厅堂扩声系统设计规范》（GB 50371—2006）中多用途一类进行设计，技术指标见表 3.2.7－4。多功能厅扩声的扩声系统不同频率对应相对声压级见图 3.2.7－3。

表 3.2.7－3　多功能厅的扩声系统技术指标

等级	最大声压级/dB	传输频率特性	传声增益/dB	稳态声场不均匀度/dB	早后期声能比（可选项）/dB	系统总噪声级
多用途一级	额定通带内：大于或等于 103dB	以 100～6300Hz 的平均声压级为 0dB，在此频带内允许范围：－4dB～+4dB；50～100Hz 和 6300～12 500Hz 的允许范围见图	125～6300Hz 的平均值大于或等于－8dB	1000Hz 时小于或等于 6dB；4000Hz 时小于或等于 8dB	500～2000Hz 内 1/1 倍频带分析的平均值大于或等于+3dB	NR－20

会议的扩声扬声器系统由设在主席台台后方的三组扬声器和分布在厅内的 24 只吸顶扬声器构成，主扩声扬声器分左中右三声道+次低频：中央组扬声器组为 1 只覆盖一层前区+2 只覆盖后区区域，作为会议的扩声，确保语言清晰；左右组扬声器组均为大于 80°×60°覆盖前区及相应的侧座+1 只大于 80°×60°覆盖后区；次低频扬声器 2 只用来保证演出时音乐音质。24 只吸顶扬声器均匀分布在厅内，保证会议时扩声声音的全覆盖。扩声系统还配置了一定数量的流动全频扬声器、流动次低频扬声器以及返听扬声器。可方便灵活的流动摆放在主席台两侧或会议区内，用以满足举行文艺演出时对音质的高品质需求和舞台人员会议或演出时的返听。吸顶扬声器、流动扬声器配合各自的前级音频处理设备，均可不依赖于对方而独立工作，且完全能够满足不同的会

议使用需求。

1）信号点设置：在主席台区域的地面共设置了6只综合插座盒，演出、会议时供舞台上人员使用，每只综合插座箱内设有传声器信号输入、会议系统接口、流动扬声器信号输出、计算机视频信号输入、视频信号输出、网络接口、电话接口以及设备用电源等插座。报告厅中央地面上设置6只综合插座盒，供会议时使用。每只综合插座箱内设有传声器信号输入、会议系统接口、计算机视频信号输入、视频信号输出、摄像机信号输入、网络接口、电话接口以及设备用电源等插座。在会场两侧还设置了16只综合插座盒，供旁听人员使用。内设网络接口、电话接口以及设备用电源等插座。所有信号插座箱内的信号输入、输出均汇集至系统控制室内，由系统操作人员进行信号的分配。插座箱均为定做，暗藏于地面或墙面，与装修墙面地面风格相符。

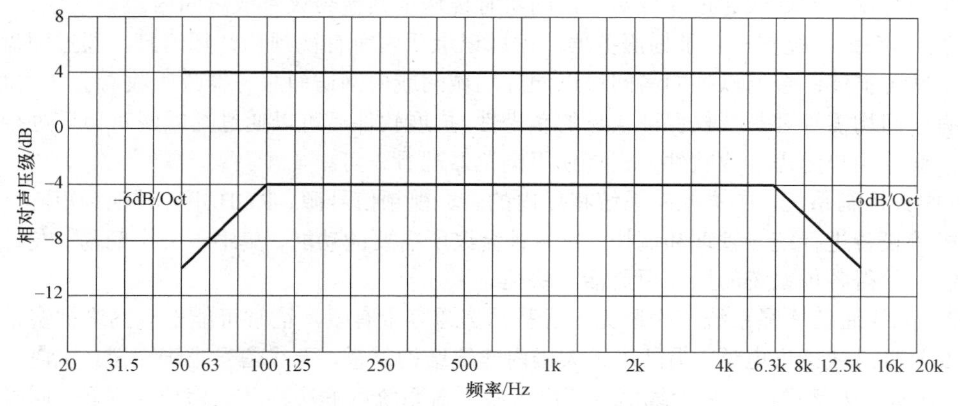

图3.2.7－4　多功能厅扩声的扩声系统不同频率对应相对声压级

2）调音台：根据系统的需要，设置48路主扩声调音台于控制机房内，该调音台具有48路单声道输入和8组立体声输入，8路编组、12路辅助输出，能够满足各种会议以及演出的需要。应备份一台同样路数的备份调音台，作为应急备份使用。（根据实际需要可以选定设备为热备份或冷备份类。）

3）数字音频处理矩阵：在扩声系统中使用了最新技术的数字音频处理系统。该数字音频网络集音频传输、路由选择、增益、均衡、压限、延时、分频、滤波以及实时音频控制等功能于一体，可通过电脑设置监测的所有参数，确保系统稳定可靠。通过矩阵内部的编程软件，可对各种使用情况下的会场系统功能、信号路由设置以及音频信号的处理进行预设并存储。每次使用前可方便地进行程序调用，极大地减少操作人员的工作量及误操作，确保系统及时有效而准确地工作。矩阵可以通过对音频的信号的编码后经内网或局域网传送到其他房间内，极低传输的延迟使其他异地会场也可以实时收听到宴会厅内传送过来的声音信号。

4）信号源设备：信号源方面配置了6只无线话筒、10只电容会议话筒，以及专业级激光唱机、硬盘录音机、卡带录音机等，保证演出放音和会议录音的高质量。

5）会议发言及同传系统。配置了一套台面式手拉手会议发言系统，配合发言和会议使用，40 台主席和代表单元可以在举行会议时放置于会议桌台面上。与扩声系统也预留信号联络线，可通过扩声系统重放发言者语言信号。听众席可于座椅扶手上或会议桌上暗装一定数量的代表单元话筒供与会代表发言提问。设置16种语言的同传系统，既15种同传语言，1种原声。同传系统符合国际标准IEC 61603－7，可以与其他符合该标准的他红外同传系统兼容并交叉使用。在多功能厅内设置一定数量的同传辐射板，设备开启时可以全方位的覆盖厅内无死角，使用同传接收机在任何位置均可收听到清晰的同传信号。

6）视频显示系统：在主席设置一面300in投影幕，安装一套亮度不低于15 000lm的投影机作为会场主显示设备，两侧再安装两面300in可收起式电动投影幕，配合流动的投影机可以与主投影设备进行拼接融合，也可作为信息发布独立使用。系统内还配备了8台50in流动液晶显示器。可服务于前排观众席看或主席台就座人员返看。

7）视频采集系统：在厅内两侧墙上、舞台两侧天花下供设有6台云台摄像机，可对舞台及会场情况进行跟踪拍摄。在会场后墙上还安装有2台专业级的高清长焦摄像机，可对主席台上的发言者进行特写取景。以上场内摄像机拾取的视频信号均可配合音频信号，通过系统内的AV工作站录制成会议画面。或通过局域网、内网实时传送至其他会议室或房间内。

8）录播系统：配置一台录播服务器，可以记录厅内所有视频和音频信息，通过硬盘保存，且硬盘空间可扩展；会场以外的房间可以通过局域网或内网访问服务器收听收看会场实时情况，并且所有访问均需管理员授权保证信息的私密性。扩展软件后可以通过互联网对会场进行实时视频直播，观看用户无需下载软件，直接使用浏览器观看既可。

9）中央控制系统。中央控制系统将厅内的音、视频信号源、RGB矩阵、视频矩阵、固定安装摄像机等设备进行统一管理和调控，将各种会议所需要的功能，集中于一个简易、友好的界面内来控制，使得各项系统的操作更灵活、快捷。

（12）无线通信增强系统。为避免无线基站信道容量有限，忙时可能出现网络拥塞，手机用户不能及时打进或接进电话。另外由于大楼内建筑结构复杂，无线信号难于穿透，室内易出现覆盖盲区。因此，大楼内应安装无线信号室内天线覆盖系统以解决移动通信覆盖问题，同时也可增加无线信道容量。

（13）时钟系统。为航站楼各区域和部门提供统一准确时间、协调各部门工作，系统采用子母钟控制原则，采用北斗/GPS接收机接受校时信号，信号经处理后向母钟定时发校准信号。

4. 建筑设备管理系统。

（1）建筑设备监控系统。

1）本工程设建筑设备管理系统，对建筑内的供水、排水设备；冷水系统、空调设备及供电系统和设备进行监视及节能控制。建筑设备管理系统是基于分布式控制理论而设计的集散系统，通过网络系统将分布在各监控现场的系统控制器连接起来，共同完成集中操作、管理和分散控制的综合自动化系统。以确保建筑舒适和安全的环境，同时实现高效节能的要求，并对特定事物做出适当反应。

2）本工程建筑设备监控系统的操作系统选用业界通行的Windows2000操作系统，采用分布式数据库技术同时支持分布式服务器结构，以达到以下性能指标：

a）独立控制，集中管理：可以将建筑设备监控系统的工作站或服务器定义为节点服务器，并且根据弱电系统的整体要求，设置中央服务器。该结构使各节点服务器与中央服务器通过以太网（TCP/IP）连接，数据在各节点服务器之间，包括中央服务器之间进行通信，中央服务器对所有节点服务器中的数据、报警可以读取、打印和存储。

b）可以自动调整网络流量：当数据被其他节点或中央服务器定制后，才由相应的节点服务器将缓冲区中的数据传送到网络上，减少对控制器的数据通信要求，同时减少网络数据的冗余传送。

c）保证高可靠性：当整个网络断开后，本地的控制系统应能由节点服务器继续提供稳定的系统控制。另外，当某个节点服务器出现故障时，对整个网络和其他节点没有影响。在网络恢复正常工作后，各节点服务器可以将存储的数据自动传到相应的节点和中央服务器。

d）提升系统性能：节点服务器只对本地设备进行管理，系统的负荷由节点服务器分担，中央服务器的负担只限于本地设备管理和全系统中关键报警和数据的备份。这样可以保证整个系统的高性能。

e）管理简单：中央服务器可以控制任何一个节点服务器中的设备，节点的报警可以自动传送到中央服务器，实现分布式控制，集中式管理。

f）分布式数据库管理：采用分布式的数据库，由后台的数据自动备份机制保障所有用户数据在各服务器中安全保存。

3）本工程建筑设备监控系统监控点数共计为 1040 控制点（AI=96 点、AO=172 点、DI=544 点、DO=228 点）。

4）本工程在地下一层设置一处建筑设备监控室，对建筑设备实施管理与控制。

（2）建筑能效监管系统。通过对建筑安装分类和分项能耗计量仪表，采用远程传输等手段及时采集能耗数据，实现重点建筑能耗的在线监测和动态分析，建筑能耗监测系统由数据采集子系统、数据中转站和数据中心组成。建筑能耗监测系统主要包括 2 大子系统，即能耗数据采集子系统（包括数据来源层、数据采集层、数据传输层）、能耗监测管理应用子系统（包括数据中心/中转站、Web 服务器）。建筑能耗监测系统按物理层面可以分为三层，即监控层，网络层和设备层。系统具备以下功能：

1）能耗统计、分析、汇总功能。

2）电能的分项能耗统计。

3）设备能耗管理。

4）分户计量。

5）报表管理。

6）能耗水平识别。

7）预测预警、决策服务。

（3）电梯监控系统（图 3.2.7－5）。

1）电梯监控系统是一个相对独立的子系统，纳入设备监控管理系统进行集成。

2）电梯现场控制装置应具有标准接口（如 RS485、RS232 等）。

3）在安防消防中心设电梯监控管理主机，显示电梯的运行状态。

4）监控系统配合运营，启动和关闭相关区域的电梯；接收消防与安防信息，及时采取应急措施。

5）系统自动监测各电梯运行状态，紧急情况或故障时自动报警和记录，自动统计电梯工作时间，定时维修。

6）电梯对讲电话主机及对讲电话分机由电梯中标方成套提供，要求满足工程管理需要。

7）电梯轿厢内设暗藏式对讲机，对讲总机设在消防控制室，用于紧急对讲。

（4）电力监控系统。本工程的电力监控系统是一个相对独立的子系统，电能监测中采用的分项计量仪表具有远传通信功能，纳入设备监控管理系统进行集成。

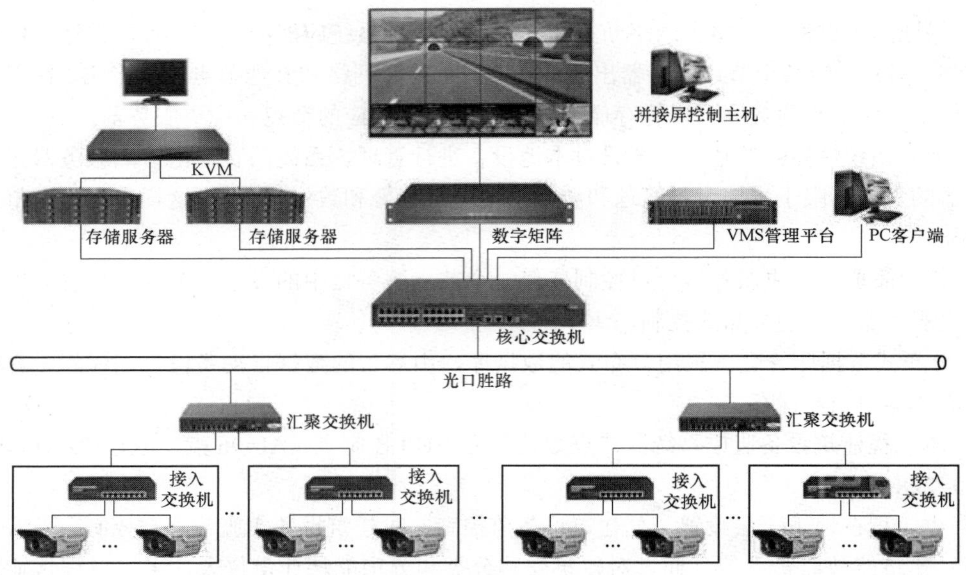

图 3.2.7－5　视频监控系统示意

5. 公共安全系统。

（1）视频监控系统。本工程设置保安室，保安室内设系统矩阵主机、硬盘录像机、打印机、监视器及交流 24V 电源设备等。视频自动切换器接受多个摄像点信号输入，定时自动轮换（1～30s）输出监控信号，也可手动任选一个摄像机的画面跟踪监视、录像、打印。系统矩阵主机带输入、输出板；云台控制及编程、控制输出时、日、字符叠加等功能。在本建筑的主要出入口、楼梯间、电梯前室、电梯轿厢及走廊等处设置摄像机。视频监控系统示意见图 3.2.7－5。

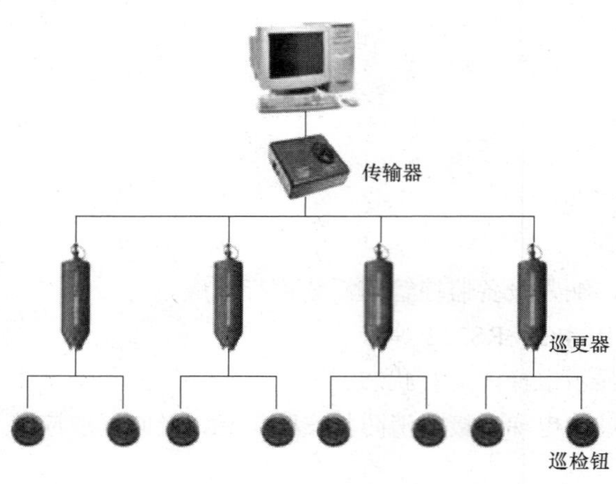

图 3.2.7－6　电子巡更系统示意

（2）门禁系统。为确保建筑的安全，根据安全级别的不同划分为的不同安全分区，根据级别的不同设置相应的门禁系统，以免无关人员闯入。

（3）电子巡更系统。电子巡更管理系统不仅是安全保卫系统中不可缺少的重要部分，也是物业管理的不可或缺的重要组成部分。在主要公共通道分布电子巡更签到点，可设定保安员巡更的路线及地点，巡更的次数等，并可检测该保安员所用的巡更时间，从而监督保安员工作。无线巡更系统由信息采集器、信息下载器、信息钮和中文管理软件等组成。电子巡更系统示意见图 3.2.7－6，并可实现以下功能：

1）可按人名、时间、巡更班次、巡更路线对巡更人的工作情况进行查询，并可将查询情况打印成各种表格，如情况总表、巡更事件表、巡更遗漏表等。

2）巡更数据储存，定期将以前的数据储存到软盘上，需要时可恢复到硬盘上。

3）用户要求可定制其他功能，如各种巡更事件的设置、员工考勤管理等。

（4）停车场设在地下室，本停车场出入口管理系统要求一进一出，从首层经坡道直接进入

3 博展建筑

【摘要】博展建筑指供收集、保管、研究和陈列、展览有关自然、历史、文化、艺术、科学、技术方面的实物或标本之用的公共建筑，通常由陈列、展览、教育与服务分区，藏品库分区，技术工作分区，行政与研究办公分区组成。博展建筑的电气设计要根据展品的陈列、展览和存储的要求进行电气设计，确定合理电气系统，保证展品和参观的正常使用，做好防火、防盗、防雷及陈列展览等基本功能方面的设计，满足全面发挥社会、经济、环境三大效益的要求。

3.1　博物馆

3.1.1　项目信息

本工程属一类高层建筑，耐火等级为一级，一级风险安全防范单位。工程总建筑面积约 65 380m²，属特大型博物馆，地下三层，地上六层，建筑高度 65m。地下一层是车库和综合服务区，地下二层是藏品库区和设备区。地面以上为展览厅和管理办公室。

博物馆

3.1.2　系统组成

1. 高低压变、配电系统。
2. 电力、照明系统。
3. 防雷与接地系统。
4. 电气消防系统。
5. 智能化系统。
6. 电气抗震设计和电气节能措施。

3.1.3　高低压变、配电系统

1. 负荷分级。

（1）一级负荷：安防系统用电；珍贵展品展室照明用电，为文物服务空调设备、消防系统设施电源、应急照明及疏散照明及通信电源及计算机系统电源等为一级负荷。设备容量约为 4200kW。其中：安防系统用电、珍贵展品展室照明用电，消防系统设施电源、应急照明及疏散照明及通信电源及计算机系统电源等为一级负荷中特别重要负荷。设备容量约为 1280kW。

（2）二级负荷：展览用电、客梯、排水泵、生活水泵等属二级负荷。设备容量约为 1500kW。

（3）三级负荷：一般照明及动力负荷。设备容量约为 856kW。

2. 电源。由市政外网引来两路双重高压电源。高压系统电压等级为 10kV。高压采用单母线分段运行方式，中间设联络开关，平时两路电源同时分列运行，互为备用，当一路电源故障时，通过手/自操作联络开关，另一路电源负担全部负荷。容量 7200kVA。

3. 变、配电站。

（1）在地下二层设置变电所一处，拟内设两台 2000kVA 和两台 1600kVA 干式变压器。变压器低压侧 0.4kV 采用单母线分段接线方式，低压母线分段开关采用自动投切方式时，低压母联断路器应采用设有自投自复、自投手复、自投停用三种状态的位置选择开关，自投时应设有一定的延时，当变压器低压侧总开关因过负荷或短路故障而分闸时，母联断路器不得自动合闸；电源主断路器与母联断路器之间应有电气联锁。

（2）在地下一层设置一处柴油发电机房。每个机房各拟设置 1 台 1600kW 柴油发电机组。当市电出现停电、缺相、电压超出范围（AC380V：－15%～+10%）或频率超出范围（50Hz±5%）时延时 15s（可调）机组自动启动。当市电故障时，安防系统用电，珍贵展品展室照明用电，消防系统设施电源、应急照明及疏散照明及通信电源及计算机系统电源均由自备应急电源提供电源。

4. 设置电力监控系统，可以实现对行内高、低压配电回路的实时监控，有利于电能管理。另一方面，电力监控系统不仅能够准确地表示出回路的用电状况，还具备网络通信等功能，能够与计算机、串口服务器等设备进行组合，及时的显示行内各个配电回路的运作状态，当行内电力系统的负载越标时，电力监控系统能够迅速报警，发出语音提示。另外，电力监控系统还能够生成报表、曲线图等统计信息，便于有关人员分析行内各部分的用电状况，使行内的用电活动更加安全，可以通过监控软件单独或者批量分合楼层负载，使行内用电更加灵活，从而保证行内人员的生命安全，提高工作人员的工作效率。

3.1.4 电力、照明系统

1. 配电系统的接地形式采用 TN－S 系统。冷冻机组、冷冻泵、冷却泵、生活泵、热力站、电梯等设备采用放射式供电；风机、空调机、污水泵等小型设备采用树干式供电。

2. 照明、电力、展览设施、专用设备、消防及安防用电负荷、临时性负荷分别自成配电系统。为保证重要负荷的供电，对重要设备如：通信机房、消防用电设备（消防水泵、排烟风机、加压风机、消防电梯等）、信息网络设备、消防控制室、中央控制室等均采用双回路专用电缆供电，在最末一级配电箱处设双电源自投，自投方式采用双电源自投自复。藏品库区设置单独的配电回路，并设有剩余电流保护装置，配电箱应安装在藏品库区的藏品库房总门之外。

3. 文物消毒熏蒸室的电气开关必须在室外控制。文物消毒熏蒸室、文物修复部门、科学技术实验室的电源插座应采用防溅型。

4. 主要配电干线沿由变电所用电缆槽盒引至各电气小间，支线穿钢管敷设。

5. 普通干线采用辐照交联低烟无卤阻燃电缆；重要负荷的配电干线采用矿物绝缘电缆，电缆应采用防鼠咬措施，部分大容量干线采用封闭母线。

6. 照度标准。照度标准见表 3.1.4。

表 3.1.4　照 度 标 准

展品类别	照度/lx
对光特别敏感的展品，如丝、棉麻等纺织品、织绣品，中国画、书法、拓片、手稿、文献、书籍、邮票、图片、壁纸、等各种纸制物品，壁画，彩塑彩绘陶俑，含有机材质底层的彩绘陶器，彩色皮革，动植物标本等。	50 色温≤2900K 年曝光量≤50 000lx·h/a
对光敏感的展品，如漆器、藤器、木器、竹器、骨器制品、油画、蛋清画、不染色皮革等。	150 色温≤4000K 年曝光量≤360 000lx·h/a
对光不敏感的展品，如青铜器、铜器、铁器、金银器、各类兵器、各种古钱币等金属制品，石器、画像石、碑刻、砚台、各种化石、印章等石制器物，陶器、唐三彩、瓷器、琉璃器等陶瓷器，珠宝、翠钻等宝石玉器，有色玻璃制品、搪瓷、珐琅等。	300 色温≤5500K
门厅	200
序厅	100
美术制作室	500
报告厅	300
摄影室	100
熏蒸室	150

续表

展品类别	照度/lx
实验室	300
修复室	750
藏品库房	75
藏品提看室	150

7. 光源。

（1）展厅、藏品库、文物修复室、文保研究室根据使用功能确定光源，对光较敏感的展品，如书画、丝绸等以石英灯、光纤灯为主。对光不敏感的展品，如陶瓷、金属等以高显色指数的金属卤化物灯为主；对在灯光作用下易变质褪色的展品或藏品，采用可过滤紫外辐射的光源或灯具。文物库房采用可过滤紫外辐射的荧光灯。办公、修复、实验、机房等内部办公用房以高效荧光灯为主，根据需要部分采用可过滤紫外辐射的光源。陈列室一般照明的地面均匀度不小于 0.7。

（2）为防止光线对藏品的损害作用.应对藏品采取防止紫外光和控制可见光照度的措施。文物保存环境的紫外线辐射应低于 20μW/lm。

（3）为了满足展品的要求，为观众提供舒适的光环境和视觉效果，照明设计应遵循以下原则：采用分布式智能照明控制系统，充分利用电子及计算机技术，把自然光与人工光有机结合；光源的发热量尽量低；带辐射性的光源和灯具加过滤紫外辐射的性能；总曝光量应加以限制（包括展览时和非展览时的全部光照）；对珍贵精致的展品的照度要加以限制；光源显色性要高，色温要适当；要防止产生反射眩光；对展品的照明，照度要有一定的均匀性，对立体展品，照明要体现立体感；展品照度与一般照明要有一定的比例关系。

（4）当采用卤钨灯时，其灯具应配以抗热玻璃或滤光层。对于壁挂式展示品，在保证必要照度的前提下，应使展示品表面的亮度在 25cd/m^2 以上，并应使展示品表面的照度保持一定的均匀性，最低照度与最高照度之比应大于 0.75。对于有光泽或放入玻璃镜柜内的壁挂式展示品，一般照明光源的位置应避开反射干扰区。为了防止镜面映像，应使观众面向展示品方向的亮度与展示品表面亮度之比小于 0.5。对于具有立体造型的展示品，在展示品的侧前方 40°～60° 处设置定向聚光灯，其照度宜为一般照度的 3～5 倍；当展示品为暗色时，其照度应为一般照度的 5～10 倍。陈列橱柜的照明应注意照明灯具的配置和遮光板的设置，防止直射眩光。对于在灯光作用下易变质褪色的展示品，应选择低照度水平和采用可过滤紫外线辐射的光源；对于机器和雕塑等展品，应有较强的灯光。弱光展示区设在强光展示区之前，并应使照度水平不同的展厅之间有适宜的过渡照明。展厅灯光采用自动调光系统。面积超过 1500m^2 的展厅，设有备用照明。藏品库房设有警卫照明。藏品库房和展厅的照明线路应采用铜芯绝缘导线暗配线方式。藏品库房的电源开关应统一设在藏品库区内的藏品库房总门之外，并应装设防火剩余电流动作保护装置。藏品库房照明采用分区控制。

8. 为了便于管理和节约能源，为适应各种展览及不同场景和管理的要求，本工程的大堂、展厅、文物库房、汽车库等公共场所的照明，采用智能型照明控制系统：办公区、机房区等采用集中控制与分散控制相结合的方式。

（1）对于总曝光量有要求、对光特别敏感的展品，通过安装移动探测器对照明实施控制，即当有人员走过时，自动调亮灯光以便于人员参观，当人员离开时，自动将灯光调暗的控制方式。

1）对光特别敏感的藏品全年累计曝光量不大于 120 000lx。即展品照度值为 50lx。每天陈列 8h，博物馆全年开放 300d。

2）对光较敏感的藏品全年累计曝光量不大于 360 000lx。即展品照度值为 150lx.每天陈列 8h，博物馆全年开放 300d。

（2）博物馆的大堂，通过采用光控设备，使之成为“视觉调节空间”。在白天，当参观人流由室外天然光照度下经过门厅未到照度较低室内展厅时，或在晚上，当参观人流离开展厅经过高照度门厅进入低照度室外环境中时，通过礼仪大堂视觉过渡空间，降低人们由于照度的变化而引起的视觉差。

（3）保安照明应与保安系统联动。

9. 应急照明与疏散照明：消防控制室、变配电站、配电间、电信机房、弱电间、楼梯间、前室、水泵房、电梯机房、排烟机房、重要机房的值班照明等处的应急照明按 100%考虑；门厅、走道按 30%设置应急照明；其他场所按 10%设置应急照明。各层走道、拐角及出入口均设疏散指示灯，蓄电池采用集中免维护电池进行供电，停电时自动切换为直流供电，并且应急照明持续时间应不少于 30min。

10. 利用投射光束效果衬托建筑物主体的轮廓，烘托节日气氛，根据建筑物所处环境，建筑物立面照明以东、北两面为主，平均照度按 100lx 设计。并在博物馆顶部预留霓虹灯电源。并在建筑物周围绿地设置低矮庭院灯，节日照明及室外照明除在现场进行手动控制外，还可以在物业管理室控制。

11. 照明系统的配电方式。

（1）本工程对用电量较大的主楼照明配电系统利用在强电竖井内的全封闭式插接铜母线配电给各层照明配电箱，以便于安装和降低能耗。

（2）应急照明配电均以双电源树干式配电给各应急照明箱，并且在最末一级配电箱实现双电源自动切换。

（3）在 BAS 室和消防控制室的中央电脑之间设置通信接口，当发生火灾时，可以在消防控制室根据防火分区，将正常照明配电箱的电源切断。

（4）藏品库区应设置单独的配电箱，并设有剩余电流保护装置。博物馆的文物修复区包括青铜修复室、陶瓷修复室、照相室等功能房间，采用独立供电回路。

12. 照明控制。

（1）应对库房，陈列区的照明进行自动调控，防止强烈光照和紫外线损伤文物。

（2）按日照强度和时间参数，办公情况、活动区域等因素对公共区域的照明进行节能控制。

（3）照明管理系统应兼有控制台，后台监控和现场就地控制两种方式。可采用感应式控制或利用微机自动控制调节展厅照度，也可根据实际需要编程控制各区域的照度。

（4）对光敏感的文物应尽量减少受光时间，在展出时应采取“人到灯亮，人走灯灭”的控制措施。

（5）电气开关，插座和控制面板的布置应避开观众活动区域、交通要道。

3.1.5 防雷与接地系统

1. 本建筑物按二类防雷建筑物设防，在屋顶设置接闪带，并且再设置独立接闪杆作为防雷接闪器，利用建筑物结构柱内二根主钢筋（$\phi \geqslant 16mm$）作为引下线，接闪带和主钢筋可靠焊接，引下线和基础底盘钢筋焊接为一整体做为接地装置，并且在地下层四周外墙适当位置甩出镀锌扁钢，以备外接沿建筑物四周暗敷的 40mm×4mm 镀锌扁钢人工水平接地网。

2. 为防止侧向雷击，将三层、五层沿建筑物四周的金属门窗构件与该层楼板内的钢筋接成一体后再与引下线焊接，防雷接闪器附近的电气设备的金属外壳均应与防雷装置可靠焊接。

3. 为预防雷电电磁脉冲引起的过电流和过电压，在变压器低压侧、向重要设备供电的末端配电箱的各相母线上、由室外引入或由室内引至室外的电气线路等处装设电涌保护器（SPD）。

4. 本工程强、弱电接地系统统一设置，即采用同一接地体，故要求总接地电阻 $R \leqslant 1\Omega$，当接地电阻达不到要求时，可补打人工接地极。

5. 等电位联结。在配电室内适当柱子处预留 40mm×4mm 铜带作为主接地线，并在线槽中全长敷设一根和主接地线连接的 40mm×4mm 铜带作为专用接地保护线（PE），本工程的用电设备外壳均采用铜芯导线与接地保护线连接。为防止人身触电的危险，本工程设置专用接地保护线（PE）即 TN－S 系统配线。其他所有电气设备之不带电金属外壳等部分均应可靠地和专用接地保护线（PE）连接。在消防控制室、电梯机房、电话机房、中央控制室以及各层强、弱电竖井等处做辅助等电位联结。

6. 凡正常不带电，绝缘破坏时可能带电的电气设备的金属外壳、穿线钢管、电缆外皮、支架等均应可靠与接地系统连接。

7. 总等电位盘、辅助等电位盘由紫铜板制成，应将建筑物内保护干线、设备金属总管、建筑物金属构件等部位进行连接。

3.1.6　电气消防系统

1. 本工程属一类高层建筑，耐火等级为一级。火灾自动报警及联动系统由火灾自动报警系统、消防联动控制系统、火灾应急广播系统、消防直通电话系统、电梯运行监视控制系统组成。

2. 本工程在一层入口附近设置消防控制室，对全楼的消防进行探测监视和控制。消防控制室的报警控制设备由火灾报警盘、消防联动控制台、CRT 图形显示屏、打印机、火灾应急广播设备、消防直通对讲电话、电梯运行监视控制盘、UPS 不间断电源及备用电源等组成。

3. 本工程采用集中报警系统。本工程除了厕所等不易发生火灾的场所以外，其余场所根据规范要求均设置感烟、感温探测器、煤气报警器及手动报警器，在大厅采用红外探测器。在各层楼梯前室适当位置处设置一台火灾复示盘，当发生火灾时，复示盘能可靠地显示本层火灾部位，并进行声、光报警。复示盘上设有向消防控制室进行报警的确认按钮及报警灯，还应设置检查复示盘上各指示灯的自检按钮及声光报警复位按钮。

4. 气体消防系统。库区、文物修复中心、碑贴书库、善本书库、中央控制室、电话机房、消防与安防中心、地下一层珍贵展厅和二、三层专题展厅采用气体喷洒系统。每个防护区域内都设有双探测回路，当某一个回路报警时，系统进入报警状态，警铃鸣响；当两个回路都报警时设在该防护区域内外的蜂鸣器及闪灯将动作，通知防护区内人员疏散，关闭空调，防火阀；再经过 30s 延时或根据需要不延时，控制盘将启动气体钢瓶组上释放阀的电磁启动器和对应防护区域的选择阀，或启动对应氮气小钢瓶的电磁瓶头阀和对应防护区的选择阀，气体释放后，设在管道上的压力开关将灭火剂已经释放的信号送回控制盘或消防控制中心的火灾报警系统。而保护区域门外的蜂鸣器及闪灯，在灭火期间一直工作，警告所有人员不能进入防护区域，直至确认火灾已经扑灭。

5. 为防止接地故障、过载、导体接触不良等引起的火灾，能发现电气火灾的隐患，本工程设置电气火灾报警系统。系统由电气火灾探测器、测温式电气火灾监控探测器和电气火灾监控设备组成。

6. 为保证消防设备电源可靠性，本工程设置消防设备电源监控系统，通过检测消防设备电源的电压、电流、开关状态等有关设备电源信息，从而判断电源设备是否有断路、短路、过电压、欠电压、缺相、错相以及过电流（过载）等故障信息并实时报警、记录的监控系统，从而可以有效避免在火灾发生时，消防设备由于电源故障而无法正常工作的危急情况，最大限度地保障消防联动系统的可靠性。

7. 为保证防火门充分发挥其隔离作用，在火灾发生时，迅速隔离火源，有效控制火势范围，为扑救火灾及人员的疏散逃生创造良好条件，本工程设置防火门监控系统。对防火门的工作状态进行 24h 实时自动巡检，对处于非正常状态的防火门给出报警提示。

8. 电梯监视控制系统：在消防控制室设置电梯监控盘，除显示各电梯运行状态、层数显示外，还应设置正常、故障、开门、关门等状态显示。火灾发生时，根据火灾情况及场所，由消防控制室电梯监控盘发出指令，指挥电梯按消防程序运行：对全部或任意一台电梯进行对讲，说明改变运行程序的原因；除消防电梯保持运行外，其余电梯均强制返回一层并开门。火灾指令开关采用钥匙型开关，由消防控制室负责火灾时的电梯控制。

9. 消防联动控制系统。在消防控制室设置联动控制台，控制方式分为自动控制和手动控制两种。通过联动控制台，可以实现对消火栓泵、自动喷洒泵系统、防烟、排烟、加压送风系统，以及切断一般照明及动力电源的监视和控制。出入口管理系统、会议系统、音响系统均与火灾自动报警系统联动。

3.1.7 智能化系统

1. 信息化应用系统。

博物馆信息化应用系统以信息设施系统为技术平台，组成文化遗产数字资源系统，藏品管理系统，陈列展示系统、导览服务系统、数字博物馆系统和业务办公自动化等各个功能子系统。系统应支持博物馆与互联网之间的数据、图像，语音等多媒体快速安全地传输。系统应保证博物馆内电脑的资源共享和信息交流，支持用户认证和数据传输加密，提供互联网访问服务。系统包括公共服务、智能卡应用、物业管理、信息设施运行管理、信息安全管理、基本业务办公和专业业务等信息化应用系统。博物馆局域网应根据不同信息传输速率、频度、流量的要求。采取多层，分组模式。

（1）公共服务系统。公共服务系统应具有访客接待管理和公共服务信息发布等功能，并宜具有将各类公共服务事务纳入规范运行程序的管理功能。系统基于信息网络及布线系统，系统服务器设置于中心网络机房，管理终端设置于相应管理用房。

（2）智能卡应用系统。根据建设方物业信息管理部门要求对出入口控制、电子巡查、停车场管理、考勤管理、消费等实行一卡通管理，在同一张卡片上实现开门、考勤、消费等多种功能；在同一软件平台上，实现卡的发行、挂失、充值、资料查询等管理，系统共用一个数据库，软件必须确保出入口控制系统的安全管理要求；各系统的终端接入局域网进行数据传输和信息交换。系统基于信息网络及布线系统，系统服务器设置于中心网络机房，管理终端设置于相应管理用房。

（3）信息设施运行管理系统。信息设施运行管理系统应具有对建筑物信息设施的运行状态、资源配置、技术性能等进行监测、分析、处理和维护的功能。系统基于信息网络及布线系统，系统服务器设置于中心网络机房，管理终端设置于相应管理用房。信息设施运行管理系统示意见图 3.1.7－1。

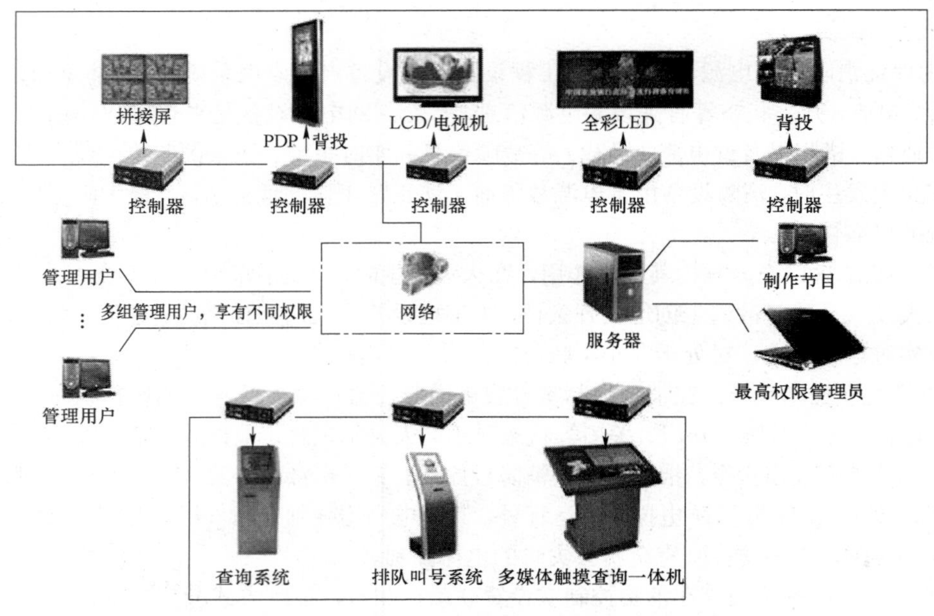

图 3.1.7－1　信息设施运行管理系统示意

（4）信息安全管理系统。信息网络安全管理系统通过采用防火墙、加密、虚拟专用网、安全隔离和病毒防治等各种技术和管理措施，室网络系统正常运行，确保经过网络的传输和管理措施，使网络系统正常运行，确保经过网络传输和交换的数据不会发生增加、修改、丢失和泄露。系统基于信息网络及布线系统，系统服务器设置于中心网络机房，管理终端设置于相应管理用房。

2. 智能化集成系统。

本工程的智能化设计遵循开放性、先进性、集成性和可扩展性、安全性及经济性原则，创造最佳的性能、价格比，并适应今后的技术发展，预留方便的扩展空间。

（1）集成管理，重点是突出在中央管理系统的管理，控制仍由下面各子系统进行。集成管理能为博物馆各个管理部门提供高效、科学和方便的管理手段。将博物馆中日常运作的各种信息，如建筑设备监控、安防、火灾自动报警、公共广播、通信系统以及展览管理信息，各种日常办公管理信息，物业管理信息等构成相互之间有关联的一个整体，从而有效地提升博物馆整体的运作水平和效率。

（2）集成管理，首先要求进行集成的系统应该是一个开放性的系统，在集成过程中，首先要解决好各个系统间通信协议的标准化问题，使整个系统达到信息识别的唯一性，只有这样，才能真正达到各子系统之间的联动，也才能做到无论集成先后，均能平滑连接。

（3）系统集成的规模，首先是以建筑设备管理系统为模式，即 BMS 模式，先期将在建筑中有相互联动关系的各建筑设备子系统进行相对集成，达到相互之间在处理和解决建筑中出现的问题时，能协同动作，提高效率，便于管理。在 BMS 中，以建筑设备监控系统（BA）为基础平台，进行相关的联动设计。

（4）在 BMS 系统的基础上，再考虑与办公自动化系统中的有关子系统进行相关的联系，以便达到由办公自动化与 BMS 的方便、快捷的联系，形成对博物馆中各种信息流的综合信息管理。办公自动化系统示意见图 3.1.7－2。

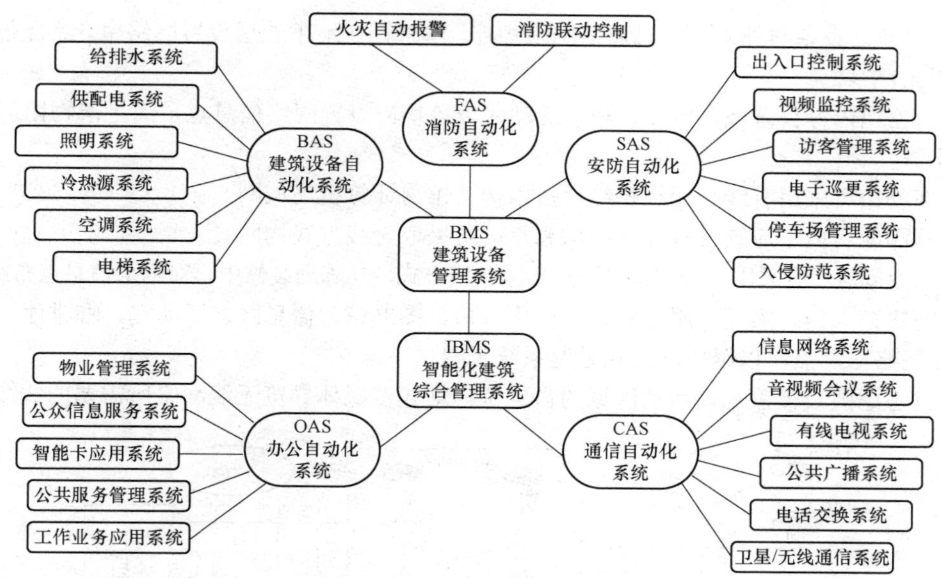

图 3.1.7－2 办公自动化系统示意

3. 信息化设施系统。

（1）信息系统对城市公用事业的需求。

1）本工程需输出入中继线 100 对（呼出呼入各 50%）。另外，根据博物馆的情况，另申请直拨外线 160 对（此数量可根据实际需求增减）。

2）本工程建立卫星通信系统，进行高速数据传输、图像传输、综合数据与语音通信、移动数据通信、计算机网络连接等综合业务，与 DDN 数字数据网互为备份，可以保证数据通信的不间断性、可靠性。

3）电视信号接自城市有线电视网，在顶层设有卫星电视机房，对建筑内的有线电视实施管理与控制。有线电视节目和卫星电视节目经调制后，经电视信号干线系统传送至每个电视输出口处，使获得技术规范所要求的电平信号，达到满意的收视效果。

（2）通信自动化系统。博物馆要紧跟全球数字化、网络化与智能化的发展趋势，其通信自动化是其中的一项极为重要的环节。其通信要求不仅仅是简单的语音通信，还需要有数据传输、图像文字传输、电子邮件、电子数据交换、可视电话、电视会议和多媒体通信等。

程控自动数字交换机系统：在博物馆通信自动化系统中，程控自动数字交换机起着重要的作用。随着通信技术的发展，现今的 PABX 应将传统的语音通信、语音信箱、多方电话会议、IP 技术、ISDN（B－ISDN）应用等当今最先进的通信技术融会在一起，向博物馆用户提供全新的通信服务。根据博物馆的规模及工作人员的数量，初步拟定设置一台 600 门的 PABX。

（3）综合布线系统。博物馆综合布线系统（GCS）应为一套完善可靠的支持语音、数据、多媒体传输的开放式的结构，作为通信自动化系统和办公自动化系统的支持平台，满足现代博物馆的通信和办公自动化的需求。本系统能支持综合信息（语音、数据、多媒体）传输和连接，实现多种设备配线的兼容，本综合布线系统能支持所有数据处理（计算机）的供应商的产品，支持各种计算机网络高速和低速的数据通信，可以传输所有标准模拟和数字的语音信号，具有传输 ISDN 的功能，可以传输模拟图像、数字图像以及会议电视等的多媒体信号。完全能承担博物馆内的信息通信设备与外部的信息通信网络相连。本工程在地下一层设置网络室。综合布线系统示意见图 3.1.7－3。

1）博物馆内办公区域，展厅、观众活动区域等均应设置网络信息点，满足博物馆近期和远期信息化需要。

2）博物馆可采用有线与无线相结合技术构建馆内计算机局域网。

3）藏品库房内不应铺设有线网络信息点，可采取无线方式构网。

4）大空间展厅宜采用集合点或多用户插座布线方式，在陈列装修中再对网络信息点布线定位。

5）博物馆大门、大厅、服务台、展厅出入口、图书馆、休息区、活动室、咖啡厅、餐厅等处应布设网络信息点，以组成固定式导览系统子网。

6）宜考虑敷设覆盖观众活动区域的自定位移动式多媒体导览无线网络所需要的线缆。

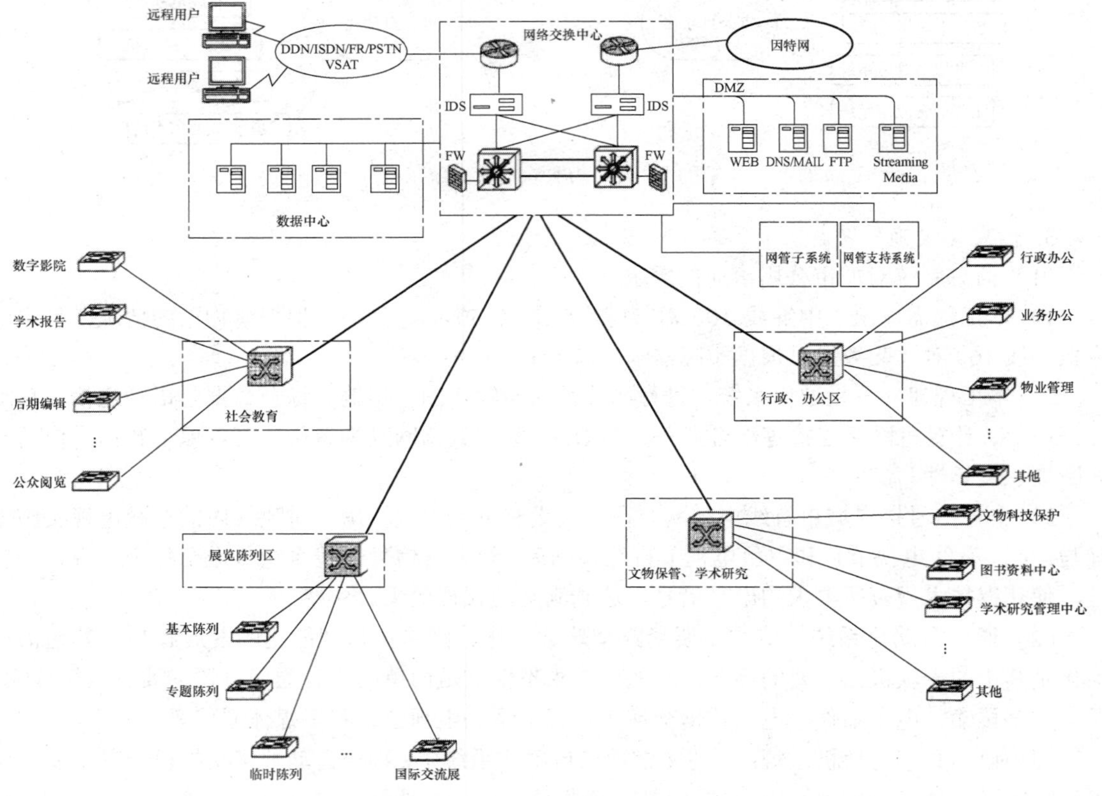

图 3.1.7－3　综合布线系统示意

（4）有线电视及卫星电视系统。

1）向有线电视部门申请位于博物馆就近处的 HFC 网络的光节点引入。光节点的设备由有线电视网络公司提供，并由其负责维护。有线电视网络公司负责提供光节点的信号输出，并负责将信号引入博物馆的 CATV 前端机房。设置卫星接收系统，接收卫星电视节目。博物馆电视系统设置扩充自办节目对外播放的功能。有线电视节目和卫星电视节目经调制后，经电视信号干线系统传送至每个电视输出口处，使获得技术规范所要求的电平信号，达到满意的收视效果。

2）有线电视系统根据用户情况采用分配－分支分配方式。

（5）有线广播系统。

1）本工程内设置有线广播系统，其功能为语音广播和背景音乐广播。本系统与火灾应急广播系统分别设置。

2）有线广播主机设备设置在中央控制室，系统采取 100V 定压输出方式。扬声器按场所及其使用功能不同分组，分区设置，并按不同使用要求，分区分别设置功放。通往各层、各分区、分组的扬声器用的电缆，从音响控制室呈星形直接送往，在控制室设有不同回路的选择开关，可根据需要分回路或全馆进行播音。多功能厅设置一套独立的扩声系统。

3）文物库、各类设备机房、各类控制室以及有关文物修复、科研的办公室，不设置有线广播扬声器。

4）扬声器应满足灵敏度、频率响应、指向性等特性以及播放效果的要求。室外选用的扬声器或声控应为全天候型。

5）主机设备包括音源（CD 机、录音机、麦克风等）、调音台等。

6）观众导览系统采用的设备，由于是便携式，由甲方自行选购，不在此设计范围之内。

7）对于有可能作为礼仪场所举行某些仪式的环境，如首层临时展厅等，需要广播音响系统预留输入、输出端口，也可采用移动式的独立音响系统。

8）会议扩声系统。多功能厅设置会议扩声系统配备多台多路混音放大器、扬声器箱等专业设备。调音台应有多路音源输入通道，每通道均可预选话筒或线路输入。各通道均应有语音滤波，衰减低音成分，增加语音的清晰度。可接入 CD、AM/FM 收音机、话筒等，并具备录音设备。扬声器的配置应满足会场声压级的需要，并应保证会场内声压的均匀度。会议扩声系统示意见图 3.1.7－4。

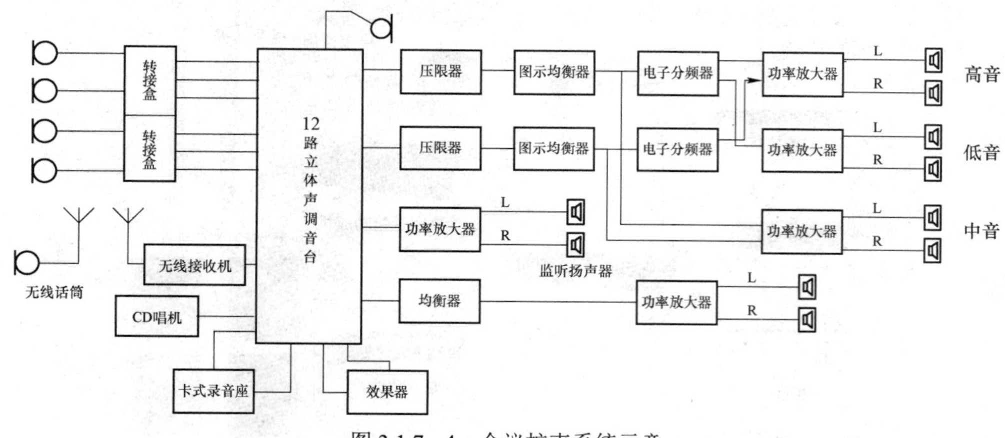

图 3.1.7－4　会议扩声系统示意

（6）同声传译系统。系统采用红外无线方式，设 6 种语言的同声传译，采用直接翻译和二次翻译相结合的方式。根据现场环境，在多功能厅内设数个红外辐射器，用以传送译音信号，与会者通过红外接收机，佩戴耳机，通过选择开关选择要听的语种。翻译人员用的设备应与会议系统一致。同声传译系统示意见图 3.1.7－5。

（7）会议系统。本工程在会议室设置全数字化技术的数字会议网络系统（DCN 系统），该系统采用模块化结构设计、全数字化音频技术，具有全功能、高智能化、高清晰音质，方便扩展和数据传递保密等优点。可实现发言演讲、会议讨论、会议录音等各种国际性会议功能，其中主席设备具有最高优先权，可控制会议进程。会议系统示意见图 3.1.7－6。

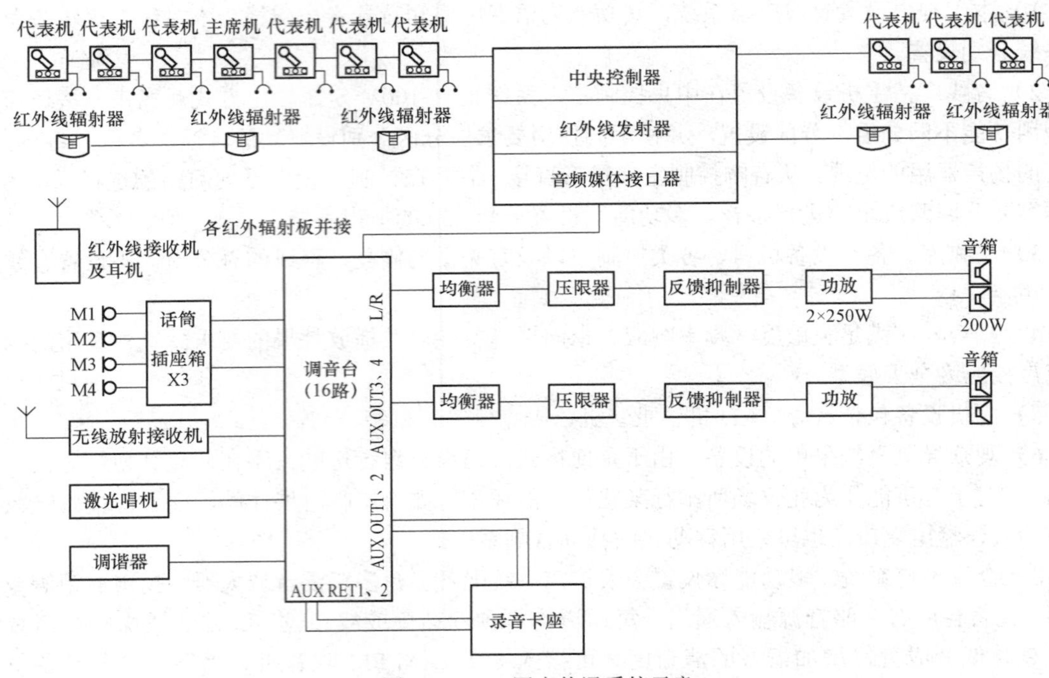

图 3.1.7－5 同声传译系统示意

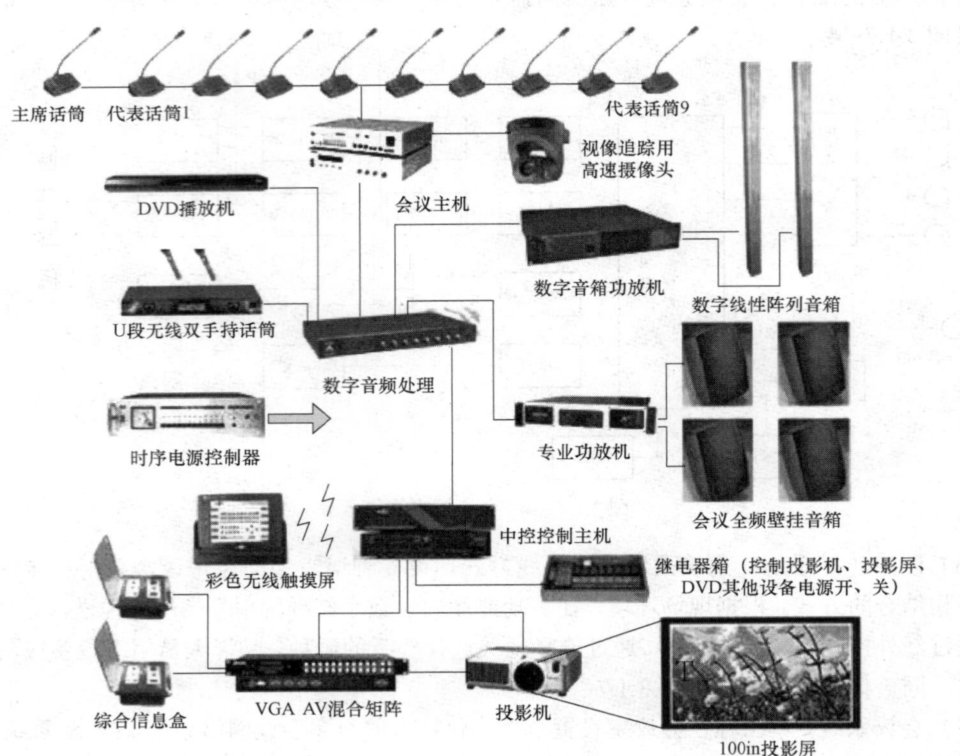

图 3.1.7－6 会议系统示意

（8）信息导引及发布系统。博物馆的主要入口大厅，是展示博物馆信息服务的重要场所，在大厅内设置大屏幕显示系统。该系统的信号源包括 VCD、DVD、录像机、计算机等。信号源输入到音视频矩阵中，通过矩阵选择一路信号传至大屏幕图像处理器中，经处理后的图像则完美地显现在大屏幕上。大屏幕显示博物馆中的有关参展信息、资料、科普知识等。另外，在各展馆内设置各展馆信息资料的触摸式显示屏，设置语音导览系统，支持数码点播或自动感应播放的功能，便于参观者浏览馆内的有关信息。

（9）无线通信增强系统。为在博物馆建筑内，根据场强情况，设置无线通信系统，采用泄漏电缆方式，解决包括移动电话引入，无线寻呼系统引入，多信道寻呼再生中继系统引入，克服建筑物内移动通信设备的盲区和弱区。使博物馆的内部及周围地区，移动电话和寻呼机能清晰接受信号。

4. 建筑设备管理系统。

（1）建筑设备监控系统。

1）建筑设备监控系统融合了现代计算机技术、网络通信技术、自动控制技术、数据库管理技术以及软件技术等，通过中央监控系统的计算机网络，将各层的控制器、现场传感器、执行器及远程通信设备进行联网，共同实现集中管理、分散控制的综合监控及管理功能，达到对博物馆空气环境、水环境、音响环境、运输环境的运行监控。

2）博物馆建筑设备管理系统的功能设计必须与博物馆的建筑规模、人工管理体制，管理制度相一致，以达到运行效果，提高管理效率与节约能源。本工程建筑设备监控系统的总体目标是分别对建筑内的建筑设备（HVAC、给排水系统、供配电系统、照明系统等）进行分散控制、集中监视管理，并对文物熏蒸、清洗、干燥等处理、文物修复等工作区的各种有害气体浓度实时监控，满足文物对环境安全的控制要求，避免腐蚀性物质、CO_2、温度、湿度、光照、漏水等对文物的影响，从而提供一个舒适的工作环境，通过优化控制提高管理水平，从而达到节约能源和人工成本，并能方便实现物业管理自动化。

3）系统设计所遵循的原则是注重系统的先进性、实用性、可靠性、开放性、适应性、可扩展性、经济性和可维护性。通过对工程中子系统的控制，对建筑内温、湿度的自动调节，空气质量的最佳控制，以及对室内照明进行自动化管理等手段，提供最佳的能源管理方案，对机电设备以及照明等采取优化控制和管理，确保节能运行，从而降低能源成本及运行费用。

4）空气环境。文物存放区域应采用小风量、小风速的定风量空调系统，不应采用变风量空调系统。文物保存环境的相对湿度范围宜控制在 50%～55%。相对湿度不得大于 65%，不得小于 40%。环境相对湿度日波动值宜控制在 5%幅度内。文物保存环境的温度日波动值宜控制在 5℃幅度内。博物馆应安装集中空气调节系统或局部空气调节设施，按文物材质的不同，分别提供适宜的温度和相对湿度环境，博物馆空调系统宜采取温度与相对湿度分别调节控制方式。柜式空调机组不应直接安放在文物库房内。

5）水环境。考虑到博物馆文物对水患的敏感性，建筑设备管理系统应结合地理环境，气象预报对排水系统有较强的监测调控能力。建筑设备管理系统应对室内外绿化采取根据土壤墒值的自动控制喷灌方式。

6）运输环境。文物库房区宜设置供藏品、展品以及设备、器具等专用的货梯。大型博物馆宜考虑设置上、下分组的自动扶梯。

7）本工程在地下一层设置一处建筑设备监控室，对建筑设备实施管理与控制。本工程建筑设备监控系统监控点数共计为1173控制点，其中（AI＝124点、AO＝280点、DI＝527点、DO＝242点）。

（2）建筑能效监管系统。本工程建筑能效监管主机设置于各个建筑物业管理室。系统可对冷热源系统、供暖通风和空气调节、给水排水、供配电、照明、电梯等建筑设备进行能耗监测。根据建筑物业管理的要求及基于对建筑设备运行能耗信息化监管的需求，应能对建筑的用能环节进行相应适度调控及供能配置适时调整。

（3）电梯监控系统。

1）电梯监控系统是一个相对独立的子系统，纳入设备监控管理系统进行集成。

2）电梯现场控制装置应具有标准接口（如RS485、RS232等）。

3）在安防消防中心设电梯监控管理主机，显示电梯的运行状态。

4）监控系统配合运营，启动和关闭相关区域的电梯；接收消防与安防信息，及时采取应急措施。

5）系统自动监测各电梯运行状态，紧急情况或故障时自动报警和记录，自动统计电梯工作时间，定时维修。

6）电梯对讲电话主机及对讲电话分机由电梯中标方成套提供，要求满足工程管理需要。

7）电梯轿厢内设暗藏式对讲机，对讲总机设在消防控制室，用于紧急对讲。

（4）电力监控系统。本工程的电力监控系统是一个相对独立的子系统，电能监测中采用的分项计量仪表具有远传通信功能，纳入设备监控管理系统进行集成。

1）系统结构。依据工程的配电情况分布情况，在线监测系统建设采用分层分布式结构，系统包括站控管理层、网络通信层、现场设备层。

2）网络设计。电力监控系统中的网络系统能够及时的对数据进行传输，并迅速传递操作指令，是实现电力监控系统各项功能的基础。把现场每个设备就地与总线连接，之后再把各条总线全部接入通信网关，来实现与主机的传递。

3）监控系统软件功能设计。系统依据客户实际需求进行设计，并实现了一次主接线图界面显示；电参量遥信及电参量越限报警；事件记录；系统运行异常监测；故障报警及操作记录；报表查询与打印；系统负荷实时、历史曲线，用户权限管理等主要功能。

4）数据的采集与处理。数据采集主要包括模拟量以及开关量的采集。模拟量的采集主要是对线路电压、电流、功率、功率因数、频率等信息进行采集，开关量的采集则主要是对断路器、隔离开关、接地刀闸等设备的工作状、保护动作信息，以及断电保护、运行故障等报警信息进行采集，实现远程数据的本地实时显示。数据处理主要是把按要求采集到的电参量实时准确地显示给用户，达到配电监控的自动化和智能化要求，同时把采集到的数据存入数据库供用户查询。

5. 公共安全系统。

本工程为一级风险单位，设置防爆安检及检票安全技术防范系统。安防监控中心设在禁区内。安防监控中心和上一级报警接收中心，可实施双向通信，并有现场处警指挥系统。具有三种以上不同探测技术组成的交叉入侵探测系统。具有电视图像复核为主、现场声音复核为辅的报警信息复核系统。一级、二级文物展柜安装报警装置，并设置实体防护。本工程安防监控中心是一个专用房间，宜设置两道防盗安全门，两门之间的通道距离不小于3m，安防监控中心的窗户要安装采用防弹材料制作的防盗窗，防盗安全门上要安装出入控制身份识别装置，通道安装摄像机。安防监控中心设有卫生间和专用空调设备。安防监控中心靠近主要出入口。

藏品库区和展览陈列区是博物馆安防的重点。收藏文物的藏品库，陈列室展柜、文物保护技术室，安全监控中心等区域为禁区。禁区内的文物宜采用实体防护、技术防护和人力防护互补的安全措施。应加强通道出入口和外围的防护和监控，特别注意文物交接中的工作特点。系统应具有对值班人员疏忽和违规操作（如关机、脱岗等）的监视、记录、报警功能。

（1）视频监控系统。本工程在一层设置安防监控中心，安防监控中心安装电视墙，以便实时切换显示摄像信息。安防监控中心安装能够反映整个建筑区域布防状态的模拟屏和电梯楼层指示器。安防监控中心安装紧急报警按钮。安防监控中心内设置不间断电源。不间断电源的功率保证包括前端设备、应急照明在内的整个安全防范系统的用电负荷。视频监控系统示意见图 3.1.7－7。

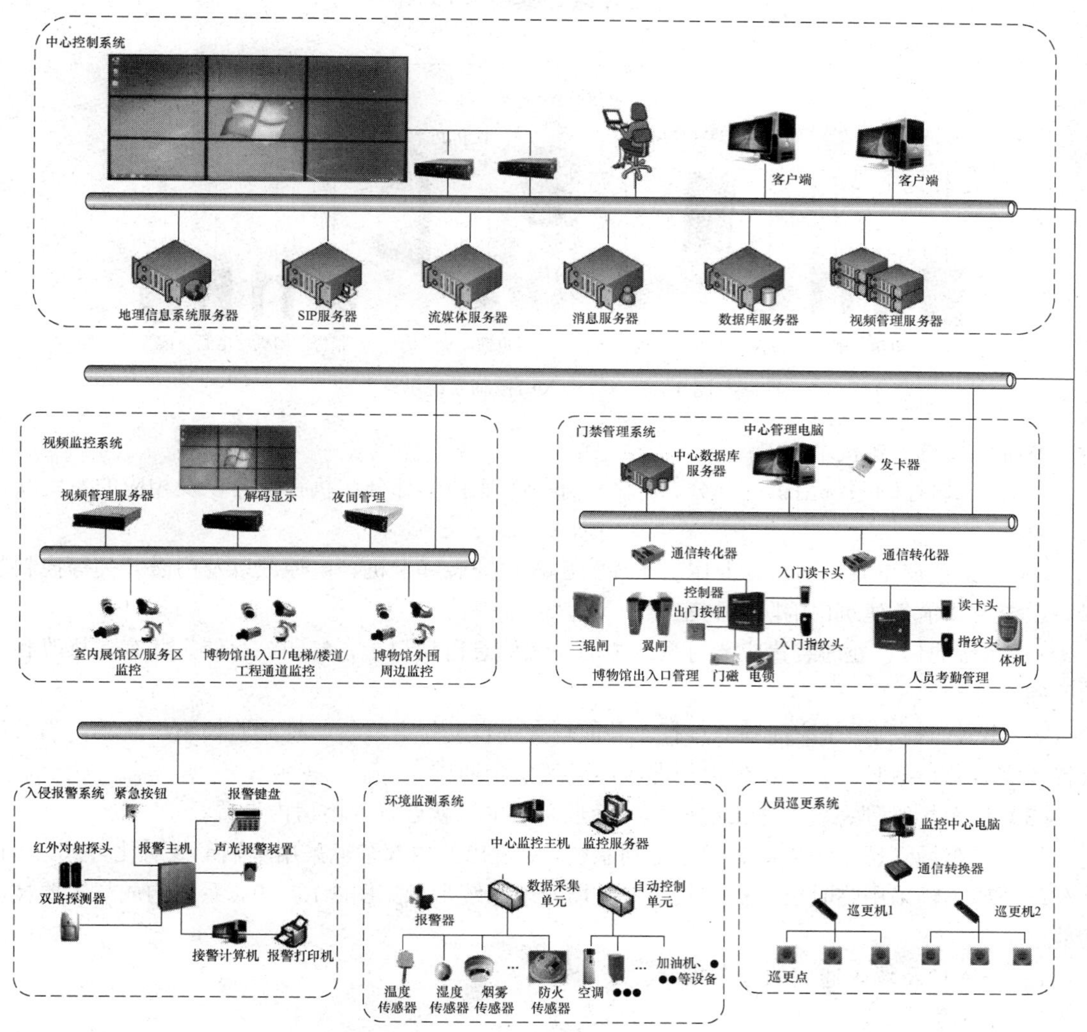

图 3.1.7－7 视频监控系统示意

在建筑的大堂、走道、展室、库品房、各层电梯厅、电梯轿厢等处设置摄像机，电梯轿厢内采用广角镜头，要求图像质量不低于四级。图像水平清晰度：黑白电视系统不应低于 400 线，彩色电视系统不应低于 270 线。图像画面的灰度不应低于 8 级。保安闭路监视系统各路视频信号，在监视器输入端的电平值应为 1Vp－p±3dB VBS。保安闭路监视系统各部分信噪比指标分配应符合：摄像部分 40dB；传输部分 50dB；显示部分 45dB。保安闭路监视系统采用的设备和部件的视频输入和输出阻抗以及电缆阻抗均应为 75Ω。

（2）出入口控制系统。系统主机设置于安防监控中心。出入口控制系统读卡器安装在公众可到达的场所时，应有防误触发措施，宜采用嵌入式安装。出入口控制系统示意见图 3.1.7－8。

图 3.1.7－8　出入口控制系统示意

系统构成与主要技术功能：

1）出入口控制系统由识读部分、传输部分、管理/控制部分和执行部分以及相应的系统软件组成。

2）本工程在重要机房、物业用房车库、出入口安装读卡机、电控锁以及门磁开关等控制装置。系统设置于各建筑内消防控制室内。

3）系统的信息处理装置应能对系统中的有关信息自动记录、打印、存储，并有防篡改和防销毁的措施。

4）出入口控制系统应能独立运行，并能与火灾自动报警系统、视频监控系统联动。当发生火警或需紧急疏散时，人员不使用钥匙应能迅速安全通过。

（3）停车场管理系统。本工程停车场管理系统主机就近管理用房内设置。

工程停车场管理系统采用影像全鉴别系统，对进出的内部车辆采用车辆影像对比方式，防止盗车；外部车辆采用临时出票机方式。停车场管理系统示意见图 3.1.7－9。系统构成与主要技术功能：

1）出入口及场内通道的行车指示。

2）车位引导。

3）车辆自动识别。

4）读卡识别。

5）出入口挡车器的自动控制。

6）自动计费及收费金额显示。

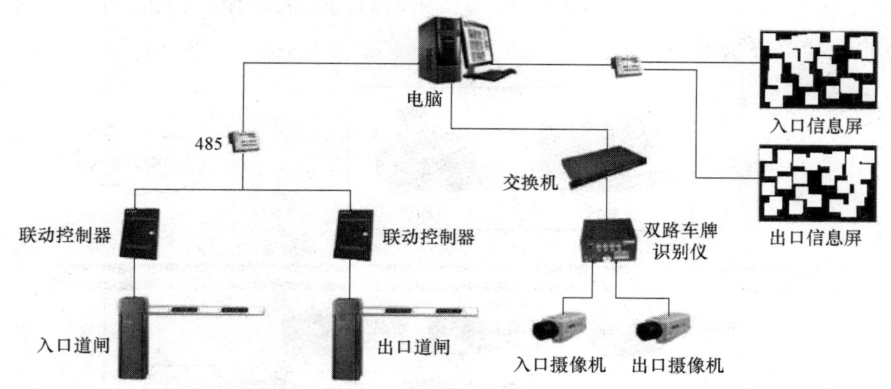

图 3.1.7－9 停车场管理系统示意

7）多个出入口的联网与管理。

8）分层停车场（库）的车辆统计与车位显示。

9）出入挡车器被破坏（有非法闯入）报警。

10）非法打开收银箱报警。

11）无效卡出入报警。

12）卡与进出车辆的车牌和车型不一致报警。

（4）无线巡更系统。当采用无线巡更系统时，巡更人员配备无线对讲系统，并且在每一个巡更点与安防监控中心作巡更报到。在规定时间内指定巡更点未发出“到位”信号时应当发出报警信号，并联动相关区域的各类探测、摄像、声控装置。巡更系统采用电脑随机产生巡更路线和巡更间隔时间的方式。无线巡更系统由信息采集器、信息下载器、信息钮和中文管理软件等组成。无线巡更系统示意见图 3.1.7－10，并可实现以下功能：

1）可按人名、时间、巡更班次、巡更路线对巡更人的工作情况进行查询，并可将查询情况打印成各种表格，如情况总表、巡更事件表、巡更遗漏表等。

2）巡更数据储存，定期将以前的数据储存到软盘上，需要时可恢复到硬盘上。

3）用户要求可定制其他功能，如各种巡更事件的设置、员工考勤管理等。

（5）售验票系统。本工程系统服务器设置于中心网络机房，系统包含制票、售票、验票，信息管理等不同工作站设置于场馆运营管理用房。售验票系统示意见图 3.1.7－11。

1）统一采用手持式验票机进行验票，在观众主要出入口设置无线信息接入点，便于手持验票的使用。

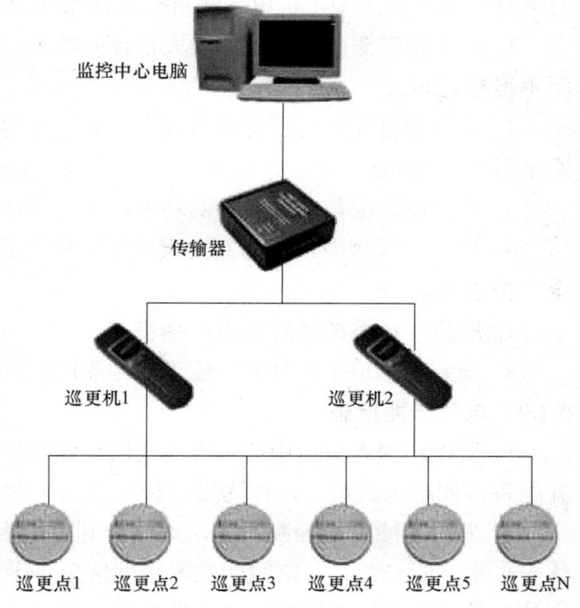

图 3.1.7－10 无线巡更系统示意

2）系统采用条码技术和在线或离线手持验票机。对门票的制作、销售、管理、验票、统计等提供完整的一套票务系统。

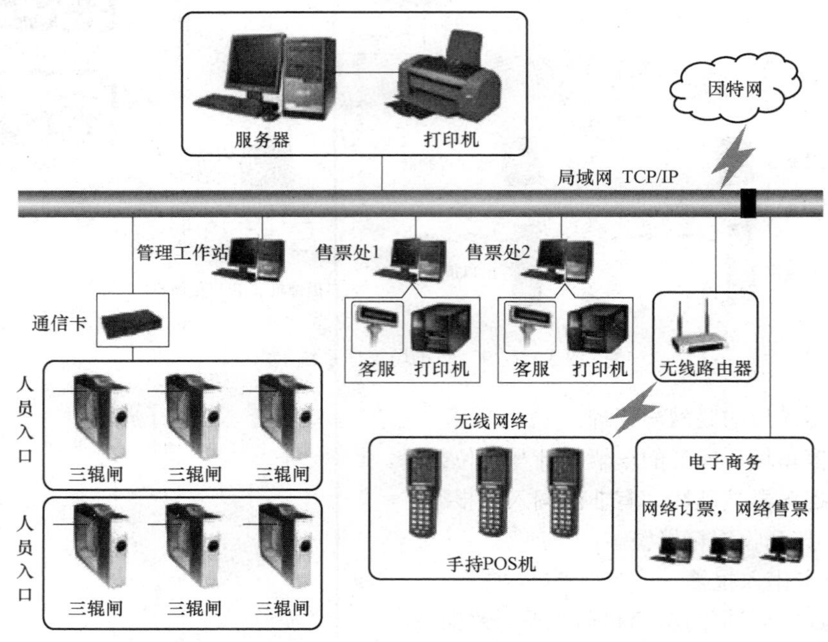

图 3.1.7－11　售验票系统示意

3.1.8　电气抗震设计

1. 工程内设备安装如高低压配电柜、变压器、配电箱、控制箱等均应满足抗震设防规定。

2. 电气设备系统中内径大于或等于60mm的电气配管和重量大于或等于15kg/m的电缆桥架及多管共架系统须采用机电管线抗震支撑系统。

3. 刚性管道侧向抗震支撑最大设计间距不得超过 12m；柔性管道侧向抗震支撑最大设计间距不得超过 6m。

4. 刚性管道纵向抗震支撑最大设计间距不得超过 24m；柔性管道纵向抗震支撑最大设计间距不得超过 12m。

5. 垂直电梯应具有地震探测功能，地震时电梯能够自动停于就近平层并开门运行。

6. 设在建筑物屋顶上的共用天线等，应设置防止因地震导致设备损坏后部件坠落伤人的安全防护措施。

7. 应急广播系统预置地震广播模式。

8. 安装在吊顶上的灯具，应考虑地震时吊顶与楼板的相对位移。

3.1.9　电气节能措施

1. 变电所深入负荷中心，合理选用导线截面，减少电压损失。采用低压集中自动补偿方式，并配备谐波电抗器组合，作为谐波抑制措施，避免高次谐波电流与电力电容发生谐振。

2. 采用智能灯光控制系统，通过控制遮阳板将自然光和人工光实现有机结合。照明光源应优先采用节能光源，建筑照明功率密度值应小于《建筑照明设计标准》（GB 50034）中的规定。室外夜景照明光污染的限制符合现行行业标准《城市夜景照明设计规范》（JGJ/T 163）的规定。

走廊、楼梯间、展厅、大堂、大空间、地下停车场等场所的照明系统采取分区、定时、感应等节能控制措施。

3. 设置建筑设备监控系统，对建筑物内的设备实现节能控制。合理选用电梯和自动扶梯，并采取电梯群控、扶梯自动启停等节能控制措施。

4. 三相配电变压器满足《三相配电变压器能效限定值及能效等级》（GB 20052）的节能评价值要求，水泵、风机等设备，及其他电气装置满足相关现行国家标准的节能评价值要求。

5. 在建筑屋面设置太阳能电池方阵，采用并网型太阳能发电系统，太阳能发电能力为350kW。

6. 对室内的二氧化碳浓度进行数据采集、分析，并与通风系统联动，实现室内污染物浓度超标实时报警，并与通风系统联动。

3.2 国际会议中心

3.2.1 项目信息

某国际会议中心，建筑面积为79 000m²，建筑高度为32m。地上共五层，建筑面积44 000m²，多功能厅、宴会厅、接待及附属配套设施。地下二层，建筑面积35 000m²，功能为库房、设备机房、车库。建筑分类为一类，耐火等级为一级，设计使用年限为50年。

国际会议中心

3.2.2 系统组成

1. 高低压变、配电系统。

2. 电力、照明系统。

3. 防雷与接地系统。

4. 电气消防系统。

5. 智能化系统。

6. 电气抗震设计和电气节能措施。

3.2.3 高低压变、配电系统

1. 负荷分级。

（1）一级负荷：本工程宴会厅、报告厅、会议室、厨房，客梯，排水泵、变频调速生活水泵等为一级负荷。本工程一级负荷的设备容量为3200kW。会议用电子计算机电源、消防设备，保安监控系统，应急及疏散照明，电气火灾报警系统等为特别重要负荷设备。本工程特别重要负荷的设备容量为1020kW。

（2）二级负荷：包括办公室照明、空调等。本工程二级负荷设备容量为1143kW。

（3）三级负荷：包括一般照明其及一般电力负荷。本工程三级负荷的设备容量为290kW。

2. 电源。

（1）本工程由市政外网引来三路高压电源，并要求三路电源不会同时发生故障，受到损坏。10kV高压采用单母线分段运行方式，中间设联络开关，平时三路中的两路电源同时分列运行，互为备用，当一路电源故障时，通过手动操作联络开关，投入备用电源。三路电源每一路电源均可负担全部负荷。进线柜与计量柜、进线隔离柜；联络柜与联络隔离柜加电气与机械联锁。高压

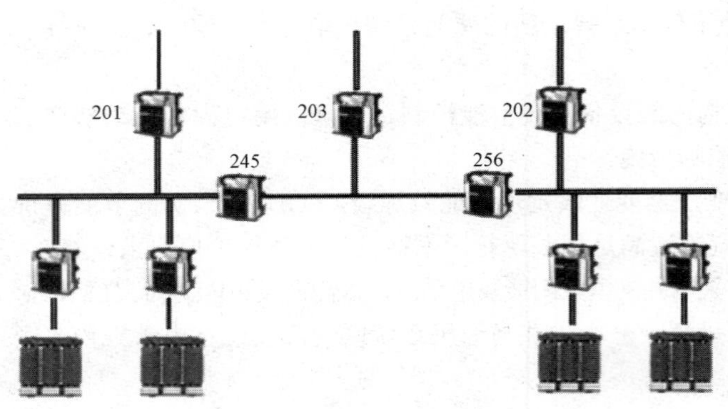

图 3.2.3　高压主接线示意图

主接线示意见图 3.2.3。

（2）高压断路器联锁关系。

1）正常：201、202、203 合闸，245、256 分闸。

2）异常：201、202 失电压跳闸：备自投合母联 245、256，由 203 带一段负荷，201、202 恢复正常，合环选跳母联 245、256。

3）异常：203 失电压以及保护跳闸；245、256 母联不动作。

4）正常：201/202 检修：手动投母联 245/256，合环选跳 201/202。

5）正常：203 检修，245/256 自投退出。

6）异常：245/256 合于故障母线－后加速跳母联（复合电压和电流作为判据）。

7）母线故障：闭锁备自投。

8）偷跳：进线非正常跳闸，自投不启动。

3. 变、配、发电站。

（1）在一设置变电所一处，内设四台 2000kVA 干式变压器。变压器低压侧 0.4kV 采用单母线分段接线方式，低压母线分段开关采用自动投切方式时，低压母联断路器应采用设有自投自复、自投手复、自投停用三种状态的位置选择开关，自投时应设有一定的延时，当变压器低压侧总开关因过负荷或短路故障而分闸时，母联断路器不得自动合闸；电源主断路器与母联断路器之间应有电气联锁。

（2）在一层设置一处柴油发电机房，设置一台 1250kW 柴油发电机组。

4. 自备应急电源系统。

（1）当市电出现停电、缺相、电压超出范围（AC380V：－15%～+10%）或频率超出范围（50Hz ±5%）时延时 15s（可调）机组自动启动。

（2）当市电故障时，直接播出的电视演播厅、中心机房、录像室、微波设备及发射机房，消防用电设备、应急照明与疏散照明以及涉及人身安全的用电设备均由自备应急电源提供电源。

5. 设置电力监控系统，对电力配电实施动态监视。电力监控系统主要功能：

（1）数据采集与处理。

（2）人机交互。

（3）历时史事件。

（4）数据库建立与查询。

（5）用户权限管理。

（6）运行负荷曲线。

（7）远程报表查询。

3.2.4　电力、照明系统

1. 配电系统的接地型式采用 TN－S 系统。冷冻机组、冷冻泵、冷却泵、生活泵、热力站、电梯等设备采用放射式供电；风机、空调机、污水泵等小型设备采用树干式供电。

2. 为保证重要负荷的供电，对重要设备如通信机房、消防用电设备（消防水泵、排烟风机、加压风机、消防电梯等）、信息网络设备、消防控制室、中央控制室等均采用双回路专用电缆供电，在最末一级配电箱处设双电源自投，自投方式采用双电源自投自复。

3. 主要配电干线沿由变电所用电缆槽盒引至各电气小间，支线穿钢管敷设。

4. 普通干线采用辐照交联低烟无卤阻燃电缆；重要负荷的配电干线采用矿物质绝缘类电缆。部分大容量干线采用封闭母线。

5. 照度标准。照度标准见表 3.2.4。

表 3.2.4　　照 度 标 准

房间或场所	参考平面及其高度	照度标准值/lx	UGR	U_0	R_a
会议室	0.75m 水平面	300	19	0.6	80
宴会厅	0.75m 水平面	300	22	0.6	80
多功能厅	0.75m 水平面	300	22	0.6	80
公共大厅	地　面	200	22	0.4	80
行政办公室	0.75m 水平面	300	19	0.6	80

6. 光源与灯具选择：会议室照明光源采用光效率高、显色性好、使用寿命长、色温相宜、符合环保要求的光源。灯光控制采用分布式智能照明控制系统，利用通信总线把智能现场控制器连接组网。

7. 应急照明：在大空间用房、走廊、楼梯间及主要出入口等场所设置疏散指示照明。考虑宴会厅、多功能厅的特点，疏散指示灯指示方向与宴会厅、多功能厅疏散路线相同，在地面及墙面设置疏散指示灯，在出入口设置安全出口指示，疏散指示灯的蓄电池采用集中免维护电池进行供电，停电时自动切换为直流供电，并且应急照明持续时间应不少于 30min。

8. 照明控制：为了便于管理和节约能源，以及不同的时间要求不同的效果。本工程采用智能型照明控制系统，部分灯具考虑调光。智能照明控制系统遵从 KNX/EIB 协议。通过一条总线将每个控制模块挂在总线上形成系统，每个总线元件具有单独的 CPU 芯片和存储器，可独立工作和与总线通信。通过总线命令实现任务功能的互相关联和沟通。EIB 系统设计了各种控制功能的模块，不同模块具有不同的功能，功能模块通过搭积木般灵活组合完成各种控制功能。

地下停车库照明采用分回路开关控制。地下停车库属于无自然光的环境，需要提供全天的照明，平时在中央 KNX/EIB 中文图形监控软件的作用下，车库照明处于自动控制状态。在上班工作时间开启全部灯光，其余时间关闭部分回路节省电力，但为视频监控保留足够的照度。

电梯厅、公共走道照明分回路开关设计。平时主要通过时间控制器对照明自动管理控制，正常工作时间全开，非工作时间改为减光照明，节假日无人时可以只亮少量灯为视频监控保留足够的照度。

多功能厅、会议室、序厅以及多功能会议室的照明分回路调光控制，多功能厅、会议室、序厅属于公共多功能专业场所，对灯光照明主要根据使用功能要求采用场景控制模式。

3.2.5　防雷与接地系统

1. 本工程按二类防雷设防，设有防直击雷、感应雷击及雷电电磁脉冲保护。屋顶利用建筑金属构件作为接闪带，其网格不大于10m×10m，所有突出屋面的金属体和构筑物应与接闪带电气连接。

2. 为预防雷电电磁脉冲引起的过电流和过电压，在变压器低压侧向重要设备供电的末端配电箱的各相母线上，由室外引入或由室内引至室外的电气线路等装设电涌保护器（SPD）。

3. 本工程低压配电系统接地形式采用TN－S系统，其中性线和保护地线在接地点后要严格分开。凡正常不带电而当绝缘破坏有可能呈现电压的一切电气设备金属外壳均应可靠接地。

4. 防雷接地、变压器中性点接地及电气设备、信息系统等接地共用统一的接地装置，要求接地电阻不大于1Ω，否则应在室外增设人工接地体。

5. 室内采用等电位联结，将建筑物内保护干线、设备进线总管、建筑物金属构件进行连接。同时在电缆沟内设置接地扁钢且与结构基础牢固焊接，作为临时办展的等电位保护干线。

6. 所有弱电机房、电梯机房、浴室等均做辅助等电位联结。

3.2.6　电气消防系统

1. 消防控制室设在一层对建筑内的消防进行探测监视和控制。消防控制室内分别设有火灾报警控制主机、联动控制台、CRT 显示器、打印机、紧急广播设备、消防直通对讲电话设备、电梯监控盘及UPS电源设备等。

2. 在办公室、会议室、商务、设备机房、楼梯间、走廊等场所设感烟探测器；在柴油机房等场所设感温探测器；在电缆沟设缆式线型定温探测器。消防控制中心和消防控制室可对探测器的火警、故障信号进行监视，并对消防水泵、消防风机、紧急广播等设备进行联动控制。会议系统、扩声系统、出入口管理系统与火灾自动报警系统联动。

3. 极早期烟雾报警系统：在多功能厅、宴会厅、网络通信机房、网络设备间装设极早期烟雾报警系统。极早期烟雾报警系统主机的信号接至消防报警系统，提前做出火灾报警。

4. 为防止接地故障、过载、导体接触不良等引起的火灾，能发现电气火灾的隐患，本工程设置电气火灾报警系统。系统由电气火灾探测器、测温式电气火灾监控探测器和电气火灾监控设备组成。

5. 为保证消防设备电源可靠性，本工程设置消防设备电源监控系统。

6. 为保证防火门充分发挥其隔离作用，在火灾发生时，迅速隔离火源，有效控制火势范围，为扑救火灾及人员的疏散逃生创造良好条件，本工程设置防火门监控系统。对防火门的工作状态进行24h实时自动巡检，对处于非正常状态的防火门给出报警提示。在发生火情时，该监控系统自动关闭防火门，为火灾救援和人员疏散赢得宝贵时间。

3.2.7　智能化系统

1. 信息化应用系统。信息化应用系统功能应满足建筑物运行和管理的信息化需要并提供建筑业务运营的支撑和保障。系统包括公共服务、智能卡应用、物业管理、信息设施运行管理、信息安全管理、基本业务办公和专业业务等信息化应用系统。

（1）公共服务系统。公共服务系统应具有访客接待管理和公共服务信息发布等功能，并宜具有将各类公共服务事务纳入规范运行程序的管理功能。系统基于信息网络及布线系统，系统服务器设置于中心网络机房，管理终端设置于相应管理用房。

（2）智能卡应用系统。根据建设方物业信息管理部门要求对出入口控制、电子巡查、停车场管理、考勤管理、消费等实行一卡通管理，在同一张卡片上实现开门、考勤、消费等多种功能；在同一软件平台上，实现卡的发行、挂失、充值、资料查询等管理，系统共用一个数据库，软件必须确保出入口控制系统的安全管理要求；各系统的终端接入局域网进行数据传输和信息交换。系统基于信息网络及布线系统，系统服务器设置于中心网络机房，管理终端设置于相应管理用房。

（3）信息设施运行管理系统。信息设施运行管理系统应具有对建筑物信息设施的运行状态、资源配置、技术性能等进行监测、分析、处理和维护的功能。系统基于信息网络及布线系统，系统服务器设置于中心网络机房，管理终端设置于相应管理用房。

（4）信息安全管理系统。信息网络安全管理系统通过采用防火墙、加密、虚拟专用网、安全隔离和病毒防治等各种技术和管理措施，室网络系统正常运行，确保经过网络的传输和管理措施，使网络系统正常运行，确保经过网络传输和交换的数据不会发生增加、修改、丢失和泄露。系统基于信息网络及布线系统，系统服务器设置于中心网络机房，管理终端设置于相应管理用房。

2. 智能化集成系统。

（1）集成管理的重点是突出在中央管理系统的管理，控制仍由下面各子系统进行。集成管理能为本工程各个管理部门提供高效、科学和方便的管理手段。将建筑中日常运作的各种信息，如建筑设备监控、安防、通信系统等管理信息，各种日常办公管理信息、物业管理信息等构成相互之间有关联的一个整体，从而有效地提升建筑整体的运作水平和效率。智能化集成系统示意见图 3.2.7－1。

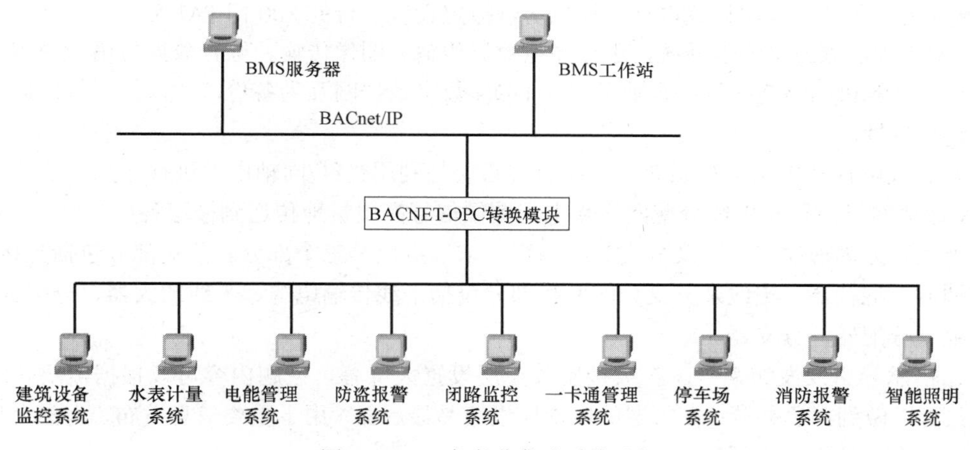

图 3.2.7－1 智能化集成系统示意

（2）集成管理，首先要求进行集成的系统应该是一个开放性的系统，在集成过程中，首先要解决好各个系统间通信协议的标准化问题，使整个系统达到信息识别的唯一性，只有这样，才能真正达到各子系统之间的联动，也才能做到无论集成先后，均能平滑连接。

（3）系统集成的规模，首先是以建筑设备管理系统为模式，即 BMS 模式，先期将在建筑中有相互联动关系的各建筑设备监控子系统进行相对集成，达到相互之间在处理和解决建筑中出现的问题时，能协同动作，提高效率，便于管理。在 BMS 中，以建筑设备监控系统（BA）为基础平台，进行相关的联动设计。

3. 信息化设施系统。

（1）信息系统对城市公用事业的需求。

1）本工程需输出入中继线 100 对（呼出呼入各 50%）。另外申请直拨外线 400 对（此数量可根据实际需求增减）。

2）本工程建立卫星通信系统，进行高速数据传输、图像传输、综合数据与语音通信、移动数据通信、计算机网络连接等综合业务，与 DDN 数字数据网互为备份，可以保证数据通信的不间断性、可靠性。

3）电视信号接自城市有线电视网，在顶层设有卫星电视机房，对建筑内的有线电视实施管理与控制。有线电视节目和卫星电视节目经调制后，经电视信号干线系统传送至每个电视输出口处，使获得技术规范所要求的电平信号，达到满意的收视效果。

（2）综合布线系统

1）本工程在将办公语音信号、数字信号、视频信号、控制信号的配线，经过统一的规范设计，综合在一套标准的配线系统上，此系统为开放式网络平台，方便用户在需要时，形成各自独立的子系统。综合布线系统可以实现世界范围资源共享，综合信息数据库管理、电子邮件、个人数据库、报表处理、财务管理、电话会议、电视会议等。

2）设置内部局域计算机网络，实现建筑内工作范围内的资源共享。内部网络与外网的隔离要求应满足表 1.2.7 要求。

3）本工程在地下一层设置网络室。

（3）通信自动化系统。

1）本工程在地下一层设置电话交换机房，拟定设置一台的 800 门 PABX。

2）本工程建立卫星通信系统，进行高速数据传输、图像传输、综合数据与语音通信、移动数据通信、计算机网络连接等综合业务，与 DDN 数字数据网互为备份，可以保证数据通信的不间断性、可靠性。

（4）有线电视及卫星电视系统。有线电视系统是利用光纤/同轴电缆进行宽频传输的图像传输系统，该系统通过同轴电缆分配网络将电视图像信号高质量地传送到楼层各用户终端。有线电视系统一般可分为前端、干线及分支分配网络、末端点位等三个部分。前端部分包括光接收机、调制解调器、混合器。干线及分支分配网络部分包括干线传输电缆、干线放大器、分配放大器、分支电缆、分配器、分支器。

（5）信息导引及发布系统。在大楼室外一层设置大屏幕，主题内容可以根据需要随时进行调整，并可以做到声色并茂；在每层的电梯厅设液晶显示器，用于重要信息发布、内部自作电视节目、重要会议的视频直播等。

（6）背景音乐及紧急广播系统。

1）本工程在一层设置广播室（与消防控制室共室）。广播系统根据建筑整体性管理原则，背景音乐、业务广播及应急广播，供建筑统一管理使用，同时在消防控制中心设置应急呼叫话筒，在突发事故时对指定区域进行人工疏散指挥广播。公共区域的背景音乐与应急广播共用一套扬声器，平时播放背景音乐及业务广播，火灾时播放应急广播。系统的音源、主机、功率放大器根据会议的规模可集中放置在消防控制中心。广播功放容量应满足最大同时开通所有扬声器容量要求（即建筑全区进行应急广播），并能够完成火灾自动报警联动切换控制。

2）多功能厅、宴会厅设置独立的音响设备。会议扩声系统配备多台多路混音放大器、扬声器箱等专业设备。调音台应有多路音源输入通道，每通道均可预选话筒或线路输入。各通道均应有语音滤波，衰减低音成分，增加语音的清晰度。可接入 CD、AM/FM 收音机、话筒等，并具备录音设备。扬声器的配置应满足会场声压级的需要，并应保证会场内声压的均匀度。

（7）宴会厅的扩声系统。本套系统的声学技术指标，参照《厅堂扩声系统设计规范》（GB

50371—2006）中多用途一类进行设计。宴会厅的扩声系统不同频率对应相对声压级见图 3.2.7－1。

表 3.2.7－1　　宴会厅的扩声系统技术指标

等级	最大声压级/dB	传输频率特性	传声增益/dB	稳态声场不均匀度/dB	早后期声能比（可选项）/dB	系统总噪声级
多用途一级	额定通带内：大于或等于 103dB	以 100～6300Hz 的平均声压级为 0dB，在此频带内允许范围：－4dB～+4dB；50～100Hz 和 6300～12 500Hz 的允许范围见图	125～6300Hz 的平均值大于或等于－8dB	1000Hz 时小于或等于 6dB；4000Hz 时小于或等于 8dB	500～2000Hz 内 1/1 倍频带分析的平均值大于或等于+3dB	NR－20

1）扩声扬声器系统：会议的扩声扬声器系统由设在舞台后方的三组扬声器和分布在厅内的 10 只吸顶扬声器构成，主扩声扬声器分左中右三声道+次低频：中央组扬声器组为 1 只覆盖一层前区+2 只覆盖后区区域，作为会议的扩声，确保语言清晰；左右组扬声器组均为大于 80°×60° 覆盖前区及相应的侧座+1 只大于 80°×60° 覆盖后区；次低频扬声器 2 只用来保证演出时音乐音质。10 只吸顶扬声器均匀分布在厅内，保证会议时扩声声音的全覆盖。扩声系统还配置了一定数量的流动全频扬声器、流动次低频扬声器以及返听扬声器。可方便灵活的流动摆放在主席台两侧或会议区内，用以满足厅内举行文艺演出时对音质的高品质需求和舞台人员会议或演出时的返听。吸顶扬声器、流动扬声器配合各自的前级音频处理设备，均可不依赖于对方而独立工作，且完全能够满足不同的会议使用需求。

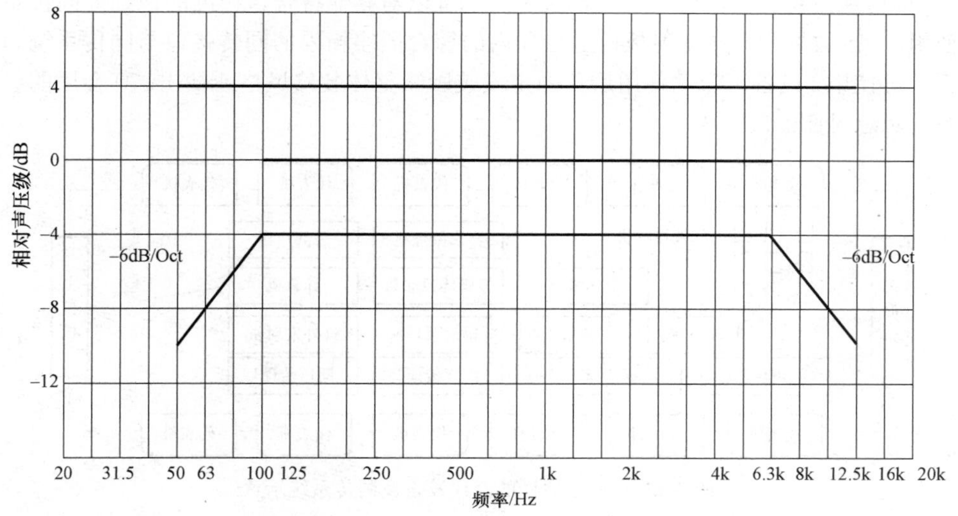

图 3.2.7－2　宴会厅的扩声系统不同频率对应相对声压级

2）信号点设置：在舞台区域的地面共设置了 8 只综合插座盒，演出、会议时供舞台上人员使用，每只综合插座箱内设有传声器信号输入、会议系统接口、流动扬声器信号输出、计算机视频信号输入、视频信号输出、网络接口、电话接口以及设备用电源等插座。会议室中央地面上设置 6 只综合插座盒，供会议时使用。每只综合插座箱内设有传声器信号输入、会议系统接口、计算机视频信号输入、视频信号输出、摄像机信号输入、网络接口、电话接口以及设备用电源等插座。在会场周围还设置了 16 只综合插座盒，供工作人员使用。内设网络接口、电话接口、同传设备接口以及设备用电源等插座。所有信号插座箱内的信号输入、输出均汇集至系统控制室内，由系统操作人员进行信号的分配。插座箱均为定做，暗藏于地面或墙面，与装修墙面地面风格相符。

3）调音台：根据系统的需要，设置48路主扩声调音台于控制机房内，该调音台具有48路单声道输入和8组立体声输入，8路编组、12路辅助输出，能够满足各种会议以及演出的需要。应备份一台同样路数的备份调音台，作为应急备份使用。根据实际需要可以选定设备为热备份或冷备份类。

4）数字音频处理矩阵：在扩声系统中使用了最新技术的数字音频处理系统。该数字音频网络集音频传输、路由选择、增益、均衡、压限、延时、分频、滤波以及实时音频控制等功能于一体，可通过电脑设置监测的所有参数，确保系统稳定可靠。通过矩阵内部的编程软件，可对各种使用情况下的会场系统功能、信号路由设置以及音频信号的处理进行预设并存储。每次使用前可方便地进行程序调用，极大地减少操作人员的工作量及误操作，确保系统及时有效而准确地工作。矩阵可以通过对音频的信号的编码后经内网或局域网传送到其他房间内，极低传输的延迟使其他异地会场也可以实时收听到宴会厅内传送过来的声音信号。

5）信号源设备：信号源方面配置了8只无线话筒、10只电容会议话筒，以及专业级激光唱机、硬盘录音机、卡带录音机等，保证演出放音和会议录音的高质量。

（8）宴会厅的会议发言及同传系统。配置了一套台面式手拉手会议发言系统，配合发言和会议使用，20 台主席和代表单元可以在举行会议时放置于会议桌台面上。与扩声系统也预留信号联络线，可通过扩声系统重放发言者语言信号。设置16种语言的同传系统，既15种同传语言，1种原声。同传系统符合国际标准IEC 61603－7，可以与其他符合该标准的他红外同传系统兼容并交叉使用。一定数量的同传辐射板可通过厅内的综合插座箱内的同传接口与同传系统和扩声系统连接后即可使用，设备可流动使用避免固定安装影响整体装修风格或演出。宴会厅的会议发言及同传系统示意见图3.2.7－3。

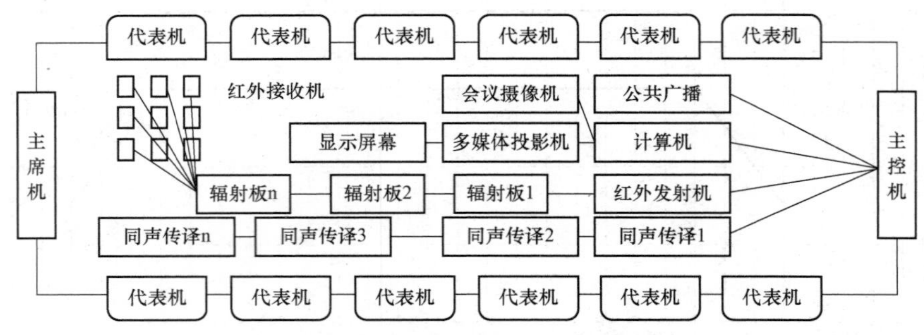

图3.2.7－3　宴会厅的会议发言及同传系统示意

（9）宴会厅的视频系统。

1）视频显示系统：视频显示系统拟采用24块60in（1in＝0.025 4m）标清DLP背投屏，组成4×6背投墙，设置于舞台后墙前侧，用于会商会议使用。在DLP背投墙的两侧各安装一面150寸投影幕，用于大型会议两侧观众观看或分屏显示不同会议信息、内容讲稿等；8台50in液晶显示器，以旋转支架固定于后墙及左右墙面，供宴会时与会人员观看。系统内还配备了2台50in流动液晶显示器。服务于前排观众席看或主席台就座人员。

2）视频采集系统：在厅内两侧墙上、舞台两侧天花下供设有五台云台摄像机，可对舞台及会场情况进行跟踪拍摄。在会场后墙上还安装有专业级的高清长焦摄像机，可对主席台上的发言者进行特写取景。以上场内摄像机拾取的视频信号均可配合音频信号，通过系统内的 AV 工作站录制成会议画面。或通过局域网、内网实时传送至其他会议室或房间内。系统控制室内设置了 4×6 液晶显示器墙，方便操作人员观看场内显示的视频信号、异地视频信号，以及由监控摄像机传来的会场实时画面。

3）录播系统：配置一台录播服务器，可以记录厅内所有视频和音频信息，通过硬盘保存，且硬盘空间可扩展；会场以外的房间可以通过局域网或内网访问服务器收听收看会场实时情况，并且所有访问均需管理员授权保证信息的私密性。扩展软件后可以通过互联网对会场进行实时视频直播，观看用户无需下载软件，直接使用浏览器观看既可。

4）中央控制系统：中央控制系统将厅内的音、视频信号源、RGB 矩阵、视频矩阵、固定安装摄像机等设备进行统一管理和调控，将各种会议所需要的功能，集中于一个简易、友好的界面内来控制，使得各项系统的操作更灵活、快捷。

（10）会议室的音视频系统。

1）本套系统的声学技术指标，参照《厅堂扩声系统设计规范》（GB 50371—2006）中会议类扩声一类进行设计，技术指标见表 3.2.7－2。

表 3.2.7－2 会议室的扩声系统技术指标

等级	最大声压级/dB	传输频率特性	传声增益/dB	稳态声场不均匀度/dB	早后期声能比（可选项）/dB	系统总噪声级
会议一级	额定通带内：大于或等于 98dB	以 125～4000Hz 的平均声压级为 0dB，在此频带内允许范围：－6dB～+6dB	125～4000Hz 的平均值大于或等于－10dB	1000Hz、4000Hz 时小于或等于 8dB	500～2000Hz 内 1/1 倍频带分析的平均值大于或等于+3dB	NR－20

a）扩声扬声器系统：会议的扩声扬声器系统由设在投影幕两侧的两只音柱扬声器和分布在厅内的 8 只吸顶扬声器构成，音柱扬声器作为会议的扩声，确保语言清晰，且在播放音乐或视频时提高整体音质配合大屏幕投影重放声的需要。8 只吸顶扬声器均匀分布在厅内，保证会议时扩声声音的全覆盖。吸顶扬声器、音柱配合各自的前级音频处理设备，均可不依赖于对方而独立工作，且完全能够满足不同的会议使用需求。

b）信号点设置：在会议桌上共设有 4 个综合插座盒，每只综合插座箱内设有计算机视频信号输入、视频信号输出、网络接口、电话接口以及设备用电源等插座。会议室中央地面上设置 2 只综合插座盒。每只综合插座箱内设有传声器信号输入、会议系统接口、视频信号输出、摄像机信号输入、网络接口、电话接口以及设备用电源等插座。在会场周围还设置了 8 只综合插座盒，供工作人员使用。内设网络接口、电话接口以及设备用电源等插座。所有信号插座箱内的信号输入、输出均汇集至系统控制室内，由系统操作人员进行信号的分配。

c）调音台：根据系统的需要，设置 24 路主扩声调音台于控制机房内，该调音台具有 24 路单声道输入和 4 组立体声输入，4 路编组、6 路辅助输出，能够满足各种会议以及演出的需要。

d）数字音频处理矩阵：在扩声系统中使用了最新技术的数字音频处理系统。该数字音频网络集音频传输、路由选择、增益、均衡、压限、延时、分频、滤波以及实时音频控制等功能于一体，可通过电脑设置监测的所有参数，确保系统稳定可靠。通过矩阵内部的编程软件，可对各种使用情况下的会场系统功能、信号路由设置以及音频信号的处理进行预设并存储。每次使用前可方便地进行程序调用，极大地减少操作人员的工作量及误操作，确保系统及时有效而准确地工作。矩阵可以通过对音频的信号的编码后经内网或局域网传送到其他房间内，极低传输的延迟使其他异地会场也可以实时收听到宴会厅内传送过来的声音信号。

e）信号源设备：信号源方面配置了 4 只无线话筒、8 只电容会议话筒以及专业级激光唱机、硬盘录音机、卡带录音机等，保证演出放音和会议录音的高质量。

2）会议发言系统。配置了一套台面式手拉手会议发言系统，配合发言和会议使用，20 台主席和代表单元可以在举行会议时放置于会议桌台面上。与扩声系统也预留信号联络线，可通过扩声系统重放发言者语言信号。

3）视频显示系统：视频显示系统采用 5000lm 亮度的高清投影机，正投到 120 寸投影幕上，用于会商会议使用。2 台 50in 液晶显示器，以旋转支架固定于左右墙面，供宴会时与会人员观看。系统内还配备了 2 台 50in 流动液晶显示器。可服务于前排观众席看或主席台就座人员。

4）视频采集系统：在厅内两侧墙上、舞台两侧天花下供设有 3 台云台摄像机，可对舞台及会场情况进行跟踪拍摄。在会场后墙上还安装有专业级的高清长焦摄像机，可对全场进行特写取景。以上场内摄像机拾取的视频信号均可配合音频信号，通过系统内的 AV 工作站录制成会议画面。或通过局域网、内网实时传送至其他会议室或房间内。

5）中央控制系统。中央控制系统，将会议室内的音、视频信号源、RGB 矩阵、视频矩阵、固定安装摄像机等设备进行统一管理和调控，将各种会议所需要的功能，集中于一个简易、友好的界面内来控制，使得各项系统的操作更灵活、快捷。

6）视频会议系统。配置高清视频终端及与之对应的多点 MCU 可以连接远程会场或作为主会场发起多点会议。终端支持目前国际通行的视频、音频协议（H.264 等），且可以和国内外大多数的主流品牌视频终端连接，具有通信低带宽占用、丢包修复、断线自动回拨、地址记录等技术。

（11）多功能厅扩声系统。本套系统的声学技术指标，参照《厅堂扩声系统设计规范》（GB 50371—2006）中多用途一类进行设计，技术指标见表 3.2.7－4。多功能厅扩声的扩声系统不同频率对应相对声压级见图 3.2.7－3。

表 3.2.7－3　　多功能厅的扩声系统技术指标

等级	最大声压级/dB	传输频率特性	传声增益/dB	稳态声场不均匀度/dB	早后期声能比（可选项）/dB	系统总噪声级
多用途一级	额定通带内：大于或等于 103dB	以 100～6300Hz 的平均声压级为 0dB，在此频带内允许范围：－4dB～+4dB；50～100Hz 和 6300～12 500Hz 的允许范围见图	125～6300Hz 的平均值大于或等于－8dB	1000Hz 时小于或等于 6dB；4000Hz 时小于或等于 8dB	500～2000Hz 内 1/1 倍频带分析的平均值大于或等于+3dB	NR－20

会议的扩声扬声器系统由设在主席台台后方的三组扬声器和分布在厅内的 24 只吸顶扬声器构成，主扩声扬声器分左中右三声道+次低频：中央组扬声器组为 1 只覆盖一层前区+2 只覆盖后区区域，作为会议的扩声，确保语言清晰；左右组扬声器组均为大于 80°×60°覆盖前区及相应的侧座+1 只大于 80°×60°覆盖后区；次低频扬声器 2 只用来保证演出时音乐音质。24 只吸顶扬声器均匀分布在厅内，保证会议时扩声声音的全覆盖。扩声系统还配置了一定数量的流动全频扬声器、流动次低频扬声器以及返听扬声器。可方便灵活的流动摆放在主席台两侧或会议区内，用以满足举行文艺演出时对音质的高品质需求和舞台人员会议或演出时的返听。吸顶扬声器、流动扬声器配合各自的前级音频处理设备，均可不依赖于对方而独立工作，且完全能够满足不同的会

议使用需求。

1）信号点设置：在主席台区域的地面共设置了 6 只综合插座盒，演出、会议时供舞台上人员使用，每只综合插座箱内设有传声器信号输入、会议系统接口、流动扬声器信号输出、计算机视频信号输入、视频信号输出、网络接口、电话接口以及设备用电源等插座。报告厅中央地面上设置 6 只综合插座盒，供会议时使用。每只综合插座箱内设有传声器信号输入、会议系统接口、计算机视频信号输入、视频信号输出、摄像机信号输入、网络接口、电话接口以及设备用电源等插座。在会场两侧还设置了 16 只综合插座盒，供旁听人员使用。内设网络接口、电话接口以及设备用电源等插座。所有信号插座箱内的信号输入、输出均汇集至系统控制室内，由系统操作人员进行信号的分配。插座箱均为定做，暗藏于地面或墙面，与装修墙面地面风格相符。

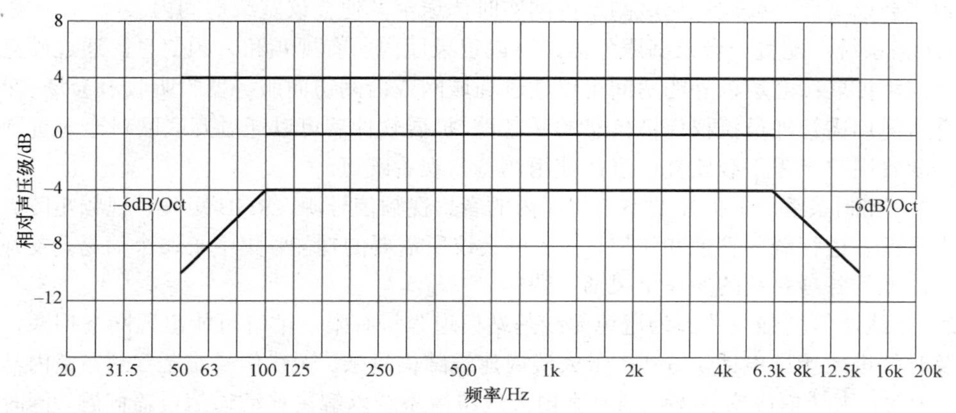

图 3.2.7－4 多功能厅扩声的扩声系统不同频率对应相对声压级

2）调音台：根据系统的需要，设置 48 路主扩声调音台于控制机房内，该调音台具有 48 路单声道输入和 8 组立体声输入，8 路编组、12 路辅助输出，能够满足各种会议以及演出的需要。应备份一台同样路数的备份调音台，作为应急备份使用。（根据实际需要可以选定设备为热备份或冷备份类。）

3）数字音频处理矩阵：在扩声系统中使用了最新技术的数字音频处理系统。该数字音频网络集音频传输、路由选择、增益、均衡、压限、延时、分频、滤波以及实时音频控制等功能于一体，可通过电脑设置监测的所有参数，确保系统稳定可靠。通过矩阵内部的编程软件，可对各种使用情况下的会场系统功能、信号路由设置以及音频信号的处理进行预设并存储。每次使用前可方便地进行程序调用，极大地减少操作人员的工作量及误操作，确保系统及时有效而准确地工作。矩阵可以通过对音频的信号的编码后经内网或局域网传送到其他房间内，极低传输的延迟使其他异地会场也可以实时收听到宴会厅内传送过来的声音信号。

4）信号源设备：信号源方面配置了 6 只无线话筒、10 只电容会议话筒，以及专业级激光唱机、硬盘录音机、卡带录音机等，保证演出放音和会议录音的高质量。

5）会议发言及同传系统。配置了一套台面式手拉手会议发言系统，配合发言和会议使用，40 台主席和代表单元可以在举行会议时放置于会议桌台面上。与扩声系统也预留信号联络线，可通过扩声系统重放发言者语言信号。听众席可于座椅扶手上或会议桌上暗装一定数量的代表单元话筒供与会代表发言提问。设置 16 种语言的同传系统，既 15 种同传语言，1 种原声。同传系统符合国际标准 IEC 61603－7，可以与其他符合该标准的他红外同传系统兼容并交叉使用。在多功能厅内设置一定数量的同传辐射板，设备开启时可以全方位的覆盖厅内无死角，使用同传接收机在任何位置均可收听到清晰的同传信号。

6）视频显示系统：在主席设置一面 300in 投影幕，安装一套亮度不低于 15 000lm 的投影机作为会场主显示设备，两侧再安装两面 300in 可收起式电动投影幕，配合流动的投影机可以与主投影设备进行拼接融合，也可作为信息发布独立使用。系统内还配备了 8 台 50in 流动液晶显示器。可服务于前排观众席看或主席台就座人员返看。

7）视频采集系统：在厅内两侧墙上、舞台两侧天花下供设有 6 台云台摄像机，可对舞台及会场情况进行跟踪拍摄。在会场后墙上还安装有 2 台专业级的高清长焦摄像机，可对主席台上的发言者进行特写取景。以上场内摄像机拾取的视频信号均可配合音频信号，通过系统内的 AV 工作站录制成会议画面。或通过局域网、内网实时传送至其他会议室或房间内。

8）录播系统：配置一台录播服务器，可以记录厅内所有视频和音频信息，通过硬盘保存，且硬盘空间可扩展；会场以外的房间可以通过局域网或内网访问服务器收听收看会场实时情况，并且所有访问均需管理员授权保证信息的私密性。扩展软件后可以通过互联网对会场进行实时视频直播，观看用户无需下载软件，直接使用浏览器观看既可。

9）中央控制系统。中央控制系统将厅内的音、视频信号源、RGB 矩阵、视频矩阵、固定安装摄像机等设备进行统一管理和调控，将各种会议所需要的功能，集中于一个简易、友好的界面内来控制，使得各项系统的操作更灵活、快捷。

（12）无线通信增强系统。为避免无线基站信道容量有限，忙时可能出现网络拥塞，手机用户不能及时打进或接进电话。另外由于大楼内建筑结构复杂，无线信号难于穿透，室内易出现覆盖盲区。因此，大楼内应安装无线信号室内天线覆盖系统以解决移动通信覆盖问题，同时也可增加无线信道容量。

（13）时钟系统。为航站楼各区域和部门提供统一准确时间、协调各部门工作，系统采用子母钟控制原则，采用北斗/GPS 接收机接受校时信号，信号经处理后向母钟定时发校准信号。

4. 建筑设备管理系统。

（1）建筑设备监控系统。

1）本工程设建筑设备管理系统，对建筑内的供水、排水设备；冷水系统、空调设备及供电系统和设备进行监视及节能控制。建筑设备管理系统是基于分布式控制理论而设计的集散系统，通过网络系统将分布在各监控现场的系统控制器连接起来，共同完成集中操作、管理和分散控制的综合自动化系统。以确保建筑舒适和安全的环境，同时实现高效节能的要求，并对特定事物做出适当反应。

2）本工程建筑设备监控系统的操作系统选用业界通行的 Windows2000 操作系统，采用分布式数据库技术同时支持分布式服务器结构，以达到以下性能指标：

a）独立控制，集中管理：可以将建筑设备监控系统的工作站或服务器定义为节点服务器，并且根据弱电系统的整体要求，设置中央服务器。该结构使各节点服务器与中央服务器通过以太网（TCP/IP）连接，数据在各节点服务器之间，包括中央服务器之间进行通信，中央服务器对所有节点服务器中的数据、报警可以读取、打印和存储。

b）可以自动调整网络流量：当数据被其他节点或中央服务器定制后，才由相应的节点服务器将缓冲区中的数据传送到网络上，减少对控制器的数据通信要求，同时减少网络数据的冗余传送。

c）保证高可靠性：当整个网络断开后，本地的控制系统应能由节点服务器继续提供稳定的系统控制。另外，当某个节点服务器出现故障时，对整个网络和其他节点没有影响。在网络恢复正常工作后，各节点服务器可以将存储的数据自动传到相应的节点和中央服务器。

d）提升系统性能：节点服务器只对本地设备进行管理，系统的负荷由节点服务器分担，中央服务器的负担只限于本地设备管理和全系统中关键报警和数据的备份。这样可以保证整个系统的高性能。

e）管理简单：中央服务器可以控制任何一个节点服务器中的设备，节点的报警可以自动传送到中央服务器，实现分布式控制，集中式管理。

f）分布式数据库管理：采用分布式的数据库，由后台的数据自动备份机制保障所有用户数据在各服务器中安全保存。

3）本工程建筑设备监控系统监控点数共计为1040控制点（AI=96点、AO=172点、DI=544点、DO=228点）。

4）本工程在地下一层设置一处建筑设备监控室，对建筑设备实施管理与控制。

（2）建筑能效监管系统。通过对建筑安装分类和分项能耗计量仪表，采用远程传输等手段及时采集能耗数据，实现重点建筑能耗的在线监测和动态分析，建筑能耗监测系统由数据采集子系统、数据中转站和数据中心组成。建筑能耗监测系统主要包括2大子系统，即能耗数据采集子系统（包括数据来源层、数据采集层、数据传输层）、能耗监测管理应用子系统（包括数据中心/中转站、Web服务器）。建筑能耗监测系统按物理层面可以分为三层，即监控层，网络层和设备层。系统具备以下功能：

1）能耗统计、分析、汇总功能。

2）电能的分项能耗统计。

3）设备能耗管理。

4）分户计量。

5）报表管理。

6）能耗水平识别。

7）预测预警、决策服务。

（3）电梯监控系统（图3.2.7－5）。

1）电梯监控系统是一个相对独立的子系统，纳入设备监控管理系统进行集成。

2）电梯现场控制装置应具有标准接口（如RS485、RS232等）。

3）在安防消防中心设电梯监控管理主机，显示电梯的运行状态。

4）监控系统配合运营，启动和关闭相关区域的电梯；接收消防与安防信息，及时采取应急措施。

5）系统自动监测各电梯运行状态，紧急情况或故障时自动报警和记录，自动统计电梯工作时间，定时维修。

6）电梯对讲电话主机及对讲电话分机由电梯中标方成套提供，要求满足工程管理需要。

7）电梯轿厢内设暗藏式对讲机，对讲总机设在消防控制室，用于紧急对讲。

（4）电力监控系统。本工程的电力监控系统是一个相对独立的子系统，电能监测中采用的分项计量仪表具有远传通信功能，纳入设备监控管理系统进行集成。

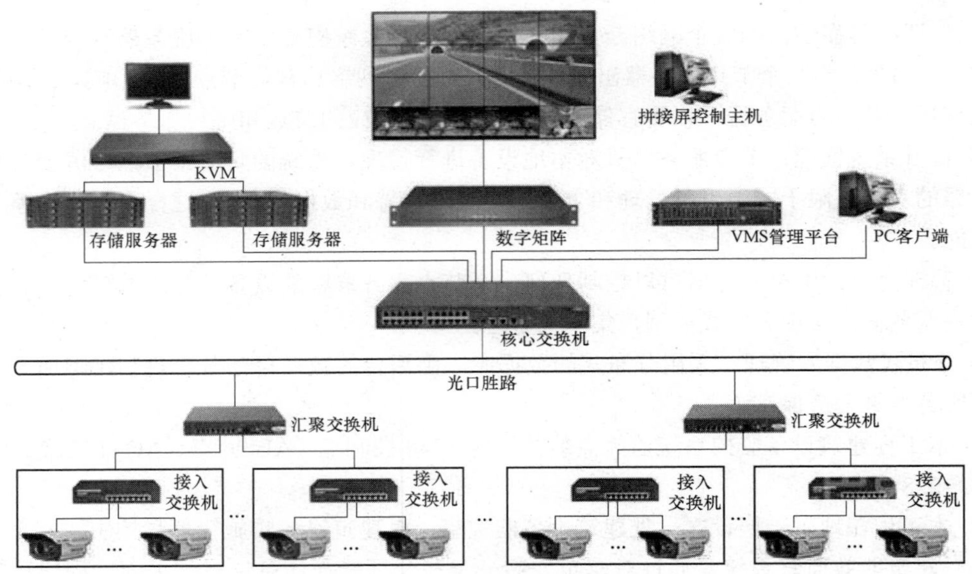

图 3.2.7－5　视频监控系统示意

5. 公共安全系统。

（1）视频监控系统。本工程设置保安室，保安室内设系统矩阵主机、硬盘录像机、打印机、监视器及交流 24V 电源设备等。视频自动切换器接受多个摄像点信号输入，定时自动轮换（1～30s）输出监控信号，也可手动任选一个摄像机的画面跟踪监视、录像、打印。系统矩阵主机带输入、输出板；云台控制及编程、控制输出时、日、字符叠加等功能。在本建筑的主要出入口、楼梯间、电梯前室、电梯轿厢及走廊等处设置摄像机。视频监控系统示意见图 3.2.7－5。

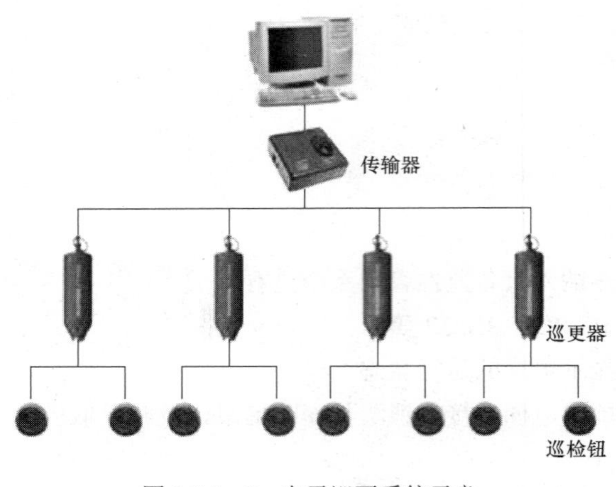

图 3.2.7－6　电子巡更系统示意

（2）门禁系统。为确保建筑的安全，根据安全级别的不同划分为的不同安全分区，根据级别的不同设置相应的门禁系统，以免无关人员闯入。

（3）电子巡更系统。电子巡更管理系统不仅是安全保卫系统中不可缺少的重要部分，也是物业管理的不可或缺的重要组成部分。在主要公共通道分布电子巡更签到点，可设定保安员巡更的路线及地点，巡更的次数等，并可检测该保安员所用的巡更时间，从而监督保安员工作。无线巡更系统由信息采集器、信息下载器、信息钮和中文管理软件等组成。电子巡更系统示意见图 3.2.7－6，并可实现以下功能：

1）可按人名、时间、巡更班次、巡更路线对巡更人的工作情况进行查询，并可将查询情况打印成各种表格，如情况总表、巡更事件表、巡更遗漏表等。

2）巡更数据储存，定期将以前的数据储存到软盘上，需要时可恢复到硬盘上。

3）用户要求可定制其他功能，如各种巡更事件的设置、员工考勤管理等。

（4）停车场设在地下室，本停车场出入口管理系统要求一进一出，从首层经坡道直接进入地下停车场。停车场既提供内部车辆使用，又考虑临时车辆停泊。采用由自动发卡机一次性发感应卡方式进行计时收费管理。严密控制持卡者进、出车场的行为，符合“一卡一车”的要求，防止“一卡多用”现象的发生。整个停车场系统采用网络化结构，管理计算机可通过网络可与入口控制设备、出口收费计算机相连，收费计算机和管理计算机之间可实现数据资源共享。停车场出入口管理系统示意见图 3.2.7－7。

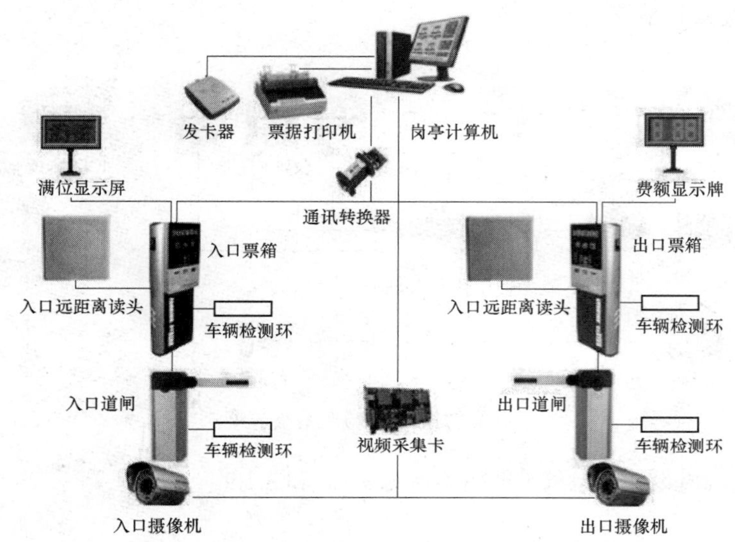

图 3.2.7－7 停车场出入口管理系统示意

（5）车位引导系统。通过车位探测器，实时采集停车场的各个车位停车情况，区域控制器按照轮询的方式对停车场的各个车位探测器的相关信息进行收集，并按照一定规则将数据压缩编码后反馈给主控制器，由主控制器对整个车场的车位停放信息进行分析处理后，发送给停车场内各指示牌、引导牌等提供信息，指导车辆进入相关车位，并同时将数据传送给计算机，由计算机将数据存放到数据库服务器。车位引导系统示意见图 3.2.7－8。

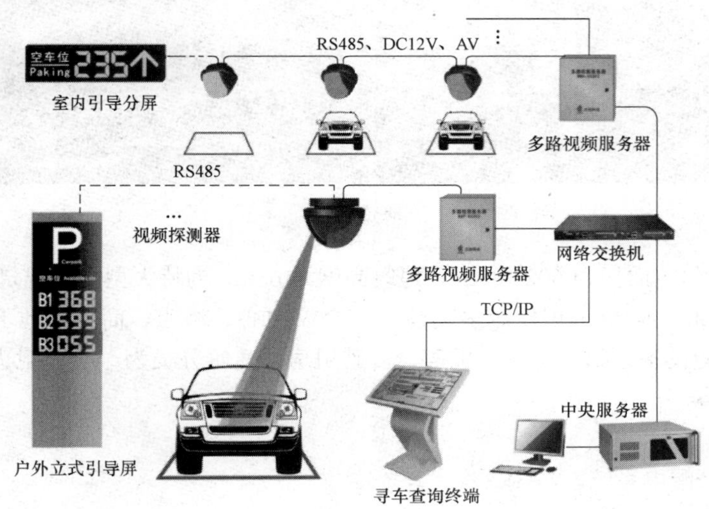

图 3.2.7－8 车位引导系统示意

（6）售验票系统。本工程系统服务器设置于中心网络机房，系统包含制票、售票、验票、信息管理等不同工作站设置于场馆运营管理用房。售验票系统示意见图 3.2.7－9。

1）统一采用手持式验票机进行验票，在观众主要出入口设置无线信息接入点，便于手持验票的使用。

2）系统采用条码技术和在线或离线手持验票机。对门票的制作、销售、管理、验票、统计等提供完整的一套票务系统。

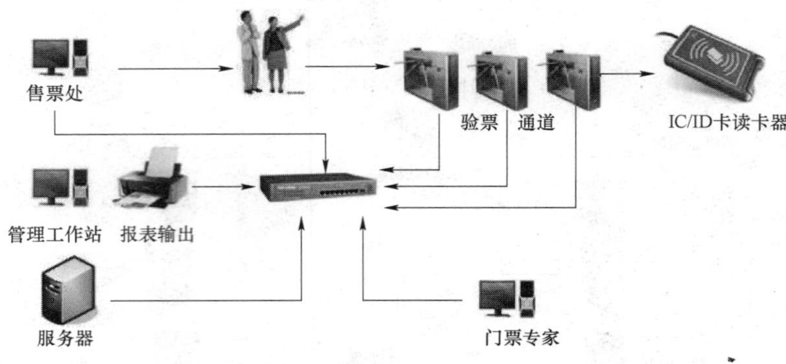

图 3.2.7－9　售验票系统示意

【说明】电气抗震设计和电气节能措施参见 3.1.8 和 3.1.9。

3.3　博览中心

3.3.1　项目信息

博览中心

某博览中心，建筑面积为 602 189m²，建筑高度为 68m，为特大型会展建筑。地上共十四层，建筑面积 482 976m²，功能为展厅、多功能厅、会议中心、酒店、商业。地下一层，建筑面积 119 213m²，功能为设备管廊、车库、机房、后勤用房。建筑分类为一类，耐火等级为一级，设计使用年限为 50 年。

3.3.2　系统组成

1. 高低压变、配电系统。

2. 电力、照明系统。

3. 防雷与接地系统。

4. 电气消防系统。

5. 智能化系统。

6. 电气抗震设计和电气节能措施。

3.3.3 高低压变、配电系统

1. 负荷分级。

(1) 一级负荷：安防信号电源、通信电源及计算机系统电源、展区内的正常照明、闸口机、消防用电设备（火灾自动报警控制器及联动控制台、消防类水泵及排烟风机等）、应急照明及疏散指示、保安监控系统、电话机房、网络机房、电子显示屏等按一级负荷考虑，其中安防信号电源、通信电源及计算机系统电源和所有的消防用电设备为一级负荷中的特别重要负荷。

(2) 二级负荷：包括展览用电、排水泵等按二级负荷考虑。

(3) 三级负荷：包括一般照明其及一般电力负荷。

2. 电源。

本工程由市政外网引来四组（八路）高压双重电源。高压系统电压等级为 10kV。每组高压采用单母线分段运行方式，中间设联络开关，平时两路电源同时分列运行，互为备用，当一路电源故障时，通过手/自操作联络开关，另一路电源负担全部负荷。

3. 变、配、发电站

(1) 在一层设置变电所二十四处。变压器低压侧 0.4kV 采用单母线分段接线方式，低压母线分段开关采用自动投切方式时，低压母联断路器应采用设有自投自复、自投手复、自投停用三种状态的位置选择开关，自投时应设有一定的延时，当变压器低压侧总开关因过负荷或短路故障而分闸时，母联断路器不得自动合闸；电源主断路器与母联断路器之间应有电气联锁，变电所分布见表 3.3.3－1。

表 3.3.3－1　　变电所分布

高压编号	变电所编号	变电所位置	变电所装机容量	供电范围
A1B1	1H1	会议中心	4×2000kVA	会议中心用电
	2H2	会议中心	2×1250kVA	会议中心冷冻设备用电
	3D1	多功能厅	2×2000kVA+2×1600kVA	多功能厅用电
	4D2	多功能厅	2×2000kVA	多功能厅用电
A2B2	5J1	酒店	2×1600kVA	酒店用电
	6J2	酒店	2×1000kVA	酒店用电
	7T1	台地	2×2000kVA	台地用电
	8T2	台地	2×2000kVA	台地用电
A3B3	9Z1	展览馆	2×1250kVA	展览用电
	10Z2	展览馆	2×1250kVA	展览用电
	11Z3	展览馆	2×1250kVA	展览用电
	12Z4	展览馆	2×1600kVA	展览用电
	13Z5	展览馆	2×1250kVA	展览用电

续表

高压编号	变电所编号	变电所位置	变电所装机容量	供电范围
A3B3	14Z6	展览馆	2×1250kVA	展览用电
	15Z7	展览馆	2×1250kVA	展览用电
	16Z8	展览馆	2×1600kVA	展览用电
A4B4	17Z9	展览馆	2×1250kVA	展览用电
	18Z10	展览馆	2×1250kVA	展览用电
	19Z11	展览馆	2×1250kVA	展览用电
	20Z12	展览馆	2×1600kVA	展览用电
	21Z13	展览馆	2×1250kVA	展览用电
	22Z14	展览馆	2×1250kVA	展览用电
	23Z15	展览馆	2×1250kVA	展览用电
	24Z16	展览馆	2×1600kVA	展览用电

（2）在一层设置九处柴油发电机房，柴油发电机房分布见表 3.3.3－2。

表 3.3.3－2　柴油发电机房分布

柴油发电机房编号	柴油发电机位置	柴油发电机装机容量	供电范围
1 号	会议中心	2×1600kVA	会议中心应急用电
2 号	多功能厅	2000kVA	多功能厅应急用电
3 号	酒店	1100kVA	酒店应急用电
4 号	展览馆	1250kVA	展览应急用电
5 号	展览馆	1250kVA	展览应急用电
6 号	展览馆	1250kVA	展览应急用电
7 号	展览馆	1250kVA	展览应急用电
8 号	展览馆	1250kVA	展览应急用电
9 号	展览馆	1250kVA	展览应急用电

4. 自备应急电源系统。

（1）当市电出现停电、缺相、电压超出范围（AC380V：－15%～+10%）或频率超出范围（50Hz ±5%）时延时 15s（可调）机组自动启动。

（2）当市电故障时，直接播出的电视演播厅、中心机房、录像室、微波设备及发射机房，消防用电设备、应急照明与疏散照明以及涉及人身安全的用电设备均由自备应急电源提供电源。

5. 设置电力监控系统，对电力配电实施动态监视。电力监控系统主要功能：

（1）数据采集与处理。

（2）人机交互。

（3）历时史事件。

（4）数据库建立与查询。

（5）用户权限管理。

（6）运行负荷曲线。

（7）远程报表查询。

3.3.4 电力、照明系统

1. 照明、电力、展览设施等的用电负荷、临时性负荷分别自成配电系统。配电系统的接地形式采用 TN－S 系统。冷冻机组、冷冻泵、冷却泵、生活泵、热力站、电梯等设备采用放射式供电；风机、空调机、污水泵等小型设备采用树干式供电。

2. 为保证重要负荷的供电，对重要设备如：通信机房、消防用电设备（消防水泵、排烟风机、加压风机、消防电梯等）、信息网络设备、消防控制室、中央控制室等均采用双回路专用电缆供电，在最末一级配电箱处设双电源自投，自投方式采用双电源自投自复。

3. 由低压配电室至各展区的展览用配电柜的低压配电宜采用放射式配电方式；由展览用配电柜配至各展位箱（或展位电缆井）的低压配电宜采用放射式或放射式与树干式相结合的配电方式。

4. 在展区内设置强电展位箱，为展览工艺提供展位电源，每 2～4 个标准展位设置一个展位箱，出线宜可到达每个展位区域，展位箱出线断路器，应装设剩余动作电流不大于 30mA 的剩余电流保护器。每 600m^2 展厅面积设置一个展览用配电柜，为展区内展览设施提供电源。地面展位箱示意见图 3.3.4－1。

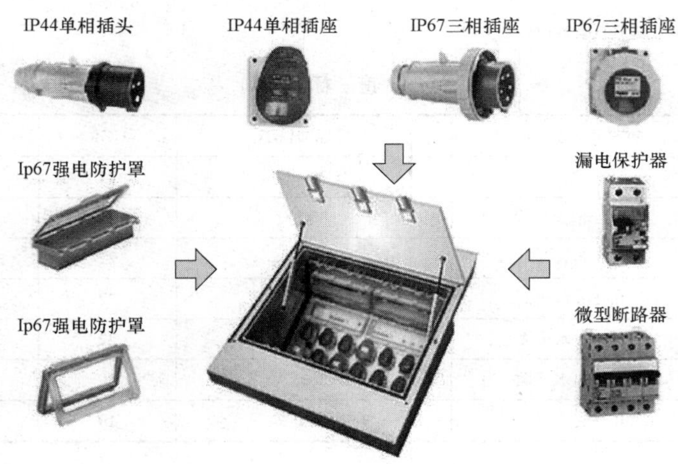

图 3.3.4－1 地面展位箱示意

5. 在展区内预留展沟且展沟盖板（或顶板）应满足展区内地面承压的荷载要求。嵌装在展沟上的地面展位箱，箱盖表面的承载力应与展厅地面的结构承载力相一致，箱体防护等级不应低于 IP54。当地面展位箱有用水点、压缩空气等辅助接口时，电气箱体防护等级不应低于 IP55。地沟展位箱安装示意见图 3.3.4－2。

6. 在会展建筑各登录厅、主要出入口设置闸口机，采用读卡过闸的管理方式，进行人流统计及人流管理。每个闸机采用专用变压器 24VDC 供电。各闸口机之间及闸口机与就地控制主机之间应预留通信网络接口，控制主机应有紧急疏散功能并预留与上位机通信接口。当闸口用于紧急疏散时，应能通过消防控制中心强制打开所有闸机。

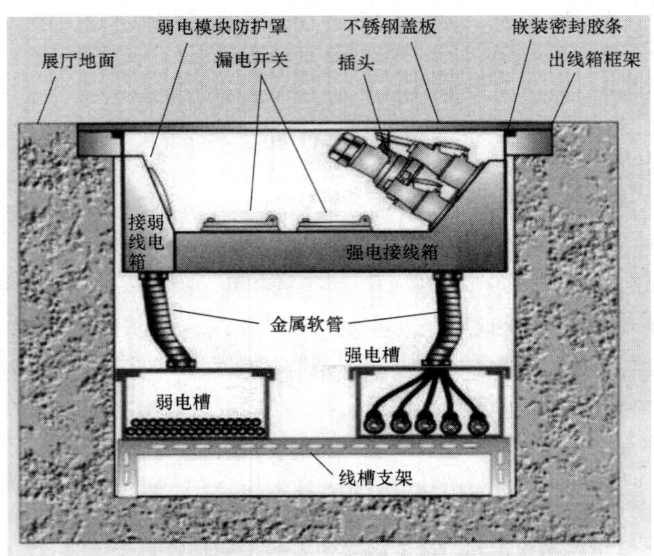

图 3.3.4－2　地沟展位箱安装示意

7. 在厅廊或连廊顶部按 12～18m 间距以跨为单位预留电动广告吊钩电源及控制条件，控制可采用遥控控制。

8. 照度标准。照度标准见表 3.3.4。

表 3.3.4　　照　度　标　准

房间或场所	参考平面及其高度	照度标准值/lx	UGR	U_0	R_a
一般展厅	地面	200	22	0.6	80
高档展厅	地面	300	22	0.6	80
公共大厅、登录厅	地面	200	22	0.4	80
多功能厅	0.75m 水平面	300	22	0.6	80
宴会厅	0.75m 水平面	300	22	0.6	80
洽谈室、会议室	0.75m 水平面	300	19	0.6	80
行政办公室	0.75m 水平面	300	19	0.6	80

9. 光源与灯具选择：顶棚较低、面积较小的展厅、会议厅，宜采用荧光灯和小功率金属卤化物灯照明；顶棚较高、面积较大的展厅、会议厅宜采用中、小功率金属卤化物灯照明。展区灯光控制采用分布式智能照明控制系统，利用通信总线把智能现场控制器连接组网。正常照明设计采用一组变压器的两个低压母线段分别引出专用回路各带 50%灯具交叉布置的配电方式。

10. 应急照明：在大空间用房、走廊、楼梯间及主要出入口等场所设置疏散指示照明。考虑展厅的特点，疏散指示灯指示方向与展厅的展区疏散路线相同，在展区地面及墙面设置疏散指示灯，在出入口设置安全出口指示。展厅地面设置的疏散指示灯要求防水，并承受与土建一致的荷载要求，且应具有 IP54 及以上的防护等级。登录厅、观众厅、展厅、多功能厅、宴会厅、大会议厅、餐厅等人员密集场所应设置疏散照明和安全照明。展厅安全照明的照度值不宜低于一般照明照度值的 10%。

11. 登录厅、公共大厅、展厅等大空间场所的照明控制应符合下列规定：

（1）应采用集中控制，并按建筑使用条件和天然采光状况采取分区、分组控制措施。

（2）集中照明控制系统应具备清扫、布展、展览等控制模式。

（3）照明系统应由控制中心、分控中心或值班室控制，不设置就地控制开关。

（4）消防控制室、消防分控室应能联动开启相关区域的应急照明。

3.3.5 防雷与接地系统

1. 本工程展厅按二类防雷设防，设有防直击雷、感应雷击及雷电电磁脉冲保护。

2. 为预防雷电电磁脉冲引起的过电流和过电压，在变压器低压侧、向重要设备供电的末端配电箱的各相母线上、由室外引入或由室内引至室外的电力线路、信号线路、控制线路、信息线路等装设电涌保护器（SPD）。

3. 本工程低压配电系统接地形式采用 TN－S 系统，其中性线和保护地线在接地点后要严格分开。凡正常不带电而当绝缘破坏有可能呈现电压的一切电气设备金属外壳均应可靠接地。

4. 防雷接地、变压器中性点接地及电气设备、信息系统等接地共用统一的接地装置，要求接地电阻不大于 1Ω，否则应在室外增设人工接地体。

5. 室内采用等电位联结，将建筑物内保护干线、设备进线总管、建筑物金属构件进行连接。同时在电缆沟内设置接地扁钢且与结构基础牢固焊接，作为临时办展的等电位保护干线。

6. 所有弱电机房、电梯机房、浴室等均做辅助等电位联结。

3.3.6 电气消防系统

1. 展馆采用控制中心火灾自动报警与消防联动控制系统，对展厅火灾信号和消防设备进行监视及控制。消防控制中心设在展馆一层；在会议中心、酒店、多功能厅设置分控室，消防控制室的火灾自动报警控制器独立运行，并将运行信息通过网络设备传输给消防控制中心火灾自动报警控制器。消防控制室和消防控制中心对排烟风机、消防水泵等消防设备均可进行直接手动控制。

2. 在办公室、会议室、商务、设备机房、楼梯间、走廊等场所设感烟探测器；高度大于 12m 的展厅、登录厅、会议厅等高大空间场所，同时选择两种及以上火灾探测参数的火灾探测器；在柴油机房等场所设感温探测器；在展厅等高大空间场所设线型光束图像感烟探测器和双波段图像火灾探测器；在电缆沟设缆式线型定温探测器。会议系统、扩声系统、出入口管理系统均与火灾自动报警系统联动。

3. 在主要出入口、疏散楼梯口等场所设手动报警按钮及对讲电话插口。

4. 在消防控制室、消防水泵房、变配电室、冷冻站、排烟机房、空调风机房、消防电梯机房、主要值班室等场所设消防专用电话。

5. 本工程还设置电气火灾报警系统、消防设备电源监控系统和防火门监控系统。

6. 控制中心对所有防排烟系统风机、防火阀、消防水泵进行监控。

7. 利用空间定位技术遥控消防水炮。

8. 极早期烟雾报警系统：在多功能厅、宴会厅、网络通信机房、网络设备间装设极早期烟雾报警系统。极早期烟雾报警系统主机的信号接至消防报警系统，提前做出火灾报警。

9. 为防止接地故障、过载、导体接触不良等引起的火灾，能发现电气火灾的隐患，本工程设置电气火灾报警系统。系统由电气火灾探测器、测温式电气火灾监控探测器和电气火灾监控设备组成。

10. 本工程设置消防设备电源监控系统，实现对消防设备电源的实时监测，可显著提高消防设备的可靠性、稳定性及备战能力，采用消防设备电源监控系统可实现有效降低消防设备供电电源的故障发生率，确保消防设备的正常工作。

11. 为保证防火门充分发挥其隔离作用，本工程设置防火门监控系统。

3.3.7 智能化系统

1. 信息化应用系统

信息化应用系统功能应满足建筑物运行和管理的信息化需要并提供建筑业务运营的支撑和保障。系统包括公共服务、智能卡应用、物业管理、信息设施运行管理、信息安全管理、基本业务办公和专业业务等信息化应用系统，设置卫星通信系统，在室内外预留信号、电源等相关接口的接入条件，以满足参展商的特殊要求。

（1）公共服务系统。公共服务系统应具有访客接待管理和公共服务信息发布等功能，并宜具有将各类公共服务事务纳入规范运行程序的管理功能。系统基于信息网络及布线系统，系统服务器设置于中心网络机房，管理终端设置于相应管理用房。

（2）智能卡应用系统。根据建设方物业信息管理部门要求对出入口控制、电子巡查、停车场管理、考勤管理、消费等实行一卡通管理，“一卡”，在同一张卡片上实现开门、考勤、消费等多种功能；“一库”，在同一软件平台上，实现卡的发行、挂失、充值、资料查询等管理，系统共用一个数据库，软件必须确保出入口控制系统的安全管理要求；“一网”，各系统的终端接入局域网进行数据传输和信息交换。系统基于信息网络及布线系统，系统服务器设置于中心网络机房，管理终端设置于相应管理用房。

（3）信息设施运行管理系统。信息设施运行管理系统应具有对建筑物信息设施的运行状态、资源配置、技术性能等进行监测、分析、处理和维护的功能。系统基于信息网络及布线系统，系统服务器设置于中心网络机房，管理终端设置于相应管理用房。

（4）信息安全管理系统。信息网络安全管理系统通过采用防火墙、加密、虚拟专用网、安全隔离和病毒防治等各种技术和管理措施，确保经过网络的传输和管理措施，使网络系统正常运行，确保经过网络传输和交换的数据不会发生增加、修改、丢失和泄露。系统基于信息网络及布线系统，系统服务器设置于中心网络机房，管理终端设置于相应管理用房。

（5）多媒体公共信息显示、查询系统。

1）在展区主入口、会议区主入口、大堂、休息区、签到处、各层主要交通厅堂等处设置信息查询终端。

2）在各展厅、电梯厅、各会议厅入口等处设置信息显示终端。

3）系统应满足展览、会议等信息的检索、查询和导引等功能。

（6）票务管理系统。票务管理系统示意见图 3.3.7－1。

1）票务管理系统采用计算机管理手段和通道控制技术，实现票务管理和客流统计功能。

2）检票终端宜具备脱网独立工作的功能。

3）客流统计终端宜设置在会展建筑参观人员的进、出口处。

（7）会议预定系统。

1）会议预定系统宜提供网上预定、电话预定、预定取消、空闲会议室查询等功能。

2）系统应具有与信息显示系统联动功能。

3）系统布线宜基于建筑内的综合布线系统平台。

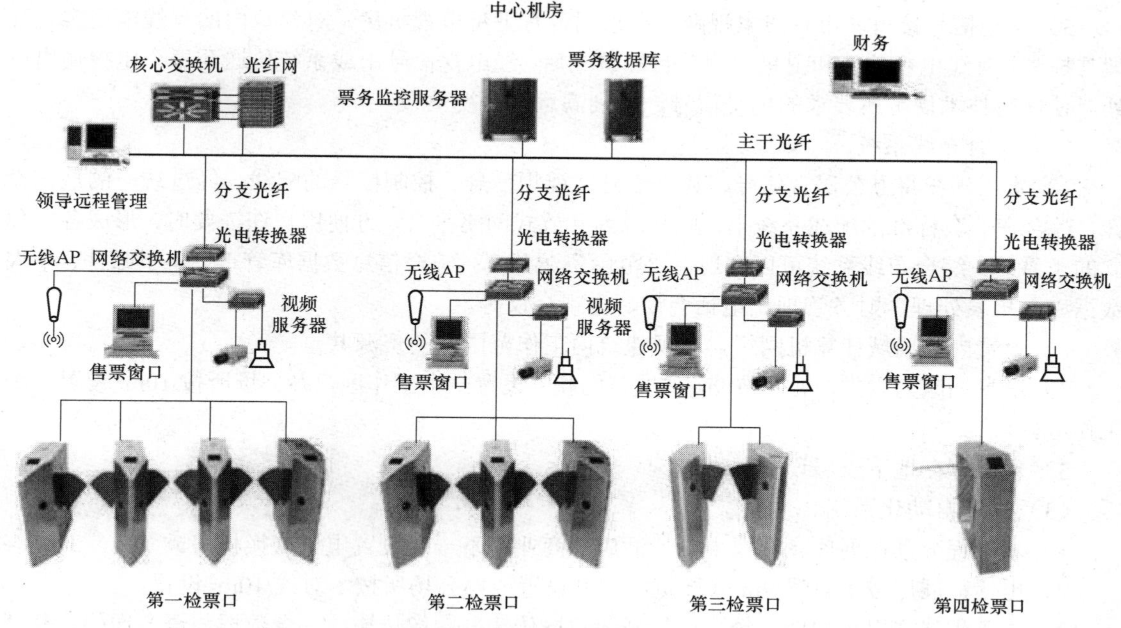

图 3.3.7－1 票务管理系统示意

2. 智能化集成系统。

（1）集成管理的重点是突出在中央管理系统的管理，控制仍由下面各子系统进行。集成管理能为本工程各个管理部门提供高效、科学和方便的管理手段。将建筑中日常运作的各种信息，如建筑设备监控、安防、通信系统等管理信息，各种日常办公管理信息，物业管理信息等构成相互之间有关联的一个整体，从而有效地提升建筑整体的运作水平和效率。

（2）集成管理，首先要求进行集成的系统应该是一个开放性的系统，在集成过程中，首先要解决好各个系统间通信协议的标准化问题，使整个系统达到信息识别的唯一性，只有这样，才能真正达到各子系统之间的联动，也才能做到无论集成先后，均能平滑连接。

（3）系统集成的规模，首先是以建筑设备管理系统为模式，即 BMS 模式，先期将在建筑中有相互联动关系的各建筑设备监控子系统进行相对集成，达到相互之间在处理和解决建筑中出现的问题时，能协同动作，提高效率，便于管理。在 BMS 中，以建筑设备监控系统（BA）为基础平台，进行相关的联动设计。

3. 信息化设施系统。

（1）信息系统对城市公用事业的需求。

1）本工程酒店需输出入中继线 100 对（呼出呼入各 50%）。另外申请直拨外线 200 对（此数量可根据实际需求增减）。多功能厅和会议中心各需输出入中继线 50 对（呼出呼入各 50%）。另外申请直拨外线 100 对（此数量可根据实际需求增减）。商业需输出入中继线 80 对（呼出呼入各 50%）。另外申请直拨外线 150 对（此数量可根据实际需求增减）。需展厅输出入中继线 1000 对（呼出呼入各 50%）。另外申请直拨外线 1500 对（此数量可根据实际需求增减）。

2）本工程建立卫星通信系统，进行高速数据传输、图像传输、综合数据与语音通信、移动数据通信、计算机网络连接等综合业务，与 DDN 数字数据网互为备份，可以保证数据通信的不间断性、可靠性。

3）电视信号接自城市有线电视网，在顶层设有卫星电视机房，对建筑内的有线电视实施管理与控制。有线电视节目和卫星电视节目经调制后，经电视信号干线系统传送至每个电视输出口处，使获得技术规范所要求的电平信号，达到满意的收视效果。

（2）综合布线系统。

1）本工程在将办公语音信号、数字信号、视频信号、控制信号的配线，经过统一的规范设计，综合在一套标准的配线系统上，此系统为开放式网络平台，方便用户在需要时，形成各自独立的子系统。综合布线系统可以实现世界范围资源共享，综合信息数据库管理、电子邮件、个人数据库、报表处理、财务管理、电话会议、电视会议等。

2）设置内部局域计算机网络，实现建筑内工作范围内的资源共享。

3）信息插座为六类，展厅按 9m^2（展览面积）设置一个工作区，办公场所按 10m^2 设置一个工作区。

3）本工程在地下一层设置网络室。

（3）通信自动化系统。

1）本工程分别在展厅、会议中心、酒店、商业地下一层设置电话交换机房。

2）电话，展厅按 1 对线/9m^2（展览面积）设置；办公场所按 1 对线/10m^2 设置。

3）本工程建立卫星通信系统，进行高速数据传输、图像传输、综合数据与语音通信、移动数据通信、计算机网络连接等综合业务，与 DDN 数字数据网互为备份，可以保证数据通信的不间断性、可靠性。

（4）有线电视及卫星电视系统。有线电视系统是利用光纤/同轴电缆进行宽频传输的图像传输系统，该系统通过同轴电缆分配网络将电视图像信号高质量地传送到楼层各用户终端。有线电视系统一般可分为前端、干线及分支分配网络、末端点位等三个部分。前端部分包括光接收机、调制解调器、混合器。干线及分支分配网络部分包括干线传输电缆、干线放大器、、分配放大器、分支电缆、分配器、分支器。

1）能够接收当地有线电视送达的有线电视信号。

2）设置一套自办节目。

3）使用同轴电缆网，邻频传输方式。

4）系统采用 860MHz 全频双向传输。

5）系统用户终端电平控制在 68dB 左右范围，载噪比不应低于 43dB。

6）图像质量达到 4 级以上。

7）展厅按 1 个/36m^2（展览面积）设置电视插座。

（5）信息导引及发布系统。在大楼室外一层设置大屏幕，主题内容可以根据需要随时进行调整，并可以做到声色并貌；在每层的电梯厅设液晶显示器，用于重要信息发布、内部自作电视节目、重要会议的视频直播等。

（6）背景音乐及紧急广播系统

1）本工程分别在展厅、会议中心、酒店、商业一层设置广播室。广播系统根据建筑整体性管理原则，背景音乐、业务广播及应急广播，供建筑统一管理使用，同时在消防控制中心设置应急呼叫话筒，在突发事故时对指定区域进行人工疏散指挥广播。公共区域的背景音乐与应急广播共用一套扬声器，平时播放背景音乐及业务广播，火灾时播放应急广播。系统的音源、主机、功率放大器根据会议的规模可集中放置在消防控制中心。广播功放容量应满足最大同时开通所有扬声器容量要求（即建筑全区进行应急广播），并能够完成火灾自动报警联动切换控制。

2）多功能厅、宴会厅设置独立的音响设备。会议扩声系统配备多台多路混音放大器、扬声器箱等专业设备。调音台应有多路音源输入通道，每通道均可预选话筒或线路输入。各通道均应有语音滤波，衰减低音成分，增加语音的清晰度。可接入 CD、AM/FM 收音机、话筒等，并具备录音设备。扬声器的配置应满足会场声压级的需要，并应保证会场内声压的均匀度。

3）同声传译系统。根据多功能厅环境，在多功能厅内设数个红外辐射器，用以传送译音信号，与会者通过红外接收机，佩戴耳机，通过选择开关选择要听的语种。翻译人员用的设备应与会议系统一致。系统采用红外无线方式，设 6 种语言的同声传译，采用直接翻译和二次翻译相结合的方式。同声传译系统示意见图 3.3.7－2。

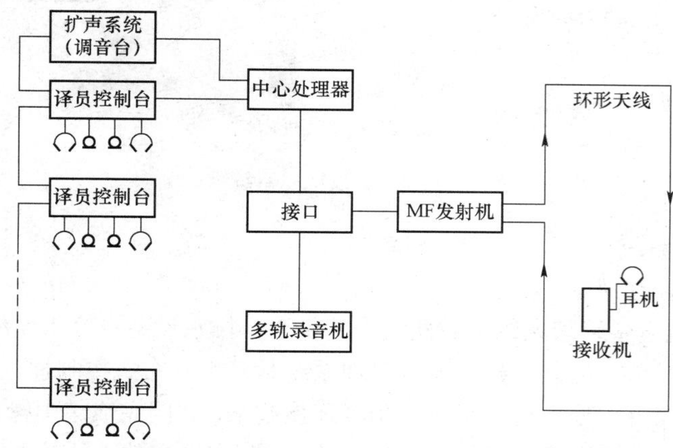

图 3.3.7－2 同声传译系统示意

（7）无线通信增强系统。为避免无线基站信道容量有限，忙时可能出现网络拥塞，手机用户不能及时打进或接进电话。另外由于大楼内建筑结构复杂，无线信号难于穿透，室内易出现覆盖盲区。因此，大楼内应安装无线信号室内天线覆盖系统以解决移动通信覆盖问题，同时也可增加无线信道容量。无线通信增强系统示意见图 3.3.7－3。

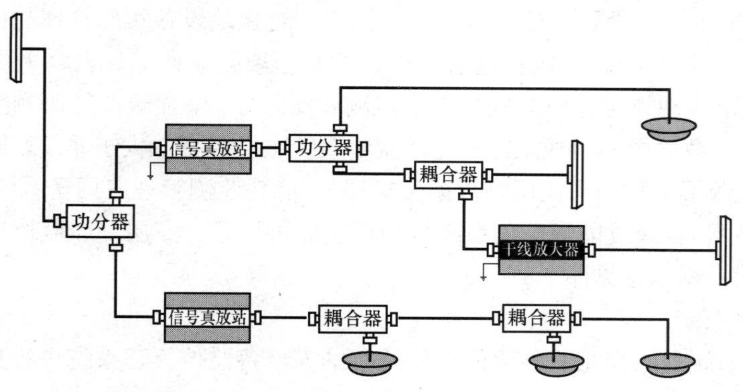

图 3.3.7－3 无线通信增强系统示意

（8）时钟系统。为航站楼各区域和部门提供统一准确时间、协调各部门工作，系统采用子母钟控制原则，采用北斗/GPS 接收机接受校时信号，信号经处理后向母钟定时发校准信号。

（9）会议电视系统。本工程在会议厅设置全数字化技术的数字会议网络系统，该系统采用模块化结构设计，全数字化音频技术。具有全功能、高智能化、高清晰音质。方便扩展和数据传递保密等优点。可实现发言演讲、会议讨论、会议录音等各种国际性会议功能，其中主席设备具有最高优先权，可控制会议进程会议电视系统示意见图 3.3.7－4。

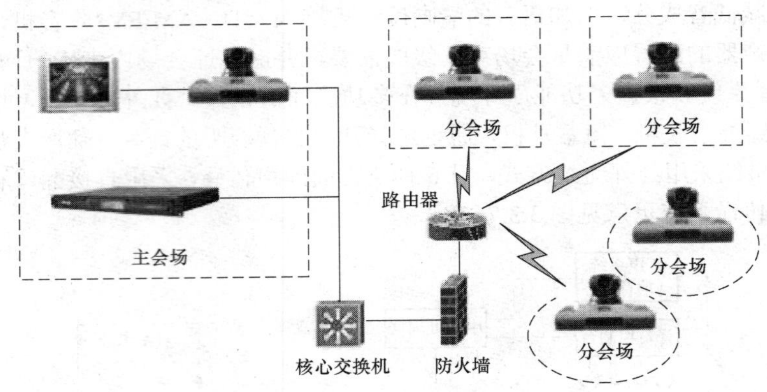

图 3.3.7－4　会议电视系统示意

4. 建筑设备管理系统。

（1）建筑设备监控系统。

1）本工程设建筑设备管理系统，对建筑内的供水、排水设备；冷水系统、空调设备及供电系统和设备进行监视及节能控制。建筑设备管理系统是基于分布式控制理论而设计的集散系统，通过网络系统将分布在各监控现场的系统控制器连接起来，共同完成集中操作、管理和分散控制的综合自动化系统。以确保建筑舒适和安全的环境，同时实现高效节能的要求，并对特定事物做出适当反应。

2）本工程建筑设备监控系统的操作系统选用业界通行的 Windows2000 操作系统，采用分布式数据库技术同时支持分布式服务器结构。

3）本工程建筑设备监控系统监控点数共计为 3960 控制点（AI＝596 点、AO＝872 点、DI＝1644 点、DO＝848 点）。

4）本工程在地下一层设置一处建筑设备监控室，对建筑设备实施管理与控制。

（2）建筑能效监管系统。通过对建筑安装分类和分项能耗计量仪表，采用远程传输等手段及时采集能耗数据，实现重点建筑能耗的在线监测和动态分析，建筑能耗监测系统由数据采集子系统、数据中转站和数据中心组成。建筑能耗监测系统主要包括 2 大子系统，即能耗数据采集子系统（包括数据来源层、数据采集层、数据传输层）、能耗监测管理应用子系统（包括数据中心/中转站、web 服务器）。建筑能耗监测系统按物理层面可以分为三层，即监控层，网络层和设备层。建筑能效监管系统示意见图 3.3.7－5。

（3）电梯监控系统。

1）电梯监控系统是一个相对独立的子系统，纳入设备监控管理系统进行集成。

2）电梯现场控制装置应具有标准接口（如 RS485、RS232 等）。

3）在安防消防中心设电梯监控管理主机，显示电梯的运行状态。

4）监控系统配合运营，启动和关闭相关区域的电梯；接收消防与安防信息，及时采取应急措施。

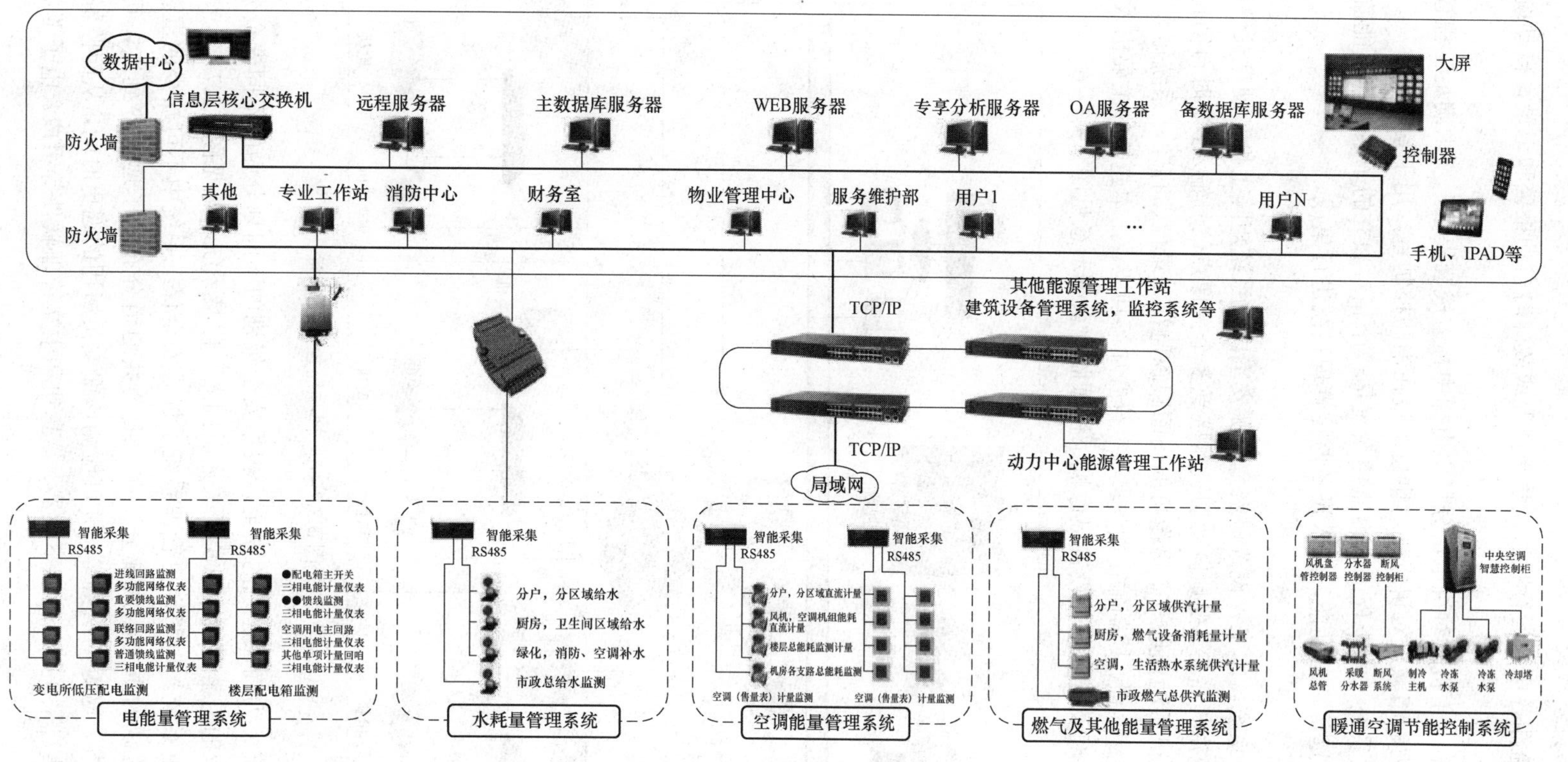

图 3.3.7-5 建筑能效监管系统示意

5）系统自动监测各电梯运行状态，紧急情况或故障时自动报警和记录，自动统计电梯工作时间，定时维修。

6）电梯对讲电话主机及对讲电话分机由电梯中标方成套提供，要求满足工程管理需要。

7）电梯轿厢内设暗藏式对讲机，对讲总机设在消防控制室，用于紧急对讲。

（4）电力监控系统。本工程的电力监控系统是一个相对独立的子系统，电能监测中采用的分项计量仪表具有远传通信功能，纳入设备监控管理系统进行集成。

5. 公共安全系统。

（1）视频监控系统。本工程设置保安室，保安室内设系统矩阵主机、硬盘录像机、打印机，监视器及约 24V 电源设备等。视频自动切换器接受多个摄像点信号输入，定时自动轮换（1～30s）输出监控信号，也可手动任选一个摄像机的画面跟踪监视、录像、打印。系统矩阵主机带输入、输出板；云台控制及编程、控制输出时、日、字符叠加等功能。在本建筑的主要出入口、楼梯间、电梯前室、电梯轿厢及走廊等处设置摄像机。视频监控系统示意见图 3.3.7－6。

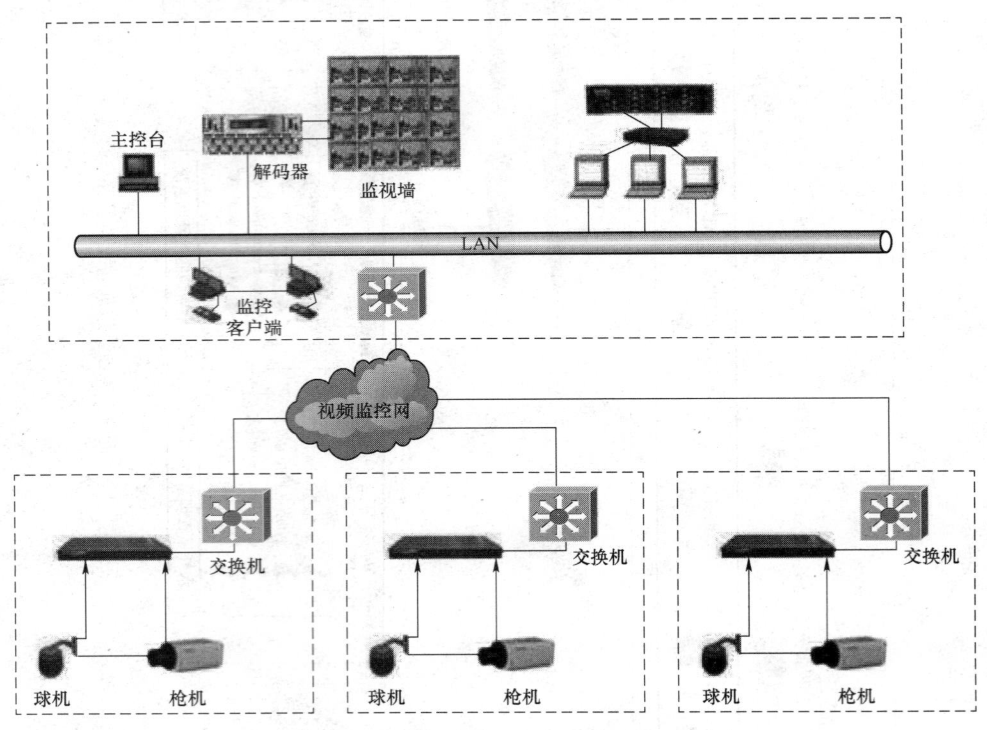

图 3.3.7－6　视频监控系统示意

（2）门禁系统。为确保建筑的安全，根据安全级别的不同划分为的不同安全分区，根据级别的不同设置相应的门禁系统，以免无关人员闯入。门禁系统示意见图 3.3.7－7。

（3）电子巡更系统。电子巡更管理系统不仅是安全保卫系统中不可缺少的重要部分，也是物业管理的不可或缺的重要组成部分。在主要公共通道分布电子巡更签到点，可设定保安员巡更的路线及地点，巡更的次数等，并可检测该保安员所用的巡更时间，从而监督保安员工作。无线巡更系统由信息采集器、信息下载器、信息钮和中文管理软件等组成。电子巡更系统示意见图 3.3.7－8。

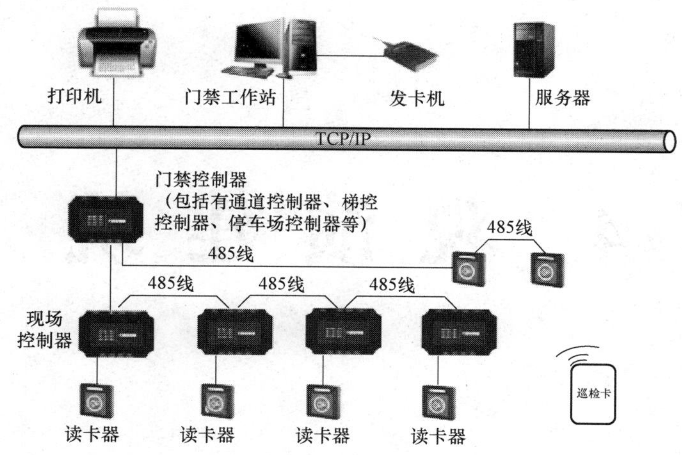

图 3.3.7－7 门禁系统示意

（4）停车场设在地下室，本停车场管理系统要求一进一出，从首层经坡道直接进入地下停车场。停车场既提供内部车辆使用，又考虑临时车辆停泊。采用由自动发卡机一次性发感应卡方式进行计时收费管理。严密控制持卡者进、出车场的行为，符合“一卡一车”的要求，防止“一卡多用”现象的发生。整个停车场系统采用网络化结构，管理计算机可通过网络可与入口控制设备、出口收费计算机相连，收费计算机和管理计算机之间可实现数据资源共享。

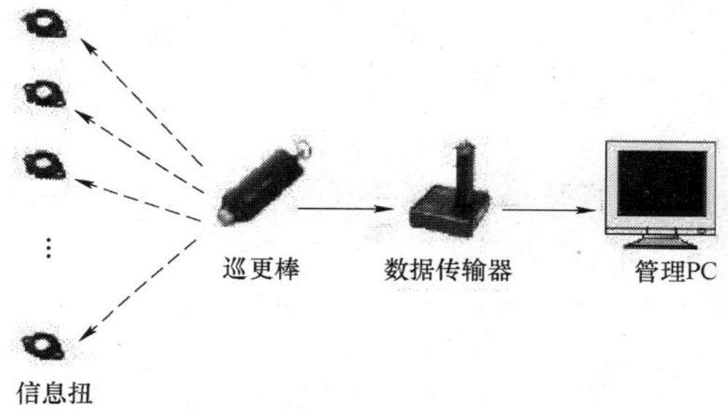

图 3.3.7－8 电子巡更系统示意

（5）车位引导系统。通过车位探测器，实时采集停车场的各个车位停车情况，区域控制器按照轮询的方式对停车场的各个车位探测器的相关信息进行收集，并按照一定规则将数据压缩编码后反馈给主控制器，由主控制器对整个车场的车位停放信息进行分析处理后，发送给停车场内各指示牌、引导牌等提供信息，指导车辆进入相关车位，并同时将数据传送给计算机，由计算机将数据存放到数据库服务器。

（6）应急响应系统，以火灾自动报警系统、安全技术防范系统等为基础，用以应对自然灾害、事故灾难、公共卫生和社会安全事件等突发公共事件。

【说明】 电气抗震设计和电气节能措施参见 3.1.8 和 3.1.9。

4 观演建筑

【摘要】观演建筑是人们观赏演艺产品、陶冶情操的重要文化场所。观演建筑通常有舞台、观众席和其他附属演出空间组成。观演建筑电气设计应根据三种不同场所的不同要求，对光源、机械、音响、控制措施进行设计，同时要关注剧场电气设备产生的谐波源，并应采取相应措施。剧场作为人员密集场所，为了避免停电时引起人员恐慌，以及保证火灾时人员疏散和逃生，应注意电气消防的设计。

4.1 剧院

4.1.1 项目信息

某剧院剧场等级为甲级。总建筑面积为 29 925m²。包括一个 1400 座的剧场及相关设施，一个多功能剧场（474 座）及相关设施，一个会议、多功能厅，艺术商店等组成的附属设施。建筑物地上四层，局部五层，地下二层，总高度为 23m。建筑分类为一类，耐火等级为一级，设计使用年限 50 年。

剧院

4.1.2 系统组成

1. 高低压变、配电系统。
2. 电力、照明系统。
3. 防雷与接地系统。
4. 电气消防系统。
5. 智能化系统。
6. 电气抗震设计和电气节能措施。

4.1.3 高低压变、配电系统

1. 负荷分级。

（1）一级负荷：包括调光用电子计算机系统电源、舞台、贵宾室、演员化妆室照明、舞台机械电力、电声、广播及电视转播、新闻摄影电源、火灾报警及联动控制设备、消防泵、消防电梯、排烟风机、加压风机、保安监控系统、应急照明、疏散照明等，设备容量约为 1500kW。其中的调光用电子计算机系统电源和所有的消防用电设备为一级负荷中的特别重要负荷，设备容量约为 720kW。

（2）二级负荷：观众厅照明、空调机房及锅炉房电力和照明用电、客梯、排水泵、生活水泵等属二级负荷。设备容量约为 1600kW。

（3）三级负荷：一般照明及动力负荷为三级负荷。设备容量约为 1600kW。

2. 电源：市政电源来自上级 110/10kV 变电站馈出的双重 10kV 高压电源。

3. 供电形式。

（1）特别重要负荷：由双重电源供电（其中备用电源为自备柴油发电机提供），并在末端进行互投。

（2）一级负荷：由双重电源供电，并在末端进行互投。当两路市电同时失电时，柴油发电机提供备用电源。

（3）二级负荷：当无特别要求时，采用单回路供电，在变压器低压母联处切换。

（4）三级负荷：无特别要求。

4. 变、配、发电站。

（1）变配电所设在地下一层侧台下，深入负荷中心，临近舞台灯光硅控室，与台上、台下舞台机械控制室贴邻。变、配电所内设四台 1250kVA 变压器。

（2）在地下一层设置一处柴油发电机房。拟设置一台 800kW 柴油发电机组。

5. 高压系统。高压采用单母线分段运行方式，中间设联络开关，平时两路电源同时分列运行，互为备用，当一路电源故障时，通过手/自操作联络开关，另一路电源负担全部负荷。容量 5000kVA。

6. 低压系统：变压器低压侧采用 0.4kV。平时两台变压器分列运行，同时供电，各带一段母线运行，母联断路器断开；当一台变压器因故停运时，主母联开关自动或手动闭合，由另一台变压器带全部一级负荷和二级负荷。当事故消除后，母联经延时后手动或自动断开，退出运行的主进开关再投入，两段母线恢复正常运行。主进开关与主母联开关设机械电气联锁，任何情况下只能合其中的一个开关。

7. 自备应急电源系统

（1）当市电出现停电、缺相、电压超出范围（380V：－15%～+10%）或频率超出范围（50Hz ±5%）时延时 15s（可调）机组自动启动。

（2）当市电故障时，调光用电子计算机系统电源，消防用电设备、应急照明与疏散照明以及涉及人身安全的用电设备均由自备应急电源提供电源。

4.1.4 电力、照明系统

1. 冷冻机组、冷冻泵、冷却泵、舞台灯光、舞台机械、生活泵、锅炉房、热力站、厨房、电梯等设备采用放射式供电。风机、空调机、污水泵等小型设备采用树干式供电。

2. 舞台灯光、舞台机械等供电采用双母线供电方式。

3. 消防负荷、重要负荷、容量较大的设备及机房采用放射方式，就地设配电柜；容量较小分散设备采用树干式供电。

4. 消防水泵、消防电梯、防烟及排烟风机等消防负荷及一级负荷的两个供电回路，消防负荷在最末一级配电箱处自动切换；二级负荷采用双路电源供电，适当位置互投后再放射式供电。

5. 照度标准见表 4.1.4。

表 4.1.4　　照　度　标　准

房间或场所		参考平面及其高度	照度标准值/lx	UGR	U_0	R_a
门厅		地面	200	22	0.4	80
观众厅	影院	0.75m 水平面	100	22	0.4	80
	剧场	0.75m 水平面	150	22	0.4	80
观众休息厅	影院	地面	150	22	0.4	80
	剧场	地面	200	22	0.4	80

续表

房间或场所		参考平面及其高度	照度标准值/lx	UGR	U_0	R_a
排演厅		地面	300	22	0.6	80
化妆室	一般活动区	0.75m 水平面	150	22	0.6	80
	化妆台	1.1m 高处垂直面	500	—	—	80

6. 办公室采用高效格栅荧光灯，为提高功率因数及节能，荧光灯均选配电子镇流器，走道，卫生间均选用节能筒灯，B 段地下层冷冻机房，A 段地下层水泵房采用小功率金属卤化物灯。观众厅在演出时的照度控制在 3～5lx，观众厅照明应采用平滑调光方式，并应防止不舒适眩光。观众厅照明根据使用需要多处控制，并设有值班、清扫用照明，其控制开关宜设在前厅值班室。

7. 舞台灯光：

（1）在戏剧和歌舞表演中，为了烘托剧情、突出人物、增加艺术效果、随着剧情变化，在舞台上会出现各种情景。舞台灯光由面光、耳光、顶光、柱光、脚光、侧光、顶排光、天排光、地排光、追光等组成。

（2）本工程舞台灯光系统设二道面光，主台两侧各设 3 层耳光，假台口上方设假台口顶光，假台口两侧设假台口柱光，主舞台内设一顶光，二顶光，三顶光，天排光，地排光，主舞台的侧光采用灯光吊笼，观众厅后部设有大小两种追光以及脚光和地面流动光。

（3）面光的作用，它解决了舞台前沿区的基本照明光，一般作为舞台的底光；耳光的作用，文艺演出时，灯光照亮演员的正、侧面脸部，从侧面加强人物的立体感；顶光的作用，衔接面光投射后演区，使人和景有立体感；柱光的作用是衔接耳光和面光，照射表演区中、后部；脚光安装在台唇前沿灯槽内，用来照射大幕下部或从上向下照亮前台，为演员消除下方向的阴影，加强艺术造型，弥补顶光和侧光的不足，侧光也称之为桥光，用来强调景物的轮廓或照亮演员的后部，使中景、近景的层次清楚，加强景物的透视感，有时根据剧情的需要，用作穿过树林或透进窗户的阳光，可以达到比较真实的效果。顶排光，位于舞台上部的排灯，装在每道帷幕后边的吊杆上，大部分以泛光或散光灯为主，一般用以投射景物或演区等，它的作用是均匀地照明舞台，增加舞台的亮度。天排光灯具安装在天幕区上部吊杆或灯光桥上，地排光在天幕前地沟内布灯。天幕配光所用的灯具种类较多，配以各种灯光效果器可以在天幕上投映出各种景色。

（4）灯光控制室设在观众席的后面，可控硅调光室设在舞台的下场（临近舞台灯光），灯光控制室内设主备两个灯光控制台及一个电脑灯控制台。灯光控制台用 ISIS 软件操作平台通过同步线实现资源共享，操作内容共享，可以同时操作，所存储内容可以互相备份，有千余个通道可以用来控制光源，颜色变换器和移动灯光。电脑灯调光台带触摸屏，屏幕可以做预置效果，翻页浏览，可以控制硅箱电脑灯，可以作为剧场的流动调光台使用，方便操作人员的控制和编程。可控硅调光室内设 9 台调光柜，2 台直通柜，调光柜为 90 回路，每路 3kW，每台柜容量为 270kW；直通柜每台柜为 90 回路，每路为 4kW，每台柜容量为 360kW。

（5）面光处均设置马道，马道上均设置灯光接线盒或插座，以便于灯光的安装，使用，维护。主舞台，后台，侧台，乐池，观众厅各层包厢均预留电源插座箱，以便临时布灯使用。由可控硅调光室至舞台灯光的电源线均采用电缆线槽敷设。

（6）考虑到平常演出，一般剧种舞台灯光的使用容量有限，舞台灯光系统的供电采用双回路。如某一回路电源发生故障，备用电源可以末端，自动切换，以保证剧场的正常演出。

（7）乐池内谱架灯、化妆室台灯照明、观众厅座位排号灯的电源电压不得大于36V。

8. 应急照明与疏散照明：

（1）变配电所、柴油发电机房、计算中心、消防控制中心、水泵房、防排烟风机房、走廊、楼梯间、电梯前室、门厅等场所设置应急照明。在走廊、安全出口、大厅、楼梯间等处设疏散指示灯。消防控制室、变配电所、配电间、电信机房、弱电间、楼梯间、前室、水泵房、电梯机房、排烟机房、重要机房的值班照明等处的应急照明按100%考虑；门厅、走道按30%设置应急照明；其他场所按10%设置应急照明。

（2）本项目人员密集场所，将采用集中电源集中控制型消防疏散指示灯系统，各层走道、拐角及出入口均设疏散指示灯，蓄电池采用集中免维护电池进行供电，停电时自动切换为直流供电，总控制屏设于各功能区的消防控制中心。所有疏散指示灯经由附设于总控制屏或集中控制型消防灯具控制器（分机）内的应急自备电源装置（EPS）提供工作电源，并内置蓄电池作为备用电源，应急照明持续时间应不少于30min。

9. 为保证用电安全，用于移动电器装置的插座的电源均设电磁式剩余电流保护装置（动作电流≤30mA，动作时间小于0.1s）。

10. 照明控制：为了便于管理和节约能源，以及不同的时间要求不同的效果。本工程采用智能型照明控制系统，部分灯具考虑调光；楼梯间、走廊等公共场所的照明采用集中控制和就地控制相结合的方式；走廊的照明采用集中控制。走廊的应急照明考虑就地控制和消防集中控制的方式。室外照明的控制纳入建筑设备监控系统统一管理。

4.1.5 防雷与接地系统

1. 本建筑物按二类防雷建筑物设防，利用建筑物的金属层面兼做接闪器。所有突出屋面的金属体和构筑物应与接闪带电气连接。

2. 建筑物做等电位联结，在配变电所内安装一个主等电位联结端子箱，将所有进出建筑物的金属管道、金属构件、接地干线等与等电位端子箱有效连接。

3. 为预防雷电电磁脉冲引起的过电流和过电压，在变压器低压侧、向重要设备供电的末端配电箱的各相母线上、由室外引入或由室内引至室外的电气线路等装设电涌保护器（SPD）。

4. 本工程采用共用接地装置，以建筑物、构筑物的金属体、构造钢筋和基础钢筋作为接地体，其接地电阻小于1Ω。

5. 交流220/380V低压系统接地形式采用TN－S，PE线与N线严格分开。

6. 所有弱电机房和电梯机房均做辅助等电位联结。

7. 剧场舞台工艺用房均预留接地端子。

4.1.6 电气消防系统

1. 本工程消防控制室设在一层，有直通室外的出口。消防控制室内设火灾报警控制主机、联动控制台、图形显示器、打印机、紧急广播设备、消防直通对讲电话设备、电梯监控盘及电源设备等。

2. 火灾探测器设置：观众厅、舞台等无遮挡大空间设红外光束感烟探测器；剧场大堂、休息厅、展厅等高大空间设红外光束感烟探测器；排练厅、化妆室、办公、剧场技术用房和设备用房设智能型感烟探测器；舞台葡萄架下、观众厅闷顶内、台仓及疏散通道设智能型感烟探测器；厨房设可燃气体探测器及感温探测器；柴油机房配合水喷雾灭火系统设感烟感温探测器组；电动防火卷帘门两侧设感烟感温探测器组。剧场内高度大于 12m 的空间场所同时选择两种及以上火灾参数的火灾探测器。

3. 在主要出入口、楼梯间及电梯前室等处设手动报警按钮及消防对讲电话插孔。从一防火分区内任何位置到最临近的一个手动火灾报警按钮的距离不应大于30m。在消火栓箱内设消火栓报警按钮。

4. 消防联动控制：消防控制室内设联动控制台，可以实现下列控制及显示功能。

（1）消防泵的控制：

1）直接启动消火栓泵。消防控制室按防火分区显示启泵按钮的位置并设置机械启泵装置。

2）自动喷洒泵的控制：喷洒泵、喷洒稳压泵均由压力开关自动控制并设置机械启泵装置。消防控制室可显示水流指示器、信号阀、水力报警阀的动作信号。

3）雨淋喷水泵的控制：舞台设雨淋自动喷水灭火系统，将舞台划分为十个保护区，设十套雨淋报警阀。

4）自动方式：火灾时，舞台上部设置的红外光束感烟探测器或地址码感烟探测器报警，由两组及以上探测器的动作信号控制开启相应保护区雨淋报警阀处的电磁阀，雨淋阀开启，压力开关动作启动雨淋喷水泵。消防控制室可开启雨淋阀。

5）手动方式：演出期间发生火灾时，由雨淋阀处的值班人员紧急开启雨淋阀处的手动快开阀，雨淋阀开启，压力开关动作启动雨淋喷水泵。

（2）水幕喷水泵：舞台防火幕内侧设冷却防火水幕系统，分自动和手动两种控制方式。

1）自动方式：非演出期间，由钢制防火幕的动作信号控制开启雨淋报警阀处的电磁阀，雨淋阀开启，压力开关动作启动水幕喷水泵。

2）手动方式：演出期间发生火灾，当钢质防火幕手动下降时，由水幕雨淋阀处的值班人员紧急开启雨淋阀处的手动快开阀，从而启动水幕喷水泵。

3）所有消防泵的工作和故障状态传至消防控制室，消防控制室可启停消防泵，除自动控制外，还能手动直接控制。

（3）排烟风机的控制：当发生火灾时，消防控制室根据火灾情况控制相关层的排烟阀（平时常闭），同时联动启动相应的排烟风机。当火灾温度超过 280℃时，排烟阀熔丝熔断，关闭阀门，同时自动关闭相应的排烟风机。消防控制室可对排烟风机通过模块进行自动控制还可在联动控制台上通过硬线手动控制，并接收其反馈信号。所有排烟阀、排烟口、280℃防火阀、70℃防火阀的状态信号送至消防控制室显示。

（4）防火卷帘门的控制：卷帘门由其两侧的烟、温探测器组自动控制。卷帘门下降时，在门两侧应有警报信号。卷帘门的动作信号传至消防控制室。

（5）防火幕的控制：舞台与观众厅间设钢质防火幕，作为防火分隔。非演出期间，舞台或观众厅任一侧两组及以上探测器报警信号控制防火幕动作，同时向两侧发出警报信号。演出期间，舞台或观众厅任一侧两组及以上探测器报警后，由值班人员现场确认后，手动控制防火幕下降。防火幕动作信号传至消防控制室，消防控制室可控制防火幕的升降。

5. 消防紧急广播系统：在消防控制室设置消防广播（与音响广播合用）机柜。消防紧急广播按防火分区设置回路。火灾时，消防控制室值班人员可全楼自动或手动进行火灾广播，指挥人员撤离火灾现场。

6. 消防直通对讲电话系统：在消防控制室内设置消防直通对讲电话总机，除在各层的手动报警按钮处设置消防对讲电话插孔外，在变配电室、水泵房、消防电梯轿厢、电梯机房、冷冻机房、BAS 控制室、管理值班室等处设置消防直通对讲电话分机。

7. 火灾确认后，切断有关部位的非消防电源，接通警报装置及火灾应急照明灯和疏散标志灯。打开观众出入口闸机。

8. 本工程部分低压出线回路及各层主断路器均设有分励脱扣器。

9. 为防止接地故障、过载、导体接触不良等引起的火灾，能发现电气火灾的隐患，本工程设置电气火灾报警系统。系统由电气火灾探测器、测温式电气火灾监控探测器和电气火灾监控设备组成。

10. 为确保本工程消防设备电源的供电可靠性，本工程设置消防电源监控系统。

（1）通过监测消防设备电源的电流、电压、工作状态，从而判断消防设备电源是否存在中断供电、过电压、欠电压、过电流、缺相等故障，并进行声光报警、记录。

（2）消防设备电源的工作状态，均在消防控制室内的消防设备电源状态监控器上集中显示，故障报警后及时进行处理，排除故障隐患，使消防设备电源始终处于正常工作状态。从而有效避免火灾发生时，消防设备由于电源故障而无法正常工作的危机情况，最大限度地保障消防设备的可靠运行。

（3）消防设备电源监控系统采用集中供电方式，现场传感器采用 DC 24V 安全电压供电，有效地保证系统的稳定性、安全性。

11. 为保证防火门充分发挥其隔离作用，本工程设置防火门监控系统。本系统可以在火灾发生时，迅速隔离火源，有效控制火势范围，为扑救火灾及人员的疏散逃生创造良好条件，对防火门的工作状态进行 24h 实时自动巡检，对处于非正常状态的防火门给出报警提示。在发生火情时，该监控系统自动关闭防火门，为火灾救援和人员疏散赢得宝贵时间。

12. 电梯监视控制系统：

（1）在消防控制室设置电梯监控盘，显示各电梯运行状态和故障显示。

（2）火灾发生时，根据火灾情况及场所，由消防控制室电梯监控盘发出指令，指挥电梯按消防程序运行；火灾确认后，控制所有电梯降至首层开门，除消防电梯外均切断电源。

4.1.7　智能化系统

1. 信息化应用系统。信息化应用系统包括公共服务、智能卡应用、物业管理、信息设施运行管理、信息安全管理、基本业务办公和专业业务等信息化应用系统。

（1）公共服务系统。公共服务系统应具有访客接待管理和公共服务信息发布等功能，并宜具有将各类公共服务事务纳入规范运行程序的管理功能。系统基于信息网络及布线系统，系统服务器设置于中心网络机房，管理终端设置于相应管理用房。

（2）智能卡应用系统。根据建设方物业信息管理部门要求对出入口控制、电子巡查、停车场管理、考勤管理、消费等实行一卡通管理，“一卡”，在同一张卡片上实现开门、考勤、消费等多种功能；“一库”，在同一软件平台上，实现卡的发行、挂失、充值、资料查询等管理，系统共用一个数据库，软件必须确保出入口控制系统的安全管理要求；“一网”，各系统的终端接入局域网进行数据传输和信息交换。系统基于信息网络及布线系统，系统服务器设置于中心网络机房，管理终端设置于相应管理用房。

（3）信息设施运行管理系统。信息设施运行管理系统应具有对建筑物信息设施的运行状态、资源配置、技术性能等进行监测、分析、处理和维护的功能。系统基于信息网络及布线系统，系统服务器设置于中心网络机房，管理终端设置于相应管理用房。

（4）信息安全管理系统。信息网络安全管理系统通过采用防火墙、加密、虚拟专用网、安全隔离和病毒防治等各种技术和管理措施，室网络系统正常运行，确保经过网络的传输和管理措施，使网络系统正常运行，确保经过网络传输和交换的数据不会发生增加、修改、丢失和泄露。系统基于信息网络及布线系统，系统服务器设置于中心网络机房，管理终端设置于相应管理用房。

（5）多媒体公共信息显示、查询系统。

1）在主入口、会议区主入口、大堂、休息区、签到处、各层主要交通厅堂等处设置信息查询终端。

2）在各展厅、电梯厅、各会议厅入口等处设置信息显示终端。

3）系统应满足演出、会议等信息的检索、查询和导引等功能。

（6）售检票系统。售检票系统由管理中心、网络、终端售票和验票通道系统组成，管理中心对所有的统计数据及门票交易汇总处理。系统的业务流程环节可以分为统一授权管理、分点售票、门禁系统验票、剧场汇总日结、营业数据上传、剧场汇总统计分析、财务结算等。售检票系统示意见图 4.1.7－1。

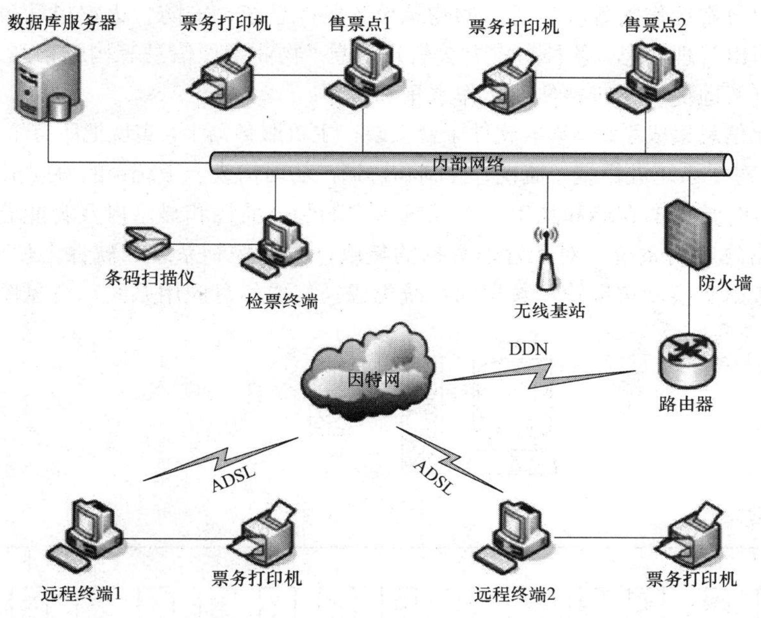

图 4.1.7－1 售检票系统示意

1）售票系统现场售票，电话预订票、退票、远程售票等功能。售票系统通过访问票务数据库完成售票，操作人员根据客户需求操作终端快速出票。具备电话预订票功能，能够存储预订信息，提供网络售票方案，实现远程售票。并可完成售票、退票、门票查询、统计查询等工作；可以根据不同的位置设置不同的价格并通过颜色来表示，锁定安全座位、售票员只需拖动鼠标就可以完成售票。

2）验票子系统。该部分主要用于验证观众、服务人员、管理人员等的票证是否合法，检票闸机或手持 PDA 对门票进行真伪验证，并实现上传统计功能，采用闸机设备还可对现场人流进行有效地疏导与管理。

3）为剧院实现准确的人流统计与财务统计。主要分为财务统计、各售票点的财务统计与转存、查询、结果报表等功能；计划出售的门票进行预测收入统计；根据统计结果产生预测收入统计报表和图表；每个售票点的售票情况统计；售票员指定日期的应售票财务数据统计；打印所有售时统计报表；按时间（年、季度、月份）、活动性质、各种票种等给出收益统计，并可结合这些因素生成直观的饼图、柱图等，给出决策依据；产生售票点月度基票使用统计报表；根据每日的实收账目产生日缴款统计报表；根据统计结果产生售票点或售票员月缴款统计报表；打印统计报表等。

4）管理子系统基本功能。主要实现各种数据报表生成、查询，各出入口的人流量统计，系统运行各技术参数及用户权限的设置等，并可以生成直观的饼图、柱图等，给出决策依据；可对验票系统前端设备进行远程控制；管理计算机并图形化地监控各设备的通信状态、运行状态及故障状态；自动上传的设备状态、故障日志、维修日志，并生成相应的设备故障及维修统计报告；数据库自动备份、初始化和恢复的功能；处理售票终端异常报警信息；具有断线脱机工作联机后自动上传数据功能。

2. 智能化集成系统。本工程对信息设施各子系统通过统一的信息平台实现集成，实施综合管理，将建筑中日常运作的各种信息，如建筑设备监控系统、安防、火灾自动报警、公共广播、通信系统以及演出管理信息、各种日常办公管理信息、物业管理信息等构成相互之间有关联的一个整体，从而有效地提升建筑整体的运作水平和效率。

（1）智能化信息集成系统。集成软件平台安装在主机服务器上，实现把所有子系统集成在统一的用户界面下，对子系统进行统一监视、控制和协调，从而构成一个统一的协同工作的整体。包括实现对子系统实时数据的存储和加工，对系统用户的综合监控和显示以及智能分析等其他功能。

（2）集成信息应用系统。对于管理数据的集成，要求控制系统在软件上使用标准的、开放的数据库进行数据交换，实现管理数据的系统集成。集成信息应用系统示意见图4.1.7－2。

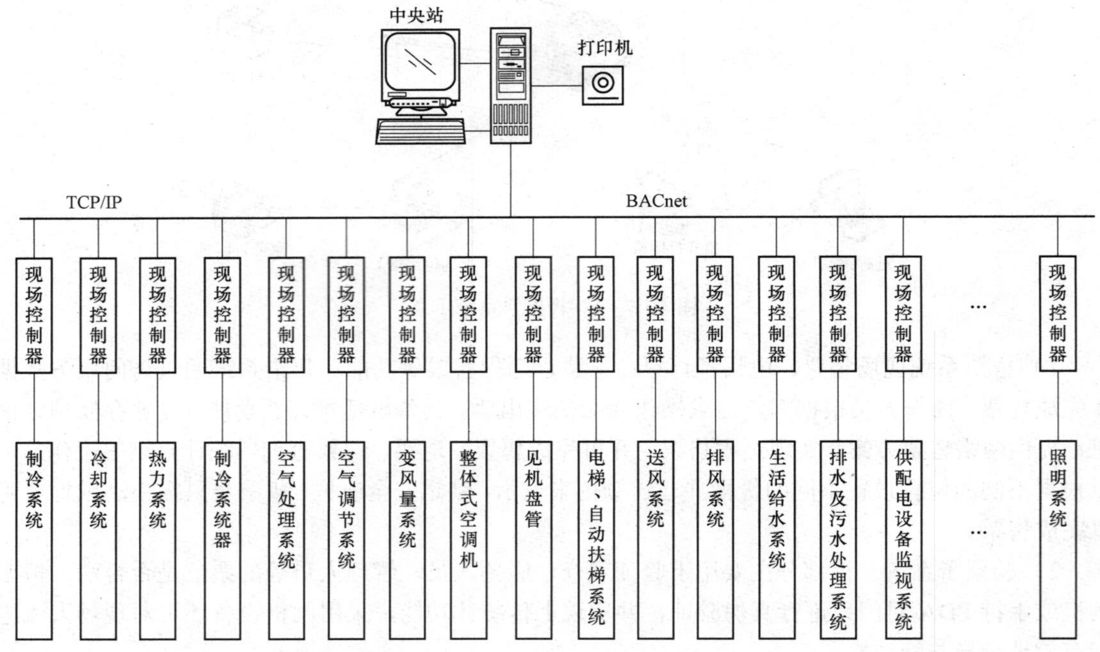

图4.1.7－2　集成信息应用系统示意

3. 信息化设施系统。

（1）信息系统对城市公用事业的需求。

1）本工程预计申请直拨外线200对（此数量可根据实际需求增减）实现对外语音通信。

2）本工程建立卫星通信系统，进行高速数据传输、图像传输、综合数据与语音通信、移动数据通信、计算机网络连接等综合业务，与DDN数字数据网互为备份，可以保证数据通信的不间断性、可靠性。

3）电视信号接自城市有线电视网，在顶层设有卫星电视机房，对建筑内的有线电视实施管理与控制。有线电视节目和卫星电视节目经调制后，经电视信号干线系统传送至每个电视输出口处，使获得技术规范所要求的电平信号，达到满意的收视效果。

（2）综合布线系统。

1）综合布线系统为开放式网络平台，通过该系统可以实现世界范围资源共享，支持电话、数据、图文、图像等多媒体业务。剧院一层设综合布线间，综合布线网络交换机和总配线架。

2）由市政引来的200对电话电缆和千兆以太网数据信号光纤埋地引入综合布线间。经交换后由总配线架引至弱电竖井内分配线架，分配线架配线到语音和数据出口。

3）配线子系统：一至三层剧院东西两侧竖井接线箱至信息点线路沿走廊线槽敷设，其余弱电竖井接线箱至信息点线路在楼板或墙内暗敷。

4）竖向语音干线采用超五类大对数电缆；数据干线采用六芯多模光纤；末端支线采用五类或超五类电缆；出线口采用五类或超五类配件；所有跳线架及其配件均采用五类或超五类产品。

（3）通信自动化系统。

1）本工程在地下一层设置电话交换机房，拟定设置一台的300门PABX。

2）本工程建立卫星通信系统，进行高速数据传输、图像传输、综合数据与语音通信、移动数据通信、计算机网络连接等综合业务，与DDN数字数据网互为备份，可以保证数据通信的不间断性、可靠性。

（4）会议电视系统。本工程在多功能厅设置全数字化技术的数字会议网络系统（DCN系统），该系统采用模块化结构设计，全数字化音频技术。具有全功能、高智能化、高清晰音质。方便扩展和数据传递保密等优点。可实现发言演讲、会议讨论、会议录音等各种国际性会议功能，其中主席设备具有最高优先权，可控制会议进程。会议电视系统示意见图4.1.7－3。

（5）有线电视及卫星电视系统。

1）有线电视信号由市政有线电视网引至一层电视机房，内设前端箱。剧场演出实况的视频信号并入电视系统，另可根据需要设置数套自办节目。

2）有线电视系统信号传输网络采用860MHz宽带邻频传输网络。网络除可播放普通电视节目外，还可根据将来发展播放传输高清晰数字电视（HDTV），网络为双向传输系统可进行交互型业务。

3）系统采用邻频传输，用户电平要求69±6dB，图像清晰度应在四级以上。系统采用分支分配方式。

4）本工程在地下一层设置有线电视前端室，在顶层设有卫星电视机房。

（6）背景音乐及紧急广播系统。

1）本工程在一层设置广播室（与消防控制室共室）。

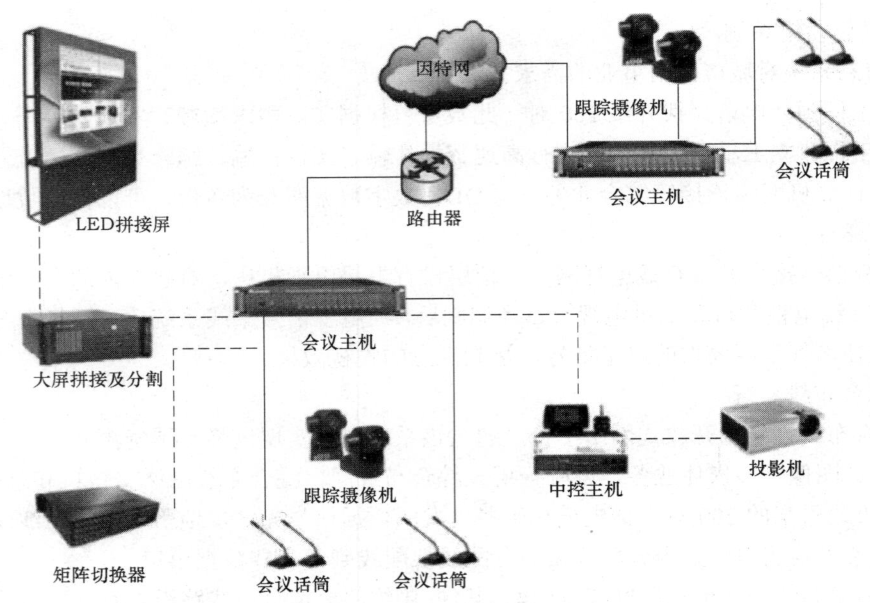

图 4.1.7－3　会议电视系统示意

2）在走道、大堂、餐厅等均设有背景音乐。背景音乐及紧急广播系统采用 100V 定压式输出。当有火灾时，切断背景音乐，接通紧急广播。

3）多功能厅设置独立的音响设备。会议扩声系统配备多台多路混音放大器、扬声器箱等专业设备。调音台应有多路音源输入通道，每通道均可预选话筒或线路输入。各通道均应有语音滤波，衰减低音成分，增加语音的清晰度。可接入 CD、AM/FM 收音机、话筒等，并具备录音设备。扬声器的配置应满足会场声压级的需要，并应保证会场内声压的均匀度。

（7）信息导引及发布系统。本工程信息导引及发布系统主机设置于建筑物业管理室内。本系统由视频显示屏系统、传输系统、控制系统和辅助系统组成。可实现一路或多路视频信号同时或部分或全屏显示。通过计算机控制，在公共场所显示文字、文本、图形、图像、动画、行情等各种公共信息以及电视录像信号，并利用信息系统作为电子导向标识，辅助人员出入导向服务。信息导引及发布系统示意见图 4.1.7－4。

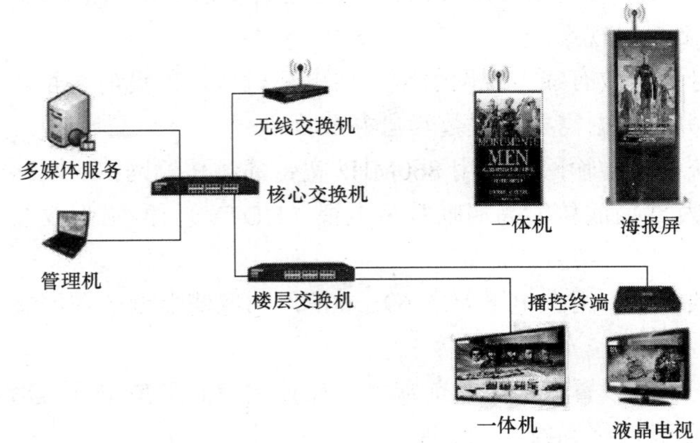

图 4.1.7－4　信息导引及发布系统示意

（8）手机信号增强系统。为避免无线基站信道容量有限，忙时可能出现网络拥塞，手机用户不能及时打进或接进电话。另外由于大楼内建筑结构复杂，无线信号难于穿透，室内易出现覆盖盲区。因此，大楼内应安装无线信号室内天线覆盖系统以解决移动通信覆盖问题，同时也可增加无线信道容量。手机信号增强系统示意见图 4.1.7－5。

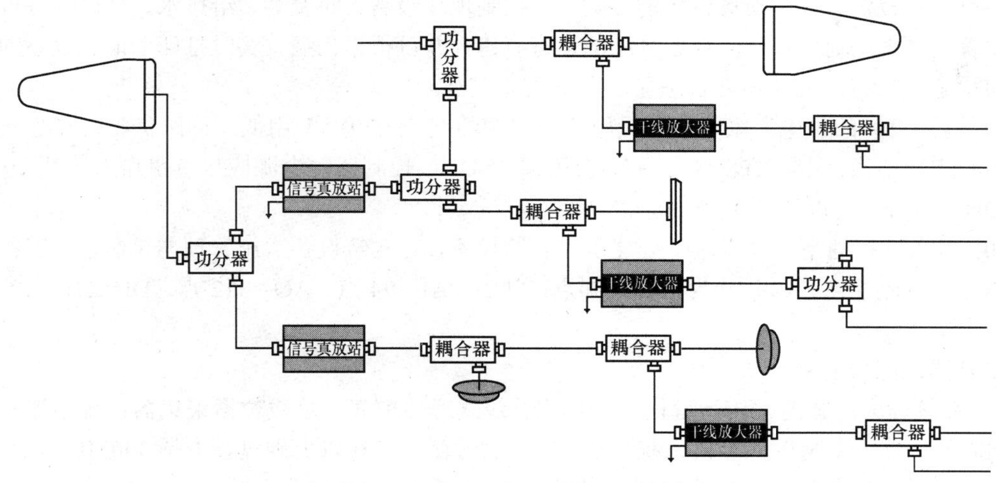

图 4.1.7－5 手机信号增强系统示意

4. 建筑设备管理系统。

（1）建筑设备监控系统。

1）本工程设建筑设备监控系统，对全楼的给排水设备、空调设备及供电系统设备进行监视及节能控制。BAS 监控中心设在一层，内设系统主机、CRT 及打印机；冷冻机房、变配电所内设控制分站，其余相关设备用房设直接数字控制器。

2）给排水系统的控制：生活泵、排水泵启、停控制、状态显示和故障报警；生活水池和高位水箱水位的显示和报警；雨、污水集水坑高水位报警。

3）冷冻机房：冷水机组、冷冻泵、冷水泵、冷却塔风机的启、停控制、状态显示和故障报警；冷却水、冷冻水的供、回水温度测量；冷冻机、冷却泵、冷冻泵、冷却塔风机及进水电动蝶阀的顺序启、停控制；根据冷冻水系统供，回水总管压差，控制其旁通阀的开度。

4）新风空调机组：运行工况及温、湿度的监视、控制、测量、记录。

5）排风机：风机启、停控制、状态显示和故障报警。

6）对配变电系统的监测：

a）110kV 配电系统：进、出线断路器及母联断路器的状态显示；进、出线电流、电压显示；功率因数显示；有功、无功功率显示；电能计量显示。

b）低压配电系统：低压进、出线断路器及母联断路器的状态显示；进、出线的电流、电压显示；功率因数显示；电能计量显示。

c）变压器：温度显示、超温报警。

d）高、低压配电系统的图形显示。

e）柴油发电机的状态显示，如电压、电流、频率等，蓄电池电压、日用油箱低油位及故障报警。

7）对照明系统的控制：大堂、休息厅展厅照明控制；办公室照明控制。

8）大楼管理；出入口管理；车库管理；扶梯、电梯运行状态显示和故障报警；建筑设备监控系统采用直接数字控制器（DDC）和（SCC）监控系统，配备了网络控制器、网络连接器等网络设备以及相应的软件及硬件设备，构成自动监控系统，以数据通信方式进行集散式监控和管理。各分站可直接设定、修改现场设备的参数，并控制现场设备；对空调、给排水、冷热源等设备进行自动管理。在控制中心可监视各分站的运行状态，并可根据需要，实时打印、记录设备的运行参数和状态，或将系统的运行状态显示在彩色监视器上。

9）自控设备的供电：系统主机采用两个电源的交流 220V 专用低压回路供电，在建筑设备监控中心末端切换，配置 UPS 作为后备电源；各个 DDC 控制器的电源应尽量引自上述两个电源，并在 DDC 箱内或附近切换。

10）本工程在地下一层设置一处建筑设备监控室，对建筑设备实施管理与控制。本工程建筑设备监控系统监控点数约共计为 512 控制点，其中（AI＝94 点、AO＝112 点、DI＝210 点、DO＝96 点）。

（2）建筑能效监管系统。

1）系统构成：智能远传计量仪表；智能总线式远传电表、总线数据采集器；集中器；中继器；调制解调器；奔腾以上微机系统（32MB 以上内存，1GB 以上硬盘，主频 300MHz 以上）的抄表主站以及手持抄表设备和管理软件组成。

2）集中抄表系统主要有三层组成：

a）第一层数据转换层：智能计量表和智能总线式采集模块。主要负责将电表的计量脉冲信号转换成编码数据，电表内置或外置采集模块，输出 RS485 信号，供采集器进行收集。智能电表可将监视用户电表电量及剩余电量直接输出 RS485 信号。

b）第二层数据采集层：总线采集器，主要负责将智能表传送到的编码数据进行处理收集、发送。上传通信可采用 RS485、M－BUS 等总线方式，也可以采用电力载波、宽带网、电话网及无线等方式。

c）第三层数据管理层：智能集中器，主要负责系统的参数设置，数据的统计，用户数据管理。可以通过电话、互联网、无线通信等公共信息交换网完成城市联网系统。

d）第四层数据交换层：小区用户数据管理与有关行业管理部门如电力公司进行用户表信息的数据交换和费用收取。

3）系统通过采集模块将楼层租户的水表、电表通信等并实时上传至主机，实现能源的远程计量和管理，管理主机可设在工程办公室，系统具有能源管理、计量、报表打印、收费管理等功能，并可以提供与财务室或其他管理部门的通信接口，使能源部分数据共享，方便其他授权部门的数据需求。

系统由管理主机、通信转换器和终端远传表等组成。系统主机设置在物业办公室。

a）商业：通过 485 或 M－Bus 协议接口，采集商业用户预付费 IC 卡电表数据，在中心发卡、售电水。同时要求采集商业用电、用水的总表数据办公：通过 485 或 M－Bus 协议接口，采集办公用户预付费 IC 卡电表数据，在中心发卡、售电、水；同时要求采集办公用电、用水的总表数据。通过 M－Bus 协议，采集办公用户室内能量表数据，在中心售冷量；用户购买冷量耗尽后，户内冷水干管的电磁阀可由系统关闭。

b）办公：通过 485 或 M－Bus 协议接口，采集办公用户预付费 IC 卡电表数据，在中心发卡、售电、水；同时要求采集办公用电、用水的总表数据。通过 M－Bus 协议，采集办公用户室内能量表数据，在中心售冷量；用户购买冷量耗尽后，户内冷水干管的电磁阀可由系统关闭。建筑能效监管系统示意见图 4.1.7－6。

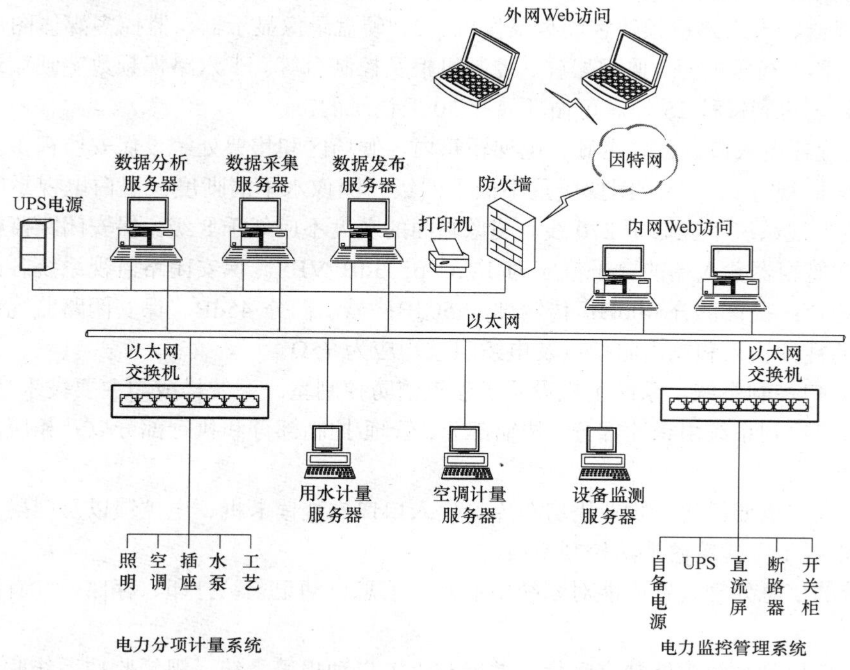

图 4.1.7－6 建筑能效监管系统示意

（3）电梯监控系统。

1）电梯监控系统是一个相对独立的子系统，纳入设备监控管理系统进行集成。

2）电梯现场控制装置应具有标准接口（如 RS485、RS232 等）。

3）在安防消防中心设电梯监控管理主机，显示电梯的运行状态。

4）监控系统配合运营，启动和关闭相关区域的电梯；接收消防与安防信息，及时采取应急措施。

5）系统自动监测各电梯运行状态，紧急情况或故障时自动报警和记录，自动统计电梯工作时间，定时维修。

6）电梯对讲电话主机及对讲电话分机由电梯中标方成套提供，要求满足工程管理需要。

7）电梯轿厢内设暗藏式对讲机，对讲总机设在消防控制室，用于紧急对讲。

（4）电力监控系统。本工程的电力监控系统是一个相对独立的子系统，电能监测中采用的分项计量仪表具有远传通信功能，纳入设备监控管理系统进行集成。

（5）设置电力监控系统，设置电力监控系统，对电力配电实施动态监视，系统不仅能显示回路用电状况，还具有网络通信功能，可以与串口服务器、计算机等组成电力监控系统，方便变电所值班人员的远程管理，利于节省电能抄表的时间，将信息化带入配电监控。系统实现对采集数据的分析、处理，实时显示变电所内各配电回路的运行状态，对分合闸、负载越限具有弹出报警对话框及语音提示，并生成各种电能报表、分析曲线、图形等，便于电能的远程抄表以及分析、研究。

5. 公共安全系统。

（1）视频监控系统。

1）本工程在一层设置保安室（与消防控制室共室），内设视频矩阵切换器、全功能操作键盘、彩色监视器、十六路视频数字硬盘录像机、21"硬盘录像显示器、监控多媒体图形工作站 1 套；电源控制器、稳压电源、监视器屏、控制机柜及控制台等。十六路视频数字硬盘录像机的彩色录像质量要求达到每秒 25 帧。可循环储存 30 天记录的。

2）本工程各出入口、公共走廊、电梯轿箱内、候场区和售票处等设保安监视摄像机，四层展厅采用全面监视方式。要求图像质量不低于四级。图像水平清晰度：黑白电视系统不应低于 400 线，彩色电视系统不应低于 270 线。图像画面的灰度不应低于 8 级。保安闭路监视系统各路视频信号，在监视器输入端的电平值应为 1Vp－p±3dB VBS。保安闭路监视系统各部分信噪比指标分配应符合：摄像部分 40dB；传输部分 50dB；显示部分 45dB。保安闭路监视系统采用的设备和部件的视频输入和输出阻抗以及电缆阻抗均应为 75Ω。

（2）出入口控制系统。系统主机设置于建筑消防控制室。系统构成与主要技术功能：

1）出入口控制系统由识读部分、传输部分、管理/控制部分和执行部分以及相应的系统软件组成。

2）本工程在重要机房、物业用房车库、出入口口安装读卡机、电控锁以及门磁开关等控制装置。系统设置于各建筑内消防控制室内。

3）系统的信息处理装置应能对系统中的有关信息自动记录、打印、存储，并有防篡改和防销毁的措施。

4）出入口控制系统应能独立运行，并能与火灾自动报警系统、视频监控系统联动。当发生火警或需紧急疏散时，人员不使用钥匙应能迅速安全通过。

（3）无线巡更系统。无线巡更系统由信息采集器、信息下载器、信息钮和中文管理软件等组成。并可实现以下功能：

1）可按人名、时间、巡更班次、巡更路线对巡更人的工作情况进行查询，并可将查询情况打印成各种表格，如：情况总表、巡更事件表、巡更遗漏表等。

2）巡更数据储存，定期将以前的数据储存到软盘上，需要时可恢复到硬盘上。

3）用户要求可定制其他功能，如各种巡更事件的设置、员工考勤管理等。

（4）防盗报警系统。

1）在非主要入口设置吸顶红外感应报警探测器。

2）各层设置双监探测器。

3）在首层二层周边首层、二层边门窗设置玻璃破碎探测器。

4）在一些重要部位设置紧急报警按钮。

（5）停车场管理系统。本工程停车场管理系统主机就近管理用房内设置。工程停车场管理系统采用影像全鉴别系统，对进出的内部车辆采用车辆影像对比方式，防止盗车；外部车辆采用临时出票机方式。

（6）售验票系统。

1）本工程的售验票系统是以磁卡、IC 卡或条码卡等媒介为门票，结合集智能卡技术、信息安全技术、软件技术、网络技术及机械技术的智能化票务管理系统，它为剧场的运营管理、安全管理和演出管理提供了有效的技术手段。

2）本工程设门票管理系统，在观众进口分别设置验票闸机，要确保所有观众可在 2 个小时内入场。

3）在演出结束以后本系统可以将闸门自动关闭使观众能够迅速的离场。

6. 剧场扩声系统设计：

（1）观众厅扩声系统声学技术指标：

1）最大声压级：100～6300Hz 内平均声压级≥103dB。

2）传输频率特性：以 100～6300Hz 的平均值为 0dB，在此频带内±4dB。

3）传声增益：125～4000Hz 内平均值≥－8dB。

4）声场不均匀度：1000Hz 和 6300Hz≤8dB；100Hz≤10dB。

5）主观听音：清晰、音质良好。

（2）剧场扩声系统设计。

1）主扩声系统采用左中右三个通道分别全场覆盖，为三分频加次低频的扬声器布置方案，能够达到较好的立体声还音效果。

2）设置了较为完备的效果扬声器系统。

3）舞台扩声系统除了常规的地面流动返送系统外，还设置了固定安装于舞台上空的返送扩声系统，以利于演出人员的听闻。

4）采用两台模拟调音台作为主调音台和返送调音台。主调音台为 44 路调音台，设于声控室内，该调音台具有 40 路单声道输入和 4 路立体声输入，10 路矩阵、8 路编组、12 路辅助输出，并包含 10 组 VCA 编组、8 路哑音编组、256 个场景设置，能够满足会议及中小型文艺演出的需要。

5）处理器部分采用数字系统控制矩阵，系统简洁、可靠，操作方便，功能强大。

6）传声器点设置：为满足会议及文艺演出的需要，在舞台上下场口、左右后墙、乐池内左右两侧、舞台葡萄架上共设置了 9 个综合插座箱，共有 104 路传声器输入。无线传声器：根据剧场的需要，系统共设置 12 路 U 段无线传声器。

7）现场调音位：为了方便大型文艺演出时架设现场调音台的需要，我们在一层观众席中部设置了现场调音位，从侧舞台信号交换立柜来的 48 路传声器信号及与主扩声控制机房交换用的 24 路信号汇集于此。

8）信号接口：为能使公共广播系统的紧急信号能够在场内播出，主系统与公共广播系统留有接口，可通过数字系统处理器内的 DUCK 功能进行广播。

7. 舞台通信与监督系统。

（1）舞台监督主控台设在主舞台内侧上场口，落地明装。主控台由舞台通信系统四通道主机、话筒和舞台监督系统监视器组成。

（2）下列部位设置舞台通信系统扬声器：贵宾室及其休息室、化妆、候场；乐池、舞台机械控制室；声控室；灯控室、耳光室、追光室、面光桥，便于舞台监督与上述部位联系。各层化妆室走廊、主舞台马道设一定数量的内部通话站，灯光音响设备用房、导演室设内部通话话机。

（3）舞台监督还可通过公共广播系统的插播功能对演职人员及各技术用房进行一般广播通知用。

（4）舞台监督系统示意见图 4.1.7－7。主舞台两侧，观众厅一层包厢下部，观众厅贵宾室挑台处共设 5 台带变焦及遥控云台彩色摄像机。下列部位设置舞台监督系统监视器：后台化妆室；舞台机械控制室；声控室；灯控室；导演室，以实现演出时人员和设备的统筹管理。大堂，观众休息厅预留信号输出，以便播出剧场演出实况（不包括演职人员监视专用的舞台内信号），便于迟到和休息的观众收看。

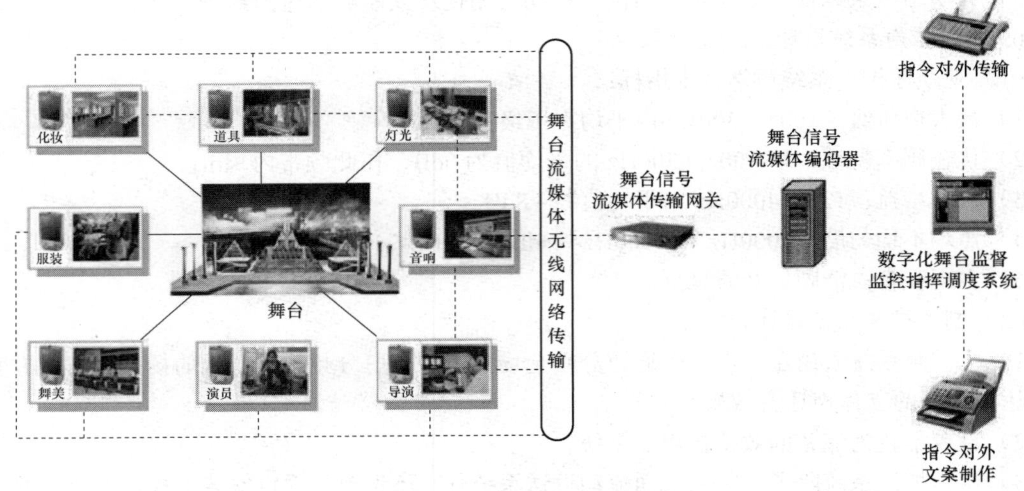

图 4.1.7－7　舞台通信与监督系统示意

8. 舞台机械。

（1）舞台机械控制室设在舞台上场口舞台内墙上方，控制室应有三面玻璃窗，密闭防尘，操作时并能直接看到舞台全部台上机械的升降过程。

（2）舞台机械控制室预留接地端子。舞台机械控制系统预留智能控制接口，接收消防控制信号，在火灾时能中断演出模式，强行进入消防模式。

4.1.8　电气抗震设计

1. 工程内设备安装如柴油发电机组、高低压配电柜、变压器、配电箱、控制箱等均应满足抗震设防规定。

2. 本建筑对非结构构件，包括建筑非结构构件和建筑附属机电设备自身及其与主体的连接，进行抗震设计。

3. 机电管线抗震支撑系统。

（1）电气设备系统中内径大于或等于 60mm 的电气配管和重量大于或等于 15kg/m 的电缆桥架及多管共架系统须采用机电管线抗震支撑系统。

（2）刚性管道侧向抗震支撑最大设计间距不得超过 12m；柔性管道侧向抗震支撑最大设计间距不得超过 6m。

（3）刚性管道纵向抗震支撑最大设计间距不得超过 24m；柔性管道纵向抗震支撑最大设计间距不得超过 12m。

4. 垂直电梯应具有地震探测功能，地震时电梯能够自动停于就近平层并开门运行。

5. 应急广播系统预置地震广播模式。

6. 设在建筑物屋顶上的共用天线等，应设置防止因地震导致设备损坏后部件坠落伤人的安全防护措施。

7. 抗震支撑最终间距应根据具体深化设计及现场实际情况综合确定。

4.1.9 电气节能措施

1. 变电所深入负荷中心，合理选用导线截面，减少电压损失。设置建筑设备监控系统，对建筑物内的设备实现节能控制。

2. 照明光源应优先采用节能光源，建筑照明功率密度值应小于《建筑照明设计标准》（GB 50034）中的规定。采用智能灯光控制系统，通过控制遮阳板将自然光和人工光实现有机结合。走廊、楼梯间、门厅、大堂、大空间、地下停车场等场所的照明系统采取分区、定时、感应等节能控制措施。

3. 合理选用电梯和自动扶梯，并采取电梯群控、扶梯自动启停等节能控制措施。

4. 三相配电变压器满足《三相配电变压器能效限定值及能效等级》（GB 20052）的节能评价值要求，水泵、风机等设备及其他电气装置满足相关现行国家标准的节能评价值要求。

5. 采用低压集中自动补偿方式，并配备谐波电抗器组合，作为谐波抑制措施，避免高次谐波电流与电力电容发生谐振。

6. 地下车库设置与排风设备联动的一氧化碳浓度监测装置。

4.2 艺术中心

4.2.1 项目信息

某艺术中心，总建筑面积为 76 776m²，建筑高度为 48m。建筑分类为一类耐火等级为一级，设计使用年限 50 年。地上八层，包括功能歌剧院、音乐厅、多功能厅等甲等剧场，地下二层，包括附属配套用房。

艺术中心

4.2.2 系统组成

1. 高低压变、配电系统。
2. 电力、照明系统。
3. 防雷与接地系统。
4. 电气消防系统。
5. 智能化系统。
6. 电气节能、环保措施。

4.2.3　高低压变、配电系统

1. 负荷分级。

（1）一级负荷：包括调光用电子计算机系统电源、舞台、贵宾室、演员化妆室照明、舞台机械电力、电声、广播及电视转播、新闻摄影电源、火灾报警及联动控制设备、消防泵、消防电梯、排烟风机、加压风机、保安监控系统、应急照明、疏散照明等，一级负荷由双重电源供电，并在末端进行互投。当两路市电同时失电时，柴油发电机提供备用电源。其中的调光用电子计算机系统电源和所有的消防用电设备为一级负荷中的特别重要负荷。特别重要负荷由双重电源供电（其中备用电源为自备柴油发电机提供），并在末端进行互投。

（2）二级负荷：观众厅照明、空调机房及锅炉房电力和照明用电、客梯、排水泵、生活水泵等属二级负荷，二级负荷采用单回路供电，在变压器低压母联处切换。

（3）三级负荷：一般照明及动力负荷为三级负荷。

2. 变、配、发电站：

（1）在地下一层设置两个变配电所。1 号变电室设置 4 台变压器：2 台 2000kVA 变压器为歌剧厅舞台灯光、机械，电梯等设备供电，2 台 1250kVA 变压器为舞台音响、一般照明、空调等设备供电。2 号变电室设置 2 台 1250kVA 变压器为音乐厅、多功能厅舞台灯光、机械、电梯等设备供电，设置 2 台 1250kVA 变压器为舞台音响、一般照明、空调等设备供电。

（2）在地下一层设置一处柴油发电机房。拟设置一台 1600kW 柴油发电机组。

3. 高压系统。高压采用单母线分段运行方式，中间设联络开关，平时两路电源同时分列运行，互为备用，当一路电源故障时，通过手/自操作联络开关。

4. 低压系统：变压器低压侧采用 0.4kV。平时两台变压器分列运行，同时供电，各带一段母线运行，母联断路器断开；当一台变压器因故停运时，主母联开关自动或手动闭合，由另一台变压器带全部一级负荷和二级负荷。当事故消除后，母联经延时后手动或自动断开，退出运行的主进开关再投入，两段母线恢复正常运行。主进开关与主母联开关设机械电气联锁，任何情况下只能合其中的一个开关。

5. 自备应急电源系统。

（1）当市电出现停电、缺相、电压超出范围（380V：－15%～+10%）或频率超出范围（50Hz ±5%）时延时 15s（可调）机组自动启动。

（2）当市电故障时，调光用电子计算机系统电源，消防用电设备、应急照明与疏散照明以及涉及人身安全的用电设备均由自备应急电源提供电源。

4.2.4　电力、照明系统

1. 舞台灯光、舞台机械、冷冻机组、冷冻泵、冷却泵、生活泵、锅炉房、热力站、厨房、电梯等设备采用放射式供电。风机、空调机、污水泵等小型设备采用树干式供电。

2. 舞台灯光、舞台机械等供电采用双母线供电方式。

3. 消防负荷、重要负荷、容量较大的设备及机房采用放射方式，就地设配电柜；容量较小分散设备采用树干式供电。

4. 消防水泵、消防电梯、防烟及排烟风机等消防负荷及一级负荷的两个供电回路，消防负荷在最末一级配电箱处自动切换；二级负荷采用双路电源供电，适当位置互投后再放射式供电。

5. 照度标准见表 4.1.4。

6. 观众厅在演出时的照度宜为 3～5lx。观众厅照明应采用平滑调光方式，并应防止不舒适眩光。当使用荧光灯调光时，光源功率选用统一规格。观众厅照明宜根据使用需要多处控制，并设有值班、清扫用照明，其控制开关设在前厅值班室。观众厅及其出口、疏散楼梯间、疏散通道以及演员和工作人员的出口，应设有应急照明。观众厅的疏散标志灯宜选用亮度可调式，演出时可减光40%，疏散时不应减光。座位排号灯，其电源电压不应超过36V。化妆室照明宜选用高显色性光源，光源的色温应与舞台照明光源色温接近。演员化妆台设有安全特低电压电源插座。前厅、休息厅、观众厅和走廊等场所，其照明控制开关集中设在前厅值班室或带锁的配电箱内。

7. 舞台灯光。

（1）舞台灯光由面光、耳光、顶光、柱光、脚光、侧光、顶排光、天排光、地排光、追光等组成，以实现烘托剧情、突出人物、增加艺术效果，在舞台上会出现各种情景，使人身临其境效果。舞台照明就地进行谐波治理，在调光柜室设置有源滤波器，可滤除2～60次谐波。

（2）在观众席的后面设置灯光控制室，灯光控制室内设主备两个灯光控制台及一个电脑灯控制台。灯光控制台通过同步线实现资源共享，操作内容共享，可以同时操作，所存储内容可以互相备份，有千余个通道可以用来控制光源，颜色变换器和移动灯光。电脑灯调光台带触摸屏，屏幕可以做预置效果，翻页浏览，可以控制硅箱电脑灯，可以作为剧场的流动调光台使用，方便操作人员的控制和编程。通过场灯主控制器把观众厅灯光设计成如下多个场景模式：

1）文艺演出模式。观众席部分区域灯30%开亮，其余全部关闭，使观众的注意力集中于现场节目演出。

2）会议模式。观众席灯80%开亮，入口处灯90%开亮，突出会议的整洁和权威性，并且可以提供足够的照度供听众做笔记。其他场景可以依据客户需要进行设定。

3）进场/退场模式。观众席及舞台前过道灯50%开亮，提供观众进退场必要的照度。

4）清洁模式。观众席部分灯60%开亮，其余全部关闭。工作人员可针对不同的使用要求，便捷地调用相应场景。根据大剧院的工作需要和实际的使用需求，设计场灯调光回路，布置于观众席上空；设计2个总控制面板，分别放置在灯光控制室和舞台上场门处；另设有6块分控面板，分别放置在观众厅的入口处。灯具光源采用卤钨灯泡（管）或其他可调的光源。

（3）乐池内谱架灯、化妆室台灯照明、观众厅座位排号灯的电源电压不得大于36V。

8. 应急照明与疏散照明。

（1）应急照明与疏散照明。变配电所、柴油发电机房、计算中心、消防控制中心、水泵房、防排烟风机房、走廊、楼梯间、电梯前室、门厅等场所设置应急照明。在走廊、安全出口、大厅、楼梯间等处设疏散指示灯。消防控制室、变配电所、配电间、电信机房、弱电间、楼梯间、前室、水泵房、电梯机房、排烟机房、重要机房的值班照明等处的应急照明按100%考虑；门厅、走道按30%设置应急照明；其他场所按10%设置应急照明。

（2）各层走道、拐角及出入口均设疏散指示灯，蓄电池采用集中免维护电池进行供电，停电时自动切换为直流供电，总控制屏设于各功能区的消防控制中心。所有疏散指示灯经由附设于总控制屏或集中控制型消防灯具控制器（分机）内的应急自备电源装置（EPS）提供工作电源，并内置蓄电池作为备用电源，应急照明持续时间应不少于30min。

9. 为保证用电安全，用于移动电器装置的插座的电源均设电磁式剩余电流保护装置（动作电流≤30mA，动作时间小于0.1s）。

10. 照明控制。为了便于管理和节约能源，以及不同的时间要求不同的效果。本工程观众席和服务区采用智能型照明控制系统，部分灯具考虑调光；楼梯间、走廊等公共场所的照明采用集中控制和就地控制相结合的方式；走廊的照明采用集中控制。走廊的应急照明考虑就地控制和消防集中控制的方式。室外照明的控制纳入建筑设备监控系统统一管理。

4.2.5 防雷与接地系统

1. 本建筑物按二类防雷建筑物设防，在屋顶设置接闪带，并且再设置独立接闪杆作为防雷接闪器，利用建筑物结构柱内二根主钢筋（$\phi\geqslant$16mm）作为引下线，接闪带和主钢筋可靠焊接，引下线和基础底盘钢筋焊接为一整体作为接地装置，并且在地下层四周外墙适当位置甩出镀锌扁钢，以备外接沿建筑物四周暗敷的40mm×4mm镀锌扁钢人工水平接地网。

2. 为防止侧向雷击，将六层以上，每三层沿建筑物四周的金属门窗构件与该层楼板内的钢筋接成一体后再与引下线焊接，防雷接闪器附近的电气设备的金属外壳均应与防雷装置可靠焊接。

3. 建筑物做等电位联结，在配变电所内安装一个主等电位联结端子箱，将所有进出建筑物的金属管道、金属构件、接地干线等与等电位端子箱有效连接。

4. 为预防雷电电磁脉冲引起的过电流和过电压，在变压器低压侧、向重要设备供电的末端配电箱的各相母线上、由室外引入或由室内引至室外的电气线路等处装设电涌保护器（SPD）。

5. 本工程采用共用接地装置，以建筑物、构筑物的金属体、构造钢筋和基础钢筋作为接地体，其接地电阻小于1Ω。

6. 交流220/380V低压系统接地形式采用TN－S，PE线与N线严格分开。

7. 所有弱电机房和电梯机房均做辅助等电位联结。

8. 剧场舞台工艺用房均预留接地端子。

4.2.6 电气消防系统

1. 本工程消防控制室设在一层。消防控制室内设火灾报警控制主机、联动控制台、图形显示器、打印机、紧急广播设备、消防直通对讲电话设备、电梯监控盘及电源设备等。

2. 火灾探测器设置：观众厅、舞台等无遮挡大空间设红外光束感烟探测器和空气采样探测器；剧场大堂、休息厅、展厅等高大空间设红外光束感烟探测器；剧场内高度大于12m的空间场所同时选择两种及以上火灾参数的火灾探测器。排练厅、化妆室、办公、剧场技术用房和设备用房设智能型感烟探测器；舞台葡萄架下、观众厅闷顶内、台仓及疏散通道设智能型感烟探测器；厨房设可燃气体探测器及感温探测器；柴油机房配合水喷雾灭火系统设感烟感温探测器组；电动防火卷帘门两侧设感烟感温探测器组。

3. 在主要出入口、楼梯间及电梯前室等处设手动报警按钮及消防对讲电话插孔。从一防火分区内任何位置到最临近的一个手动火灾报警按钮的距离不应大于30m。在消火栓箱内设消火栓报警按钮。

4. 消防联动控制。消防控制室内设联动控制台，可以实现下列控制及显示功能。

（1）消防泵的控制。

1）手动、自动启动消火栓泵并设置机械启动装置。消防控制室按防火分区显示启泵按钮的位置。

2）自动喷洒泵的控制：喷洒泵、喷洒稳压泵均由压力开关自动控制。手动、自动启动喷洒泵并设置机械启动装置，消防控制室可显示水流指示器、信号阀、水力报警阀的动作信号。

3）雨淋喷水泵的控制：舞台设雨淋自动喷水灭火系统，将舞台划分为十个保护区，设十套雨淋报警阀。

4）自动方式：火灾时，舞台上部设置的红外光束感烟探测器或地址码感烟探测器报警，由两组及以上探测器的动作信号控制开启相应保护区雨淋报警阀处的电磁阀，雨淋阀开启，压力开关动作启动雨淋喷水泵。消防控制室可开启雨淋阀。

5）手动方式：演出期间发生火灾时，由雨淋阀处的值班人员紧急开启雨淋阀处的手动快开阀，雨淋阀开启，压力开关动作启动雨淋喷水泵。

（2）水幕喷水泵。舞台防火幕内侧设冷却防火水幕系统，分自动和手动两种控制方式。

1）自动方式：非演出期间，由钢制防火幕的动作信号控制开启雨淋报警阀处的电磁阀，雨淋阀开启，压力开关动作启动水幕喷水泵。

2）手动方式：演出期间发生火灾，当钢质防火幕手动下降时，由水幕雨淋阀处的值班人员紧急开启雨淋阀处的手动快开阀，从而启动水幕喷水泵。

3）所有消防泵的工作和故障状态传至消防控制室，消防控制室可启停消防泵，除自动控制外，还能手动直接控制。

（3）排烟风机的控制。当发生火灾时，消防控制室根据火灾情况控制相关层的排烟阀（平时常闭），同时联动启动相应的排烟风机。当火灾温度超过 280℃时，排烟阀熔丝熔断，关闭阀门，同时自动关闭相应的排烟风机。消防控制室可对排烟风机通过模块进行自动控制还可在联动控制台上通过硬线手动控制，并接收其反馈信号。所有排烟阀、排烟口、280℃防火阀、70℃防火阀的状态信号送至消防控制室显示。

（4）防火卷帘门的控制。卷帘门由其两侧的烟、温探测器组自动控制。卷帘门下降时，在门两侧应有警报信号。卷帘门的动作信号传至消防控制室。

（5）防火幕的控制。舞台与观众厅间设钢质防火幕，作为防火分隔。非演出期间，舞台或观众厅任一侧两组及以上探测器报警信号控制防火幕动作，同时向两侧发出警报信号。演出期间，舞台或观众厅任一侧两组及以上探测器报警后，由值班人员现场确认后，手动控制防火幕下降。防火幕动作信号传至消防控制室，消防控制室可控制防火幕的升降。

5. 消防紧急广播系统。在消防控制室设置消防广播（与音响广播合用）机柜。消防紧急广播按防火分区设置回路。火灾时，切断会议系统音响，消防控制室值班人员可全楼自动或手动进行火灾广播，指挥人员撤离火灾现场。

6. 消防直通对讲电话系统。在消防控制室内设置消防直通对讲电话总机，除在各层的手动报警按钮处设置消防对讲电话插孔外，在变配电室、水泵房、消防电梯轿箱、电梯机房、冷冻机房、BAS 控制室、管理值班室等处设置消防直通对讲电话分机。

7. 火灾确认后，切断有关部位的非消防电源，接通警报装置及火灾应急照明灯和疏散标志灯。打开观众入口闸机。

8. 本工程部分低压出线回路及各层主断路器均设有分励脱扣器。

9. 为防止接地故障、过载、导体接触不良等引起的火灾，能发现电气火灾的隐患，本工程设置电气火灾报警系统。系统由电气火灾探测器、测温式电气火灾监控探测器和电气火灾监控设备组成。

10. 为确保本工程消防设备电源的供电可靠性，本工程设置消防电源监控系统。

11. 为保证防火门充分发挥其隔离作用，本工程设置防火门监控系统。

12. 电梯监视控制系统。

（1）在消防控制室设置电梯监控盘，显示各电梯运行状态和故障显示。

（2）火灾发生时，根据火灾情况及场所，由消防控制室电梯监控盘发出指令，指挥电梯按消防程序运行；火灾确认后，控制所有电梯降至首层开门，除消防电梯外均切断电源。

4.2.7 智能化系统

1. 信息化应用系统。信息化应用系统包括公共服务、智能卡应用、物业管理、信息设施运行管理、信息安全管理、基本业务办公和专业业务等信息化应用系统。

（1）公共服务系统。公共服务系统应具有访客接待管理和公共服务信息发布等功能，并宜具有将各类公共服务事务纳入规范运行程序的管理功能。系统基于信息网络及布线系统，系统服务器设置于中心网络机房，管理终端设置于相应管理用房。

（2）智能卡应用系统。根据建设方物业信息管理部门要求对出入口控制、电子巡查、停车场管理、考勤管理、消费等实行一卡通管理，在同一张卡片上实现开门、考勤、消费等多种功能；在同一软件平台上，实现卡的发行、挂失、充值、资料查询等管理，系统共用一个数据库，软件必须确保出入口控制系统的安全管理要求；各系统的终端接入局域网进行数据传输和信息交换。系统基于信息网络及布线系统，系统服务器设置于中心网络机房，管理终端设置于相应管理用房。智能卡应用系统示意见图 4.2.7－1。

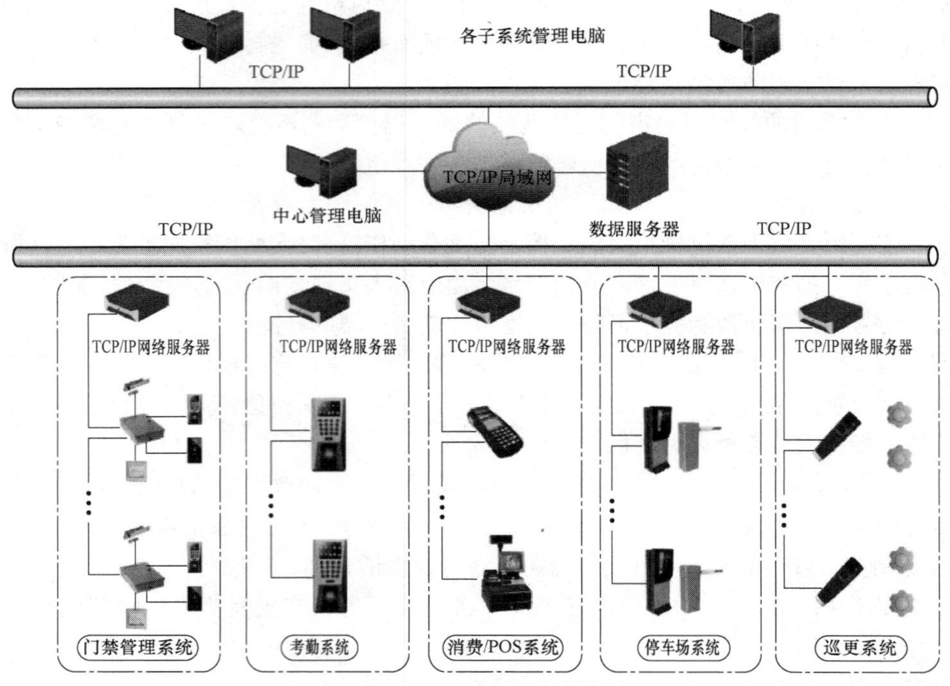

图 4.2.7－1 智能卡应用系统示意

（3）信息设施运行管理系统。信息设施运行管理系统应具有对建筑物信息设施的运行状态、资源配置、技术性能等进行监测、分析、处理和维护的功能。系统基于信息网络及布线系统，系统服务器设置于中心网络机房，管理终端设置于相应管理用房。

（4）信息安全管理系统。信息网络安全管理系统通过采用防火墙、加密、虚拟专用网、安全隔离和病毒防治等各种技术和管理措施，室网络系统正常运行，确保经过网络的传输和管理措施，使网络系统正常运行，确保经过网络传输和交换的数据不会发生增加、修改、丢失和泄露。

系统基于信息网络及布线系统，系统服务器设置于中心网络机房，管理终端设置于相应管理用房。

（5）票务管理系统。票务管理系统示意见图 4.2.7－2。

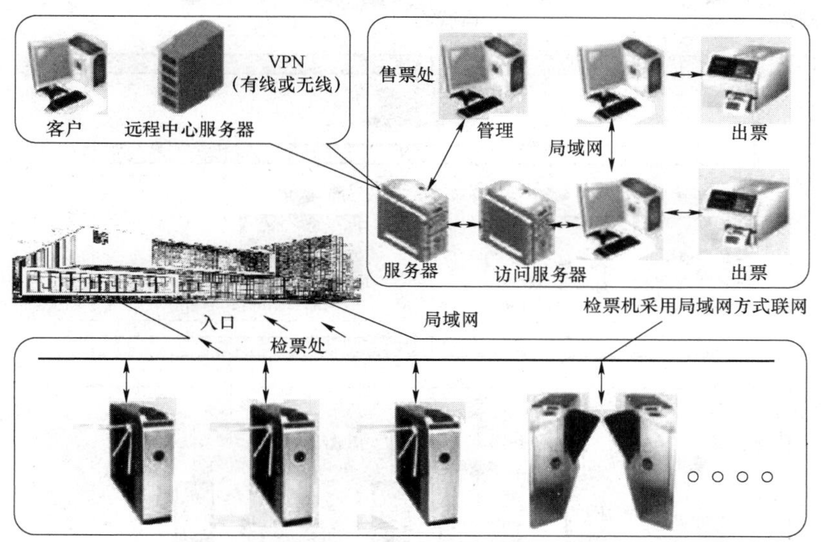

图 4.2.7－2 票务管理系统示意

1）票务管理系统采用先进的计算机管理手段和通道控制技术，实现票务管理和客流统计功能。

2）检票终端宜具备脱网独立工作的功能。

3）客流统计终端宜设置在建筑参观人员的进、出口处。

（6）多媒体公共信息显示、查询系统。多媒体公共信息显示、查询系统示意见图 4.2.7－3。

1）在主入口、会议区主入口、大堂、休息区、签到处、各层主要交通厅堂等处设置信息查询终端。

2）在各展厅、电梯厅、各会议厅入口等处设置信息显示终端。

3）系统应满足演出、会议等信息的检索、查询和导引等功能。

（7）会议预定系统。会议预定系统示意见图 4.2.7－4。

1）会议预定系统宜提供网上预定、电话预定、预定取消、空闲会议室查询等功能。

2）系统应具有与信息显示系统联动功能。

3）系统布线宜基于建筑内的综合布线系统平台。

2. 智能化集成系统。本工程对信息设施各子系统通过统一的信息平台实现集成，实施综合管理，将建筑中日常运作的各种信息，如建筑设备监控系统、安防、火灾自动报警、公共广播、通信系统以及展览管理信息，各种日常办公管理信息，物业管理信息等构成相互之间有关联的一个整体，从而有效地提升建筑整体的运作水平和效率。

（1）智能化信息集成系统。集成软件平台安装在主机服务器上，实现把所有子系统集成在统一的用户界面下，对子系统进行统一监视、控制和协调，从而构成一个统一的协同工作的整体。包括实现对子系统实时数据的存储和加工，对系统用户的综合监控和显示以及智能分析等其他功能。

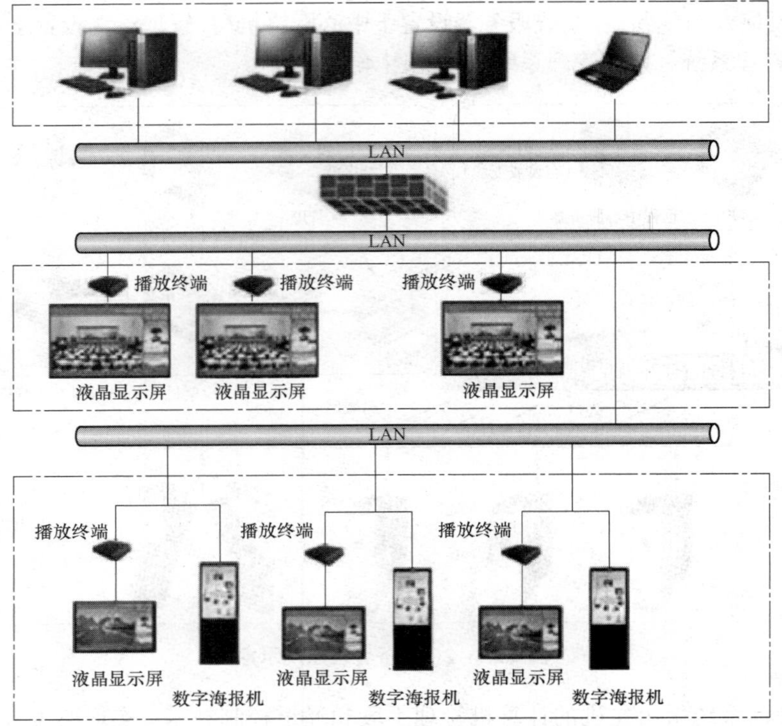

图 4.2.7－3　多媒体公共信息显示、查询系统示意

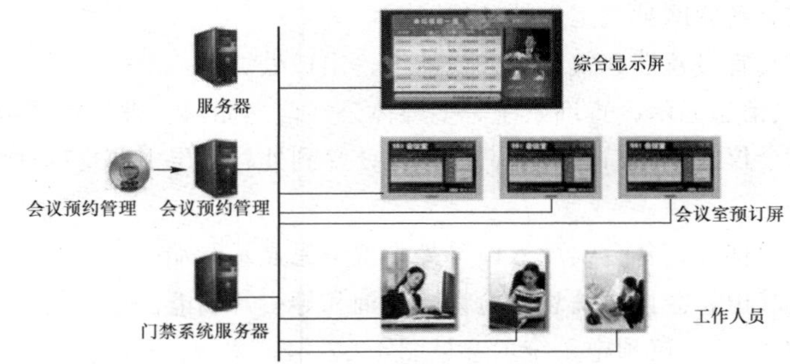

图 4.2.7－4　会议预定系统示意

（2）集成信息应用系统。对于管理数据的集成，要求控制系统在软件上使用标准的、开放的数据库进行数据交换，实现管理数据的系统集成。

3. 信息化设施系统。

（1）信息系统对城市公用事业的需求。

1）本工程需输出入中继线 100 对（呼出呼入各 50%）。另外申请直拨外线 200 对（此数量可根据实际需求增减）实现对外语音通信。

2）本工程建立卫星通信系统，进行高速数据传输、图像传输、综合数据与语音通信、移动数据通信、计算机网络连接等综合业务，与 DDN 数字数据网互为备份，可以保证数据通信的不间断性、可靠性。

3）电视信号接自城市有线电视网，在顶层设有卫星电视机房，对建筑内的有线电视实施管理与控制。有线电视节目和卫星电视节目经调制后，经电视信号干线系统传送至每个电视输出口处，使获得技术规范所要求的电平信号，达到满意的收视效果。

（2）综合布线系统。

1）综合布线系统为开放式网络平台，通过该系统可以实现世界范围资源共享，支持电话、数据、图文、图像等多媒体业务。剧院一层设综合布线间，综合布线网络交换机和总配线架。

2）由市政引来的200对电话电缆和千兆以太网数据信号光纤埋地引入综合布线间。经交换后由总配线架引至弱电竖井内分配线架，分配线架配线到语音和数据出口。

3）配线子系统：剧院东西两侧竖井接线箱至信息点线路沿走廊线槽敷设，其余弱电竖井接线箱至信息点线路在楼板或墙内暗敷。

4）竖向语音干线采用超五类大对数电缆；数据干线采用六芯多模光纤；末端支线采用五类或超五类电缆；出线口采用五类或超五类配件；所有跳线架及其配件均采用五类或超五类产品。

（3）通信自动化系统。

1）本工程在地下一层设置电话交换机房，拟定设置一台的400门PABX。

2）本工程建立卫星通信系统，进行高速数据传输、图像传输、综合数据与语音通信、移动数据通信、计算机网络连接等综合业务，与DDN数字数据网互为备份，可以保证数据通信的不间断性、可靠性。

（4）会议电视系统。本工程在多功能厅设置全数字化技术的数字会议网络系统（DCN系统），该系统采用模块化结构设计，全数字化音频技术。具有全功能、高智能化、高清晰音质。方便扩展和数据传递保密等优点。可实现发言演讲、会议讨论、会议录音等各种国际性会议功能，其中主席设备具有最高优先权，可控制会议进程。

（5）有线电视及卫星电视系统。

1）有线电视信号由市政有线电视网引至一层电视机房，内设前端箱。剧场演出实况的视频信号并入电视系统，另可根据需要设置数套自办节目。

2）有线电视系统信号传输网络采用860MHz宽带邻频传输网络。网络除可播放普通电视节目外，还可根据将来发展播放传输高清晰数字电视（HDTV），网络为双向传输系统可进行交互型业务。

3）系统采用邻频传输，用户电平要求69±6dB，图像清晰度应在四级以上。系统采用分支分配方式。

4）本工程在地下一层设置有线电视前端室，在顶层设有卫星电视机房。

（6）背景音乐及紧急广播系统。

1）本工程在一层设置广播室（与消防控制室共室）。

2）在走道、大堂、餐厅等均设有背景音乐。背景音乐及紧急广播系统采用100V定压式输出。当有火灾时，切断背景音乐，接通紧急广播。

3）多功能厅设置独立的音响设备。会议扩声系统配备多台多路混音放大器、扬声器箱等专业设备。调音台应有多路音源输入通道，每通道均可预选话筒或线路输入。各通道均应有语音滤波，衰减低音成分，增加语音的清晰度。可接入CD、AM/FM收音机、话筒等，并具备录音设备。扬声器的配置应满足会场声压级的需要，并应保证会场内声压的均匀度。

（7）信息导引及发布系统。本工程信息导引及发布系统主机设置于建筑物业管理室内。本系统由视频显示屏系统、传输系统、控制系统和辅助系统组成。可实现一路或多路视频信号同时或部分或全屏显示。通过计算机控制，在公共场所显示文字、文本、图形、图像、动画、行情等各种公共信息以及电视录像信号，并利用信息系统作为电子导向标识，辅助人员出入导向服务。信息导引及发布系统示意见图 4.2.7－5。

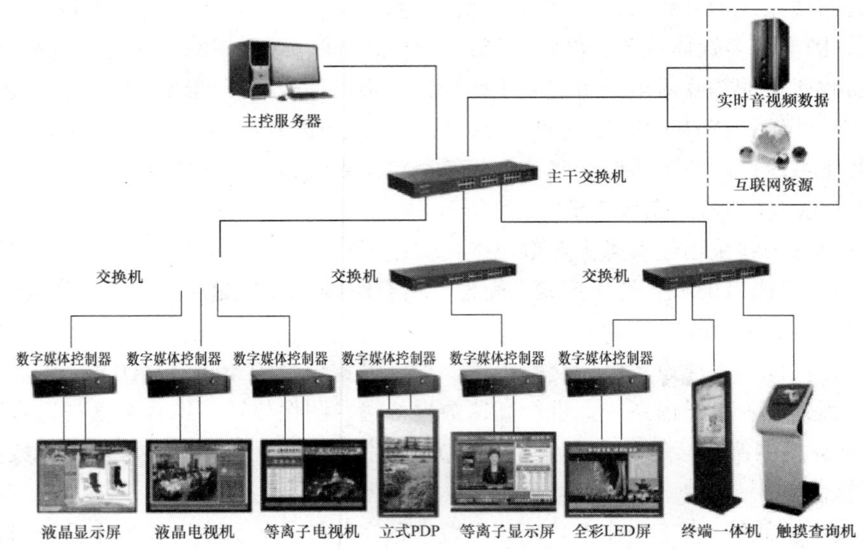

图 4.2.7－5 信息导引及发布系统示意

（8）无线通信增强系统。为避免无线基站信道容量有限，忙时可能出现网络拥塞，手机用户不能及时打进或接进电话。另外由于大楼内建筑结构复杂，无线信号难于穿透，室内易出现覆盖盲区。因此，大楼内应安装无线信号室内天线覆盖系统以解决移动通信覆盖问题，同时也可增加无线信道容量。

4. 建筑设备管理系统。

（1）建筑设备监控系统。

1）本工程设建筑设备监控系统，对全楼的给排水设备、空调设备及供电系统设备进行监视及节能控制。BAS 监控中心设在一层，内设系统主机，CRT 及打印机；冷冻机房、变配电所内设控制分站，其余相关设备用房设直接数字控制器。

2）给排水系统的控制：生活泵、排水泵启、停控制、状态显示和故障报警；生活水池和高位水箱水位的显示和报警；雨、污水集水坑高水位报警。

3）冷冻机房：冷水机组、冷冻泵、冷水泵、冷却塔风机的启、停控制、状态显示和故障报警；冷却水、冷冻水的供、回水温度测量；冷冻机、冷却泵、冷冻泵、冷却塔风机及进水电动蝶阀的顺序启、停控制；根据冷冻水系统供，回水总管压差，控制其旁通阀的开度。

4）新风空调机组：运行工况及温、湿度的监视、控制、测量、记录。

5）排风机：风机启、停控制，状态显示和故障报警。

6）对配变电系统的监测：10kV 配电系统：进、出线断路器及母联断路器的状态显示；进、出线电流、电压显示；功率因数显示；有功、无功功率显示；电能计量显示。低压配电系统：低压进、出线断路器及母联断路器的状态显示；进、出线的电流、电压显示；功率因数显示；电能量显示。变压器：温度显示、超温报警。高、低压配电系统的图形显示。柴油发电机的状态显示，如电压、电流、频率等，蓄电池电压、日用油箱低油位及故障报警。

7）对照明系统的控制：大堂、休息厅展厅照明控制；办公室照明控制。

8）大楼管理；出入口管理；车库管理；扶梯、电梯运行状态显示和故障报警；建筑设备监控系统采用直接数字控制器（DDC）和（SCC）监控系统，配备了网络控制器、网络连接器等网络设备以及相应的软件及硬件设备，构成自动监控系统，以数据通信方式进行集散式监控和管理。各分站可直接设定、修改现场设备的参数，并控制现场设备；对空调、给排水、冷热源等设备进行自动管理。在控制中心可监视各分站的运行状态，并可根据需要，实时打印、记录设备的运行参数和状态，或将系统的运行状态显示在彩色监视器上。

9）自控设备的供电：系统主机采用两个电源的交流 220V 专用低压回路供电，在建筑设备监控中心末端切换，配置 UPS 作为后备电源；各个 DDC 控制器的电源应尽量引自上述两个电源，并在 DDC 箱内或附近切换。

10）本工程在地下一层设置一处建筑设备监控室，对建筑设备实施管理与控制。

（2）建筑能效监管系统。建筑能效监管系统主要有三层组成：

第一层数据采集层：总线采集器，主要负责将智能表传送到的编码数据进行处理收集、发送。上传通信可采用 RS485、M-BUS 等总线方式，也可以采用电力载波、宽带网、电话网及无线等方式。

第二层数据转换层：智能计量表和智能总线式采集模块。主要负责将电表的计量脉冲信号转换成编码数据，电表内置或外置采集模块，输出 RS485 信号，供采集器进行收集。智能电表可将监视用户电表电量及剩余电量直接输出 RS485 信号。

第三层数据管理层：智能集中器，主要负责系统的参数设置，数据的统计，用户数据管理。可以通过电话、互联网、无线通信等公共信息交换网完成城市联网系统。能耗管理系统示意见图 4.2.7-6。

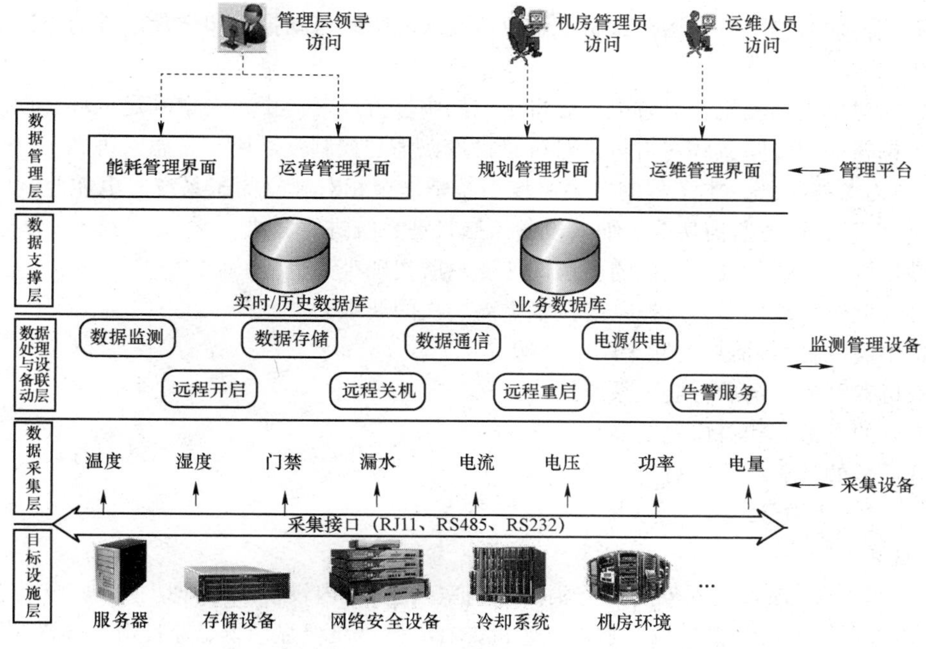

图 4.2.7-6 能耗管理系统示意

（3）电梯监控系统。电梯监控系统示意见图 4.2.7－7。

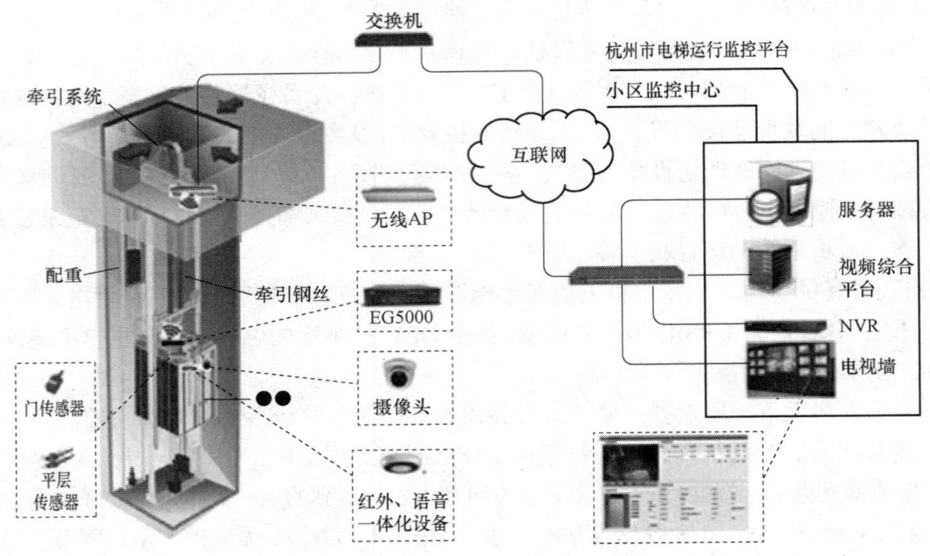

图 4.2.7－7 电梯监控系统示意

1）电梯监控系统是一个相对独立的子系统，纳入设备监控管理系统进行集成。

2）电梯现场控制装置应具有标准接口（如 RS485、RS232 等）。

3）在安防消防中心设电梯监控管理主机，显示电梯的运行状态。

4）监控系统配合运营，启动和关闭相关区域的电梯；接收消防与安防信息，及时采取应急措施。

5）系统自动监测各电梯运行状态，紧急情况或故障时自动报警和记录，自动统计电梯工作时间，定时维修。

6）电梯对讲电话主机及对讲电话分机由电梯中标方成套提供，要求满足工程管理需要。

7）电梯轿厢内设暗藏式对讲机，对讲总机设在消防控制室，用于紧急对讲。

（4）电力监控系统。本工程的电力监控系统是一个相对独立的子系统，电能监测中采用的分项计量仪表具有远传通信功能，纳入设备监控管理系统进行集成。

1）满足楼宇智能化电力监控的要求，使变电所实现少人值班。

2）融入建筑智能化电力监控系统技术更高层次的要求。

3）集中监控+区域监控的冗余网络结构。

4）双机双网的冗余后台监控系统结构。

5）良好的自诊断和自恢复功能。

6）开放性的计算机监控系统。

5. 公共安全系统。

（1）视频监控系统。

1）本工程在一层设置保安室（与消防控制室共室），内设视频矩阵切换器、全功能操作键盘、彩色监视器、十六路视频数字硬盘录像机、21in 硬盘录像显示器、监控多媒体图形工作站 1 套；电源控制器、稳压电源、监视器屏、控制机柜及控制台等。十六路视频数字硬盘录像机的彩色录像质量要求达到每秒25帧。可循环储存30天记录的。视频监控系统示意见图4.2.7－8。

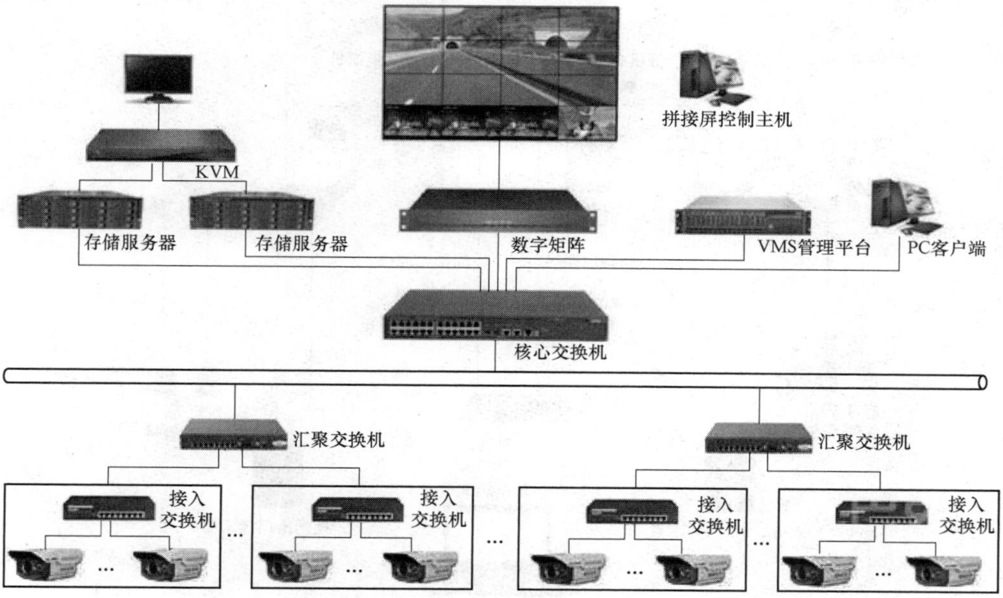

图4.2.7－8 视频监控系统示意

2）本工程各出入口、公共走廊、电梯轿箱内、候场区和售票处等设保安监视摄像机，四层展厅采用全面监视方式。要求图像质量不低于四级。图像水平清晰度：黑白电视系统不应低于400线，彩色电视系统不应低于270线。图像画面的灰度不应低于8级。保安闭路监视系统各路视频信号，在监视器输入端的电平值应为1Vp－p±3dB VBS。保安闭路监视系统各部分信噪比指标分配应符合：摄像部分40dB；传输部分50dB；显示部分45dB。保安闭路监视系统采用的设备和部件的视频输入和输出阻抗以及电缆阻抗均应为75Ω。

（2）出入口控制系统。为确保建筑的安全，根据安全级别的不同划分为的不同安全分区，根据级别的不同设置相应的门禁系统，以免无关人员闯入，出入口控制系统示意见图4.2.8－9，系统主机设置于建筑消防控制室。系统构成与主要技术功能：

1）出入口控制系统由识读部分、传输部分、管理/控制部分和执行部分以及相应的系统软件组成。

2）本工程在重要机房、物业用房车库、出入口口安装读卡机、电控锁以及门磁开关等控制装置。系统设置于各建筑内消防控制室内。

3）系统的信息处理装置应能对系统中的有关信息自动记录、打印、存储，并有防篡改和防销毁的措施。

4）出入口控制系统应能独立运行，并能与火灾自动报警系统、视频监控系统联动。当发生火警或需紧急疏散时，人员不使用钥匙应能迅速安全通过。

（3）无线巡更系统。电子巡更管理系统不仅是安全保卫系统中不可缺少的重要部分，也是物业管理的不可或缺的重要组成部分。在主要公共通道分布电子巡更签到点，可设定保安员巡更的路线及地点，巡更的次数等，并可检测该保安员所用的巡更时间，从而监督保安员工作。无线巡更系统由信息采集器、信息下载器、信息钮和中文管理软件等组成，无线巡更系统示意见图4.2.7－10，并可实现以下功能：

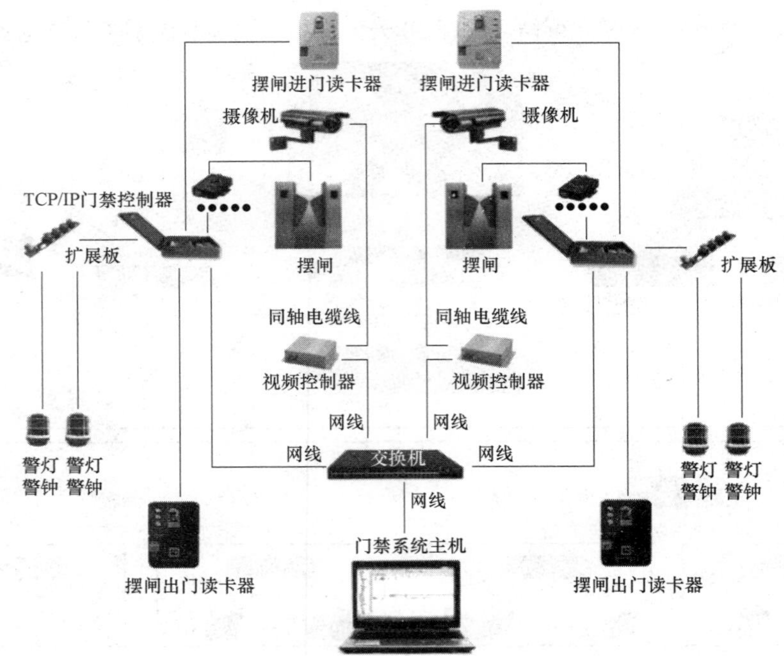

图 4.2.7－9　出入口控制系统示意

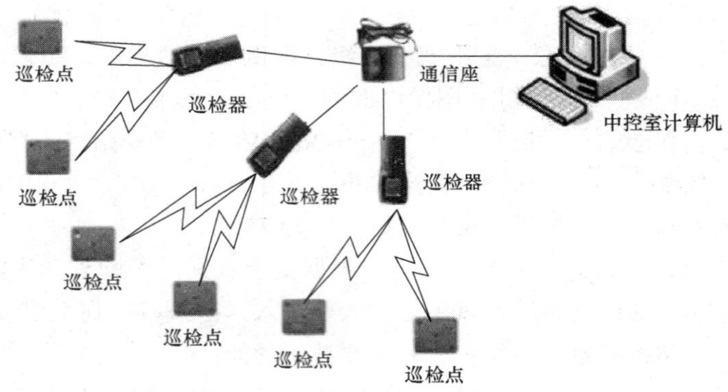

图 4.2.7－10　无线巡更系统示意

1）可按人名、时间、巡更班次、巡更路线对巡更人的工作情况进行查询，并可将查询情况打印成各种表格，如情况总表、巡更事件表、巡更遗漏表等。

2）巡更数据储存，定期将以前的数据储存到软盘上，需要时可恢复到硬盘上。

3）用户要求可定制其他功能，如各种巡更事件的设置、员工考勤管理等。

（4）防盗报警系统。

1）在非主要入口设置吸顶红外感应报警探测器。

2）各层设置双监探测器。

3）在首层二层周边首层、二层边门窗设置玻璃破碎探测器。

4）在一些重要部位设置紧急报警按钮。

（5）停车场管理系统。本工程停车场管理系统主机就近管理用房内设置。工程停车场管理系统采用影像全鉴别系统，对进出的内部车辆采用车辆影像对比方式，防止盗车；外部车辆采用临时出票机方式。系统构成与主要技术功能：

1）出入口及场内通道的行车指示。

2）车位引导。

3）车辆自动识别。

4）读卡识别。

5）出入口挡车器的自动控制。

6）自动计费及收费金额显示。

7）多个出入口的联网与管理。

8）分层停车场（库）的车辆统计与车位显示。

9）出入挡车器被破坏（有非法闯入）报警。

10）非法打开收银箱报警。

11）无效卡出入报警。

12）卡与进出车辆的车牌和车型不一致报警。

（6）售验票系统。

1）本工程的售验票系统是以磁卡、IC卡或条码卡等媒介为门票，结合集智能卡技术、信息安全技术、软件技术、网络技术及机械技术的智能化票务管理系统，它为剧场的运营管理、安全管理和演出管理提供了有效的技术手段。售验票系统示意见图4.2.7－11。

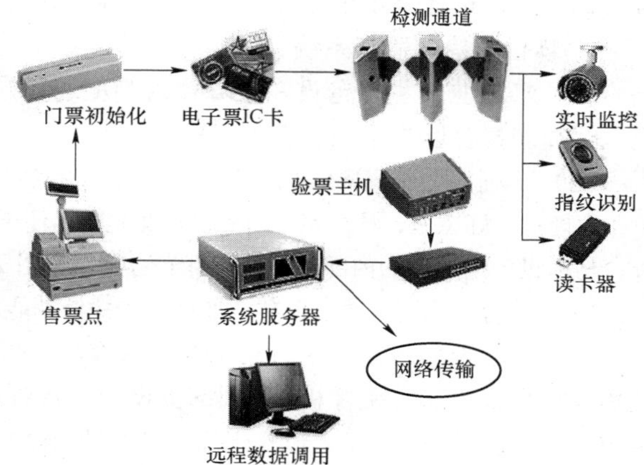

图4.2.7－11　售验票系统示意

2）本工程设门票管理系统，在观众进口分别设置验票闸机，要确保所有观众可在2h内入场。

3）在演出结束以后本系统可以将闸门自动关闭使观众能够迅速的离场。

6. 剧场扩声系统设计。

（1）观众厅扩声系统声学技术指标：以GYJ25－86中规定的音乐扩声一级指标为参考。

1）最大声压级：100～6300Hz内平均声压级≥103dB。

2）传输频率特性：以100～6300Hz的平均值为0dB，在此频带内±4dB。

3）传声增益：125～4000Hz内平均值≥－8dB。

4）声场不均匀度：1000Hz和6300Hz≤8dB；100Hz≤10dB。

5）主观听音：清晰、音质良好。

（2）剧场扩声系统设计。

1）主扩声系统采用左中右三个通道分别全场覆盖，为三分频加次低频的扬声器布置方案，能够达到较好的立体声还音效果。

2）设置了较为完备的效果扬声器系统。

3）舞台扩声系统除了常规的地面流动返送系统外，还设置了固定安装于舞台上空的返送扩声系统，以利于演出人员的听闻。

4）采用两台模拟调音台作为主调音台和返送调音台。主调音台为44路调音台，设于声控室内，该调音台具有40路单声道输入和4路立体声输入，10路矩阵、8路编组、12路辅助输出，并包含10组VCA编组，8路哑音编组，256个场景设置，能够满足会议及中小型文艺演出的需要。

5）处理器部分采用数字系统控制矩阵，系统简洁、可靠，操作方便，功能强大。

6）传声器点设置：为满足会议及文艺演出的需要，在舞台上下场口、左右后墙、乐池内左右两侧、舞台葡萄架上共设置了9个综合插座箱，有104路传声器输入。无线传声器：根据剧场的需要，系统共设置12路U段无线传声器。

7）现场调音位：为了方便大型文艺演出时架设现场调音台的需要，我们在一层观众席中部设置了现场调音位，从侧舞台信号交换立柜来的48路传声器信号及与主扩声控制机房交换用的24路信号汇集于此。

8）信号接口：为能使公共广播系统的紧急信号能够在场内播出，主系统与公共广播系统留有接口，可通过数字系统处理器内的DUCK功能进行广播。

7. 舞台通信与监督系统。

（1）舞台监督主控台设在主舞台内侧上场口，落地明装。主控台由舞台通信系统四通道主机、话筒和舞台监督系统监视器组成。

（2）下列部位设置舞台通信系统扬声器：贵宾室及其休息室、化妆、候场；乐池、舞台机械控制室；声控室；灯控室、耳光室、追光室、面光桥，便于舞台监督与上述部位联系。各层化妆室走廊、主舞台马道设一定数量的内部通话站，灯光音响设备用房、导演室设内部通话话机。

（3）舞台监督还可通过公共广播系统的插播功能对演职人员及各技术用房进行一般广播通知用。

（4）舞台监督系统：主舞台两侧，观众厅一层包厢下部，观众厅贵宾室挑台处共设5台带变焦及遥控云台彩色摄像机。下列部位设置舞台监督系统监视器：后台化妆室；舞台机械控制室；声控室；灯控室；导演室，以实现演出时人员和设备的统筹管理。大堂，观众休息厅预留信号输出，以便播出剧场演出实况（不包括演职人员监视专用的舞台内信号），便于迟到和休息的观众收看。

8. 舞台机械。

（1）台下机械：主舞台设置主舞台升降台，左、右侧台设置车台，后舞台设置车载转台，台口前设置乐池升降台。对于歌剧院类剧场在后舞台下台仓内设置芭蕾舞台板车台。在主舞台升降台周围以及侧台车台和车载转台的下面还可设相应的辅助升降台。剧场舞台台下机械的用电量根据不同规模及所需设备。

（2）台上机械：主舞台台口上空布置防火幕、大幕机、假台口上片、假台口侧片。舞台区域上空的悬吊设备主要有电动吊杆，轨道单点吊机，主舞台区域内的自由单点吊机和前舞台区域单点吊机等设备，用来悬吊布景、檐幕和边幕，制造特别演出效果。假台口上片、灯光渡桥、灯光吊架用于舞台照明。在主舞台区域还设置有飞行器、天幕吊杆、侧吊杆等设备。在左、右侧舞台上空设有悬吊设备，后舞台上空设有电动吊杆和悬吊设备。

【说明】电气抗震设计和电气节能措施参见4.1.8和4.1.9。

4.3 马戏城

4.3.1 项目信息

本工程属于二类高层建筑，大型乙等剧场，地上三层，地下二层，建筑面积为36 800m^2，建筑高度 42m，设计使用年限 50 年。工程性质为以杂技马戏演出为主，集办公、业务生产、培训、文化展示、文化交流、休闲娱乐、旅游为一体的大型综合性文化设施。其中主场馆与商业配套设施为一期，动物训练用房与办公公寓为二期。

马戏城

4.3.2 系统组成

1. 高低压变、配电系统。
2. 电力、照明系统。
3. 防雷与接地系统。
4. 电气消防系统。
5. 智能化系统。
6. 电气抗震设计和电气节能措施。

4.3.3 高低压变、配电系统

1. 负荷分级。

（1）一级负荷：舞台、贵宾室与演员化妆间照明、舞台机械设备、电声设备、安全照明用电，安防信号电源、消防系统设施电源、通信电源及调光用计算机系统电源等为一级负荷。设备容量约为 2280kW。

（2）二级负荷：包括一般客梯用电，生活水泵等。设备容量约为 237kW。

（3）三级负荷：包括一般照明及动力负荷。设备容量约为 1603kW。

2. 场外电源：由市政外网引来两路双重高压电源。高压系统电压等级为 10kV。高压采用单母线分段运行方式，中间设联络开关，平时两路电源同时分列运行，互为备用，当一路电源故障时，通过手/自操作联络开关，另一路电源负担全部负荷。

3. 变、配电室。在地下一层设置变电所。变电所内设 2 台 2000kVA 干式变压器。变压器低压侧 0.4kV 采用单母线分段接线方式，低压母线分段开关采用自动投切方式时，低压母联断路器应采用设有自投自复、自投手复、自投停用三种状态的位置选择开关，自投时应设有一定的延时，当变压器低压侧总开关因过负荷或短路故障而分闸时，母联断路器不得自动合闸；电源主断路器与母联断路器之间应有电气联锁。

4. 继电保护、计量与 BZT 控制。继电保护需要根据当地上级馈电系统的接地形式进行配置，本项目上级高压采用的是小电阻接地系统，通过微机综合继电保护装置对高压系统进行保护。

（1）高压进线断路器设过电流、速断、零序保护。

（2）高压馈线断路器设过电流、速断、零序、变压器温度两段（警告、跳闸）保护、变压器开门误操作保护。

（3）高压母联采用备自投（BZT）控制方式，进线失电压延时 1.5s 断主进，延时 2s 合母联；电源恢复延时 1s 断母联，延时 1.5s 合主进。

（4）低压断路器保护、操作与控制选择。

1）进线主断路器设二段过电流保护（长延时 3s、短延时 0.4s），电动储能操作，就地手动、PLC 远控、标准通信接口遥控控制。

2）母联断路器设二段过电流保护（长延时 3s、短延时 0.25s），电动储能操作，就地手动、PLC 远控、标准通信接口遥控控制。

3）馈出线缆断路器设三段过电流保护（长延时 3s、短延时 0.1s、瞬动），部分分励脱扣和部分电动储能操作，就地手动、DC 中继远控、PLC 远控、标准通信接口遥控控制。

4）断路器均配置电子式脱扣器，整定值连续可调。

（5）低压母、2 路主进，三断路器就地采用专用 PLC 控制，PLC 安装在低压母联柜内，进线失电压延时 2.5s 断主进，延时 3s 合母联；电源恢复延时 1s 断母联，延时 1.5s 合主进。母联断路器设有延时自投方式，功能选择开关具有“自投自复”“自投手复”“自投停用”等三种位置状态，并具有电气闭锁、防误操作。PLC 通过 RS485 标准接口接入电力监控管理系统现场控制站。

（6）低压主进设置三相有功数字电能表，精度不低于 1.0 级，计量 CT 精度不低于 0.5 级，电能表具有 RS485 通信接口，通过网络适配器接入电力监控系统。

（7）设置电力监控系统，对电力配电实施动态监视。

4.3.4　电力、照明系统

1. 配电系统的接地形式采用 TN－S 系统。风冷机组、循环泵、热力站、舞台机械、舞台灯光、电声系统、电梯、室外 LED 大屏、办票岛等设备采用放射式供电；普通照明与插座、风机、空调机、污水泵等小型设备采用树干式供电。

2. 为保证重要负荷的供电，对重要设备如：通信机房、消防用电设备（消防水泵、排烟风机、加压风机、消防电梯等）、信息网络设备、消防控制室、中央控制室、舞台工艺配电等均采用双回路专用电缆供电，在最末一级配电箱处设双电源自投，自投方式采用双电源自投自复；其中重要机房如消防控制室，电信间、调光用计算机电源，室外 LED 大屏等均采用双路市电互投后再设置专用的 UPS 供电。

3. 在商业配套区域，对于面积较大的餐饮区采用变配电所单路电源至就地配电柜的上闸口，系统由餐饮承包商负责；小面积商业集中设置配电柜，末端采用加计量表的末端分盘。

4. 主要配电干线沿由变电所用电缆槽盒引至各电气小间，支线穿钢管敷设。

5. 普通干线采用辐照交联低烟无卤阻燃电缆；重要负荷的配电干线采用矿物绝缘电缆。部分大容量干线采用独芯电缆拼接方式。

6. 主场馆舞台机械、电声设备、舞台照明及调光设备、电梯、自动扶梯、水泵、空调箱采用软启动器、变频器等变压变频（VVVF）装置时，应在末端加装滤波器、过滤器的抗干扰对策，限制注入电网谐波电流，要求电压总谐波畸变≤3%，电流总谐波畸变≤10%。使其在国家规定的允许范围内，产品应取得 CCC 认证。重要负荷软启动器、变频器均应加旁路控制，保证软启动器、变频器故障时能切换（按设备要求自动或手动）至旁路运行。

7. 消火栓泵、喷淋泵控制柜设变频低速自动巡检功能柜和机械强起装置。

8. 消防系统的泵及风机，其过载保护装置只报警，不跳闸。

9. 舞台机械配电。

（1）本项目舞台分为两个部分，根据不同演出类型可以发生变化。舞台后侧可以通过分隔幕形成典型的镜框式舞台，台口前面的环形马圈舞台，既可以作为台唇，也可以作为马戏演出的主要舞台。

（2）舞台机械主要分为台上机械与台下机械两个部分。

1）台上机械主要由电动吊杆、单点吊机、灯光吊杆与灯光排柱、大幕和分隔幕吊杆、飞行机构、环形舞台和观众厅上方灯光吊杆组成。

2）台下机械由主升降台、嵌套子升降台，马戏升降台、嵌套转台升降和转台，升降围栏，水池盖板组成。在台上栅顶、台下台仓内设置独立的舞台机械配电与控制室，末端采用单元配电模式，为每台电机设置独立的配电控制单元，通过网络与整个舞台机械控制系统连接。

3）舞台机械的控制分为舞台搭建、演出动作和维护 3 种操作模式，每个模式可以通过组态，对单个或团组舞台设备进行操作，它可以通过操作盘上的操作杆直接操作，也可以在初始化后进行动作编程、储存。可以对动作顺序进行编程，然后储存在外部驱动机构或系统内部。

（3）本项目操作台主要有主操作台、副操作台（舞台监督台）、便携式紧急控制箱同操作台、大幕控制台以及单点吊机起动操作的调试台。

10. 照度标准及灯具选择。所有功能房间内的显色指数 $R_a \geqslant 80$、色温 3000～5000K、要求灯具的 3 次谐波电流不超过基波电流的 33%。照度标准见表 4.1.4。

11. 光源。照明应以清洁、明快为原则进行设计，同时考虑节能因素避免能源浪费，以满足使用的要求。室内外照明应选用发光效率高、显色性好、使用寿命长、色温相宜、符合环保要求的光源。室外照明装置应限制对周围环境产生的光干扰。对餐厅、电梯厅、走道等均采用 LED 灯；商场、办公室等采用高效节能荧光灯；设备用房采用 LED 灯。为保证照明质量，办公区域选用双抛物面格栅、蝠翼配光曲线的荧光灯灯具，荧光灯为显色指数大于 80 的三基色的荧光灯。

12. 舞台灯光系统。

（1）本项目舞台灯光系统由各种多功能聚光灯、投影设备、追光灯、如光投影仪、特效设备等组成的演出灯光系统，技术区的蓝、白工作场地灯光系统以及观众厅灯光组成。舞台灯光系统主要由椭圆形卤素聚光灯、椭圆变焦聚光灯、聚光灯、泛光灯、LED 条灯、气体放电灯、激光灯等组成。

舞台灯光控制系统基于以太网标准，采用经典的 DMX512/RDM 信号输出，网络标准兼容 ArtNet 或者 CAN 总线等数据网，在每个灯光控制器处配置 RJ45 标准以太网口。控制网由 4 个光纤连接的单独的网络节点组成，分别位于灯光控制室（观众厅正后方）、B1 层台下调光室 2、24.1m 高栅顶的调光室 1 以及栅顶右侧的数据分配柜。

（2）系统由操作台及工作站、备用操作台及工作站、便携式操作台、辅助操作台（触控面板）、网络交换器、末端接线箱组成。

（3）配电系统由主配电柜、调光柜、数据分配柜以及末端配电箱组成。由于调光系统末端谐波大，因此从主配电柜至调光柜的电缆其 N 线的界面应比相线界面的 3 倍，同时在主配电柜处进行谐波的治理，满足注入电网的谐波畸变率不应大于 3%。

13. 应急照明与疏散照明。消防控制室、变配电所、配电间、电信机房、弱电间、楼梯间、前室、水泵房、电梯机房、排烟机房、重要机房的值班照明等处的应急照明按 100%考虑；门厅、走道按 30%设置应急照明；其他场所按 10%设置应急照明。各层走道、拐角及出入口均设疏散指示灯，蓄电池采用集中免维护电池进行供电，停电时自动切换为直流供电，并且应急照明持续时间应不少于 30min。

14. 照明控制。为了便于管理和节约能源，以及不同的时间要求不同的效果。本工程采用智能型照明控制系统；汽车库照明采用集中控制与移动感应控制；楼梯间采用声光与红外自动感应的自熄控制；入口大堂及公共区的照明采用集中控制。走廊的应急照明考虑就地控制和消防集中控制的方式。室外泛光及景观照明的控制纳入建筑设备监控系统统一管理。

4.3.5　防雷与接地系统

1. 本建筑物按二类防雷建筑物设防，采用法拉第笼式防雷体系，防雷与接地系统示意见图 4.3.5。

2. 主场馆利用金属屋面做接闪器，屋面金属板构造、厚度及连接方式必须满足 GB 50057—2010 及相关行业标准中规定，金属屋面下应无易燃物，要求屋面金属材料厚度不小于 0.5mm，金属板无绝缘被覆层。

屋面上所有凸起的金属构筑物或管道等，均应与屋面金属板可靠连接成一体，屋面天窗、排水天沟等屋面设施也应与屋面一起整体设计防雷，考虑接闪、连接及引下。

3. 场馆利用建筑物外侧钢结构柱、幕墙钢结构柱或外墙混凝土结构柱内主钢筋（4 根主筋）做防雷装置引下线，等效计算引下线综合平均间距不大于 18m。屋面金属板引下线节点与钢结构之间采用铜缆有效联结，每层楼板处外幕墙整体做等电位联结。引下线穿楼板时应就近与结构板内上层钢筋有效联结构成局部等电位，每个方向（四个）至少有一点焊接。

4. 本工程利用结构基础桩基及地板作为自然接地极，在建筑物四周适当位置设置接地电阻测试端子板，采用共用接地装置，以建筑物、构筑物的金属体、构造钢筋和基础钢筋作为接地体，其接地电阻小于 1Ω。

5. 为预防雷电电磁脉冲引起的过电流和过电压，在下列部位装设电涌保护器（SPD）：

（1）变压器低压侧主进内各相均要求装设第 I 级 SPD，$U_c \geqslant 253$V，$I_{imp} \geqslant 12.5$kA（10/350μs），$U_p \leqslant 2.5$kV，$t_A < 50$ns。

（2）引至室外的屋顶照明或动力线路的配电箱装设第 I 级 SPD，$U_c \geqslant 253$V，$I_{imp} \geqslant 12.5$kA（10/350μs），$U_p \leqslant 1.0$kV，$t_A < 50$ns。

（3）弱电系统电源配电加装第 II 级 SPD，$U_c \geqslant 253$V，$I_n \geqslant 10$kA（8/20μs），$U_p \leqslant 1.0$kV，$t_A <$ 10ns。

（4）SPD 设置在配电箱（柜）内，保护熔断器由 SPD 生产商成套配置，必须能承受预期通过的雷电流，并能熄灭雷电流通过后产生的工频续流。应具备失效显示、保护及报警等功能，选用通过国家检测中心质量认证的产品。

（5）弱电室外进线处设信号型 SPD。

6. 交流 220/380V 低压系统接地形式采用 TN－S，PE 线与 N 线严格分开。

7. 建筑物做等电位联结，在变配电所内安装主等电位联结端子箱，将所有进出建筑物的金属管道、金属构件、接地干线等与等电位端子箱有效连接。

8. 在所有变电所，弱电机房，电梯机房，强、弱电小间，浴室等处做辅助等电位联结。

4.3.6 电气消防系统

1. 火灾自动报警系统。本工程采用集中报警系统。燃气表间、厨房设可燃气体探测器，烟尘较大场所设感温探测器，一般场所设感烟探测器。在本楼适当位置设手动报警按钮及消防对讲电话插孔。在消火栓箱内设消火栓报警按钮。消防控制室可接收感烟、感温、气体探测器的火灾报警信号，水流指示器、检修阀、压力报警阀、手动报警按钮、消火栓按钮的动作信号。在每层消防电梯前室附近设置楼层显示复示盘。

2. 消防控制室设在首层，设火灾自动报警及联动控制系统主机、联动控制台、电源与接地装置等。联动控制台上设图形及指令工作站、打印机、应急对讲电话主机；消火栓泵、喷淋泵、雨淋泵的手动远控装置及其运行/故障信号显示；防排烟风机（含正压送风机）的手动远控装置及运行/故障信号显示；电梯消防功能操作装置；接通应急照明及非消防电源手动切断装置；消防紧急广播控制装置、防火卷帘门控制装置等。

3. 消防联动控制系统。在消防控制室设置联动控制台，控制方式分为自动控制和手动控制两种。通过联动控制台，可以实现对消火栓、自动喷洒灭火系统、防烟、排烟、加压送风系统的监视和控制，火灾发生时手动切断一般照明及空调机组、通风机、动力电源。当发生火灾时，自动关闭总煤气进气阀门。

4. 消防紧急广播系统。在消防控制室设置消防广播机柜，机组采用定压式输出。地下泵房、冷冻机房等处设号角式 12W 扬声器，其他场所设置 3W 扬声器，消防紧急广播按建筑层分路，每层一路。当发生火灾时，切断馆内扩声系统，接通紧急广播，消防控制室值班人员可自动或手动向全楼进行火灾广播，及时指挥疏导人员撤离火灾现场。

5. 消防直通对讲电话系统。在消防控制室内设置消防直通对讲电话总机，除在各层的手动报警按钮处设置消防对讲电话插孔外，在变配电室、水泵房、电梯机房、冷冻机房、防排烟机房、建筑设备监控室、管理值班室等处设置消防直通对讲电话分机。

6. 电梯/扶梯监视控制系统。在消防控制室设置电梯监控盘，除显示各电梯运行状态、层数显示外，还应设置正常、故障、开门、关门等状态显示。火灾发生时，根据火灾情况及场所，由消防控制室电梯监控盘发出指令，指挥电梯按消防程序运行：对全部或任意一台电梯进行对讲，说明改变运行程序的原因；除消防电梯保持运行外，其余电梯均强制返回一层并开门。火灾指令开关采用钥匙型开关，由消防控制室负责火灾时的电梯控制。

7. 应急照明系统。所有楼梯间及前室的照明以及变配电所、消防控制室、安防中心、消防水泵房、防排烟机房、柴油发电机房、电信机房等的照明全部为应急照明。公共场所应急照明一般按正常照明的 10%～15%设置。应急照明电源采用双电源末端互投供电。主要疏散出口设置安全出口指示灯，疏散走廊设置疏散指示灯。

8. 为防止接地故障、过载、导体接触不良等引起的火灾，能发现电气火灾的隐患，本工程设置电气火灾报警系统。系统由电气火灾探测器、测温式电气火灾监控探测器和电气火灾监控设备组成。

9. 为确保本工程消防设备电源的供电可靠性，本工程设置消防电源监控系统。

4.3.7 智能化系统

智能建筑为平台，兼备信息设施系统、建筑设备管理系统、公共安全系统等，集结构、系统、服务、管理及其优化组合为一体，提供安全、高效、便捷、节能、环保、健康的建筑环境。机房规划有利于“三网融合”，系统配置有利于共享城市云端的信息服务。

1. 信息化应用系统。以信息化为手段，融入互联网+的人性化理念，实现建筑物运行和管理的信息化，同时为物业管理提供支持与保障。主要包括以下系统：

（1）集成管理系统（IBMS）。把所行政管理相关的建筑设备监控系统、能源群控系统、智能照明监控系统、电力监控管理系统、电梯扶梯监控系统、综合安防系统等各子系统信息集成。集成的重点是突出在中央管理系统的信息汇总、统计、分析，控制仍由下面各子系统进行。

集成平台服务器设置在物业管理机房内，同时支持分站与云端，便于管理层进行决策支持，支持移动客户端。通过授权，可以采用客户端和 Web 方式进行访问。

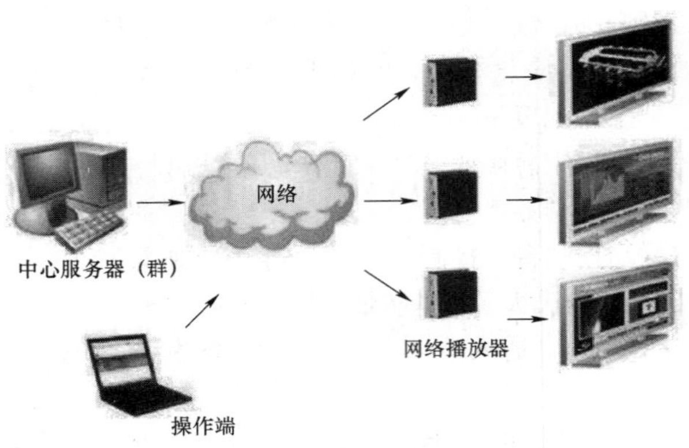

图 4.3.7－1　信息发布系统示意

（2）信息发布系统。在入口大堂、公共区、电梯厅、等待区、办票岛或任意有需要的区域，通过信息发布平台管理的显示屏幕（包括触摸查询机、投影机、LED 屏、多媒体显示屏、电视机等）可以播放重要通知、最新节目信息、即时票务信息、临时通知等的统一发布。信息发布系统示意见图 4.3.7－1。

1）当出现紧急事件时，平台可以即刻终止当前所有终端屏幕播放的视频，插入紧急通知，指导人员疏散等。

2）信息发布可以对终端屏幕进行选择。即可以按照区域选择、按照楼层选择等众多方式进行选择，也可以选择具体的某一个或几个终端屏幕。

3）信息发布平台的信息发布功能可以实现一个平台的跨系统发布，除公共区域外，还实现对互动电视、舞台信息及各种功能智能终端的精准多媒体信息发布。

4）发布信息的内容和播放的时间也可以按照预先的设定，自动进行程序播放或循环播放。信息发布支持多语种编程播放。

5）信息发布可以采用视频或字幕的方式。采用视频信息发布时可以插播智能化、个性化的字幕。

（3）能源管理系统。能源管理系统示意见图 4.3.7－2，在下述场所或线路设置分项计量仪表：

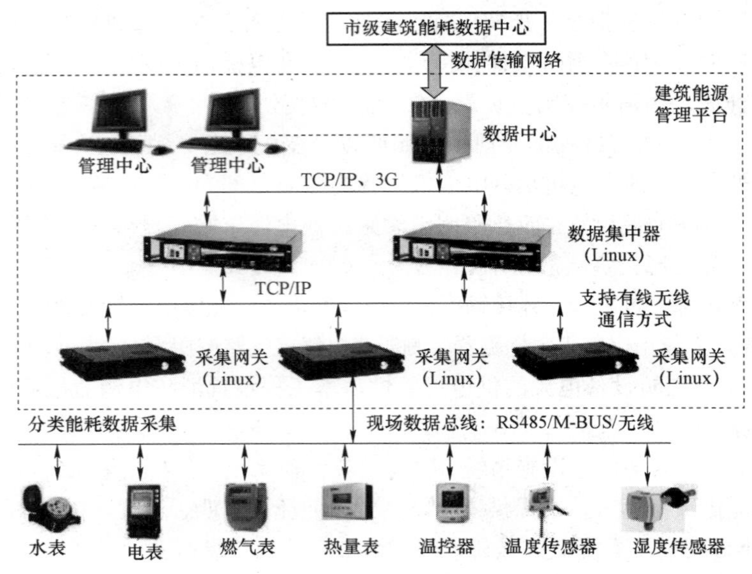

图 4.3.7－2　能源管理系统示意

1）高压进线和馈线。

2）变电室低压进线及所有馈出配电干线。

3）楼层配电的照明、插座、空调、动力的分项。

4）制冷站的冷机与循环泵分项计量。

5）厨房、排练厅、后勤用房、IT 机房、景观照明等专项场所分项计量。

6）利用控制网的系统硬件与网络设备，集成平台实现能源管理系统的二次开发、对给水、中水、热能、燃气、电力等能耗进行统计计量，辅助物业进行能耗目标管理。其中能源管理系统实现动力、照明、空调电能的分层、分区域计量，按时间段实现能耗报表，实时显示当前建筑物的能耗，对大楼的节能措施实现技术支持。

（4）停车管理系统。在首层及 B2 层车库出入口各设一套停车库管理系统。采用影像全鉴别系统，对进出的内部车辆采用车辆影像对比方式，防止盗车；外部车辆采用临时出票机方式。停车管理系统示意见图 4.3.7－3。

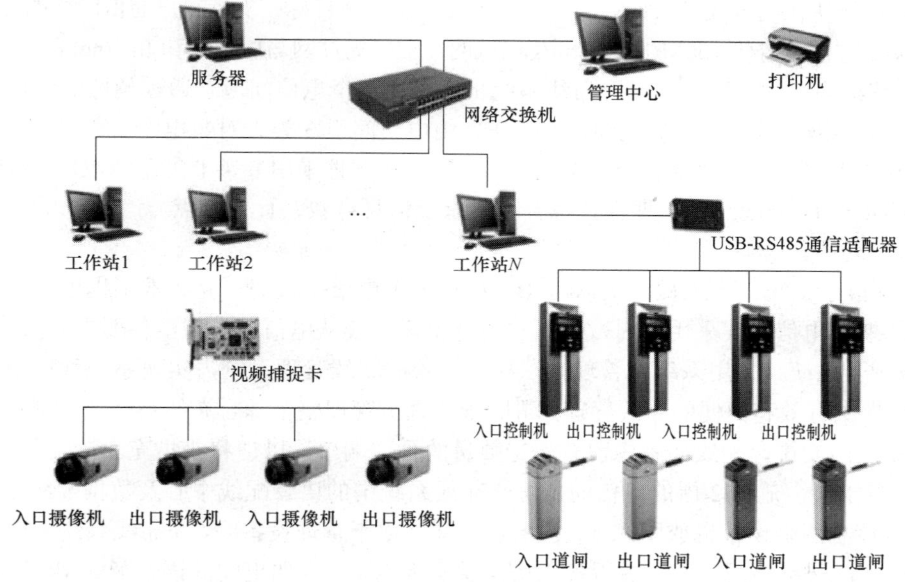

图 4.3.7－3　停车管理系统示意

2. 信息化设施系统。信息设施系统主要有通信接入系统、电话交换系统、信息网络系统、综合布线系统、室内移动通信覆盖系统（无线通信）、有线电视接收系统、广播系统、会议系统、信息导引及发布系统。

（1）通信系统（通信接入系统、电话交换系统、无线通信系统）。

1）通信系统由通信接入系统、电话交换系统、无线通信系统组成，此部分系统设计由建设方委托的电信运营商完成，设计时配合电信部门预留各种系统机房、电源、接地、进出管线路由等条件。项目预留电信、移动、联通三家运营商通信接入机房。

2）外部当地电信运营商提供的光缆进入 B2 层电信间，在 B2 层拟设 622Mbit/s 传输系统光端机、防火墙、路由器、网络主交换机、程控交换机、ODF 配线架以及总配线架等设备。开展电话、传真、数据、视频会议等业务，传输介质采用光纤。本工程在地下一层设置电话交换机房，一期、二期拟定设置一台的 400 门 PABX。

3）无线通信增强系统。为避免无线基站信道容量有限，忙时可能出现网络拥塞，手机用户不能及时打进或接进电话。另外由于大楼内建筑结构复杂，无线信号难于穿透，室内易出现覆盖盲区。因此，大楼内应安装无线信号室内天线覆盖系统以解决移动通信覆盖问题，同时也可增加无线信道容量，本项目采用光纤直放站的形式。

（2）信息网络系统。

1）网络采用 3 级交换形式，在 B2 层综合布线设备间机房内设置核心交换机，楼层通信间设置接入交换机。核心交换机采用双机负载均衡互为备份，三层交换机，交换机之间采用室内多模光纤连接，每层接入交换机至用户末端采用综合布线系统水平线缆。

2）在建筑公共区内规划无线 AP，无线 WiFi 接入网络全覆盖。

（3）综合布线系统。

1）系统概述。线路采用结构化布线形式，将电话等通信网、经营管理以及计算机办公自动化系统的布线以模块化的方式统一设置。结构化布线系统总体目标：支持用户通信网络的使用要求；支持用户灵活方便地自建 100M/1000Mbit/s 局域网；支持局域网与广域网和 Internet 的高速互联。

2）系统组成。本工程一期综合布线系统机房共设一个电信间，它通过预埋的管道接通主场馆外人井，与外网相连。各个弱电间语音主干，由电信间引 3 类大对数电缆；数据主干，由电信间分别引 6 芯室内多模光缆至各个弱电间。水平区布线部件采用 6 类非屏蔽双绞线，每个信息插座有独立的 4 对 UTP 配线。一期设计综合布线系统信息点数共计 600 点。

3）系统功能。

a）建筑群子系统。本工程在主场馆 B2 层设一个电信主机房，完成本工程电信系统的进线及接入，二期的电信干线采用大对数电缆与室外单模管线从电信间放射至各弱电间。

b）管理子系统。采用系统化管理方法建立完善的布线管理系统，实现系统管理规划和标签系统管理。提供有效和简便的布线管理，帮助管理人员管理整个综合布线系统的材料用量、拓扑结构及线路走向安排。配线架考虑留有一定数量的预留端口，以便将来扩充。

c）设备间子系统。B2 层的电信间是综合布线系统中的语音配线中心及数据配线中心，大部分弱电系统核心网络设备也放予此处；楼层弱电间为水平管理设备间，在布线系统中定义为水平配线管理间，在网络层面上主要放置接入访问层交换设备。各弱电间的语音配线架、数据模块配线架和光纤配线架安装在标准 19in 机柜/机架内。

d）干线子系统。干线子系统作为综合布线系统的骨干部分，由连接各楼层弱电间的管理子系统之间的室内干线线缆（大对数 UTP 电缆和光缆）构成。语音主干线采用三类 UTP 大对数电缆，支持各类语音的应用，包括数字话机、模拟话机、ISDN 话机、传真机等，并通过跳线管理可灵活配置楼内低速数据网络、语音网络及电信局远程通道等。电信间与各楼层弱电间数据主干线采用室内多模光纤。配线（水平）子系统。信息点接口形式全部为 RJ45，并与现行电话系统 RJ11 型接口兼容，可随时转换接插电话、计算机或数据终端。所有信息模块上可安装防尘门。依照 EIA/TIA－606 色标及标识管理的规定，语音及数据信息点采用不同颜色标识区分。弱电间内水平配线架端口与信息插座之间均为点到点端接，任何改变布线系统的操作（如增减用户、用户地址改变等）都不影响整个系统的运行。

e）工作区子系统。办公室：工作区域按 $10m^2$ 确定，布线等级按综合型考虑，每个工作区有两个及两个以上信息插座。公共区：信息点根据公共区功能设备要求而设置。空调机房、库房信息点布置按功能要求布置。

（4）有线电视系统。

1）系统概述。为观众及工作人员提供高质量的电视图像和声音信号，播放各种广告信息等。所有信号采用数字电视信号模式，即前端采用数字编码，电视机加装机顶盒。

2）系统功能。连接当地有线电视网。提供广告播放服务。系统为双向 CATV 系统。

3）系统设计。本工程在 B2 层电信间内设置有线电视机柜，前端信号包括当地城市有线电视网信号、自制广告电视信号等。本系统采用邻频双向传输设计（大于 860MHz），频段分割按当地有线电视网规定。系统由前端部分、干线传输部分、用户分配部分三部分组成。前端设备部分主要包括光接收机、调制器、复用器、混合器、影碟机、前端放大器等。干线部分主要包括 75－9、75－5 视频线、双向放大器等，其主要作用是把经前端接收、处理、混合后的电视信号传输给用户分配网络。用户分配部分包括分支分配器、用户终端盒（含地插式终端）、带两通道输出的机顶盒等设备。

4）所有的设备满足双向传输的要求。末端 TV 信息点的分布，在排练厅、入口大厅、VIP 休息室、商店、办公室以及主要的通道等根据面积大小和功能布置一个或一个以上电视信息点。

（5）背景音乐及公共广播统。

本工程设一套广播系统，广播系统由背景音乐广播、消防应急广播两个部分组成，主要功能：为楼内公共区域及观众提供轻松和谐的背景音乐；在发生火灾或其他紧急情况下，进行应急广播，指挥旅客疏散、调度工作人员抢险救灾。该系统背景音乐广播和消防紧急广播合用扬声器，两者之间有强切装置。

本工程的背景音乐公共（紧急）广播系统采用模拟广播系统架构，在 F1 层广播控制室设置 CD 播放机、MP3 等音源、前置混音放大器、主备功放自动切换控制器、功率放大器及接线端子排、广播呼叫站以及消防广播接口箱、分区选择器等设备。系统具有优先级控制功能。优先级顺序是：紧急广播作为第一优先级，遥控话筒为第二优先级，公共广播作为第三优先级。按建筑平面规划，广播分区按层设置，每层公用一台功放，每个广播功能分区都能对广播音量进行独立控制。所有音量控制器应具有紧急切换（强切）功能，确保在消防紧急广播状态时能够实现短接控制开关，确保消防广播的正常实施。广播的功率馈送回路采用四线制，定压 100V 输出。

（6）售验票系统。本工程系统服务器设置于中心网络机房，系统包含制票、售票、验票、信息管理等，不同工作站设置于场馆运营管理用房。售验票系统示意见图 4.3.7－4。

3. 建筑设备管理系统（BMS）：由建筑设备监控管理系统、智能照明管理系统、电力监控系统组成。

（1）建筑设备监控管理系统。

1）系统架构。建筑设备监控管理系统采用完全分布式集散控制系统，通过现场安装的控制器、传感器、电动执行机构等，对各类机电设备进行监视、控制及自动化管理，以达到安全、可靠、节能和集中管理之目的。建筑设备监控管理系统主要包括暖通空调自动化系统、给排水自动化系统、能源自动化系统、电梯扶梯监控系统。系统控制器设计 15%～20%冗余。通用控制器（CP）可独立工作，内置 ROM、EPROM、Flash－EPROM、后备电池等，配置以太网卡、RS－232、RS－485、RS－422 等通信接口，I/O 模块化设计，允许带电插拔，具有过电压保护，现场可由维护工程师自由编程和操作，箱体防护等级 IP54。建筑设备监控管理系统监控点数约 1100 点。

2）设备配置。在主场馆 F1 层楼宇管理室设置建筑设备监控管理工作站 1 台负责本工程的暖通空调、给排水、能源及其他设备的管理与控制。建筑设监控管理系统示意见图 4.3.7－5。

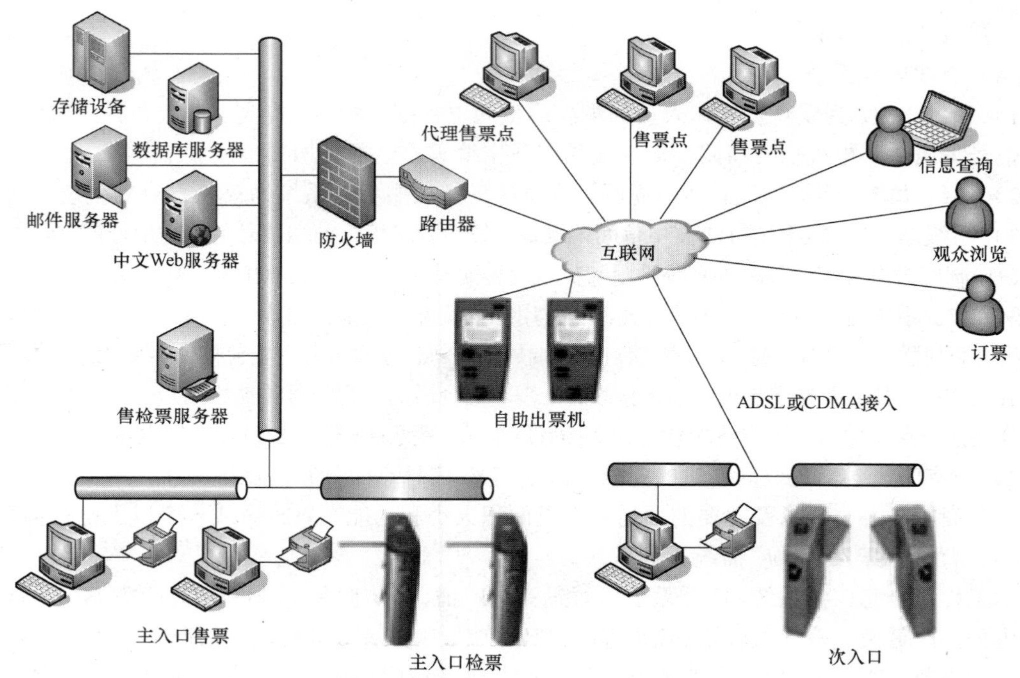

图 4.3.7－4　售验票系统示意

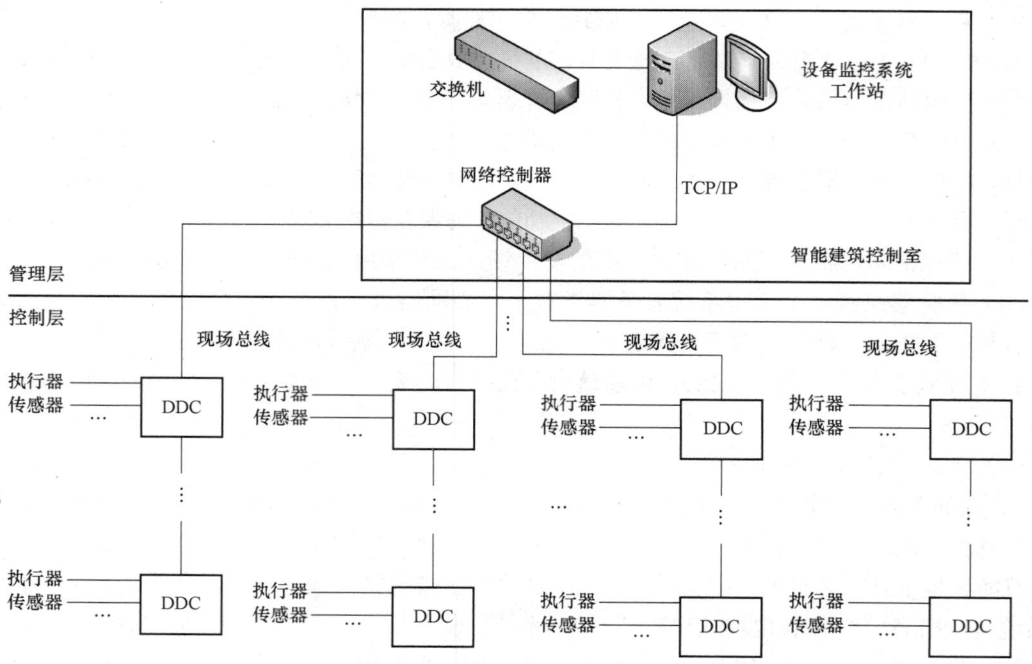

图 4.3.7－5　建筑设监控管理系统示意

（2）智能照明管理系统。

1）系统功能要求。照明监控管理系统是一个相对独立的子系统。系统架构基于 C/S 的二层或多层网络结构，管理层网络按 IEEE802.3 标准，构建标准化的以太网络（Ethernet）平台，由照明监控管理系统承包商自行组网。

采用完全分布式集散控制系统，集中监控，分区控制，管理分级，通过网络系统将分布在各现场的控制器连接起来，软件与硬件分散配置。中央停止工作不影响各分区功能和设备运行，网络通信控制也不应因此而中断。系统分区控制完全独立，互不干扰，一个分区停止工作不影响其他分区和设备的正常运行；任意分区中任意器件损坏也不影响本区内其他器件正常工作；分区通信线路的中断不影响分区的正常运行。分区模块化结构，支路控制，控制和调节功能由就地控制面板完成。

照明监控系统主要包括服务器、照明监控工作站、网络连接控制器、单元控制继电器（控制器）、就地遥控开关、各类传感器等。单元控制器采用现场总线连接，通过网络集线器协议转换接入上层以太网；控制面板及各类传感器通过可编址控制总线接入单元控制器或直接就近接入单元控制器，控制面板与建筑装修相协调。总线控制技术符合 EIB（European Installation Bus）标准。

单元控制继电器安装在照明配电箱（柜）内一体化，可独立工作，现场自由编程和操作。配出支路模块化 10A、16A、20A 等，适用于本工程内金卤灯、荧光灯、节能灯等所有相关负荷。

通过照明监控系统实现照明控制自动化，将允许用户根据目前区域占有情况，遥控、设置与调整公共区域的照明场景；从照明控制自动化系统中得到的状况信息，可以使用户了解哪些区域的照明时间已超过了正常的占用时段；有关灯具使用时间及故障的信息将被送到维护管理系统。照明监控管理专业软件支持当今各种流行的操作系统 Windows 2000/XP/2003 等，具有软件通信 OPC Server/Client 接口，Web Server 等功能。

照明控制主要采用支路控制，应包括停车区、卫生间照明、观众厅照明、公共大厅、马道与栅顶、广告灯箱照明。相应的模拟屏、控制台、管理工作站设在一层楼宇管理室，三层灯光控制室设观众厅照明控制触摸屏。

2）系统配置。在主场馆一层楼宇管理中心设管理工作站，主要负责主场馆的照明系统监控，包括主场馆照明监控管理服务器工作站（PC Server）1 台、电源及接地装置。

3）典型控制。停车区域照明控制。采用照明支路控制，车道按行车方向布灯，车库灯具按三种光强控制模式分组控制。可根据设定的时间控制程序，定时控制车库照明配电回路分级通断。维修马道、栅顶照明控制均采用照明支路控制，就地入口处设遥控开关（三位：全开全关、两场景开关），手动/自动控制。观众厅照明控制：观众厅采用支路控制，在三层设置触摸屏，管理观众厅的照明，设置（三位：全开全关、两场景开关）场景。室外广场、泛光照明控制。室外广场支路控制以总线形式接入智能照明控制系统。

（3）电力监控系统。

1）系统功能。电力监控系统包括 10kV 高压配电系统、低压配电系统、变压器等。电力监控管理专业软件由制造商提供，采用专业的组态软件，应具有实时数据库、图形界面、报警、控制、统计和打印、历史纪录、通信、自检等功能；支持当今各种流行的操作系统 Windows 2000/XP/2003 等，具有软件通信 OPC Server/Client 接口，Web Server 等功能。

2）系统配置。变配电所设电力监控现场管理工程师站、值班室设服务器管理工作站、变配电所内设静态模拟屏 1 套、电源及配套附属设备等。

3）所有变电室低压配电柜内的断路器通/断控制有四种操作方式：手动操作、电动操作、远程操作和全自动控制操作。若低压侧双路电源有一路进线失电或高压开关跳闸，延时规定的时间（可调）后，自动断开失电进线断路器，分断一些不太重要的负荷，合上母联断路器，将配电系统转换成单路电源供电。此时，若供电的变压器超负荷，自动按事先规定的顺序从最不重要的负荷开始，每隔规定的时间（可调）断开一路负荷，直到变压器不超负荷为止，从而保证了对重要用户的安全可靠供电。

（4）电梯扶梯监控系统。电梯扶梯监控系统由电梯扶梯供应商配套提供，BIAD 仅负责管线的预留。监控系统应具备以下功能：电梯运行相关参数。状况信息——电源开或关、轿厢等位置；警报信息——故障、跳闸、警告、已按紧急报警钮、备用电源操作等；统计信息——运行时间、每小时起动次数等。

五方对讲。电梯机房、基坑、轿厢内、轿厢顶设暗藏式对讲机，对讲总机设在监控工作站，用于紧急对讲；对讲电话主机具有主机喇叭，主机咪头、电源指示灯、音量调节开关、电源开关、主机呼叫键、主机对讲键、路选分机开关、路选分机指示灯、语音接口等配置。

4. 安全技术防范系统（STS）。

（1）入侵报警系统。

1）主要在办票岛营业厅、后勤财务室、重要库房区域设置入侵报警系统。

2）本系统由前端设备（探测器、紧急报警装置）、传输设备、处理/控制/管理设备（报警控制主机、控制键盘、接口）和显示/记录四个部分构成。

3）首层出入口设置波被动红外双鉴报警器。

（2）视频监控系统。为了确保建筑的公共安全以及突发事件的防范取证能力，在室内、外公共及要害部分，如建筑的入口大厅，大厅、首层出入口、服务台、主要通道、电梯轿厢、主要机电用房、建筑物周边等处设置摄像机，确保对整个建筑的全面监视。

1）系统组成。采用全数字视频监控系统，由数字摄像头、传输系统、控制系统、视频显示与存储系统组成。

2）设备配置。系统由安防管理工作站、视频显示控制装置、大屏、存储服务器、磁盘阵列、核心交换机、接入交换机（带 POE 功能）、网络标清数字摄像机构成。对需视读数据文字的场所选用高清摄像机。

视频存储服务器：采用高性能、功能强大的可编程媒体处理器，内置（ARM9+DSP）和高速视频协处理器，采用 MPEG－4/H.264 视频压缩算法，支持双码流，支持 SD 存储，支持 TCP/IP 协议，支持视频丢失、移动侦测、探头等联动报警功能，支持移动检测、图像屏蔽、图像抓拍等功能，支持 RS485 云台控制。

视频显示控制装置：采用数字视频网络虚拟交换/切换模式的视频监控系统；主机控制键盘应具有 RS－485、HDMI 通信接口，对摄像机云台、镜头控制，支持对数字监控画面全屏切换、屏幕切换、分组切换等。

3）出入口控制系统。出入口控制系统由识读部分、传输部分、管理/控制部分和执行部分以及相应的系统软件组成。系统的信息处理装置应能对系统中的有关信息自动记录、打印、存储，并有防篡改和防销毁的措施。出入口控制系统应能独立运行，并能与火灾自动报警系统、视频监控系统、入侵报警系统、一卡通系统、访客管理系统联动。当发生火警或需紧急疏散时，人员不使用钥匙应能迅速安全通过。

在首层及地下核心筒进出门，重要机电用房门、重要办公室门等部位安装读卡机（含微信电子二维码扫描）、电控锁以及门磁开关等控制装置。在机房、逃生通道采用机电一体锁外推杠门。出入口控制系统示意见图 4.3.7－6。

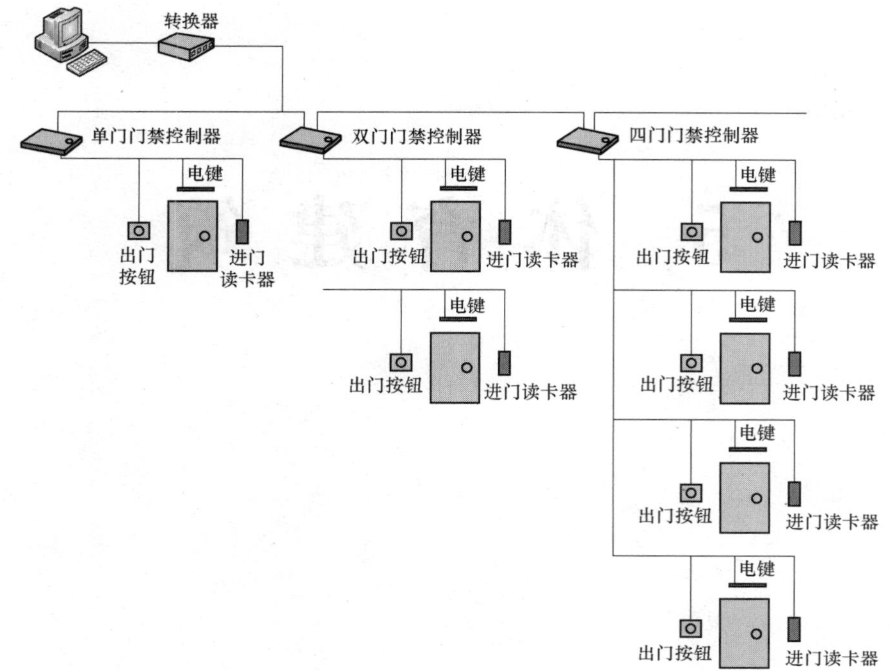

图 4.3.7－6 出入口控制系统示意

4）电子巡查管理系统。电子巡查系统由前端设备、传输设备、管理/控制设备、显示/记录设备以及相应的系统软件组成。本工程电子巡查系统采用离线式，在每层楼梯口等重点部位设置巡查点。电子巡查管理系统示意见图 4.3.7－7。

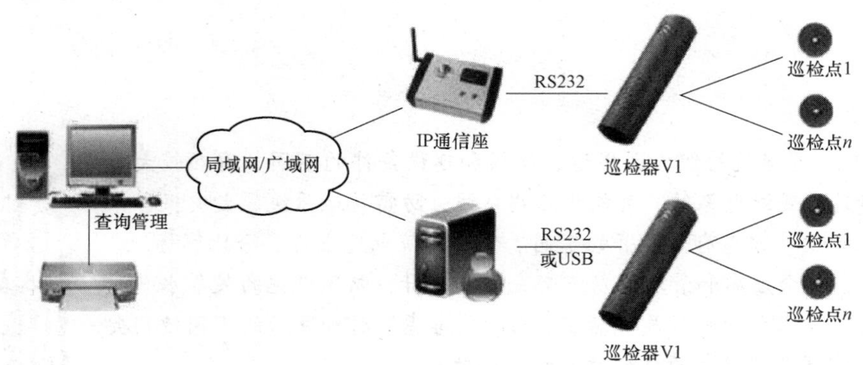

图 4.3.7－7 电子巡查管理系统示意

5）机房设置。在一层设安防管理中心，监控中心设置为禁区，应有保证自身安全的防护措施和进行内外联络的通信手段，并设置紧急报警装置、留有向上一级处警中心报警的通信接口。

【说明】电气抗震设计和电气节能措施参见 4.1.8 和 4.1.9。

5 体育建筑

【摘要】体育建筑的组成因用途、规模和建设条件的不同，存在较大差异。体育建筑的变配电系统、智能化照明系统、防雷接地系统、火灾报警系统等与常规的设计方式有着显著的不同。体育建筑电气设计要分比赛场地、运动员用房、观众座席和管理用房三部分进行设计，电气设施的装备水平要与工程的功能要求和使用性质相适应，同时要考虑赛时和赛后的不同使用要求，使体育建筑发挥更大的社会效益和经济效益。

5.1 体育场

5.1.1 项目信息

本工程为新建大型甲级体育建筑，观众席 4 万座。地上 3 层，总建筑面积约 46 000m^2；建筑耐火等级为一级。

体育场

5.1.2 系统组成

1. 高低压变、配电系统。
2. 电力、照明系统。
3. 防雷与接地系统。
4. 电气消防系统。
5. 智能化系统。
6. 电气抗震设计和电气节能措施。

5.1.3 高低压变、配电系统

1. 负荷分级。本项目为大型甲级体育建筑，按一级负荷用户供电。

（1）一级负荷：比赛场、主席台、贵宾室、接待室、计时计分装置、室外大型电子显示屏、计算机房、电话和综合布线机房、广播机房、电台和电视转播、新闻摄影电源以及应急照明等用电设备为一级电力负荷。还包括电气消防、保安监控等用电设备。一级负荷设备容量约为2100kW。

（2）二级负荷：包括一般客梯用电。二级负荷设备容量约为 100kW。

（3）三级负荷：包括不属于一、二级负荷的其他照明及动力负荷。三级负荷设备容量约为1100kW。

2. 电源。

（1）由市政外网引来两路高压电源。高压系统电压等级为 10kV。高压采用单母线分段运行方式，中间设联络开关，平时两路电源同时分列运行，互为备用，当一路电源故障时，通过手/自操作联络开关，另一路电源负担全部一、二级负荷。

（2）高压电源中性点采用低电阻接地形式，市政 10kV 配出侧出口系统短路容量按 300MVA

计算，高压开关额定短路开断电流暂按 25kA 选择。

（3）应急电源与备用电源。

1）柴油发电机组：首层东南侧设有自备柴油发电机房，发电机房板下净高 4.0m，梁下净高 3.2m。发电机房内设一台快速自启动柴油发电机组，连续运转额定容量 1000kW，为一级负荷及消防负荷等重要负荷供电。

2）EPS 电源装置：采用 EPS 电源作为疏散照明的备用电源，EPS 装置的切换时间不大于 5s，EPS 蓄电池初装容量应保证备用工作时间大于或等于 90min。

3）UPS 不间断电源装置：采用 UPS 不间断电源作为消防（安防）控制室、经营管理系统主机、电话及计算机网络系统主机的备用电源。UPS 应急工作时间大于或等于 30min。

3. 变、配电站。本工程总装机容量 4100kVA，设有 2 处变电所，位于首层北侧（B 号）和南侧（A 号），分别为东北、西南半场用电负荷供电。变电所均设于首层，梁下净高 4.4m，开关柜采用上进上出方式。

变压器低压侧 0.4kV 采用单母线分段接线方式，低压母线分段开关采用自动投切方式时，低压母联断路器应采用设有自投自复、自投手复、自投停用三种状态的位置选择开关。自投时应设有一定的延时，当变压器低压侧总开关因过负荷或短路故障而分闸时，母联断路器不得自动合闸；电源主断路器与母联断路器之间应有电气联锁。变、配电站主接线见图 5.1.3。

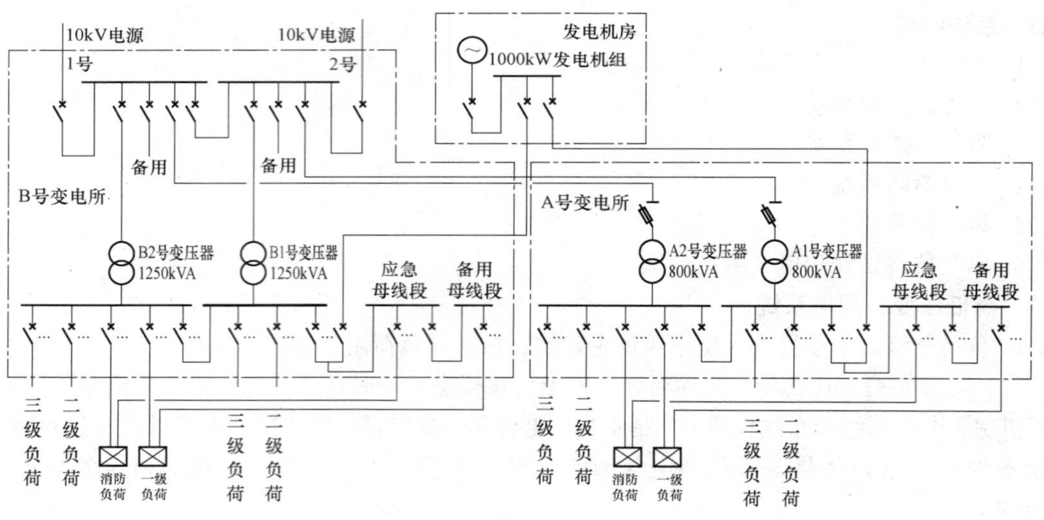

图 5.1.3 变、配电站主接线图

4. 电力监控。体育场设置电力监控系统，监控主机设在主变电所，主变电所与分变电所之间采用光纤进行通信，电力监控系统通过体育场局域网与消防控制主机、智能照明主机等进行数据共享和集中监控。

电力监控系统的功能包括：

（1）数据采集及上传，测量所有常规电力参数。

（2）配电系统一次图界面显示。

（3）对进线回路、商业及演出回路的电能计量，具有报表查询功能。

（4）用电趋势查询功能，便于进行故障追忆和定位。

（5）具有声光报警和弹出报警框指明报警源的功能。

（6）实时监控低压配电柜配电系统的运行状态。

（7）比赛期间，具有与其他智能化系统联动功能。

5.1.4 电力、照明系统

1. 配电系统的接地形式采用 TN－S 系统。配电干线采用放射与树干相结合的配电方式。消防负荷、重要负荷、容量较大的设备及机房采用放射式配电；容量较小的分散设备采用树干式供电。

2. 一级负荷采用双重电源供电，末端互投。消防水泵、消防电梯、防烟及排烟风机等消防负荷的两路电源在最末一级配电箱处自动切换；二级负荷采用双路电源供电，在适当位置互投后再放射式供电。应急照明中的疏散照明采用应急电源系统（EPS）的集中蓄电池作为后备电源。应急照明中的备用照明、消防水泵房、消防中心、消防广播机房等消防负荷及 50%的比赛场地照明、工艺机房用电采用柴油发电机作为后备电源。对要求供电连续的特别重要负荷（计时记分系统、网络机房、消防控制中心、保安监控设备的计算机主机等有数据保存需要的场所），采用不间断电源系统（UPS）的集中蓄电池作为后备电源。

3. 主要配电干线由变电所用电缆槽盒引至各电气小间，支线穿钢管敷设。

4. 普通干线采用辐照交联低烟无卤阻燃电缆；重要负荷的配电干线采用矿物绝缘电缆。室外比赛场地采用防水电缆。

5. 照度标准。本体育场照明种类包括正常照明、应急照明、值班照明、警卫照明。体育场场地照明按 V 级（TV 转播重大国家比赛、重大国际比赛）设计，照明标准及模式见表 5.1.4。

表 5.1.4　　照明标准及模式

<table>
<tr><th rowspan="3">等级</th><th rowspan="3">使用功能</th><th colspan="3">照度标准值</th><th colspan="6">照度均匀度</th><th colspan="3">光源</th><th>眩光指数</th></tr>
<tr><th rowspan="2">E_h/lx</th><th rowspan="2">E_{vmai}/lx</th><th rowspan="2">E_{vauv}/lx</th><th colspan="2">U_h</th><th colspan="2">U_{vmai}</th><th colspan="2">U_{vauv}</th><th rowspan="2">R_a</th><th rowspan="2">R_9</th><th rowspan="2">T_{cp}/K</th><th rowspan="2">GR</th></tr>
<tr><th>U_1</th><th>U_2</th><th>U_1</th><th>U_2</th><th>U_1</th><th>U_2</th></tr>
<tr><td></td><td>清扫模式</td><td>100</td><td></td><td></td><td></td><td></td><td></td><td></td><td></td><td></td><td rowspan="9">≥90</td><td rowspan="9">≥20</td><td rowspan="9">≥5500</td><td>≤55</td></tr>
<tr><td>Ⅰ</td><td>足球训练娱乐</td><td>200</td><td></td><td></td><td></td><td>0.3</td><td></td><td></td><td></td><td></td><td>≤55</td></tr>
<tr><td>Ⅱ</td><td>田径训练娱乐</td><td>200</td><td></td><td></td><td></td><td>0.3</td><td></td><td></td><td></td><td></td><td>≤55</td></tr>
<tr><td>Ⅱ</td><td>足球专业训练&业余比赛</td><td>300</td><td></td><td></td><td></td><td>0.5</td><td></td><td></td><td></td><td></td><td>≤50</td></tr>
<tr><td>Ⅲ</td><td>田径专业训练&业余比赛</td><td>300</td><td></td><td></td><td>0.4</td><td>0.5</td><td></td><td></td><td></td><td></td><td>≤50</td></tr>
<tr><td>Ⅲ</td><td>田径专业比赛</td><td>500</td><td></td><td></td><td>0.4</td><td>0.6</td><td></td><td></td><td></td><td></td><td>≤50</td></tr>
<tr><td>Ⅳ</td><td>足球专业比赛</td><td>500</td><td></td><td></td><td>0.5</td><td>0.6</td><td></td><td></td><td></td><td></td><td>≤50</td></tr>
<tr><td>Ⅳ</td><td>电视转播足球比赛</td><td></td><td>1000</td><td>750</td><td>0.5</td><td>0.7</td><td>0.4</td><td>0.6</td><td>0.3</td><td>0.5</td><td>≤50</td></tr>
<tr><td>Ⅳ</td><td>重大电视转播田径比赛</td><td></td><td>1000</td><td>750</td><td>0.5</td><td>0.7</td><td>0.4</td><td>0.6</td><td>0.3</td><td>0.5</td><td>≤50</td></tr>
</table>

续表

等级	使用功能	照度标准值			照度均匀度						光源			眩光指数
		E_h/lx	E_{vmai}/lx	E_{vauv}/lx	U_h		U_{vmai}		U_{vauv}		R_a	R_9	T_{cp}/K	GR
					U_1	U_2	U_1	U_2	U_1	U_2				
Ⅴ	电视转播足球国际比赛		1400	750	0.5	0.7	0.4	0.6	0.3	0.5				≤50
Ⅴ	重大电视转播田径国际比赛		1400	750	0.5	0.7	0.4	0.6	0.3	0.5				≤50
Ⅵ	高清电视转播足球比赛		2000	750	0.7	0.8	0.6	0.7	0.4	0.6				≤50
Ⅵ	高清电视转播田径比赛		2000	750	0.7	0.8	0.6	0.7	0.4	0.6				≤50
	应急照明	20lx												

6. 光源。场地照明选用大功率金属卤化物灯具，室内照明采用 LED 等节能型长寿命光源。采用高效率免维护灯具，节约电能、减小维护工作量，从而降低运营成本。场地照明布置见图 5.1.4－1，观众席照明布置见图 5.1.4－2。

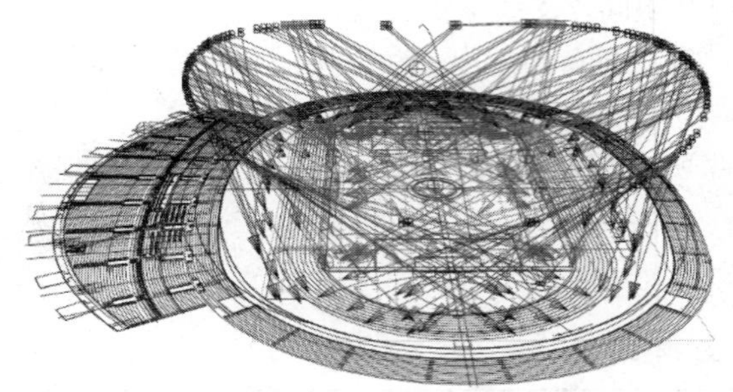

图 5.1.4－1 场地照明布置

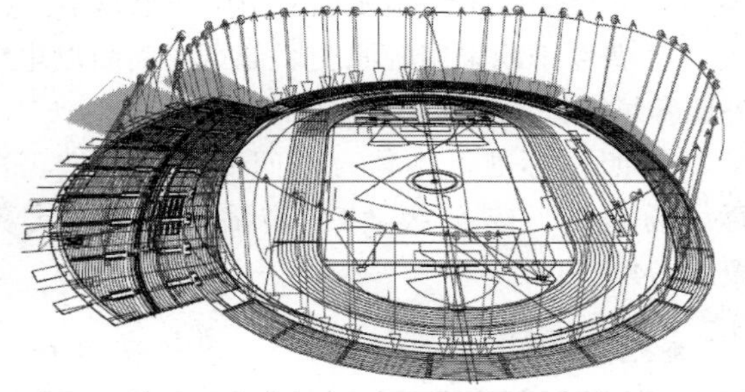

图 5.1.4－2 观众席照明布置

7. 应急照明与消防疏散照明。

（1）建筑物设有应急照明，包括安全照明、备用照明、疏散照明（含疏散指示标志）。

（2）火灾疏散照明灯设于疏散走道、楼梯间、公共活动场所等处，火灾时强制点亮。

（3）疏散走道地面最低水平照度不低于 2lx，办公、商业等人员密集场所不低于 5lx，楼梯间不低于 5lx。体育场出口及其通道、场外疏散平台的疏散照明地面最低水平照度不低于 5lx。

（4）疏散标志灯设于疏散走道、楼梯间及其转角处、安全出口处，疏散标志灯为常亮。

（5）备用照明设于变电所、消防控制室、配电间、值班室、网络机房、防排烟机房、电梯机房、商业营业厅、兴奋剂检查室等处。商业营业厅备用照明照度值为正常照明的 20%，其他场所的备用照明照度值同正常照明。

（6）观众席及运动场地设有安全照明，平均水平照度值不低于 20lx。

（7）设置“集中电源集中控制型”消防应急照明和疏散指示系统，选用消防专用 DC24V 灯具。疏散标志灯常亮，疏散照明在火灾时自动点亮。消防应急照明和疏散指示系统控制装置设在消防控制室，具有以下功能：能分别通过手动和自动控制使系统从主电工作状态切换到应急工作状态；能将系统的故障状态和应急工作状态信息传输给消防控制室图形显示装置。

8. 照明控制。

（1）采用智能照明控制系统，按空间亮度或时间程序对夜景照明进行自动开关控制和场景变换控制，并可对整个体育中心夜景照明的动态效果进行同步控制，在保证照明效果的同时，节约了电能，减轻了管理人员的工作强度。

（2）比赛场地采用智能照明系统集中控制，按不同模式对灯具分组控制。比赛场地的智能照明系统相对独立，不与建筑物智能照明系统合用。

（3）大厅及多功能厅采用智能照明系统集中控制，可以调光或分组控制。走道及公共场所照明、停车场照明、室外照明采用智能照明系统集中控制，按时间或不同模式进行控制。

（4）上述之外的其他场所，照明就地控制。

5.1.5 防雷与接地系统

1. 防雷。

（1）本体育场为第二类防雷建筑物，电子信息系统雷电防护等级为 B 级。

（2）看台罩棚钢网架为不大于 10m×10m 的网格，本工程利用罩棚钢网架作为接闪带，凸出屋面的金属物体均用圆 8 热镀锌圆钢就近与接闪带连接。被利用做接闪带的罩棚金属网架及外露的防雷引下线、连接线均做防腐蚀处理。利用贯通的结构柱子主筋作为防雷引下线，引下线间距不大于 18m。每隔 2 根引下线，在距地面 0.5m 处设接地体连接板。进出建筑物的金属管道均就近与室外环形接地体连为一体。

2. 为预防雷电电磁脉冲引起的过电流和过电压，在变压器低压侧、向重要设备供电的末端配电箱的各相母线上、由室外引入或由室内引至室外的电气线路等装设电涌保护器（SPD）。

3. 接地。本工程采用联合接地系统，接地电阻≤0.5Ω。利用建筑基础地梁内大于ϕ16mm 主筋连通形成接地网，基础内钢筋应保证电气贯通，并与结构柱子主筋连为一体。每根防雷引下线上在地坪上 500mm 处设接地连接板，用于测试接地电阻并预留外补人工接地极条件，在地坪下 1.0m 处引出钢筋至散水外，当接地电阻达不到设计要求时，补打人工接地体。

4. 电力系统接地方式。10kV 经低电阻接地系统。低压配电系统接地形式为 TN－S 系统。室外庭院照明采用 TT 系统。变压器中性点直接接地。变电所室外设人工接地体，与整个建筑物的接地装置连为一体，接地电阻≤0.5Ω。变电所采取等电位联结，变配电设备有过电压和防雷保护。

5. 等电位联结。建筑物做等电位联结，在变配电所设总等电位端子板并与室外防雷接地装置联结，等电位联结系统通过等电位联结带与下列可导电部分联结：保护线（PE）干线、接地干线、进出建筑物及建筑内各类设备管道（包括给水管、下水管、污水管、热水管、采暖水管等）及金属件、建筑结构钢筋网及建筑物外露金属门窗（栏杆）、电梯导轨等。各种配电箱（柜）外壳、配电钢管、上下水管、热水管、煤气管及各种金属管道均连成一体（绑扎、焊接或卡接）。外墙内、外竖直敷设的金属管道及金属物的顶端与底端与防雷装置做等电位联结。

6. 辅助等电位联结。在消防控制室、电信机房、智能化机房等处设有专用接地端子箱，机房内所有设备的金属外壳、各类金属管道、金属槽盒、建筑物金属结构等均进行等电位联结并接地。在浴室、有淋浴的卫生间设等电位端子箱，做辅助等电位联结。各层强、弱电配电小间内均设有接地干线及端子箱。

5.1.6 电气消防系统

1. 消防控制室设在一层对建筑内的消防进行探测监视和控制。体育场火灾自动报警系统为集中报警系统，采用报警二总线制地址编码系统，总线环形连接，设有总线短路隔离器。办公、技术用房、门厅、走道等场所设置感烟探测器。变电所设感温和感烟两种类型的探测器。在消火栓箱内开门侧上方设消火栓报警按钮。

2. 消防联动控制系统。

（1）消防联动包括消防水泵控制、正压风机及排烟风机控制、通风空调控制、气体灭火控制、电梯控制、非消防电源控制、应急照明控制、火警警报及应急广播控制等。

（2）消防联动控制器应能按设定的控制逻辑向各相关的受控设备发出联动控制信号，并接受相关设备的联动反馈信号。各受控设备接口的特性参数应与消防联动控制器发出的联动控制信号相匹配。需要火灾自动报警系统联动控制的消防设备，其联动触发信号采用两个独立的报警触发装置报警信号的“与”逻辑组合。

（3）除自动控制外，消防水泵、防排烟风机等需由消防控制室手动直接控制的消防设备还采用“硬线”连接的方式，消防水泵手动控制线引至消防中心，防排烟风机手动控制线引至相应的消防控制室。

（4）消防水泵控制柜具有自动巡检功能。消防水泵设有机械应急起泵装置。

（5）本工程两处变电所均设有无管网气体灭火装置。气体灭火防护区出口外上方设置表示气体喷洒的火灾声光警报器，指示气体释放的声信号应与该保护对象中设置的火灾声、光警报器的声信号有明显区别。气体灭火系统的控制，要求同时具有自动控制、手动控制和应急操作三种控制方式。

（6）消防联动控制器具有切断火灾区域及相关区域的非消防电源功能。火灾时可立即切断的非消防电源有普通动力负荷、自动扶梯、排污泵、空调用电、康乐设施、厨房设施等。火灾时不应立即切断的非消防电源有正常照明、生活给水泵、安全防范系统设施、地下室排水泵、客梯等。当需要时，在自动喷淋系统、消火栓系统动作前切断正常照明。放射式供电的非消防负荷，如空调、厨房动力等，在变电所切断电源；树干式供电的非消防负荷，如照明等，在楼层配电间切断电源。

（7）消防联动控制器应能自动打开涉及疏散的电动栅杆，开启相关区域安全技术防范系统的摄像机监视火灾现场。

（8）消防联动控制器应能打开疏散通道上由门禁系统控制的门和庭院的电动大门，并打开停车场出入口的挡杆。

3. 消防紧急广播系统。

（1）在消防控制室设置消防应急广播（与音响广播合用）机柜，机组采用定压式输出。当发生火灾时，消防控制室值班人员可根据火灾发生的区域，自动或手动进行火灾广播，及时指挥、疏导人员撤离火灾现场。

（2）应急广播系统的联动控制信号应由消防联动控制器发出。当确认火灾后，启动整个体育场的应急广播。

（3）在疏散通道设消防应急广播；会议扩声系统应在火灾时可切换至消防应急广播。

（4）一般区域的广播扬声器功率不小于 3W，噪声较大的场所采用 5W 号筒式扬声器。

（5）在每个报警区域内均匀设置火灾警报器，其声压级不应小于 60dB（在环境噪声大于 60dB 的场所，其声压级应高于背景噪声 15dB）。在确认火灾后，启动建筑内的所有火灾警报器。

（6）火灾警报器设置在墙上时，其底边距地面高度 2.3m。

（7）在每个楼层的楼梯口、消防电梯前室、建筑内部拐角等处的明显部位，设置火灾光警报器，安装高度为距地 2.3m，且不与出口指示标志灯设置在同一面墙上。

（8）气体灭火系统：本工程两处变电所均设有无管网气体灭火装置。

气体灭火防护区出口外上方设置表示气体喷洒的火灾声光警报器，指示气体释放的声信号应与该保护对象中设置的火灾声、光警报器的声信号有明显区别。

气体灭火系统的控制，要求同时具有自动控制、手动控制和应急操作三种控制方式。

4. 消防专用通信系统。在消防控制室设消防对讲电话主机，各层手动报警按钮处均设直通报警对讲电话插孔，每个防火分区为一个地址。在消防泵房、消防电梯机房、变配电所、排烟机房、气体灭火设备间等设置消防直通对讲电话分机。消防控制室设 119 专用报警电话及与园区消防中心的直通电话。

5. 电梯监视控制系统。本项目均为客梯，无消防电梯。在消防控制室设置电梯监控盘，除显示各电梯运行状态、层数显示外，还应设置正常、故障、开门、关门等状态显示。火灾发生时，由消防控制室电梯监控盘发出指令，指挥电梯均强制返回一层并开门，并可对全部或任意一台电梯进行对讲，说明改变运行程序的原因。

6. 应急照明系统。

（1）建筑物设有应急照明，包括安全照明、备用照明、疏散照明（含疏散指示标志）。

（2）火灾疏散照明灯设于疏散走道、楼梯间、公共活动场所等处，火灾时强制点亮。

（3）疏散走道地面最低水平照度不低于 2lx，办公、商业等人员密集场所不低于 5lx，楼梯间不低于 5lx。体育场出口及其通道、场外疏散平台的疏散照明地面最低水平照度不低于 5lx。

（4）疏散标志灯设于疏散走道、楼梯间及其转角处、安全出口处，疏散标志灯为常亮。

（5）备用照明设于变电所、消防控制室、配电间、值班室、网络机房、防排烟机房、电梯机房、商业营业厅、兴奋剂检查室等处。商业营业厅备用照明照度值为正常照明的 20%，其他场所的备用照明照度值同正常照明。

（6）体育场观众席及运动场地设有安全照明，平均水平照度值不低于 20lx。

（7）本项目设有“集中电源集中控制型”消防应急照明和疏散指示系统，选用消防专用 DC24V 灯具。系统控制装置设在消防控制室，具有以下功能：

1）应能分别通过手动和自动控制集中电源型消防应急照明和疏散指示系统、集中控制型消防应急照明和疏散指示系统从主电工作状态切换到应急工作状态。

2）应能将系统的故障状态和应急工作状态信息传输给消防控制室图形显示装置。

（8）火灾疏散照明和疏散指示标志灯设有集中应急电源供电，应急电源供电时间不小于 1.0h，EPS 或灯具自带蓄电池初装容量应保证备用工作时间不小于 90min。

7. 电气火灾报警系统。在各配电区域的电源进线处设置电气火灾监控系统，采用探测器检测剩余电流、过电流等信号，发出声光信号报警，准确报出故障线路地址，监视故障点的变化，储存各种故障和操作试验信号，并显示其状态。显示系统电源状态，将信号传至消防控制室。该报警信号自成系统，报警主机设于消防控制室。

8. 消防设备电源监控系统。本项目设有消防设备电源监控系统，系统控制装置设在消防控制室，对消防设备电源的中断供电、过电压、欠电压、过电流、缺相等故障进行检测和报警。在消防风机、水泵、防火卷帘的配电箱内装设监视模块，监测进线电源的电压和各消防设备配电回路的电流。

9. 防火门监控系统。本工程设置防火门监控系统对防火门的工作状态进行 24h 实时自动巡检，对处于非正常状态的防火门给出报警提示。在发生火情时，该监控系统自动关闭防火门，迅速隔离火源，有效控制火势范围，为扑救火灾及人员的疏散逃生创造良好条件。

10. 消防控制室。

（1）在首层设有消防控制室，负责本建筑的火灾自动报警及联动控制。消防控制室内设置的消防设备包括火灾报警控制器、消防联动控制器、消防控制室图形显示装置、消防电话总机、消防应急广播控制装置、消防应急照明和疏散指示系统控制装置、防火门监控器、消防电源监控器等设备。

（2）消防控制室内设置的消防控制室图形显示装置应能监控建筑物内设置的全部消防系统及相关设备，显示其动态信息和消防安全管理信息，并具有向城市消防远程监控中心传输建筑消防设施运行状态信息及消防安全管理信息的功能。

5.1.7　智能化系统

1. 信息化应用系统。体育场信息化应用系统应满足建筑物运行和管理的信息化需要并提供体育赛事、集会、演艺活动等业务运营的支撑和保障。系统包括公共服务、智能卡应用、物业管理、信息设施运行管理、信息安全管理、基本业务办公和体育工艺专项业务等信息化应用系统。

2. 智能化集成系统。本工程以实现绿色建筑为目标，为满足建筑的业务功能、物业运营及管理模式的应用需求，对信息设施各子系统通过统一的信息平台实现集成，将建筑中日常运作的各种信息，如建筑设备监控系统、安防、火灾自动报警、公共广播、通信系统以及体育赛事管理信息，各种日常办公管理信息，物业管理信息等构成相互之间有关联的一个整体，实施实用、规范和高效的综合管理，从而有效地提升建筑整体的运作水平和效率。

3. 信息设施系统。

（1）信息接入系统。

1）信息通信系统接入机房设置于体育场首层，信息通信系统机房具有多家运营商平等接入的条件。本工程拟设置一台 400 门的程控自动数字交换机，需接入 50 对中继线，此外申请直拨外线 100 对。

2）电视系统信号接自城市有线电视网，在首层设有电视前端机房，对建筑内的有线电视实施管理与控制。有线电视节目经电视信号干线系统传送至各个电视输出口处。本项目设置有 120 个有线电视终端，系统规模为 D 类。

（2）布线系统。

1）布线系统满足体育场语音、数据、图像和多媒体等信息传输的需求，采用 6 类非屏蔽综合布线系统，由市政引来通信光缆，在体育场设电话机房及计算机网络中心机房。系统能支持综合信息（语音、数据、多媒体）传输和连接，实现多种设备配线的兼容，综合布线系统能支持各类数据处理（计算机）的供应商的产品，支持各种计算机网络的高速和低速的数据通信，可以传输所有标准的模拟和数字的语音信号，具有传输 ISDN 的功能，可以传输模拟图像、数字图像以及会议电视等的多媒体信号。

2）为满足体育赛事要求，计算机网络系统配置 2 台主交换设备，形成一主一备的热备份方式，并通过光纤和各楼层配线架交换机连接。系统数据库和应用服务器根据需要配置并与网络主交换机连接。信息网络系统以千兆以太网为主干网，采用星形拓扑结构。

（3）移动通信室内信号覆盖系统。为确保建筑物内部与外界的通信接续，设置移动通信室内信号覆盖系统。移动通信室内信号覆盖系统的设计应满足移动通信业务的综合性发展，信号功率应符合《电磁环境控制限值》(GB 8702)的有关规定。

(4)用户电话交换系统。

1)本工程在首层设置电话交换机房，拟设置一台400门的程控自动数字交换机。

2)程控自动数字交换机将传统的语音通信、语音信箱、多方电话会议、IP 技术、ISDN(B－ISDN)应用等通信技术融会在一起，向用户提供全新的通信服务。

(5)无线对讲系统。无线对讲系统满足体育场管理人员互相通信联络的需求，具有先进性、开放性、可扩展性和可管理性。信号覆盖体育场地及配套用房内部且均匀分布。系统具有远程控制和集中管理功能，并应具有对系统语音和数据的管理能力，语音呼叫支持个呼、组呼、全呼和紧急呼叫等功能。系统具有支持文本信息收发、GPS 定位、遥信、对讲机检查、远程监听、呼叫提示、激活等功能。

(6)信息网络系统。体育场信息网络系统分为公众网、建筑设备管理网、体育工艺专用网，采用专业化、模块化、结构化的系统架构形式建立各类用户完整的公用和专用的信息通信链路，支撑建筑内多种类智能化信息的端到端传输，保证建筑内信息传输与交换的高速、稳定和安全。信息网络系统配置相应的信息安全保障设备和网络管理系统，建筑物内信息网络系统与建筑物外部的相关信息网互联时，应设置有效抵御干扰和入侵的防火墙等安全措施。

(7)有线电视系统。有线电视系统向用户提供多种类的电视节目，信号引自当地有线电视台外线光缆，在体育场设电视前端主机房。有线电视系统采用 860MHz 邻频双向传输系统，以城市有线电视节目为主，也可接收赛场转播机房的电视信号。

(8)公共广播系统。

1)公共广播机房设于体育场的首层。

2)公共广播包括建筑物内的公共区域广播、外场广播、运动员区专用广播等。

3)公共广播既可播送背景音乐，又可播放体育比赛情况，或呼叫运动员上场。

4)在发生火灾时，公共广播自动切换成火灾紧急广播。

5)本体育场公共广播系统满足以下要求：

➢ 整套设备需采用无人值守系统，人机界面要简易操作。

➢ 可定时播放铃声、背景音乐等。

➢ 可进行分区广播，需在不同区域播放不同类型的音乐。

➢ 在主控制室或广播中心可直接对某一分区或多个分区进行远程广播控制。广播中心可直接对某一分区或多个分区进行远程(讲话)寻呼外，还可以播放音乐节目。

➢ 背景广播系统语言扩声应具备良好的语言清晰度、语言可懂度；音乐扩声要满足音乐的丰满度、明亮度。

➢ 在系统实现等级优先或智能程序广播时，紧急广播始终为最优先强插。

6)整个公共广播系统分为 11 个主分区：体育场一层设置 6 个分区；体育场二层设置 4 个分区，体育场三层设置 1 个分区。

7)系统的主要功能。主控智能广播中心是整个智能广播系统的核心，它除对任意分区或全部分区进行寻呼或背景广播外，还有定时、告警、强插、监听、语音文件固化、CD 播放等功能。

公共广播系统满足语音广播和背景音乐使用功能，采用全数字化传输，失真小不受距离限制；以局域网为媒介，可多网合一；集所有广播功能于一身，操作简单。采用主备系统冗余设计，系统安全可靠；可以满足区域寻呼功能；可以多套节目分区同时播放；系统设置多种音频接口，可以单独使用或与其他音频系统相互连接；广播中心可对任意分区或全部分区进行寻呼广播并可播放CD、收音或和磁带节目，也可以接收来自体育场主扩声系统的声音。

（9）会议系统。在体育场新闻发布厅设置全数字化技术的数字会议网络系统（DCN系统），该系统采用模块化结构设计，全数字化音频技术。具有全功能、高智能化、高清晰音质。方便扩展和数据传递保密等优点。可实现发言演讲、会议讨论、会议录音等各种国际性会议功能，其中主席设备具有最高优先权，可控制会议进程。

（10）信息引导及发布系统。信息引导及发布系统由信息播控中心、传输网络、信息发布显示屏或信息标识牌、信息导引设施及查询终端等组成，具有公共业务信息的接入、采集、分类和汇总的数据资源库，并在建筑公共区域向公众提供信息告示、标识导引及信息查询等多媒体信息发布功能。播控中心设在消防安防控制室，设置专用的服务器和控制器，并配置信号采集和制作设备及相配套的应用软件，支持多通道显示、多画面显示、多列表播放和支持多种格式的图像、视频、文件显示，并可同时控制多台显示端设备。

4. 建筑设备管理系统。

（1）建筑设备监控系统。

1）建筑设备监控系统采用直接数字控制技术，对体育场的暖通空调系统、给排水系统进行监控；对电梯运行状态进行监视。

2）系统具备设备手/自动状态监视，启停控制，运行状态显示，故障报警、温湿度监测、控制及实现相关的各种逻辑控制关系等功能。

3）消防专用设备（消火栓泵、喷洒泵、消防稳压泵、排烟风机、加压风机等）不进入建筑设备监控系统。

4）建筑设备监控系统同时提供与体育工艺设备管理系统、消防系统、安全防范系统等其他自动化系统的通信接口。

（2）智能照明控制系统。智能照明控制系统分为体育比赛场地照明和建筑照明两个相对独立的系统，采用总线制设备，可对照明灯具进行编组控制，设置多种场景模式。

（3）电力监控系统。对变、配、发电系统的监测：高压配电系统、低压配电系统、变压器、直流电源系统、柴油发电机组、高低压配电及发电系统图形模拟显示。

（4）建筑能效监管系统。

1）系统主要功能：通过对纳入能效监管系统的分项计量及监测数据统计分析和处理，提升建筑设备协调运行和优化建筑综合性能。根据建筑物业管理的要求及基于对建筑设备运行能耗信息化监管的需求，对建筑的用能环节进行相应适度调控及供能配置适时调整。

2）能效监管的范围包括冷热源、供暖通风和空气调节、给水排水、供配电、照明、电梯等建筑设备。能耗计量的分项及类别宜包括电量、水量、燃气量、集中供热耗热量、集中供冷耗冷量等使用状态信息。

3）监管系统组成：一次测量单元分为智能电表以及其他传感器和测量单元，本项目的表计通信均采用基于双绞线的通信架构；采用数据采集器实现数据采集和通信；通过Modbus、Mbus等总线标准通信协议把数据采集至网络控制器上，通过IP协议传输至能源管理服务器。

5. 公共安全系统。

（1）视频监控系统。安防控制室内设有系统矩阵主机、视频录像、打印机，监视器及交流24V电源设备等。视频自动切换器接受多个摄像点信号输入，定时自动轮换（1～30s）输出监控信号，也可手动任选一个摄像机的画面跟踪监视、录像、打印。系统矩阵主机带输入、输出板；云台控制及编程、控制输出时、日、字符叠加等功能。视频监视采用数字监视系统，选用 1080P 高清摄像机，信息存储不少于 30 天。

（2）出入口控制系统。系统主机设置于建筑消防控制室。系统构成与主要技术功能：

1）出入口控制系统由识读部分、传输部分、管理/控制部分和执行部分以及相应的系统软件组成。

2）本工程在重要机房、物业用房车库、出入口安装读卡机、电控锁以及门磁开关等控制装置。系统设置于各建筑内消防控制室内。

3）系统的信息处理装置应能对系统中的有关信息自动记录、打印、存储，并有防篡改和防销毁的措施。

4）出入口控制系统应能独立运行，并能与火灾自动报警系统、视频监控系统联动。当发生火警或需紧急疏散时，人员不使用钥匙应能迅速安全通过。

（3）停车管理系统。本工程停车场管理系统采用影像全鉴别系统，系统具备入口车位显示、出入口及场内通道的行车指示、车位引导、车辆自动识别、读卡识别、出入口挡车器的自动控制、自动计费及收费金额显示、多个出入口的联网与管理、停车场的车辆统计与车位显示、出入挡车器被破坏（有非法闯入）报警、非法打开收银箱报警、无效卡出入报警、卡与进出车辆的车牌和车型不一致报警等功能。

停车场管理系统自成网络，独立运行，在停车场值班室内设置独立的视频监视系统及报警系统，并将信号上传至体育馆安防控制室，进行集中管理与联网监控。

（4）电子巡查系统。电子巡查采用无线系统，由信息采集器、信息下载器、信息钮和中文管理软件等组成。

6. 体育工艺系统。体育工艺系统包括下列子系统：场地照明、大屏幕显示及控制系统、场地扩声系统、场地照明及控制系统、计时记分及现场成绩处理系统、售验票系统、电视转播与评论系统、升旗控制系统、信息查询和发布系统。

（1）场地照明

1）照度标准。各比赛及训练场地照度标准按《体育场馆照明设计及检测标准》（JGJ 153）确定，本体育场的场地照明按 IV 级设计（TV 转播国家、国际比赛，有电视转播）。

2）光源选型及灯具布置。比赛场地照明对光源的显色性要求较高，本项目选用技术成熟、光效高、显色性好的大功率金属卤化物灯，采取在罩棚马道上光带式布灯方案。

3）场地照明设计。场地照明是运动员创造优异成绩和保障电视转播效果的重要因素，优秀的场地照明设计是灯具选型、布灯方式、照度计算与建筑造型的完美结合。

布灯方案与建筑造型密切相关，体育工艺设计必须从项目的方案阶段就与建筑师密切配合，专业的照度计算可以优化灯具布置、减少灯具数量、划分灯具编组，在保证场地照明效果的同时降低工程造价。本体育场采用两侧灯带式布灯方式，经过照度计算，选取 278 套 2kW 金属卤化物灯具。

场地照明在照度、显色性、炫光控制等方面的要求很高，灯具数量多、功率大，对工程造价有很大影响，设计中要选用高效灯具，结合体育场馆的造型优化灯具布置方案及控制方式，在满足使用要求的同时，尽量减少灯具数量，降低场地照明电功率，并通过照明控制系统，方便地切换不同照明模式，关掉不需要的光源，从而节约电能和延长灯具寿命。

（2）场地扩声系统。

1）功能和要点。体育场地扩声系统功能以体育赛事的语言扩声和音乐重放为主，同时兼顾集会、庆典、展览、检阅、文艺活动的语言和音乐扩声需求。关键是要解决好声学上的语言清晰度是否够、电声使用的功能性是否强大、系统控制手段是否先进、系统是否安全可靠四大问题。

2）设计构思。

➢ 高品质传声器（话筒）系统，充分应对各类大中型赛事和活动的声电转换要求。

➢ 双调音台系统，互相热备份，现场调音台操作简便直观，性能可靠。

➢ 通过分散式扬声器布局设计和数字音频矩阵系统想结合，实现快速切换扩声场景的功能，来应对不同扩声用途带来的变化。

➢ 进行优秀的声场设计，选择高保真的扬声器系统，使得系统具有足够的声压级，声场分布均匀，使受众得到清晰舒适的听觉享受。

➢ 先进可靠的由硬件和软件相结合组成的系统控制平台。

➢ 主要设备选择历史悠久的专业电声品牌。

3）音源系统配置。

➢ 音源播录设备。配置足够数量的专业广播级 CD 播放机、MD 录播机、硬盘录音机。满足音乐、语言信号的重放要求，以及演出实况的录音要求。为了现场使用的方便，配置了 1 台硬盘录音播放机。该机具备快捷播放功能，可以编程播放或录音。格式：16–Bit 立体声，总录音时间：24h AC–2 格式，4h 线性格式；最大录制 1000 个音乐场景，备有 50 个以上热键可供用户操作。

➢ 拾音系统配置。配置了鹅颈会议话筒、手持和领夹无线传声器系统，其中也配备了相应的天线分配器和指向型天线，可以为体育场主席台或其他可能用到的区域进行会议或文艺活动的拾音进行较为完善的解决。

4）调音系统选型。配置两张现场调音台，即可独立又可融合使用，同时设计成可互为主备的系统，使得系统更可靠。

➢ 现场调音台的主要性能：32 路单声道输入、8 路立体声输入的 8 编组现场实况调音台。具备极其优质的前置放大器，具备直接输出端子，可接通或断开的插入插口，MIDAS 的 4 段扫频均衡，具备扫频高通滤波（单声道输入）。在通道衰减器之前的辅助均衡旁路，具备编组传送以及 SIS™ 三声道空间成像系统。

另外具备非常可靠的自动清洁的 100mm 通道的衰减器推子，具有 4 个“软电路”哑音编组，还带有 12×4 个矩阵输出，使用法更加灵活。12×4 个矩阵输出，让调音台不仅实现了不占用编组推子，就达到扬声器系统分组控制的功能，而且实现了同时控制输入通道编组功能。编组/辅助功能可以转换，整个台子优异的设计使得噪声极低。机器内部含有双路工作电源器，可以自动切换，确保供电安全。另外也可外连接多个 PSU（电源供应单元）。整个台子具备符合人体工程学的设计，对讲系统传送通路功能方便内部工作人员互相沟通。同时也具备非常清晰的、全面的电平计量（LCD 显示器）。整体设计牢固，确保经久耐用。

5）信号处理系统选型。

➢ 使用音频矩阵进行无损的信号传输。体育场扩声系统设计采用东西双机房制，主机房位于西看台顶层扩声控制室内，副机房位于东看台 2 层，为了解决信号处理、远程信号传输、网络监控等功能，在系统中设计配置了 2 台美国 EV N8000 数字音频矩阵，东西机房各安装 1 台。主机房的 N8000 矩阵通过 CM–1 模块将数字音频信号转成光信号通过光纤传输到副机房。

➢ 音频矩阵。数字矩阵可以进行扩声场景的快速切换、系统网络监控、信号处理等丰富功能。每台 N8000 数字音频矩阵均配备了 1 块 AI－1 模块实现 8 通道模拟信号输入；同时配备了 2 块 AO－1 模块，实现 16 个通道的模拟信号输出。同时两台 N8000 之间使用 CM－1 模块进行 CobraNet 数字音频信号传输，这样解决了远程信号传输的损耗问题。音频矩阵在演出扩声时，使用预置的各种形式的音频信号通道分配及处理器，处理相应的延时、均衡、压缩/限幅、参量均衡的功能需求。

6）控制软件平台。NetMax 网络系统由 N8000 矩阵硬件和 IRISNet 软件组成，是美国 EV 公司自 1927 年以来电声经验积累科技的最新体现，完全抛开了传统数字音频矩阵网络的傻瓜化设计方法，开创了崭新的自定义化界面进行操作和控制，方法灵活多变。系统的搭建完全可以根据扩声系统的实际需要来进行，能够充分体现数字音频的强大处理能力。

7）与遥控功放的配合。数字矩阵与遥控功放配合使用。矩阵可以进行系统总的网络管理监测和信号处理，而遥控功放的信号处理部分可以视作扬声器控制器，实现整个扩声系统的控制和监测。

8）功率放大器选型和配置。系统选配的功放具备三大功能：网络控制功能、数字信号处理功能、功率放大功能。网络控制采用工业级标准 CAN BUS 协议，实时监控所有网络中的功放运行状况，包括信号、温度、速率等。数字信号处理器具备 24bit AD 和 DA 转换，内部处理 48bit，动态范围高达 114dB。包括了扬声器处理器的所有功能（延时、压缩、限幅、均衡、电平等）。功率放大方面采用了真正的双电源 AB 类电路设计，拥有 THX 认证。同时具具有推动力强、音色优美、过载能力强及质量稳定的特点。系统采用专利的 APC 听觉处理控制，对功放起到严格的监视保护作用，并且不会影响功放的动态余量，只是控制功放的输入增益，保证声音的清晰度和透明度不会受到限幅的影响。采用高效耐用的功放，具有对过热、过载、欠载、欠电压、短路、射频干扰等，在输出侵入的直流电流和直流电压等各种异常工作状况进行自动保护的功能。

功放和扬声器功率的配比。功率放大器与扬声器功率配比，我们严格按照 1.25:1 到 2:1 范围内的配置，保证扬声器系统有非常良好的动态余量又不至于功率过剩浪费。

9）声场设计。

➢ 扩声方式。本设计采用分散式扩声方式：即扬声器在体育场中分散布局。由于分区布置扬声器系统，容易进行系统的分区控制管理，可分区控制全部或部分扬声器系统，实现灵活控制的区域扩声功能。扬声器系统距离看台（听众）近，使得直达声的比例高，语言清晰度的指标好。同时扬声器的特性能够充分体现。扬声器系统离看台近，空气对中高频的吸收作用也较小。强风以及地面和空气温度对声音的影响也变得非常微弱。扩声系统的声音外溢现象较轻，不会造成周边区域的噪声污染。扬声器吊装对体育场顶棚的承重要求较低，尤其是相对于集中式而言。

➢ 比赛场地扬声器布置。扬声器布置在比赛场地采用东西对称分散式覆盖。即在东西看台顶棚各分散吊装 3 只（总共 6 只）为体育场专门设计的长射程扬声器，该扬声器采用专利的多歧管大号筒设计，高频和低频各自采用两只驱动单元，经过多歧管技术产生声能叠加，最大声压级达到 141dB，为高端的高保真远程扬声器系统。

➢ 看台区扬声器布置。在有顶棚的东西看台区域采用分散式布置方法，东西看台每边各安装 12 只扬声器系统，总共 24 只全天候扬声器系统来覆盖东西看台。其中每边看台有 5 只扬声器系统安装在二层看台上方的钢结构梁下，水平和垂直方向均为 65° 的声学辐射角度正好可以覆盖二层看台区域。在无顶棚的南北看台区域采用 4 只体育场专用的全频号筒扬声器系统，安装在东西看台靠近南北的顶棚边缘钢梁下，斜向投射南北看台区域，水平 60° 和垂直方向 40° 的声学辐射角度正好可以覆盖整个南北看台区域。

➢ 看台声影区补声布置。另外，在一层看台顶部有 3－5 排多的观众席被二层看台挑檐遮挡，没有直达声，将严重影响到此区域的扩声语言可懂度。设计使用了 64 只天花扬声器按照均匀分布的原则，安装在此声影区的天花顶部，该天花扬声器具备 110° 的圆锥覆盖角度，可完善的覆盖此声影区。检录区流动扬声器，在体育场的检录区域设计一些音频信号接口盒，该盒信号与扩声主控机房互联，方便体育赛事或活动时使用我们配置的 8 只有源全频扬声器系统。该流动型有源扬声器系统具备话筒信号输入和线路信号输入，内置功率放大器，水平覆盖角度为 80°，垂直覆盖角度为 55°。可以在检录区直接使用话筒进行广播、呼叫和通知，或者进行各种管理需要的扩声需求。同时也可以通过墙面安装的信号盒进行收听场内比赛实况。

10）运行原理。音源设备（传声器、CD 机等）信号输入到信号分配器，由分配器同时将信号传送给主调音台和副调音台，经过信号混合、放大和调整以后进入主副数字音频矩阵，经过矩阵内信号路由、DSP 处理、场景预存等设置后，将信号分配到各遥控功放，通过遥控功放来驱动扬声器。

11）设计指标。参照《体育馆声学设计及测量规程》（JGJ/T 131—2000）的一级标准并结合体育场实际情况拟定以下扩声系统指标：最大声压级：≥100dB（稳态准峰值声压级）。

（3）计时计分系统。计时记分系统是主要完成对所有比赛成绩的采集，通过对现场比赛产出的成绩进行监视、测量、量化处理并公布信息。计时计分机房与现场成绩机房设置于同一机房内，同时靠近网络机房。与计时计分、现场成绩机房有固定信息传输要求的机房包括终点摄像机房、电视转播机房、场地信号井、LED 大屏幕显示机房，因此各机房彼此间应预留管路。体育场内场地弱电信号井之间采用 4 根 SC200 钢管相互贯通。竞赛计时计分和田赛计时计分系统图见图 5.1.7－1 和图 5.1.7－2。

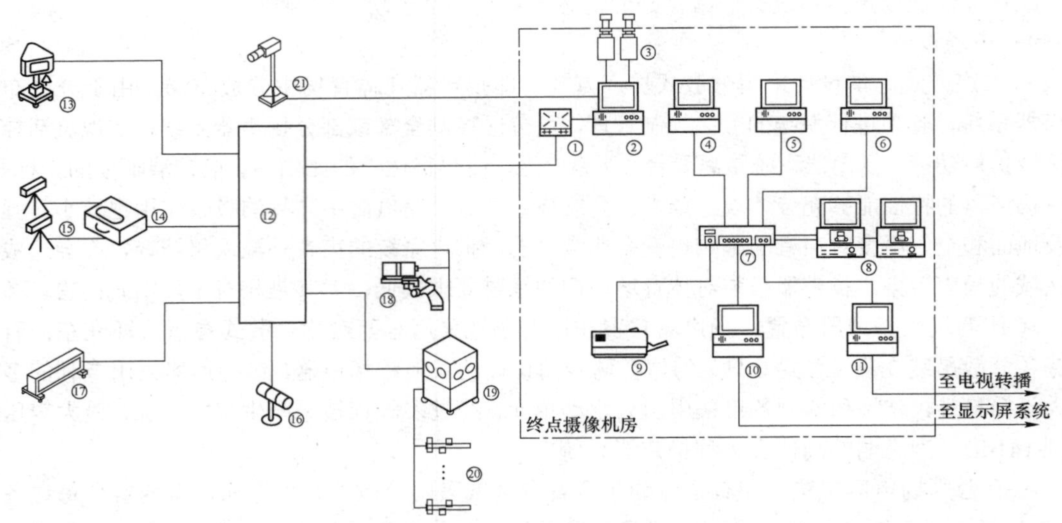

注：
1. 现场接线箱分别位于100m起点、200m起点、1500m起点和终点处，共由四套设备组成。
2. 径赛计时记分及成绩处理系统后端位于终点摄像机房内的设备，与田赛计时记分及成绩处理系统共用。

图 5.1.7－1　竞赛计时计分系统图（一）

序号	编号	名称	序号	编号	名称	序号	编号	名称	序号	编号	名称
1	①	径赛通信接口单元	7	⑦	交换机	13	⑬	圈数显示牌	19	⑲	起跑配视监测装置
2	②	径赛数据采集机	8	⑧	硬盘录像机	14	⑭	光电仪配套装置	20	⑳	起跑器
3	③	终点摄像机	9	⑨	打印机	15	⑮	终点光电仪	21	㉑	辅助终点摄像机
4	④	径赛数据处理主机	10	⑩	显示屏接口机	16	⑯	风速仪			
5	⑤	终点图像判读机	11	⑪	电视转播接口机	17	⑰	径赛成绩公告牌			
6	⑥	裁判机	12	⑫	现场接线箱	18	⑱	发令枪装置			

图 5.1.7－1　竞赛计时计分系统图（二）

（4）大屏幕信息显示系统。大屏幕信息显示系统由硬件部分和软件部分组成，硬件部分包括显示图像和文字信息的显示屏和显示牌、专用数据转换设备、信号显示传输电缆，以及用来控制显示屏和显示牌工作的控制设备和显示信息处理设备；软件部分包括显示屏和显示牌的驱动控制软件、显示信息加工和处理软件。LED 大屏幕具备接收计时记分及现场成绩处理系统传来数据的功能，能够将实时处理的成绩信息显示在屏幕上；同时 LED 大屏幕可以接收来自电视转播系统的视频画面，将实时转播画面或经过处理的慢动作回放画面显示在大屏幕上。大屏幕信息显示系统见图 5.1.7－3。

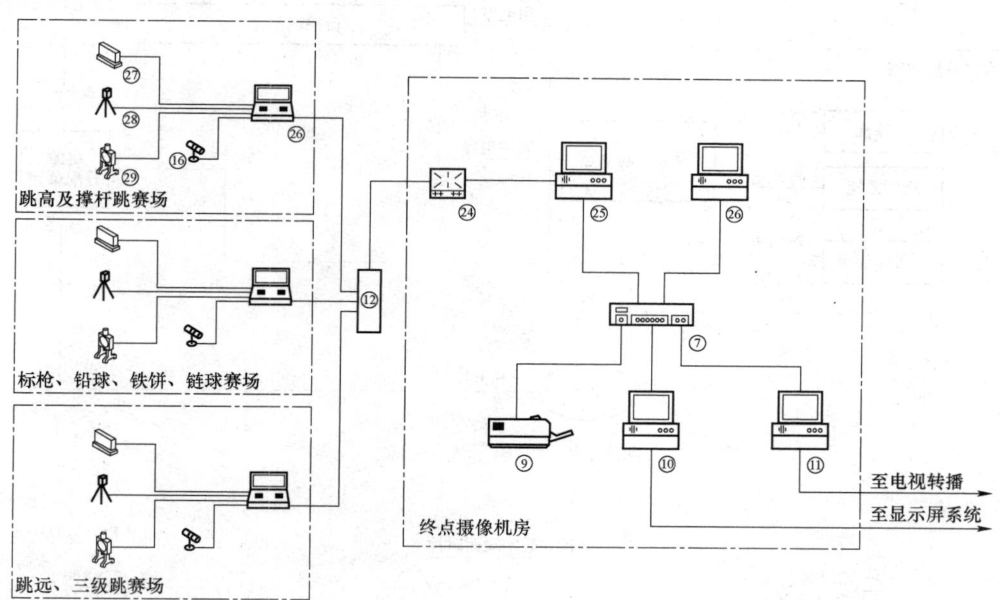

注：
1. 现场数据采集机一般为便携式专用仪器，与现场接线箱之间通过串行电缆连接，每个项目设置一台现场数据采集机。
2. 田赛计时记分及成绩处理系统后端位于终点摄像机房内的设备，与径赛计时记分及成绩处理系统共用。

序号	编号	名称	序号	编号	名称	序号	编号	名称	序号	编号	名称
1	㉔	田赛通信接口单元	5	⑨	打印机	9	㉖	田赛数据采集机	13	⑯	风建设
2	㉕	田赛数据处理主机	6	⑩	显示屏接口机	10	㉗	田赛成绩公位牌			
3	⑥	裁判机	7	⑪	电视转播接口机	11	㉘	测距位			
4	⑦	交换机	8	⑫	现场接线箱	12	㉙	计时牌			

图 5.1.7－2　田赛计时计分系统图

（5）标准时钟系统。标准时钟采用子母钟工作方式，母钟产生和发送标准时钟信号，在需时间显示的各区域设置相应的子钟，子钟接收母钟站发送的标准时钟信号并显示相应的内容。母钟的时间源为电视信号标准时钟或全球定位报时卫星标准时钟。在比赛场地（裁判员区、场地周边等）、热身场地（热身场地、按摩区、热身休息区）、运动员用房（接待处、休息室、检录处、赛前准备室）、观众出入口处、休息区、竞赛管理区、媒体服务区（餐饮、商业、电信等服务区）、媒体工作区（新闻发布厅、新闻中心）、贵宾官员服务区（休息室、信息服务室等）、贵宾官员随行人员用房（安保、司机、警卫等）、场馆运营区设置子钟。标准时钟系统示意见图 5.1.7－4。

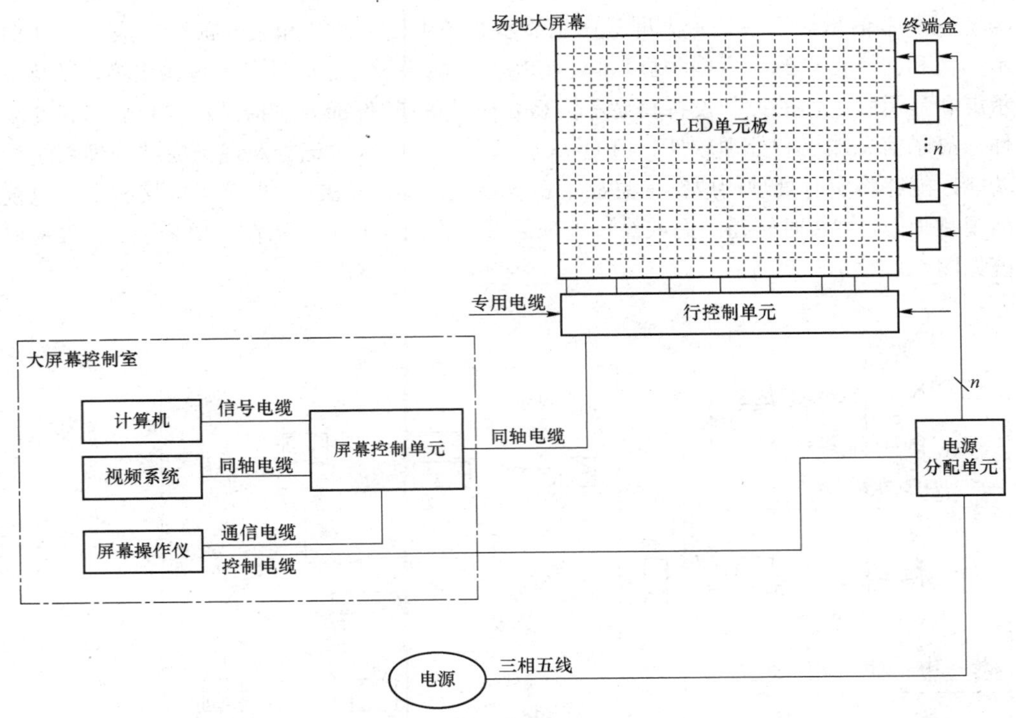

图 5.1.7－3　电子大屏示意

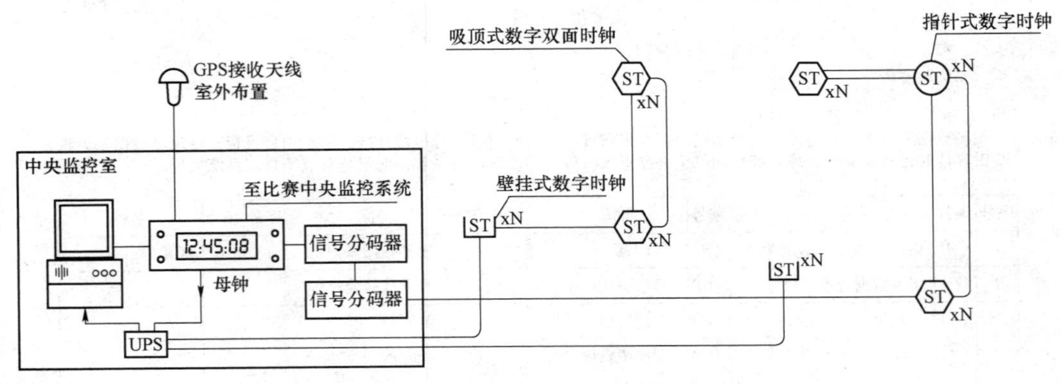

图 5.1.7－4　标准时钟系统示意

（6）自动升旗系统。自动升旗系统由同步控制器、后台控制系统组成，保证体育场升旗时，所奏国歌的时间与国旗上升到旗杆顶部的时间同步。系统配置现场控制器，触摸屏控制方式，保证系统网络故障时，系统仍然可按国歌时间升降国旗。升旗控制系统应保证升旗启动时，系统具备同步的音频输出、输出国歌的播放时间和国旗上升到旗杆顶部的时间一致的功能。自动升旗系统示意见图 5.1.7－5。

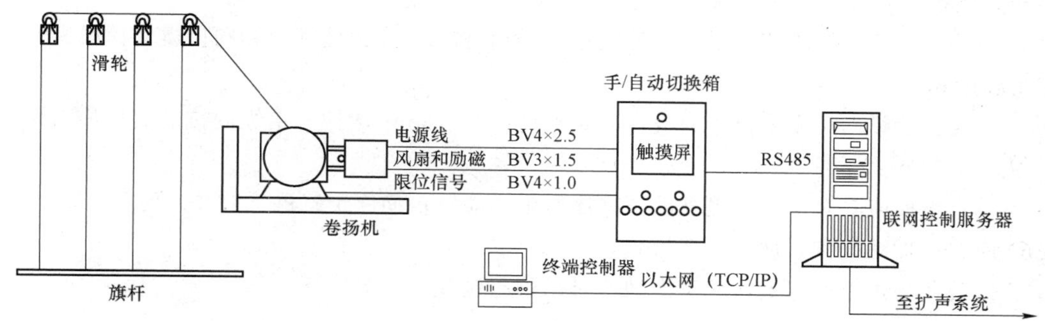

图 5.1.7－5 升旗系统示意

（7）售验票系统。售验票系统示意见图 5.1.7－6。

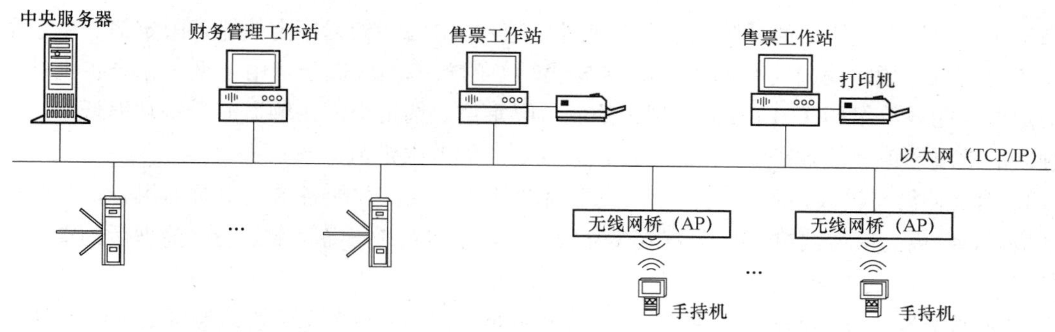

图 5.1.7－6 售验票系统示意

1）售验票系统具备场馆本地销售和远程联网销售的功能，观众可以通过多种方式确定所要购门票的座位和数量。

2）售验票系统的验票通道闸机在门票识读后 5s 中内。通过明显的提示（声、指示灯或中英文提示等）。提醒观众进出。并控制闸杆执行相应动作。

3）当售验票系统的通信网络出现故障后。通道控制终端能独立进行门票的有效性验证工作，控制观众的进出，网络恢复后，能自动进行数据交换。以保证前后台数据的一致性。

4）售验票系统可通过联网的通道闸机、联网或非联网的手持验票机对门票进行有效性验证，通过明显的提示，控制人员的进入，并与后台服务器进行数据传送。系统的通道数量应保证在规定的观众入场时间内，满足 90%以上观众的入场。

5）应在观众出入口处设置相应数量的验票通道，并设置为无障碍服务的专用验票通道。

6）售验票系统的通道必须满足公安、消防和应急事件状态下的通道要求。

7）售验票系统通常采用计算机网络作为系统信息的处理和控制网络平台，可采用有线或无线网络作为信息的传输平台。

5.1.8 电气抗震设计

1. 工程内设备安装如高低压配电柜、变压器、配电箱、控制箱等均应满足抗震设防规定。

2. 电气设备系统中内径大于或等于60mm的电气配管和重量大于或等于15kg/m的电缆桥架及多管共架系统须采用机电管线抗震支撑系统。

3. 刚性管道侧向抗震支撑最大设计间距不得超过 12m；柔性管道侧向抗震支撑最大设计间距不得超过6m。

4. 刚性管道纵向抗震支撑最大设计间距不得超过 24m；柔性管道纵向抗震支撑最大设计间距不得超过12m。

5. 垂直电梯应具有地震探测功能，地震时电梯能够自动停于就近平层并开门运行。

6. 应急广播系统预置地震广播模式。

7. 安装在吊顶上的灯具，应考虑地震时吊顶与楼板的相对位移。

5.1.9 电气节能措施

1. 电力系统节能。变配电所深入负荷中心，合理选择电缆、导线截面，避免迂回配线，减少电能损耗。

2. 电气设备节能。变压器应采用低损耗、低噪声的产品，变压器的空载损耗和负载损耗不应高于《三相配电变压器能效限定值及节能评价值》（GB 20052）规定的能效限定值。中小型三相异步电动机在额定输出功率和 75%额定输出功率的效率不应低于《中小型三相异步电动机能效限定值及能效等级》（GB 18163）规定的能效限定值。选用交流接触器的吸持功率低于《交流接触器能效限定值及能效等级》（GB 21518）规定的能效限定值。

3. 无功补偿与谐波治理：采用低压集中自动补偿方式，并配备谐波电抗器组合，作为谐波抑制措施，避免高次谐波电流与电力电容发生谐振，影响系统设备可靠运行，治理后的谐波水平满足GB/T 14549的要求。

4. 照明节能。各房间、场所的照明功率密度值（LPD）不高于《建筑照明设计标准》（GB 50034—2013）规定的目标值。优先采用LED等节能光源。采用智能型照明管理系统，以实现照明节能管理与控制。

5. 设置建筑设备监控系统，使设备运行在高效节能状态，实现节能控制。

6. 设置建筑能耗管理系统，提高对建筑电力系统、动力系统、供水系统和环境数据实施集中监控和管理，实现能源管理系统集中调度控制和经济结算。置计量水表，计算各区域累计用量，费用核算。

5.2 体育馆

5.2.1 项目信息

本工程为新建中型乙级体育馆，观众席8000座，地上3层，地下1层；总建筑面积约3.65万 m^2；防火设计建筑分类为一类；建筑耐火等级：地上二级，地下一级。建筑高度 28.3m（室外地面至屋面最高点）。建筑物使用功能主要包括体育馆、办公、汽车库。其中汽车库：地下停车 144 辆，为Ⅱ类汽车库；地上停车 175 辆。

5.2.2 系统组成

1. 高低压变、配电系统。
2. 电力、照明系统。
3. 防雷与接地系统。
4. 电气消防系统。
5. 智能化系统。
6. 电气抗震设计和电气节能措施。

体育馆

5.2.3 高低压变、配电系统

1. 负荷分级。本项目为中型乙级体育馆，按二级负荷用户供电。

（1）二级负荷：比赛场地照明；主席台、贵宾室及其接待室、新闻发布厅等照明负荷，应急照明负荷，计时记分、现场影像采集及回放、升旗控制等系统及其机房用电负荷，网络机房、固定通信机房、扩声及广播机房等用电负荷，电台和电视转播设备，消防和安防用电设备等；以及医疗站、兴奋剂检查室、血样收集室等用电设备，VIP 办公室、奖牌储存室、运动员及裁判员用房、包厢、观众席等照明负荷，建筑设备管理系统、售检票系统等用电负荷，生活水泵、污水泵等设备。二级负荷设备容量约为 2790kW。

（2）三级负荷：不属于二级负荷的其他照明及动力负荷，如普通办公用房、广场照明、普通库房、景观等用电负荷。三级负荷设备容量约为 2400kW。

2. 供电电源。

（1）由体育中心高压总配电室引来两回路 10kV 电源。高压采用单母线分段运行方式，中间设联络开关，平时两路电源同时分列运行，互为备用，当一路电源故障时，通过手/自操作联络开关，另一路电源负担全部二级负荷。

（2）高压电源中性点采用低电阻接地形式，市政 10kV 配出侧出口系统短路容量按 300MVA 计算，高压开关额定短路开断电流暂按 25kA 选择。

（3）应急电源与备用电源。

1）临时柴油发电机组。变电所低压侧设有柴油发电电源接口，重大赛事或活动时可临时租用发电机组。临时发电机组估算容量为：连续运转额定容量 500kW，为场地照明及消防负荷等重要负荷供电。

2）EPS 电源装置。采用 EPS 电源作为疏散照明的备用电源，EPS 装置的切换时间不大于 5s，EPS 蓄电池初装容量应保证备用工作时间≥90min。

3）UPS 不间断电源装置。采用 UPS 不间断电源作为消防（安防）控制室、经营管理系统主机、电话及计算机网络系统主机的备用电源。UPS 应急工作时间≥30min。

3. 变、配电站。

（1）本体育馆总装机容量 4800kVA，设有 1 处变电所，内设 4 台 1000kVA 干式变压器。另外，室外还设有 1 台 800kVA 箱式变电站（专为空调室外机组供电）。

（2）变电所设于地下一层，面积约 430m^2（含值班室）。层高 5.1m，变配电设备层梁下净高 3.7m，下设层高 2.2m 的电缆夹层。为防水浸，变电所地面比本层抬高 0.3m。开关柜采用下进下出方式。

（3）变压器低压侧 0.4kV 采用单母线分段接线方式，低压母线分段开关采用自动投切方式时，低压母联断路器应采用设有自投自复、自投手复、自投停用三种状态的位置选择开关，自投时应设有一定的延时，当变压器低压侧总开关因过负荷或短路故障而分闸时，母联断路器不得自动合闸；电源主断路器与母联断路器之间应有电气联锁。变、配电站主接线见图 5.2.3。

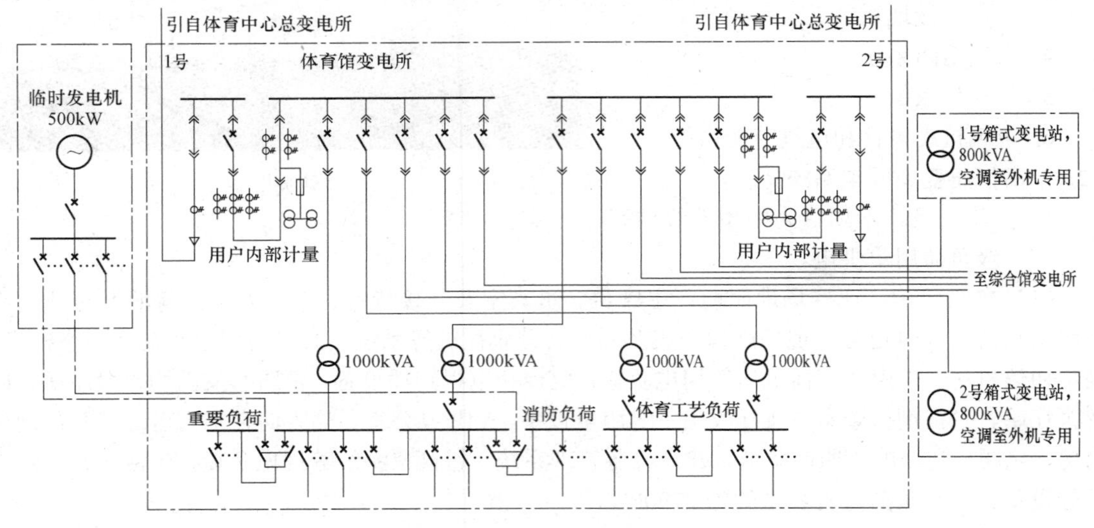

图 5.2.3　变、配电站主接线图

4. 电力监控系统。体育馆设置电力监控系统，监控主机设在变电所值班室，电力监控系统通过体育馆局域网与消防控制主机、智能照明主机等进行数据共享和集中监控。电力监控系统主要功能有：

（1）对各回路实时监测，采集回路数据，具有一次主接线图界面显示功能。

（2）电参量遥信及电参量越限报警，进行基本电参量的远程抄表。

（3）对各回路用电量进行统计，生成年月日等相关报表，具备查询、打印功能。

（4）对主进线回路电流、功率绘制趋势曲线，分析负载运行情况。

（5）开关状态遥信、分闸报警及断路器远程分闸控制。

（6）用户权限分级，不同操作级别用户具备不同管理权限。

5.2.4　电力、照明系统

1. 配电系统的接地形式采用 TN－S 系统。配电干线采用放射与树干相结合的配电方式。消防负荷、重要负荷、容量较大的设备及机房采用放射式配电；容量较小的分散设备采用树干式供电。

2. 二级负荷采用双回路电源供电，在区域配电室互投后放射式供电。消防水泵、消防电梯、防烟及排烟风机等消防负荷的两路电源在最末一级配电箱处自动切换；三级负荷采用树干式与放射式结合的方式供电。应急照明中的疏散照明采用应急电源系统（EPS）的集中蓄电池作为后备电源。应急照明中的备用照明、消防水泵房、消防中心、消防广播机房等消防负荷及 50%的比赛场地照明、工艺机房用电采用柴油发电机作为后备电源。对要求供电连续的重要负荷（计时记分系统、网络机房、消防控制中心、保安监控设备的计算机主机等有数据保存需要的场所），配备不间断电源系统（UPS）的集中蓄电池作为后备电源。

3. 主要配电干线由变电所用封闭式桥架引至各电气小间，支线穿钢管敷设。

4. 普通干线采用辐照交联低烟无卤阻燃电缆；消防负荷的配电干线采用矿物绝缘电缆。

5. 照度标准。本体育馆照明种类包括正常照明、应急照明、值班照明、警卫照明。体育馆场地照明按Ⅳ级（TV转播国家比赛、国际比赛）设计。照度标准及模式见表5.2.4。

表5.2.4　　照度标准及模式

等级	使用功能	照度标准值			照度均匀度						光源		眩光指数
		E_h/lx	E_{vmai}/lx	E_{vauv}/lx	U_h		U_{vmai}		U_{vauv}		R_a	T_{cp}/K	GR
					U_1	U_2	U_1	U_2	U_1	U_2			
	清扫模式	100									≥20	≥4000	≤55
Ⅰ	训练娱乐	300				0.5					≥90	≥5500	≤30
Ⅱ	篮球专业训练&业余比赛	500			0.4	0.6					≥90	≥5500	≤30
Ⅱ	冰球专业训练&业余比赛	500			0.4	0.6					≥90	≥5500	≤30
Ⅲ	篮球专业比赛	750			0.5	0.7					≥90	≥5500	≤30
Ⅲ	冰球专业比赛	750			0.5	0.7					≥90	≥5500	≤30
Ⅳ	篮球电视转播比赛		1000	750	0.5	0.7	0.4	0.6	0.3	0.5	≥90	≥5500	≤30
Ⅳ	冰球电视转播比赛		1000	750	0.5	0.7	0.4	0.6	0.3	0.5	≥90	≥5500	≤30
Ⅴ	篮球电视重大转播比赛		1400	1000	0.6	0.8	0.5	0.7	0.3	0.5	≥90	≥5500	≤30
Ⅴ	冰球电视重大转播比赛		1400	1000	0.6	0.8	0.5	0.7	0.3	0.5	≥90	≥5500	≤30
Ⅵ	篮球电视重大转播比赛		2000	1400	0.7	0.8	0.6	0.7	0.4	0.6	≥90	≥5500	≤30
Ⅵ	冰球电视重大转播比赛		2000	1400	0.7	0.8	0.6	0.7	0.4	0.6	≥90	≥5500	≤30
	应急疏散	20lx											

6. 光源。场地照明选用大功率LED灯具，室内照明采用LED等节能型长寿命光源。采用高效率免维护灯具，节约电能、减小维护工作量，从而降低运营成本。

7. 应急照明与疏散照明。

（1）建筑物设有应急照明，包括安全照明、备用照明、疏散照明（含疏散指示标志）。

（2）火灾疏散照明灯设于疏散走道、楼梯间、公共活动场所等处，火灾时强制点亮。

（3）疏散走道地面最低水平照度不低于2lx，配套办公、商业等人员密集场所不低于5lx，楼梯间不低于5lx。体育馆出口及其通道、场外疏散平台的疏散照明地面最低水平照度不低于5lx。

（4）疏散标志灯设于疏散走道、楼梯间及其转角处、安全出口处，疏散标志灯为常亮。

（5）备用照明设于变电所、消防控制室、配电间、值班室、网络机房、防排烟机房、电梯机房、商业营业厅、兴奋剂检查室等处。商业营业厅备用照明照度值为正常照明的20%，其他场所的备用照明照度值同正常照明。

（6）观众席及运动场地设有安全照明，平均水平照度值不低于 20lx。

（7）设置“集中电源集中控制型”消防应急照明和疏散指示系统，选用消防专用 DC24V 灯具。疏散标志灯常亮，疏散照明在火灾时自动点亮。消防应急照明和疏散指示系统控制装置设在消防控制室，具有以下功能：能分别通过手动和自动控制使系统从主电工作状态切换到应急工作状态；能将系统的故障状态和应急工作状态信息传输给消防控制室图形显示装置。

8. 照明控制。比赛场地采用智能照明系统集中控制，按不同模式对灯具分组控制。大厅及多功能厅采用智能照明系统集中控制，可以调光或分组控制。走道及公共场所照明、停车场照明、室外照明采用智能照明系统集中控制，按时间或不同场景模式进行控制。上述之外的其他场所，照明就地控制。

5.2.5 防雷与接地系统

1. 本体育馆按第二类防雷建筑物进行保护，电子信息系统雷电防护等级为 B 级。

利用金属屋面板作为接闪器，凸出屋面的金属物体均用圆 8 热镀锌圆钢就近与接闪带连接。利用贯通的结构柱子主筋作为防雷引下线，引下线间距不大于 18m。每隔 2 根引下线，在距地面 0.5m 处设接地体连接板。进出建筑物的金属管道均就近与室外环形接地体连为一体。

2. 进入建筑物的交流供电线路，在线路的总配电箱、有管线引出室外的配电箱（屋顶风机、室外照明）等 LPZO 和 LPZ1 区交界处，设置Ⅰ类试验的电涌保护器或Ⅱ类试验的电涌保护器，作为第一级保护；在分配电箱或电子设备机房配电箱等后续防护区交界处，设置Ⅱ类试验的电涌保护器作为后级防护；特别重要的电子信息设备由该设备的厂商配套在电源端口装设Ⅲ类试验的电涌保护器作为精细保护。SPD 有过电流保护装置，并有劣化显示功能。

3. 本工程采用联合接地系统，接地电阻≤0.5Ω。利用建筑基础地梁内大于ϕ16mm 主筋连通形成接地网，基础内钢筋应保证电气贯通，并与结构柱子主筋连为一体。每根防雷引下线上在地坪上 500mm 处设接地连接板，用于测试接地电阻并预留外补人工接地极条件，在地坪下 1.0m 处引出钢筋至散水外，当接地电阻达不到设计要求时，补打人工接地体。

4. 电力系统接地方式为：10kV 经低电阻接地系统。低压配电系统接地形式为 TN－S 系统。室外庭院照明采用 TT 系统。变压器中性点直接接地。变电所室外设人工接地体，与整个建筑物的接地装置连为一体，接地电阻≤0.5Ω。变电所采取等电位联结，变配电设备有过电压和防雷保护。

5. 建筑物做等电位联结，在变配电所设主等电位端子板并与室外防雷接地装置连接，等电位联结系统通过等电位联结带与下列可导电部分连接：保护线（PE）干线、接地干线、进出建筑物及建筑内各类设备管道（包括给水管、下水管、污水管、热水管、采暖水管等）及金属件、建筑结构钢筋网及建筑物外露金属门窗（栏杆）、电梯导轨等。

各种配电箱（柜）外壳、配电钢管、上下水管、热水管、煤气管及各种金属管道均连成一体（绑扎、焊接或卡接）。外墙内、外竖直敷设的金属管道及金属物的顶端与底端与防雷装置做等电位联结。

6. 在消防控制室、电信机房、智能化机房等处设有专用接地端子箱，机房内所有设备的金属外壳、各类金属管道、金属槽盒、建筑物金属结构等均进行等电位联结并接地。在浴室、有淋浴的卫生间设等辅助电位端子箱，做辅助等电位联结。各层强、弱电配电小间内均设有接地干线及端子箱。

5.2.6 电气消防系统

1. 火灾自动报警系统。在一层设置消防控制室，对消防设备进行探测监视和控制。本体育馆为集中报警系统，采用报警二总线制地址编码系统，报警总线采用环型连接，设有总线短路隔离器。办公、技术用房、门厅、走道、赛场等场所设置感烟探测器。变电所设感温和感烟两种类型的探测器。在比赛场地等超过 12m 的高大空间装设吸气式早期火灾探测器和图像型火灾探测器两种类型的探测器。在消火栓箱内开门侧上方设消火栓报警按钮。

2. 消防联动控制系统。

（1）消防联动包括消防水泵控制、正压风机及排烟风机控制、通风空调控制、气体灭火控制、电梯控制、非消防电源控制、应急照明控制、火警警报及应急广播控制等。

（2）消防联动控制器应能按设定的控制逻辑向各相关的受控设备发出联动控制信号，并接受相关设备的联动反馈信号。各受控设备接口的特性参数应与消防联动控制器发出的联动控制信号相匹配。需要火灾自动报警系统联动控制的消防设备，其联动触发信号采用两个独立的报警触发装置报警信号的“与”逻辑组合。

（3）除自动控制外，消防水泵、防排烟风机等需由消防控制室手动直接控制的消防设备还采用“硬线”连接的方式，消防水泵手动控制线引至消防中心，防排烟风机手动控制线引至相应的消防控制室。

（4）消防水泵控制柜具有自动巡检功能。消防水泵设有机械应急起泵装置。

（5）本工程变电所设有无管网气体灭火装置。气体灭火防护区出口外上方设置表示气体喷洒的火灾声光警报器，指示气体释放的声信号应与该保护对象中设置的火灾声、光警报器的声信号有明显区别。气体灭火系统的控制，要求同时具有自动控制、手动控制和应急操作三种控制方式。

（6）消防联动控制器具有切断火灾区域及相关区域的非消防电源功能。火灾时可立即切断的非消防电源有普通动力负荷、自动扶梯、排污泵、空调用电、康乐设施、厨房设施等。火灾时不应立即切断的非消防电源有正常照明、生活给水泵、安全防范系统设施、地下室排水泵、客梯等。当需要时，在自动喷淋系统、消火栓系统动做前切断正常照明。放射式供电的非消防负荷，如空调、厨房动力等，在变电所切断电源；树干式供电的非消防负荷，如照明等，在楼层配电间切断电源。

（7）消防联动控制器应能自动打开涉及疏散的电动栅杆，开启相关区域安全技术防范系统的摄像机监视火灾现场。

（8）消防联动控制器应能打开疏散通道上由门禁系统控制的门和庭院的电动大门，并打开停车场出入口的挡杆。

3. 消防紧急广播系统。

（1）在消防控制室设置消防应急广播（与音响广播合用）机柜，机组采用定压式输出。当发生火灾时，消防控制室值班人员可根据火灾发生的区域，自动或手动进行火灾广播，及时指挥、疏导人员撤离火灾现场。

（2）应急广播系统的联动控制信号应由消防联动控制器发出。当确认火灾后，启动整个体育馆的应急广播。

（3）在疏散通道设消防应急广播；会议扩声系统应在火灾时可切换至消防应急广播。

（4）一般区域的广播扬声器功率不小于 3W，噪声较大的场所采用 5W 号筒式扬声器。

（5）在每个报警区域内均匀设置火灾警报器，其声压级不应小于 60dB（在环境噪声大于 60dB 的场所，其声压级应高于背景噪声 15dB）。在确认火灾后，启动建筑内的所有火灾警报器。

（6）火灾警报器设置在墙上时，其底边距地面高度 2.3m。

（7）在每个楼层的楼梯口、消防电梯前室、建筑内部拐角等处的明显部位，设置火灾光警报器，安装高度为距地 2.3m，且不与出口指示标志灯设置在同一面墙上。

4. 消防专用通信系统。在消防控制室设消防对讲电话主机，各层手动报警按钮处均设直通报警对讲电话插孔，每个防火分区为一个地址。在消防泵房、消防电梯机房、变配电所、排烟机房、气体灭火设备间等设置消防直通对讲电话分机。消防控制室设 119 专用报警电话及与园区消防中心的直通电话。

5. 电梯监视控制系统。本项目均为客梯，无消防电梯。在消防控制室设置电梯监控盘，除显示各电梯运行状态、层数显示外，还应设置正常、故障、开门、关门等状态显示。火灾发生时，由消防控制室电梯监控盘发出指令，指挥电梯均强制返回一层并开门，并可对全部或任意一台电梯进行对讲，说明改变运行程序的原因。

6. 应急照明系统。

（1）本体育馆设有应急照明，包括安全照明、备用照明、疏散照明（含疏散指示标志）。

（2）火灾疏散照明灯设于疏散走道、楼梯间、公共活动场所等处，火灾时强制点亮。

（3）疏散走道地面最低水平照度不低于 2lx，办公、配套商业等人员密集场所不低于 5lx，楼梯间不低于 5lx。体育馆出口及其通道、场外疏散平台的疏散照明地面最低水平照度不低于 5lx。

（4）疏散标志灯设于疏散走道、楼梯间及其转角处、安全出口处，疏散标志灯为常亮。

（5）备用照明设于变电所、消防控制室、配电间、值班室、网络机房、防排烟机房、电梯机房、商业营业厅、兴奋剂检查室等处。商业营业厅备用照明照度值为正常照明的 30%，其他场所的备用照明照度值同正常照明。

（6）体育馆观众席及运动场地设有安全照明，平均水平照度值不低于 20lx。

（7）本项目设有“集中电源集中控制型”消防应急照明和疏散指示系统，选用消防专用 DC24V 灯具。系统控制装置设在消防控制室，具有以下功能：

1）应能分别通过手动和自动控制集中电源型消防应急照明和疏散指示系统、集中控制型消防应急照明和疏散指示系统从主电工作状态切换到应急工作状态。

2）应能将系统的故障状态和应急工作状态信息传输给消防控制室图形显示装置。

（8）火灾疏散照明和疏散指示标志灯设有集中应急电源供电，应急电源供电时间不小于 1.0h，EPS 或灯具自带蓄电池初装容量应保证备用工作时间不小于 90min。

7. 电气火灾报警系统。在各配电区域的电源进线处设置电气火灾监控系统，采用探测器，检测剩余电流、过电流等信号，发出声光信号报警，准确报出故障线路地址，监视故障点的变化，储存各种故障和操作试验信号，并显示其状态。显示系统电源状态，将信号传至消防控制室。该报警信号自成系统，报警主机设于消防控制室。

8. 消防设备电源监控系统。本项目设有消防设备电源监控系统，系统控制装置设在消防控制室，对消防设备电源的中断供电、过电压、欠电压、过电流、缺相等故障进行检测和报警。在消防风机、水泵、防火卷帘的配电箱内装设监视模块，监测进线电源的电压和各消防设备配电回路的电流。

9. 防火门监控系统。本工程设置防火门监控系统对防火门的工作状态进行 24h 实时自动巡检，对处于非正常状态的防火门给出报警提示。在发生火情时，该监控系统自动关闭防火门，迅速隔离火源，有效控制火势范围，为扑救火灾及人员的疏散逃生创造良好条件。

10. 消防控制室。

（1）在首层设有消防控制室，负责本建筑的火灾自动报警及联动控制。消防控制室内设置的消防设备包括火灾报警控制器、消防联动控制器、消防控制室图形显示装置、消防电话总机、消防应急广播控制装置、消防应急照明和疏散指示系统控制装置、防火门监控器、消防电源监控器等设备。

（2）消防控制室预留向园区消防中心报警的信息接口。消防控制室内设置的消防控制室图形显示装置应能监控建筑物内设置的全部消防系统及相关设备，显示其动态信息和消防安全管理信息，并具有向城市消防远程监控中心传输建筑消防设施运行状态信息及消防安全管理信息的功能。

5.2.7 智能化系统

1. 信息化应用系统。体育馆信息化应用系统应满足建筑物运行和管理的信息化需要并提供体育赛事、集会、演艺活动等业务运营的支撑和保障。系统包括公共服务、智能卡应用、物业管理、信息设施运行管理、信息安全管理、基本业务办公和体育工艺专项业务等信息化应用系统。

（1）公共服务系统。公共服务系统应具有访客接待管理和公共服务信息发布等功能，并具有将各类公共服务事务纳入规范运行程序的管理功能。系统基于信息网络及布线系统，系统服务器设置于体育馆中心网络机房，管理终端设置于体育馆消防安防控制室。

（2）智能卡应用系统。智能卡应用系统具有身份识别等功能，并具有消费、计费、票务管理、物品寄存、会议签到等管理功能。智能卡应用系统具有适应不同安全等级的应用模式，根据物业信息管理部门要求对出入口控制、电子巡查、停车场管理、考勤管理、消费等实行一卡通管理，各系统的终端接入局域网进行数据传输和信息交换。系统基于信息网络及布线系统，系统服务器设置于体育场中心网络机房，管理终端设置于体育场物业办公室。

（3）信息设施运行管理系统。信息设施运行管理系统应具有对建筑物信息设施的运行状态、资源配置、技术性能等进行监测、分析、处理和维护的功能。系统基于信息网络及布线系统，系统服务器设置于中心网络机房，管理终端设置于体育场消防安防控制室。

（4）信息安全管理系统。信息网络安全管理系统通过采用防火墙、加密、虚拟专用网、安全隔离和病毒防治等各种技术和管理措施，室网络系统正常运行，确保经过网络的传输和管理措施，使网络系统正常运行，确保经过网络传输和交换的数据不会发生增加、修改、丢失和泄露。系统基于信息网络及布线系统，系统服务器设置于中心网络机房，管理终端设置于相应管理用房。

2. 智能化集成系统。本工程以实现绿色建筑为目标，为满足建筑的业务功能、物业运营及管理模式的应用需求，对信息设施各子系统通过统一的信息平台实现集成，将建筑中日常运作的各种信息，如建筑设备监控系统、安防、火灾自动报警、公共广播、通信系统以及体育赛事管理信息，各种日常办公管理信息，物业管理信息等构成相互之间有关联的一个整体，实施实用、规范和高效的综合管理，从而有效地提升建筑整体的运作水平和效率。

（1）智能化信息集成系统。包括操作系统、数据库、集成系统平台应用程序、各纳入集成管理的智能化设施系统与集成互为关联的各类信息通信接口等。集成软件平台安装在主机服务器上，实现把所有子系统集成在统一的用户界面下，对子系统进行统一监视、控制和协调，包括实现对子系统实时数据的存储和加工，对系统用户的综合监控和显示以及智能分析等其他功能，从而构成一个统一的协同工作的整体。

（2）集成信息应用系统。由通用业务基础功能模块和专业业务运营功能模块等组成，具有虚拟化、分布式应用、统一安全管理等整体平台的支撑能力，顺应物联网、云计算、大数据、智慧城市等信息交互多元化和新应用的发展，满足远程及移动应用的扩展需要，具有安全性、可用性、可维护性和可扩展性。对于管理数据的集成，要求控制系统在软件上使用标准的、开放的数据库进行数据交换，实现管理数据的系统集成。

3. 信息设施系统。

（1）信息接入系统。

1）信息通信系统接入机房设置于体育馆首层，信息通信系统机房具有多家运营商平等接入的条件。本工程拟设置一台 200 门的程控自动数字交换机，需接入 30 对中继线，此外申请直拨外线 100 对。

2）电视系统信号接自城市有线电视网，在首层设有电视前端机房，对建筑内的有线电视实施管理与控制。有线电视节目经电视信号干线系统传送至各个电视输出口处。本项目设置有 80 个有线电视终端，系统规模为 D 类。

（2）布线系统。

1）布线系统满足体育馆语音、数据、图像和多媒体等信息传输的需求，采用 6 类非屏蔽综合布线系统，由市政引来通信光缆，在体育馆设电话机房及计算机网络中心机房。系统能支持综合信息（语音、数据、多媒体）传输和连接，实现多种设备配线的兼容，综合布线系统能支持各类数据处理（计算机）的供应商的产品，支持各种计算机网络的高速和低速的数据通信，可以传输所有标准的模拟和数字的语音信号，具有传输 ISDN 的功能，可以传输模拟图像、数字图像以及会议电视等的多媒体信号。

2）为满足体育赛事要求，计算机网络系统配置 2 台主交换设备，形成一主一备的热备份方式，并通过光纤和各楼层配线架交换机连接。系统数据库和应用服务器根据需要配置并与网络主交换机连接。信息网络系统以千兆以太网为主干网，采用星形拓扑结构。

（3）移动通信室内信号覆盖系统。为确保建筑物内部与外界的通信接续，设置移动通信室内信号覆盖系统。移动通信室内信号覆盖系统的设计应满足移动通信业务的综合性发展，信号功率应符合《电磁环境控制限值》（GB 8702）的有关规定。

（4）用户电话交换系统。

1）本工程在首层设置电话交换机房，拟设置一台 200 门的程控自动数字交换机。

2）程控自动数字交换机将传统的语音通信、语音信箱、多方电话会议、IP 技术、ISDN（B－ISDN）应用等通信技术融会在一起，向用户提供全新的通信服务。

（5）无线对讲系统。无线对讲系统满足体育馆管理人员互相通信联络的需求，具有先进性、开放性、可扩展性和可管理性。信号覆盖体育场地及配套用房内部且均匀分布。系统具有远程控制和集中管理功能，并应具有对系统语音和数据的管理能力，语音呼叫支持个呼、组呼、全呼和紧急呼叫等功能。系统具有支持文本信息收发、GPS 定位、遥信、对讲机检查、远程监听、呼叫提示、激活等功能。

（6）信息网络系统。体育馆信息网络系统分为公众网、建筑设备管理网、体育工艺专用网，采用专业化、模块化、结构化的系统架构形式建立各类用户完整的公用和专用的信息通信链路，支撑建筑内多种类智能化信息的端到端传输，保证建筑内信息传输与交换的高速、稳定和安全。

信息网络系统配置相应的信息安全保障设备和网络管理系统，建筑物内信息网络系统与建筑物外部的相关信息网互联时，应设置有效抵御干扰和入侵的防火墙等安全措施。

（7）有线电视系统。有线电视系统向用户提供多种类的电视节目，信号引自当地有线电视台外线光缆，在体育馆设电视前端主机房。有线电视系统采用 860MHz 邻频双向传输系统，以城市有线电视节目为主，也可接收赛场转播机房的电视信号。

（8）公共广播系统。

1）公共广播机房设于体育馆的首层。

2）公共广播包括建筑物内的公共区域广播、外场广播、运动员区专用广播等。

3）公共广播既可播送背景音乐，又可播放体育比赛情况，或呼叫运动员上场。

4）在发生火灾时，公共广播自动切换成火灾紧急广播。

5）本体育馆公共广播系统满足以下要求：

➢ 人机界面简洁，易于操作。可定时播放铃声、背景音乐等。

➢ 可进行分区广播，需在不同区域播放不同类型的音乐。

➢ 在主控制室或广播中心可直接对某一分区或多个分区进行远程广播控制。广播中心可直接对某一分区或多个分区进行远程（讲话）寻呼外，还可以播放音乐节目。

➢ 背景广播系统语言扩声应具备良好的语言清晰度、语言可懂度；音乐扩声要满足音乐的丰满度、明亮度。

➢ 在系统实现等级优先或智能程序广播时，紧急广播始终为最优先强插。

6）整个公共广播系统分为 11 个主分区。一层设置 6 个分区；二层设置 4 个分区，三层设置 2 个分区，四层设置 1 个分区。

7）系统的主要功能。主控智能广播中心是整个智能广播系统的核心，它除对任意分区或全部分区进行寻呼或背景广播外，还有定时、告警、强插、监听、语音文件固化、CD 播放等功能。

公共广播系统满足语音广播和背景音乐使用功能，采用全数字化传输，失真小，不受距离限制；以局域网为媒介，可多网合一；集所有广播功能于一身，操作简单。采用主备系统冗余设计，系统安全可靠；可以满足区域寻呼功能；可以多套节目分区同时播放；系统设置多种音频接口，可以单独使用或与其他音频系统相互连接；广播中心可对任意分区或全部分区进行寻呼广播并可播放 CD、收音或和磁带节目，也可以接收来自体育馆主扩声系统的声音。

（9）会议系统。在体育馆新闻发布厅设置全数字化技术的数字会议网络系统（DCN 系统），该系统采用模块化结构设计，全数字化音频技术。具有全功能、高智能化、高清晰音质。方便扩展和数据传递保密等优点。可实现发言演讲、会议讨论、会议录音等各种国际性会议功能，其中主席设备具有最高优先权，可控制会议进程。

（10）信息引导及发布系统。信息引导及发布系统由信息播控中心、传输网络、信息发布显示屏或信息标识牌、信息导引设施及查询终端等组成，具有公共业务信息的接入、采集、分类和汇总的数据资源库，并在建筑公共区域向公众提供信息告示、标识导引及信息查询等多媒体信息发布功能。播控中心设在消防安防控制室，设置专用的服务器和控制器，并配置信号采集和制作设备及相配套的应用软件，支持多通道显示、多画面显示、多列表播放和支持多种格式的图像、视频、文件显示，并可同时控制多台显示端设备。

4. 建筑设备管理系统。

（1）建筑设备监控系统采用直接数字控制技术，对体育馆的暖通空调系统、给排水系统进行监控；对电梯运行状态进行监视。建筑设备监控系统同时提供与体育工艺设备管理系统、消防系统、安全防范系统等其他自动化系统的通信接口。建筑设备监控系统内容包括：

1）对给、排水系统的监控：给水系统、排水系统、中水系统、开水器。

2）对空调系统的监控：空调冷、热水系统、新风空调机组。

3）送、排风机的时间程序控制。

4）对电动门、窗的控制（非消防）。

5）热力站监视。

6）电梯系统的监视（运行状态、故障状态、上行状态、下行状态、电源状态、故障报警）。

（2）系统具备设备手/自动状态监视、启停控制、运行状态显示、故障报警、温湿度监测、控制及实现相关的各种逻辑控制关系等功能。

（3）消防专用设备（消火栓泵、喷洒泵、消防稳压泵、排烟风机、加压风机等）不进入建筑设备监控系统。

（4）电力监控系统。对变、配、发电系统的监测：高压配电系统、低压配电系统、变压器、直流电源系统、柴油发电机组、高低压配电及发电系统图形模拟显示。

（5）智能照明控制系统。智能照明控制系统分为体育比赛场地照明和建筑照明两个相对独立的系统，采用总线制设备，可对照明灯具进行编组控制，设置多种场景模式。

5. 公共安全系统。

（1）公共安全系统主要包括视频监视系统、出入口控制管理系统、停车场管理系统。安防控制室与消防控制室合并设置，位于体育馆首层。

（2）视频监视系统。

1）安防控制室内设有系统矩阵主机、视频录像、打印机，监视器及交流 24V 电源设备等。视频自动切换器接受多个摄像点信号输入，定时自动轮换（1～30s）输出监控信号，也可手动任选一个摄像机的画面跟踪监视、录像、打印。系统矩阵主机带输入、输出板；云台控制及编程、控制输出时、日、字符叠加等功能。

2）视频监视采用数字监视系统，选用 1080P 高清摄像机，信息存储不少于 30 天。

（3）出入口控制管理系统。系统主机设置于建筑消防控制室。系统构成与主要技术功能：

1）出入口控制系统由识读部分、传输部分、管理/控制部分和执行部分以及相应的系统软件组成。

2）本工程在重要机房、物业用房车库、出入口安装读卡机、电控锁以及门磁开关等控制装置。系统设置于各建筑内消防控制室内。

3）系统的信息处理装置应能对系统中的有关信息自动记录、打印、存储，并有防篡改和防销毁的措施。

4）出入口控制系统应能独立运行，并能与火灾自动报警系统、视频监控系统联动。当发生火警或需紧急疏散时，人员不使用钥匙应能迅速安全通过。

（4）停车（场）库管理系统。

1）本工程停车场管理系统采用影像全鉴别系统，系统具备入口车位显示、出入口及场内通道的行车指示、车位引导、车辆自动识别、读卡识别、出入口挡车器的自动控制、自动计费及收费金额显示、多个出入口的联网与管理、停车场的车辆统计与车位显示、出入挡车器被破坏（有非法闯入）报警、非法打开收银箱报警、无效卡出入报警、卡与进出车辆的车牌和车型不一致报警等功能。

2）停车场管理系统自成网络，独立运行，在停车场值班室内设置独立的视频监视系统及报警系统，并将信号上传至体育馆安防控制室，进行集中管理与联网监控。

6. 体育工艺系统。体育工艺电气系统包括下列子系统：场地照明、大屏幕显示及控制系统、场地扩声系统、场地照明及控制系统、计时记分及现场成绩处理系统、售验票系统、电视转播与评论系统、升旗控制系统、信息查询和发布系统。

（1）场地照明。

1）照度标准。各比赛及训练场地照度标准按《体育馆馆照明设计及检测标准》（JGJ 153）确定，本体育馆的场地照明按Ⅳ级设计。

2）光源选型及灯具布置。比赛场地照明对光源的显色性要求较高，本项目选用光效高、显色性好的大功率 LED 灯，采取在罩棚马道上光带式布灯方案。

3）场地照明设计。场地照明是运动员创造优异成绩和保障电视转播效果的重要因素，优秀的场地照明设计是灯具选型、布灯方式、照度计算与建筑造型的完美结合。

布灯方案与建筑造型密切相关，体育工艺设计必须从项目的方案阶段就与建筑师密切配合，专业的照度计算可以优化灯具布置、减少灯具数量、划分灯具编组，在保证场地照明效果的同时降低工程造价。本体育馆采用灯带式布灯方式。场地照明在照度、显色性、炫光控制等方面的要求很高，灯具数量多、功率大，对工程造价有很大影响，设计中要选用高效灯具，结合体育馆馆的造型优化灯具布置方案及控制方式，在满足使用要求的同时，尽量减少灯具数量，降低场地照明电功率，并通过照明控制系统，方便地切换不同照明模式，关掉不需要的光源，从而节约电能和延长灯具寿命。

（2）场地扩声系统。场地扩声系统功能以体育赛事的语言扩声和音乐重放为主，同时兼顾集会、庆典、展览、检阅、文艺活动的语言和音乐扩声需求。体育馆扩声系统见图 5.2.7－1。

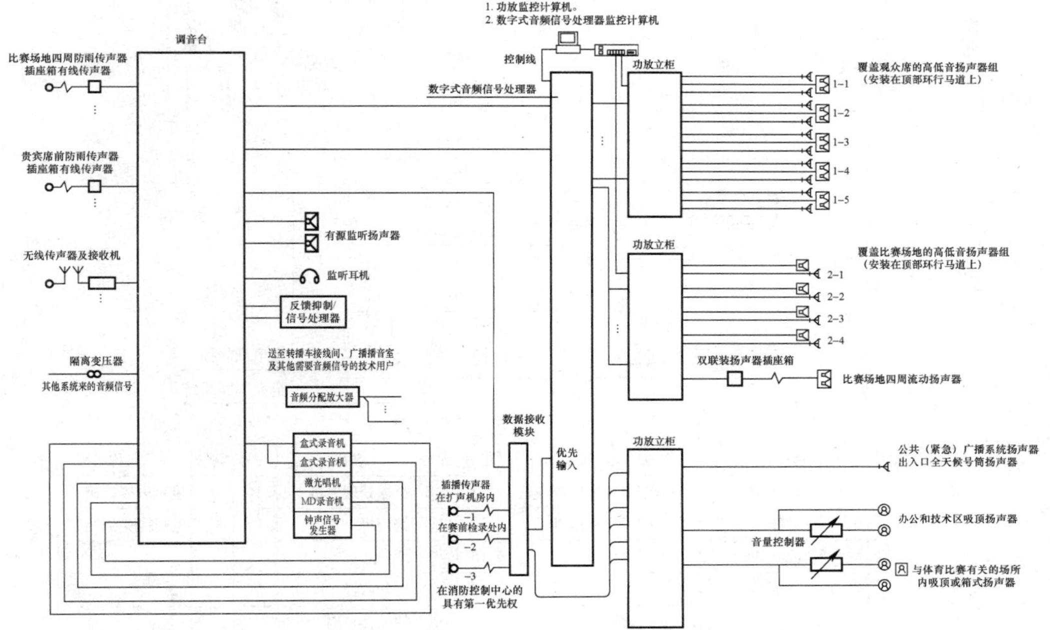

图 5.2.7－1 体育馆扩声系统

（3）计时记分系统。计时记分系统是主要完成对所有比赛成绩的采集，通过对现场比赛产出的成绩进行监视、测量、量化处理并公布信息。体育馆篮球比赛计时记分系统见图 5.2.7－2；体操比赛计时记分系统见图 5.2.7－3。

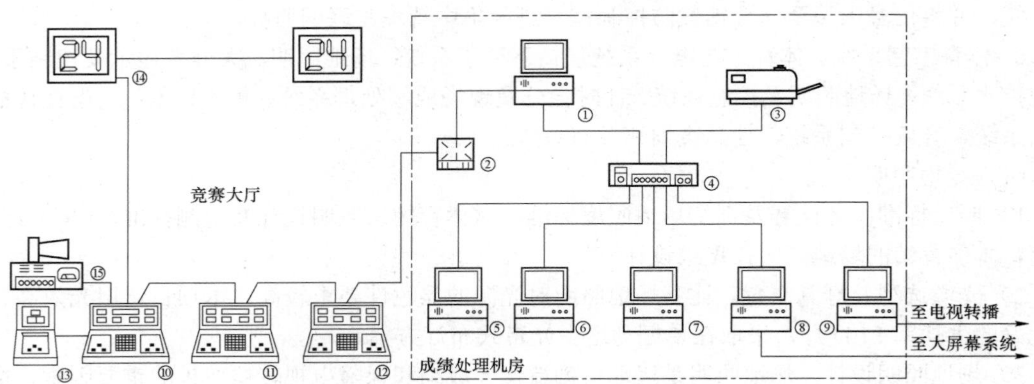

注：
体育馆篮球现场计时记分系统包括记分器、计时器、综合控制器、24s倒计时器、24s牌等。通过相关操作，计时记分设备及专用软件系统将自动采集的信号远程传输到后台的成绩处理计算机。

序号	编号	名称	序号	编号	名称	序号	编号	名称	序号	编号	名称
1	①	数据处理主机	5	⑤	裁判机	9	⑨	电视转播接口机	13	⑬	24s倒计时器
2	②	通信接口单元	6	⑥	评分监督	10	⑩	计时器	14	⑭	24s牌
3	③	打印机	7	⑦	仲委会查询	11	⑪	记分器	15	⑮	24s现场资源
4	④	交换机	8	⑧	显示屏接口机	12	⑫	综合控制器			

图 5.2.7－2　篮球比赛计时记分系统图

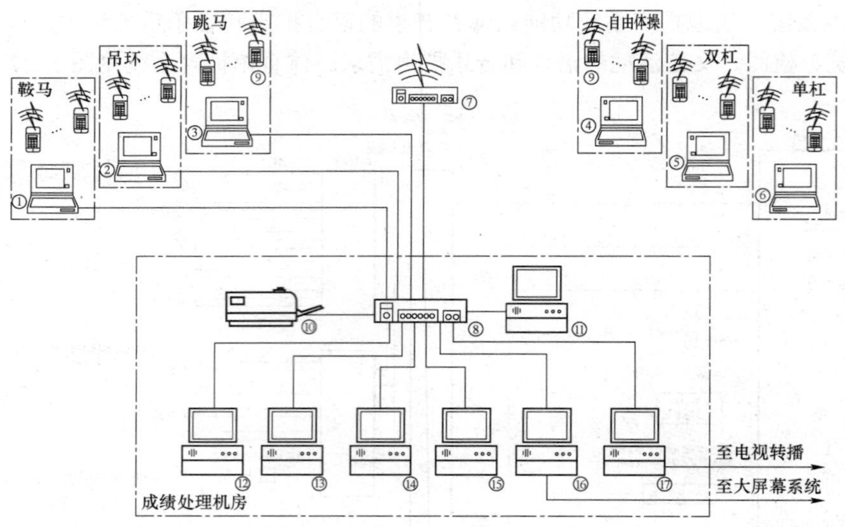

序号	编号	名称	序号	编号	名称	序号	编号	名称	序号	编号	名称
1	①	鞍马项目管理机	6	⑥	单杠项目管理机	11	⑪	数据处理主机	16	⑯	显示屏接口机
2	②	吊环项目管理机	7	⑦	无线交换机	12	⑫	裁判机	17	⑰	电视转换接口机
3	③	跳马项目管理机	8	⑧	交换机	13	⑬	评分监督			
4	④	自由体操管理机	9	⑨	无线打分器	14	⑭	评分监督			
5	⑤	双杠项目管理机	10	⑩	打印机	15	⑮	仲委会查询			

图 5.2.7－3　体操比赛计时记分系统

（4）大屏幕信息显示系统。大屏幕信息显示系统由硬件部分和软件部分组成，硬件部分包括显示图像和文字信息的显示屏和显示牌、专用数据转换设备、信号显示传输电缆，以及用来控制显示屏和显示牌工作的控制设备和显示信息处理设备；软件部分包括显示屏和显示牌的驱动控制软件、显示信息加工和处理软件。LED 大屏幕具备接收计时记分及现场成绩处理系统传来数据的功能，能够将实时处理的成绩信息显示在屏幕上；同时 LED 大屏幕可以接收来自电视转播系统的视频画面，将实时转播画面或经过处理的慢动作回放画面显示在大屏幕上。体育馆大屏幕信息显示系统见图 5.2.7－4。

（5）标准时钟系统。标准时钟采用子母钟工作方式，母钟产生和发送标准时钟信号，在需时间显示的各区域设置相应的子钟，子钟接收母钟站发送的标准时钟信号并显示相应的内容。母钟的时间源为电视信号标准时钟或全球定位报时卫星标准时钟。标准时钟系统见图 5.2.7－5。

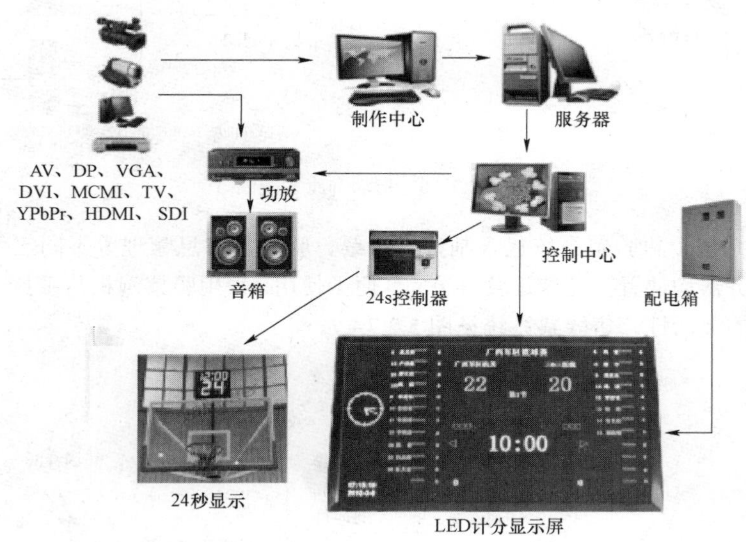

图 5.2.7－4　体育馆大屏幕信息显示系统

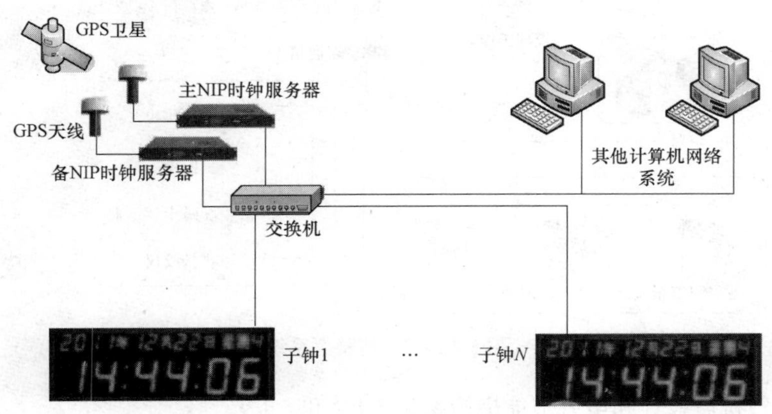

图 5.2.7－5　标准时钟系统

（6）自动升旗系统。自动升旗系统由同步控制器、后台控制系统组成，保证体育场升旗时，所奏国歌的时间与国旗上升到旗杆顶部的时间同步。系统配置现场控制器，触摸屏控制方式，保证系统网络故障时，系统仍然可按国歌时间升降国旗。自动升旗系统见图 5.2.7－6。

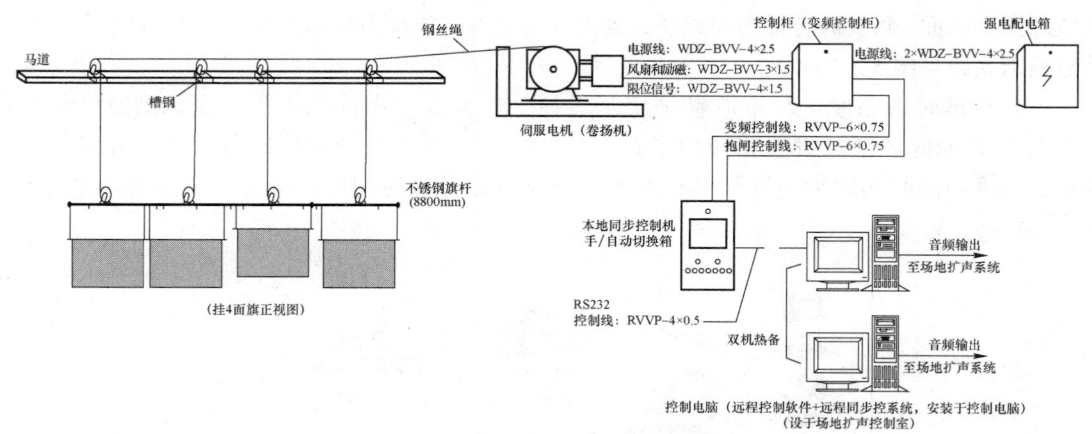

图 5.2.7－6　自动升旗系统图

（7）售验票系统。售验票系统包含制票、售票、验票、信息管理等不同工作站及服务器，所有工作站及服务器均放置在场馆运营办公室，便于使用。采用验票闸机与手持式验票机结合的方式以保证使用的灵活性。售验票系统见图 5.2.7－7。

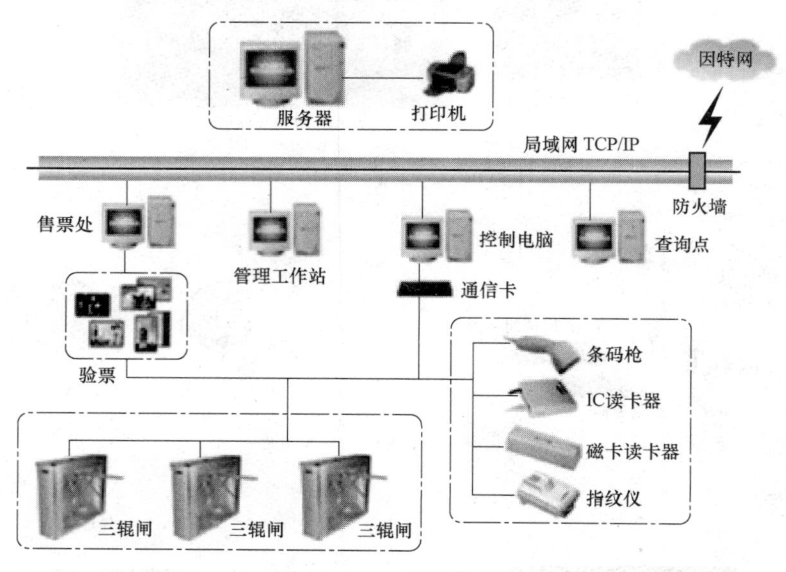

图 5.2.7－7　售验票系统

【说明】电气抗震设计和电气节能措施参见 5.1.8 和 5.1.9。

5.3 游泳跳水馆

5.3.1 项目信息

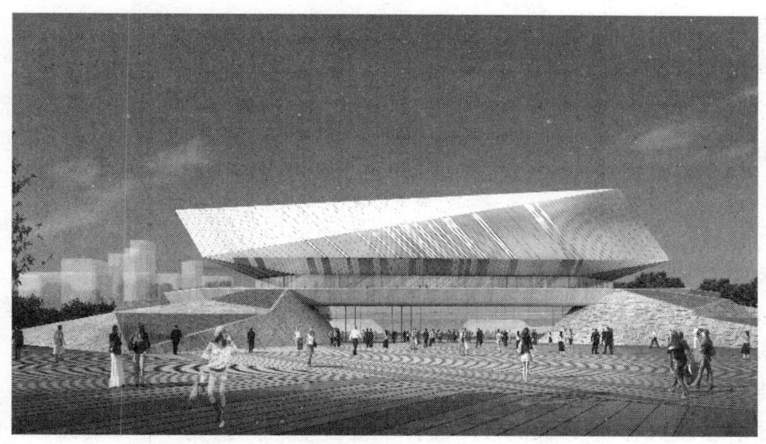

游泳跳水馆

本工程为新建中型乙级体育馆，观众席 8000 座，地上 3 层，地下 1 层；总建筑面积约 3.65 万 m^2；防火设计建筑分类为一类；建筑耐火等级：地上二级，地下一级。建筑高度 28.3m（室外地面至屋面最高点）。建筑物使用功能主要包括体育馆、办公、汽车库。其中汽车库：地下停车 144 辆，为Ⅱ类汽车库。地上停车 175 辆。

5.3.2 系统组成

1. 高低压变、配电系统。
2. 电力、照明系统。
3. 防雷与接地系统。
4. 电气消防系统。
5. 智能化系统。
6. 电气抗震设计和电气节能措施。

5.3.3 高低压变、配电系统

1. 负荷分级。本项目为中型乙级体育馆，按二级负荷用户供电。

（1）二级负荷：包括比赛场地照明；主席台、贵宾室及其接待室、新闻发布厅等照明负荷，应急照明负荷，计时记分、现场影像采集及回放、升旗控制等系统及其机房用电负荷，网络机房、固定通信机房、扩声及广播机房等用电负荷，电台和电视转播设备，消防和安防用电设备等；以及医疗站、兴奋剂检查室、血样收集室等用电设备，VIP 办公室、奖牌储存室、运动员及裁判员用房、包厢、观众席等照明负荷，建筑设备管理系统、售检票系统等用电负荷，生活水泵、污水泵等设备。二级负荷设备容量约为 2790kW。

（2）三级负荷：包括不属于二级负荷的其他照明及动力负荷，如普通办公用房、广场照明、普通库房、景观等用电负荷。三级负荷设备容量约为 2400kW。

2. 供电电源。

（1）由体育中心高压总配电室引来两回路 10kV 电源。高压采用单母线分段运行方式，中间设联络开关，平时两路电源同时分列运行，互为备用，当一路电源故障时，通过手/自操作联络开关，另一路电源负担全部二级负荷。

（2）高压电源中性点采用低电阻接地形式，市政 10kV 配出侧出口系统短路容量按 300MVA 计算，高压开关额定短路开断电流暂按 25kA 选择。

（3）应急电源与备用电源。

1）临时柴油发电机组。变电所低压侧设有柴油发电电源接口，重大赛事或活动时可临时租用发电机组。临时发电机组估算容量为：连续运转额定容量 500kW，为场地照明及消防负荷等重要负荷供电。

2）EPS 电源装置。采用 EPS 电源作为疏散照明的备用电源，EPS 装置的切换时间不大于 5s，EPS 蓄电池初装容量应保证备用工作时间≥90min。

3）UPS 不间断电源装置。采用 UPS 不间断电源作为消防（安防）控制室、经营管理系统主机、电话及计算机网络系统主机的备用电源。UPS 应急工作时间≥30min。

3. 变、配电站。

（1）本体育馆总装机容量 4800kVA，设有 1 处变电所，内设 4 台 1000kVA 干式变压器。另外，室外还设有 1 台 800kVA 箱式变电站（专为空调室外机组供电）。

（2）变电所设于地下一层，开关柜采用下进下出方式。

（3）变压器低压侧 0.4kV 采用单母线分段接线方式，低压母线分段开关采用自动投切方式时，低压母联断路器应采用设有自投自复、自投手复、自投停用三种状态的位置选择开关，自投时应设有一定的延时，当变压器低压侧总开关因过负荷或短路故障而分闸时，母联断路器不得自动合闸；电源主断路器与母联断路器之间应有电气联锁。变、配电站主接线见图 5.3.3。

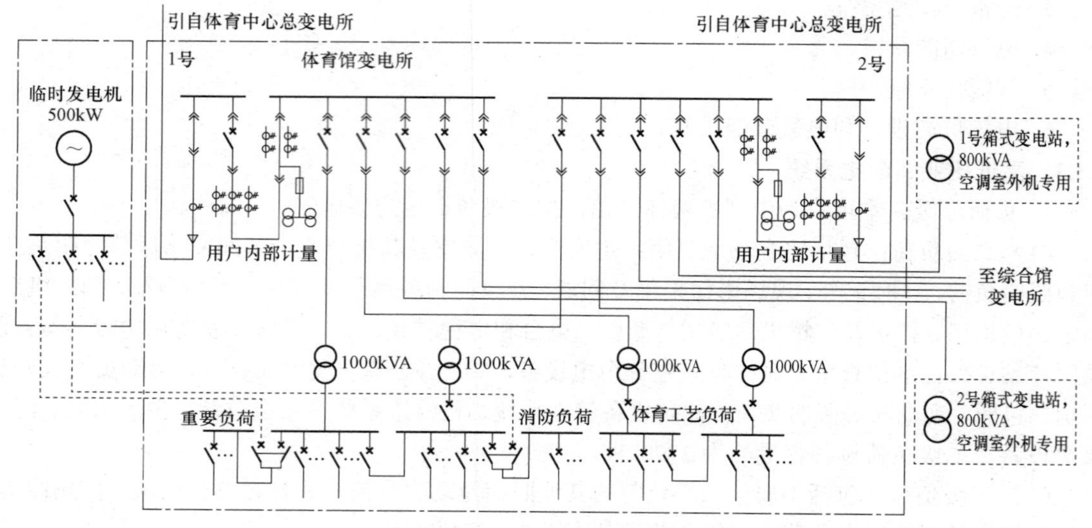

图 5.3.3　变、配电站主接线图

4. 电力监控系统。体育馆设置电力监控系统，监控主机设在变电所值班室，电力监控系统通过体育馆局域网与消防控制主机、智能照明主机等进行数据共享和集中监控。

5.3.4 电力、照明系统

1. 配电系统的接地形式采用 TN－S 系统。配电干线采用放射与树干相结合的配电方式。消防负荷、重要负荷、容量较大的设备及机房采用放射式配电；容量较小的分散设备采用树干式供电。

2. 二级负荷采用双回路电源供电，在区域配电室互投后放射式供电。消防水泵、消防电梯、防烟及排烟风机等消防负荷的两路电源在最末一级配电箱处自动切换；三级负荷采用树干式与放射式结合的方式供电。应急照明中的疏散照明采用应急电源系统（EPS）的集中蓄电池作为后备电源。应急照明中的备用照明、消防水泵房、消防中心、消防广播机房等消防负荷及 50%的比赛场地照明、工艺机房用电采用柴油发电机作为后备电源。对要求供电连续的重要负荷（计时记分系统、网络机房、消防控制中心、保安监控设备的计算机主机等有数据保存需要的场所），配备不间断电源系统（UPS）的集中蓄电池作为后备电源。

3. 主要配电干线由变电所用封闭式桥架引至各电气小间，支线穿钢管敷设。

4. 普通干线采用辐照交联低烟无卤阻燃电缆；消防负荷的配电干线采用矿物绝缘电缆。

5. 照度标准。本体育馆照明种类包括：正常照明、应急照明、值班照明、警卫照明。体育馆场地照明按Ⅳ级（TV 转播国家比赛、国际比赛）设计。照度标准及模式见表 5.3.4。

表 5.3.4 照度标准及模式

等级	使用功能	照度标准值			照度均匀度						光源		眩光指数
		E_h/lx	E_{vmai}/lx	E_{vauv}/lx	U_h		U_{vmai}		U_{vauv}		R_a	T_{cp}/K	GR
					U_1	U_2	U_1	U_2	U_1	U_2			
	清扫模式	100									≥20	≥4000	≤55
Ⅰ	训练娱乐	200				0.3					≥90	≥5500	≤30
Ⅱ	游泳专业训练&业余比赛	300			0.3	0.5					≥90	≥5500	≤30
Ⅱ	水球专业训练&业余比赛	300			0.3	0.5					≥90	≥5500	≤30
Ⅲ	游泳专业比赛	500			0.4	0.6					≥90	≥5500	≤30
Ⅲ	水球专业比赛	500			0.4	0.6					≥90	≥5500	≤30
Ⅳ	游泳专业转播比赛		1000	750	0.4	0.6	0.4	0.6	0.3	0.5	≥90	≥5500	≤30
Ⅳ	水球专业转播比赛		1000	750	0.4	0.6	0.4	0.6	0.3	0.5	≥90	≥5500	≤30

6. 光源。场地照明选用大功率 LED 灯具，室内照明采用 LED 等节能型长寿命光源。采用高效率免维护灯具，节约电能、减小维护工作量，从而降低运营成本。

7. 灯具布置。

（1）灯具布置应考虑跳水池的池面是一个反射面。比赛时，跳水运动员在下跳过程中希望在空中能看清水面，从而来控制自己的入水动作。因此灯具应避免在跳水池的上空和运动员的前方向水面照射，否则运动员会在水面看到自己晃动的倒影，影响运动员的判断能力。水下照明灯具上沿距水面宜为 0.3～0.5m；灯具间距宜为 2.5～3m（浅水部分）和 3.5～4.5m（深水部分），并设置有安全接地等保安措施。

（2）将金属卤化物灯具布置在游泳池、跳水池两侧的上空且与泳道方向相平行的两条灯光马道上。灯具安装垂直遮光板，从而减少对运动员产生的眩光。为了提高垂直照度，灯光采用斜照方式。灯具的布置应控制光源的最大光强与垂直面（池中心）成 50° 角度范围内。

（3）配备瞬间再发功能的照明灯具，作为游泳跳水馆的应急照明。

（4）由于游泳馆温度高、湿度大，蒸汽中含有氯气，所以灯具应采用铝质金属制造，密闭型，具有防潮防腐蚀功能。

（5）为维护、保养方便，将灯具布置在马道上。

8. 控制方式。比赛场灯光控制采用智能照明控制系统。利用通信总线与馆内建筑设备监控系统的网络平台连接，设置可编程灯光控制面板，并设置显示终端。所有比赛照明的工作情况，均能在显示终端上显示。照明至少有国际比赛（有彩电转播）、国内比赛、平时训练、清扫四挡照度控制，以适应不同比赛或练习时对照度的要求。灯控室分别设置在游泳池及跳水池两端，便于看灯具工作情况。

9. 水下照明。为便于水下摄像、水上芭蕾比赛以及平时训练的需要，在跳水池和游泳池两侧安装水下照明。室内水下照明参考 1000～1100lm/m^2 设计，灯具上口宜布置在水面以下 0.3～0.5m，灯具间距 2.5～3.0m（浅水池）和 3.5～4.0m（深水池）。灯具应为防护型，灯具供电电压为 12V。

10. 应急照明与疏散照明。

（1）建筑物设有应急照明，包括安全照明、备用照明、疏散照明（含疏散指示标志）。

（2）火灾疏散照明灯设于疏散走道、楼梯间、公共活动场所等处，火灾时强制点亮。

（3）疏散走道地面最低水平照度不低于 2lx，配套办公、商业等人员密集场所不低于 5lx，楼梯间不低于 5lx。体育馆出口及其通道、场外疏散平台的疏散照明地面最低水平照度不低于 5lx。

（4）疏散标志灯设于疏散走道、楼梯间及其转角处、安全出口处，疏散标志灯为常亮。

（5）备用照明设于变电所、消防控制室、配电间、值班室、网络机房、防排烟机房、电梯机房、商业营业厅、兴奋剂检查室等处。商业营业厅备用照明照度值为正常照明的 20%，其他场所的备用照明照度值同正常照明。

（6）观众席及运动场地设有安全照明，平均水平照度值不低于 20lx。

（7）设置“集中电源集中控制型”消防应急照明和疏散指示系统，选用消防专用 DC24V 灯具。疏散标志灯常亮，疏散照明在火灾时自动点亮。消防应急照明和疏散指示系统控制装置设在消防控制室，具有以下功能：能分别通过手动和自动控制使系统从主电工作状态切换到应急工作状态；能将系统的故障状态和应急工作状态信息传输给消防控制室图形显示装置。

5.3.5 防雷与接地系统

1. 本体育馆按第二类防雷建筑物进行保护，电子信息系统雷电防护等级为B级。

利用金属屋面板作为接闪器，凸出屋面的金属物体均用圆8热镀锌圆钢就近与接闪带连接。利用贯通的结构柱子主筋作为防雷引下线，引下线间距不大于18m。每隔2根引下线，在距地面0.5m处设接地体连接板。进出建筑物的金属管道均就近与室外环形接地体连为一体。

2. 为预防雷电电磁脉冲引起的过电流和过电压，在变压器低压侧、向重要设备供电的末端配电箱的各相母线上、重要的信息设备、由室外引入或由室内引至室外的电气线路装设电涌保护器（SPD）。

3. 本工程采用联合接地系统，接地电阻≤0.5Ω。利用建筑基础地梁内大于ϕ16mm主筋连通形成接地网，基础内钢筋应保证电气贯通，并与结构柱子主筋连为一体。每根防雷引下线上在地坪上 500mm 处设接地连接板，用于测试接地电阻并预留外补人工接地极条件，在地坪下 1.0m 处引出钢筋至散水外，当接地电阻达不到设计要求时，补打人工接地体。

4. 电力系统接地方式为：10kV经低电阻接地系统。低压配电系统接地形式为TN－S系统。室外庭院照明采用TT系统。变压器中性点直接接地。变电所室外设人工接地体，与整个建筑物的接地装置连为一体，接地电阻≤0.5Ω。变电所采取等电位联结，变配电设备有过电压和防雷保护。

5. 建筑物做等电位联结，在变配电所设主等电位端子板并与室外防雷接地装置连接，等电位联结系统通过等电位联结带与下列可导电部分连接：保护线（PE）干线、接地干线、进出建筑物及建筑内各类设备管道（包括给水管、下水管、污水管、热水管、采暖水管等）及金属件、建筑结构钢筋网及建筑物外露金属门窗（栏杆）、电梯导轨等。各种配电箱（柜）外壳、配电钢管、上下水管、热水管、煤气管及各种金属管道均连成一体（绑扎、焊接或卡接）。外墙内、外竖直敷设的金属管道及金属物的顶端与底端与防雷装置做等电位联结。

6. 在消防控制室、电信机房、智能化机房等处设有专用接地端子箱，机房内所有设备的金属外壳、各类金属管道、金属槽盒、建筑物金属结构等均进行等电位联结并接地。在浴室、有淋浴的卫生间设辅助等电位端子箱，做辅助等电位联结。各层强、弱电配电小间内均设有接地干线及端子箱。

5.3.6 电气消防系统

1. 火灾自动报警系统。消防控制室设在首层，（含广播室和保安监视室），对全楼的消防进行探测监视和控制。本体育馆为集中报警系统，采用报警二总线制地址编码系统，报警总线采用环形连接，设有总线短路隔离器。办公、技术用房、门厅、走道、赛场等场所设置感烟探测器。变电所设感温和感烟两种类型的探测器。在比赛场地等超过12m的高大空间装设吸气式早期火灾探测器和图像型火灾探测器两种类型的探测器。在消火栓箱内开门侧上方设消火栓报警按钮。

2. 消防联动控制系统。

（1）消防联动包括消防水泵控制、正压风机及排烟风机控制、通风空调控制、气体灭火控制、电梯控制、非消防电源控制、应急照明控制、火警警报及应急广播控制等。

（2）消防联动控制器应能按设定的控制逻辑向各相关的受控设备发出联动控制信号，并接受相关设备的联动反馈信号。各受控设备接口的特性参数应与消防联动控制器发出的联动控制信号相匹配。需要火灾自动报警系统联动控制的消防设备，其联动触发信号采用两个独立的报警触发装置报警信号的“与”逻辑组合。

（3）除自动控制外，消防水泵、防排烟风机等需由消防控制室手动直接控制的消防设备还采用“硬线”连接的方式，消防水泵手动控制线引至消防中心，防排烟风机手动控制线引至相应的消防控制室。

（4）消防水泵控制柜具有自动巡检功能。消防水泵设有机械应急起泵装置。

（5）本工程变电所设有无管网气体灭火装置。气体灭火防护区出口外上方设置表示气体喷洒的火灾声光警报器，指示气体释放的声信号应与该保护对象中设置的火灾声、光警报器的声信号有明显区别。气体灭火系统的控制，要求同时具有自动控制、手动控制和应急操作三种控制方式。

（6）消防联动控制器具有切断火灾区域及相关区域的非消防电源功能。火灾时可立即切断的非消防电源有普通动力负荷、自动扶梯、排污泵、空调用电、康乐设施、厨房设施等。火灾时不应立即切断的非消防电源有正常照明、生活给水泵、安全防范系统设施、地下室排水泵、客梯等。当需要时，在自动喷淋系统、消火栓系统动作前切断正常照明。放射式供电的非消防负荷，如空调、厨房动力等，在变电所切断电源；树干式供电的非消防负荷，如照明等，在楼层配电间切断电源。

（7）消防联动控制器应能自动打开涉及疏散的电动栅杆，开启相关区域安全技术防范系统的摄像机监视火灾现场。

（8）消防联动控制器应能打开疏散通道上由门禁系统控制的门和庭院的电动大门，并打开停车场出入口的挡杆。

3. 消防紧急广播系统。

（1）在消防控制室设置消防应急广播（与音响广播合用）机柜，机组采用定压式输出。当发生火灾时，消防控制室值班人员可根据火灾发生的区域，自动或手动进行火灾广播，及时指挥、疏导人员撤离火灾现场。

（2）应急广播系统的联动控制信号应由消防联动控制器发出。当确认火灾后，启动整个体育馆的应急广播。

（3）在疏散通道设消防应急广播；会议扩声系统应在火灾时可切换至消防应急广播。

（4）一般区域的广播扬声器功率不小于3W，噪声较大的场所采用5W号筒式扬声器。

（5）在每个报警区域内均匀设置火灾警报器，其声压级不应小于 60dB（在环境噪声大于60dB的场所，其声压级应高于背景噪声15dB）。在确认火灾后，启动建筑内的所有火灾警报器。

（6）火灾警报器设置在墙上时，其底边距地面高度2.3m。

（7）在每个楼层的楼梯口、消防电梯前室、建筑内部拐角等处的明显部位，设置火灾光警报器，安装高度为距地2.3m，且不与出口指示标志灯设置在同一面墙上。

4. 消防专用通信系统。在消防控制室设消防对讲电话主机，各层手动报警按钮处均设直通报警对讲电话插孔，每个防火分区为一个地址。在消防泵房、消防电梯机房、变配电所、排烟机房、气体灭火设备间等设置消防直通对讲电话分机。消防控制室设119专用报警电话及与园区消防中心的直通电话。

5. 电梯监视控制系统。本项目均为客梯，无消防电梯。在消防控制室设置电梯监控盘，除显示各电梯运行状态、层数显示外，还应设置正常、故障、开门、关门等状态显示。火灾发生时，由消防控制室电梯监控盘发出指令，指挥电梯均强制返回一层并开门，并可对全部或任意一台电梯进行对讲，说明改变运行程序的原因。

6. 应急照明系统。

（1）本体育馆设有应急照明，包括安全照明、备用照明、疏散照明（含疏散指示标志）。

（2）火灾疏散照明灯设于疏散走道、楼梯间、公共活动场所等处，火灾时强制点亮。

（3）疏散走道地面最低水平照度不低于 2lx，办公、配套商业等人员密集场所不低于 5lx，楼梯间不低于 5lx。体育馆出口及其通道、场外疏散平台的疏散照明地面最低水平照度不低于 5lx。

（4）疏散标志灯设于疏散走道、楼梯间及其转角处、安全出口处，疏散标志灯为常亮。

（5）备用照明设于变电所、消防控制室、配电间、值班室、网络机房、防排烟机房、电梯机房、商业营业厅、兴奋剂检查室等处。商业营业厅备用照明照度值为正常照明的 30%，其他场所的备用照明照度值同正常照明。

（6）体育馆观众席及运动场地设有安全照明，平均水平照度值不低于 20lx。

（7）本项目设有“集中电源集中控制型”消防应急照明和疏散指示系统，选用消防专用 DC24V 灯具。系统控制装置设在消防控制室，具有以下功能：

1）应能分别通过手动和自动控制集中电源型消防应急照明和疏散指示系统、集中控制型消防应急照明和疏散指示系统从主电工作状态切换到应急工作状态。

2）应能将系统的故障状态和应急工作状态信息传输给消防控制室图形显示装置。

（8）火灾疏散照明和疏散指示标志灯设有集中应急电源供电，应急电源供电时间不小于 1.0h，EPS 或灯具自带蓄电池初装容量应保证备用工作时间不小于 90min。

7. 电气火灾报警系统。在各配电区域的电源进线处设置电气火灾监控系统，采用探测器检测剩余电流、过电流等信号，发出声光信号报警，准确报出故障线路地址，监视故障点的变化，储存各种故障和操作试验信号，并显示其状态。显示系统电源状态，将信号传至消防控制室。该报警信号自成系统，报警主机设于消防控制室。

8. 消防设备电源监控系统。本项目设有消防设备电源监控系统，系统控制装置设在消防控制室，对消防设备电源的中断供电、过电压、欠电压、过电流、缺相等故障进行检测和报警。在消防风机、水泵、防火卷帘的配电箱内装设监视模块，监测进线电源的电压和各消防设备配电回路的电流。

9. 防火门监控系统。本工程设置防火门监控系统对防火门的工作状态进行 24h 实时自动巡检，对处于非正常状态的防火门给出报警提示。在发生火情时，该监控系统自动关闭防火门，迅速隔离火源，有效控制火势范围，为扑救火灾及人员的疏散逃生创造良好条件。

10. 消防控制室。

（1）在首层设有消防控制室，负责本建筑的火灾自动报警及联动控制。消防控制室内设置的消防设备包括火灾报警控制器、消防联动控制器、消防控制室图形显示装置、消防电话总机、消防应急广播控制装置、消防应急照明和疏散指示系统控制装置、防火门监控器、消防电源监控器等设备。

（2）消防控制室预留向园区消防中心报警的信息接口。消防控制室内设置的消防控制室图形显示装置应能监控建筑物内设置的全部消防系统及相关设备，显示其动态信息和消防安全管理信息，并具有向城市消防远程监控中心传输建筑消防设施运行状态信息及消防安全管理信息的功能。

5.3.7 智能化系统

1. 信息化应用系统。体育馆信息化应用系统应满足建筑物运行和管理的信息化需要并提供体育赛事、集会、演艺活动等业务运营的支撑和保障，系统包括公共服务、智能卡应用、物业管理、信息设施运行管理、信息安全管理、基本业务办公和体育工艺专项业务等信息化应用系统。

（1）公共服务系统。公共服务系统应具有访客接待管理和公共服务信息发布等功能，并具有将各类公共服务事务纳入规范运行程序的管理功能。系统基于信息网络及布线系统，系统服务器设置于体育馆中心网络机房，管理终端设置于体育馆消防安防控制室。

（2）智能卡应用系统。智能卡应用系统具有身份识别等功能，并具有消费、计费、票务管理、物品寄存、会议签到等管理功能。智能卡应用系统具有适应不同安全等级的应用模式，根据物业信息管理部门要求对出入口控制、电子巡查、停车场管理、考勤管理、消费等实行一卡通管理，各系统的终端接入局域网进行数据传输和信息交换。系统基于信息网络及布线系统，系统服务器设置于体育场中心网络机房，管理终端设置于体育场物业办公室。

（3）信息设施运行管理系统。信息设施运行管理系统应具有对建筑物信息设施的运行状态、资源配置、技术性能等进行监测、分析、处理和维护的功能。系统基于信息网络及布线系统，系统服务器设置于中心网络机房，管理终端设置于体育场消防安防控制室。

（4）信息安全管理系统。信息网络安全管理系统通过采用防火墙、加密、虚拟专用网、安全隔离和病毒防治等各种技术和管理措施，室网络系统正常运行，确保经过网络的传输和管理措施，使网络系统正常运行，确保经过网络传输和交换的数据不会发生增加、修改、丢失和泄露。系统基于信息网络及布线系统，系统服务器设置于中心网络机房，管理终端设置于相应管理用房。

2. 智能化集成系统。本工程以实现绿色建筑为目标，为满足建筑的业务功能、物业运营及管理模式的应用需求，对信息设施各子系统通过统一的信息平台实现集成，将建筑中日常运作的各种信息，如建筑设备监控系统、安防、火灾自动报警、公共广播、通信系统以及体育赛事管理信息，各种日常办公管理信息，物业管理信息等构成相互之间有关联的一个整体，实施实用、规范和高效的综合管理，从而有效地提升建筑整体的运作水平和效率。

（1）智能化信息集成系统：包括操作系统、数据库、集成系统平台应用程序、各纳入集成管理的智能化设施系统与集成互为关联的各类信息通信接口等。集成软件平台安装在主机服务器上，实现把所有子系统集成在统一的用户界面下，对子系统进行统一监视、控制和协调，包括实现对子系统实时数据的存储和加工，对系统用户的综合监控和显示以及智能分析等其他功能，从而构成一个统一的协同工作的整体。

（2）集成信息应用系统：由通用业务基础功能模块和专业业务运营功能模块等组成，具有虚拟化、分布式应用、统一安全管理等整体平台的支撑能力，顺应物联网、云计算、大数据、智慧城市等信息交互多元化和新应用的发展，满足远程及移动应用的扩展需要，具有安全性、可用性、可维护性和可扩展性。对于管理数据的集成，要求控制系统在软件上使用标准的、开放的数据库进行数据交换，实现管理数据的系统集成。

3. 信息设施系统。

（1）信息接入系统。

1）信息通信系统接入机房设置于体育馆首层，信息通信系统机房具有三家运营商平等接入的条件。本工程拟设置一台200门的程控自动数字交换机，需接入30对中继线，此外申请直拨外线100对。

2）电视系统信号接自城市有线电视网，在首层设有电视前端机房，对建筑内的有线电视实施管理与控制。有线电视节目经电视信号干线系统传送至各个电视输出口处。本项目设置有80个有线电视终端，系统规模为D类。

（2）布线系统。

1）布线系统满足体育馆语音、数据、图像和多媒体等信息传输的需求，采用6类非屏蔽综合布线系统，由市政引来通信光缆，在体育馆设电话机房及计算机网络中心机房。系统能支持综合信息（语音、数据、多媒体）传输和连接，实现多种设备配线的兼容，综合布线系统能支持各类数据处理（计算机）的供应商的产品，支持各种计算机网络的高速和低速的数据通信，可以传输所有标准的模拟和数字的语音信号，具有传输ISDN的功能，可以传输模拟图像、数字图像以及会议电视等的多媒体信号。

2）为满足体育赛事要求，计算机网络系统配置两台主交换设备，形成一主一备的热备份方式，并通过光纤和各楼层配线架交换机连接。系统数据库和应用服务器根据需要配置并与网络主交换机连接。信息网络系统以千兆以太网为主干网，采用星形拓扑结构。

（3）移动通信室内信号覆盖系统。为确保建筑物内部与外界的通信接续，设置移动通信室内信号覆盖系统。移动通信室内信号覆盖系统的设计应满足移动通信业务的综合性发展，信号功率应符合《电磁环境控制限值》（GB 8702）的有关规定。

（4）用户电话交换系统。

1）本工程在首层设置电话交换机房，拟设置一台200门的程控自动数字交换机。

2）程控自动数字交换机将传统的语音通信、语音信箱、多方电话会议、IP技术、ISDN（B－ISDN）应用等通信技术融会在一起，向用户提供全新的通信服务。

（5）无线对讲系统。无线对讲系统满足体育馆管理人员互相通信联络的需求，具有先进性、开放性、可扩展性和可管理性。信号覆盖体育场地及配套用房内部且均匀分布。系统具有远程控制和集中管理功能，并应具有对系统语音和数据的管理能力，语音呼叫支持个呼、组呼、全呼和紧急呼叫等功能。系统具有支持文本信息收发、GPS定位、遥信、对讲机检查、远程监听、呼叫提示、激活等功能。

（6）信息网络系统。体育馆信息网络系统分为公众网、建筑设备管理网、体育工艺专用网，采用专业化、模块化、结构化的系统架构形式建立各类用户完整的公用和专用的信息通信链路，支撑建筑内多种类智能化信息的端到端传输，保证建筑内信息传输与交换的高速、稳定和安全。信息网络系统配置相应的信息安全保障设备和网络管理系统，建筑物内信息网络系统与建筑物外部的相关信息网互联时，应设置有效抵御干扰和入侵的防火墙等安全措施。

（7）有线电视系统。有线电视系统向用户提供多种类的电视节目，信号引自当地有线电视台外线光缆，在体育馆设电视前端主机房。有线电视系统采用860MHz邻频双向传输系统，以城市有线电视节目为主，也可接收赛场转播机房的电视信号。

（8）公共广播系统。

1）公共广播机房设于体育馆的首层。

2）公共广播包括建筑物内的公共区域广播、外场广播、运动员区专用广播等。

3）公共广播既可播送背景音乐，又可播放体育比赛情况，或呼叫运动员上场。

4）在发生火灾时，公共广播自动切换成火灾紧急广播。

5）本体育馆公共广播系统满足以下要求：

➢ 人机界面简洁，易于操作。可定时播放铃声、背景音乐等。

➢ 可进行分区广播，需在不同区域播放不同类型的音乐。

➢ 在主控制室或广播中心可直接对某一分区或多个分区进行远程广播控制。广播中心可直接对某一分区或多个分区进行远程（讲话）寻呼外，还可以播放音乐节目。

➢ 背景广播系统语言扩声应具备良好的语言清晰度、语言可懂度；音乐扩声要满足音乐的丰满度、明亮度。

➢ 在系统实现等级优先或智能程序广播时，紧急广播始终为最优先强插。

6）整个公共广播系统分为 11 个主分区：体育馆一层设置 6 个分区，体育馆二层设置 4 个分区，体育馆三层设置 2 个分区，体育馆四层设置 1 个分区。

7）系统的主要功能。主控智能广播中心是整个智能广播系统的核心，它除对任意分区或全部分区进行寻呼或背景广播外，还有定时、告警、强插、监听、语音文件固化、CD 播放等功能。

公共广播系统满足语音广播和背景音乐使用功能，采用全数字化传输，失真小不受距离限制；以局域网为媒介，可多网合一；集所有广播功能于一身，操作简单。采用主备系统冗余设计，系统安全可靠；可以满足区域寻呼功能；可以多套节目分区同时播放；系统设置多种音频接口，可以单独使用或与其他音频系统相互连接；广播中心可对任意分区或全部分区进行寻呼广播并可播放 CD、收音或和磁带节目，也可以接收来自体育馆主扩声系统的声音。

（9）会议系统。在体育馆新闻发布厅设置全数字化技术的数字会议网络系统（DCN 系统），该系统采用模块化结构设计，全数字化音频技术。具有全功能、高智能化、高清晰音质。方便扩展和数据传递保密等优点。可实现发言演讲、会议讨论、会议录音等各种国际性会议功能，其中主席设备具有最高优先权，可控制会议进程。

（10）信息引导及发布系统。信息引导及发布系统由信息播控中心、传输网络、信息发布显示屏或信息标识牌、信息导引设施及查询终端等组成，具有公共业务信息的接入、采集、分类和汇总的数据资源库，并在建筑公共区域向公众提供信息告示、标识导引及信息查询等多媒体信息发布功能。播控中心设在消防安防控制室，设置专用的服务器和控制器，并配置信号采集和制作设备及相配套的应用软件，支持多通道显示、多画面显示、多列表播放和支持多种格式的图像、视频、文件显示，并可同时控制多台显示端设备。

4. 建筑设备管理系统。

（1）建筑设备监控系统采用直接数字控制技术，对体育馆的暖通空调系统、给排水系统进行监控；对电梯运行状态进行监视。建筑设备监控系统同时提供与体育工艺设备管理系统、消防系统、安全防范系统等其他自动化系统的通信接口。

（2）能源管理系统（图 5.3.7－1）。通过智能化通信网络将这些分布的能源计量数字表管理起来，让业主能够在控制室内随时了解到建筑能源负荷状况，实现对不同类型负荷的能量管理，提供智能建筑用电能效的参考数据；同时通过与 BA 系统的接口，可以实现双方数据的交换。

5. 公共安全系统。

（1）公共安全系统主要包括视频监视系统、出入口控制管理系统、停车场管理系统。安防控制室与消防控制室合并设置，位于体育馆首层。

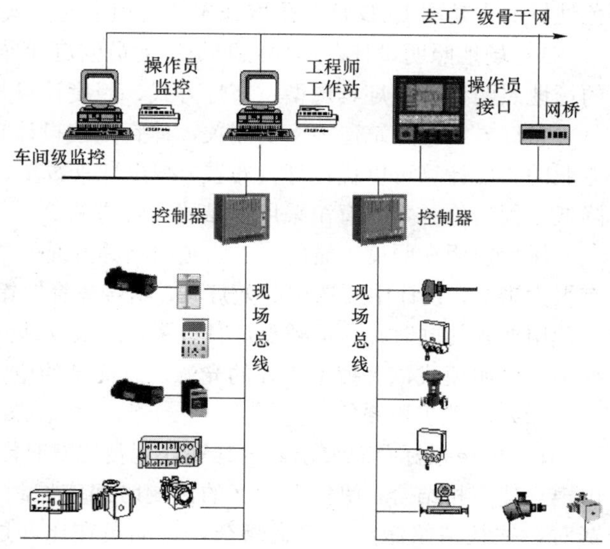

图 5.3.7－1 能源管理系统框架

（2）视频监视系统。安防控制室内设有系统矩阵主机、视频录像、打印机，监视器及交流 24V 电源设备等。视频自动切换器接收多个摄像点信号输入，定时自动轮换（1～30s）输出监控信号，也可手动任选一个摄像机的画面跟踪监视、录像、打印。系统矩阵主机带输入、输出板；云台控制及编程、控制输出时、日、字符叠加等功能。视频监视采用数字监视系统，选用 1080P 高清摄像机，信息存储不少于 30 天。

（3）出入口控制管理系统。系统主机设置于建筑消防控制室。系统构成与主要技术功能：

1）出入口控制系统由识读部分、传输部分、管理/控制部分和执行部分以及相应的系统软件组成。

2）本工程在重要机房、物业用房车库、出入口口安装读卡机、电控锁以及门磁开关等控制装置。系统设置于各建筑内消防控制室内。

3）系统的信息处理装置应能对系统中的有关信息自动记录、打印、存储，并有防篡改和防销毁的措施。

4）出入口控制系统应能独立运行，并能与火灾自动报警系统、视频监控系统联动。当发生火警或需紧急疏散时，人员不使用钥匙应能迅速安全通过。

（4）停车（场）库管理系统。本工程停车场管理系统采用影像全鉴别系统，系统具备入口车位显示、出入口及场内通道的行车指示、车位引导、车辆自动识别、读卡识别、出入口挡车器的自动控制、自动计费及收费金额显示、多个出入口的联网与管理、停车场的车辆统计与车位显示、出入挡车器被破坏（有非法闯入）报警、非法打开收银箱报警、无效卡出入报警、卡与进出车辆的车牌和车型不一致报警等功能。停车场管理系统自成网络，独立运行，在停车场值班室内设置独立的视频监视系统及报警系统，并将信号上传至体育馆安防控制室，进行集中管理与联网监控。

6. 体育工艺系统。体育工艺电气系统包括子系统有场地照明、大屏幕显示及控制系统、场地扩声系统、场地照明及控制系统、计时记分及现场成绩处理系统、售验票系统、电视转播与评论系统、升旗控制系统、信息查询和发布系统。

（1）场地照明。

1）照度标准。各比赛及训练场地照度标准按《体育馆馆照明设计及检测标准》（JGJ 153）确定，本体育馆的场地照明按Ⅳ级设计。

2）光源选型及灯具布置。比赛场地照明对光源的显色性要求较高，本项目选用光效高、显色性好的大功率 LED 灯，采取在罩棚马道上光带式布灯方案。

3）场地照明设计。场地照明是运动员创造优异成绩和保障电视转播效果的重要因素，优秀的场地照明设计是灯具选型、布灯方式、照度计算与建筑造型的完美结合。

布灯方案与建筑造型密切相关，体育工艺设计必须从项目的方案阶段就与建筑师密切配合，专业的照度计算可以优化灯具布置、减少灯具数量、划分灯具编组，在保证场地照明效果的同时降低工程造价。本体育馆采用灯带式布灯方式。

场地照明在照度、显色性、炫光控制等方面的要求很高，灯具数量多、功率大，对工程造价有很大影响，设计中要选用高效灯具，结合体育馆馆的造型优化灯具布置方案及控制方式，在满足使用要求的同时，尽量减少灯具数量，降低场地照明电功率，并通过照明控制系统，方便地切换不同照明模式，关掉不需要的光源，从而节约电能和延长灯具寿命。

（2）场地扩声系统。

1）电声指标及总要求。为让观众观赏比赛时能听懂听清播音员、裁判员的声音，必须做到电声与建声相结合，使整个大厅的混响时间应控制在合理的数值。同时要考虑到观众在观看比赛对，往往情绪激动，声音嘈杂，运动员在比赛过程中也会产生噪声，所以当信噪比不够大时，会产生听不清的后果，其次在播放音乐时，要让观众听到悦耳的音乐，也就是平时说的丰满度，混响时间不能过短。特别是观看水上芭蕾比赛，运动员在优美的乐曲中施展各种舞姿，既要让观众看清运动员的精彩表演，又要让观众听到温柔、舒适有弹性的音乐，以收到较好的艺术效果；再次整个比赛大厅要有均匀的声场，电声系统的传输系统传输频率特性要好、失真要小。

2）扩声系统组成。本工程设有多路话筒输入，如主席台、裁判员、播音员（中英文），还有激光唱机、盒式录音机、开盘录音机等。还应考虑给电台、电视台输出供实况录音或转播的信号，如选用 12 路输入、4 分组输出的 MACKIE 调音台（频响 20～20kHz，输出噪声＜-85dB，总谐波失真在 40～10kHz＜0.03%）可用一个六频道无线话筒接收器，供比赛及需要流动话筒输入时使用；在调音台的主输出，采用反馈抑制压缩限幅器，避免在过大信号输入时，产生严重的失真，甚至烧坏功放和扬声器；采用均衡器用以调节补偿频率特性；采用延时器来调节水下音响由于声音在水中和空气中传播的速度不同及喇叭安装位置到运动员传播距离不一样，引起的时间差，保证水上芭蕾运动员在水中和浮出水面能听到同步的声音。选用有频率宽、质量高、失真小的驱动。

3）扬声器的设置。本工程采用集中与分散相结合的方式。全部主扩声扬声器安装在靠近大面积观众区上面的灯光马道上，根据功能不同分为游泳区部分观众席与比赛场地的扩声两部分。然后根据扬声器覆盖的范围分散安装扬声器。在游泳池灯光马道上安装两组全天候可变指向性扬声器（8Ω、300W 音乐功率、灵敏度 104dB、频响 95～18kHz）。在跳水池灯光马道上安装一组全天候可变指向性扬声器。在主馆内设一组流动返听音箱。每组扬声器群由单独功放驱动，均独立控制、灵活方便。

另外，在首层池边走道两侧墙面，面对比赛池，每边均匀设置具有高传声性能铝合金外盖（有防潮防腐功能）的扬声器。加上适当的延时，专供比赛区运动员和裁判员之用。针对跳台跳水运动员，在靠近跳台马道上设置一组覆盖扬声器，覆盖跳台和跳水池比赛位置。

4）水下扩声系统。为了满足在水上芭蕾比赛时，水中表演的运动员可以听到音乐节奏，应在游泳池与泳道相平行的池壁两侧平池壁安装水下喇叭，安装高度为喇叭中心距水面 600mm。水下喇叭表面是一种特制的防水塑料膜，它安装在一个不锈铜模里，靠塑料膜的振动推动水的振动传递声音。本工程在水下选用 8～12 支水下扬声器。

为了解决在水上芭蕾比赛时，运动员在池面，特别是靠近池中的水面，常常会感到音量不足的问题，本工程安装专用音箱，由功放单独驱动，并配延时装置，专供水上芭蕾比赛之用。

（3）计时记分系统。计时记分系统是主要完成对所有比赛成绩的采集，通过对现场比赛产出的成绩进行监视、测量、量化处理并公布信息。游泳比赛计时记分系统见图 5.3.7－2，水球比赛计时记分系统图 5.3.7－3。

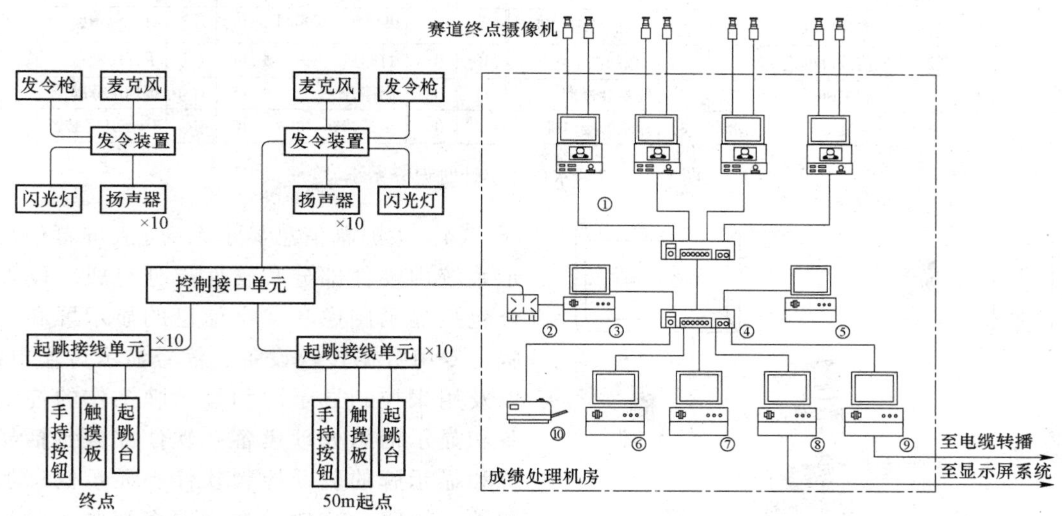

注：

1.游泳馆游泳项目现场计时记分系统由起跳台、触摸板、终点摄像机、现场计时设备、起跳接线单元。发令装置、扬声器、手持按钮、闪光灯、麦克风、发令枪等设备构成，通过相关操作，计时记分设备及专用软件系统将自动采集的信号远程传输到后台的成绩处理计算机。

2. 现场成绩处理系统除自身形成完整的数据评判体系外，还负责将其采集的数据通过技术接口传送给现场大屏幕显示系统，转播摄像系统等。

序号	编号	名称	序号	编号	名称	序号	编号	名称	序号	编号	名称
1	①	硬盘录像机	4	④	交换机	7	⑦	仲委会查询	10	⑩	打印机
2	②	通信接口单元	5	⑤	数据处理主机	8	⑧	显示屏接口机			
3	③	控制主机	6	⑥	裁判机	9	⑨	电视转播接口机			

图 5.3.7－2 游泳比赛计时记分系统图

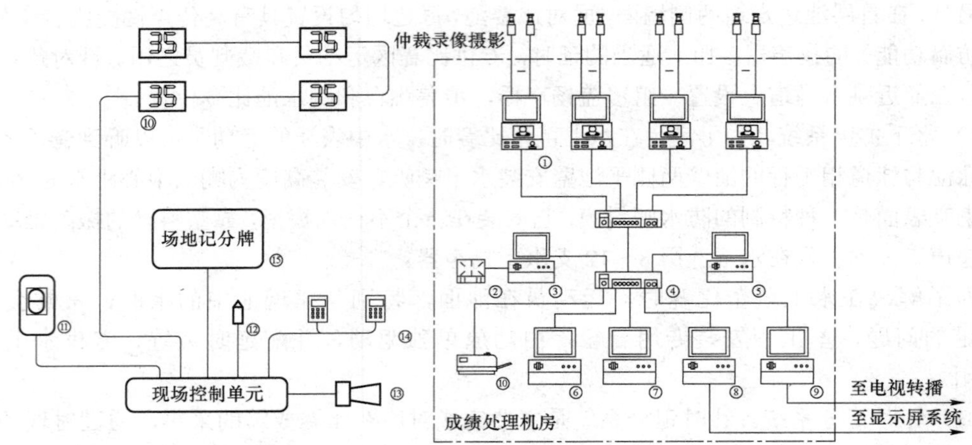

注：
1. 游泳馆水球比赛现场计时记分设备包括：35s倒计时装置、号角扬声器、手持按钮、启停开关、手持终端、场地记分牌等。通过相关操作，计时记分设备及专用软件系统将自动采集的信号远程传输到后台的成绩处理计算机。
2. 游泳馆水球与游泳项目共用同一套现场成绩处理系统。

序号	编号	名称	序号	编号	名称	序号	编号	名称	序号	编号	名称
1	①	硬盘录像机	5	⑤	数据处理主机	9	⑨	电视转播接口机	13	⑬	号角扬声器
2	②	通信接口单元	6	⑥	裁判机	10	⑩	打印机	14	⑭	手持终端
3	③	控制主机	7	⑦	仲委会查询	11	⑪	启停开关	15	⑮	场地记分牌
4	④	交换机	8	⑧	显示屏接口机	12	⑫	手持按钮	16	⑯	35s倒计时装置

图 5.3.7－3 水球比赛计时记分系统

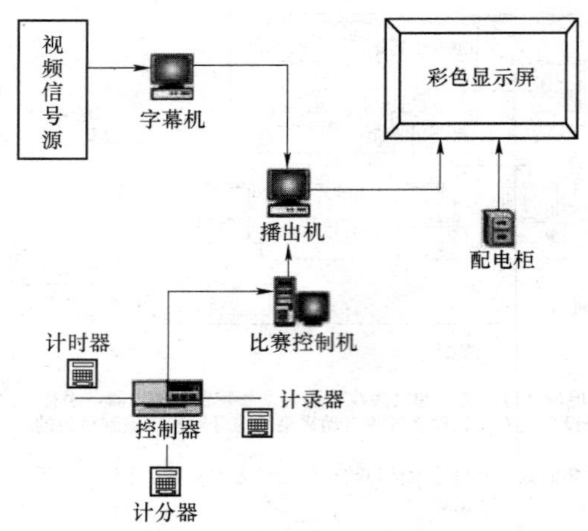

图 5.3.7－4 大屏幕信息显示系统图

（4）大屏幕信息显示系统。大屏幕信息显示系统由硬件部分和软件部分组成，硬件部分包括显示图像和文字信息的显示屏和显示牌、专用数据转换设备、信号显示传输电缆，以及用来控制显示屏和显示牌工作的控制设备和显示信息处理设备；软件部分包括显示屏和显示牌的驱动控制软件、显示信息加工和处理软件。LED 大屏幕具备接收计时记分及现场成绩处理系统传来数据的功能，能够将实时处理的成绩信息显示在屏幕上；同时 LED 大屏幕可以接收来自电视转播系统的视频画面，将实时转播画面或经过处理的慢动作回放画面显示在大屏幕上。体育馆大屏幕信息显示系统见图 5.3.7－4。

（5）标准时钟系统。标准时钟采用子母钟工作方式，母钟产生和发送标准时钟信号，在需时间显示的各区域设置相应的子钟，子钟接收母钟站发送的标准时钟信号并显示相应的内容。母钟的时间源为电视信号标准时钟或全球定位报时卫星标准时钟。

（6）自动升旗系统。自动升旗系统由同步控制器、后台控制系统组成，保证体育场升旗时，所奏国歌的时间与国旗上升到旗杆顶部的时间同步。系统配置现场控制器，触摸屏控制方式，保证系统网络故障时，系统仍然可按国歌时间升降国旗。

（7）售验票系统。售验票系统包含制票、售票、验票、信息管理等不同工作站及服务器，所有工作站及服务器均放置在场馆运营办公室，便于使用。采用验票闸机与手持式验票机结合的方式以保证使用的灵活性。

【说明】电气抗震设计和电气节能措施参见 5.1.8 和 5.1.9。

6 医疗建筑

【摘要】医疗建筑是指为了人的健康进行的医疗活动或帮助人恢复保持身体机能而提供的相应建筑场所。医疗建筑关系到人的生命健康的场所，功能要求特殊，电气设计中要最大限度地满足医生和患者使用要求，对突发事故、自然灾害、恐怖袭击等应有预案，保证医院工程安全性，营造良好的医疗环境。

6.1 三级医院

6.1.1 项目信息

本工程为三级医院新建门诊楼，总建筑面积约 33 000m^2，建筑高度为 50m。地上 11 层，地下一层，是包含门诊、急诊、医技及住院、后勤等功能在内的综合性医疗大楼。建筑防火分类为一类；建筑耐火等级为一级。

三级医院

6.1.2 系统组成

1. 高低压变、配电系统。
2. 电力、照明系统。
3. 防雷与接地系统。
4. 电气消防系统。
5. 智能化系统。
6. 电气抗震设计和电气节能措施。

6.1.3 高低压变、配电系统

1. 负荷分级。本项目为三级医院，建筑物耐火等级为一级，按一级负荷用户供电。

（1） 一级负荷中特别重要的负荷：包括重要手术室、重症监护等涉及患者生命安全的设备（如呼吸机等）及照明用电；重要电信机房（即本工程地下一层电信主机房）用电。一级负荷中特别重要的负荷设备容量约为 200kW。

（2） 一级负荷。消防设备、火灾应急照明（含疏散照明、备用照明）用电；值班照明、走道照明用电；主要业务和计算机系统用电；安防系统用电；电子信息设备机房用电；客梯、医用电梯用电；排污泵、生活水泵用电；急诊部、监护病房、手术部、血液病房的净化室、血液透析室、病理切片分析、核磁共振、介入治疗用 CT 及 X 光机扫描室、血库、高压氧舱加速器机房、治疗室及配血室的电力照明用电；培养箱、冰箱、恒温箱用电；百级洁净度手术室空调系统用电、重症呼吸道感染区的通风系统用电、中心（消毒）供应室的电力照明用电；直接影响前述特别重要负荷运行的空调用电。一级负荷设备容量约为 1400kW。

（3） 二级负荷。除一级负荷所列以外其他手术室的空调用电；电子显微镜、一般诊断用 CT 及 X 光机用电；肢体伤残康复病房照明用电。二级负荷设备容量约为 500kW。

（4） 三级负荷。除一、二级负荷外的其他负荷。如景观照明、普通病房用电等。三级负荷设备容量约为 1700kW。

2. 电源。

（1） 外电源由市政采用两路高压 10kV 双重电源，高压电力电缆埋地方式引来。两路高压电源采用互备方式运行，要求任一路高压电源可以带起楼内全部一、二级负荷。

（2） 应急电源与备用电源。

1） 柴油发电机组。本项在院区内设有柴油发电机房，内设置 500kW 柴油发电机组，为本项目提供 0.4kV 备用电源。

2）EPS 电源装置。采用 EPS 电源作为疏散照明的备用电源，EPS 装置的切换时间不应大于 5s，EPS 蓄电池初装容量应保证备用工作时间≥90min。

3）UPS 不间断电源装置。采用 UPS 不间断电源作为消防（安防）控制室、经营管理系统主机、电话及计算机网络系统主机等设备及血液透析、ICU 等场所的备用电源。UPS 应急工作时间≥60min。

3. 变、配电站。地下一层设一座 10/0.4kV 变电所，总装机容量：2×1600kVA。变、配电站主接线见图 6.1.3。

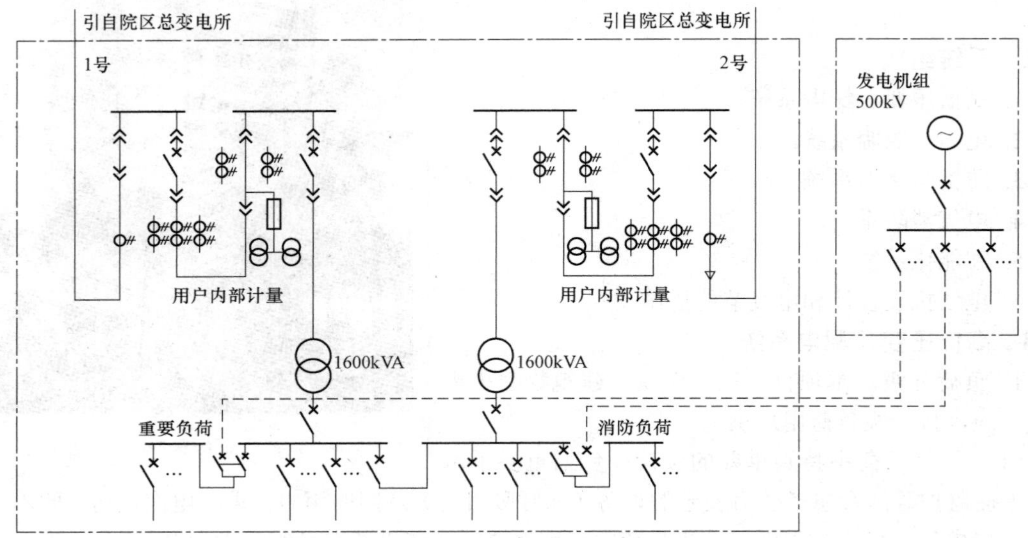

图 6.1.3　变、配电站主接线图

4. 谐波治理。对电源质量要求高的设备（如 X 射线诊断机、核磁机等），在设备现场电源箱旁预留安装有源滤波器的位置，根据选定的医疗设备厂商提供的技术数据确定是否装设谐波滤波器。

6.1.4　电力、照明系统

1. 低压配电系统按照楼层及建筑物使用功能分区配电。在各楼层分别设置强电配电间和智能化配线间。垂直配电为树干式，水平为放射式。医院的大型医疗设备包括核磁共振机（MRI），血管造影机（DSA）、肠胃镜、计算机断层扫描机（CT）、X 光机、同位素断层扫描机（ECT），直线加速器、后装治疗机、钴 60 治疗机，模拟定位机等由变电所放射式配电。

2. 各级负荷的配电方式。一级负荷中特别重要负荷采取双路电源末端互投供电，并设有 UPS 或 EPS 作为后备电源。信息系统主机、重要手术室、重症监护室等要求供电连续的特别重要负荷，采用 UPS 作为后备电源，UPS 由相关系统的设备供应商根据设备容量配套提供。一级负荷中的消防负荷采取双路电源末端互投供电，火灾报警控制器自带 UPS 备用电源。应急照明（疏散照明及疏散标志灯）采用集中供电蓄电池作为后备电源。其他一级负荷采取双路电源在适宜的配电点互投后专路供电。二级负荷采用双回路电源在适宜的配电点互投供电，冷冻机组等大容量二级负荷从变电所用可靠独立出线的单回路供电。

3. 病房床头上方一般设置有综合医疗设备带，设备带上配置有电源插座，医疗设备接地端子等。一般每床设置 2～3 组插座，一组接地端子，监护病床处可适当增加插座数量。病房插座回路较多，其配电线路采用线槽布线方式。敷设在护理单元走道吊顶内，方便线路更改和维护。

4. 导体选型。

（1）本工程全部选用铜芯导体。

（2）非消防负荷的配电干线和支干线采用 WDZA－YJY－0.6/1kV 型低烟无卤 A 级阻燃型交联聚乙烯绝缘聚乙烯护套电力电缆。消防负荷的配电干线和支干线采用 WDZAN－YJY－0.6/1kV 型低烟无卤 A 级阻燃耐火型交联聚乙烯绝缘聚乙烯护套电力电缆。消防负荷配电干线敷设在专门的配电竖井内，不与非消防配电干线合用竖井。

（3）X 射线机供电线路导线截面，按下列条件确定：

1）单台 X 射线机供电线路导线截面按满足 X 射线机电源内阻要求选用，并对选用的导线截面进行电压损失校验。

2）多台 X 射线机共用同一条供电线路时，其共用部分的导线截面，应按供电条件要求电源内阻最小值 X 射线机确定的导线截面至少再加大一级。

5. 照度标准：主要场所的照度标准见表 6.1.4。

表 6.1.4　主要场所的照度标准

房间或场所	参考平面及其高度	照度标准值/lx	UGR	U_0	R_a
门厅、挂号厅、候诊区、家属等候区	地面	200	22	0.4	80
服务台、X 射线诊断等诊疗设备主机室、婴儿护理房、血库、药库、洗衣房、	0.75m 水平面	200	19	0.6	80
挂号室、收费室、诊室、急诊室、磁共振室、加速器室、功能检查室（脑电、心电、超声波、视力等）、护士站、监护室、会议室、办公室	0.75m 水平面	300	19	0.6	80
化验室、药房、病理实验及检验室、专用诊疗设备的控制室、计算机网络机房	0.75m 水平面	500	19	0.6	80
重症监护室	0.75m 水平面	300	19	0.6	90
手术室	0.75m 水平面	750	19	0.7	90
病房、急诊观察病房	0.75m 水平面	100	19	0.6	80
医护人员休息室、患者活动室、电梯厅、厕所、浴室、走道	地面	100	19	0.6	80

6. 光源。

（1）照明设计以高光效节能灯具为主，灯具主要采用Ⅰ类灯具，局部采用Ⅲ类灯具。其中，室内照明灯具主要采用 T5 型三基色直管荧光灯为主，配高性能、低谐波电子镇流器，灯具色温以 4000K 为主，$R_a \geqslant 80$，$\cos\varphi \geqslant 0.90$，其中 28W 直管荧光灯的光通量≥2600lm，14W 直管荧光灯的光通量≥1200lm。

（2）门诊大厅、住院大厅、医疗主街、候诊区、休息区、走廊等公共区域等结合装修采用筒灯、LED 线型灯，局部结合 LED 灯槽；MRI 磁体间内采用直流灯具，并应采用铜、铝、工程塑料等非磁性材料。

（3）门诊大厅及医疗主街结合格栅吊顶采用 LED 线型灯，候诊厅、医护走廊、病房、备餐间、污物间、更衣室、办公室、会议室、功能检查、诊室、药库、药房、实验室、化验室、治疗室、处置室选用棱镜面罩荧光灯嵌顶安装；住院大厅、病房区走廊等采用嵌入式筒灯嵌顶安装；变配电所、电梯机房、设备机房、库房等无吊顶的房间采用控照链吊式和壁装荧光灯；MRI 磁体间内采用直流灯具。

（4）楼梯间采用节能型吸顶灯；卫生间、洗衣房、消毒室等采用防潮型灯具。

（5）病房的一般照明主要用于满足正常看护和巡查的需要，病房照明采用一床一灯，以床头照明为主，设置在病房的活动区域，而不设在床位的上方。病房综合医疗设备带上设置有床头壁灯及控制开关等。供医生检查和患者使用并减少对其他患者的影响。考虑到安全，床头壁灯回路可设剩余电流动作保护。病房及护理单元走道应设夜间照明。护理单元走道灯的设置位置宜避开病房门口。建筑立面照明（包括航空障碍灯）的设置要避免对病房产生影响。病房及护理单元走道灯的设置应避免对卧床患者产生眩光。

（6）手术室除采用专用的手术无影灯外，另设有一般照明，采用密闭洁净荧光灯嵌顶安装。

（7）在 X 射线机室、同位素治疗室、电子加速器治疗室、CT 机扫描室的入口处，设置红色工作标志灯。标志灯的开闭受设备的操纵台控制。

（8）在候诊区、手术室、血库、隔离病房、洗消间、消毒供应室、太平间、垃圾处理站等场所及其他有灭菌要求的场所预留相关插座，采用移动式紫外线消毒器。

（9）在局部高度小于 2m 的区域，灯具采用防护型，供电采用 36V 低压，防止工作人员触电。

（10）手术部、导管造影室、无菌室、注射室、输液室、传染病科、妇产科、烧伤病房、换药室、治疗室、候诊区、污洗间、基因分析和培养间、细胞实验室，以及收标本、穿刺、标本取材、荧光实验室、肠胃镜、肺功能、病毒和细菌培养、中心供应等设置紫外线灯。紫外线灯开关设置防误开措施。

（11）手术室，部分科室医生办公室设置观片灯。

7. 应急照明与疏散照明。

（1）备用照明：变配电室、消防安防控制室、消防水泵房、手术室、ICU 和 NICU 监护病房、急症通道、化验室、药房、产房、血库、病理实验室设置 100%的备用照明，门诊大厅、住院大厅、候诊区、休息区、走廊等公共区域设置不少于 30%的备用照明。

（2）疏散照明：楼梯间、疏散走道等公共场所设有电光源疏散照明，在各主要出入口、楼梯间、门诊大厅、住院大厅、候诊区、休息区、走廊、车库、180 人大会议室、化验室等处设置电光源疏散照明和疏散指示标志照明，疏散指示标志灯间距不大于 20m，疏散指示标志灯间距对于袋形走道不应大于 10m，室内电光源疏散照明在楼梯间疏散照明在地面上方最低照度不应低于 5lx，其他区域在地面上的最低照度不低于 3lx，避难间的最低照度不低于 10lx。

（3）应急照明灯具和消防疏散指示标志灯选用专用的消防灯具，应设玻璃或其他不燃烧材料制作的保护罩。应急照明的光源为能瞬时点亮的光源，本设计主要采用 LED 灯。

8. 室外及景观照明。本建筑物为医疗综合大楼，为避免对病房区造成休息干扰，仅在主立面（门诊大厅入口侧）结合立面造型设置泛光照明，可在节假日开启，为建筑物提供靓丽的夜景照明。室外道路结合景观采用庭院灯和草坪灯作为道路及景观照明，室外照明及夜景照明均采用智能控制器进行控制。

9. 直升机停机坪照明。在病房楼屋顶设有直升机停机坪，在机坪地面设有停机坪标志灯，接地、离地区边灯，泛光照明灯，红色中光强航空闪光障碍灯等，在局部高出停机坪的电梯间屋顶上设置红色中光强航空闪光障碍灯。

10. 照明控制。

（1）公共场所照明（包括门诊大厅、住院大厅、候诊区、休息区、走廊、车库等）采用智能照明控制系统，系统应具有场景控制、时钟控制、程序控制、现场程序修改等功能，根据需要预设白天、夜间、深夜、全关等场景等多种场景，场景及控制模式可根据需要通过软件调整，集中管理。手术室无影灯和一般照明分别设置照明开关控制；X 线诊断设备、CT 机、MRI 机、DSA 机等诊疗设备室的照明开关，设置在控制室内；洗衣房、卫浴间、消毒室等潮湿场所采用防潮开关；其他室内照明灯具采用翘板开关就地分组或分区控制。

（2）消防应急照明采用集中电源集中控制型应急照明和疏散指示系统，火灾时由消防控制室强制点亮全部疏散照明和疏散指示灯。

6.1.5 防雷与接地系统

1. 本建筑物为第二类防雷建筑物，电子信息系统雷电防护等级为 A 级。为防直击雷在屋顶设接闪带，其网格不大于 10m×10m，所有突出屋面的金属体和构筑物均应与接闪带电气连接。利用贯通的结构柱子主筋作为防雷引下线，引下线上部与屋面接闪带焊接，下部与建筑物基础钢筋网焊接。建筑物四角的引下线上在距室外地面 0.5m 处设接地体连接板。

2. 为防止侧向雷击，建筑物外墙的金属门窗、管道等外露可导电物体均就近与结构圈梁焊接（圈梁保持贯通并与结构柱子主筋连为一体）。

3. 为防雷击电磁脉冲，进出本建筑物的电气线路均装设电涌保护器（SPD），即在从室外引入的电源进线柜、屋顶电梯机房配电箱、屋顶风机配电箱及室外照明配电箱内装设 SPD，电信及有线电视、安防信号等智能化系统线路在进线设备处装设 SPD。电涌保护器应就近与接地装置相连。

4. 本工程采用联合接地系统，接地电阻≤1Ω。利用基础底板内大于ϕ16mm 主筋连通形成接地网，每组 4 根，基础钢筋网纵横交叉点沿建筑物长向每 10m、宽向每 5m 可靠焊接。在室外用 40mm×4mm 热镀锌扁钢埋深 1m 环绕建筑物做人工接地体，并在每根防雷引下线的相应位置与护坡桩及建筑物基础底板主筋连成一体。人工接地体在建筑物出入口处做均压处理。

5. 220/380V 低压系统接地形式为 TN－S 系统，PE 线与 N 线严格分开。为防电气设备对患者产生微电击，对手术室，ICU、CCU 等监护病房，导管造影室等采用 IT 系统将电源对地进行隔离，并进行绝缘监视及报警。手术室 IT 系统配电系统图见图 6.1.5－1。

6. 建筑物做等电位联结，在变电所设主等电位端子板并与室外防雷接地装置连接。基础底板内钢筋应保证电气贯通，并与结构柱子主筋连为一体。各种配电箱（柜）外壳、配电钢管、上下水管、热水管、煤气管及各种金属管道均须连成一体绑扎、焊接或卡接。各类垂直金属管道在顶部、底部、中间每三层与有贯通连接的柱子或钢筋混凝土墙做电气连接。进出建筑物的各类金属管道，均在进出处就近与室外环形接地体连为一体。金属线槽全长不少于 2 处与接地干线相连接。

7. 消防控制室、电信机房、弱电机房等处设有专用接地端子箱。在浴室、有淋浴的卫生间设等辅助电位端子箱，做辅助等电位联结。各层强、弱电竖井内均设有接地干线及端子箱。在对手术室，抢救室，ICU、CCU 等监护病房，导管造影室，肠胃镜、内窥镜，治疗室，功能检查室，有浴室的卫生间等处设辅助等电位联结。手术室辅助等电位联结示意见图 6.1.5－2。

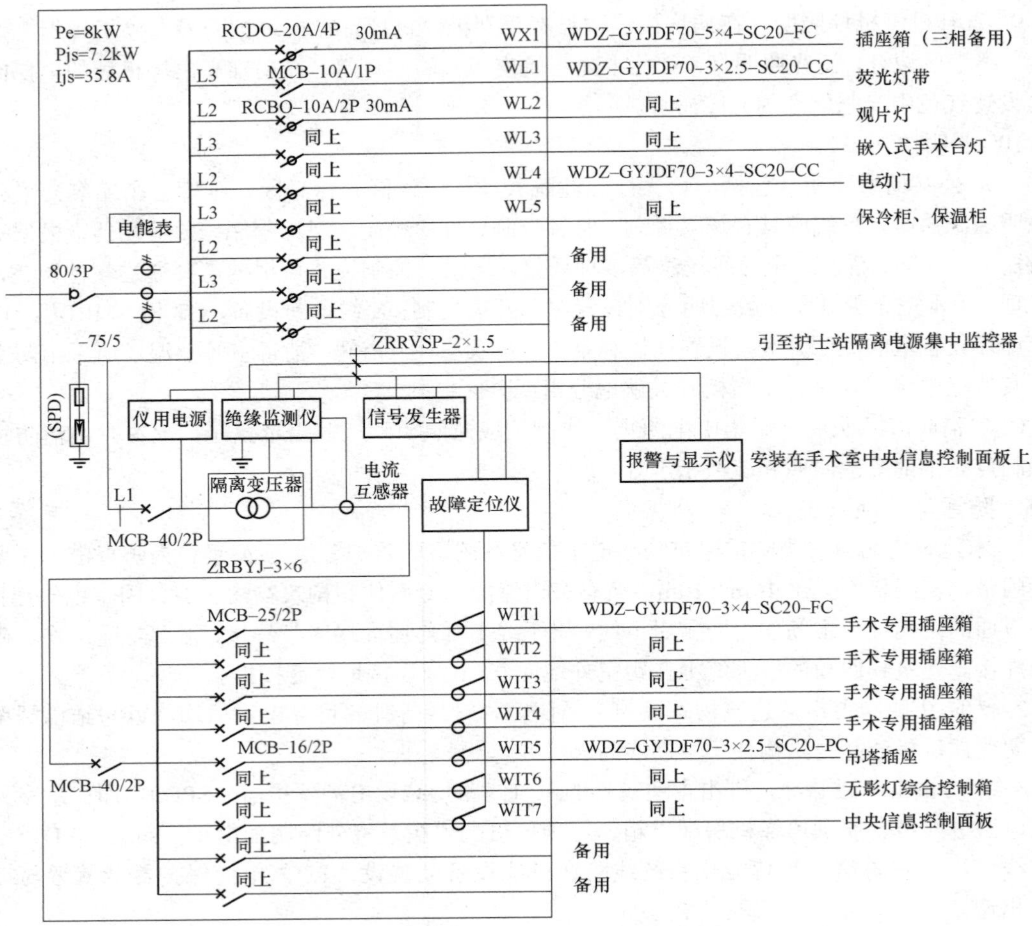

图 6.1.5－1　手术室 IT 系统配电系统图

8. 屏蔽接地。在磁共振扫描室、理疗室、脑血流图室等需要电磁屏蔽的地方设屏蔽接地端子。屏蔽接地与防雷接地、保护接地共用接地装置，与保护接地共用接地线。

9. 防静电接地。对氧气、真空吸引、压缩空气等医用气体管路进行防静电接地。防静电接地与防雷接地、保护接地共用接地装置，与保护接地共用接地线。

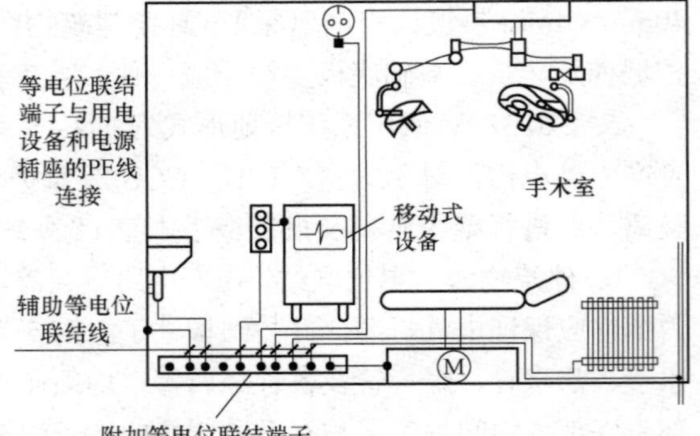

图 6.1.5－2　手术室辅助等电位联结示意图

6.1.6　电气消防系统

1. 火灾自动报警系统。本项目为集中报警系统，火灾报警及探测采用分布智能技术。系统采用报警环形两总线按防火分区进行连接，在走廊、电梯厅、门厅、诊室、急救大厅、各检查室、化验室、病房、手术室、值班室、药房、办公用房、会议室、车库、库房、设备用房等处设置感烟探测器；在门诊大厅等高大空间设置红外对射火灾探测器；变火灾报警室、弱电机房、病案室设置感烟、感温两种探测器；在厨房设置感温探测器及可燃气体探测器，气瓶间及汇流间设置防爆型感烟探测器。各楼层设有火灾报警重复显示器。火灾报警系统采用自动和手动两种触发装置，各楼层均设手动报警按钮。保证从一个防火分区内任何位置到最邻近的一个手动火灾报警按钮的距离不大于30m。在消火栓箱内设消火栓报警按钮。

2. 消防联动控制系统。火灾报警时，通过消防联动控制器对消火栓系统、自动喷水灭火系统、防烟排烟系统、气体灭火系统、应急照明和疏散指示系统、防火卷帘、防火门、电梯系统、应急广播系统以及切除非消防电源等进行控制。火灾时手术室、急救室、重症监护室等处涉及生命安全的非消防用电由消防值班人员根据情况手动切除电源。火灾报警时，应能在图形显示装置上显示火灾报警部位，并能显示重点部位、疏散通道及消防设备所在位置的平面图。

3. 消防紧急广播系统。广播机房设在首层（与消防控制室合用）。火灾发生时，启动全楼的消防广播。大厅、候诊区、公共走道等处设有背景音乐和公共广播系统，与火灾应急广播共用扬声器，火灾时强制转入消防广播状态。汽车库设有应急广播专用扬声器。消防广播设有备用扩音机。

4. 消防通信系统。消防控制室设有消防专用电话交换机和消防直通外线电话。总配电室、电梯机房、消防泵房、排烟机房、主要空调机房、热力机房、手术室、重症监护室、急救室设消防专用对讲电话。各层手动报警按钮处设消防专用电话插孔。

5. 电梯控制系统。在消防控制室设置电梯监控盘，除显示各电梯运行状态、层数显示外，还应设置正常、故障、开门、关门等状态显示。火灾发生时，根据火灾情况及场所，由消防控制室电梯监控盘发出指令，除消防电梯保持运行外，其余电梯均强制返回一层并开门。火灾指令开关采用钥匙型开关，由消防控制室负责火灾时的电梯控制。

6. 应急照明。本工程设有疏散照明、备用照明和安全照明：消防疏散照明设于疏散走道、楼梯间、公共活动场所等处。疏散走道地面最低水平照度不低于3lx，楼梯间不低于5lx。疏散走道、楼梯间及其转角处、安全出口处设有疏散标志灯。采用集中电源集中控制型消防应急照明和疏散指示系统，火灾时强制点亮全楼的疏散照明。备用照明设于消防控制室、配电间、值班室、网络中心机房、防排烟机房、电梯机房等处，应急时照度值同正常照明。安全照明设于手术室、急救室、重症监护室等处，应急时照度值同正常照明。

7. 电气火灾监控系统。电气火灾报警系统主机设于首层消防控制室。在变电所低压出线回路装设温度报警探测器；除消防设备配电干线外，在楼层配电间装设剩余电流监视检测装置。电气火灾报警系统报警时，消防配电线路仅发出报警信号，不切断电源，非消防配电线路由值班人员根据情况手动切断电源。

8. 消防电源监控系统。消防电源监控系统采用总线式结构，监控主机设在消防控制室，在消防设备配电箱内设置电源监控模块，系统可监测消防设备的电流、电压值和开关状态，判断消防电源是否存在断路、短路、过电压、欠电压、过电流以及缺相、错相、过载等状态并进行报警和记录，并应在图形显示装置上显示。

9. 防火门监控系统。防火门监控系统采用总线式结构，监控主机设在消防控制室，疏散通道上常开及常闭防火门的开启、关闭及故障状态均反馈至防火门监控器，并应在消防控制室图形显示装置上显示。

10. 消防控制室。在首层设置消防控制室，消防控制室内设有火灾报警控制主机、联动控制装置、火灾事故广播装置、消防专用对讲电话装置、电梯监控盘、消防控制室图形显示装置、打印机、UPS 备用电源等。

整个建筑火灾自动报警与消防联动控制系统为网络化、模块化的一个集散式系统。系统留有与楼宇管理系统联网的接口，并具备与安全防范管理系统、楼宇设备自控系统、公共音响广播系统，以及有线/无线通信系统等在发生火灾时相应的联动功能。当有事故发生时，在火灾自动报警控制器的显示屏上以中文文字形式显示故障及报警信息，同时在消防控制室图形显示装置上记录、显示。

6.1.7　智能化系统

1. 信息化应用系统。医疗建筑信息化应用系统应适应医疗业务的信息化、智能化需求，为医生和患者提供就医环境的技术保障，并满足医疗建筑物业规范化运营管理的需求。三级医院的信息化应用系统包括公共服务、智能卡应用、物业管理、信息设施运行管理、信息安全管理、基本业务办公和专业业务等信息化应用系统，各信息化应用系统基于信息网络及布线系统，系统服务器设置于中心网络机房，管理终端设置于相应管理用房。

（1）公共服务系统。医疗建筑公共服务系统应具有患者接待管理和公共服务信息发布等功能，并宜具有将各类公共服务事务纳入规范运行程序的管理功能。

（2）智能卡应用系统。该系统能提供医务人员身份识别，考勤，出入口控制、停车、消费、计费、票务管理、资料借阅、物品寄存、会议签到等需求，还能提供患者身份识别，医疗保险、大病统筹挂号、取药，住院，停车、消费等需求。医院病房设备带处氧气、卫生间淋浴用水等也可通过智能卡付费方式进行消费使用。

（3）信息查询系统。为方便患者快捷地了解医院的各种信息，如医疗动态，诊室分布情况，医院专业特色，专家介绍及出诊时间，国家医疗政策及药品收费标准等一般在医院出入院大厅、挂号收费处等公共场所配置供患者查询的多媒体信息查询端机，系统能向患者提供持卡查询实时费用结算的信息。

（4）物业管理系统。物业管理系统应具有对建筑的物业经营、运行维护进行管理的功能。

（5）信息设施运行管理系统。信息设施运行管理系统具有对建筑物信息设施的运行状态、资源配置、技术性能等进行监测、分析、处理和维护的功能。

（6）信息安全管理系统。信息安全管理系统通过采用防火墙、加密、虚拟专用网、安全隔离和病毒防治等各种技术和管理措施，保证信息网络系统正常运行，确保经过网络传输和交换的数据不会发生增加、修改、丢失和泄露。

（7）通用业务系统。通用业务系统应满足医疗建筑门诊、办公等基本业务运行的需求。

（8）公共显示系统。在医院门诊大厅、出入院大厅等处配置大型电子显示屏，在候诊区及手术部门口设置中、小型电子显示屏用来引导患者，播放重点信息。

（9）专业业务系统。医疗建筑专业业务系统以通用业务系统为基础，满足专业业务运行的需求，包括医院信息系统（HIS）、临床信息系统（CIS）、医学影像系统（PACS）、远程医疗系统等信息化应用系统。

1）医院信息系统（HIS）。医院信息系统（HIS）是利用电子计算机和通信设备，为医院所属各部门提供病人诊疗信息和行政管理信息的收集、存储、处理、提取和数据交换的能力，并满足不同授权用户的功能需求的平台。医院信息系统架构见图 6.1.7 – 1。

2）临床信息系统（CIS）。临床信息系统（CIS）支持医院医护人员的临床活动，收集和处理病人的临床医疗信息，丰富和积累临床医学知识，并提供临床咨询、辅助诊疗、辅助临床决策。

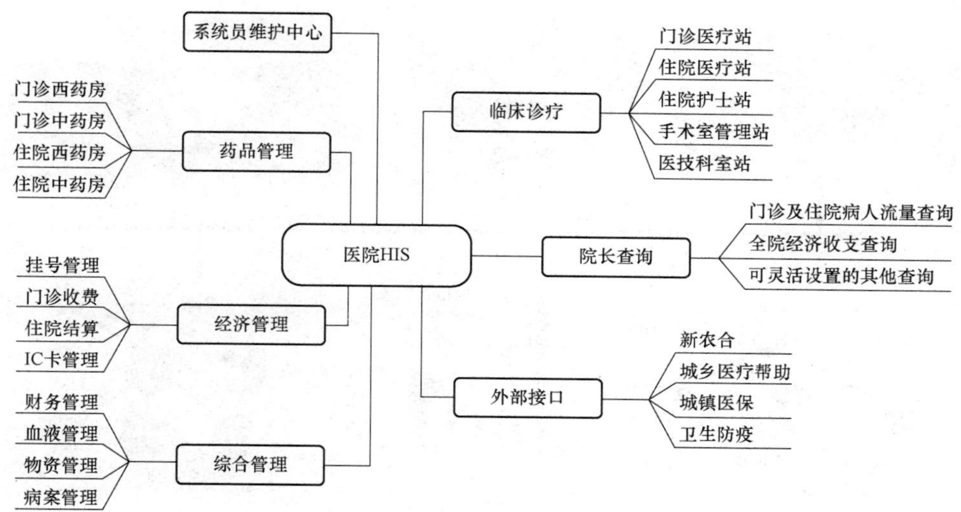

图 6.1.7－1 医院信息系统（HIS）架构

临床信息系统（CIS）包括医嘱处理系统、病人床边系统、医生工作站系统、实验室系统、药物咨询系统等，能够提高医护人员的工作效率，为病人提供更好的服务。临床信息系统（CIS）架构见图 6.1.7－2。

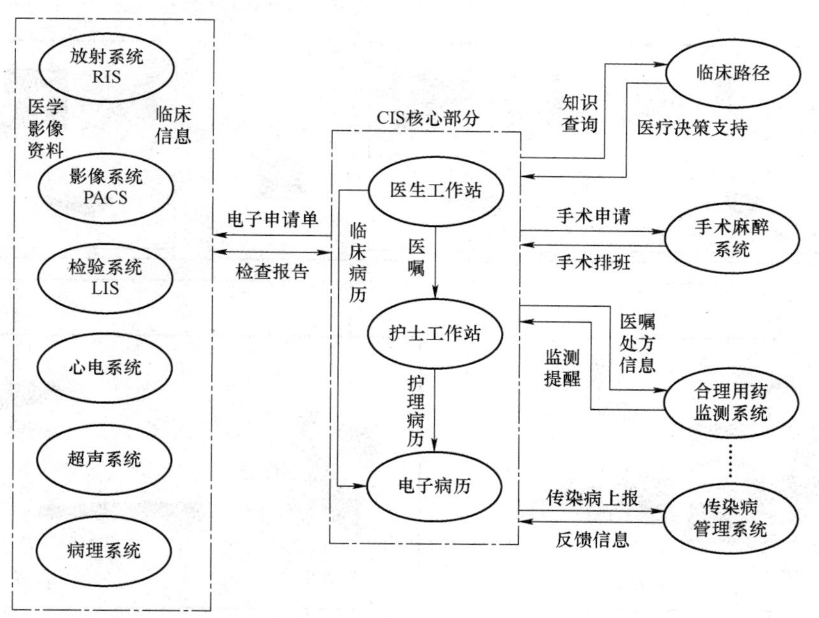

图 6.1.7－2 临床信息系统（CIS）架构

3）医学影像系统（PACS）。医学影像系统（PACS）是应用在医院影像科室的影像归档和通信系统。医学影像系统在各种影像设备间传输数据和组织存储数据具有重要作用，它将日常产生的各种医学影像（包括核磁、CT、超声、各种 X 光机、各种红外仪、显微仪等设备产生的图像）通过各种接口（模拟，DICOM，网络）以数字化的方式保存起来，当需要的时候在一定的授权下能够很快地调回使用，同时附加一些辅助诊断管理功能。医学影像系统（PACS）架构见图 6.1.7－3。

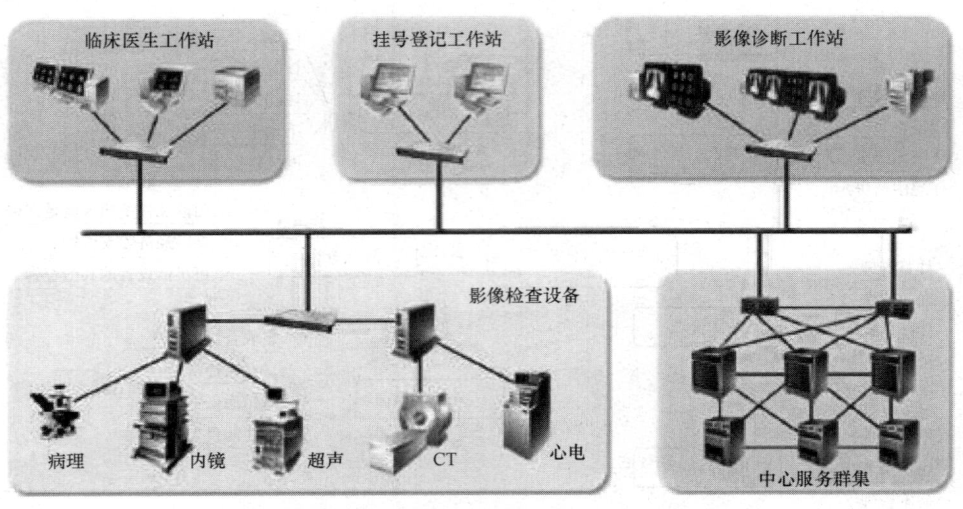

图 6.1.7－3 医学影像系统（PACS）架构

4）远程医疗系统。远程医疗系统借助信息及电信技术来交换相隔两地的患者的医疗临床资料及专家的意见。远程医疗包括远程医疗会诊、远程医学教育、建立多媒体医疗保健咨询系统等。远程医疗会诊使病人在原地、原医院即可接受远地专家的会诊并在其指导下进行治疗和护理，可以节约医生和病人大量时间和金钱。远程医疗系统架构见图 6.1.7－4。

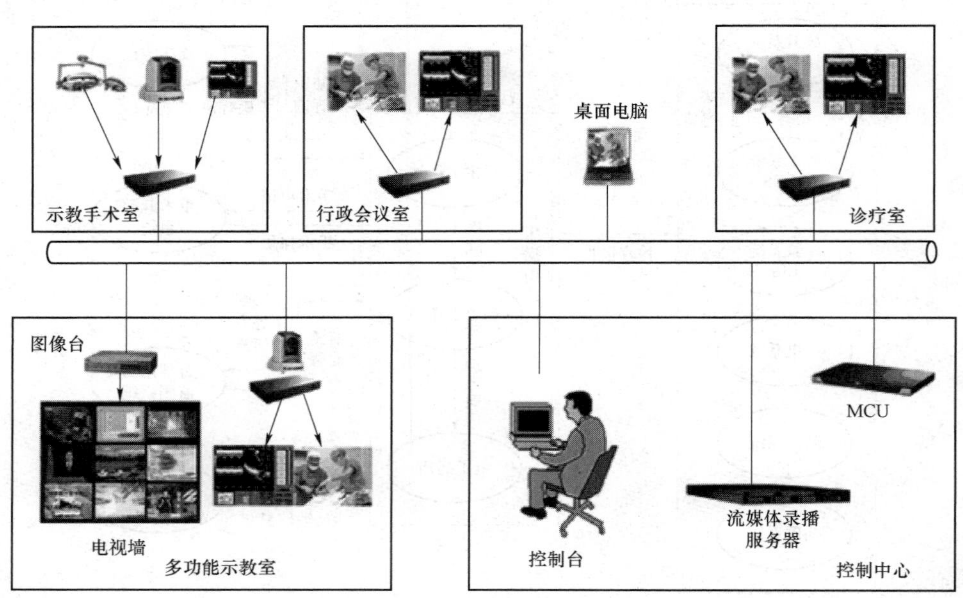

图 6.1.7－4 远程医疗系统架构

（10）呼叫及显示系统图。

1）候诊呼叫信号系统。呼叫信号系统主机一般由医疗设备自带，设计时只需预留管线及配置按钮、话筒、摄像机及显示器等外部设备。语音采用独立的喇叭，不需要与医院的背景音乐系统连接。候诊呼叫信号系统架构见图 6.1.7－5。

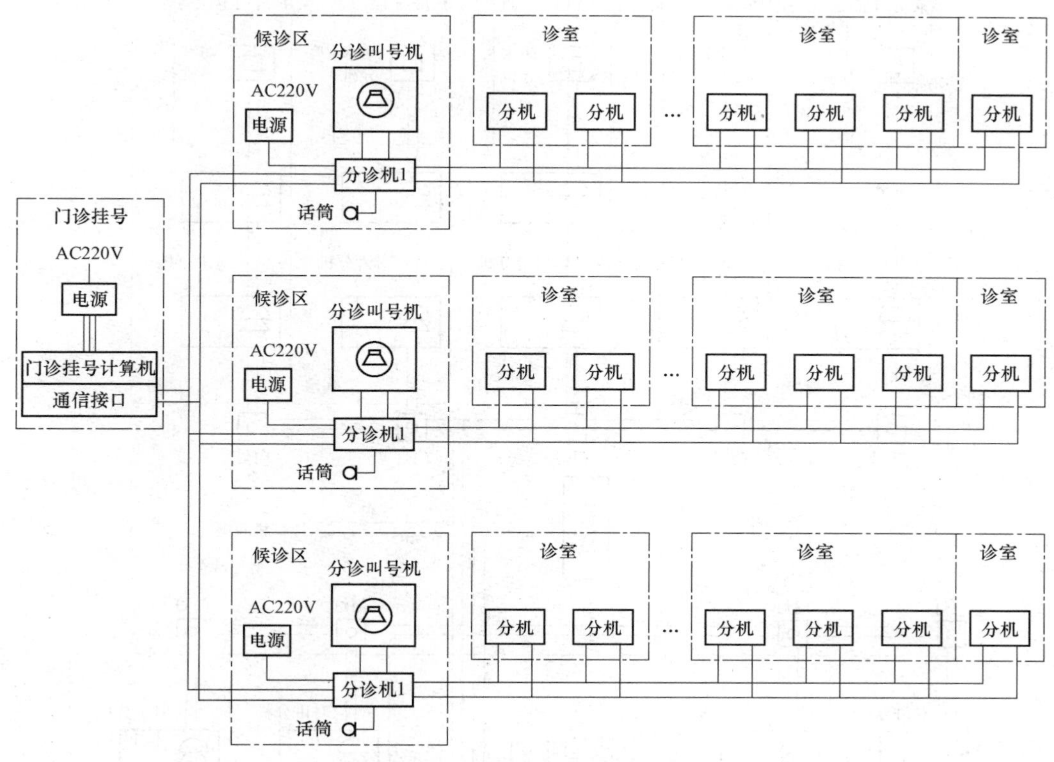

图 6.1.7－5 候诊呼叫信号系统架构

2）护理呼叫信号系统：医院必备的系统，在病房设置呼叫器、扬声器，与护士站进行双向对讲，护士站设控制台。护理呼叫信号系统架构见图 6.1.7－6。

3）病房探视系统。可设一探视间，内装可视电话对讲系统，在探视时间内，不能进入特护病房的家属可通过可视对讲电话和病人交谈。病房探视系统架构见图 6.1.7－7。

4）排队叫号系统（缴费、挂号）。由分诊台、子系统管理控制电脑（与分诊台合一）、系统服务器、管理台、信息节点机、信息显示屏、语音控制器、无源音箱、呼叫终端（物理终端或虚拟终端）、分线盒组成。系统自成体系、独立运行，也可与 HIS 系统连接、交互数据。传输线缆可直接利用综合布线同时支持集中挂号与科室挂号。医生操作终端可采用物理操作终端或虚拟操作终端，也可同时采用。排队叫号系统（缴费、挂号）架构见图 6.1.7－8。

2. 智能化集成系统。智能化集成系统通过物理环境（统一通信系统、大屏幕系统、多媒体会议系统）将各智能化系统（IBMS 系统、安防管理系统、资产管理系统、会诊管理系统、IT 管理系统、医院运营 BI，应急指挥系统）集成在一个统一的平台上，实现数据的共享和联动控制，并结合医院的相关管理流程，实现医院运营管理的可视化、集中化，以方便医院管理人员更直接、更有效的了解医院运维状态并进行快捷的管理，智能化集成系统可实现以下功能：

（1）监视：对医院运行状态进行监视（大楼运行状态、安全事件、医院物业管理状况、资产运行状况）以确保医院运行顺利。

（2）管理：通过 BI 系统对医院的运行（经营、服务水平、能耗、安全、质控）进行汇总、分析，做出判断决策。

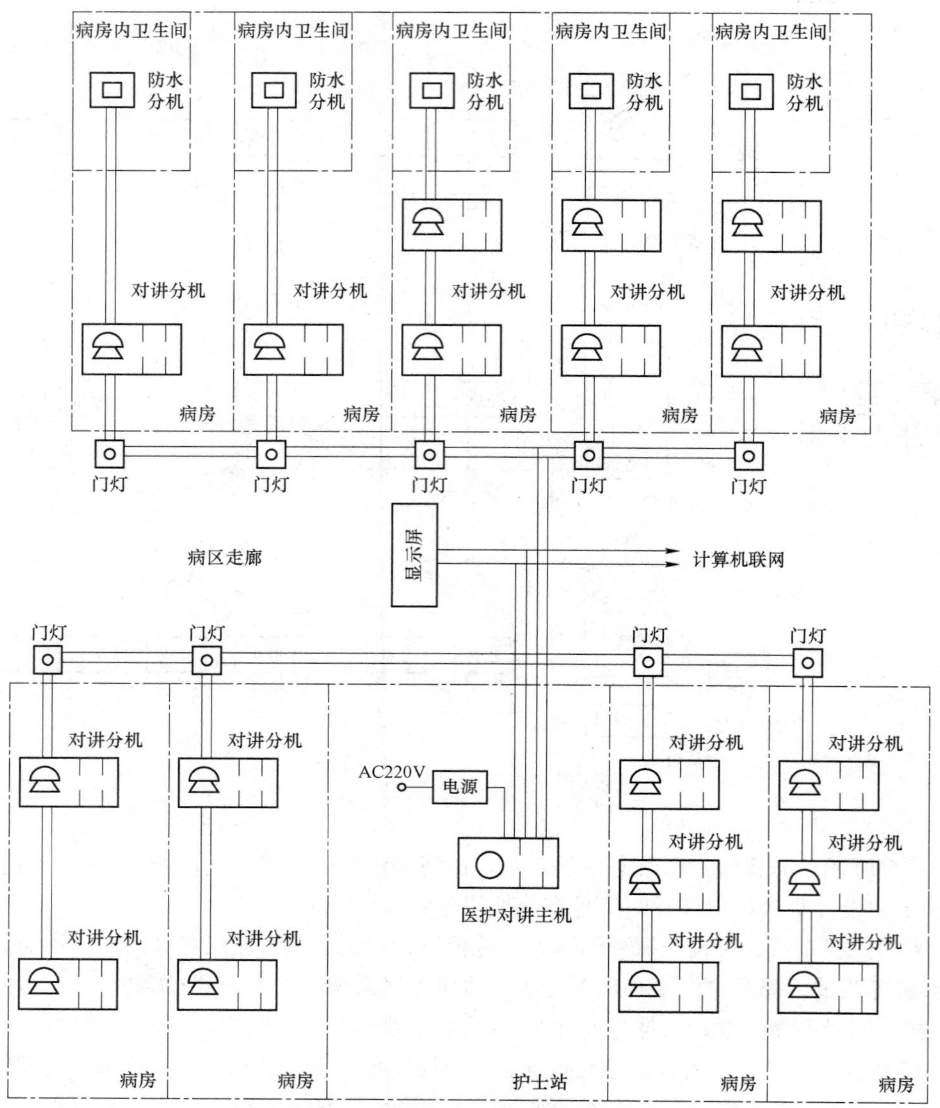

图 6.1.7－6 护理呼叫信号系统架构

（3） 应急指挥：通过融合通信系统以及多媒体会议系统，实现医院内、医院间、卫生管理部门、应急管理部门的多渠道沟通，记忆应急预案指挥系统。

（4） 远程会诊：通过融合通信系统以及统一视频服务平台，建立院级的会诊中心，实现与其他医疗机构的远程会诊。

3. 信息化设施系统。

（1） 信息网络系统。信息网络系统是医院运行的基本平台，本工程分别设置内网、外网、智能化专网平台，该系统应以稳定、实用和安全为原则，系统应具备高宽带、大容量和高速率，并具备将来扩容和宽带升级的条件。外网为工作人员提供接入 INTERNET 网络服务；内网为医院信息系统服务，包括门诊挂号、门诊收费、住院登记、住院收费、设备管理、医务统计、辅助决策支持等系统。智能化专网平台为医院各智能化系统提供接入平台，包括门诊医生工作站、病

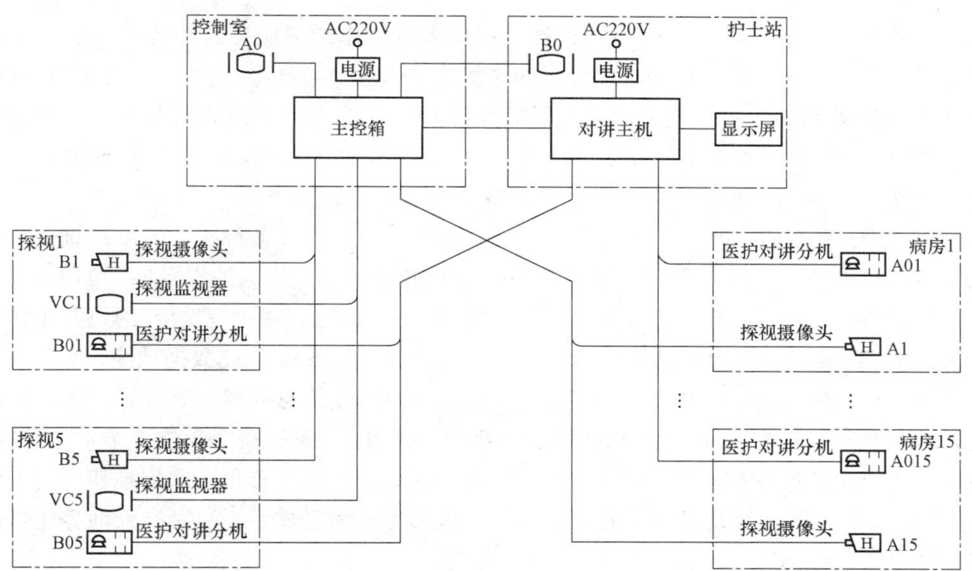

图 6.1.7－7 病房探视系统架构

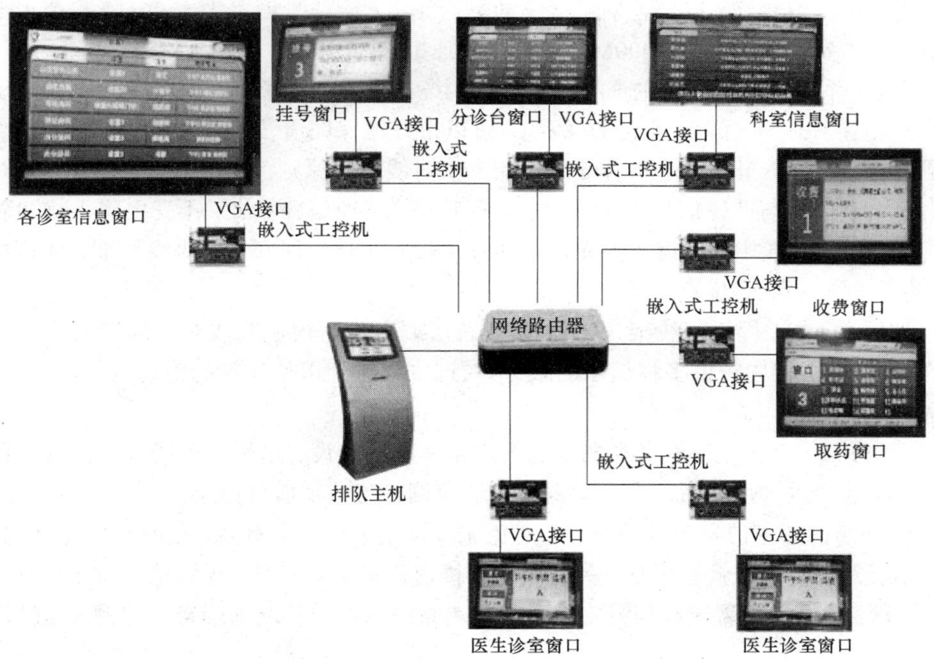

图 6.1.7－8 排队叫号系统（缴费、挂号）架构

区医生工作站、病区护士工作站、合理用药系统、临床检验系统、医学影像系统、手术室管理子系统、手术麻醉系统、重症监护系统、医学图像实时传输与查询、归档系统等以及远程诊断与教学。

（2）综合布线系统。系统采用先进的结构化布线设计，可靠性高且容易扩展，可以很好地满足医院的信息化和办公自动化需求。该系统支持电话和多种计算机数据通信系统，可传输语音、数据和图像信息，能与外部通信网络相连接，提供各种网络通信服务。布线形式采用光缆和 6 类非屏蔽铜缆混合组网。本工程在首层设置弱电机房（信息中心），在地下一层设置弱电进线间，系统干线支持万兆传输，水平支持千兆传输。光纤及电话线缆从市政直接引入，系统采用“核心一楼层”的网络架构。本系统分设以下几个子系统：工作区子系统、配线子系统、干线子系统、设备间子系统、进线间子系统和管理子系统，各系统配置原则如下：

1）工作区子系统：主要终端缆线两端均为双绞线，用于连接各种不同的用户设备，信息插座选用符合标准的信息插座，充分满足各种宽带信号的传输。工作区的设置原则如下：在主任、医生、护士、办公、登记、挂号、收费、发药、化验、医技科室、手术室等部门设置工作区，每个工作区按需要设置 1～2 个双孔信息插座；护理区护士站按 5 个双孔数据插座、1 个双孔信息插座标准设置；门诊护士站按按 2 个双孔数据插座、1 个双孔信息插座标准设置；急诊和功能检查护士站按 1 个双孔数据插座、1 个双孔信息插座标准设置；诊室按每个工位 1 个双孔数据插座；病房按每床 1 个单孔数据插座考虑；电梯前室、候诊区、护士站设置单孔数据插座，用于信息发布用；门诊大厅、住院大厅均预留双孔信息插座，供大屏幕信息显示、触摸屏查询等通信设施使用。在全楼设置无线 AP 点，实现无线 WIFI 全覆盖。

2）配线子系统：信息插座选用标准的 6 类 RJ45 插座；信息插座每一孔配线电缆均选用 1 根 4 对 6 类非屏蔽双绞线，以便于信息插座的灵活使用，配线长度不大于 90m。整个水平信道提供 250MHz 的带宽，可以支持 1000Mbit/s 的传输速率。

3）干线子系统：本系统的主干线缆可分为铜缆和光缆两大类型。铜缆主干主要用于语音信号的传输，采用 3 类 25 对大对数 UTP 线缆，可以很好地保证语音信号之间的抗干扰能力，充分保证通话质量。语音主干按每个语音信息点配置 1 对线缆的原则，并做出一定的冗余量。光缆主干主要用于数字信号与图像信号的传输，它具有频带宽、通信容量大、不受电磁干扰和静电干扰的影响，在同一根光缆中，邻近各根光纤之间几乎没有串扰、保密性好、线径细、体积小、重量轻、衰耗小、误码率低等优点。

4）设备间：本工程主配线架（BD）设在首层弱电机房内，完成对内局域网的连接和对外宽带网的连接，向大楼内提供多种信息的服务。通过主配线架可使建筑的信息点与市政通信线路、计算机网络设备等相连。

5）管线敷设：垂直主干线缆在弱电间内沿金属线槽敷设、水平主干线缆在走廊吊顶内沿线槽敷设，水平线缆进入房间后，在吊顶内和沿墙穿钢管暗敷至信息插座。

（3）移动通信室内信号覆盖系统。为避免无线基站信道容量有限，忙时可能出现网络拥塞，手机用户不能及时打进或接进电话。另外由于大楼内建筑结构复杂，无线信号难于穿透，室内易出现覆盖盲区。因此，设置无线信号室内天线覆盖系统以解决移动通信覆盖问题，同时也可增加无线信道容量。

（4）有线电视系统。本系统为双向传输的有线电视系统，市政有线电视信号由室外市政管道引至地下一层的弱电进线间内，通过信号放大分配后引入一层的弱电机房内，通过分配分支系统传送各终端用户点。系统由双向放大器、分支分配器、电视终端插座等组成。在单人和双人病房、值班室、会议室等处设置电视终端插座。有线电视用户终端电平为 69±6dB，图像质量不低于四级。

（5）公共广播系统。广播系统由日常广播及消防广播两部分组成，前端设在首层消防控制室。日常广播和紧急广播合用一套广播线路及扬声器，平时播放背景音乐和日常广播，火灾时受火灾信号控制全楼自动切换为紧急广播。系统采用数字式广播，系统主机设在消防控制室内，通过广播专网实现音频信号传输。系统由广播主机、音源设备、网络交换机及数字式音频解码功放、扬声器、拾音器等组成。在弱电竖井内设置网络交换机及数字式音频解码功放，将数字音频信号进行解码，实现播放音乐的功能。同时，系统在消防控制室设置消防报警信号接收器，用于接收火灾报警信号。在门诊大厅、门厅、走廊、候诊区等公共区以及车库、设备用房设置扬声器，扬声器功率为 3～5W，地下层及设备层无吊顶处为壁挂式，其他部位均为吸顶式安装。广播扬声器应使用阻燃材料，或具有阻燃后罩结构；潮湿区域应选用防潮扬声器。广播区域划分在满足火灾应急广播区域划分的前提下，满足建筑功能划分的需要。话筒音源，可对每个区域或单独或编程或全部播出。扬声器分路控制，在控制室可以对广播的范围、内容按不同的区域分别控制。在有火灾紧急情况时，可换至紧急广播。当发布应急广播时，大会议室等应切断专用会议扩声系统。

（6） 电子会议系统。本项目设有 180 人会议室，设置电子会议系统以满足学术讨论报告会、庆典等各种形式的公共会议活动需求。会议系统包括会议扩声系统、会议发言系统、视频系统及中央控制系统等。

1） 会议扩声系统：由扬声器、功率放大器、数字音频处理器、话筒、音源及重放设备等组成。本系统与公共广播系统互联，当发布应急广播时，应切断专用会议扩声系统。

2） 会议发言系统：在主席台均设置发言系统，本系统由会议发言主机、会议主席单元机和会议代表单元机组成。

3） 会议视频系统：在 180 人大会议室配置 1 台高清工程投影机、1 张 150in 电动投影幕，满足视频、图像、文字显示功能。

4） 中央控制系统：在会议室设置中央控制系统，各配置有 1 台可编程控制主机、配合 1 台无线触摸屏进行远距离控制。会议发言系统、扩声系统须具备火灾自动报警联动功能。

（7） 标准时钟系统。时钟系统主要通过前端多种子时钟设备为整个医疗大楼提供实时、准确地发布时钟信息，以便医护工作人员及病患提供准确的时间服务，避免因显示时间的差异造成不必要的误时矛盾与纠纷；同时也为整个大楼智能化系统以及其他电子设备提供标准的时间源，以便协调各部门间的统一工作。

时钟系统由时间接收装置、中心母钟、NTP 服务器、子时钟、管理控制计算机系统等部分构成。系统采用分布式二级结构，采用中心母钟及区域子时钟两级组网方式，即在弱电机房设置主母钟，各有关场所分别设置子时钟设备。在门诊大厅咨询台处、各护士站、各手术室内设置单面带日历数字子钟。

系统采用 GPS（全球卫星定位系统）作为时钟源，提供高可靠性、高冗余度的时间基准信号，随时对母钟内的时钟信号源进行校准。当 GPS 中的时标校时信号不能使用时，系统应能靠自身的时间源继续工作。系统具备自检功能，能够检测整个系统中的工作状况，包括 GPS 信号接收单元、中心母钟。能发出检测信号对子钟及通信线路进行检测，并应能直观显示出故障部件的位置，方便系统维护人员维护和修理。标准时钟系统示意见图 6.1.7－9。

4. 建筑设备管理系统。

（1） 建筑设备管理系统控制室设于首层（与消防控制室合用）。

（2） 建筑设备管理系统的主要内容为对全楼的供水、排水、制冷、采暖、通风空调设备及供电系统设备进行监视及节能控制、电梯的自动控制。医院建筑设备管理系统还包括对医疗工艺系统的监控，如对氧气、笑气、氮气、压缩空气、真空吸引等医疗用气的使用进行监视和控制；

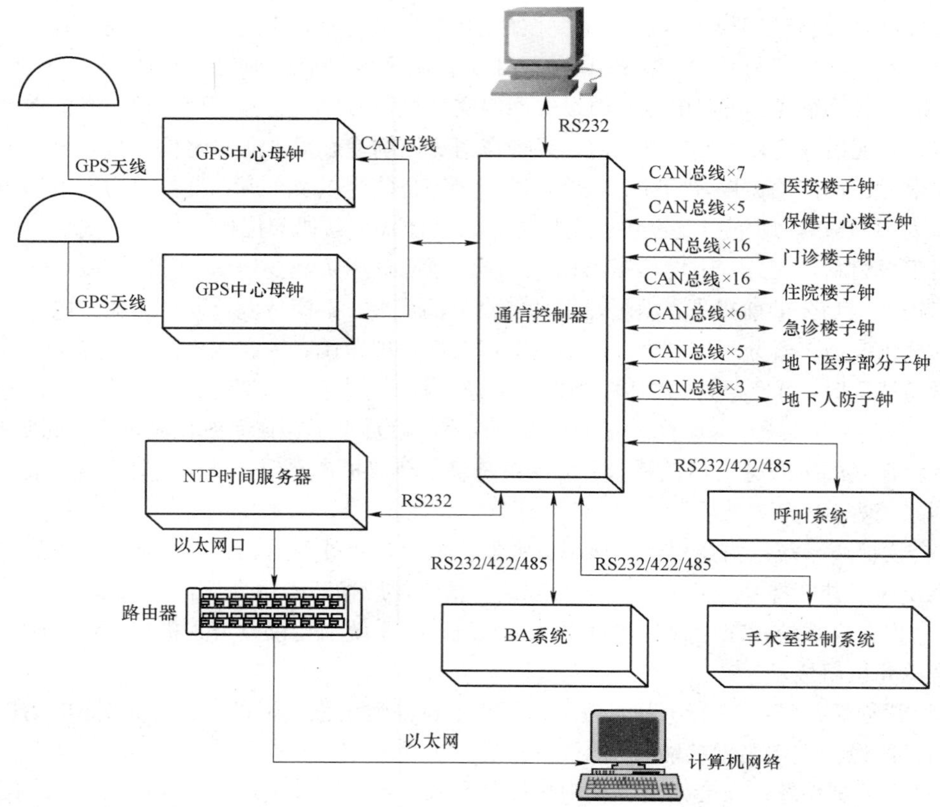

图 6.1.7－9　标准时钟系统示意

对医院污水处理的各项指标进行监视，并对其工艺流程进行控制和管理；对有空气污染源的区域的通风系统进行监视和负压控制。

（3） 建筑设备电脑管理系统为集散式系统，通过设在现场的 DDC（直接数字控制）设备或成套设备自带的配套控制器对控制对象进行实时控制。每个 DDC 子站均能独立工作，具备通信接口和相同的通信协议，总站对 DDC 子站进行监测管理。系统留有与火灾自动报警系统、公共安全防范系统、智能照明系统和车库管理系统的通信接口。

（4） 建筑设备管理系统能够实时数据采集与调控、动态图表显示、数据报表、趋势图、能耗管理、设备或参数非正常状态的报警等。

（5） 建筑设备电脑管理系统按一级负荷供电，控制室内设有一台 UPS 电源柜作为后备电源。控制室内设有专用接地端子箱。现场控制器箱预留有引自邻近配电箱的 AC220V 电源，220V/24V 电源变压器由楼宇自控系统在现场控制器箱内配套提供。

5. 公共安全系统。公共安全系统主干网络采用 TCP/IP 协议传输，组成安防专用网络系统。本项目的安防控制室设在地面层与消防控制室合用，将控制室设置为禁区，控制室内设有保证自身安全的防护措施和进行内外联络的通信手段，并留有向上一级接处警中心报警的通信接口。

公共安全系统包括安全防范综合管理系统、入侵报警系统、视频安防监控系统、出入口控制系统。各子系统可以与火灾自动报警等有关系统联动。

（1） 安全防范综合管理系统。在安防控制室内设置安全防范综合管理系统。利用统一的安防专网和管理软件将监控室设备与各子系统设备联网，实现由监控中心对各子系统的自动化管理与监控。当安全管理系统发生故障时，不影响各子系统的独立运行。安全防范综合管理系统可与火灾自动报警系统进行联动。

在集成管理计算机上，可实时监视视频监控系统主机的运行状态、摄像机的位置、状态与图像信号等；监视出入口控制系统主机、各种出入口的位置；监视入侵报警主机、各报警点的位置；以报警平面图和表格等方式显示子系统的运行、故障、报警状态。

安全防范系统中使用的设备必须符合国家法规和现行相关标准的要求，并经检验或认证合格。

（2） 视频安防监控系统。本工程视频安防监控系统采用数字监控系统，可实现远程监控、远程管理、网络传输、集中存储等功能。监控中心设 1080P 高清超窄边 46 寸监视拼接屏（3x4）、视频服务器、磁盘阵列、视频解码器、中心管理服务器及控制设备等，可进行多路切换监控及长时间录像。本系统对监控场所进行实时有效的视频探测、监视、现实和记录并具有报警和图像复核功能。同时通过综合管理平台能与出入口控制系统、入侵报警系统、火灾自动报警系统联动。

视频监控系统由前端设备、传输介质、记录设备控制设备及显示设备等几部分组成。具体配置为 IP 摄像机+安防专网传输+网络存储服务器+IP 管理平台（包括操作、管理等）+ 数字电视墙。安防控制室内电视墙视频画面满足五级损伤制，实时图像显示不低于四级，录像回放画面不低于三级。

采用 1080P 高清摄像机为视频图像采集设备，利用安防专用网络将视频信号传输至安防控制室内。

所有电梯轿厢内设置电梯专用小半球摄像机；在挂号收费处、出入院办理处的每个窗口设置彩色固定半球摄像机和拾音器；车道及车辆出入口设置低照度彩色枪式固定摄像机。

IP 摄像机到楼层弱电间之间水平线缆，采用 6 类 UTP 电缆，楼层弱电间到安防控制室之间的垂直干线，采用单模光纤；在楼层弱电间内设置安防系统接入层交换机，将所有的视频信号接入交换机。在安防控制室内经交换机后使用视频解码器进行解码，并在电视墙上显示图像。同时通过交换机将所有信号传输给中心管理计算机及相应服务器，并进行存储，视频信号保存 30 天的容量计算并留有 20%余量，录像帧数不少于 25 帧/秒，录像分辨率不低于 1080P。

医疗纠纷会谈室配置独立的图像监控、语音录音系统。系统具有视频、音频信息的显示和存储、图像信息与时间和字符叠加的功能。

室内摄像机吸顶或支架安装，所有 IP 摄像机、安防交换机由各楼弱电竖井内的 UPS 集中供电，UPS 电源应急工作时间≥30min。

（3） 出入口控制系统。出入口控制系统由门禁管理主机（可兼作卡发行器）、打印机、网络型门禁控制器、读卡器、出门按钮、电插锁等组成，管理主机设在安防控制室内。

出入口控制系统采用 IC 智能卡技术，并应具备记录、查询、修改所有持卡人的资料；监视所有出入人的情况及出入时间；监视门开关状态（具有报警功能）；识别身份等功能。在手术净化区、医护通道、重要房间（收费处、出入院办理、药品库）、主要设备机房等均设置出入口控制点，均需刷卡进入。医护人员可以通过自己的卡进入授权限的区域。系统智能卡的管理采用一卡通管理模式，由医院管理部门分别统一发卡并授权，智能卡可根据需要对不同级别出入口可进行级别设置。当发生火警时，该系统可接收火灾信号联动相应公共通道门打开。

（4） 入侵报警系统。本工程采用双鉴探测器、紧急脚挑开关、紧急报警按钮等方式。在出入院办理、收费、贵重药品库等处设双鉴探测器，在无人时进行设防，有人侵入时发送报警信号到监控中心；在出入院办理、收费等窗口处与病人有交互的场所设置紧急脚挑开关，在门诊护士站、护理单元护士站、咨询台等处设置紧急报警按钮，在发生紧急事故的时候可直接通知监控中心。入侵报警触发、紧急脚挑开关或报警按钮触发后，安防中心除报警外可在监控大屏上自动切换到报警区域。

（5）保安巡更系统。采用无线巡更系统，在楼梯间和主要通道设无线巡更信息点，由巡更人员用手持信息采集器记录信息。

系统主要由信息采集器、信息下载器、信息钮、中文管理软件组成。系统技术性能要求：

1）系统的软件应有两级以上口令保护。

2）系统设置信息采集器和巡更人可以随意增减。

3）系统的信息钮可随意增减，从理论上可增加的巡更地点是不受限制的。

4）巡更班次可以划分不同的时间段，班次设置可跨零点。

5）可以设置不同的巡更线路，巡更人按规定路线进行巡逻。

6）可按人名、时间、巡更班次、巡更路线对巡更人的工作情况进行查询，并可打印成各种表格。

7）定期将以前的巡更数据储存到光盘上，需要时可恢复到硬盘上。

6.1.8 电气抗震设计

1. 本项目为三级医院，项目所在地的地震烈度为 7 度，电气抗震设防烈度提高 1 度，按 8 度设计。电气设备安装如高低压配电柜、变压器、配电箱、控制箱等均应满足抗震设防规定。

2. 电气设备系统中内径大于或等于 60mm 的电气配管和重量大于或等于 15kg/m 的电缆桥架及多管共架系统须采用机电管线抗震支撑系统。

3. 刚性管道侧向抗震支撑最大设计间距不得超过 12m；柔性管道侧向抗震支撑最大设计间距不超过 6m。

4. 刚性管道纵向抗震支撑最大设计间距不得超过 24m；柔性管道纵向抗震支撑最大设计间距不超过 12m。

5. 垂直电梯应具有地震探测功能，地震时电梯能够自动停于就近平层并开门运行。

6. 设在建筑物屋顶上的共用天线等，应设置防止因地震导致设备损坏后部件坠落伤人的安全防护措施。

7. 应急广播系统预置地震广播模式。

8. 安装在吊顶上的灯具，应考虑地震时吊顶与楼板的相对位移。

6.1.9 电气节能措施

1. 变配电系统节能：变配电所深入负荷中心，合理选择电缆、导线截面，减少电能损耗。

2. 选用低损耗、低噪声的电气设备：变压器的空载损耗和负载损耗不应高于《三相配电变压器能效限定值及节能评价值》（GB 20052）规定的能效限定值。交流接触器的吸持功率低于《交流接触器能效限定值及能效等级》（GB 21518）规定的能效限定值。

3. 无功补偿及谐波治理：采用低压集中自动补偿方式，并配备谐波电抗器组合，作为谐波抑制措施，避免高次谐波电流与电力电容发生谐振，影响系统设备可靠运行，治理后的谐波水平满足 GB/T 14549 的要求。

4. 照明节能：采用 LED 灯、节能荧光灯等节能光源及高效灯具。各房间、场所的照明功率密度值（LPD）不高于《建筑照明设计标准》（GB 50034—2013）规定的目标值。

5. 采用智能型照明管理系统对走廊、楼梯间、门厅灯等公共场所的照明集中控制，以实现照明节能管理与控制。

6. 设置建筑设备监控系统对设备的运行进行控制，使风机、水泵等设备运行在高效节能状态。

7. 设置智能建筑能源管理专家分析系统，对建筑电力系统、动力系统、供水系统和环境数据实施集中监控和管理，实现能源管理系统集中调度控制和经济结算。

6.2 卫生中心

6.2.1 项目信息

本卫生中心规模为 160 床，按二级医院的标准建设，总建筑面积约 12 000m²，院区内的建筑物分为 12 个栋号，各建筑物为 1～2 层，建筑高度 4.2～7.8m。除室内的走廊有吊顶外，其他场所均不设吊顶。

卫生中心

6.2.2 系统组成

1. 高低压变、配电系统。
2. 电力、照明系统。
3. 防雷与接地系统。
4. 电气消防系统。
5. 智能化系统。
6. 电气抗震设计和电气节能措施。

6.2.3 高低压变、配电系统

1. 负荷分级。本卫生中心为二级医院，按一级负荷用户供电。

（1）一级负荷。一级负荷中特别重要负荷：重要手术室、重症监护等涉及患者生命安全的设备（如呼吸机等）及照明用电；一级负荷的设备容量为 105kW。一级负荷：值班照明、走道照明用电；主要业务和计算机系统用电；客梯、医用电梯用电；排污泵、生活水泵用电；急诊部、监护病房、手术部、血液病房的净化室、血液透析室、病理切片分析、血库、治疗室及配血室的电力照明用电；培养箱、冰箱、恒温箱用电；百级洁净度手术室空调系统用电、重症呼吸道感染区的通风系统用电、中心（消毒）供应室的电力照明用电；直接影响前述“一级负荷中特别重要负荷”运行的空调用电。设备容量为 512kW。

（2）二级负荷。应急照明（含疏散照明、备用照明）用电；除一级负荷所列以外其他手术室的空调用电；电子显微镜、一般诊断用 CT 及 X 光机用电；肢体伤残康复病房照明用电；医用气体供应机房用电。二级负荷的设备容量约为 202W。

（3）三级负荷。除一、二级负荷外的其他负荷，如室外照明、普通病房的非医疗用电等。

三级负荷的设备容量约为 296kW。

2. 电源。由市政外网引来单路高压电源。高压系统电压等级为 10kV。高压为单母线运行方式。院区设有 1 台柴油发电机组作为自备应急电源，电压等级为 0.4kV，自动并机使用。

3. 变、配、发电站。

（1）院区新建变电所一座，为独立建筑物，贴邻建有发电机房。

（2）变电所内设 1 台 800kVA 干式变压器。变压器低压侧 0.4kV 采用单母线分段接线方式，分为正常母线段和应急母线段。

（3）发电机连续运行额定容量为 600kW，可满足市电中断时医院继续经营的需要。机组启动至稳定供电的时间≤15s，发电机与市电自动转换。市电恢复后，发电机组延时 5min 自动停机。机组储油量按保证机组满负荷连续运行 3h 设计，设有容积为 1000L 的室内储油箱。变、配电站主接线见图 6.2.3。

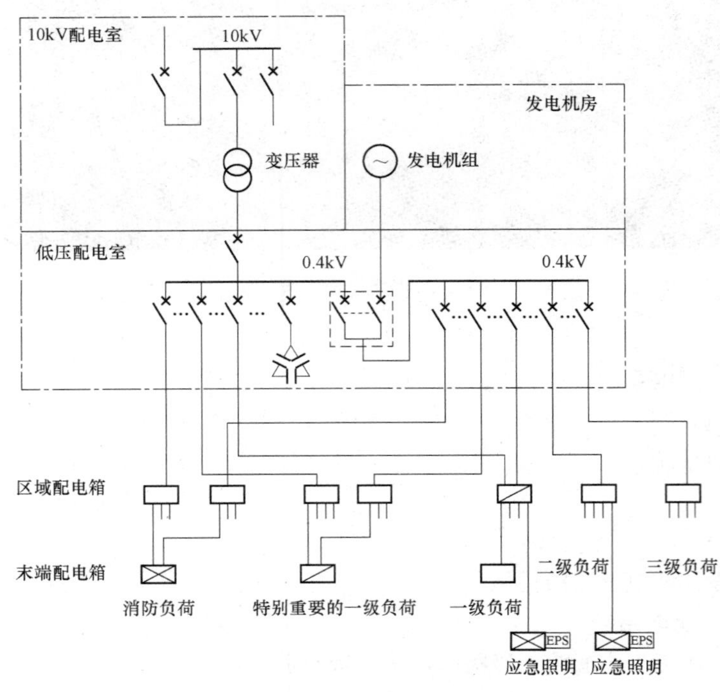

图 6.2.3 变、配电站主接线图

4. 设置电力监控系统，对电力配电实施动态监视。电力监控系统设计原则：

（1）系统采用分散、分层、分布式结构设计，整个系统分为现场监控层、通信管理层和系统管理层，工作电源全部由 UPS 提供。

（2）10kV 开关柜：采用微机保护测控装置对高压进线回路的断路器状态、失电压跳闸故障、过电流故障、单相接地故障遥信；对高压出线回路的断路器状态、过电流故障、单相接地故障遥信；对高压联络回路的断路器状态、过电流故障遥信；对高压进线回路的三相电压、三相电流、零序电流、有功功率、无功功率、功率因数、频率、电能等参数，高压出线回路的三相电流进行遥信；对高压进线回路采取速断、过电流、零序、欠电压保护；对高压联络回路采取速断、过电流保护；对高压出线回路采取速断、过电流、零序、变压器超温跳闸保护。

（3） 变压器：高温报警，对变压器冷却风机工作状态、变压器故障报警状态遥信。

（4） 低压开关柜：对进线、母联回路和出线回路的三相电压、电流、有功功率、无功功率、功率因数、频率、有功电能、无功电能、谐波进行遥信；对电容器出线的电流、电压、功率因数、温度遥信；对低压进线回路的进线开关状态、故障状态、电操储能状态、准备合闸就绪、保护跳闸类型遥信；对低压母联回路的进线开关状态、过电流故障遥信；对低压出线回路的分合闸状态、开关故障状态遥信；对电容器出线回路的投切步数、故障报警遥信。

（5） 直流系统：提供系统的各种运行参数，如充电模块输出电压及电流、母线电压及电流、电池组的电压及电流、母线对地绝缘电阻；监视各个充电模块工作状态、馈线回路状态、熔断器或断路器状态、电池组工作状态、母线对地绝缘状态、交流电源状态；提供各种保护信息：输入过电压报警、输入欠电压报警、输出过电压报警、输出低电压报警。

（6） 柴油发电机组：对机组的三相电压、电流、有功功率、无功功率、功率因数、频率、温度进行遥信。

6.2.4 电力、照明系统

1. 各楼由院区变电室电缆埋地引来 0.4kV TN－C－S 系统电源。按照建筑物栋号及土建的功能分区进行配电系统设计。在各楼首层设进线总配电箱，按楼层（或区域）放射式配电。室外干线采用铠装电力电缆，在电缆沟内敷设或直埋敷设。室内干线采用低烟无卤阻燃 A 类电力电缆，在桥架内或穿金属管敷设。消防负荷及应急照明干线采用低烟无卤阻燃 A 类耐火型电力电缆。

2. 一级负荷采用双重电源供电。一级负荷中特别重要负荷采用双路电源末端自动互投供电，并在末端设有 UPS 或 EPS 电源；信息系统主机、重要手术室、重症监护室等要求供电连续的特别重要负荷，采用 UPS 作为后备电源。二级负荷采用双回路电源在适宜的配电点互投供电或可靠独立出线的单回路供电。

3. 为 1 类和 2 类医疗场所配置安全设施的供电电源，切换时间≤0.5s 的供电电源采用 UPS，切换时间≤15s 的供电电源采用快速启动的柴油发电机组。1 类或 2 类医疗场所照明配置接自两个不同电源的两个回路，此两回路中的一个回路接至安全设施的供电电源；2 类医疗场所的医疗 IT 系统的插座回路配置至少由两个独立回路供电的多个插座，并与 TN 系统供电的插座用固定而明晰的标志加以区分。

4. 主要配电干线室外部分沿电缆沟敷设，由变电所用电缆引至各栋建筑的电气小间，支线穿钢管敷设。

5. 照度标准见 6.1.4－1。

6. 灯具及光源。本项目设有正常照明、应急照明（包括安全照明、备用照明、疏散照明及疏散标志灯），正常照明以清洁、明快为原则进行设计，同时考虑节能因素避免能源浪费，以满足使用的要求。

（1） 淋浴间、卫生间内选用防水防尘型灯具。室外照明灯具防护等级不低于 IP65。

（2） 电梯井道、层高在 2.2m 及以下的电缆夹层（设备夹层）照明采用 36V 低压电源，Ⅰ类灯具、安装高度低于 2.4m 的灯具、室外灯具的可导电外壳均接地。

（3） 紫外线消毒灯均采用移动式（单相 220V，30W/台），在手术室、治疗室、重症监护病房、抢救室、污洗间、消毒室等场所设有紫外线消毒灯电源插座。

（4） 病房及走道选用防眩光灯具以避免眩光对病人的影响。

7. 应急照明（备用照明与疏散照明）：消防控制室、变配电所、配电间、电信机房、弱电间、楼梯间、前室、水泵房、电梯机房、排烟机房、重要机房的值班照明等处的备用照明按 100%考虑；门厅、走道按 30%设置应急照明；其他场所按 10%设置应急照明。各层走道、拐角及出入口均设疏散指示灯，蓄电池采用集中免维护电池进行供电，停电时自动切换为直流供电，并且应急照明持续时间应不少于 30min。

8. 在X射线机室、CT机扫描室的入口处设置红色工作标志灯，标志灯的开闭受设备的操纵台控制。

9. 照明控制：

照明采用集中控制和就地控制相结合的方式。办公室、诊室、卫生间、库房等处的照明就地设置开关控制；挂号厅、候诊厅、公共走道等大面积场所采用现场集中控制；室外照明在值班室集中控制。

6.2.5 防雷与接地系统

1. 本项目各栋建筑物防雷分类及电子信息系统雷电防护等级见表 6.2.5。

表 6.2.5 各栋建筑物防雷分类及电子信息系统雷电防护等级

序号	建筑物栋号	建筑物防雷分类	电子信息系统雷电防护等级
1	1 号门诊楼	第二类	B 级
2	2 号医技楼	第二类	B 级
3	3 号住院楼	第二类	B 级
4	4 号祈祷室	第三类	—
5	5 号门卫、挂号室	第三类	B 级
6	6 号传染科	第三类	B 级
7	7 号变电所及 8 号洗衣房	第二类	B 级
8	9 号食堂	第三类	C 级
9	10 号垃圾站	—	—
10	11 号太平间	第三类	C 级
11	水塔	（构筑物）	（构筑物）

2. 第二类防雷建筑物接闪带网格不大于 $10m \times 10m$，第三类防雷建筑物接闪带网格不大于 $20m \times 20m$，接闪带用ϕ10mm 热镀锌圆钢在屋面明装。出屋面的金属物体均用ϕ8mm 热镀锌圆钢就近与接闪带焊接。突出屋面的较大设备如空调机组室外机等局部装设接闪杆，且从两个不同方向与屋面接闪带相连。突出屋面的放散管、风管等物体，金属物体应和屋面防雷装置相连，非金属物体应装接闪杆并与屋面防雷装置相连。接闪杆用ϕ16mm 热镀锌圆钢。

水塔高度约 30m，顶端装设ϕ20mm 热镀锌圆钢接闪杆，利用塔身内部钢筋做引下线。

3. 为预防雷电电磁脉冲引起的过电流和过电压，在下列部位装设电涌保护器（SPD）：

（1）在变压器低压侧装一组 SPD。当 SPD 的安装位置距变压器沿线路长度不大于 10m 时，可装在低压主进断路器负载侧的母线上，SPD 支线上应设短路保护电器，并且与主进断路器之间应有选择性。

（2）进出建筑物的电气线路均装设 SPD（浪涌保护器），即在从室外引入的电源进线柜、屋顶电梯机房配电箱、屋顶风机配电箱及室外照明配电箱内装设 SPD，弱电线路在进线设备处装设 SPD。弱电设备专用 SPD 产品由专业厂家提供。电涌保护器应就近与接地装置相连。

4. 本工程采用共用接地装置，以建筑物、构筑物的金属体、构造钢筋和基础钢筋作为接地体，其接地电阻小于 1Ω。

5. 交流 220/380V 低压系统接地形式采用 TN－C－S，各单体建筑内的 PE 线与 N 线严格分开。手术室、ICU 室配电采用 IT 系统（无绝缘故障定位功能）。

6. 建筑物做总等电位联结，在变配电所及各单体总配电间处安装主等电位联结端子箱，将所有进出建筑物的金属管道、金属构件、接地干线等与等电位端子箱有效连接。

7. 在变电所，智能化机房，电梯机房，强、弱电小间，浴室、手术室等处做辅助等电位联结。

6.2.6 电气消防系统

1. 火灾自动报警系统：本卫生中心床位数为 160 床，最大单体（1 号门诊楼）首层建筑面积约 1490m^2，未达到设置火灾自动报警系统的标准，并且本项目无消防水泵、消防风机等需消防联动控制的设备，因此本项目未设置火灾自动报警系统。

2. 应急照明系统：

（1） 火灾疏散照明：疏散楼梯及其前室、疏散走道、室内通道及公共出口、电梯厅、电梯轿厢内以及门厅、挂号厅、候诊厅等场所设有疏散照明灯及疏散标志灯。疏散走道地面最低水平照度不低于 3lx，楼梯间不低于 5lx。疏散走道、楼梯间及其转角处、安全出口处设有疏散标志灯。疏散标志灯为常亮。疏散照明平时亮灭可控，市电中断时自动点亮。

（2） 备用照明：主要配电间、值班室、网络机房、人员密集的公共活动场所（走道、挂号厅、候诊厅、收费处）等处设置备用照明，应急时照度值同正常照明。

（3） 安全照明：涉及生命安全的场所（手术室、ICU 室、急救室、血库等）设有安全照明，应急时照度值同正常照明。

6.2.7 智能化系统

1. 信息化应用系统。信息化应用系统功能满足本项目（二级医院）的信息化需要并提供医院业务运营和物业管理的支撑和保障，包括公共服务、智能卡应用、物业管理、信息设施运行管理、信息安全管理、基本业务办公和专业业务系统。各信息化应用系统基于信息网络及布线系统，系统服务器设置于中心网络机房，管理终端设置于办公楼内的管理用房。

（1） 公共服务系统。公共服务系统应具有患者接待管理和公共服务信息发布等功能，并具有将各类公共服务事务纳入规范运行程序的管理功能。

（2） 智能卡应用系统。智能卡应用系统具有身份识别等功能，并具有消费、计费、票务管理、资料借阅、物品寄存、会议签到等管理功能，系统采用“一卡通”的方式，具有适应不同安全等级的应用模式。

（3） 物业管理系统。物业管理系统应具有对建筑的物业经营、运行维护进行管理的功能。

（4） 信息设施运行管理系统。信息设施运行管理系统应具有对建筑物信息设施的运行状态、资源配置、技术性能等进行监测、分析、处理和维护的功能。

（5） 信息安全管理系统。信息安全管理系统通过采用防火墙、加密、虚拟专用网、安全隔离和病毒防治等各种技术和管理措施，保证信息网络系统正常运行，确保经过网络传输和交换的数据不会发生增加、修改、丢失和泄露。

（6） 基本业务系统。基本业务系统应满足本卫生中心门诊、办公等基本业务运行的需求。

（7） 闭路电视手术监控系统。在手术室设彩色摄像机，一台装在无影灯中心，摄工作面；另一台装在门口附近，摄全景。在专家办公室设置彩色监视器，每台对应一个手术室的 2 台摄像机，手动切换，以便进行手术观察监控。闭路电视手术监控系统示意见图 6.2.7－1。

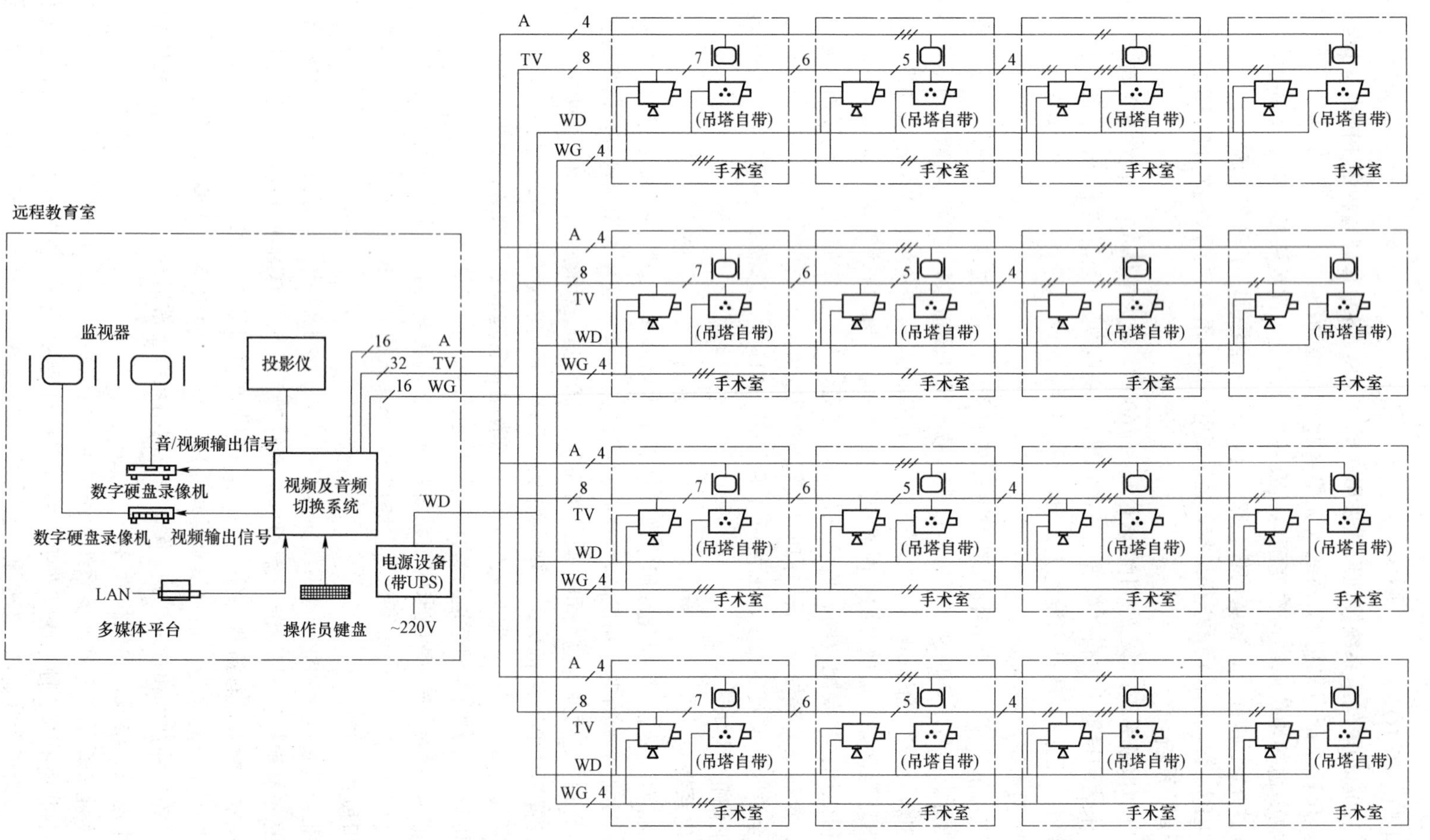

图 6.2.7－1 闭路电视手术监控系统示意

（8）门诊叫号系统。门诊叫号系统可以有序控制以上区域的就诊人流，减少排队。候诊叫号系统不仅提高了就医效率，改善了就诊环境，更主要的是给等候人员带来了美好的环境、放松的心情，甚至可以合理安排自己的等候时间。主要有以下部分组成：挂号终端、门诊叫号管理系统、虚拟呼叫器、播放终端（显示屏＋扬声器）、诊室门口显示屏。门诊叫号系统示意见图 6.2.7－2。

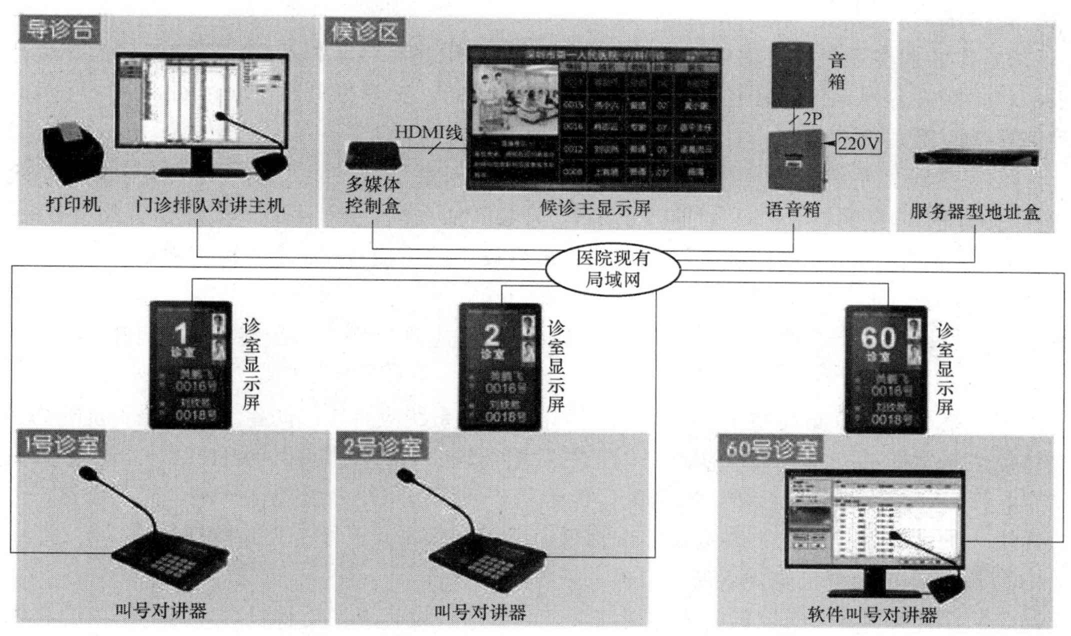

图 6.2.7－2　门诊叫号系统示意

（9）医护呼叫对讲系统。医护呼叫对讲系统示意见图 6.2.7－3。

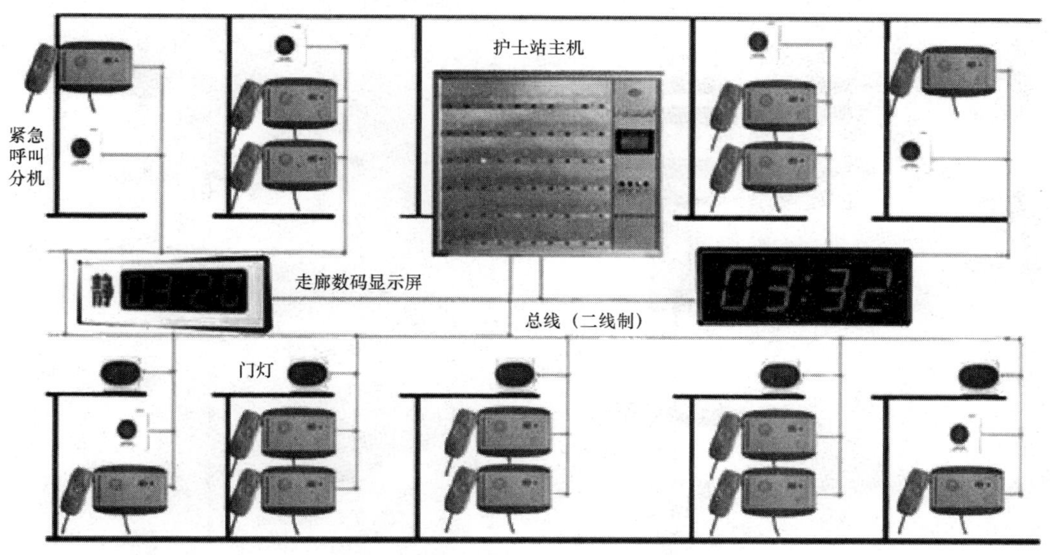

图 6.2.7－3　医护呼叫对讲系统示意

1）各护理单元设医护呼叫对讲系统，呼叫主机设在各护士站，分机设在每个病房床。

2）在候诊区设候诊呼叫对讲系统及电子扩音叫号系统。

3）在手术室设免提式呼叫对讲系统。

4）为保证某些突发病患者的安全，本院设紧急呼救系统。病人随身携带紧急呼救分机，与呼叫对讲总机联网，在紧急情况下，只需按动呼叫按钮，总机就能知到病人所处方位，以便及时采取急救措施。

（10）专业业务系统。卫生中心专业业务系统以通用业务系统为基础，满足医疗业务运行的需求，包括医院信息系统（HIS）、临床信息系统（CIS）、医学影像系统（PACS）、远程医疗系统等信息化应用系统。

2. 信息化设施系统。信息化设施系统包括信息接入系统、布线系统、用户电话交换系统、无线对讲系统、信息网络系统、有线电视系统、公共广播系统、会议系统、信息导引及发布系统。

（1）信息接入系统。数据和电话系统接入机房设于门诊楼首层。本工程需输出入中继线100对（呼出呼入各50%），另外申请直拨外线50对。

电视信号接自城市有线电视网，门诊楼首层设有线电视机房。系统终端数为250点。

（2）布线系统。

数据网络采用综合布线系统，产品为模块化结构，系统应有较高防雷、抗电磁干扰能力。系统整体信道带宽能够支持铜缆250MHz以上的数据传输，光纤支持1000MHz以上。在办公室、会议室、诊室、护士站、挂号处、收费处、检验科、高级病房等处设电话插座。在办公室、会议室、诊室、护士站、挂号处、收费处、检验科、高级病房、候诊厅等处设网络插座。

（3）有线电视及卫星电视系统。

1）本工程在地下一层设置有线电视前端室，在顶层设有卫星电视机房，对建筑内的有线电视实施管理与控制。

2）有线电视系统采用分配–分支分配方式。在病房、值班室、会议室、办公室等处设置电视终端插座。有线电视用户终端电平为69±6dB，图像质量不低于四级。有线电视系统示意见图6.2.7–4。

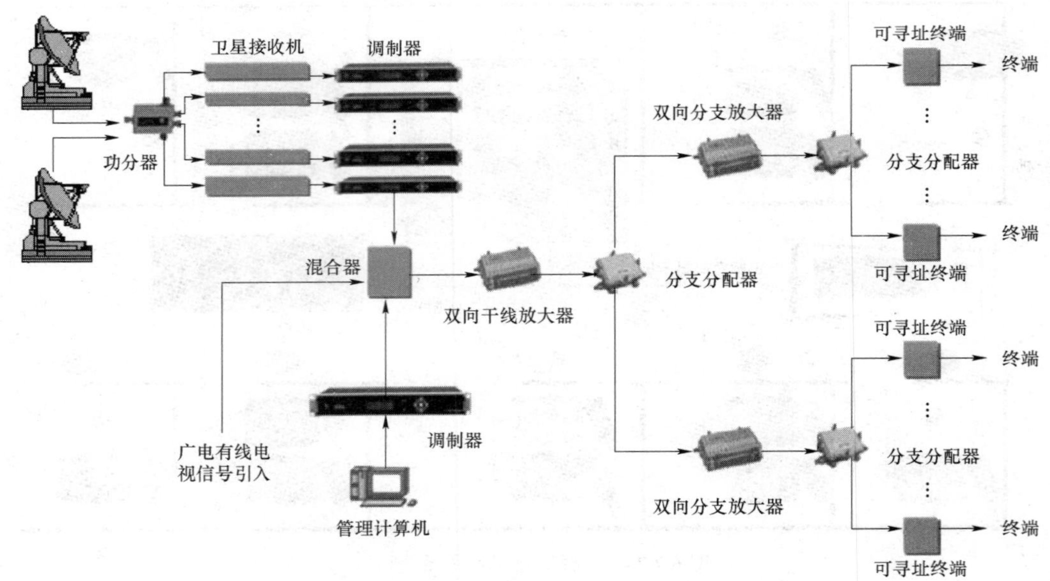

图6.2.7–4　有线电视系统示意

（4） 公共广播系统。

1） 本工程在一层设置广播室（与消防控制室共室）。

2） 在一层走道、大堂、餐厅等均设有背景音乐。背景音乐及紧急广播系统采用 100V 定压式输出。当有火灾时，切断背景音乐，接通紧急广播。

3） 多功能厅设置独立的音响设备。会议扩声系统配备多台多路混音放大器、扬声器箱等专业设备。调音台应有多路音源输入通道，每通道均可预选话筒或线路输入。各通道均应有语音滤波，衰减低音成分，增加语音的清晰度。可接入 CD、AM/FM 收音机、话筒等，并具备录音设备。扬声器的配置应满足会场声压级的需要，并应保证会场内声压的均匀度。

（5） 会议系统。本工程在多功能厅设置全数字化技术的数字会议网络系统，该系统采用模块化结构设计，全数字化音频技术。具有全功能、高智能化、高清晰音质。方便扩展和数据传递保密等优点。可实现发言演讲、会议讨论、会议录音等各种国际性会议功能，其中主席设备具有最高优先权，可控制会议进程。会议系统示意见图 6.2.7－5。

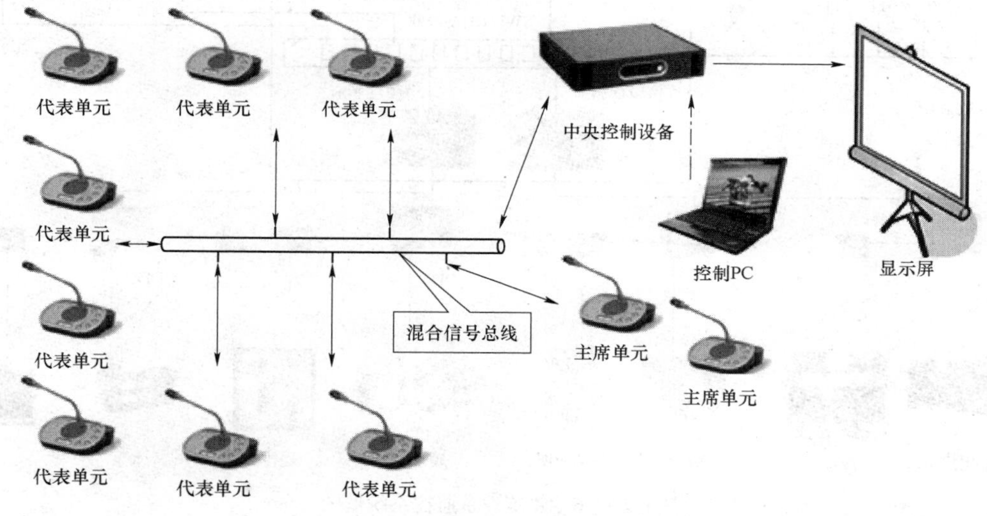

图 6.2.7－5 会议系统示意

（6） 信息导引及发布系统。本工程信息导引及发布系统主机设置于医院管理办公室内，系统由视频显示屏系统、传输系统、控制系统和辅助系统组成。可实现一路或多路视频信号同时或部分或全屏显示。通过计算机控制，在公共场所显示文字、文本、图形、图像、动画、行情等各种公共信息以及电视录像信号，并利用信息系统做电子导向标识，为就医人员提供出入导向服务。

3. 建筑设备管理系统。

（1） 建筑设备监控系统。

1） 建筑设备监控系统融合了现代计算机技术、网络通信技术、自动控制技术、数据库管理技术以及软件技术等，采用“集散型系统”，通过中央监控系统的计算机网络，将各层的控制器、现场传感器、执行器及远程通信设备进行联网，共同实现集中管理、分散控制的综合监控及管理功能。

2） 本工程建筑设备监控系统的总体目标是分别对建筑内的通风空调、给排水系统、供配电系统、照明系统、医疗工艺系统的设备进行监控，包括对氧气、笑气、氮气、压缩空气、真空吸引等医疗用气的使用进行监视和控制。通过对建筑设备集中监视管理，从而提供一个舒适的工作环境；通过优化控制提高管理水平，从而达到节约能源和人工成本，并能方便实现物业管理自动化。

3）本工程在地下一层设置一处建筑设备监控室，对建筑设备实施管理与控制。本工程建筑设备监控系统监控点数约共计为300控制点，其中（AI=20点、AO=20点、DI=140点、DO=120点）。建筑设备监控系统框图见图6.2.7–6。

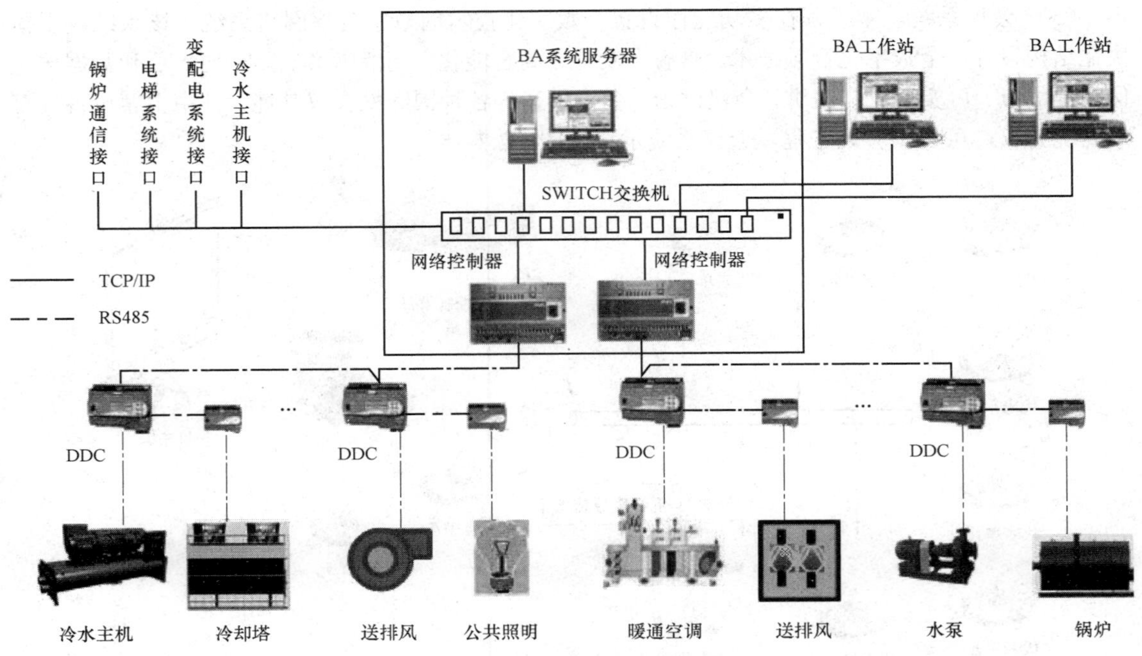

图6.2.7–6 建筑设备监控系统框图

（2）电力监控系统。本工程的电力监控系统是一个相对独立的子系统，电能监测中采用的分项计量仪表具有远传通信功能，纳入设备监控管理系统进行集成。电力监控系统可以集中进行数据采集和处理，实现变配电系统的遥信、遥调、遥控和遥信。通过变配电智能控制系统可以进行谐波分析、电压波动探测、中性线电流监测，提高电能质量；可以随时察看电力消耗情况，进行负荷调整，降低运行成本；可以提供故障的预警、分析，减少事故和加快故障的排除。智能控制系统的设置使供配电系统“透明化”，提高了供配电系统可靠性和能耗管理水平。

4. 公共安全系统。

（1）视频监控系统。本工程在一层设置保安室（与消防控制室共室），内设系统矩阵主机、视频录像、打印机，监视器及交流24V电源设备等。视频自动切换器接受多个摄像点信号输入，定时自动轮换（1～30s）输出监控信号，也可手动任选一个摄像机的画面跟踪监视、录像、打印。系统矩阵主机带输入、输出板；云台控制及编程、控制输出时、日、字符叠加等功能。

在门诊大厅、各层电梯厅、电梯轿厢等处设置摄像机，电梯轿厢内采用广角镜头，要求图像质量不低于四级。图像水平清晰度：黑白电视系统不应低于400线，彩色电视系统不应低于270

线。图像画面的灰度不应低于 8 级。保安闭路监视系统各路视频信号，在监视器输入端的电平值应为 1Vp－p±3dB VBS。保安闭路监视系统各部分信噪比指标分配应符合：摄像部分 40dB；传输部分 50dB；显示部分 45dB。保安闭路监视系统采用的设备和部件的视频输入和输出阻抗以及电缆阻抗均应为 75Ω。视频监控系统框图见图 6.2.7－7。

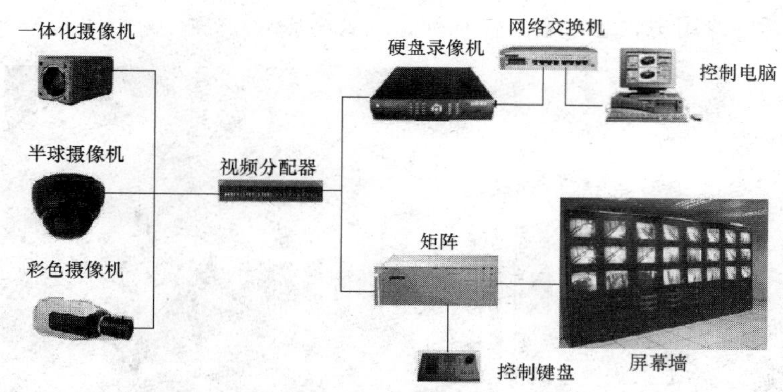

图 6.2.7－7　视频监控系统框图

（2） 出入口控制系统。系统主机设置于建筑消防控制室。系统构成与主要技术功能：

1） 出入口控制系统由识读部分、传输部分、管理/控制部分和执行部分以及相应的系统软件组成。

2） 本工程在重要机房、物业用房车库、出入口安装读卡机、电控锁以及门磁开关等控制装置。系统设置于各建筑内消防控制室内。

3） 系统的信息处理装置应能对系统中的有关信息自动记录、打印、存储，并有防篡改和防销毁的措施。

4） 出入口控制系统应能独立运行，并能与火灾自动报警系统、视频监控系统联动。当发生火警或需紧急疏散时，人员不使用钥匙应能迅速安全通过。

（3） 停车场管理系统。本工程停车场管理系统主机就近管理用房内设置。工程停车场管理系统采用影像全鉴别系统，对进出的内部车辆采用车辆影像对比方式，防止盗车；外部车辆采用临时出票机方式。系统构成与主要技术功能：

1） 出入口及场内通道的行车指示。

2） 车辆自动识别。

3） 读卡识别。

4） 出入口挡车器的自动控制。

5） 自动计费及收费金额显示。

6） 出入挡车器被破坏（有非法闯入）报警。

7） 非法打开收银箱报警。

8） 无效卡出入报警。

9） 卡与进出车辆的车牌和车型不一致报警。

【说明】电气抗震设计和电气节能措施参见 6.1.8 和 6.1.9。

6.3　社区医院

6.3.1　项目信息

本工程为社区医院，为新建建筑物，地下 1 层，地上 4 层，建筑面积约 4500m²，建筑高度 13.70m。主要包括门诊用房、急诊室、住院部、办公用房等。

社区医院

6.3.2　系统组成

1. 低压（0.4kV）配电系统。
2. 电力、照明系统。
3. 防雷与接地系统。
4. 电气消防系统。
5. 智能化系统。
6. 电气节能、环保措施。

6.3.3　低压配电系统

1. 负荷分级：本社区医院为一级医院。按二级负荷用户供电。

（1）二级负荷：包括急诊室照明及设备用电；消防设备、应急照明用电；电梯及污水泵用电。设备容量约为 140kW。

（2）三级负荷：包括除二级负荷外的其他负荷，如办公室、诊室、景观照明、空调用电等。设备容量约为 270kW。

2. 电源：由小区内的箱式变电站引来 4 路 0.4kV 电源。在本建筑物首层设一处总配电室，各楼层分别设置配电小间。

3. 备用电源：消防报警设备、安防设备等要求供电连续的负荷，采用 UPS 作为后备电源；应急照明（疏散照明及疏散标志灯、备用照明）采用 EPS 作为后备电源。

6.3.4　电力、照明系统

1. 由院区箱式变电站电缆埋地引来 0.4kV TN－C－S 系统电源，按照楼层及土建的功能分区进行配电系统设计。

2. 垂直配电为树干式，水平为放射式。重要负荷和大容量集中负荷由总配电室放射式配电。

3. 二级负荷采用双回路电源在适宜的配电点互投供电或可靠独立出线的单回路供电。消防负荷两路电源在末端配电箱自动互投供电。

4. 配电干线室外部分采用电缆直埋敷设。室内干线采用低烟无卤阻燃 A 类电力电缆，在桥架内或穿金属管敷设。消防负荷及应急照明干线采用低烟无卤阻燃 A 类耐火型电力电缆。

5. 照度标准：主要场所的照度标准见表 6.1.4－1。

6. 灯具及光源：本项目设有正常照明、应急照明（包括安全照明、备用照明、疏散照明及疏散标志灯），正常照明在满足使用需求的同时，采取措施节约电能。

（1）淋浴间、卫生间内选用防水防尘型灯具。室外照明灯具防护等级不低于 IP65。

（2）电梯井道、层高在 2.2m 及以下的电缆夹层（设备夹层）照明采用 36V 低压电源，I 类灯具、安装高度低于 2.4m 的灯具、室外灯具的可导电外壳均接地。

（3）紫外线消毒灯均采用移动式（单相 220V，30W/台），在手术室、治疗室、污洗间、消毒室等场所设有紫外线消毒灯电源插座。

（4）病房及走道灯具选型应避免眩光对病人的影响。

7. 应急照明（备用照明与疏散照明）：消防控制室、配电间、电信机房、弱电间、楼梯间、前室、水泵房、电梯机房、排烟机房等处的备用照明按正常照度的 100%设计；门厅、走道设置疏散照明。各层走道、拐角及出入口均设疏散指示灯，蓄电池采用集中免维护电池进行供电，停电时自动切换为直流供电，并且应急照明持续时间应不少于 30min。

8. 照明控制：照明采用集中控制和就地控制相结合的方式。办公室、诊室、卫生间、库房等处的照明就地设置开关控制；挂号厅、候诊厅、公共走道等大面积场所在现场集中控制；室外照明在值班室集中控制。

6.3.5 防雷与接地系统

1. 本建筑物按第三类防雷建筑物设防，为防直击雷在屋顶设接闪带，其网格不大于 20m×20m，所有突出屋面的金属体和构筑物应与接闪带电气连接。

2. 为预防雷电电磁脉冲引起的过电流和过电压，在下列部位装设电涌保护器（SPD）：

（1）由室外引入或由室内引至室外的电力线路、信号线路、控制线路、信息线路等在其入口处的配电箱、控制箱、前端箱等的引入处应装设 SPD。

（2）在向重要设备供电的末端配电箱的各相母线上，应装设 SPD。上述的重要设备包括医院经营业务用的重要计算机、建筑设备监控系统监控设备、主要的电话交换设备、UPS 电源、火灾报警控制器以及对人身安全要求较高的或贵重的电气设备等。

3. 本工程采用联合接地系统，共用接地装置，以建筑物、构筑物的金属体、构造钢筋和基础钢筋作为接地体，其接地电阻小于 1Ω。

4. 交流 220/380V 低压系统接地形式采用 TN－C－S 系统，在本建筑进线处做重复接地，本建筑内部 PE 线与 N 线严格分开。

5. 建筑物做等电位联结，在总配电间处安装主等电位联结端子箱，将所有进出建筑物的金属管道、金属构件、接地干线等与等电位端子箱有效连接。

6. 在配电间、弱电机房、电梯机房、强电及智能化小间，浴室、有淋浴的卫生间等处做辅助等电位联结。

6.3.6 电气消防系统

1. 火灾自动报警系统：本社区医院为集中报警系统，首层设有消防控制室。机电设备用房、大厅、办公室、诊室、康复室、公共走道、设感烟探测器；开水间设感温探测器；各楼层均设手动报警按钮。消防控制室可接收感烟、感温探测器的火灾报警信号，水流指示器、检修阀、压力报警阀、手动报警按钮、消火栓按钮的动作信号。

2. 消防联动控制系统：在消防控制室设置联动控制台，控制方式分为自动控制和手动控制两种。通过联动控制台，可以实现对消火栓、自动喷洒灭火系统、加压送风系统的监视和控制，火灾发生时手动切断非消防照明及空调机组、通风机、动力电源。

3. 消防紧急广播系统：本项目设有消防广播系统和火警声光警报器，火灾时启动全楼的火警广播。

4. 电梯监视控制系统：在电梯机房设置火灾报警系统的联动模块，火灾发生时，根据火灾情况及场所，由消防控制室电梯监控盘发出指令，全部非消防电梯返回首层并开门。电梯的运行状态及故障状态反馈信号在消防控制是图形显示装置上显示。

5. 应急照明系统：

（1） 火灾疏散照明：疏散楼梯及其前室、疏散走道、室内通道及公共出口、电梯厅、电梯轿厢内以及门厅、挂号厅、候诊厅等场所设有疏散照明灯及疏散标志灯。

疏散走道地面最低水平照度不低于 3lx，楼梯间不低于 5lx。

疏散走道、楼梯间及其转角处、安全出口处设有疏散标志灯。

疏散标志灯为常亮。疏散照明灯平时亮灭可控，火灾时自动点亮。

（2） 备用照明：主要配电间、值班室、网络机房、人员密集的公共活动场所（走道、挂号厅、候诊厅、收费处）等处设置备用照明，应急工作时的照度值同正常照明。

（3） 安全照明：涉及生命安全的场所（手术室、急救室）设有安全照明，应急时照度值同正常照明。

6. 本项目设置电气火灾监控系统，在总配电室各路电源进线处装设剩余电流检测装置，对电气火灾进行监测和报警，电气火灾报警主机设于消防控制室。

7. 本项目设置消防电源监视系统，通过检测消防配电干线的电压和电流，实现对消防电源的正常工作和故障报警状态的监视和记录。

6.3.7 智能化系统

1. 信息化应用系统：信息化应用系统功能满足本项目（社区医院）的信息化需要并提供医院业务运营和物业管理的支撑和保障，包括公共服务、智能卡应用、物业管理、信息设施运行管理、信息安全管理、基本业务办公和专业业务等系统。各系统基于信息网络及布线系统，服务器设置于网络机房，管理终端设置于医院管理用房。

（1） 公共服务系统。公共服务系统应具有患者接待管理和公共服务信息发布等功能，并宜具有将各类公共服务事务纳入规范运行程序的管理功能。

（2） 信息设施运行管理系统。信息设施运行管理系统应具有对建筑物信息设施的运行状态、资源配置、技术性能等进行监测、分析、处理和维护的功能。

（3） 信息安全管理系统。信息网络安全管理系统通过采用防火墙、加密、虚拟专用网、安全隔离和病毒防治等各种技术和管理措施，保证网络系统的正常运行，确保经过网络传输和交换的数据不会发生增加、修改、丢失和泄露。

（4） 基本业务办公系统。基本业务办公系统应满足社区医院门诊、办公等基本业务运行的需求。

（5）专业业务系统。专业业务系统以通用业务系统为基础，满足社区医院诊疗业务的需求，包括医疗业务信息化系统、候诊叫号系统、医护呼叫对讲系统等信息化应用系统。

1）候诊叫号系统。候诊叫号系统通过医院内网传输，显示屏通过内网平台传输。本项目在各门诊、检查候诊区，门诊药房等候区设置电子排队叫号系统，可以有序控制以上区域的就诊人流，减少排队。候诊叫号系统不仅提高了就医效率，改善了就诊环境；更主要的是给等候人员带来了美好的环境、放松的心情，甚至可以合理安排自己的等候时间。主要有以下部分组成：挂号终端、门诊叫号管理系统、虚拟呼叫器、播放终端（显示屏+扬声器）、诊室门口显示屏。候诊叫号系统示意见图 6.3.7－1。

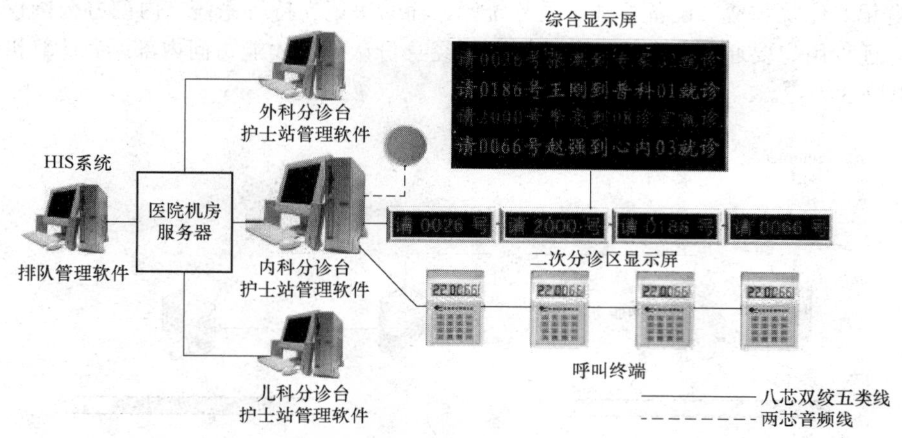

图 6.3.7－1 候诊叫号系统示意图

2）医护呼叫对讲系统。医护对讲系统主机设在各护士站，分机设在每个病房床头，在各病房门设置显示器，卫生间设紧急呼叫分机，护士站两侧走廊各设一块中文信息显示屏，每个护理单元一套。系统采用总线制，可实现护士站与病人、医生双向对讲，主机具有数码循环显示呼叫房号、床号等功能，医护对讲系统示意图见图 6.3.7－2。

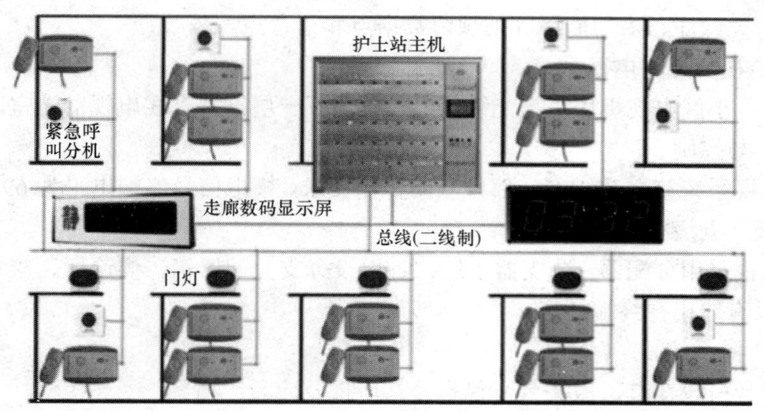

图 6.3.7－2 医护对讲系统示意图

2. 智能化集成系统：受建筑规模和投资所限，本项目未设智能化集成系统。

3. 信息化设施系统：信息化设施系统包括信息接入系统、布线系统、用户电话交换系统、无线对讲系统、信息网络系统、有线电视系统、公共广播系统、信息导引及发布系统。

（1）信息接入系统。数据和电话系统接入机房设于门诊楼首层。本工程需申请中继线 30 条及直拨外线 30 对。

电视信号接自城市有线电视网，门诊楼首层设有线电视机房。系统终端数为 80 点。

（2）布线系统。

1）数据网络采用综合布线系统，产品为模块化结构，系统应有较高防雷、抗电磁干扰能力。系统整体信道带宽能够支持铜缆 250MHz 以上的数据传输。

根据使用的需求，计算机网络分为因特网和内部办公网，内部办公网包括门诊挂号、门诊收费、住院登记、住院收费、设备管理、医务统计、辅助决策支持等系统。内部办公网仅限于内部用户使用，远程用户要通过公网方式接入，必须经身份认证后才能访问内部网。计算机网络系统示意图见图 6.3.7－3。

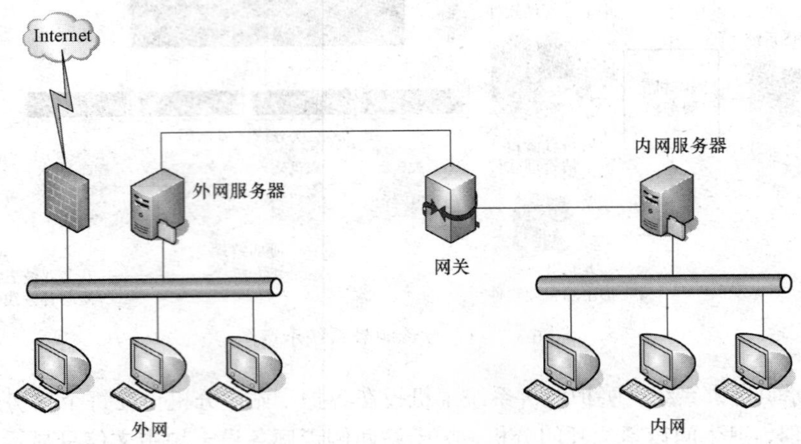

图 6.3.7－3　计算机网络系统示意图

2）办公室、诊室按工位或每 $8m^2$ 一个工作区设一个双孔信息插座（话音与数据插孔各一）。大厅、休息厅、候诊厅、多功能厅等处预留数据点和语音点。

（3）有线电视及卫星电视系统。

1）本工程由小区电视机房引来光缆信号，在地下一层设置有线电视前端室，对建筑内的有线电视实施管理与控制。

2）有线电视系统符合 860MHz 邻频双向传输要求，模拟信号终端电平为 69 ± 6dBuV。图像质量不低于 4 级（五级损伤制评分）。

3）有线电视采用分配器－分支器系统，各层设分支分配器箱，候诊厅、康复室、电梯厅、多功能厅等处设有线电视终端插座。

（4）公共广播系统。

1）广播扩音机设在首层服务台，包括公共广播及应急广播。

2）候诊厅、公共走道等处设有背景音乐和公共广播系统，与火灾应急广播共用扬声器，火灾时强制转入消防广播状态。

（5）信息导引及发布系统。本工程信息导引及发布系统主机设置于建筑物业管理室内。本系统由视频显示屏系统、传输系统、控制系统和辅助系统组成。可实现一路或多路视频信号同时或部分或全屏显示。通过计算机控制，在公共场所显示文字、文本、图形、图像、动画、行情等各种公共信息以及电视录像信号，并利用信息系统作为电子导向标识，辅助人员出入导向服务。

4. 公共安全系统：公共安全系统机房设在首层消防控制室，能对摄像监视等各子系统的运行状态监测和控制，能对报警信息等数据进行记录和显示，采用数据库方式保存信息，以便于日后的数据检索。

系统留有向公安报警中心发送报警信号、报警图像或指定画面的接口。

（1） 视频监控系统。本工程在一层设置保安室（与消防控制室共室），系统设备主要包括：矩阵主机、视频录像、打印机、监视器及系统电源设备等。系统具备巡检、遥控、循环录像等功能。采用数字硬盘录像机，支持 MPEG4 录像，要求达到实时录像。视频自动切换器接受多个摄像点信号输入，定时（1～30s）自动轮换输出监控信号，也可手动任选一个摄像机的画面跟踪监视、录像、打印。矩阵主机带输入、输出板，云台控制及编程、控制输出，时、日、字符叠加等功能。

在挂号厅、收费处、服务台、公共走道、电梯轿厢内、电梯前室、楼道出入口及建筑物四周等公共区域设置监视摄像机，保证重点部位无监视死角。

图像水平清晰度：黑白电视系统不应低于 400 线，彩色电视系统不应低于 270 线，图像画面的灰度不应低于 8 级。各路视频信号在监视器输入端的电平值应为 1Vp－p±3dB VBS。系统各部分信噪比指标分配应符合：摄像部分 40dB，传输部分 50dB，显示部分 45dB。

（2） 出入口控制系统。系统主机设置于建筑消防控制室。系统构成与主要技术功能：

1） 出入口控制系统由识读部分、传输部分、管理/控制部分和执行部分以及相应的系统软件组成。

2） 本工程在重要机房、物业用房出入口安装读卡机、电控锁以及门磁开关等控制装置。系统设置于各建筑内消防控制室内。

3） 系统的信息处理装置应能对系统中的有关信息自动记录、打印、存储，并有防篡改和防销毁的措施。

4） 出入口控制系统应能独立运行，并能与火灾自动报警系统、视频监控系统联动。当发生火警或需紧急疏散时，人员不使用钥匙应能迅速安全通过。

【说明】电气抗震设计和电气节能措施参见 6.1.8 和 6.1.9。

7 城市交通建筑

【摘要】城市交通建筑指为公众提供一种或几种交通客运形式的建筑的总称，城市交通建筑电气设计应满足安全、迅速、有秩序地组织旅客登机（车）、离港，便利旅客办理相关旅行手续，为旅客提供安全舒适的候机（车）条件，并可集客运商业、旅游业、饮食业、办公等多种功能为一体的现代化综合性要求。城市交通建筑属人员密集场所，应关注安防、防火等内容，确保使用安全。

7.1 大型航站楼

7.1.1 项目信息

某机场航站楼建筑面积为56.8万m^2，地上4层，地下3层。建筑高度62m，建筑耐火等级一级，地下室防水等级一级，设计使用年限为50年。主体结构采用钢筋混凝土框架结构，屋顶采用钢网架结构，支撑屋顶结构采用钢结构。

大型航站楼

7.1.2 系统组成

1. 变、配电系统。
2. 电力、照明系统。
3. 防雷与接地系统。
4. 电气消防系统。
5. 智能化系统。
6. 电气抗震设计。
7. 电气节能措施。

7.1.3 变、配电系统

1. 负荷分级。

（1）一级负荷：包括候机楼、外航驻机场办事处、站坪照明、站坪机务用电，航空管制、导航、通信、气象、助航灯光系统设施和台站用电，边防、海关的安全检查设备用电，行李处理系统（BHS），航班预报设备用电，排水泵、生活水泵，消防用电设备（消防控制室内的火灾自动报警控制器及联动控制台、消防水泵、消防电梯、排烟风机、加压送风机、计算机系统电源等）、保安监控系统、时钟系统、航站楼安检设备、应急照明及疏散指示等。其中航空管制、导航、通信、气象、助航灯光系统设施和台站用电，边防、海关的安全检查设备用电，航班预报设备用电和所有的消防用电设备为一级负荷中的特别重要负荷，设备容量约为26 300kW。

（2）二级负荷：公共场所空调系统设备、自动扶梯、自动人行道及航站楼内其他主要用电负荷为二级负荷，设备容量约为15 200kW。

（3）三级负荷：包括高架桥照明、一般照明及动力负荷，设备容量约为7600kW。

2. 电源。本工程由市政外网引来从上级两个110kV站的引来3组（6路）双重高压电源，高压系统电压等级为10kV。高压采用单母线分段运行方式，3组（6路）电源同时工作，每两路电源互为备用，当其中一路电源停电时，另一路带所有的用电负荷。

3. 变、配、发电站。

（1）航站楼内共设置3个10kV开关站，13个变配电所，38台干式变压器，装机容量76 000kVA，变配电所设置详见表7.1.3。

表 7.1.3　　变配电所设置一览表

变配电所编号	变压器装机容量/kVA	变压器容量/kVA × 台数	用途	位置
1 号	8000	2000 × 4	公共变配电所	首层
2 号	8000	2000 × 4	公共变配电所	首层
3 号	4000	2000 × 2	公共变配电所	地下一层
4 号	7200	1600 × 2 2000 × 2	公共变配电所	首层
5 号	8000	2000 × 4	公共变配电所	首层
6 号	3200	1600 × 2	公共变配电所	地下一层
7 号	4000	2000 × 2	公共变配电所	首层
8 号	8000	2000 × 4	公共变配电所	首层
9 号	8000	2000 × 4	公共变配电所	首层
10 号	8000	2000 × 4	公共变配电所	首层
11 号	4000	2000 × 2	行李变配电所	地下一层
12 号	4000	2000 × 2	行李变配电所	地下一层
13 号	1600	800 × 2	行李变配电所	首层

（2）变压器低压侧 0.4kV 采用单母线分段接线方式，低压母线分段开关采用自动投切方式时，低压母联断路器应采用设有自投自复、自投手复、自投停用三种状态的位置选择开关，自投时应设有一定的延时，当变压器低压侧总开关因过负荷或短路故障而分闸时，母联断路器不得自动合闸；电源主断路器与母联断路器之间应有电气联锁。

低压配电智能监控系统：低压配电智能监控系统实现对各供配电网络的电压、电流、有功功率、无功功率、功率因数、频率、谐波含量、电能量等电参数的监测，以及对断路器的分和状态、故障信息进行监视。

4. 自备应急电源系统。在地下一层设置十处柴油发电机房。设置十二台低压 1250kW 柴油发电机组。

（1）当市电出现停电、缺相、电压超出范围（AC380V：－15%～＋10%）或频率超出范围（50Hz±5%）时延时 15s（可调）机组自动启动。

（2）当市电故障时，消防用电设备、应急照明与疏散照明以及涉及人身安全的用电设备均由自备应急电源提供电源。

5. 变电站综合自动化保护及电力监控系统采用智能化、网络化、单元化、组态化系统，以智能电力监控装置、微机继电保护装置、其他智能装置、计算机网络、电力自动化应用组态软件为基础，把供配电系统的运行设备和运行状况置于毫秒级、周波级的连续精确的监视控制保护中，提供变配电系统详尽的数据采集、运行监视、事故预警、事故记录和分析、电能质量监视和分析、继电保护等功能。10kV 侧进出线断路器、变压器低压侧主开关及重要出线回路开关、直流配电屏、柴油发电机等均设置智能测控单元，以实现远距离实时遥信等智能化管理。考虑到航站楼的供配电安全，对高/低压配电柜有关电量参数监视系统将只作监测而不作控制。

7.1.4 电力、照明系统

1. 变压器低压侧母线设置母联断路器，采用单母线分段方式运行，联络开关设自投自复、自投不自复、手动转换开关。自投时应自动断开非保证负荷。主进开关与联络开关设电气联锁，任何情况下只能合其中的两个开关。

2. 配电系统考虑制热负荷为季节性负荷，为提高变压器负荷率，减少机组启动对其他负荷的干扰，提高供电质量，为其另建一变电所。

3. 本工程采用低压集中自动补偿方式，每台变压器低压母线上装设不燃型干式补偿电容器，对系统进行无功功率自动补偿，使补偿后的功率因数大于 0.95。

4. 低压配电采用放射式与树干式相结合的方式，对于单台容量较大的负荷或重要负荷，如机务用电、登机桥电源、400Hz 电源、冷冻机房、水泵房、电梯机房、电话站、消防中心等设备采用放射式供电；对于一般负荷采用树干式与放射式相结合的方式供电。

5. 本工程的消防动力设备、计算中心、应急照明、计算机设备、电话机房、配变电所、航班动态、行李转盘、离港系统、安检系统、电梯、自动扶梯、时钟系统、BA 系统等用电等采用双电源供电，并在末端互投。

6. 行李处理系统应采用独立回路供电。

7. 照度标准。

（1） 照度标准见表 7.1.4。

表 7.1.4 照 度 标 准

房间或场所		参考平面及其高度	照度标准值/lx	UGR	U_0	R_a
售票台		台 面	500	—	—	80
问询处		0.75m 水平面	200	—	0.6	80
候机室	普通	地 面	150	22	0.4	80
	高档	地 面	200	22	0.6	80
中央大厅、售票大厅		地 面	200	22	0.4	80
海关、护照检查		工作面	500	—	0.7	80
安全检查		地 面	300	22	0.6	80
行李认领、到达大厅、出发大厅		地 面	200	22	0.4	80
通道、连接区、扶梯		地 面	150	—	0.4	80
有棚展台		地 面	75	—	0.6	20
无棚展台		地 面	50	—	0.4	20

（2） 光源。离港大厅、候机厅、办公用房等场所为荧光灯或高效节能型灯具。进港大厅采用高效金属卤化物灯。办票柜台、安检柜台、商业用房等其他功能用房，根据要求设置局部照明。餐厅，商店，VIP 等要求较高场所，结合建筑装饰采用节能灯具，以烘托气氛。

（3） 候机厅、值机大厅、行李提取大厅的照明采用两个回路各带 50%的照明灯具的配电方式。航站楼主体建筑群包括主楼、东西连廊、东西连接及候机指廊。为避免屋顶安装灯具为日后带来维护难的问题，采用间接照明为主的方案，以实现均匀、无眩光的、类似柔和自然光的照明效果。在房顶及广告牌后的钢架上布置高效金卤投光灯照向大屋顶，在各大门门斗上方布置同样的灯具，从外侧向内照向大屋顶。增加间接照明的金卤高杆灯增强空间的亲切感。中部大柱柱顶还布置了反射镜系统。所有间接照明灯具（除高杆灯外）均安装在隐蔽部位，做到见光不见灯。除了上述几个大空间之外，较多低矮的公共空间以及大空间中的功能性区域，这些范围以直接照明为主。对于重点照明，选择与环境风格相协调及防眩光的灯具。室外雨篷下布置了照向棚顶的投光灯。

（4） 航站楼路侧，结合建筑要求，设置立面照明，勾画建筑外轮廓。

（5） 采用智能型照明管理系统，以实现照明节能管理与控制。所有公共活动区域的照明、广告照明、标识照明等均采用智能灯光控制系统。智能灯光控制系统对灯的开闭控制模块的每路输出均带电流检测功能，可检测每个回路的电流大小，并可在中控电脑上显示，当灯损坏时可报警，便于运营部门的维护。末端数据通过网关，接入综合设备网传输。智能灯光控制系统作为整个航站楼的智能化集成系统的一个子系统设置，主机设于建筑设备监控室内。

（6） 本工程主要场所的荧光灯采用电子镇流器，以提高功率因数，减少频闪和噪声。

（7） 值机大厅、行李提取大厅、候机厅、餐厅、防烟楼梯间前室、消防电梯前室等场所设应急疏散照明，其照度值不低于 5lx，最少持续供电时间不小于 60min；疏散通道、疏散楼梯等场所设应急疏散照明，其照度值不低于 10lx，最少持续供电时间不小于 60min；变配电所、柴油发电机房、消防控制室、消防泵房、防排烟机房等场所设备用照明，其照度值不低于正常照明的照度，最少持续供电时间不小于 180min。

在值机大厅、行李提取大厅、候机厅、餐厅、走廊、安全出口、楼梯间及其前室、主要出入口等场所设置疏散指示。墙面疏散指示标志灯设置间距不大于 20m，地面疏散指示标志灯设置间距不大于 10m。疏散指示标志灯采用灯具集中蓄电池型，应急照明灯采用集中蓄电池柜，蓄电池持续供电应急时间不少于 60min，并符合其他相关规范。应急照明灯平常由智能照明系统或现场手动控制，火灾时由消防控制室强制点亮。

本工程采用的集中控制型消防应急灯系统，系统由设置消防控制中心应急照明控制器、设置在各区域配电室内的应急照明配电箱以及终端消防应急照明灯具、消防应急标志灯具联网组成。系统能够对当前终端消防应急照明灯具和消防应急标志灯具的灯具、线路及备电电池状态进行检测，如消防应急照明灯具和消防应急标志灯具的灯具、供电线路或电池发生故障，应急照明控制器能够报警，并定性故障发生点，提醒工作人员在第一时间进行维护，确保建筑内应急照明和疏散指示灯具的正常工作。消防联动采用 RS232（RS485）协议，FAS 系统提供联动 RS232（RS485）协议及协议接口。集中控制型消防应急灯系统应满足 GB 17945《消防应急照明和疏散指示系统》的要求。

集中控制型消防应急标志采用绿色 LED 光源，其表面亮度应大于 80cd/m^2，小于 300cd/m^2。地面标志灯防护等级不低于 IP65。

7.1.5 防雷与接地系统

1. 本建筑物按二类防雷建筑物设防，利用航站楼金属屋面做接闪器。屋面上的非金属物体、无金属外壳或保护网罩的电气设备，均应置于独立防雷装置的保护之下。金属屋面与金属杆件可靠连接后，均与结构混凝土内结构钢筋连接。

2. 利用建筑物外侧钢结构柱、幕墙钢结构柱或外墙混凝土结构柱内主钢筋（4 根主筋）做防雷装置引下线。

3. 需利用玻璃外幕墙金属结构做防雷引下线，所有竖向金属拉索连接与截面应符合引下线要求，每层楼板处外幕墙整体做等电位联结。引下线穿楼板时应就近与结构板内上层钢筋有效连接构成局部等电位，每个方向（四个）至少有一点焊接。

4. 首层玻璃及铝板外幕墙应做等电位联结，按柱间距预留连接。人员进出位置利用结构板内钢筋网做防跨步电压的均压措施，钢筋网就近与引下线及外墙金属构件连接，导体材质视安装条件采用ϕ12mm 热镀锌圆钢或 4mm×40mm 热镀锌扁钢。

5. 为防止侧向雷击，利用外墙上的所有金属窗、构件、玻璃幕墙的预埋件及楼板内的钢筋接成一体后与引下线焊接。

6. 为预防雷电电磁脉冲引起的过电流和过电压，在变压器低压侧、向重要设备供电的末端配电箱的各相母线上、由室外引入或由室内引至室外的电气线路等处装设电涌保护器（SPD)。

7. 本工程采用共用接地装置，以建筑物、构筑物的金属体、构造钢筋和基础钢筋作为接地体，其接地电阻小于 1Ω。

8. 建筑物做等电位联结，在配变电所内安装主等电位联结端子箱，将所有进出建筑物的金属管道、金属构件、接地干线等与等电位端子箱有效连接。

9. 在所有通信机房、电梯机房等处做辅助等电位联结。

7.1.6 电气消防系统

1. 本工程火灾自动报警及消防联动控制系统采用控制中心报警系统，既集中与分散相结合的控制方式。在航站楼 1 层设置一个消防控制中心，六个消防分控室，分散设置的火灾报警主机与位于消防控制中心的网络控制器、网络图形工作站组成火灾报警网络系统。控制层网络之间采用 100/1000M BASE－T 以太网，以标准 TCP/IP 协议互相通信，在物理连接上利用航站楼综合设备网络 VLAN 路由，组成上层管理网，构建火灾自动报警及联动控制系统的分布控制、集中管理系统框架。

消防控制中心设置火灾自动报警控制器、网络图形工作站及服务器、多线联动控制盘、总线联动控制盘（完成消防风机的总线手动启停控制）、消防电源盘、应急广播分区联动盘、消防电话主机、消防水炮控制、分布式光纤报警主机、图像报警处理主机、视频矩阵、监视屏墙等设备，负责整个航站楼消防通信、共用消防设备（消防水泵）的联动控制、所管辖区域的消防风机的联动控制，以及报警信息的显示、打印、网络上传等。

在各个消防分控中心设置火灾报警控制器、多线联动控制盘、总线联动控制盘（完成消防风机的总线手动启停控制）、消防联动电源盘等设备，负责本区域报警信息处理及本区域内消防风机的联动控制，并将消防风机的启停状态信号通过通信总线返回至消防控制中心显示。各消防分控中心多线联动控制盘的手动控制，采用由航站楼消防巡查人员 24h 监管措施，响应及满足现行规范要求的自动及手动控制功能要求。

2. 根据不同场所的需求，现场设置各种报警探测器、手动报警按钮、联动模块、消火栓按钮、声光报警装置、各种联动用中继器、电话插孔、电话分机等设备。结合“舱”和“独立防火单元”的设计概念，在“舱”和“独立防火单元”内设计点式感烟探测器，实现对“舱”和“独立防火单元”火灾的极早期报警。而位于主楼和指廊的拱形钢屋面下的“燃烧岛”（开敞区域的商业零售）区域，由于存在可燃物聚集集中的情况，宜采用适用于高大空间的火灾报警探测器及时向消防控制中心报警，及时组织灭火救援工作，避免造成旅客的恐慌和混乱，减低财产损失，维持机场正常的运营管理。火灾探测器的具体配置见表 7.1.6。

表 7.1.6 火灾探测器的具体配置

场所名称	探测器保护类型	备 注
一般区域、普通办公室、业务用房、员工用房、VIP/CIP 休息室、商业零售、行李分检大厅、行李提取大厅、空调机房、泵房、楼梯间前室、设备机房等、登机桥	光电感烟探测器	智能探测器
厨房	感温探测器、燃气泄漏探测器	智能探测器
热交换机房、开水间、停车区、货运通道、装卸区	感温探测器	智能探测器或普通探测器配模块
10kV 配电房、变配电室、配电间	智能光电感烟探测器、智能感温探测器	联动气体灭火
行李处理机房，空调机房（超过 12m 区域）、到达及候机子廊高大空间区域	红外光束感烟探测器	探测器配模块
PCR，DCR，SCR 间、功能控制中心，UPS 机房	光电感烟探测器、感温探测器	智能探测器，联动气体灭火
B1 层通高中庭、L1 层中庭、L4 层夹层、值机大厅高大空间区域	图像探测器，红外光束感烟探测器的组合	联动消防水炮
自动扶梯机坑、自动步道机坑	缆式线型定温探测器	探测器配模块
防火卷帘门两侧	光电感烟探测器、感温探测器	智能探测器
封闭电缆桥架及线槽	分布式光纤感温探测器	
设备管廊强弱电线槽及桥架	分布式光纤感温探测器，光电感烟探测器	智能探测器

3. 消防系统联动控制功能。

（1） 消火栓及消防泵系统。消火栓箱内设双触点消火栓按钮（附启泵信号指示灯），按钮中一组触点编址后接入报警控制总线；另一组触点接入消防泵房用于直接启泵。消火栓按钮具有三种启泵方式（消防控制室手动启泵、控制器接受信号自动启泵、机械直接启泵）。

（2） 水喷淋系统。水流指示器、安全信号阀、湿式报警阀、压力开关均通过监视模块接入报警总线，湿式报警阀采用双触点，一组通过地址模块接入报警总线，另一组用于直接启动喷淋泵。

1） 自动控制：水流指示器、安全信号阀的动作信号，报警总线联动所在区域的声光报警器；压力开关报警信号通过报警总线联动声光报警器，自动启动喷淋泵，并返回运行信号至消防控制中心报警主机及多线联动控制盘上显示。

2） 手动控制：消防控制中心通过多线联动盘手动启动按钮直接启/停喷淋泵，并返回运行信号多线联动控制盘上显示。

3） 消防控制中心多线控制盘设喷淋泵运行及故障指示灯。

4） 消防泵房机械直接启泵。

（3） 消防水炮灭火系统。通高中庭、中庭、夹层、值机大厅高大空间设有消防水炮灭火的区域内，设置图像型感火焰探测报警系统、红外光束感烟火灾探测报警系统与消防水炮控制装置配套组成相对独立的火灾报警及灭火控制系统，图像型感火焰探测报警系统、红外光束感烟火灾探测报警系统，消防炮控制系统均通过 RS485 总线通信接口实现与传统火灾报警控制系统的通信及联动，其联动控制功能如下：

1）自动状态：火灾时，图像火焰探测器、红外光束感烟探测器与报警信号传输给消防水炮控制器，通过消防水炮现场控制器联动开启电动阀，启动消防水炮供水泵，消防水炮通过定位器进行自动扫描定位瞄准喷水灭火，同时消防水炮供水泵及电动阀的运行状态信号返回消防控制中心显示；另一方面图像探测器及消防水炮扫描定位处理主机实时输出现场的视频信号传输到消防控制中心，对现场图像信号实现实时的监控、存储和回放。

2）手动控制：消防中心控制设备在手动状态下，当现场探测器报警后，主机发出报警信号，消防值班人员通过强制切换的彩色画面再次确认火灾后，通过操作消防水炮控制器的集中控制盘按键，驱动消防水炮瞄准定位着火点，启动电动阀和消防水炮供水泵实施灭火，消防泵和消防水炮的工作状态返回控制中心显示。

现场应急手动：现场工作人员发现火灾后，通过设在现场的手动控制盘按键驱动消防水炮瞄准定位着火点，启动电动阀和消防水炮供水泵实施灭火。消防泵和消防水炮的工作状态返回消防控制中心显示。

（4）气体自动灭火控制系统。在设有气体灭火的区域内设置气体灭火控制盘，感烟、感温报警探测器、声光报警器、放气指示灯、紧急启停按钮与灭火控制装置配套组成相对独立的火灾报警及灭火控制系统，其联动控制装置功能如下：

有管网式气体灭火系统，设自动控制，手动控制和机械应急操作三种启动方式；无管网的气体灭火系统，设自动控制、手动控制启动方式。自动控制须由两个独立的火灾探测器与报警信号启动。气体灭火控制盘在接收到首个触发信号（防护区内设置的感烟火灾探测器、其他类型探测器或手动报警按钮的首次报警信号）后，启动设置在该防护区内的火灾声、光警报器；在接收到第二个触发信号（同一防护区域内与首次报警的火灾探测器或手动报警按钮相邻的感温火灾探测器、感烟探测器或手动报警按钮的报警信号）后，联动关闭防护区域的送、排风风机及送排风阀门；停止通风和空气调节系统及关闭设置在该防护区域的电动防火阀；关闭防护区域的门、窗；启动气体（泡沫）灭火装置，在有人工作的区域，气体灭火控制盘可设定不大于30s的延迟喷射时间；无人工作的防护区，可设置为无延迟的喷射，且应在接收到第一个火灾报警信号联动控制。启动气体灭火装置同时启动设置在防护区的入口处的灭火剂喷放指示灯；有管网系统应首先开启相应防护区域的选择阀或启动瓶，然后启动气体灭火装置。

气体灭火系统的每个气体灭火控制盘通过总线编码模块，将气体释放信号、紧急启动信号、紧急停止信号、手/自动状态信号、故障信号、电动阀状态信号（均为无源干接点信号）远程开、关控制信号即电动卸压阀动作输出（均为DC24V）接入火灾报警控制主机。

灭火剂释放灭火后，由楼控系统自动或就地手动启动事故后排风机，排出灭火剂。

（5）防排烟及加压送风系统。由消防控制中心火灾报警控制器通过总线自动、多线控制盘通过多线手动开启排烟口（阀），启/停排烟风机及加压送风机，并返回风机运行信号至消防控制中心。

（6）地下室。空调机房、设备用房区域的走道、地下卸货区设机械排烟及补风系统，地下货运通道设机械排烟及自然补风，以上任一区域内2个火灾探测器与报警，或1个火灾探测器1个手动报警按钮的“与”报警信号，由负责该区域的消防控制中心（消防分控室）火灾报警控制器联动开启发生火灾区域的排烟阀（口），同时自动/手动开启该区域排烟风机、补风机，停排风机，同时开启与疏散通道连接的前室加压送风机；当烟气温度达到280℃时，排烟风机前280℃防烟防火阀熔断信号直接联动关闭排烟风机及补风机。设于排烟风机前的280℃防烟防火阀要求带双微动开关（AC250V，5A），当微动开关动作后，一个动作信号接入报警系统，另一个动作信号通过中间继电器触点接入风机控制回路停风机（直接硬线控制），由强电联锁停排烟风机。

（7）高大空间区域。国际国内迎宾大厅、值机大厅、候机大厅、到达廊步道、层高小于大空间的开敞商业（开放舱）等区域内，2个火灾探测器或1个火灾探测器及一个手动报警按钮等设备的“与”逻辑报警信号由负责该区域的消防控制中心（消防分控室）火灾报警控制器联动开启该区域上部全部电动排烟（排风）窗，并返回排烟天窗开启状态至消防控制中心。

行李提取大厅内，2个火灾探测器或1个火灾探测器及一个手动报警按钮等设备的“与”逻辑报警信号，由负责该区域的消防控制中心（消防分控室）火灾报警控制器联动确保该区域所有排烟风机在50Hz的频率下运行。当烟气温度达到280℃时，排烟风机前280℃防烟防火阀熔断信号直接联动关闭排烟风机。

行李处理机房内，2个火灾探测器或1个火灾探测器及一个手动报警按钮等设备的“与”逻辑报警信号，由负责该区域的消防控制中心（消防分控室）火灾报警控制器联动开启相应的排烟风机。当烟气温度达到280℃时，排烟风机前280℃防烟防火阀熔断信号直接联动关闭排烟风机。

（8）封闭舱、独立防火单元。在大空间内的小封闭空间（独立防火单元），层高小于大空间的业务用房、设备用房、高舱位候机室（封闭舱）等区域内，2个火灾探测器或1个火灾探测器及一个手动报警按钮等设备的“与”逻辑报警信号，由负责该区域的消防控制中心（消防分控室）火灾报警控制器联动开启相应的排烟风机。当烟气温度达到280℃时，排烟风机前280℃防烟防火阀熔断信号直接联动关闭排烟风机。

（9）防火卷帘门和电动防火门。用作隔离防火分区用卷帘门，当卷帘门两侧的烟感和温感任一报警时，控制器通过编址式监控模块启动该卷帘门一步到底；位于疏散通道处的卷帘门，当门两侧的烟感报警时，卷帘门半降实施挡烟同时方便有关人员能及时撤离，当门两侧的温感报警时，卷帘门降到底。所有控制及状态监视均由编址式监控模块实现。

常开电动防火门通过总线上的监控模块进行控制，门任一侧的火灾探测器报警后，按程序要求联动相应区域的防火门（常开）自动关闭。电动防火门的开启、关闭及故障状态信号返回消防控制室显示。门释放器应选用平时不耗电的释放装置，并且现场防火门两侧设手动就地控制装置（土建专业提供）。

（10）空调系统。火灾报警确认信号，通过编址式控制模块关闭相应区域的空调机组，并实时监视空调风道上防火阀的状态。对于兼作消防补风的空调机组，平时由建筑设备管理系统监控机组及相应阀体，火灾时由消防控制室优先进行控制。

（11）电梯、扶梯自动步道控制。火灾自动报警系统在电梯控制盘、扶梯控制盘、自动步道控制盘处设置监视模块和控制模块，通过模块+继电器转换方式与电梯、扶梯、自动步道系统实现消防联动。

火灾报警确认信号，通过控制模块+继电器输出干节点信号至电梯控制盘，联动相应区域的电梯迫降至±0.000层，当电梯迫降到位后通过电梯控制盘给消防系统一路无源常开返回信号（到位闭合），系统接收到落底信号后，通过控制模块切断电源。

火灾报警确认信号，通过控制模块+继电器输出干节点信号至相应区域的扶梯控制盘、自动步道控制盘，联动停止其运行，当扶梯、自动步道停止运行后通过控制盘给消防监控系统一路无源常开返回信号（到位闭合）至火灾报警系统主机。

（12）非消防电源控制。任一区域火灾时，通过控制模块切断该区域的配电间内配电箱的相应的非消防配电回路电源，开启着火区域及相邻区域应急照明。

（13）应急照明联动。火灾报警确认信号，通过 RS485 总线，联动应急照明集中控制器，开启火灾区域及相邻区域的应急照明。

（14）可燃气体报警联动。在采用燃气为能源的厨房或者煤气表间，设可燃气体探测器及燃气报警控制器。可燃气体探测器报警后，报警控制器首先联动关闭燃气总管电磁阀门，再开启事故排风机，当感温探测器动作后，切断排风机。燃气报警控制器通过监视模块接入火灾自动报警系统总线回路。

（15）广播系统联动。航站楼公共广播系统每一个广播分区包含一个或多个消防分区，在各分区内还根据负载和走线情况分为一个或多个回路。根据此特点，火灾自动报警系统提供与公共广播分区回路数量相对应的控制模块，输出干接点信号，广播系统通过信号转换器接收干接点信号，实现自动消防紧急广播联动策略。当确认火灾后，广播系统首先向火灾区域及左右相邻区域鸣警报和应急广播进行疏散，经延时后，再向非火灾区域广播疏散。火灾应急广播的单次语音播放时间在 10～30s 之间，并与火灾声光报警器分时交替工作，可连续广播两次。

（16）安防门禁系统联动。门禁系统与消防联动采用本地联动与平台联动相结合方式实现：

1） 本地联动。当发生火灾时，由火灾报警系统控制主机，通过现场对应设置的控制模块，输出干节点信号至门禁控制器，开启相应区域的控制门，同时通过监视模块返回动作信号至报警主机显示。

平台联动由火灾报警系统提供集成接口信息。

2） 楼层显示。在防火分区的公共场所明显部位设置楼层显示器，平时用于系统巡视与维护，火灾时用于消防人员现场使用。

4. 火警对讲电话。在消防控制中心设火警对讲电话主机，并装 119 专用火警外线电话；各个功能管理中心值班室、电梯机房、变配电室、柴油发电机房、防排烟机房、空调机房等处设置专用对讲电话分机；手动报警按钮处设对讲电话插孔，满足消防状态下的专用及时通信。

5. 消防水池液位监测。地下消防水池设液位监测仪，消防控制中心设置数字液位测控器，实时监测消防水池的液位状态。

6. 航站楼是人员密集的重要公共建筑，配电设置电气火灾报警系统。

7. 为保证消防设备电源可靠性，本工程设置消防设备电源监控系统，实现对消防设备电源的实时监测，可显著提高消防设备的可靠性、稳定性及备战能力，采用消防设备电源监控系统可实现有效降低消防设备供电电源的故障发生率，确保消防设备的正常工作，对有效保障人民生命和国家财产安全产生意义深远的积极作用。

8. 为保证防火门充分发挥其隔离作用，在火灾发生时，迅速隔离火源，有效控制火势范围，为扑救火灾及人员的疏散逃生创造良好条件，本工程设置防火门监控系统。对防火门的工作状态进行 24h 实时自动巡检，对处于非正常状态的防火门给出报警提示。

7.1.7 智能化系统

1. 信息化应用系统。信息集成系统是一个集航班营运、指挥调度、旅客服务、查询服务为一体的指挥管理系统，它满足“信息处理量大、管理复杂”的特点，有效地保证了机场生产调试各部门之间的大量信息的及时准确地传递、处理。信息集成系统的建设目标是能提供一个信息共享的运营环境，使各信息智能化系统均在信息集成系统统一的航班信息之下自动运作。它能支持航站楼的运营模式，支持机场各生产运营部门在运行指挥中心的协调指挥下进行统一的协调、调度、管理，以实现最优化的生产运营和设备运行，为航站楼安全高效的生产管理提供信息化、自动化手段。并能为旅客、航空公司以及机场自身的业务管理提供及时、准确、系统、完整的航班信息服务。最终，使机场成为以信息集成系统为核心，各信息智能化系统为手段，信息高度统一、共享、调度严密、管理先进和服务优质的机场。包括航站楼信息管理及集成系统、离港控制系统、航班信息显示及值机引导系统、时钟系统、运营监控管理系统、行李分拣系统、飞机泊位引导系统、安检信息管理系统、地理信息系统等。

（1） 航站楼信息管理及集成系统。计算机信息管理系统是机场智能化系统核心，实现对航班、航班服务、资源分配、计费统计等一系列工作的综合、完善、统一管理。它也是机场信息中心，承担着机场内部各子系统的信息枢纽作用。另外，系统提供了相关弱电子系统在系统集成上的平台。

（2） 离港系统。通过该系统办理机场航站楼的国内出发、国内中转的相关手续。同时，完成客机平衡配载、航班控制及行李查询等任务。系统独立与中航信通信连接，通过自身的网络系统实现通信路由和信息数据处理互为备份。

（3） 航班信息显示及值机引导系统。为旅客提供进出港航班动态信息、值机办票信息、候机引导信息、登机提示信息、行李提取及引导提示、中转航班信息等。为工作人员提供的信息有行李输送信息、行李分拣信息以及相关的航班动态信息。显示组成主要包括 LED、LCD、PDP（或液晶）和有线电视等。航班信息显示及值机引导系统示意见图 7.1.7－1。

（4） 时钟系统。为航站楼各区域和部门提供统一准确时间、协调各部门工作，系统采用子母钟控制原则，采用北斗/GPS 接收机接受校时信号，信号经处理后向母钟定时发校准信号。时钟系统示意见图 7.1.7－2。

（5） 飞机泊位引导系统。为航站楼各近机位飞机停靠提供引导信息。各引导装置单元之间组网统一管理。

2. 应急管理系统。任何影响机场正常运营或业务运作的异常事件可定义为事故。包括航班相关事故、旅客相关事故、社会公共相关事故及典型突发事件等以及设施设备相关等紧急情况。机场的异常事件需要一套完备的应急管理系统，以辨别相关事故，维护事故处理流程预案，便于各部门对应急预案的查询检索，从而进一步提高机场对类似事件的应对能力，优化相关应急流程。应急管理系统的一个重要特性，是将机场的组织架构与整体应急流程相关联，并对这些流程进行维护与管理。应急管理系统应是一个基于用户配置的流程维护管理系统。用于事故和紧急情况识别，并创建、保存与更新事故相关的处理流程。包含根据不同等级或不同类型的应急事件维护相应的应急流程，便于查找或检索。同时随时更新应急流程。系统提供完善的系统管理和足够的安全保护，以限制对机密数据的访问。

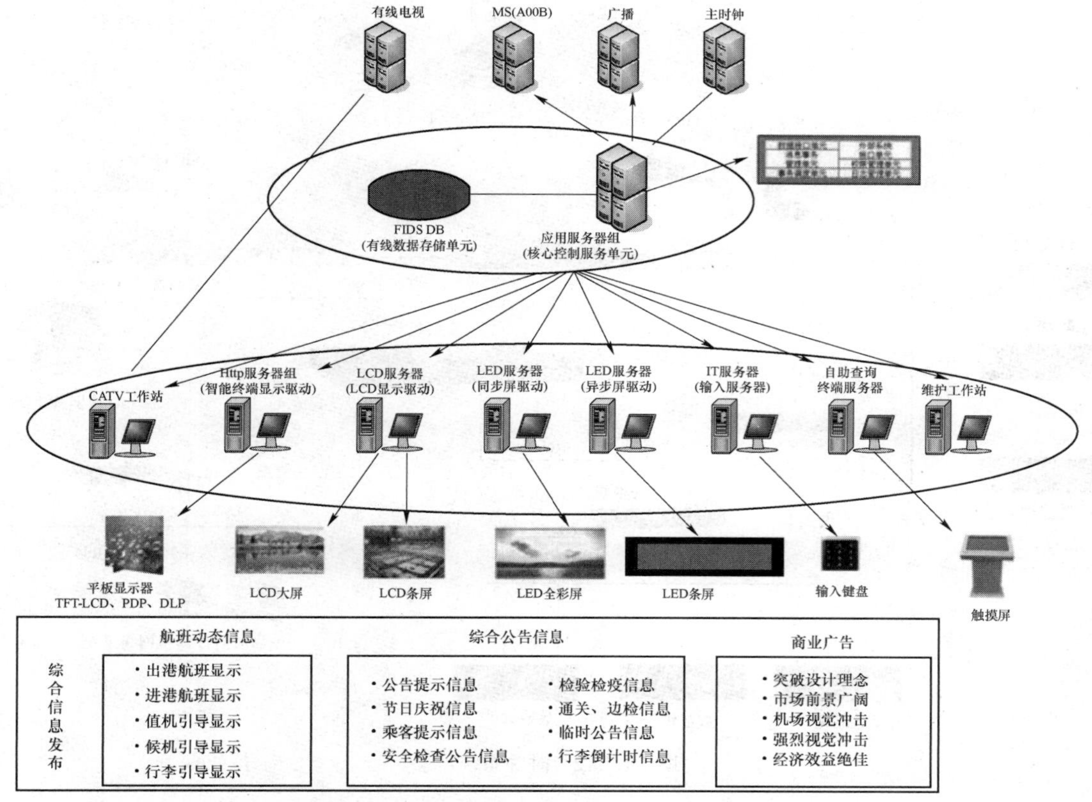

图 7.1.7－1 航班信息显示及值机引导系统示意

3. 智能化集成系统。

（1） 信息集成系统是航站楼进行信息处理及机场日常运营的多任务管理系统。能实现航站楼各部门之间的信息及时、准确地传递和处理。信息集成系统的建设对于提高航站楼的运作效率、管理水平、经济效益是十分必要的。系统将采用中心数据库结构的计算机网络，以高速主干网连结航站楼内的管理系统、信息系统及部分弱电子系统。系统由高速主干网、虚拟化主机平台、机场运行数据库、核心应用系统、信息交互平台、运维监控平台等构成。信息集成系统作为一个健壮可扩充集成环境，提供多种接口方式，按运营业务流程、将各信息子系统连接起来，而这些子系统可以分布在子网或外部网络中、具有异构的操作平台和异构的数据存储形式。系统将为各子系统提供一个全局性的、顺畅的运营数据流通环境，形成一个适应航班运营流程的高性能的信息集成系统。信息集成系统的目标：以计算机管理技术和计算机网络技术为基础，为机场航站楼提供一个先进的、完善的、设计合理的计算机信息管理系统。

（2） 系统架构信息集成系统由网络设备、硬件平台、系统软件、应用软件、用户终端多层组成。系统架构以机场运行数据库为核心，建设“五大平台”，包括网络平台、硬件设备平台、信息交互平台、应用平台和运维监控平台。机场运行数据库是面向航班信息、营运信息、资源信息以及客货行相关信息的数据集合。主要存储的信息包括航班计划类信息、航班动态类信息、营运保障计划、资源分配信息、短期营运数据和旅客行李信息等，也包含其他公用的基础数据、业务规则数据等。

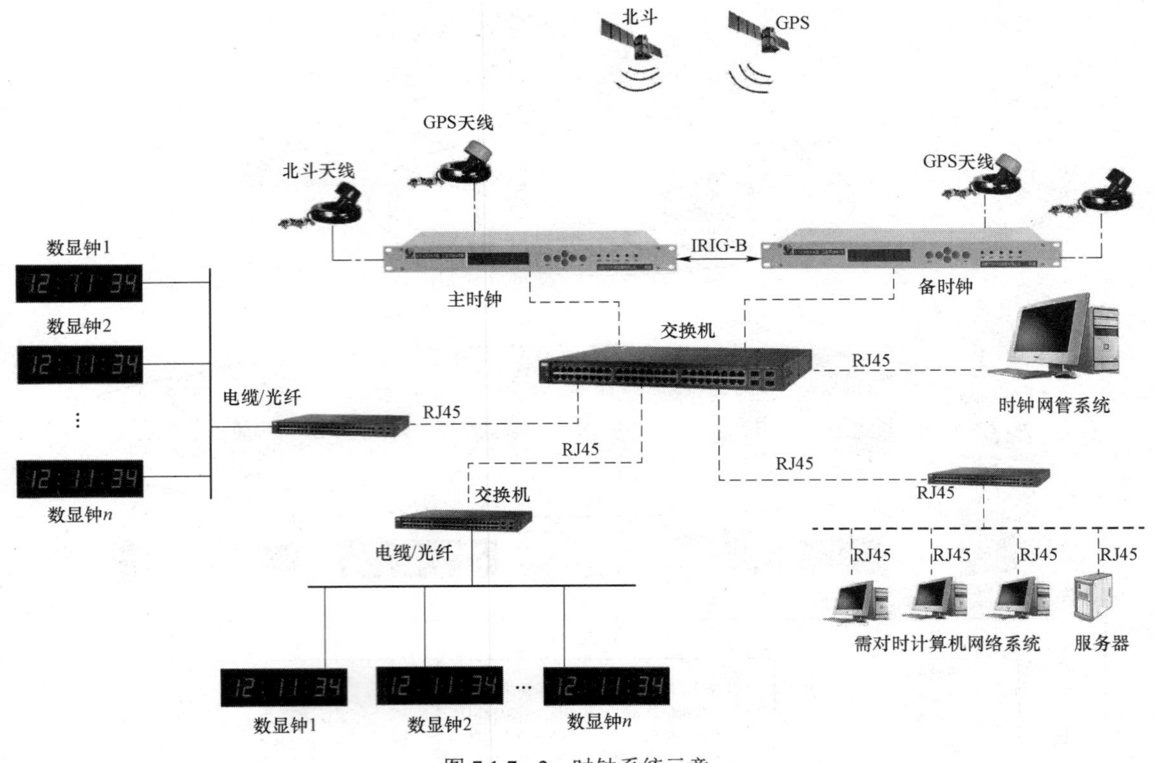

图 7.1.7－2 时钟系统示意

1） 网络平台：网络平台是指机场骨干网，是集成系统重要的物理基础。通过 IP 地址分配策略，可在机场骨干网上划分功能化子网，核心生产运营系统、航班信息显示系统和离港系统等子系统作为功能化子网共享网络资源。骨干网必须满足标准化、可扩展的要求。采用分布式处理、集中控制的方法，进行全网的统一管理。支持 TCP/IP。应具备可靠性和容错性。

2） 硬件设备平台：信息集成系统的硬件设备主要有存储、服务器和接入设备等，所有设备均放置信息中心机房。物理主机采用 X86 架构的服务器，通过集群软件，组成相应功能的服务器群，应用于机场各个业务系统。

3） 信息交互平台：信息交互平台是机场各个弱电和信息系统的信息交换中心，负责集成系统与子系统、子系统与子系统之间的数据交换。信息交互平台采用消息中间件技术，提供标准的接口方式实现系统间的数据交换，可以以单条数据、多条数据或者数据文件的格式进行。信息交互平台是机场子系统扩展的重要保证平台，它支持机场未集成的子系统和今后新建系统接入集成环境的需要，为各类其他系统提供接口服务。

4） 应用平台：应用平台是信息集成系统的功能核心，主要提供各类运行功能模块，通过应用平台机场工作人员完成日常的航班运行保障，包括航班计划的制订、航班动态的处理、资源预分配和实时调整、进行地面服务保障、运行过程中的协调和告警处理等。应用平台主要包括的应用模块：航班信息管理、资源分配管理、地面服务管理、运行协调和告警、民航电报处理、CDM 支持模块、贵宾服务管理、应急预案管理、航班查询和统计、基础数据管理、用户和权限管理等。

5） 运维监控平台：运维监控平台是机场弱电和信息系统运行维护的平台，提供用户对整个集成系统环境的监控功能。监控对象包括各种主机、存储设备、系统软件（数据库和消息中间件）

以及应用系统，监控各种预定监控指标以及不正常事件。运维监控平台能够进行多种方式（弹框、声音、颜色等）的告警提醒。主机监控包括 CPU、内存、磁盘空间和关键系统进程和应用系统进程等；数据库监控包括数据库连接、关键进程、监听器、Session、数据文件以及 SQL 性能等；消息中间件包括关键进程、队列深度等；应用系统包括关键应用进程、CPU 和内存占用情况、业务操作响应时间等。

（3）应用功能说明。

1）航班信息管理。航班信息管理由航班计划管理和航班动态处理组成，其中航班动态处理含预计划管理。航班计划管理包括时刻表管理、长期计划管理、短期计划管理和次日计划管理等。航班信息管理系统示意见图 7.1.7－3。航班信息管理能够处理一年两季的时刻表计划，对长期计划和短期计划进行管理，对次日计划进行编排和发布等。同时，也要能够处理当日临时计划及其他特殊计划，如航空器拖曳等特殊的航班处理功能。航班动态处理包括进港动态管理、离港动态管理、不正常航班处理以及其他任务航班管理等。对于进港航班能够处理始发站动态信息和前站的动态信息，能够对航班前站起飞环节到空中预计飞行时长、本场预计落地、本场实际落地、滑入、上轮挡、开舱门等进行有效管理。对于离港航班能够处理，能够处理与前序进港航班的关联性，能够处理覆盖值机、候机、登机、关舱门、撤轮挡、推出开车、滑行以及本场实际起飞、预计和实际到达下站全过程的动态信息。对于不正常航班的处理，能够处理包括航班延误、取消、合并、备降、改降等不正常情况。能够支持对于其他任务性质的航班进行管理等。

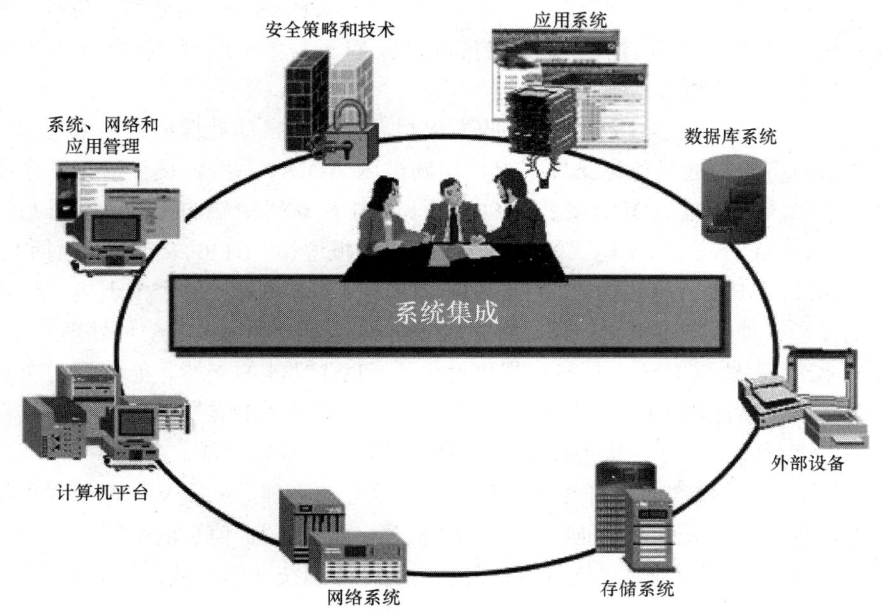

图 7.1.7－3 航班信息管理系统示意

2）资源分配管理由资源分配和资源使用监控组成。资源分配是对机场的各类运输资源进行分配管理，主要包括对机位、登机口、值机柜台、行李提取转盘、到达出口、安检通道以及行李分拣转盘等资源进行预分配和实时调配管理。能够根据预设的策略对各类资源进行自动预分配，当资源使用出现冲突时能够及时给出冲突提示，并给出建议性调整方案供人工选择。当采用人工干预分配时，能够进行智能辅助性提示。资源使用监控是通过甘特图、俯视图以及视频监控等方式对机位、登机口、值机柜台、行李提取转盘、到达出口以及安检通道、行李转盘等进行图形化的监控，实时掌握各类资源的使用情况，以及各类资源的空余数量等进行监控。

3）地面服务管理。地面服务管理是对机场地面保障活动进行管理的模块。主要由合同管理、服务管理、人员排班、车辆调度、任务分派、任务执行跟踪、签单中心等组成。

合同管理是地面服务管理的基础，所有的地面服务代理活动均以合同为依据，根据合同内容编制地面服务管理的规则和策略。服务管理是对机场的各种保障服务的基础数据进行管理，作为生成航班的各项保障服务的根据，包括机务、清洁、加油、配餐、客桥、摆渡车以及值机、登机服务等。人员排班提供班组管理和排班的功能，根据服务人员的工种和资质对班组或人员进行排班。通过班组之间配合对航班高峰期进行覆盖保障。任务分派是对班组或人员进行地面保障服务的任务派发，生成派工单。服务人员根据派工单进行现场服务。任务执行跟踪是服务人员在任务实际执行过程中将执行的异常情况和执行结果进行记录和反馈，任务执行跟踪的结果将提供给签单中心使用。签单中心是根据实际为航班提供的地面服务保障工作，生成由航空公司机组进行签字确认，作为后续收费的依据和凭证。

4）运行协调和告警由运行协调和告警两部分功能组成。运行协调是支撑机场航班生产运营模式的核心系统，提供机场运行指挥中心与其他各个地面保障部门之间的指挥协调和信息发布功能。系统支持扩展包括基于 IP 语音和视频的在线协调功能。同时，运行协调能够提供航班事件告警和提醒功能。用户可以定义事件的业务规则，根据业务流程设置不同业务部门对提醒消息的订阅关系。能够根据规则设置进行主动提示和告警，向相关的业务部门或席位进行提醒。运行协调能够保存历史发布信息、协调记录和事件告警信息，对于与单个航班记录相关的告警信息和协调内容能够提供根据航班进行检索的功能。

5）民航电报处理。民航电报处理提供收发电报、解析和自动处理相关电报的功能，并能够将解析出的航班业务数据通过信息集成平台转储到机场 AODB 系统，提供给机场集成系统与其他子系统使用。系统支持对 AODB 数据自动更新和人工确认后更新的配置管理。系统处理的电报种类应包括各种 AFTN、SITA 格式的电报。AFTN 电报遵循 MH4007 标准，包括 FPL、CNL、CHG、CPL、DEP、ARR 等电报；SITA 电报包括 PLN、MVT 等。对于由于格式问题导致无法自动解析的电报和其他明语电报，应该能够主动提醒机场用户进行人工干预处理。

6）CDM 支持模块。CDM 支持模块提供对机场 CDM 功能的支持。能够在与空管和航空公司 CDM 系统对接口发挥相关的数据共享和协同决策功能。CDM 支持模块主要由里程碑监控、预到时间管理、滑行管理、除冰管理以及特殊情况下的辅助决策组成。

7）贵宾服务管理。贵宾服务管理提供对于贵宾服务的管理，包括 VIP 人员管理和贵宾服务统计和收费管理等。VIP 人员管理能够输入 VIP 信息，进行 VIP 信息的编辑和查询。贵宾服务统计和收费管理提供针对不同航空公司的贵宾服务进行分别统计的功能，并能进行分别统计，作为收费的依据。

8）应急预案管理。应急预案管理提供机场各种事故（异常事件）的定义功能，配置与上一级响应系统信息互联的通信接口。根据事故类型、级别等提供相应处理流程和事故处理流程模板。应急预案管理将事故的处置流程与机场的组织架构相关联，形成完整的应急处置体制，并且可对这些流程进行管理，保证机场应对各种已有和新增突发事故。

9）航班查询和统计。航班查询和统计提供机场范围工作人员进行航班信息的静态查询、动态提示显示以及基础数据的维护等，还承担了对机场业务统计分析功能。航班查询能够提供当日航班计划、当日航班动态、次日航班计划、周航班计划及历史航班计划等数据。同时也能够查询航班运营信息和资源分配信息，支持对历史航班信息的查询。统计分析的主要功能是完成飞行架次统计（含时段流量统计）、航班正常性统计、机场放行正常统计、旅客统计（含时段流量统计）、客货运输统计等。除了民航管理机构规定要求的统计报表外，机场还可以根据自己的需要定制很多统计分析报表，用于机场经营决策和管理需要。比如客流地域分布分析、航班高峰波分析、旅客年龄分布统计等。

10）基础数据管理。基础数据管理是系统的各种基础代码和民航基础代码进行管理，包括对机型代码、航空公司代码、机场代码、任务代码、飞机注册号等进行维护和管理。基础数据管理要求遵循国际民航组织 ICAO 和民航运输协会 IATA 的标准。

11）用户和权限管理。用户和权限管理提供用户管理和权限管理功能。用户管理包括用户、用户组、角色的管理；权限管理包括授权、收回等。

4. 信息化设施系统。

（1）信息系统对城市公用事业的需求。

1）本工程需输出入中继线 400 对（呼出呼入各 50%）。另外申请直拨外线 800 对（此数量可根据实际需求增减）。

2）电视信号接自城市有线电视网，在顶层设有卫星电视机房，对建筑内的有线电视实施管理与控制。有线电视节目和卫星电视节目经调制后，经电视信号干线系统传送至每个电视输出口处，使获得技术规范所要求的电平信号，达到满意的收视效果。

（2）综合布线系统。综合布线系统是航站楼内的信号传输物理平台，是整个弱电系统的布线基础，含盖话音和数据通信路由，同时也与外部通信网相连接。它具有系统性、重构性、标准性等特征。系统为如下系统提供传输介质：航站楼信息管理及集成系统、有线电话通信系统、航班信息显示系统、离港系统、安防系统主干和安检信息系统等。

（3）通信自动化系统。

1）本工程在地下一层设置电话交换机房，拟定设置一台的 4000 门 PABX。

2）本工程建立卫星通信系统，进行高速数据传输、图像传输、综合数据与语音通信、移动数据通信、计算机网络连接等综合业务，与 DDN 数字数据网互为备份，可以保证数据通信的不间断性、可靠性。

3）无线通信增强系统。为避免无线基站信道容量有限，忙时可能出现网络拥塞，手机用户不能及时打进或接进电话。另外由于大楼内建筑结构复杂，无线信号难于穿透，室内易出现覆盖盲区。因此，大楼内应安装无线信号室内天线覆盖系统以解决移动通信覆盖问题，同时也可增加无线信道容量。无线通信增强系统示意见图 7.1.7－4。

（4）会议电视系统。

本工程在会议室设置全数字化技术的数字会议网络系统（DCN 系统），该系统采用模块化结构设计，全数字化音频技术。具有全功能、高智能化、高清晰音质，方便扩展和数据传递保密等优点。可实现发言演讲、会议讨论、会议录音等各种国际性会议功能，其中主席设备具有最高优先权，可控制会议进程。

（5）有线电视及卫星电视系统。

1）电视信号接自有线电视网，各楼设置电视前端机房，在各候机厅、会议室等处设有线电视插座，有线电视系统采用分配分支系统，系统出线口电平为 69±6dB，要求图像质量不低

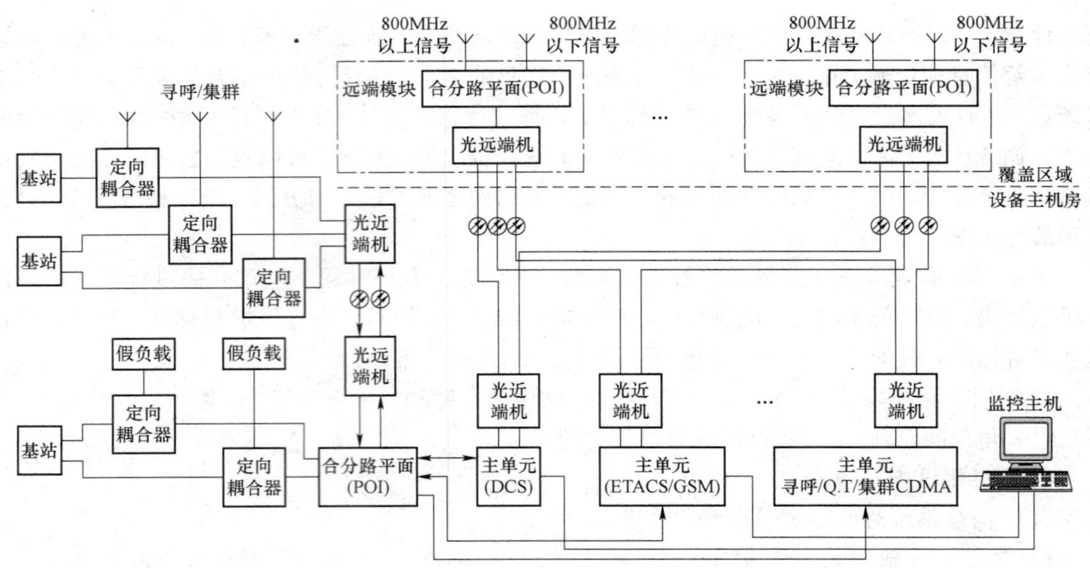

图 7.1.7－4　无线通信增强系统示意

于四级。

2）有线电视系统根据用户情况采用分配－分支分配方式。

（6）公共广播系统。系统作为航班信息发布的主要辅助手段，向旅客发布实时航班信息，航班发布间隙提供背景音乐，并还可以提供找人、失物招领以及紧急广播等服务功能。系统按照航站楼内区域的工艺用途分区，系统音源包括自动航班广播、背景音乐、消防广播、公共人工服务广播等。航站楼公共广播系统是消防紧急广播与机场业务合二为一的广播系统，在平时作为机场业务广播使用，在有火灾报警信号时，切换为消防广播使用。系统采用全数字音频网络系统，采用开放、通用的 CobraNet 数字音频标准，构建星形结构的广播以太网。系统由系统管理服务器、设备管理工作站、航班自动广播系统、消防广播系统、功能控制中心人工呼叫站和 GUI 终端、登机口及各服务柜台人工呼叫站、数字音频矩阵系统、数字功率放大器、现场各种扬声器、噪声探测器等组成。在业务广播时，主要由自动广播及人工广播组成，自动广播系统根据航班动态信息自动生成航班广播信号，在相关区域广播；在登机口、服务柜台及功能中心等地方，可根据需要通过人工呼叫站进行人工广播；在其他紧急情况下，公共广播系统可进行紧急广播，指导旅客疏散，调度工作人员进行应急处理工作。在消防广播时，消防控制中心工作人员通过消防广播控制台启动本楼的消防广播（预录广播或人工广播）或通过人工呼叫站进行人工广播。公共广播系统示意见图 7.1.7－5。

（7）无线网。航站楼无线局域网为相关信息智能化系统的无线应用（如离港系统的移动值机、行李再确认系统等）和旅客无线上网提供网络平台。候机大厅、登机口、行李分拣滑槽区、近机位区域、到达迎客厅等处设置无线网，旅客无线上网和信息智能化系统的无线应用通过 SSL VPN 实现安全隔离。

（8）安检信息管理系统。安检信息管理系统的目标是建设一套多数据源集成的，灵活、可扩展、易维护的综合性安检信息管理系统。与离港控制系统、安检系统、安全防范系统以及信息集成系统进行集成，获取全面旅客信息，满足机场各相关单位对于旅客及行李的信息采集、验证、

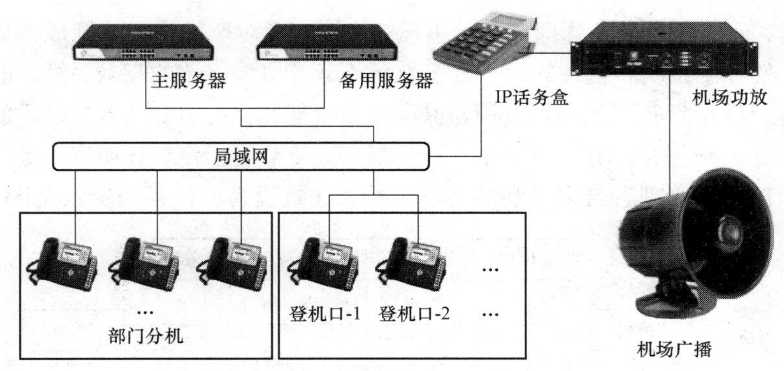

图 7.1.7－5 公共广播系统示意

处理、查询的共同需求，有效的跟踪确认各种旅客信息，为机场各安全检查相关单位提供多方面的信息服务和有效的支持联防手段，同时满足机场安检部门的业务人员管理需求。系统最终能够为机场各业务单位提供一个关于旅客综合性安检信息的共享平台，系统所提供的安全检查信息及其流程，应满足各个联检单位协商定制相关的安全协防职责及业务操作流程的需求。在系统平台上可以进行共享或交互信息。系统涉及的用户包括机场安检、联检单位和航空公司等安全检查相关单位。

（9） 内部调度通信系统。内部调度通信系统是航站楼内建立的一套独立调度通信交换网，供航站楼内各业务部门之间指挥调度、相互通信使用。系统提供丰富的接口，可以与广播系统、有线通信系统、数字无线集群调度通信系统连接进行各种需要的通信。系统采用数字终端实现内部的通信。

（10）网络系统及网络安全系统。网络系统及网络安全系统是整个航站楼信息智能化系统的通信基础，支持信息弱电系统所有的基于网络的功能和业务。系统采用业界领先的成熟可靠技术，为信息弱电系统提供 24h 连续高可靠运行的、安全的数据及媒体传输平台。

5. 建筑设备管理系统。

（1） 建筑设备监控系统。

智能化集成系统通过建筑设备监控平台提供的接口定时汇集航站楼 BAS 各个装置的使用数据，并进行累积，要求建筑设备监控平台通过 OPC 接口方式与智能化集成系统连接。对各个系统的各主要设备相关数字量（或模拟量）输入（或输出）点的信息（状态、报警、故障）进行监视和相应控制，提供各子系统设备的信息点属性表、编码表和相应布点位置图及系统图。监控数据的内容及要求如下：

1） 提供航站楼所有空调系统、通风系统、三级泵系统、给水/排水系统等设备的启停状态、运行状态、故障报警信号。

2） 提供各类温度、压力、流量传感器、电动阀门开度、风门执行器、过滤器报警等设备的参数和状态。

3） 提供各个设备所需的各类报表文件。

4） 功能与界面保持与建筑设备监控系统一致。

（2） 建筑能耗分析管理系统。能耗分析管理系统将作为航站楼中能耗信息、能源设备运行信息的交汇与处理的中心，通过能源计划、能源监控、能源统计、能源消费分析、重点能耗设备管理、报表分析、能源计量设备管理等多种手段，使管理者对航站楼的能源成本比重，发展趋势有准确的掌握，使各子系统和设备的运行处于有条不紊、协调一致的高效、经济的状态，最大限度地节省能耗和日常运行管理的各项费用，保证各系统能得到充分、高效、可靠的运行，并将航站楼的能源消费计划任务合理分配到各个空间区域等，使节能工作责任明确，促进航站楼健康稳定发展，最终给航站楼管理者带来可观的经济效益。建筑设备监控系统示意见图 7.1.7－6。

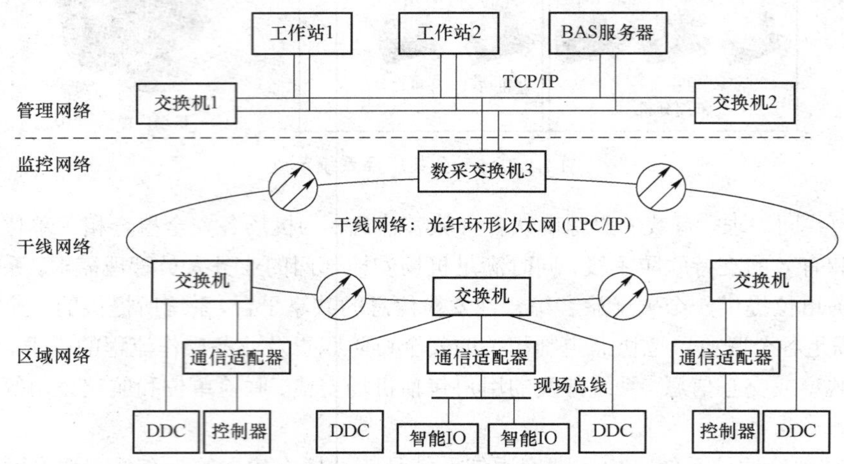

图 7.1.7－6　建筑设备监控系统示意

1）实现整体能耗状况的实时监测和细致化管理，从而为其他高级应用提供设施各类能耗的全方位实时高精度数据。

2）实现对动力设备运行状态的实时监视，从而进一步保障设备的正常工作。

3）实现能源计量、能耗数据透明化，从而便于产品成本的精确核算。

4）实现对整个能源系统运行的综合监测，电力、燃气、水等能源供应中断、事故跳闸、故障原因分析，便于实施系统的安全保护，从而避免事故的发生。

5）实现对整个能源系统运行历史参数的存储，从而帮助企业管理决策。

6）实现对能耗计划与实绩的管理，从而有效的调节、管理能耗成本。

7）实现对整个能耗－煤耗量、能耗－污染物的转化与监测，从而严格满足国家、地区节能减排政策。

8）实现对整个能源系统问题诊断，从而帮助管理工程师实施有效的改善，并为节能改造提供依据。

（3）电梯监控系统。

1）电梯监控系统是一个相对独立的子系统，纳入设备监控管理系统进行集成。

2）电梯现场控制装置应具有标准接口（如 RS485、RS232 等）。

3）在安防消防中心设电梯监控管理主机，显示电梯的运行状态。

4）监控系统配合运营，启动和关闭相关区域的电梯；接收消防与安防信息，及时采取应急措施。

5）系统自动监测各电梯运行状态，紧急情况或故障时自动报警和记录，自动统计电梯工作时间，定时维修。

6）电梯对讲电话主机及对讲电话分机由电梯中标方成套提供，要求满足工程管理需要。

7）电梯轿厢内设暗藏式对讲机，对讲总机设在消防控制室，用于紧急对讲。

（4）电力监控系统。本工程的电力监控系统是一个相对独立的子系统，电能监测中采用的分项计量仪表具有远传通信功能，纳入设备监控管理系统进行集成。

6. 公共安全系统。

（1）航站楼安防集成管理系统是建立在 CCTV 监控子系统、出入口控制子系统上的网络化集成管理平台。集成系统的运行不影响各子系统的独立运行，集成系统负责配置联动控制中各环节的响应逻辑和调度各子系统的联动响应过程。集成系统故障时，各子系统依然可以独立稳定运行。

（2）视频监控（报警）系统。视频监控系统主要是在各主要区域、通道、入口和隔离门等处设置相应种类的视频摄像头，实现对整个航站楼的视频监控。控制室设有录像机和大屏幕监视器，当遇到重要情况时，可利用键盘将任一台摄像机的图像调到大屏幕上连续监视，并可录像。系统采用全网络数字视频监控系统，在局部重要区域（如安检、边检、海关、检验检疫等检查区域及相关旅客排队和活动的区域）配置 IP 高清全数字摄像机，可实现 7×24h 连续不间断工作的能力，包括 24h 不间断录像，高清数字摄像机分辨率不小于 720P，在此分辨率下保存全部图像资料和拾音器的声音信号 30 天，并以此进行存储量的计算。视频监控（报警）系统示意见图 7.1.7－7。

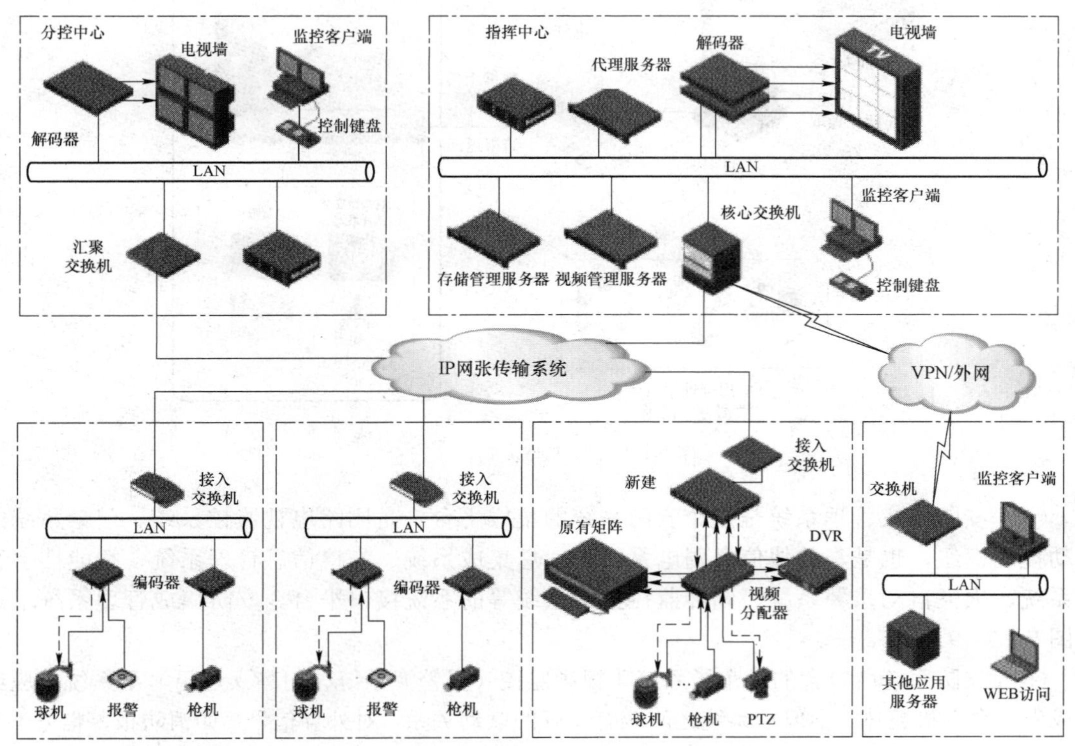

图 7.1.7－7 视频监控（报警）系统示意

系统后台软件具备详细的中文菜单管理界面，操作简单，能在人机交互的操作系统环境下运行，在操作过程中不出现死机现象，一旦出现故障，系统可以自动切换至备用设备继续工作，并不影响系统的运行；同时权限根据具体的功能设置，可以设置上百种不同的权限等级，可提供操作员不同的操作权限、监控范围和系统参数；系统状态显示，以声光和/或文字图形显示系统自检、电源状况（断电、欠电压等）、受控出入口人员通行情况（姓名、时间、地点、行为等）、设防和撤防的区域、报警和故障信息（时间、部位等）及图像状况等；处警预案，入侵报警时入侵部位、图像和/或声音应自动同时显示，并显示可能的对策或处警预案，软件具备报警后热点画面显示功能，可以实现大屏弹出式显示，可设定任一监视设备或监视设备组显示报警联动的图像并联动录像设备；报表生成，可生成和打印各种类型的报表。报警时能实时自动打印报警报告（包括报警发生的时间、地点、警情类别、值班员的姓名、接处警情况等）；报警按钮、探测器等报警设备一旦触发报警信号，此信号输入至设备小间编码器报警输入接口，编码器可以实现与之相对应的报警区域的摄像机的联动，及时记录现场情况。

（3）门禁系统是在航站楼内公共区域至隔离区域、重要机房的通道以及消防状态下的跨区域通道的主要入口设置门禁设备。

（4）在旅客服务、办票、海关、安检、商业柜台等处设置手动报警按钮。安检设置人脸识别系统，人脸识别系统示意见图 7.1.7－8。

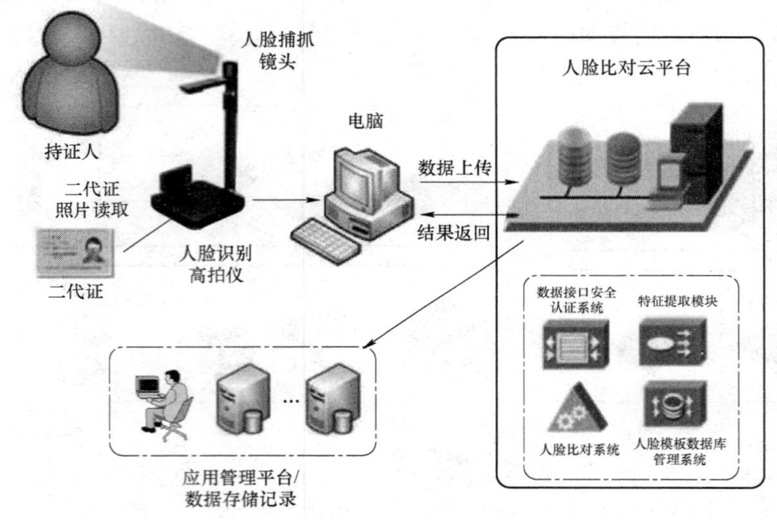

图 7.1.7－8　人脸识别系统示意

（5）安防集成管理系统是整个安防系统的集成平台，是闭路电视监控系统、门禁系统的联动控制枢纽，也是与其他信息弱电系统如信息集成系统、安检信息管理系统、智能楼宇管理系统、火灾自动报警系统、围界监控报警系统等的系统接口平台。安防集成管理系统示意见图 7.1.7－9。

（6）安防系统所包含的两个子系统［视频监控（报警）系统、门禁（巡更）子系统］应结合成为一个有机整体。不但子系统之间应有良好的联动关系，对外界信号（如消防报警信号）也应有良好的联动关系。报警发生的联动步骤为：

1）当门禁（巡更）系统区域控制器接收到报警信号（无效卡报警、密码错误报警、开门时间过长报警、仿伪报警、破坏报警、无声报警、报警按钮等）直接在前端编码器与网络控制器实现联动，同时服务器端记录日志等信息。

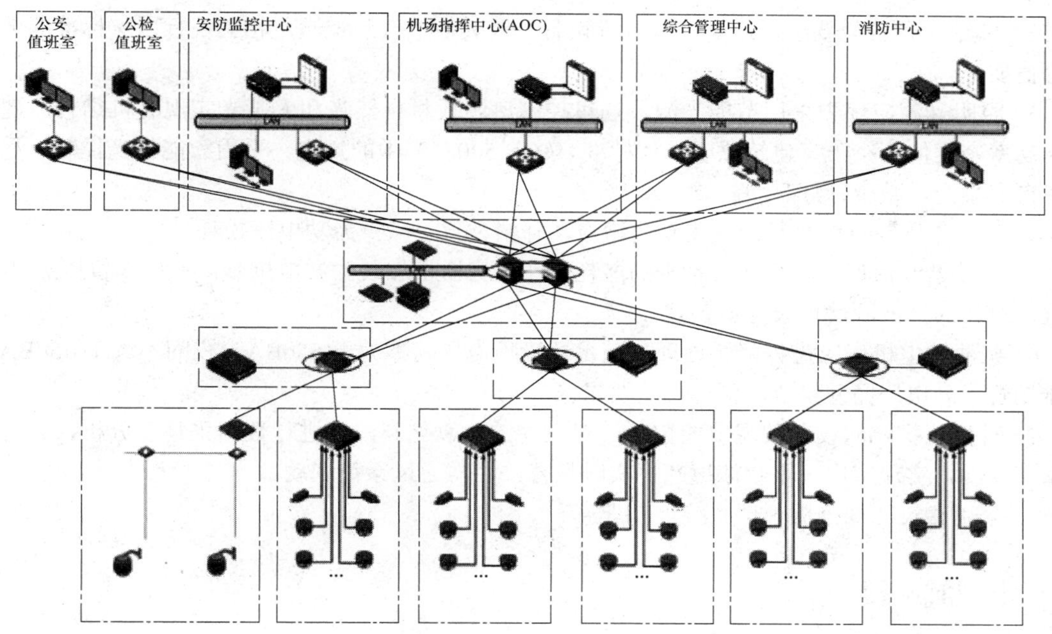

图 7.1.7－9 安防集成管理系统示意

2）门禁（巡更）系统区域控制器通过 I/O 模块输出信号给电梯系统，以控制电梯按允许的方向开启电梯门。

3）安防集成管理服务器得到报警信号，在电子地图上显示报警位置，同时显示报警状态（报警地、报警编号、报警种类，联动处理状态）。将相应指令发送到数字视频管理服务器或虚拟矩阵执行相应的动作。

7.1.8 电气抗震设计

1. 机电管线抗震支撑系统。

（1）电气设备系统中内径大于或等于 60mm 的电气配管和重量大于或等于 15kg/m 的电缆桥架及多管共架系统须采用机电管线抗震支撑系统。

（2）刚性管道侧向抗震支撑最大设计间距不得超过 12m；柔性管道侧向抗震支撑最大设计间距不得超过 6m。

（3）刚性管道纵向抗震支撑最大设计间距不得超过 24m；柔性管道纵向抗震支撑最大设计间距不得超过 12m。

2. 工程内设备安装，如：高低压配电柜、变压器、柴油发电机组、配电箱、控制箱等均应满足抗震设防规定。

3. 垂直电梯宜具有地震探测功能，地震时电梯应能够自动就近平层并停运。

4. 设在建筑物屋顶上的共用天线等，应设置防止因地震导致设备损坏后部件坠落伤人的安全防护措施。

5. 应急广播系统预置地震广播模式。

7.1.9 电气节能措施

1. 变配电室、配电间，深入负荷中心，减少线缆长度，减少线路损耗。

2. 采用节能设备，三相配电变压器满足《三相配电变压器能效限定值及能效等级》（GB

20052）的节能评价值要求，水泵、风机等设备，及其他电气装置满足相关现行国家标准的节能评价值要求。

3. 照明光源应优先采用节能光源，通过控制遮阳板将自然光和人工光实现有机结合。建筑照明功率密度值应小于《建筑照明设计标准》（GB 50034）中的规定。采用智能灯光控制，尽量利用自然采光，减少开灯时间。

4. 设置集中与分散相结合的无功功率自动补偿装置，减少无功电流损耗。

5. 进行谐波治理，减少谐波带来的能耗，在电容器柜加装滤波电抗器，电抗率暂按照 14% 配置；对大的谐波源就地设滤波装置。

6. 柴油发电机房应进行降噪处理。满足环境噪声昼间不大于 55dBA，夜间不大于 45dBA。其排烟管应高出屋面并符合环保部门的要求。

7. 对建筑物内的设备实现节能控制。对室内的二氧化碳浓度进行数据采集、分析，并与通风系统联动，实现室内污染物浓度超标实时报警，并与通风系统联动。

8. 采用建筑能耗分析管理系统。

7.2　中型航站楼

7.2.1　项目信息

本工程为年旅客吞吐量 850 万人次国内航站楼，约 10.5 万 m^2 机场航站楼。机场旅客航站楼，地上 3 层，局部地下 1 层，高度为 39.80m，建筑类别为 1 类，建筑耐火等级为 1 级，建筑设计使用年限为 50 年。

中型航站楼

7.2.2　系统组成

1. 高低压变、配电系统。
2. 电力、照明系统。
3. 防雷与接地系统。
4. 电气消防系统。
5. 智能化系统。
6. 电气抗震设计和电气节能措施。

7.2.3　高低压变、配电系统

1. 负荷分级。负荷分级见表 7.2.3－1。

表 7.2.3-1 负 荷 分 级

负荷级别	用电负荷名称	供电方式
特别重要负荷	消防与安防等防灾用设备	双市电、发电机
	应急照明	双市电、EPS、发电机
	信息及弱电系统专用电源	双市电、UPS、发电机
	安检的检查设备（安检机房）	双市电、发电机
	航班预报设备	双市电、发电机
一级负荷	值机及候机厅照明	双市电
	卸货区照明	双市电
	安检设备	双市电
	电梯	双市电、发电机
	排水泵	双市电、发电机
	雨水泵	双市电、发电机
二级负荷	厨房	市电
	普通空调设备	市电
	送排风设备	市电
	出租商业	市电

2. 开闭站及变配电所机房设置。项目内两个 10kV 开闭所（编号 KB1、KB2）和四个 10/0.4kV 变配电室（编号 T1A、T1B、T2A、T2B），根据负荷计算，航站楼全楼变压器总装机容量为 19 660kVA。开闭站及变配电所机房设置见表 7.2.3-2。

表 7.2.3-2 开闭站及变配电所机房设置

序号	开闭站编号	开闭站 10kV 进线电缆编号	所带变配电所编号	所带变配电所装机容量/kVA
1	KB1	WHMA1	T1A、T1B	10 460
2		WHMB1		
3	KB2	WHMA2	T2A、T2B	9200
4		WHMB2		

3. 应急电源与备用电源。应急电源与备用电源设置见表 7.2.3-3。

表 7.2.3-3 应急电源与备用电源设置

序号	负荷类别	火灾双路市电失电模式下使用发电机电源负荷	正常双路市电失电模式下使用发电机电源负荷	备注
1	火灾自动报警及联动控制系统、应急照明、消防电梯	是	是	
2	防排烟风机（含正压送风机、排烟补风机）	是		含利用空调送风机补风

续表

序号	负荷类别	火灾双路市电失电模式下使用发电机电源负荷	正常双路市电失电模式下使用发电机电源负荷	备注
3	消防灭火水泵、水喷淋灭火系统	是		在能源中心
4	气体灭火系统	是	是	指控制系统
5	安全防范系统（门禁、闭路电视、入侵报警）、通信系统	是	是	指主机房设备（信息弱电系统）在能源中心
6	计算机网络系统	是	是	指主机房设备（信息弱电系统）
7	其他电梯、排污泵/雨水泵		是	
8	消防排水泵	是		
9	给水泵房		是	在能源中心
10	电力监控系统	是	是	指主机系统

当两路市电中断供电时，机组启动控制器接收到变配电所发出的低压失电信号，单台机组自动启动，启动时间在 3s 内完成，或手动启动；10s 内启动、调整后，可带全负荷运行，0～5s 内（可调）自动控制接通供电断路器（机组供货商提供，安装在控制室配电柜内），或手动控制接通供电断路器。市电恢复，接到停机信号后，延时 180s（可调）后自动启动停机程序，切断总供电断路器，停止供电；或手动切断总供电断路器，启动停机程序。若单机启动不成功故障报警，人工维护排除故障后，人工操作启动程序并操作带载。

4. 配变电所。

（1）本工程变配电系统正常运行时规划采用两路高压电源单母线分段方式运行，互为备用。当其中任一路高压电源发生停电故障时，经过负荷管理与判断其断电原因后，高压母联开关自动或手动投入，由另一路电源高压供电带起供电范围内全部负荷。

（2）高压开关柜采用金属全封闭中置移开式开关柜，且满足“五防”闭锁要求，进出线为上进上出。面对面排布时设高压空气绝缘封闭母线桥（L1、L2、L3、PE）。并排高压柜设通长 PE 排，柜内器件及柜体与 PE 联结由制造商负责，并校验接地导体的热稳定。

（3）高压断路器采用真空开关，附弹簧储能操动机构，具有防跳功能。进线断路器与母联断路器三个断路器只能同时合两个。

（4）保护采用微机综合继电保护器，具备 RS232 光隔离通信接口、RS485 通信接口，支持 DLT/T 667 第五部分第 103 篇（等同 IEC 60870－5－103）、Modbus RTU 等标准通信规约，符合 GB 14285、DLT/T 769 标准；可通过 RS485 通信接口，经适配通信接口模块接入各区域电力监控系统网络。

5. 低压配电系统。

（1）变配电室组变压器低压两路电源分设主进断路器，采用单母线分段运行方式，设置母联断路器，两段母线互为备用。设进线柜（进线封闭式密集母线）、母联柜（双排布置时封闭式密集母线联络）、电容器柜、双电源互投柜和馈线柜。

（2）每台变压器的低压侧采用滤波补偿技术，既做功率因数补偿，又做抑制谐波处理。装设串联低压干式滤波补偿电容器和电抗器组及小容量 SVG，由一个控制器统一控制。采用模块化结构、专用控制器实现电容器与电抗器组及 SVG 的自动顺序投切。SVG 容量配置为系统补偿最小电容器组需求量。系统补偿后的功率因数应达到 0.95 以上，公共连接点的谐波水平满足 GB/T 14549—1993 的要求。控制器应具有 RS485 标准接口（支持 Modbus 等标准通信规约），接入电力监控管理系统。

（3）若低压侧双路电源有一路进线失电或高压开关跳闸，延时规定的时间（可调）后，自动断开失电进线断路器，通过电力监控系统具有的市电断电瞬间负荷记忆功能，判断通过单台变压器供电是否超负荷，若不超负荷，直接合上母联断路器，将配电系统转换成单路电源供电；若供电的变压器超负荷，自动按事先规定的顺序分断一些不太重要的负荷（普通动力、普通空调、商业），直到变压器不超负荷为止，合上母联断路器，将配电系统转换成单路电源供电，从而保证了对重要用户的安全可靠供电。

（4）进线主断路器设二段过电流保护（长延时 12s、短延时 0.4s），电动储能操作，就地手动、标准通信接口遥控控制。母联断路器设二段过电流保护（长延时 6s、短延时 0.25s），电动储能操作，就地手动、标准通信接口遥控控制。馈出线断路器设三段过电流保护（长延时 3s、短延时 0.1s、瞬动），部分设分励脱扣，部分电动储能操作，就地手动、DC 中继远控、标准通信接口遥控控制。断路器均配置电子式脱扣器，整定值连续可调。

6. 电力监控。

（1）电力监控系统包括 10kV 中压配电系统、低压配电系统、变压器、直流电源装置等系统监控。

（2）本工程的电力监控系统是一个相对独立的子系统，电能监测中采用的分项计量仪表具有远传通信功能，由制造商成套提供。电力监控系统集成到 IBMS 系统，其中电能数据纳入能源管理系统。电力监控系统随变配电系统共同实施。

（3）电力监控管理系统架构基于 C/S 的二层或多层网络结构。系统管理层网络按 IEEE802.3 标准，构建标准化的以太网络（Ethernet）平台，采用 TCP/IP 协议，通过防火墙与能源管理系统交换数据和信息；系统控制层微机综合继电保护器、智能开关、智能仪表、智能型测量控制模块、RTU、PLC、各种单元控制器等采用标准接口（如 RS485、RS232 等）、开放的现场总线（支持 MODBUS－RTU、TCP/IP 等协议），接入现场控制分站前端机。

（4）电力监控管理专业软件由制造商提供，采用专业的组态软件，应具有实时数据库、图形界面、报警、控制、统计和打印、历史纪录、通信、自检等功能；支持当今各种流行的操作系统 Windows、UNIX、Linux 等，具有软件通信 OPC Server/Client 接口、Web Server 等功能。

7. 配电系统。

（1）一般负荷单电源供电；消防及重要负荷双电源供电；采用放射与树干相结合的配电方式，按平面布置在配电间、设备机房 MCC 室及设备安装现场设置电力配电柜或配电控制箱（柜）。

（2）电梯、自动扶梯、水泵、空调箱等采用软启动器、变频器等变压变频（VVVF）装置时，应采用加装滤波器、过滤器的抗干扰对策，限制注入电网谐波电流，总谐波畸变≤8%，使其在国家规定的允许范围内，产品应取得 CCC、CE、UL 等认证。重要负荷软启动器、变频器均应加旁路控制，保证软启动器、变频器故障时能切换（按设备要求自动或手动）至旁路运行。

（3）一般设备机房配电控制柜（箱）就地现场安装的防护等级 IP42；潮湿性场所现场安装的防护等级 IP44。

（4）风机、水泵配电控制箱柜若与设备异地设置时，设备旁设计加试验控制按钮箱或隔离检修控制按钮箱。

（5）消防专用设备：消火栓泵、喷淋泵、消防稳压泵、排烟风机、加压送风机等不纳入BA系统。消防泵房内控制柜应具有自动巡检功能。消防专用设备的过载保护只报警，不断电；消防设备线路配电断路器采用单磁型。

（6）登机桥配电间的电源包含：飞机400Hz专用电源；飞机空气预制冷机组PCA专用电源；机坪机务用电专用电源；机坪高杆灯、机坪高杆障碍灯、机位牌专用电源；登机桥活动端转动专用电源；登机桥照明电源。

（7）电梯/自动扶梯/自动步道均由变配电室专用干线双回路供配电，采用树干与放射相结合的配电方式，其中消防梯末端双路应急电源供电，自动互投。

7.2.4 照明系统

（1）根据照明使用性质分一般照明、局部重点照明、值班照明、应急照明（备用照明、消防应急照明与疏散指示标志照明）、配合精装装饰照明以及航空障碍标志照明。一般照明光源的电源电压采用交流220V；LED光源的电源电压交流220V；消防应急照明与疏散指示标志照明电源电压直流36V。

（2）照度标准见表7.1.4。

（3）照明配电采用放射与树干式配电相结合方式，分区域设置照明配电柜（箱）、应急照明配电柜（箱）。变配电所、独立区域等就地设照明配电分盘。

（4）应急照明配电箱（柜）采用双路应急电源供电自动互投，内置EPS，配无源触点接收模块与消防系统连接。

（5）公共空间设智能照明控制系统，采用支路控制方式，控制器等内置在照明箱（柜）内；支路控制模块采用模块化结构，与MCB断路器一起在标准导轨上安装。控制模块应满足荧光灯、金卤灯、换气扇、风机、风机盘管（三速风机）等负荷特性的要求。

（6）航空障碍灯应符合MH/T 6012—2015民用航空行业标准。屋面航空障碍灯布置在屋面周边的高侧，结合机坪近机位高杆灯上设置的航空障碍灯，整体构成航站楼航空障碍灯体系。

7.2.5 防雷与接地系统

（1）本工程按二类防雷建筑物设防。屋顶顶棚与靠外墙的电气机房、设备机房等区域划分为LPZ1区；其他配电间、弱电间、管理控制室等电气用房划分为LPZ2区。

（2）航站楼屋面采用2.5mm铝板，本工程确定利用航站楼金属屋面做接闪器。屋面航空障碍灯、光传感器等设备采用独立接闪杆保护，引下线单独敷设与接闪带连接；屋面上的非金属物体、无金属外壳或保护网罩的电气设备，均应置于独立防雷装置的保护之下。

（3）利用建筑物钢筋混凝土屋顶、梁、柱、基础内钢筋作为防雷装置引下线，并在室内设置若干连接板。

（4）为预防雷电电磁脉冲引起的过电流和过电压，在变压器低压侧、向重要设备供电的末端配电箱的各相母线上、由室外引入或由室内引至室外的电气线路等处装设电涌保护器（SPD）。

（5）强电、弱电及建筑物防雷各系统的接地，采用共用接地装置，主要利用结构基础作自然做接地装置，设计共用接地极联合接地电阻值＜1Ω。

7.2.6 电气消防系统

（1）火灾自动报警及联动控制系统（以下简称FAS）形式为集中报警系统。在首层设置消防控制室，内部设置火灾自动报警控制器、消防联动控制器、消防控制室图形显示装置、消防专用电话总机、消防应急广播的控制装置。FAS采用具有网络化、模块化结构的控制主机，控制主机层采用专有网络互联，火灾探测及报警采用分布“智能”技术，火灾模拟探测，控制可寻址，控制主机采用双CPU互备。在消防控制室设置FAS主机。控制主机下层分报警、控制总线，不同类型的探测器、报警器、信号模块接入报警总线；控制模块（声光报警器等）、控制信号模块接入控制总线或直接接入控制主机输入/输出接口。消防水泵、防排烟风机（风阀）、正压送风机（送风口）等直接硬线控制部分按规范设计。

（2）火灾自动报警及联动控制管理专业软件由系统制造商提供，支持当今各种流行的操作系统Windows、UNIX、Linux等，具有OPC Server/Client接口、Web Server等功能。与相关系统的联动，均现场通过输入/输出模块完成。消防控制室内控制主机均采用双路电源集中供电，配置UPS。现场监控模块等有源设备的电源（AC220V）由现场就近的配电箱（柜）供电；监控信号电源（DC24V）由FAS自身配置。

（3）根据保护对象的固有特性选择相适宜的火灾自动报警探测器类型，重要监控区域原则上采用高性能（模拟类比、烟温复合、软件编址等）的火灾自动报警器，其灵敏度等级根据火灾初期燃烧特性和环境特征等因素正确选择。

（4）疏散通道的垂直防火卷帘两侧设光电感烟、感温两种探测器组合联动卷帘门两步关闭；采用全淹没式气体灭火的机房、水喷雾灭火机房设感烟、感温等两种以上类型的探测器组合联动灭火控制装置。水流指示器及检修阀阀位、70℃及150℃和280℃易熔防火阀、配电间百叶通风防火阀、湿式报警阀及试压阀阀位、压力开关、水炮关断阀阀位等均通过地址模块接入系统。手动火灾自动报警器及对讲电话插孔，安装在明显部位。对应消火栓设置消火栓按钮，报警按钮信号接入报警控制总线。消防水池、高位稳压水箱均设置超低水位报警信号，配地址模块接入报警总线在建筑疏散分区的主要出入通道及疏散楼梯出入口附近便于操作的位置设置火灾声光警报器装置；在每层楼梯间出入口明显部位装设识别火灾层的火灾声光警报器装置；残厕设火灾声光警报器装置。火灾声光警报器装置，其声压级应高于环境噪声15dB，但最低不低于60dB，火灾发生时，与消防广播二者交替工作。在每个报警区域设置一台区域显示器。

（5）消火栓灭火系统。消防泵房内设置两台消防供水泵；屋顶水箱间内设置一个18m³消防水箱及一套增压稳压装置，以满足最不利消火栓充实水柱所需的水压要求。消火栓系统出水干管上设置的低压压力开关、高位消防水箱出水管上设置的流量开关作为触发信号，直接控制启动消火栓泵；报警控制器收到消火栓内按钮或火灾确认信号后，通过模块控制自动启泵；消防联动控制台手动远程启泵，直接硬线控制；消防泵房就地手动启泵。接入设备在泵出口设置电节点压力表压力开关信号，用于水泵误启动超压保护。

（6）自动喷淋灭火系统。消防泵房内设置两台喷淋泵，一用一备，屋顶水箱间内设置与消火栓系统合用的18m³消防水箱。自动喷水灭火系统报警阀分别集中设在航站楼首层的空调机房及首层的湿式报警阀间内。每层每个防火分区内均设水流指示器和电信号阀。报警控制器收到湿式报警阀压力开关及稳压系统极低压力的报警信号后，通过模块控制自动启泵；消防联动控制台手动远程启泵；湿式报警阀组压力开关信号直接硬线控制启泵。接入设备在泵出口设置电节点压力表压力开关信号，用于水泵误启动超压保护。

（7）水炮灭火系统。三层值机大厅，指廊出发候机区及商业区设消防水炮灭火系统。水炮控制子系统相对独立，每个水炮附近设现场控制盘，各区域消防控制室设水炮主机及集中联动控制台，水炮主机、集中联动控制台及现场控制盘采用专有网络互联。消防控制室水炮集中联动控制台手动远程直接硬线控制启泵；现场控制盘手动启泵按钮远程直接硬线控制启泵；FAS 报警控制器收到现场控制盘按钮的报警信号、阀位及压力信号或火灾确认信号后，通过模块控制自动启泵；消防泵房就地手动启泵。

（8）水喷雾灭火系统。本工程发电机房置水喷雾自动灭火装置，对柴油发电机采用水喷雾灭火系统保护。报警控制器收到被保护区域第一组报警信号后，通过模块控制自动启泵；消防联动控制台手动远程启泵；消防泵房就地手动启泵。

（9）气体自动灭火系统。本工程设置气体灭火系统，采用全淹没式气体自动灭火装置，应用在弱电主机房、变配电室。在设有全淹没式气体自动灭火装置的区域内设感烟、感温探测器与灭火控制装置配套组成相对独立的火灾自动报警及联动控制系统，进行独立灭火工作。

（10）加压送风系统。防烟楼梯间及其前室仅对楼梯间送风，在火灾时只需开启相对应的正压送风机。消防电梯或防烟楼梯间及消防电梯合用前室，火灾时消防控制开启火灾层及相邻层的前室常闭正压送风阀，联动楼梯间及前室的正压送风机。正压送风机控制箱三种联动控制方式：FAS 系统就地控制模块联动启/停；消防控制室联动控制台能手动直接启/停；就地手动操作开启正压送风阀直接硬线控制联动正压送风机。

（11）防排烟系统。当某一排烟分区内的二点以上火灾探测器报警后，模块联动控制开启该区域内的排烟阀（口），排烟阀（口）动作信号通过信号模块接收传至 FAS。排烟口和排烟阀设备设自动开启装置，FAS 控制模块控制动作后，联动停止排烟区域的空调机（兼作排烟送风的除外）及其他排风机，关闭排风阀，启动排烟风机、排烟补风/送风阀和补风/送风机（空调机），同时动作信号返回 FAS。排烟风机控制箱两种联动控制方式：FAS 系统就地控制模块联动启/停；消防中心、消防控制室联动控制台能手动直接启/停。排烟补风机与排烟风机联锁启停，由 FAS 系统就地控制模块和消防中心、消防控制室联动控制台手动直接联动启/停。设置双速排风排烟风机的场所，平时低速排风，火灾时关闭非火灾区域的排风阀，联动超驰控制高速排烟。

（12）常开、常闭电磁锁防火门。常开防火门所在防火分区内的两只独立的火灾探测器或一只火灾探测器与一只手动火灾自动报警按钮的报警信号，作为常开防火门关闭的联动触发信号，释放防火门电磁锁，且门动作信号反馈给 FAS。防火门电磁锁机构应与建筑协调采用平时不带电的节电产品。仅供疏散用常闭防火门（疏散逃生门），平时关闭，疏散区域内的火灾探测器报警后，FAS 模块联动常闭防火门（疏散逃生门）的控制器，自动释放防火门电磁锁。疏散通道上各防火门的开启、关闭及故障状态信号应反馈至防火门监控器。

（13）电动防火卷帘。电动防火卷帘两侧设专用的声、光报警信号及手动控制按钮（应有防误操作措施），报警控制器控制采用两种方式。对于仅用作分隔防火区的电动防火卷帘，防火卷帘所在防火分区内任两只独立的火灾探测器报警信号，作为卷帘门下降的触发信号，联动卷帘门直接下降到楼板面；手动控制时，除卷帘门两侧设置的控制按钮现场控制升降外，应能在消防控制室的控制主机上手动控制卷帘门降落。对于设置在疏散通道上的电动防火卷帘，采用两次控制下落方式，防火分区内任两只独立的感烟火灾探测器报警信号或一只专用于联动卷帘门的感烟火灾探测器报警信号，作为卷帘门下降的触发信号，联动卷帘门下落至距地 1.8m；任一只专用于联动卷帘门的感温火灾探测器报警信号联动卷帘门下落至楼板面；在卷帘门任一侧距卷帘纵深 0.5～5m 范围内设置两只专门联动卷帘门的感温火灾探测器。

（14）挡烟垂臂。挡烟垂臂分为固定与电动两种形式，对于电动挡烟垂臂，当相关区域火灾探测器报警，报警联动控制装置控制电动挡烟垂臂下落。电动挡烟垂臂设专用手动控制按钮（应有防误操作措施）。要求所有电动挡烟垂臂应具有掉电情况下靠自重下降功能。

（15）强制启动应急照明，停非消防电源：结合建筑设计规划的人员疏散区域与防火分区，火灾区域确认后，FAS 控制强制接通相关区域的应急照明灯，同时联动切除相关区域的一般非消防电源。需要切断正常照明时，在自动喷淋系统、消火栓系统动作前切断。

（16）电梯、自动扶梯、自动步道：火灾确认后，FAS 向各电梯控制装置发送消防控制模块信号（有源 DC24V 2A 常开触点），使所有电梯依次迅速降到首层或转换层，进而关闭非消防用电梯，消防电梯转入消防工作状态；FAS 向各自动扶梯、自动步道控制装置发送消防控制模块信号（有源 DC24V 2A 常开触点），缓速停自动扶梯、自动步道，进而关闭自动扶梯、自动步道；控制动作完成信号反馈回 FAS。各制造商（承包商）提供的消防控制室电梯监控主机应符合消防控制室整体布置要求。

（17）火灾应急广播系统。火灾应急广播与公共广播合用系统（由弱电设计单位负责），应急广播系统前端设在消防控制室。火灾确认后，自动/手动开启扩音机和用 MIC 直接播音，将火灾疏散用扬声器和公共广播扩音机强制转入火灾应急广播状态，使公共广播系统进行全楼播送火灾应急广播的方式进行广播。FAS 与广播系统接口需协调，详弱电设计单位的广播系统设计说明及图纸。要求各区域独立广播系统主机均设置消防接口，火灾时，接收 FAS 系统通过控制模块联动停止正常广播信号。消防应急广播的声压级应高于环境噪声 15dB，但最低不低于 60dB。与声光警报装置二者交替工作。

（18）FAS 将根据性能化报告给出的释放策略，通过控制模块联动安防系统开放相关区域疏散通道上的门禁装置，保证疏散畅通。在消防疏散楼梯直接对室外的防火门处设置消防推扛锁。从电力监控系统接收市电电源状态信号报警，停电时 FAS 控制强制接通相关区域的消防应急照明灯。位于疏散通道上的自动门，火灾时应能接受消防控制信号（有源 DC24V 触点）强制开启，并将动作状态反馈 FAS。在弱电主机房、行李机房、高大空间设置空气采样报警系统，现场通过监控模块接口方式简单互联接入 FAS 报警总线。屋顶设置排烟天窗现场控制器，AC220V 外部电源由 ALE 应急电源柜（市电/发电机）提供，通过模块接口方式接受 FAS 系统开窗信号并提供返回信号。

（19）在消防控制室设消防对讲电话主机，并装 119 专用火警外线电话。消防水泵房、消防风机房等消防设备机房，变配电室、发电机房、重要弱电机房等电气机房，均设消防固定电话分机。手动报警器处及每层火灾自动报警及联动控制端子箱内设置对讲电话插孔。

（20）火灾自动报警及联动控制系统线路分信号线路、消火栓启泵按钮控制线路、现场硬线控制线路、对讲电话线路、广播线路以及相应的电源线路。线路敷设按符合防火布线要求，采用槽盒、暗配管、明配管（含可挠金属软管）敷设方式。

（21）消防应急照明与疏散指示标志：出入口、走廊、疏散楼梯间及前室、人员密集的公共场所等场所等均设电光源型消防应急照明与疏散指示标志，一般场所最小平均照度不低于 1lx，人员密集场所不低于 5lx；消防应急照明灯具平时不点亮，消防时点亮，采用 LED 光源；电光源型疏散指示标志规划采用超薄 LED，电光源型安全出口及疏散指示标志 24h 点亮，安全出口及疏散通道门上方 0.2m 均设置电光源型安全出口指示标志；通道疏散指示标志安装在墙壁或柱上时下皮距地 0.3m，或吊装下皮距地 2.5m，设置间距按照 10m 控制。在非性能化区域疏散指示标志设置间距按照不大于 10m 实施，在性能化区域疏散指示标志设置间距按照不大于 20m 实施。

大面积设备机房、消防控制室等设置消防备用照明，备用照明照度不低于正常照明。消防应急照明和疏散指示系统灯具电源由系统集中供电，系统自带电池，市电停止供电后，按额定负荷持续供电时间不少于 60min。消防水泵房、消防控制室应急备用照明电源由应急照明配电盘内集中直流逆变电源（EPS）提供，市电停止供电后，按额定负荷持续供电时间不少于 180min，应急供电转换时间设定 0.25s。

（22）本工程设置电气火灾自动报警系统，由专用网络设备、剩余电流互感器（模块）和电气火灾自动报警系统主机组成。在消防控制室设置电气火灾自动报警系统主机。在配电间等现场配电柜中设置剩余电流互感器（模块），现场总线组网，通过底层通信总线连接至电气火灾自动报警系统报警主机。

（23）为保证防火门充分发挥其隔离作用，在火灾发生时，迅速隔离火源，有效控制火势范围，为扑救火灾及人员的疏散逃生创造良好条件，本工程设置防火门监控系统。

（24）本工程设置消防设备电源监控系统，在消防负荷（动力、照明及 EPS 等）配电箱主、备电回路输入端设置电压信号传感器。系统组成：系统由上位机、消防设备电源监控器、区域分机、电压信号传感器、系统总线及应用软件组成；系统采用 CAN 总线通信、模块化结构，智能网络体系。电压信号传感器安装在配电间等现场配电箱内，区域分机安装在配电间内，消防设备电源监控器及上位机设置于消防控制室内，系统总线于消防槽盒内敷设，末端敷设。

（25）本工程消防用电设备按一级负荷供电；消防设备用电末端电源配电盘双路电源互投自动切换；消防控制室设备 AC220V/380V 电源双路互投自动切换集中供电，支路管线待承包商深化设计。强电、弱电及建筑物防雷各系统的接地，采用共用接地装置，主要利用结构基础做自然接地装置，设计共用接地极联合接地电阻值不大于 1Ω。消防电源设备加装 SPD；消防中心进出信号线路加装 SPD。

7.2.7 智能化系统

1. 信息化应用系统。信息化应用系统功能应满足建筑物运行和管理的信息化需要并提供建筑业务运营的支撑和保障。系统包括公共服务、智能卡应用、物业管理、信息设施运行管理、信息安全管理、基本业务办公和专业业务等信息化应用系统。信息化系统示意见图 7.2.7－1。

（1）公共服务系统。公共服务系统应具有访客接待管理和公共服务信息发布等功能，并宜具有将各类公共服务事务纳入规范运行程序的管理功能。系统基于信息网络及布线系统，系统服务器设置于中心网络机房，管理终端设置于相应管理用房。

（2）智能卡应用系统。根据建设方物业信息管理部门要求对出入口控制、电子巡查、停车场管理、考勤管理、消费等实行一卡通管理，“一卡”，在同一张卡片上实现开门、考勤、消费等多种功能；“一库”，在同一软件平台上，实现卡的发行、挂失、充值、资料查询等管理，系统共用一个数据库，软件必须确保出入口控制系统的安全管理要求；“一网”，各系统的终端接入局域网进行数据传输和信息交换。系统基于信息网络及布线系统，系统服务器设置于中心网络机房，管理终端设置于相应管理用房。

（3）信息设施运行管理系统。信息设施运行管理系统应具有对建筑物信息设施的运行状态、资源配置、技术性能等进行监测、分析、处理和维护的功能。系统基于信息网络及布线系统，系统服务器设置于中心网络机房，管理终端设置于相应管理用房。

（4）信息安全管理系统。信息网络安全管理系统通过采用防火墙、加密、虚拟专用网、安全隔离和病毒防治等各种技术和管理措施，使网络系统正常运行，确保经过网络的传输和管理措

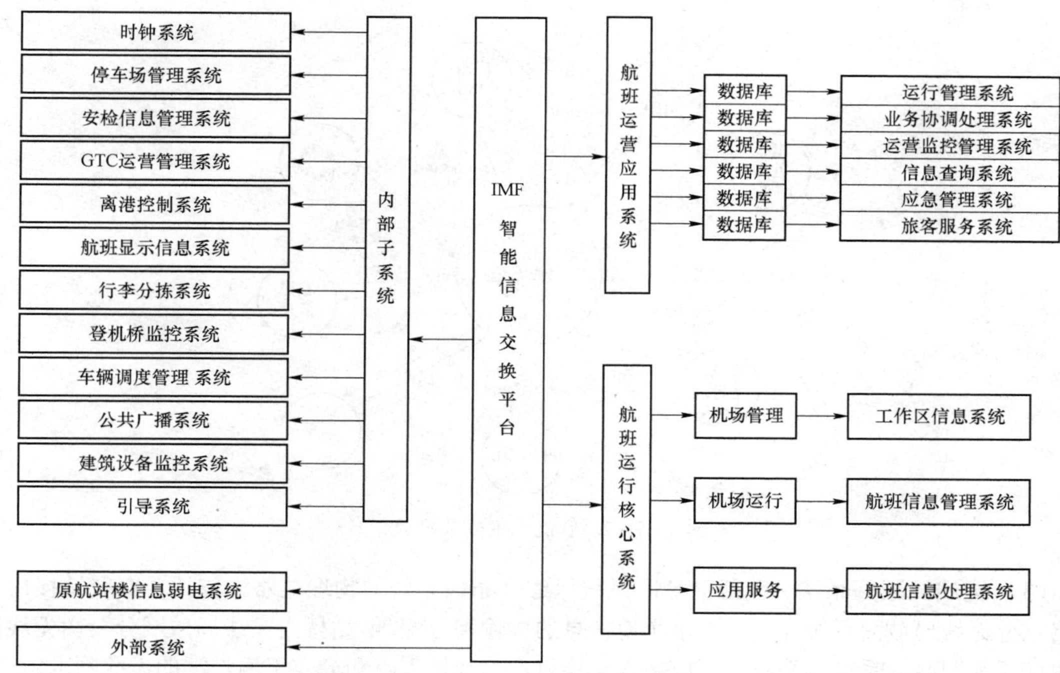

图 7.2.7－1 信息化系统示意

施，使网络系统正常运行，确保经过网络传输和交换的数据不会发生增加、修改、丢失和泄露。系统基于信息网络及布线系统，系统服务器设置于中心网络机房，管理终端设置于相应管理用房。

2. 智能化集成系统。集成管理的重点是突出在中央管理系统的管理，控制由各子系统进行。集成管理能为各个管理部门提供高效、科学和方便的管理手段。将建筑中日常运作的各种信息，如建筑设备监控系统、安防、火灾自动报警、公共广播、通信系统以及展览管理信息，各种日常办公管理信息，物业管理信息等构成相互之间有关联的一个整体，从而有效地提升建筑整体的运作水平和效率。

（1）智能化信息集成系统。集成软件平台安装在主机服务器上，实现把所有子系统集成在统一的用户界面下，对子系统进行统一监视、控制和协调，从而构成一个统一的协同工作的整体。包括实现对子系统实时数据的存储和加工，对系统用户的综合监控和显示以及智能分析等其他功能。智能化集成系统示意见图 7.2.7－2。

（2）集成信息应用系统。对于管理数据的集成，要求控制系统在软件上使用标准的、开放的数据库进行数据交换，实现管理数据的系统集成。

3. 信息化设施系统。

（1）信息系统对城市公用事业的需求。

1）电话通信系统。通信系统包括公共通信系统和内部通信系统。公共通信主要提供楼内的市话服务。内部通信系统主要提供航站楼内各业务部门内部通话联络、相互通信、指挥调度等用途。

2）有线电视系统。系统通过光传输设备接入电视信号，然后汇入楼内的电视分配网络。系统选用双向传输设备，高带宽，支持数字电视的直接接入。

（2）办公自动化系统。在航站楼内的各个办公室设置办公自动化系统工作站。

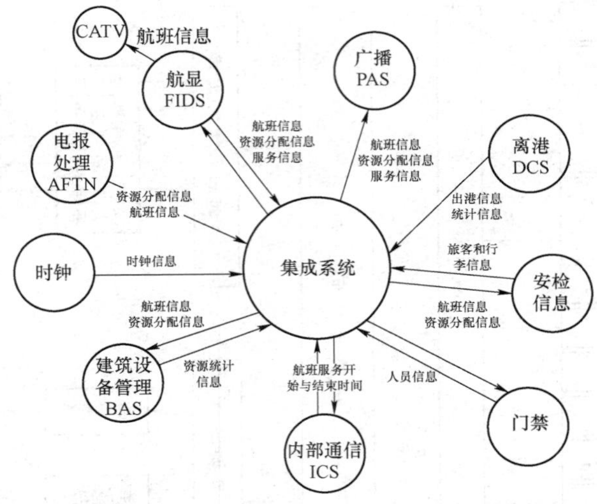

图 7.2.7－2　智能化集成系统示意

（3） 无线局域网系统。无线局域网系统以综合布线系统的物理链路为依托，在航站楼内部网络划分无线局域网系统虚拟网络来实现信息的传输和分配。航站楼内无线局域网分公用无线网和内部无线网两套系统。系统主要由接入交换机，无线接入点和分布于用户端的无线网卡组成。无线接入点设置在人群较集中的区域，如休息区、值机区等。

1） 布线系统。结构化综合布线系统是一个完整的集成化通信传输系统。计算机集成网络系统、离港系统、通信系统、POS 系统、航班信息显示系统、安全防范及其他弱电子系统的传输介质采用综合布线系统。整个布线系统具有标准化、模块化、全开放性、可扩充性和变换灵活等优点。综合布线系统由 5 个子系统组成，分别是主设备间子系统、干线子系统、分配线间子系统、水平子系统、工作区子系统。

2） 网络系统。网络系统分为 5 个相对独立的网络，分别是：地面运行网、离港系统网、办公自动化（OA）网、商业零售网（POS）、无线局域网。

（4） 移动通信无线转发系统。移动通信无线转发系统分为三套独立的网络系统，分别是中国移动和中国联通的手机信号无线转发系统，和机场 800MHz 无线集群通信系统。

（5） 公共广播系统。系统通过网络音频适配器，经由综合布线网络，实现广播系统的全部功能。

（6） 会议系统。

1） 多功能厅用于新闻发布会、大型国际会议、产品展示介绍会、内部会议等，其既可以为机场有关单位服务，又可以对外出租给公众服务。多功能厅为厅堂式，前设主席台，能实现 2 名主席、28 名代表的会议讨论系统，能满足语言扩声要求，能实现多种影像显示要求，能实现摄、录音像功能，能实现 4 种语言的同声传译功能等。

2） 中型会议室和小会议室主要用于小型国际会议、产品展示介绍会、内部会议等，其既可以为机场有关单位服务，又可以对外出租给公众服务。中型会议室为厅堂式，前设主席台，能实现 1 名主席、7 名代表的会议讨论系统，能满足语言扩声要求，能实现多种影像显示要求，能实现摄、录音像功能；小会议室为圆桌式普通会议室，能实现 1 名主席、2 名代表的会议讨论系统，实现影像投影显示功能，能满足语言扩声要求。

3）多功能厅会议系统包括音频管理系统、视频管理系统、扩声系统和显示及同声传译系统。中型会议室系统包括音频管理系统、视频管理系统、扩声系统、显示系统。小型会议室系统包括音频管理系统、显示系统。

（7）信息显示系统。

1）地面信息系统。包括了地面信息系统中的运行信息系统、触摸屏查询系统、维修维护系统等。本次设计在每个弱电机房和部分办公室都配置了 PC 工作站，作为运行信息系统的查询终端。其线路由综合布线系统统一考虑。在航站楼内各休息、值机等人群较聚集的区域设置触摸屏查询终端，为旅客或司乘人员提供航班信息等公共信息查询帮助。

2）离港系统。此系统是为了方便在航站楼的旅客办理值机手续。在值机柜台处设置值机终端，并配置登机牌和行李牌打印机。

3）地理信息系统。是对航站楼内的机电等设施的安装位置、线路路由、状态进行管理。

4）航班信息显示系统。航站楼内用于显示进出港航班动态信息的 PDP 显示内容为航班号、到达站、经停站、起飞时间、办票时间、办票区、办票柜台号、备注和灯光提示等信息。中英文同屏或分屏显示。

5）时钟系统。时钟系统主要用于为进/出旅客及机场工作人员提供准确的时间服务，避免因显示时间差异造成不必要的矛盾；同时也为各系统提供标准的时间源，以便各部门间的统一工作。

6）引导标识系统。引导标志系统主要考虑在航站楼内旅客流动频繁的地方设置引导灯箱，将旅客引导至各功能性区域和服务场所。

7）POS 系统。在航站楼的商业服务等区域设置 POS 终端，并配置有电子秤等配套设备。

（8）机房工程。本工程机房包括综合布线系统机房、安全防范系统机房、弱电机房和通信机房。机房内应铺设防静电地板，距地面 300mm 高；湿度和温度要求遵照规范；机房内为各个系统重要设备集中放置的地方，因此必须有电气防火灭火设施。

4. 建筑设备管理系统。

（1）建筑设备监控系统。

1）航站楼规划 IBMS，通过管理相关的内外部系统集成架构一个标准化、有限开放式的系统。IBMS 应符合整体业务管理及网络模型规划需求（由弱电设计单位负责），并满足对其接口、配置及功能的要求。

2）IBMS 形式上分内部集成和外部集成。内部集成包括：建筑设备监控系统；照明监控系统；电梯监控系统；电力监控系统。外部集成包括：机场时钟系统；航班信息。IBMS 与建筑设备监控系统、照明监控系统、电梯监控系统、电力监控系统采用 OPC 技术进行数据交换；与机场时钟系统采用 NTP 协议实现实时时间同步；与 IMF 采用 SDK（软件开发包）进行数据交换。

3）IBMS 承包商须配合机场集成信息系统承包商制定集成接口需求，遵从信息系统承包商制定的接口技术规范，根据其提供的接口开发包 SDK 开发自己端的应用接口，并经业主、信息系统承包商和监理工程师确认，在接口测试时需经信息系统承包商和监理工程师确认，IBMS 制定的数据接口和协议需符合相关的标准和规范。

4）IBMS 与机场时钟系统采用 NTP 网络时间协议（Network Time Protocol）方式集成，实现计算机系统时间同步。网络校时系统采用客户/服务器模式，该模式为一对多的连接，多个客户端可被服务器同步，但服务器不能被客户端同步，服务器端工作在主动模式，客户端工作在被动模式。

5）IBMS 接收 AODB 的航班动态信息，根据接收的信息情况自动设定相应区域机电设备、照明设备的启停时间表，弹出报警相关操作界面；向 AODB 上传系统设备运行状态、运行时间、耗电量、耗气量、用水量、耗热量以及收费统计数据等各种管理信息。信息处理符合联动操作和运行管理要求。

6）建筑设备监控系统。对给、排水系统的监控：给水系统、排水系统；对空调系统的监控：空调冷、热水系统、新风空调机组；送、排风机的时间程序控制；对电动门、窗的控制（非消防）；对空气质量的监测。

7）电梯监控系统。电梯监控系统是一个相对独立的子系统，由制造商成套提供，通过接口纳入 IBMS。自动扶梯、自动步道现场直接就近接入现场通用控制器（DDC）。系统主机设置在楼宇控制室内。电梯现场控制装置应具有标准接口（如 RS485、RS232 等）。在楼宇控制室设电梯监控管理主机，显示电梯的运行状态。要求两台及以上并排安装电梯选用群控运行方式。监控系统配合运营，启动和关闭相关区域的电梯；接收消防与安防信息，及时采取应急措施。系统自动监测各电梯运行状态，紧急情况或故障时自动报警和记录，自动统计电梯工作时间，定时维修。电梯对讲系统，实现五方对讲功能。

8）智能灯光系统。本工程的智能灯光系统是一个相对独立的子系统，由制造商成套提供。本工程设置自成体系的智能照明控制系统，对公共照明、标识照明进行管理，广告照明单独组网。公共照明智能照明控制系统主机设置在楼宇控制室内，广告系统主机设置在广告机房内。智能照明控制系统架构基于 C/S 的二层网络结构，管理层网络按 IEEE802.3 标准，构建标准化的以太网络（Ethernet）平台，采用 TCP/IP 协议，接入集成网络；底层采用专有现场总线网络，由智能照明控制系统承包商自行组网。采用完全分布式集散控制系统，集中监控，分区控制，管理分级，通过网络系统将分布在各现场的控制器连接起来，软件与硬件分散配置。

（2）其他。

建筑能耗分析管理系统、电梯监控系统详见 7.1.7 节 5（2）、（3）。

5. 公共安全系统。

（1）闭路监控系统。

1）监控系统结合出入口管理、防范报警等子系统，构成一套完整的分布式网络结构的安防系统，采用集中管理、分布控制、前端独立的集成方式。通过共享网络环境和信息管理平台，实现控制功能和各子系统的集成管理。

2）采用全数字化监控系统。单独建立一套网络作为监控系统的平台，摄像机的图像信号通过网络传输。用户经授权可在远程终端调看、控制图像，系统最高权限用户是监控中心。监控系统管理服务器作为统一的系统管理平台，应具有强大的实时操作功能、运行管理功能、信息显示查询功能、设备管理和设置功能。由于数字监控系统没有矩阵主机来实现对摄像机的控制、图像的管理，因此系统控制管理软件必须具有矩阵的功能，才能保证系统稳定、高效的运行。

3）机房内设一套电视墙柜，每台系统服务器支持 NT/WIN2000/UNIX 等操作系统，双 CPU 及以上配置，千兆网端口，服务器内的视频控制管理软件内满足系统功能要求；磁盘阵列作为系统图像存储的重要配置。

4）监控系统的前端信号传输为模拟信号，经 IDF 间内的编码器转为数字信号，通过安全防范系统专用网络传输，其传输介质由综合布线系统提供。系统中的所有摄像机由机房集中供电，主干电源线由机房经电源桥架至各个区域，各摄像机从所在区域的电源分线箱取电。

（2）其他。

门禁系统、报警系统详见 7.1.7 节 6（3）、（4）。

【说明】电气抗震设计和电气节能措施参见 7.1.8 和 7.1.9。

7.3 铁路客运站

7.3.1 项目信息

某铁路客运站建筑面积为 97 284m^2，地上 2 层，地下 3 层。建筑高度 38m，建筑耐火等级一级，设计使用年限为 50 年。设计规模为 22 站台面 26 线，基本站台南北各 1 座，中间站台 10 座，站房建筑地上二层、地下三层，局部设置夹层。其中北侧站台层为地面层，北站房为地面站房。南侧出站层为地面层，南站房设垂直交通厅和设备办公用房。地上二层为高架层和站台层，南北站房各设进站广厅，中部为候车区。地下一层为出站层，布置出站区和综合换乘通道。高架站场下方空间东西两侧为城市公共交通换乘区。地下二层和地下三层分别为地铁站厅层和站台层。

铁路客运站

7.3.2 系统组成

1. 高低压变、配电系统。
2. 电力、照明系统。
3. 防雷与接地系统。
4. 电气消防系统。
5. 智能化系统。
6. 电气抗震设计和电气节能措施。

7.3.3 高低压变、配电系统

1. 负荷分级。

（1）一级负荷：包括铁路通信系统、信号系统、时钟系统、客服信息系统、售票系统、安防、安检系统、应急指挥中心、消防用电设备（消防控制室内的火灾自动报警控制器及联动控制台、消防水泵、消防电梯、排烟风机、加压送风机、计算机系统电源等）、应急照明及疏散指示等。设备容量约为4800kW。

（2）二级负荷：包括站房照明、客梯、排水泵、生活水泵等。设备容量约为8670kW。

（3）冷冻设备、室外照明及一般动力负荷。设备容量约为1320kW。

2. 电源。

本工程由站房内35/10kV变配电所馈出3组（6路）10kV双重高压电源向站房内设置的3座10/0.4kV变电所供电，高压采用单母线分段运行方式，3组（6路）电源同时工作，每两路电源互为备用，当其中一路电源停电时，另一路带所有的用电负荷。

3. 变、配、发电站。

（1）客运站内共设置3座变配电所，12台干式变压器，装机容量15 000kVA，详见表7.3.3。

表7.3.3　变配电所设置一览表

变配电所编号	变压器装机容量/kVA	变压器容量/kVA × 台数	用途	位置
1号	5000	1250 × 4	公共变配电所	地下一层
2号	5000	1250 × 4	公共变配电所	地下一层
3号	5000	1250 × 4	公共变配电所	地下一层

（2）动力、照明变压器0.4kV低压侧采用单母线分段方式运行，设置母联断路器，母联断路器设自投自复、自投手复、自投停用三种状态的位置手动转换开关。母联断路器自投时应自动断开三级负荷，并设有一定的延时，以保证变压器正常工作；主线开关与联络开关设电气联锁，任何情况下只能合其中的2个开关。

低压配电智能监控系统：低压配电智能监控系统实现对各供配电网络的电压、电流、有功功率、无功功率、功率因数、频率、谐波含量、电能量等电参数的监测，以及对断路器的分和状态、故障信息进行监视。

4. 自备应急电源系统。

在地下一层设置二处柴油发电机房。设置二台低压1000kW柴油发电机组。

（1）当市电出现停电、缺相、电压超出范围（AC380V：－15%～＋10%）或频率超出范围（50Hz±5%）时延时15s（可调）机组自动启动。

（2）当市电故障时，消防用电设备、应急照明与疏散照明以及涉及人身安全的用电设备均由自备应急电源提供电源。

5. 设置电力监控系统，对电力配电实施动态监视。

7.3.4　电力、照明系统

1. 低压配电采用放射式与树干式相结合的方式，对于单台容量较大的负荷或重要负荷，如：冷冻机房、水泵房、电梯机房、电话站、消防控制室等设备采用放射式供电；对于一般负荷采用树干式与放射式相结合的方式供电。铁路旅客车站建筑中的工艺设备、专用设备、消防及其他防灾用电负荷，采用独立配电回路。

2. 空调、冷却机及地源热泵变压器低压侧采用单独供电。配电系统考虑制热负荷为季节性负荷，为提高变压器负荷率，减少机组启动对其他负荷的干扰，提高供电质量。

3. 本工程采用低压集中自动补偿方式，每台变压器低压母线上装设不燃型干式补偿电容器，对系统进行无功功率自动补偿，使补偿后的功率因数大于0.95。

4. 工艺设备、专用设备、消防及其他防灾用电负荷，应分别自成配电系统或回路。

5. 照度标准。

（1）照度标准见表 7.3.4。

表 7.3.4　　照　度　标　准

房间或场所		参考平面及其高度	照度标准值/lx	UGR	U_0	R_a
售票台		地　面	500	—	—	80
走道、通道		0.75m 水平面	150	25	0.6	80
候车室	普通	地　面	150	22	0.4	80
	高档		200	22	0.6	
中央大厅、售票大厅		地　面	200	22	0.4	80
安全检查		地　面	300	22	0.6	80
无棚展台		地　面	50	—	0.4	20
有棚展台		地　面	75	—	0.6	20

（2）光源。候车室、办公用房等场所为荧光灯或高效节能型灯具。进站大厅采用高效金属卤化物灯。安检柜台、商业用房等其他功能用房，根据要求设置局部照明。酒吧、餐厅，商店，VIP 等要求较高场所，结合建筑装饰采用节能灯具，以烘托气氛。

（3）站房公共区、人口密集的出入通道等处的正常照明电源引自变配电所两段不同母线，采用两个专用回路各带 50%灯具，交叉供电的方式应急照明采用双电源末端切换供电，并利用在南、北端设备用房配电间分散设置的 EPS 供电。

（4）安装在进出站大厅、候车室及站台雨棚等高大空间等灯具，室内安装的灯具防护等级不低于 IP43，室外安装的灯具防护等级不低于 IP54。埋地灯防护等级不应低于 IP67。

（5）设置在地下的车站出入口，应设置过渡照明；白天车站出入口内外亮度变化，宜按 1:10 到 1:15 之间取值，夜间出入口内外亮度变化，宜按 2:1 到 4:1 之间取值。

（6）在变配电所、计算中心、消防控制室、水泵房、防排烟风机房、走廊、楼梯间、电梯前室、门厅等场所设置应急照明。在走廊、安全出口、大厅、楼梯间等处设疏散指示灯。

（7）采用智能型照明管理系统，以实现照明节能管理与控制。

7.3.5 防雷与接地系统

1. 本工程按二类防雷设防。在屋顶设接闪器，利用建筑物结构柱子内的主筋作引下线，利用结构基础内钢筋网做接地装置。

2. 站房和无柱雨棚利用金属屋面做接闪器，利用钢结构柱、混凝土结构柱内主筋作为防雷引下线。

3. 为预防雷电电磁脉冲引起的过电流和过电压，在变压器低压侧、向重要设备供电的末端配电箱的各相母线上、由室外引入或由室内引至室外的电气线路等处装设电涌保护器（SPD）。

4. 通信、信号、售检票、设备监控、客运信息、变配电等工艺设备用房内分别设置接地端子板，等电位接地端子板与接地干线或共用接地装置的连接点，至少应有两点，并在不同位置。并设置 M 型或 Mm 组合型等电位连接网络。采用铜排将各接地端子箱与等电位系统相连，作为各系统的工作接地。

5. 本工程采用共用接地装置，以建筑物、构筑物的金属体、构造钢筋和基础钢筋作为接地体，其接地电阻小于 1Ω。

6. 建筑物做等电位联结，在配变电所内安装主等电位联结端子箱，将所有进出建筑物的金属管道、金属构件、接地干线等与等电位端子箱有效连接。

7. 在所有通信机房、电梯机房等处作辅助等电位联结。

7.3.6　电气消防系统

1. 本工程设置消防控制室，对建筑内火灾信号和消防设备进行监视及控制。消防控制室内设火灾自动报警控制器、消防联动控制台、消防应急广播、中央电脑、显示器、打印机、电梯运行监控盘及消防对讲电话、专用电话、UPS 等设备。

2. 根据不同场所的需求，现场设置各种报警探测器、手动报警按钮、联动模块、消火栓按钮、声光报警装置、各种联动用中继器、电话插孔、电话分机等设备。候车厅、售票厅等高大空间场所，设置火灾的极早期报警和图像型火灾探测报警。

3. 消防系统联动控制功能。

（1） 消火栓及消防泵系统。消火栓箱内设双触点消火栓按钮（附启泵信号指示灯），按钮中一组触点编址后接入报警控制总线；另一组触点接入消防泵房用于直接启泵。消火栓按钮具有三种启泵方式（消防控制室手动启泵、控制器接受信号自动启泵、机械直接启泵）。

（2） 水喷淋系统。水流指示器、安全信号阀、湿式报警阀、压力开关均通过监视模块接入报警总线，湿式报警阀采用双触点，一组通过地址模块接入报警总线，另一组用于直接启动喷淋泵。

1） 自动控制：水流指示器、安全信号阀的动作信号，报警总线联动所在区域的声光报警器；压力开关报警信号通过报警总线联动声光报警器，自动启动喷淋泵，并返回运行信号至消防控制中心报警主机及多线联动控制盘上显示。

2） 手动控制：消防控制中心通过多线联动盘手动启动按钮直接启/停喷淋泵，并返回运行信号多线联动控制盘上显示。

3） 消防控制中心多线控制盘设喷淋泵运行及故障指示灯。

4） 消防泵房机械直接启泵。

（3） 消防水炮灭火系统。通高中庭、中庭、夹层、候车大厅高大空间设有消防水炮灭火的区域内，设置图像型感火焰探测报警系统、红外光束感烟火灾探测报警系统与消防水炮控制装置配套组成相对独立的火灾报警及灭火控制系统，图像型感火焰探测报警系统、红外光束感烟火灾探测报警系统，消防炮控制系统均通过 RS485 总线通信接口实现与传统火灾报警控制系统的通信及联动，其联动控制功能如下：

1） 自动状态：火灾时，图像火焰探测器、红外光束感烟探测器与报警信号传输给消防水炮控制器，通过消防水炮现场控制器联动开启电动阀，启动消防水炮供水泵，消防水炮通过定位器进行自动扫描定位瞄准喷水灭火，同时消防水炮供水泵及电动阀的运行状态信号返回消防控制中心显示；另一方面图像探测器及消防水炮扫描定位处理主机实时输出现场的视频信号传输到消防控制中心，对现场图像信号实现实时的监控、存储和回放。

2） 手动控制：消防中心控制设备在手动状态下，当现场探测器报警后，主机发出报警信号，消防值班人员通过强制切换的彩色画面再次确认火灾后，通过操作消防水炮控制器的集中控制盘按键，驱动消防水炮瞄准定位着火点，启动电动阀和消防水炮供水泵实施灭火，消防泵和消防水炮的工作状态返回控制中心显示。

现场应急手动：现场工作人员发现火灾后，通过设在现场的手动控制盘按键驱动消防水炮瞄准定位着火点，启动电动阀和消防水炮供水泵实施灭火。消防泵和消防水炮的工作状态返回消防控制中心显示。

（4）气体自动灭火控制系统。在设有气体灭火的区域内设置气体灭火控制盘，感烟、感温报警探测器、声光报警器、放气指示灯、紧急启停按钮与灭火控制装置配套组成相对独立的火灾报警及灭火控制系统，其联动控制装置功能如下：

有管网式气体灭火系统，设自动控制，手动控制和机械应急操作三种启动方式；无管网的气体灭火系统，设自动控制、手动控制启动方式；自动控制须由两个独立的火灾探测器与报警信号启动。气体灭火控制盘在接收到首个触发信号（防护区内设置的感烟火灾探测器、其他类型探测器或手动报警按钮的首次报警信号）后，启动设置在该防护区内的火灾声、光警报器；在接收到第二个触发信号（同一防护区域内与首次报警的火灾探测器或手动报警按钮相邻的感温火灾探测器、感烟探测器或手动报警按钮的报警信号）后，联动关闭防护区域的送、排风风机及送排风阀门；停止通风和空气调节系统及关闭设置在该防护区域的电动防火阀；关闭防护区域的门、窗；启动气体（泡沫）灭火装置，在有人工作的区域，气体灭火控制盘可设定不大于30s的延迟喷射时间；无人工作的防护区，可设置为无延迟的喷射，且应在接收到第一个火灾报警信号联动控制。启动气体灭火装置同时启动设置在防护区的入口处的灭火剂喷放指示灯；有管网系统应首先开启相应防护区域的选择阀或启动瓶，然后启动气体灭火装置。

气体灭火系统的每个气体灭火控制盘通过总线编码模块，将气体释放信号、紧急启动信号、紧急停止信号、手/自动状态信号、故障信号、电动阀状态信号（均为无源干接点信号）远程开、关控制信号即电动卸压阀动作输出（均为DC24V）接入火灾报警控制主机。灭火剂释放灭火后，自动或就地手动启动事故后排风机，排出灭火剂。

（5）防排烟及加压送风系统。由消防控制中心火灾报警控制器通过总线自动、多线控制盘通过多线手动开启排烟口（阀），启/停排烟风机及加压送风机，并返回风机运行信号至消防控制中心。

（6）防火卷帘门和电动防火门。

用作隔离防火分区用卷帘门，当卷帘门两侧的烟感和温感任一报警时，控制器通过编址式监控模块启动该卷帘门一步到底；位于疏散通道处的卷帘门，当门两侧的烟感报警时，卷帘门半降实施挡烟同时方便有关人员能及时撤离，当门两侧的温感报警时，卷帘门降到底。所有控制及状态监视均由编址式监控模块实现。

常开电动防火门通过总线上的监控模块进行控制，门任一侧的火灾探测器报警后，按程序要求联动相应区域的防火门（常开）自动关闭。电动防火门的开启、关闭及故障状态信号返回消防控制室显示。门释放器应选用平时不耗电的释放装置，并且现场防火门两侧设手动就地控制装置。

（7）空调系统。火灾报警确认信号，通过编址式控制模块关闭相应区域的空调机组，并实时监视空调风道上防火阀的状态。对于兼做消防补风的空调机组，平时由建筑设备管理系统监控机组及相应阀体，火灾时由消防控制室优先进行控制。

（8）电梯、扶梯自动步道控制。火灾自动报警系统在电梯控制盘、扶梯控制盘、自动步道控制盘处设置监视模块和控制模块，通过模块+继电器转换方式与电梯、扶梯、自动步道系统实现消防联动。

（9）非消防电源控制。任一区域火灾时，通过控制模块切断该区域的配电间内配电箱的相应的非消防配电回路电源，开启着火区域及相邻区域应急照明。

（10）应急照明联动。火灾报警确认信号，通过 RS485 总线，联动应急照明集中控制器，开启火灾区域及相邻区域的应急照明。

（11）可燃气体报警联动。在采用燃气为能源的厨房或者煤气表间，设可燃气体探测器及燃气报警控制器。可燃气体探测器报警后，报警控制器首先联动关闭燃气总管电磁阀门，再开启事故排风机，当感温探测器动作后，切断排风机。燃气报警控制器通过监视模块接入火灾自动报警系统总线回路。

（12）广播系统联动。客运站公共广播系统每一个广播分区包含一个或多个消防分区，在各分区内还根据负载和走线情况分为一个或多个回路。根据此特点，火灾自动报警系统提供与公共广播分区回路数量相对应的控制模块，输出干接点信号，广播系统通过信号转换器接收干接点信号，实现自动消防紧急广播。联动策略。当确认火灾后，广播系统首先向火灾区域及左右相邻区域鸣警报和应急广播进行疏散，经延时后，再向非火灾区域广播疏散。火灾应急广播的单次语音播放时间在 10～30s 之间，并与火灾声光报警器分时交替工作，可连续广播两次。

（13）安防门禁系统联动。门禁系统与消防联动采用本地联动与平台联动相结合方式实现：

本地联动：当发生火灾时，由火灾报警系统控制主机，通过现场对应设置的控制模块，输出干节点信号至门禁控制器，开启相应区域的控制门，同时通过监视模块返回动作信号至报警主机显示。

平台联动由火灾报警系统提供集成接口信息。

在防火分区的公共场所明显部位设置楼层显示器，平时用于系统巡视与维护，火灾时用于消防人员现场使用。

4. 火警对讲电话。在消防控制中心设火警对讲电话主机，并装 119 专用火警外线电话；各个功能管理中心值班室、电梯机房、变配电室、柴油发电机房、防排烟机房、空调机房等处设置专用对讲电话分机；手动报警按钮处设对讲电话插孔，满足消防状态下的专用及时通信。

5. 消防水池液位监测。地下消防水池设液位监测仪，消防控制中心设置数字液位测控器，实时监测消防水池的液位状态。

6. 客运站是人员密集的重要公共建筑，为能准确监控电气线路的故障和异常状态，能发现电气火灾的隐患，及时报警提醒人员去消除这些隐患，本工程设置电气火灾监视与控制系统，对建筑中易发生火灾的电气线路进行全面监视和控制，系统由电气火灾探测器、测温式电气火灾监控探测器和电气火灾监控设备组成。

7. 本工程设置消防设备电源监控系统，实现对消防设备电源的实时监测，可显著提高消防设备的可靠性、稳定性及备战能力。采用消防设备电源监控系统可实现有效降低消防设备供电电源的故障发生率，确保消防设备的正常工作，对有效保障人民生命和国家财产安全产生意义深远的积极作用。消防设备电源监控器独立安装在消防控制室，专用于消防设备电源监控系统，不与其他消防系统共用设备，通过软件远程设置现场传感器的地址编码及故障参数，方便系统调试及后期维护使用。当各类为消防设备供电的交流或直流电源（包括主、备电），发生过电压、欠电压、缺相、过电流、中断供电故障时，消防电源监控器进行声光报警、记录；显示被监测电源的电压、电流值及故障点位置；监控器提供 RS232 和 RS485 接口上传故障信息至消防控制室图形显示装置。消防设备电源监控系统的传感器采集电压和电流信号时，采用不破坏被监测回路的方式，同时监测开关状态；传感器自带总线隔离器，均安装于配电箱（柜）内。

8. 为保证防火门充分发挥其隔离作用，在火灾发生时，迅速隔离火源，有效控制火势范围，为扑救火灾及人员的疏散逃生创造良好条件，本工程设置防火门监控系统。对防火门的工作状态进行 24h 实时自动巡检，对处于非正常状态的防火门给出报警提示。在发生火情时，该监控系统自动关闭防火门，为火灾救援和人员疏散赢得宝贵时间。

7.3.7 智能化系统

1. 信息化应用系统。信息集成系统的建设目标是能提供一个信息共享的运营环境，使各信息智能化系统均在信息集成系统统一的列车信息之下自动运作。它能支持客运站的运营模式，支持客运站各生产运营部门在运行指挥中心的协调指挥下进行统一的协调、调度、管理，以实现最优化的生产运营和设备运行，为客运站安全高效的生产管理提供信息化、自动化手段。并能为旅客、铁路公司以及客运站自身的业务管理提供及时、准确、系统、完整的列车信息服务。最终，使客运站成为以信息集成系统为核心，各信息智能化系统为手段，信息高度统一、共享、调度严密、管理先进和服务优质的客运站。包括：列车信息管理及集成系统、列车班次信息显示系统、安检信息系统、时钟系统、运营监控管理系统、安检信息管理系统、地理信息系统等。

（1） 列车信息管理及集成系统。计算机信息管理系统是客运站弱电系统核心，实现对列车车次、服务、资源分配、计费统计等一系列工作的综合、完善、统一管理。它也是客运站信息中心，承担着客运站内部各子系统的信息枢纽作用。另外，系统提供了相关弱电子系统在系统集成上的平台。

（2） 列车班次信息显示系统。为旅客提供进出列车班次动态信息、候车引导信息、检票提示信息、中转列车信息等。显示组成主要包括 LED、LCD、PDP、（或液晶）和有线电视等。列车班次信息显示系统示意见图 7.3.7－1。

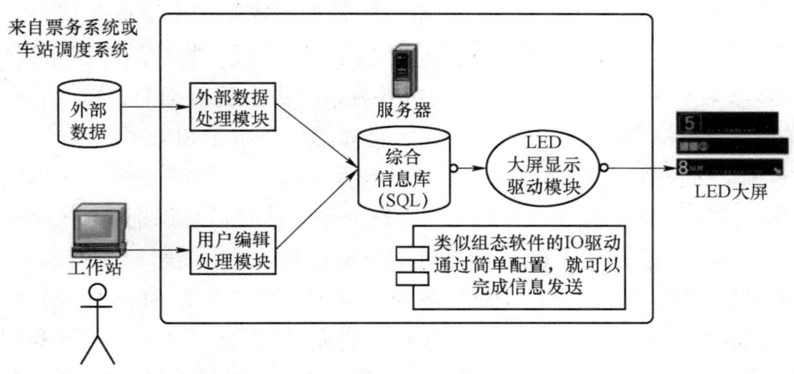

图 7.3.7－1 列车班次信息显示系统示意

（3） 安检信息系统。通过与离站系统的之间的接口集成，加之自身的网络和视频设备，系统提供实现火车站出站行李托运、安检过程中的人包对应，从而进行记录存储、调用核实服务等功能，为提高安检工作效率和列车安全提供有力保障。

（4） 时钟系统。为客运站各区域和部门提供统一准确时间、协调各部门工作，系统采用子母钟控制原则，采用 GPS 接收机接受校时信号，信号经处理后向母钟定时发校准信号。时钟系统示意见图 7.3.7－2。

2. 应急管理系统。任何影响客运站正常运营或业务运作的异常事件可定义为事故，配置可

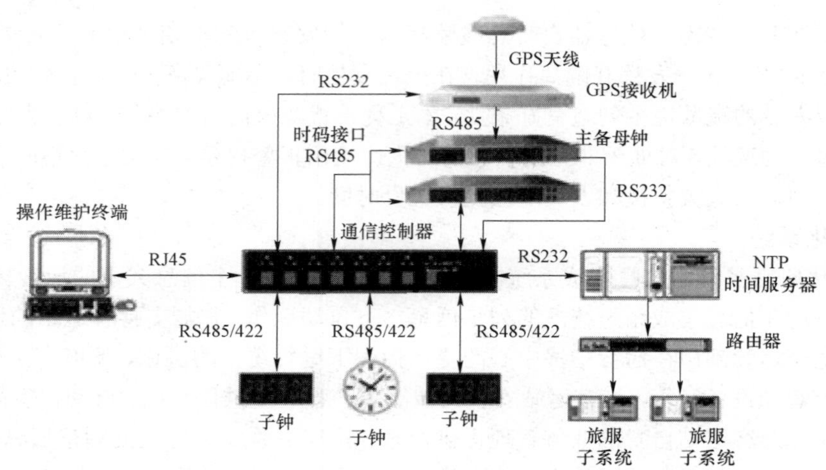

图 7.3.7－2 时钟系统示意

以上一级应急响应系统信息互联的通信接口。客运站的异常事件需要一套完备的应急管理系统，以辨别相关事故，维护事故处理流程预案，便于各部门对应急预案的查询检索，从而进一步提高客运站对类似事件的应对能力，优化相关应急流程。应急管理系统的一个重要特性，是将客运站的组织架构与整体应急流程相关联，并对这些流程进行维护与管理。应急管理系统应是一个基于用户配置的流程维护管理系统。用于事故和紧急情况识别，并创建、保存与更新事故相关的处理流程。根据不同等级或不同类型的应急事件维护相应的应急流程，便于查找或检索。同时随时更新应急流程。系统提供完善的系统管理和足够的安全保护，以限制对机密数据的访问。

3. 智能化集成系统。

（1） 集成管理的重点是突出在中央管理系统的管理，控制仍由下面各子系统进行。集成管理能为本工程各个管理部门提供高效、科学和方便的管理手段。将建筑中日常运作的各种信息，如建筑设备监控、安防、通信系统等管理信息，各种日常办公管理信息，物业管理信息等构成相互之间有关联的一个整体，从而有效地提升建筑整体的运作水平和效率。

（2） 集成管理，首先要求进行集成的系统应该是一个开放性的系统，在集成过程中，首先要解决好各个系统间通信协议的标准化问题，使整个系统达到信息识别的唯一性，只有这样，才能真正达到各子系统之间的联动。也才能做到无论集成先后，均能平滑连接。

（3） 系统集成的规模，首先是以建筑设备管理系统为模式，即 BMS 模式，先期将在建筑中有相互联动关系的各建筑设备监控子系统进行相对集成，达到相互之间在处理和解决建筑中出现的问题时，能协同动作，提高效率，便于管理。在 BMS 中，以建筑设备监控系统（BA）为基础平台，进行相关的联动设计。

4. 信息化设施系统。

（1） 信息系统对城市公用事业的需求。

1） 本工程需输出入中继线 200 对（呼出呼入各 50%）。另外申请直拨外线 200 对（此数量可根据实际需求增减）。

2） 电视信号接自城市有线电视网，在顶层设有卫星电视机房，接收列车到发信息，并宜在旅客候车室的电视上显示将要发送的车次信息、在到达大厅出口处的信息显示屏上将要到达的车次信息，并对建筑内的有线电视实施管理与控制。有线电视节目和卫星电视节目经调制后，经电视信号干线系统传送至每个电视输出口处，使获得技术规范所要求的电平信号，达到满意的收视效果。

（2）综合布线系统。综合布线系统是客运站内的信号传输物理平台，是整个弱电系统的布线基础，涵盖话音和数据通信路由，同时也与外部通信网相连接。它具有系统性、重构性、标准性等特征。

1）本车站技术用房、管理用房、车站各作业点、检票口、售票窗口、自动售票机等处应设置信息端口。

2）本海关柜台、边防柜台、安检柜台、检验检疫柜台等处应设置信息端口。

3）本中转、行包房应设置信息端口。

4）本在候车厅、软席候车室和贵宾厅应设置信息端口。

（3）通信自动化系统

1）本工程在地下一层设置电话交换机房，拟定设置一台的1000门PABX。

2）客运值班室、信息控制中心、广播室、列检值班室、行车室、客运值班员室、售票室、值班长室、客运计划室、行包房、上水工休息室、客车整备室、机务运转值班室、环境卫生值班室等场所，应设置电话终端。

3）进站厅、候车室、出站口、售票厅等处，应设置公用电话。

4）本工程建立卫星通信系统，进行高速数据传输、图像传输、综合数据与语音通信、移动数据通信、计算机网络连接等综合业务，与DDN数字数据网互为备份，可以保证数据通信的不间断性、可靠性。

（4）会议电视系统。本工程在会议室设置全数字化技术的数字会议网络系统（DCN系统），该系统采用模块化结构设计，全数字化音频技术。具有全功能、高智能化、高清晰音质。方便扩展和数据传递保密等优点。可实现发言演讲、会议讨论、会议录音等各种国际性会议功能，其中主席设备具有最高优先权，可控制会议进程。

（5）有线电视及卫星电视系统。

1）电视信号接自外有线电视网，各楼设置电视前端机房，在各候车厅、会议室等处设有线电视插座，有线电视系统采用分配分支系统，系统出线口电平为69±6dB，要求图像质量不低于四级。

2）有线电视终端设置在候车厅、软席候车厅、贵宾候车室、值班室等处。

3）有线电视系统根据用户情况采用分配－分支分配方式。

（6）广播系统。系统作为列车班次信息发布的主要辅助手段，向旅客发布实时列车车次信息，列车车次发布间隙提供背景音乐，并还可以提供找人、失物招领以及紧急广播等服务功能。背景音乐兼作消防广播，系统按照火车站内区域的工艺用途分区，系统音源包括：自动车次广播、背景音乐、消防广播、公共人工服务广播等。广播系统示意见图7.3.7－3。

客运站公共广播系统是消防紧急广播与客运站业务合二为一的广播系统，在平时作为客运站业务广播使用，在有火灾报警信号时，切换为消防广播使用。系统采用全数字音频网络系统，采用开放、通用的CobraNet数字音频标准，构建星形结构的广播以太网。系统由系统管理服务器、设备管理工作站、列车班次自动广播系统、消防广播系统、功能控制中心人工呼叫站和GUI终端、数字音频矩阵系统、数字功率放大器、现场各种扬声器、噪声探测器等组成。在业务广播时，主要由自动广播及人工广播组成，自动广播系统根据列车班次信息自动生成列车班次广播信号，在相关区域广播；在其他紧急情况下，公共广播系统可进行紧急广播，指导旅客疏散，调度工作人员进行应急处理工作。在消防广播时，消防控制中心工作人员通过消防广播控制台启动本楼的消防广播（预录广播或人工广播）或通过人工呼叫站进行人工广播。

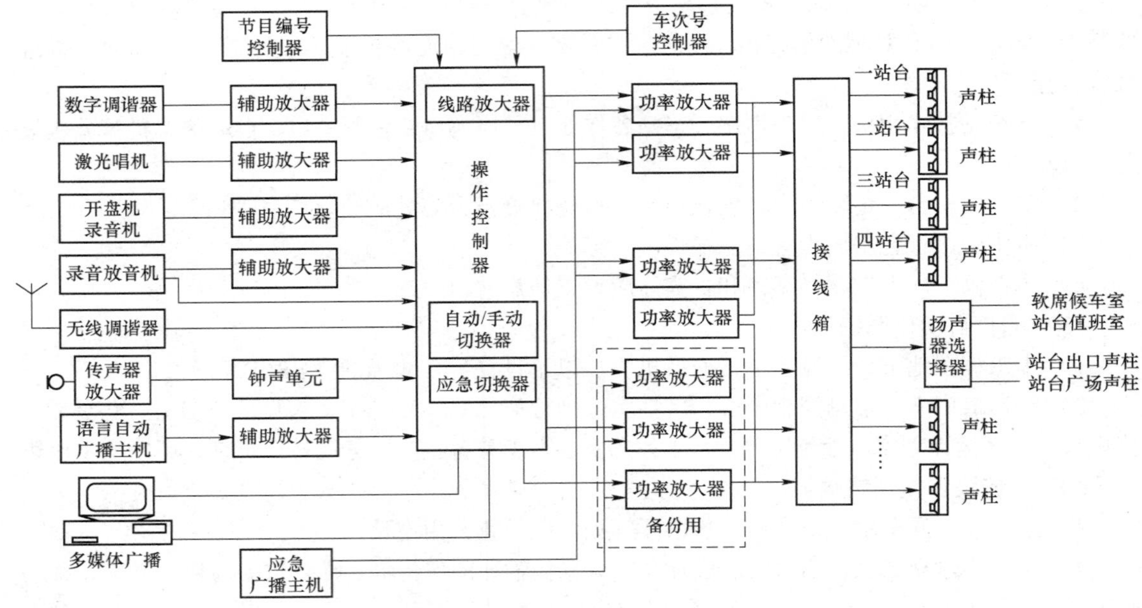

图 7.3.7－3 广播系统示意

1）客运广播控制台应设在铁路旅客车站信息控制中心的联合控制台上。

2）客运广播复合区应覆盖进站大厅、出入口处、候车室、软席候车室、贵宾候车室、站台、检票口、出站通道、站前广场、行包房、售票厅以及客运值班室等场所。

3）广播系统信源应采用计算机语音合成设备，广播语言应为中文和英语。

4）国际列车候车室宜采用三种以上语言播放信息，广播语言宜为中文、英语和目的地国的语种。

（7）无线网。客运站无线局域网为相关信息智能化系统的无线应用和旅客无线上网提供网络平台。候车大厅、站台口等处设置无线网，旅客无线上网和信息智能化系统的无线应用通过 SSL VPN 实现安全隔离。无线网示意见图 7.3.7－4。

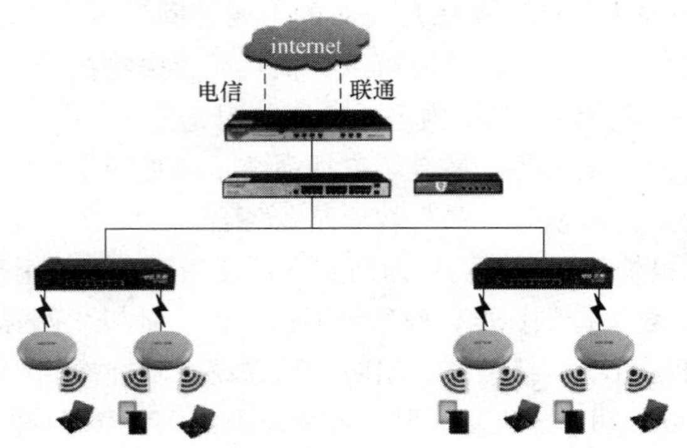

图 7.3.7－4 无线网示意

（8）内部调度通信系统。内部调度通信系统是客运站内建立的一套独立调度通信交换网，供客运站内各业务部门之间指挥调度、相互通信使用。系统提供丰富的接口，可以与广播系统、有线通信系统、数字无线集群调度通信系统连接进行各种需要的通信。系统采用数字终端实现内部的通信。内部调度通信系统示意见图 7.3.7－5。

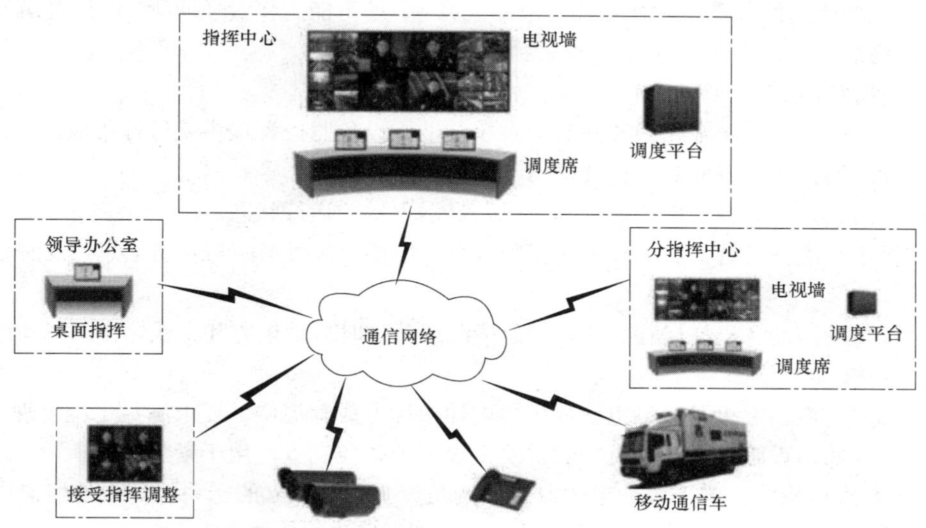

图 7.3.7－5 内部调度通信系统示意

（9）公共显示系统。公共显示屏设置在进站大厅、主廊道、各候车室、站台、出站通道、出站大厅、售票大厅等旅客集中活动场所。系统应分别显示列车进站、出站、票务及其他多媒体等信息。

（10）网络系统及网络安全系统。网络系统及网络安全系统是整个客运站信息智能化系统的通信基础，支持信息智能化系统所有的基于网络的功能和业务。系统采用业界领先的成熟可靠技术，为信息智能化系统提供 24h 连续高可靠运行的、安全的数据及媒体传输平台。

5. 建筑设备管理系统。

（1）建筑设备监控系统。

1）建筑设备监控系统融合了现代计算机技术、网络通信技术、自动控制技术、数据库管理技术以及软件技术等，通过中央监控系统的计算机网络，将各层的控制器、现场传感器、执行器及远程通信设备进行联网，共同实现集中管理、分散控制的综合监控及管理功能。

2）本工程建筑设备监控系统的总体目标是分别对客运站内的建筑设备（HVAC、给排水系统、供配电系统、照明系统等）进行分散控制、集中监视管理，从而提供一个舒适的工作环境，通过优化控制提高管理水平，从而达到节约能源和人工成本，并能方便实现物业管理自动化。

3）系统设计注重系统的先进性、实用性、可靠性、开放性、适应性、可扩展性、经济性和可维护性。通过对工程中子系统的控制，对建筑内温、湿度的自动调节，空气质量的最佳控制，以及对室内照明进行自动化管理等手段，提供最佳的能源管理方案，对机电设备以及照明等采取优化控制和管理，确保节能运行，从而降低能源成本及运行费用。

（2）建筑能耗分析管理系统。能耗分析管理系统将作为客运站中能耗信息、能源设备运行信息的交汇与处理的中心，通过能源计划、能源监控、能源统计、能源消费分析、重点能耗设备管理、报表分析、能源计量设备管理等多种手段，使管理者对客运站的能源成本比重，发展趋势有准确的掌握，使各子系统和设备的运行处于有条不紊、协调一致的高效、经济的状态，最大限度地节省能耗和日常运行管理的各项费用，保证各系统能得到充分、高效、可靠的运行，并将客运站的能源消费计划任务合理分配到各个空间区域等，使节能工作责任明确，促进客运站健康稳定发展，最终给客运站管理者带来可观的经济效益。

（3）电梯监控系统。

1）电梯监控系统是一个相对独立的子系统，纳入设备监控管理系统进行集成。

2）电梯现场控制装置应具有标准接口（如RS485、RS232等）。

3）在安防消防中心设电梯监控管理主机，显示电梯的运行状态。

4）监控系统配合运营，启动和关闭相关区域的电梯；接收消防与安防信息，及时采取应急措施。

5）系统自动监测各电梯运行状态，紧急情况或故障时自动报警和记录，自动统计电梯工作时间，定时维修。

6）电梯对讲电话主机及对讲电话分机由电梯中标方成套提供，要求满足工程管理需要。

7）电梯轿厢内设暗藏式对讲机，对讲总机设在消防控制室，用于紧急对讲。

（4）电力监控系统。本工程的电力监控系统是一个相对独立的子系统，电能监测中采用的分项计量仪表具有远传通信功能，纳入设备监控管理系统进行集成。

6. 公共安全系统。

（1）客运站安防集成管理系统是建立在CCTV监控子系统、出入口控制子系统上的网络化集成管理平台。集成系统的运行不影响各子系统的独立运行，集成系统负责配置联动控制中各环节的响应逻辑和调度各子系统的联动响应过程。集成系统故障时，各子系统依然可以独立稳定运行。

（2）视频监控（报警）系统。在各主要区域、通道、入口和隔离门等处设置相应种类的视频摄像头，实现对整个火车站的视频监控。控制室设有录像机和大屏幕监视器，当遇到重要情况时，可利用键盘将任一台摄像机的图像调到大屏幕上连续监视，并可录像。系统采用全网络数字视频监控系统，在局部重要区域（如安检等检查区域及相关旅客排队和活动的区域）配置IP高清全数字摄像机，可实现7×24h连续不间断工作的能力，包括24h不间断录像，高清数字摄像机分辨率不小于720P，在此分辨率下保存全部图像资料和拾音器的声音信号30天，并以此进行存储量的计算。

1）铁路旅客车站独立设置安防监控中心；售票楼、行包房根据规模功能和管理要求设置安防值班室；

2）安防监控中心将视频监控信号送至铁路客运站信息控制中心及当地公安部门。

3）站长室、客运值班室、行包值班室、车站值班室、公安值班室等场所设置控制、监视设备；

4）旅客进站口、出站口、进站通道、出站通道、候车室、站台、售票厅、行包房、行包托运厅、行包提取厅、行包地道、列车进出站咽喉区安装摄像机。

5）系统后台软件具备详细的中文菜单管理界面，操作简单，能在人机交互的操作系统环境下运行，在操作过程中不出现死机现象，一旦出现故障，系统可以自动切换至备用设备继续工作，并不影响系统的运行；同时权限根据具体的功能设置，可以设置上百种不同的权限等级，可提供操作员不同的操作权限、监控范围和系统参数；系统状态显示，以声光和/或文字图形显示系统自检、电源状况（断电、欠电压等）、受控出入口人员通行情况（姓名、时间、地点、行为等）、设防和撤防的区域、报警和故障信息（时间、部位等）及图像状况等；处警预案，入侵报警时入侵部位、图像和/或声音应自动同时显示，并显示可能的对策或处警预案，软件具备报警后热点画面显示功能，可以实现大屏弹出式显示，可设定任一监视设备或监视设备组显示报警联动的图像并联动录像设备；报表生成，可生成和打印各种类型的报表。报警时能实时自动打印报警报告（包括报警发生的时间、地点、警情类别、值班员的姓名、接处警情况等）；报警按钮、探测器等报警设备一旦触发报警信号，此信号输入至设备小间编码器报警输入接口，编码器可以实现与之相对应的报警区域的摄像机的联动，及时记录现场情况。

（3）门禁系统是在火车站内公共区域至隔离区域、重要机房的通道以及消防状态下的跨区域通道的主要入口设置门禁设备。

（4）在旅客服务、售票、安检、商业柜台等处设置手动报警按钮。

（5）售票室、总账室、票据库、财务室、行包房、通信机房及特殊场所应设置入侵报警探测器。

（6）视频监控（报警）系统和门禁（巡更）子系统应结合成为一个有机整体。不但子系统之间应有良好的联动关系，对外界信号（如消防报警信号）也应有良好的联动关系。报警发生的联动步骤为：

1）当门禁（巡更）系统区域控制器接收到报警信号（无效卡报警、密码错误报警、开门时间过长报警、仿伪报警、破坏报警、无声报警、报警按钮等）直接在前端编码器与网络控制器实现联动，同时服务器端记录日志等信息。

2）门禁（巡更）系统区域控制器通过 I/O 模块输出信号给电梯系统，以控制电梯按允许的方向开启电梯门。

3）安防集成管理服务器得到报警信号，在电子地图上显示报警位置，同时显示报警状态（报警地、报警编号、报警种类，联动处理状态）。将相应指令发送到数字视频管理服务器或虚拟矩阵执行相应的动作。

（7）车辆管理系统。本工程停车场管理系统主机就近管理用房内设置。工程停车场管理系统采用影像全鉴别系统，对进出的内部车辆采用车辆影像对比方式，防止盗车；外部车辆采用临时出票机方式。

【说明】 电气抗震设计和电气节能措施参见 7.1.8 和 7.1.9。

8 文化建筑

【摘要】 文化建筑一般以大型或重要的文化设施为主构成，其建设与城市的建设、发展有着密切的联系。文化建筑一方面是体现时代的特征，另一方面是体现城市传统与地域文化的特征，包括：图书馆、档案馆等。文化建筑电气设计应针对顾客、工作人员的不同需求进行设计，以方便人们学习、欣赏、吸收和传播文化。

8.1 图书馆

8.1.1 项目信息

本工程属于一类建筑，地上五层，地下一层，建筑面积为 71 995m^2，建筑高度 30m，耐火等级为一级，设计使用年限 50 年。工程性质为图书馆及配套项目，包括金融藏书、借阅、会议、展览、培训、销售、读者餐厅、停车及后勤用房等。

图书馆

8.1.2 系统组成

1. 高低压变、配电系统。
2. 电力、照明系统。
3. 防雷与接地系统。
4. 电气消防系统。
5. 智能化系统。
6. 电气抗震设计和电气节能措施。

8.1.3 变、配电系统

1. 负荷分级。

（1） 一级负荷：包括安防系统、图书检索用计算机系统用电，火灾报警及联动控制设备、消防泵、消防电梯、排烟风机、加压风机、保安监控系统、应急照明、疏散照明及重要的计算机系统（如检索用电子计算机系统）等。其中安防系统、图书检索用计算机系统用电为一级负荷中的特别重要负荷。设备容量约为 2900kW。

（2） 二级负荷：包括其他用电属二级负荷。设备容量约为 4200kW。

（3） 三级负荷：包括一般照明及动力负荷。设备容量约为 1200kW。

2. 电源。由市政外网引来两路双重高压电源。高压系统电压等级为 10kV。高压采用单母线分段运行方式，中间设联络开关，平时两路电源同时分列运行，互为备用，当一路电源故障时，通过手/自操作联络开关，另一路电源负担全部负荷。

3. 变、配电站。在地下一层设置变电所一处，变电室总装机容量为 7200kVA。其中一组变压器（2×2000kVA）的供电对象主要为各类照明、消防设备用电、电梯及其他动力用电等，另一组变压器（2×1600kVA）的供电对象主要为冷冻机、冷冻泵、冷却泵及部分空调机等。变压器低压侧 0.4kV 采用单母线分段接线方式，低压母线分段开关采用自动投切方式时，低压母联断路器应采用设有自投自复、自投手复、自投停用三种状态的位置选择开关，自投时应设有一定的延时，当变压器低压侧总开关因过负荷或短路故障而分闸时，母联断路器不得自动合闸；电源主断路器与母联断路器之间应有电气联锁。

4. 自备应急电源系统。

（1）在地下一层设置一处柴油发电机房。机房拟设置一台 1000kW 柴油发电机组。

（2）当市电出现停电、缺相、电压超出范围（AC380V：－15% ～＋10%）或频率超出范围（50Hz±5%）时延时 15s（可调）机组自动启动。

（3）当市电故障时，安防系统、图书检索用计算机系统，消防系统设施电源、应急照明及疏散照明及通信电源及计算机系统电源均由自备应急电源提供电源。

5. 设置电力监控系统，对电力配电实施动态监视。

8.1.4 电力、照明系统

1. 配电系统的接地形式采用 TN－S 系统。冷冻机组、冷冻泵、冷却泵、生活泵、热力站、电梯等设备采用放射式供电；风机、空调机、污水泵等小型设备采用树干式供电。

2. 库区与公用空间、内部使用空间的配电应分开配电和控制。技术用房应按需求设置足够的计算机网络、通信接口和电源插座。装裱、整修用房内应配置加热用的电源。库区电源总开关应设于库区外。为保证重要负荷的供电，对重要设备如：通信机房、消防用电设备（消防水泵、排烟风机、加压风机、消防电梯等）、信息网络设备、消防控制室、中央控制室等均采用双回路专用电缆供电，在最末一级配电箱处设双电源自投，自投方式采用双电源自投自复。

3. 主要配电干线沿由变电所用电缆槽盒引至各电气小间，支线穿钢管敷设。

4. 普通干线采用辐照交联低烟无卤阻燃电缆；重要负荷的配电干线采用矿物绝缘电缆，电缆应采用防鼠咬措施部分大容量干线采用封闭母线。

5. 照明设计遵循以下原则：采用分布式智能照明控制系统，充分利用电子及计算机技术，把自然光与人工光有机结合。光源的发热量尽量低；带辐射性的光源和灯具加过滤紫外辐射的性能；总曝光量应加以限制（包括善本展示时和非展示时的全部光照）；对珍贵书籍的照度要加以限制；防止和减少紫外和红外辐射对珍贵书籍的损坏。照度标准见表 8.1.4。

表 8.1.4　照度标准

房间或场所	参考平面及其高度	照度标准值/lx	UGR	U_0	R_a
一般阅览室、开放式阅览室	0.75m 水平面	300	19	0.60	80
重要图书馆的阅览室	0.75m 水平面	500	19	0.60	80
多媒体阅览室	0.75m 水平面	300	19	0.60	80
老年阅览室	0.75m 水平面	500	19	0.70	80
珍善本、舆图阅览室	0.75m 水平面	500	19	0.60	80
陈列室、目录厅（室）、出纳厅	0.75m 水平面	300	19	0.60	80
书库	0.25m 垂直面	≥50	—	0.40	80
开放式书架	0.25m 垂直面	≥50	—	0.40	80
工作间	0.75m 水平面	300	19	0.60	80
采编、修复工作间	0.75m 水平面	500	19	0.60	80

6. 光源。照明应以清洁、明快为原则进行设计，同时考虑节能因素避免能源浪费，以满足使用的要求。室内外照明应选用发光效率高、显色性好、使用寿命长、色温相宜、符合环保要求的光源，办公区域选用双抛物面格珊、蝙蝠翼配光曲线的荧光灯灯具，荧光灯为显色指数大于 80 的三基色的荧光灯。室外照明装置应限制对周围环境产生的光干扰。照射大面积的书架时应选择宽光束灯具，避免明显的光斑出现在书架上，达到柔和均匀的效果。

7. 为保护缩微资料，缩微阅览室应设启闭方便的遮光设施，并在阅读桌上设局部照明。书库、阅览室、展览室、拷贝复印室有安全防火措施。展览室、陈列室宜采光均匀，防止阳光直射和眩光。书库、非书型资料库、开架阅览室内，不得设置卤钨灯等高温照明器。书库照明宜采用无眩光灯具，灯具与图书资料等易燃物的垂直距离不应小于 0.50m。

8. 阅览室照明采用荧光灯具。其一般照明沿外窗平行方向控制或分区控制。供长时间阅览的阅览室设置局部照明。

9. 书库照明宜采用窄配光荧光灯具。灯具与图书等易燃物的距离应大于 0.5m。地面采用反射比较高的建筑材料。对于珍贵图书和文物书库，应选用有过滤紫外线的灯具。书库照明用电源配电箱应有电源指示灯并应设于书库之外。书库通道照明应在通道两端独立设置双控开关。书库照明的控制宜在配电箱分路集中控制。

10. 存放重要文献资料和珍贵书籍的场所设值班照明和警卫照明。

11. 照明控制。

（1） 书库、资料库照明采用分区控制。

（2） 书库照明采用分区分架控制，每层电源总开关应设于库外。

（3） 书架行道照明应有单独开关控制，行道两端都有通道时应设双控开关；书库内部楼梯照明也应采用双控开关。

（4） 公共场所的照明应采用集中、分区或分组控制的方式；阅览区的照明宜采用分区控制方式。均根据不同使用要求采取自动控制的节能措施。

12. 应急照明与疏散照明：存放重要文献资料和珍贵书籍的场所、消防控制室、变配电所、配电间、电信机房、弱电间、楼梯间、前室、水泵房、电梯机房、排烟机房、重要机房的值班照明等处的应急照明按 100%考虑；门厅、阅览室、报告厅、图书城、餐厅、走道按 30%设置应急照明；其他场所按 10%设置应急照明。各层走道、拐角及出入口均设疏散指示灯，蓄电池采用集中免维护电池进行供电，停电时自动切换为直流供电，并且应急照明持续时间应不少于 30min。

8.1.5 防雷与接地系统

1. 本建筑物按二类防雷建筑物设防，为防直击雷在屋顶设接闪带，其网格不大于 10m×10m，所有突出屋面的金属体和构筑物应与接闪带电气连接。

2. 为预防雷电电磁脉冲引起的过电流和过电压，在变压器低压侧、在向重要设备供电的末端配电箱的各相母线上、由室外引入或由室内引至室外的电力线路、信号线路、控制线路、信息线路等部位装设电涌保护器。

3. 本工程强、弱电采用共用接地装置，以建筑物、构筑物的金属体、构造钢筋和基础钢筋作为接地体，其接地电阻小于 1Ω。

4. AC 220/380V 低压系统接地形式采用 TN－S，PE 线与 N 线严格分开。

5. 建筑物做等电位联结，在配变电所内安装一个主等电位联结端子箱，将所有进出建筑物的金属管道、金属构件、接地干线等与等电位端子箱有效连接。

6. 在所有弱电机房、电梯机房、浴室等处作辅助等电位联结。

8.1.6 电气消防系统

1. 消防控制室设在首层，（含广播室和保安监视室），对全楼的消防进行探测监视和控制。消防控制室的报警控制设备由火灾报警盘、消防联动控制台、CRT 图形显示屏、打印机、火灾应急广播设备、消防直通对讲电话、电梯运行监视控制盘、UPS 不间断电源及备用电源等组成。

2. 珍善本库、陈列室、数据机房等重要房间设置吸气式烟雾探测报警系统及一氧化碳火灾探测器。在每个防火分区，设火灾报警按钮，从任何位置到手动报警按钮的步行距离不超过 30m。消防控制中心在接到火灾报警信号后，按程序联锁控制消防泵、喷淋泵、防排烟机、风机、空调机、防火卷帘、电梯、非消防电源、应急电源和气体灭火系统等。火灾自动报警系统采用消防电源单独回路供电，容量 5kW 直流备用电源采用火灾报警控制器专用蓄电池。

3. 消防联动控制系统。在消防控制室设置联动控制台，控制方式分为自动控制和手动控制两种。通过联动控制台，可以实现对消火栓、自动喷洒灭火系统、防烟、排烟、加压送风系统的监视和控制，火灾发生时手动切断一般照明及空调机组、通风机、动力电源。当发生火灾时，自动关闭总煤气进气阀门。

4. 消防紧急广播系统。在消防控制室设置消防广播机柜，机组采用定压式输出。地下泵房、冷冻机房等处设号角式 15W 扬声器，其他场所设置 3W 扬声器。消防紧急广播按建筑层分路，每层一路。当发生火灾时，消防控制室值班人员可自动或手动向全楼进行火灾广播，及时指挥疏导人员撤离火灾现场。

5. 消防直通对讲电话系统。在消防控制室内设置消防直通对讲电话总机，除在各层的手动报警按钮处设置消防对讲电话插孔外，在变配电室、水泵房、电梯机房、冷冻机房、防排烟机房、建筑设备监控室、管理值班室等处设置消防直通对讲电话分机。

6. 电梯监视控制系统。在消防控制室设置电梯监控盘，除显示各电梯运行状态、层数显示外，还应设置正常、故障、开门、关门等状态显示。火灾发生时，根据火灾情况及场所，由消防控制室电梯监控盘发出指令，指挥电梯按消防程序运行：对全部或任意一台电梯进行对讲，说明改变运行程序的原因；除消防电梯保持运行外，其余电梯均强制返回一层并开门。火灾指令开关采用钥匙型开关，由消防控制室负责火灾时的电梯控制。

7. 应急照明系统。所有楼梯间及前室的照明以及变配电所、消防控制室、安防中心、消防水泵房、防排烟机房、柴油发电机房、电信机房等的照明全部为应急照明。公共场所应急照明一般按正常照明的 10%～15%设置。应急照明电源采用双电源末端互投供电。主要疏散出口设置安全出口指示灯，疏散走廊设置疏散指示灯。

8. 为防止接地故障、过载、导体接触不良等引起的火灾，能发现电气火灾的隐患，本工程设置电气火灾报警系统。系统由电气火灾探测器、测温式电气火灾监控探测器和电气火灾监控设备组成。

9. 为保证消防设备电源可靠性，本工程设置消防设备电源监控系统，通过检测消防设备电源的电压、电流、开关状态等有关设备电源信息，从而判断电源设备是否有断路、短路、过电压、欠电压、缺相、错相以及过电流（过载）等故障信息并实时报警、记录的监控系统，从而可以有效避免在火灾发生时，消防设备由于电源故障而无法正常工作的危急情况，最大限度的保障消防联动系统的可靠性。

10. 为保证防火门充分发挥其隔离作用，在火灾发生时，迅速隔离火源，有效控制火势范围，为扑救火灾及人员的疏散逃生创造良好条件，本工程设置防火门监控系统。对防火门的工作状态进行 24h 实时自动巡检，对处于非正常状态的防火门给出报警提示。在发生火情时，该监控系统自动关闭防火门，为火灾救援和人员疏散赢得宝贵时间。

11. 消防控制室。在一层设置消防控制室，对建筑内的消防进行探测监视和控制。消防控制室内分别设有火灾报警控制主机、联动控制台、CRT 显示器、打印机、紧急广播设备、消防直通对讲电话设备、电梯监控盘及 UPS 电源设备等。

8.1.7　智能化系统

1. 信息化应用系统。信息化应用系统功能是为以人为本，为社会服务，更为开放地、有针对性地为不同社会层面的读者提供知识和为读者学习知识提供帮助和指导。现代图书馆是对有价值的图像、文本、读者、影像、软件和科学数据等多媒体信息进行收集，进行数字化加工、存储和管理，实现内容系统分类并提供基于网络的数字化存取服务。

（1） 公共服务系统。公共服务系统应具有访客接待管理和公共服务信息发布等功能，并宜具有将各类公共服务事务纳入规范运行程序的管理功能。系统基于信息网络及布线系统，系统服务器设置于中心网络机房，管理终端设置于相应管理用房。

（2） 智能卡应用系统。系统能够提供工作人员的身份识别，考勤，出入口控制，停车管理、消费等功能。还能提供读者的图书借阅，上网计费，馆内消费、停车收费管理，身份识别等功能。该系统可分为 IC 卡读者证管理子系统，消费管理子系统、员工考勤管理子系统，上机管理子系统和查询子系统。智能卡系统示意见图 8.1.7－1。

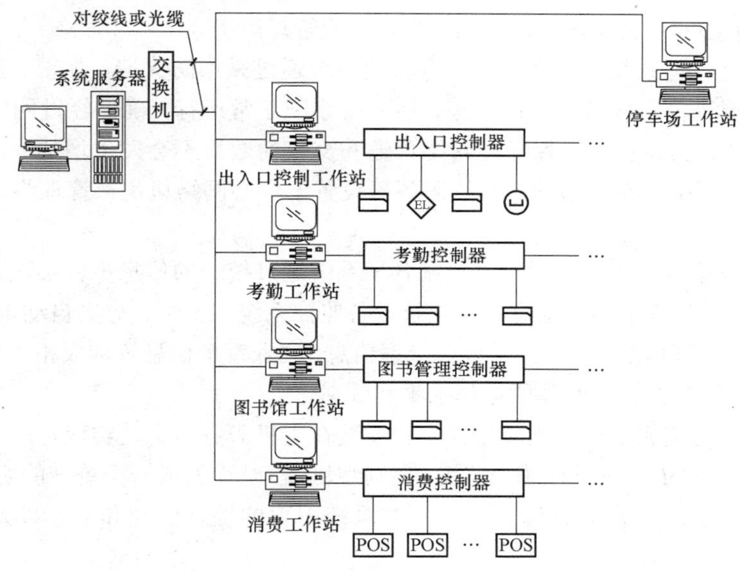

图 8.1.7－1　智能卡系统示意

（3） 图书馆业务管理自动化。实现图书馆各类文献资源，包括图书、非图书资料电子出版物的采访、编目、流通、检索的计算机管理实现文献联合编目，联机检索和馆院互借。图书馆检索系统示意见图 8.1.7－2。

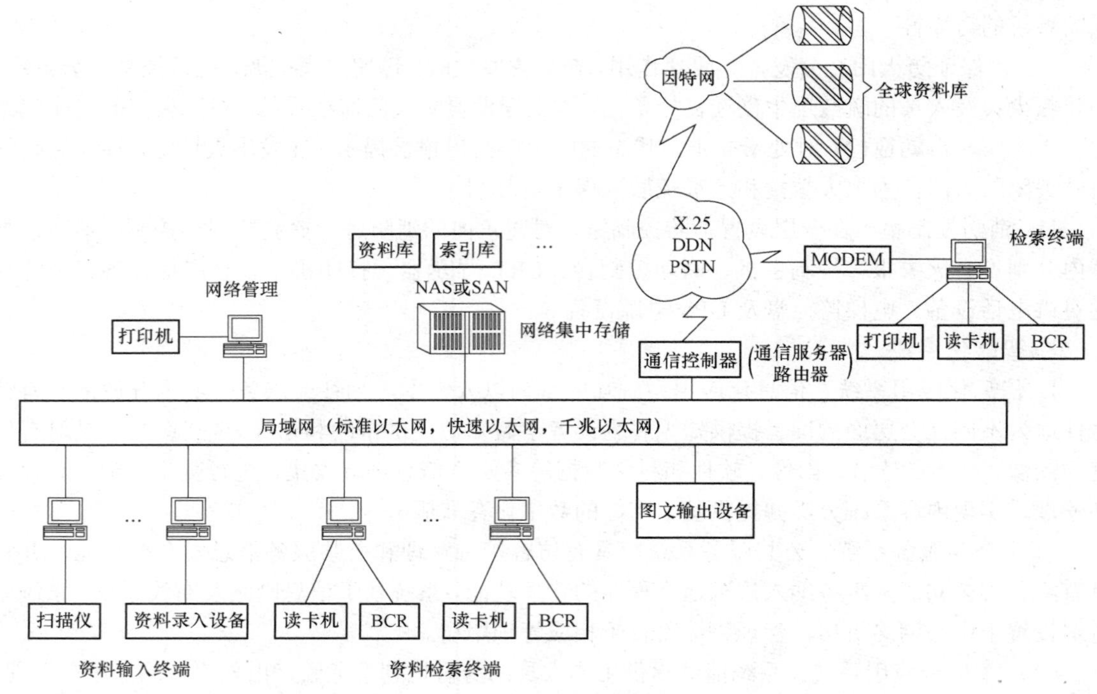

图 8.1.7－2 图书馆检索系统示意

（4）信息设施运行管理系统。信息设施运行管理系统应具有对建筑物信息设施的运行状态、资源配置、技术性能等进行监测、分析、处理和维护的功能。系统基于信息网络及布线系统，系统服务器设置于中心网络机房，管理终端设置于相应管理用房。

（5）信息安全管理系统。信息网络安全管理系统通过采用防火墙、加密、虚拟专用网、安全隔离和病毒防治等各种技术和管理措施，使网络系统正常运行，确保经过网络的传输和管理措施，使网络系统正常运行，确保经过网络传输和交换的数据不会发生增加、修改、丢失和泄露。系统基于信息网络及布线系统，系统服务器设置于中心网络机房，管理终端设置于相应管理用房。

2. 智能化集成系统。本工程对信息设施各子系统通过统一的信息平台实现集成，实施综合管理，将建筑中日常运作的各种信息，如建筑设备监控系统、安防、火灾自动报警、公共广播、通信系统以及展览管理信息，各种日常办公管理信息，物业管理信息等构成相互之间有关联的一个整体，从而有效地提升建筑整体的运作水平和效率。

（1）智能化信息集成系统。集成软件平台安装在主机服务器上，实现把所有子系统集成在统一的用户界面下，对子系统进行统一监视、控制和协调，从而构成一个统一的协同工作的整体。包括实现对子系统实时数据的存储和加工，对系统用户的综合监控和显示以及智能分析等其他功能。

（2）集成信息应用系统。对于管理数据的集成，要求控制系统在软件上使用标准的、开放的数据库进行数据交换，实现管理数据的系统集成。智能化信息集成系统示意见图 8.1.7－3。

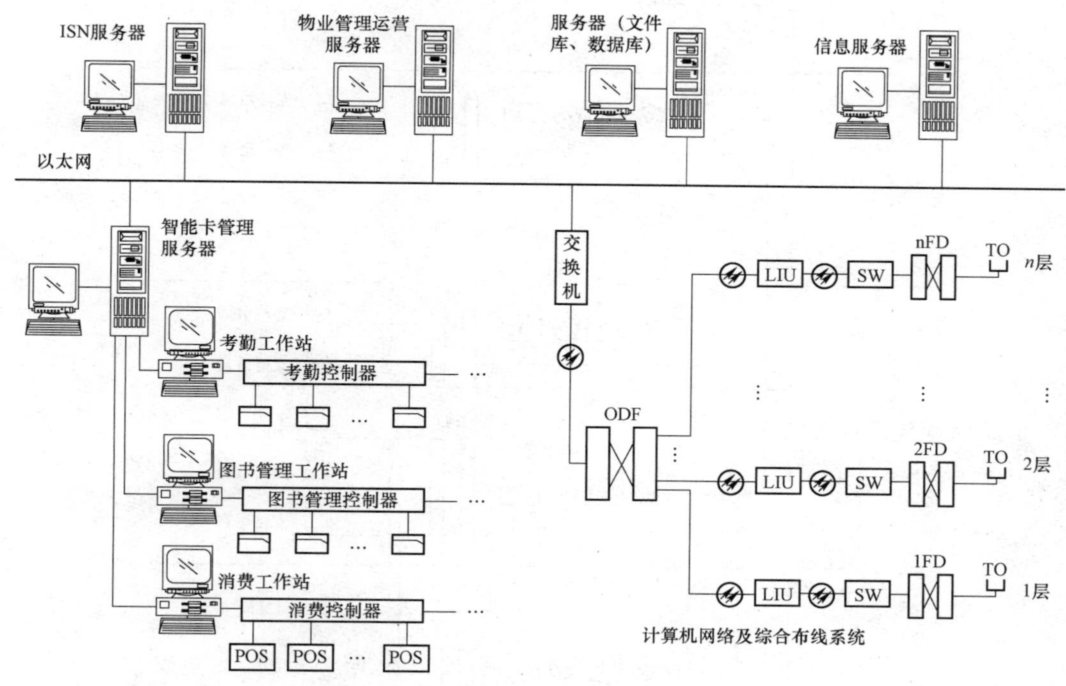

图 8.1.7－3 智能化信息集成系统示意

3. 信息化设施系统。

（1） 信息系统对城市公用事业的需求。

1） 系统接入机房设置于建筑通信机房内，通信机房可满足多家运营商入户。本工程需输出入中继线 200 对（呼出呼入各 50%）。另外申请直拨外线 200 对（此数量可根据实际需求增减）。

2） 电视信号接自城市有线电视网，在顶层设有卫星电视机房，对建筑内的有线电视实施管理与控制。有线电视节目和卫星电视节目经调制后，经电视信号干线系统传送至每个电视输出口处，使获得技术规范所要求的电平信号，达到满意的收视效果。

（2） 通信自动化系统。

1） 根据图书馆的规模及工作人员的数量，本工程在地下一层设置电话交换机房，拟定设置一台的 1000 门 PABX。

2） PABX 应将传统的语音通信、语音信箱、多方电话会议、IP 技术、ISDN（B－ISDN）应用等通信技术融会在一起，向图书馆用户提供全新的通信服务。

（3） 综合布线系统。

1） 综合布线系统是信息化、网络化、办公自动化的基础，将建筑内的业务、办公、通信等设计统一规划布线。综合布线系统满足楼内信息处理和通信（数据、语音、图像等），它能有效地融合视频信息和其他媒体信息，建立一套科学、有效的媒体管理系统，其中包括资料的采集、储存、编目、管理、传输和编码转换等。并保持用户与外界互联网及通信的联系，以达到信息资源共享、交互、再利用，实现图书馆有效的管理。综合布线系统示意见图 8.1.7－4，本工程综合布线系统由以下五个子系统组成。

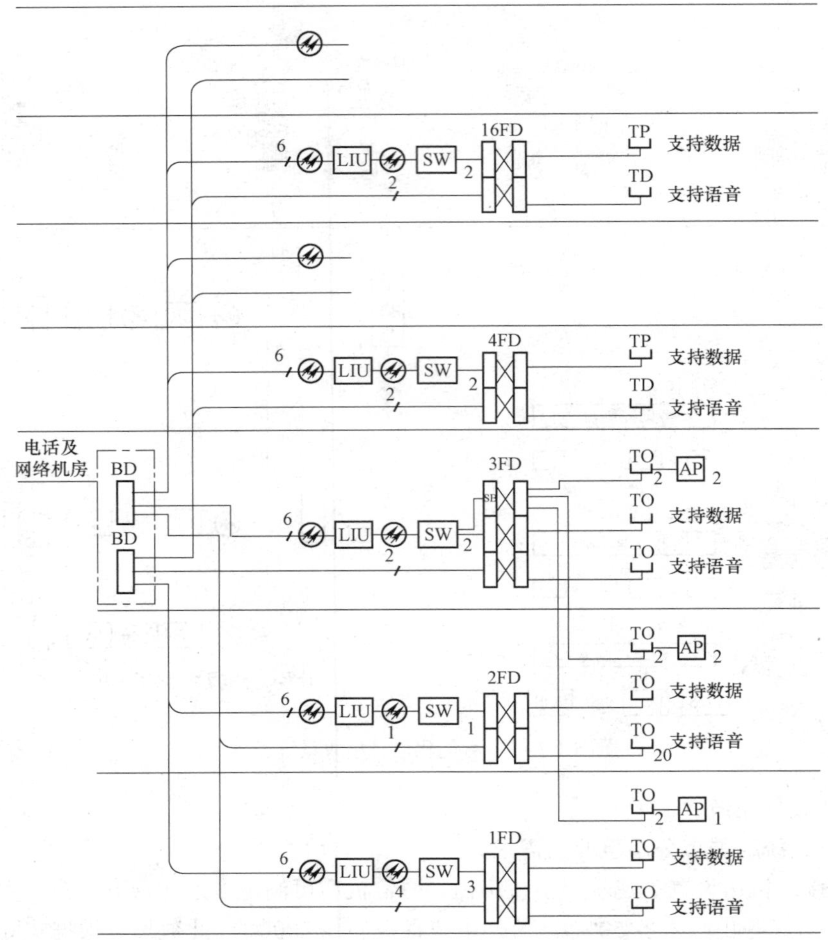

图 8.1.7－4　综合布线系统示意

2） 工作区子系统：在办公、阅览、电子查询、书库等部门设置工作区，每个工作区根据需要设置一个单孔或双孔信息插座，用于连接电话、计算机或其他终端设备。

3） 配线子系统：信息插座选用标准的超五类 RJ45 插座，信息插座采用墙上安装方式；信息插座每一孔的配线电缆均选用一根 4 对超五类非屏蔽双绞线。

4） 干线子系统：图书馆内的干线采用光缆和大对数铜缆，光缆主要用于通信速率要求较高的计算机网络，干线光缆按每 48 个信息插座配 2 芯多模光缆配置；大对数铜缆主要用于语音通信，采用 3 类 25 对非屏蔽双绞线，干线铜缆的设置按一个语音点 2 对双绞线配置。

5） 设备间子系统：综合布线设备间设在一层，面积约 20m²。用于安装语音部分的配线架，在一层设计算中心，面积约 50m²，用于安装数据配线架，通过主配线架可使医院的信息点与市政通信网络和计算机网络设备相连接。

（4） 信息导引导及发布系统。在入口大厅、休息厅等处设置大屏幕信息显示装置，在入口大厅、信息利用大厅、出纳厅、阅览室等处，设置一定数量的自助信息查询终端。

1） 触摸屏信息查询系统设置在图书馆主入口处。方便读者快捷方便地了解图书馆平面布局，阅览室的位置和特点。借阅的规则和要求、检索查询的步骤。触摸屏信息查询系统具有多媒体功能，一般采用在线式。

2）一般在图书馆大厅及检索目录厅处设置公共显示系统，播发图书资料出版发布信息，重要新闻信息和讲座及活动信息。

（5）会议电视系统。本工程在多功能厅设置全数字化技术的数字会议网络系统（DCN系统），该系统采用模块化结构设计，全数字化音频技术。具有全功能、高智能化、高清晰音质，方便扩展和数据传递保密等优点。可实现发言演讲、会议讨论、会议录音等各种国际性会议功能，其中主席设备具有最高优先权，可控制会议进程。会议电视系统示意见图8.1.7－5。

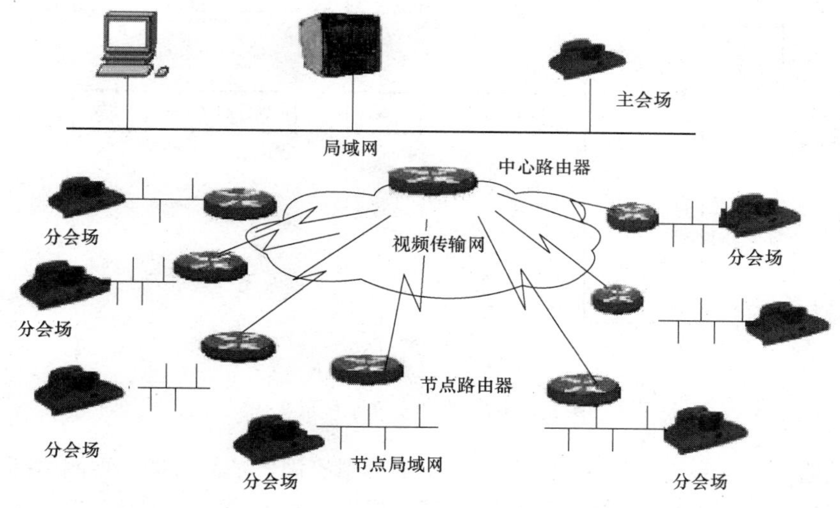

图8.1.7－5 会议电视系统示意

（6）有线电视及卫星电视系统。

1）本工程在地下一层设置有线电视前端室，在顶层设有卫星电视机房，对建筑内的有线电视实施管理与控制。

2）有线电视系统根据用户情况采用分配－分支分配方式。

（7）有线广播系统。

1）本工程内设置有线广播系统，其功能为语音广播和背景音乐广播。本系统与火灾应急广播系统分别设置。

2）有线广播主机设备设置在中央控制室，系统采取100V定压输出方式。扬声器按场所及其使用功能不同分组，分区设置，并按不同使用要求，分区分别设置功放。通往各层，各分区、分组的扬声器用的电缆，从音响控制室呈星形直接送往，在控制室设有不同回路的选择开关，可根据需要分回路或全馆进行播音。多功能厅设置一套独立的扩声系统。

3）扬声器应满足灵敏度、频率响应、指向性等特性以及播放效果的要求。室外选用的扬声器或声控应为全天候型。

（8）同声传译系统。系统采用红外无线方式，设4种语言的同声传译，采用直接翻译和二次翻译相结合的方式。根据现场环境，在报告厅内设数个红外辐射器，用以传送译音信号，与会者通过红外接收机，佩戴耳机，通过选择开关选择要听的语种。同声传译系统示意见图8.1.7－6。

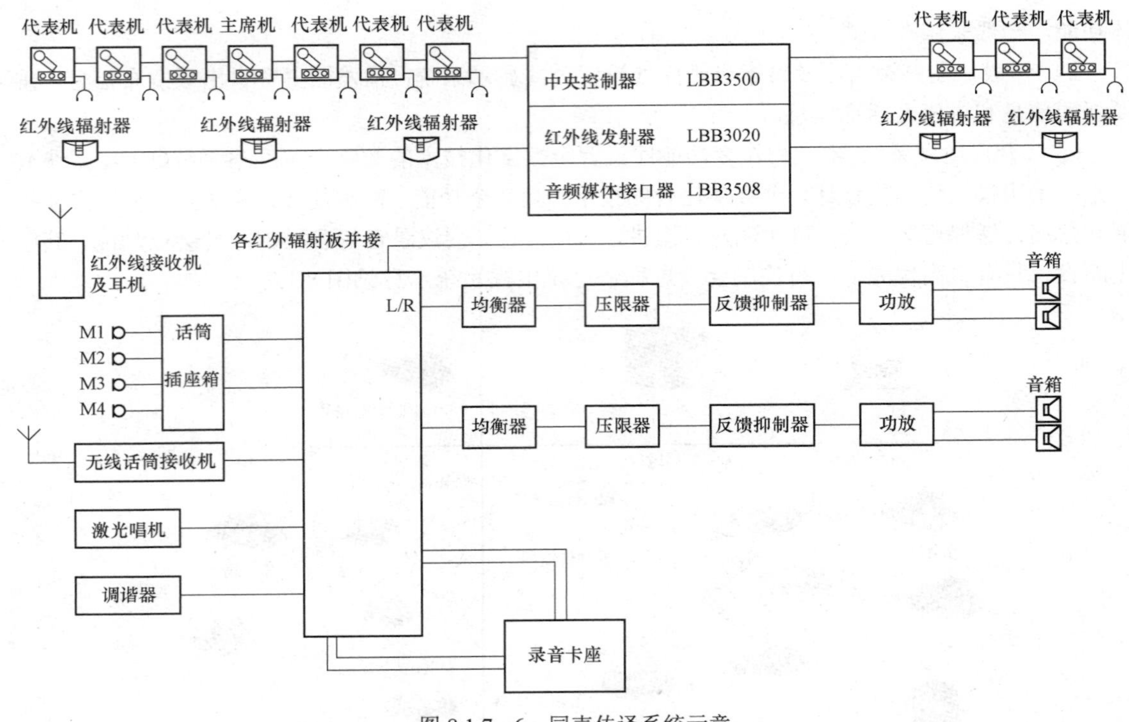

图 8.1.7－6　同声传译系统示意

（9） 无线通信增强系统。为避免无线基站信道容量有限，忙时可能出现网络拥塞，手机用户不能及时打进或接进电话。另外由于大楼内建筑结构复杂，无线信号难于穿透，室内易出现覆盖盲区。因此，大楼内应安装无线信号室内天线覆盖系统以解决移动通信覆盖问题，同时也可增加无线信道容量。

4. 建筑设备管理系统。

（1） 建筑设备监控系统。

1） 建筑设备监控系统融合了计算机技术、网络通信技术、自动控制技术、数据库管理技术以及软件技术等，采用 “集散型系统”，通过中央监控系统的计算机网络，将各层的控制器、现场传感器、执行器及远程通信设备进行联网，共同实现集中管理、分散控制的综合监控及管理功能。

2） 本工程建筑设备监控系统的总体目标是分别对建筑内的建筑设备（HVAC、给排水系统、供配电系统、照明系统等）进行分散控制、集中监视管理，从而提供一个舒适的工作环境，通过优化控制提高管理水平，从而达到节约能源和人工成本，并能方便实现物业管理自动化。

3） 系统设计所遵循的原则是注重系统的先进性、实用性、可靠性、开放性、适应性、可扩展性、经济性和可维护性。通过对工程中子系统的控制，对建筑内温、湿度的自动调节，空气质量的最佳控制，以及对室内照明进行自动化管理等手段，提供最佳的能源管理方案，对机电设备以及照明等采取优化控制和管理，确保节能运行，从而降低能源成本及运行费用。

4） 本工程在地下一层设置一处建筑设备监控室，对建筑设备实施管理与控制。监控点数共计为 1332 控制点，其中，AI＝158 点、AO＝177 点、DI＝691 点、DO＝306 点。

（2） 建筑能效监管系统。本工程建筑能效监管主机设置于各个建筑物业管理室。系统可对冷热源系统、供暖通风和空气调节、给水排水、供配电、照明、电梯等建筑设备进行能耗监测。根据建筑物业管理的要求及基于对建筑设备运行能耗信息化监管的需求，应能对建筑的用能环节进行相应适度调控及供能配置适时调整。

（3） 电梯监控系统。

1） 电梯监控系统是一个相对独立的子系统，纳入设备监控管理系统进行集成。

2） 电梯现场控制装置应具有标准接口（如 RS485、RS232 等）。

3） 在安防消防中心设电梯监控管理主机，显示电梯的运行状态。

4） 监控系统配合运营，启动和关闭相关区域的电梯；接收消防与安防信息，及时采取应急措施。

5） 系统自动监测各电梯运行状态，紧急情况或故障时自动报警和记录，自动统计电梯工作时间，定时维修。

6） 电梯对讲电话主机及对讲电话分机由电梯中标方成套提供，要求满足工程管理需要。

7） 电梯轿厢内设暗藏式对讲机，对讲总机设在消防控制室，用于紧急对讲。

（4） 电力监控系统。本工程的电力监控系统是一个相对独立的子系统，电能监测中采用的分项计量仪表具有远传通信功能，纳入设备监控管理系统进行集成。

5. 公共安全系统。

（1） 视频监控系统。本工程在一层设置保安室（与消防控制室共室），内设系统矩阵主机、视频录像、打印机，监视器及交流 24V 电源设备等。视频自动切换器接受多个摄像点信号输入，定时自动轮换（1～30s）输出监控信号，也可手动任选一个摄像机的画面跟踪监视、录像、打印。系统矩阵主机带输入、输出板；云台控制及编程、控制输出时、日、字符叠加等功能。视频监控系统示意见图 8.1.7－7。

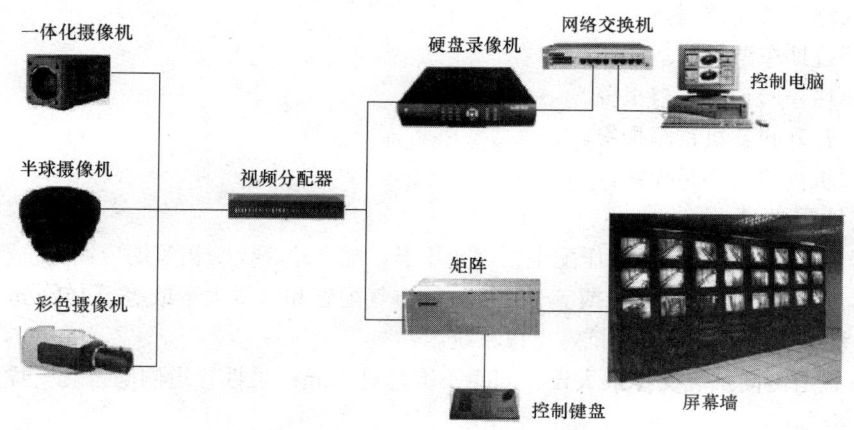

图 8.1.7－7 视频监控系统示意

在建筑的大堂、各层电梯厅、电梯轿厢等处设置摄像机，电梯轿厢内采用广角镜头，利用大厅、开架阅览室设置全方位视频监控系统，保证监视到每一个阅览座位及书架。要求图像质量不低于四级。图像水平清晰度：黑白电视系统不应低于 400 线，彩色电视系统不应低于 270 线。图像画面的灰度不应低于 8 级。保安闭路监视系统各路视频信号，在监视器输入端的电平值应为 1Vp－p±3dB VBS。保安闭路监视系统各部分信噪比指标分配应符合：摄像部分：40dB；传输部分：50dB；显示部分：45dB。保安闭路监视系统采用的设备和部件的视频输入和输出阻抗以及电缆阻抗均应为75Ω。

（2）出入口控制系统。库区内部如设置门禁系统则为双向门禁系统。库区外部设置单向门禁系统。系统主机设置于建筑消防控制室。系统构成与主要技术功能：

1）出入口控制系统由识读部分、传输部分、管理/控制部分和执行部分以及相应的系统软件组成。

2）本工程在重要机房、物业用房车库、出入口安装读卡机、电控锁以及门磁开关等控制装置。系统设置于各建筑内消防控制室内。

3）系统的信息处理装置应能对系统中的有关信息自动记录、打印、存储，并有防篡改和防销毁的措施。

4）出入口控制系统应能独立运行，并能与火灾自动报警系统、视频监控系统联动。当发生火警或需紧急疏散时，人员不使用钥匙应能迅速安全通过。

（3）在建筑物的主要出入口、书库、阅览室、借阅处、重要设备室、电子信息系统机房和安防中心等处设置出入口控制系统、入侵报警系统、视频监控系统及电子巡查系统。

（4）停车场管理系统。在停车场出入口设置停车场管理系统，采用影像全鉴别系统，对于内部车辆，采用非接触式IC卡进行识别。对于外部临时车辆则采用临时出票方式。停车场管理系统由进/出口读卡机，挡车器、感应线圈、摄像机、收费机、入口处LED显示屏等组成。停车场管理系统的操作软件应有全汉化操作系统，人机界面友好，该系统应与楼宇自控系统、消防系统、安全系统接口，并应为开放的通信协议，便于系统的互联或联动。系统应具备以下功能：

1）自功计费、收费显示、出票机有中文提示、自动打印收据。

2）出入栅门自动控制。

3）使用过期车票报警。

4）物体堵塞验卡机入口报警。

5）非法打开收款机钱箱报警。

6）出票机内票据不足报警。

8.1.8 电气抗震设计

1. 工程内设备安装，如高低压配电柜、变压器、配电箱、控制箱等均应满足抗震设防规定。

2. 电气设备系统中内径大于或等于60mm的电气配管和重量大于或等于15kg/m的电缆桥架及多管共架系统须采用机电管线抗震支撑系统。

3. 刚性管道侧向抗震支撑最大设计间距不得超过12m；柔性管道侧向抗震支撑最大设计间距不得超过6m。

4. 刚性管道纵向抗震支撑最大设计间距不得超过24m；柔性管道纵向抗震支撑最大设计间距不得超过12m。

5. 垂直电梯应具有地震探测功能，地震时电梯能够自动停于就近平层并开门运行。

6. 设在建筑物屋顶上的共用天线等，应设置防止因地震导致设备损坏后部件坠落伤人的安全防护措施。

7. 应急广播系统预置地震广播模式。

8. 安装在吊顶上的灯具，应考虑地震时吊顶与楼板的相对位移。

8.1.9 电气节能措施

1. 变电所深入负荷中心，合理选用导线截面，减少电压损失。

2. 三相配电变压器满足现行国家标准《三相配电变压器能效限定值及能效等级》(GB 20052)的节能评价值要求，水泵、风机等设备，及其他电气装置满足相关现行国家标准的节能评价值要求。

3. 设置建筑设备监控系统，对建筑物内的设备实现节能控制。合理选用电梯和自动扶梯，并采取电梯群控、扶梯自动启停等节能控制措施。

4. 对室内的二氧化碳浓度进行数据采集、分析，并与通风系统联动，实现室内污染物浓度超标实时报警，并与通风系统联动。

5. 采用低压集中自动补偿方式，并配备谐波电抗器组合，作为谐波抑制措施，避免高次谐波电流与电力电容发生谐振。

6. 照明光源应优先采用节能光源，采用智能灯光控制系统。走廊、楼梯间、门厅、大堂、大空间、地下停车场等场所的照明系统采取分区、定时、感应等节能控制措施。建筑照明功率密度值应小于《建筑照明设计标准》（GB 50034）中的规定。

7. 设置智能建筑能源管理专家分析系统，提高对建筑电力系统、动力系统、供水系统和环境数据实施集中监控和管理，实现能源管理系统集中调度控制和经济结算。

8.2 文化馆

8.2.1 项目信息

本工程属于一类建筑，地上三层，建筑面积为 53 585m^2，建筑高度 30m，耐火等级为三级，设计使用年限 50 年。工程性质为展陈配套项目，包括展陈、办公、库房及后勤用房等。

文化馆

8.2.2 系统组成

1. 高低压变、配电系统。

2. 电力、照明系统。

3. 防雷与接地系统。

4. 电气消防系统。

5. 智能化系统。

6. 电气抗震设计和电气节能措施。

8.2.3　高低压变、配电系统

1. 负荷分级。

（1）一级负荷：包括安防系统、计算机系统用电，火灾报警及联动控制设备、消防泵、消防电梯、排烟风机、加压风机、保安监控系统、应急照明、疏散照明及重要的计算机系统（如检索用电子计算机系统）等。其中安防系统用电为一级负荷中的特别重要负荷。设备容量约为1230kW。

（2）二级负荷：包括展览用电、扶梯、排水泵。设备容量约为1300kW。

（3）三级负荷：包括一般照明及动力负荷。设备容量约为1470kW。

2. 电源。由市政外网引来两路双重高压电源。高压系统电压等级为10kV。高压采用单母线分段运行方式，中间设联络开关，平时两路电源同时分列运行，互为备用，当一路电源故障时，通过手/自操作联络开关，另一路电源负担全部负荷。

3. 变、配电站。

在一层设置变电所一处，变电室总装机容量为4800kVA。其中一组变压器（2×1600kVA）的供电对象主要为各类照明、消防设备用电、电梯及其他动力用电等，另一组变压器（2×1600kVA）的供电对象主要为冷冻机、冷冻泵、冷却泵及部分空调机等。变压器低压侧0.4kV采用单母线分段接线方式，低压母线分段开关采用自动投切方式时，低压母联断路器应采用设有自投自复、自投手复、自投停用三种状态的位置选择开关，自投时应设有一定的延时，当变压器低压侧总开关因过负荷或短路故障而分闸时，母联断路器不得自动合闸；电源主断路器与母联断路器之间应有电气联锁。

4. 自备应急电源系统。

（1）在一层设置一处柴油发电机房。每个机房各拟设置一台1000kW柴油发电机组。

（2）当市电出现停电、缺相、电压超出范围（AC380V：－15%～＋10%）或频率超出范围（50Hz±5%）时延时15s（可调）机组自动启动。

（3）当市电故障时，安防系统、图书检索用计算机系统，消防系统设施电源、应急照明及疏散照明及通信电源及计算机系统电源均由自备应急电源提供电源。

5. 设置电力监控系统，对电力配电实施动态监视。

8.2.4　电力、照明系统

1. 配电系统的接地形式采用TN－S系统。冷冻机组、冷冻泵、冷却泵、生活泵、热力站、电梯等设备采用放射式供电；风机、空调机、污水泵等小型设备采用树干式供电。

2. 展品库区与公用空间、内部使用空间的配电应分开配电和控制。技术用房应按需求设置足够的计算机网络、通信接口和电源插座。装裱、整修用房内应配置加热用的电源。展品库区电源总开关应设于库区外。为保证重要负荷的供电，对重要设备如：通信机房、消防用电设备（消防水泵、排烟风机、加压风机、消防电梯等）、信息网络设备、消防控制室、中央控制室等均采用双回路专用电缆供电，在最末一级配电箱处设双电源自投，自投方式采用双电源自投自复。

3. 主要配电干线沿由变电所用电缆槽盒引至各电气小间，支线穿钢管敷设。

4. 普通干线采用辐照交联低烟无卤阻燃电缆；重要负荷的配电干线采用矿物绝缘电缆，电缆应采用防鼠咬措施部分大容量干线采用封闭母线。

5. 照明设计遵循以下原则：采用分布式智能照明控制系统，充分利用电子及计算机技术，把自然光与人工光有机结合。光源的发热量尽量低；带辐射性的光源和灯具加过滤紫外辐射的性能；总曝光量应加以限制（包括善本展示时和非展示时的全部光照）；防止和减少紫外和红外辐射对珍贵书籍的损坏。照度标准见表 8.2.4。

表 8.2.4 照 度 标 准

房间或场所	参考平面及其高度	照度标准值（lx）	UGR	U_0	R_a
陈列室、目录厅（室）	0.75m 水平面	300	19	0.60	80
多功能厅	0.75m 水平面	300	22	0.6	80
公共大厅、展览前厅	地　面	200	22	0.4	80
洽谈室、会议室	0.75m 水平面	300	19	0.6	80
行政办公室	0.75m 水平面	300	19	0.6	80

6. 光源：照明应以清洁、明快为原则进行设计，同时考虑节能因素避免能源浪费，以满足使用的要求。室内外照明应选用发光效率高、显色性好、使用寿命长、色温相宜、符合环保要求的光源，办公区域选用双抛物面格栅、蝙蝠翼配光曲线的荧光灯灯具，荧光灯为显色指数大于 80 的三基色的荧光灯。室外照明装置应限制对周围环境产生的光干扰。

7. 展厅的照明光源宜采用高显色荧光灯，并应限制紫外线对展品的不利影响。当采用卤钨灯时，其灯具应配以抗热玻璃或滤光层。对于壁挂式展示品，在保证必要照度的前提下，应使展示品表面的亮度在 25cd/m^2 以上，并应使展示品表面的照度保持一定的均匀性，最低照度与最高照度之比应大于 0.75。对于有光泽或放入玻璃镜柜内的壁挂式展示品，一般照明光源的位置应避开反射干扰区。为了防止镜面映像，应使观众面向展示品方向的亮度与展示品表面亮度之比小于 0.5。对于具有立体造型的展示品，在展示品的侧前方 40°～60° 处设置定向聚光灯，其照度宜为一般照度的 3～5 倍；当展示品为暗色时，其照度应为一般照度的 5～10 倍。陈列橱柜的照明应注意照明灯具的配置和遮光板的设置，防止直射眩光。对于在灯光作用下易变质褪色的展示品，应选择低照度水平和采用可过滤紫外线辐射的光源；对于机器和雕塑等展品，应有较强的灯光。弱光展示区宜设在强光展示区之前，并应使照度水平不同的展厅之间有适宜的过渡照明。展厅灯光采用自动调光系统。面积超过 1500m^2 的展厅，设有备用照明。重要藏品库房宜设有警卫照明。藏品库房和展厅的照明线路应采用铜芯绝缘导线暗配线方式。藏品库房的电源开关应统一设在藏品库区内的藏品库房总门之外，并应装设防火剩余电流动作保护装置。藏品库房照明宜分区控制。

8. 应急照明与疏散照明：消防控制室、变配电所、配电间、电信机房、弱电间、楼梯间、前室、水泵房、电梯机房、排烟机房、重要机房的值班照明等处的应急照明按 100%考虑；门厅、阅览室、报告厅、餐厅、走道按 30%设置应急照明；其他场所按 10%设置应急照明。各层走道、拐角及出入口均设疏散指示灯，蓄电池采用集中免维护电池进行供电，停电时自动切换为直流供电，并且应急照明持续时间应不少于 30min。

8.2.5 防雷与接地系统

1. 本建筑物按二类防雷建筑物设防，为防直击雷在屋顶设接闪带，其网格不大于 10m×10m，所有突出屋面的金属体和构筑物应与接闪带电气连接。

2. 为预防雷电电磁脉冲引起的过电流和过电压，在变压器低压侧、在向重要设备供电的末端配电箱的各相母线上、由室外引入或由室内引至室外的电力线路、信号线路、控制线路、信息线路等部位装设电涌保护器。

3. 本工程强、弱电采用共用接地装置，以建筑物、构筑物的金属体、构造钢筋和基础钢筋作为接地体，其接地电阻小于 1Ω。

4. AC 220/380V 低压系统接地形式采用 TN－S，PE 线与 N 线严格分开。

5. 建筑物做等电位联结，在配变电所内安装一个主等电位联结端子箱，将所有进出建筑物的金属管道、金属构件、接地干线等与等电位端子箱有效连接。

6. 在所有弱电机房、电梯机房、浴室等处作辅助等电位联结。

8.2.6 电气消防系统

1. 消防控制室设在首层，（含广播室和保安监视室），对全楼的消防进行探测监视和控制。消防控制室的报警控制设备由火灾报警盘、消防联动控制台、CRT 图形显示屏、打印机、火灾应急广播设备、消防直通对讲电话、电梯运行监视控制盘、UPS 不间断电源及备用电源等组成。

2. 消防联动控制系统。在消防控制室设置联动控制台，控制方式分为自动控制和手动控制两种。通过联动控制台，可以实现对消火栓、自动喷洒灭火系统、防烟、排烟、加压送风系统的监视和控制，火灾发生时手动切断一般照明及空调机组、通风机、动力电源。当发生火灾时，自动关闭总煤气进气阀门。

3. 消防紧急广播系统。在消防控制室设置消防广播机柜，机组采用定压式输出。泵房、冷冻机房等处设号角式 15W 扬声器，其他场所设置 3W 扬声器。消防紧急广播按建筑层分路，每层一路。当发生火灾时，消防控制室值班人员可自动或手动向全楼进行火灾广播，及时指挥疏导人员撤离火灾现场。

4. 消防直通对讲电话系统。在消防控制室内设置消防直通对讲电话总机，除在各层的手动报警按钮处设置消防对讲电话插孔外，在变配电室、水泵房、电梯机房、冷冻机房、防排烟机房、建筑设备监控室、管理值班室等处设置消防直通对讲电话分机。

5. 电梯监视控制系统。在消防控制室设置电梯监控盘，除显示各电梯运行状态、层数显示外，还应设置正常、故障、开门、关门等状态显示。火灾发生时，根据火灾情况及场所，由消防控制室电梯监控盘发出指令，指挥电梯按消防程序运行：对全部或任意一台电梯进行对讲，说明改变运行程序的原因；除消防电梯保持运行外，其余电梯均强制返回一层并开门。火灾指令开关采用钥匙型开关，由消防控制室负责火灾时的电梯控制。

6. 应急照明系统。所有楼梯间及前室的照明以及变配电所、消防控制室、安防中心、消防水泵房、防排烟机房、柴油发电机房、电信机房等的照明全部为应急照明。公共场所应急照明一般按正常照明的 10%～15%设置。应急照明电源采用双电源末端互投供电。主要疏散出口设置安全出口指示灯，疏散走廊设置疏散指示灯。

7. 为防止接地故障、过载、导体接触不良等引起的火灾，能发现电气火灾的隐患，本工程设置电气火灾报警系统。系统由电气火灾探测器、测温式电气火灾监控探测器和电气火灾监控设备组成。

8. 为保证消防设备电源可靠性，本工程设置消防设备电源监控系统，通过检测消防设备电源的电压、电流、开关状态等有关设备电源信息，从而判断电源设备是否有断路、短路、过电压、欠电压、缺相、错相以及过电流（过载）等故障信息并实时报警、记录的监控系统，从而可以有效避免在火灾发生时，消防设备由于电源故障而无法正常工作的危急情况，最大限度的保障消防联动系统的可靠性。

9. 为保证防火门充分发挥其隔离作用，在火灾发生时，迅速隔离火源，有效控制火势范围，为扑救火灾及人员的疏散逃生创造良好条件，本工程设置防火门监控系统。对防火门的工作状态进行 24h 实时自动巡检，对处于非正常状态的防火门给出报警提示。在发生火情时，该监控系统自动关闭防火门，为火灾救援和人员疏散赢得宝贵时间。

8.2.7 智能化系统

1. 信息化应用系统。信息化应用系统功能应满足建筑物运行和管理的信息化需要并提供建筑业务运营的支撑和保障。系统包括公共服务、智能卡应用、物业管理、信息设施运行管理、信息安全管理、基本业务办公和专业业务等信息化应用系统。

（1） 公共服务系统。公共服务系统应具有访客接待管理和公共服务信息发布等功能，并宜具有将各类公共服务事务纳入规范运行程序的管理功能。系统基于信息网络及布线系统，系统服务器设置于中心网络机房，管理终端设置于相应管理用房。

（2） 智能卡应用系统。根据建设方物业信息管理部门要求对出入口控制、电子巡查、停车场管理、考勤管理、消费等实行一卡通管理，“一卡”，在同一张卡片上实现开门、考勤、消费等多种功能；“一库”，在同一软件平台上，实现卡的发行、挂失、充值、资料查询等管理，系统共用一个数据库，软件必须确保出入口控制系统的安全管理要求；“一网”，各系统的终端接入局域网进行数据传输和信息交换。系统基于信息网络及布线系统，系统服务器设置于中心网络机房，管理终端设置于相应管理用房。一卡通管理系统示意见图 8.2.7－1。

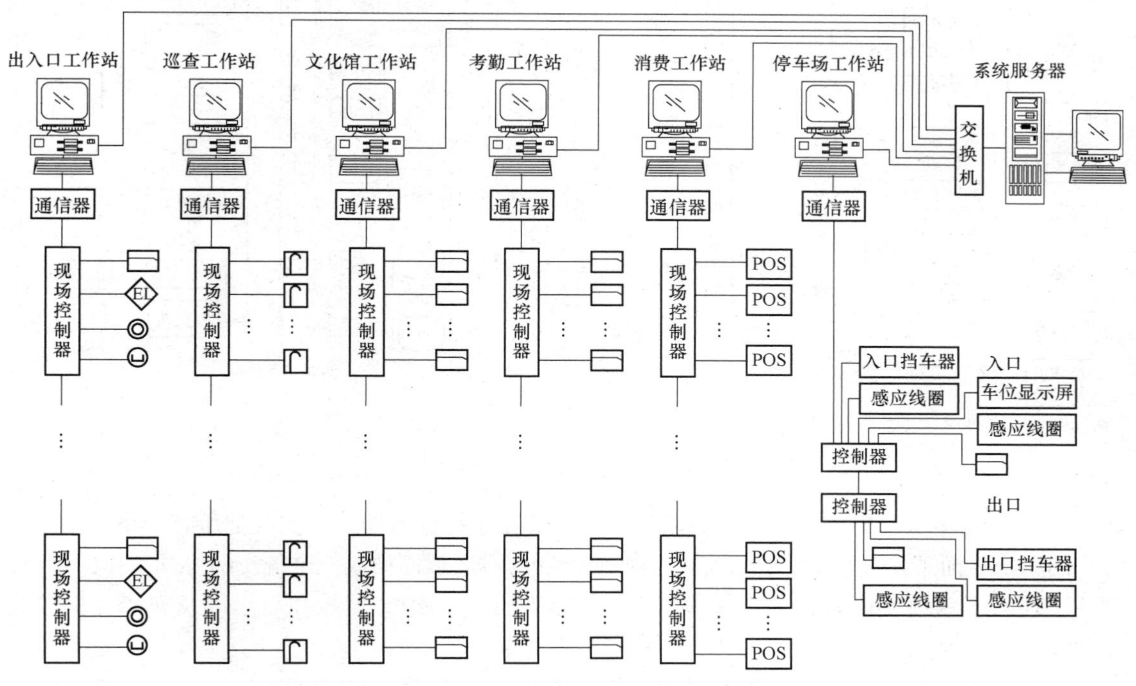

图 8.2.7－1 一卡通管理系统示意

（3）信息设施运行管理系统。信息设施运行管理系统应具有对建筑物信息设施的运行状态、资源配置、技术性能等进行监测、分析、处理和维护的功能。系统基于信息网络及布线系统，系统服务器设置于中心网络机房，管理终端设置于相应管理用房。

（4）信息安全管理系统。信息网络安全管理系统通过采用防火墙、加密、虚拟专用网、安全隔离和病毒防治等各种技术和管理措施，确保经过网络的传输和管理措施，使网络系统正常运行，确保经过网络传输和交换的数据不会发生增加、修改、丢失和泄露。系统基于信息网络及布线系统，系统服务器设置于中心网络机房，管理终端设置于相应管理用房。

2. 智能化集成系统。本工程对信息设施各子系统通过统一的信息平台实现集成，实施综合管理，将建筑中日常运作的各种信息，如建筑设备监控系统、安防、火灾自动报警、公共广播、通信系统以及展览管理信息，各种日常办公管理信息，物业管理信息等构成相互之间有关联的一个整体，从而有效地提升建筑整体的运作水平和效率。智能化信息集成系统示意见图 8.2.7－2。

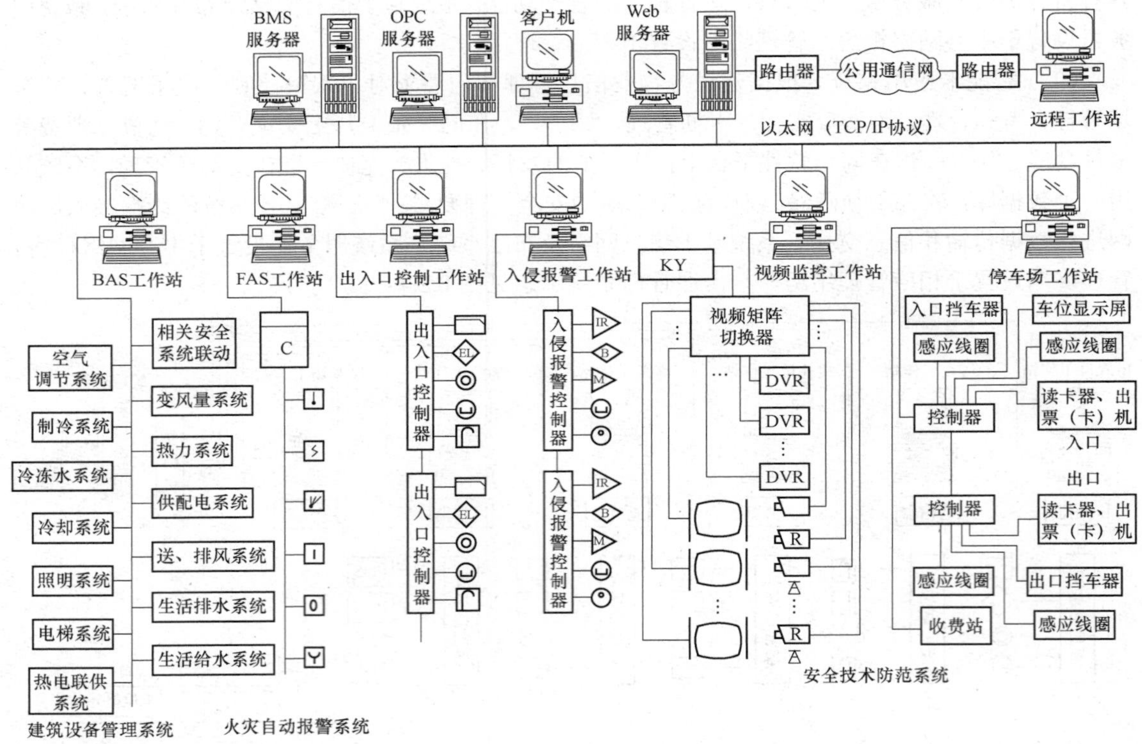

图 8.2.7－2　智能化信息集成系统示意

（1）智能化信息集成系统。集成软件平台安装在主机服务器上，实现把所有子系统集成在统一的用户界面下，对子系统进行统一监视、控制和协调，从而构成一个统一的协同工作的整体。包括实现对子系统实时数据的存储和加工，对系统用户的综合监控和显示以及智能分析等其他功能。

（2）集成信息应用系统。对于管理数据的集成，要求控制系统在软件上使用标准的、开放的数据库进行数据交换，实现管理数据的系统集成。

3. 信息化设施系统。

（1） 信息系统对城市公用事业的需求。

1） 系统接入机房设置于建筑通信机房内，通信机房可满足多家运营商入户。本工程需输出入中继线 100 对（呼出呼入各 50%）。另外申请直拨外线 100 对（此数量可根据实际需求增减）。

2） 电视信号接自城市有线电视网，在顶层设有卫星电视机房，对建筑内的有线电视实施管理与控制。有线电视节目和卫星电视节目经调制后，经电视信号干线系统传送至每个电视输出口处，使获得技术规范所要求的电平信号，达到满意的收视效果。

（2） 通信自动化系统。

1） 根据文化馆的规模及工作人员的数量，本工程在一层设置电话交换机房，拟定设置一台的 500 门 PABX。

2） PABX 应将传统的语音通信、语音信箱、多方电话会议、IP 技术、ISDN（B－ISDN）应用等通信技术融合在一起，向图书馆用户提供全新的通信服务。

（3） 综合布线系统。综合布线系统是信息化、网络化、办公自动化的基础，将建筑内的业务、办公、通信等设计统一规划布线。综合布线系统满足楼内信息处理和通信（数据、语音、图像等），它能有效地融合视频信息和其他媒体信息，建立一套科学、有效的媒体管理系统，其中包括资料的采集、储存、编目、管理、传输和编码转换等。并保持用户与外界互联网及通信的联系，以达到信息资源共享、交互、再利用，实现图书馆有效的管理。

（4） 信息导引及发布系统。在入口大厅、休息厅等处设置大屏幕信息显示装置，在入口大厅、信息利用大厅、出纳厅、阅览室等处，设置一定数量的自助信息查询终端。

（5） 会议电视系统。本工程在多功能厅设置全数字化技术的数字会议网络系统（DCN 系统），该系统采用模块化结构设计，全数字化音频技术。具有全功能、高智能化、高清晰音质，方便扩展和数据传递保密等优点。可实现发言演讲、会议讨论、会议录音等各种国际性会议功能，其中主席设备具有最高优先权，可控制会议进程。会议电视系统示意见图 8.2.7－3。

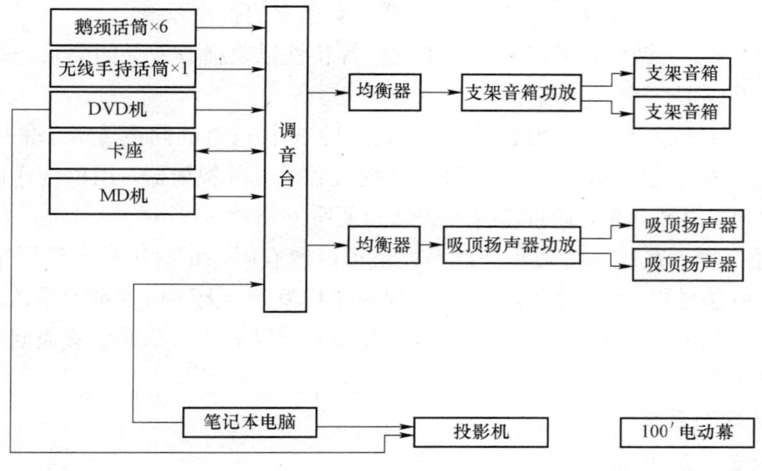

图 8.2.7－3 会议电视系统示意

（6） 有线电视及卫星电视系统。

1） 本工程在一层设置有线电视前端室，在顶层设有卫星电视机房，对建筑内的有线电视实施管理与控制。

2）有线电视系统根据用户情况采用分配－分支分配方式。

（7）有线广播系统。

1）本工程内设置有线广播系统，其功能为语音广播和背景音乐广播。本系统与火灾应急广播系统分别设置。有线广播系统示意见图 8.2.7－4。

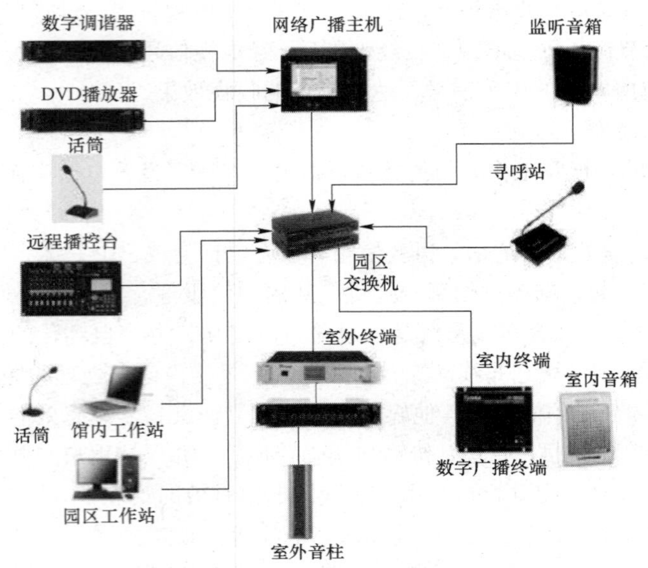

图 8.2.7－4　有线广播系统示意

2）有线广播主机设备设置在中央控制室，系统采取 100V 定压输出方式。扬声器按场所及其使用功能不同分组，分区设置，并按不同使用要求，分区分别设置功放。通往各层，各分区、分组的扬声器用的电缆，从音响控制室呈星形直接送往，在控制室设有不同回路的选择开关，可根据需要分回路或全馆进行播音。多功能厅设置一套独立的扩声系统。

3）扬声器应满足灵敏度、频率响应、指向性等特性以及播放效果的要求。室外选用的扬声器或声控应为全天候型。

（8）同声传译系统。系统采用红外无线方式，设 3 种语言的同声传译，采用直接翻译和二次翻译相结合的方式。根据现场环境，在报告厅内设数个红外辐射器，用以传送译音信号，与会者通过红外接收机，佩戴耳机，通过选择开关选择要听的语种。同声传译系统示意见图 8.2.7－5。

（9）无线通信增强系统。为避免无线基站信道容量有限，忙时可能出现网络拥塞，手机用户不能及时打进或接进电话。另外由于大楼内建筑结构复杂，无线信号难于穿透，室内易出现覆盖盲区。因此，大楼内应安装无线信号室内天线覆盖系统以解决移动通信覆盖问题，同时也可增加无线信道容量。

4. 建筑设备管理系统。

（1）建筑设备监控系统。

1）建筑设备监控系统融合了现代计算机技术、网络通信技术、自动控制技术、数据库管理技术以及软件技术等，采用“集散型系统”，通过中央监控系统的计算机网络，将各层的控制器、现场传感器、执行器及远程通信设备进行联网，共同实现集中管理、分散控制的综合监控及管理功能。

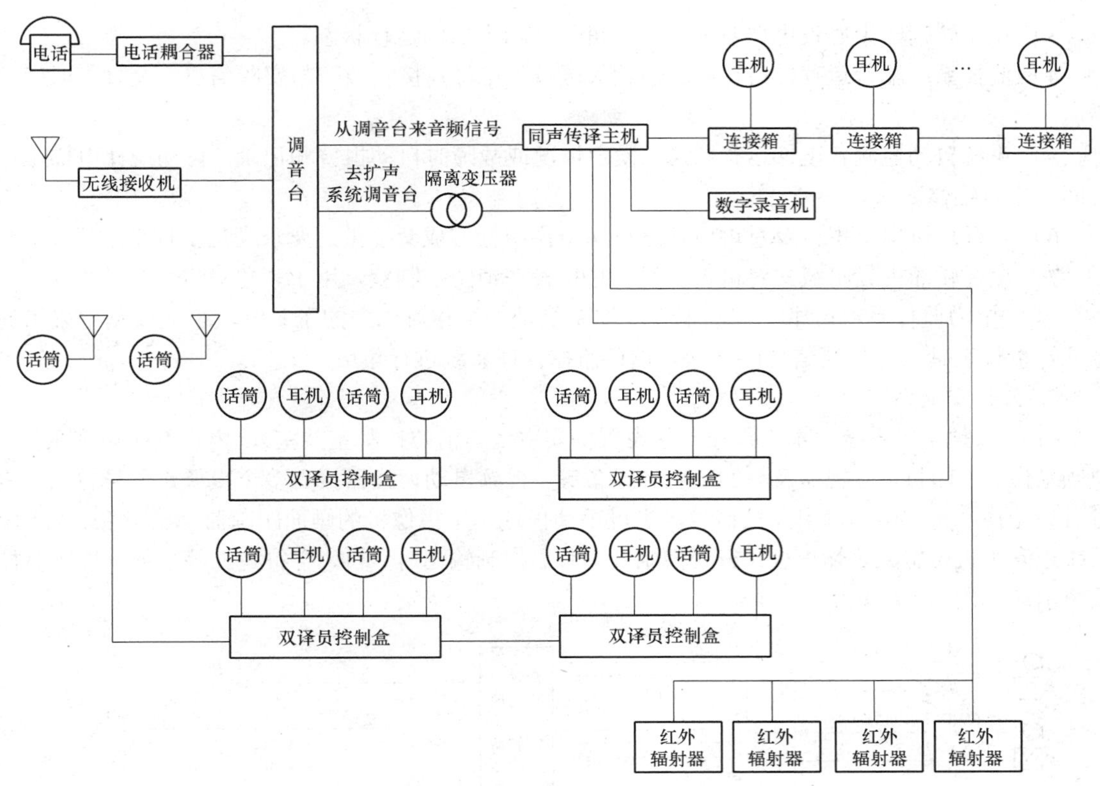

图 8.2.7－5　同声传译系统示意

2）本工程建筑设备监控系统设计所遵循的原则是注重系统的先进性、实用性、可靠性、开放性、适应性、可扩展性、经济性和可维护性。系统的总体目标是分别对建筑内的建筑设备（HVAC、给排水系统、供配电系统、照明系统等）进行分散控制、集中监视管理，从而提供一个舒适的工作环境，通过优化控制提高管理水平，从而达到节约能源和人工成本，并能方便实现物业管理自动化。

3）系统设计所遵循的原则是注重系统的先进性、实用性、可靠性、开放性、适应性、可扩展性、经济性和可维护性。通过对工程中子系统的控制，对建筑内温、湿度的自动调节，空气质量的最佳控制，以及对室内照明进行自动化管理等手段，提供最佳的能源管理方案，对机电设备以及照明等采取优化控制和管理，确保节能运行，从而降低能源成本及运行费用。

4）本工程在一层设置一处建筑设备监控室，对建筑设备实施管理与控制。监控点数共计为1032 控制点，其中，AI＝108 点、AO＝127 点、DI＝591 点、DO＝206 点。

（2）建筑能效监管系统。本工程建筑能效监管主机设置于各个建筑物业管理室。系统可对冷热源系统、供暖通风和空气调节、给水排水、供配电、照明、电梯等建筑设备进行能耗监测。根据建筑物业管理的要求及基于对建筑设备运行能耗信息化监管的需求，应能对建筑的用能环节进行相应适度调控及供能配置适时调整。

（3）电梯监控系统。

1）电梯监控系统是一个相对独立的子系统，纳入设备监控管理系统进行集成。

2）电梯现场控制装置应具有标准接口（如 RS485、RS232 等）。

3）在安防消防中心设电梯监控管理主机，显示电梯的运行状态。

4）监控系统配合运营，启动和关闭相关区域的电梯；接收消防与安防信息，及时采取应急措施。

5）系统自动监测各电梯运行状态，紧急情况或故障时自动报警和记录，自动统计电梯工作时间，定时维修。

6）电梯对讲电话主机及对讲电话分机由电梯中标方成套提供，要求满足工程管理需要。

7）电梯轿厢内设暗藏式对讲机，对讲总机设在消防控制室，用于紧急对讲。

（4）电力监控系统。本工程的电力监控系统是一个相对独立的子系统，电能监测中采用的分项计量仪表具有远传通信功能，纳入设备监控管理系统进行集成。

5. 公共安全系统。

（1）视频监控系统。本工程在一层设置保安室（与消防控制室共室），内设系统矩阵主机、视频录像、打印机，监视器及～24V 电源设备等。视频自动切换器接受多个摄像点信号输入，定时自动轮换（1～30s）输出监控信号，也可手动任选一个摄像机的画面跟踪监视、录像、打印。系统矩阵主机带输入、输出板；云台控制及编程、控制输出时、日、字符叠加等功能。视频监控系统示意见图 8.2.7－6。

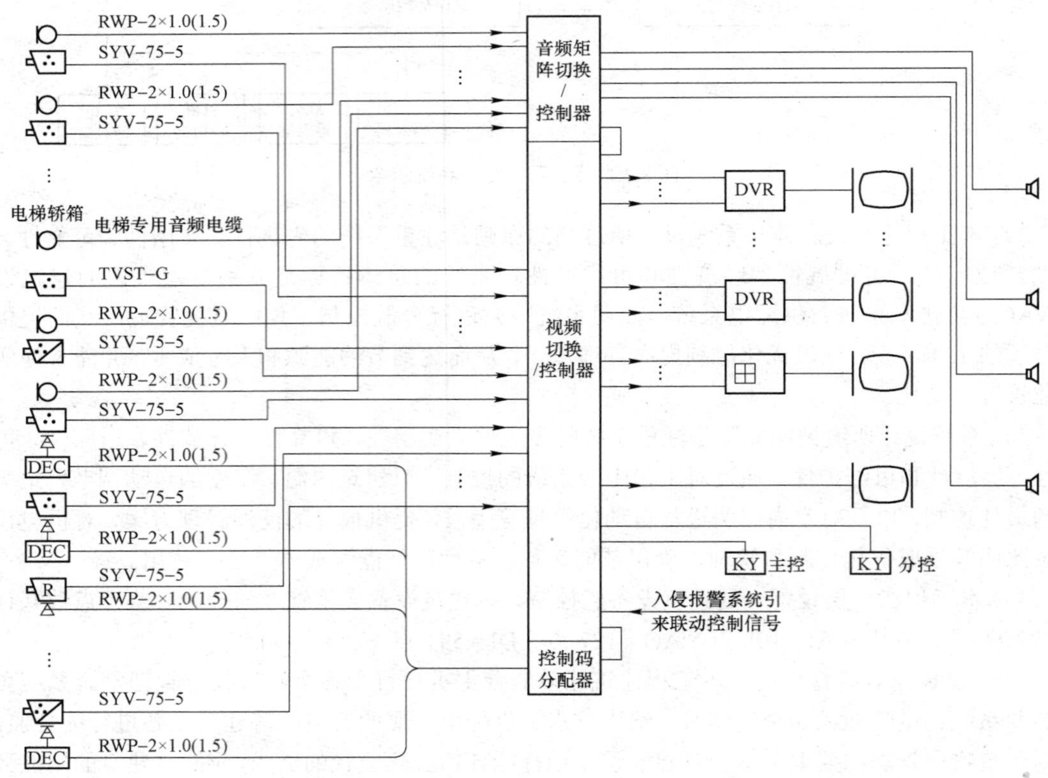

图 8.2.7－6　视频监控系统示意

（2）出入口控制系统。库区内部如设置门禁系统则为双向门禁系统。库区外部设置单向门禁系统。系统主机设置于建筑消防控制室。出入口控制系统示意见图 8.2.7－7，系统构成与主要技术功能：

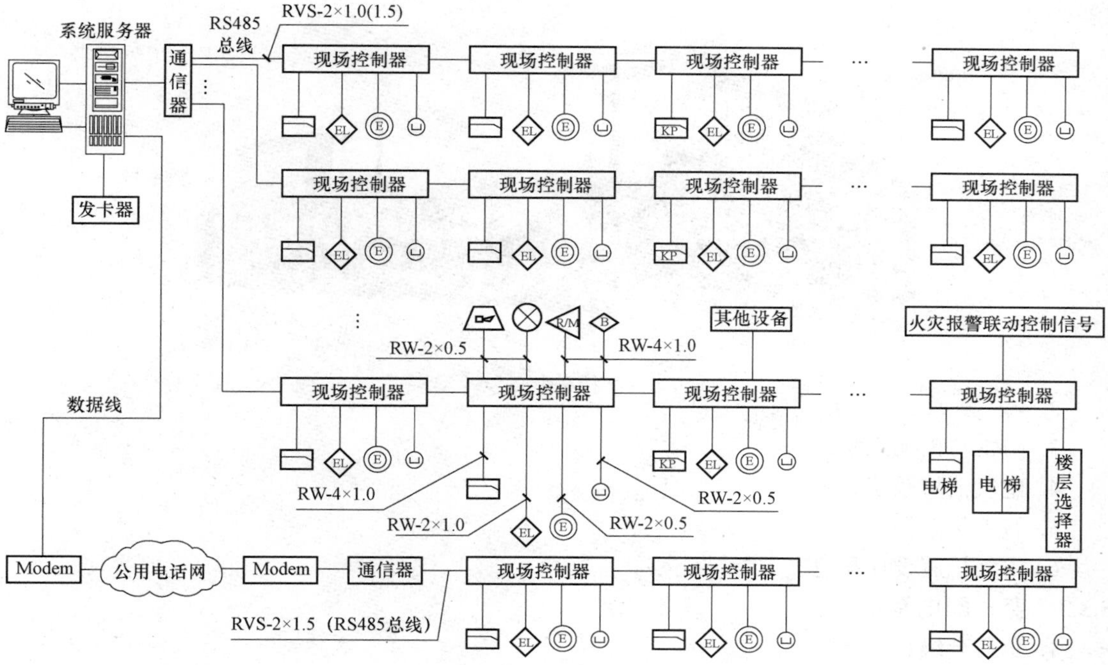

图 8.2.7－7 出入口控制系统示意

1）出入口控制系统由识读部分、传输部分、管理/控制部分和执行部分以及相应的系统软件组成。

2）本工程在重要机房、物业用房车库、出入口安装读卡机、电控锁以及门磁开关等控制装置。系统设置于各建筑内消防控制室内。

3）系统的信息处理装置应能对系统中的有关信息自动记录、打印、存储，并有防篡改和防销毁的措施。

4）出入口控制系统应能独立运行，并能与火灾自动报警系统、视频监控系统联动。当发生火警或需紧急疏散时，人员不使用钥匙应能迅速安全通过。

（3）在建筑物的主要出入口、库区、阅览室、重要设备室、电子信息系统机房和安防中心等处应设置出入口控制系统、入侵报警系统、视频监控系统及电子巡查系统。

【说明】电气抗震设计和电气节能措施参见 8.1.8 和 8.1.9。

8.3 档案中心

8.3.1 项目信息

本工程属于一类建筑，地上五层，地下一层，建筑面积为 120 365m^2，建筑高度 58m，耐火等级为一级，设计使用年限 50 年。工程性质为档案及配套项目，包括档案业务、办公、库房及辅助用房等。

8.3.2 系统组成

1. 变、配电系统。

2. 电力、照明系统。

档案中心

3. 防雷与接地系统。

4. 电气消防系统。

5. 智能化系统。

6. 电气抗震设计和电气节能措施。

8.3.3　变、配电系统

1. 负荷分级。

（1）一级负荷：包括消防用电设备（消防控制室内的火灾自动报警控制器及联动控制台、消防水泵、消防电梯、排烟风机、加压送风机、计算机系统电源等）、保安监控系统、应急照明及疏散指示等，其中安防系统、档案检索用计算机系统用电为一级负荷中的特别重要负荷。设备容量约为2900kW。

（2）二级负荷：包括客梯、生活泵、排水泵等。设备容量约为3120kW。

（3）三级负荷：包括其他照明及电力负荷。设备容量约为1950kW。

2. 电源。由市政外网引来两路双重高压电源。高压系统电压等级为10kV。高压采用单母线分段运行方式，中间设联络开关，平时两路电源同时分列运行，互为备用，当一路电源故障时，通过手/自操作联络开关，另一路电源负担全部负荷。

3. 变、配电站。在地下一层设置变电所一处，变电室总装机容量为10 500kVA，变电所内设两台12 500kVA变压器和四台2000kVA变压器，其中一组变压器供电对象主要为冷冻机、冷冻泵、冷却泵及部分空调机等。变压器低压侧0.4kV采用单母线分段接线方式，低压母线分段开关采用自动投切方式时，低压母联断路器应采用设有自投自复、自投手复、自投停用三种状态的位置选择开关，自投时应设有一定的延时，当变压器低压侧总开关因过负荷或短路故障而分闸时，母联断路器不得自动合闸；电源主断路器与母联断路器之间应有电气联锁。

4. 自备应急电源系统。

（1）在地下一层设置一处柴油发电机房。机房拟设置一台1600kW柴油发电机组。

（2）当市电出现停电、缺相、电压超出范围（AC380V：－15%～＋10%）或频率超出范围（50Hz±5%）时延时15s（可调）机组自动启动。

（3）当市电故障时，安防系统、档案检索用计算机系统，消防系统设施电源、应急照明及疏散照明及通信电源及计算机系统电源均由自备应急电源提供电源。

5. 设置电力监控系统，对电力配电实施动态监视。

8.3.4 电力、照明系统

1. 配电系统的接地形式采用 TN－S 系统。冷冻机组、冷冻泵、冷却泵、生活泵、热力站、电梯等设备采用放射式供电；风机、空调机、污水泵等小型设备采用树干式供电。

2. 档案库区与公用空间、内部使用空间的配电应分开配电和控制。技术用房应按需求设置足够的计算机网络、通信接口和电源插座。库区电源总开关应设于库区外，档案库房内不设置电源插座。为保证重要负荷的供电，对重要设备如：通信机房、消防用电设备（消防水泵、排烟风机、加压风机、消防电梯等）、信息网络设备、消防控制室、中央控制室等均采用双回路专用电缆供电，在最末一级配电箱处设双电源自投，自投方式采用双电源自投自复。

3. 主要配电干线沿由变电所用电缆槽盒引至各电气小间，支线穿钢管敷设。

4. 普通干线采用辐照交联低烟无卤阻燃电缆；重要负荷的配电干线采用矿物绝缘电缆，电缆应采用防鼠咬措施部分大容量干线采用封闭母线。

5. 照明设计采用分布式智能照明控制系统，充分利用电子及计算机技术，把自然光与人工光有机结合。光源的发热量尽量低；带辐射性的光源和灯具加过滤紫外辐射的性能；总曝光量应加以限制（包括善本展示时和非展示时的全部光照）；防止和减少紫外和红外辐射对纸质档案文件的损坏。照度标准见表 8.3.4。

表 8.3.4　照度标准

房间或场所	参考平面及其高度	照度标准值/lx	UGR	U_0	R_a
一般阅览室、开放式阅览室	0.75m 水平面	300	19	0.60	80
多媒体阅览室	0.75m 水平面	300	19	0.60	80
陈列室、目录厅（室）、出纳厅	0.75m 水平面	300	19	0.60	80
档案室	0.75m 水平面	300	19	0.60	80
档案库	0.25m 垂直面	≥50	—	0.40	80
开放式书架	0.25m 垂直面	≥50	—	0.40	80
工作间	0.75m 水平面	300	19	0.60	80
采编、修复工作间	0.75m 水平面	500	19	0.60	80

6. 光源。一般场所为荧光灯或高效节能型灯具。档案库和查阅档案等用房采用荧光灯时，应有过滤紫外线和安全防火措施。档案库灯具形式及安装位置应与装具布置相配合。缩微阅览室、计算机房照明设计宜防止显示屏出现灯具影像和反射眩光。本工程主要场所的荧光灯采用电子镇流器，以提高功率因数，减少频闪和噪声。

7. 存放重要文献资料的场所设值班照明和警卫照明。

8. 阅览室照明采用荧光灯具。其一般照明沿外窗平行方向控制或分区控制。供长时间阅览的阅览室设置局部照明。

9. 车库、办公走道等处的照明采用智能型照明管理系统，以实现照明节能管理与控制。

10. 照明控制。

（1） 资料库照明采用分区控制。

（2） 档案库房照明采用分区分架控制，每层电源总开关应设于库外。

（3） 资料库行道照明应有单独开关控制，行道两端都有通道时应设双控开关；内部楼梯照明也应采用双控开关。

（4）公共场所的照明应采用集中、分区或分组控制的方式；阅览区的照明宜采用分区控制方式。均根据不同使用要求采取自动控制的节能措施。

11. 库区电源总开关应设于库区外，库房的电源开关应设于库房外，并应设有防止漏电的安全保护装置。

12. 空调设施和电热装置应单独设置配电线路，并穿金属管保护。

13. 控制导线及档案库供电导线应用铜芯导线。档案库、计算机房和缩微用房配电线路采取穿金属管暗敷方式。

14. 应急照明与疏散照明：存放重要文献资料的场所、消防控制室、变配电所、配电间、电信机房、弱电间、楼梯间、前室、水泵房、电梯机房、排烟机房、重要机房的值班照明等处的应急照明按 100%考虑；门厅、阅览室、报告厅、餐厅、走道按 30%设置应急照明；其他场所按 10%设置应急照明。各层走道、拐角及出入口均设疏散指示灯，蓄电池采用集中免维护电池进行供电，停电时自动切换为直流供电，并且应急照明持续时间应不少于 30min。

8.3.5 防雷与接地系统

1. 本建筑物按二类防雷建筑物设防，为防直击雷在屋顶设接闪带，其网格不大于 10m × 10m，所有突出屋面的金属体和构筑物应与接闪带电气连接。

2. 为预防雷电电磁脉冲引起的过电流和过电压，在变压器低压侧、在向重要设备供电的末端配电箱的各相母线上、由室外引入或由室内引至室外的电气线路等部位装设电涌保护器。

3. 本工程强、弱电采用共用接地装置，以建筑物、构筑物的金属体、构造钢筋和基础钢筋作为接地体，其接地电阻小于 1Ω。

4. 交流 220/380V 低压系统接地形式采用 TN－S，PE 线与 N 线严格分开。

5. 建筑物做等电位联结，在配变电所内安装一个主等电位联结端子箱，将所有进出建筑物的金属管道、金属构件、接地干线等与等电位端子箱有效连接。

6. 在所有弱电机房、电梯机房、浴室等处作辅助等电位联结。

8.3.6 电气消防系统

1. 消防控制室设在首层，（含广播室和保安监视室），对全楼的消防进行探测监视和控制。消防控制室的报警控制设备由火灾报警盘、消防联动控制台、CRT 图形显示屏、打印机、火灾应急广播设备、消防直通对讲电话、电梯运行监视控制盘、UPS 不间断电源及备用电源等组成。

2. 重要档案的储藏库、陈列室、数据机房等重要房间宜设置吸气式烟雾探测报警系统及一氧化碳火灾探测器。在每个防火分区，设火灾报警按钮，从任何位置到手动报警按钮的步行距离不超过 30m。消防控制中心在接到火灾报警信号后，按程序联锁控制消防泵、喷淋泵、防排烟机、风机、空调机、防火卷帘、电梯、非消防电源、应急电源和气体灭火系统等。火灾自动报警系统采用消防电源单独回路供电，容量 5kW 直流备用电源采用火灾报警控制器专用蓄电池。

3. 消防联动控制系统。在消防控制室设置联动控制台，控制方式分为自动控制和手动控制两种。通过联动控制台，可以实现对消火栓、自动喷洒灭火系统、防烟、排烟、加压送风系统的监视和控制，火灾发生时手动切断一般照明及空调机组、通风机、动力电源。当发生火灾时，自动关闭总煤气进气阀门。

4. 消防紧急广播系统。在消防控制室设置消防广播机柜，机组采用定压式输出。地下泵房、冷冻机房等处设号角式 15W 扬声器，其他场所设置 3W 扬声器，消防紧急广播按建筑层分路，每层一路。当发生火灾时，消防控制室值班人员可自动或手动向全楼进行火灾广播，及时指挥疏导人员撤离火灾现场。

5. 消防直通对讲电话系统。在消防控制室内设置消防直通对讲电话总机，除在各层的手动报警按钮处设置消防对讲电话插孔外，在变配电室、水泵房、电梯机房、冷冻机房、防排烟机房、建筑设备监控室、管理值班室等处设置消防直通对讲电话分机。

6. 电梯监视控制系统。在消防控制室设置电梯监控盘，除显示各电梯运行状态、层数显示外，还应设置正常、故障、开门、关门等状态显示。火灾发生时，根据火灾情况及场所，由消防控制室电梯监控盘发出指令，指挥电梯按消防程序运行：对全部或任意一台电梯进行对讲，说明改变运行程序的原因；除消防电梯保持运行外，其余电梯均强制返回一层并开门。火灾指令开关采用钥匙型开关，由消防控制室负责火灾时的电梯控制。

7. 应急照明系统：所有楼梯间及前室的照明以及变配电所、消防控制室、安防中心、消防水泵房、防排烟机房、柴油发电机房、电信机房等的照明全部为应急照明。公共场所应急照明一般按正常照明的10%～15%设置。应急照明电源采用双电源末端互投供电。主要疏散出口设置安全出口指示灯，疏散走廊设置疏散指示灯。

8. 为防止接地故障、过载、导体接触不良等引起的火灾，能发现电气火灾的隐患，本工程设置电气火灾报警系统。系统由电气火灾探测器、测温式电气火灾监控探测器和电气火灾监控设备组成。

9. 为保证防火门充分发挥其隔离作用，本工程设置防火门监控系统。

8.3.7 智能化系统

1. 信息化应用系统。信息化应用系统功能应满足建筑物运行和管理的信息化需要并提供建筑业务运营的支撑和保障。系统包括公共服务、智能卡应用、物业管理、信息设施运行管理、信息安全管理、基本业务办公和专业业务等信息化应用系统。

（1） 公共服务系统。公共服务系统应具有访客接待管理和公共服务信息发布等功能，并宜具有将各类公共服务事务纳入规范运行程序的管理功能。系统基于信息网络及布线系统，系统服务器设置于中心网络机房，管理终端设置于相应管理用房。

（2） 智能卡应用系统。根据建设方物业信息管理部门要求对出入口控制、电子巡查、停车场管理、考勤管理、消费等实行一卡通管理，“一卡”在同一张卡片上实现开门、考勤、消费等多种功能；“一库”，在同一软件平台上，实现卡的发行、挂失、充值、资料查询等管理，系统共用一个数据库，软件必须确保出入口控制系统的安全管理要求；“一网”，各系统的终端接入局域网进行数据传输和信息交换。系统基于信息网络及布线系统，系统服务器设置于中心网络机房，管理终端设置于相应管理用房。

（3） 信息设施运行管理系统。信息设施运行管理系统应具有对建筑物信息设施的运行状态、资源配置、技术性能等进行监测、分析、处理和维护的功能。系统基于信息网络及布线系统，系统服务器设置于中心网络机房，管理终端设置于相应管理用房。

（4） 信息安全管理系统。信息网络安全管理系统通过采用防火墙、加密、虚拟专用网、安全隔离和病毒防治等各种技术和管理措施，使网络系统正常运行，确保经过网络的传输和管理措施，使网络系统正常运行，确保经过网络传输和交换的数据不会发生增加、修改、丢失和泄露。系统基于信息网络及布线系统，系统服务器设置于中心网络机房，管理终端设置于相应管理用房。

2. 智能化集成系统。本工程对信息设施各子系统通过统一的信息平台实现集成，实施综合管理，将建筑中日常运作的各种信息，如建筑设备监控系统、安防、火灾自动报警、公共广播、通信系统以及展览管理信息，各种日常办公管理信息，物业管理信息等构成相互之间有关联的一个整体，从而有效地提升建筑整体的运作水平和效率。

（1）智能化信息集成系统。集成软件平台安装在主机服务器上，实现把所有子系统集成在统一的用户界面下，对子系统进行统一监视、控制和协调，从而构成一个统一的协同工作的整体。包括实现对子系统实时数据的存储和加工，对系统用户的综合监控和显示以及智能分析等其他功能。

（2）集成信息应用系统。对于管理数据的集成，要求控制系统在软件上使用标准的、开放的数据库进行数据交换，实现管理数据的系统集成。

3. 信息化设施系统。

（1）信息系统对城市公用事业的需求。

1）本工程需输出入中继线 200 对（呼出呼入各 50%）。另外申请直拨外线 300 对（此数量可根据实际需求增减）。

2）电视信号接自城市有线电视网，在顶层设有卫星电视机房，对建筑内的有线电视实施管理与控制。有线电视节目和卫星电视节目经调制后，经电视信号干线系统传送至每个电视输出口处，使获得技术规范所要求的电平信号，达到满意的收视效果。

（2）通信自动化系统。

1）根据档案馆的规模及工作人员的数量，本工程在地下一层设置电话交换机房，拟定设置一台的 2000 门 PABX。

2）PABX 应将传统的语音通信、语音信箱、多方电话会议、IP 技术、ISDN（B－ISDN）应用等当今最先进的通信技术融会在一起，向用户提供全新的通信服务。

（3）综合布线系统。综合布线系统是信息化、网络化、办公自动化的基础，将建筑内的业务、办公、通信等设计统一规划布线。综合布线系统满足楼内信息处理和通信（数据、语音、图像等），它能有效地融合视频信息和其他媒体信息，建立一套科学、有效的媒体管理系统，其中包括资料的采集、储存、编目、管理、传输和编码转换等。并保持用户与外界互联网及通信的联系，以达到信息资源共享、交互、再利用，实现数据的有效的管理。综合布线系统示意见图 8.3.7－1。本工程综合布线系统由以下五个子系统组成。

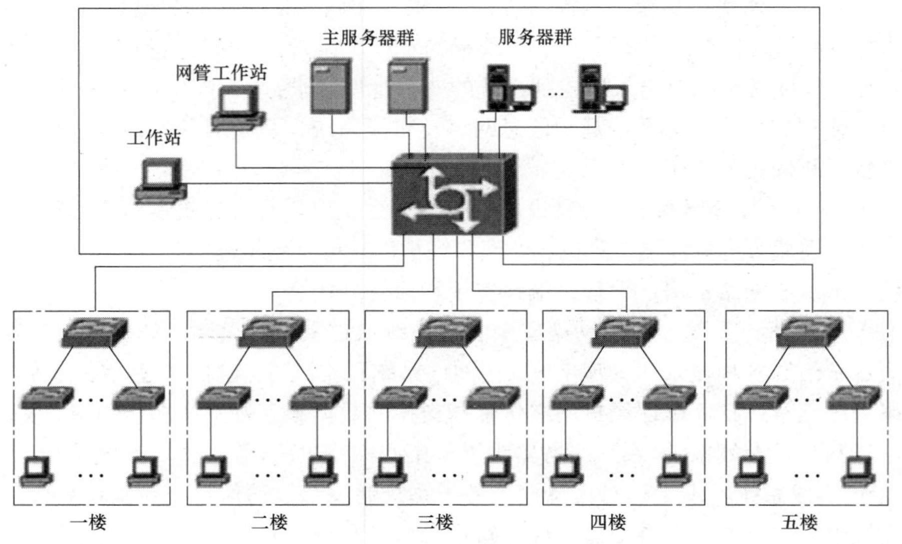

图 8.3.7－1　综合布线系统示意

1）工作区子系统：在办公区域每 $10m^2$ 为一个工作区，每个工作区根据需要设置一个四孔信息插座，用于连接电话、计算机（包括光纤到桌面）或其他终端设备。

2）配线子系统：信息插座选用标准的超五类 RJ45 插座，信息插座采用墙上安装方式；信息插座每一孔的配线电缆均选用一根 4 对超五类非屏蔽双绞线。

3）干线子系统：采用光缆和大对数铜缆，光缆主要用于通信速率要求较高的计算机网络，干线光缆按每 48 个信息插座配 2 芯多模光缆配置；大对数铜缆主要用于语音通信，采用 3 类 25 对非屏蔽双绞线，干线铜缆的设置按一个语音点 2 对双绞线配置。

4）设备间子系统：各楼均设置综合布线设备间，用于安装语音及数据的配线架，通过主配线架可使数据中心的信息点与市政通信网络和计算机网络设备相连接。

5）管理子系统：管理子系统分配线架设在网络设备间内，交接设备的连接采用插接线方式。

（4）内部网络：根据档案管理要求设置内部网络系统。

（5）会议电视系统。本工程在多功能厅设置全数字化技术的数字会议网络系统（DCN 系统），该系统采用模块化结构设计，全数字化音频技术。具有全功能、高智能化、高清晰音质，方便扩展和数据传递保密等优点。可实现发言演讲、会议讨论、会议录音等各种国际性会议功能，其中主席设备具有最高优先权，可控制会议进程。会议电视系统示意见图 8.3.7－2。

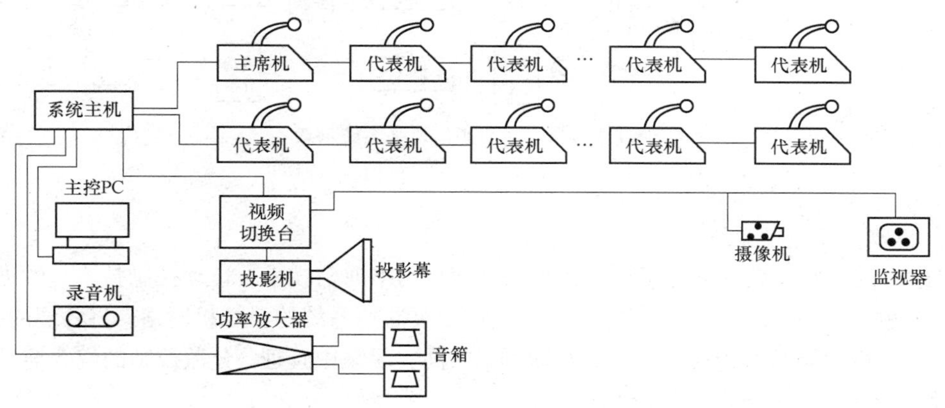

图 8.3.7－2　会议电视系统示意

（6）有线电视及卫星电视系统。

1）本工程在地下一层设置有线电视前端室，在顶层设有卫星电视机房，对建筑内的有线电视实施管理与控制。

2）有线电视系统根据用户情况采用分配－分支分配方式。

（7）有线广播系统。

1）本工程内设置有线广播系统，其功能为语音广播和背景音乐广播。本系统与火灾应急广播系统分别设置。

2）有线广播主机设备设置在中央控制室，系统采取 100V 定压输出方式。扬声器按场所及其使用功能不同分组，分区设置，并按不同使用要求，分区分别设置功放。通往各层，各分区、分组的扬声器用的电缆，从音响控制室呈星形直接送往，在控制室设有不同回路的选择开关，可根据需要分回路或全馆进行播音。多功能厅设置一套独立的扩声系统。

3）扬声器应满足灵敏度、频率响应、指向性等特性以及播放效果的要求。室外选用的扬声器或声控应为全天候型。

（8）无线通信增强系统。为避免无线基站信道容量有限，忙时可能出现网络拥塞，手机用户不能及时打进或接进电话。另外由于大楼内建筑结构复杂，无线信号难于穿透，室内易出现覆盖盲区。因此，大楼内应安装无线信号室内天线覆盖系统以解决移动通信覆盖问题，同时也可增加无线信道容量。无线通信增强系统示意见图 8.3.7－3。

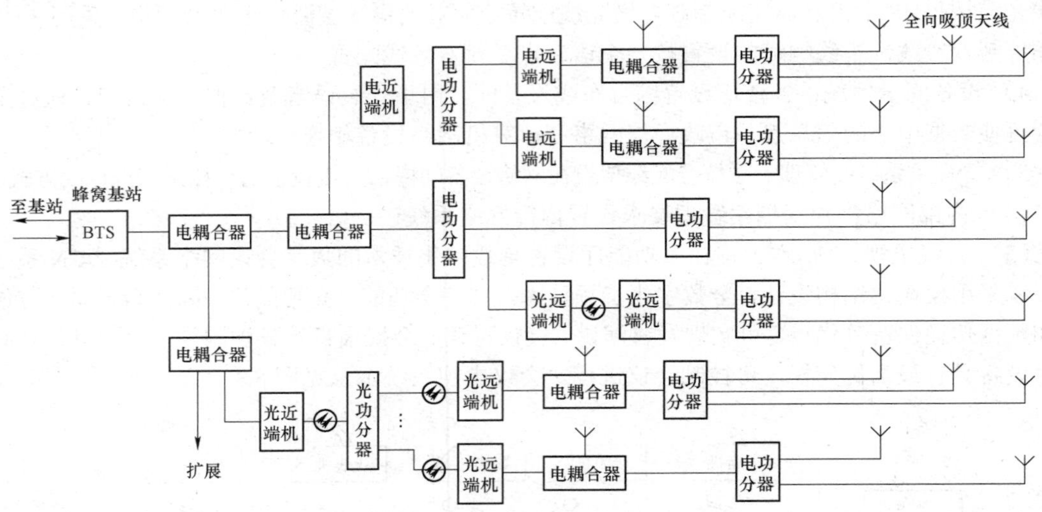

图 8.3.7－3 无线通信增强系统示意

4. 建筑设备管理系统。

（1）建筑设备监控系统。

1）建筑设备监控系统融合了现代计算机技术、网络通信技术、自动控制技术、数据库管理技术以及软件技术等，采用“集散型系统”，通过中央监控系统的计算机网络，将各层的控制器、现场传感器、执行器及远程通信设备进行联网，共同实现集中管理、分散控制的综合监控及管理功能。建筑设备监控系统示意见图 8.3.7－4。

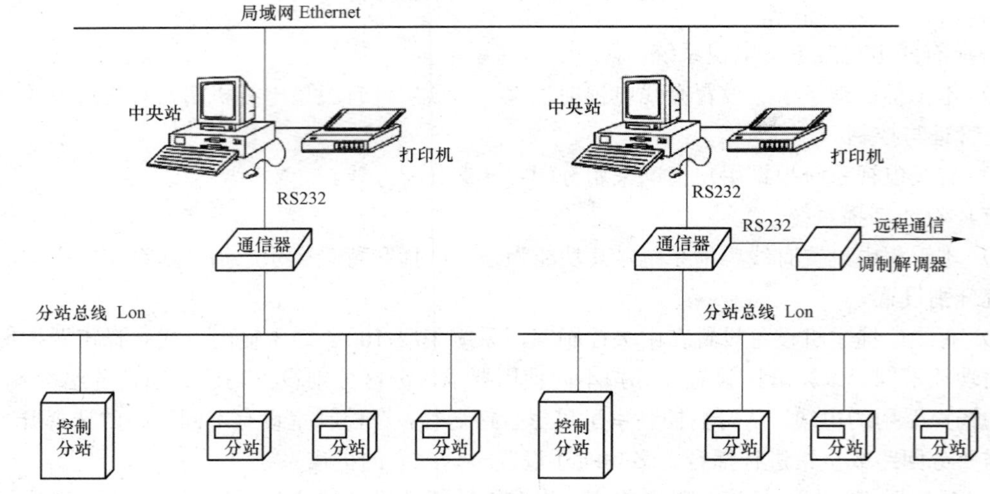

图 8.3.7－4 建筑设备监控系统示意

2）本工程建筑设备监控系统的总体目标是分别对建筑内的建筑设备（HVAC、给排水系统、供配电系统、照明系统等）进行分散控制、集中监视管理，从而提供一个舒适的工作环境，通过优化控制提高管理水平，从而达到节约能源和人工成本，并能方便实现物业管理自动化。

3）系统设计所遵循的原则是注重系统的先进性、实用性、可靠性、开放性、适应性、可扩展性、经济性和可维护性。通过对工程中子系统的控制，对建筑内温、湿度的自动调节，空气质量的最佳控制，以及对室内照明进行自动化管理等手段，提供最佳的能源管理方案，对机电设备以及照明等采取优化控制和管理，确保节能运行，从而降低能源成本及运行费用。

4）本工程在地下一层设置一处建筑设备监控室，对建筑设备实施管理与控制。监控点数共计为2332控制点，其中，AI=363点、AO=496点、DI=791点、DO=682点。

（2）建筑能效监管系统。本工程建筑能效监管主机设置于各个建筑物业管理室。系统可对冷热源系统、供暖通风和空气调节、给水排水、供配电、照明、电梯等建筑设备进行能耗监测。根据建筑物业管理的要求及基于对建筑设备运行能耗信息化监管的需求，应能对建筑的用能环节进行相应适度调控及供能配置适时调整。

（3）电梯监控系统。

1）电梯监控系统是一个相对独立的子系统，纳入设备监控管理系统进行集成。

2）电梯现场控制装置应具有标准接口（如RS485、RS232等）。

3）在安防消防中心设电梯监控管理主机，显示电梯的运行状态。

4）监控系统配合运营，启动和关闭相关区域的电梯；接收消防与安防信息，及时采取应急措施。

5）系统自动监测各电梯运行状态，紧急情况或故障时自动报警和记录，自动统计电梯工作时间，定时维修。

6）电梯对讲电话主机及对讲电话分机由电梯中标方成套提供，要求满足工程管理需要。

7）电梯轿厢内设暗藏式对讲机，对讲总机设在消防控制室，用于紧急对讲。

（4）电力监控系统。本工程的电力监控系统是一个相对独立的子系统，电能监测中采用的分项计量仪表具有远传通信功能，纳入设备监控管理系统进行集成。

5. 公共安全系统。

（1）视频监控系统。在建筑的主要出入口、楼梯间、电梯前室和电梯轿厢内设彩色摄像机，在消防控制室设彩色监视器，用多画面监视器进行连续监视。并设有录像机和大屏幕监视器，当遇到重要情况时，可利用键盘将任一台摄像机的图像调到大屏幕上连续监视，并可录像。在重要机房、网络控制中心等处设置防盗监控系统。为确保某些特殊房间的安全，在其出入通道的出入口设门禁系统，以免无关人员闯入。

（2）出入口控制系统。库区内部如设置门禁系统则为双向门禁系统。库区外部设置单向门禁系统。系统主机设置于建筑消防控制室。视频监控系统、出入口控制系统示意见图8.3.7－5，系统构成与主要技术功能：

1）出入口控制系统由识读部分、传输部分、管理/控制部分和执行部分以及相应的系统软件组成。

2）本工程在重要机房、物业用房车库、出入口口安装读卡机、电控锁以及门磁开关等控制装置。系统设置于各建筑内消防控制室内。

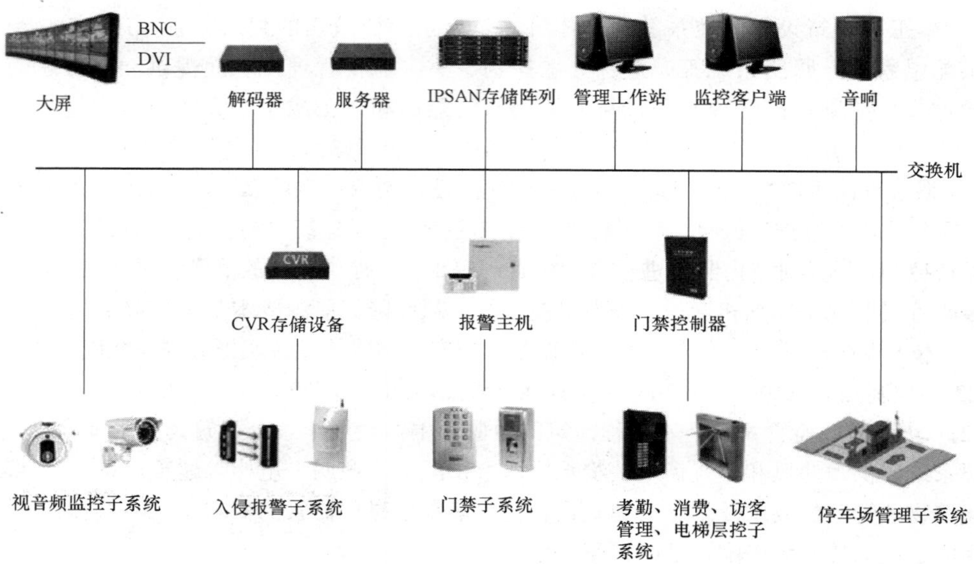

图 8.3.7－5　视频监控系统、出入口控制系统示意

3）系统的信息处理装置应能对系统中的有关信息自动记录、打印、存储，并有防篡改和防销毁的措施。

4）出入口控制系统应能独立运行，并能与火灾自动报警系统、视频监控系统联动。当发生火警或需紧急疏散时，人员不使用钥匙应能迅速安全通过。

（3）在建筑物的主要出入口、档案库区、书库、阅览室、借阅处、重要设备室、电子信息系统机房和安防中心等处应设置出入口控制系统、入侵报警系统、视频监控系统及电子巡查系统。

（4）停车场管理系统。在停车场出入口设置停车场管理系统，采用影像全鉴别系统，对于内部车辆，采用非接触式 IC 卡进行识别。对于外部临时车辆则采用临时出票方式。停车场管理系统由进/出口读卡机，挡车器、感应线圈、摄像机、收费机、入口处 LED 显示屏等组成。停车场管理系统的操作软件应有全汉化操作系统，人机界面友好，该系统应与楼宇自控系统、消防系统、安全系统的接口，并应为开放的通信协议，便于系统的互联或联动。

【说明】电气抗震设计和电气节能措施参见 8.1.8 和 8.1.9。

9 商业建筑

【**摘要**】商业建筑是指供商品交换和商品流通的建筑。商业建筑的设计中应本着最大限度地便利顾客、方便消费者购物的原则，创造宜人的购物环境，电气设计理念要与商业模式相结合，电气系统要与商业业态发展相结合，并且满足区域性与时代性的要求。商业建筑属于人员和商品密集的场所，应设置必要的安全措施，避免突发事件造成的生命和财产损失。

9.1　大型商场

9.1.1　项目信息

本工程为新建商店建筑，地上4～19层，地下3层；总建筑面积113 000m²；建筑高度86m。建筑物使用功能主要包括：商业及影院、办公、汽车库。其中：商业部分地上四层、地下一层，建筑高度23.7m，建筑面积约63 000m²，为大型商业；影院：规模为7个观众厅，座位数共计1125个，为中型电影院；办公：建筑面积约50 000m²，高度约86m，为一类高层建筑物；汽车库：停车约850辆，为I类汽车库。防火设计建筑分类为一类；建筑耐火等级为一级。

大型商场

9.1.2　系统组成

1. 高低压变、配电系统。
2. 电力、照明系统。
3. 防雷与接地系统。
4. 电气消防系统。
5. 智能化系统。
6. 电气抗震设计和电气节能措施。

9.1.3　变、配电系统

1. 负荷分级。

（1） 一级负荷：包括消防用电，经营管理用计算机系统用电（一级负荷中特别重要负荷），营业厅的备用照明用电，电信主机房用电。汽车库排污泵、生活水泵用电。设备容量约为1690kW。

（2） 二级负荷：包括自动扶梯、空调用电，客梯用电。设备容量约为650kW。

（3） 三级负荷：包括配套办公、库房用电，广告、景观照明用电等。设备容量约为7280kW。

2. 电源。

（1） 外电源由市政采用两路高压10kV电力电缆埋地方式引来。两路高压电源采用互备方式运行，要求任一路高压电源可以带起楼内全部一、二级负荷。高压电源中性点采用低电阻接地形式，市政10kV配出侧出口系统短路容量按300MVA计算，高压开关额定短路开断电流暂按25kA选择。商业楼地下一层预留高压开闭站位置；商业楼地下一层设商业楼变配电站，下设1.9m电缆夹层，变压器装机容量 4×2000kVA；办公楼地下二层设办公楼变、配电站，下设 2.1m 电缆夹层，变压器装机容量 2×1600kVA；本项目商业楼部分总装机容量 8000kVA，约合 127VA/m²。

（2）应急电源与备用电源。

1）柴油发电机组：本项目未设固定安装的柴油发电机组。商业楼变电所预留有临时移动式柴油发电机组的电源接口。

2）EPS 电源装置：采用 EPS 电源作为疏散照明的备用电源，EPS 装置的切换时间不应大于 5s，EPS 蓄电池连续供电工作时间≥60min。

3）UPS 不间断电源装置：采用 UPS 不间断电源作为消防（安防）控制室、经营管理系统主机、电话及计算机网络系统主机的备用电源。UPS 应急工作时间≥30min。

3. 变、配电站。在地下一层设置 1 处变电所。商业楼变电所内设 4 台 2000kVA 干式变压器。变压器低压侧 0.4kV 采用单母线分段接线方式，低压母线分段开关采用自动投切方式时，低压母联断路器应采用设有自投自复、自投手复、自投停用三种状态的位置选择开关，自投时应设有一定的延时，当变压器低压侧总开关因过负荷或短路故障而分闸时，母联断路器不得自动合闸；电源主断路器与母联断路器之间应有电气联锁。变、配电站主接线图见图 9.1.3。

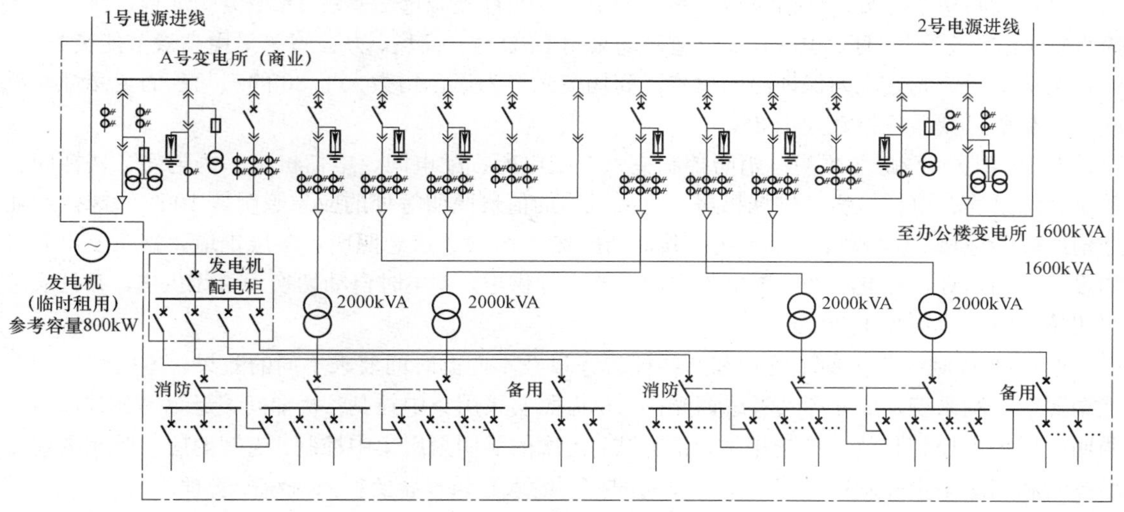

图 9.1.3 变、配电站主接线图

4. 设置电力监控系统，对电力配电实施动态监视。

9.1.4 电力、照明系统

1. 配电系统的接地形式采用 TN－S 系统。消防负荷、重要负荷、容量较大的设备及机房采用放射方式，就地设配电柜；容量较小分散设备采用树干式供电。

2. 消防水泵、消防电梯、防烟及排烟风机等消防负荷及一级负荷的两个供电回路，消防负荷在最末一级配电箱处自动切换；二级负荷采用双路电源供电，适当位置互投后再放射式供电。

3. 主要配电干线沿由变电所用电缆槽盒引至各电气小间，支线穿钢管敷设。

4. 普通干线采用辐照交联低烟无卤阻燃电缆；重要负荷的配电干线采用矿物绝缘电缆。部分大容量干线采用封闭母线。

5. 照度标准。照明的种类包括：正常照明、应急照明、值班照明、警卫照明等。营业厅设置备用照明不低于正常照明的1/10，值班照明不低于20lx。

本项目照明按高档商业场所设计，主要场所的照明标准值见表9.1.4。

表9.1.4 主要场所的照明标准值

房间或场所	参考平面及其高度	照度标准值/lx	UGR	U_0	R_a
高档商业营业厅	0.75m水平面	500	22	0.6	80
高档室内商业街	地面	300	22	0.6	80
高档超市营业厅	0.75m水平面	500	22	0.6	80
专卖店营业厅	0.75m水平面	300	22	0.6	80
收款台	台面	500（混合照明）	—	0.6	80

6. 光源。照明应以清洁、明快为原则进行设计，同时考虑节能因素避免能源浪费，以满足使用的要求。

选用节能型高效光源及灯具，一般照明以采用电子镇流器的节能型高效无眩光荧光灯或紧凑型荧光灯（高功率因数、低谐波型产品）为主，荧光灯光源选三基色T8型荧光灯管；汽车库选用直管LED灯。对餐厅、电梯厅、走道等均采用LED灯；商场、办公室等采用高效节能荧光灯；设备用房采用荧光灯。为保证照明质量，商场荧光灯为显色指数大于80的三基色的荧光灯。反映商品品质区域显色指数大于85。

7. 应急照明与疏散照明：消防控制室、变配电所、配电间、电信机房、弱电间、楼梯间、前室、水泵房、电梯机房、排烟机房、重要机房的值班照明等处的应急照明按100%考虑；营业厅门厅、走道按30%设置备用照明；其他场所按10%设置应急照明。各层走道、拐角及出入口均设疏散指示灯，蓄电池采用集中免维护电池进行供电，停电时自动切换为直流供电，并且应急照明持续时间应不少于30min。

8. 照明控制：为了便于管理和节约能源，以及不同的时间要求不同的效果。本工程采用智能型照明控制系统，部分灯具考虑调光；汽车库照明采用集中控制；楼梯间、走廊等公共场所的照明采用集中控制和就地控制相结合的方式；走廊的照明采用集中控制。走廊的应急照明考虑就地控制和消防集中控制的方式。室外照明的控制纳入建筑设备监控系统统一管理。

9.1.5 防雷与接地系统

1. 商业楼年预计雷击次数0.149次，为第二类防雷建筑物，电子信息系统雷电防护等级为B级。办公楼年预计雷击次数0.129次，为第三类防雷建筑物，电子信息系统雷电防护等级为B级。

2. 在屋面装设$\phi 10$热镀锌圆钢接闪带，利用结构柱子主筋做防雷引下线。在建筑物屋面装设接闪带，沿屋脊突起轮廓线及四周屋檐设$\phi 10$mm镀锌圆钢做接闪带。商业楼屋面的接闪带网格不大于10m×10m，办公楼不大于20m×20m。在屋面安装的所有风机，金属风道等设备金属外壳均应就近与屋面接闪带做可靠电气连接。利用建筑物结构柱内对角二根≥$\phi 16$mm的结构主钢筋做防雷引下线。钢筋混凝土柱内主筋的连接，应采用土建施工的绑扎法、螺丝扣连接、卡接器连接等机械连接或对焊、搭焊等焊接连接。承力建筑钢结构构件的连接不得采用焊接连接。屋面接闪带与防雷引下线焊接。

3. 为预防雷电电磁脉冲引起的过电流和过电压，在变压器低压侧、向重要设备供电的末端配电箱的各相母线上、由室外引入或由室内引至室外的电气线路等装设电涌保护器（SPD）。

4. 本工程采用联合接地系统，接地电阻≤0.5Ω。

5. 电力系统接地方式为10kV经低电阻接地系统。变压器中性点直接接地。变电所室外设人工接地体，与整个建筑物的接地装置连为一体，接地电阻≤0.5Ω。变电所采取等电位连接，变配电设备有过电压和防雷保护。低压配电采用TN－S系统。室外庭院照明采用TT系统。

6. 在变配电所设等电位端子板并与室外防雷接地装置联结，等电位联结系统通过等电位连接带与下列可导电部分联结：保护线（PE）干线、接地干线、进出建筑物及建筑内各类设备管道（包括：给水管、下水管、污水管、热水管、采暖水管、等）及金属件、建筑结构钢筋网及建筑物外露金属门窗（栏杆）、电梯导轨等。基础底板内钢筋应保证电气贯通，并与结构柱子主筋连为一体。各种配电箱（柜）外壳、配电钢管、上下水管、热水管、煤气管及各种金属管道均连成一体（绑扎、焊接或卡接）。外墙内、外竖直敷设的金属管道及金属物的顶端与底端与防雷装置做等电位联结。

7. 在消防控制室、电信机房、智能化机房等处设有专用接地端子箱，机房内所有设备的金属外壳、各类金属管道、金属槽盒、建筑物金属结构等均进行等电位联结并接地。在浴室、有淋浴的卫生间设等局部电位端子箱，做辅助等电位联结。各层强、弱电配电小间内均设有接地干线及端子箱。

9.1.6 电气消防系统

1. 火灾自动报警及联动系统。本工程为一类防火建筑，火灾自动报警为控制中心报警系统。在商业楼和办公楼分别设置消防控制室，商业楼消防控制室为控制中心。消防控制中心的消防设备对系统内共用的消防设备进行控制，并显示其状态信息。

2. 消防联动控制系统。在消防控制室设置联动控制台，控制方式分为自动控制和手动控制两种。通过联动控制台，可以实现对消火栓、自动喷洒灭火系统、防烟、排烟、加压送风系统、气体灭火等系统的控制，火灾发生时手动切断一般照明及空调机组、通风机、动力电源。当发生火灾时，自动关闭总煤气进气阀门。

3. 消防紧急广播系统。在消防控制室设置消防广播机柜，机组采用定压式输出。地下车库、泵房、冷冻机房等处设号角式15W扬声器，其他场所设置3W扬声器.消防紧急广播按建筑层分路，每层一路。当发生火灾时，消防控制室值班人员可自动或手动向全楼进行火灾广播，及时指挥疏导人员撤离火灾现场。

4. 消防直通对讲电话系统。在消防控制室内设置消防直通对讲电话总机，除在各层的手动报警按钮处设置消防对讲电话插孔外，在变配电室、水泵房、电梯机房、冷冻机房、防排烟机房、建筑设备监控室、管理值班室等处设置消防直通对讲电话分机。

5. 电梯监视控制系统。在消防控制室设置电梯监控盘，除显示各电梯运行状态、层数显示外，还应设置正常、故障、开门、关门等状态显示。火灾发生时，根据火灾情况及场所，由消防控制室电梯监控盘发出指令，指挥电梯按消防程序运行：对全部或任意一台电梯进行对讲，说明改变运行程序的原因；除消防电梯保持运行外，其余电梯均强制返回一层并开门。火灾指令开关采用钥匙型开关，由消防控制室负责火灾时的电梯控制。

6. 应急照明系统。所有楼梯间及前室的照明以及变配电所、消防控制室、安防中心、消防水泵房、防排烟机房、柴油发电机房、电信机房等的照明全部为应急照明。公共场所应急照明一般按正常照明的10%～15%设置。应急照明电源采用双电源末端互投供电。主要疏散出口设置安全出口指示灯，疏散走廊设置疏散指示灯。

7. 为防止接地故障、过载、导体接触不良等引起的火灾，能发现电气火灾的隐患，本工程设置电气火灾报警系统。系统由电气火灾探测器、测温式电气火灾监控探测器和电气火灾监控设备组成。

8. 为保证消防设备电源可靠性，本工程设置消防设备电源监控系统，通过检测消防设备电源的电压、电流、开关状态等有关设备电源信息，从而判断电源设备是否有断路、短路、过电压、欠电压、缺相、错相以及过电流（过载）等故障信息并实时报警、记录的监控系统，从而可以有效避免在火灾发生时，消防设备由于电源故障而无法正常工作的危急情况，最大限度的保障消防联动系统的可靠性。

9. 为保证防火门充分发挥其隔离作用，在火灾发生时，迅速隔离火源，有效控制火势范围，为扑救火灾及人员的疏散逃生创造良好条件，本工程设置防火门监控系统。

10. 消防控制室：本工程消防控制室分别设在商业楼和办公楼首层，疏散门直通室外。

（1） 消防控制室内设置的消防设备包括火灾报警控制器、消防联动控制器、消防控制室图形显示装置、消防电话总机、消防应急广播控制装置、消防应急照明和疏散指示系统控制装置、电梯监控盘、消防电源监控器等设备，设置建筑消防设施运行数据记录器；消防控制室内设置的消防控制室图形显示装置能监控建筑物内设置的全部消防系统及相关设备，显示其动态信息和消防安全管理信息，并能将相关信息传输给城市消防远程监控中心。

（2） 消防控制室应有相应的竣工图纸、各分系统控制逻辑关系说明、设备使用说明书、系统操作规程、应急预案、值班制度、维护保养制度及值班记录等文件资料。

（3） 消防与安防合用控制室，消防设备集中设置，并与其他设备间有明显间隔。

（4） 消防控制室内设置的消防设备应为符合国家市场准入制度的产品。

9.1.7 智能化系统

1. 信息化应用系统。信息化应用系统功能应满足建筑物运行和管理的信息化需要并提供商业经营的支撑和保障。系统包括公共服务、智能卡应用、物业管理、信息设施运行管理、信息安全管理、基本业务办公和专业业务等信息化应用系统。

（1） 公共服务系统。公共服务系统应具有访客接待管理和公共服务信息发布等功能，并宜具有将各类公共服务事务纳入规范运行程序的管理功能。系统基于信息网络及布线系统，系统服务器设置于中心网络机房，管理终端设置于相应管理用房。

（2） 智能卡应用系统。根据建设方物业信息管理部门要求对出入口控制、电子巡查、停车场管理、考勤管理、消费等实行一卡通管理，“一卡”，在同一张卡片上实现开门、考勤、消费等多种功能；“一库”，在同一软件平台上，实现卡的发行、挂失、充值、资料查询等管理，系统共用一个数据库，软件必须确保出入口控制系统的安全管理要求；“一网”，各系统的终端接入局域网进行数据传输和信息交换。系统基于信息网络及布线系统，系统服务器设置于中心网络机房，管理终端设置于相应管理用房。

（3） 信息设施运行管理系统。信息设施运行管理系统应具有对建筑物信息设施的运行状态、资源配置、技术性能等进行监测、分析、处理和维护的功能。系统基于信息网络及布线系统，系统服务器设置于中心网络机房，管理终端设置于相应管理用房。

（4） 信息安全管理系统。信息网络安全管理系统通过采用防火墙、加密、虚拟专用网、安全隔离和病毒防治等各种技术和管理措施，使网络系统正常运行，确保经过网络的传输和管理措施，使网络系统正常运行，确保经过网络传输和交换的数据不会发生增加、修改、丢失和泄露。

系统基于信息网络及布线系统，系统服务器设置于中心网络机房，管理终端设置于相应管理用房。

2. 智能化集成系统。本工程对信息设施各子系统通过统一的信息平台实现集成，实施综合管理，将建筑中日常运作的各种信息，如建筑设备监控系统、安防、火灾自动报警、公共广播、通信系统以及展览管理信息，各种日常办公管理信息，物业管理信息等构成相互之间有关联的一个整体，从而有效地提升建筑整体的运作水平和效率。

（1）智能化信息集成系统。集成软件平台安装在主机服务器上，实现把所有子系统集成在统一的用户界面下，对子系统进行统一监视、控制和协调，从而构成一个统一的协同工作的整体。包括实现对子系统实时数据的存储和加工，对系统用户的综合监控和显示以及智能分析等其他功能。

（2）集成信息应用系统。对于管理数据的集成，要求控制系统在软件上使用标准的、开放的数据库进行数据交换，实现管理数据的系统集成。

（3）应急指挥系统。本项目为大型商店建筑，人员密集、社会影响大，设置应急指挥系统，将消防、安防、建筑设备管理集中在统一平台上，建立数据库和应急预案，并与城市防灾指挥中心联网。

3. 信息化设施系统。

（1）信息系统对城市公用事业的需求。

1）系统接入机房设置于建筑通信机房内，通信机房可满足三家运营商入户。本工程需引入中继线300对（呼出呼入各50%）。另外申请直拨外线500对。

2）电视信号接自城市有线电视网，在顶层设有卫星电视机房，对建筑内的有线电视实施管理与控制。有线电视节目和卫星电视节目经调制后，经电视信号干线系统传送至每个电视输出口处，使获得技术规范所要求的电平信号，达到满意的收视效果。信息网络系统为建筑物或建筑群的管理者及建筑物内的各个使用者提供有效可靠的各类信息的接收、交换、传输、存储、检索和显示的综合处理，并提供决策支持能力与服务。网络应用包括单位内部办公自动化系统、单位内部业务、对外业务、因特网接入、网络增值服务等几种类型。本工程在办公楼及商业楼地下二层分别预留网络机房，网络机房与通信机房合用。信息网络系统以综合布线为基础，通过连接介质（如铜缆、光纤等）将计算机互联起来，按照网络协议进行数据通信，实现资源共享。

（2）通信自动化系统。通信系统由通信接入网系统、电话交换系统、无线通信系统组成，此部分系统设计由建设方委托的电信部门完成，本设计负责按照建设方要求，配合电信部门预留各种系统机房、电源、接地、进出管线路由等条件。本工程在办公楼及商业楼地下二层（地下一层为下沉广场）分别设置通信机房。

1）本工程在地下一层设置电话交换机房，拟定设置一台1500门的PABX。

2）通信自动化系统中，程控自动数字交换机起着重要的作用。随着通信技术的发展，现今的PABX应将传统的语音通信、语音信箱、多方电话会议、IP技术、ISDN（B-ISDN）应用等通信技术融会在一起，向用户提供全新的通信服务。

（3）综合布线系统。综合布线系统按照6类非屏蔽铜缆布线系统设计，对于大空间且工作区域不确定的场所，可在适当的位置设置集合点（CP），并设置局部无线网络（AP）作为辅助通信网络，具体设置情况由承包商深化设计或使用单位（承租方）自理。在办公楼及商业楼地下二层分别预留综合布线机房，综合布线机房与通信机房合用。

（4）有线电视及卫星电视系统。电视信号由市政有线电视网引来。有线电视系统为光纤同轴电缆混合网（HFC）方式组网，邻频传输系统，双向传输（上限频率 862MHz）方式，系统输出口的模拟电视信号输出电平 69±6dBμV。图像质量不低于 4 级（五级损伤制评分）。电视网络以传输电视信号为主，包括模拟电视和数字电视信号，同时具备宽带、双向、高速及三网融合功能。本工程在地下二层设光端机站，与网络机房合用。有线电视节目信号由当地有线电视网采用单模光纤引入，经穿墙套管引至层光端机站，经光缆配线架后，通过有线电视槽盒引至屋顶层电视机房，与屋顶卫星信号等信源经前端设备处理后，通过分配－分支系统，送至各功能区域。有线电视系统设备所有产品均为适用于双向系统的产品。

（5）背景音乐及紧急广播系统。公共广播由单位自行管理，在本单位范围内为公众服务的声音广播。包括业务广播、背景音乐广播和消防应急广播等。系统由节目源、前置放大器、音频分配器、控制主机（单元）、功率放大器、扬声器组成。本工程应急广播与背景音乐共用一套音响装置，末端广播分专用应急广播、背景音乐兼应急广播。按楼层划分广播区域，在满足消防应急广播区域划分的前提下，满足建筑功能的需要，可对每个区域单独编程或全部播出。系统应具备隔离功能，某一回路扬声器发生短路，应自动从主机上断开，以保证功放及控制设备的安全。系统主机应为标准的模块化配置，并提供标准接口及相关软件通信协议，以便系统集成。系统采用 100V 定压输出方式。要求从功放设备的输出端至线路上最远的用户扬声器的线路衰耗不大于 1dB（1000Hz）。公共广播系统的平均声压级比背景噪声高出 12～15dB，但最高声压级不超过 90dB。应急广播优先于其他广播。有就地音量开关控制的扬声器，应急广播时消防信号自动强制接通，音量开关附切换装置。火灾时，自动或手动打开全楼消防应急广播，同时切断背景音乐广播。公共广播的每一分区均设有调音控制板（设在消防中心），可根据需要调节音量或切除，消防应急广播时消防信号自动强制接通。本工程办公楼和商业楼分别设置广播机房，与消防控制室合用。

（6）信息导引及发布系统。信息显示系统与有线电视系统、综合布线系统、信息网络系统等设有专用信息通道相连。本系统由视频显示屏系统、传输系统、控制系统和辅助系统组成。可实现一路或多路视频信号同时或部分或全屏显示。通过计算机控制，在公共场所显示文字、文本、图形、图像、动画、行情等各种公共信息以及电视录像信号，系统主机设置在消防（安防）控制室。

4. 建筑设备管理系统。

（1）建筑设备监控系统。本工程建筑设备监控系统（BAS），采用直接数字控制技术，对全楼的暖通空调系统、给排水系统、照明系统进行监控；对电梯系统及供电系统进行监视。本项目建筑设备监控系统分为办公楼和商业楼两个子系统，控制室与安防控制室合并设置。其中，商业楼为主控室；并在冷冻机房、变配电室等处设控制分站。系统具备设备的手/自动状态监视，启停控制，运行状态显示，故障报警、温湿度监测、控制及实现相关的各种逻辑控制关系等功能。消防专用设备：消火栓泵、喷洒泵、消防稳压泵、排烟风机、加压风机等不进入建筑设备监控系统。冷冻机应能从其控制屏（箱）内送出机组的运行状态、故障信号，并能接受由 BAS 系统发出的控制冷冻机的启、停信号，并能根据 BAS 控制系统的要求，进行制冷系统的顺序启、停。

（2）建筑能效监管系统。本工程建筑能效监管主机设置于各个建筑物业管理室。系统可对冷热源系统、供暖通风和空气调节、给水排水、供配电、照明、电梯等建筑设备进行能耗监测。根据建筑物业管理的要求及基于对建筑设备运行能耗信息化监管的需求，应能对建筑的用能环节进行相应适度调控及供能配置适时调整。

（3） 电梯监控系统。

1） 电梯监控系统是一个相对独立的子系统，纳入设备监控管理系统进行集成。

2） 电梯现场控制装置应具有标准接口（如 RS485、RS232 等）。

3） 在安防消防中心设电梯监控管理主机，显示电梯的运行状态。

4） 监控系统配合运营，启动和关闭相关区域的电梯；接收消防与安防信息，及时采取应急措施。

5） 系统自动监测各电梯运行状态，紧急情况或故障时自动报警和记录，自动统计电梯工作时间，定时维修。

6） 电梯对讲电话主机及对讲电话分机由电梯中标方成套提供，要求满足工程管理需要。

7） 电梯轿厢内设暗藏式对讲机，对讲总机设在消防控制室，用于紧急对讲。

（4） 电力监控系统。本工程的电力监控系统是一个相对独立的子系统，电能监测中采用的分项计量仪表具有远传通信功能，纳入设备监控管理系统进行集成。

（5） 智能灯光系统。智能灯光系统是一个相对独立的子系统，纳入设备监控管理系统进行集成。

5. 公共安全系统。以维护社会公共安全为目的，运用安全防范产品和其他相关产品所构成入侵报警系统、视频监控系统、出入口控制系统（门禁、一卡通、停车场（库）管理）、防爆安全检查系统等。本工程在办公楼首层和商业楼首层分别设置监控中心（与消防控制室合用）。监控中心设置为禁区，有保证自身安全的防护措施和进行内外联络的通信手段，并设置紧急报警装置、留有向上一级处警中心报警的通信接口。

（1） 视频监控系统。视频监控系统包括前端设备（摄像机）、传输设备、处理/控制设备和记录/显示设备四部分。系统采取同轴电缆传输射频调制信号的传输方式，系统的控制信号采用数字编码传输，对各出入口、主要通道、电梯轿厢内及商场内等部位进行有效的视频探测与监视，图像显示、记录与回放。存储天数按当地公安部门的规定。监视图像信息和声音信息具有原始完整性，系统记录的图像信息应包括图像编号/地址、记录时的时间和日期。

（2） 出入口控制系统。由识读部分、传输部分、管理/控制部分和执行部分以及相应的系统软件组成。在商业后勤、办公、主要设备机房、控制室等部位的出入口安装读卡机、电控锁以及门磁开关等控制装置。系统的信息处理装置能对系统中的有关信息自动记录、打印、存储，并有防篡改和防销毁的措施。出入口控制系统应能独立运行，并能与火灾自动报警系统、视频监控系统、入侵报警系统联动。当发生火警或需紧急疏散时，人员不使用钥匙应能迅速安全通过。

根据建设方物业信息管理部门要求对出入口控制、电子巡查、停车场管理、考勤管理、消费等实行一卡通管理，“一卡”，在同一张卡片上实现开门、考勤、消费等多种功能；“一库”，在同一软件平台上，实现卡的发行、挂失、充值、资料查询等管理，系统共用一个数据库，软件必须确保出入口控制系统的安全管理要求；“一网”，各系统的终端接入局域网进行数据传输和信息交换。

（3） 停车场管理系统。本工程停车场管理系统采用影像全鉴别系统，对进出的内部车辆采用车辆影像对比方式，防止盗车；外部车辆采用临时出票机方式。系统具备入口车位显示、出入口及场内通道的行车指示、车位引导、车辆自动识别、读卡识别、出入口挡车器的自动控制、自动计费及收费金额显示、多个出入口的联网与管理、分层停车场（库）的车辆统计与车位显示、出入挡车器被破坏（有非法闯入）报警、非法打开收银箱报警、无效卡出入报警、卡与进出车辆的车牌和车型不一致报警等功能。

停车场（库）管理系统是出入口控制系统的一部分，其安全防范自成网络，独立运行，在停车场（库）内设置独立的视频监视系统及报警系统，并将信号上传至安全技术防范系统的监控中心，进行集中管理与联网监控。

（4）电子巡查系统。由前端设备、传输设备、管理/控制设备、显示/记录设备以及相应的系统软件组成。本工程电子巡查系统采用无线式，在商场货场、库房、主要设备机房等重点部位设置巡查点。

（5）入侵报警系统。本系统由前端设备（探测器、紧急报警装置）、传输设备、处理/控制/管理设备（报警控制主机、控制键盘、接口）和显示/记录四个部分构成。在周界设置探测器；在监视区设置视频监控系统；在防护区设置紧急报警装置、探测器、声光显示装置；在禁区设置探测器、紧急报警装置、声音复核装置。

9.1.8 电气抗震设计

1. 本项目为大型商场，项目所在地的地震烈度为 7 度，电气抗震设防烈度提高 1 度，按 8 度设计。电气设备安装，如：高低压配电柜、变压器、配电箱、控制箱等均应满足抗震设防规定。

2. 电气设备系统中内径大于或等于 60mm 的电气配管和重量大于或等于 15kg/m 的电缆桥架及多管共架系统须采用机电管线抗震支撑系统。

3. 刚性管道侧向抗震支撑最大设计间距不得超过 12m；柔性管道侧向抗震支撑最大设计间距不得超过 6m。

4. 刚性管道纵向抗震支撑最大设计间距不得超过 24m；柔性管道纵向抗震支撑最大设计间距不得超过 12m。

5. 垂直电梯应具有地震探测功能，地震时电梯能够自动停于就近平层并开门运行。

6. 设在建筑物屋顶上的共用天线等，应设置防止因地震导致设备损坏后部件坠落伤人的安全防护措施。

7. 应急广播系统预置地震广播模式。

8. 安装在吊顶上的灯具，应考虑地震时吊顶与楼板的相对位移。

9.1.9 电气节能措施

1. 变配电系统节能。变配电所深入负荷中心，合理选择电缆、导线截面，尽量避免迂回配线，减小线路损耗，使末端设备的电压在额定电压的±5%以内。设置建筑设备监控系统对设备的运行进行控制，使设备运行在高效节能状态。

2. 电气设备选型。本工程选用的三相配电变压器的空载损耗和负载损耗不应高于《三相配电变压器能效限定值及节能评价值》（GB 20052）规定的能效限定值。中小型三相异步电动机在额定输出功率和 75%额定输出功率的效率不应低于现行国家标准《中小型三相异步电动机能效限定值及能效等级》（GB 18163）规定的能效限定值。选用交流接触器的吸持功率低于《交流接触器能效限定值及能效等级》（GB 21518）规定的能效限定值。

3. 无功补偿。变电所低压侧装设补偿电容器，对无功功率进行集中补偿；灯具就地设置电容补偿。所有灯具补偿后功率因数均应大于 0.9。

4. 照明功率密度值不高于《建筑照明设计标准》GB 50034 规定的“目标值”。

5. 采用智能型照明管理系统，以实现照明节能管理与控制。营业厅、走廊、楼梯间、门厅灯等公共场所的照明，采用集中控制。大型厅室的照明控制采用智能照明控制系统。

6. 设置建筑设备监控系统，对建筑物内的设备实现节能控制。

9.2 连锁商业

9.2.1 项目信息

本工程为商店建筑，总建筑面积 37 300m²。地上一层，局部二层；除局部机房位于地下外，无地下室。建筑高度 15.2m（最高点）。结构形式为钢筋混凝土框架，局部钢结构，基础形式为独立基础。建筑的使用功能主要包括：商业、停车场。商业由 8 栋单体及其围合的内庭院组成，单体之间通过连廊连通；最大单体商业建筑面积为 5600m²，为中型商店建筑；停车场：占地面积约 50 000m²，停车约 2500 辆，为 I 类停车场。

连锁商业

9.2.2 系统组成

1. 高低压变、配电系统。
2. 电力、照明系统。
3. 防雷与接地系统。
4. 电气消防系统。
5. 智能化系统。
6. 电气抗震设计和电气节能措施。

9.2.3 高低压变、配电系统

1. 负荷分级。

（1） 二级负荷：包括经营及管理用计算机、营业厅照明、防范报警、保安监视、巡查系统及值班、警卫照明等；消防用电（含应急照明、消防水泵、排烟风机等）、变配电室、通信机房电源等。

（2） 三级负荷：包括除二级负荷外的其他负荷为三级负荷。本工程总用电量 4410kW，二级负荷设备容量为 660kW，三级负荷设备容量为 3750kW。

2. 电源。

（1） 由市政采用两回路 10kV 电力电缆埋地引来。10kV 电源引至本建筑开闭站（东北侧二层），再由开闭站内不同母线段的高压出线柜馈出；两路 10kV 高压电缆同时供电，两路电源互为备用。每路均能承担全部二级负荷，室外设置箱式变电所，采用下进下出形式。本项目总装机容量 5000kVA，约合 135VA/m^2。

（2）应急电源与备用电源。

1）柴油发电机组：本项目未设固定安装的柴油发电机组。箱式变电站预留有临时移动式柴油发电机组的电源接口。

2）EPS 电源装置：采用 EPS 电源作为疏散照明的备用电源，EPS 装置的切换时间不应大于 5s，EPS 应急工作时间≥30min，蓄电池初装容量应保证备用工作时间≥90min。

3）UPS 不间断电源装置：采用 UPS 不间断电源作为消防（安防）控制室、经营管理系统主机、电话及计算机网络系统主机的备用电源。UPS 应急工作时间≥30min。

9.2.4 电力、照明系统

1. 配电系统的接地形式采用 TN－C－S 系统。配电分区结合商业业态设计，配电干线采用放射与树干相结合的配电方式。

2. 消防负荷、重要负荷、容量较大的设备及机房采用放射方式，就地设配电柜；容量较小分散设备采用树干式供电。非消防二级负荷采用双回路电源在适当位置互投或可靠单回路电源供电；消防负荷采用双回路电源末端自动切换供电。公共区应急照明中的疏散照明和疏散标志照明采用集中式应急电源（EPS）供电，散户商铺内疏散照明和疏散标志照明采用就地单灯带蓄电池供电。

3. 配电干线采用电缆沟沿室外公共通道埋设，不能穿越建筑物或不同的出租区域。

4. 配电干线在室外采用辐照交联电缆穿管埋地敷设；室内的配电线路采用辐照交联低烟无卤阻燃电缆或辐照交联低烟无卤阻燃导线。

5. 照度标准。照明的种类包括：正常照明（室内、立面、屋顶等）、应急照明、值班照明、警卫照明等，主要场所的照明标准值见表 9.1.4。

6. 光源。照明应以清洁、明快为原则进行设计，同时考虑节能因素避免能源浪费，以满足使用的要求。

选用节能型高效光源及灯具，一般照明以采用电子镇流器的节能型高效无眩光荧光灯或紧凑型荧光灯（高功率因数、低谐波型产品）为主，荧光灯光源选三基色 T8 型荧光灯管；停车场选用 LED 灯。餐厅、电梯厅、走道等均采用 LED 灯；商场、办公室等采用高效节能荧光灯；设备用房采用荧光灯。为保证照明质量，商场荧光灯为显色指数大于 80 的三基色的荧光灯。

7. 应急照明与疏散照明。消防控制室、配电间、电信机房、弱电间、楼梯间、前室、水泵房、电梯机房、重要机房的值班照明等处的应急照明按正常照度的 100%考虑；营业厅门厅、走道按 30%设置备用照明；其他场所按 10%设置应急照明。各层走道、拐角及出入口均设疏散指示灯，蓄电池采用集中免维护电池进行供电，停电时自动切换为直流供电，并且应急照明持续时间应不少于 30min。一般场所的备用照明的启动时间不应大于 5s，贵重物品区域及柜台、收银台的备用照明应单独设置，且启动时间不应大于 1.5s。营业厅设置备用照明，且照度不低于正常照明的 1/10。值班照明照度不应低于 20lx。

8. 照明控制。为了便于管理和节约能源，以及不同的时间要求不同的效果。本工程采用智能型照明控制系统；停车场照明采用集中控制；楼梯间、走廊等公共场所的照明采用集中控制和就地控制相结合的方式；走廊的照明采用集中控制。走廊的应急照明考虑就地控制和消防集中控制的方式。室外照明的控制纳入建筑设备监控系统统一管理。

9.2.5 防雷与接地系统

由于本项目各单体通过连廊连为一体，故按整体进行防雷及接地设计。经计算，本项目为第二类防雷建筑物，电子信息系统雷电防护等级为B级。

1. 在建筑物屋面装设接闪带，沿屋脊突起轮廓线及四周屋檐设ϕ10mm镀锌圆钢做接闪带，接闪带网格不大于10m×10m。在屋面安装的所有风机、金属风道等设备金属外壳均应就近与屋面接闪带做可靠电气连接。利用建筑物结构柱内对角两根≥ϕ16mm的结构主钢筋做防雷引下线。钢筋混凝土柱内主筋的连接，应采用土建施工的绑扎法、螺丝扣连接、卡接器连接等机械连接或对焊、搭焊等焊接连接。承力建筑钢结构构件的连接不得采用焊接连接。屋面接闪带与防雷引下线焊接。

2. 为预防雷电电磁脉冲引起的过电流和过电压，在变压器低压侧、向重要设备供电的末端配电箱的各相母线上、由室外引入或由室内引至室外的电气线路等装设电涌保护器（SPD）。

3. 本工程采用联合接地系统，接地电阻≤1Ω。

利用基础底板内大于ϕ16mm主筋连通形成接地网，每组4根（上下两层主筋）可靠绑扎或焊接，每根防雷引下线与建筑物基础底板主筋连成一体。

各建筑物四角的防雷引下线上在地坪上500mm处设接地连接板，用于测试接地电阻并预留外补人工接地极条件，在地坪下1.0m处引出钢筋至散水外，当接地电阻达不到设计要求时，补打人工接地体。

4. 供电电力系统接地方式为：10kV经低电阻接地系统。变压器中性点直接接地。在箱式变电站处设人工接地体，并与整个建筑物的接地装置连为一体，接地电阻 $R_d \leq 0.5\Omega$。低压配电采用TN－C－S系统。室外庭院照明采用TT系统。

5. 建筑物做等电位联结，在各栋号的低压主配电室设总等电位端子板并将各个主等电位端子板连为一体。等电位联结系统通过等电位连接带与下列可导电部分连接：保护线（PE）干线、接地干线、进出建筑物及建筑内各类设备管道（包括：给水管、下水管、污水管、热水管、采暖水管、等）及金属件、建筑结构钢筋网及建筑物外露金属门窗（栏杆）、电梯导轨等。

6. 在消防控制室、电信机房、智能化机房等处设有专用接地端子箱，机房内所有设备的金属外壳、各类金属管道、金属槽盒、建筑物金属结构等均进行等电位联结并接地。在浴室、有淋浴的卫生间设辅助等电位端子箱，做辅助等电位联结。各层强、弱电配电小间内均设有接地干线及端子箱。

9.2.6 电气消防系统

1. 火灾自动报警系统。

（1）本工程为控制中心报警系统。在本期（Ⅰ期）工程范围内设置消防控制中心，并预留与Ⅱ期工程的消防控制室之间的通信管路。

（2）消防控制中心的消防设备能显示消防分控室内消防设备的状态信息，并可对消防分控室内的消防设备及其控制的消防系统和设备进行控制。

（3）电气防火设计由以下系统组成：消防自动报警及联动控制、显示系统；消防应急广播系统；消防专用通信系统；气体灭火系统；室内固定消防水炮系统；电气火灾监控系统；消防设备电源监控系统；消防应急照明系统。

（4）系统的成套设备，包括报警控制器、联动控制台、消防控制室图形显示装置、打印机、应急广播、消防专用电话总机、对讲录音电话及电源设备等。

2. 本工程还设置电气火灾报警系统、消防设备电源监控系统和防火门监控系统。

3. 控制机房。

（1）本工程消防控制室设在商业楼和办公楼首层，疏散门直通室外。

（2）消防控制室内设置的消防设备包括火灾报警控制器、消防联动控制器、消防控制室图形显示装置、消防电话总机、消防应急广播控制装置、消防应急照明和疏散指示系统控制装置、电梯监控盘、消防电源监控器等设备，设置建筑消防设施运行数据记录器；消防控制室内设置的消防控制室图形显示装置能监控建筑物内设置的全部消防系统及相关设备，显示其动态信息和消防安全管理信息，并能将相关信息传输给城市消防远程监控中心。

（3）消防控制室应有相应的竣工图纸、各分系统控制逻辑关系说明、设备使用说明书、系统操作规程、应急预案、值班制度、维护保养制度及值班记录等文件资料。

（4）消防与安防合用控制室，消防设备集中设置，并与其他设备间有明显间隔。

（5）消防控制室内设置的消防设备应为符合国家市场准入制度的产品，并应符合工程所在地消防主管部门的有关规定。

9.2.7　智能化系统

1. 信息化应用系统。信息化应用系统功能应满足建筑物运行和管理的信息化需要并提供商业经营的支撑和保障。系统包括公共服务、智能卡应用、物业管理、信息设施运行管理、信息安全管理、基本业务办公和专业业务等信息化应用系统。

（1）公共服务系统。公共服务系统应具有访客接待管理和公共服务信息发布等功能，并宜具有将各类公共服务事务纳入规范运行程序的管理功能。系统基于信息网络及布线系统，系统服务器设置于中心网络机房，管理终端设置于相应管理用房。

（2）智能卡应用系统。根据建设方物业信息管理部门要求对出入口控制、电子巡查、停车场管理、考勤管理、消费等实行一卡通管理，“一卡”，在同一张卡片上实现开门、考勤、消费等多种功能；“一库”，在同一软件平台上，实现卡的发行、挂失、充值、资料查询等管理，系统共用一个数据库，软件必须确保出入口控制系统的安全管理要求；“一网”，各系统的终端接入局域网进行数据传输和信息交换。系统基于信息网络及布线系统，系统服务器设置于中心网络机房，管理终端设置于相应管理用房。

（3）信息设施运行管理系统。信息设施运行管理系统应具有对建筑物信息设施的运行状态、资源配置、技术性能等进行监测、分析、处理和维护的功能。系统基于信息网络及布线系统，系统服务器设置于中心网络机房，管理终端设置于相应管理用房。

（4）信息安全管理系统。信息网络安全管理系统通过采用防火墙、加密、虚拟专用网、安全隔离和病毒防治等各种技术和管理措施，使网络系统正常运行，确保经过网络的传输和管理措施，使网络系统正常运行，确保经过网络传输和交换的数据不会发生增加、修改、丢失和泄露。系统基于信息网络及布线系统，系统服务器设置于中心网络机房，管理终端设置于相应管理用房。

2. 智能化集成系统。本工程对建筑设备监控系统、安全技术防范系统、信息设施系统、信息化应用系统、消防系统（只监不控）等系统通过统一的信息平台实现集成，实施综合管理，将各种日常办公管理信息、物业管理信息等构成相互之间有关联的一个整体，从而有效地提升建筑整体的运作水平和效率。各子系统应提供通用接口及通信协议。集成的重点是突出在中央管理系统的管理，控制仍由各子系统实施。

3. 信息化设施系统。

（1）通信系统。通信系统由通信接入网系统、电话交换系统、无线通信系统组成，此部分系统设计由建设方委托的电信部门完成，本设计负责按照建设方要求，配合电信部门预留各种系统机房、电源、接地、进出管线路由等条件。本工程在后勤区二层设置通信机房。

（2）信息网络系统。信息网络系统为建筑物或建筑群的管理者及建筑物内的各个使用者提供有效可靠的各类信息的接收、交换、传输、存储、检索和显示的综合处理，并提供决策支持能力与服务。网络应用包括单位内部办公自动化系统、单位内部业务、对外业务、因特网接入、网络增值服务等几种类型。本工程在后勤区二层预留网络机房，网络机房与通信机房合用。信息网络系统以综合布线为基础，通过连接介质（如铜缆、光纤等）将计算机互联起来，按照网络协议进行数据通信，实现资源共享。

（3）综合布线系统。综合布线系统按照 6 类非屏蔽铜缆布线系统设计，对于大空间且工作区域不确定的场所，可在适当的位置设置集合点（CP），并设置局部无线网络（AP）作为辅助通信网络，具体设置情况由承包商深化设计或使用单位（承租方）自理。

（4）有线电视及卫星电视接收系统。电视信号由市政有线电视网引来。有线电视系统为光纤同轴电缆混合网（HFC）方式组网，邻频传输系统，双向传输（上限频率 862MHz）方式，系统输出口的模拟电视信号输出电平 69±6dBμV。图像质量不低于 4 级（五级损伤制评分）。电视网络以传输电视信号为主，包括模拟电视和数字电视信号，同时具备宽带、双向、高速及三网融合功能。本工程在后勤区二层设光端机站，与网络机房合用。有线电视节目信号由当地有线电视网采用单模光纤引入，经穿墙套管引至层光端机站，经光缆配线架后，通过有线电视槽盒引至屋顶层电视机房，与屋顶卫星信号等信源经前端设备处理后，通过分配－分支系统，送至各功能区域。有线电视系统设备所有产品均为适用于双向系统的产品。

（5）公共广播系统。公共广播由单位自行管理，包括业务广播、背景音乐广播和消防应急广播等。系统由节目源、前置放大器、音频分配器、控制主机（单元）、功率放大器、扬声器组成。按楼层划分广播区域，在满足消防应急广播区域划分的前提下，满足建筑功能的需要，可对每个区域单独编程或全部播出。系统应具备隔离功能，某一回路扬声器发生短路，应自动从主机上断开，以保证功放及控制设备的安全。系统主机应为标准的模块化配置，并提供标准接口及相关软件通信协议，以便系统集成。系统采用 100V 定压输出方式。要求从功放设备的输出端至线路上最远的用户扬声器的线路衰耗不大于 1dB（1000Hz）。公共广播系统的平均声压级比背景噪声高出 12～15dB，但最高声压级不超过 90dB。应急广播优先于其他广播。有就地音量开关控制的扬声器，应急广播时消防信号自动强制接通，音量开关附切换装置。火灾时，自动或手动打开全楼消防应急广播，同时切断背景音乐广播。公共广播的每一分区均设有调音控制板（设在消防中心），可根据需要调节音量或切除，消防应急广播时消防信号自动强制接通。

（6）信息导引及发布系统。信息显示系统与有线电视系统、综合布线系统、信息网络系统等设有专用信息通道相连。本系统由视频显示屏系统、传输系统、控制系统和辅助系统组成。可实现一路或多路视频信号同时或部分或全屏显示。通过计算机控制，在公共场所显示文字、文本、图形、图像、动画、行情等各种公共信息以及电视录像信号，系统主机设置在消防（安防）控制室。

4. 建筑设备管理系统。

（1） 建筑设备监控系统。本工程建筑设备监控系统（BAS），采用直接数字控制技术，对暖通空调系统、给排水系统、照明系统进行监控；对电梯系统及供电系统进行监视。系统具备设备的手/自动状态监视，启停控制，运行状态显示，故障报警、温湿度监测、控制及实现相关的各种逻辑控制关系等功能。

（2） 建筑能效监管系统。系统可对冷热源系统、供暖通风和空气调节、给水排水、供配电、照明、电梯等建筑设备进行能耗监测。根据建筑物业管理的要求及基于对建筑设备运行能耗信息化监管的需求，应能对建筑的用能环节进行相应适度调控及供能配置适时调整。

5. 公共安全系统。公共安全系统包括视频监控系统、入侵报警系统、出入口控制系统（门禁、一卡通、停车场管理）等。

本工程在物业办公区设置监控中心（与消防中心合用）。监控中心设置为禁区，有保证自身安全的防护措施和进行内外联络的通信手段，并设置紧急报警装置、留有向上一级处警中心报警的通信接口。

（1） 视频监控系统。

1） 视频监控系统包括前端设备（摄像机）、传输设备、处理/控制设备和记录/显示设备四部分。系统采取同轴电缆传输射频调制信号的传输方式，系统的控制信号采用数字编码传输。

2） 视频监控系统对各出入口、主要通道、电梯轿厢内及商场营业厅、库房等部位进行有效的视频探测与监视、图像显示、记录与回放。监视图像信息和声音信息具有原始完整性，系统记录的图像信息应包括图像编号/地址、记录时的时间和日期，数据存储天数按当地公安部门的规定。

3） 视频监控系统除了实现安保价值外，还可以为连锁经营企业的管理带来可视化的手段，帮助企业提高管理水平，如：店面安全管理、收银监控、店面形象可视化管理、客流分析等。通过视频智能分析管理可直观了解到各门店员工服务情况、顾客流量情况、热销产品、客户轨迹等，为经营决策者提供客观的数据。

（2） 出入口控制系统。由识读部分、传输部分、管理/控制部分和执行部分以及相应的系统软件组成。在商业后勤、办公、主要设备机房、控制室等部位的出入口安装读卡机、电控锁以及门磁开关等控制装置。系统的信息处理装置能对系统中的有关信息自动记录、打印、存储，并有防篡改和防销毁的措施。出入口控制系统应能独立运行，并能与火灾自动报警系统、视频监控系统、入侵报警系统联动。当发生火警或需紧急疏散时，人员不使用钥匙应能迅速安全通过。

（3） 入侵报警系统。本系统由前端设备（探测器、紧急报警装置）、传输设备、处理/控制/管理设备（报警控制主机、控制键盘、接口）和显示/记录四个部分构成。在周界设置探测器；在监视区设置视频监控系统；在防护区设置紧急报警装置、探测器、声光显示装置；在禁区设置探测器、紧急报警装置、声音复核装置。

（4） 电子巡查系统。由前端设备、传输设备、管理/控制设备、显示/记录设备以及相应的系统软件组成。本工程电子巡查系统采用无线式，在商场货场、库房、主要设备机房等重点部位设置巡查点。

（5） 停车场管理系统。停车场管理系统采用影像全鉴别系统，对进出的内部车辆采用车辆影像对比方式，防止盗车；外部车辆采用临时出票机方式。系统具备入口车位显示、车辆自动识别、读卡识别、出入口挡车器的自动控制、自动计费及收费金额显示、多个出入口的联网与管理、出入挡车器被破坏（有非法闯入）报警、非法打开收银箱报警、无效卡出入报警、卡与进出车辆的车牌和车型不一致报警等功能。

【说明】 电气抗震设计和电气节能措施参见 9.1.8 和 9.1.9。

9.3 综合商场

9.3.1 项目信息

本工程的 1～6 层为综合商场，总建筑面积 67 000m^2。首层临街部分均设置对外商铺，商铺内设置夹层，首层其余为商业。二层为精品超市。3～6 层为综合商场。中庭布置在中间，六层通高。首层层高 6m，2～5 层层高 5.4m，6 层屋顶为不规则的坡屋面。

综合商场

9.3.2 系统组成

1. 高低压变、配电系统。
2. 电力、照明系统。
3. 防雷与接地系统。
4. 电气消防系统。
5. 智能化系统。
6. 电气抗震设计和电气节能措施。

9.3.3 高低压变、配电系统

1. 负荷分级依据。本工程建筑用电负荷根据建筑物的重要性或用电设备对供电可靠性的要求分为三级，即一级负荷、二级负荷和三级负荷。

（1） 一级负荷：中断供电将造成人身伤亡、重大政治影响以及重大经济损失或公共秩序严重混乱的用电重要负荷设备。本工程消防设备（含消防控制室内的消防报警及控制设备、消防泵、消防电梯、排烟风机、正压送风机等）保安监控系统，应急及疏散照明，电气火灾报警系统等为一级负荷设备。综合商场一级负荷的设备容量为 780kW。

（2） 二级负荷：中断供电将造成较大的政治影响、经济损失以及公共场所秩序混乱的用电设备。本工程中客梯、中水机房、锅炉房电力、厨房、热力站等。综合商场二级负荷的设备容量为100kW。

（3）三级负荷：不属于一级负荷、二级负荷。本工程中一般照明其及一般电力负荷。综合商场三级负荷的设备容量为3588kW。

2. 负荷统计。综合商场总设备容量为7158kW，计算负荷为4602kW。

3. 供电措施。由市政外网引来两路10kV独立高压电源，每路均能承担工程全部负荷。两路高压电源同时工作，互为备用。综合商场负荷由四台1600kVA户内型干式变压器供电，其中两台1600kVA户内型干式变压器供给商场冷冻设备用电。

4. 应急电源。商业部分在地下一层设置一台1250kW柴油发电机组，作为第三电源。当需启动柴油发电机组时，启动信号送至柴油发电机房，信号延时0～10s（可调）自动启动柴油发电机组，柴油发电机组15s内达到额定转速、电压、频率后，投入额定负载运行。柴油发电机的相序，必须与原供电系统的相序一致。当市电恢复30～60s（可调）后，自动恢复市电供电，柴油发电机组经冷却延时后，自动停机。

5. 高压系统。

（1）高压采用单母线分段运行方式，中间设联络开关，平时两路电源同时分列运行，互为备用，当一路电源故障时，通过手动操作联络开关，另一路电源负担全部负荷。

（2）10kV配电设备采用中置式开关柜。高压断路器采用真空断路器，在10kV出线开关柜内装设氧化锌避雷器作为真空断路器的操作过电压保护。真空断路器选用电磁（或弹簧储能）操作机构，操作电源采用110V镍镉电池柜（100A·h）作为直流操作、继电保护及信号电源。高压开关柜采用下进线、下出线方式，并应具有“五防”功能。

6. 低压系统。

（1）本工程低压配电系统为单母线分段运行，联络开关设自投自复、自投不自复、手动转换开关。自投时应自动断开非保证负荷，以保证变压器正常工作。主进开关与联络开关设电气联锁，任何情况下只能合其中的两个开关。

（2）低压配电线路根据不同的故障设置短路、过负荷保护等不同的保护装置。低压主进、联络断路器设过载长延时、短路短延时保护脱扣器，其他低压断路器设过载长延时、短路瞬时脱扣器。

（3）变压器低压侧总开关和母线分段开关应采用选择性断路器。低压主进线断路器与母线分段断路器应设有电气联锁。

7. 电力监控系统。

（1）10kV系统监控功能：监视10kV配电柜所有进线、出线和联络的断路器状态；所有进线三相电压、频率；监视10kV配电柜所有进线、出线和联络三相电流、功率因数、有功功率、无功功率、有功电能、无功电能等。

（2）变压器监控功能：超温报警；温度。

（3）0.23/0.4kV系统监控功能：监视低压配电柜所有进线、出线和联络的断路器状态；所有进线三相电压、频率；监视低压配电柜所有进线、出线和联络三相电流、功率因数、有功功率、无功功率、有功电能、无功电能等；统计断路器操作次数。

9.3.4　电力、照明系统

1. 冷冻机组、冷冻泵、冷却泵、生活泵、锅炉房、热力站、厨房、电梯等设备采用放射式供电。风机、空调机、污水泵等小型设备采用树干式供电。

2. 为保证重要负荷的供电，消防用电设备（消防水泵、排烟风机、正压风机、消防电梯等）、信息网络设备、消防控制室、中央控制室等均采用双回路专用电缆供电，在最末一级配电箱处设双电源自投，自投方式采用双电源自投自复。其他电力设备采用放射式或树干式方式供电。

3. 消防水泵、喷淋水泵、排烟风机、正压风机等平时就地检测控制，火灾时通过火灾报警及联动控制系统自动控制。消防用电设备的过载保护装置（热继电器、空气断路器等）只报警，不跳闸。

4. 自变压器二次侧至用电设备之间的低压配电级数一般不超过三级。单相用电设备，力求均匀地分配到三相线路。

5. 照度标准见表 9.1.4。

6. 室内照明光源的确定，应根据使用场所的不同，合理地选择光源的光效、显色性、寿命等光电特性指标，优先采用节能型光源。

7. 有装修要求的场所视装修要求，可采用多种类型的光源。一般场所选用 T5 荧光灯或节能型灯具。对仅作为应急照明用的光源应采用瞬时点燃的光源。对大空间场所和室外空间可采用金属卤化物灯。

9.3.5 防雷与接地系统

1. 建筑物防雷工程是一个系统工程，必须将外部防雷措施和内部防雷措施作为整体综合考虑。防雷设计应充分考虑接闪功能、分流影响、等电位连接、屏蔽作用、合理布线、接地措施等重要因素。在防雷设计时，应优先利用建筑本身的结构钢筋或钢结构等自然金属作为防雷装置的一部分。

2. 本工程中的建筑物按二类防雷建筑物设防。本工程中的电子信息系统的防雷设计定为 B 级。

3. 为防直击雷在屋顶暗敷ϕ10mm 镀锌圆钢作为接闪带，其网格不大于 10m×10m，所有突出屋面的金属体和构筑物应与接闪带电气连接。利用建筑物钢筋混凝土柱子或剪力墙内两根ϕ16mm 以上主筋通长焊接作为引下线，间距不大于 18m，引下线上端与女儿墙上的接闪带焊接，下端与建筑物基础底梁及基础底板轴线上的上下两层钢筋内的两根主筋焊接。外墙引下线在室外地面下 1m 处引出与室外接地线焊接。

4. 本工程采用共用接地装置，以建筑物、构筑物的基础钢筋作为接地体，要求接地电阻小于 1Ω，当接地电阻达不到要求时，可补打人工接地极。在建筑物四角的外墙引下线在距室外地面上 0.5m 处设测试卡子。

5. 为预防雷电电磁脉冲引起的过电流和过电压，在变压器低压侧、向重要设备供电的末端配电箱的各相母线上、由室外引入或由室内引至室外的电气线路等装设电涌保护器（SPD）。

6. 本工程低压配电接地形式采用 TN－S 系统，其中性线和保护地线在接地点后要严格分开。凡正常不带电而当绝缘破坏有可能呈现电压的一切电气设备的金属外壳、穿线钢管、电缆外皮、支架等金属外壳均应可靠接地。

7. 竖直敷设的金属管道及金属物的顶端和底端与防雷装置连接。

8. 在配变电所内安装等电位联结端子箱，将所有进出建筑物的金属管道、金属构件、接地干线等与等电位端子箱有效连接。等电位盘由紫铜板制成。等电位联结均采用各种型号的等电位卡子，绝对不允许在金属管道上焊接。在地下一层沿建筑物做一圈镀锌扁钢 50×5 作为等电位带，所有进出建筑物的金属管道均应与之连接，等电位带利用结构墙、柱内主筋与接地极可靠连接。

9. 在所有变电站，弱电机房，电梯机房，强、弱电小间，游泳池，浴室等处做辅助等电位联结。

9.3.6 电气消防系统

1. 火灾自动报警系统。

（1）本建筑采用集中报警系统管理方式，火灾自动报警系统按总线形式设计。在一层设置消防控制室，对本工程消防设备进行探测监视和控制。消防控制室内分别设有火灾报警控制器、消防联动控制器、消防控制室图形显示装置、消防专用电话主机、消防应急广播控制装置、消防应急照明和疏散指示系统控制装置、消防电源监控器等设备或具有相应功能的组合设备。

（2）消防控制室接收感烟、感温、可燃气体探测器的火灾报警信号，水流指示器、检修阀、压力报警阀、手动报警按钮、消火栓按钮、消防水池水位等的动作信号，随时传送其当前状态信号。

（3）系统具有自动和手动两种联动控制方式，并能方便地实现工作方式转换。在自动方式下，由预先编制的应用程序按照联动逻辑关系实现对消防联动设备的控制，逻辑关系应包括“或”和“与”的联动关系。在手动方式下，由消防控制室人员通过手动开关实现对消防设备的分别控制，联动控制设备上的手动动作信号必须在消防报警控制主机、计算机图文系统及其楼层显示盘上显示。

（4）系统采用二总线结构智能网络型，所有信息反馈到中心，在消防控制室可进行配置、编程、参数设定、监控及信息的汇总和存储、事故分析、报表打印。

（5）本工程设备和软件组成高智能消防报警控制系统。系统必须具有报警响应周期短、误报率低、维修简便、自动化程度高、故障自动检测，配置方便，任一台火灾报警控制器所连接的火灾探测器、手动火灾报警按钮和模块等设备总数和地址总数，均不应超过 3200 点，其中每一总线回路连接设备的总数不超过 200 点，留有不少于额定容量 10%的余量；一台消防控制器地址总数不超过 1600 点，每一联动总线回路连接设备的总数不超过 100 点，留有不少于额定容量 10%的余量。

（6）主报警回路为环形 4 线，系统总线上设置总线短路隔离器，每只总线短路隔离器保护的火灾探测器、手动火灾报警按钮和模块等消防设备的总数不超过 32 点，总线穿越防火分区时，在穿越处设置总线短路隔离器。

（7）在电气设计方面，保证电子元器件的长期稳定正常工作，能清除内部、外部各种干扰信号带来的不良影响，有足够的过载保护能力。

（8）系统设备（消防报警控制器和图文电脑系统）的操作界面直观，符合人们的心理和习惯思维方式。菜单结构设计思路清晰，易于理解，操作程序符合人的自然习惯。信息检索速度快，提示清楚，操作方便，避免误导操作者。消防报警控制器和图文电脑系统整个操作过程必须是中文或中英文对照。

（9）要做到防火、阻燃和防止由于设备内部原因造成的不安全因素。具有防雷措施和良好的接地。

2. 消防联动控制系统。在消防控制室设置联动控制器，控制方式分为自动控制和手动控制两种。通过联动控制器，可以实现对消火栓、自动喷洒灭火系统、防烟、排烟、加压送风系统的监视和控制，火灾发生时手动切断一般照明及空调机组、通风机、动力电源。

（1） 消火栓系统的联动控制。

1） 联动控制方式是将消火栓系统出水干管上设置的低压压力开关、高位消防水箱出水管上设置的流量开关信号作为触发信号，直接控制启动消火栓泵，联动控制不受消防联动控制器处于自动或手动状态影响。当设置消火栓按钮时，消火栓按钮的动作信号作为报警信号及启动消火栓泵的联动触发信号，由消防联动控制器联动控制消火栓泵的启动。

2） 手动控制方式是将消火栓泵控制箱（柜）的启动、停止按钮用专用线路直接连接至设置在消防控制室内的消防联动控制器的手动控制盘，直接手动控制消火栓泵的启动、停止。

3） 消火栓泵的动作信号反馈至消防联动控制器。

（2） 湿式自动喷水灭火系统的联动控制。

1） 联动控制方式是由湿式报警阀压力开关的动作信号作为触发信号，直接控制启动喷淋消防泵，联动控制不受消防联动控制器处于自动或手动状态影响。

2） 手动控制方式是将喷淋消防泵控制箱（柜）的启动、停止按钮用专用线路直接连接至设置在消防控制室内的消防联动控制器的手动控制盘，直接手动控制喷淋消防泵的启动、停止。

3） 水流指示器、信号阀、压力开关、喷淋消防泵的启动和停止的动作信号反馈至消防联动控制器。

（3） 防烟排烟系统的联动控制。

1） 防烟系统应由加压送风口所在防火分区内的两只独立的火灾探测器或一只火灾探测器与一只手动报警按钮的报警信号，作为送风口开启和加压送风机启动的联动触发信号，并应由消防联动控制器联动控制相关层前室等需要加压送风场所的加压送风口开启和加压送风机启动。

2） 防烟系统应由同一防火分区内且位于电动挡烟垂壁附近的两只独立的感烟探测器的报警信号，作为电动挡烟垂壁降落的联动触发信号，并应由消防联动控制器联动控制电动挡烟垂壁的降落。

3） 排烟系统应由同一防烟分区内的两只独立的火灾探测器的报警信号，作为排烟口、排烟窗或排烟阀开启的联动触发信号，并应由消防联动控制器联动控制排烟口、排烟窗或排烟阀的开启，同时停止该防烟分区的空气调节系统。

4） 防烟系统、排烟系统的手动控制方式，应能在消防控制室内的消防联动控制器上手动控制送风口、电动挡烟垂壁、排烟口、排烟窗、排烟阀的开启或关闭及防烟风机、排烟风机等设备的启动或停止，防烟、排烟风机的启动、停止按钮应采用专用线路直接连接至设置在消防控制室内的消防联动控制器的手动控制盘，并应直接手动控制防烟、排烟风机的启动、停止。

5） 送风口、排烟口、排烟窗或排烟阀开启和关闭的动作信号，防烟、排烟风机启动和停止及电动防火阀关闭的动作信号，均应反馈至消防联动控制器。

6） 排烟风机入口处的总管上设置的 280℃排烟防火阀在关闭后应直接联动控制风机停止，排烟防火阀及风机的动作信号应反馈至消防联动控制器。

7） 由消防控制室自动或手动控制消防补风机的启、停，风机启动时根据其功能位置联锁开启其相关的排烟风机。

（4） 常开防火门系统的联动控制。

1） 由常开防火门所在防火分区内的两只独立的火灾探测器或一只火灾探测器与一只手动火灾报警按钮的报警信号，作为常开防火门关闭的联动触发信号，联动触发信号由火灾报警控制器或消防联动控制器发出，并由消防联动控制器或防火门监控器联动控制防火门关闭。

2） 疏散通道上各防火门的开启、关闭及故障状态信号反馈至防火门监控器。

（5） 防火卷帘系统的联动控制。

1） 在卷帘的任一侧距卷帘纵深0.5～5m内设置不少于2只专门用于联动防火卷帘的感温火灾探测器。手动控制方式为由防火卷帘两侧设置的手动控制按钮控制防火卷帘的升降。

2） 非疏散通道上设置的防火卷帘的联动控制设计符合以下规定：联动控制方式为防火卷帘所在防火分区内任两只独立的火灾探测器的报警信号，作为防火卷帘下降的联动触发信号，由防火卷帘控制器联动控制防火卷帘直接下降到楼板面。手动控制方式为由防火卷帘两侧设置的手动控制按钮控制防火卷帘的升降，并能在消防控制室内的消防联动控制器上手动控制防火卷帘的降落。

3） 防火卷帘下降至距楼板面1.8m处、下降到楼板面的动作信号和防火卷帘控制器直接连接的感烟、感温火灾探测器的报警信号，反馈至消防联动控制器。

（6） 对气体灭火系统的控制：由火灾探测器联动时，当两路探测器均动作时，应有30s可调延时，在延时时间内应能自动关闭防火门，停止空调系统。在报警、喷射各阶段应有声光报警信号。待灭火后，打开阀门及风机进行排风。所有的步骤均应返回至消防控制室显示。

（7） 电梯的联动控制。消防联动控制器具有发出联动控制信号强制所有电梯停于首层的功能。电梯运行状态信息和停于首层的反馈信号，传送给消防控制室显示，轿箱应设置能直接与消防控制室通话的专用电话。

（8） 火灾警报和消防应急广播系统的联动控制。火灾自动报警系统设置火灾声光警报器，并在确认火灾后启动建筑内的所有火灾声光警报器；火灾声警报器带有语音提示功能，且同时设置语音同步器；火灾声警报器单次发出火灾警报时间宜为 8～20s。消防应急广播系统的联动控制信号由消防联动控制器发出；当确认火灾后，同时向全楼进行广播；消防应急广播的单次语音播放时间宜为10～30s，与火灾声警报器分时交替工作，可采取1次声警报器播放、1次或2次消防应急广播播放的交替工作方式循环播放；在消防控制室能手动或按预设控制逻辑联动控制选择广播分区、启动或停止应急广播系统，并能监听消防应急广播；在通过传声器进行应急广播时，自动对广播内容进行录音；消防控制室内能显示消防应急广播的广播分区的工作状态；消防应急广播与普通广播或背景音乐广播合用时，具有强制切入消防应急广播的功能。

（9） 消防应急照明和疏散指示系统的联动控制。

1） 选择集中控制型消防应急照明和疏散指示系统，由火灾报警控制器或消防联动控制器启动应急照明控制器实现。

2） 当确认火灾后，由发生火灾的报警区域开始，顺序启动全楼疏散通道的消防应急照明和疏散指示系统，系统全部投入应急状态的启动时间不大于5s。

3） 消防安全疏散标志的设置部位：在本工程的安全出口；在防烟楼梯间的前室或合用前室；在超过20m的走道、在超过10m的带形走道；在疏散走道拐角区域1m范围内；卸货区的人员疏散通道和疏散出口上均设置消防安全疏散标志。

4） 在正常照明电源中断时，人员密集场所的电光源型消防安全疏散标志应急转换时间不大于0.25s，其他场所的应急转换时间不大于5s。

5） 疏散照明的地面平均水平照度值符合下列规定：水平疏散通道不低于 1lx；人员密集场所不低于 2lx；垂直疏散区域不低于 5lx。消防控制室、消防水泵房、防烟排烟机房、配电室、弱电机房以及发生火灾时仍需坚持工作的其他房间的应急照明，仍保证正常照明的照度。

6）消防安全疏散标志设置在距地面高度 1m 以下的墙面上，间距不大于 10m；设置在疏散走道上空，间距不大于 20m，其标志面与疏散方向垂直，标志下边缘距室内地面距离宜为 2.2～2.5m。

7）消防安全疏散标志蓄电池组的初装容量保证初始放电时间不小于 90min。

（10）相关联动控制。

1）消防联动控制器具有切断火灾区域及相关区域的非消防电源的功能，当需要切断正常照明时，在自动喷淋系统、消火栓系统动作前切断。

2）消防联动控制器具有自动打开涉及疏散的电动栅杆等的功能，开启相关区域安全技术防范系统的摄像机监视火灾现场。

3）消防联动控制器具有打开疏散通道上由门禁系统控制的门和庭院电动大门的功能。

3. 系统设备的设置。

（1）每个防火分区应至少设置一个手动火灾报警按钮。从一个防火分区内的任何位置到最邻近的一个手动火灾报警按钮的距离，不大于 30m。手动火灾报警按钮设置在公共活动场所的出入口处。所有手动报警按钮都应有报警地址，并应有动作指示灯。在所有手动报警按钮上或旁边设电话插孔。

（2）火灾光报警器设置在每个楼层的楼梯口、消防电梯前室、建筑内部拐角等处的明显部位，且不宜与安全出口指示标志灯具设置在同一面墙上。

（3）地下泵房、冷冻机房等处设号角式 15W 扬声器，其他场所设置 3W 扬声器，在环境噪声大于 60dB 的场所设置的扬声器，在其播放范围内最远点的播放声压级应高于背景噪声 15dB。其数量能保证从一个防火分区的任何部位到最近一个扬声器的距离不大于 25m。走道内最后一个扬声器至走道末端的距离不小于 12.5m。

（4）消防专用电话网络为独立的消防通信系统。在消防控制室内设置消防直通对讲电话总机，除在各层的手动报警按钮处设置消防对讲电话插孔外，在变配电室、水泵房、电梯机房、冷冻机房、防排烟机房、建筑设备监控室等处设置消防直通对讲电话分机。另外，在消防控制室还设置 119 专用报警电话。

（5）当火灾报警控制器内部，火灾报警控制器与火灾探测器、火灾报警控制器与起传输火灾报警信号作用的部件间发生下述故障时，能在 100s 内发出与火灾报警信号有明显区别的声、光故障信号；在故障状态下，使任一非故障部位的探测器发出火灾报警信号，控制器在 1min 内发出火灾报警信号，并记录火灾报警时间。火灾报警控制器具有显示或记录火灾报警时间的计时装置，其日计时误差不超过 30s。

（6）火灾报警控制器具备屏蔽功能；使任一总线回路上不少于 10 只的火灾探测器同时处于火灾报警状态时，火灾报警控制器的负载符合要求；使至少 50 个输入/输出模块同时处于动作状态（模块总数少于 50 个时，使所有模块动作），消防联动控制器的负载符合要求。

4. 可燃气体探测报警系统。

（1）可燃气体探测报警系统由可燃气体报警控制器、可燃气体探测器和火灾声光警报器等组成。

（2）可燃气体探测报警系统独立组成，可燃气体报警控制器的报警信息和故障信息，在消防控制室图形显示装置上显示。

（3）可燃气体探测报警系统保护区域内有联动和警报要求，由可燃气体探测报警控制器联动实现。

（4） 可燃气体报警控制器的设置应符合火灾报警控制器的安装要求。

5. 为能准确监控电气线路的故障和异常状态，能发现电气火灾的隐患，及时报警提醒人员去消除这些隐患，本工程设置电气火灾监视与控制系统，对建筑中易发生火灾的电气线路进行全面监视和控制，系统由电气火灾探测器、测温式电气火灾监控探测器和电气火灾监控设备组成。

6. 为确保本工程消防设备电源的供电可靠性，本工程设置消防电源监控系统。

7. 消防控制室：在一层设置消防控制室，分别监视建筑内的消防进行探测监视和控制。消防控制室内分别设有火灾报警控制主机、联动控制台、显示器、打印机、紧急广播设备、消防直通对讲电话设备、电梯监控盘及 UPS 电源设备等。

9.3.7　智能化系统

1. 信息化应用系统。信息化应用系统功能应满足建筑物运行和管理的信息化需要并提供建筑业务运营的支撑和保障。系统包括公共服务、智能卡应用、物业管理、信息设施运行管理、信息安全管理、基本业务办公和专业业务等信息化应用系统。

（1） 公共服务系统。公共服务系统应具有访客接待管理和公共服务信息发布等功能，并宜具有将各类公共服务事务纳入规范运行程序的管理功能。系统基于信息网络及布线系统，系统服务器设置于中心网络机房，管理终端设置于相应管理用房。

（2） 智能卡应用系统。根据建设方物业信息管理部门要求对出入口控制、电子巡查、停车场管理、考勤管理、消费等实行一卡通管理，“一卡”，在同一张卡片上实现开门、考勤、消费等多种功能；“一库”，在同一软件平台上，实现卡的发行、挂失、充值、资料查询等管理，系统共用一个数据库，软件必须确保出入口控制系统的安全管理要求；“一网”，各系统的终端接入局域网进行数据传输和信息交换。系统基于信息网络及布线系统，系统服务器设置于中心网络机房，管理终端设置于相应管理用房。

（3） 信息设施运行管理系统。信息设施运行管理系统应具有对建筑物信息设施的运行状态、资源配置、技术性能等进行监测、分析、处理和维护的功能。系统基于信息网络及布线系统，系统服务器设置于中心网络机房，管理终端设置于相应管理用房。

（4） 信息安全管理系统。信息网络安全管理系统通过采用防火墙、加密、虚拟专用网、安全隔离和病毒防治等各种技术和管理措施，使网络系统正常运行，确保经过网络的传输和管理措施，使网络系统正常运行，确保经过网络传输和交换的数据不会发生增加、修改、丢失和泄露。系统基于信息网络及布线系统，系统服务器设置于中心网络机房，管理终端设置于相应管理用房。

2. 智能化集成系统。集成管理的重点是突出在中央管理系统的管理，控制由各子系统进行。集成管理能为各个管理部门提供高效、科学和方便的管理手段。将建筑中日常运作的各种信息，如建筑设备监控系统、安防、火灾自动报警、公共广播、通信系统以及展览管理信息，各种日常办公管理信息，物业管理信息等构成相互之间有关联的一个整体，从而有效地提升建筑整体的运作水平和效率。

（1） 智能化信息集成系统。集成软件平台安装在主机服务器上，实现把所有子系统集成在统一的用户界面下，对子系统进行统一监视、控制和协调，从而构成一个统一的协同工作的整体。包括实现对子系统实时数据的存储和加工，对系统用户的综合监控和显示以及智能分析等其他功能。

（2） 集成信息应用系统。对于管理数据的集成，要求控制系统在软件上使用标准的、开放的数据库进行数据交换，实现管理数据的系统集成。

3. 信息化设施系统。

（1） 信息系统对城市公用事业的需求。

1） 本建筑的地下一层设置电话交换机房，预留无线、移动、联通等多家运营商接入条件，给各商户预留接口。

2） 电视信号接自城市有线电视网，对建筑内的有线电视实施管理与控制。有线电视节目和卫星电视节目经调制后，经电视信号干线系统传送至每个电视输出口处，使获得技术规范所要求的电平信号，达到满意的收视效果。

（2） 综合布线系统。

1） 综合布线系统（GCS）为一套完善可靠的支持语音、数据、多媒体传输的开放式的结构，作为通信自动化系统和办公自动化系统的支持平台，满足通信和办公自动化的需求。

2） 系统能支持综合信息（语音、数据、多媒体）传输和连接，实现多种设备配线的兼容，综合布线系统能支持所有的数据处理（计算机）的供应商的产品，支持各种计算机网络的高速和低速的数据通信，可以传输所有标准的模拟和数字的语音信号，具有传输 ISDN 的功能，可以传输模拟图像、数字图像以及会议电视等的多媒体信号。完全能承担建筑内的信息通信设备与外部的信息通信网络相连。

3） 本工程在地下一层分别设置商业网络机房。分别将语音信号、数字信号的配线，经过统一的规范设计，综合在一套标准的配线系统上，此系统为开放式网络平台，方便用户在需要时，形成各自独立的子系统。

4） 综合布线系统信息点的类型分为语音点、数据点两种类型。商业建筑工作区域按 $100m^2$ 为一工作区，每个工作区有两个及两个以上信息插座。水平区布线部件均遵循综合布线六类标准，每个信息插座有独立的 4 对 UTP 配线。

（3） 有线电视系统。

1） 本工程商业的有线电视前端室分别设置在地下一层。对商业内的有线电视实施管理与控制。

2） 系统根据用户情况采用分配－分支－分配方式。

3） 前端箱电源一般采用交流 220V，由靠近前端箱的照明配电箱以专用回路供给，供电电压波动超过范围时，应设电源自动稳压装置。

4） 建筑物内有线电视系统的同轴电缆的屏蔽层、金属套管、设备箱（或器件）的外露可导电部分均应互连并接地。

（4） 背景音乐及紧急广播系统。

1） 在一层设置广播机房（与消防控制室共室）。

2） 当有火灾时，接通紧急广播。

3） 火灾时，自动或手动打开相关层紧急广播，其数量应能保证从一个防火区内的任何部位到最近一个扬声器的步行距离不大于 25m。走道最后一个扬声器距走道末端不大于 12.5m。

4） 紧急广播应满足如下要求：紧急广播用备用蓄电池（或 UPS）须至少满足 6h 广播容量和时间的要求；每层消防扬声器线路须有自动监测开路及短路装置，在消防控制室显示故障状态，并在短路时可自动切断该线路。扬声器线路电线不应有三通接口，避免导致线路失去监测功能及多故障；扬声器须有金属保护背盒。

（5）多媒体信息发布系统。

1）多媒体信息发布系统是一个计算机局域网控制系统，是商业对外宣传的一个重要标志和窗口，是塑造商业形象的重要工具。多媒体信息发布系统示意见图 9.3.7－1。

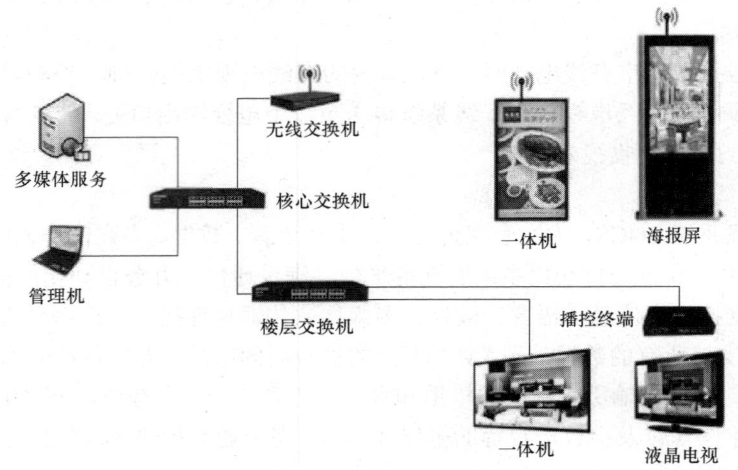

图 9.3.7－1　多媒体信息发布系统示意

2）在商业入口处及电梯内设置液晶显示屏，展示商业的宣传活动。

（6）无线通信系统。本工程每天客流量大，手机用户很多，附近的无线基站信道容量有限，忙时可能出现网络拥塞，手机用户不能及时打进或接进电话。另外由于本工程内建筑结构复杂，无线信号难于穿透，室内易出现覆盖盲区。因此，本工程内应安装无线信号室内天线覆盖系统以解决移动通信覆盖问题，同时也可增加无线信道容量。

4. 建筑设备管理系统。

（1）建筑设备监控系统。

1）建筑设备监控系统的总体目标是将建筑内的建筑设备管理与控制系统（HVAC、给排水系统、供配电系统、照明系统等）进行分散控制、集中监视管理，从而提供一个舒适的工作环境，通过优化控制提高管理水平，从而达到节约能源和人工成本，并能方便实现物业管理自动化。本工程建筑设备监控系统监控室设置在地下一层 BA 内。

2）建筑设备监控系统的设计应遵循分散控制、集中管理、信息资源共享的基本思想。采用分布式计算机监控技术，计算机网络通信技术完成。系统必须为管理层和监控层两级网络结构的系统。

3）本工程建筑设备监控系统监控点数统计：商业部分：1104 控制点（AI＝136 点、AO＝177 点、DI＝533 点、DO＝111 点）。

（2）能源管理及计量系统。

1）机电系统的能源消耗，对商场运营成本很重要。通过计量手段得到运行数据并进行分析，在运营中对能源的管理降低成本，是商场运营的重要要求。

2）对商场能源的用量：电量、水量、燃气量、蒸汽量、冷量等，并按客房区域、公共区域、后勤区域、餐饮区域等区域需求进行计量，所有计量表均需要具备远传功能，通过建筑智能监控系统，传至商场监控中心，并进行读取、打印、记录、统计。

3） 电计量：分区域、分系统进行计量，照明设备与动力设备分别计量。

5. 公共安全系统。

（1） 闭路电视监控系统。

1） 闭路电视监控（CCTV）系统由前端摄像机部分、传输部分、控制部分、显示记录部分、报警部分和报警联动部分组成。

2） 电视监控系统各路视频信号，在监视器输入端的电平值应为1Vp－p±3dB VBS。

3） 电视监控系统各部分信噪比指标分配应符合：摄像部分 40dB；传输部分 50dB；显示部分 45dB。电视监控系统采用的设备和部件的视频输入和输出阻抗以及电缆阻抗均应为 75Ω。

（2） 无线巡更系统。无线巡更系统由信息采集器、信息下载器、信息钮和中文管理软件等组成。并可实现以下功能：可按人名、时间、巡更班次、巡更路线对巡更人的工作情况进行查询，并可将查询情况打印成各种表格，如：情况总表、巡更事件表、巡更遗漏表等。巡更数据储存，定期将以前的数据储存到软盘上，需要时可恢复到硬盘上。用户要求可定制其他功能，如各种巡更事件的设置、员工考勤管理等。

（3） 停车（场）库管理系统。

1） 系统设备包括出入口控制单元、自动栏栅、自动出卡机、自动验卡机及读卡器、远距离读卡器、内部对讲设施、图像对比设施、摄像机、收费电脑及管理电脑单元。

2） 本系统入场/出场采用自控发卡及远距离不停车读卡技术，满足临时用户、固定用户的不同管理形式需求。通行车辆分为临时车和固定用户，固定车辆刷卡进出，方便快捷；临时用户采用人工发卡，出场时根据物业收费标准自动计费并回收卡片，人工确认后软件控制道闸予以放行，进出场车辆均实现图像对比，采用 50～80cm 中远距离读卡方式，方便业主使用。

3） 收费亭主机至道闸、入口空车位数量显示器、进、出口摄像机，进、出口验票机预留 2SC25 热镀锌钢管；道闸至地感线圈预留 SC25 热镀锌钢管。在停车场（库）出入口处的车道两侧墙上，距地 1m 的位置预留与停车场入口设备、出口设备、收费设备连接的接线箱。并从该接线箱将管引至管理室，在管理室内墙上，距地 0.3m 预留接线箱。

（4） 无线电寻呼系统。

1） 在商场配备通信和寻呼机系统，以备商场工作人员日常通信之用，不得有盲点。需要基站和转发天线系统对双路 FM 无线电通信和寻呼机系统予以支持。

2） 系统须由以下部分组成：位于电话配线间的中央/发射单元、发射天线（布于建筑各处，用以向接收器提供良好的接收效果）、接收器储存/充电器，以及接收器。

【说明】电气抗震设计和电气节能措施参见 9.1.8 和 9.1.9。

10 教育建筑

【摘要】教育建筑是人们为了达到特定的教育目的而兴建的教育活动场所，教育建筑的建设，应适应国家教育事业的发展，贯彻执行国家关于学校建设的法规，并应符合国家规定的办学标准，响应国家关于建设绿色学校的倡导，满足学校正常教育教学活动的需要，并有利于学生的身心健康，创造一个良好的环境，确保学生和教职工安全。

10.1 幼儿园

10.1.1 项目信息

幼儿园

本工程属于Ⅱ类建筑，地上 4 层，地下 2 层，建筑面积为 19 980m²，建筑高度 18m，设计使用年限 50 年。工程性质为 17 班日托幼儿园，幼儿园内部设计活动室、休息室、综合活动室，美术教室，计算机教室，食堂，餐厅及办公室等。

10.1.2 系统组成

1. 高低压变、配电系统。
2. 电力、照明系统。
3. 防雷与接地系统。
4. 电气消防系统。
5. 智能化系统。
6. 电气抗震设计和电气节能措施。

10.1.3 高低压变、配电系统

1. 负荷分级。

（1） 二级负荷：包括消防用电设备，客梯用电，生活水泵等。设备容量约为 370kW。

（2） 三级负荷：包括一般照明及动力负荷。设备容量约为 400kW。

2. 电源。由市政外网引来两路双路高压电源。高压系统电压等级为 10kV。高压采用单母线分段运行方式，中间设联络开关，平时两路电源同时分列运行，互为备用，当一路电源故障时，通过手操作联络开关，另一路电源负担全部负荷。

3. 变、配电站。在地下一层设置变电所一处。变电所内设两台 400kVA 干式变压器。变压器低压侧 0.4kV 采用单母线分段接线方式，低压母线分段开关采用手动投切方式时，低压母联断路器应采用设有自投自复、自投手复、自投停用三种状态的位置选择开关，自投时应设有一定的延时，当变压器低压侧总开关因过负荷或短路故障而分闸时，母联断路器不得自动合闸；电源主断路器与母联断路器之间应有电气联锁。

10.1.4　电力、照明系统

1. 配电系统的接地形式采用 TN－S 系统。冷冻机组、冷冻泵、冷却泵、生活泵、热力站、电梯等设备采用放射式供电；风机、空调机、污水泵等小型设备采用树干式供电。

2. 为保证重要负荷的供电，对重要设备如通信机房、消防用电设备（消防水泵、消防风机等）、信息网络设备、消防控制室、中央控制室等均采用双回路专用电缆供电，在最末一级配电箱处设双电源自投，自投方式采用双电源自投自复。

3. 主要配电干线沿由变电所用电缆槽盒引至各电气小间，支线穿钢管敷设。

4. 普通干线采用辐照交联低烟无卤阻燃电缆；重要负荷的配电干线采用矿物绝缘电缆。

5. 照度标准见表 10.1.4。

表 10.1.4　　照　度　标　准

房间或场所	参考平面及其高度	照度标准值/lx	UGR	R_a
活动室	地面	300	19	80
图书室	0.5m 水平面	300	19	80
美工室	0.5m 水平面	500	19	90
多功能活动室	地面	300	19	80
寝室	0.5m 水平面	100	19	80
办公室、会议室	0.75m 水平面	300	19	80
厨房	台面	200	—	80
门厅、走道	地面	150	—	80

6. 光源。活动室、寝室、图书室、美工室等幼儿用房采用显色指数大于 80 的细管三基色的荧光灯，配电子镇流器。活动室、寝室、幼儿卫生间设置紫外线杀菌灯，紫外线杀菌灯的控制装置单独设置。并应采取防误开措施。

7. 应急照明与疏散照明：消防控制室、变配电所、配电间、电信机房、弱电间、楼梯间、前室、水泵房、电梯机房、重要机房的值班照明等处的应急照明按 100%考虑；门厅、走道按 30%设置应急照明；各层走道、拐角及出入口均设疏散指示灯，蓄电池采用集中免维护电池进行供电，停电时自动切换为直流供电，并且应急照明持续时间应不少于 30min。

8. 照明控制。为了便于管理和节约能源，以及不同的时间要求不同的效果。本工程采用智能型照明控制系统，部分灯具考虑调光；走廊的照明采用集中控制。室外照明的控制纳入建筑设备监控系统统一管理。紫外线杀菌灯控制装置单独设置，并采取防误开措施。

9. 配电箱设置在专用小间内。活动室、寝室、图书插座安装高度为底边距地 1.8m，插座采用安全型，为保证用电安全，用于移动电器装置的插座均设电磁式剩余电流保护（动作电流≤30mA，动作时间 0.1s）。

10.1.5　防雷与接地系统

1. 本建筑物按三类防雷建筑物设防，为防直击雷在屋顶设接闪带，其网格不大于 20m×20m，所有突出屋面的金属体和构筑物应与接闪带电气连接。

2. 为预防雷电电磁脉冲引起的过电流和过电压，在变压器低压侧、向重要设备供电的末端配电箱的各相母线上、重要的信息设备、由室外引入或由室内引至室外的电气线路装设电涌保护器（SPD）。

3. 本工程采用共用接地装置，以建筑物、构筑物的金属体、构造钢筋和基础钢筋作为接地体，其接地电阻小于 1Ω。

4. 交流 220/380V 低压系统接地形式采用 TN－S，PE 线与 N 线严格分开。

5. 建筑物做等电位联结，在变配电所内安装主等电位联结端子箱，将所有进出建筑物的金属管道、金属构件、接地干线等与等电位端子箱有效连接。

6. 在所有变电所，弱电机房，电梯机房，强、弱电小间，浴室等处做辅助等电位联结。

10.1.6 电气消防系统

1. 火灾自动报警系统。本工程消防安防控制室设于首层，设置通向室外的安全出口。消防控制室内设置火灾报警控制器、消防联动控制器、可燃气体报警主机、电气火灾监控主机、消防控制室图形显示装置、消防专用电话总机、消防应急广播控制装置、消防应急照明和疏散指示系统控制装置、消防电源监控器、防火门监控器等设备，消防控制室内设置的消防控制室图形显示装置显示建筑物内设置的全部消防系统及相关设备的动态信息和消防安全管理信息，为远程监控系统预留接口，具有向远程监控系统传输相关信息的功能。燃气表间、厨房设气体探测器，烟尘较大场所设感温探测器，一般场所设感烟探测器。在本楼适当位置设手动报警按钮及消防对讲电话插孔。在消火栓箱内设消火栓报警按钮。消防控制室可接收感烟、感温、气体探测器的火灾报警信号，水流指示器、检修阀、压力报警阀、手动报警按钮、消火栓按钮的动作信号。在每层消防电梯前室附近设置楼层显示复示盘。电气消防系统示意见图 10.1.6－1。

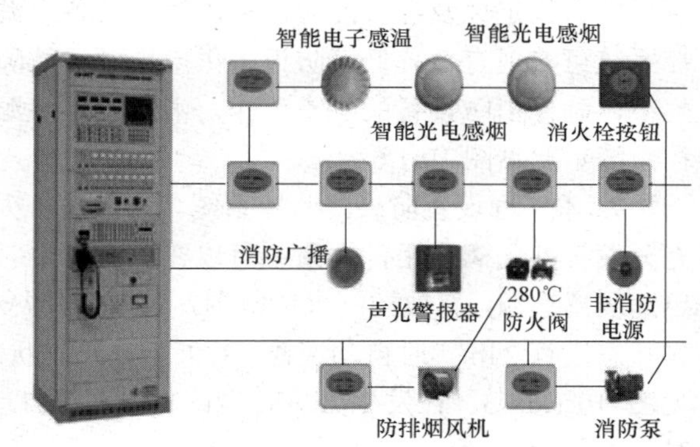

图 10.1.6－1 电气消防系统示意

2. 消防联动控制系统。在消防控制室设置联动控制台，控制方式分为自动控制和手动控制两种。通过联动控制台，可以实现对消火栓、自动喷洒灭火系统、防烟、排烟、加压送风系统的监视和控制，火灾发生时手动切断一般照明及空调机组、通风机、动力电源。当发生火灾时，自动关闭总煤气进气阀门。

3. 消防紧急广播系统。在消防控制室设置消防广播机柜，机组采用定压式输出。地下泵房、冷冻机房等处设号角式 15W 扬声器，其他场所设置 3W 扬声器。消防紧急广播按建筑层分路，每层一路。当发生火灾时，消防控制室值班人员可自动或手动向全楼进行火灾广播，及时指挥疏导人员撤离火灾现场。

4. 消防直通对讲电话系统。在消防控制室内设置消防直通对讲电话总机，除在各层的手动报警按钮处设置消防对讲电话插孔外，在变配电室、水泵房、电梯机房、冷冻机房、防排烟机房、建筑设备监控室、管理值班室等处设置消防直通对讲电话分机。

5. 电梯监视控制系统。在消防控制室设置电梯监控盘，除显示各电梯运行状态、层数显示外，还应设置正常、故障、开门、关门等状态显示。火灾发生时，根据火灾情况及场所，由消防控制室电梯监控盘发出指令，指挥电梯按消防程序运行：对全部或任意一台电梯进行对讲，说明改变运行程序的原因；除消防电梯保持运行外，其余电梯均强制返回一层并开门。火灾指令开关采用钥匙型开关，由消防控制室负责火灾时的电梯控制。

6. 应急照明系统。所有楼梯间及前室的照明以及变配电所、消防控制室、安防中心、消防水泵房、防排烟机房、柴油发电机房、电信机房等的照明全部为应急照明。公共场所应急照明一般按正常照明的 10%～15%设置。应急照明电源采用双电源末端互投供电。主要疏散出口设置安全出口指示灯，疏散走廊设置疏散指示灯。

7. 为防止用电不善引起的火灾，本工程设置电气火灾报警系统。

8. 本工程设置消防设备电源监控系统，实现对消防设备电源的实时监测，可显著提高消防设备的可靠性、稳定性及备战能力，采用消防设备电源监控系统可实现有效降低消防设备供电电源的故障发生率，确保消防设备的正常工作，消防设备电源监控系统示意见图 10.1.6－2。

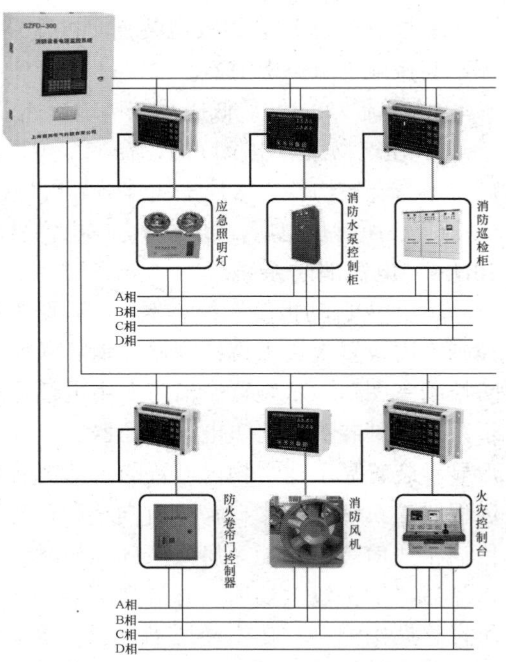

图 10.1.6－2　消防设备电源监控系统示意

9. 本工程设置防火门监控系统。为保证防火门充分发挥其隔离作用，本系统可以在火灾发生时，迅速隔离火源，有效控制火势范围，为扑救火灾及人员的疏散逃生创造良好条件，对防火门的工作状态进行 24h 实时自动巡检，对处于非正常状态的防火门给出报警提示，防火门监控系统示意见图 10.1.6－3。在发生火情时，该监控系统自动关闭防火门，为火灾救援和人员疏散赢得宝贵时间。

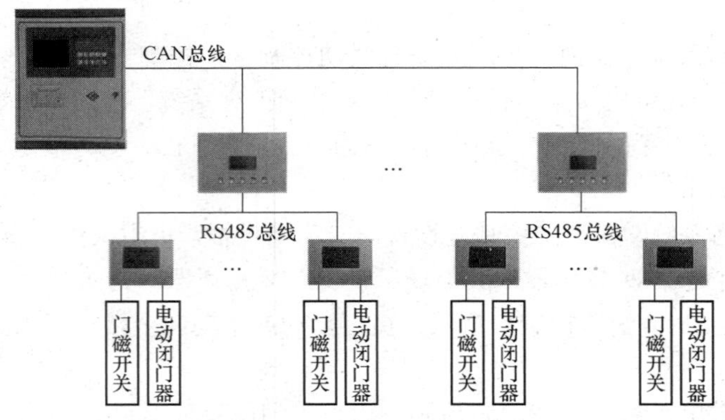

图 10.1.6－3　防火门监控系统示意

10.1.7　智能化系统

1. 信息化应用系统。信息化应用系统功能应满足建筑物运行和管理的信息化需要并提供建筑业务运营的支撑和保障。系统包括公共服务、智能卡应用、物业管理、信息设施运行管理、信息安全管理、基本业务办公和专业业务等信息化应用系统。

（1） 公共服务系统。公共服务系统应具有访客接待管理和公共服务信息发布等功能，并宜具有将各类公共服务事务纳入规范运行程序的管理功能。系统基于信息网络及布线系统，系统服务器设置于中心网络机房，管理终端设置于相应管理用房。

（2）智能卡应用系统。根据建设方物业信息管理部门要求对出入口控制、电子巡查、停车场管理、考勤管理、消费等实行一卡通管理，“一卡”，在同一张卡片上实现开门、考勤、消费等多种功能；“一库”，在同一软件平台上，实现卡的发行、挂失、充值、资料查询等管理，系统共用一个数据库，软件必须确保出入口控制系统的安全管理要求；“一网”，各系统的终端接入局域网进行数据传输和信息交换。系统基于信息网络及布线系统，系统服务器设置于中心网络机房，管理终端设置于相应管理用房。

（3）信息设施运行管理系统。信息设施运行管理系统应具有对建筑物信息设施的运行状态、资源配置、技术性能等进行监测、分析、处理和维护的功能。系统基于信息网络及布线系统，系统服务器设置于中心网络机房，管理终端设置于相应管理用房。

（4）信息安全管理系统。信息网络安全管理系统通过采用防火墙、加密、虚拟专用网、安全隔离和病毒防治等各种技术和管理措施，使网络系统正常运行，确保经过网络的传输和管理措施，使网络系统正常运行，确保经过网络传输和交换的数据不会发生增加、修改、丢失和泄漏。系统基于信息网络及布线系统，系统服务器设置于中心网络机房，管理终端设置于相应管理用房。

2. 智能化集成系统。本工程对建筑设备监控系统、安全技术防范系统、信息设施系统、信息化应用系统、消防系统（只监不控）等系统通过统一的信息平台实现集成，实施综合管理，各子系统应提供通用接口及通信协议。集成的重点是能为本工程对各个管理部门提供高效、科学和方便的管理手段，突出在中央管理系统的管理，控制仍由下面各子系统进行，将各种日常管理信息，物业管理信息等构成相互之间有关联的一个整体，从而有效地提升建筑整体的运作水平和效率。智能化集成系统信息控制流向图见图 10.1.7－1。

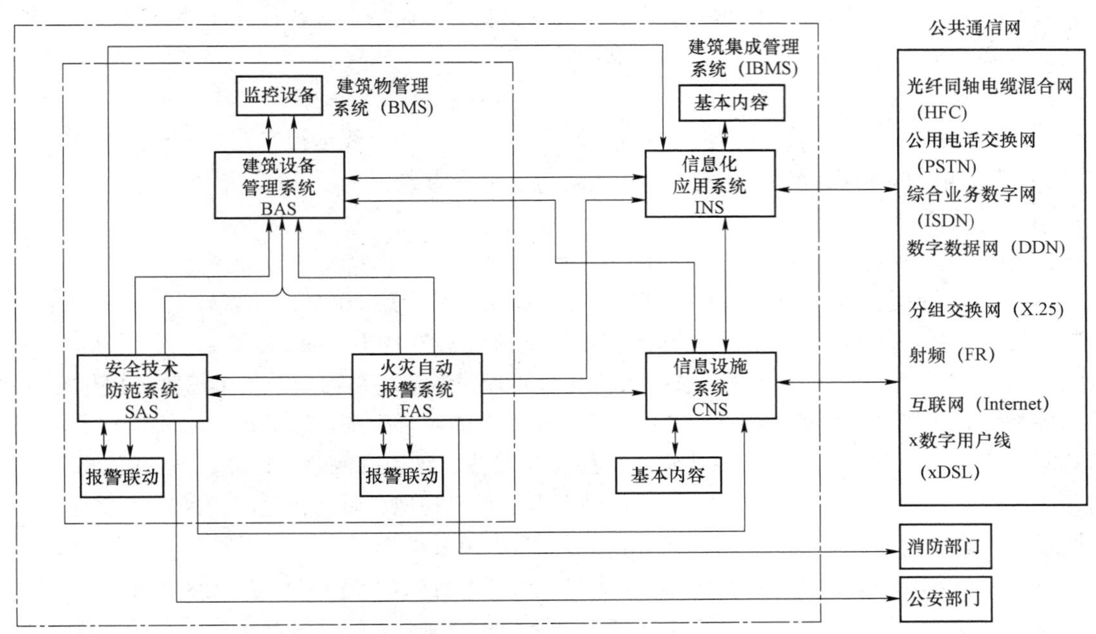

图 10.1.7－1　智能化集成系统信息控制流向图

3. 信息化设施系统。

（1） 信息系统对城市公用事业的需求。

1） 本工程需输出入中继线 20 对（呼出呼入各 50%）。另外申请直拨外线 20 对（此数量可根据实际需求增减）。

2） 电视信号接自城市有线电视网，在顶层设有卫星电视机房，对建筑内的有线电视实施管理与控制。有线电视节目和卫星电视节目经调制后，经电视信号干线系统传送至每个电视输出口处，使获得技术规范所要求的电平信号，达到满意的收视效果。

（2） 通信自动化系统。

1） 本工程在地下一层设置电话交换机房，拟定设置一台的 200 门 PABX。

2） 通信自动化系统中，程控自动数字交换机起着重要的作用。随着通信技术的发展，现今的 PABX 应将传统的语音通信、语音信箱、多方电话会议、IP 技术、ISDN（B－ISDN）应用等通信技术融会在一起，向用户提供全新的通信服务。

（3） 综合布线系统。综合布线系统为一套完善可靠的支持语音、数据、多媒体传输的开放式的结构，作为通信自动化系统和办公自动化系统的支持平台，满足教学、通信和办公自动化的需求。系统能支持综合信息（语音、数据、多媒体）传输和连接，实现多种设备配线的兼容，综合布线系统能支持所有的数据处理（计算机）的供应商的产品，支持各种计算机网络的高速和低速的数据通信，可以传输所有标准的模拟和数字的语音信号，具有传输 ISDN 的功能，可以传输模拟图像、数字图像以及会议电视等的多媒体信号。完全能承担建筑内的信息通信设备与外部的信息通信网络相连。本工程在地下一层设置网络室。

（4） 会议电视系统。本工程在多功能厅设置全数字化技术的数字会议网络系统（DCN 系统），该系统采用模块化结构设计，全数字化音频技术。具有全功能、高智能化、高清晰音质。方便扩展和数据传递保密等优点。可实现发言演讲、会议讨论、会议录音等各种国际性会议功能，其中主席设备具有最高优先权，可控制会议进程。

（5） 有线电视及卫星电视系统。

1） 本工程在地下一层设置有线电视前端室，对建筑内的有线电视实施管理与控制。

2） 有线电视系统根据用户情况采用分配－分支分配方式。

（6） 广播系统。

1） 本工程在一层设置广播室（与消防控制室共室）。

2） 在一层走道、教室等均设有广播扬声器。广播系统采用 100V 定压式输出。当有火灾时，切断非消防广播，接通紧急广播。幼儿园广播系统示意见图 10.1.7－2。

（7） 信息管理系统。信息网络系统为幼儿园的管理者及建筑物内的各个使用者提供有效可靠的各类信息的接收、交换、传输、存储、检索和显示的综合处理，运用计算机软件技术，结合幼儿园的工作与管理特点，并提供决策支持能力与服务。包括日常办公管理 、幼儿信息管理、幼儿成长档案管理、营养食谱管理、卫生保健管理、收费管理、后勤管理、教育教学管理、安全接送管理等管理模块。幼儿园信息管理系统示意见图 10.1.7－3。

（8） 无线通信增强系统。为避免无线基站信道容量有限，忙时可能出现网络拥塞，手机用户不能及时打进或接进电话。另外由于大楼内建筑结构复杂，无线信号难于穿透，室内易出现覆盖盲区。因此，幼儿园内应安装无线信号室内天线覆盖系统以解决移动通信覆盖问题，同时也可增加无线信道容量。

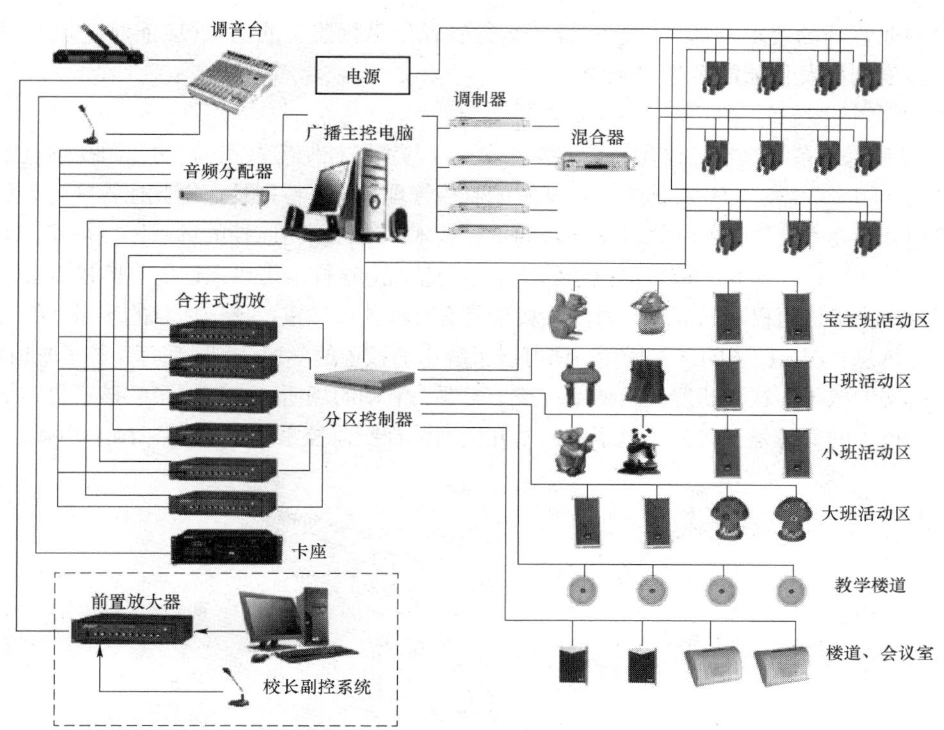

图 10.1.7－2　幼儿园广播系统示意

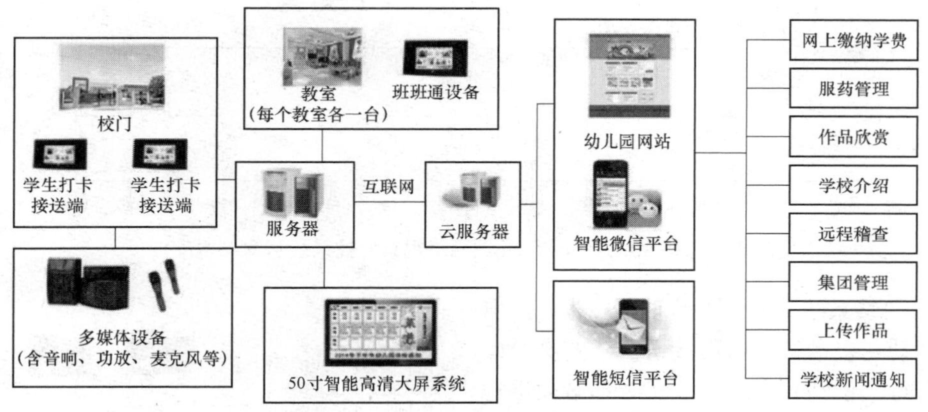

图 10.1.7－3　幼儿园信息管理系统示意

4. 建筑设备管理系统。

（1） 建筑设备监控系统。

本工程在首层安防控制室设置独立的建筑设备监控系统，采用直接数字控制技术，对建筑物的给排水系统进行监控；对电梯系统及供电系统进行监视。本工程建筑设备监控系统监控点数约共计为 512 控制点，采用 “集散型系统”，通过中央监控系统的计算机网络，将各层的控制器、现场传感器、执行器及远程通信设备进行联网，共同实现集中管理、分散控制的综合监控及管理功能。

（2） 建筑能效监管系统。本工程建筑能效监管主机设置于各个建筑物业管理室。系统可对冷热源系统、供暖通风和空气调节、给水排水、供配电、照明、电梯等建筑设备进行能耗监测。

根据建筑物业管理的要求及基于对建筑设备运行能耗信息化监管的需求，应能对建筑的用能环节进行相应适度调控及供能配置适时调整。

5. 公共安全系统。

（1） 视频监控系统。本工程在一层设置保安室（与消防控制室共室）。幼儿园视频监控系统是专门针对幼儿园实际需求中的具体情况而开发的监控管理系统，特别是远程监控管理。本系统采用图像压缩和处理技术及先进的计算机网络及通信等技术，结合网络监控的远程监控功能，可使家长通过任何一台使用授权密码监控自己孩子的生活学习情况，这样既可以保证所有监控点都能被实时监控，同时解决了访问权限的问题。摄像头典型监看目标：休息室：孩子休息的场所，您可以了解您的孩子的休息状况；孩子的学习场所，您可以了解您的孩子的学习情况；餐厅：孩子吃饭的地方，您可以了解您的孩子的饮食状况；活动室：孩子玩耍、活动的场所，您可以了解孩子日常情况；园门口：查看孩子的父母是否已来接送子女。幼儿园网络视频监控系统示意见图 10.1.7－4。

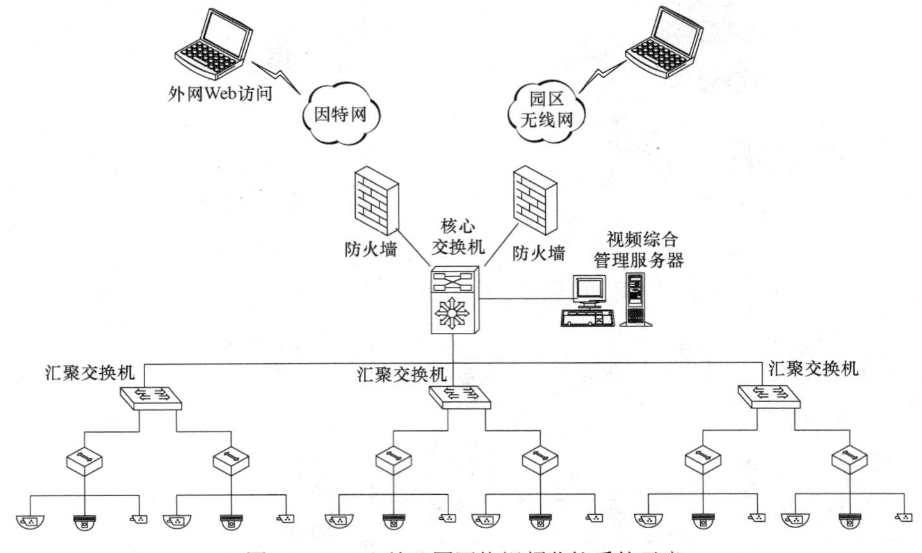

图 10.1.7－4　幼儿园网络视频监控系统示意

（2） 门禁系统。采用人脸识别技术，推出人脸识别幼儿接送机，解决接送孩子的身份确认问题。每一位幼儿在入学注册时都必须进行登记接送者、接送者面像。使用过程中，每次入园时和放学时，接送家长需要进行人脸识别，如果识别失败拍照后即报警通知管理员，如果认证成功即拍照放行。每一次接都有详细的时间、接送家长的拍照可供查询。系统供应短信提示的扩展功能，幼儿每一次被接走时，系统都会发短信到家长手机中。门禁系统示意见图 10.1.7－5。

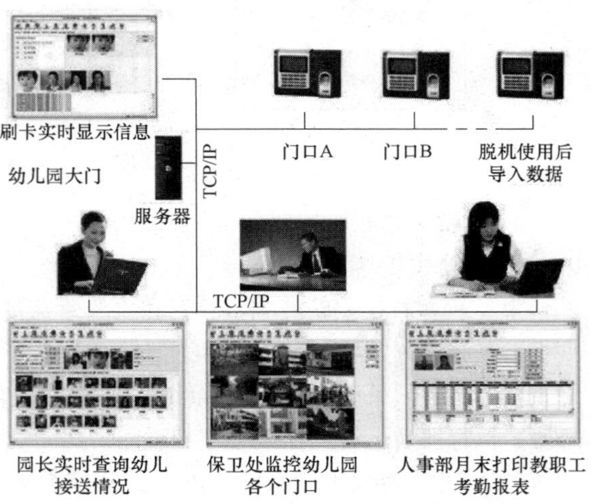

图 10.1.7－5　门禁系统示意

（3） 无线巡更系统。无线巡更系统由信息

采集器、信息下载器、信息钮和中文管理软件等组成。无线巡更系统示意见图 10.1.7－6，并可实现以下功能：

1） 可按人名、时间、巡更班次、巡更路线对巡更人的工作情况进行查询，并可将查询情况打印成各种表格，如情况总表、巡更事件表、巡更遗漏表等。

2） 巡更数据储存，定期将以前的数据储存到软盘上，需要时可恢复到硬盘上。

3） 用户要求可定制其他功能，如各种巡更事件的设置、员工考勤管理等。

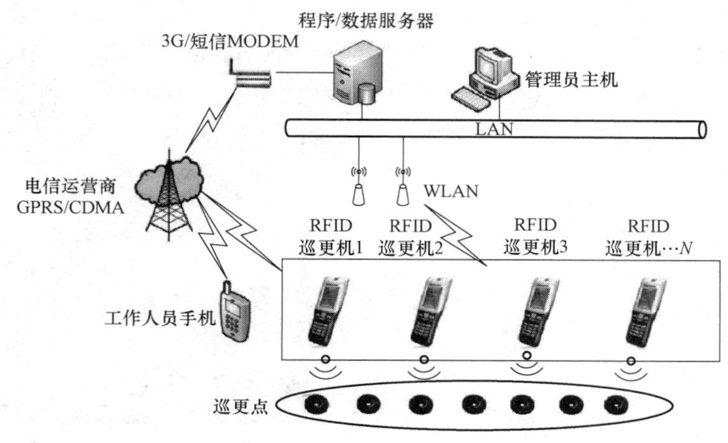

图 10.1.7－6　无线巡更系统示意

10.1.8　电气抗震设计

1. 工程内设备安装如高低压配电柜、变压器、配电箱、控制箱等均应满足抗震设防规定。

2. 设在建筑物屋顶上的共用天线等，应设置防止因地震导致设备损坏后部件坠落伤人的安全防护措施。

3. 应急广播系统预置地震广播模式。

4. 安装在吊顶上的灯具，应考虑地震时吊顶与楼板的相对位移。

5. 机电管线抗震支撑系统。

（1） 无电气设备系统中内径大于或等于 60mm 的电气配管和重量大于等于 15kg/m 的电缆桥架及多管共架系统须采用机电管线抗震支撑系统。

（2） 无刚性管道侧向抗震支撑最大设计间距不得超过 12m；柔性管道侧向抗震支撑最大设计间距不得超过 6m。

（3） 无刚性管道纵向抗震支撑最大设计间距不得超过 24m；柔性管道纵向抗震支撑最大设计间距不得超过 12m。

10.1.9　电气节能措施

1. 变配电所深入负荷中心，合理选择电缆、导线截面，减少电能损耗。

2. 变压器应采用低损耗、低噪声的产品。

3. 本工程采用低压集中自动补偿方式，并配备谐波电抗器组合，作为谐波抑制措施，避免高次谐波电流与电力电容发生谐振，影响系统设备可靠运行，治理后的谐波水平满足 GB/T 14549 的要求。

4. 优先采用节能光源。荧光灯应采用 T5 灯管。建筑室内照明功率密度值应满足 GB 50034

的要求。

5. 采用智能型照明管理系统，以实现照明节能管理与控制。

6. 设置建筑设备监控系统，对建筑物内的设备实现节能控制。

10.2　小学

10.2.1　项目信息

本工程是一个 36 班小学，地上 5 层，建筑面积为 58 760m²，建筑高度 21m，设计使用年限 50 年。工程性质为教学及配套项目，包括图书馆、体验中心、专用教室（科学教室、劳技教室、计算机教室、音乐舞蹈美术教室、语言教室）及教师办公室等。

10.2.2　系统组成

1. 高低压变、配电系统。
2. 电力、照明系统。
3. 防雷与接地系统。
4. 电气消防系统。
5. 智能化系统。
6. 电气抗震设计和电气节能措施。

小学

10.2.3　高低压变、配电系统

1. 负荷分级。

（1）二级负荷：包括消防用电设备，公共区域备用照明，客梯用电，生活水泵等。设备容量约为 480kW。

（2）三级负荷：包括一般照明及动力负荷。设备容量约为 1200kW。

2. 电源：由市政外网引来两路双路高压电源。高压系统电压等级为 10kV。高压采用单母线分段运行方式，中间设联络开关，平时两路电源同时分列运行，互为备用，当一路电源故障时，通过手操作联络开关，另一路电源负担全部负荷。

3. 变、配电站。在地下一层设置变电所一处。变电所内设两台 800kVA 干式变压器。变压器低压侧 0.4kV 采用单母线分段接线方式，低压母线分段开关采用手动投切方式时，低压母联断路器应采用设有自投自复、自投手复、自投停用三种状态的位置选择开关，自投时应设有一定的延时，当变压器低压侧总开关因过负荷或短路故障而分闸时，母联断路器不得自动合闸；电源主断路器与母联断路器之间应有电气联锁。

4. 电梯、水泵、风机、空调等设备设置电能计量装置，并采取节电措施。

10.2.4　电力、照明系统

1. 配电系统的接地形式采用 TN－S 系统。冷冻机组、冷冻泵、冷却泵、生活泵、热力站、电梯、体育馆厨房等大型用电负荷等设备采用放射式供电；风机、空调机、污水泵等小型设备采用树干式供电。各楼层设置电源切断装置。

2. 为保证重要负荷的供电，对重要设备如：通信机房、消防用电设备（消防水泵、消防风机等）、信息网络设备、消防控制室、中央控制室等均采用双回路专用电缆供电，在最末一级配电箱处设双电源自投，自投方式采用双电源自投自复。

3. 各幢建筑的电源引入处应设电源总切断装置和可靠的接地装置，各楼层应分别设电源切断装置。

4. 配电系统支路的划分应符合以下原则：

（1）教学用房和非教学用房的照明线路分设不同支路。

（2）门厅、走道、楼梯照明线路设单独支路。

（3）教室内电源插座与照明用电分设不同支路。

（4）空调用电设专用线路。

5. 照度标准见表 10.1.4。

6. 光源：教室应采用高效率灯具，教室照明光源采用显色指数 R_a 大于 80 的细管径（≤26mm）稀土三基色荧光灯。识别颜色有较高要求的教室，采用显色指数 R_a 大于 90 的高显色性光源；教室灯具选用无眩光的灯具。教学用房照度均匀度不应低于 0.7，应避免黑板反射眩光.宜采用非对称型照明曲线灯具。教室照明灯具的排列平行于学生视线，灯管排列应采用长轴垂直于黑板的方向布置，黑板面上平均照度为 500lx，均匀度为 0.7。靠近侧窗的灯具可采用非对称配光灯具，灯具距桌面的最低悬挂高度不应低于 1.7m。黑板灯采用非对称型照明曲线灯具。食堂（含厨房及配餐空间）设电源插座及紫外线杀菌灯。

7. 教学及教学辅助用房电源设置应符合下列规定：

（1）各教室的前后墙应各设置一组电源插座；每组电源插座均为 220V 二孔、三孔安全型插座。电源插座回路均应设置剩余电流动作保护器（动作电流≤30mA，动作时间 0.1s），安装高度为 1.8m；

（2）多媒体教室设置多媒体教学设备电源接线条件；

（3）教学楼内饮水器处设置专用供电电源。

8. 应急照明与疏散照明：疏散走道及楼梯设置应急照明灯具及灯光疏散指示标志。消防控制室、变配电所、配电间、电信机房、弱电间、楼梯间、前室、水泵房、电梯机房、重要机房的值班照明等处的应急照明按 100%考虑；门厅、走道按 30%设置应急照明；各层走道、拐角及出入口均设疏散指示灯，蓄电池采用集中免维护电池进行供电，停电时自动切换为直流供电，并且应急照明持续时间应不少于 30min。

9. 照明控制。

（1）教学用房照明线路支路，控制范围不超过三个教室。

（2）门厅、走道、楼梯照明线路采用集中控制。

（3）教学用房中，照明灯具宜分组控制。

10.2.5 防雷与接地系统

1. 本建筑物按三类防雷建筑物设防，为防直击雷在屋顶设接闪带，其网格不大于 20m×20m，所有突出屋面的金属体和构筑物应与接闪带电气连接。

2. 为预防雷电电磁脉冲引起的过电流和过电压，在变压器低压侧、向重要设备供电的末端配电箱的各相母线上、重要的信息设备、由室外引入或由室内引至室外的电气线路装设电涌保护器（SPD）。

3. 本工程采用共用接地装置，以建筑物、构筑物的金属体、构造钢筋和基础钢筋作为接地体，其接地电阻小于 1Ω。

4. 交流 220/380V 低压系统接地形式采用 TN－S，PE 线与 N 线严格分开。

5. 建筑物做总等电位联结，在变配电所内安装主等电位联结端子箱，将所有进出建筑物的金属管道、金属构件、接地干线等与总等电位端子箱有效连接。

6. 在所有变电所，弱电机房，电梯机房，强、弱电小间，浴室等处做辅助等电位联结。

10.2.6　电气消防系统

1. 火灾自动报警系统。本工程消防安防室设于首层，设置通向室外的安全出口。消防控制室内设置火灾报警控制器、消防联动控制器、可燃气体报警主机、电气火灾监控主机、消防控制室图形显示装置、消防专用电话总机、消防应急广播控制装置、消防应急照明和疏散指示系统控制装置、消防电源监控器、防火门监控器等设备，消防控制室内设置的消防控制室图形显示装置显示建筑物内设置的全部消防系统及相关设备的动态信息和消防安全管理信息，为远程监控系统预留接口，具有向远程监控系统传输相关信息的功能。燃气表间、厨房设气体探测器，烟尘较大场所设感温探测器，行政楼、风雨操场、走廊、计算机教室等一般场所设感烟探测器。在本楼适当位置设手动报警按钮及消防对讲电话插孔。在消火栓箱内设消火栓报警按钮。消防控制室可接收感烟、感温、气体探测器的火灾报警信号，水流指示器、检修阀、压力报警阀、手动报警按钮、消火栓按钮的动作信号。在每层消防电梯前室附近设置楼层显示复示盘。电气消防系统示意见图 10.2.6－1。

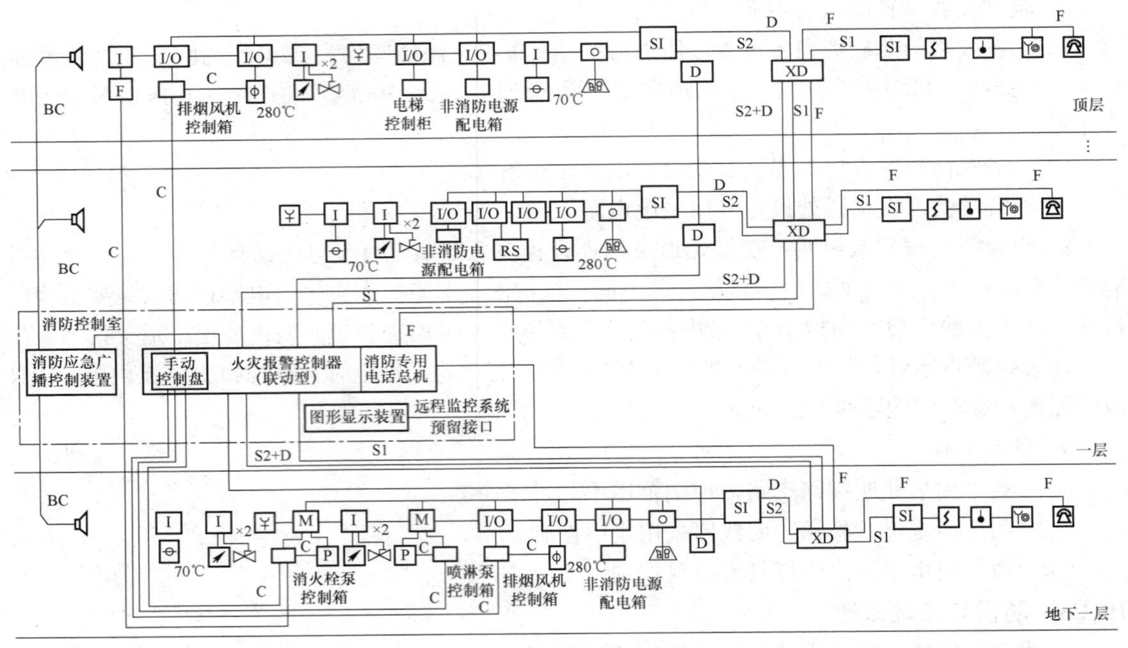

图 10.2.6－1　电气消防系统示意

2. 消防联动控制系统。在消防控制室设置联动控制台，控制方式分为自动控制和手动控制两种。通过联动控制台，可以实现对消火栓、自动喷洒灭火系统、防烟、排烟、加压送风系统的监视和控制，火灾发生时手动切断一般照明及空调机组、通风机、动力电源。当发生火灾时，自动关闭总煤气进气阀门。

3. 消防紧急广播系统。在消防控制室设置消防广播机柜，机组采用定压式输出。地下泵房、冷冻机房等处设号角式 15W 扬声器，其他场所设置 3W 扬声器。消防紧急广播按建筑层分路，

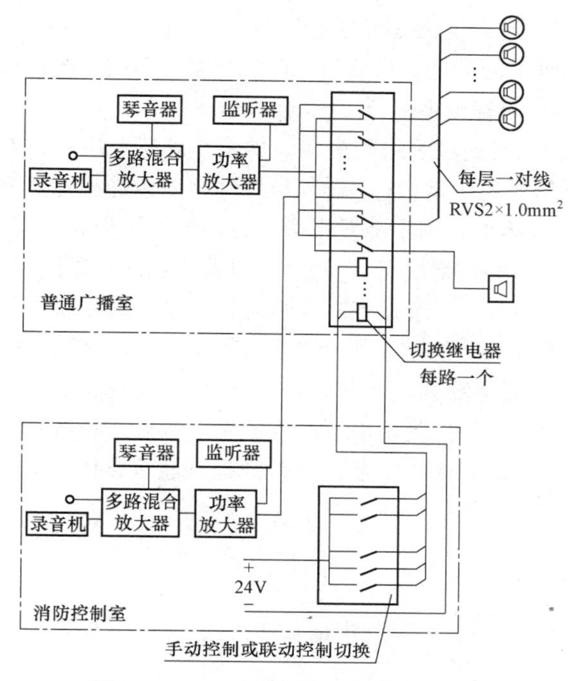

图 10.2.6－2 消防紧急广播系统示意

每层一路。当发生火灾时，消防控制室值班人员可自动或手动向全楼进行火灾广播，及时指挥疏导人员撤离火灾现场。消防紧急广播系统示意见图 10.2.6－2。

4. 消防直通对讲电话系统。在消防控制室内设置消防直通对讲电话总机，除在各层的手动报警按钮处设置消防对讲电话插孔外，在变配电室、水泵房、电梯机房、冷冻机房、防排烟机房、建筑设备监控室、管理值班室等处设置消防直通对讲电话分机。

5. 电梯监视控制系统。在消防控制室设置电梯监控盘，除显示各电梯运行状态、层数显示外，还应设置正常、故障、开门、关门等状态显示。火灾发生时，根据火灾情况及场所，由消防控制室电梯监控盘发出指令，指挥电梯按消防程序运行：对全部或任意一台电梯进行对讲，说明改变运行程序的原因；除消防电梯保持运行外，其余电梯均强制返回一层并开门。火灾指令开关采用钥匙型开关，由消防控制室负责火灾时的电梯控制。

6. 应急照明系统。所有楼梯间及前室的照明以及变配电所、消防控制室、安防中心、消防水泵房、防排烟机房、柴油发电机房、电信机房等的照明全部为应急照明。公共场所应急照明一般按正常照明的 10%～15%设置。应急照明电源采用双电源末端互投供电。主要疏散出口设置安全出口指示灯，疏散走廊设置疏散指示灯。

7. 为防止用电不善引起的火灾，本工程设置电气火灾报警系统。

8. 为保证防火门充分发挥其隔离作用，本工程设置防火门监控系统。

9. 为保证消防设备电源可靠性，本工程设置消防设备电源监控系统。

10.2.7 智能化系统

1. 信息化应用系统。信息化应用系统功能应满足建筑物运行和管理的信息化需要并提供建筑业务运营的支撑和保障。系统包括公共服务、智能卡应用、物业管理、信息设施运行管理、信息安全管理、基本业务办公和专业业务等信息化应用系统。

（1） 公共服务系统。公共服务系统应具有访客接待管理和公共服务信息发布等功能，并宜具有将各类公共服务事务纳入规范运行程序的管理功能。系统基于信息网络及布线系统，系统服务器设置于中心网络机房，管理终端设置于相应管理用房。

（2） 智能卡应用系统。根据建设方物业信息管理部门要求对出入口控制、电子巡查、停车场管理、考勤管理、消费等实行一卡通管理，“一卡”，在同一张卡片上实现开门、考勤、消费等多种功能；“一库”，在同一软件平台上，实现卡的发行、挂失、充值、资料查询等管理，系统共用一个数据库，软件必须确保出入口控制系统的安全管理要求；“一网”，各系统的终端接入局域网进行数据传输和信息交换。系统基于信息网络及布线系统，系统服务器设置于中心网络机房，管理终端设置于相应管理用房。

（3）信息设施运行管理系统。信息设施运行管理系统应具有对建筑物信息设施的运行状态、资源配置、技术性能等进行监测、分析、处理和维护的功能。系统基于信息网络及布线系统，系统服务器设置于中心网络机房，管理终端设置于相应管理用房。

（4）信息安全管理系统。信息网络安全管理系统通过采用防火墙、加密、虚拟专用网、安全隔离和病毒防治等各种技术和管理措施，使网络系统正常运行，确保经过网络的传输和管理措施，使网络系统正常运行，确保经过网络传输和交换的数据不会发生增加、修改、丢失和泄露。系统基于信息网络及布线系统，系统服务器设置于中心网络机房，管理终端设置于相应管理用房。

2. 智能化集成系统。本工程对建筑设备监控系统、安全技术防范系统、信息设施系统、信息化应用系统、消防系统（只监不控）等系统通过统一的信息平台实现集成，实施综合管理，各子系统应提供通用接口及通信协议。集成的重点是能为本工程对各个管理部门提供高效、科学和方便的管理手段，突出在中央管理系统的管理，控制仍由下面各子系统进行，将各种日常管理信息，物业管理信息等构成相互之间有关联的一个整体，从而有效地提升建筑整体的运作水平和效率。

3. 信息化设施系统。

（1）信息系统对城市公用事业的需求。

1）本工程需输出入中继线 30 对（呼出呼入各 50%）。另外申请直拨外线 50 对（此数量可根据实际需求增减）。

2）电视信号接自城市有线电视网，在顶层设有卫星电视机房，对建筑内的有线电视实施管理与控制。有线电视节目和卫星电视节目经调制后，经电视信号干线系统传送至每个电视输出口处，使获得技术规范所要求的电平信号，达到满意的收视效果。

（2）通信自动化系统。

1）本工程在地下一层设置电话交换机房，拟定设置一台 300 门的 PABX。

2）通信自动化系统中，程控自动数字交换机起着重要的作用。随着通信技术的发展，现今的 PABX 应将传统的语音通信、语音信箱、多方电话会议、IP 技术、ISDN（B－ISDN）应用等通信技术融会在一起，向用户提供全新的通信服务。

（3）综合布线系统。综合布线系统（GCS）应为一套完善可靠的支持语音、数据、多媒体传输的开放式的结构，作为通信自动化系统和办公自动化系统的支持平台，满足教学、通信和办公自动化的需求。系统能支持综合信息（语音、数据、多媒体）传输和连接，实现多种设备配线的兼容，综合布线系统能支持所有的数据处理（计算机）的供应商的产品，支持各种计算机网络的高速和低速的数据通信，可以传输所有标准的模拟和数字的语音信号，具有传输 ISDN 的功能，可以传输模拟图像、数字图像以及会议电视等的多媒体信号。完全能承担建筑内的信息通信设备与外部的信息通信网络相连。本工程在地下一层设置网络室。综合布线系统示意见图 10.2.7－1。

（4）信息管理系统。信息网络系统为学校的管理者及建筑物内的各个使用者提供有效可靠的各类信息的接收、交换、传输、存储、检索和显示的综合处理，运用计算机软件技术，结合学校的工作与管理特点，并提供决策支持能力与服务。包括日常办公管理 、学生信息管理、学生档案管理、营养食谱管理、卫生保健管理、收费管理、后勤管理、教育教学管理等管理模块。

（5）会议电视系统。本工程在多功能厅设置全数字化技术的数字会议网络系统（DCN 系统），该系统采用模块化结构设计，全数字化音频技术。具有全功能、高智能化、高清晰音质。方便扩展和数据传递保密等优点。可实现发言演讲、会议讨论、会议录音等各种国际性会议功能，其中主席设备具有最高优先权，可控制会议进程。

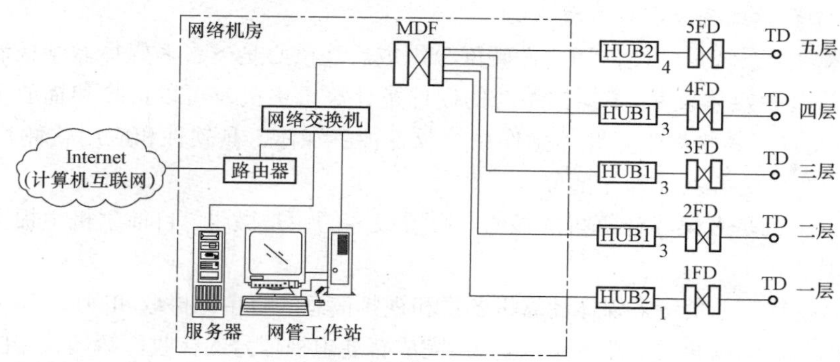

图 10.2.7－1 综合布线系统示意

（6） 有线电视及卫星电视系统。

1） 本工程在地下一层设置有线电视前端室，对建筑内的有线电视实施管理与控制。

2） 有线电视系统根据用户情况采用分配－分支分配方式。

（7） 教学及紧急广播系统。

1） 教学区广播包括教学广播、消防紧急广播和园区背景音乐广播等。系统由节目源、前置放大器、音频分配器、控制主机（单元）、功率放大器、扬声器组成。本工程应急广播与教学广播共用一套音响装置。本工程在一层设置广播室（与消防控制室共室）。

2） 广播区域划分按建筑功能分区划分区域。话筒音源，可对每个区域单独编程或全部播出。

3） 系统应具备隔离功能，某一回路扬声器发生短路，应自动从主机上断开，以保证功放及控制设备的安全。

4） 系统主机应为标准的模块化配置，并提供标准接口及相关软件通信协议，以便系统集成。

5） 系统采用 100V 定压输出方式。要求从功放设备的输出端至线路上最远的用户扬声器的线路衰耗不大于 1dB（1000Hz）。

6） 公共广播系统的平均声压级宜比背景噪声高出 12～15dB，满足应备声压级，但最高声压级不宜超过 90dB。应急广播优先于其他广播。

7） 环境噪声大于 60dB 的场所，紧急广播扬声器在播放范围内最远点的播放声压级应高于背景噪声 15dB。

8） 广播扩音设备的电源侧，应设电源切断装置。有就地音量开关控制的扬声器，紧急广播时消防信号自动强制接通，音量开关附切换装置。

9） 在消防控制室内手动或按预设控制逻辑联动控制选择广播分区、启动或停止消防紧急广播系统，同时切断教学广播。火灾确认后，同时向全楼进行广播。

10） 公共广播的每一分区均设有调音控制板（设在消防控制室），可根据需要调节音量或切除，消防紧急广播时消防信号自动强制接通。

（8） 无线通信增强系统。为避免无线基站信道容量有限，忙时可能出现网络拥塞，手机用户不能及时打进或接进电话。另外由于大楼内建筑结构复杂，无线信号难于穿透，室内易出现覆盖盲区。因此，学校内应安装无线信号室内天线覆盖系统以解决移动通信覆盖问题，同时也可增加无线信道容量。

（9） 多媒体教学系统及远程互动视频

1） 多媒体教学系统是由硬件和软件两部分组成。其核心是一台多媒体教学控制主机，其外围主要是视听等多种媒体设备。多媒体系统的硬件是计算机主机及可以接收和播放多媒体信息的各种输入/输出设备，其软件是多媒体操作系统及各种多媒体工具软件和应用软件。

2） 整个硬件系统可以分为5部分：

控制主机：主机是多媒体计算机的核心，用得最多的还是微机。目前主机主板上可能集成有多媒体专用芯片。

视频部分：视频部分负责多媒体计算机图像和视频信息的数字化摄取和回放。其信号源可以是摄像头、录放像机、影碟机等。电视卡（盒）：完成普通电视信号的接收、解调、A/D 转换及与主机之间的通信，从而可在计算机上观看电视节目，同时还可以以 MPEG 压缩格式录制电视节目。

音频部分：音频部分主要完成音频信号的 A/D 和 D/A 转换及数字音频的压缩、解压缩及播放等功能。主要包括声卡、外接音箱、话筒、耳麦、MIDI 设备等。

基本输入/输出设备：视频/音频输入设备包括摄像机、录像机、影碟机、扫描仪、话筒、录音机、激光唱盘和 MIDI 合成器等；视频/音频输出设备包括显示器、电视机、投影电视、扬声器、立体声耳机等；人机交互设备包括键盘、鼠标、触摸屏和光笔等；数据存储设备包括 CD－ROM、磁盘、打印机、可擦写光盘等。

高级多媒体设备：随着科技的进步，出现了一些新的输入/输出设备，比如用于传输手势信息的数据手套，数字头盔和立体眼镜等设备。

3） 软件系统：多媒体软件系统按功能可分为系统软件和应用软件。多媒体系统软件主要包括多媒体操作系统、媒体素材制作软件及多媒体函数库、多媒体创作工具与开发环境、多媒体外部设备驱动软件和驱动器接口程序等。应用软件是在多媒体创作平台上设计开发的面向应用领域的软件系统。

（10） 数字化图书馆系统。系统分为图书资源管理、信息资源建设、视听阅览和网络设计四个模块。

1） 图书管理：主要是数据档案管理，可选用条形码打印机为图书资源编码，并选用条形码阅读器处理图书的借还服务，简化管理人员工作量。对计算机处理速度要求不高，普通机型即可。

2） 建立电子资源阅览库：管理人员可使用多种方式将纸件文本转换为电子图书，管理人员也可以将上网收集大量信息资料（杂志、报刊、文学作品等）或购买市场上的电子书籍或教学软件入库，还可以将馆藏录像带、录音带等视听资料转换为数字资源入库。

3） 电子图书阅读可以通过两种方式进行电子图书的阅读：Web 浏览和 Apabi Reader 本地阅读。Web 浏览不受借阅限制，浏览方便。Apabi Reader 本地阅读则体验舒适，可以对图书进行标注，同时 Apabi Reader 也是图书借阅管理客户端，可以对所结图书进行信息记录、借书还书等文档管理操作。

4） 网络设计：数字图书馆系统多媒体数据流量较大，对网络的带宽有较高要求，可以采用 100M 快速以太网技术，按“星型”结构进行布线，保证网络的高效、安全及易维护。视频服务器应选择较高档次的服务器，并选用光盘塔服务器为视听阅览工作站提供教学光盘点播服务。数字图书馆系统可通过校园网连入 Internet。

（11） 高清录播系统。高清全自动录播系统提供大部分功能一键式操作完成，降低了教师使用的难度，增强了系统的易用性和稳定性。系统主要完成教师的视频自动跟踪采集和学生的视频拍摄，音视频智能采集，教师电脑屏幕截取，教师/学生视频/计算机画面智能导播并进行电影模式的课件录制，同时将信号源自动传送至课件实时录制系统生成优质的高清精品课程，并上传至学习管理平台进行点播，还可通过课堂直播系统在局域网、互联网上直播，为远端用户提供在线实时学习的平台。

4. 建筑设备管理系统。

（1） 建筑设备监控系统。本工程在首层安防控制室设置独立的建筑设备监控系统（BAS），采用直接数字控制技术，对建筑物的给排水系统进行监控；对电梯系统及供电系统进行监视。本工程建筑设备监控系统监控点数约共计为620控制点，采用“集散型系统”，通过中央监控系统的计算机网络，将各层的控制器、现场传感器、执行器及远程通信设备进行联网，共同实现集中管理、分散控制的综合监控及管理功能。

（2） 建筑能效监管系统。本工程建筑能效监管主机设置于各个建筑物业管理室。系统可对冷热源系统、供暖通风和空气调节、给水排水、供配电、照明、电梯等建筑设备进行能耗监测。根据学校管理的要求及基于对建筑设备运行能耗信息化监管的需求，应能对建筑的用能环节进行相应适度调控及供能配置适时调整。

5. 公共安全系统。

（1） 视频监控系统。为了有效地维护校园秩序和学生安全，根据不同的环境及监控要求，配置不同的网络摄像机满足图像摄取点的最优方案，同时还要兼顾使用客户的价格承受能力。校园网络视频监控系统示意见图10.2.7－2。本工程在一层设置保安室（与消防控制室共室）。

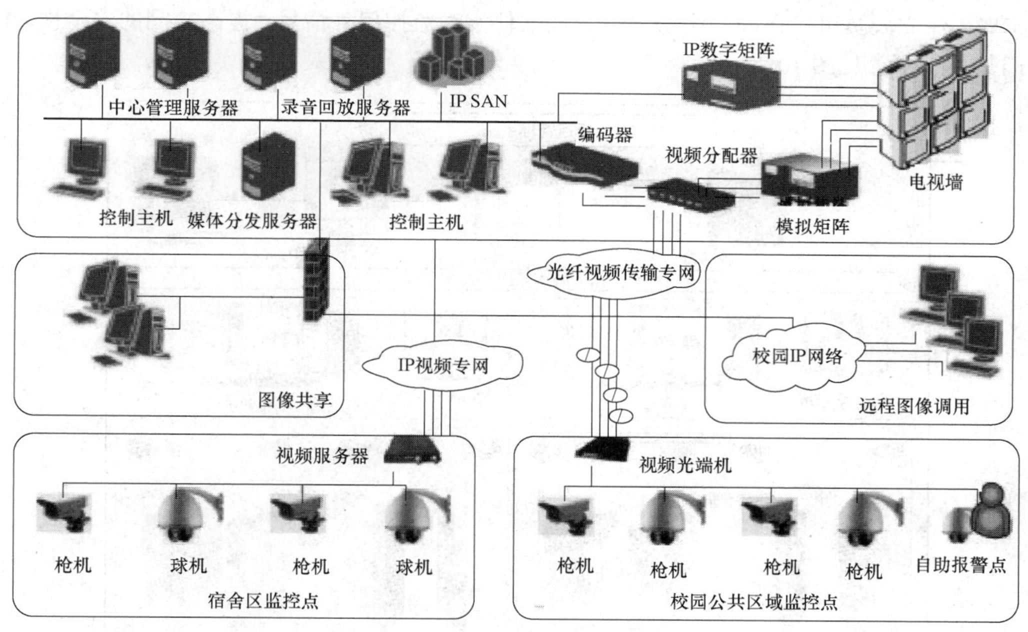

图10.2.7－2 校园网络视频监控系统示意

1） 学校大门口人流复杂，而且校大门临街建设，很容易出现交通事故，也有部分社会不良青年聚集学校门口滋事。在学校门口的内部及外部区域安装智能网络高速球，对出入口附近30m范围内的人员、车辆活动情况进行监控，当出现纠纷以及事故，可远程控制球机对局部区域进行重点监控，事后通过视频录像进行取证；同时在门卫室附近安装网络半球摄像机，对人员出入及登记情况进行监控。

2）行政楼、教学楼出入口及主要通道走廊也是监控的重点区域，对于多出入口的情况，需要在每个出入口安装网络红外一体摄像机，监控出入人员情况。

3）在学校围墙、车棚设立监控点，根据距离及面积安装网络红外一体摄像机，进行实时及录像监控，保证了夜晚监控效果，保障公共及个人财产安全。

4）在校园操场区域，体育运动比较多，人员活动也较多，采用智能网络高速球对操场全景进行监控，当出现纠纷以及事故，可远程控制球机对局部区域进行重点监控，事后通过视频录像进行取证调查。

5）在教室内采用广角的网络半球摄像机，可覆盖教室内所有座位。平时可以监控日常教学课堂情况，在作为考点监控的时候，可通过网络接入专用的考试网上巡查系统，对教室的监控设备权限进行隔离，满足国家以及地方的关于考场监控的要求。同时，还可以通过网络进行远程公开课指导，远程教育。

6）视频监控传输系统。网络视频监控系统是基于 IP 网络设计，主要数据传输介质是以太网双绞线，该系统能很好地集成到现有的校园局域网络中。对距离超远的监控点，配套使用光纤网络摄像机，更可减少因采用其他系统而使用光端机设备的成本，并可减少中间设备（如光电转换器或光端机）产生的故障点。

（2）门禁系统。

1）学校的大门通道管理，学生上学时必须经过刷卡身份确认后才能进入校园，无身份授权的人员不能进入学校，来访人员佩戴临时卡才能进入学校，保证闲杂人员无法进入学校，门外人员刷卡时，保安人员可以在控制中心通过管理软件实时监控门外情景，提高校园的安全性。校园网络门禁系统示意见图 10.2.7－3。

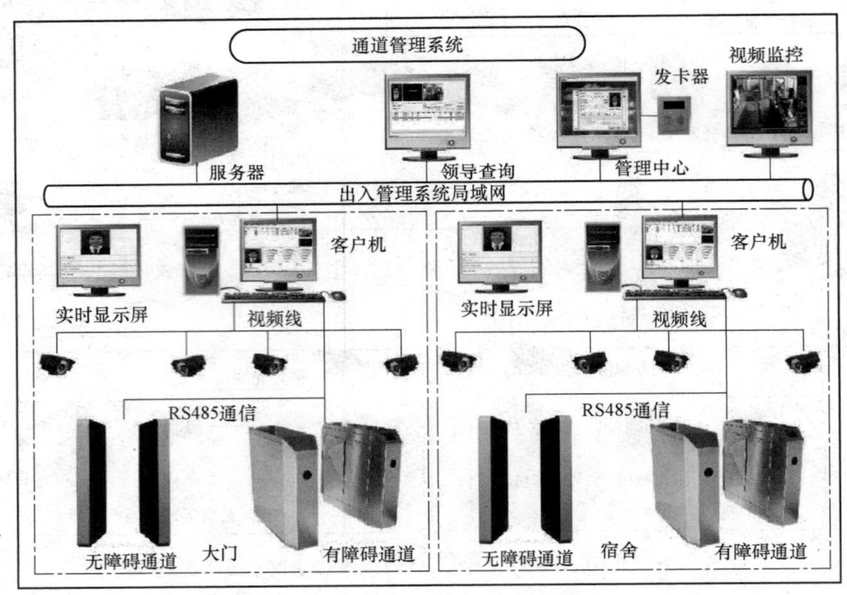

图 10.2.7－3　校园网络门禁系统示意

2）校内人数快速查询，必要时可快速查询到学校的师生人员情况，并可以打印出相关人员名单，如果遇到紧急事故，便于制订营救计划。

3）校长、财务和老师办公室进出管理，本区域建议采用汉王面部识别系统，提高安全级别。

4）电教室的电教设备的管理，有权限的卡才能接通电教设备的电源进行使用，老师需要使用设备时必须先刷卡给设备通电，使用完毕老师再刷卡给设备断电，其他没有权限的人无法通过刷卡对设备进行使用。并可查询所有老师对设备的使用记录。

5）学校的宿舍单元门管理，对于学生进出宿舍楼进行实时的信息管理和记录，本住宿楼的学生可实行指定时间段的开门限制；非本住宿楼的学生禁止进入或指定时间门常闭，保障住宿环境。

（3）无线巡更系统。无线巡更系统由信息采集器、信息下载器、信息钮和中文管理软件等组成。并可实现以下功能：

1）可按人名、时间、巡更班次、巡更路线对巡更人的工作情况进行查询，并可将查询情况打印成各种表格，如情况总表、巡更事件表、巡更遗漏表等。

2）巡更数据储存，定期将以前的数据储存到软盘上，需要时可恢复到硬盘上。

3）用户要求可定制其他功能，如各种巡更事件的设置、员工考勤管理等。

【说明】电气抗震设计和电气节能措施参见 10.1.8 和 10.1.9。

10.3 中学

10.3.1 项目信息

本工程由北侧的教学区、西南侧的生活区、东南侧的体育活动区和东北侧的预留国际部发展区 4 个主要部分组成。北侧的教学区（综合教学楼，综合实验楼，综合艺术楼，综合行政）承担学校日常的教学和行政功能。西南侧的生活区（学生宿舍，生活服务楼）为师生日常生活提供服务。东南侧的体育活动区由多功能综合体育馆、看台、400m 标准操场、室外篮球场、器械活动区等组成。东北侧的国际部发展区为预留用地，内建 200m 操场和篮球等活动场地，作为教学区的备用运动场地。建筑面积为 129 242m^2，建筑高度 24m，可容纳 100 个高中班在校学习和生活的大尺度校园。

中学

10.3.2 系统组成

1. 高低压变、配电系统。
2. 电力、照明系统。
3. 防雷与接地系统。
4. 电气消防系统。
5. 智能化系统。
6. 电气抗震设计和电气节能、环保措施。

10.3.3　高低压变、配电系统

1. 负荷分级。

（1）二级负荷包括：消防用电设备，公共区域备用照明，客梯用电，生活水泵等。设备容量约为980kW。

（2）三级负荷包括：一般照明及动力负荷。设备容量约为2800kW。

2. 电源：由市政外网引来两路双路高压电源。高压系统电压等级为10kV。高压采用单母线分段运行方式，中间设联络开关，平时两路电源同时分列运行，互为备用，当一路电源故障时，通过手操作联络开关，另一路电源负担全部负荷。

3. 变、配电站。1#变电室设于行政楼地下一层，内设2台1000kVA干式变压器，2#变电室设于生活服务中心首层，内设2台800kVA干式变压器。全校变压器装机容量为3600kVA。变压器低压侧0.4kV采用单母线分段接线方式，低压母线分段开关采用手动投切方式时，低压母联断路器应采用设有自投自复、自投手复、自投停用三种状态的位置选择开关，自投时应设有一定的延时，当变压器低压侧总开关因过负荷或短路故障而分闸时，母联断路器不得自动合闸；电源主断路器与母联断路器之间应有电气联锁。

10.3.4　电力、照明系统

1. 配电系统的接地形式采用TN－S系统。冷冻机组、冷冻泵、冷却泵、生活泵、热力站、电梯、游泳池、体育馆、厨房等大型用电负荷等设备采用放射式供电并设置电能计量装置，采取节电措施；风机、空调机、污水泵等小型设备采用树干式供电。

2. 为保证重要负荷的供电，对重要设备如：通信机房、消防用电设备（消防水泵、消防风机等）、信息网络设备、消防控制室、中央控制室等均采用双回路专用电缆供电，在最末一级配电箱处设双电源自投，自投方式采用双电源自投自复。

3. 各幢建筑的电源引入处应设电源总切断装置和可靠的接地装置，各楼层应分别设电源切断装置。

4. 配电系统支路的划分应符合以下原则：

（1）教学用房和非教学用房的照明线路分设不同支路。

（2）门厅、走道、楼梯照明线路设单独支路。

（3）教室内电源插座与照明用电分设不同支路。

（4）空调用电设专用线路。

5. 照度标准见表10.1.4。

6. 光源。教室应采用高效率灯具，教室照明光源采用显色指数R_a大于80的细管径（≤26mm）稀土三基色荧光灯。识别颜色有较高要求的教室，采用显色指数R_a大于90的高显色性光源；教室灯具选用无眩光的灯具。用于晚间学习的教室的平均照度值宜较普通教室高一级，教学用房照度均匀度不低于0.7，且不应产生眩光。教室照明灯具的排列平行于学生视线.靠近侧窗的灯具可采用非对称配光灯具，灯管排列应采用长轴垂直于黑板的方向布置。灯具距桌面的最低悬挂高度不应低于1.70m。黑板照明采用非对称型照明曲线灯具，且黑板上的垂直照度值不低于教室的平均水平照度值。教室的照明控制按平行于采光窗方式分组，黑板照明平均照度为500lx，均匀度为0.7。黑板照明应单独设置控制开关。食堂（含厨房及配餐空间）设电源插座及紫外线杀菌灯。在多媒体教学的报告厅、大教室等场所，设置供记录用的照明和非多媒体教室使用的一般照明，且一般照明采用调光方式或采用与电视屏幕平行的分组控制方式。

各教室的前后墙各设置一组电源插座；每组电源插座均为220V二孔、三孔安全型插座。电源插座回路均设置剩余电流动作保护器（动作电流≤30mA，动作时间0.1s）；多媒体教室设置多媒体教学设备电源接线条件；教学楼内饮水器处设置专用供电电源；各实验室内教学用电设专用线路，并应有可靠的接地措施。电源侧设有短路保护、过载保护措施的配电装置；科学教室、化学、物理实验室设直流电源线路和电源接线条件；物理实验室讲桌处应设三相380V电源插座；电学实验室的实验桌及计算机教室的微机操作台设置电源插座。综合实验室的电源插座设在固定实验边台上。用电控制开关均设在教师实验台处；化学实验室实验桌设置机械排风时，排风机设专用动力电源，其控制开关宜设在教师实验桌内。

7. 应急照明与疏散照明：疏散走道及楼梯设置应急照明灯具及灯光疏散指示标志。消防控制室、变配电所、配电间、电信机房、弱电间、楼梯间、前室、水泵房、电梯机房、重要机房的值班照明等处的应急照明按100%考虑；门厅、走道按30%设置应急照明；各层走道、拐角及出入口均设疏散指示灯，蓄电池采用集中免维护电池进行供电，停电时自动切换为直流供电，并且应急照明持续时间应不少于60min。

8. 照明控制。

（1）教学用房照明线路支路，控制范围不超过三个教室。

（2）黑板照明应单独设置控制开关。

（3）门厅、走道、楼梯照明线路采用集中控制。

（4）教学用房中，照明灯具宜分组控制。

10.3.5 防雷与接地系统

1. 本建筑物按三类防雷建筑物设防，为防直击雷在屋顶设接闪带，其网格不大于20m×20m，所有突出屋面的金属体和构筑物应与接闪带电气连接。

2. 为预防雷电电磁脉冲引起的过电流和过电压，在变压器低压侧、向重要设备供电的末端配电箱的各相母线上、重要的信息设备、由室外引入或由室内引至室外的电气线路装设电涌保护器（SPD）。

3. 本工程采用共用接地装置，以建筑物、构筑物的金属体、构造钢筋和基础钢筋作为接地体，其接地电阻小于1Ω。

4. 交流220/380V低压系统接地形式采用TN－S，PE线与N线严格分开。

5. 建筑物做等电位联结，在变配电所内安装主等电位联结端子箱，将所有进出建筑物的金属管道、金属构件、接地干线等与等电位端子箱有效连接。

6. 在所有变电所，弱电机房，电梯机房，强、弱电小间，浴室等处做辅助等电位联结。

10.3.6 电气消防系统

1. 火灾自动报警系统。本工程消防安防分控室设于首层，设置通向室外的安全出口。消防控制室内设置火灾报警控制器、消防联动控制器、可燃气体报警主机、电气火灾监控主机、消防控制室图形显示装置、消防专用电话总机、消防应急广播控制装置、消防应急照明和疏散指示系统控制装置、消防电源监控器、防火门监控器等设备，消防控制室内设置的消防控制室图形显示装置显示建筑物内设置的全部消防系统及相关设备的动态信息和消防安全管理信息，为远程监控系统预留接口，具有向远程监控系统传输相关信息的功能。燃气表间、厨房设气体探测器，烟尘较大场所设感温探测器，行政楼、风雨操场、走廊、实验室、计算机教室等一般场所设感烟探测器。在本楼适当位置设手动报警按钮及消防对讲电话插孔。在消火栓箱内设消火栓报警按钮。消防控制室可接收感烟、感温、气体探测器的火灾报警信号，水流指示器、检修阀、压力报警阀、手动报警按钮、消火栓按钮的动作信号。在每层消防电梯前室附近设置楼层显示复示盘。

2. 消防联动控制系统。在消防控制室设置联动控制台，控制方式分为自动控制和手动控制两种。通过联动控制台，可以实现对消火栓、自动喷洒灭火系统、防烟、排烟、加压送风系统的监视和控制，火灾发生时手动切断一般照明及空调机组、通风机、动力电源。当发生火灾时，自动关闭总煤气进气阀门。

3. 消防紧急广播系统。在消防控制室设置消防广播机柜，机组采用定压式输出。地下泵房、冷冻机房等处设号角式 15W 扬声器，其他场所设置 3W 扬声器。消防紧急广播按建筑层分路，每层一路。当发生火灾时，消防控制室值班人员可自动或手动向全楼进行火灾广播，及时指挥疏导人员撤离火灾现场。

4. 消防直通对讲电话系统。在消防控制室内设置消防直通对讲电话总机，除在各层的手动报警按钮处设置消防对讲电话插孔外，在变配电室、水泵房、电梯机房、冷冻机房、防排烟机房、建筑设备监控室、管理值班室等处设置消防直通对讲电话分机。

5. 电梯监视控制系统。在消防控制室设置电梯监控盘，除显示各电梯运行状态、层数显示外，还应设置正常、故障、开门、关门等状态显示。火灾发生时，根据火灾情况及场所，由消防控制室电梯监控盘发出指令，指挥电梯按消防程序运行：对全部或任意一台电梯进行对讲，说明改变运行程序的原因；除消防电梯保持运行外，其余电梯均强制返回一层并开门。火灾指令开关采用钥匙型开关，由消防控制室负责火灾时的电梯控制。

6. 应急照明系统。所有楼梯间及前室的照明以及变配电所、消防控制室、安防中心、消防水泵房、防排烟机房、柴油发电机房、电信机房等的照明全部为应急照明。公共场所应急照明一般按正常照明的 10%～15%设置。应急照明电源采用双电源末端互投供电。主要疏散出口设置安全出口指示灯，疏散走廊设置疏散指示灯。

7. 为防止用电不善引起的火灾，本工程设置电气火灾报警系统。

8. 本工程设置消防设备电源监控系统，通过对消防设备的供电电源的故障和异常状态进行监控，及时报警提醒相关人员消除这些隐患，防止发生火灾时，消防设备无电可用，设备不能正常投入使用。

9. 为保证防火门充分发挥其隔离作用，在火灾发生时，迅速隔离火源，有效控制火势范围，为扑救火灾及人员的疏散逃生创造良好条件，本工程设置防火门监控系统。

10.3.7 智能化系统

1. 信息化应用系统。信息化应用系统功能应满足建筑物运行和管理的信息化需要并提供建筑业务运营的支撑和保障。系统包括公共服务、智能卡应用、物业管理、信息设施运行管理、信息安全管理、基本业务办公和专业业务等信息化应用系统。

（1）公共服务系统。公共服务系统应具有访客接待管理和公共服务信息发布等功能，并宜具有将各类公共服务事务纳入规范运行程序的管理功能。系统基于信息网络及布线系统，系统服务器设置于中心网络机房，管理终端设置于相应管理用房。

（2）智能卡应用系统。根据建设方物业信息管理部门要求对出入口控制、电子巡查、停车场管理、考勤管理、消费等实行一卡通管理，“一卡”，在同一张卡片上实现开门、考勤、消费等多种功能；“一库”，在同一软件平台上，实现卡的发行、挂失、充值、资料查询等管理，系统共用一个数据库，软件必须确保出入口控制系统的安全管理要求；“一网”，各系统的终端接入局域网进行数据传输和信息交换。系统基于信息网络及布线系统，系统服务器设置于中心网络机房，管理终端设置于相应管理用房。

（3）信息设施运行管理系统。信息设施运行管理系统应具有对建筑物信息设施的运行状态、资源配置、技术性能等进行监测、分析、处理和维护的功能。系统基于信息网络及布线系统，系统服务器设置于中心网络机房，管理终端设置于相应管理用房。信息设施运行管理系统示意见图 10.3.7－1。

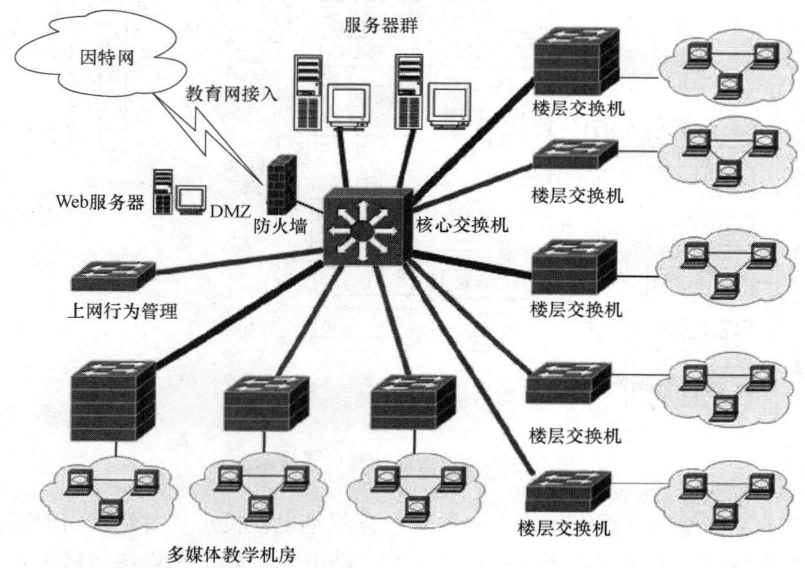

图 10.3.7－1 信息设施运行管理系统示意

（4）信息安全管理系统。信息网络安全管理系统通过采用防火墙、加密、虚拟专用网、安全隔离和病毒防治等各种技术和管理措施，使网络系统正常运行，确保经过网络的传输和管理措施，使网络系统正常运行，确保经过网络传输和交换的数据不会发生增加、修改、丢失和泄露。系统基于信息网络及布线系统，系统服务器设置于中心网络机房，管理终端设置于相应管理用房。

2. 智能化集成系统。本工程对建筑设备监控系统、安全技术防范系统、信息设施系统、信息化应用系统、消防系统（只监不控）等系统通过统一的信息平台实现集成，实施综合管理，各子系统应提供通用接口及通信协议。集成的重点是能为本工程对各个管理部门提供高效、科学和方便的管理手段，突出在中央管理系统的管理，控制仍由下面各子系统进行，将各种日常管理信息，物业管理信息等构成相互之间有关联的一个整体，从而有效地提升建筑整体的运作水平和效率。智能化集成系统示意见图 10.3.7－2。

3. 信息化设施系统。

（1）信息系统对城市公用事业的需求。

1）本工程需输出入中继线 60 对（呼出呼入各 50%）。另外申请直拨外线 100 对（此数量可根据实际需求增减）。

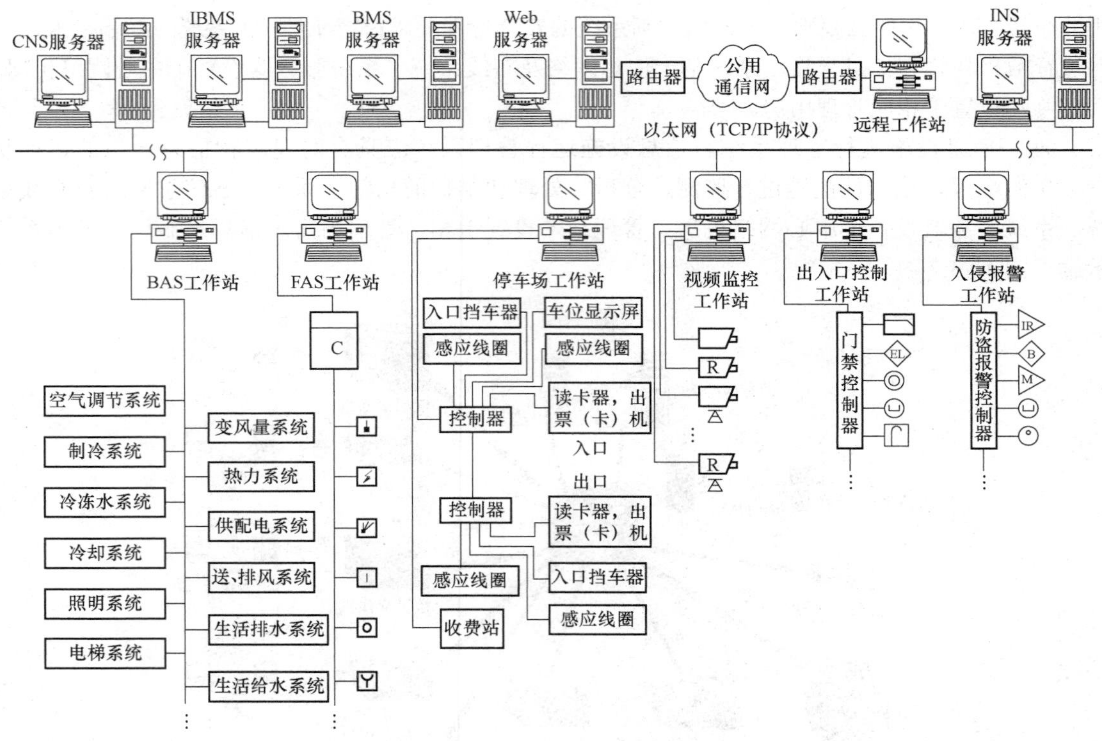

图 10.3.7－2 智能化集成系统示意

2） 电视信号接自城市有线电视网，在顶层设有卫星电视机房，对建筑内的有线电视实施管理与控制。有线电视节目和卫星电视节目经调制后，经电视信号干线系统传送至每个电视输出口处，使获得技术规范所要求的电平信号，达到满意的收视效果。

（2） 通信自动化系统。

1） 本工程在地下一层设置电话交换机房，拟定设置一台 600 门的 PABX。

2） 通信自动化系统中，程控自动数字交换机起着重要的作用。随着通信技术的发展，现今的 PABX 应将传统的语音通信、语音信箱、多方电话会议、IP 技术、ISDN（B－ISDN）应用等当今最先进的通信技术融会在一起，向用户提供全新的通信服务。

（3） 综合布线系统。本工程在地下一层设置网络室。综合布线系统（GCS）应为一套完善可靠的支持语音、数据、多媒体传输的开放式的结构，作为通信自动化系统和办公自动化系统的支持平台，满足教学、通信和办公自动化的需求。系统能支持综合信息（语音、数据、多媒体）传输和连接，实现多种设备配线的兼容，综合布线系统能支持所有的数据处理（计算机）的供应商的产品，支持各种计算机网络的高速和低速的数据通信，可以传输所有标准的模拟和数字的语音信号，具有传输 ISDN 的功能，可以传输模拟图像、数字图像以及会议电视等的多媒体信号。完全能承担建筑内的信息通信设备与外部的信息通信网络相连。

（4） 会议电视系统。本工程在多功能厅设置全数字化技术的数字会议网络系统（DCN 系统），该系统采用模块化结构设计，全数字化音频技术。具有全功能、高智能化、高清晰音质。方便扩展和数据传递保密等优点。可实现发言演讲、会议讨论、会议录音等各种国际性会议功能，其中主席设备具有最高优先权，可控制会议进程。会议电视系统示意见图 10.3.7－3。

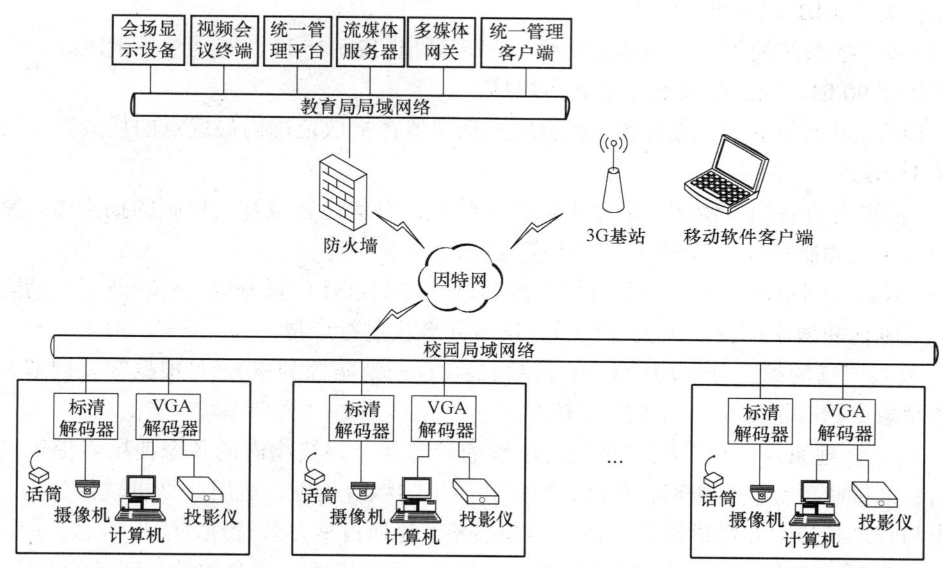

图 10.3.7－3 会议电视系统示意

（5） 教学及紧急广播系统。

1） 教学区广播包括教学广播、消防紧急广播和园区背景音乐广播等。系统由节目源、前置放大器、音频分配器、控制主机（单元）、功率放大器、扬声器组成。本工程应急广播与教学广播共用一套音响装置。教学及紧急广播系统示意见图 10.3.7－4，本工程在一层设置广播室（与消防控制室共室）。

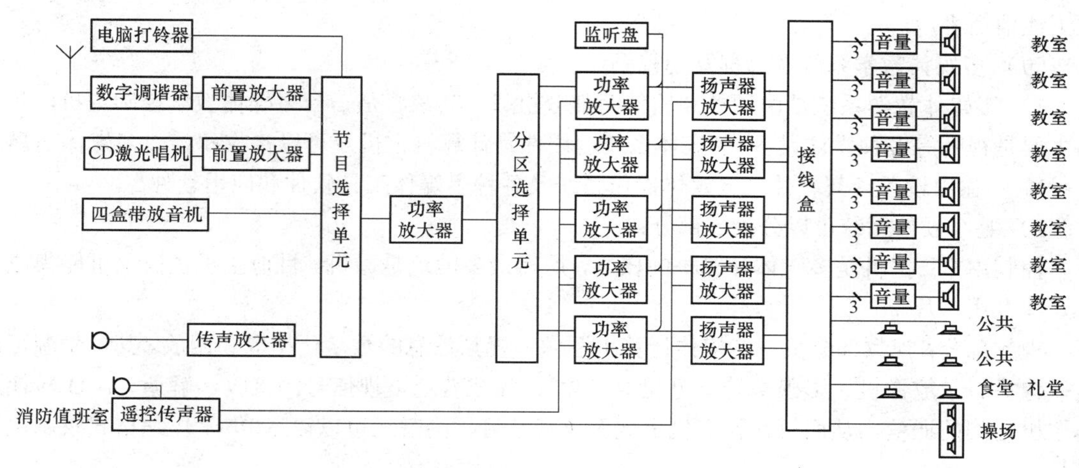

图 10.3.7－4 教学及紧急广播系统示意

2） 广播区域划分按建筑功能分区划分区域。话筒音源，可对每个区域单独编程或全部播出。

3） 系统应具备隔离功能，某一回路扬声器发生短路，应自动从主机上断开，以保证功放及控制设备的安全。

4） 系统主机应为标准的模块化配置，并提供标准接口及相关软件通信协议，以便系统集成。

5） 系统采用 100V 定压输出方式。要求从功放设备的输出端至线路上最远的用户扬声器的线路衰耗不大于 1dB（1000Hz）。

6） 公共广播系统的平均声压级宜比背景噪声高出 12～15dB，满足应备声压级，但最高声压级不宜超过 90dB。应急广播优先于其他广播。

7） 环境噪声大于 60dB 的场所，紧急广播扬声器在播放范围内最远点的播放声压级应高于背景噪声 15dB。

8） 广播扩音设备的电源侧，应设电源切断装置。有就地音量开关控制的扬声器，紧急广播时消防信号自动强制接通，音量开关附切换装置。

9） 在消防控制室内手动或按预设控制逻辑联动控制选择广播分区、启动或停止消防紧急广播系统，同时切断教学广播。火灾确认后，同时向全楼进行广播。

10） 公共广播的每一分区均设有调音控制板（设在消防控制室），可根据需要调节音量或切除，消防紧急广播时消防信号自动强制接通。

（6） 信息管理系统。信息网络系统为学校的管理者及建筑物内的各个使用者提供有效可靠的各类信息的接收、交换、传输、存储、检索和显示的综合处理，运用计算机软件技术，结合学校的工作与管理特点，并提供决策支持能力与服务。包括日常办公管理、学生信息管理、学生档案管理、营养食谱管理、卫生保健管理、收费管理、后勤管理、教育教学管理等管理模块。

（7） 有线电视及卫星电视系统。

1） 本工程在地下一层设置有线电视前端室，对建筑内的有线电视实施管理与控制。

2） 有线电视系统根据用户情况采用分配－分支分配方式。

（8） 无线通信增强系统。为避免无线基站信道容量有限，忙时可能出现网络拥塞，手机用户不能及时打进或接进电话。另外由于大楼内建筑结构复杂，无线信号难于穿透，室内易出现覆盖盲区。因此，学校内应安装无线信号室内天线覆盖系统以解决移动通信覆盖问题，同时也可增加无线信道容量。

（9） 多媒体教学系统及远程互动视频。

1） 多媒体教学系统是由硬件和软件两部分组成。其核心是一台多媒体教学控制主机，其外围主要是视听等多种媒体设备。多媒体系统的硬件是计算机主机及可以接收和播放多媒体信息的各种输入/输出设备，其软件是多媒体操作系统及各种多媒体工具软件和应用软件。

2） 整个硬件系统可以分为 5 部分：

控制主机：主机是多媒体计算机的核心，用得最多的还是微机。目前主机主板上可能集成有多媒体专用芯片。

视频部分：视频部分负责多媒体计算机图像和视频信息的数字化摄取和回放。其信号源可以是摄像头、录放像机、影碟机等。电视卡（盒）：完成普通电视信号的接收、解调、A/D 转换及与主机之间的通信，从而可在计算机上观看电视节目，同时还可以以 MPEG 压缩格式录制电视节目。

音频部分：音频部分主要完成音频信号的 A/D 和 D/A 转换及数字音频的压缩、解压缩及播放等功能。主要包括声卡、外接音箱、话筒、耳麦、MIDI 设备等。

基本输入/输出设备：视频/音频输入设备包括摄像机、录像机、影碟机、扫描仪、话筒、录音机、激光唱盘和 MIDI 合成器等；视频/音频输出设备包括显示器、电视机、投影电视、扬声器、立体声耳机等；人机交互设备包括键盘、鼠标、触摸屏和光笔等；数据存储设备包括 CD－ROM、磁盘、打印机、可擦写光盘等。

高级多媒体设备：随着科技的进步，出现了一些新的输入/输出设备，比如用于传输手势信息的数据手套，数字头盔和立体眼镜等设备。

3） 软件系统：多媒体软件系统按功能可分为系统软件和应用软件。多媒体系统软件主要包括多媒体操作系统、媒体素材制作软件及多媒体函数库、多媒体创作工具与开发环境、多媒体外部设备驱动软件和驱动器接口程序等。应用软件是在多媒体创作平台上设计开发的面向应用领域的软件系统。

（10）数字化图书馆系统。系统分为图书资源管理、信息资源建设、视听阅览和网络设计四个模块。

1） 图书管理：主要是数据档案管理，可选用条形码打印机为图书资源编码，并选用条形码阅读器处理，图书的借还服务，简化管理人员工作量。对计算机处理速度要求不高，普通机型即可。

2） 建立电子资源阅览库：管理人员可使用多种方式将纸件文本转换为电子图书，管理人员也可以将上网收集大量信息资料（杂志、报刊、文学作品等）或购买市场上的电子书籍或教学软件入库，还可以将馆藏录像带、录音带等视听资料转换为数字资源入库。

3） 电子图书阅读可以通过两种方式进行电子图书的阅读：Web 浏览和 Apabi Reader 本地阅读。Web 浏览不受借阅限制，浏览方便。Apabi Reader 本地阅读则体验舒适，可以对图书进行标注，同时 Apabi Reader 也是图书借阅管理客户端，可以对所结图书进行信息记录、借书还书等文档管理操作。

4） 网络设计：数字图书馆系统多媒体数据流量较大，对网络的带宽有较高要求，可以采用100M 快速以太网技术，按“星型”结构进行布线，保证网络的高效、安全及易维护。视频服务器应选择较高档次的服务器，并选用光盘塔服务器为视听阅览工作站提供教学光盘点播服务。数字图书馆系统可通过校园网连入 Internet。

（11）高清录播系统。高清全自动录播系统提供大部分功能一键式操作完成，降低了教师使用的难度，增强了系统的易用性和稳定性。系统主要完成教师的视频自动跟踪采集和学生的视频拍摄，音视频智能采集，教师电脑屏幕截取，教师/学生视频/计算机画面智能导播并进行电影模式的课件录制，同时将信号源自动传送至课件实时录制系统生成优质的高清精品课程，并上传至学习管理平台进行点播，还可通过课堂直播系统在局域网、互联网上直播，为远端用户提供在线实时学习的平台。

（12）时钟系统。为校园各区域和部门提供统一准确时间、协调各部门工作，系统采用子母钟控制原则，采用北斗/GPS 接收机接受校时信号，信号经处理后向母钟定时发校准信号。时钟系统示意见图 10.3.7－5。

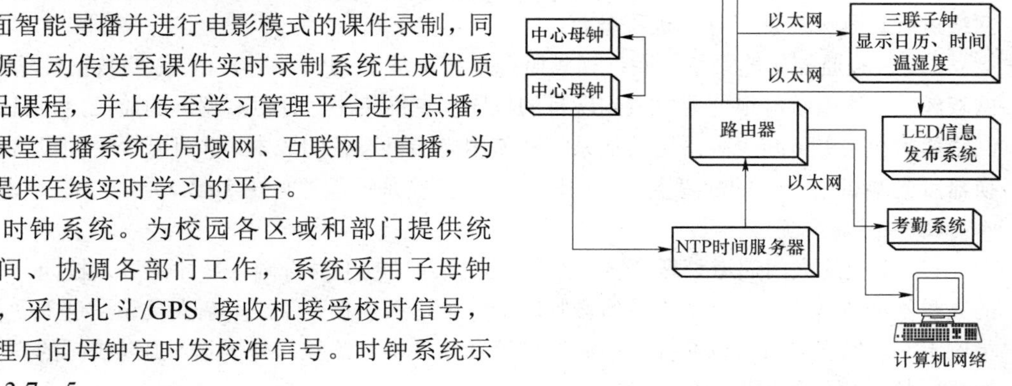

图 10.3.7－5 时钟系统示意

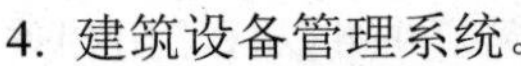
4. 建筑设备管理系统。

（1） 建筑设备监控系统。本工程在首层安防控制室设置独立的建筑设备监控系统（BAS），采用直接数字控制技术，对建筑物的给排水系统进行监控；对电梯系统及供电系统进行监视。本工程建筑设备监控系统监控点数约共计为620控制点，采用“集散型系统”，通过中央监控系统的计算机网络，将各层的控制器、现场传感器、执行器及远程通信设备进行联网，共同实现集中管理、分散控制的综合监控及管理功能。

（2）建筑能效监管系统。本工程建筑能效监管主机设置于各个建筑物业管理室。系统可对冷热源系统、供暖通风和空气调节、给水排水、供配电、照明、电梯等建筑设备进行能耗监测。根据建筑物业管理的要求及基于对建筑设备运行能耗信息化监管的需求，应能对建筑的用能环节进行相应适度调控及供能配置适时调整。

5. 公共安全系统。

（1）视频监控系统。本工程在一层设置保安室（与消防控制室共室）。为了有效地维护校园秩序和学生安全，根据不同的环境及监控要求，配置不同的网络摄像机满足图像摄取点的最优方案，同时还要兼顾使用客户的价格承受能力。

1）学校大门口人流复杂，而且校大门临街建设，很容易出现交通事故，也有部分社会不良青年聚集学校门口滋事。在学校门口的内部及外部区域安装智能网络高速球，对出入口附近30m范围内的人员、车辆活动情况进行监控，当出现纠纷以及事故，可远程控制球机对局部区域进行重点监控，事后通过视频录像进行取证；同时在门卫室附近安装网络半球摄像机，对人员出入及登记情况进行监控。

2）行政楼、教学楼出入口及主要通道走廊也是监控的重点区域，对于多出入口的情况，需要在每个出入口安装网络红外一体摄像机，监控出入人员情况。

3）在学校围墙、车棚设立监控点，根据距离及面积安装网络红外一体摄像机，进行实时及录像监控，保证了夜晚监控效果，保障公共及个人财产安全。

4）在校园操场体区域，体育运动比较多，人员活动也较多，采用智能网络高速球对操场全景进行监控，当出现纠纷以及事故，可远程控制球机对局部区域进行重点监控，事后通过视频录像进行取证调查。

5）在实验室、教室内采用广角的网络半球摄像机，可覆盖教室内所有座位。平时可以监控实验、日常教学课堂情况，在作为考点监控的时候，可通过网络接入专用的考试网上巡查系统，对教室的监控设备权限进行隔离，满足国家以及地方的关于考场监控的要求。同时，还可以通过网络进行远程公开课指导，远程教育。

6）视频监控传输系统。网络视频监控系统是基于IP网络设计，主要数据传输介质是以太网双绞线，该系统能很好地集成到现有的校园局域网络中。对距离超远的监控点，配套使用光纤网络摄像机，更可减少因采用其他系统而使用光端机设备的成本，并可减少中间设备（如光电转换器或光端机）产生的故障点。校园网络视频监控系统示意见图10.3.7－6。

（2）门禁系统。

1）学校的大门通道管理，学生上学时必须经过刷卡身份确认后才能进入校园，无身份授权的人员不能进入学校，来访人员佩戴临时卡才能进入学校，保证闲杂人员无法进入学校，门外人员刷卡时，保安人员可以在控制中心通过管理软件实时监控门外情景，提高校园的安全性。校园网络门禁系统示意见图10.3.7－7。

2）校内人数快速查询，必要时可快速查询到学校的师生人员情况，并可以打印出相关人员名单，如果遇到紧急事故，便于制订营救计划。

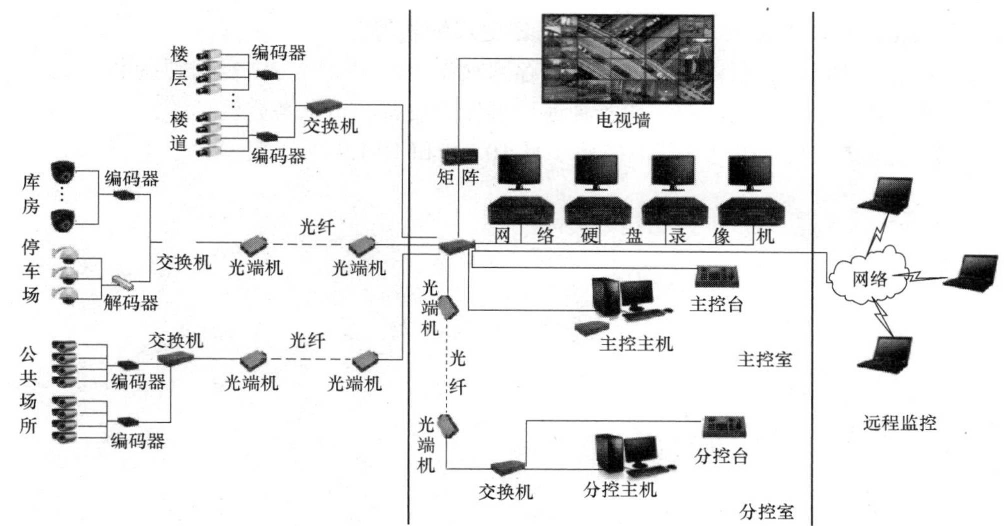

图 10.3.7－6　校园网络视频监控系统示意

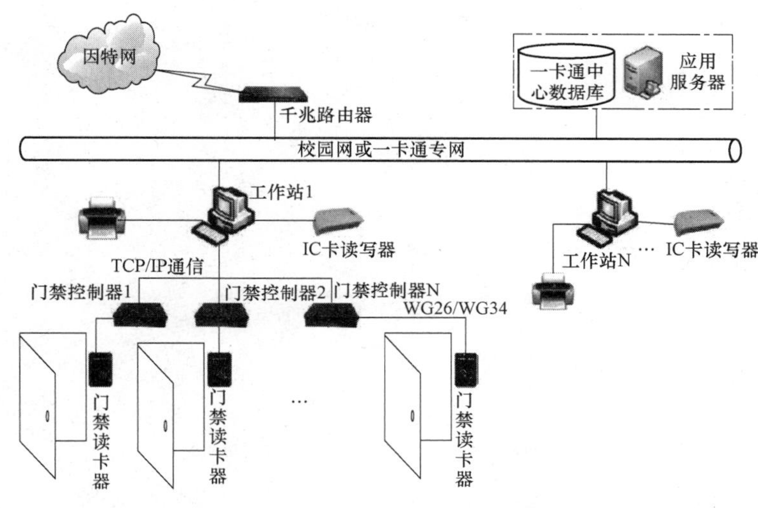

图 10.3.7－7　校园网络门禁系统示意

3）校长、财务和老师办公室进出管理，本区域建议采用汉王面部识别系统，提高安全级别。

4）电教室的电教设备的管理，有权限的卡才通接通电教设备的电源进行使用，老师需要使用设备时必须先刷卡给设备通电，使用完毕老师再刷卡给设备断电，其他没有权限的人无法通过刷卡对设备进行使用。并可查询所有老师对设备的使用记录。

5）学校的宿舍单元门管理，对于学生进出宿舍楼进行实时的信息管理和记录，本住宿楼的学生可实行指定时间段的开门限制；非本住宿楼的学生禁止进入或指定时间门常闭，保障住宿环境。

（3）无线巡更系统。无线巡更系统由信息采集器、信息下载器、信息钮和中文管理软件等组成。并可实现以下功能：

1）可按人名、时间、巡更班次、巡更路线对巡更人的工作情况进行查询，并可将查询情况打印成各种表格，如情况总表、巡更事件表、巡更遗漏表等。

2） 巡更数据储存，定期将以前的数据储存到软盘上，需要时可恢复到硬盘上。

3） 用户要求可定制其他功能，如各种巡更事件的设置、员工考勤管理等。

【说明】电气抗震设计和电气节能措施参见 10.1.8 和 10.1.9。

11 居住建筑

【**摘要**】居住建筑是指供人们日常居住生活使用的建筑物。居住建筑是城市建设中比重最大的建筑类型，关系到广大城镇居民的切身利益，居住建筑电气设计要以人为本，应重点突出了安全，节约资源保护环境的要求，兼顾老年人、儿童、无障碍等特殊群体的使用要求，使“人、建筑、环境”三要素紧密联系在一起，共同形成一个良好的居住环境。

11.1 高层住宅

11.1.1 项目信息

本工程为新建一类高层住宅，总建筑面积约 61 880m²，建筑高度 99.9m，共 4 个单元楼门。地下 2 层，地上 26 层。地下一层为自行车库及机电用房，层高 3.3m。地下二层为人防及设备机房，层高 3.3m。地上标准层层高 3m。地下一层与首层之间有层高 2.19m 的设备夹层。

高层住宅

11.1.2 系统组成

1. 高低压变、配电系统。
2. 电力、照明系统。
3. 防雷与接地系统。
4. 电气消防系统。
5. 智能化系统。
6. 电气抗震设计和电气节能措施。

11.1.3 高低压变、配电系统

1. 负荷分级。本项目为一类高层住宅，按一级负荷用户供电。

（1） 一级负荷：包括消防电梯、消防水泵、防排烟机、应急照明等消防设备；电信机房、计算机网络机房。一级负荷设备容量约为 1620kW。

（2） 二级负荷：包括客梯、生活泵房、生活排水泵等。二级负荷设备容量约为 560kW。

（3） 三级负荷：包括不属于一、二级负荷的其他负荷。三级负荷设备容量约为 2340kW。

2. 供电电源。

（1） 本工程为 380V/220V 低压进线，电源引自小区 10/0.4kV 局管变电室。

（2） 应急电源与备用电源。

1） EPS 电源装置。采用 EPS 电源作为疏散照明的备用电源，EPS 装置的切换时间不应大于 5s，EPS 蓄电池初装容量应保证备用工作时间≥90min。

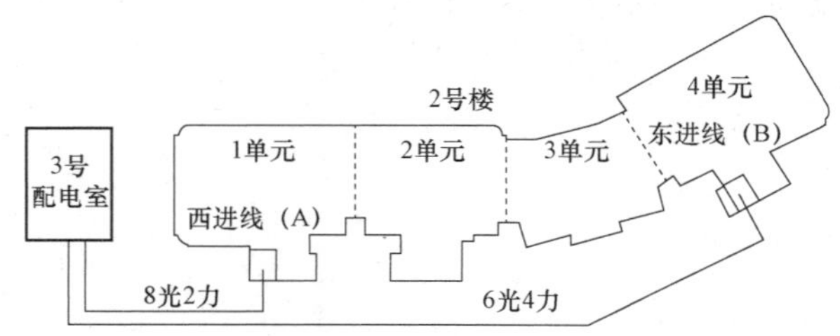

图 11.1.3－1 电源进线位置及回路数量

2） UPS 不间断电源装置。采用 UPS 不间断电源作为消防（安防）控制室、电话及计算机网络系统主机的备用电源。UPS 应急工作时间≥180min。

（3） 变、配电站。

1） 住宅用电引自小区 10/0.4kV 局管变电室，该变电室位于本楼的地下车库内，低压电缆采用沿地面线槽敷设方式。住宅楼内地下一层设电缆π接间，内设高层π接柜。电源进线电缆由高层π接柜在金属线槽内敷设至本楼总配电室内的高层配电柜。本楼内配电系统为 TN－S 系统。总设备容量及进线数量如下：

2） 本楼设备总额定容量为 4188kW，分 A、B 两处进线，其中：A 处为 8 路照明进线、2 路动力进线，设备额定容量为：光 2104kW，力 400kW。

B 处为 6 路照明进线、4 路动力进线，设备额定容量为：光 1662kW，力 522kW。照明、动力分别引自不同变压器的两段母线。照明、动力分别计费。电源进线位置及回路数量见图 11.1.3－1。

11.1.4 电力、照明系统

1. 住宅低压配电为 TN－C－S 系统，采用分区树干式供电，电梯等重要的负荷采用放射式供电，消防负荷及客梯等重要负荷采用双电源供电末端互投。

2. 各级负荷的配电方式：消防负荷、重要负荷、容量较大的设备及机房采用放射方式，就地设配电柜；容量较小分散设备采用树干式供电。消防水泵、消防电梯、防烟及排烟风机等消防负荷及一级负荷的两个供电回路，消防负荷在最末一级配电箱处自动切换；二级负荷采用双回路电源供电，适当位置互投后再放射式供电。配电系统示意见图 11.1.4－1。

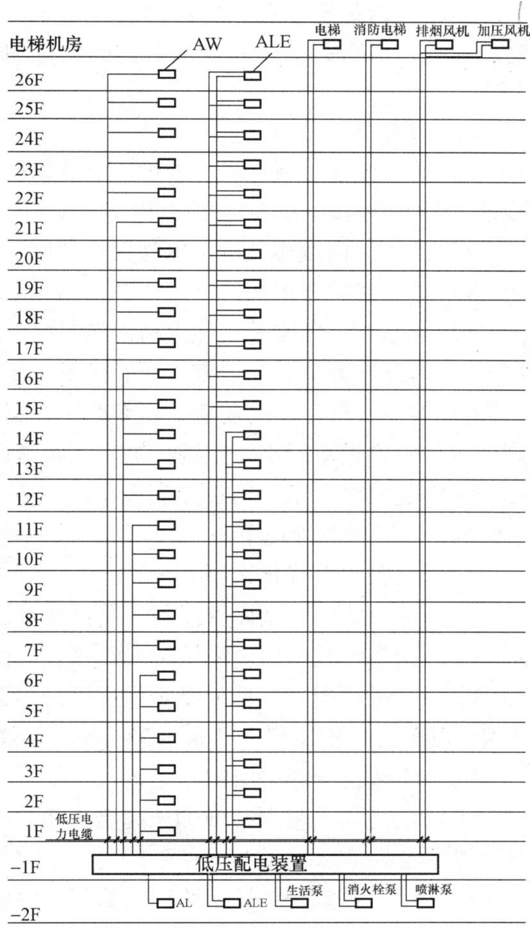

图 11.1.4－1 配电系统示意

3. 住宅配置标准。

（1） 住宅采用分户计量方式，各户电能表集中装于每层公共部位的配电小间内，根据设备专业提供的资料，中户型（约 150m²）及以上各户空调机组电压为 380V，每户设预付费磁卡式三相电能表一块。楼内公用用电设备单独设电能表计量。

（2） 每户用电容量及电能表规格按户内面积划分为：

1） 小户型（约 100m²）为 8kW 电能表规格 10（40）A。

2） 中户型（约 150m²）为 12kW 电能表规格 10（40）A。

3） 大户型（约 200m²）为 15kW 电能表规格 20（80）A。

4） 超大户型（大于 250m²）按上列三种基本户型组合确定用电容量。

（3） 每户户内设用户配电箱，距地 1.8m 暗装。进线设有可同时切断相线和中性线的隔离开关和自恢复式过电压、欠电压保护器，出线分别

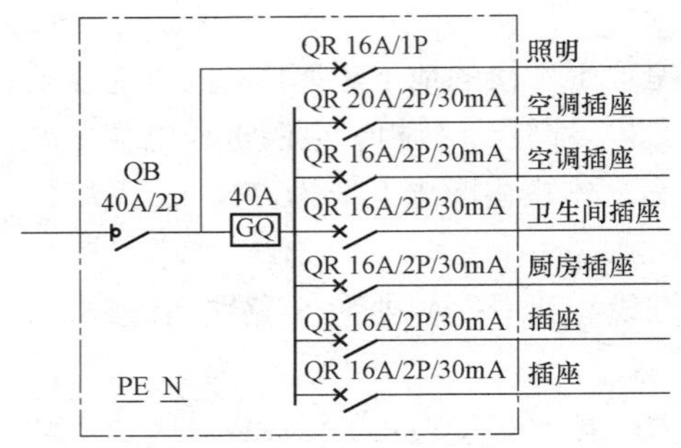

图 11.1.4－2 住宅户内配电箱系统图

配出照明、电源插座等回路，厨房、卫生间、空调为单独配电支路。电源插座回路均配有剩余电流保护开关，动作值为 30mA，0.1s。住宅户内配电箱系统图见图 11.1.4－2。

（4）楼内设可视传呼对讲及门禁系统。首层主、副入口设传呼对讲室外机及电磁门锁，每户户内设传呼对讲分机一部。户内设紧急呼唤按钮。首层向上共 3 层及顶层向下共 3 层每户加装窗磁报警器，与可视传呼对讲合用一套系统。可视传呼对讲及门禁系统连至设于 3 号楼的安防中心。

地下层入楼处车库一侧设门禁读卡器及电磁锁，住宅一侧设出门开关，接入车库内门禁系统。

（5）每户内设弱电家庭智能终端箱一个，距地 0.3m 暗装，内含有线电视、电话、网络模块。

每户按 2 对电话线、1 条网络线、1 条有线电视电缆入户设计。

（6）户内每室顶棚设灯具出线口一个，大居室增加到 2 个。卧室、起居室为普通灯具，吸顶安装；厨房、卫生间和阳台的照明选用防潮灯具，吸顶安装。灯具选型及灯位以装修图为准。

（7）户内插座设置。

1）厨房内设电饭煲、微波炉、抽油烟机、电冰箱、消毒（洗碗）机、饮水器及垃圾粉碎机插座。电烤箱插座为 16A，由专用支路配电。

2）卫生间内设排风机、电吹风机插座（主人卫生间还设有电动按摩浴缸插座）。

3）根据建筑布局在洗衣机位及电冰箱位设置电源插座。

4）起居厅、卧室等其他用房内电源插座根据建设单位的要求布置，且每房间不少于 2 组。

5）客厅、餐厅、起居室、所有卧室、厨房、主人卫生间均设有线电视出线口。

6）客厅、餐厅、起居室、所有卧室、厨房、主人卫生间均设网络（电话）出线口。

（8）每户设户内小型空调机组，房间内设风机盘管及温控开关。

（9）住宅设有水表远传抄表系统，在各层水表间内预留接线盒，并预留管路，远传抄表信号引至 3 号楼物业管理中心。

4. 线路敷设及导体选型。

（1）配电线路穿金属管或用金属桥架敷设。

（2）消防配线所用电缆桥架（线槽）应做防火处理。

（3）电缆桥架（线槽）及金属配件应做防腐处理，其外保护层要求人防地下室采用热镀锌处理。其他部位根据甲方要求可采用喷塑、烤漆等保护处理。

（4）本项目全部采用铜芯导体。

（5）电缆均采用铜芯低烟无卤型电缆，消防负荷供电采用耐火型电缆，其他负荷供电采用阻燃型。

5. 照明。住宅公共场所照明包括正常照明、应急照明。住宅照明标准见表 11.1.5。

表 11.1.5　　住宅照明标准

房间或场所		参考平面及其高度	照度标准值/lx	R_a
起居室	一般活动	0.75m 水平面	100	80
	书写、阅读		300（混合照明）	
卧室	一般活动	0.75m 水平面	75	80
	床头、阅读		150（混合照明）	
餐厅		0.75m 餐桌面	150	80
厨房	一般活动	0.75m 水平面	100	80
	操作台	台面	150（混合照明）	
卫生间		0.75m 水平面	100	80
电梯前厅		地面	75	60
走道、楼梯间		地面	50	60
车库		地面	30	60

6. 光源。

（1）公共场所照明灯具选择发光效率高、显色性好、色温相宜、使用寿命长、符合环保要求的节能光源。

（2）走廊及楼梯等处采用紧凑型节能荧光灯。楼内所有荧光灯（包括正常照明及应急照明）均配低损耗镇流器，并加装补偿电容，保证功率因数大于 0.9。

（3）住宅户内照明根据具体房间的功能而定，宜采用直接照明和开启式灯具。住宅户内卧室、起居厅、餐厅、卫生间、浴室等潮湿且易污场所，采用防潮易清洁的灯具，便于住户装修时自行选择灯具安装。

（4）公共走道、走廊、楼梯间应设人工照明，除电梯厅和火灾应急照明外，均应安装节能型自熄开关或设带指示灯（或自发光装置）的节能开关。

7. 应急照明与疏散照明：

（1）住宅的出入口、门厅、电梯厅、疏散通道、疏散楼梯、公共走道、值班室、地下自行车库、配电室、网络机房、弱电机房、水泵房等处设置疏散照明及备用照明。

（2）应急照明电源为双路供电，若干楼层（每 6 层）设一台双电源互投配电箱。

（3）疏散指示标志灯由自带蓄电池或由集中应急电源柜（EPS）供电，要求在市电中断后保证连续供电时间不小于 30min。

8. 室外及景观照明。建筑物夜景照明由专业厂家进行二次设计，本次设计在屋顶层预留夜景照明专用配电箱及控制管路。夜景照明应避免对住户产生眩光干扰，夜景照明采用自动控制，根据作息时间、空间亮度等条件，按预设的模式开启或关闭夜景照明，节约电能。

9. 航空障碍照明。根据航空管理部门的规定，在楼顶预留航空障碍灯电源，障碍标志灯的水平、垂直距离不宜大于 45m。障碍标志灯电源应按主体建筑中最高负荷等级要求供电。航空障碍灯自带控制箱，其电源为本建筑最高负荷等级，由应急照明配电箱提供，航空障碍灯设有自动同步控制器。

10. 照明控制。

（1）一般房间照明就地控制，公共场所、大面积的房间采取分组或集中控制，消防疏散通道照明具有火灾时强制点亮功能。

（2）电梯井道及轿箱照明由机房专用配电箱供电，电梯井道照明采用 36V 低压电源，电源变压器设在电梯机房内。轿箱照明由电梯厂家配套，应设应急照明并保证连续供电时间不小于 60min。

（3）夜景照明采用智能照明控制系统并与整个住宅区智能照明控制系统联网，智能照明控制器设在小区物业管理中心。

11.1.5　防雷与接地系统

1. 本建筑为第三类防雷建筑物，电子信息系统雷电防护等级为 C 级。为防直击雷在屋顶女儿墙设 ϕ12mm 镀锌圆钢接闪带，形成不大于 20m×20m 或 24m×16m 网格。屋顶所有金属凸出物均与接闪带可靠连接。冷却塔、电视天线等大型设备做独立接闪杆保护，且从两个不同方向与接闪带相连。屋面局部设有由铜屋面板组成的装饰性坡屋顶，该铜屋面板厚度为 0.8mm，板下无易燃物品，铜板无绝缘被覆层且搭接长度不小于 100mm，可用作防雷接闪器，铜屋面板与屋面接闪带的连接做法由铜屋面板厂家提供。利用结构柱内二根大于或等于 ϕ12mm 主钢筋为一组上下贯通做防雷引下线。引下线间距不大于 25m。引下线钢筋与基础底板钢筋做良好电气贯通。本楼四角及中部的引下线在室外地面上 0.5m 处引出测量点。防雷系统示意见图 11.1.5。

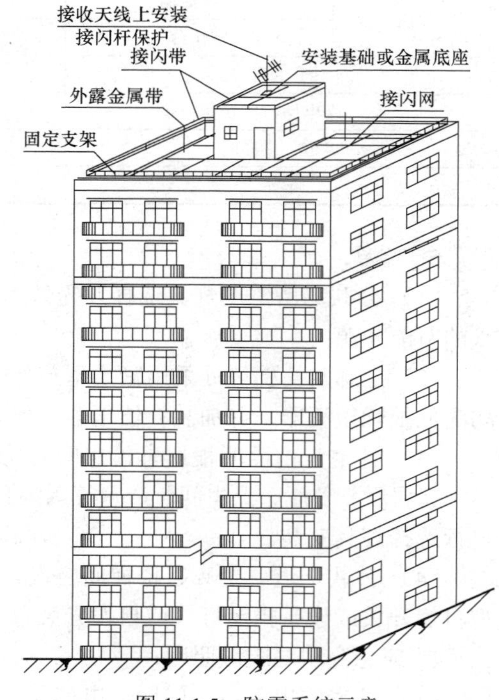

图 11.1.5　防雷系统示意

2. 为防止侧向雷击，各层楼板、结构墙、梁、柱内的主筋均应连接成网并与防雷引下线相连。建筑物 45m 及以上外墙上的栏杆、门窗、框架、装饰物等较大的金属物均应就近与防雷装置连接。竖直敷设的金属管道及金属物的顶端和底端均与防雷装置相连。进出建筑物的各种金属管道应在进出处与防雷接地装置可靠连接。

3. 为防雷击电磁脉冲，在从室外引入的低压电源进线柜、屋顶电梯机房配电箱、屋顶正压风机配电箱及室外照明配电箱内加装 SPD（电涌保护器）。电涌保护器下端应就近与接地装置相连。

4. 本建筑采用联合接地方式，利用基础筏板内主筋做接地网，采用大于 ϕ16mm 主筋做连接，每组 4 根，沿横向和纵向每 2 跨（每跨为 8.1m）做一次可靠电气连通。利用结构护坡桩或维护锚杆钢筋网做辅助接地装置，采用 40mm×4mm 热镀锌扁钢将其做可靠电气连通，要求综合接地电阻小于或等于 0.5Ω。建筑物外围设 40mm×4mm 热镀锌扁钢作人工接地体，埋深大于 1m。

5. 低压配电采用 TN－S 系统，进线重复接地采用 40mm×4mm 镀锌扁钢引出至室外联合接地装置。所有正常情况下不带电的外露可导电部分，如电机、电器等外壳、配电柜、箱、金属管道、框架、电缆桥架等均应接地。

6. 建筑物设等电位联结，等电位端子板设于地下一层配电室内并与室外防雷接地装置联结。

基础底板内钢筋应保证电气贯通，并与结构柱子主筋连为一体。各种配电箱（柜）外壳、配电钢管、上下水管、热水管、煤气管及各种金属管道均须连成一体绑扎、焊接或卡接。各类垂直金属管道在顶部、底部、中间每三层与有贯通连接的柱子或钢筋混凝土墙做电气连接。进出建筑物的各类金属管道，均在进出处就近与室外环形接地体连为一体。金属线槽全长不少于 2 处与接地干线相连接。

7. 电信机房设有专用接地端子箱（消防控制室未设在本建筑内），采用专用接地干线引出与共用接地装置相连。强、弱电竖井设有接地端子箱，分别用 40mm × 4mm 镀锌扁钢引至等电位端子板。有淋浴的卫生间等处设辅助等电位联结端子箱。

11.1.6 电气消防系统

1. 火灾自动报警系统。本项目为一类高层住宅建筑，整个住宅小区为控制中心报警系统，消防控制中心设在小区物业中心首层（不在本建筑内），住宅火灾报警系统形式为 A 类火灾报警系统。火灾自动报警系统为报警二总线制地址编码系统，采用环形连接。需由消防中心手动直接控制的消防设备还采用“硬线”连接的方式。火灾自动报警系统示意见图 11.1.6。

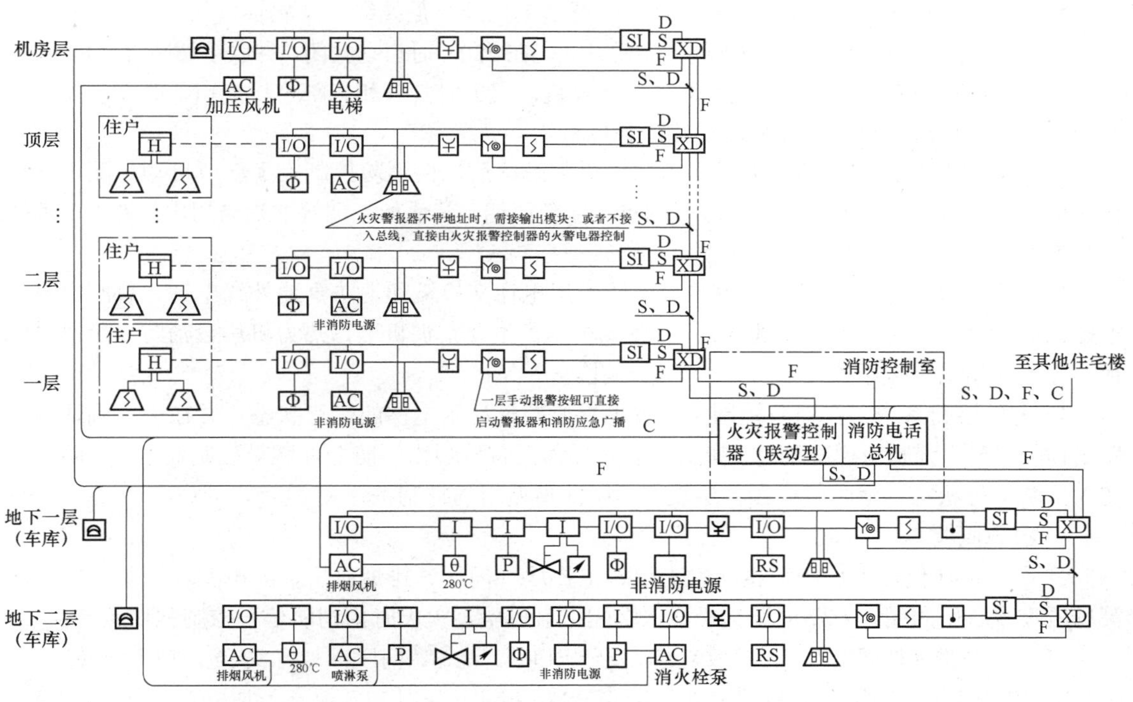

图 11.1.6 火灾自动报警系统示意

在配电室、各类设备机房、弱电机房、自行车库等场所设置感烟探测器。在设有机械防、排烟的场所如：消防电梯前室、消防疏散楼梯间、消防电梯机房设置感烟探测器。发生火灾时，报警信号联动开启本层及上下相邻层的电动正压送风口并启动屋顶正压送风机。住宅户内设有家用型火灾探测器并在厨房设置可燃气体报警器，报警信号接入家用火灾自动报警控制器，在消防中心显示报警部位。

2. 消防联动控制系统。

（1） 消火栓系统：消防泵房不在本建筑内。在每个消火栓内设置消火栓报警按钮，火灾时击碎按钮上的玻璃，发出启动消防泵信号，信号分送至小区消房泵房、小区消防控制室（3号楼）。消火栓报警按钮动作信号接入火灾报警总线并占用一个地址号码。消防泵也可通过消防控制室直接启动。消防泵启动同时，消火栓报警按钮内消防泵启动信号灯点亮。

（2）水喷淋系统：地下二层及地下一层设有水喷淋系统，在水流指示器和水流检修阀旁设监视模块用来向消防控制室报警。压力开关报警动作后联动喷淋泵直接启动。消防控制中心设有喷淋泵自动/手动控制按钮远控启停，并有状态反馈信号显示。

（3）空调系统防火阀动作显示：地下二层及地下一层送风及排风风道上的防火阀70℃时自动关闭，防火阀附近设有监视模块，将信号送回消防控制室。

（4）防、排烟系统。

1）在正压送风及排烟口开启装置附近设有监视模块及控制模块，当排烟口附近烟感探测器及同一防火分区内其他烟感探测器报警时，火灾自动报警系统通过控制模块自动打开正压送风（排烟）口，同时联动起相应正压送风机（排烟风机），停相应排风机及空调新风机并将信号送回消防控制室。消防控制中心应能远控开启正压送风机（排烟风机）并接收返回信号。

2）留有正压送风（排烟）口至其开启装置的钢丝绳（尼龙绳）及配管。

3）正压送风（排烟）系统防火阀均为常开式，在280℃时自动关闭，并联动切断排烟机电源。

4）地下部分（人防）送风机兼做消防补风机，火灾时打开相应部位排烟口，联动启排烟机及相应消防补风机。排烟机停机联动停止补风机。

（5）点燃应急照明及切断非消防电源。火灾确认后，由消防控制室手动或自动按配电干线切断住宅相关楼层的正常照明，同时强制点亮应急照明。其他如空调等非消防用电回路，由消防控制室手动或自动直接切断干线电源。

3. 消防通信系统。消防控制室设有消防专用电话交换机和消防直通外线电话。总配电室、电梯机房、消防泵房（不在本建筑内）、排烟机房、主要空调机房、热力机房设消防专用对讲电话。各层手动报警按钮处设消防专用电话插孔。

4. 电梯控制系统。在消防控制室设置电梯监控盘显示电梯的运行状态，并在火灾确认后，发出控制信号，强制电梯降至首层并开门，客梯落至首层后由消防专业队员控制断电，消防电梯转入消防运行状态。消防电梯在首层设有消防队员专用的控制按钮。

5. 应急照明。

（1）本楼在值班室、疏散楼梯、走道、电梯厅、门厅、排烟机房、配电室、消防电梯机房等场所设置备用照明，双路电源互投至末端配电盘供电，火灾时由消防信号控制强切点亮。

（2）在疏散楼梯间出入口，疏散走道、安全出口处、走道、门厅、大堂、安全出口等场所设置平时常亮的疏散指示灯，由应急照明集中电源柜（EPS）供电，火灾时EPS柜连续供电时间不小于30min。

6. 电气火灾监控系统。在本楼总配电间各照明干线输出回路设置动作值为300mA的剩余电流保护断路器，可动作于切断电源。在动力进线总开关处均设置动作值为500mA的剩余电流保护断路器，动作于报警。剩余电流保护断路器均带辅助接点，动作（报警）信号通过消防监视模块送至消防控制室，并在就地设置声光报警装置。

7. 消防电源监控系统。消防电源监控系统采用总线式结构，监控主机设在消防控制室，在消防设备配电箱内设置电源监控模块，系统可监测消防设备的电流、电压值和开关状态，判断消防电源是否存在断路、短路、过电压、欠电压、过电流以及缺相、错相、过载等状态并进行报警和记录，并应在图形显示装置上显示。

8. 防火门监控系统。防火门监控系统采用总线式结构，监控主机设在消防控制室，疏散通道上常开及常闭防火门的开启、关闭及故障状态均反馈至防火门监控器，并应在消防控制室图形显示装置上显示。

9. 消防控制室。

（1）住宅小区为控制中心报警系统，消防控制中心设在物业中心首层（不在本建筑内），本楼各单元分别设置消防接线端子箱，火灾报警信号直接发送至消防中心，并由消防控制中心直接进行消防联动控制。消防控制室内设有火灾报警控制主机、联动控制装置、火灾事故广播装置、消防专用对讲电话装置、电梯监控盘、消防控制室图形显示装置、打印机、UPS备用电源等。

（2）整个建筑火灾自动报警与消防联动控制系统为网络化、模块化的一个集散式系统。系统留有与建筑管理系统联网的接口，并具备与安全防范管理系统、楼宇设备自控系统、公共音响广播系统，以及有线/无线通信系统等在发生火灾时相应的联动功能。当有事故发生时，在火灾自动报警控制器的显示屏上以中文文字形式显示故障及报警信息，同时在消防控制室图形显示装置上记录、显示。

11.1.7 智能化系统

1. 信息化应用系统。信息化应用系统的配置应满足住宅建筑物业管理的信息化应用需求。本项目为中高档商品住宅，信息化应用系统包括物业运营管理系统、信息服务系统、智能卡应用系统、信息网络安全管理系统等。各系统的管理终端设在物业管理办公室。

（1）物业运营管理系统。具有对住宅建筑内入住人员管理、住户房产维修管理、住户各项费用的查询及收取、住宅建筑公共设施管理、住宅建筑工程图纸管理等功能。

（2）信息服务系统。包括紧急求助、家政服务、电子商务、远程教育、远程医疗、保健、娱乐等，并建立数据资源库，向住宅建筑内居民提供信息检索、查询、发布和导引等服务。

（3）智能卡应用系统。具有出人口控制、停车场管理、电梯控制、消费管理等功能，并宜增加与银行信用卡融合的功能。对于住宅建筑管理人员，宜增加电子巡查、考勤管理等功能。

（4）信息网络安全管理系统，通过采用防火墙、加密、虚拟专用网、安全隔离和病毒防治等各种技术和管理措施，保障网络系统正常运行和信息安全。

2. 家庭智能化系统。智能家居管理系统框图见图11.1.7－1。

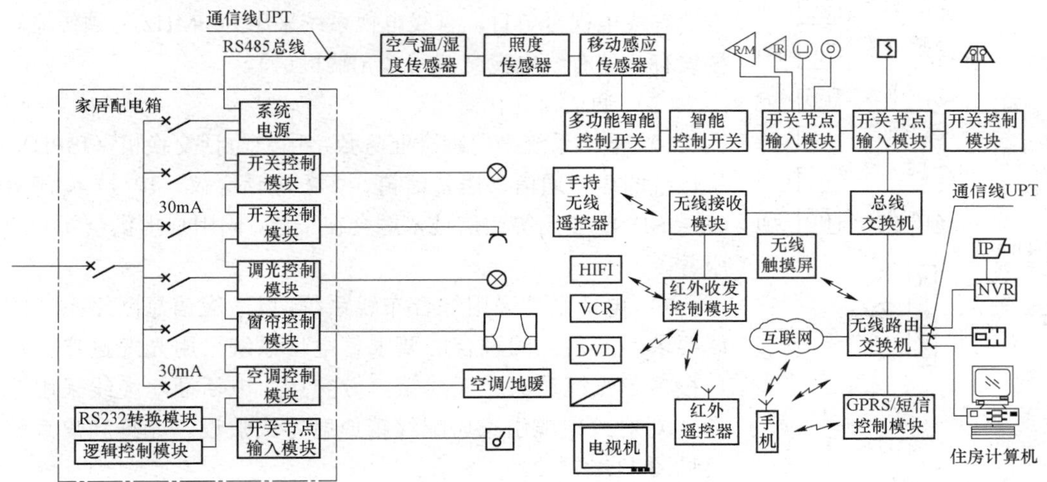

图11.1.7－1 智能家居管理系统框图

（1）家庭智能化是指以计算机技术、通信技术、网络技术为基础，利用家庭内部的电话、电视、计算机等工具，通过家居综合布线将电、水、气等设备连成一体，并与外部互联网相连，从而达到自主控制、管理，并实现家庭防盗、报警、通过互联网遥控家电等强大的功能。家庭智能化的实现应包括三种网络：宽带互联网、家庭互联网和家庭控制网络。

（2）家庭智能化系统建设就是对目前已到户的各类弱电线缆，如电话线、宽带网络线、有线电视等按照业主的意愿，将所需的信息家电分配到自己既方便又实用的位置上，比如书房、卧室、卫生间等处，从而使业主在所需的各个位置都能享受各种信息所带来的乐趣。

（3）家居弱电管理箱是每个家庭的弱电系统管理中心。它不仅将住宅外部信号接入并分配至各个房间，还可以将住户内部的各房间信号相互转换。家居弱电管理箱使用方便、灵活，并且能够为用户将来的发展提供一定的空间。

（4）家居弱电管理箱内部各功能模块通过总线方式连接，经电话线，现场总线、CATV 线路、小区局域网与外部联网。通过电话接口模块输入命令，传输数据和管理其余各功能模块，从而协调整个系统工作，实现智能住宅的功能要求。

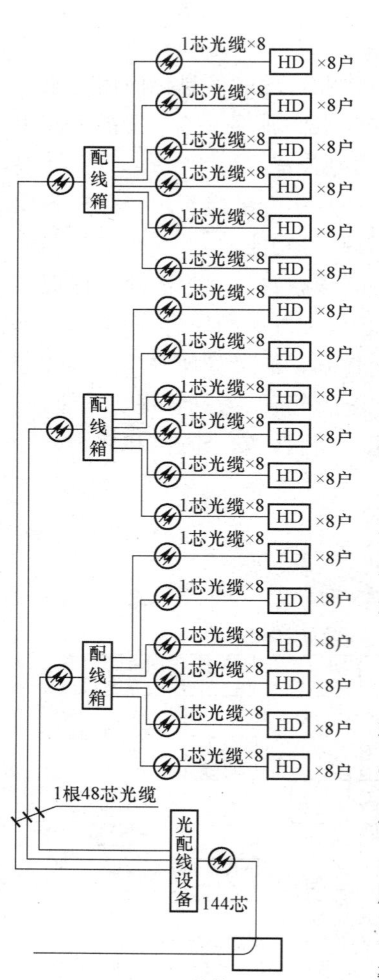

图 11.1.7－2　光纤到户系统框架

3. 信息化设施系统。

（1）信息系统对城市公用事业的需求。

1）根据入住用户通信、信息业务的整体规划、需求及当地资源，设置公用通信网、因特网、局域网。公用通信网、因特网由电信经营商经营管理，局域网由住宅小区物业部门管理。信息系统接入机房设置于小区通信机房内，通信机房可满足多个电信业务经营商的设备所需的安装空间。每户入户线按 2 对电话线、1 条网络线设计，并考虑到值班室、机房等处的电话外线，全楼语音点（电话）约为 700 点，信息点（网络）约为 350 点。信息系统结合电视、电话、信息三网融合的发展，每户设置家居智能箱。

2）电视信号接自城市有线电视网，整个小区有线电视前端机房设在物业办公所在的楼栋，可接收卫星节目天线电视节目及本地有线电视台节目，有线电视系统采用 860MHz 邻频传输。本楼设有一处有线电视交接间（光端机房）。

（2）通信自动化系统。

1）电话系统采用综合业务数字用户电话交换机（ISPBX），将传统的语音通信、语音信箱、多方电话会议、IP 技术、ISDN（B－ISDN）应用等通信技术融会在一起，向用户提供全新的通信服务。

2）电话系统采用综合布线系统，以适应信息网络系统的发展要求，满足三网融合的要求。电话系统采用光缆进户，每户 1 根多芯光缆在家居配线箱内做交接。电话插座缆线采用超 5 类 4 对对绞电缆由家居配线箱放射方式敷设。光纤到户系统框架见图 11.1.7－2。

3）电话插座选 RJ45 型，在起居室、主卧室、书房以及次卧室、卫生间等处装设电话插座。

（3）综合布线系统。

1）系统能支持综合信息（语音、数据、多媒体）传输和连接，实现多种设备配线的兼容，满足住户上网浏览信息和数据传输、处理的需求。

2）每套住宅的信息网络进户线采用光缆，进户线在家居配线箱内做交接，家居配线箱内设有计算机网络集线器。信息插座缆线采用超 5 类 4 对对绞电缆由家居配线箱放射方式敷设。

3）信息插座选 RJ45 型，在起居室、主卧室、书房等处装设信息插座。

（4）有线电视系统。

1）有线电视系统的信号传输采用光缆到住宅楼内的光节点工作站，楼内干线采用 SYWV－75－9－SC40 沿智能化竖井明敷，各楼层智能化竖井内设电视分支分配箱。为了提高屏蔽效果，保证电视信号不受干扰，有线电视系统的同轴电缆穿金属导管敷设。有线电视系统框架见图 11.1.7－3。

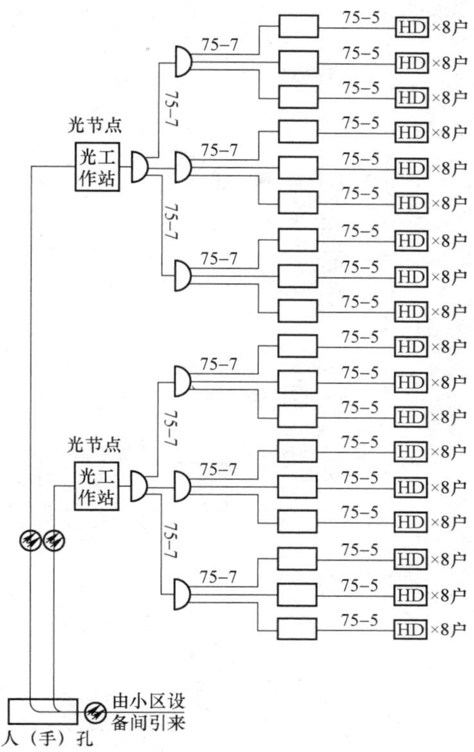

图 11.1.7－3　有线电视系统框架

2）每套住宅的有线电视系统进户线为 SYWV－75－5－JDG20，进户线在家居配线箱内做分配交接。

3）住宅套内采用双向传输的电视插座，在起居室、主卧室等处装设信息插座。

（5）公共广播系统。

1）广播控制室设在小区消防控制室。公共广播系统框架见图 11.1.7－4。

2）公共广播系统的背景音乐广播和火灾应急广播合并为一套系统。广播系统分路按建筑防火分区或楼栋单元设置；当火灾发生时，强制全楼广播投入火灾应急广播。每台扬声器覆盖的楼层不应超过 3 层。

3）住宅各单元首层公共部位设有带有消防电话插孔的广播功率放大器箱，消防电话插入后能直接讲话。

广播功率放大器配有备用电池，电池持续工作不能达到 1h 时，应能向消防控制室发送报警信息。

（6）信息导引及发布系统。

1）信息导引及发布系统主机设置于小区物业管理室内，系统对住宅建筑内的居民或来访者提供告知、信息发布及查询等功能。

2）信息导引及发布系统由视频显示屏系统、传输系统、控制系统和辅助系统组成。各类显示屏具有多种输入接口方式。供查询用的信息导引及发布系统显示屏采用双向传输方式，其他显示屏采用单向传输方式。

（7）家居配线箱。

每套住宅设置家居配线箱，对光缆进户和电信网、计算机信息网、有线电视网三网融合起到线路交接和信号分配的作用。家居配线箱系统示意图见图 11.1.7－5。

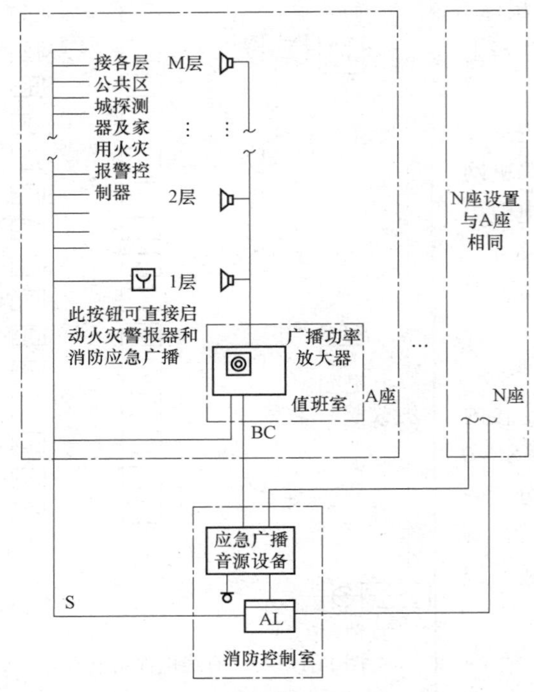

图 11.1.7－4 公共广播系统框架

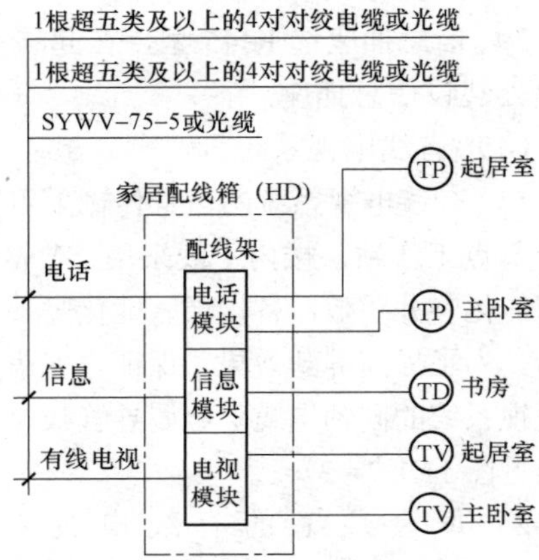

图 11.1.7－5 家居配线箱系统示意图

4. 建筑设备管理系统。建筑设备管理系统包括建筑设备监控系统、能耗计量及数据远传系统、物业运营管理系统等。

（1） 建筑设备监控系统。

1） 智能化住宅建筑的建筑设备监控系统具备下列功能：监测与控制给水与排水系统；监测与控制公共照明系统；监测电梯系统；监测住宅小区供配电系统。

2） 建筑设备监控系统对建筑中的蓄水池（含消防蓄水池）、污水池水位进行检测和报警。

3） 建筑设备监控系统对智能化住宅建筑中的饮用水蓄水池过滤设备、消毒设备的故障进行报警。

4） 建筑设备监控系统直接数字控制器（DDC）的电源由设备监控中心集中供电。

（2） 能耗计量及数据远传系统。

1） 能耗计量及数据远传系统由能耗计量表具、采集模块/采集终端、传输设备、集中器、管理终端、供电电源组成。能耗计量及数据远传系统示意图见图 11.1.7－6。

2） 能耗计量及数据远传系统采用局域网有线网络传输，系统进户线在家居配线箱内做交接。

3） 能耗计量及数据远传系统有源设备的电源宜就近引接。

5. 公共安全系统：住宅公共安全系统包括火灾自动报警系统、安全技术防范系统。火灾自动报警系统见电气消防相关章节。安全技术防范系统包括周界安全防范系统、公共区域安全防范系统、家庭安全防范系统及监控中心。

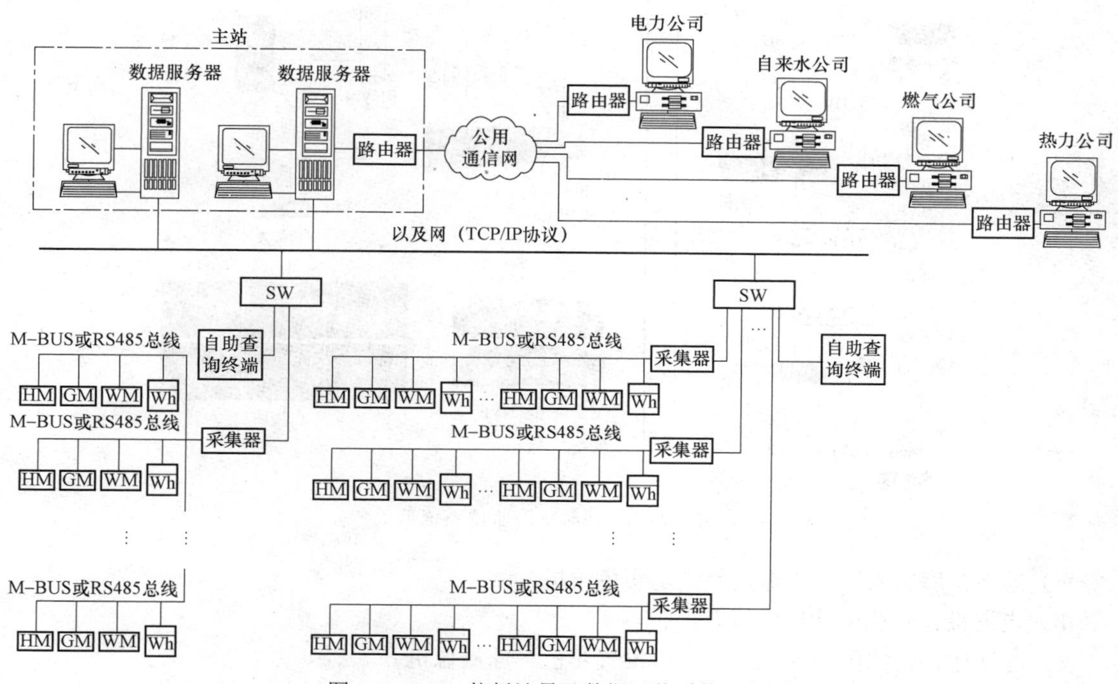

图 11.1.7－6 能耗计量及数据远传系统示意图

（1）周界安全防范系统。周界安全防范采用电子周界防护系统，与周界的形状和出入口设置相协调，不留盲区。电子周界防护系统预留与住宅建筑安全管理系统的联网接口。

（2）公共区域安全防范系统。

1）电子巡查系统。选用离线式电子巡查系统，信息识读器选用防破坏型产品。电子巡查系统框架见图 11.1.7－7。

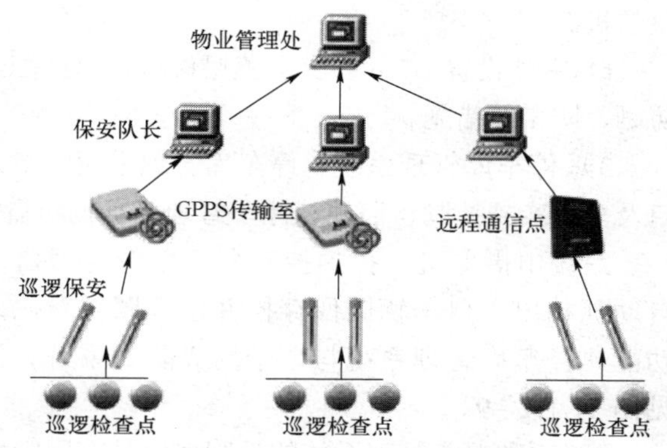

图 11.1.7－7 电子巡查系统框架

2）视频安防监控系统。视频安防监控系统采用数字监视系统，主要设备有数字摄像机、网络交换机、管理服务器、存储设备、数字矩阵解码器、监视屏、报警主机、UPS 等。视频安防监控系统预留与住宅建筑安全管理系统的联网接口。系统采用数字图像技术，可自动跟踪报警并优先记录报警点的信息，并可进行记录、打印、历史记录等，视频安防监控系统示意见图 11.1.7－8。存储设备可满足 30 天连续 24h 的影像及相关资料，至少采用 D1 格式存储。摄像机选择高质 1/2、1/3 寸电耦合数字 CCD 摄像机，配备标准角及广角镜头、高解像彩色监视器。摄像机设置原则如下：

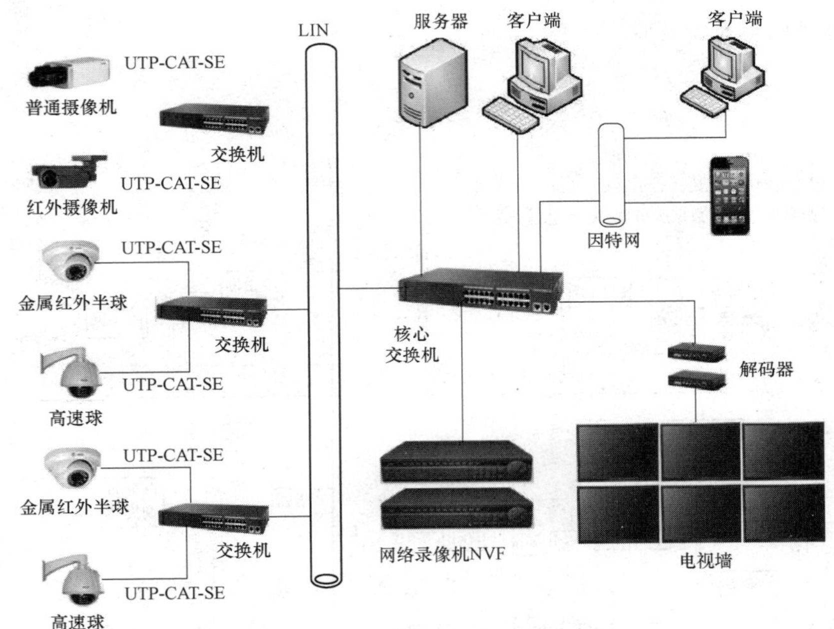

图 11.1.7－8 视频安防监控系统示意

a）地下车库出入口、车道设置固定彩色枪机。

b）走道设置彩色半球摄像机。

c）客梯厅、公共区、各主要出入口设置彩色半球摄像机。

d）电梯轿厢内设置 1/4in 电梯专用彩色半球摄像机。

e）地下室重要设备机房门口，如给水泵房、制冷机房、变电所等机房的门口设置彩色半球摄像机。

f）室外设置 1/2in 云台彩色摄像机，另外配红外辅助照明，摄像机的选型及安装采取防水、防晒、防雷等措施。

3） 停车库管理系统。停车库管理采用“多入多出图像对比系统”。对住宅建筑停车库出人口及车道实施控制、监视、停车管理及车辆防盗等综合管理。

系统由摄像机、抓拍控制器、图像处理器、出入口聚光灯、自动报警装置等组成。系统自动抓拍出入口车辆图像存档并进行图像对比，具有车辆计数、满位显示、防盗车、收费等功能。停车库管理系统与电子周界防护系统、视频安防监控系统联网。停车库管理系统框图见图 11.1.7－9。

停车库（场）管理系统的控制器应具有国际标准通信协议、抵抗强电干扰及其他各类电磁干扰的能力。

（3） 家庭安全防范系统：家庭安全防范系统包括访客对讲系统、紧急求助报警装置。

1） 访客对讲系统。访客对讲系统采用彩色可视型系统，并与监控中心主机联网。住宅楼各入口均设有室外对讲分机。对讲分机上方设有摄像机。当访客呼叫楼内住户时，楼内住户可通过户内对讲分机与之对话，并通过对讲分机上的显示器观察访客，确认后由住户打开楼门之电磁锁方可入内。火灾发生时，消防报警系统具有紧急解锁功能，可控制打开所有消防紧急疏散通道门。访客对讲系统框图见图 11.1.7－10。

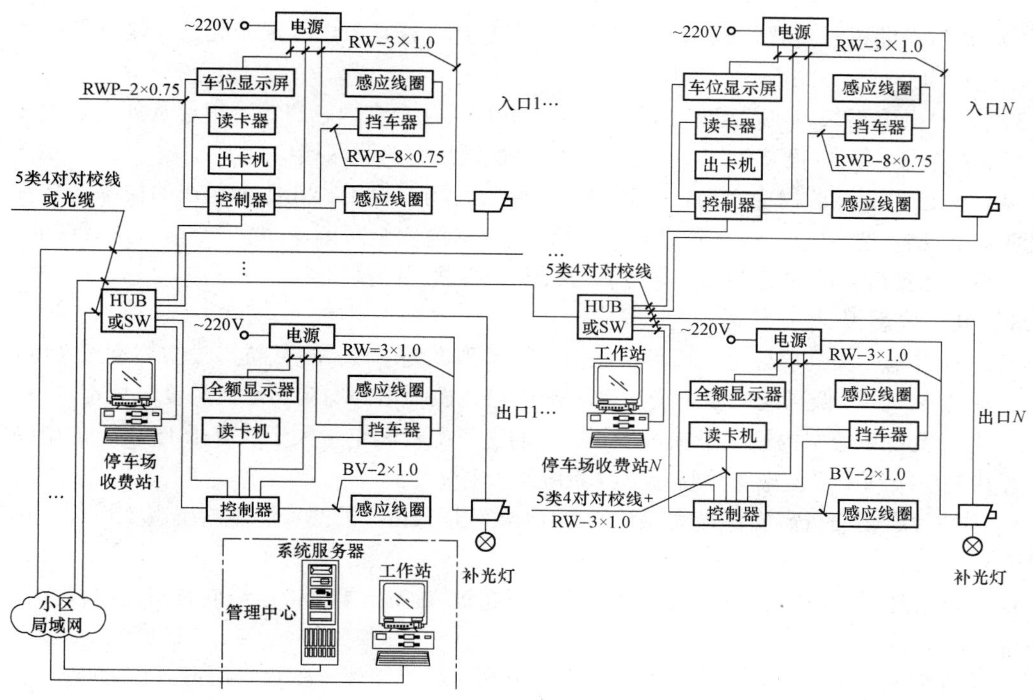

图 11.1.7－9　停车库管理系统框图

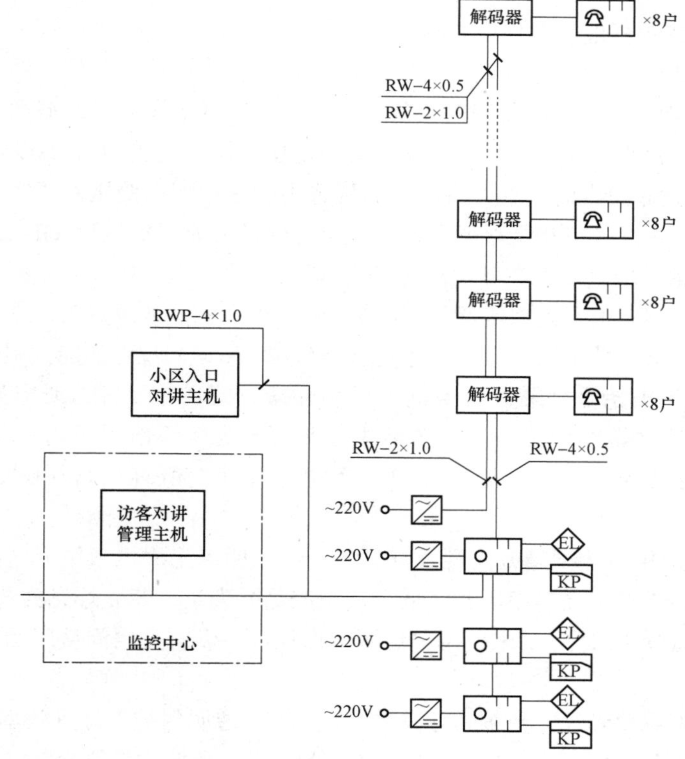

图 11.1.7－10　访客对讲系统框图

2）紧急求助报警装置。在起居室（厅）、主卧室设置紧急求助报警装置；紧急求助信号应能报至监控中心。

3）入侵报警系统。在首层、二层、三层及屋顶层住户套内、户门、阳台及外窗等处安装入侵报警探测装置。入侵报警系统预留与小区安全管理系统的联网接口。

（4）监控中心。监控中心与住宅建筑管理中心合用，设于物业办公所在的楼栋，具有自身的安全防范设施。监控中心设有周界安全防范、公共区域安全防范、家庭安全防范等系统的主机。监控中心应配置可靠的通信工具，并留有与接警中心联网的接口。

11.1.8　电气抗震设计

1. 本项目为一类高层住宅，项目所在地的地震烈度为7度，电气抗震设防烈度按7度设计。电气设备安装，如高低压配电柜、变压器、配电箱、控制箱等均应满足抗震设防规定。

2. 电气设备系统中内径大于或等于60mm的电气配管和重量大于或等于15kg/m的电缆桥架及多管共架系统须采用机电管线抗震支撑系统。

3. 刚性管道侧向抗震支撑最大设计间距不得超过 12m；柔性管道侧向抗震支撑最大设计间距不得超过6m。

4. 刚性管道纵向抗震支撑最大设计间距不得超过 24m；柔性管道纵向抗震支撑最大设计间距不得超过12m。

5. 垂直电梯应具有地震探测功能，地震时电梯能够自动停于就近平层并开门运行。

6. 设在建筑物屋顶上的共用天线等，应设置防止因地震导致设备损坏后部件坠落伤人的安全防护措施。

7. 应急广播系统预置地震广播模式。

11.1.9　电气节能措施

1. 变配电系统节能。变配电所深入负荷中心，合理选择电缆、导线截面，减少电能损耗。尽量避免迂回配线，减小线路损耗，使末端设备的电压在额定电压的±5%以内。

2. 选用低损耗、低噪声的电气设备。本工程选用的三相配电变压器的空载损耗和负载损耗不应高于现行的国家标准《三相配电变压器能效限定值及节能评价值》（GB 20052）规定的能效限定值。中小型三相异步电动机在额定输出功率和 75%额定输出功率的效率不应低于《中小型三相异步电动机能效限定值及能效等级》（GB 18163）规定的能效限定值。选用交流接触器的吸持功率低于《交流接触器能效限定值及能效等级》（GB 21518）规定的能效限定值。

3. 无功补偿及谐波治理。采用低压集中自动补偿方式，并配备谐波电抗器组合，作为谐波抑制措施，避免高次谐波电流与电力电容发生谐振，影响系统设备可靠运行，治理后的谐波水平满足 GB/T 14549 的要求。灯具就地设置电容补偿。所有灯具补偿后功率因数均应大于 0.9。

4. 照明节能。选用节能型高效光源及灯具，一般照明以采用电子镇流器的节能型高效无眩光荧光灯或紧凑型荧光灯（高功率因数、低谐波型产品）为主，荧光灯光源选三基色 T5 型荧光灯管；汽车库选用直管 LED 灯。未使用普通照明白炽灯，没有采用间接照明或漫反射发光顶棚的照明方式。

灯具及光源选型。荧光灯，开敞式灯具效率≥75%，透明保护罩灯具效率≥65%，格栅灯具效率≥60%。镇流器流明系数$\mu \geq 0.95$，波峰系数 CF≤1.7。谐波含量符合《电磁兼容限制谐波电流发射限制》（GB 17625.1—2003）规定的C类照明设备的谐波电流限制。各房间、场所的照明功率密度值（LPD）不高于《建筑照明设计标准》（GB 50034—2013）规定的目标值。

5. 照明控制。走廊、楼梯间、门厅等公共场所的照明，采用集中控制。

6. 设置建筑设备监控系统对设备的运行进行控制，使设备运行在高效节能状态。

7. 建筑能源监测与控制。本工程在公共区域低压配电系统中第一级电源进线和主要出线回路上设置计量或测量仪表，对用电负荷进行连续监测。对公共区域照明、空调、风机水泵用电分别设置计量装置。电能监测中采用的分项计量仪表具有远传通信功能。

11.2 多层住宅

11.2.1 项目信息

1. 建设规模与性质：为新建建筑物，地上 6 层，地下 1 层；建筑面积约 4500m²；建筑高度为 18.2m。地下一层为自行车库及机电用房，层高 3.3m。

2. 建筑物使用功能主要包括住宅及配套自行车库。

多层住宅

11.2.2 系统组成

1. 高低压变、配电系统。

2. 电力、照明系统。

3. 防雷与接地系统。

4. 智能化系统。

5. 电气抗震设计和电气节能措施。

11.2.3 高低压变、配电系统

1. 负荷分级及供电方式。本项目为高度不超过 24m 的居住建筑，按三级负荷供电。

电梯、排水泵、电信机房等用电从总配电箱采用放射式供电。住宅各楼门采用树干式供电。

2. 供电电源：本工程为 380V/220V 低压进线，电源引自地下车库内小区 10/0.4kV 供电局管理的变电室。

11.2.4 电力、照明系统

1. 配电系统。低压配电为 TN－C－S 系统，各住宅楼内地下一层设电缆分界室（π接间），进线电缆由π接柜至本楼总配电柜用金属桥架敷设。配电干线采用放射与树干相结合的配电方式。容量较大的设备及机房采用放射方式，就地设配电柜；容量较小分散设备采用树干式供电。

2. 住宅设计标准。

（1） 住宅用电分户计量，每户设预付费磁卡式单相电能表一块。住户电能表集中装于各自楼层公共部位的配电竖井内。

（2） 每户用电标准及电能表规格见表 11.2.4。

表 11.2.4 每户用电标准及电能表规格

户型	B－a	B－b	B－c	B－d	B－e	B－f
建筑面积	140.3m²	200m²	127.6m²	105.9m²	114.4m²	88.7m²
用电标准	6kW	8kW	6kW	6kW	6kW	4kW
电能表规格	10（40）A	20（80）A	10（40）A	10（40）A	10（40）A	10（40）A

（3）每户户内设用户配电箱，距地1.8m暗装。照明、电源插座、空调插座分支路配电，厨房、卫生间插座为单独支路。除壁挂式空调支路外，其他插座支路均配有剩余电流保护开关，动作值为30mA，0.1s。

（4）楼内设可视传呼对讲及门禁系统。首层入口设传呼对讲室外机及电磁门锁，每户户内设传呼对讲分机一部。户内设紧急呼唤按钮。地下层入楼处，车库一侧设门禁读卡器及电磁锁，住宅一侧设出门开关，接入住宅楼门禁系统。

（5）每户内设电视及网络分线箱各一个，距地0.3m暗装，箱内设备由电信及有线电视管理部门装设。每户按1条网络线、1条有线电视电缆入户设计。

（6）户内每室顶棚设灯具出线口一个，大居室增加到2个。卧室、起居室为普通灯具，吸顶安装；厨房、卫生间和阳台的照明选用防潮灯具，吸顶安装。灯具选型及灯位以装修图为准。

（7）户内插座设置。

1）厨房内设抽油烟机插座及小型厨具插座。厨房插座为16A，由专用支路配电。

2）卫生间内设排风机、电吹风机插座。

3）根据建筑布局在洗衣机位及电冰箱位设置电源插座。

4）起居厅、卧室等其他用房内电源插座参照家具摆放布置，且每房间不少于2个。

5）客厅、餐厅、起居室、卧室均设有线电视插座。

6）客厅、餐厅、起居室、卧室均设网络（电话）插座。主卧卫生间设有电话分机插座。

（8）每户予留呼叫门铃管路，门外按钮距地1.5m，室内出线口距地2m。

3. 照明。住宅照明标准见表11.1.5。

4. 光源。

（1）楼梯间、门厅等处照明灯具采用紧凑型节能荧光灯。公共走道、走廊、楼梯间应设人工照明，并应安装节能型自熄开关或设带指示灯（或自发光装置）的双控延时开关。

（2）起居室的照明考虑多功能使用要求，如设置一般照明、装饰台灯、落地灯等。

（3）卫生间、浴室等潮湿且易污场所，采用防潮易清洁的灯具。

11.2.5 防雷与接地系统

1. 经计算，本建筑为第三类防雷建筑物，电子信息系统雷电防护等级为D级。防雷系统示意见图11.2.5。

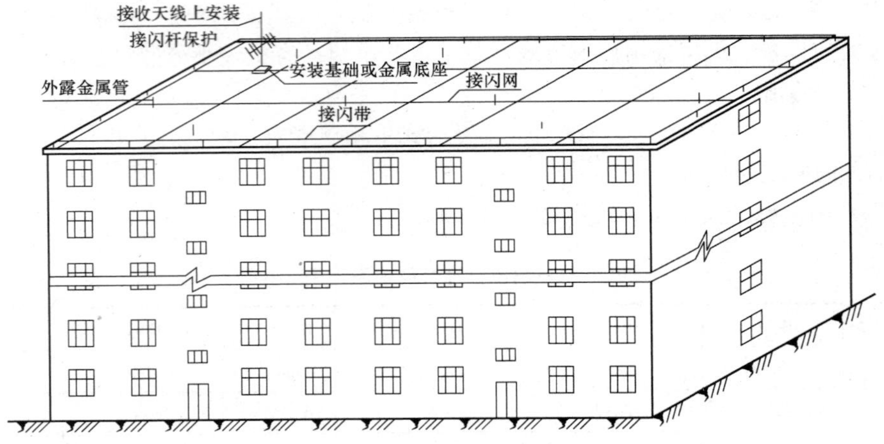

图11.2.5 防雷系统示意

2. 在屋顶及女儿墙设ϕ12mm 镀锌圆钢接闪带，形成不大于 20m×20m 或 24m×16m 网格。所有凸出屋面的金属物均与接闪带可靠连接。各层楼板、结构墙、梁、柱内的主筋均应连接成网并与防雷引下线相连。

3. 竖直敷设的金属管道及金属物的顶端和底端均与防雷装置相连。进出建筑物的各种金属管道在进出处与防雷接地装置可靠连接。

4. 利用结构柱内两根≥ϕ12mm 主钢筋为一组上下贯通做防雷引下线。引下线间距不大于25m。引下线钢筋与基础底板钢筋做良好电气贯通。各楼四角的引下线在室外地面上 1.5m 处引出测量点。

5. 为防雷击电磁脉冲，进出本建筑物的电气线路均装设 SPD（浪涌保护器），即：

（1）在从室外引入的电源进线柜、屋顶电梯机房配电箱、屋顶风机配电箱及室外照明配电箱内装设 SPD。

（2）电信及有线电视、安防等弱电线路在进线设备处装设 SPD。

（3）电涌保护器应就近与接地装置相连。

6. 采用共用接地系统，接地电阻≤1Ω。

7. 利用楼座下汽车库基础筏板内主筋做接地网，利用大于ϕ16mm 的主筋做连接，每组 4 根，沿横向和纵向每 2 跨做一次可靠电气连通。室外用 40mm×4mm 热镀锌扁钢在建筑物散水外 1m 或地下车库外墙外 1.5m 处埋深 1.4m（当地冻土层为 1.2m）环绕建筑物做人工接地体。人工接地体与基础底板内钢筋网连通。每根防雷引下线与建筑物基础底板主筋连成一体并引出室外与环形接地体连通。人工接地体在建筑物出入口处做均压处理，即埋深大于 1m。

8. 住宅楼做等电位联结。等电位端子板设于地下一层配电室内并与室外环形接地装置联结。

9. 金属桥架、线槽全长不少于 2 处与接地干线相连接。

10. 弱电机房设有专用接地端子箱，采用专用接地干线引出与室外接地装置相连。强、弱电竖井设有接地端子箱，竖井内垂直干线采用 40mm×4mm 热镀锌扁钢明敷，引至等电位端子板。有淋浴的卫生间等处做辅助等电位联结，设辅助等电位端子箱。

11.2.6 智能化系统

1. 信息化应用系统。信息化应用系统的配置应满足住宅建筑物业管理的信息化应用需求。本项目信息化应用系统包括物业运营管理系统、信息服务系统、智能卡应用系统、信息网络安全管理系统等。各系统的管理终端设在物业管理办公室。

（1）物业运营管理系统。具有对住宅建筑内入住人员管理、住户房产维修管理、住户各项费用的查询及收取、住宅建筑公共设施管理、住宅建筑工程图纸管理等功能。

（2）信息服务系统。包括紧急求助、家政服务、电子商务、远程教育、远程医疗、保健、娱乐等，并建立数据资源库，向住宅建筑内居民提供信息检索、查询、发布和导引等服务。

（3）智能卡应用系统。具有出入口控制、停车场管理、电梯控制、消费管理等功能，并宜增加与银行信用卡融合的功能。对于住宅建筑管理人员，宜增加电子巡查、考勤管理等功能。

（4）信息网络安全管理系统，通过采用防火墙、加密、虚拟专用网、安全隔离和病毒防治等各种技术和管理措施，保障网络系统正常运行和信息安全。

2. 智能化集成系统。住宅建筑智能化集成系统包括智能家居管理系统（HMS）。智能家居管理系统是通过家居控制器、家居布线、住宅建筑布线及各子系统，对各类信息进行汇，总、处理，并保存于住宅建筑管理中心数据库，实现信息共享，为居民提供安全、舒适、高效、环保的生活环境。智能家居管理系统框图见图 11.2.6－1。

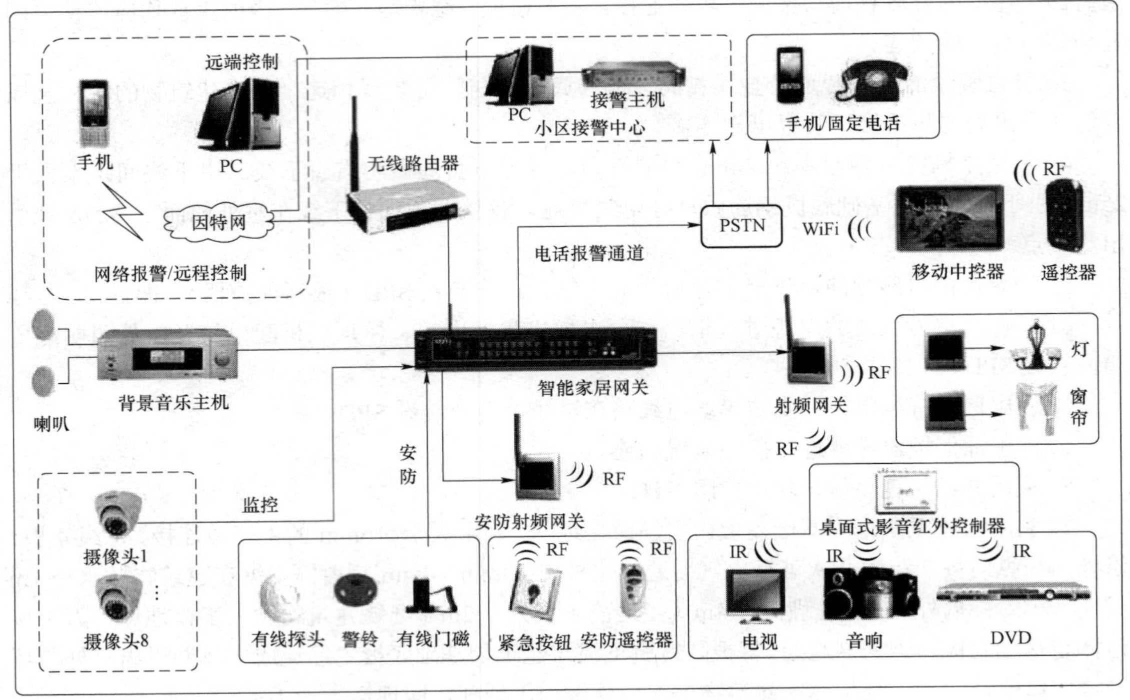

图 11.2.6－1　智能家居管理系统框图

3. 信息化设施系统。

（1） 信息系统对城市公用事业的需求。

1） 根据入住用户通信、信息业务的整体规划、需求及当地资源，设置公用通信网、因特网、局域网。公用通信网、因特网由电信经营商经营管理，局域网由住宅小区物业部门管理。信息系统接入机房设置于小区通信机房内，通信机房可满足三个电信业务经营商的设备所需的安装空间。每户入户线按 2 对电话线、1 条网络线设计，并考虑到值班室、机房等处的电话外线，全楼语音点（电话）约为 100 点，信息点（网络）约为 50 点。信息系统结合电视、电话、信息三网融合的发展，每户设置家居智能箱。

2） 电视信号接自城市有线电视网，整个小区有线电视前端机房设在物业办公所在的楼栋，可接收卫星节目天线电视节目及本地有线电视台节目，有线电视系统采用 860MHz 邻频传输。本楼设有有线电视前端箱。

（2） 通信自动化系统。

1） 电话系统采用综合业务数字用户电话交换机（ISPBX），将传统的语音通信、语音信箱、多方电话会议、IP 技术、ISDN（B－ISDN）应用等通信技术融合在一起，向用户提供全新的通信服务。

2） 电话系统采用综合布线系统，以适应信息网络系统的发展要求，满足三网融合的要求。电话系统采用光缆进户，每户 1 根多芯光缆在家居配线箱内做交接。电话插座缆线采用超 5 类 4 对对绞电缆由家居配线箱放射方式敷设。光纤到户系统构架见图 11.2.6－2。

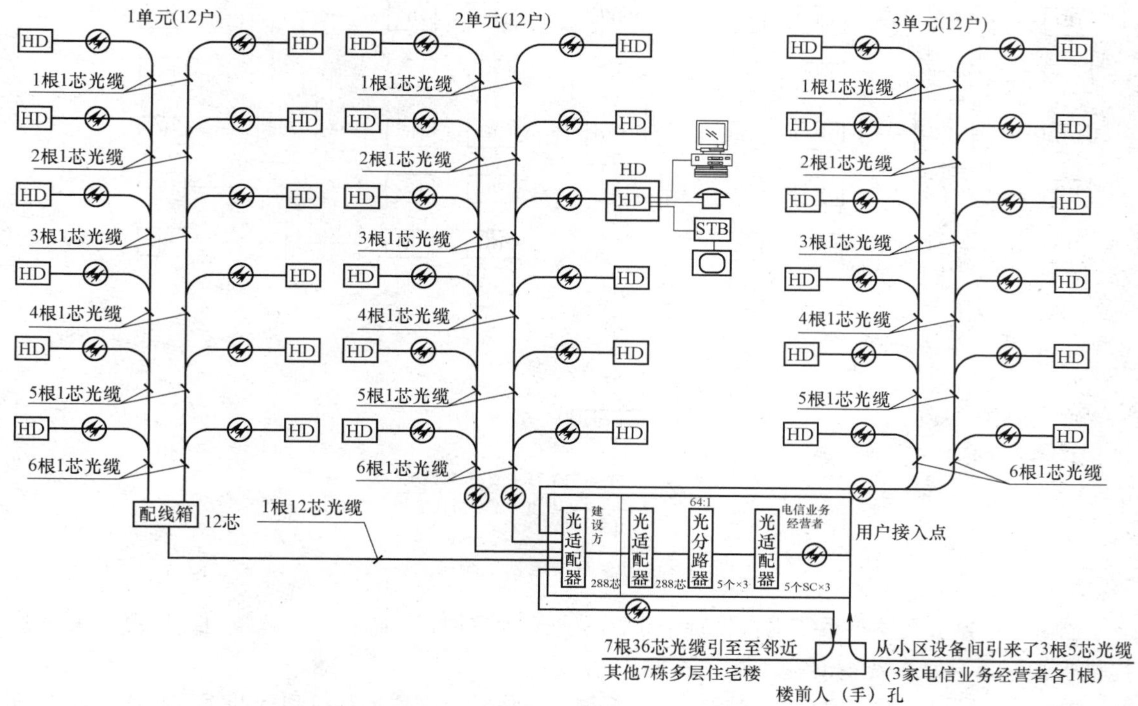

图 11.2.6－2　光纤到户系统构架

3）电话插座选 RJ45 型，在起居室、主卧室、书房以及次卧室、卫生间等处装设电话插座。

（3）综合布线系统。

1）系统能支持综合信息（语音、数据、多媒体）传输和连接，实现多种设备配线的兼容，满足住户上网浏览信息和数据传输、处理的需求。

2）每套住宅的信息网络进户线采用光缆，进户线在家居配线箱内做交接，家居配线箱内设有计算机网络集线器。信息插座缆线采用超 5 类 4 对对绞电缆由家居配线箱放射方式敷设。

3）信息插座选 RJ45 型，在起居室、主卧室、书房等处装设信息插座。

（4）有线电视系统。

1）有线电视系统的信号传输采用光缆到住宅楼，楼内干线采用 SYWV－75－9－SC40 沿智能化竖井明敷，各楼层智能化竖井内设电视分支分配箱。为了提高屏蔽效果，保证电视信号不受干扰，有线电视系统的同轴电缆穿金属导管敷设。有线电视系统构架见图 11.2.6－3。

2）每套住宅的有线电视系统进户线为 SYWV－75－5－JDG20，进户线在家居配线箱内做分配交接。

3）住宅套内采用双向传输的电视插座，在起居室、主卧室等处装设信息插座。

（5）信息导引及发布系统。

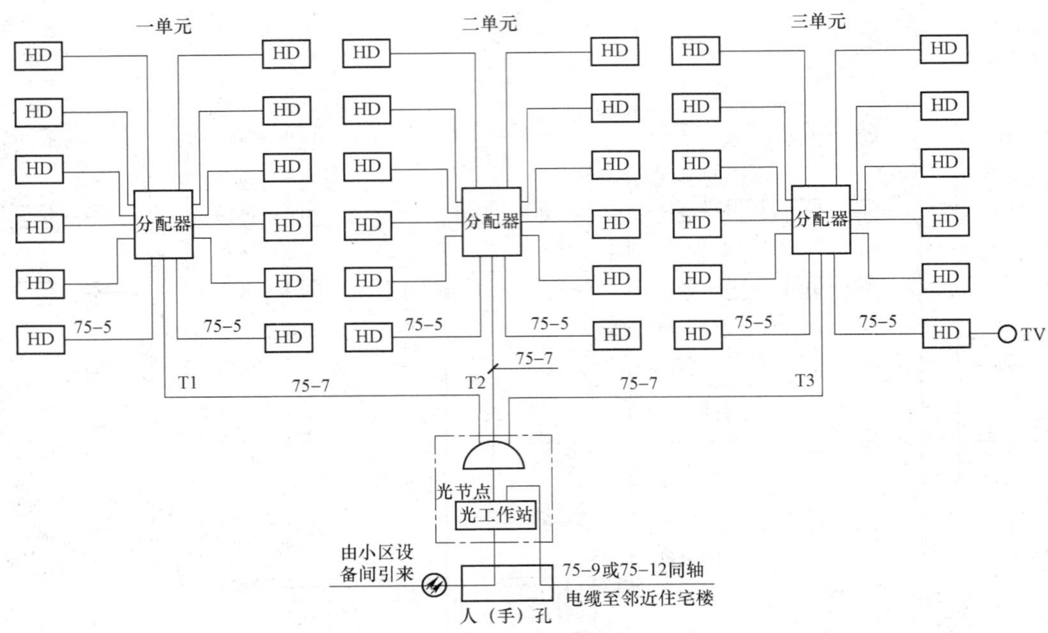

图 11.2.6－3 有线电视系统构架

1） 信息导引及发布系统主机设置于小区物业管理室内，系统对住宅建筑内的居民或来访者提供告知、信息发布及查询等功能。

2） 信息导引及发布系统由视频显示屏系统、传输系统、控制系统和辅助系统组成。各类显示屏具有多种输入接口方式。供查询用的信息导引及发布系统显示屏采用双向传输方式，其他显示屏采用单向传输方式。

（6） 家居配线箱。每套住宅设置家居配线箱，对光缆进户和电信网、计算机信息网、有线电视网三网融合起到线路交接和信号分配的作用。

4. 建筑设备管理系统：建筑设备管理系统包括建筑设备监控系统、能耗计量及数据远传系统、物业运营管理系统等。

（1） 建筑设备监控系统。

1） 智能化住宅建筑的建筑设备监控系统具备下列功能：监测与控制给水与排水系统；监测与控制公共照明系统；监测电梯系统；监测住宅小区供配电系统。

2） 建筑设备监控系统对建筑中的蓄水池（含消防蓄水池）、污水池水位进行检测和报警。

3） 建筑设备监控系统对智能化住宅建筑中的饮用水蓄水池过滤设备、消毒设备的故障进行报警。

4） 建筑设备监控系统直接数字控制器（DDC）的电源由设备监控中心集中供电。

（2） 能耗计量及数据远传系统。能源远传自动计量系统是采用调制解调技术将水、电、燃气、热力的耗能值从数字量转变成模拟量，经数据编址通过系统总线把各住宅的能耗值传送给计算机采集系统，并由计算机采集系统进行处理。管理人员在小区管理中心可以随时查出某户的能耗值及其费用。能耗计量及数据远传系统构架见图 11.2.6－4。能耗计量及数据远传系统具有以下功能：

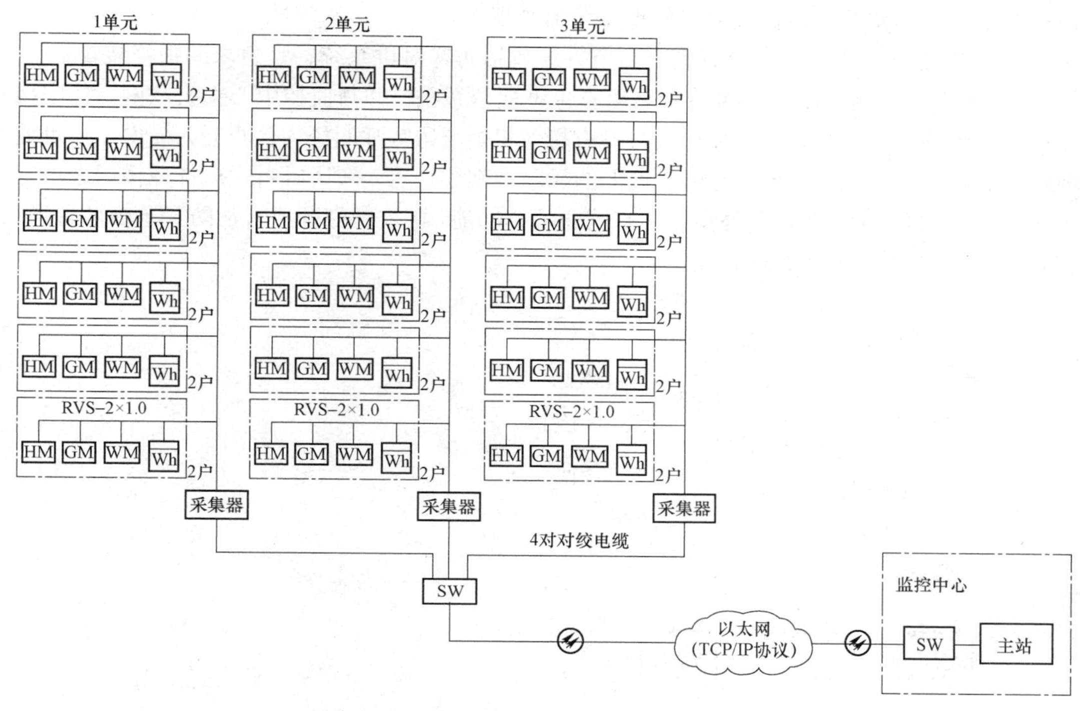

图 11.2.6–4 能耗计量及数据远传系统构架

1）可以实现对能源（水、电、燃气、热力）的远程自动抄表，亦可对单独一项或两项实现集中抄收，系统可灵活搭接，同时远传水、电、气表的计量精度不受丝毫影响。

2）系统具有住户联网报警平台，每只智能采集器上备有 5 个开关量输入端口，可根据小区要求配置（如火警、煤气泄漏、紧急求助等）。

3）系统具有故障自诊断、自免疫功能。采集器如发生短路、断路、损坏等故障，整个系统不会受影响，同时主机会立即发现故障并断定故障点。

4）应用软件功能强大，界面友好。系统全部采用菜单操作，可任意对某一用户或一批用户进行对表、查表缴费计算操作，保密或不能随意修改的数据须凭密码访问。支持报表自动打印功能。

5）整个系统可以通过网络和其他系统挂接（如 110 报警中心、电业局、自来水公司、煤气公司等）。

5. 公共安全系统。住宅公共安全系统包括周界安全防范系统、公共区域安全防范系统、家庭安全防范系统及监控中心。

（1）周界安全防范系统。周界安全防范采用电子周界防护系统，与周界的形状和出人口设置相协调，不留盲区。电子周界防护系统预留与住宅建筑安全管理系统的联网接口。

（2）公共区域安全防范系统。

1）电子巡查系统。选用离线式电子巡查系统，信息识读器选用防破坏型产品。

2）视频安防监控系统。视频安防监控系统采用数字监视系统，主要设备有数字摄像机、网络交换机、管理服务器、存储设备、数字矩阵解码器、监视屏、报警主机、UPS 等。视频安防监控系统预留与住宅建筑安全管理系统的联网接口。系统采用先进的数字图像技术，可自动跟踪报警并优先记录报警点的信息，并可进行记录、打印、历史记录等。存储设备可满足 30 天连续

24h 的影像及相关资料，至少采用 D1 格式存储。摄像机选择高质 1/2、1/3 寸电耦合数字 CCD 摄像机，配备标准角及广角镜头、高解像彩色监视器。

（3） 家庭安全防范系统。家庭安全防范系统包括访客对讲系统、紧急求助报警装置。

1） 访客对讲系统。访客对讲系统采用彩色可视型系统，并与监控中心主机联网。住宅楼各入口均设有室外对讲分机。对讲分机上方设有摄像机。当访客呼叫楼内住户时，楼内住户可通过户内对讲分机与之对话，并通过对讲分机上的显示器观察访客，确认后由住户打开楼门之电磁锁方可入内。火灾发生时，消防报警系统具有紧急解锁功能，可控制打开所有消防紧急疏散通道门。访客对讲系统构架见图 11.2.6－5。

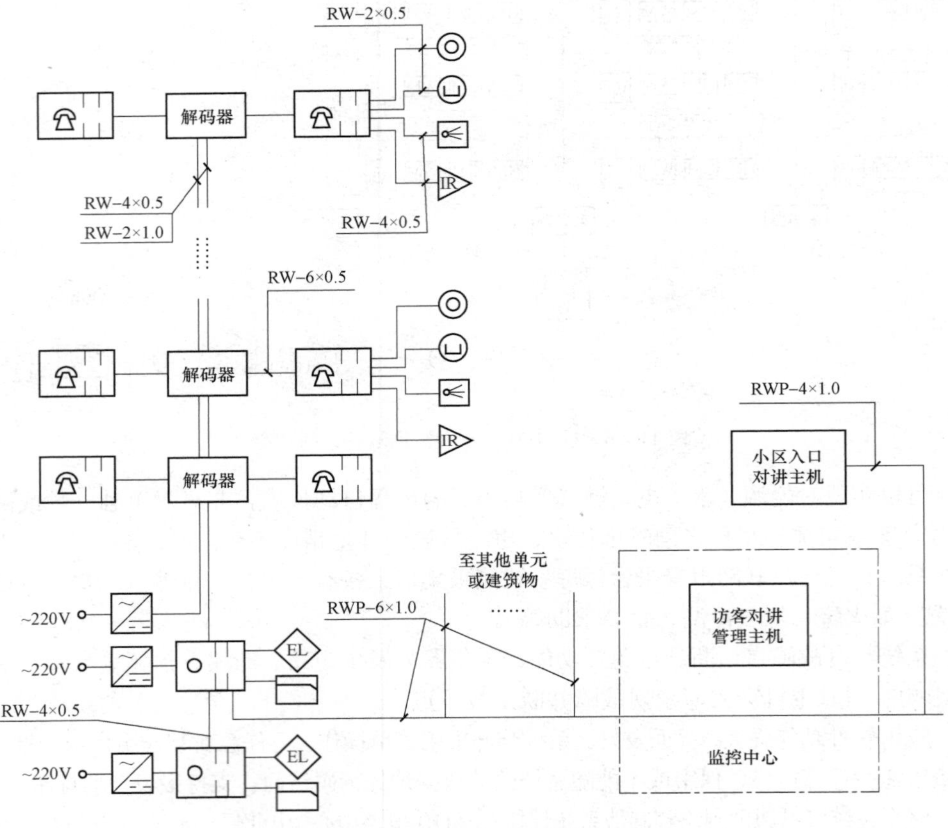

图 11.2.6－5 访客对讲系统构架

2） 紧急求助报警装置。在起居室（厅）、主卧室设置紧急求助报警装置，紧急求助信号应能报至监控中心。

3） 入侵报警系统。在首层、二层、三层及屋顶层住户套内、户门、阳台及外窗等处安装入侵报警探测装置，入侵报警系统预留与小区安全管理系统的联网接口。入侵报警系统构架见图 11.2.6－6。

（4） 监控中心。监控中心与住宅建筑管理中心合用，设于物业办公所在的楼栋，具有自身的安全防范设施。监控中心设有周界安全防范、公共区域安全防范、家庭安全防范等系统的主机。监控中心应配置可靠的通信工具，并留有与接警中心联网的接口。

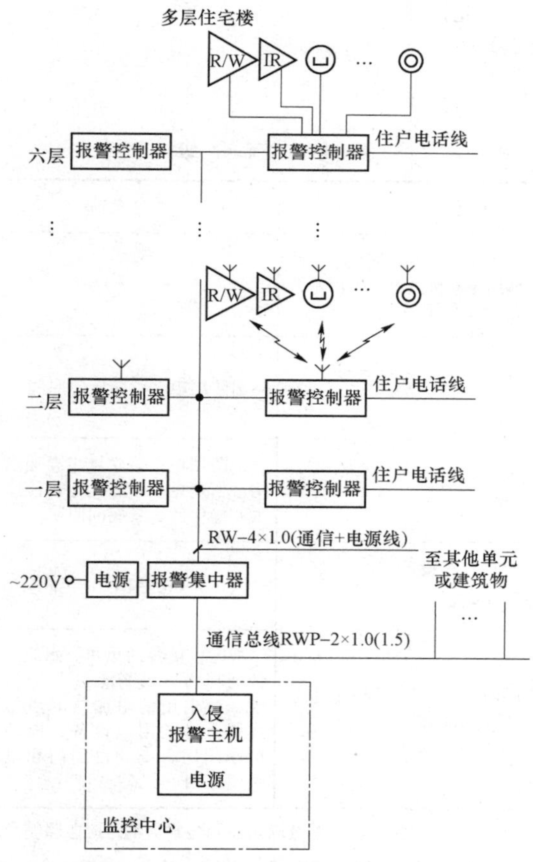

图 11.2.6－6　入侵报警系统构架

【说明】电气抗震设计和电气节能措施参见 11.1.8 和 11.1.9。

11.3　居住小区

11.3.1　项目信息

本项目为新建住宅小区，建筑功能主要包括住宅、配套商业及配套服务设施、配套教育建筑、汽车库（部分为人防）等。本项目由多栋住宅及配套公建、地下汽车库组成。

居住小区

11.3.2　系统组成

1. 高低压变、配电系统。
2. 电力、照明系统。
3. 防雷与接地系统。
4. 电气消防系统。

5. 智能化系统。

6. 电气抗震设计和电气节能措施。

11.3.3 高低压变、配电系统

1. 负荷分级。用电负荷分级，见表 11.3.3－1。

表 11.3.3－1 用电负荷分级

建筑	一级负荷	二级负荷	三级负荷
住宅（一类高层）	消防用电；走道照明、值班照明、安防系统用电；客梯用电；排污泵、生活水泵用电；电子信息设备机房用电	—	住宅户内用电，广告、景观照明用电
商业（便民店）	—	消防用电（消防应急照明）	营业厅照明用电、空调用电、配套用房、库房用电。广告、景观照明用电
教育建筑（幼儿园）	—	消防用电；教学楼主要通道照明；厨房主要设备用电，冷库，主要操作间、备餐间照明	活动室用电
汽车库（I类）	消防用电；机械停车设备；排污泵、生活水泵用电	汽车充电桩用电	车库照明用电，机械通风用电
人防（二等人员掩蔽室）	战时：基本通信设备、音响警报接收设备、应急通信设备，应急照明。柴油电站配套的附属设备	战时：重要的风机、水泵，三种通风方式装置系统、正常照明、洗消用的电加热淋浴器。区域水源的用电设备、电动防护密闭门、电动密闭门和电动密闭阀门	不属于一级和二级负荷的其他负荷

注：1.“消防用电”包括：消防控制室、火灾自动报警及联动控制装置、消防应急照明及疏散指示标志、防烟及排烟设施、自动灭火系统、消防水泵、消防电梯及其排水泵、电动的防火卷帘及门窗以及阀门等。

2.“三级负荷”为不属于一、二级负荷的其他用电负荷，本表中仅为举例。

2. 电源。

（1） 外电源。由市政外网引来两路双重高压电源。高压系统电压等级为 10kV。高压采用单母线分段运行方式，设有母联开关，平时两路电源同时分列运行，互为备用，当一路电源故障时，通过手/自操作联络开关，另一路电源负担全部负荷。

（2） 应急电源与备用电源。采用 EPS 电源作为应急照明的备用电源。采用 UPS 不间断电源作为消防（安防）控制室、物业经营管理系统主机、电话及计算机网络系统主机的备用电源。其他非消防场所的 UPS，应急工作时间≥30min。本地块人防面积超过 5000m^2，设有战时柴油发电机房，战时柴油发电机单台容量不大于 120kW，机组平时不实装，在临战时安装。

3. 变、配电站。

（1） 本地块内设 10kV 开关站 1 座，小区住宅变配电室（共用变电所，电力公司管理）3 座，配套设施变配电室（专用变电所，用户自管）3 座，各变电所位置见图 11.3.3－1。整个地块变压器总装机容量为 14 400kVA。各变电所供电范围及变压器容量统计表见表 11.3.3－2。

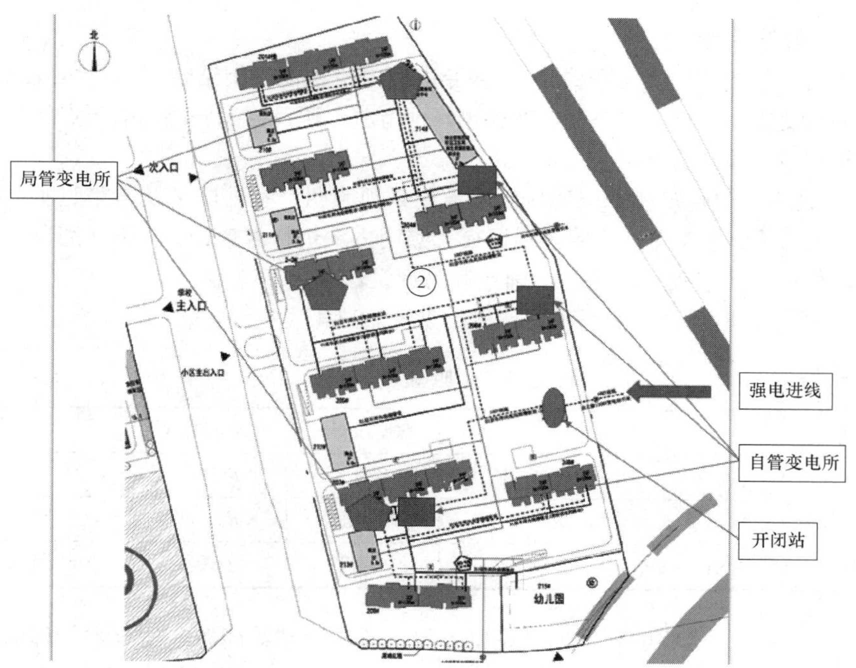

图 11.3.3－1 变电所位置

表 11.3.3－2 变电所供电范围及变压器容量统计表

变电所编号	供电范围（楼栋号）	变压器容量指标/（VA/m²）	变压器选型
G201	201 号、202 号、204 号	50	4×800kVA
G202	203 号、205 号、206 号	50	4×800kVA
G203	207 号、208 号、209 号	50	4×800kVA
Z201	车库	30	2×800kVA
	商业	150	
	201 号、202 号、204 号	—	
Z202	车库		2×800kVA
	商业		
	201 号、202 号、204 号		
Z203	车库		2×800kVA
	商业		
	201 号、202 号、204 号		
2 号地块合计	324 000m²	合 44.4VA/m²	14 400kVA

（2）除 10kV 开闭站设于首层外，其他各变配电所均设于地下一层车库内（变电所抬高地坪 0.3m，下设 1.2m 深电缆沟）。

（3）变电所高压柜采用下进下出方式、低压柜采用上进下出方式。变电所设有 10kV 金属铠装开关柜、直流屏、10/0.4kV 干式变压器、抽屉式低压开关柜等设备。

4. 设置电力监控系统，对电力配电实施动态监视。

11.3.4 电力、照明系统

1. 室外配电。室外用电设备电源按照各专用变电所供电范围结合建筑单体或地块划分分区域配电。施工图设计为室外园林小品、喷水池等预留总电源及控制管路。电源点的具体位置及线路敷设方式根据景观设计方案确定。

2. 建筑夜景照明。建筑夜景照明包括建筑物景观照明、室外广场及道路照明、园林景观照明，广告标识照明等。建筑夜景照明需根据夜景照明方案进行专项设计，施工图设计预留电源总配电箱，末端配电线路待夜景照明方案确定后另行设计。

3. 室外照明设计标准。室外照明设计标准见表 11.3.4。

表 11.3.4　　室外照明设计标准

场所	位　置	照度标准/lx	显色指数 R_a	其他指标
室外广场	小区入口处及公共活动广场	20（地面）	$R_a \geqslant 60$	—
室外楼梯、平台	公共活动广场	20（地面）	$R_a \geqslant 60$	—
车行道路	小区内主要车行道（Ⅲ级支路）	8（路面）	—	照度均匀度 $U_E \geqslant 0.3$

4. 光源。室外泛光照明的设计原则是坚持绿色照明，节约能源，结合本工程的造型，对其进行灯光再塑，使之夜间也成为一个亮点，同时充分注意控制光污染，保护环境。主要采用投光灯直接照射建筑立面以显现建筑物的立体形象和立面质感，同时用轮廓灯直接勾画建筑轮廓。道路照明设置杆上路灯或高杆灯，绿地设置庭院灯。

（1）室外型灯具的防护等级不低于 IP54，安装于地面时不低于 IP66，安装于水中不低于 IP68（0 区）。

（2）照明光源选用高效节能、长寿命型产品。

（3）路灯、草坪灯等室外灯具选用定型成套产品，防护等级不低于 IP65。

（4）各灯具采取无功补偿措施，补偿后功率因数≥0.95。

（5）路灯、庭院灯每灯装设熔断器（灯具自带）。

5. 照明控制。夜景照明控制具备手动控制和自动控制方式，在现场配电箱处可以手动控制，在消防控制中心通过智能照明控制系统可以集中控制。广场、道路、景观、广告照明等根据自然光照度、时间、场景等分不同模式进行控制，例如可以午夜前点亮全部灯具，午夜后关闭部分或全部灯具实现节能。

11.3.5 防雷与接地系统

1. 装设在建筑物本体及连廊的景观照明配电采用 TN－S 系统，灯具外露可导电部分与 PE 线连为一体，末端支路的 PE 线截面≥$2.5mm^2$。

2. 装设在室外的景观照明配电采用 TT 系统，支路开关设剩余电流保护（30mA、0.1s），用ϕ10mm 热镀锌圆钢（埋深 0.8m）作为水平接地体，沿配电支路从第一个灯具开始至最末一个灯具，将各灯杆连为一体，整体接地电阻≤10Ω，灯具的外露可导电部分与接地装置连为一体。

3. 装于建筑物本体的夜景照明灯具及其配件安装在接闪带保护范围内。装于室外的夜景照明灯灯杆高度大于或等于 4m 时，在灯杆顶部装设接闪杆或利用金属灯杆做接闪杆，灯具及其配件安装在接闪杆保护范围内。

4. 有灯光或喷水的景观水池（待根据景观专业确定）等处设局部等电位连接，水下灯具采用 12V 电压供电，喷水泵电源等水下线路装设 30mA、0.1s 的剩余电流保护器。

5. 室外平台的金属栏杆等应做接地处理。

6. 室外电动伸缩门做等电位联结，见图 11.3.5。

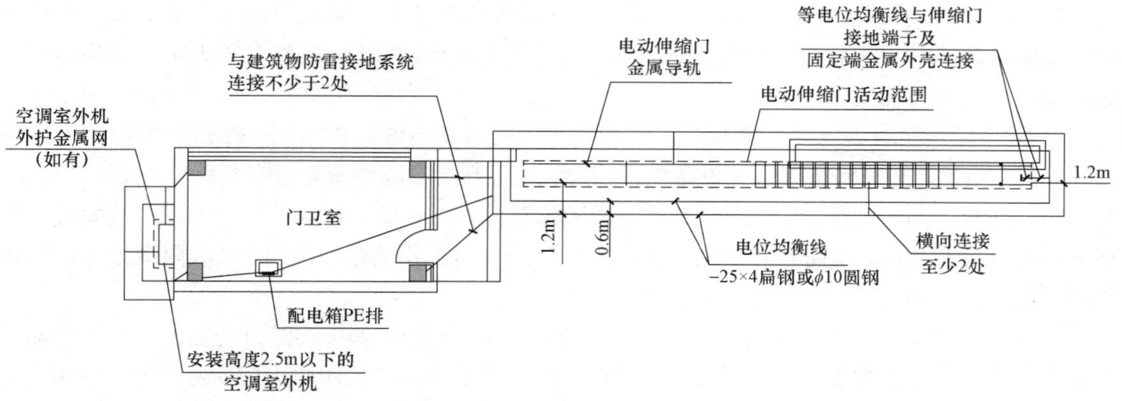

图 11.3.5　室外电动伸缩门做等电位联结示意

11.3.6 电气消防系统

1. 火灾自动报警系统。本工程为控制中心报警系统，汽车库、商业、住宅分别设置消防控制室，其中住宅消防控制室为整个小区的消防控制中心。.

在燃气表间、厨房设气体探测器，烟尘较大场所设感温探测器，一般场所设感烟探测器。在适当位置设手动报警按钮及消防对讲电话插孔。在消火栓箱内设消火栓报警按钮。消防控制室可接收感烟、感温、气体探测器的火灾报警信号，水流指示器、检修阀、压力报警阀、手动报警按钮、消火栓按钮的动作信号。在每栋高层住宅楼首层设置消防信号重复显示盘。

2. 消防联动控制系统。在消防控制室设置联动控制台，控制方式分为自动控制和手动控制两种。通过联动控制台，可以实现对消火栓、自动喷洒灭火系统、防烟、排烟、加压送风系统的监视和控制，火灾发生时手动切断一般照明及空调机组、通风机、动力电源。当发生火灾时，自动关闭总煤气进气阀门。

3. 消防紧急广播系统。在消防控制室设置消防广播机柜，机组采用定压式输出。地下泵房、冷冻机房等处设号角式 15W 扬声器。其他场所设置 3W 扬声器。消防紧急广播按建筑层分路，每层一路。当发生火灾时，消防控制室值班人员可自动或手动向全楼进行火灾广播，及时指挥疏导人员撤离火灾现场。

4. 消防直通对讲电话系统。在消防控制室内设置消防直通对讲电话总机，除在各层的手动报警按钮处设置消防对讲电话插孔外，在变配电室、水泵房、电梯机房、冷冻机房、防排烟机房、建筑设备监控室、管理值班室等处设置消防直通对讲电话分机。

5. 电梯监视控制系统。在消防控制室设置电梯监控盘，除显示各电梯运行状态、层数显示外，还应设置正常、故障、开门、关门等状态显示。火灾发生时，根据火灾情况及场所，由消防控制室电梯监控盘发出指令，指挥电梯按消防程序运行：对全部或任意一台电梯进行对讲，说明改变运行程序的原因；除消防电梯保持运行外，其余电梯均强制返回一层并开门。火灾指令开关采用钥匙型开关，由消防控制室负责火灾时的电梯控制。

6. 应急照明系统。所有楼梯间及前室的照明以及变配电所、消防控制室、安防中心、消防水泵房、防排烟机房、电信机房等的照明全部为应急照明。商场营业厅备用照明按正常照明的15%设置。应急照明电源采用双电源末端互投供电。主要疏散出口设置安全出口指示灯，疏散走廊设置疏散指示灯。

7. 为防止用电不善引起的火灾，各建筑物均设置电气火灾报警系统，可以准确实时地监控电气线路的故障和异常状态，及时发现电气火灾的隐患，及时报警、提醒有关人员去消除这些隐患，避免电气火灾的发生。

8. 为保证消防设备电源可靠性，本工程设置消防设备电源监控系统，通过检测消防设备电源的电压、电流、开关状态等有关设备电源信息，从而判断电源设备是否有断路、短路、过电压、欠电压、缺相、错相以及过电流（过载）等故障信息并实时报警、记录的监控系统，从而可以有效避免在火灾发生时，消防设备由于电源故障而无法正常工作的危急情况，最大限度地保障消防联动系统的可靠性。

9. 本工程设置防火门监控系统，对防火门的工作状态进行 24h 实时自动巡检，对处于非正常状态的防火门给出报警提示。在发生火情时，该监控系统自动关闭防火门，为火灾救援和人员疏散赢得宝贵时间。

10. 消防控制室。在汽车库地下一层、商业楼首层、住宅配套管理用房首层分别设置消防控制室，按建筑业态分别进行火灾探测监视和控制，其中住宅楼消防控制室（位于社区居委会所在建筑物内）为整个小区的消防控制中心。

消防控制室内分别设有火灾报警控制主机、联动控制台、CRT 显示器、打印机、紧急广播设备、消防直通对讲电话设备、电梯监控盘及 UPS 电源设备等。

整个建筑火灾自动报警与消防联动控制系统为网络化、模块化的一个集散式系统。系统留有与楼宇管理系统联网的接口，并具备与安全防范管理系统、楼宇设备自控系统、公共音响广播系统，以及有线/无线通信系统等在发生火灾时相应的联动功能。当有事故发生时，在火灾自动报警控制器的显示屏上以中文文字形式显示故障及报警信息，同时在消防控制室图形显示装置上记录、显示。

11.3.7　智能化系统

1. 信息化应用系统。信息化应用系统功能应适应生态、环保、健康的绿色居住需求；营造以人为本，安全、便利的家居环境；应满足住宅建筑物业的规范化运营管理要求。系统包括公共服务、智能卡应用、物业管理、信息安全管理等信息化应用系统。

（1） 公共服务系统。公共服务系统应具有访客接待管理和公共服务信息发布等功能，并宜具有将各类公共服务事务纳入规范运行程序的管理功能。系统基于信息网络及布线系统，系统服务器设置于中心网络机房，管理终端设置于相应管理用房。

（2） 智能卡应用系统。小区的智能卡系统主要包括物业管理及计费系统、小区消费及经销存系统、车库及其他收费资源管理系统、入口控制及其他安全保卫系统、证件功能等。小区智能卡系统基于计算机局域网，采用集中数据库管理。

（3） 信息安全管理系统。信息网络安全管理系统通过采用防火墙、加密、虚拟专用网、安全隔离和病毒防治等各种技术和管理措施，室网络系统正常运行，确保经过网络的传输和管理措施，使网络系统正常运行，确保经过网络传输和交换的数据不会发生增加、修改、丢失和泄露。系统基于信息网络及布线系统，系统服务器设置于中心网络机房，管理终端设置于相应管理用房。

2. 智能化集成系统。

（1） 小区是通过对小区建筑群四个基本要素（结构、系统、服务、管理以及它们之间的内在关联）的优化考虑，提供一个投资合理，又拥有高效率、舒适、温馨、便利以及安全的居住环境。

（2） 住宅小区智能化系统主要包含信息管理、安全防范、通信网络等三个方面的内容。其中信息管理方面应包括三表远传自动计量系统、建筑设备监控系统、紧急广播与公共广播系统、停车管理系统、住宅小区物业管理系统；安全防范方面应包括电视监视系统、入侵报警系统、巡更系统、出入口控制系统、访客对讲系统；通信网络方面主要包含卫星数字电视及有线电视系统、电话系统、计算机信息网络系统、控制网络系统。同时还纳入了火灾自动报警及消防联动系统和家庭智能化系统。

3. 信息化设施系统。

（1） 信息系统对城市公用事业的需求。

1） 系统接入机房设置于汽车库地下一层通信机房内，通信机房可满足多家运营商入户。本工程需输出入中继线 100 对（呼出呼入各 50%）作为商业和物业管理使用，每户住宅直接光纤入户。

2） 电视信号接自城市有线电视网，在顶层设有卫星电视机房，对建筑内的有线电视实施管理与控制。有线电视节目和卫星电视节目经调制后，经电视信号干线系统传送至每个电视输出口处，使获得技术规范所要求的电平信号，达到满意的收视效果。

（2） 通信自动化系统。

1） 本工程在地下一层设置电话交换机房，拟定设置一台的 500 门 PABX，供商业及小区物业办公使用。

2） 通信自动化系统中，程控自动数字交换机将传统的语音通信、语音信箱、多方电话会议、IP 技术、ISDN（B－ISDN）应用等通信技术融会在一起，向用户提供全新的通信服务。

（3） 综合布线系统。

1） 商业及小区物业办公设置综合布线系统，作为通信自动化系统和办公自动化系统的支持平台，满足通信和办公自动化的需求，可靠的支持语音、数据、多媒体传输等。

2） 系统能支持综合信息（语音、数据、多媒体）传输和连接，实现多种设备配线的兼容，综合布线系统能支持所有的数据处理（计算机）的供应商的产品，支持各种计算机网络的高速和低速的数据通信，可以传输所有标准的模拟和数字的语音信号，具有传输 ISDN 的功能，可以传输模拟图像、数字图像以及会议电视等的多媒体信号。完全能承担建筑内的信息通信设备与外部的信息通信网络相连。

3） 住宅每户设有家庭智能终端箱，实现光纤入户。光纤入户架构图见图 11.3.7－1。

（4） 有线电视及卫星电视系统。

1） 本工程在地下一层设置有线电视前端机房，电视信号引自城市有线电视网络，光缆引入。

2） 有线电视系统根据用户情况采用分配－分支分配方式。小区有线电视系统框图见图 11.3.7－2。

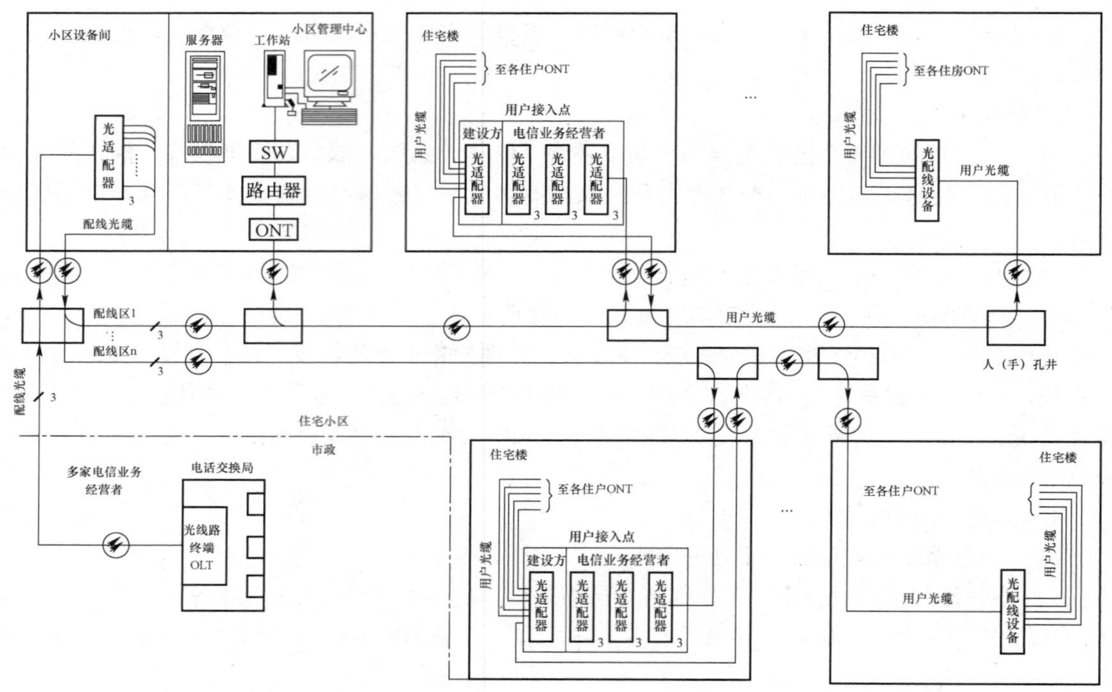

图 11.3.7－1　光纤入户架构图

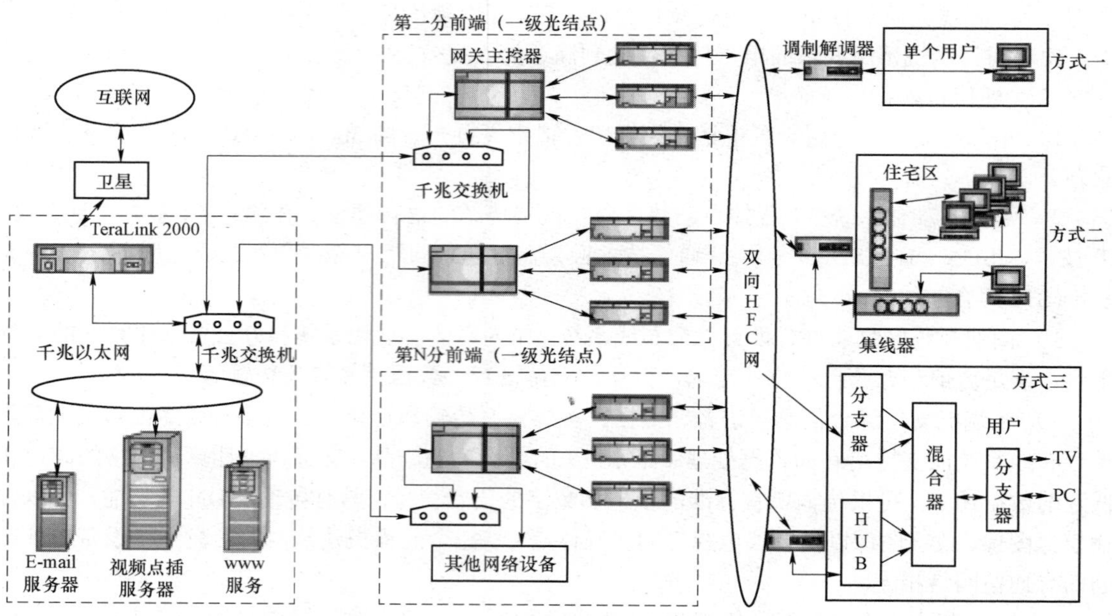

图 11.3.7－2　小区有线电视系统框图

（5） 背景音乐及紧急广播系统。

1） 本工程在小区物业值班室设置广播设备（与消防控制室共室）。

2） 在院区室外设有背景音乐，在汽车库、商业、高层住宅楼走道、楼梯间等场所设有紧急广播。广播系统采用 100V 定压式输出。当有火灾时，切断背景音乐，接通紧急广播。

（6）信息导引及发布系统。系统主机设置于小区物业管理室内，系统由视频显示屏系统、传输系统、控制系统和辅助系统组成。可实现一路或多路视频信号同时或部分或全屏显示。通过计算机控制，在公共场所显示文字、文本、图形、图像、动画、行情等各种公共信息以及电视录像信号，并利用信息系统作为电子导向标识，辅助人员出入导向服务。

（7）由于地下车库无线信号难于穿透，室内易出现覆盖盲区，因此设置无线信号室内天线覆盖系统以解决移动通信覆盖问题，同时也可增加无线信道容量。

4. 建筑设备管理系统。

（1）建筑设备监控系统。

1）建筑设备监控系统采用“集散型系统”，通过中央监控系统的计算机网络，将各层的控制器、现场传感器、执行器及远程通信设备进行联网，共同实现集中管理、分散控制的综合监控及管理功能。建筑设备监控系统框图见图 11.3.7－3。

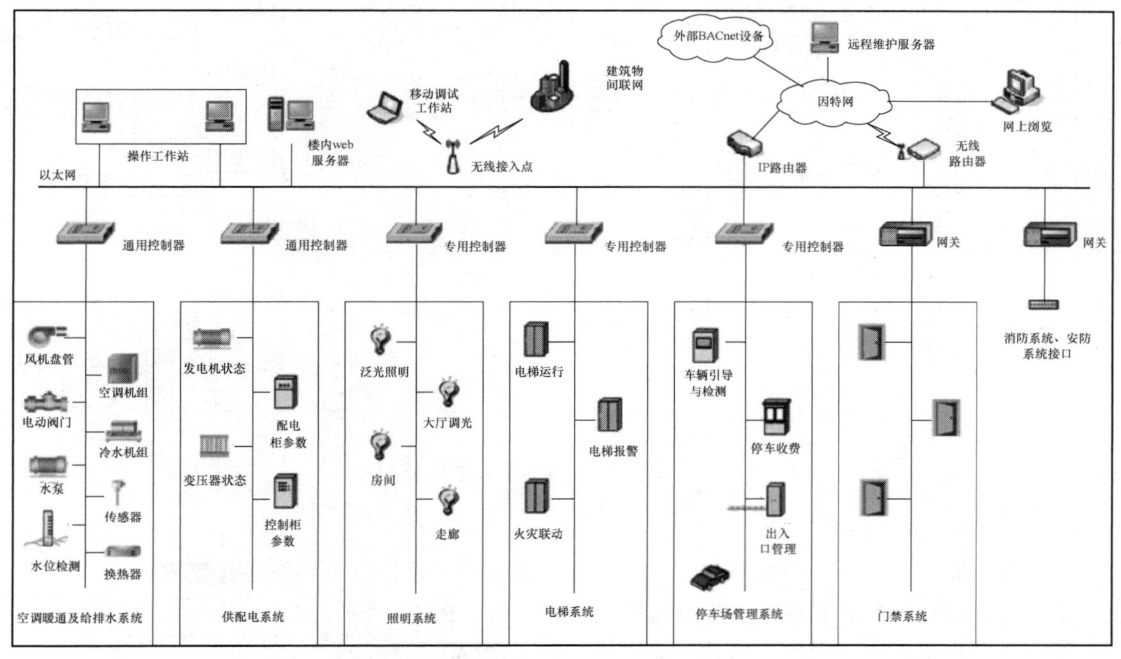

图 11.3.7－3 建筑设备监控系统框图

2）本工程建筑设备监控系统对小区内的建筑设备（HVAC、给排水系统、供配电系统、照明系统、电梯等）进行分散控制、集中监视管理，从而提供一个舒适的工作环境，通过优化控制提高管理水平，从而达到节约能源和人工成本，并能方便实现物业管理自动化。

3）系统设计所遵循的原则是注重系统的先进性、实用性、可靠性、开放性、适应性、可扩展性、经济性和可维护性。通过对工程中子系统的控制，对建筑内温、湿度的自动调节，空气质量的最佳控制，以及对室内照明进行自动化管理等手段，提供最佳的能源管理方案，对机电设备以及照明等采取优化控制和管理，确保节能运行，从而降低能源成本及运行费用。

4）本工程在物业办公楼首层设置一处建筑设备监控室，对建筑设备实施管理与控制。本工程建筑设备监控系统监控点数约共计为 1700 点，其中（AI＝150 点、AO＝300 点、DI＝850 点、DO＝400 点）。

（2）建筑能效监管系统。本工程建筑能效监管主机设置于物业办公楼首层的建筑设备监控室。系统可对小区公共部位的冷热源系统、供暖通风和空气调节、给水排水、供配电、照明、电梯等建筑设备进行能耗监测。并可根据物业管理的要求对建筑的用能环节进行相应适度调控及供能配置适时调整。建筑能效监管系统见图 11.3.7－4。

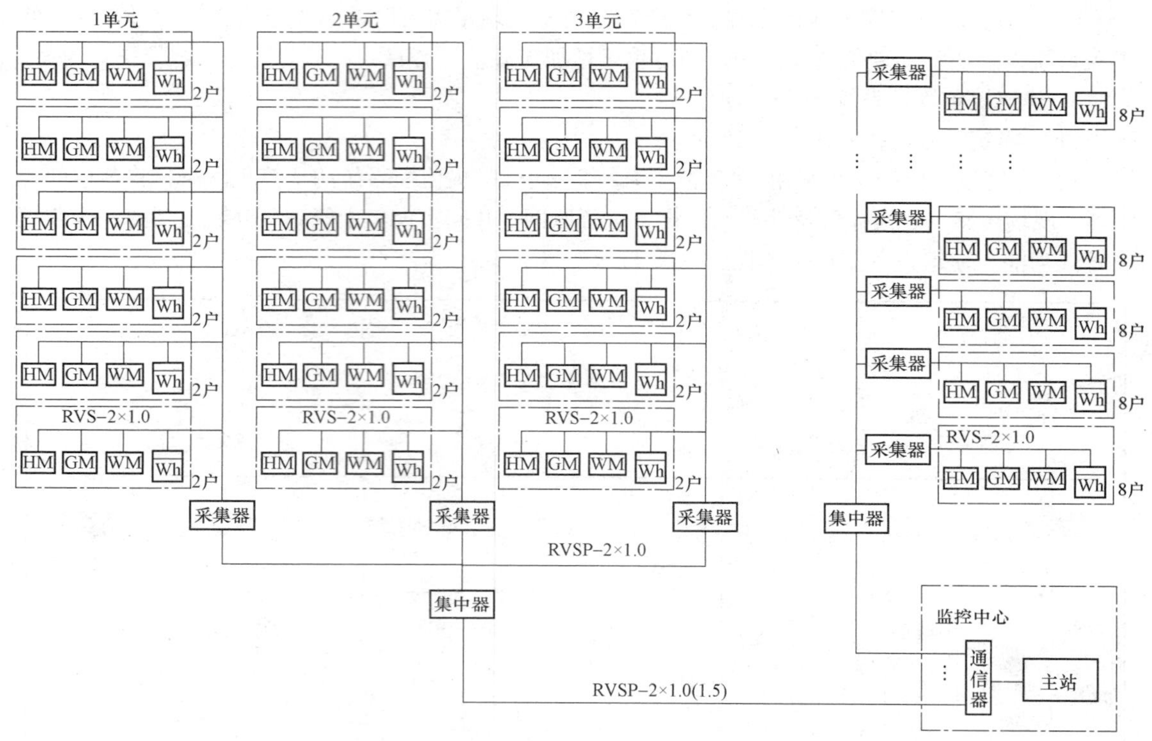

图 11.3.7－4 建筑能效监管系统

（3）电梯监控系统。

1）电梯监控系统是一个相对独立的子系统，纳入设备监控管理系统进行集成。

2）电梯现场控制装置应具有标准接口（如 RS485、RS232 等）。

3）在安防消防中心设电梯监控管理主机，显示电梯的运行状态。

4）监控系统配合运营，启动和关闭相关区域的电梯；接收消防与安防信息，及时采取应急措施。

5）系统自动监测各电梯运行状态，紧急情况或故障时自动报警和记录，自动统计电梯工作时间，定时维修。

6）电梯对讲电话主机及对讲电话分机由电梯中标方成套提供，要求满足工程管理需要。

7）电梯轿厢内设暗藏式对讲机，对讲总机设在消防控制室，用于紧急对讲。

（4）电力监控系统。本工程的电力监控系统是一个相对独立的子系统，电能监测中采用的分项计量仪表具有远传通信功能，纳入设备监控管理系统进行集成。

5. 公共安全系统：

（1）视频监控系统。本工程在汽车库、商业、住宅分别设置保安室（与消防控制室共用），内设系统矩阵主机、视频录像、打印机，监视器及交流 24V 电源设备等。视频自动切换器接受多个摄像点信号输入，定时自动轮换（1～30s）输出监控信号，也可手动任选一个摄像机的画面跟踪监视、录像、打印。系统矩阵主机带输入、输出板；云台控制及编程、控制输出时、日、字符叠加等功能。系统须能快捷方便地与消防报警、安防门禁等相关系统进行集成。

视频监控采用全数字传输的视频监控系统，用六类双绞线将摄像机采集的视频信号传输至最近的弱电间内网络交换机，接入智能化专网接入层交换机，再通过室内光缆传输至安保中心机房的核心交换机，接入安防管理平台。数字监控系统示意见图 11.3.7－5。

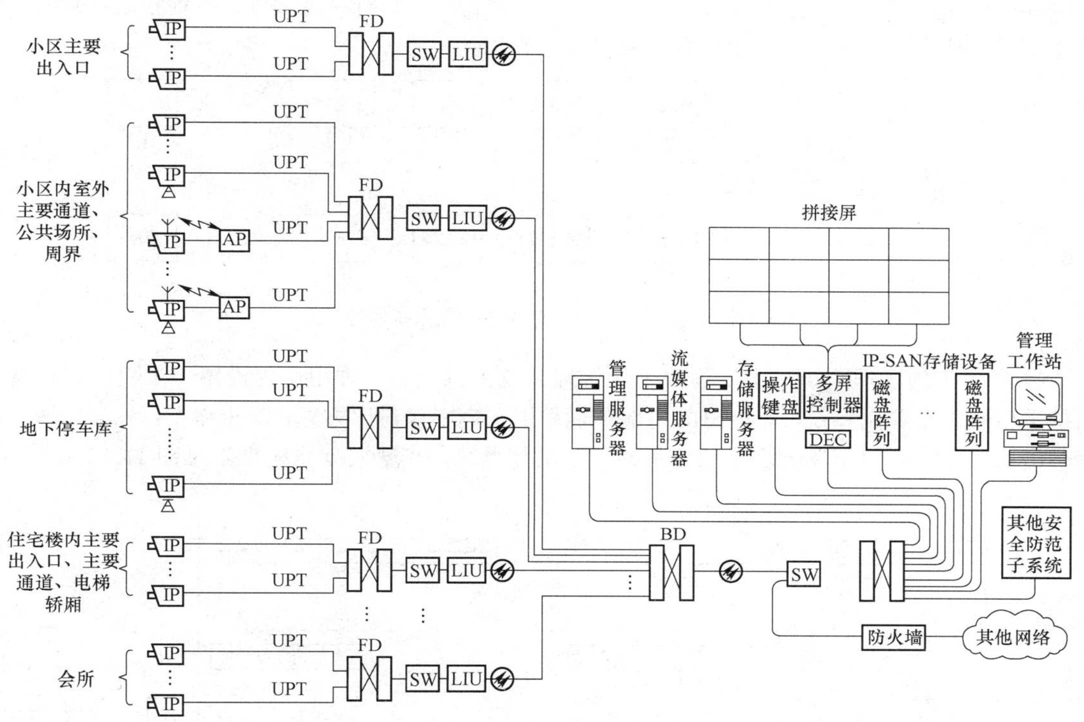

图 11.3.7－5 数字监控系统示意

系统采用 200 万像素高清摄像机，在主要出入口、内部走廊、机房、人员通道、室外等处设固定枪型摄像机和一体化枪型摄像机，在公共走廊、电梯前室、出入口等处设固定半球形摄像机，在电梯轿厢内设电梯专用 130 万像素半球摄像机。室外区域所安装的摄像机应加装室外防护罩，并采取防雷保护措施。

在机房中心设置网络存储设备，实现网络摄像机编码设备直接写入专业存储设备，进行 30×24h 录像。总安保中心配置液晶拼接屏。同时设置视频管理系统，控制与管理前端监控摄像机。

（2） 出入口控制系统。系统主机设置于建筑消防控制室。系统构成与主要技术功能：

1） 出入口控制系统由识读部分、传输部分、管理/控制部分和执行部分以及相应的系统软件组成。

2） 本工程在重要机房、物业用房车库、出入口安装读卡机、电控锁以及门磁开关等控制装置。系统设置于各建筑内消防控制室内。

3） 系统的信息处理装置应能对系统中的有关信息自动记录、打印、存储，并有防篡改和防销毁的措施。

4） 出入口控制系统应能独立运行，并能与火灾自动报警系统、视频监控系统联动。当发生火警或需紧急疏散时，人员不使用钥匙应能迅速安全通过。

（3）巡更系统。本小区采用门禁点在线巡更系统，该系统由感应式 IC 卡、门禁读卡器、门禁软件、巡更管理软件、通信转换器等组成。门禁点在线巡更系统原理见图 11.3.7－6。本系统只需在门禁的基础上增加一套巡更管理软件直接从门禁软件中读取数据，保安员巡更的读卡数据在经过巡更管理软件筛选后将作为巡更数据来处理。系统可任意设置读卡点作为巡更点；可任意设置班次、巡更路线；系统具有强大的报表功能，能生成各类报表，可根据时间、个人、部门、班次等信息来生成报表；系统具有完善的操作员管理程序，具有多种级别、多种权限；系统可实时显示巡更情况，对未正常巡更则提示和报警。

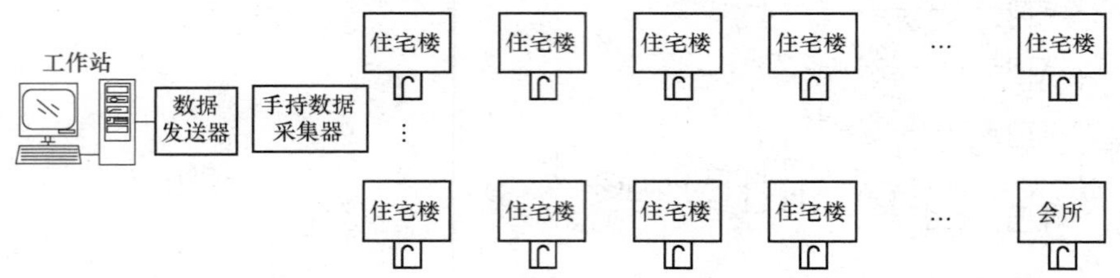

图 11.3.7－6 门禁点在线巡更系统原理

（4）停车场管理系统。本工程停车场管理系统主机就近管理用房内设置。工程停车场管理系统采用影像全鉴别系统，对进出的内部车辆采用车辆影像对比方式，防止盗车；外部车辆采用临时出票机方式。停车场管理系统还包括车辆引导系统，车辆引导系统框架见图 11.3.7－7。

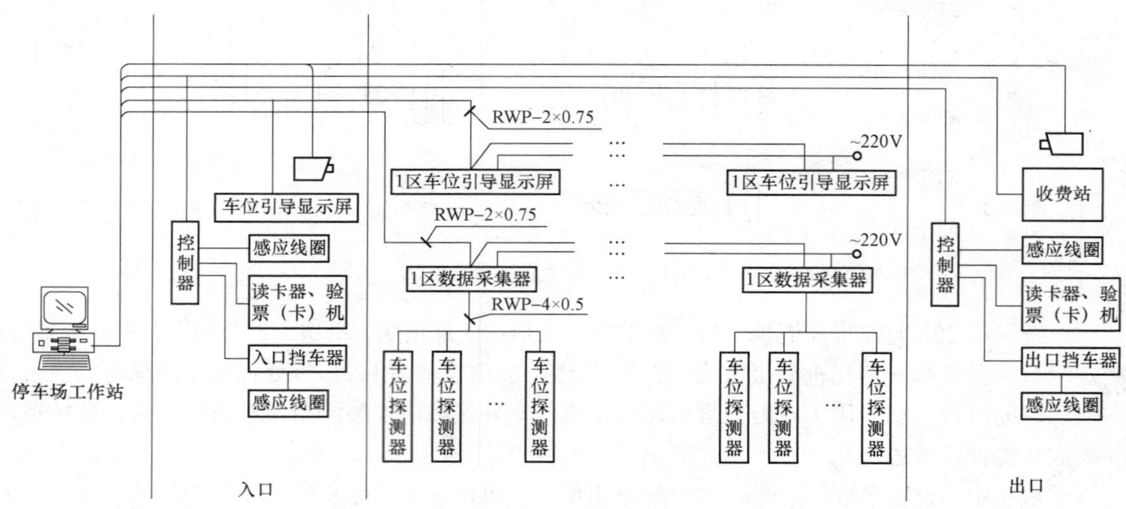

图 11.3.7－7 车辆引导系统框架

（5）访客对讲系统。随着信息时代的发展，访客防盗对讲机已经成为现代多功能、高效率的现代化建筑的重要标志。可视对讲系统符合当今住宅的安全和通信需求，为住户提供了安全、舒适的生活。访客对讲系统框架见图 11.3.7－8。本小区可视对讲系统应具有以下功能：

1）管理功能：在物业管理中心处设立的管理机，可记录 20 个呼叫、报警记录。可使管理员足不出户，完成访客和管理员、管理员和住户、访客和住户的通话及管理员、住户开门。并有接受住户呼叫、报警等功能，使物业管理更完善。在每单元门口设立门口机。访客进入小区后，来到相应的单元时，通过该门口机与住户再次通话，由住户在室内对访客确认后开启单元电控门。

2）住户呼叫功能：住户通过室内可视话机可呼叫管理中心，并实现双向通话。该功能可通过管理机将小区内4000位住户的呼叫管理起来，实现小区内住户的统一管理。

3）内部通信功能：系统能使住户之间通过管理员切换，进行相互通话。但由于此功能将会占用专用通道，影响到小区内的正常通话及报警，故应配合情况使用。

4）模式转换功能：系统具有多种管理模式：白天模式（有管理员）；夜间模式（无管理员）；混合模式（具有白天模式+夜间模式）的功能。各种模式可满足不同的物业管理要求，使物业管理更加现代、完善。

5）入口控制功能：系统可容纳多至 32 个入口控制，符合当今综合型小区管理要求。可对各类出入口：车库、健身房、游泳池、网球场等进行现代管理，并可连接计算机、打印机，实现智能化，一体化物业管理。如需将入口系统联入，则根据具体出入口要求，在已配置的中央器上进行相应的设备增加。

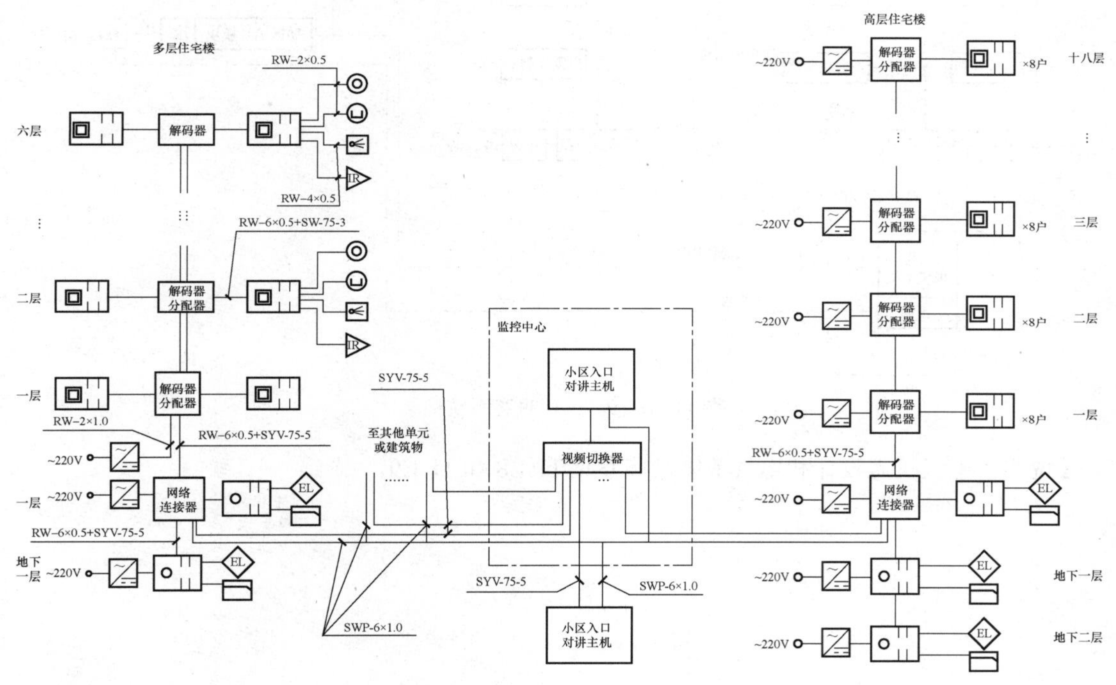

图 11.3.7－8　访客对讲系统框架

6）应急功能：MDS 系统带有备用电源，确保小区供电失常情况下，系统可保持一定时间的正常使用，通信通道畅通。

7）密话功能：系统应确保通信通道安全、保密。

8）探头联机报警功能：系统管理机除接收住户呼叫外，并可连接各种烟雾、瓦斯、防盗、红外等多种自动报警探头，更符合现代安全防范技术要求。

（6）入侵报警系统。

1）入侵报警系统是采用现代化红外技术及微波技术，对人体入侵及移动进行探测，同时产生声光报警及联动相关电子设备，阻止盗案的发生。入侵报警系统框架见图 11.3.7－9。

2）在小区四周用墙或护栏上安装各类主动式红外对射探头，对小区进行布防，在物业中心值班室设有报警主机，一旦某处有人越入，对射探头却自动感应，触发报警，主机显示报警部位，同时联动相应的摄像机，并在主机上自动切换成报警摄像画面，提示值班人员处理。

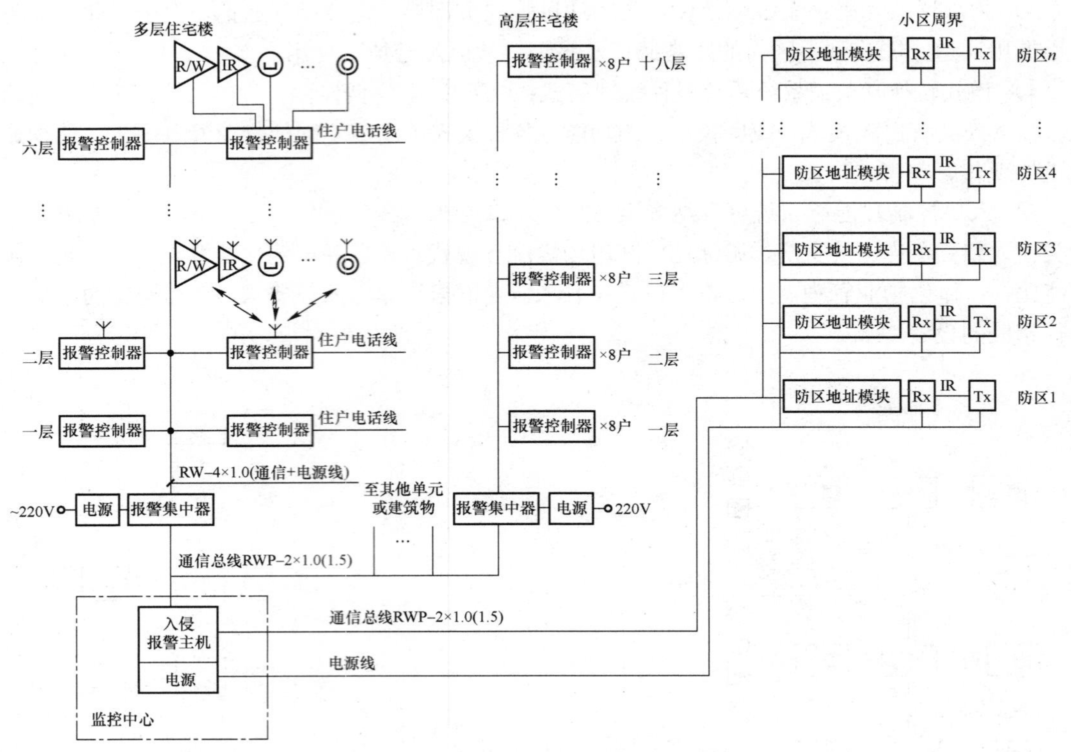

图 11.3.7－9　入侵报警系统框架

【说明】电气抗震设计和电气节能措施参见 11.1.8 和 11.1.9。

12 城市综合体建筑

【**摘要**】城市综合体就是将城市中的商业、办公、居住、旅店、展览、餐饮、会议、文娱和交通等城市生活空间的三项以上进行组合，并在各部分间建立一种相互依存、相互助益的能动关系，从而形成一个多功能、高效率的综合体。城市综合体电气系统是一个复合的系统，城市综合体电气设计应充分考虑内部有很多相互依赖的子系统协同作用，使其形成一个多功能、高效率的综合体。

12.1 九方广场

九方广场

12.1.1 项目信息

九方广场总建筑面积230 000m²，其中地上面积为163 000m²，地下面积为67 000m²，建筑为两栋塔楼，其中A栋为高约300m（62层），上部为五星级酒店，下部为写字楼；B栋为高150m，35层的酒店式公寓，三层地下室，包括酒店服务用房、设备用房、车库和人防工程；裙楼3层为酒店服务用房及部分商业用房。

12.1.2 系统组成

1. 高低压变、配电系统。
2. 电力、照明系统。
3. 防雷与接地系统。
4. 电气消防系统。
5. 智能化系统。
6. 电气抗震设计和电气节能措施。

12.1.3 高低压变、配电系统

1. 负荷分级。

（1）一级负荷：包括酒店经营及设备管理用计算机系统、火灾报警及联动控制设备、消防泵、消防电梯、排烟风机、加压风机、保安监控系统、应急照明用电；宴会厅、餐厅、厨房、康乐设施、门厅及高级客房、主要通道等场所的照明用电；厨房、排污泵、生活水泵、主要客梯用电；计算机、电话、电声用电。设备容量约为3200kW。其中酒店经营及设备管理用计算机系统、火灾报警及联动控制设备、消防泵、消防电梯、排烟风机、加压风机、保安监控系统、应急照明用电为一级负荷中的特别重要负荷。本工程一级负荷容量：酒店部分设备容量为1600kW；办公部分设备容量为990kW；公寓部分设备容量为640kW。

（2）二级负荷：包括一般客梯用电，普通客房等。本工程二级负荷容量：酒店部分设备容量为3500kW；办公部分设备容量为1900kW；公寓部分设备容量为1200kW。

（3）三级负荷：包括一般照明及动力负荷。本工程三级负荷容量：酒店部分设备容量为3800kW；办公部分设备容量为8500kW；公寓部分设备容量为5600kW。

2. 电源。本工程拟由市政电网引来三路10kV电源，10kV高压配电系统均为单母线分段运行，三路电源两用一备，备用电源能承担发生故障电源所供电的全部负荷，三路10kV电源要求当一路发生故障时，除非有不可抗拒的原因，其他两路电源不允许同时损坏。容量20 900kVA。

3. 变、配电站。本工程按使用管理功能，配备五个变配电所详见表12.1.3。

表12.1.3 变配电所配备表

变配电所编号	变配电所位置	供电范围	变压器装机容量
TH1	地下一层	酒店地下室及裙房配套设施的动力、照明用电	2×2000kVA
TH2	四十二层	酒店楼层配套设施的动力、照明用电	2×1000kVA

续表

变配电所编号	变配电所位置	供电范围	变压器装机容量
TO1	地下一层	写字楼地下室，裙房配套设施的动力、照明用电	2×2000kVA 2×1600kVA
TO2	二十八层	写字楼配套设施的动力、照明用电	2×1000kVA
TR1	地下一层	公寓地下室、裙房、公寓楼层的配套设施的动力、照明用电	2×1600kVA 2×1250kVA

4. 自备应急电源系统。在地下一层设置两处柴油发电机房。各设置一台 1600kW 柴油发电机组。其中一台供给公共区域的应急电源，另一台供给酒店的应急电源。柴油发电机组的消防供电回路采用专用线路连接至专用母线段，连续供电时间不应小于 3h。

（1） 当市电出现停电、缺相、电压超出范围（AC 380V：－15%～＋10%）或频率超出范围（50Hz±5%）时延时 15s（可调）机组自动启动。

（2） 当市电故障时，消防用电设备、应急照明与疏散照明以及涉及人身安全的用电设备均由自备应急电源提供电源。

（3） 柴油发电机组供电范围。

1） 安全出口走廊紧急照明。

2） 安全出口指示牌。

3） 安全楼梯出口照明。

4） 应急发电机及其总开关装置机房照明。

5） 所有客区和后勤区域的紧急照明。

6） 程控交换机房和电脑机房照明，其内部装置的设备和空调机组。

7） 电脑机房空调机组，不间断电力供应（UPS），UPS 电池机房照明和通风设备。

8） 话务室，消防控制控制室，客人快速反应服务室的照明和电力供应。

9） 屋顶航空障碍灯。

10） 所有区域排烟系统装置。

11） 所有区域的安全楼梯正压风机系统。

12） 在消防报警时，提供足够电力把所有电梯压降下到首层，并把电梯门打开。

13） 为消防电梯提供电力（带自动投入）并能手动控制所有其他区域电梯的操作（必须与当地电梯操作标准相符）。

14） 所有感烟探测器，感温探测器，可燃气体探测器，手动报警器，警报系统，包括安全警报。

15） 所有紧急广播/通信系统。

16） 所有区域门上的磁力开门器装置，包括大堂电动自动门。

17） 消防及喷淋主水泵和消防及喷淋稳压水泵。

18） 防泛滥水泵、污水泵、下水道排水泵和其他所有必要的生活供水泵（酒店所需的）。

19） 为伤残人士在房间里提供使用的电源插座。

20） 分别装在前台的酒店管理系统和餐厅的收银机终端的电源插座。

21） 所有干式喷淋系统的空气压缩机。

22） 所有喷淋管的热能防冻探测装置。

23） 所有灭火装置的电力供应。

24） 主要食品冷藏库。

25） 厨房排烟。

（4） 设置集中 UPS 供电系统，为公共区重要负荷供电。

12.1.4 电力、照明系统

1. 配电系统的接地形式采用 TN－S 系统。冷冻机组、冷冻泵、冷却泵、生活泵、热力站、电梯等设备采用放射式供电；风机、空调机、污水泵等小型设备采用树干式供电。

2. 为保证重要负荷的供电，对重要设备，如通信机房、消防用电设备（消防水泵、排烟风机、加压风机、消防电梯等）、信息网络设备、消防控制室、中央控制室等均采用双回路专用电缆供电，在最末一级配电箱处设双电源自投，自投方式采用双电源自投自复。

3. 办公楼租户供电采用双母线供电方式。公共区域照明、电力单独回路供电和计费。

4. 照度标准。办公建筑照明标准值见表 1.1.4。商业建筑照明标准值见表 9.1.4。公寓建筑照明标准值见表 11.1.5。

5. 光源与灯具选择。入口处照明装置采用色温低、色彩丰富、显色性好光源，能给人以温暖、和谐、亲切的感觉，又便于调光。餐厅照明设计满足灵活多变的功能，根据就餐时间和顾客的情绪特点，选择不同的灯光及照度。客房设有进门小过道顶灯、床头灯、梳妆台灯、落地灯、写字台灯、脚灯、壁柜灯，在客房内入口走廊墙角下安置应急灯，在停电时自动亮灯。总统间除具有一般客房的功能灯饰外，在客厅和餐厅增设豪华灯饰。装修要求的场所视装修要求，可采用多种类型的光源。一般场所选用 T5 荧光灯或节能型灯具。对仅作为应急照明用的光源应采用瞬时点燃的光源。对大空间场所和室外空间可采用金属卤化物灯。

6. 照明配电系统。本工程利用在强电小间内的封闭式插接铜母线配电给各楼层照明配电箱（柜），以便于安装、改造和降低能耗。客房层照明采用双回路供电，保证用电可靠，在每套客房设一小配电箱，单相电源进线。由层照明配电箱（柜）至客房配电箱采用放射式配电。客房内采用节能开关。

7. 应急照明与疏散照明。消防控制室、变配电所、配电间、电信机房、弱电间、楼梯间、前室、水泵房、电梯机房、排烟机房、重要机房的值班照明等处的应急照明按 100%考虑；门厅、走道按 30%设置应急照明；其他场所按 10%设置应急照明。各层走道、拐角及出入口均设疏散指示灯，蓄电池采用集中免维护电池进行供电，停电时自动切换为直流供电，并且应急照明持续时间应不少于 120min。

8. 为保证用电安全，用于移动电器装置的插座的电源均设电磁式剩余电流保护装置（动作电流≤30mA，动作时间＜0.1s）。

9. 照明控制。为了便于管理和节约能源，以及不同的时间要求不同的效果。本工程采用智能型照明控制系统，部分灯具考虑调光；汽车库照明采用集中控制；楼梯间、走廊等公共区域的照明采用集中控制和就地控制相结合的方式；走廊的照明采用集中控制。走廊的应急照明考虑就地控制和消防集中控制的方式。室外照明的控制纳入建筑设备监控系统统一管理。大堂区、门厅区和宴会厅等，该区域的灯光布置和灯具选择，除了一般的照明需求，还为了烘托气氛，体现装饰的美感和整体形象，营造舒适的环境。电梯厅照明通过设置定时器与人体移动感应器控制，人流高峰期开启全部的普通与装饰照明，平时只开启普通与部分装饰照明，人流较少时，只开启普通照明，并结合人体感应器控制。

10. 集中控制疏散指示系统。在火灾情况下，集中控制疏散指示系统可根据具体情况，按自动或手动程序控制和改变疏散指示标志/照明灯的显示状态，更准确、安全、迅速地指示逃生线路。火灾初期，有了智能疏散指示逃生系统，人们可避免误入烟雾弥漫的火灾现场，争取宝贵的逃生时间。火灾时，根据消防联动信号，智能应急照明疏散系统对疏散标志灯的指示方向做出正确调整，配合灯光闪烁、地面疏散标志灯，给逃生人员以视觉和听觉等感官的刺激，指引安全逃生方向，加快逃生速度、提高逃生成功率。系统技术参数包括：

（1）供电电源 AC220V±10%50/60Hz。

（2）备用电源应急时间 2h。

（3）主控机嵌入式工业控制计算机，显示器 17in 工业全彩液晶显示器；热敏打印机。

（4）总线技术 M－BUS：RS－485、EtherNet 控制总线。

（5）通信接口 RS232；RS485；USB2.0。

（6）通信电压 24V。

（7）防护等级 IP30。

（8）系统限值设备数≤128 000 个、回路数≤256 路、回路设备数≤64 个。

11. 非消防用电线电缆的燃烧性能不应低于 B1 级。非消防用电负荷应设置电气火灾监控系统。消防供配电线路应符合下列规定：

（1）消防电梯和辅助疏散电梯的供电与控制电线电缆采用燃烧性能为 A 级，耐火时间不小于 3.0h 的阻燃耐火电线电缆；高压供电线路及其他消防供配电线路应采用燃烧性能不低于 B1 级，耐火时间不小于 3.0h 的阻燃耐火电线电缆。

（2）消防用电采用双路由供电方式，其供配电干线应设置在不同的竖井内。

（3）避难层的消防用电采用专用回路供电，且不应与非避难楼层（区）共用配电干线。

12. 航空障碍物照明。根据《民用机场飞行区技术标准》要求，本工程分别在屋顶及每隔 40m 左右设置航空障碍标志灯，40～90m 采用中光强型航空障碍标志灯，90m 以上采用航空白色高光强型航空障碍标志灯。航空障碍标志灯的控制纳入建筑设备监控系统统一管理，并根据室外光照及时间自动控制。

13. 夜景照明。

（1）充分了解和发挥光的特性。如光的方向性、光的折射与反射、光的颜色、显色性、亮度等。

（2）针对人对照明所产生的生理及心理反应，灵活应用光线对使人的视觉产生优美而良好的效果。

（3）根据被照物的性质、特征和要求，合理选择最佳照明方式。

（4）既要突出重点，又要兼顾夜景照明的总体效果，并和周围环境照明协调一致。

（5）使用彩色光要慎重。鉴于彩色光的感情色彩强烈，会不适当地强化和异化夜景照明的主题表现，应引起注意。特别是一些庄重的大型公共场所的夜景照明，更要特别谨慎。

（6）夜景照明的设置应避免产生眩光并光污染。

（7）利用投射光束衬托建筑物主体的轮廓，烘托节日气氛。在首层、屋顶层均有景观灯具来满足夜间景观照明。通过智能照明控制系统，把照明组合进行预先设置，依据不同情况选择不同的控制方式。灯具采用 AC220V 的电压等级。节日照明及室外照明采用集中控制，并应根据不同的时间（平时、节假日、庆典日）有不同效果的选择。

12.1.5　防雷与接地系统

1. 本建筑物按二类防雷建筑物设防，为防直击雷在屋顶设接闪带，其网格不大于 10m × 10m，所有突出屋面的金属体和构筑物应与接闪带电气连接。

2. 为防止侧向雷击，将六层以上，每三层沿建筑物四周的金属门窗构件与该层楼板内的钢筋接成一体后再与引下线焊接，防雷接闪器附近的电气设备的金属外壳均应与防雷装置可靠焊接。

3. 为预防雷电电磁脉冲引起的过电流和过电压，在变压器低压侧，向重要设备供电的末端配电箱的各相母线上，由室内引至室外的电力线路等部位装设电涌保护器（SPD）。

4. 本工程采用共用接地装置，以建筑物、构筑物的金属体、构造钢筋和基础钢筋作为接地体，其接地电阻小于 1Ω。

5. 交流 220/380V 低压系统接地形式采用 TN－S，PE 线与 N 线严格分开。

6. 建筑物做等电位联结，在变配电所内安装主等电位联结端子箱，将所有进出建筑物的金属管道、金属构件、接地干线等与等电位端子箱有效连接。

7. 在所有变电所，弱电机房，电梯机房，强、弱电小间，浴室等处做辅助等电位联结。

8. 本工程设置电涌保护器监控系统，各级配电线路采用 SPD 具有正常工作指示、防雷模块及短路保护损坏报警、热熔和过电流保护、保护装置动作告警、运行状态实时监控、雷击事件记录、实时通信等功能。

12.1.6　电气消防系统

1. 在一层消防控制室，酒店、办公和公寓分别设置消防分控制室，对酒店、办公和公寓建筑内的消防设备进行探测监视和控制。消防控制室内分别设有火灾报警控制主机、计算机图文系统、联动控制台、CRT 显示器、打印机、紧急广播设备、消防专用电话主机、电梯监控盘及 UPS 电源设备等。酒店、办公的消防控制室之间预留网络接口。

2. 火灾自动报警系统。本工程采用集中报警系统，系统的消防联动控制总线采用环形结构。燃气表间、厨房设气体探测器，烟尘较大场所设感温探测器，一般场所设感烟探测器，有客人场所设置带光、声报警的探测器。在本楼适当位置设手动报警按钮及消防对讲电话插孔。在消火栓箱内设消火栓报警按钮。消防控制室可接收感烟、感温、气体探测器的火灾报警信号，水流指示器、检修阀、压力报警阀、手动报警按钮、消火栓按钮的动作信号。在每层消防电梯前室附近设置楼层显示复示盘。

3. 消防联动控制系统。在消防控制室设置联动控制台，控制方式分为自动控制和手动控制两种。通过联动控制台，可以实现对消火栓、自动喷洒灭火系统、防烟、排烟、加压送风系统的监视和控制，火灾发生时手动切断一般照明及空调机组、通风机、动力电源。当发生火灾时，自动关闭总煤气进气阀门。

4. 消防紧急广播系统。在消防控制室设置消防广播机柜。地下泵房、冷冻机房等处设号角式 15W 扬声器，其他场所设置 3W 扬声器。消防紧急广播按建筑层分路，每层一路。客房及公共建筑中经常有人停留且建筑面积大于 100m^2 的房间内应设置消防应急广播扬声器，当发生火灾时，消防控制室值班人员可自动或手动向全楼进行火灾广播，及时指挥疏导人员撤离火灾现场。

5. 消防直通对讲电话系统。在消防控制室内设置消防直通对讲电话总机，除在各层的手动报警按钮处设置消防对讲电话插孔外，在疏散楼梯间内每层设置 1 部消防专用电话分机，在变配电室、水泵房、电梯机房、冷冻机房、防排烟机房、建筑设备监控室、管理值班室等处设置消防直通对讲电话分机。

6. 电梯监视控制系统。在消防控制室设置电梯监控盘，除显示各电梯运行状态、层数显示外，还应设置正常、故障、开门、关门等状态显示。火灾发生时，根据火灾情况及场所，由消防控制室电梯监控盘发出指令，指挥电梯按消防程序运行：对全部或任意一台电梯进行对讲，说明改变运行程序的原因；除消防电梯保持运行外，其余电梯均强制返回一层并开门。火灾指令开关采用钥匙型开关，由消防控制室负责火灾时的电梯控制。

7. 应急照明系统。所有楼梯间及前室的照明以及变配电所、消防控制室、安防中心、消防水泵房、防排烟机房、柴油发电机房、电信机房等的照明全部为应急照明。公共场所应急照明一般按正常照明的10%～15%设置。应急照明电源采用双电源末端互投供电。主要疏散出口设置安全出口指示灯，疏散走廊设置疏散指示灯。疏散照明的地面最低水平照度，对于疏散走道不应低于5.0lx；对于人员密集场所、避难层（间）、楼梯间、前室或合用前室、避难走道不应低于10lx。

8. 为防止用电不善引起的火灾，本工程设置电气火灾报警系统，可以准确实时地监控电气线路的故障和异常状态，及时发现电气火灾的隐患，及时报警、提醒有关人员去消除这些隐患，避免电气火灾的发生，是从源头上预防电气火灾的有效措施。消防设备电源监控系统示意见图12.1.6。

9. 为保证防火门充分发挥其隔离作用，在火灾发生时，迅速隔离火源，有效控制火势范围，为扑救火灾及人员的疏散逃生创造良好条件，本工程设置防火门监控系统。

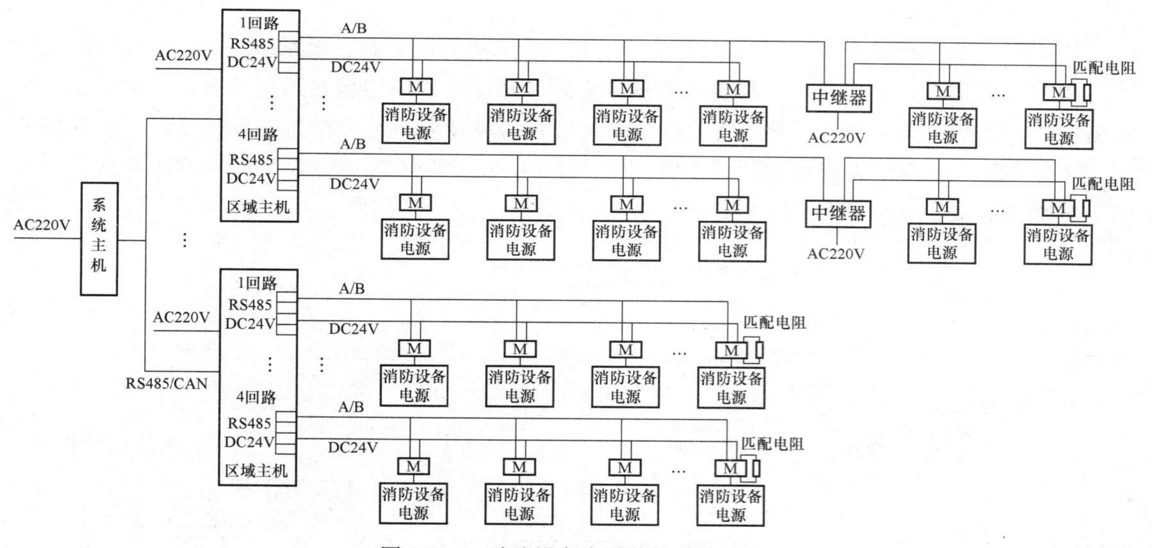

图12.1.6 消防设备电源监控系统示意

12.1.7 智能化系统

1. 信息化应用系统。信息化应用系统功能应满足建筑物运行和管理的信息化需要并提供建筑业务运营的支撑和保障。系统包括公共服务、智能卡应用、物业管理、信息设施运行管理、信息安全管理、基本业务办公和专业业务等信息化应用系统。

（1）公共服务系统。公共服务系统应具有访客接待管理和公共服务信息发布等功能，并宜具有将各类公共服务事务纳入规范运行程序的管理功能。系统基于信息网络及布线系统，系统服务器设置于中心网络机房，管理终端设置于相应管理用房。

（2）智能卡应用系统。根据建设方物业信息管理部门要求对出入口控制、电子巡查、停车场管理、考勤管理、消费等实行一卡通管理，“一卡”，在同一张卡片上实现开门、考勤、消费等多种功能；“一库”，在同一软件平台上，实现卡的发行、挂失、充值、资料查询等管理，系统共用一个数据库，软件必须确保出入口控制系统的安全管理要求；“一网”，各系统的终端接入局域网进行数据传输和信息交换。系统基于信息网络及布线系统，系统服务器设置于中心网络机房，管理终端设置于相应管理用房。

（3）信息设施运行管理系统。信息设施运行管理系统应具有对建筑物信息设施的运行状态、资源配置、技术性能等进行监测、分析、处理和维护的功能。系统基于信息网络及布线系统，系统服务器设置于中心网络机房，管理终端设置于相应管理用房。

（4）信息安全管理系统。信息网络安全管理系统通过采用防火墙、加密、虚拟专用网、安全隔离和病毒防治等各种技术和管理措施，室网络系统正常运行，确保经过网络的传输和管理措施，使网络系统正常运行，确保经过网络传输和交换的数据不会发生增加、修改、丢失和泄露。系统基于信息网络及布线系统，系统服务器设置于中心网络机房，管理终端设置于相应管理用房。

（5）酒店管理系统。酒店管理系统应与其他非管理网络安全隔离。网络采用先进的高速网，保证系统的快速稳定运转。网络速率方面应保证主干网达到交换 100Mbit/s 的速率，而桌面站点达到交换 10Mbit/s 的速率。并可实现预订、团队会议、销售、前台接洽、团队开房、修改/查看账户、前台收银、统计报表、合同单位挂账、账单打印查询、餐饮预订、电话计费、用车管理等功能。

2. 智能化集成系统。

集成管理的重点是突出在中央管理系统的管理，控制仍由下面各子系统进行。集成管理能为本工程各个管理部门提供高效、科学和方便的管理手段。将建筑中日常运作的各种信息，如建筑设备监控、安防、火灾自动报警、公共广播、通信系统以及展览管理信息，各种日常办公管理信息，物业管理信息等构成相互之间有关联的一个整体，从而有效地提升建筑整体的运作水平和效率。智能化集成系统示意见图 12.1.7－1。

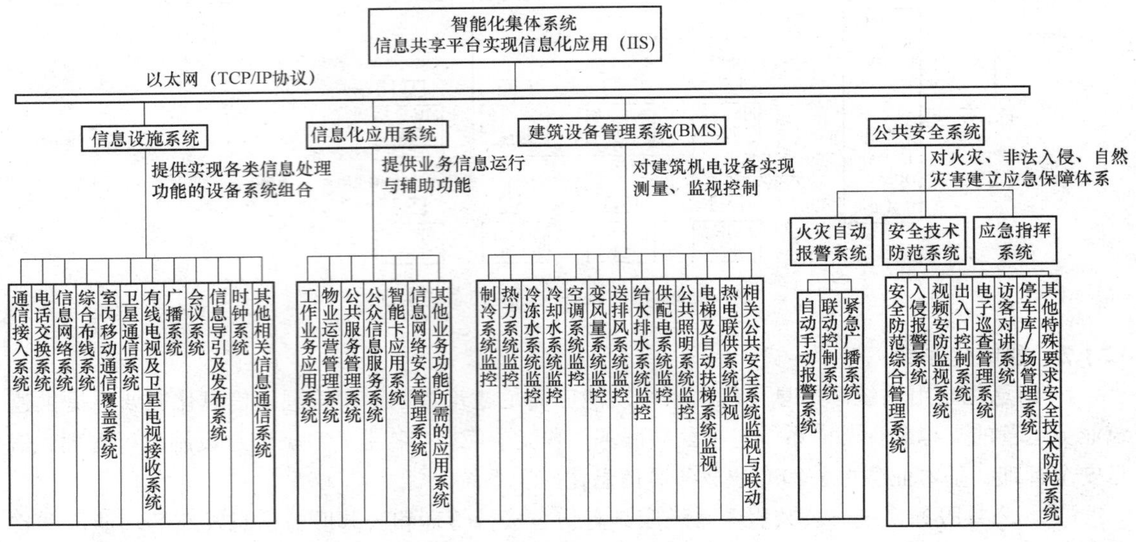

图 12.1.7－1　智能化集成系统示意

（1）集成管理，首先要求进行集成的系统应该是一个开放性的系统，在集成过程中，首先要解决好各个系统间通信协议的标准化问题，使整个系统达到信息识别的唯一性，只有这样，才能真正达到各子系统之间的联动，也才能做到无论集成先后，均能平滑连接。

（2）系统集成的规模，首先是以建筑设备管理系统为模式，即BMS模式，先期将在建筑中有相互联动关系的各建筑设备子系统进行相对集成，达到相互之间在处理和解决建筑中出现的问题时，能协同动作，提高效率，便于管理。在BMS中，以建筑设备监控系统（BA）为基础平台，进行相关的联动设计。

3. 信息化设施系统。

（1）信息系统对城市公用事业的需求。

1）本工程办公需输出入中继线200对（呼出呼入各50%）。另外申请直拨外线1000对（此数量可根据实际需求增减）。公寓需输出入中继线100对（呼出呼入各50%）。另外申请直拨外线500对（此数量可根据实际需求增减）。酒店需输出入中继线120对（呼出呼入各50%）。另外申请直拨外线100对（此数量可根据实际需求增减）。

2）电视信号接自城市有线电视网，在顶层设有卫星电视机房，对建筑内的有线电视实施管理与控制。有线电视节目和卫星电视节目经调制后，经电视信号干线系统传送至每个电视输出口处，使获得技术规范所要求的电平信号，达到满意的收视效果。

（2）通信自动化系统。

1）在酒店在地下一层设置电话交换机房，拟定设置一台600门的PABX。在办公在地下一层，拟定设置一台2000门的PABX。在公寓在地下一层，拟定设置一台1000门的PABX。

2）通信自动化系统中，程控自动数字交换机起着重要的作用。随着通信技术的发展，现今的PABX应将传统的语音通信、语音信箱、多方电话会议、IP技术、ISDN（B－ISDN）应用等通信技术融合在一起，向用户提供全新的通信服务。

3）本工程建立卫星通信系统，进行高速数据传输、图像传输、综合数据与语音通信、移动数据通信、计算机网络连接等综合业务，与DDN数字数据网互为备份，可以保证数据通信的不间断性、可靠性。

（3）综合布线系统。

1）本工程在酒店在地下一层（工程部值班室），办公、公寓在地下一层设置网络室，分别对酒店、办公内的建筑设备实施管理与控制。将酒店、办公、公寓的语音信号、数字信号的配线，经过统一的规范设计，综合在一套标准的配线系统上，此系统为开放式网络平台，方便用户在需要时，形成各自独立的子系统。综合布线系统可以实现世界范围资源共享，综合信息数据库管理、电子邮件、个人数据库、报表处理、财务管理、电话会议、电视会议等。

2）本工程在将办公语音信号、数字信号、视频信号、控制信号的配线，经过统一的规范设计，综合在一套标准的配线系统上，此系统为开放式网络平台，方便用户在需要时，形成各自独立的子系统。综合布线系统可以实现世界范围资源共享，综合信息数据库管理、电子邮件、个人数据库、报表处理、财务管理、电话会议、电视会议等。

（4）会议电视系统。本工程在多功能厅设置全数字化技术的数字会议网络系统（DCN系统），该系统采用模块化结构设计，全数字化音频技术。具有全功能、高智能化、高清晰音质。方便扩展和数据传递保密等优点。可实现发言演讲、会议讨论、会议录音等各种国际性会议功能，其中主席设备具有最高优先权，可控制会议进程。

（5）有线电视及卫星电视系统。

1）本工程在酒店地下一层，办公和公寓地下一层分别设置有线电视机房，在酒店顶层设有卫星电视机房，对酒店内的有线电视实施管理与控制。有线电视节目和卫星电视节目经调制后，经电视信号干线系统传送至每个电视输出口处，使获得技术规范所要求的电平信号，达到满意的收视效果。系统设备包括卫星接收天线、功分器、接收机、解密器、制式转换器、前置放大器、频道放大器、频道转换器、有源混合器、供电单元、宽带放大器、分配器、分支器、终端电阻等。

2） 有线电视系统根据用户情况采用分配－分支分配方式。

（6） 背景音乐及紧急广播系统。

1） 本工程在酒店设置背景音乐及紧急广播系统，办公和公寓设置紧急广播系统。中央背景音乐与紧急广播系统独立，物理分开（两组扬声器），紧急广播系统启动时，必须把中央背景音乐自动断开。

2） 酒店和办公、公寓在一层设置广播室（与消防控制室共室），酒店的中央背景音乐系统设备安装在客人快速服务中心内。背景音乐要求使用酒店管理公司指定的数码 DMX 音源，一台机器可供四种不同音源。紧急广播系统安装在消防控制室内。

3） 多功能厅设置独立的音响设备。会议扩声系统配备多台多路混音放大器、扬声器箱等专业设备。调音台应有多路音源输入通道，每通道均可预选话筒或线路输入。各通道均应有语音滤波，衰减低音成分，增加语音的清晰度。可接入 CD、AM/FM 收音机、话筒等，并具备录音设备。扬声器的配置应满足会场声压级的需要，并应保证会场内声压的均匀度。

（7） 信息导引及发布系统。本工程信息导引及发布系统主机设置于建筑物业管理室内。本系统由视频显示屏系统、传输系统、控制系统和辅助系统组成。可实现一路或多路视频信号同时或部分或全屏显示。通过计算机控制，在公共场所显示文字、文本、图形、图像、动画、行情等各种公共信息以及电视录像信号，并利用信息系统作为电子导向标识，辅助人员出入导向服务。

（8） 无线通信增强系统。为避免无线基站信道容量有限、忙时可能出现网络拥塞、手机用户不能及时打进或接进电话，另外由于大楼内建筑结构复杂、无线信号难于穿透、室内易出现覆盖盲区，大楼内应安装无线信号室内天线覆盖系统，以解决移动通信覆盖问题，同时也可增加无线信道容量。无线通信增强系统示意见图 12.1.7－2。

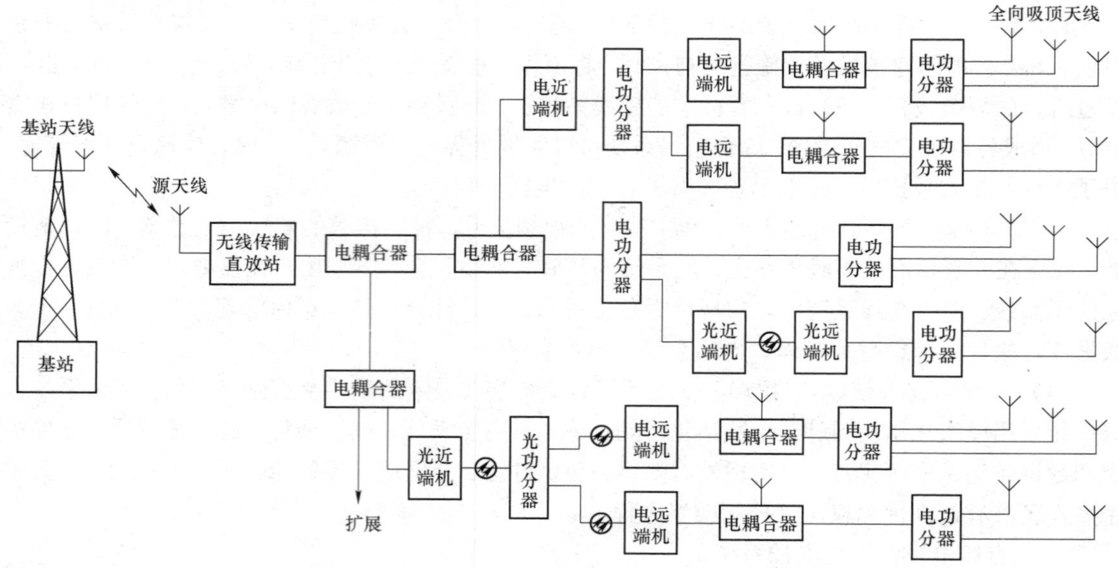

图 12.1.7－2　无线通信增强系统示意

4. 建筑设备管理系统。

（1） 建筑设备监控系统。

1） 建筑设备监控系统融合了现代计算机技术、网络通信技术、自动控制技术、数据库管理技术以及软件技术等，采用 “集散型系统”，通过中央监控系统的计算机网络，将各层的控制器、现场传感器、执行器及远程通信设备进行联网，共同实现集中管理、分散控制的综合监控及管理功能。

2） 本工程在酒店、办公和公寓分别设置建筑设备监控系统，建筑设备监控系统的总体目标是将建筑内的建筑设备管理与控制系统（HVAC、给排水系统、供配电系统、照明系统等）进行分散控制、集中监视管理，从而提供一个舒适的工作环境，通过优化控制提高管理水平，从而达到节约能源和人工成本，并能方便实现物业管理自动化。酒店建筑设备监控系统监控室设在地下二层（工程部值班室），办公建筑设备监控系统监控室设在地下二层。

3） 系统设计所遵循的原则是注重系统的先进性、实用性、可靠性、开放性、适应性、可扩展性、经济性和可维护性。通过对工程中子系统的控制，对建筑内温、湿度的自动调节，空气质量的最佳控制，以及对室内照明进行自动化管理等手段，提供最佳的能源管理方案，对机电设备以及照明等采取优化控制和管理，确保节能运行，从而降低能源成本及运行费用。以达到以下性能指标：

a）独立控制，集中管理。可以将建筑设备监控系统的工作站或服务器定义为节点服务器，并且根据弱电系统的整体要求，设置中央服务器。该结构使各节点服务器与中央服务器通过以太网（TCP/IP）连接，数据在各节点服务器之间，包括中央服务器之间进行通信，中央服务器对所有节点服务器中的数据、报警可以读取、打印和存储。

b）可以自动调整网络流量。当数据被其他节点或中央服务器定制后，才由相应的节点服务器将缓冲区中的数据传送到网络上，减少对控制器的数据通信要求，同时减少网络数据的冗余传送。

c）保证高可靠性。当整个网络断开后，本地的控制系统应能由节点服务器继续提供稳定的系统控制。另外，当某个节点服务器出现故障时，对整个网络和其他节点没有影响。在网络恢复正常工作后，各节点服务器可以将存储的数据自动传到相应的节点和中央服务器。

d）提升系统性能：节点服务器只对本地设备进行管理，系统的负荷由节点服务器分担，中央服务器的负担只限于本地设备管理和全系统中关键报警和数据的备份。这样可以保证整个系统的高性能。

e）管理简单：中央服务器可以控制任何一个节点服务器中的设备，节点的报警可以自动传送到中央服务器，实现分布式控制，集中式管理。

f）分布式数据库管理：采用分布式的数据库，由后台的数据自动备份机制保障所有用户数据在各服务器中安全保存。

4） 建筑设备监控系统监控点数统计。酒店部分建筑设备监控系统监控点数共计为 866 控制点（其中 AI＝142 点、AO＝147 点、DI＝298 点、DO＝275 点）。办公部分建筑设备监控系统监控点数共计为 1586 控制点（其中 AI＝383 点、AO＝258 点、DI＝578 点、DO＝367 点）。公寓部分建筑设备监控系统监控点数共计为 832 控制点（其中 AI＝111 点、AO＝121 点、DI＝278 点、DO＝322 点）。

5） 建筑设备监控系统功能。系统数据库服务器和用户工作站、数据库应具备标准化、开放性的特点，用户工作站提供系统与用户之间的互动界面，界面应为简体中文，图形化操作，动态显示设备工作状态。系统主机的容量须根据图纸要求确定，但必须保证主机留有 15%以上的地址冗余。

与服务器、工作站连接在同一网上的控制器，负责协调数据库服务器与现场 DDC 之间的通信，传递现场信息及报警情况，动态管理现场 DDC 的网络。

具有能源管理功能的 DDC 安装于设备现场，用于对被控设备进行监测和控制。

符合标准传输信号的各类传感器，安装于设备机房内，用于建筑设备监控系统所监测的参数测量，将监测信号直接传递给现场 DDC。

各种阀门及执行机构，用于直接控制风量和水量，以便达到所要求的控制目的。

现场 DDC 应能可靠、独立工作，各 DDC 之间可实现点对点通信，现场中的某一 DDC 出现故障，不应影响系统中其他部分的正常运行。整个系统应具备诊断功能，且易于维护、保养。

6） 建筑设备监控系统对建筑内的设备进行集散式的自动控制，建筑设备监控系统应实现以下功能：

a）空调系统的监控：包括冷热源系统、通风系统、空调系统、新风系统等。

b）给排水系统：对给排水系统中的生活泵、排水泵、水池及水箱的液位等进行监控。

c）电梯及自动扶梯的监控：建筑设备监控系统与电梯系统联网，对其运行状态进行监测，发生故障时，在控制室有声光报警。在控制室内能了解到电梯实时的运行状况。电梯监控系统由电梯公司独立提供，设置在消防控制室。

d）公共区域照明系统控制、节日照明控制及室外的泛光照明控制。

e）变配电系统的监控：主要完成对供配电系统中各需监控设备的工作参数和状态的监控。

（2） 建筑能效监管系统。本工程建筑能效监管主机设置于各个建筑物业管理室。系统可对冷热源系统、供暖通风和空气调节、给水排水、供配电、照明、电梯等建筑设备进行能耗监测。根据建筑物业管理的要求及基于对建筑设备运行能耗信息化监管的需求，应能对建筑的用能环节进行相应适度调控及供能配置适时调整。建筑能效监管系统示意见图 12.1.7－3。

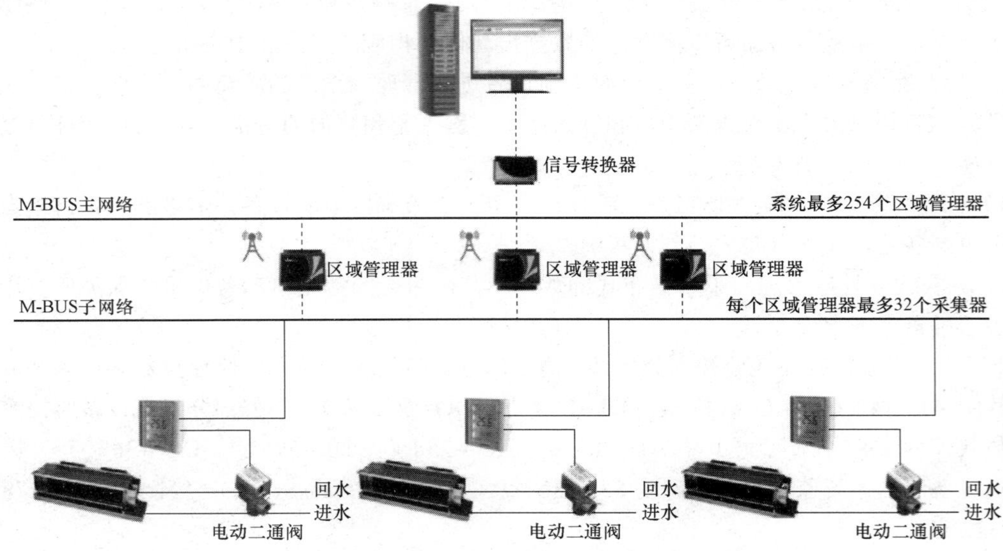

图 12.1.7－3 建筑能效监管系统示意

（3） 电梯监控系统。

1） 电梯监控系统是一个相对独立的子系统，纳入设备监控管理系统进行集成。

2） 电梯现场控制装置应具有标准接口（如 RS485、RS232 等）。

3） 在安防消防中心设电梯监控管理主机，显示电梯的运行状态。

4） 监控系统配合运营，启动和关闭相关区域的电梯；接收消防与安防信息，及时采取应急措施。

5） 系统自动监测各电梯运行状态，紧急情况或故障时自动报警和记录，自动统计电梯工作时间，定时维修。

6） 电梯对讲电话主机及对讲电话分机由电梯中标方成套提供，要求满足工程管理需要。

7） 电梯轿厢内设暗藏式对讲机，对讲总机设在消防控制室，用于紧急对讲。

（4） 设置电力监控系统，为变配电系统的实时数据采集、开关状态检测及远程控制提供了基础平台，对电力配电实施动态监视，实现用电数据的实时采集、存储、显示、导出。电力监控系统示意见图 12.1.7－4。

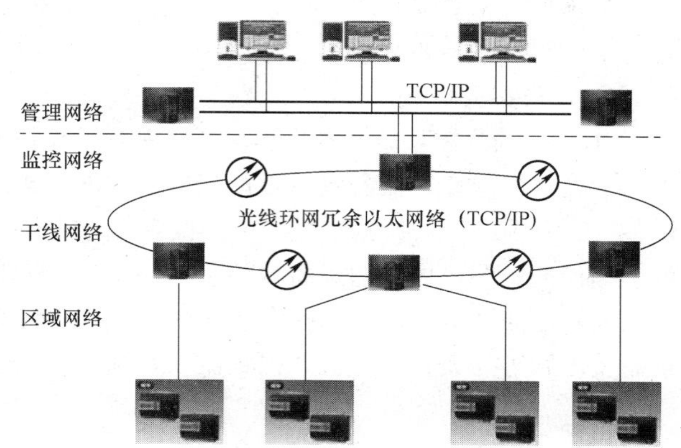

图 12.1.7－4 电力监控系统示意

1） 系统采用分散、分层、分布式结构设计，整个系统分为现场监控层、通信管理层和系统管理层，工作电源全部由 UPS 提供。

2） 10kV 开关柜。采用微机保护测控装置对高压进线回路的断路器状态、失电压跳闸故障、过电流故障、单相接地故障遥信；对高压出线回路的断路器状态、过电流故障、单相接地故障遥信；对高压联络回路的断路器状态、过电流故障遥信；对高压进线回路的三相电压、三相电流、零序电流、有功功率、无功功率、功率因数、频率、电能等参数，高压联络及高压出线回路的三相电流进行遥信；对高压进线回路采取速断、过电流、零序、欠电压保护；对高压联络回路采取速断、过电流保护；对高压出线回路采取速断、过电流、零序、变压器超温跳闸保护。

3） 变压器。高温报警，对变压器冷却风机工作状态、变压器故障报警状态遥信。

4） 低压开关柜。对进线、母联回路和出线回路的三相电压、电流、有功功率、无功功率、功率因数、频率、有功电能、无功电能、谐波进行遥信；对电容器出线的电流、电压、功率因数、温度遥信；对低压进线回路的进线开关状态、故障状态、电操储能状态、准备合闸就绪、保护跳闸类型遥信；对低压母联回路的进线开关状态、过电流故障遥信；对低压出线回路的分合闸状态、开关故障状态遥信；对电容器出线回路的投切步数、故障报警遥信。

5） 直流系统。提供系统的各种运行参数：充电模块输出电压及电流、母线电压及电流、电池组的电压及电流、母线对地绝缘电阻；监视各个充电模块工作状态、馈线回路状态、熔断器或断路器状态、电池组工作状态、母线对地绝缘状态、交流电源状态；提供各种保护信息：输入过电压报警、输入欠电压报警、输出过电压报警、输出低电压报警。

6） 系统性能指标。所有计算机及智能单元中 CPU 平均负荷率。正常状态下：≤20%；事故状态下：≤30%；网络正常平均负荷率≤25%，在告警状态下 10s 内小于 40%；人机工作站存储器的存储容量满足三年的运行要求，且不大于总容量的 60%。

测量值指标。交流采样测量值精度：电压、电流为≤0.5%，有功、无功功率为≤1.0%；直流采样测量值精度≤0.2%；越死区传送整定最小值≥0.5%。

状态信号指标。信号正确动作率 100%；站内 SOE 分辨率 2ms。

系统实时响应指标。控制命令从生成到输出或撤销时间≤1s；模拟量越死区到人机工作站 CRT 显示≤2s；状态量及告警量输入变位到人机工作站 CRT 显示≤2s；全系统实时数据扫描周期≤2s；有实时数据的画面整幅调出响应时间≤1s；动态数据刷新周期为 1s。

实时数据库容量：模拟量、开关量、遥控量、电能量应满足本工程配电系统要求。

历史数据库存储容量。历史曲线采样间隔 1s～30min，可调；历史趋势曲线，日报、月报、年报存储时间≥2 年；历史趋势曲线≥300 条。

系统平均无故障时间（MTBF）。间隔层监控单元 50 000h；站级层、监控管理层设备 30 000h；系统年可利用率≥99.99%。

5. 公共安全系统。

（1） 视频监控系统。本工程在酒店保安室设在一层（与消防控制室共室），办公和公寓在地下二层设置保安室，保安室内设系统矩阵主机、硬盘录像机、打印机，监视器及交流 24V 电源设备等。视频自动切换器接受多个摄像点信号输入，定时自动轮换（1～30s）输出监控信号，也可手动任选一个摄像机的画面跟踪监视、录像、打印。系统矩阵主机带输入、输出板；云台控制及编程、控制输出时、日、字符叠加等功能。在本建筑的主要出入口、楼梯间、电梯前室、电梯轿厢及走廊等处设置摄像机。视频监控系统示意见图 12.1.7－5。

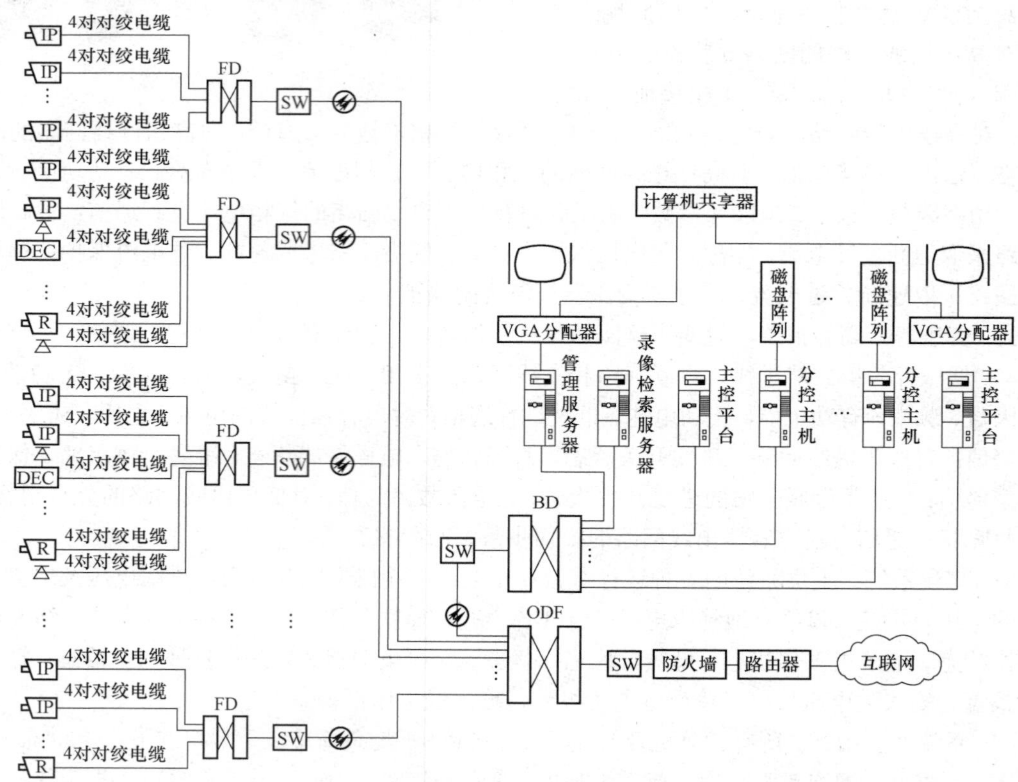

图 12.1.7－5 视频监控系统示意

（2） 为确保建筑的安全，根据安全级别的不同划分为的不同安全分区，根据级别的不同设置相应的门禁系统，以免无关人员闯入。系统主机设置于建筑消防控制室。出入口控制系统示意见图 12.1.7－6，系统构成与主要技术功能：

1） 出入口控制系统由识读部分、传输部分、管理/控制部分和执行部分以及相应的系统软件组成。

2） 本工程在重要机房、物业用房车库、出入口安装读卡机、电控锁以及门磁开关等控制装置。系统设置于各建筑内消防控制室内。

3） 系统的信息处理装置应能对系统中的有关信息自动记录、打印、存储，并有防篡改和防销毁的措施。

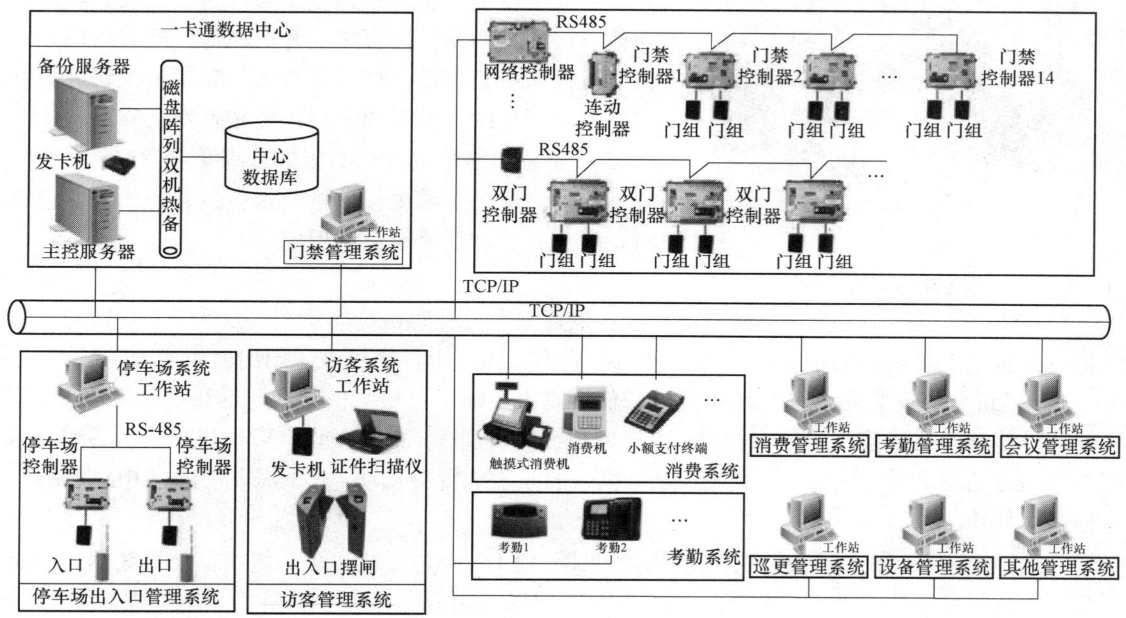

图 12.1.7－6 出入口控制系统示意

4） 出入口控制系统应能独立运行，并能与火灾自动报警系统、视频监控系统联动。当发生火警或需紧急疏散时，人员不使用钥匙应能迅速安全通过。

（3） 停车场管理系统。本工程停车场管理系统主机就近管理用房内设置。工程停车场管理系统采用影像全鉴别系统，对进出的内部车辆采用车辆影像对比方式，防止盗车；外部车辆采用临时出票机方式。停车场管理系统示意见图 12.1.7－7，示意系统构成与主要技术功能：

1） 出入口及场内通道的行车指示。

2） 车位引导。

3） 车辆自动识别。

4） 读卡识别。

5） 出入口挡车器的自动控制。

6） 自动计费及收费金额显示。

7） 多个出入口的联网与管理。

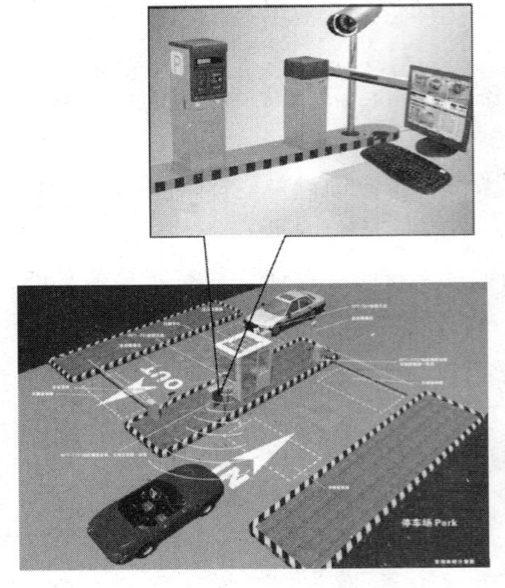

图 12.1.7－7　停车场管理系统示意

8）分层停车场（库）的车辆统计与车位显示。

9）出入挡车器被破坏（有非法闯入）报警。

10）非法打开收银箱报警。

11）无效卡出入报警。

12）卡与进出车辆的车牌和车型不一致报警。

（4）中央电子门锁系统。每间客房设有电子门锁。在地下一层弱电管理用房设置管理主机，对各客房电子门锁进行监控。客房电子门锁改变传统机械锁概念，智能化管理提高贵酒店档次。配备客房电子门锁后，客人只需到总台登记办理手续后，就可得到一张写有客人相关资料及有效住宿时间的开门卡，可直接去开启相对应的客房门锁，不需要再像传统机械锁一样，寻找服务生用机械钥匙打开客房门，从而免除不必要的麻烦，更具有安全感。

（5）紧急报警装置。在酒店的总统套房门口、前台、无障碍客房、财务室等处设置紧急报警装置，当有紧急情况时，可进行手动报警至酒店保安室。

（6）可视对讲访客系统。

1）本工程在办公区的一层和公寓部分各设置一套可视对讲访客系统。该系统中对讲部分由分机、主机主板及电源箱组成；防盗安全门部分由门体、电控锁机液压闭门器组成。

2）对讲分机安装在办公区用户前台和住户室内，除了可与主机进行通话和观察来访者外，还能通过线路开启防盗门上的电控锁；主机安装在防盗门上，主机上设有对讲机和表由各房间号码的呼叫按钮标志牌，在傍晚环境变暗时，机内的光敏装置会自动点亮标志牌后的 LED 照明灯，方便夜间使用。

（7）无线巡更系统。无线巡更系统示意见图 12.1.7－8，无线巡更系统由信息采集器、信息下载器、信息钮和中文管理软件等组成。并可实现以下功能：

1）可按人名、时间、巡更班次、巡更路线对巡更人的工作情况进行查询，并可将查询情况打印成各种表格，如情况总表、巡更事件表、巡更遗漏表等。

2）巡更数据储存，定期将以前的数据储存到软盘上，需要时可恢复到硬盘上。

3）用户要求可定制其他功能，如各种巡更事件的设置、员工考勤管理等。

12.1.8　电气抗震设计

1. 变压器的安装设计应满足下列要求：

（1）安装就位后应焊接牢固，内部线圈应牢固固定在变压器外壳内的支承结构上。

（2）装有滚轮的变压器就位后，应将滚轮用能拆卸的制动部件固定。变压器的支承面宜适当加宽，并设置防止其移动和倾倒的限位器。

（3）封闭母线与设备连接采用软连接。并应对接入和接出的柔性导体留有位移的空间。

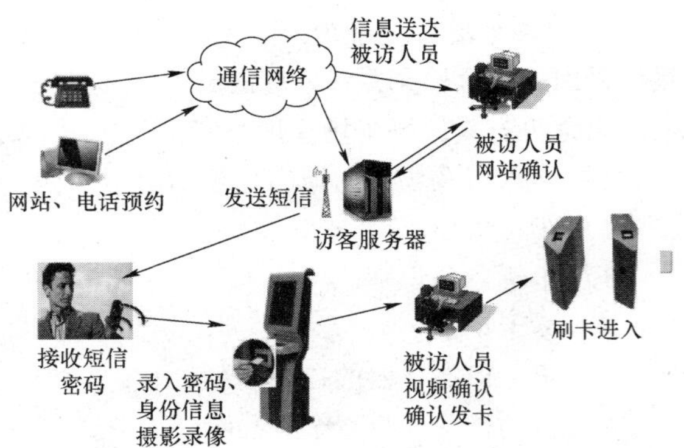

图 12.1.7－8　无线巡更系统示意

2. 柴油发电机组的安装设计应满足下列要求：

（1） 应设置震动隔离装置。

（2） 与外部管道应采用柔性连接。

（3） 设备与基础之间、设备与减震装置之间的地脚螺栓应能承受水平地震力和垂直地震力。

3. 配电箱（柜）、通信设备的安装设计应满足下列要求：

（1） 配电箱（柜）、通信设备的安装螺栓或焊接强度必须满足抗震要求；交流配电屏、直流配电屏、整流器屏、交流不间断电源、油机控制屏、转换屏、并机屏及其他电源设备，同列相邻设备侧壁间至少有两点用不小于 M10 螺栓紧固，设备底脚应采用膨胀螺栓与地面加固。

（2） 靠墙安装的配电柜、通信设备机柜应在底部安装牢固，当底部安装螺栓或焊接强度不够时，应将其顶部与墙壁进行连接。

（3） 非靠墙安装的配电柜、通信设备柜等落地安装时，其根部应采用金属膨胀螺栓或焊接的固定方式。并将几个柜在重心位置以上连成整体。

（4） 墙上安装的配电箱等设备应直接或间接采用不小于 M10 膨胀螺栓与墙体固定。

（5） 配电箱（柜）、通信设备机柜内的元器件应考虑与支承结构间的相互作用，元器件之间采用软连接，接线处应做防震处理。

（6） 配电箱（柜）面上的仪表应与柜体组装牢固。

（7） 配电装置至用电设备间连线进口处应转为挠性线管过渡。

4. 电梯的设计应满足下列要求：

（1） 电梯包括其机械、控制器的连接和支承应满足水平地震作用及地震相对位移的要求。

（2） 垂直电梯宜具有地震探测功能，地震时电梯应能够自动就近平层并停运。

5. 母线设计应满足下列要求：

（1） 母线的尺寸应尽量减小，提高母线固有频率，避开 1～15Hz 的频段。

（2） 母线的结构应采取措施强化，部件之间应采用焊接或螺栓连接，避免铆接。

（3） 电气连接部分应采用弹性紧固件或弹性垫圈抵消震动，连接力矩应适当加大并采取措施予以保持。

6. 设在建筑物屋顶上的共用天线等，应设置防止因地震导致设备损坏后部件坠落伤人的安全防护措施。

7. 应急广播系统预置地震广播模式。

8. 安装在吊顶上的灯具，应考虑地震时吊顶与楼板的相对位移。

9. 引入建筑物的电气管路敷设时应满足下列要求：

（1） 在进口处应采用挠性线管或采取其他抗震措施。

（2） 进户缆线留有余量。

（3） 进户套管与引入管之间的间隙应采用柔性防腐、防水材料密封。

10. 机电管线抗震支撑系统。

（1） 电气设备系统中内径大于或等于 60mm 的电气配管和重量大于或等于 15kg/m 的电缆桥架及多管共架系统须采用机电管线抗震支撑系统。

（2） 刚性管道侧向抗震支撑最大设计间距不得超过 12m；柔性管道侧向抗震支撑最大设计间距不得超过 6m。

（3） 刚性管道纵向抗震支撑最大设计间距不得超过 24m；柔性管道纵向抗震支撑最大设计

间距不得超过 12m。

12.1.9　电气节能措施

1. 变电所深入负荷中心，合理选用导线截面，减少电压损失。

2. 三相配电变压器满足《三相配电变压器能效限定值及能效等级》（GB 20052）的节能评价值要求，水泵、风机等设备，及其他电气装置满足相关现行国家标准的节能评价值要求。

3. 设置建筑设备监控系统，对建筑物内的设备实现节能控制。合理选用电梯和自动扶梯，并采取电梯群控、扶梯自动启停等节能控制措施。

4. 采用低压集中自动补偿方式，并配备谐波电抗器组合，作为谐波抑制措施，避免高次谐波电流与电力电容发生谐振。

5. 采用智能灯光控制系统，通过控制遮阳板将自然光和人工光实现有机结合。照明光源应优先采用节能光源，建筑照明功率密度值应小于《建筑照明设计标准》（GB 50034）中的规定。室外夜景照明光污染的限制符合《城市夜景照明设计规范》（JGJ/T 163）的规定。

6. 对室内的二氧化碳浓度进行数据采集、分析，并与通风系统联动，实现室内污染物浓度超标实时报警，并与通风系统联动。地下车库设置与排风设备联动的一氧化碳浓度监测装置。

7. 客房内采用节能开关。

12.2　友谊大厦

12.2.1　项目信息

友谊大厦总建筑面积 190 000m^2，地上 48 层，地下 3 层，建筑高度：218.550m，办公楼，48 层；公寓楼，23 层；1～6 层裙房为商业。地下三、二层（局部）人防工程，本工程的人防工程分为三个防护单元。其中地下三层两个防护单元，一个防护单元为防常规武器抗力级别为核 5 级（常 5 级），防化级别甲级，平时用途为汽车库，战时用途为防空专业队队员掩蔽部；另一个防护单元为防常规武器抗力级别为核 5 级（常 5 级），防化级别甲级，平时用途为汽车库，战时用途为防空专业队装备掩蔽部。地下二层一个防护单元为防常规武器抗力级别为核 6 级（常 6 级），防化级别甲级，平时用途为汽车库，战时用途为物资库。

友谊大厦

12.2.2　系统组成

1. 高低压变、配电系统。

2. 电力、照明系统。

3. 防雷与接地系统。

4. 电气消防系统。

5. 智能化系统。

6. 电气抗震设计和电气节能措施。

12.2.3 高低压变、配电系统

1. 负荷分级。

（1） 一级负荷：本工程消防设备（含消防控制室内的消防报警及控制设备、消防泵、消防电梯、排烟风机、正压送风机等）、值班照明、警卫照明、障碍灯标志，通信系统用电，客梯用电、排污泵、生活水泵保安监控系统，应急及疏散照明，电气火灾报警系统、航空障碍灯、经营管理用计算机系统（特别重要负荷）等为一级负荷设备。本工程办公部分一级负荷的设备容量为2578kW，商业部分一级负荷的设备容量为780kW。公寓部分一级负荷的设备容量为720kW。

（2） 二级负荷：包括中水机房、锅炉房电力、厨房、热力站等。本工程办公部分二级负荷的设备容量为2170kW，商业部分二级负荷的设备容量为2340kW，公寓部分二级负荷的设备容量为100kW。

（3） 三级负荷：包括一般照明及动力负荷。本工程办公部分三级负荷的设备容量为8140kW，商业部分三级负荷的设备容量为3588kW，公寓三级负荷的设备容量为3652kW。

2. 电源。本项目高压输入两路独立10kV供电，要求两路10kV进线同时运行，互为备用（热备用）。正常时每路各带50%负荷，当一路发生故障时，另一路可带100%电气负荷。

3. 变、配电站。本工程在地下一层设置三处变、配电站，办公变配电站选用六台户内型干式变压器，其中两台1600kVA户内型干式变压器供给冷冻设备用电，另外用电设备四台2000kVA户内型干式变压器供电。商业变配电站选用四台1600kVA户内型干式变压器，其中两台户内型干式变压器供给冷冻设备用电。公寓变配电站选用两台1600kVA户内型干式变压器，供给公寓负荷用电。

4. 自备应急电源系统。

（1） 本工程在地下一层设置一台1600kW柴油发电机组，作为办公和公寓第三电源。商业部分在地下一层设置一台1250kW柴油发电机组，作为第三电源。

（2） 当两路10kV独立高压电源均失电时，启动相应柴油发电机，启动信号送至柴油发电机房，信号延时0～10s（可调）自动启动柴油发电机组，柴油发电机组15s内达到额定转速、电压、频率后，投入额定负载运行。柴油发电机的相序，必须与原供电系统的相序一致。当市电恢复30～60s（可调）后，自动恢复市电供电，柴油发电机组经冷却延时后，自动停机。

（3） 应急照明灯及疏散指示、出口指示灯应由集中蓄电池柜EPS供电，在市电停电后5s内供电。柴油发电机在应急状态下，自备应急电源系统供电负荷参见12.1.3。

12.2.4 电力、照明系统

1. 低压配电系统的接地形式采用TN－S系统。

2. 冷冻机组、冷冻泵、冷却泵、生活泵、锅炉房、热力站、厨房、电梯等设备采用放射式供电。风机、空调机、污水泵等小型设备采用树干式供电。

3. 为保证重要负荷的供电，对重要设备，如消防用电设备（消防水泵、排烟风机、正压风机、消防电梯等）、信息网络设备、消防控制室、中央控制室等均采用双回路专用电缆供电，在最末一级配电箱处设双电源自投，自投方式采用双电源自投自复。其他电力设备采用放射式或树干式方式供电。

4. 为保证用电安全，用于移动电器装置的插座的电源均设电磁式剩余电流保护装置（动作电流≤30mA，动作时间≤0.1s）。

5. 主要配电干线沿地下一层电缆线槽引至各电气小间，支线穿钢管敷设。普通干线采用辐

照交联低烟无卤阻燃电缆。消防干线采用氧化镁电缆。消防用电设备的配电线路应满足火灾时连续供电的需要，其敷设应符合下列规定：

（1）暗敷设时，应穿管并应敷设在不燃烧体结构内且保护层厚度不应小于 30mm。

（2）明敷设时，应穿有防火保护的金属管或有防火保护的封闭式金属线槽。

6. 本工程中小于或等于 15kW 的电动机采用直接启动方式。15kW 以上电动机采用软启动器启动方式（带变频控制的除外）。

7. 自动控制。

（1）凡由火灾自动报警系统、建筑设备监控系统遥控的设备，本设计仅负责就地控制。

（2）生活泵变频控制、污水泵等采用水位自控、超高水位报警。消防水泵通过消火栓按钮及压力控制。喷淋水泵通过湿式报警阀或雨淋阀上的压力开关控制。

（3）消防水泵、喷淋水泵、排烟风机、正压风机等平时就地检测控制，火灾时通过火灾报警及联动控制系统自动控制。消防用电设备的过载保护装置（热继电器、空气断路器等）只报警，不跳闸。

（4）消防水泵、喷淋水泵、喷雾水泵长期处于非运行状态的设备应具有巡检功能，应符合下列要求：

1）设备应具有自动和手动巡检功能，其自动巡检周期为 20d。

2）消防泵按消防方式逐台启动运行，每台泵运行时间不少于 2min。

3）设备应能保证在巡检过程中遇消防信号自动退出巡检，进入消防运行状态。

4）巡检中发现故障应有声、光报警。具有故障记忆功能的设备.记录故障的类型及故障发生的时间等，应不少于 5 条故障信息，其显示应清晰易懂。

5）采用工频方式巡检的设备，应有防超压的措施。设巡检泄压回路的设备，回路设置应安全可靠。

6）采用电动阀门调节给水压力的设备.所使用的电动阀门应参与巡检。

（5）空调机和新风机为就地检测控制，火灾时接受火灾信号，切断供电电源。

（6）冷冻机组启动柜、防火卷帘门控制箱、变频控制柜等由厂商配套供应控制箱。

（7）非消防电源的切除是通过空气断路器的分励脱扣或接触器来实现。

8. 照度标准。办公建筑照明标准值见表 1.1.4，商业建筑照明标准值见表 9.1.5，公寓建筑照明标准值见表 11.1.5－1。

9. 光源与灯具选择。本工程要求给人提供一个舒适、安逸和优美的休息环境，并具备齐全的服务设施和完美的娱乐场所。因而照明设计，除满足功能要求外，还应满足装饰要求。入口处照明装置采用色温低、色彩丰富、显色性好光源，能给人以温暖、和谐、亲切的感觉，又便于调光。有装修要求的场所视装修要求，可采用多种类型的光源。一般场所选用 T5 荧光灯或节能型灯具。对仅作为应急照明用的光源应采用瞬时点燃的光源。对大空间场所和室外空间可采用金属卤化物灯。

10. 照明配电系统。本工程利用在强电小间内的封闭式插接铜母线配电给各楼层照明配电箱（柜），以便于安装、改造和降低能耗。公共区域与用户配电系统严格分开，并分别计量。

11. 应急照明与疏散照明。

（1）应急照明设置部位。

1）走道、楼梯间、防烟楼梯间前室、消防电梯间及其前室、合用前室。

2）配电室、消防控制室、消防水泵房、防烟排烟机房、弱电机房以及发生火灾时仍需坚持工作的其他房间。

3）餐厅、多功能厅等人员密集的场所。其中：重要机房的值班照明等处的应急照明按100%考虑；公共场所按10%～15%考虑。各层走道、拐角及出入口均设疏散指示灯，蓄电池采用集中免维护电池进行供电。

4）疏散走道。

（2）集中控制疏散指示系统。在火灾情况下，集中控制疏散指示系统可根据具体情况，按自动或手动程序控制和改变疏散指示标志/照明灯的显示状态，更准确、安全、迅速地指示逃生线路。火灾初期，有了智能疏散指示逃生系统，人们可避免误入烟雾弥漫的火灾现场，争取宝贵的逃生时间。火灾时，根据消防联动信号，智能应急照明疏散系统对疏散标志灯的指示方向做出正确调整，配合灯光闪烁、地面疏散标志灯，给逃生人员以视觉和听觉等感官的刺激，指引安全逃生方向，加快逃生速度、提高逃生成功率。

1）疏散用的应急照明，对于疏散走道，不应低于1lx。避难层（间）不应低于3lx，对于楼梯间、前室或合用前室、避难走道，不应低于5lx。

2）疏散走道和安全出口处应设灯光疏散指示标志。

3）疏散应急照明灯设在墙面上或顶棚上。安全出口标志宜设在出口的顶部；疏散走道的指示标志设在疏散走道及其转角处距地面0.5m以下的墙面上。走道疏散标志灯的间距不大于15m。

4）应急照明灯和灯光疏散指示标志，应设玻璃或其他不燃烧材料制作的保护罩。

5）应急照明和疏散指示标志，采用集中式蓄电池作备用电源，且其备用时间不小于90min；对于不能由交流电源供电的负荷，设置直流蓄电池装置为其供电。

12. 为保证用电安全，用于移动电器装置的插座的电源均设电磁式剩余电流保护装置（动作电流≤30mA，动作时间<0.1s）。

13. 照明控制：为了便于管理和节约能源，以及不同的时间要求不同的效果。本工程室外照明等场所，采用智能型照明控制系统。汽车库照明采用集中控制。楼梯间、走廊等公共场所的照明采用集中控制和就地控制相结合的方式。走廊的照明采用集中控制。走廊的应急照明考虑就地控制和消防集中控制的方式。机房、库房、厨房等场所采用就地控制的方式。现场智能控制面板应具备防误操作（或防乱按）的功能，以避免在有重要活动时出现不必要的误操作，提高系统的安全性。控制方式包括：

（1）手动控制方式。在建筑内设置一定数目的按钮开关等现场控制器，对系统进行手动控制。

（2）移动控制方式。该方式主要应用在地下车库和公共走廊，设置移动传感器和主动传感器，使设备按照规定时间进行工作。依据车辆和人员的进出情况，照明设备可以自动打开或者关闭，从而节省电能。

（3）网络控制方式。系统可以通过互联网网关与其他的自控系统进行集成，并依据操作指令来执行有关动作。

（4）集中控制方式。在建筑值班室安装控制主机，通过提供的大楼模拟图，对建筑内照明设备的运行情况进行实时掌握，并及时调整，以利于能源的节约。

（5）恒照度控制方式。在建筑内增加模糊开关，依据大厅内的照度变化、已设定的照度值，自动打开或者关闭建筑内的照明设备，以保持建筑内保持恒定照度。

14. 航空障碍物照明。根据《民用机场飞行区技术标准》要求，本工程分别在办公每隔40m

左右设置航空障碍标志灯，航空障碍标志灯 90m 以下采用白色闪光中光强型，90m 以上采用航空白色闪光高光强型。航空障碍标志灯的控制纳入建筑设备监控系统统一管理，并根据室外光照及时间自动控制。

15. 夜景照明。

（1）充分了解和发挥光的特性。如光的方向性、光的折射与反射、光的颜色、显色性、亮度等。

（2）针对人对照明所产生的生理及心理反应，灵活应用光线对使人的视觉产生优美而良好的效果。

（3）根据被照物的性质、特征和要求，合理选择最佳照明方式。

（4）既要突出重点，又要兼顾夜景照明的总体效果，并和周围环境照明协调一致。

（5）使用彩色光要慎重。鉴于彩色光的感情色彩强烈，会不适当地强化和异化夜景照明的主题表现，应引起注意。特别是一些庄重的大型公共场所的夜景照明，更要特别谨慎。

（6）夜景照明的设置应避免产生眩光并光污染。

（7）利用投射光束衬托建筑物主体的轮廓，烘托节日气氛。在首层、屋顶层均有景观灯具来满足夜间景观照明。灯具采用 AC220V 的电压等级。节日照明及室外照明采用集中控制，并应根据不同的时间（平时、节假日、庆典日）有不同效果的选择。

12.2.5　防雷与接地系统

1. 本建筑物按二类防雷建筑物设防，为防直击雷在屋顶设接闪带，其网格不大于 10m×10m，所有突出屋面的金属体和构筑物应与接闪带电气连接。

2. 为防止侧向雷击，将六层以上，每三层沿建筑物四周的金属门窗构件与该层楼板内的钢筋接成一体后再与引下线焊接，防雷接闪器附近的电气设备的金属外壳均应与防雷装置可靠焊接。

3. 为预防雷电电磁脉冲引起的过电流和过电压，在变压器低压侧、向重要设备供电的末端配电箱的各相母线上、重要的信息设备、由室外引入或由室内引至室外的电力线路等部位装设电涌保护器（SPD）。

4. 电涌保护器监控系统。电涌保护器监控系统系统监测内容如下：

（1）接线与后备保护状态。监控电涌保护器各连接线缆以及电涌保护器后备保护的状态，异常告警。实时监测电涌保护器接线状况以及后备保护状态，一旦出现接线脱落、后备保护跳闸等现象时，发出报警，系统将自动切换到相应的监控界面，且发生报警的开关会变成断开状态且变红显示，同时产生报警事件进行记录存储并有相应的处理提示，并第一时间发出多媒体语音、电话语音拨号、手机短信对外报警。

（2）SPD 漏电流。实时监测 SPD 半导体器件的漏电流变化，从而监测 SPD 寿命。实时监测 SPD 漏电流变化，实时监测 SPD 遭受雷击后的漏电流变化情况，从而判断 SPD 的劣化程度。系统可对监测到的漏电流值以及变化率设定越限阈值（包括上下限），一旦发生越限报警或故障，系统将自动切换到相应的监控界面，且发生报警的该 SPD 状态或参数会变红色并闪烁显示，同时产生报警事件进行记录存储并有相应的处理提示。监控软件提供曲线记录，直观显示 SPD 寿命及历史曲线，可查询年、月为时段查询相应参数的历史曲线及具体时间的参数值（包括最大值、最小值），并可将历史曲线导出为 Excel 格式，方便管理员全面了解 SPD 的运行状况。

（3）SPD 热脱扣状态。实时监测 SPD 失效状态，一旦出现热脱扣现象，输出遥信信号，发出报警，系统将自动切换到相应的监控界面并且发出报警，SPD 失效状态指示由绿变红显示，同时产生报警事件进行记录存储并有相应的处理提示。

（4） SPD 雷击计数及雷击强度检测。实时监测 SPD 的累计被雷击的次数及雷击强度，从而为 SPD 的寿命预测提供依据。跟踪监测 SPD 累计被雷击的次数和雷击强度检测，随着次数和雷击强度的增加，其寿命逐渐减短，系统可对其进行百分比预警，当达到一定的雷击次数后，即使没有发生热脱扣指示，系统也认为 SPD 已经处于失效临界状态，需进行及时更换，避免事故发生。当雷击计数达到告警值时，系统发出报警，并自动切换到相应的监控界面，同时产生报警事件进行记录存储并有相应的处理提示。

（5） SPD 劣化指示。一旦出现 SPD 超过劣化告警界限，进入完全老化，系统将自动切换到相应的监控界面，且发生报警电涌保护器老化状态显示，同时产生报警事件进行记录存储并有相应的处理提示。

5. 本工程采用共用接地装置，以建筑物、构筑物的金属体、构造钢筋和基础钢筋作为接地体，其接地电阻小于 1Ω。

6. 交流 220/380V 低压系统接地形式采用 TN－S，PE 线与 N 线严格分开。

7. 建筑物做等电位联结，在变配电所内安装主等电位联结端子箱，将所有进出建筑物的金属管道、金属构件、接地干线等与等电位端子箱有效连接。

8. 在所有变电所，弱电机房，电梯机房，强、弱电小间，浴室等处做辅助等电位联结。

12.2.6 电气消防系统

1. 在一层办公和商业分别设置消防控制室，分别对办公、商业和公寓建筑内的消防设备进行探测监视和控制。消防控制室内分别设有火灾报警控制主机、计算机图文系统、联动控制台、CRT 显示器、打印机、紧急广播设备、消防专用电话主机、电梯监控盘及 UPS 电源设备等。办公、商业的消防控制室之间预留网络接口。

2. 电气消防系统设置与联动参见 2.3.6。

12.2.7 智能化系统

1. 信息化应用系统。信息化应用系统功能应满足建筑物运行和管理的信息化需要并提供建筑业务运营的支撑和保障。系统包括公共服务、智能卡应用、物业管理、信息设施运行管理、信息安全管理、基本业务办公和专业业务等信息化应用系统。

（1） 公共服务系统。公共服务系统应具有访客接待管理和公共服务信息发布等功能，并宜具有将各类公共服务事务纳入规范运行程序的管理功能。系统基于信息网络及布线系统，系统服务器设置于中心网络机房，管理终端设置于相应管理用房。

（2） 智能卡应用系统。根据建设方物业信息管理部门要求对出入口控制、电子巡查、停车场管理、考勤管理、消费等实行一卡通管理，“一卡”，在同一张卡片上实现开门、考勤、消费等多种功能；“一库”，在同一软件平台上，实现卡的发行、挂失、充值、资料查询等管理，系统共用一个数据库，软件必须确保出入口控制系统的安全管理要求；“一网”，各系统的终端接入局域网进行数据传输和信息交换。系统基于信息网络及布线系统，系统服务器设置于中心网络机房，管理终端设置于相应管理用房。

（3） 信息设施运行管理系统。信息设施运行管理系统应具有对建筑物信息设施的运行状态、资源配置、技术性能等进行监测、分析、处理和维护的功能。系统基于信息网络及布线系统，系统服务器设置于中心网络机房，管理终端设置于相应管理用房。

（4） 信息安全管理系统。信息网络安全管理系统通过采用防火墙、加密、虚拟专用网、安全隔离和病毒防治等各种技术和管理措施，室网络系统正常运行，确保经过网络的传输和管理措施，使网络系统正常运行，确保经过网络传输和交换的数据不会发生增加、修改、丢失和泄露。系统基于信息网络及布线系统，系统服务器设置于中心网络机房，管理终端设置于相应管理用房。

2. 智能化集成系统。集成管理的重点是突出在中央管理系统的管理，控制仍由下面各子系统进行。集成管理能为本工程各个管理部门提供高效、科学和方便的管理手段。将建筑中日常运作的各种信息，如建筑设备监控、安防、火灾自动报警、公共广播、通信系统以及展览管理信息，各种日常办公管理信息，物业管理信息等构成相互之间有关联的一个整体，从而有效地提升建筑整体的运作水平和效率。智能化集成系统示意见图 12.2.7－1。

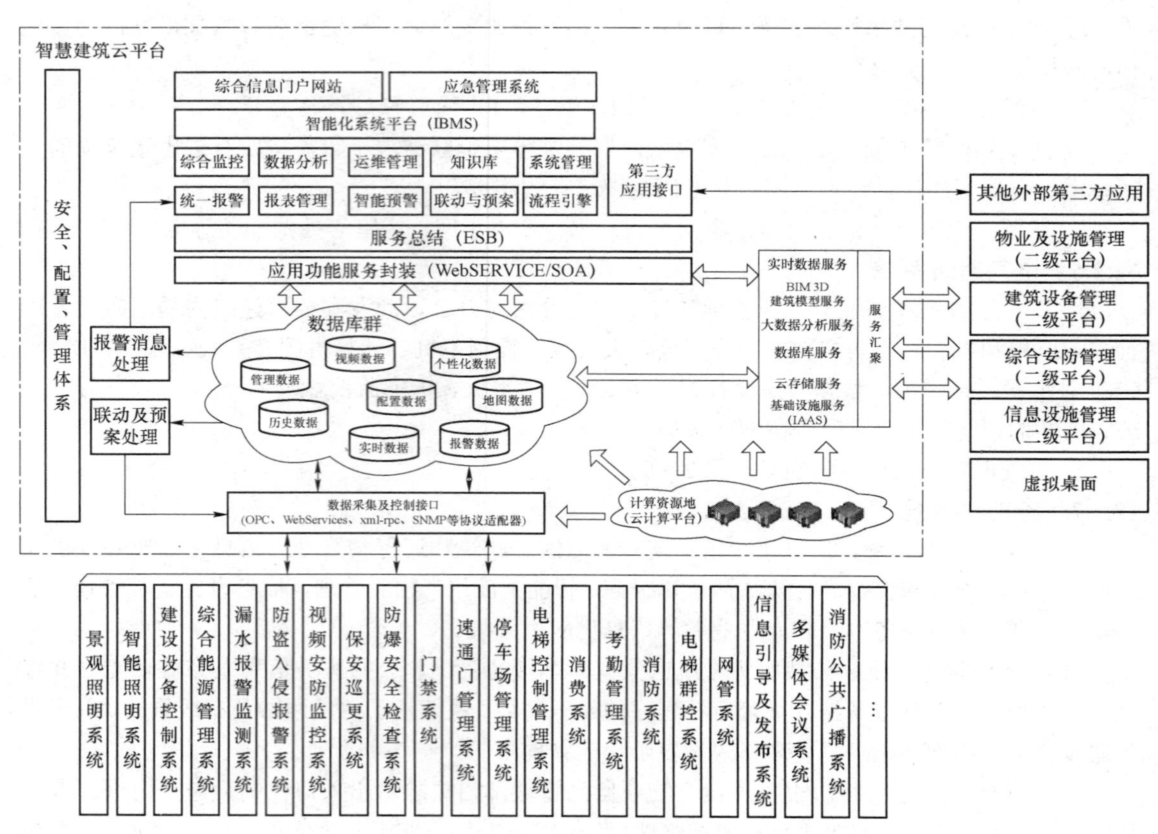

图 12.2.7－1　智能化集成系统示意

（1）集成管理，首先要求进行集成的系统应该是一个开放性的系统，在集成过程中，首先要解决好各个系统间通信协议的标准化问题，使整个系统达到信息识别的唯一性，只有这样，才能真正达到各子系统之间的联动。也才能做到无论集成先后，均能平滑连接。

（2）系统集成的规模，首先是以建筑设备管理系统为模式，即 BMS 模式，先期将在建筑中有相互联动关系的各建筑设备子系统进行相对集成，达到相互之间在处理和解决建筑中出现的问题时，能协同动作，提高效率，便于管理。在 BMS 中，以建筑设备监控系统（BA）为基础平台，进行相关的联动设计。

3. 信息化设施系统。

（1） 信息系统对城市公用事业的需求。

1） 本工程办公需输出入中继线 100 对（呼出呼入各 50%）。另外申请直拨外线 300 对（此数量可根据实际需求增减）。公寓需输出入中继线 60 对（呼出呼入各 50%）。另外申请直拨外线 200 对（此数量可根据实际需求增减）。商业需输出入中继线 20 对（呼出呼入各 50%）。另外申请直拨外线 100 对（此数量可根据实际需求增减）。

2） 电视信号接自城市有线电视网，在顶层设有卫星电视机房，对建筑内的有线电视实施管理与控制。有线电视节目和卫星电视节目经调制后，经电视信号干线系统传送至每个电视输出口处，使获得技术规范所要求的电平信号，达到满意的收视效果。

（2） 通信自动化系统。

1） 在办公在地下一层设置电话交换机房，拟定设置一台 1000 门的 PABX。在公寓在地下一层，拟定设置一台 600 门的 PABX。在商业在地下一层，拟定设置一台 200 门的 PABX。

2） 通信自动化系统中，程控自动数字交换机起着重要的作用。随着通信技术的发展，现今的 PABX 应将传统的语音通信、语音信箱、多方电话会议、IP 技术、ISDN（B－ISDN）应用等通信技术融会在一起，向用户提供全新的通信服务。

3） 本工程建立卫星通信系统，进行高速数据传输、图像传输、综合数据与语音通信、移动数据通信、计算机网络连接等综合业务，与 DDN 数字数据网互为备份，可以保证数据通信的不间断性、可靠性。

（3） 综合布线系统。本工程综合布线系统由以下五个子系统组成：

1） 工作区子系统。工作区应由配线（水平）布线系统的信息插座延伸到工作站终端设备处的连接电缆及适配器组成。工作区子系统的设计，主要包括信息点数量、信息模块类型、面板类型以及信息插座至终端设备的连线接头类型等组成。综合布线系统信息点的类型分为语音点和数据点两种类型。办公工作区域按 $10m^2$ 为一工作区，商业建筑工作区域按 $100m^2$ 为一工作区，公寓每户为一工作区。每个工作区有两个及两个以上信息插座。水平区布线部件均遵循综合布线六类标准，每个信息插座有独立的 4 对 UTP 配线。铜缆信息口全部采用符合国际标准的六类模块化信息插座，为了便于使用及维护，根据信息出口的不同用途，选用不同色标的信息插座。面板均选用标准的 86 型面板，根据需要采用单孔或双孔形式，为方便区分及使用，所有面板均带有图形、文字标识。语音插座至终端设备的连线接头的类型选用 RJ45－RJ11 型，数据插座至终端设备连线接头的类型选用 RJ45－RJ45 型，一般工作区跳线的长度为 1.5～3m。

2） 配线子系统（水平子系统）。配线子系统由工作区的信息插座、信息插座至楼层配线设备（FD）的配线电缆或光缆、楼层配线设备和跳线等组成。水平子系统的设计，主要包括水平线缆路由的选择、线缆走线方式、线缆类型的选择。在本工程中，根据线缆长度不超过 90m 的规定，首先确定平面布置上的竖井位置和数量，水平线缆的路由是从竖井至信息出口，采用金属线槽在吊顶内铺设的方式，再从金属线槽配金属管至信息出口。水平线缆的选择：语音点及数据铜缆点的水平线缆均选用六类 4 对 8 芯非屏蔽双绞线，线缆护套应符合 UL 验证的 CMP 要求。干线子系统：干线子系统由各交接间的建筑物配线设备（BD）和跳线以及交接间至各楼层竖井间的干线电缆组成。干线电缆通常为大对数铜缆及光缆。本工程中，用于语音通信的主干线缆采用五类大对数 UTP 线缆，用于数据通信的主干线缆采用室内多模光纤。主干线缆的路由，从 BD 至竖井，采用金属线槽在吊顶内水平敷设，进入竖井后，在金属线槽中垂直敷设。

3）设备间子系统。本工程设备间是设置电信设备和计算机网络设备，以及建筑物配线设备，进行网络管理的场所。对于综合布线，则主要安装建筑物配线设备（BD）。在本工程设备间内的所有总配线设备应用色标区别各类用途的配线区。与外部通信网连接时，应遵循相应的接口标准。

4）管理子系统。管理子系统对设备间、交接间和工作区的配线设备、线缆、信息插座等设施按一定的模式进行标识和记录。本工程中综合布线的每条电缆、光缆、配线设备、端接点、安装通道和安装空间均应给出唯一的标志。标志中可包括名称、颜色、编号、字符串或其他组合。配线设备、缆线、信息插座等硬件均应设置不易脱落和磨损的标识。电缆和光缆两端均应标明相同的编号。配线机架采用标准 19in 机架，由上至下的安装顺序为网络设备、光缆配线架，数据配线架，语音水平配线架、语音主干配线架。语音跳线选用单线对普通跳线，在满足系统功能的同时，可大大降线，由光电转换器到主干光纤配线架采用 ST－SC 跳线。配线架应留有一定的余量，供未来扩充之用。

（4）会议电视系统。本工程在多功能厅设置全数字化技术的数字会议网络系统（DCN 系统），该系统采用模块化结构设计，全数字化音频技术。具有全功能、高智能化、高清晰音质。方便扩展和数据传递保密等优点。可实现发言演讲、会议讨论、会议录音等各种国际性会议功能，其中主席设备具有最高优先权，可控制会议进程。

（5）有线电视及卫星电视系统。

1）本工程办公、商业和公寓的线电视前端室分别设置在地下一层。对办公、商业和公寓内的有线电视实施管理与控制。

2）向有线电视部门申请位于本工程就近处的有线电视源引入。

3）有线电视节目和卫星电视节目经调制后，经电视信号干线系统传送至每个电视输出口处，使获得技术规范所要求的电平信号，达到满意的收视效果。系统设备包括卫星接收天线、功分器、接收机、解密器、制式转换器、前置放大器、频道放大器、频道转换器、有源混合器、供电单元、宽带放大器、分配器、分支器、终端电阻等。系统采用双向邻频传输方式。

（6）背景音乐及紧急广播系统。

1）本工程在商业设置背景音乐及紧急广播系统，办公和公寓设置紧急广播系统。中央背景音乐与紧急广播系统独立，物理分开（两组扬声器），紧急广播系统启动时，必须把中央背景音乐自动断开。

2）商业和办公、公寓在一层设置广播室（与消防控制室共室），商业的中央背景音乐系统设备安装在顾客快速服务中心内。紧急广播系统安装在消防控制室内。商业的中央背景音乐系统示意见图 12.2.7－2。

（7）信息导引及发布系统。本工程信息导引及发布系统主机设置于建筑物业管理室内。本系统由视频显示屏系统、传输系统、控制系统和辅助系统组成。可实现一路或多路视频信号同时或部分或全屏显示。通过计算机控制，在公共场所显示文字、文本、图形、图像、动画、行情等各种公共信息以及电视录像信号，并利用信息系统作为电子导向标识，辅助人员出入导向服务。

（8）无线通信增强系统。为避免无线基站信道容量有限，忙时可能出现网络拥塞，手机用户不能及时打进或接进电话。另外由于大楼内建筑结构复杂，无线信号难于穿透，室内易出现覆盖盲区。因此，大楼内应安装无线信号室内天线覆盖系统以解决移动通信覆盖问题，同时也可增加无线信道容量。

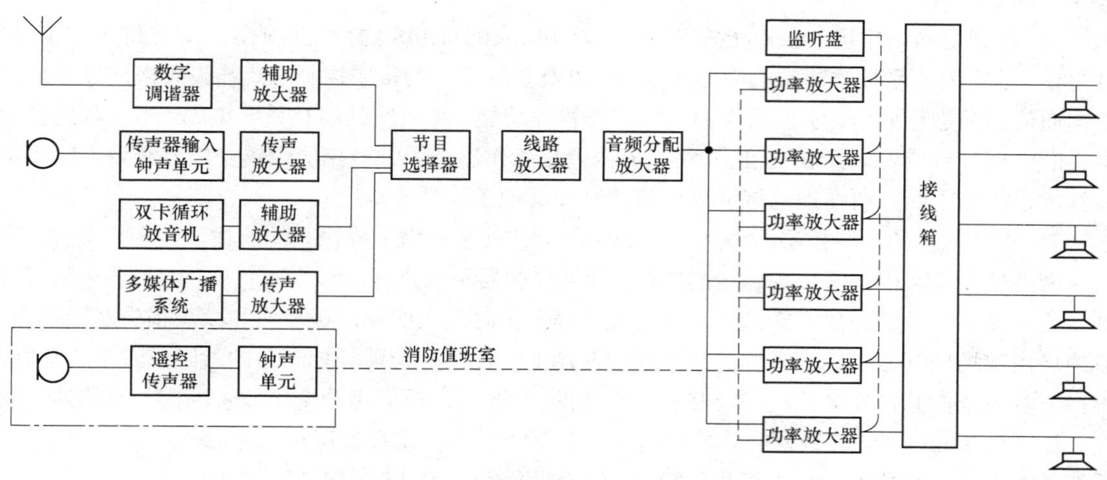

图 12.2.7－2 商业的中央背景音乐系统示意

4. 建筑设备管理系统。

（1） 建筑设备监控系统。

1） 本工程建筑设备监控系统为全开放式系统，在满足本工程高度智能化和系统资源共享技术要求的同时，又要满足系统升级换代、系统扩展和可替换性的要求。建筑设备监控系统的设计应遵循分散控制、集中管理、信息资源共享的基本思想。采用分布式计算机监控技术，计算机网络通信技术完成。系统必须为管理层和监控层两级网络结构的系统，建筑设备监控系统示意见图 12.2.7－3。

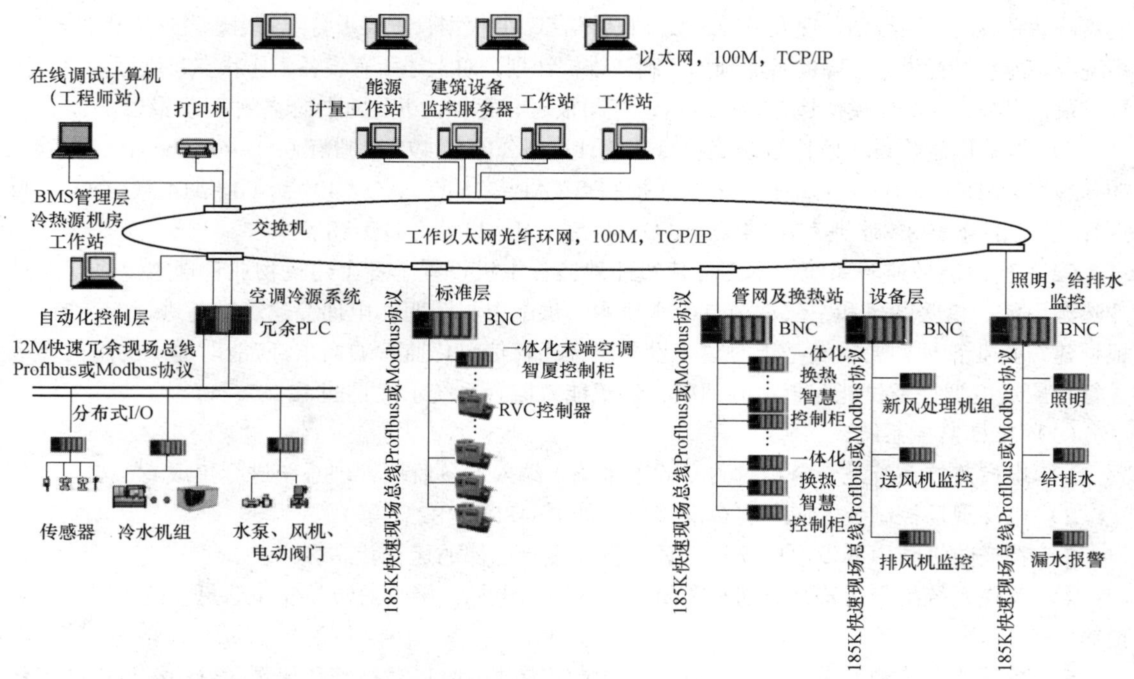

图 12.2.7－3 建筑设备监控系统示意

2）管理层网络采用 Ethernet 技术构建，以 10M/100MBPS 的数据传输速度，支持 TCP/IP 传输协议，能方便容易地与建筑物中相关系统，以及独立设置的楼宇控制系统或设备之间以开放的数据通信标准进行通信，实现系统的中央监控管理功能，跨系统联动及系统集成。本工程的监控中心的任何一台或者全部 BAS 工作站/服务器停止工作不会影响监控层现场控制器和设备的正常运行，也不应中断其所在地局域网络通信控制和其他工作站。

3）监控层网络。监控层网络采用 Lonwork 方式实现。为了确保系统的稳定性和安全性，监控层网络仅允许采用一级现场总线的结构；现场控制器不得进行二级子网扩展，而且要求只对控制器所在楼层的控制对象实施监控，以避免故障发生时的大面积连锁反应和减少损失及影响面。监控层由现场控制器完成实时性的控制和调节功能，任意一台现场控制器的故障或者中止运行，不得影响系统内其他部分控制器及其受控设备的正常运行，或者影响全部或者局部的网络通信功能。如采用 Lonworks 总线型的监控层网络，其总线通信协议必须符合 Lonworks 标准，以便使系统具有良好的开放性和自由拓扑的能力，便于日后系统的升级和更新，现场总线上所有控制器须具备 Lonmark 认证标志。

4）中央监控管理中心。建筑设备监控系统对相关的设备实行信息共享的综合管理。本工程的监控中心对楼内机电设备的运行、安全、能源使用状况及节能等实现综合监测和管理。建筑设备自动监控系统管理员在中控中心屏幕上可直接看到所有关联设备的网络结构和物理布局，能保证操作权限管理和监测内容的直观性。建筑设备监控系统自身的通信标准应满足当今世界最流行的开放协议，以实现与安防、消防等专项系统间的通信联网，联动控制和实现信息资源共享的要求。软件采用动态中文图形界面，软件平台的选择应运行稳定可靠。能快速进行信息检索，并对监控点参数进行查询、修改、控制等。该系统应能及时反映故障的部位，记录和打印发生事件的时间、地点和故障现象，故障报警自动恢复，且能提供故障排除的方法和措施。与其他系统配合，根据故障级别，能够自动完成向不同级别管理人员发送故障报警信息，并根据管理要求将维修内容发送给相关人员。系统应该能够进行设备故障的智能预测，制订维护计划。对上述所有设备工作状态、运行参数、运行记录、报警记录等作模拟趋势实时显示、打印报表、存档，并定期打印各种汇总报告。

5）本工程建筑设备监控系统监控点数统计：办公部分 495 控制点（AI＝68 点、AO＝56 点、DI＝270 点、DO＝101 点）；商业部分 923 控制点（AI＝316 点、AO＝49 点、DI＝414 点、DO＝144 点）；公寓部分 39 控制点（AI＝4 点、AO＝4 点、DI＝23 点、DO＝8 点）。

（2）建筑能效监管系统。本工程建筑能效监管主机设置于各个建筑物业管理室。系统可对冷热源系统、供暖通风和空气调节、给水排水、供配电、照明、电梯等建筑设备进行能耗监测。根据建筑物业管理的要求及基于对建筑设备运行能耗信息化监管的需求，应能对建筑的用能环节进行相应适度调控及供能配置适时调整。建筑能效监管系统示意见图 12.2.7－4。

（3）电梯监控系统。

1）电梯监控系统是一个相对独立的子系统，纳入设备监控管理系统进行集成。

2）电梯现场控制装置应具有标准接口（如 RS485、RS232 等）。

3）在安防消防中心设电梯监控管理主机，显示电梯的运行状态。

4）监控系统配合运营，启动和关闭相关区域的电梯；接收消防与安防信息，及时采取应急措施。

5）系统自动监测各电梯运行状态，紧急情况或故障时自动报警和记录，自动统计电梯工作时间，定时维修。

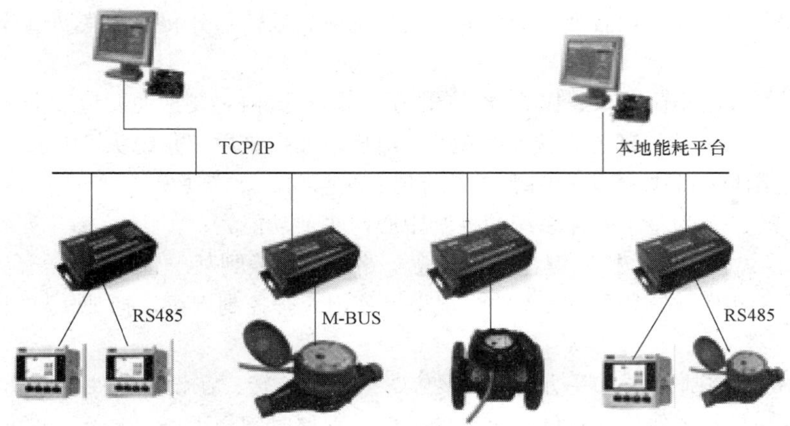

图 12.2.7－4　建筑能效监管系统示意

6）电梯对讲电话主机及对讲电话分机由电梯中标方成套提供，要求满足工程管理需要。

7）电梯轿厢内设暗藏式对讲机，对讲总机设在消防控制室，用于紧急对讲。

（4）设置电力监控系统，为变配电系统的实时数据采集、开关状态检测及远程控制提供了基础平台，对电力配电实施动态监视，实现用电数据的实时采集、存储、显示、导出。

电力监控系统示意见图 12.2.7－5。

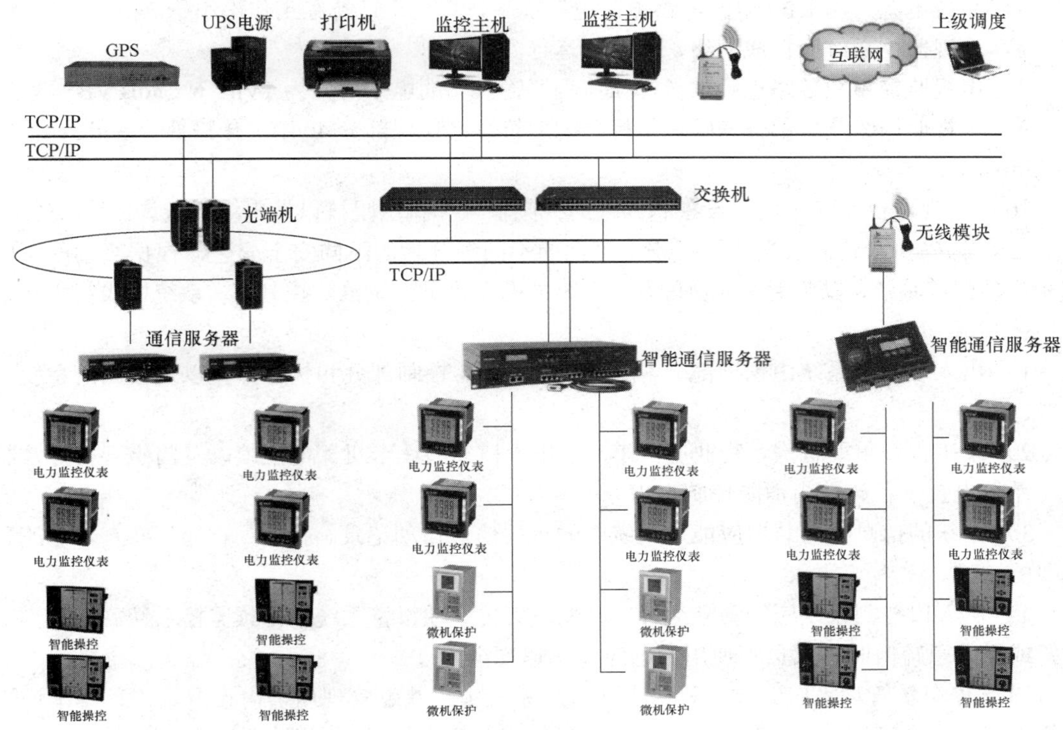

图 12.2.7－5　电力监控系统示意

5. 公共安全系统。

（1）视频监控系统。本工程在一层分别设置保安室（与消防控制室共室）。视频监控系统由前端摄像机部分、传输部分、控制部分、显示记录部分、报警部分和报警联动部分组成。采用全黑白监控系统；

1） 前端：在进出小区入口、围合建筑的院门口、小区内主要交通要道、会所、电梯轿厢、地下车库、小区周边围墙等部位设置监控镜头；电梯轿厢内采用广角镜头，要求图像质量不低于四级。小区周边围墙的监控镜头和围墙周界防越系统联动。

2） 控制系统：作为整个安保系统的控制中心，主要功能为：

a）定点切换：使用矩阵控制键盘，把任意一路信号切换到某一台或任意一台监视器上。

b）巡回顺序切换：在编辑好菜单的情况下，使用矩阵控制键盘，把某一群组信号切换到某一台或任意监视器。

c）一体化快球控制操作：手动变焦、聚焦、全方位旋转、在设定条件下自动旋转。

3） 录像系统起到图像信号存储、查询的功能，存储时间至少为 20 天，并可通过网络系统远程访问这每台硬盘录像机上的图像信号。录像机主要是平时及报警时用于图像记录，便于事后提供图像证据。

4） 显示设备：显示部分由与数字硬盘录像机相连的液晶监视器组成。

5） 系统主要的技术指标：

a）系统清晰度：一体化快球摄像机≥460 线。有效像素≥768（H）X494（V）。

b）最低照度：一体化快球摄像机≥0.1lx/F1.2（黑白）。信噪比：≥48dB。灰度等级：≥8 级。

6） 系统电源采用 UPS 电源，市电停电情况下，系统保证持续工作不小于 24h。

7） 电视监控系统应自成网络，可独立运行。

8） 电视监控系统各路视频信号，在监视器输入端的电平值应为 1Vp－p±3dB VBS。

9） 电视监控系统各部分信噪比指标分配应符合：摄像部分 40dB；传输部分 50dB；显示部分 45dB。

10） 电视监控系统采用的设备和部件的视频输入和输出阻抗以及电缆阻抗均应为 75Ω。

（2） 为确保建筑的安全，根据安全级别的不同划分为的不同安全分区，根据级别的不同设置相应的门禁系统，以免无关人员闯入。系统主机设置于建筑消防控制室。系统构成与主要技术功能：

1） 出入口控制系统由识读部分、传输部分、管理/控制部分和执行部分以及相应的系统软件组成。

2） 本工程在重要机房、物业用房车库、出入口安装读卡机、电控锁以及门磁开关等控制装置。系统设置于各建筑内消防控制室内。

3） 系统的信息处理装置应能对系统中的有关信息自动记录、打印、存储，并有防篡改和防销毁的措施。

4） 出入口控制系统应能独立运行，并能与火灾自动报警系统、视频监控系统联动。当发生火警或需紧急疏散时，人员不使用钥匙应能迅速安全通过。

（3） 停车场管理系统。本工程停车场管理系统主机就近管理用房内设置。工程停车场管理系统采用影像全鉴别系统，对进出的内部车辆采用车辆影像对比方式，防止盗车；外部车辆采用临时出票机方式。停车场管理系统示意见图 12.2.7－6，系统构成与主要技术功能：

1） 出入口及场内通道的行车指示。

2） 车位引导。

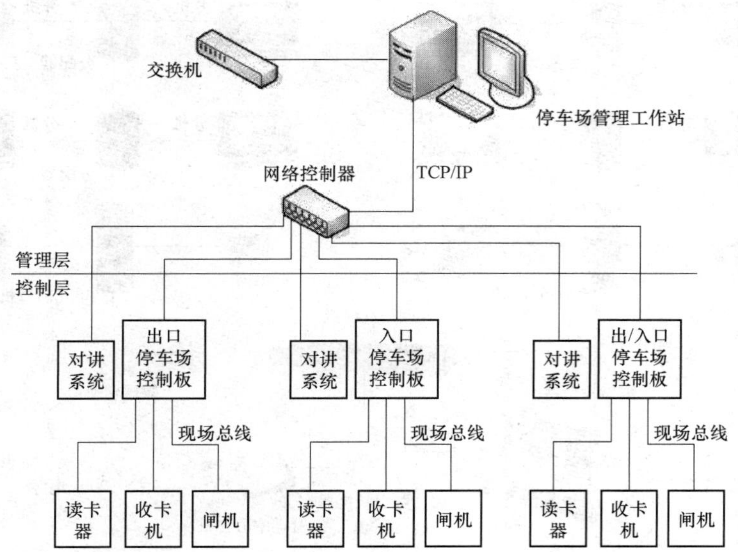

图 12.2.7－6　停车场管理系统示意

3） 车辆自动识别。

4） 读卡识别。

5） 出入口挡车器的自动控制。

6） 自动计费及收费金额显示。

7） 多个出入口的联网与管理。

8） 分层停车场（库）的车辆统计与车位显示。

9） 出入挡车器被破坏（有非法闯入）报警。

10） 非法打开收银箱报警。

11） 无效卡出入报警。

12） 卡与进出车辆的车牌和车型不一致报警。

（4） 可视对讲访客系统。

1） 本工程在公寓部分设置可视对讲访客系统。该系统中对讲部分由分机、主机主板及电源箱组成；防盗安全门部分由门体、电控锁机液压闭门器组成。可视对讲访客系统示意见图 12.2.7－7。

2） 对讲分机安装在住户室内，除了可与主机进行通话和观察来访者外，还能通过线路开启防盗门上的电控锁；主机安装在防盗门上，主机上设有对讲机和表由各房间号码的呼叫按钮标志牌，在傍晚环境变暗时，机内的光敏装置会自动点亮标志牌后的 LED 照明灯，方便夜间使用。

3） 主机平时由交流供电，机内蓄电池处于浮充状态，电网停电后，系统自动转换到应急状态，由蓄电池供电，主机电路中应具备电控锁保护功能，能够有效地避免烧锁现象的发生，提高使用的可靠性。

4） 对讲系统要求通话时语言清晰、信噪比高并且失真度低。

5） 要求控制系统简单方便，采用总线制传输，数字编码方式控制。

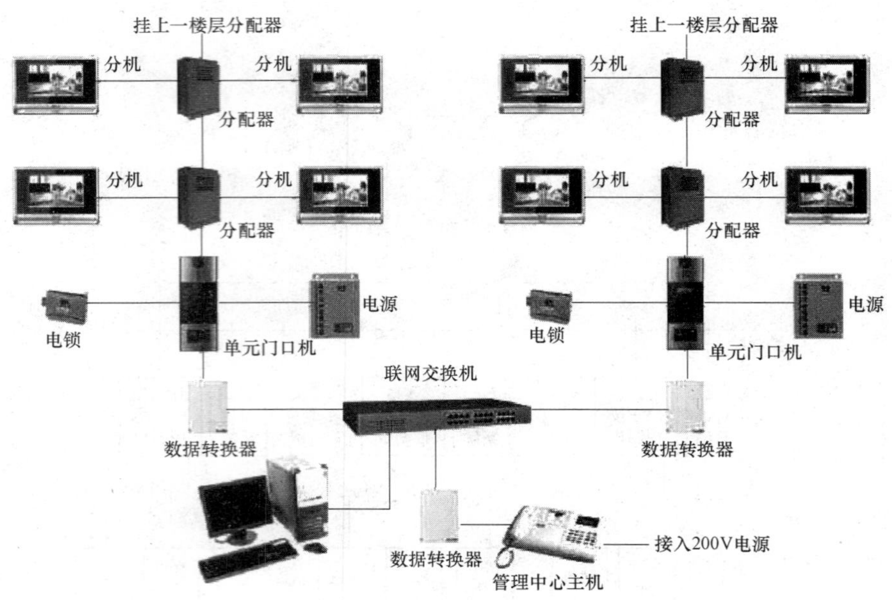

图 12.2.7－7　可视对讲访客系统示意

（5）无线巡更系统。本工程办公和公寓分别配备一套无线巡更系统。该系统一般由下列各部分组成：

1）信息采集器：金属防水外壳，方便携带，内置 120K 以上 RAM，一次可储存 5000 个信息钮的信息，工作温度－20℃～＋54℃。

2）信息下载器：可与计算机串口连接。

3）信息钮：金属防水外壳便于安装和携带，工作温度－40℃～＋80℃。

4）运用于 Windows 操作系统下的中文管理软件。

5）系统的技术性能要求：

a）系统的软件应有两级以上口令保护。

b）系统设置信息采集器和巡更人可以随意增减。

c）系统的信息钮可随意增减，从理论上可增加的巡更地点是不受限制的。

d）巡更班次可以划分不同的时间段，班次设置可跨零点。

e）可以设置不同的巡更线路，巡更人按规定路线进行巡逻。

f）可查询功能，可按人名、时间、巡更班次、巡更路线对巡更人的工作情况进行查询，并可将查询情况打印成各种表格，如情况总表、巡更事件表、巡更遗漏表等。

g）巡更数据储存，定期将以前的数据储存到软盘上，需要时可恢复到硬盘上。

（6）无线电寻呼系统。

1）在办公和公寓配备通信和寻呼机系统，以备工作人员日常通信之用，避免有盲点。需要基站和转发天线系统对双路 FM 无线电通信和寻呼机系统予以支持。

2）系统须由以下部分组成：位于电话配线间的中央/发射单元、发射天线（布于建筑各处，用以向接收器提供良好的接收效果）、接收器储存/充电器、以及至少 20 个接收器。

【说明】电气抗震设计和电气节能措施参见 12.1.8 和 12.1.9。

12.3 时代广场

时代广场

12.3.1 项目信息

时代广场总建筑面积 250 000m²，高约 410m（68 层），裙房顶板高度 22.5m，地上 68 层，地上裙房 3 层，地下 5 层，其中地上建筑面积：190 000m²，17 层、32 层、45 层、60 层为避难层兼设备层，地下建筑面积：60 000m²，建筑主要功能为办公，酒店，商业。建筑耐火等级：地上一级，地下一级。设计使用年限为 50 年。

12.3.2 系统组成

1. 高低压变、配电系统。
2. 电力、照明系统。
3. 防雷与接地系统。
4. 电气消防系统。
5. 智能化系统。
6. 电气抗震设计和电气节能措施。

12.3.3 高低压变、配电系统

1. 负荷分级。

（1） 一级负荷：包括酒店经营及设备管理用计算机系统、火灾报警及联动控制设备、消防泵、消防电梯、排烟风机、加压风机、保安监控系统、应急照明用电，宴会厅、餐厅、厨房、康乐设施、门厅及高级客房、主要通道等场所的照明用电，厨房、排污泵、生活水泵、主要客梯用电，计算机、电话、电声用电，一级负荷容量为 8256kW。其中酒店经营及设备管理用计算机系统、火灾报警及联动控制设备、消防泵、消防电梯、排烟风机、加压风机、保安监控系统、应急照明用电为一级负荷中的特别重要负荷。

（2） 二级负荷：包括一般客梯用电，普通客房等，二级负荷容量为 12 300kW。

（3） 三级负荷：包括一般照明及动力负荷，三级负荷容量为 2900kW。

2. 电源。本工程拟由市政电网引来两组（四路）10kV 双重电源供电，每组 10kV 高压电源采用互为备用方式。要求 10kV 外电源除非有不可抗拒的原因，任一路电源进线故障，均不允许对另一路进线缆线造成损害。根据本工程负荷特点，每组（两路）高压电源采用互备方式运行，要求任一路高压电源可以带起各地块内全部负荷。每组高压采用单母线分段互为联络方式运行，进线和母联设置备用电源自动互投装置，三断路器同时只能合两个，应设机械与电气闭锁防误操作；进线和进线隔离、母联和母联隔离防带电拉合隔离车，应设机械与电气闭锁。

3. 变、配电站。本工程按使用管理功能，配备五个变配电所详见表 12.3.3。

表 12.3.3　　变配电所配备表

变配电所编号	变配电所位置	变压器装机容量/kVA	变压器容量/kVA × 台数	供电范围
TH1	B3 层	3200	1600 × 2	酒店裙楼、地库及冷冻机组
TS1	B3 层	4000	2000 × 2	商场及地库

续表

变配电所编号	变配电所位置	变压器装机容量/kVA	变压器容量/kVA × 台数	供电范围
TO1	B3 层	6500	1250 × 2	办公及商业制冷机组
			2000 × 2	
TO2	14 层	5000	1250 × 4	塔楼低区办公
TO3	29 层	5000	1250 × 4	塔楼高区办公
TH2	44 层	4000	1000 × 4	塔楼酒店

4. 自备应急电源系统。2 台低压 1600kVA 柴油发电机组供给办公及商业应急电源和备用电源。2 台高压 2000kVA 柴油发电机组供给酒店应急电源和备用电源。柴油发电机组的消防供电回路采用专用线路连接至专用母线段，连续供电时间不应小于 3.0h。预留 1 台低压 1500kVA 柴油发电机组。

5. 柴油发电机组供电范围参见 12.1.3。

12.3.4 电力、照明系统

1. 变压器低压侧 0.4kV 采用单母线分段的接线方式，低压母线分段开关采用自动投切方式。低压母联断路器应采用设有自投自复、自投手复、自投停用三种状态的位置选择开关，自投时应设有一定的延时，当变压器低压侧总开关因过负荷或短路故障而分闸时，母联断路器不得自动合闸；电源主断路器与母联断路器之间应有电气联锁。

2. 配电系统的接地形式采用 TN－S 系统。冷冻机组、冷冻泵、冷却泵、生活泵、热力站、电梯等设备采用放射式供电；风机、空调机、污水泵等小型设备采用树干式供电。

为保证重要负荷的供电，对重要设备如通信机房、消防用电设备（消防水泵、排烟风机、加压风机、消防电梯等）、信息网络设备、消防控制室、中央控制室等均采用双回路专用电缆供电，在最末一级配电箱处设双电源自投，自投方式采用双电源自投自复。

3. 办公楼租户供电采用双母线供电方式。公共区域、办公，酒店，商业的照明、电力单独回路供电和计费。

4. 电气设备控制。

（1） 空调制冷与采暖设备控制。

1） 冷热源。

a）本项目由市政热网引入一次热源，以供办公楼、商业及地库、酒店。供热系统将配合建筑功能区的划分，分成若干个子系统。各子系统由水－水板式换热器和循环水泵组成。

b）办公楼及商业冷冻机房位于地下五层，机房内设有冰蓄冷装置、离心式双工况制冷机组、离心式冷水机组、乙二醇溶液泵、冷水泵、冷却水泵及板式热交换器等设备。

c）酒店冷冻机房位于地下五层，机房内设有离心式冷水机组、冷水泵、冷却水泵及板式热交换器等设备。

2） 制冷机组。

a）在 B5 层制冷机房控制室为制冷机组设置就地负荷开关隔离柜，启动控制柜由机组制造商成套提供，要求采用软启动限制启动电流倍数，变频机组应配置有源滤波器及 EMI 滤波器，限制注入电网的电流总谐波畸变率≤8%。

b）要求机组控制器应配置标准通信接口，支持 MODBUS－RTU、TCP/IP 等协议，开放接口通信协议编码表，通过网关接入建筑设备管理系统。

3） 冷冻水循环泵。

a）按设备容量配置隔离/短路保护开关、过负荷保护及控制接触器等器件。

b）冷冻水循环泵采用变频控制，与制冷系统其他设备顺序联锁操作控制符合设备工艺要求。用、备水泵交替启动，工作泵故障备用泵投入。

c）变频器应限制注入电网的电流总谐波畸变率≤8%。

d）就地操作手/自动转换开关、手动控制启停按钮。

e）配置电源电压表、主回路电流表；显示控制电源、主回路、运行状态、过负荷和故障指示。

f）BAS 自动控制：启停有源 AC24V 常开触点控制信号；接收主回路、手/自动转换开关状态、过负荷和故障无源常开触点信号。

4） 冷却水循环泵。

a）每台制冷机组对应 1 台冷却水循环泵，制冷机房控制室内设置控制柜。

b）冷却水循环泵配电控制柜具有如下功能要求：按设备容量配置隔离/短路保护开关、过负荷保护及控制接触器等器件。租户冷却水循环泵采用变频控制，与制冷系统其他设备顺序联锁操作控制符合设备工艺要求。用、备水泵交替启动，工作泵故障备用泵投入。变频器应限制注入电网的电流总谐波畸变率≤8%。就地操作手/自动转换开关、手动控制启停按钮。配置电源电压表、主回路电流表；显示控制电源、主回路、运行状态、过负荷和故障指示。

c）BAS 自动控制：启停有源 AC24V 常开触点控制信号；接收主回路、手/自动转换开关状态、过负荷和故障无源常开触点信号。

5） 冷却塔。

a）每台制冷机组对应 1 台开式冷却塔。屋顶层就地设配电控制柜。

b）冷却塔配电控制柜具有如下功能要求：按设备容量配置隔离/短路保护开关、过负荷保护及控制接触器等器件。主回路采用变频器软启动，每台冷却塔风机根据冷却水温度变频调速，与制冷系统其他设备顺序联锁操作控制应符合设备工艺要求。配套联动冬季冷却水防冻控制电加热装置。变频器配置有源滤波器及 EMI 滤波器，限制注入电网的电流总谐波畸变率≤8%。就地操作手/自动转换开关、手动控制启停按钮、变频器操作面板及旁路控制按钮。配置电源电压表、主回路电流表；显示控制电源、主回路、变频器及旁路运行状态、过负荷和故障指示。

c）BAS 自动控制：启停有源 AC24V 常开触点控制信号；接收主回路、变频器及旁路运行状态、手/自动转换开关状态、过负荷和故障无源常开触点信号。

（2） 通风与空调系统。

1） 空气处理机组。

a）空气处理机组由空调配电系统配电，控制柜（箱），平时自动运行控制通过 BAS 编程实现，手动控制时通过运行管理操作规程限定。

b）控制柜（箱）具有如下功能要求：一般提供 1 路普通动力单电源；若机组用于消防补风，则提供 1 路应急消防电源。机组功能详见设备专业设备明细表，电源进线配置隔离/短路保护开关、过负荷保护及控制接触器等器件。主回路采用直接启动方式。就地操作手/自动转换开关、手动控制启停按钮。显示控制电源、主回路运行状态、过负荷和故障指示。配置电源电压表、主回路电流表。按运行工况风机与风阀、水阀联锁。

c）BAS 自动控制：启停有源 AC24V 常开触点控制信号；接收主回路运行状态、手/自动转换开关状态、过负荷和故障无源常开触点信号。

d）FAS 联动控制：普通 AHU，FAS 有源 DC24V 常开触点控制信号联动停风机关风阀，并接收动作返回信号；兼用消防补风的 AHU，FAS 有源 DC24V 常开触点和硬线直接控制信号联动启动送风机开新风送风阀排烟补风，停回风机及关回风、排风风阀，并接收动作返回信号，监视送风机运行状态、送风阀阀位状态、手/自动转换开关状态、过负荷和故障无源常开触点信号。

e）配置 AHU 检修插座及安全低压检修照明电源。

2） 新风处理机组。新风处理机组配电控制要求同空气处理机组。

3） 风机盘管及变风量末端。

a）风机盘管及变风量末端电源接入照明回路。

b）电源与控制线路导线要求按颜色区分。

c）集中监控的成组风机盘管配电与控制均由 BAS 完成

d）变风量末端装置自带控制器，电源接入照明回路。

e）风机盘管及变风量末端装置应配置电源保护熔断器。

4） 排风机和送风机、通风机。

a）排风机和送风机、通风机就地设置配电控制箱（柜），风机平时自动运行控制通过 BAS 编程实现，手动控制时通过运行管理操作规程限定。

b）配电控制箱（柜）具有如下功能要求：按电源进线数量配置隔离/短路保护开关、过负荷保护及控制接触器等器件。主回路采用直接启动方式。就地操作手/自动转换开关、手动控制启停按钮。显示控制电源、主回路运行状态、过负荷和故障指示。配置电源电压表、主回路电流表。按运行工况风机与风机出口风阀联锁，二次控制线路应协调 BAS 和 FAS 承包商在各种工况下实现阀门的联动功能。

c）BAS 自动控制：启停有源 AC24V 常开触点控制信号；接收主回路运行状态、手/自动转换开关状态、过负荷和故障无源常开触点信号。

d）FAS 联动控制：普通风机，FAS 有源 DC24V 常开触点控制信号联动停风机关风阀，并接收动作返回信号；兼用消防补风的风机，FAS 有源 DC24V 常开触点和硬线直接控制信号联动启动送风机开送风阀排烟补风，并接收动作返回信号，监视送风机运行状态、送风阀阀位状态、手/自动转换开关状态、过负荷和故障无源常开触点信号。

5） 风机与出口电动风阀联动控制。PAU 机组风机与电动风阀控制由 BA 控制信号分别控制配电控制箱和风阀执行机构完成，要求风阀执行机构控制电源 AC24V，能实现设备工艺要求的电动开启、调节和关闭控制功能。兼作消防补风的 AHU、PAU 机组风机与电动风阀控制，平时 BA 控制信号分别控制配电控制箱和风阀执行机构，火灾时 FA 控制信号分别超驰控制配电控制箱和风阀执行机构；要求风阀执行机构控制电源 DC24V，能实现消防操作快开（或开阀行程小于 15s）、电动关闭和楼宇电动开启、调节、关闭控制功能，风阀执行机构 DC24V 控制电源及超驰控制继电器转换盒由 FAS 提供。

6） 防排烟及通风系统。

a）风机就地设置配电控制箱（柜），双电源进线 ATSE 互为备用，自动运行控制通过 FAS 编程实现，手动控制时通过运行管理操作规程限定。

b）配电控制箱（柜）具有如下功能要求：按电源进线数量配置隔离/短路保护开关、ATSE

开关、过负荷保护及控制接触器等器件。主回路采用直接启动方式，过负荷保护继电器仅作用于报警。就地操作手/自动转换开关、手动控制启停按钮。显示控制电源、主回路运行状态、过负荷和故障指示。配置电源电压表、主回路电流表。按运行工况风机与风机出口风阀联锁。

c）FAS 联动控制：FAS 有源 DC24V 常开触点和硬线直接启动控制信号，联动排烟风机、排烟补风送风机、正压送风机，并接收动作返回信号，监视风机运行状态、手/自动转换开关状态、过负荷和故障无源常开触点信号。排烟风机进口 280℃防火阀动作硬线直接联动停风机。

d）排气灭气体排风机与风机入口阀门联动控制由配电控制箱完成，气灭防护区域入口外设置手动风机启停控制按钮，带控制电源、风机运行状态显示，并附防误操作机构。

7） 厨房排风。厨房排风机选用组合式低噪声油烟净化机组，设备成套配电控制箱。全面排风系统兼厨房事故排风。排风机平时由 BAS 监控；燃气泄漏报警时，FAS 联动开启风机通风，并关断进气阀门，报警信号及联动动作信号反馈至 FAS；火灾时，FAS 则优先联动停通风机。

a）BAS/FAS 对全面排风成套控制箱要求。

- BAS 输入控制启停信号 AC24V 有源触点。
- FAS 输入控制启风机信号 DC24V 有源触点。
- FAS 输入控制停风机信号 DC24V 有源触点。
- 输出 2 套风机运行状态、故障无源触点（BAS、FAS）。
- 输出手/自动状态无源触点（BAS）。
- 输出净化装置堵塞报警无源触点（BAS）。

b）BAS/FAS 对灶具排风成套控制箱要求。

- FAS 输入控制停风机信号 DC24V 有源触点。
- 输出 2 套风机运行状态、故障无源触点（BAS、FAS）。
- 输出净化装置堵塞报警无源触点（BAS）。
- 输出联动补风机硬线控制无源触点。
- 外引控制启停按钮，设置在灶具旁。

c）特定场所通风控制要求。煤气表间、厨房事故通风机；发电机房及油箱间、卫生间、垃圾间、开水间、污水泵房、库房等通风机平时由 BAS 监控。火灾报警时，FAS 联动停通风机，并关断燃气进气阀门，报警信号及联动动作信号反馈至 FAS。燃气泄漏报警时，FAS 联动开启风机通风，并关燃气断进气阀门，报警信号及联动动作信号反馈至 FAS。

（3） 水系统设备供配电。

1） 给水系统。办公在 B5 层、14 层、29 层设置给水转输泵房，内设给水转输水箱及给水转输水泵。在 44 层设置给水泵房，内设给水贮水箱及变频给水供水泵组。酒店在 B5 层、14 层、29 层设置给水转输泵房，内设给水转输水箱及给水转输水泵。在 44 层设置给水泵房，内设给水贮水箱、变频给水供水泵组及给水转输水泵。在 63 层设置给水泵房，内设给水贮水箱及变频给水供水泵组。稳压泵，配电控制装置由设备制造商成套提供，要求变频机组应配置有源滤波器及 EMI 滤波器，限制注入电网的电流总谐波畸变率≤8%。

2） 消防给水。在 B1、L14、L44、L64 层消防水泵房各安装消火栓水泵 2 台（一用一备）、自动喷淋泵 2 台（一用一备）、大空间主动喷水灭火泵 2 台（一用一备）。消防用水泵电源由变配电所双路应急电源直供消防泵房控制室配电控制柜，电源自动切换，同时集中配置自动低频巡检柜；水泵旁设置手动启停按钮（带灯）及电源指示灯箱。消防用水泵采用低频低速低功耗自动定期巡检，彻底解决泵组长期闲置不用，因潮湿环境而引起的锈蚀、锈死等原因造成不能启动的问题。

5. 照度标准。办公建筑照明标准值见表 1.1.4。商业建筑照明标准值见表表 9.1.5。公寓建筑照明标准值见表 11.1.5－1。

6. 光源与灯具选择。入口处照明装置采用色温低、色彩丰富、显色性好光源，能给人以温暖、和谐、亲切的感觉，又便于调光。餐厅照明设计满足灵活多变的功能，根据就餐时间和顾客的情绪特点，选择不同的灯光及照度。客房设有进门小过道顶灯、床头灯、梳妆台灯、落地灯、写字台灯、脚灯、壁柜灯，在客房内入口走廊墙角下安置应急灯，在停电时自动亮灯。总统间，除具有一般客房的功能灯饰外，在客厅和餐厅增设豪华灯饰。装修要求的场所视装修要求，可采用多种类型的光源。一般场所选用 T5 荧光灯或节能型灯具。对仅作为应急照明用的光源应采用瞬时点燃的光源。对大空间场所和室外空间可采用金属卤化物灯。

7. 照明配电系统。本工程利用在强电小间内的封闭式插接铜母线配电给各楼层照明配电箱（柜），以便于安装、改造和降低能耗。客房层照明采用双回路供电，保证用电可靠，在每套客房设一小配电箱，单相电源进线。由层照明配电箱（柜）至客房配电箱采用放射式配电。客房内采用节能开关。

8. 应急照明与疏散照明。消防控制室、变配电所、配电间、电信机房、弱电间、楼梯间、前室、水泵房、电梯机房、排烟机房、重要机房的值班照明等处的应急照明按 100%考虑；门厅、走道按 30%设置应急照明；其他场所按 10%设置应急照明。各层走道、拐角及出入口均设疏散指示灯，蓄电池采用集中免维护电池进行供电，停电时自动切换为直流供电，并且应急照明持续时间应不少于 150min。

9. 为保证用电安全，用于移动电器装置插座的电源均设电磁式剩余电流保护装置（动作电流≤30mA，动作时间小于 0.1s）。

10. 照明控制。本工程采用智能型照明控制系统，部分灯具考虑调光；汽车库照明采用集中控制；楼梯间、走廊等公共场所的照明采用集中控制和就地控制相结合的方式；走廊的照明采用集中控制。走廊的应急照明考虑就地控制和消防集中控制的方式。室外照明的控制纳入建筑设备监控系统统一管理。本项目智能型照明控制系统是一个相对独立的子系统，由照明监控管理系统承包商自行组网，并视运行管理需要纳入建筑设备监控系统进行集成。

（1） 采用完全分布式集散控制系统，集中监控，分区控制。

（2） 照明监控系统接收消防与安防信息，采取灯光应急措施。

（3） 系统应具有现场模块输入/输出功能，可根据消防分区控制，接收消防控制信号（有源 DC24V 或无源）强制开/关支路，以满足在紧急状况下，接通应急照明支路，关断一般照明支路；或通过输入/输出节点与其他相关 BAS 现场联动。

（4） 本项目的照明控制主要采用支路控制，应包括以下几个方面：地下车库、公共卫生间、夜景照明等。

（5） 照明监控系统主要包括服务器、网络连接控制器、单元控制继电器（控制器）、就地遥控开关、各类传感器等。单元控制器采用现场总线连接；控制面板及各类传感器通过可编址控制总线接入单元控制器或直接就近接入单元控制器，控制面板与建筑装修相协调。

（6） 单元控制继电器安装在照明配电箱（柜）内一体化，可独立工作，现场自由编程和操作。配出支路模块化，支路数 4 路、8 路、12 路及 16 路自由组合，额定电流 16A，支路可自锁有状态反馈功能，应适应工程中如荧光灯、金卤灯、换气扇、小容量风机等所有容性或感性负载。

11. 集中控制疏散指示系统。在火灾情况下，集中控制疏散指示系统可根据具体情况，按自动或手动程序控制和改变疏散指示标志/照明灯的显示状态，更准确、安全、迅速地指示逃生线路。火灾初期，有了智能疏散指示逃生系统，人们可避免误入烟雾弥漫的火灾现场，争取宝贵的逃生时间。火灾时，根据消防联动信号，智能应急照明疏散系统对疏散标志灯的指示方向作出正确调整，配合灯光闪烁、地面疏散标志灯，给逃生人员以视觉和听觉等感官的刺激，指引安全逃生方向，加快逃生速度、提高逃生成功率。

12. 非消防用电线电缆的燃烧性能不应低于 B1 级。非消防用电负荷应设置电气火灾监控系统。消防供配电线路应符合下列规定：

（1） 消防电梯和辅助疏散电梯的供电与控制电线电缆采用燃烧性能为 A 级，耐火时间不小于 3.0h 的阻燃耐火电线电缆；高压供电线路及其他消防供配电线路采用燃烧性能不低于 B1 级，耐火时间不小于 3.0h 的阻燃耐火电线电缆。

（2） 消防用电采用双路由供电方式，其供配电干线设置在不同的竖井内。

（3） 避难层的消防用电采用专用回路供电，且不应与非避难楼层（区）共用配电干线。

13. 航空障碍物照明。根据《民用机场飞行区技术标准》要求，本工程分别在屋顶及每隔 40m 左右设置航空障碍标志灯，40～90m 采用中光强型航空障碍标志灯，90m 以上采用航空白色高光强型航空障碍标志灯。航空障碍标志灯的控制纳入建筑设备监控系统统一管理，并根据室外光照及时间自动控制。

14. 夜景照明。

（1） 充分了解和发挥光的特性。如光的方向性、光的折射与反射、光的颜色、显色性、亮度等。

（2） 针对人对照明所产生的生理及心理反应，灵活应用光线对使人的视觉产生优美而良好的效果。

（3） 根据被照物的性质、特征和要求，合理选择最佳照明方式。

（4） 既要突出重点，又要兼顾夜景照明的总体效果，并和周围环境照明协调一致。

（5） 使用彩色光要慎重。鉴于彩色光的感情色彩强烈，会不适当地强化和异化夜景照明的主题表现，应引起注意。特别是一些庄重的大型公共场所的夜景照明，更要特别谨慎。

（6） 夜景照明的设置应避免产生眩光并光污染。

（7） 利用投射光束衬托建筑物主体的轮廓，烘托节日气氛。在首层、屋顶层均有景观灯具来满足夜间景观照明。灯具采用 AC220V 的电压等级。节日照明及室外照明采用集中控制，并应根据不同的时间（平时、节假日、庆典日）有不同效果的选择。

12.3.5 防雷与接地系统

1. 本建筑物按二类防雷建筑物设防，为防直击雷在屋顶设接闪带，其网格不大于 10m×10m，所有突出屋面的金属体和构筑物应与接闪带电气连接。

2. 为防止侧向雷击，将六层以上，每三层沿建筑物四周的金属门窗构件与该层楼板内的钢筋接成一体后再与引下线焊接，防雷接闪器附近的电气设备的金属外壳均应与防雷装置可靠焊接。

3. 为预防雷电电磁脉冲引起的过电流和过电压，在下列部位装设电涌保护器（SPD）：

（1） 在变压器低压侧装一组 SPD。当 SPD 的安装位置距变压器沿线路长度不大于 10m 时，可装在低压主进断路器负载侧的母线上，SPD 支线上应设短路保护电器，并且与主进断路器之间应有选择性。

（2） 在向重要设备供电的末端配电箱的各相母线上，应装设 SPD。上述的重要设备通常是指重要的计算机、建筑设备监控系统监控设备、主要的电话交换设备、UPS 电源、中央火灾报警装置、电梯的集中控制装置、集中空调系统的中央控制设备以及对人身安全要求较高的或贵重的电气设备等。

（3） 对重要的信息设备、电子设备和控制设备的订货，应提出装设 SPD 的要求。

（4） 由室外引入或由室内引至室外的电力线路、信号线路、控制线路、信息线路等在其入口处的配电箱、控制箱、前端箱等的引入处应装设 SPD。

4. 本工程采用共用接地装置，以建筑物、构筑物的金属体、构造钢筋和基础钢筋作为接地体，其接地电阻小于 1Ω。

5. 交流 220/380V 低压系统接地形式采用 TN－S，PE 线与 N 线严格分开。

6. 建筑物做等电位联结，在变配电所内安装主等电位联结端子箱，将所有进出建筑物的金属管道、金属构件、接地干线等与等电位端子箱有效连接。

7. 在所有变电所，弱电机房，电梯机房，强、弱电小间，浴室等处做辅助等电位联结。

8. 电涌保护器监控系统。SPD（电涌保护器）因其有效的瞬态泄流功能而被广泛运用在大型的关键电气系统中，但随着雷击计数的增加，SPD 会逐渐老化甚至失效，智能防雷监控管理系统的基本思想是利用计算机、通信和自动化技术，将现场 SPD 的各项指标（雷击次数、雷击强度、漏电流超限、劣化报警、失效状态等）进行实时监测，并在监控中心设立综合信息管理平台，形成多媒体告警联动，为防雷管理提供有效的技术手段。

12.3.6 电气消防系统

1. 在一层设置消防控制室，酒店、办公和商业分别设置消防分控制室，对酒店、办公和商业建筑内的消防设备进行探测监视和控制。系统的消防联动控制总线采用环形结构。消防控制室内分别设有火灾报警控制主机、计算机图文系统、联动控制台、CRT 显示器、打印机、紧急广播设备、消防专用电话主机、电梯监控盘及 UPS 电源设备等。酒店、办公和商业的消防控制室之间预留网络接口。

2. 电气消防系统设置与联动参见 2.3.6。

12.3.7 智能化系统

1. 信息化应用系统。信息化应用系统功能应满足建筑物运行和管理的信息化需要并提供建筑业务运营的支撑和保障。系统包括公共服务、智能卡应用、物业管理、信息设施运行管理、信息安全管理、基本业务办公和专业业务等信息化应用系统。

（1） 公共服务系统。公共服务系统应具有访客接待管理和公共服务信息发布等功能，并宜具有将各类公共服务事务纳入规范运行程序的管理功能。系统基于信息网络及布线系统，系统服务器设置于中心网络机房，管理终端设置于相应管理用房。

（2） 智能卡应用系统。根据建设方物业信息管理部门要求对出入口控制、电子巡查、停车场管理、考勤管理、消费等实行一卡通管理，“一卡”，在同一张卡片上实现开门、考勤、消费等多种功能；“一库”，在同一软件平台上，实现卡的发行、挂失、充值、资料查询等管理，系统共用一个数据库，软件必须确保出入口控制系统的安全管理要求；“一网”，各系统的终端接入局域网进行数据传输和信息交换。系统基于信息网络及布线系统，系统服务器设置于中心网络机房，管理终端设置于相应管理用房。智能卡应用系统示意见图 12.3.7－1。

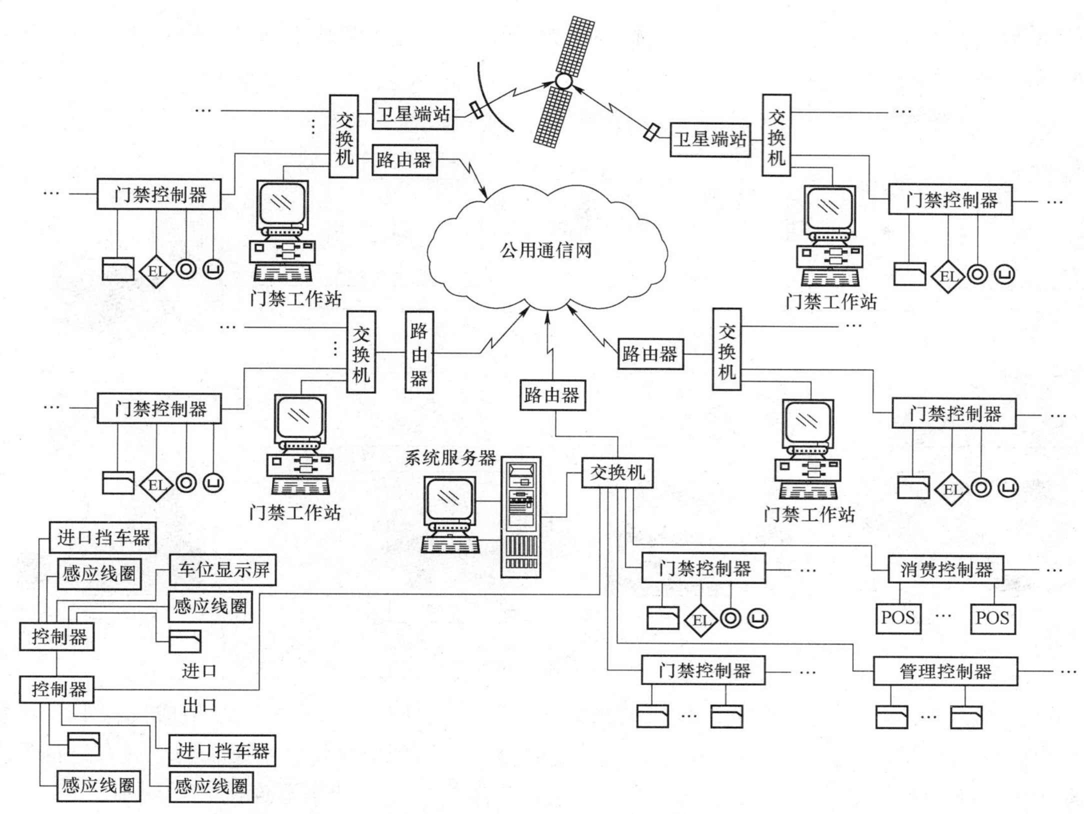

图 12.3.7－1 智能卡应用系统示意

（3） 信息设施运行管理系统。信息设施运行管理系统应具有对建筑物信息设施的运行状态、资源配置、技术性能等进行监测、分析、处理和维护的功能。系统基于信息网络及布线系统，系统服务器设置于中心网络机房，管理终端设置于相应管理用房。

（4） 信息安全管理系统。信息网络安全管理系统通过采用防火墙、加密、虚拟专用网、安全隔离和病毒防治等各种技术和管理措施，室网络系统正常运行，确保经过网络的传输和管理措施，使网络系统正常运行，确保经过网络传输和交换的数据不会发生增加、修改、丢失和泄露。系统基于信息网络及布线系统，系统服务器设置于中心网络机房，管理终端设置于相应管理用房。

（5） 酒店管理系统。酒店管理系统应与其他非管理网络安全隔离。网络采用先进的高速网，保证系统的快速稳定运转。网络速率方面应保证主干网达到交换 100Mbit/s 的速率，而桌面站点达到交换 10Mbit/s 的速率。并可实现预订、团队会议、销售、前台接洽、团队开房、修改/查看账户、前台收银、统计报表、合同单位挂账、账单打印查询、餐饮预订、电话计费、用车管理等功能。

2. 智能化集成系统。本项目对建筑设备监控系统、能源管理系统、智能照明、停车管理系统通过统一的信息平台实现集成，实施综合管理，各子系统应提供通用接口及通信协议。集成管理的重点是突出在中央管理系统的管理，控制仍由下面各子系统进行。集成管理能为本工程各个管理部门提供高效、科学和方便的管理手段。将建筑中日常运作的各种信息，如建筑设备监控、安防、火灾自动报警、公共广播、通信系统以及展览管理信息，各种日常办公管理信息，物业管理信息等构成相互之间有关联的一个整体，从而有效地提升建筑整体的运作水平和效率。智能化集成系统示意见图 12.3.7－2。

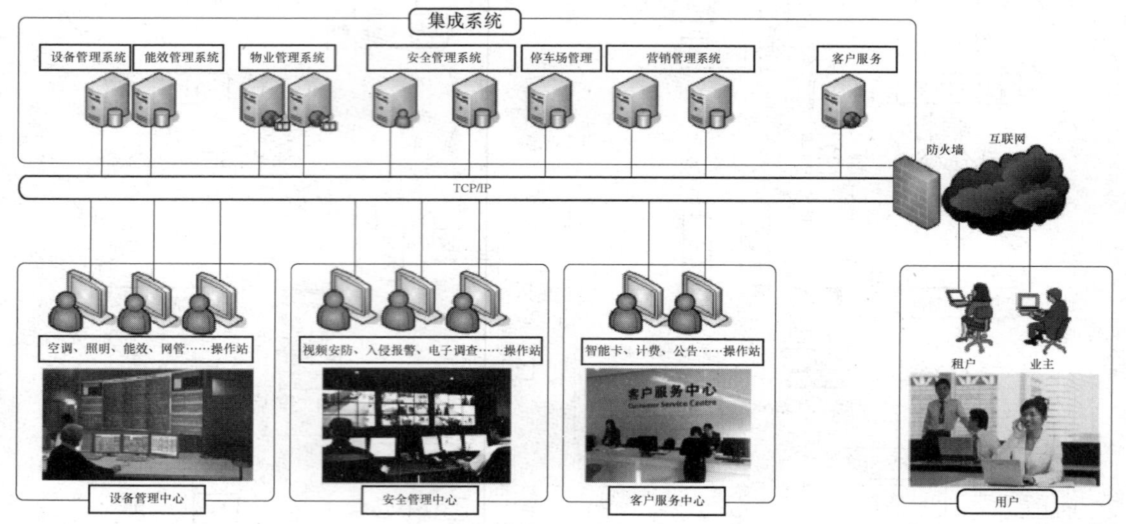

图 12.3.7－2 智能化集成系统示意

（1） 集成管理，首先要求进行集成的系统应该是一个开放性的系统，在集成过程中，首先要解决好各个系统间通信协议的标准化问题，使整个系统达到信息识别的唯一性，只有这样，才能真正达到各子系统之间的联动。也才能做到无论集成先后，均能平滑连接。

（2） 系统集成的规模，首先是以建筑设备管理系统为模式，即 BMS 模式，先期将在建筑中有相互联动关系的各楼宇设备子系统进行相对集成，达到相互之间在处理和解决建筑中出现的问题时，能协同动作，提高效率，便于管理。在 BMS 中，以建筑设备监控系统（BA）为基础平台，进行相关的联动设计。

3. 信息化设施系统。

（1） 信息系统对城市公用事业的需求。

1） 本工程办公需输出入中继线 200 对（呼出呼入各 50%）。另外申请直拨外线 800 对（此数量可根据实际需求增减）。商业需输出入中继线 30 对（呼出呼入各 50%）。另外申请直拨外线 100 对（此数量可根据实际需求增减）。酒店需输出入中继线 60 对（呼出呼入各 50%）。另外申请直拨外线 100 对（此数量可根据实际需求增减）。

2） 电视信号接自城市有线电视网，在顶层设有卫星电视机房，对建筑内的有线电视实施管理与控制。有线电视节目和卫星电视节目经调制后，经电视信号干线系统传送至每个电视输出口处，使获得技术规范所要求的电平信号，达到满意的收视效果。

（2） 通信自动化系统。

1） 在酒店在地下一层设置电话交换机房，拟定设置一台 600 门的 PABX。在办公在地下一层，拟定设置一台 2000 门的 PABX。在商业在地下一层，拟定设置一台 300 门的 PABX。

2） 通信自动化系统中，程控自动数字交换机起着重要的作用。随着通信技术的发展，现今的 PABX 应将传统的语音通信、语音信箱、多方电话会议、IP 技术、ISDN（B－ISDN）应用等通信技术融会在一起，向用户提供全新的通信服务。

3）本工程建立卫星通信系统，进行高速数据传输、图像传输、综合数据与语音通信、移动数据通信、计算机网络连接等综合业务，与DDN数字数据网互为备份，可以保证数据通信的不间断性、可靠性。

（3）综合布线系统。

1）综合布线系统为开放式网络拓扑结构，支持语音、数据、图像、多媒体业务等信息的传递。本项目分别为酒店、办公租户、办公智能化专网、酒店智能化专网四套综合布线系统。综合布线系统示意见图12.3.7－3。

2）本工程在将办公语音信号、数字信号、视频信号、控制信号的配线，经过统一的规范设计，综合在一套标准的配线系统上，此系统为开放式网络平台，方便用户在需要时，形成各自独立的子系统。综合布线系统可以实现世界范围资源共享，综合信息数据库管理、电子邮件、个人数据库、报表处理、财务管理、电话会议、电视会议等。

3）本工程在地下二层酒店、办公、公寓分别设置网络室，分别将酒店、办公、公寓的语音信号、数字信号的配线，经过统一的规范设计，综合在一套标准的配线系统上，此系统为开放式网络平台，方便用户在需要时，形成各自独立的子系统。综合布线系统可以实现世界范围资源共享，综合信息数据库管理、电子邮件、个人数据库、报表处理、财务管理、电话会议、电视会议等。

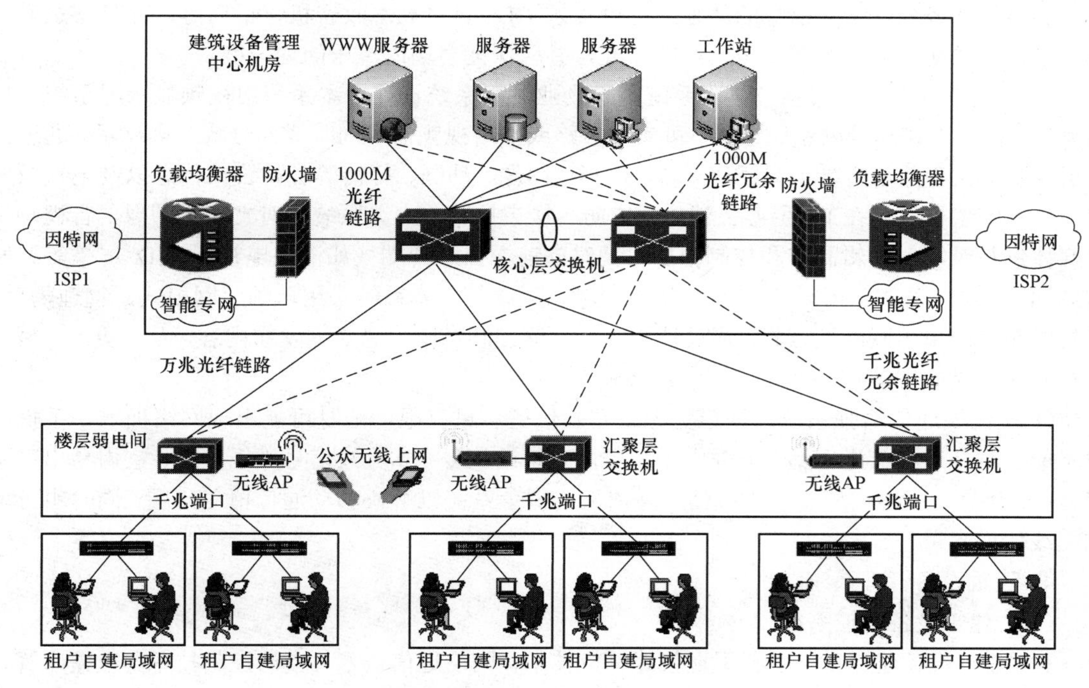

图12.3.7－3 综合布线系统示意

（4）会议电视系统。本工程在多功能厅设置全数字化技术的数字会议网络系统（DCN系统），该系统采用模块化结构设计，全数字化音频技术。具有全功能、高智能化、高清晰音质。方便扩展和数据传递保密等优点。可实现发言演讲、会议讨论、会议录音等各种国际性会议功能，其中主席设备具有最高优先权，可控制会议进程。

（5） 有线电视及卫星电视系统。

1） 本工程在酒店地下一层，办公和商业地下一层分别设置有线电视机房，在酒店顶层设有卫星电视机房，对酒店内的有线电视实施管理与控制。有线电视节目和卫星电视节目经调制后，经电视信号干线系统传送至每个电视输出口处，使获得技术规范所要求的电平信号，达到满意的收视效果。系统设备包括：卫星接收天线、功分器、接收机、解密器、制式转换器、前置放大器、频道放大器、频道转换器、有源混合器、供电单元、宽带放大器、分配器、分支器、终端电阻等。

2） 有线电视系统根据用户情况采用分配－分支分配方式。

（6） 背景音乐及紧急广播系统。

1） 本工程在酒店和商业设置背景音乐及紧急广播系统，办公设置紧急广播系统。中央背景音乐与紧急广播系统独立，物理分开（两组扬声器），紧急广播系统启动时，必须把中央背景音乐自动断开。

2） 酒店和办公、公寓在一层设置广播室（与消防控制室共室），酒店的中央背景音乐系统设备安装在客人快速服务中心内。背景音乐要求使用酒店管理公司指定的数码 DMX 音源，一台机器可供四种不同音源。紧急广播系统安装在消防控制室内。

3） 多功能厅设置独立的音响设备。会议扩声系统配备多台多路混音放大器、扬声器箱等专业设备。调音台应有多路音源输入通道，每通道均可预选话筒或线路输入。各通道均应有语音滤波，衰减低音成分，增加语音的清晰度。可接入 CD、AM/FM 收音机、话筒等，并具备录音设备。扬声器的配置应满足会场声压级的需要，并应保证会场内声压的均匀度。

（7） 信息导引及发布系统。本系统基于物业网络系统设置。本系统由视频显示屏系统、传输系统、控制系统和辅助系统组成。可实现一路或多路视频信号同时或部分或全屏显示。通过计算机控制，在公共场所显示文字、文本、图形、图像、动画、行情等各种公共信息以及电视录像信号，系统主机设置在 B1 层办公消防、安防、楼宇控制室内。系统能对文字、图像、音视频等多媒体进行录制、编辑制作和控制播出，同时向前端显示终端（如液晶电视、LED 屏幕等）发布通知、公告、图片、广告等信息和播放视频、动画等。本系统采用单独组网模式，物理隔离。信息发布系统采用联网型方式，通过控制主机能够控制每个信息点的发布内容，及时更新。显示终端采用 6 类非屏蔽 4P（8 芯）双绞线传输信号。

（8） 无线通信增强系统。为避免无线基站信道容量有限，忙时可能出现网络拥塞，手机用户不能及时打进或接进电话。另外由于大楼内建筑结构复杂，无线信号难于穿透，室内易出现覆盖盲区。因此，大楼内应安装无线信号室内天线覆盖系统以解决移动通信覆盖问题，同时也可增加无线信道容量。

4. 建筑设备管理系统。

（1） 建筑设备监控系统。

1） 建筑设备监控系统融合了现代计算机技术、网络通信技术、自动控制技术、数据库管理技术以及软件技术等，采用“集散型系统”，通过中央监控系统的计算机网络，将各层的控制器、现场传感器、执行器及远程通信设备进行联网，共同实现集中管理、分散控制的综合监控及管理功能。

2） 本工程在酒店、办公和商业分别设置建筑设备监控系统，建筑设备监控系统的总体目标是将建筑内的建筑设备管理与控制系统（HVAC、给排水系统、供配电系统、照明系统等）进行分散控制、集中监视管理，从而提供一个舒适的工作环境，通过优化控制提高管理水平，从而达到节约能源和人工成本，并能方便实现物业管理自动化。酒店建筑设备监控系统监控室设在地下二层（工程部值班室），办公和商业建筑设备监控系统监控室设在地下二层。

3）系统设计所遵循的原则是注重系统的先进性、实用性、可靠性、开放性、适应性、可扩展性、经济性和可维护性。通过对工程中子系统的控制，对建筑内温、湿度的自动调节，空气质量的最佳控制，以及对室内照明进行自动化管理等手段，提供最佳的能源管理方案，对机电设备以及照明等采取优化控制和管理，确保节能运行，从而降低能源成本及运行费用。以达到以下性能指标：

a）独立控制，集中管理：可以将建筑设备监控系统的工作站或服务器定义为节点服务器，并且根据弱电系统的整体要求，设置中央服务器。该结构使各节点服务器与中央服务器通过以太网（TCP/IP）连接，数据在各节点服务器之间，包括中央服务器之间进行通信，中央服务器对所有节点服务器中的数据、报警可以读取、打印和存储。

b）可以自动调整网络流量：当数据被其他节点或中央服务器定制后，才由相应的节点服务器将缓冲区中的数据传送到网络上，减少对控制器的数据通信要求，同时减少网络数据的冗余传送。

c）保证高可靠性：当整个网络断开后，本地的控制系统应能由节点服务器继续提供稳定的系统控制。另外，当某个节点服务器出现故障时，对整个网络和其他节点没有影响。在网络恢复正常工作后，各节点服务器可以将存储的数据自动传到相应的节点和中央服务器。

d）提升系统性能：节点服务器只对本地设备进行管理，系统的负荷由节点服务器分担，中央服务器的负担只限于本地设备管理和全系统中关键报警和数据的备份。这样可以保证整个系统的高性能。

e）管理简单：中央服务器可以控制任何一个节点服务器中的设备，节点的报警可以自动传送到中央服务器，实现分布式控制，集中式管理。

f）分布式数据库管理：采用分布式的数据库，由后台的数据自动备份机制保障所有用户数据在各服务器中安全保存。

4）建筑设备监控系统监控点数统计。

a）酒店部分建筑设备监控系统监控点数共计为 766 控制点，其中（AI＝102 点、AO＝107 点、DI＝278 点、DO＝255 点）。

b）办公部分建筑设备监控系统监控点数共计为 1426 控制点，其中（AI＝343 点、AO＝218 点、DI＝538 点、DO＝327 点）。

c）商业部分建筑设备监控系统监控点数共计为 752 控制点，其中（AI＝91 点、AO＝101 点、DI＝258 点、DO＝302 点）。

5）建筑设备监控系统功能。

a）系统数据库服务器和用户工作站、数据库应具备标准化、开放性的特点，用户工作站提供系统与用户之间的互动界面，界面应为简体中文，图形化操作，动态显示设备工作状态。系统主机的容量须根据图纸要求确定，但必须保证主机留有 15%以上的地址冗余。建筑设备监控系统示意见图 12.3.7－4。

b）与服务器、工作站连接在同一网上的控制器，负责协调数据库服务器与现场 DDC 之间的通信，传递现场信息及报警情况，动态管理现场 DDC 的网络。

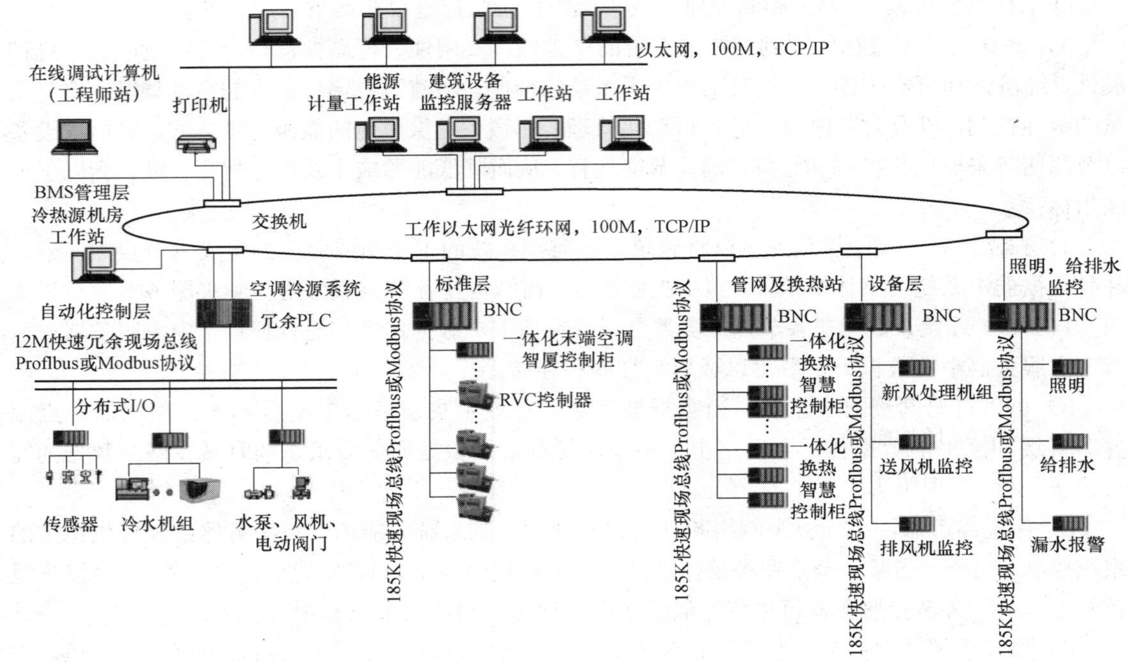

图 12.3.7－4　建筑设备监控系统示意

c）具有能源管理功能的DDC安装于设备现场，用于对被控设备进行监测和控制。

d）符合标准传输信号的各类传感器，安装于设备机房内，用于建筑设备监控系统所监测的参数测量，将监测信号直接传递给现场DDC。

e）各种阀门及执行机构，用于直接控制风量和水量，以便达到所要求的控制目的。

f）现场DDC应能可靠、独立工作，各DDC之间可实现点对点通信，现场中的某一DDC出现故障，不应影响系统中其他部分的正常运行。整个系统应具备诊断功能，且易于维护、保养。

6）建筑设备监控系统对建筑内的设备进行集散式的自动控制，建筑设备监控系统应实现以下功能：

a）空调系统的监控：包括冷热源系统、通风系统、空调系统、新风系统等。

b）给排水系统：对给排水系统中的生活泵、排水泵、水池及水箱的液位等进行监控。

c）电梯及自动扶梯的监控：建筑设备监控系统与电梯系统联网，对其运行状态进行监测，发生故障时，在控制室有声光报警。在控制室内能了解到电梯实时的运行状况。电梯监控系统由电梯公司独立提供，设置在消防控制室。

d）公共区域照明系统控制、节日照明控制及室外的泛光照明控制。

e）变配电系统的监控：主要完成对供配电系统中各需监控设备的工作参数和状态的监控。

（2）建筑能效监管系统。本工程建筑能效监管主机设置于各个建筑物业管理室。系统可对冷热源系统、供暖通风和空气调节、给水排水、供配电、照明、电梯等建筑设备进行能耗监测。根据建筑物业管理的要求及基于对建筑设备运行能耗信息化监管的需求，应能对建筑的用能环节进行相应适度调控及供能配置适时调整。建筑能效监管系统示意见图 12.3.7－5。

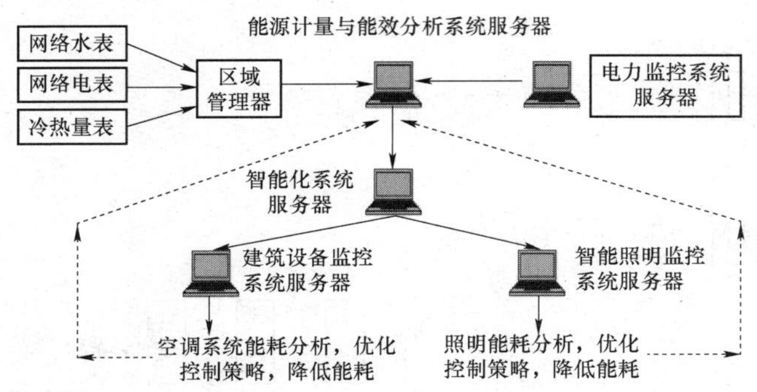

图 12.3.7－5 建筑能效监管系统示意

（3） 电梯监控系统。

1） 电梯监控系统是一个相对独立的子系统，纳入设备监控管理系统进行集成。

2） 电梯现场控制装置应具有标准接口（如 RS485、RS232 等）。

3） 在安防消防中心设电梯监控管理主机，显示电梯的运行状态。

4） 监控系统配合运营，启动和关闭相关区域的电梯；接收消防与安防信息，及时采取应急措施。

5） 系统自动监测各电梯运行状态，紧急情况或故障时自动报警和记录，自动统计电梯工作时间，定时维修。

6） 电梯对讲电话主机及对讲电话分机由电梯中标方成套提供，要求满足工程管理需要。

7） 电梯轿厢内设暗藏式对讲机，对讲总机设在消防控制室，用于紧急对讲。

（4） 设置电力监控系统，本系统采用分散、分层、分布式结构设计，整个系统分为现场监控层、通信管理层和系统管理层，工作电源全部由 UPS 提供。

1） 电力监控管理系统管理层网络按 IEEE802.3 标准构建；现场监控层微机综合继电保护器、智能仪表、智能型测量控制模块、RTU、PLC、各种单元控制器等采用标准接口（如 RS485、RS232 等）、开放的现场总线（支持 MODBUS－RTU、TCP/IP 等协议），接入串口服务器。

2） 在 B1 层电力值班室内设电力监控管理系统服务器及管理工作站。并设静态模拟屏，画面反映变配电系统的主接线形式。

5. 公共安全系统。

（1） 视频监控系统。本系统主机设置于 B1 层酒店、办公、商业安防控制室内。本系统采用数字化的视频监控系统解决方案，主要由数字摄像机、网络交换机、视频存储服务器、解码器、电视墙、管理主机、UPS 电源等组成。视频监控系统示意见图 12.3.7－6。

在主要出入口、门厅大堂、公共走道、电梯厅、电梯轿厢、地下车库、屋顶直通室外出入口、重要机房（生活水泵房、变配电室、电梯机房等）等重要区域设置摄像机。

按照酒店管理公司要求，在车库、VIP 车位、酒店大堂、所有出入口、主要走廊、楼梯间、电梯、扶梯、财务室、接待台、功能区前台、物品储藏间、卸货区、收货办公室、重要设备用房、宴会厅、所有设置门禁及电子门锁的位置均设置视频监控点位。

在监控室内能通过键盘对所有摄像机进行控制（包括云台控制、镜头控制等）确保高效的监视覆盖率。所有的监控点视频图像能显示在监视器上，并带时间、地址、日期显示，图像存储在监控专用磁盘阵列柜硬盘内，所有录像资料存储均按 24h/30 天设计。

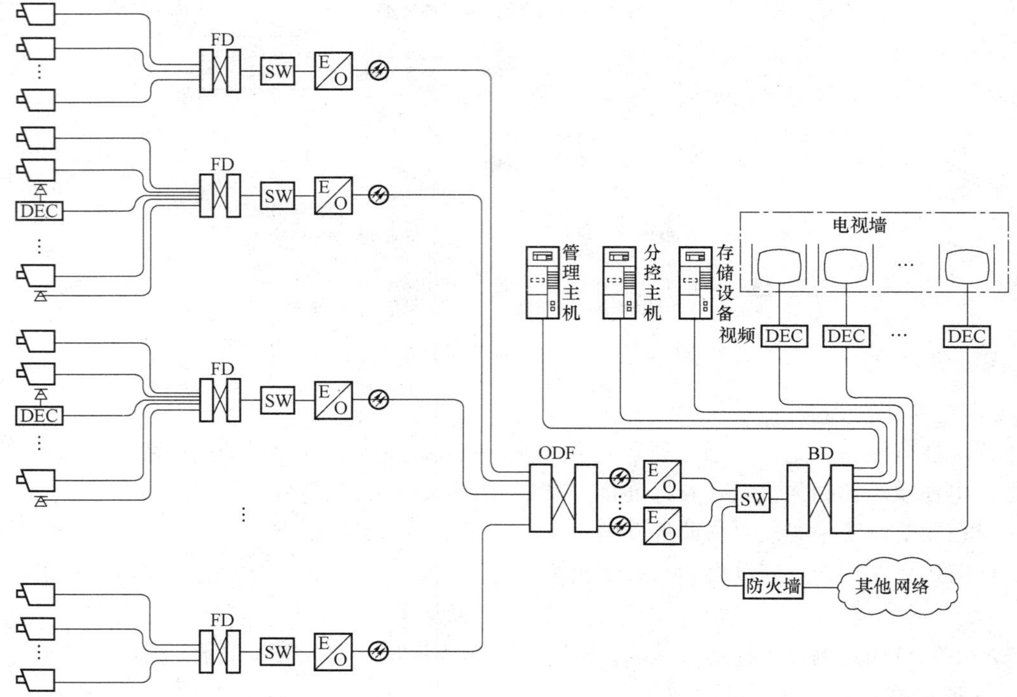

图 12.3.7－6　视频监控系统示意

数字摄像机均按标清标准设置，具体类型如下：

1） 公共区域、走廊及电梯厅采用彩色半球摄像机。

2） 大堂及大空间场所采用半球摄像机配合一体化彩色球形摄像机。

3） 地下停车场、地下后勤区（无吊顶区域）采用固定型黑白彩色自动转换摄像机。

4） 电梯轿厢采用电梯专用彩色摄像机。

5） 室外周界采用一体化球形摄像机。

6） 摄像机均采用 POE 供电。

（2） 门禁系统。本系统主机设置于 B1 层酒店、办公、商业安防控制室内。门禁系统由读卡设备（包括读卡器、出门按钮、电控锁）、门禁控制器、通信网络、管理软件、计算机（服务器/工作终端）组成，门禁控制器自带本地闪存，支持离线运行，具有在线、离线和灾难工作模式。门禁系统应与火灾报警系统连接，当火灾信号发出后，自动打开通道的电子门锁，方便人员疏散。变配电室、消防泵房、生活水泵房、屋顶水箱间、电梯机房的重要机房均设置门禁，以限制非内部人员的任意通行。按照酒店管理公司要求，在员工入口、办公室总入口、财务出纳办公室、客人用保险柜间、行李存储区、卸货区入口、重要电气、设备机房、后勤走道对外出口、车库出口等区域设置门禁点位。门禁系统基于安防控制网络，采用网络进行传输。门禁控制器具备以太网接口。

（3） 停车场管理系统。系统设备包括出入口控制单元、自动栏栅、自动出卡机、自动验卡机及读卡器、远距离读卡器、内部对讲设施、图像对比设施、摄像机、剩余车位显示、收费电脑及管理电脑单元。本系统入场/出场采用自控发卡及远距离不停车读卡技术，满足临时用户、固定用户的不同管理形式需求。通行车辆分为临时车和固定用户，固定车辆刷卡进出，方便快捷；

临时用户采用人工发卡，出场时根据物业收费标准自动计费并回收卡片，人工确认后软件控制道闸予以放行，进出场车辆均实现图像对比，采用 50～80cm 中远距离读卡方式，方便业主使用。系统功能要求：

1） 入口处车位显示。

2） 车牌识别。

3） 自动控制出入栅栏门。

4） 整体停车场收费的统计与管理。

5） 多个出入口组的联网与监控管理。

6） 意外情况发生时向外报警。

7） 出口收费，与车牌对比。

8） 火灾时接收消防系统向停车管理主机发出的信号，停车管理系统抬杆放车。

（4） 中央电子门锁系统。每间客房设有电子门锁。在地下一层弱电管理用房设置管理主机，对各客房电子门锁进行监控。客房电子门锁改变传统机械锁概念，智能化管理提高贵酒店档次。配备客房电子门锁后，客人只需到总台登记办理手续后，就可得到一张写有客人相关资料及有效住宿时间的开门卡，可直接去开启相对应的客房门锁，不需要再像传统机械锁一样，寻找服务生用机械钥匙打开客房门，从而免除不必要的麻烦，更具有安全感。

（5） 紧急报警系统。本系统由入侵探测器、手动报警按钮、报警主机及报警提示装置组成，入侵探测器可根据实际需要设置不同时段、不同地点的报警功能，在设定区域进行探测，并与监视器进行联动，发现异常情况可随时报警并显示在监视屏幕。商铺区域设入侵报警点位，商铺关门时布防，以防止闲杂人员逗留。主机预留每个商铺接入报警接口，当商铺有需求时可以计入此系统。无障碍卫生间设置紧急报警按钮，并在门口设置声光报警器，如遇突发事件可通过手动报警按钮向控制中心求救，并联动门口声光报警器动作，提醒附近人员第一时间提供救助。在入口大堂、电力值班室设经济报警按钮，如遇紧急事件可第一时间通知控制中心。按照酒店管理公司要求，在前台、收银台、财务出纳室、人力资源办公室设置手动或脚踏无声式报警装置。在无障碍客房、按摩浴缸、泳池、康体区设置紧急报警按钮。当系统确认报警信号后自动发出报警信号提示管理人员及时处理报警信息，同时在电子地图上显示报警位置及类型。

（6） 可视对讲访客系统。

1） 本工程在办公区的一层设置一套可视对讲访客系统。该系统中对讲部分由分机、主机主板及电源箱组成；防盗安全门部分由门体、电控锁机液压闭门器组成。

2） 对讲分机安装在办公区用户前台内，除了可与主机进行通话和观察来访者外，还能通过线路开启防盗门上的电控锁；主机安装在防盗门上，主机上设有对讲机和表由各房间号码的呼叫按钮标志牌，在傍晚环境变暗时，机内的光敏装置会自动点亮标志牌后的 LED 照明灯，方便夜间使用。

（7） 无线巡更系统。本系统采用离线式电子巡更系统，系统由计算机、通信座、巡更棒、信息按钮等设备组成，信息钮安装在巡更点处代替巡更点，保安人员巡更时手持巡更棒。巡更点设置在主要通道、楼梯口、地下车库及设备用房等所需要的地方。根据在巡逻的线路上，对该地进行巡查的同时，用巡检器采集信息按钮，巡检器将记录下信息按钮的代码及采集信息的时间和该地的相应事件，此记录将成为保安何时到达该地巡查的依据，系统可对对巡查路线进行设置、更改，并能记录巡查信息。

【说明】电气抗震设计和电气节能措施参见 12.1.8 和 12.1.9。

参 考 文 献

［1］中华人民共和国建设部. JGJ 16—2008 民用建筑电气设计规范［S］. 北京：中国建筑工业出版社，2008.

［2］孙成群. 建筑工程设计编制深度实例范本——建筑电气［M］. 3 版. 北京：中国建筑工业出版社，2017.

［3］北京市建筑设计研究院有限公司. 建筑电气专业技术措施［M］. 2 版. 北京：中国建筑工业出版社，2016.

［4］北京市建筑设计研究院有限公司. BIAD 设计文件编制深度规定［M］. 2 版. 北京：中国建筑工业出版社，2017.

［5］中南建筑设计研究院股份有限公司. 建筑工程设计文件编制深度规定［M］. 北京：中国建筑工业出版社，2017.